Physische Geographie Deutschlands

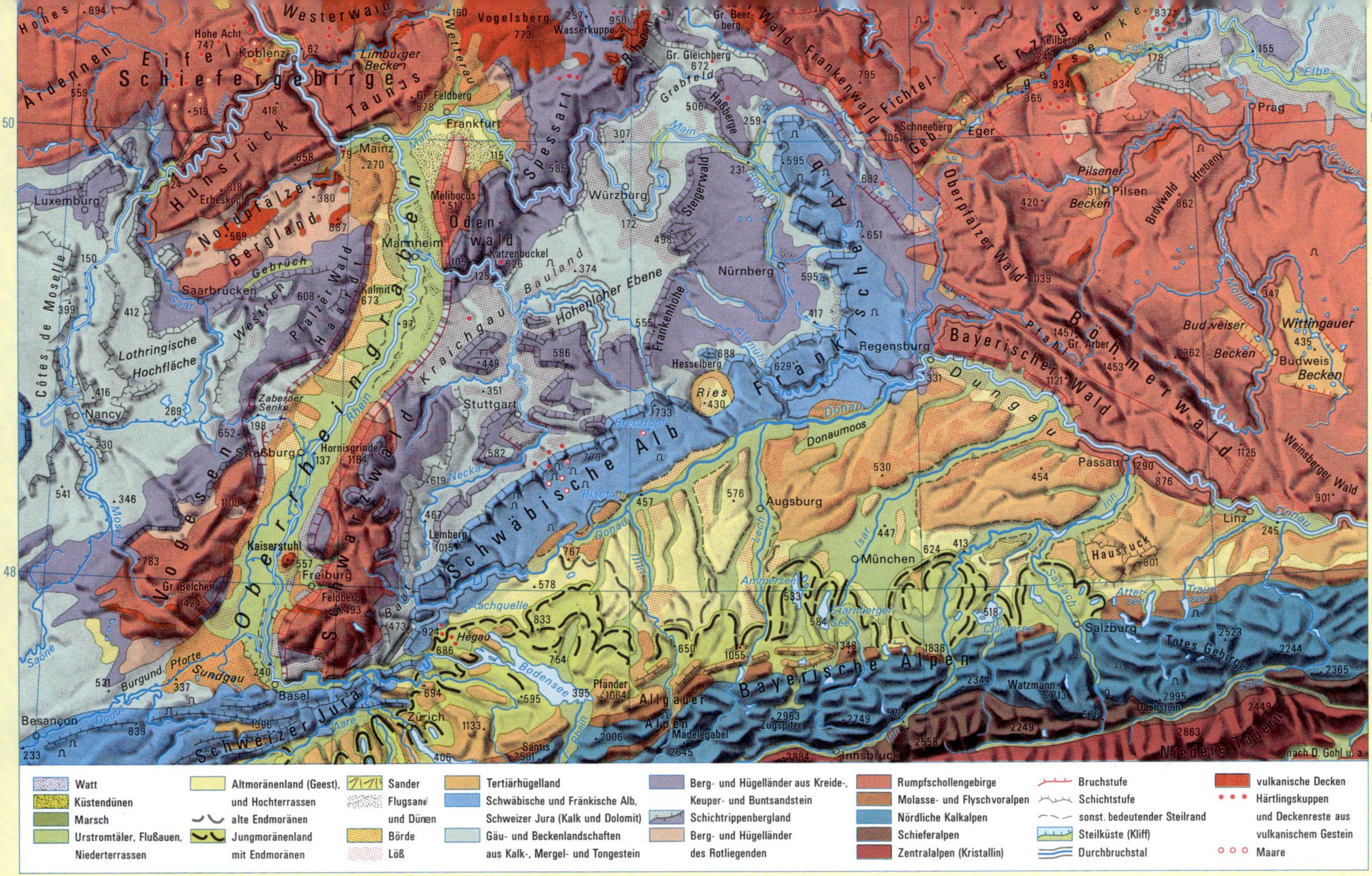

Die deutsche Naturlandschaft – Tektonik, Morphologie und Landschaftsgliederung

0 20 40 60 80 100 km

Physische Geographie Deutschlands

Herausgegeben von

HERBERT LIEDTKE
und
JOACHIM MARCINEK

144 Abbildungen
und
79 Tabellen

mit Beiträgen von

KARL-ERNST BEHRE
KLAUS FISCHER
KARL ALBERT HABBE
MANFRED HENDL
HEINZ KLIEWE
HANS-JÜRGEN KLINK
HERBERT LIEDTKE
JOACHIM MARCINEK
HANS RICHTER
KARL-HEINZ SCHMIDT
ROLF SCHMIDT
ARNO SEMMEL
SIEGFRIED SLOBODDA
HORST STERR

Justus Perthes Verlag Gotha

Die Deutsche Bibliothek – CIP-Einheitsaufnahme

Physische Geographie Deutschlands : 79 Tab., 144 Abb. /
hrsg. von Herbert Liedtke und Joachim Marcinek.
Mit Beitr. von Karl-Ernst Behre ... 1. Aufl. – Gotha : Perthes, 1994
ISBN 3-623-00840-0
NE: Liedtke, Herbert [Hrsg.]; Behre, Karl-Ernst

Umschlagfoto:
Ausschnitt einer Szene des Wettersatelliten NOAA-10 in Echtfarbendarstellung
(Quelle: Dornier GmbH, D-88039 Friedrichshafen)

ISBN 3-623-00840-0

1. Auflage

Lektor: Dr. Eberhard Benser
Redaktionsschluß: Juli 1993
Hersteller: Thomas Hönicke
Einband und Schutzumschlag: Eberhard Kahle, Demitz-Thumitz
Gesamtherstellung: Druckhaus „Thomas Müntzer" GmbH, Bad Langensalza

Inhaltsverzeichnis

Vorderes Vorsatz:
Die deutsche Naturlandschaft –
Tektonik, Morphologie und Landschaftsgliederung
Quelle: Alexander-Weltatlas
Stuttgart: Klett 1982, S. 105

Hinteres Vorsatz:
Geologie Deutschlands –
Erdzeitalter und geologische Formationen
Quelle: Alexander-Weltatlas
Stuttgart: Klett 1982, S. 104

Vorwort der Herausgeber

Die Vereinigung der beiden deutschen Staaten am 3. Oktober 1990 ermöglichte nicht nur, sondern gebot geradezu eine moderne wissenschaftliche Darstellung der physisch-geographischen Verhältnisse auf dem Gesamtgebiet der heutigen Bundesrepublik Deutschland. Nach 45 Jahren getrennter Entwicklung konnten die Geographen der alten und neuen Bundesländer wieder zu gemeinsamer Arbeit zusammengeführt werden. So ist dieses Lehrbuch entstanden.

Die Herausgeber haben sich um Autoren bemüht, die aus Ost und West stammen, hervorragende Kenner ihres Sachgebietes und zugleich frei von festgefahrenen Lehrmeinungen sind und die in ihren Beiträgen die Grundlagen ihres Themas leitlinienhaft in den Vordergrund stellen. Da das Schwergewicht der regionalen Betrachtung bei den Oberflächenformen in Deutschland liegt, sind die übrigen Bereiche der physischen Geographie als allgemeine Kapitel dem regionalen Teil vorangestellt, wobei auch hier Regionalisierung im Vordergrund steht. Der Abschnitt zur Geomorphologie ist deshalb besonders kurz gehalten, da diese Bereiche in den regionalen Teilen den Schwerpunkt bilden. Das Relief ist die Welt, auf der wir leben, wo wir die Umwelt verändern oder beeinflussen und wo wir die natürlichen Prozesse besonders der Abtragung vielfach außerordentlich akzelerieren, z. B. bei der Bodenerosion. Das Relief wird sich deshalb künftig unter dem Einfluß des Menschen immer schneller verändern, je mehr Menschen die Erde besiedeln und mit ihren neuen technischen Möglichkeiten in die Oberflächenformung eingreifen.

Die Länge der Artikel war zwar mit den Autoren abgesprochen, doch haben einige wenige ihr Limit überschritten. Die Literatur beschränkt sich auf jüngere Arbeiten. Hier gilt das Bestreben, die ältere Literatur nicht mehr aufzuführen und dafür auf ein oder zwei Bücher je Kapitel hinzuweisen, in denen die ältere Literatur zitiert ist. Zum leichteren Auffinden behandelter Komplexe wurde ein Register erstellt.

Das Buch wendet sich vor allem an Studierende, Lehrer und Hochschullehrer der Geographie, spricht aber auch Vertreter geowissenschaftlicher Nachbardisziplinen an. Es soll helfen, Vorstellungen über die natürlichen Verhältnisse, über die Faktoren der Gestaltung und über den Wechsel des Oberflächenbildes von Deutschland zu gewinnen.

Die Herausgeber hoffen, mit diesem Buch zum Zusammenwachsen der so lange getrennten Teile Deutschlands beizutragen.

Sie danken Herrn Dr. Gottfried Suchy (Berlin) für die Anregung zur Herausgabe des Titels und Herrn Dr. Eberhard Benser vom Justus Perthes Verlag Gotha für die sorgfältige Bearbeitung des Manuskripts.

Herbert Liedtke | Joachim Marcinek

Autorenverzeichnis

BEHRE, KARL-ERNST, Prof. Dr.; Niedersächsisches Institut für historische Küstenforschung, Viktoriastraße 26/28, D-26382 Wilhelmshaven (privat: Pappelweg 5, D-26452 Sande in Oldenburg)

FISCHER, KLAUS, Prof. Dr.; Universität Augsburg, Geographisches Institut, Universitätsstraße 10, D-86159 Augsburg (privat: Oberschönfelder Straße 23, 1/2, D-86199 Augsburg)

HABBE, KARL ALBERT, Prof. Dr.; privat: Hänflingweg 3, D-91056 Erlangen (Friedrich-Alexander-Universität Erlangen-Nürnberg, Institut für Geographie, Kochstraße 4, D-91054 Erlangen)

HENDL, MANFRED, Prof. Dr.; Humboldt-Universität zu Berlin, Fachbereich 21 – Geographie, Sitz: Chausseestraße 86, Unter den Linden 6, D-10099 Berlin (privat: Straßburger Straße 36, D-10405 Berlin)

KLIEWE, HEINZ, Prof. Dr.; privat: Walther-Rathenau-Straße 57, D-17489 Greifswald (Ernst-Moritz-Arndt-Universität Greifswald, Geographisches Institut, Friedrich-Ludwig-Jahn-Straße 16, D-17489 Greifswald)

KLINK, HANS-JÜRGEN, Prof. Dr.; Ruhr-Universität Bochum, Geographisches Institut, Universitätsstraße 150, D-44780 Bochum (privat: Von-Broich-Straße 15, D-52072 Aachen)

LIEDTKE, HERBERT, Prof. Dr.; Ruhr-Universität Bochum, Geographisches Institut, Universitätsstraße 150, D-44780 Bochum (privat: Kellermannsweg 1, D-44795 Bochum)

MARCINEK, JOACHIM, Prof. Dr.; Humboldt-Universität zu Berlin, Fachbereich 21 – Geographie, Sitz: Chausseestraße 86, Unter den Linden 6, D-10099 Berlin (privat: Giesestraße 12–14, D-12621 Berlin)

RICHTER, HANS, Prof. Dr.; privat: Naunhofer Straße 18, D-04299 Leipzig (Martin-Luther-Universität Halle-Wittenberg, Fachbereich Geowissenschaften, Institut für Geographie, Domstraße 5, D-06108 Halle/Saale)

SCHMIDT, KARL-HEINZ, Prof. Dr.; Freie Universität Berlin, Fachrichtung Physische Geographie, Geomorphologisches Laboratorium, Altensteinstraße 19, D-14195 Berlin (privat: Im Mühlenfelde 30, D-14167 Berlin)

SCHMIDT, ROLF, Prof. Dr.; Fachhochschule Eberswalde, Fachbereich Landschaftsnutzung und Naturschutz, Alfred-Möller-Straße 1, D-16225 Eberswalde (privat: Teuberstraße 26, D-16225 Eberswalde)

SEMMEL, ARNO, Prof. Dr.; privat: Theodor-Körner-Straße 6, D-65719 Hofheim am Taunus (Johann-Wolfgang-Goethe-Universität Frankfurt, Geographisches Institut, Senckenberganlage 36, D-60325 Frankfurt am Main)

SLOBODDA, SIEGFRIED, Dr. habil.; Sächsisches Landesamt für Umwelt und Geologie, Referat Landschaftsökologie, Wasastraße 50, D-01445 Radebeul (privat: Budapester Straße 67, D-01069 Dresden)

STERR, HORST, Dr.; Carl-von Ossietzky-Universität Oldenburg, Wissenschaftliches Sekretariat Klimaänderung und Küste, Carl-von-Ossietzky-Straße 9–11, Postfach 2503, D-26111 Oldenburg (privat: Steenkamp 7, D-24226 Heikendorf-Kitzeberg)

Abbildungsverzeichnis

Tabellenverzeichnis

A.

Allgemeiner Teil

A. I.
Klima

Manfred Hendl

1. Die Zirkulationsverhältnisse über Deutschland und ihre klimatische Bedeutung: Bodenwindverhältnisse, Großwettertypen und normaler Witterungscharakter der Jahreszeiten

Die Windrichtungsverhältnisse an der Erdoberfläche über Deutschland ordnen sich befriedigend in die normalen Strömungsverhältnisse der Mittelbreiten ein. Dabei bestehen nur geringe Unterschiede zwischen Nord- und Süddeutschland, soweit es sich um weiträumig freies Gelände handelt (Abb. 1 und 2). Im Gebirgsgelände hingegen können durch Strömungskanalisierung in Tälern oder tektonischen Gräben oder durch Ausbildung lokaler Zirkulationssysteme abweichende Häufigkeitsverteilungen der Bodenwindrichtungen erzwungen werden; ein einschlägiges Kartodiagramm bei CHRISTOFFER u. ULBRICHT-EISSING (1989) für den kurzen Bezugszeitraum 1975–1982 bietet ausreichende Information.

Im orographisch ungestörten Gelände sind Strömungen aus westlichen Richtungen deutlich am häufigsten vertreten, welchen Umstand man als Folge der normalen polwärts gerichteten Luftdruckabnahme in der Troposphäre der Mittelbreiten interpretieren kann, die ihrerseits auf einer gleichartigen Meridionalabnahme der Nettostrahlung und infolgedessen der mittleren Lufttemperatur beruht. Winde aus östlichen Richtungen stehen zwar in der Häufigkeit über Norddeutschland an zweiter, über Süddeutschland sehr knapp an dritter Stelle, treten aber bereits erheblich seltener auf und sind vorwiegend an Perioden mit kontinentalen Hochdruckgebieten über dem skandinavischen Raum oder Osteuropa gebunden. Ferner sind Strömungen aus südlichen Richtungen häufiger als solche aus nördlichen Richtungen, welch letztere überhaupt am seltensten auftreten; hierbei wird sich

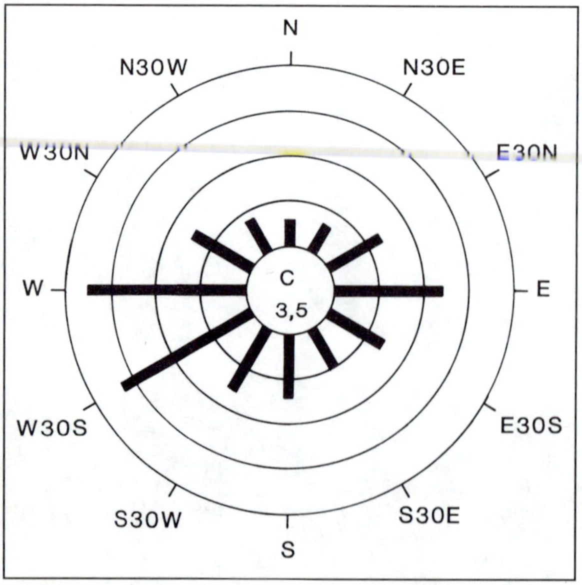

Abbildung 1
Typische relative Jahreshäufigkeit der Bodenwindrichtungen über Norddeutschland in zwölfteiliger Richtungsskala nach 30°-Sektoren (Datenquelle: KALB u. SCHMIDT 1977)

Bezugsstation: Flughafen Hannover-Langenhagen 52°27′ N/9°42′ E, Stationshöhe 53 m, Meßhöhe 10 m über Erdoberfläche, Bezugszeitraum 1951–1970. Das Diagramm enthält innerhalb der zentralen Kreisfläche den Prozentanteil der Windstillen und umlaufenden Winde. Die am Innenkreis ansetzenden Balken geben in Proportion zu ihrer Länge die durchschnittliche Windrichtungshäufigkeit in % aller (stündlichen) Beobachtungen an. Die Kreise sind in 5-%-Stufen, nach außen fortschreitend, beziffert.

der wesentlich häufigere Durchgang der Zentren wandernder Zyklonen nördlich von Mitteleuropa im angegebenen Sinne statistisch auswirken.

Über jahreszeitliche Variationen der Bodenwindrichtungsverhältnisse von eher graduellem Ausmaß orientiert Tabelle 1. Hervorhebenswert erscheint zunächst, daß das Frühjahr sich von den anderen Jahreszeiten durch eine stärker symmetrische Häufigkeitsverteilung der Windrichtungen abhebt, vor allem bedingt durch eine Häufigkeitszunahme der Luftströmungen im nördlichen Richtungshalbkreis und eine Häufigkeitsabnahme im südlichen Richtungshalbkreis. Im Sommer, und hier besonders über Norddeutschland, fällt der ausnehmend hohe Anteil von Luftströmungen aus dem Westquadranten auf, bei gleichzeitiger deutlicher Reduzierung der Ostwinde. Die Bodenwindrichtungsverhältnisse von Herbst und Winter kommen dem Jahresdurchschnitt am nächsten, doch zeigen sich in beiden Jahreszeiten allgemein unterdurchschnittliche Windrichtungshäufigkeiten im Nordwestquadranten, überdurchschnittliche Windrichtungshäufigkeiten hingegen über Norddeutschland eher im Südquadranten, über Süddeutschland eher im Südostquadranten.

Angesichts der Position Deutschlands in den westlichen außertropischen Randbereichen des eurasiatischen Kontinents entsprechen Luftströmungen aus dem westlichen Richtungshalbkreis solchen ozeanischer Herkunft und jene aus dem östlichen Richtungshalbkreis cum grano salis solchen kontinentaler Herkunft. Diese Luftströmungen sind geprägt durch das bekannt unterschiedliche thermische Verhalten der Erdoberfläche in ihren jeweiligen Herkunftsgebieten. Beim Einfließen nach Deutschland ziehen daher Luftströmungen westlicher Provenienz im Winter durchschnittlich höhere und im Sommer durchschnittlich niedrigere Lufttemperaturen nach sich als die entsprechenden Luftströmungen östlicher Herkunft. Ferner müssen die ersteren generell durch einen durchschnittlich höheren Wasserdampfgehalt gegenüber den letzteren ausgezeichnet sein, da die Verdunstung von der Meeresoberfläche wegen deren günstigeren Strahlungshaushaltes und wegen des unbegrenzten Wasserangebotes in allen Jahreszeiten größer ist als jene einer breitengleichen

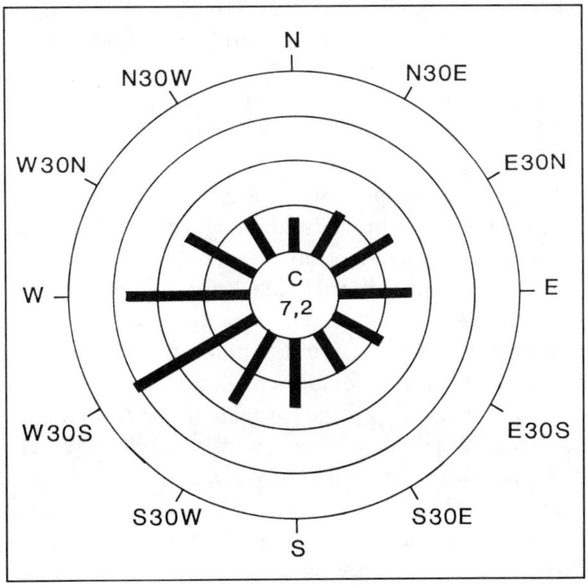

Abbildung 2
Typische relative Jahreshäufigkeit der Bodenwindrichtungen über Süddeutschland in zwölfteiliger Richtungsskala nach 30°-Sektoren (Datenquelle: Schäfer 1982)

Bezugsstation: Flughafen München-Riem 48°08′ N/11°42′ E, Stationshöhe 527 m, Meßhöhe 10 m über Erdoberfläche, Bezugszeitraum 1951 – 1970. Das Diagramm enthält innerhalb der zentralen Kreisfläche den Prozentanteil der Windstillen und umlaufenden Winde. Die am Innenkreis ansetzenden Balken geben in Proportion zu ihrer Länge die durchschnittliche Windrichtungshäufigkeit in % aller (stündlichen) Beobachtungen an. Die Kreise sind in 5-%-Stufen, nach außen fortschreitend, beziffert.

Station	Windrichtungen nach 30°-Sektoren									
	N	N30E	E30N	E	E30S	S30E	S	S30W	W30S	W
Norddeutschland: Hannover-Langenhagen 52°27′ N/09°42′ E, 53 m, 1951–1970										
Winter	28	29	66	128	72	58	89	81	168	171
Frühjahr	37	45	84	138	72	38	48	56	125	167
Sommer	30	35	53	82	54	36	52	79	184	202
Herbst	18	24	63	128	76	65	93	89	177	162
Jahr	28	33	66	119	69	49	70	76	164	176
Süddeutschland: München-Riem 48°08′ N/11°42′ E, 527 m, 1951–1970										
Winter	30	52	64	76	66	61	81	79	161	157
Frühjahr	38	54	86	82	55	42	64	85	147	134
Sommer	38	54	72	53	42	43	73	101	161	128
Herbst	33	46	75	97	72	59	84	88	140	112
Jahr	35	51	74	77	59	51	76	88	152	133

[1] Windstillen und umlaufende Winde.

Festlandsoberfläche. Berücksichtigt man nun, daß Luftströmungen aus westlichen Richtungen deutlich häufiger auftreten als solche aus östlichen Richtungen, dann wird man Deutschland noch einen überwiegend ozeanischen Klimacharakter zusprechen können.

Besonders beachtenswert ist die hohe zeitliche Veränderlichkeit der Strömungsverhältnisse über Deutschland. Sie zeigt sich äußerlich darin, daß die beobachteten Windrichtungen im Bezugszeitraum sich nicht in einem bestimmten Richtungssektor konzentrieren, sondern sich über die gesamte Richtungsskala verteilen, wenn auch mit der bereits skizzierten Häufigkeitsabstufung. Diese ganzjährig auftretende starke Richtungsveränderlichkeit der Bodenwinde hängt mit dem häufigen Wechsel unterschiedlicher Großwettertypen zusammen. Deren Ausbildung wird letzten Endes veranlaßt durch die unperiodische Schwankung der außertropischen Zirkulation zwischen zwei extremen Zuständen, die besonders seit Rossby u. Willett (1948) als High-Index- und Low-Index-Zirkulation bezeichnet werden (Abbildungen entsprechender Mustersituationen sind z. B. bei Hendl 1991 zu finden).

Der High-Index-Typ ist durch eine schwach mäandrierende, ausgesprochen zonal orientierte troposphärische Westströmung mit nur 3–4 langen Wellen von geringer Amplitude auf dem Erdumfang gekennzeichnet, mit der Zyklonen in rascher Folge auf ebenfalls weitgehend zonal orientierten Zugbahnen ostwärts ziehen. Subtropischer Hochdruckgürtel und Polartief sind kräftig entwickelt.

Starkes Mäandrieren der troposphärischen Westströmung mit 5–7 langen Wellen von großer Amplitude auf dem Erdumfang kennzeichnet hingegen den Low-Index-Typ, bei dem Serien wandernder Zyklonen Zugbahnen von überwiegend meridionaler Orientierung verfolgen. Das allgemeine Druckfeld der Außertropen zeigt eine mehr zellulare Gliederung von wohlausgebildeten, weit polwärts erstreckten Hochdruckrücken oder sogar geschlossenen Antizyklonen im zonalen Wechsel mit weit äquatorwärts reichenden Tiefdrucktrögen.

Mit dem Schwanken der außertropischen Zirkulation zwischen diesen beiden Extremzuständen können über einem bestimmten Raum ganz unterschiedliche Luftdruck- und Strömungsanordnungen von jeweils mehrtägiger Dauer auftreten, die Baur erstmals 1936,

W30N	N30W	C[1]	Richtungsquadranten W	E	N	S
58	29	23	397	266	86	228
99	57	34	391	294	139	142
93	52	48	479	189	117	167
47	25	33	386	267	67	247
74	41	35	414	254	102	195
66	33	74	384	206	115	221
99	61	53	380	223	153	191
97	63	75	386	167	155	217
70	39	85	322	244	118	231
83	49	72	368	210	135	215

Tabelle 1
Durchschnittliche jahreszeitliche Richtungshäufigkeit des Bodenwindes nach stündlichen Beobachtungen an typischen Stationen Norddeutschlands und Süddeutschlands (in ‰; nach Daten von KALB *u.* SCHMIDT *1977,* SCHÄFER *1982)*

weiterhin 1947 und 1948, und nach ihm HESS u. BREZOWSKY 1952 und 1977 für Mitteleuropa in einem System von sogenannten Großwetterlagen GWL mit Zusammenfassung zu Großwettertypen GWT geordnet haben. Man unterscheidet danach die folgenden, für eine klimatologische Darstellung ausreichenden Großwettertypen: Westtyp GWT-W, Südwesttyp GWT-SW, Nordwesttyp GWT-NW, Nordtyp GWT-N, Südtyp GWT-S, kontinentaler Osttyp GWT-E (als Zusammenfassung der Großwettertypen Nordost bis Südost mit weitgehend ähnlichen Auswirkungen), Zentralhochtyp GWT-HM und schließlich Zentraltieftyp GWT-TM.

Die *atlantischen Großwettertypen* Südwest bis Nordwest sind überwiegend verbunden mit dem Einwandern von Zyklonen. Sie gelangen mit der jeweils kennzeichnenden troposphärischen Südwest-, West- oder Nordwest-Höhenströmung in den mitteleuropäischen Raum, deren Richtung wiederum hauptsächlich abhängig ist von der jeweiligen Zentralposition der subtropischen Hochdruckzelle über dem pontisch-ostmediterranen Raum, über dem Azorenraum oder über dem Biscayaraum. Es tritt mit ansehnlicher Häufigkeit Niederschlag auf, der den Aufgleitvorgängen an den zykloneninternen Fronten entstammt, daher an deren Durchzug gebunden ist und in den atlantikorientierten Staubereichen der Mittelgebirge noch beträchtlich verstärkt wird. In der kalten Jahreszeit verursachen die atlantischen Großwettertypen in typabhängig unterschiedlichem Ausmaß Temperaturanstieg über Mitteleuropa wegen der Wärmezufuhr vom besonders winterwarmen, weil golfstrombegünstigten Nordostatlantik. Während der warmen Jahreszeit bringen die gleichen Großwettertypen hingegen Abkühlung mit sich, da im Sommer die Ozeanoberfläche generell vergleichsweise kühl ist gegenüber dem Festland mit seinem dann erwärmungsfördernden andersartigen Wärmehaushalt.

Beim *Großwettertyp Nord* ist die normale quasizonale Westströmung der außertropischen Troposphäre durch ein ausgedehntes Hochdruckgebiet über dem Nordostatlantik mit Zentrum über den Gewässern zwischen Island und den Britischen Inseln blockiert. An dessen Ostflanke stößt dann eine stets kalte Nordnordwest- bis Nordströmung aus dem

Station	Großwettertyp: Süd-west	West	Nord-west	Nord	Süd	Ost	Hochdruck Mitteleuropa	Tiefdruck Mitteleuropa
Norddeutschland West								
Bremen-Flughafen 53°03' N/8°48' E, 4 m								
Jahr	4,3	8,8	17,1	25,1	9,8	35,3	8,7	26,4
Dez.–Febr.	7,0	25,4	38,1	60,8	26,9	76,1	23,0	64,3
März–April	10,0	14,1	33,3	40,2	16,1	50,0	17,2	28,6
Norddeutschland Ost								
Berlin-Dahlem 52°28' N/13°18' E, 58 m								
Jahr	4,0	10,9	21,2	28,1	11,6	32,6	9,5	24,4
Dez.–Febr.	9,4	29,3	44,0	60,6	54,5	75,2	36,2	41,7
März–April	0,0	14,5	34,1	48,4	17,5	44,6	14,8	29,4
Süddeutschland								
München-Botanischer Garten 48°10' N/11°30' E, 515 m								
Jahr	11,0	17,1	34,3	38,8	14,5	40,1	22,5	32,6
Dez.–Febr.	22,6	48,1	77,5	90,2	41,9	93,0	66,0	60,0
März–April	0,0	20,6	53,7	60,0	40,0	42,4	36,4	30,8

[1] Als Zählschwelle für die Ereignistage gilt eine Tagessumme ≥0,1 mm.

Tabelle 2
Großwettertypspezifisches Prozentverhältnis von Schneefalltagen und Niederschlagstagen während des Bezugszeitraumes 1935–1950 über Deutschland (umgerechnet nach Originaldaten von Bürger *1958)*[1]

strahlungshaushaltsbenachteiligten Eismeer weit südwärts vor und steuert in zeitweilig rascher Folge Zyklonen mit Frontalniederschlag nach Mitteleuropa. Auch außerhalb zykloneninterner Aufgleitbereiche neigt diese Strömung, ihrem Charakter nach maritimarktische Polarluft, zu Schauertätigkeit aus Cumulonimbusbewölkung, denn beim Queren der warmen Ostatlantikgewässer nimmt zwar die Temperatur der unteren Strömungsschichten gegenüber jener im polaren Quellgebiet rasch zu, jene der hohen Strömungsschichten jedoch sehr viel langsamer. Infolgedessen vergrößert sich auf dem Strömungswege fortgesetzt das vertikale Temperaturgefälle und fördert die Entwicklung von Konvektionsvorgängen. Trotz der thermischen Modifizierung der polaren Kaltluft auf ihrem Strömungswege nach Mitteleuropa tritt der in Rede stehende Großwettertyp in allen Jahreszeiten mit negativer Abweichung von der jeweiligen Mitteltemperatur in Erscheinung. Im Winterhalbjahr erweist er sich auch als besonders schneefallanfällig (Tab. 2); im Jahr und im Hochwinterzeitraum Dezember–Februar erreicht nur der kontinentale Osttyp (bei allerdings seltenerer Niederschlagswirksamkeit!) einen noch größeren Anteil der Schneefalltage an der großwettertypbezogenen Summe der Niederschlagstage, und in den Frühjahrsmonaten März–April liegt der Großwettertyp Nord hinsichtlich der Schneefallgefährdung in der Regel an der Spitze aller Großwettertypen.

Wiederum blockiert zeigt sich die normale Weströmung der außertropischen Troposphäre beim *Großwettertyp Ost* durch eine weit polwärts reichende Hochdruckzone über Westeuropa mit ausgeprägtem antizyklonalem Zentrum über Skandinavien, das gelegentlich

GWT	Jan.	Febr.	März	Apr.	Mai	Juni	Juli	Aug.	Sept.	Okt.	Nov.	Dez.	Jahr
EA	6,5	9,9	15,8	9,3	16,2	9,5	7,9	9,4	5,6	8,3	4,2	5,8	9,0
EZ	9,8	10,0	9,7	9,9	9,4	10,2	7,0	7,5	5,1	4,0	7,6	7,1	8,1

Tabelle 3
Durchschnittliche relative Häufigkeit der antizyklonalen und zyklonalen Variante des Großwettertyps Ost über Mitteleuropa während des Bezugszeitraumes 1951–1980
(in %; nach Daten von RAMPE *u.* REINKE *1985)*

und dann bevorzugt im Winterhalbjahr unter Abschnürung von seiner subtropischen Wurzelzone nach dem osteuropäischen Raum verlagert sein kann. Während die atlantische Westströmung infolge ihrer Blockade noch westlich des europäischen Kontinents scharf nordwärts in das Eismeer abbiegt und auch eingelagerte Zyklonen zwangsläufig eine derartige Zugbahn einschlagen, fließen Strömungen kontinentaler Herkunft auf der Südflanke des Hochdruckgebietes entsprechend dessen jeweiliger Position mit Nordost-, Ost- oder Südostkomponente in den mitteleuropäischen Raum ein. Unterdurchschnittlicher Wasserdampfgehalt und geringe Bewölkung kennzeichnen die Festlandsluft. Im einstrahlungsarmen Winter bringt sie aus ihren stark abgekühlten Herkunftsgebieten eine niedrige Lufttemperatur mit und verursacht deshalb nahezu ausnahmslos strenges Frostwetter mit Vereisung der Küsten- und Binnengewässer, während sie sich umgekehrt im einstrahlungsreichen Sommer von der dann aufgeheizten Festlandsoberfläche gut erwärmt zeigt. Wegen des herkunftsbedingt geringen Wasserdampfgehaltes entwickelt sich in der kontinentalen Strömung selbst in der warmen Jahreszeit Niederschlag nur selten. Verbreitet und oft auch in größerer Menge stellt sich solcher aber bei einer für Teile Mitteleuropas zyklonalen Variante des Großwettertyps Ost ein, die im Jahresdurchschnitt immerhin 90% der Häufigkeit der antizyklonalen Form erreicht und diese im Winter an Häufigkeit sogar übertrifft (Tab. 3). Ein zusätzliches Höhentiefdruckgebiet über dem südlichen Mitteleuropa und (oder) dem nördlichen Mittelmeerraum lenkt dann auf seiner Ostflanke sehr wasserdampfreiche mediterrane Warmluft von Süden und Südosten her besonders nach dem südlichen und östlichen Mitteleuropa, wo sie durch Aufgleiten auf die Festlandsluft zu weiträumigem Niederschlag Anlaß gibt, im Winter in der Regel in fester Form.

Den *Großwettertyp Süd* kennzeichnet über Mitteleuropa großräumig eine troposphärische Südsüdwest- bis Südströmung. Sie stellt sich in der Regel an der Ostflanke eines sehr langgestreckten meridionalen Höhentiefdrucktroges mit Achse über Westeuropa ein oder bildet sich auf der Ostseite eines hochreichenden ausgedehnten ostatlantischen Tiefdruckgebietes, meist mit seinem Zentrum über den Britischen Inseln befindlich, aus. Infolge ihrer Herkunft aus strahlungshaushaltsbegünstigten Gebieten verursacht der Großwettertyp in allen Jahreszeiten überdurchschnittliche Lufttemperatur, besonders im Sommer. Zeitweilig werden Zyklonen in überwiegend schwacher Ausbildung aus dem westlichen Mittelmeerraum oder aus dem Biscayaraum über das westliche Mitteleuropa bis nach Skandinavien gesteuert; ihre frontalen Wolkenfelder und (im Sommer teilweise gewitterbegleiteten) Niederschlagsgebiete verursachen dann einen weithin wechselhaften Witterungsverlauf. Eine Ausnahme macht das nordalpine Randgebiet, in dessen Bereich die großräumigen und von dynamischer Erwärmung begleiteten Absinkvorgänge in der Südströmung auf der Leeseite des Alpenkörpers eine Abschwächung, häufig auch eine Auflösung der Regenfelder er-

Großwettertyp: Süd-west	West	Nord-west	Nord	Süd	Ost	Hochdruck Mitteleuropa	Tiefdruck Mitteleuropa
2,51	1,45	0,25	0,40	3,25	0,49	0,23	1,21

[1] Die Angaben beziehen sich auf die Station Oberstdorf 47°24′ N/10°17′ E, 810 m, im nordalpinen Iller-Quertal. Die Zahlenwerte bezeichnen das Verhältnis zwischen dem Prozentanteil der Großwettertypen an den Talföhntagen und dem Prozentanteil der Großwettertypen an der Gesamtzahl aller Tage. Ein Wert von 1,00 würde bedeuten, daß der betreffende Großwettertyp entsprechend der Häufigkeit seines Vorkommens am Eintritt von Talföhn beteiligt ist. Werte über (unter) 1,00 zeigen an, daß Talföhn häufiger (seltener) auftritt, als es der Häufigkeit des jeweiligen Großwettertyps entspricht. Die Datengrundlage bildeten 292 Tage mit Talföhn.

Tabelle 4
Relative Talföhnwirksamkeit der Großwettertypen während des Bezugszeitraumes 1937–1952 am Alpennordrand (umgerechnet nach Originaldaten von OBENLAND *1956)* [1]

zwingen; die nordwärts geöffneten Alpentäler stehen dann unter Talföhn (Tab. 4). Auch über dem östlichen Mitteleuropa ist die Niederschlagstätigkeit deutlich gemindert, weil oft eine großwettertypbegleitende Osteuropa-Antizyklone westwärts übergreift und dann Strahlungswetter verursacht; im Winterhalbjahr können sich dabei sogar ausstrahlungsbedingte Fröste einstellen.

Beim äußerst niederschlagsarmen *Großwettertyp Zentralhoch Mitteleuropa* findet sich eine Antizyklone direkt über dem mitteleuropäischen Raum oder zumindest eine Hochdruckbrücke in zonaler Erstreckung über Mitteleuropa hinweg ausgebildet. In ihrem Bereich führt Kompressionserwärmung absinkender und fortschreitend seitwärts auseinanderfließender, dabei vertikal schrumpfender Höhenluft zur Ausbildung einer niedertroposphä-

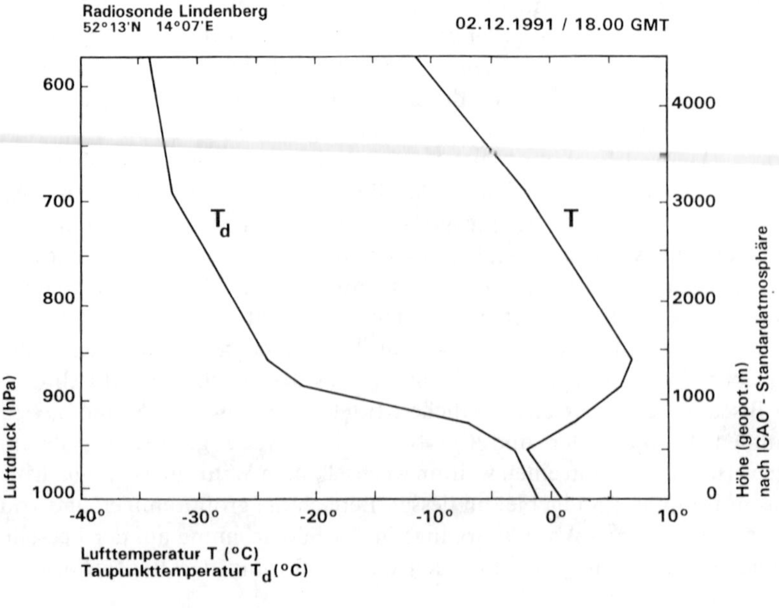

Abbildung 3
Absinkinversion über bodennaher Mischungsschicht bei einer winterlichen Großwettersituation vom Typ Zentralhoch Mitteleuropa (Entwurf: M. HENDL nach Daten im Europäischen Wetterbericht des Deutschen Wetterdienstes/Beilage Aerologische Wettermeldungen)

Großwettertyp: Süd-west	West	Nord-west	Nord	Süd	Ost	Hochdruck Mitteleuropa	Tiefdruck Mitteleuropa
6,8	14,0	4,2	16,4	11,0	17,5	27,6	1,9

Bezugsstation: Stuttgart Wetteramt 48°46′ N/9°11′ E, 286 m.

Tabelle 5
Großwettertypspezifische Nebelhäufigkeit während des Bezugszeitraumes 1949–1976 (in %; nach einer graphischen Darstellung bei GERTH *1983)*

rischen Absinkinversionsschicht an der Obergrenze einer geringmächtigen quasiautonomen Grundschicht von einigen Hektometern Vertikalerstreckung (Abb. 3), die wegen reibungsturbulenzbedingter (im Sommer zusätzlich konvektiver) Durchmischung mit höhenkonformer starker Temperaturabnahme zumindest in ihren oberen Partien deutlich kälter ist als die oberhalb angrenzende, dynamisch erwärmte Höhenluft. Im Winterhalbjahr pflegen sich in dieser Grundschicht bei Herrschaft von feuchter Luft ozeanischer Herkunft weiträumige dünne Schichtwolkendecken oder auch Nebel (Tab. 5 und 6) auszubilden und eine nur geringe tagesperiodische Lufttemperaturvariation an der Erdoberfläche zuzulassen, während die Existenz von wasserdampfarmer Festlandsluft kaltes Strahlungswetter mit deutlich stärkerem Lufttemperatur-Tagesgang bedingt. Im Sommerhalbjahr verursacht der Zentralhochtyp warmes Strahlungswetter mit einer bedeutenden Tagesschwankung der Lufttemperatur, mittags und nachmittags gelegentlich begleitet von geringmächtiger und daher niederschlagsunwirksamer lockerer Konvektionsbewölkung vom Typ des Cumulus humilis unterhalb der Inversionsschicht, die aufsteigende Luftströme wirksam absperrt.

Der seltene *Großwettertyp Zentraltief Mitteleuropa* ist gekennzeichnet durch ein abgeschlossenes Tiefdruckgebiet über dem mitteleuropäischen Raum mit besonders deutlicher Ausprägung in der mittleren und oberen Troposphäre. Im Regelfall handelt es sich dabei um den Südteil eines meridional ausgerichteten Höhentiefdrucktroges, der durch flankierende Höhenhochdruckkeile von seiner Wurzel, dem polaren Höhentief, abgeschnürt wurde. Zyklonale Randstörungen teils mediterraner Herkunft werden auf der Ostflanke des verbliebenen mitteleuropäischen Höhenzentraltiefs auf der Zugstraße V_b nach VAN BEBBER (1891) vom Alpenostrand nordostwärts bis nordwärts, später gelegentlich auch nordwestwärts gesteuert. Sie liefern über dem östlichen Mitteleuropa ganz bedeutende frontale Dauerniederschläge von großer räumlicher Ausdehnung, im Winter überwiegend als Schnee niedergehend und im Sommer vielfach von Gewittertätigkeit begleitet. Die reichlichen Niederschläge entstammen wasserdampfreicher Warmluft mediterraner Herkunft, die aus Süd bis Südost auf die nach Mitteleuropa einfließende maritim-polare Kaltluft aus dem Nordmeerraum aufgleitet. Da die Zufuhr der Mittelmeerwarmluft über dem mitteleuropäischen Raum nur höhere Niveaus betrifft, wird die Lufttemperatur an der Erdoberfläche von der ozeanischen Kaltluft bestimmt und weicht daher im Regelfall vom Jahreszeiten-Mittelwert nach der negativen Seite ab.

Für zwei weiträumig repräsentative Stationen Norddeutschlands von unterschiedlicher Atlantikdistanz und für eine ebensolche Station Süddeutschlands bietet Abbildung 4 eine vergleichende quantitative Übersicht über das thermische Normalverhalten (als durch-

Station	Bezugs-zeitraum	Jan.	Febr.	März	Apr.	Mai	Juni	Juli
Norderney	1951–1965	8,0	7,5	8,1	5,3	3,1	1,6	1,3
Cuxhaven	1951–1965	8,9	7,7	7,3	5,0	2,1	1,0	1,1
Warnemünde	1951–1980	7,3	7,1	5,4	4,6	2,8	1,6	1,1
Emden	1951–1965	9,1	8,3	8,5	6,1	4,2	2,9	2,7
Lingen	1951–1965	6,1	6,0	5,0	3,9	2,7	1,9	2,3
Bremen	1951–1970	6,8	6,2	5,8	4,5	4,0	2,3	3,4
Hannover	1951–1970	5,7	5,0	4,8	3,8	3,8	2,8	2,4
Boizenburg	1947–1961	7,0	6,5	6,4	3,3	2,5	1,3	3,5
Teterow	1951–1980	7,4	7,0	5,3	3,7	3,0	2,2	2,9
Angermünde	1951–1980	5,6	5,9	5,8	2,5	1,4	1,9	2,0
Berlin	1951–1980	6,3	6,1	3,6	2,5	2,4	1,1	0,9
Wittenberg	1951–1980	7,7	7,1	4,9	3,0	1,9	1,2	1,0
Leipzig	1951–1980	8,1	8,5	5,8	3,1	2,2	1,7	1,2
Cottbus	1951–1980	6,6	6,3	3,3	2,7	2,4	1,8	1,9
Görlitz	1951–1980	6,2	6,8	4,3	3,9	2,7	2,4	1,5
Beek	1951–1980	7	7	5	5	3	3	3
Marburg	1951–1980	7,9	6,8	4,6	2,9	2,4	2,4	3,1
Erfurt	1951–1980	8,1	7,3	6,1	3,7	3,2	2,3	1,7
Homburg	1949–1960	7,0	4,0	5,5	2,2	1,5	2,8	2,6
Karlsruhe	1951–1970	5,5	4,7	2,7	1,3	0,9	0,7	0,5
Stuttgart	1955–1964	4,4	4,2	2,7	1,8	2,0	0,7	1,5
München	1951–1970	8,3	6,3	3,7	2,5	1,4	1,1	0,9

Stationspositionen:
Angermünde 53°02′ N/14°00′ E, 56 m
Beek (Niederlande) 50°55′ N/5°46′ E, 114 m
Berlin-Schönefeld 52°23′ N/13°31′ E, 47 m
Boizenburg-Streitheide 53°23′ N/10°43′ E, 45 m
Bremen-Flughafen 53°03′ N/8°48′ E, 4 m
Cottbus 51°47′ N/14°19′ E, 69 m
Cuxhaven 53°52′ N/8°42′ E, 5 m
Emden 53°22′ N/7°13′ E, 3 m
Erfurt-Bindersleben 50°59′ N/10°58′ E, 315 m
Görlitz 51°10′ N/14°57′ E, 237 m
Hannover-Langenhagen 52°27′ N/9°42′ E, 53 m
Homburg (Saarland) 49°20′ N/7°21′ E, 243 m
Karlsruhe-Erzbergerstraße 49°01′ N/8°23′ E, 114 m
Leipzig-Schkeuditz 51°25′ N/12°14′ E, 131 m
Lingen 52°31′ N/7°19′ E, 21 m
Marburg/Lahn 50°49′ N/8°46′ E, 181 m
München-Riem 48°54′ N/11°42′ E, 527 m
Norderney 54°43′ N/7°09′ E, 11 m
Stuttgart-Hohenheim 48°43′ N/9°13′ E, 401 m
Teterow 53°46′ N/12°37′ E, 45 m
Warnemünde 54°11′ N/12°05′ E, 4 m
Wittenberg 51°53′ N/12°39′ E, 105 m.

schnittliche Abweichung vom stationsbezogenen Lufttemperatur-Jahreszeitenmittel) und über die durchschnittliche Niederschlagswirksamkeit der Großwettertypen.

Im thermischen Charakter zeigen fast alle Großwettertypen deutliche jahreszeitliche Unterschiede, wenn auch von unterschiedlichem Ausmaß. Am stärksten sind solche erwartungsgemäß beim kontinentalen Osttyp ausgeprägt. Nicht unerheblich, wenngleich in gegenläufiger Weise, finden sie sich jedoch auch bei der Gruppe der atlantischen Großwettertypen Südwest bis Nordwest ausgebildet. Ausnahmeverhalten lassen die Großwettertypen Nord und Tiefdruck Mitteleuropa erkennen, die stets vom Jahreszeitenmittel

Aug.	Sept.	Okt.	Nov.	Dez.	Jahr
1,1	2,4	5,3	6,5	10,3	60,5
1,7	2,6	6,3	7,3	11,0	62,0
2,0	2,7	5,8	5,1	5,7	51,2
4,2	5,4	7,9	8,7	11,1	79,9
3,9	4,8	8,7	8,6	9,9	66,3
5,5	6,6	9,9	8,5	8,2	71,9
3,8	5,7	8,3	7,7	6,8	60,5
3,4	4,7	8,5	9,5	8,1	64,7
3,9	5,2	7,8	7,0	7,4	62,8
4,1	5,7	7,5	9,9	9,9	62,2
2,9	4,3	9,0	7,7	7,2	54,0
2,6	5,0	9,3	8,6	8,9	61,2
1,4	3,9	8,7	7,8	7,7	60,1
2,6	5,0	8,1	7,1	6,1	53,9
2,3	4,2	7,4	6,0	5,4	53,1
4	5	7	7	8	64
4,9	9,3	12,8	10,1	9,6	76,6
2,8	4,6	8,4	8,4	8,4	65,0
3,3	6,7	7,7	7,3	6,7	57,2
1,6	5,6	9,8	7,4	6,3	46,5
1,7	5,9	8,9	5,8	5,7	45,3
1,8	4,9	10,8	9,2	9,9	60,8

Tabelle 6
Durchschnittliche Anzahl der Nebeltage im Jahresgang (Zusammenstellung nach Daten von Bätjer *u.* Heinemann *1983,* Hamm *1969,* Höschele *u.* Kalb *1988,* Kalb *u.* Schmidt *1977,* Misterek *1987,* Schäfer *1982,* Scultetus *1971,* Sorg *1963,* Zerche *1966, des Koninklijk Nederlands Meteorologisch Instituut 1983 und des Meteorologischen Dienstes der DDR 1987)*

der Lufttemperatur nach der negativen Seite abweichen. Hingegen kann man ganzjährig überdurchschnittliche Lufttemperatur allenfalls dem Großwettertyp Süd zusprechen.

Deutlich ausgeprägt zeigt sich der Unterschied in der Niederschlagshäufigkeit zwischen den atlantischen Großwettertypen einerseits und den wenig niederschlagswirksamen Großwettertypen Zentralhoch Mitteleuropa und Kontinental-Ost andererseits. Der letztere erweist sich über Süddeutschland, wie früher bereits begründet, als häufiger niederschlagsbegleitet und wahrscheinlich deshalb im Vergleich zu Norddeutschland im Winter etwas weniger stark nach der negativen Seite, im Sommer kaum nach der positiven Seite vom Lufttemperatur-Jahreszeitenmittel abweichend. Der Großwettertyp Nord nimmt bei der Niederschlagshäufigkeit eine intermediäre Stellung ein, hat jedoch im Sommer über Süddeutschland ebenfalls erhöhte Niederschlagswirksamkeit. Die Großwettertypen Süd und Tiefdruck Mitteleuropa schließlich zeigen ansehnliche räumliche und jahreszeitliche Unterschiede im Niederschlagsverhalten, wobei der erstere Großwettertyp eine größere Niederschlagswirksamkeit eher im Westen Deutschlands, der letztere eine solche eher über Süddeutschland entfaltet.

Unter den europäischen Großwettertypen nimmt nach Tabelle 7 fast während des gesamten Jahres die Gruppe der atlantischen Großwettertypen Südwest bis Nordwest mit dem dominierenden Großwettertyp West eine beherrschende Stellung ein und verursacht

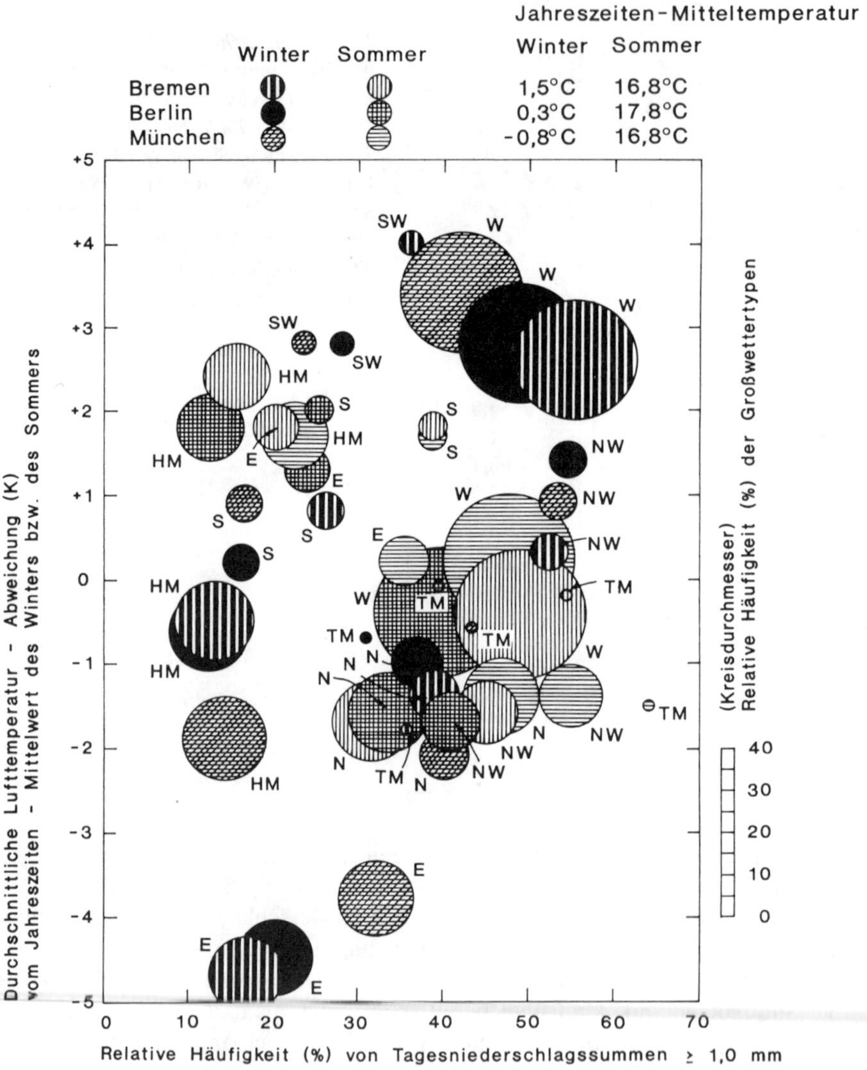

Abbildung 4
Durchschnittliche relative Häufigkeit der Großwettertypen über Mitteleuropa und ihre normale Wetterwirksamkeit während der extremen Jahreszeiten des Bezugszeitraumes 1890 – 1950 in verschiedenen Großräumen Deutschlands (Entwurf: M. Hendl nach teilweise umgerechneten Daten von Bürger 1958)

Bezugsstationen: Bremen-Observatorium 53°05′ N/8°47′ E, 7 m (vor 1936) und Bremen-Flughafen 53°03′ N/8°48′ E, 4 m (ab 1936, ohne 1945); Berlin-Teltower Straße 52°30′ N/13°23′ E, 46 m (vor April 1908) und Berlin-Dahlem 52°28′ N/13°18′ E, 58 m (ab April 1908, ohne 1945); München-Zentralstation 48°09′ N/11°34′ E, 516 m (vor 1927) und München-Botanischer Garten 48°10′ N/11°30′ E, 515 m (ab 1927, ohne 1945). Die relative Häufigkeit der Großwettertypen ist dem Durchmesser der Kreisfiguren proportional; die quantitativen Beziehungen regelt die Skala am rechten Abbildungsrand. *Lesebeispiel:* Der oberste kleine Kreis mit senkrechter Balkenschraffur und der Buchstabenkennzeichnung SW markiert im Diagramm den Großwettertyp Südwest im Winter. Der Kreisdurchmesser liefert nach der Skala am rechten Abbildungsrand eine durchschnittliche relative Eintrittshäufigkeit des Großwettertyps von 4,9%. Die Position des Kreismittelpunktes zeigt an, daß mit dem genannten Großwettertyp über Bremen eine durchschnittliche Lufttemperaturabweichung um +4,0 K vom Jahreszeitenmittelwert und eine Eintrittshäufigkeit für Tagesniederschläge ≧ 1,0 mm von 36,0% verbunden sind.

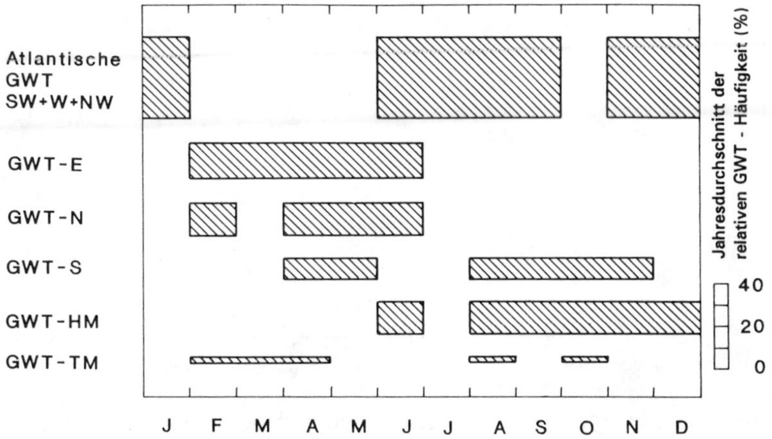

Abbildung 5
Jahresabschnitte mit erhöhter relativer Monatshäufigkeit der Großwettertypen in bezug auf deren jeweiligen Jahresdurchschnitt der relativen Häufigkeit im Zeitraum 1951–1980
(Entwurf: M. Hendl nach Daten von Rampe u. Reinke 1985)
Die Balkenstärke indiziert den unterschiedlichen Jahresdurchschnitt der relativen Großwettertypen-Häufigkeit gemäß der Skala am rechten Abbildungsrand.

die generell stark ozeanische Prägung der Normalwitterung Mitteleuropas. Immerhin bewirkt jedoch die jahreszeitlich veränderliche Häufigkeit der anderen Großwettertypen manche Besonderheit im durchschnittlichen Witterungscharakter der verschiedenen Jahreszeiten (Abb. 5).

Der normale *Winter* Mitteleuropas ist bei insgesamt sehr wechselhaften Zirkulationsverhältnissen auffallend stark ozeanisch beeinflußt. Die atlantischen Großwettertypen West, Südwest und Nordwest erreichen im Dezember und Januar durchschnittliche relative Monatshäufigkeiten um 45%, an denen der Großwettertyp West mit Zweidrittelmehrheit beteiligt ist. Die genannten Großwettertypen sind über Mitteleuropa weit überwiegend zyklonal ausgebildet, also von intensiver Zyklonentätigkeit mit häufigen Frontalniederschlägen begleitet. Diese fallen angesichts der positiven Bodentemperatur der beteiligten atlantischen Luftmassen vornehmlich als Regen oder als Mischniederschlag, und nur in höheren Gebirgslagen ist dann in der Regel Schneeniederschlag zu erwarten. Der ebenfalls winterwarme, aber deutlich seltener zu Niederschlag neigende Großwettertyp Süd zeigt in der kalten Jahreszeit eine unternormale Häufigkeit im Vergleich zum ohnehin bescheidenen Häufigkeitsjahresmittel und spielt daher eine nur sekundäre Rolle. Wesentlich bedeutungsvoller ist der generell niederschlagsarme Großwettertyp Ost, der mit Einbrüchen sehr kalter Kontinentalluft vor allem im Januar und Februar das Wetter an 15–20% aller Tage bestimmt, während im Dezember die Rolle eines Störfaktors für das atlantische Witterungsregime stärker dem besonders niederschlagsarmen, thermisch jedoch weniger extremen Großwettertyp Hochdruck Mitteleuropa zufällt; dieser präsentiert sich jedoch auch im Januar und Februar noch an rund 15% aller Tage. Gleiche Bedeutung kommt den ebenfalls kalten, in der Mehrzahl der Fälle jedoch zyklonenbegleiteten und dann mit Frontalschneefällen verbundenen Großwetterlagen des Nordtyps zu, die durch einen ersten Häufigkeitsgipfel von 17% im Februar zusammen mit den Großwetterlagen des kon-

GWT	Jan.	Febr.	März	Apr.	Mai	Juni	Juli	Aug.	Sept.	Okt.	Nov.	Dez.	Jahr
W	29,7	23,2	23,7	16,2	17,7	25,8	30,5	29,4	27,7	23,1	28,8	31,6	25,6
SW	9,9	5,8	5,7	5,2	7,0	3,2	4,4	7,0	6,6	9,4	6,1	6,9	6,4
NW	6,0	6,4	7,0	7,7	5,1	7,2	14,0	5,1	7,4	4,7	4,6	6,9	6,8
E	16,3	19,9	25,5	19,2	25,6	19,7	14,9	16,9	10,7	12,3	11,8	12,9	17,1
N	14,8	17,3	15,1	23,2	21,4	16,9	13,3	11,8	13,8	11,6	14,8	14,9	15,7
S	7,5	8,7	8,6	11,4	10,8	8,3	6,5	11,0	12,0	11,8	14,4	8,1	9,9
HM	14,6	14,7	10,1	11,2	8,9	15,7	13,9	15,4	18,9	23,4	16,4	17,2	15,0
TM	0,6	3,4	3,3	4,8	1,8	1,8	1,6	2,5	1,0	2,6	2,2	0,4	2,2
X[1]	0,6	0,5	1,1	1,0	1,7	1,4	0,9	1,1	2,0	1,1	0,9	1,1	1,1

[1] Unbestimmbare Situationen.

tinentalen Osttyps einen deutlichen Häufigkeitsrückgang der atlantischen Großwettertyp-Gruppe veranlassen und damit zu den charakteristischen Zirkulationsverhältnissen des Frühjahrs überleiten.

Das *Frühjahr* ist durch außergewöhnlich seltenes Auftreten des Großwettertyps West gekennzeichnet, so daß die atlantische Großwettertyp-Gruppe Südwest bis Nordwest infolgedessen im April und Mai mit 29–30% relativer Monatshäufigkeit ihr ausgeprägtes Jahresminimum erreicht. An ihre Stelle tritt mit einer bemerkenswerten Häufigkeitssteigerung vor allem der Großwettertyp Nord, der nach einem vorübergehenden schwachen Rückgang im März dann im April und Mai an über 20% aller Tage mit dem charakteristischen kühlen und oft auch schauerreichen Wetter auftritt. Angesichts dieser Verhältnisse erweist es sich als sehr vorteilhaft, daß während des gesamten Frühjahrs und noch bis in den Juni hinein anhaltend der kontinentale Großwettertyp Ost mit 20–25% relativer Monatshäufigkeit ebenfalls sein betont deutliches Jahresmaximum erreicht. Da der bewölkungsarme, die Einstrahlung begünstigende Großwettertyp Zentralhoch Mitteleuropa in dieser Jahreszeit eher mit unternormaler Häufigkeit um nur 10% in Erscheinung tritt und auch der Warmluft nach Mitteleuropa führende Großwettertyp Süd trotz eines ersten Häufigkeitsmaximums im April/Mai nur an 10% aller Tage wirksam ist, hat das Häufigkeitsmaximum des kontinentalen Osttyps eine erhebliche Bedeutung für den Erwärmungsprozeß: Durch geringe Bewölkung fördert auch der Großwettertyp Ost die Strahlungsenergiezufuhr zur Erdoberfläche, die sich als Folge der rasch zunehmenden Sonnenhöhe und täglichen Bestrahlungsdauer fortgesetzt erhöht. Die erwärmungsverzögernde Kühlwirkung des Großwettertyps Nord wird dadurch überkompensiert, wenngleich ein sehr diskontinuierlich verlaufender Lufttemperaturanstieg die Folge des zeitlich abwechselnden Gegeneinanderwirkens beider Großwettertypen ist. Eine gewisse Bedeutung für die Witterungsverhältnisse des Frühjahrs kommt schließlich noch dem generell sehr seltenen Großwettertyp Tiefdruck Mitteleuropa zu, weil er zu räumlich ausgedehnten und anhaltenden Großniederschlägen über dem östlichen und zu schauerbegleiteter Kaltluftzufuhr aus Norden über dem westlichen Mitteleuropa neigt; er erreicht während dieser Jahreszeit sein Häufigkeitsmaximum, dabei im April an durchschnittlich fast 5% aller Tage auftretend.

Ähnlich dem Winter zeigt sich der *Sommer* Mitteleuropas in der Regel wieder stark ozeanisch kontrolliert. Die Gruppe der bewölkungsreichen und oft von Frontalniederschlag begleiteten atlantischen Großwettertypen Südwest bis Nordwest erzielt im Jahreszeitenmittel einen Relativanteil von 42,3%, exakt jenem des Winters entsprechend, und im Juli steigt ihre

inter	Frühjahr	Sommer	Herbst
,4	19,2	28,6	26,5
7,5	6,0	4,9	7,4
,4	6,5	8,8	5,6
,2	23,5	17,2	11,5
5,6	19,9	14,0	13,4
,1	10,2	8,6	12,7
5,5	10,1	15,0	19,7
,4	3,3	1,9	2,0
,9	1,3	1,0	1,2

Tabelle 7
Durchschnittliche relative Häufigkeit der Großwettertypen (GWT) während des Bezugszeitraumes 1951–1980 über Mitteleuropa (in %; nach Daten von RAMPE *u.* REINKE *1985)*

relative Häufigkeit sogar auf fast 50%, woran der Großwettertyp Nordwest mit einem Jahresmaximum von 14% relativer Monatshäufigkeit einen ansehnlichen Anteil hat, während der Großwettertyp Südwest im Sommer selten ist. Mit ähnlichen Auswirkungen trägt zur generell regnerischen und kühlen Sommerwitterung zusätzlich noch der Großwettertyp Nord bei, der allerdings nur im Juni noch die erhöhte Eintrittshäufigkeit des Frühjahrs zeigt, sonst jedoch deutlich unterdurchschnittliche relative Monatshäufigkeiten erkennen läßt und im August sogar eines der beiden Jahresminima erreicht. Auch der Großwettertyp Süd, nur im August mit 11% Anteil überdurchschnittliche Häufigkeit erzielend, ist im Sommer nahezu ausschließlich zyklonal ausgebildet und daher wiederum (vor allem über dem westlichen Mitteleuropa) zeitweilig regenbegleitet. Abschnitte mit trockenem und warmem Wetter sind mithin auf die Großwettertypen Ost und Zentralhoch Mitteleuropa beschränkt, von denen im Frühsommer der erstere etwas häufiger auftritt als der letztere. Sonst sind jedoch beide Großwettertypen zu etwa gleichen Anteilen ohne besondere Häufigkeitsschwerpunkte vertreten und erreichen zusammen einen relativen Jahreszeitenanteil von rund 32%, dem gemeinsamen Jahresdurchschnitt entsprechend und diesen nur im Juli leicht unterschreitend.

Bedeutende Zeitabschnitte des *Herbstes*, vor allem des Septembers und Oktobers, zeigen sich durch anhaltendes Auftreten des Großwettertyps Hochdruck Mitteleuropa geprägt. Er erzielt in den genannten beiden Monaten sein bemerkenswert deutliches Häufigkeitsmaximum und führt zu den niederschlagsfreien Strahlungswetterperioden des sogenannten Altweibersommers mit ihrem starken Lufttemperatur-Tagesgang und dem nächtlichen bzw. morgendlichen Tau- und Nebelreichtum über feuchterem Gelände, darin noch unterstützt vom Großwettertyp Ost, der allerdings mit durchschnittlichen relativen Monatshäufigkeiten von wenig über 10% jetzt eine nur sekundäre Bedeutung hat. Wohl fehlen die atlantischen Großwettertypen unter erhöhter Beteiligung des Großwettertyps Südwest auch während dieser frühherbstlichen Zeit nicht, nehmen vielmehr selbst dann noch hinsichtlich ihrer durchschnittlichen relativen Monatshäufigkeit als Großwettertyp-Gruppe die Spitzenstellung ein, doch sind sie zumindest im Oktober nur unwesentlich häufiger als die Großwettertypen Hochdruck Mitteleuropa und Kontinental-Ost zusammen. Der Großwettertyp Hochdruck Mitteleuropa erzielt im Oktober sogar knapp die größte durchschnittliche Häufigkeit unter allen einzelnen Großwettertypen. Im November erfolgt dann jedoch wieder eine deutliche Häufigkeitszunahme des atlantischen Großwettertyps West mit seinen niederschlagsbegleiteten Zyklonen, und auch der wiederum weit überwiegend zyklonal

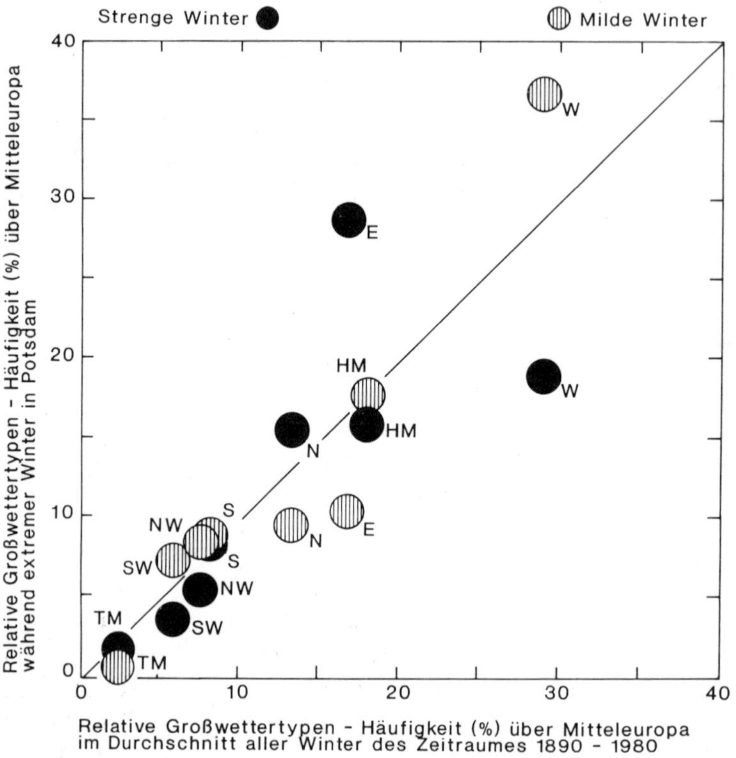

Abbildung 6a
Durchschnittliche relative Großwettertypen-Häufigkeit während extremer Winter im Vergleich zur durchschnittlichen relativen Großwettertypen-Häufigkeit während aller Winter des Referenzzeitraumes 1890–1980 über Mitteleuropa (Entwurf: M. Hendl nach Daten von Bürger 1958, Rampe u. Reinke 1985, Helbig [Kleber] 1986)

Als extreme Winter sind jeweils gruppenweise die 15 kältesten und die 15 wärmsten Winter des Zeitraumes 1893–1980 an der Station Potsdam-Observatorium 52°23′ N/13°04′ E, 81 m, zusammengefaßt. Beurteilungsgröße für die Auswahl war die Winter-Mitteltemperatur der Einzeljahre. Die Gruppen-Mitteltemperatur der 15 kältesten Winter beträgt –3,6 °C, jene der 15 wärmsten Winter 2,1 °C. Der Mittelpunkt jeder Kreisfläche markiert für den entsprechenden Großwettertyp die relative Eintrittshäufigkeit für die jeweilige Extremwintergruppe und für den Referenzzeitraum. Positionen auf der eingetragenen Diagonale bedeuten gleiche relative Großwettertypen-Häufigkeit in den Vergleichszeiträumen.

ausgebildete Großwettertyp Süd trägt durch das Jahresmaximum seiner Häufigkeit zur vorherrschend trüben, oft regnerischen Witterung dieses Spätherbstmonats bei, der den Übergang zur wechselhaften Winterwitterung vermittelt. Nur die zeitweilige Herrschaft des immer noch überdurchschnittlich häufigen Großwettertyps Hochdruck Mitteleuropa sorgt für gelegentliche Erinnerung an die Schönwetterperioden der vorangegangenen Herbstabschnitte.

Von dem skizzierten Normalcharakter der Witterung in den verschiedenen Jahreszeiten können in einzelnen Jahren oder auch Jahresfolgen deutliche Abweichungen auftreten, die dann durch eine besondere Häufigkeitsverteilung der Großwettertypen verursacht werden (Abb. 6a und 6b).

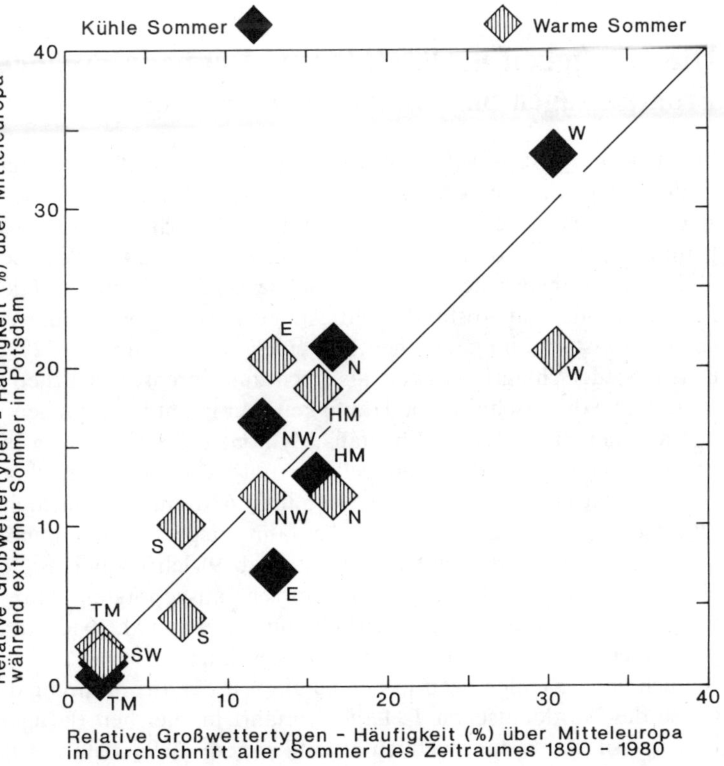

Abbildung 6b
Durchschnittliche relative Großwettertypen-Häufigkeit während extremer Sommer im Vergleich zur durchschnittlichen relativen Großwettertypen-Häufigkeit während aller Sommer des Referenzzeitraumes 1890 – 1980 über Mitteleuropa (Entwurf: M. HENDL nach Daten von BÜRGER 1958, RAMPE u. REINKE 1985, HELBIG [KLEBER] 1986)

Als extreme Sommer sind jeweils gruppenweise die 15 kühlsten und die 15 wärmsten Sommer des Zeitraumes 1893 – 1980 an der Station Potsdam-Observatorium 52°23′ N/13°04′ E, 81 m, zusammengefaßt. Beurteilungsgröße für die Auswahl war die Sommer-Mitteltemperatur der Einzeljahre. Die Gruppen-Mitteltemperatur der 15 kühlsten Sommer beträgt 15,8 °C, jene der 15 wärmsten Sommer 18,5 °C. Der Mittelpunkt jedes Quadrates markiert für den entsprechenden Großwettertyp die relative Eintrittshäufigkeit für die jeweilige Extremsommergruppe und für den Referenzzeitraum. Positionen auf der eingetragenen Diagonale bedeuten gleiche relative Großwettertypen-Häufigkeit in den Vergleichszeiträumen.

So sind mitteleuropäische *Strengwinter* durch weit unternormale Häufigkeit des Großwettertyps West und durch weit übernormale Häufigkeit des Großwettertyps Kontinental-Ost ausgezeichnet, während besonders *milden Wintern* ein gegenteiliges Häufigkeitsangebot der genannten beiden Großwettertypen zuzuordnen ist und zusätzlich noch der Großwettertyp Nord dann deutlich unter seiner normalen Eintrittshäufigkeit liegt.

Für *kühle Sommer* ist gehäuftes Auftreten des Großwettertyps Nord ebenso typisch wie stark unternormale Häufigkeit des Großwettertyps Kontinental-Ost. *Warme Sommer* sind hingegen vor allem durch erheblich geminderte Häufigkeit des Großwettertyps West, ein eingeschränktes Auftreten des Großwettertyps Nord sowie gesteigerte Häufigkeit des Großwettertyps Kontinental-Ost bedingt.

2.
Die Häufigkeit niederschlagswirksamer Vorgänge über Deutschland: Frontpassagen und Konvektionsvorgänge

TETZLAFF u. HAGEMANN (1985) verdankt man eine Untersuchung zum Anteil verschiedener niederschlagswirksamer Prozesse an der Gesamtzahl der Niederschlagsereignisse und der zugeordneten Niederschlagsgesamtsumme (Tab. 8). Sie gilt zwar für die Bezugsstation Hannover, doch können ihre Ergebnisse mit großer Wahrscheinlichkeit weiträumige Gültigkeit beanspruchen. Es wird nachgewiesen, daß das Aufgleiten an zykloneninternen Fronten als der mit Abstand wichtigste niederschlagswirksame Vorgang über Deutschland anzusehen ist und im gegebenen Fall einen Anteil von rund 52% sowohl zur durchschnittlichen Niederschlagshäufigkeit als auch zur durchschnittlichen Niederschlagsmenge beisteuert. Die durchschnittliche Häufigkeit von Frontdurchgängen ist daher von erstrangiger klimatischer Bedeutung. (Ebenfalls Zyklonen zugeordnet, wenn auch nicht direkt an Frontpassagen gebunden, sind weitere rund 15% der Niederschlagsereignisse und 24% der Niederschlagsmenge, so daß Zyklonen insgesamt durchschnittlich zwei Drittel aller Niederschlagsereignisse und drei Viertel der Jahresniederschlagssumme veranlassen.)

Eine entsprechende Datenübersicht (Tab. 9) lehrt zunächst, daß die durchschnittliche Häufigkeit von Frontpassagen keinem sehr ausgeprägten Jahresgang unterliegt und daß allenfalls der Winter, in Süddeutschland das Frühjahr, sich durch leicht erhöhte Werte gegenüber den anderen Jahreszeiten auszeichnet.

Auch zonale Differenzen in der Häufigkeit der Frontdurchgänge sind gering: Berlin im Osten des Norddeutschen Tieflandes erfährt im gleichen Bezugszeitraum nur 8% weniger Frontpassagen als die erheblich atlantiknähere Tieflandstation Bremen.

Tabelle 8
Relativer Anteil bestimmter Niederschlagstypen an der Gesamtzahl aller Niederschlagsereignisse mit Tagessummen ≥ 2,5 mm und an der korrespondierenden Niederschlagsgesamtsumme für den Zeitraum 1979–1984 an der Bezugsstation Hannover-Herrenhausen (in %; nach TETZLAFF *u.* HAGEMANN *1986)*

Niederschlagstyp	Niederschlags-ereignis-Anteil		Niederschlags-summen-Anteil	
Frontalniederschlag	52,2		51,9	
Warmfrontniederschlag		11,5		10,4
Kaltfrontniederschlag		20,2		20,8
Okklusionsfrontniederschlag		20,5		20,7
Zykloneninterner Warmsektorniederschlag	5,1		2,0	
Zykloneninterner Dauerniederschlag ohne Frontpassage	9,7		21,8	
Schauerniederschlag außerhalb von Fronten	31,1		23,9	
Sonstige Niederschläge	1,9		0,6	

Stationsposition: 52°22′ N/9°45′ E, 57 m.
Gesamtzahl der Niederschlagsereignisse mit Tagessummen ≥2,5 mm: 838 Fälle.
Niederschlagsgesamtsumme der Niederschlagsereignisse: 3134 mm.

Abbildung 7
Breitenabhängigkeit der absoluten Häufigkeit täglicher Positionen von Hochdruckzentren während des Bezugszeitraumes 1947 – 1957 im Meridianstreifen 5° – 15° E (Entwurf: M. HENDL nach Auszählungen auf Sammelkarten von REINEL 1960 für Europa)

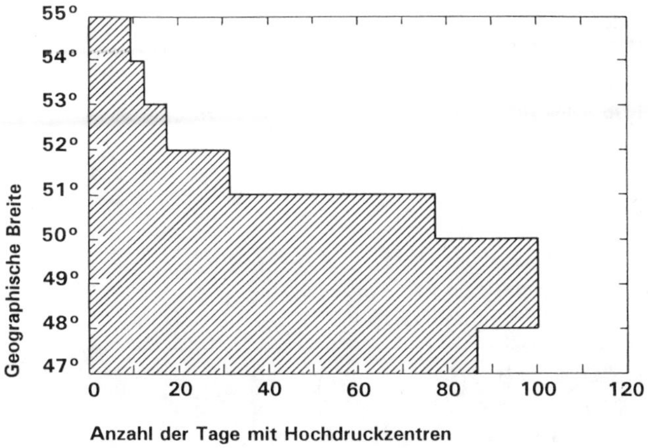

Im Vergleich zu Norddeutschland merklich seltener von Frontdurchgängen beeinflußt zeigt sich hingegen Süddeutschland, das nach einer Fronthäufigkeitsstatistik von HOINKA (1985) um fast 50% gegenüber den entsprechenden Werten für Norddeutschland abfällt. Diesen im angegebenen Ausmaß erstaunlichen Umstand hatte bereits BAND (1955), wenngleich mit wesentlich geringerer Nord-Süd-Differenz, festgestellt und in diesem Zusammenhang anhand der Meridionalvariation verschiedener klimatischer Größen der Mainlinie den Charakter einer Wetterscheide zugesprochen. Unterschiede in der jährlichen Fronthäufigkeit zwischen Nord- und Süddeutschland im angegebenen Sinne fand auch ERIKSEN (1971) im Ergebnis einer (nicht stationsbezogenen) europaweiten Auszählung für den Fünfjahreszeitraum 1958 – 1962. Die Ursache findet sich in der größeren Distanz Süddeutschlands zum außertropischen Hauptzyklonengürtel und der dadurch möglichen erhöhten Häufigkeit bzw. Beständigkeit von Hochdrucksituationen, wie sie sich beispielsweise aus Sammelkarten der täglichen Positionen von Bodenhochdruckzentren bei REINEL (1960) erschließen läßt. Ein krasser Häufigkeitsabfall bei diesen Hochdruckzentren am Übergang von der Mittelgebirgsschwelle zum norddeutschen Tieflandsraum (Abb. 7) ist nicht zu übersehen. (Er übersteigt auch bei weitem die Arealabnahme der zonalen Eingradfeldstreifen mit zunehmender geographischer Breite, die zwischen 47° – 48° einerseits und 54° – 55° andererseits nur 13,9% beträgt.)

Auf Konvektionsvorgänge sind nach der genannten Untersuchung von TETZLAFF u. HAGEMANN (1985) über 30% aller Niederschlagsereignisse und immerhin knapp 24% der durchschnittlichen Jahresniederschlagssumme zurückzuführen. Hinsichtlich der Bedeutung für die Niederschlagstätigkeit steht damit die Konvektion als aktiver Vertikalbewegungsvorgang mit räumlich wechselnden Aufstiegs- und Absinkbereichen an zweiter Stelle.

Ihre Häufigkeit zeitlich und räumlich differenziert zu erfassen ist schwierig. Es gibt Konvektionsvorgänge sehr unterschiedlicher Intensität und Vertikalerstreckung, und auch frontale Aufgleitvorgänge können besonders im Sommer konvektiv beeinflußt sein. Niederschlagswirksam sind zudem nur hochreichende Konvektionsvorgänge, da nur hierbei jene Wolkenmächtigkeiten erzielbar sind, die eine Bildung hinreichend großer Wolkenelemente ermöglichen; diese müssen die Fallstrecke in wasserdampfungesättigter Luft zwischen

Station	Jan.	Febr.	März	Apr.	Mai	Juni
Norddeutschland-West						
Bremen 1961–1975						
Durchschnittliche Fronthäufigkeit	14,2	12,1	11,8	12,9	13,2	10,9
Relative Fronthäufigkeit[1]	9,2	7,9	7,7	8,4	8,6	7,1
Norddeutschland-Ost						
Berlin-Buch 1961–1975						
Durchschnittliche Fronthäufigkeit	12,3	12,0	10,3	11,5	12,1	10,5
Relative Fronthäufigkeit[1]	8,7	8,5	7,2	8,1	8,6	7,4
Süddeutschland						
München 1968–1977						
Durchschnittliche Fronthäufigkeit	7,0	6,3	6,8	7,1	6,4	6,0
Relative Fronthäufigkeit[1]	9,3	8,4	9,0	9,4	8,5	8,0

[1] Monatliche Häufigkeit in % der jährlichen Häufigkeit.

Station	Jan.	Febr.	März	Apr.	Mai	Juni	Juli	Aug.
List	0,4	0,1	0,3	0,4	2,1	1,6	3,7	5,4
Gedser Rev	0,1	0,0	0,1	0,6	2,4	2,7	4,5	4,1
Lübeck	0,2	–	0,3	0,6	2,8	3,0	3,9	5,5
Greifswald	0,0	0,0	0,3	0,9	2,6	3,6	4,8	4,4
Hamburg	0,3	0,2	0,5	0,7	3,7	3,2	5,9	6,7
Potsdam	0,2	0,1	0,3	2,0	4,2	5,6	6,8	5,8
Aachen	0,2	0,3	0,5	1,2	4,3	4,1	5,5	4,5
Marburg	0,1	–	0,4	1,2	3,8	3,9	6,1	5,0
Erfurt	0,1	0,1	0,3	1,3	4,6	5,2	5,1	5,0
Dresden	0,2	0,4	0,5	2,2	5,8	6,2	7,5	5,9
Brocken	0,2	0,2	0,4	1,9	4,0	4,9	5,8	5,0
Frankfurt/Main[1]	0,0	0,1	0,6	1,4	4,6	5,9	6,0	5,5
Karlsruhe	–	0,2	0,6	1,8	4,3	6,5	6,2	5,4
Bamberg	0,1	–	0,2	1,0	4,7	6,1	6,3	5,9
Feldberg	0,5	0,3	0,8	1,9	6,2	9,1	9,3	7,6
Augsburg	0,2	0,1	0,6	0,8	3,9	6,9	6,7	4,9
Hohenpeißenberg	0,1	0,1	0,3	2,4	6,8	8,1	8,3	7,5
Garmisch-Partenkirchen	–	–	0,1	1,6	5,0	8,2	7,5	7,2
Säntis[2]	0,1	0,1	0,5	1,7	5,1	7,0	7,7	6,1

[1] Bezugszeitraum 1931–1956.
[2] Bezugszeitraum 1941–1960.

Juli	Aug.	Sept.	Okt.	Nov.	Dez.	Jahr
13,3	12,5	12,5	12,6	13,8	14,2	154,0
8,6	8,1	8,1	8,2	8,9	9,2	100,0
12,5	11,2	12,6	10,9	12,3	13,6	141,7
8,8	7,9	8,9	7,7	8,6	9,6	100,0
5,3	5,3	6,1	6,0	6,9	5,9	75,1
7,1	7,1	8,1	8,0	9,2	7,9	100,0

Tabelle 9
Durchschnittliche Häufigkeit von Frontpassagen über Deutschland (nach Originalauszählungen auf Wetterkarten von HENDL *für Bremen, nach* HENDL *1991 für Berlin-Buch und nach* HOINKA *1985 für München)*

Sept.	Okt.	Nov.	Dez.	Jahr	Relativanteil [%] Juni – Aug.
2,9	1,3	0,8	0,8	19,8	54,0
1,8	0,3	0,0	0,0	16,6	68,1
0,9	0,1	0,1	0,3	17,7	70,0
1,7	0,4	–	0,0	18,7	68,4
1,8	0,5	0,4	0,3	24,7	65,3
2,3	0,5	0,1	0,0	27,9	65,2
2,5	0,5	0,3	0,2	24,1	58,5
1,5	0,1	0,2	0,1	22,4	67,0
1,6	0,3	–	0,1	23,7	64,6
2,3	0,7	–	0,1	31,8	61,6
1,5	0,2	0,2	0,3	24,6	63,8
2,3	0,2	–	0,1	26,7	65,2
2,6	0,5	–	0,3	28,4	63,7
1,6	0,7	0,1	–	26,7	68,5
2,9	1,1	0,4	0,4	40,5	64,2
1,8	0,1	0,1	0,1	26,2	70,6
3,0	0,3	0,2	0,0	37,1	64,4
2,1	0,7	0,1	–	32,5	70,5
2,6	0,3	0,1	0,1	31,4	66,2

Tabelle 10
Durchschnittliche Anzahl der Gewittertage während des Bezugszeitraumes 1931 – 1960 (vorwiegend nach SCHÜEPP *u.* SCHIRMER *1977 mit Ergänzungen nach* ATTMANNSPACHER *u. a. 1981,* MOLLWO *1958,* SPARRE *1981)*

Stationspositionen:
Aachen 50°47′ N/6°06′ E, 202 m
Augsburg 48°22′ N/10°54′ E, 490 m
Bamberg 49°53′ N/10°53′ E, 282 m
Brocken 51°48′ N/10°37′ E, 1142 m
Dresden-Wahnsdorf 51°07′ N/13°41′ E, 246 m
Erfurt-Bindersleben 50°59′ N/10°58′ E, 315 m
Feldberg (Schwarzwald) 47°52′ N/8°00′ E, 1486 m
Frankfurt/Main 50°07′ N/8°40′ E, 103 m
Garmisch-Partenkirchen 47°30′ N/11°06′ E, 704 m
Gedser Rev 54°27′ N/12°11′ E, (Feuerschiff)
Greifswald 54°06′ N/13°27′ E, 2 m
Hamburg-Fuhlsbüttel 53°38′ N/9°59′ E, 13 m
Hohenpeißenberg 47°48′ N/11°01′ E, 975 m
List/Sylt 55°01′ N/8°25′ E, 16 m
Lübeck 53°54′ N/10°42′ E, 5 m
Marburg 50°49′ N/8°46′ E, 243 m
Potsdam-Observatorium 52°23′ N/13°04′ E, 81 m
Säntis 47°15′ N/9°20′ E, 2500 m.

Wolkenuntergrenze und Erdoberfläche ohne vollständige Rückverdampfung überwinden können, um an der Erdoberfläche als Niederschlagselemente aufzutreffen. Die hier speziell interessierende hochreichende Konvektion kann man nun wegen der häufigen Kopplung mit elektrischen Entladungen mit gewisser Einschränkung als Gewitterkonvektion bezeichnen und mithin die Gewitterhäufigkeit näherungsweise als Indikator für die Häufigkeit hochreichender Konvektionsvorgänge nutzen. Wohl erfaßt man dadurch nicht alle Situationen mit konvektiven Niederschlagsereignissen, da es auch gewitterfreie niederschlagswirksame Konvektion gibt, aber man erfaßt mit einiger Sicherheit wenigstens die Fälle mit intensivem und daher ergiebigem Konvektionsniederschlag.

Entsprechend den Angaben in Tabelle 10 läßt sich zunächst ein bedeutender Jahresgang der gewitterbegleiteten Großkonvektion konstatieren, mit geringfügigem Auftreten im Winter und stets starker Ausbildung in der sommerlichen Jahreszeit. Allein auf die drei Monate Juni bis August entfallen ziemlich einheitlich rund zwei Drittel aller Gewittertage des Jahres. Während des Sommers zeigen sich die notwendigen Bedingungen für die Gewitterkonvektion am häufigsten erfüllt: starke vertikale Temperaturabnahme als Folge zeitweilig besonders günstigen Strahlungshaushaltes der Erdoberfläche und entsprechend kräftiger tagesperiodischer Anheizung der angrenzenden unteren Luftschichten in Kombination mit hohem Wasserdampfgehalt der Luft. Durch dessen Kondensation im aufsteigenden Luftstrom kann dann durch Freisetzung bedeutender Mengen an Kondensationswärme eine bereits eingeleitete aktive Aufstiegsbewegung verstärkt, die Vertikalentwicklung von Konvektionswolken erheblich gefördert und schließlich die Bildung von mächtigen, sehr niederschlagswirksamen Cumulonimbus-Zellen erreicht werden.

Die räumliche Verteilung der Gewitterhäufigkeit läßt sich nur sehr allgemein beschreiben, da aus dem Gesamtraum die Daten von vergleichsweise wenigen Stationen für einen gemeinsamen neueren Bezugszeitraum publiziert vorliegen (Tab. 10), eine Kombination von Stationen mit verschiedenen Beobachtungszeiträumen sich jedoch wegen unterschiedlicher Gewittertätigkeit in den jeweiligen Bezugsperioden verbietet (Tab. 11).

Hinsichtlich dieser räumlichen Verteilung zeigen sich die Binnenlandbereiche Norddeutschlands mit durchschnittlich 22–25 Gewittertagen im Jahr etwas gewitterärmer als vergleichbare Räume Süddeutschlands südwärts der Mittelgebirgsschwelle, die es außerhalb von Gebirgskörpern auf durchschnittlich 26–28 Gewittertage im Jahr bringen. Eine einleuchtende Ursache ist nicht nachgewiesen. Vergleichsweise gewitterarm sind die Küstenregionen an Nordsee und Ostsee mit durchschnittlich weniger als 20 Ereignistagen im Jahr, eine Folge der konvektionsbenachteiligenden Wirkung der (relativ zum Festland) sommerkühlen nahen Meeresoberfläche. Noch deutlicher tritt die Gewitterarmut der Küstenbereiche

Bezugszeitraum	Potsdam Observatorium	Brocken Gipfelstation
1896–1925		21,3
1901–1930	26,0	
1901–1950	26,3	21,2
1931–1960	27,9	24,6
1951–1980	28,8	34,1

Tabelle 11
Durchschnittliche Anzahl der jährlichen Gewittertage in unterschiedlichen Bezugszeiträumen an einer Binnentieflandsstation und einer Mittelgebirgsgipfelstation (Zusammenstellung nach Branicki *1963,* Schüepp *u.* Schirmer *1977, Reichsamt für Wetterdienst 1939, Meteorologischer Dienst der DDR 1978, 1987)*

Station	Jan.	Febr.	März	Apr.	Mai	Juni	Juli	Aug.	Sept.	Okt.	Nov.	Dez.	Jahr
Warnemünde	–	–	–	0,8	2,2	6,4	6,4	6,1	2,2	0,4	–	–	24,5
Bremen[1]	0,2	0,7	1,1	2,7	10,0	15,7	17,7	16,2	5,3	2,1	1,2	0,5	73,4
Berlin-Schönefeld	0,1	0,2	0,1	2,6	11,7	22,2	23,1	20,1	6,1	0,3	0,4	–	86,9

[1] Bezugszeitraum 1951 – 1970.

Stationspositionen:
Berlin-Schönefeld 52°22′ N/13°31′ E, 46 m
Bremen-Flughafen 53°03′ N/8°48′ E, 4 m
Warnemünde 54°11′ N/12°05′ E, 4 m.

Tabelle 12
Durchschnittliche Anzahl der Gewitterstunden während des Bezugszeitraumes 1951 – 1960 im Vergleich zwischen Küste und Binnentiefland
(nach WEHNER *1964,* EINSLE *1967,* BÄTJER *u.* HEINEMANN *1983)*

im Vergleich zum Binnenland hervor, wenn man sie nicht nach Gewittertagen, sondern auf der Basis von Gewitterstunden beurteilt (Tab. 12).

Deutlich erhöht gegenüber dem Umland erweist sich schließlich in der Regel die Gewitterhäufigkeit in Gebirgsbereichen. Dieser Umstand wurde bereits mehrfach konstatiert (DEFANT 1910, EKHART 1936, WEIXLEDERER 1939) und kann der gewitterbegünstigenden Rolle von Hangaufwinden zugeschrieben werden, die sich tagsüber als Folge der stärkeren Lufterwärmung an strahlungshaushaltsbegünstigten Gebirgshängen gegenüber hangfernen Bereichen entwickeln. Gleiche Wirkung kann die Konvergenz von Talwindsystemen haben, wenn sich die oberen Partien verschiedener Gebirgstäler einander nähern.

3. Das Klima des Norddeutschen Tieflandes

Bei weit überwiegend zonaler Zirkulation muß sich im Tieflandsraum eine Änderung der Lufttemperatur- und der Niederschlagsverhältnisse vor allem in zonaler Richtung durchsetzen. Das wenig eindrucksvolle Relief macht sich vornehmlich in der Niederschlagsverteilung bemerkbar, und auch hier hauptsächlich im stärker geformten Ostteil des Tieflandes. Schließlich erweist sich noch in bestimmten Fällen ein Unterschied zwischen Binnentiefland und Küstentiefland von Bedeutung.

Im Falle der Lufttemperatur ist bei vergleichbarer Geländesituation ein Anstieg der durchschnittlichen Jahresschwankung von West nach Ost deutlich erkennbar (Tab. 13), mit gleichgerichteter Zunahme der Mitteltemperatur auch der Sommermonate, während jene der Wintermonate ostwärts abnimmt. Es wäre zunächst denkbar, daß die östlichen Tieflandsräume etwas häufiger unter den Einfluß kontinentaler Luftströmungen geraten,

Station	Jan.	Febr.	März	Apr.	Mai	Juni	Juli	Aug.
Küstentiefland								
List	0,9	0,4	2,3	5,9	10,5	14,3	15,8	16,3
Norderney	1,5	1,5	3,6	6,7	11,0	14,5	16,3	16,8
Cuxhaven	1,0	1,1	3,4	7,0	11,6	15,1	16,6	16,8
Warnemünde	0,1	0,2	2,6	6,2	10,9	15,0	16,7	16,7
Putbus	−0,5	−0,5	1,9	5,8	10,7	15,0	16,5	16,4
Binnentiefland								
Diepholz	0,7	1,0	3,9	7,5	12,1	15,6	16,8	16,4
Gardelegen	−0,5	−0,1	3,1	7,4	12,4	16,1	17,3	16,8
Berlin-Schönefeld	−1,1	−0,4	3,1	7,8	12,8	16,7	18,0	17,5

Stationspositionen:
Berlin-Schönefeld 52°23′ N/13°31′ E, 47 m
Cuxhaven 53°52′ N/8°42′ E, 5 m
Diepholz 52°37′ N/8°23′ E, 37 m
Gardelegen 52°31′ N/11°24′ E, 47 m
List/Sylt 55°01′ N/8°25′ E, 26 m
Norderney 54°43′ N/7°09′ E, 11 m
Putbus 54°05′ N/12°06′ E, 20 m
Warnemünde 54°11′ N/12°05′ E, 4 m.

Tabelle 14
Durchschnittliche relative Windrichtungshäufigkeit in den zonalen Richtungsquadranten auf der Basis von Stundenmittelwerten für das westliche und das östliche Binnentiefland
(in %; umgerechnet nach absoluten Häufigkeitsdaten von Bätjer *u.* Heinemann *1983 und des Meteorologischen Dienstes der DDR 1983)*

Station	Winter	Frühjahr	Sommer	Herbst	Jahr
Binnentiefland West					
Bremen 1951–1970					
Westquadrant (225°–315°)	38,1	32,4	42,2	36,3	37,3
Ostquadrant (045°–135°)	26,7	29,1	18,7	26,0	25,1
Quotient Westquadrant/Ostquadrant	1,43	1,11	2,26	1,40	1,49
Binnentiefland Ost					
Potsdam 1956–1970					
Westquadrant (225°–315°)	36,7	37,9	48,1	37,0	40,0
Ostquadrant (045°–135°)	26,3	31,0	21,7	27,8	26,7
Quotient Westquadrant/Ostquadrant	1,40	1,22	2,22	1,33	1,50

Stationspositionen:
Bremen-Flughafen 53°03′ N/08°48′ E, 4 m
Potsdam-Observatorium 52°23′ N/13°04′ E, 81 m.

Sept.	Okt.	Nov.	Dez.	Jahres-schwan-kung [K]	Thermo-dromischer Quotient [%]
14,0	10,2	6,0	3,0	15,9	24,5
14,6	10,7	6,3	3,3	15,3	22,2
14,3	10,3	5,8	2,7	15,8	17,1
13,9	9,7	5,2	2,1	16,6	18,1
13,3	9,2	4,7	1,5	17,0	17,6
13,6	9,6	5,1	2,3	16,1	9,9
13,2	8,9	4,4	1,3	17,8	6,7
13,9	9,1	4,2	0,6	19,1	6,3

Tabelle 13
Zonalvariation der mittleren Lufttemperatur [°C] während des Bezugszeitraumes 1951–1980 über dem Norddeutschen Tiefland bei vergleichbarer Geländesituation (Stationsauswahl nach Datensammlungen von MÜLLER-WESTERMEIER *1990 und des Meteorologischen Dienstes der DDR 1987)*

Abbildung 8
Jahresgang der durchschnittlichen relativen Lufttemperatur für den Bezugszeitraum 1951–1980 im Vergleich zwischen Küstentiefland und zentralem Binnentiefland (Entwurf: M. HENDL nach Daten von MÜLLER-WESTERMEIER 1990 und des Meteorologischen Dienstes der DDR 1987)

Bezugsstationen: St. Peter-Ording 54°18′ N/8°39′ E, 4 m, Nordseeküste; Warnemünde 54°11′ N/12°05′ E, 4 m, Ostseeküste; Celle-Vorwerk 52°39′ N/10°06′E, 55 m, Binnentiefland. Die Jahresgänge der relativen Lufttemperatur (Monatsmittel in % der Jahresschwankung) stimmen für Nordseeküste und Ostseeküste mit einer Genauigkeit von 1% überein; sie sind daher in einer gemeinsamen Küstenkurve zusammengefaßt. Die größere Differenz zwischen dem ansteigenden (Januar–Juli) und dem abfallenden (Juli–Januar) Abschnitt der Küstenkurve verdeutlicht die verlangsamte Temperaturzunahme und den verzögerten Temperaturrückgang relativ zum Binnentiefland.

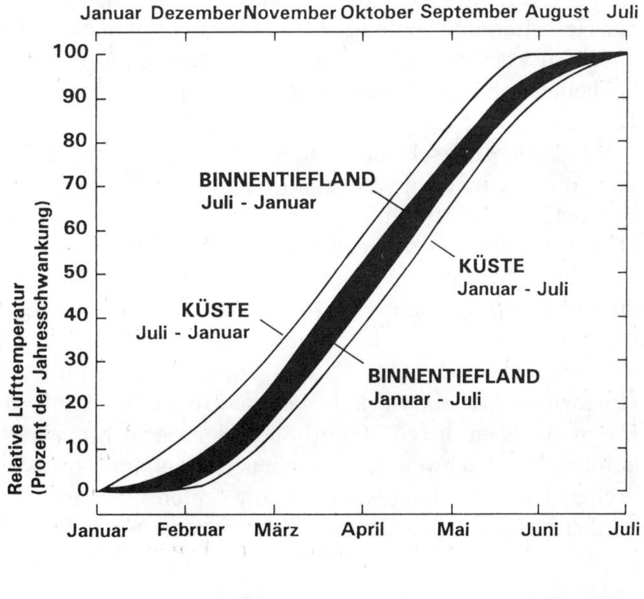

die dann ihrerseits wegen der größeren jahreszeitlichen Unterschiede ihrer thermischen Eigenschaften die allgemeine Zunahme der Lufttemperatur-Jahresschwankung im angegebenen Sinne verursachen. Jedoch zeigt der Quotient Windrichtungshäufigkeit Westquadrant/Ostquadrant zumindest in den extremen Jahreszeiten Winter und Sommer für das westliche Binnentiefland nahezu die gleichen Werte wie für das östliche Binnentiefland (Tab. 14), so daß winterkalte und sommerheiße kontinentale Luftströmungen im Osten Norddeutschlands nicht häufiger auftreten als im Westen. Es darf daher gefolgert werden, daß es die thermische Veränderung der einfließenden winterwarmen und sommerkühlen Luftströmungen ozeanischer Herkunft durch den andersartigen Wärmehaushalt der Festlandsoberfläche ist, die sich beim Vordringen kontinenteinwärts in den Wintermonaten in allmählicher Abkühlung, in den Sommermonaten hingegen in fortschreitender Erwärmung der unteren Strömungsschichten äußert. Wegen der Vorherrschaft von Luftströmungen ozeanischer Herkunft über Mitteleuropa bestimmt primär ihr Verhalten die Temperaturverteilung. Aber auch Luftströmungen kontinentaler Herkunft sollten beim Vordringen westwärts zumindest im Winter eine allmähliche Erwärmung erfahren, da sie dann beim Einfließen nach Mitteleuropa in Gebiete zunehmend günstigeren Strahlungshaushaltes vorstoßen, in denen eine stark strahlungsreflektierende Schneedecke erheblich seltener zur Ausbildung gelangt als im osteuropäischen Herkunftsgebiet.

Ferner bestehen gewisse thermische Unterschiede zwischen Küstentiefland und Binnentiefland. Im Vergleich zu letzterem zeigen längengleiche Küstentieflandsbereiche generell eine etwas verminderte Jahresschwankung der Lufttemperatur, die der Dämpfungswirkung der angrenzenden, im Winter relativ warmen und im Sommer relativ kühlen Wassermassen von Nordsee oder Ostsee zuzuschreiben ist. Diese beeinflussen jedoch nicht nur das Ausmaß der Lufttemperatur-Jahresschwankung im angegebenen Sinne, sondern verändern auch den Jahresverlauf der Lufttemperatur. Er läßt relativ zum Binnentiefland einen deutlich verzögerten Temperaturanstieg im Frühjahr und einen verlangsamten Temperaturabfall im Herbst erkennen (Abb. 8). Ein praktisches Maß hierfür bietet der thermodromische Quotient (griech. *thérme* Wärme, *dromos* Lauf) nach von Kerner (1905), der in der Neufassung durch Reichel (1930) definiert ist als Differenz zwischen der durchschnittlichen Lufttemperatur der Herbstmonate September bis November und jener der Frühjahrsmonate März bis Mai, ausgedrückt in Prozent der durchschnittlichen Lufttemperatur-Jahresschwankung (Tab. 13). Schließlich sind die Küstentieflandsbereiche auch durch eine deutlich geringere Frostanfälligkeit gegenüber längengleichen Binnentieflandsbereichen ausgezeichnet (Tab. 15).

Vergleichsweise schwach macht sich der Einfluß des Reliefs in der räumlichen Temperaturverteilung geltend, obwohl man einen solchen wenigstens im Ostteil des norddeutschen Binnentieflandes mit seinen jüngeren und daher weniger stark abgetragenen glazialzeitlichen Oberflächenformen erwarten sollte. Wohl heben sich die Haupthöhenzonen des (weichselzeitlichen) Nördlichen Landrückens und des (warthezeitlichen) Südlichen Landrückens durch ganzjährig leicht reduzierte Lufttemperaturwerte in ihren mächtigen Endmoränenwällen erkennbar von ihrem jeweiligen Vorland ab (Tab. 16). Bereits ihr unmittelbares Rückland ist aber, sobald als Zungenbecken mit Kaltluftsammeleigenschaft ausgebildet, im Hochwinter fast ebenso kalt wie die Höhen, im Sommer allerdings deutlich wärmer. Im Raum zwischen diesen Haupthöhenzügen jedoch macht sich der Wechsel zwischen höher aufragenden flachwelligen bis ebenen Grundmoränen- und Sanderflächen, eingesenkten breiten Urstromtalungen, erosiv angelegten Querrinnen und toteisbedingten Hohlformen in thermischer Hinsicht kaum mehr bemerkbar. Die unterschiedlichen Geländeformen

Station	Mittleres Datum letzter Frost	Mittleres Datum erster Frost	Mittlere Dauer frostfreie Zeit [Tage]	Mittlere jährliche Anzahl Frosttage
Tiefland West[1]				
Wangerooge	24. 03.	19. 11.	239	53
Wilhelmshaven	11. 04.	08. 11.	210	66
Löningen	28. 04.	18. 10.	172	73
Tiefland Ost[2]				
Arkona	06. 04	18. 11.	225	76
Greifswald	24. 04.	01. 11.	190	85
Berlin-Schönefeld	26. 04.	20. 10.	176	93

[1] Frostdaten aus dem Bezugszeitraum 1931 – 1960, Frosttage aus dem Bezugszeitraum 1951 – 1980.
[2] Angaben sämtlich aus dem Bezugszeitraum 1951 – 1980.

Stationspositionen:
Arkona 54°41′ N/13°26′ E, 42 m
Berlin-Schönefeld 52°23′ N/13°31′ E, 47 m
Greifswald 54°06′ N/13°24′ E, 2 m
Löningen 52°44′ N/07°45′ E, 22 m
Wangerooge 53°47′ N/07°54′ E, 6 m
Wilhelmshaven 53°33′ N/08°08′ E, 1 m.

Tabelle 15
Normale Variation der Frostverhältnisse zwischen Küstentiefland und Binnentiefland über dem Westen und dem Osten Norddeutschlands (Zusammenstellung nach Daten von MÜLLER-WESTERMEIER *1990,* SCULTETUS *1971 und des Meteorologischen Dienstes der DDR 1987)*

wirken eher nivellierend auf die räumliche Lufttemperaturverteilung, denn die Grundmoränen- und Sanderplatten erweisen sich relativ zu ihrer größeren Höhenlage als thermisch begünstigt, die Urstromtäler und sonstigen Niederungen hingegen relativ zu ihrer geringeren Höhenlage als thermisch benachteiligt (Tab. 17). Offenkundig wirken die letzteren als Kaltluftsammelbereiche und sind auch durch vergleichsweise strenge Frostverhältnisse gekennzeichnet, sowohl hinsichtlich der Anzahl der Frosttage als auch durch eine lange Dauer des Jahresabschnitts mit potentiellem Frosteintritt und entsprechend durch einen verkürzten frostfreien Zeitraum (Tab. 18).

Im Westteil des norddeutschen Binnentieflandes endlich ist unter den Bedingungen des stark abgetragenen, weil älteren drenthezeitlichen Glazialreliefs die geländebedingte Lufttemperaturvariation überhaupt eine geringe. Hier machen sich nur die allerdings sehr weit verbreiteten Niedermoor- und Hochmoorgebiete durch verstärkte Frostanfälligkeit selbst in küstennahen Räumen bemerkbar. Über diesen Moorflächen ist die Durchschnittsdauer der frostfreien Zeit nur wenig länger als in den atlantikferneren Niederungsbereichen im östlichen norddeutschen Binnentiefland, und speziell die täglichen Lufttemperaturminima liegen in aller Regel merklich tiefer als auf den höheren Grundmoränenplatten etwa der Ostfriesisch-Oldenburgischen Geest oder der Stader Geest in der unmittelbaren Nachbarschaft (Abb. 9). Durch vergleichende Wärmehaushaltsuntersuchungen ließ sich nachweisen (MIESS 1968), daß für dieses thermische Verhalten der Moorbereiche ein besonders kleiner Wärmeleitungsstrom aus dem Bodenraum zur ausstrahlenden Erdoberfläche während der

Station	Höhe [m]	Lufttemperatur-Mittelwerte [°C] Jan.	Febr.	März	Apr.	Mai	Juni
Nördlicher Landrücken (Ostabschnitt)							
Neuglobsow (Sandervorland)	62	−1,2	−0,9	2,3	6,7	11,9	15,8
Woldegk (Höhenzone)	118	−1,6	−1,2	1,9	6,3	11,4	15,3
Potzlow (Rücklandbecken)	60	−1,4	−0,6	2,5	6,8	12,1	16,2
Südlicher Landrücken (Westabschnitt)							
Celle (Grundmoränenvorland)	55	0,6	0,9	3,7	7,9	12,5	16,1
Unterlüß (Höhenzone)	98	−0,3	0,2	3,1	7,0	11,9	15,5
Uelzen/Ebstorf (Rücklandbecken)	45	−0,1	0,2	3,2	7,2	12,1	15,6

Station	Höhe [m]	Lufttemperatur-Mittelwerte [°C] Jan.	Febr.	März	Apr.	Mai	Juni
Plattenbereiche (Moränen, Sanderflächen)							
Berlin-Buch	60	−0,8	−0,2	3,2	7,9	12,9	16,8
Potsdam-Oberservatorium	81	−1,0	−0,3	3,3	7,9	12,9	16,7
Niederungsbereiche (Urstromtäler etc.)							
Wustrau-Ziethenhorst	35	−1,0	−0,5	2,7	7,1	12,4	16,3
Berlin-Spandau[1]	32	−1,4	−0,1	2,7	7,1	12,2	16,3

[1] Bezugszeitraum 1961 – 1980 (Manuskriptdaten von P. Schlaak und G. Bogumil nach Ergebnissen eines Sondermeßnetzes des Meteorologischen Institutes der Freien Universität Berlin. Persönliche Mitteilung vom 14. 4. 1992).

Stationspositionen:
Berlin-Buch 52°38′ N/13°30′ E, Barnim-Platte
Berlin-Spandau (Stationen Eiskeller und Forst Spandau/Jagen 64) 52°35′ N/13°09′ E, Berliner Urstromtal
Potsdam-Observatorium 52°23′ N/13°04′ E, Zauche-Platte
Wustrau-Ziethenhorst 52°48′ N/12°52′ E, Eberswalder Urstromtal/Rhin-Abschnitt.

Nachtstunden verantwortlich ist. Dieser ist eine Folge der geringen Wärmeeinlagerung in den Bodenraum tagsüber, da die verfilzte und durch geringe Wärmeleitfähigkeit isolierende Pflanzendecke der Hochmoore den Energiezustrom aus der absorbierten Globalstrahlung nur zu einem sehr geringen Teil bis zum Mineralboden selbst gelangen läßt. Beim feuchteren Niedermoor ist der große Energieverbrauch für die Verdunstung am Tage in Rechnung zu stellen.

Juli	Aug.	Sept.	Okt.	Nov.	Dez.	Jahresschwankung [K]
17,1	16,4	12,9	8,5	4,0	0,9	18,3
16,5	16,2	12,8	8,4	3,7	0,4	18,1
17,3	16,7	13,2	8,7	4,0	0,4	18,7
17,4	16,8	13,5	9,3	4,8	1,6	16,8
16,5	16,0	12,9	8,8	4,2	1,3	16,8
16,6	16,3	13,2	9,1	4,6	1,6	16,7

Tabelle 16
Reliefbedingte Lufttemperaturvariation im Bereich der Landrücken des östlichen Norddeutschen Tieflandes während des Bezugszeitraumes 1951 – 1980 (Zusammenstellung nach Daten von MÜLLER-WESTERMEIER *1990 und des Meteorologischen Dienstes der DDR 1987)*

Stationspositionen:
Celle Vorwerk 52°39′ N/10°06′ E
Neuglobsow 53°09′ N/13°02′ E
Potzlow 53°12′ N/13°49′ E
Woldegk 53°28′ N/13°37′ E
Uelzen/Ebstorf 52°58′ N/10°36′ E
Unterlüß 52°51′ N/10°17′ E.

Juli	Aug.	Sept.	Okt.	Nov.	Dez.	Jahresschwankung [K]
17,8	17,4	13,7	9,2	4,4	1,1	18,6
17,9	17,4	13,9	9,1	4,1	0,8	18,9
17,2	16,5	12,8	8,6	4,1	0,8	18,2
17,0	16,2	12,4	8,2	4,0	0,3	18,4

Tabelle 17
Relieftypische Lufttemperaturverhältnisse während des Bezugszeitraumes 1951 – 1980 im östlichen Binnentieflandsraum der Platten und Urstromtalungen zwischen Nördlichem und Südlichem Landrücken (Auswahl aus einer Datensammlung des Meteorologischen Dienstes der DDR 1987)

Wenn man zunächst von modifizierenden Reliefeinflüssen absieht, ist in der räumlichen Niederschlagsverteilung eine allgemeine Abnahme der Durchschnittssummen in zonaler Richtung mit zunehmender Atlantikdistanz nicht zu übersehen (Tab. 19). Während für das westliche Binnentiefland weiträumig typische Jahresniederschlagssummen von 700 – 800 mm konstatiert werden können, liegen diese im östlichen Binnentiefland bei nur 550 – 600 mm.

Als Hauptursache für diese Minderung der durchschnittlichen Jahresniederschlagssummen in zonaler Richtung muß man die gleichsinnige Abnahme der Niederschlagshäufigkeit ansehen (Tab. 19). Sie ist zum Teil auf eine entsprechende Abnahme der durchschnittlichen Häufigkeit von Frontpassagen als Hauptniederschlagsverursacher zurückzuführen (Tab. 9). Da zwischen dem Westen und dem Osten des Binnentieflandes diese Häufigkeitsdifferenzen der Frontdurchgänge aber nur ca. 8% betragen, muß zusätzlich noch ein Teil der Fronten eine Verringerung der Niederschlagswirksamkeit mit zunehmender Atlantikdistanz erfahren.

Station	Jan.	Febr.	März	Apr.	Mai	Juni	Juli	Aug.	Sept.	Okt.	Nov.	Dez.	Jahr
Zauche-Platte Potsdam-Observatorium	22,3	19,4	16,6	5,2	0,4	–	–	–	–	1,5	9,4	17,9	92,7
Berliner Urstromtal Berlin-Spandau	23,0	21,2	18,7	11,8	3,7	0,7	–	0,1	2,0	6,8	12,1	19,4	119,2

Stationspositionen und Bezugszeiträume:
Berlin-Spandau (Stationen Eiskeller und Forst Spandau/Jagen 64) 52°35′ N/13°09′ E, 32 m, 1961–1980
Potsdam-Observatorium (Telegraphenberg) 52°23′ N/13°04′ E, 81 m, 1951–1980.

Tabelle 18
Durchschnittliche Anzahl der Frosttage im Vergleich zwischen Moränenplatte und benachbarter Urstromtalung im Havel-Spree-Raum zwischen Nördlichem und Südlichem Landrücken (nach Daten des Meteorologischen Dienstes der DDR 1987 und Manuskriptdaten von SCHLAAK *u.* BOGUMIL*)*

Ferner bemerkt man (Tab. 19), daß die zonale Abnahme der Niederschlagssummen im Winter erheblich stärker ist als im Sommer: Die kontinentalere Binnenlandstation Potsdam empfängt im Winter durchschnittlich nur rund 66% des Niederschlags ihrer ozeanischeren Vergleichsstation Löningen, im Sommer hingegen immerhin knapp 80%. Als Ursache kommt die größere Gewitterhäufigkeit über dem östlichen Binnentiefland in Betracht (Tab. 12), die wegen ihrer zeitlichen Konzentration auf die warme Jahreszeit dann eine Verringerung der zonalen Niederschlagsunterschiede bewirken muß.

Generell zeigt sich eine deutliche jahreszeitliche Variation der durchschnittlichen Niederschlagssummen ausgeprägt, mit einem wohlausgebildeten Maximum im Sommer. Dieses Sommermaximum der Niederschlagsmenge ist ersichtlich nicht auf eine gesteigerte Niederschlagshäufigkeit zurückzuführen, denn nach Tabelle 19 sind Niederschlagstage mit einer Tagessumme $\geq 1{,}0$ mm im Sommer nicht häufiger als im Winter, und jene mit einer Tagessumme $\geq 0{,}1$ mm lassen sogar ein schwaches Wintermaximum erkennen. Vielmehr

Station	Jan.	Febr.	März	Apr.	Mai	Juni	Juli	Aug.	Sept.	Okt.	Nov.	Dez.	Jahr
Niederschlagssummen [mm]													
Löningen	66	49	50	52	65	75	89	85	62	59	70	76	799
Potsdam	42	35	34	45	55	70	63	66	49	41	45	50	595
Niederschlagstage $\geq 1{,}0$ mm													
Löningen	13	10	11	11	10	11	12	12	11	11	13	13	136
Potsdam	10	8	8	9	9	10	10	9	8	8	9	10	109

Stationspositionen:
Löningen 52°44′ N/7°46′ E, 22 m, Binnentiefland West
Potsdam-Observatorium 52°23′ N/13°04′ E, 81 m, Binnentiefland Ost.

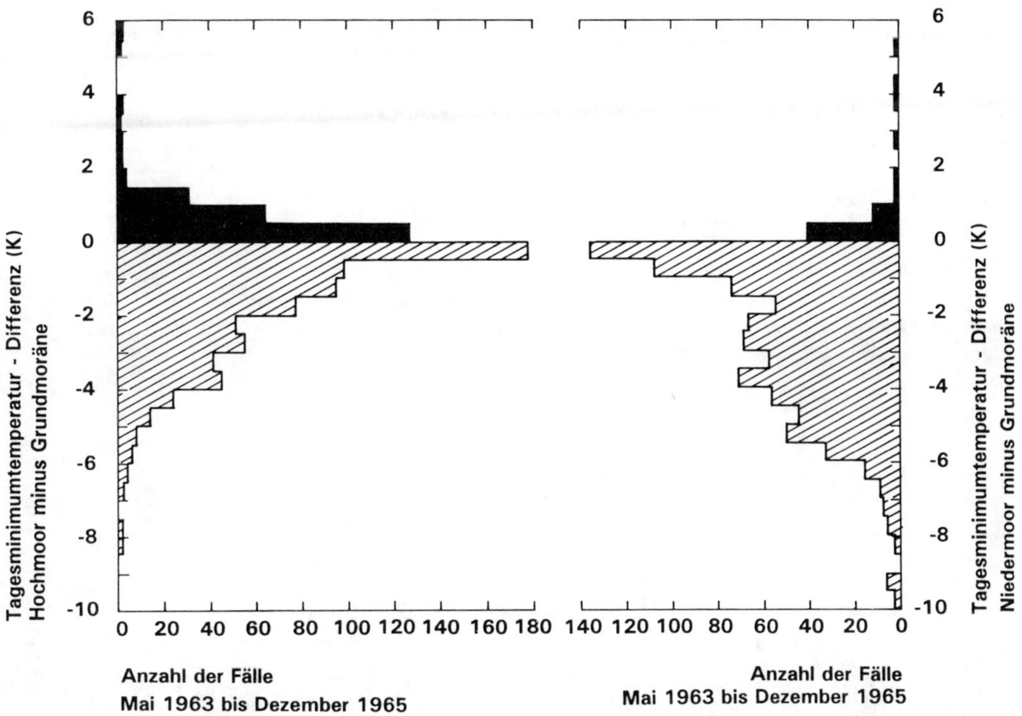

Abbildung 9
Häufigkeit von Differenzen täglicher Minimumtemperaturen in 50 cm Höhe über der Bodenoberfläche zwischen einer Grundmoränenkuppe und benachbartem drainiertem Moorgelände im Tieflandsraum Nordwestdeutschlands (umgezeichnet nach Miess 1968)

Bezugsstationen: Weyerberg-Grundmoränenkuppe 53°13′ N/8°55′ E, 51 m; Hamme-Niedermoor 53°16′ N/8°53′ E, 1,5 m; Teufels- (Hoch-) Moor 53°17′ N/8°55′ E, 10 m. *Lesebeispiel:* In 177 Fällen aus dem angegebenen Zeitraum war die Tagesminimumtemperatur über dem Hochmoor um Beträge von 0,1 K bis 0,5 K niedriger als jene über der Grundmoräne.

Winter	Frühjahr	Sommer	Herbst
191	167	249	191
127	134	199	135
36	32	35	35
28	26	29	25

Tabelle 19
Zonalvergleich der Niederschlagsverhältnisse während des Bezugszeitraumes 1951–1980 zwischen dem westlichen und dem östlichen Binnentiefland Norddeutschlands (Stationsauswahl nach Datensammlungen von Müller-Westermeier *1990 und des Meteorologischen Dienstes der DDR 1987)*

Station	Jan.	Febr.	März	Apr.	Mai	Juni	Juli	Aug.	Sept.	Okt.	Nov.	Dez.	Jahr
Löningen	6,1	6,1	6,8	8,1	10,6	13,4	14,9	14,9	12,9	10,5	8,1	6,8	9,9
Potsdam	5,3	5,4	6,0	7,5	10,1	13,1	14,6	14,4	12,5	10,0	7,5	6,1	9,4

Stationspositionen:
Löningen 52°44′ N/7°46′ E, 22 m
Potsdam-Observatorium 52°23′ N/13°04′ E, 81 m.

Tabelle 20
Durchschnittlicher Partialdruck des Wasserdampfes während des Bezugszeitraumes 1951 – 1980 über dem norddeutschen Binnentiefland (in hPa; nach Daten von Müller-Westermeier *1990 und des Meteorologischen Dienstes der DDR 1987)*

Halbjahr	Tageszeitintervall 00 – 02	02 – 04	04 – 06	06 – 08	08 – 10	10 – 12	12 – 14
Absolutwerte [mm]							
Winterhalbjahr	18,7	20,6	21,5	21,3	20,2	18,4	18,8
Sommerhalbjahr	21,9	22,4	22,0	23,2	22,3	23,6	29,2
Relativwerte [‰]							
Winterhalbjahr	78	85	89	88	84	76	78
Sommerhalbjahr	66	68	67	70	68	71	88

Bezugstation: Potsdam-Observatorium 52°23′ N/13°04′ E, 81 m.
Bezugszeitraum: 1893 – 1952.

Station	Jan.	Febr.	März	Apr.	Mai	Juni	Juli	Aug.	Sept.	Okt.	Nov.	Dez.	Jahr
Niederschlagssummen [mm]													
Wangerooge	59	39	44	43	53	64	84	87	85	74	85	70	787
St. Peter-Ording	60	36	38	41	46	50	72	88	79	81	93	71	755
Graal-Müritz	47	34	37	44	51	53	81	68	55	46	54	55	625
Niederschlagstage ≥ 1,0 mm													
Wangerooge	12	9	9	9	10	10	12	12	11	12	14	14	134
St. Peter-Ording	12	8	8	9	8	8	11	12	12	12	14	13	129
Warnemünde [1]	10	8	8	9	8	8	11	10	9	9	10	11	111

[1] Ersatzstation für Graal-Müritz in 13 km Luftliniendistanz mit geminderten Niederschlagssummen vermutlich infolge Leewirkung des westsüdwestlich vorgelagerten Höhenzuges der Kühlung (Maximalhöhe 130 m).

Stationspositionen:
Graal-Müritz 54°15′ N/12°15′ E, 6 m, Ostsee-Flachküste an der Mecklenburger Großbucht
St. Peter-Ording 54°18′ N/8°39′ E, 4 m, nordfriesische Nordseeküste
Wangerooge 53°47′ N/7°54′ E, 6 m, ostfriesische Nordseeküste
Warnemünde 54°11′ N/12°05′ E, 4 m, Ostsee-Flachküste an der Mecklenburger Großbucht.

muß der erhöhte Niederschlag der warmen Jahreszeit vor allem mit dem erhöhten Wasserdampfgehalt der Luft in Verbindung gebracht werden (Tab. 20), der mit deren temperaturbedingt erhöhter Wasserdampfaufnahmefähigkeit einhergeht und eine erhöhte durchschnittliche Niederschlagsausbeute bei niederschlagswirksamen Vorgängen ermöglicht. Ferner belegt der nur im warmen Jahresabschnitt deutlich ausgebildete Tagesgang der durchschnittlichen Niederschlagssumme (Tab. 21), daß auch die besonders niederschlagsergiebige hochreichende Gewitterkonvektion mit ihrem ausgeprägten Intensitätsmaximum während der Nachmittagsstunden am Zustandekommen des sommerlichen Niederschlagsmaximums beteiligt ist, freilich unter Nutzung des dann erhöhten Wasserdampfgehaltes.

Auch im Küstentiefland läßt sich bei vergleichbarer Exposition ein deutlicher Unterschied der durchschnittlichen Niederschlagssummen zwischen Nordsee- und Ostseeküste zu-

14–16	16–18	18–20	20–22	22–24	00–24
20,6	20,8	20,9	20,1	19,3	241,2
35,5	41,4	35,2	29,2	24,9	330,8
86	86	87	83	80	1000
107	125	107	88	75	1000

Tabelle 21
Verteilung der durchschnittlichen Halbjahressummen des Niederschlags über dem norddeutschen Binnentiefland auf Zweistundenintervalle (umgerechnet nach BRANICKI *1963)*

Winter	Frühjahr	Sommer	Herbst
168	140	235	244
167	125	210	253
136	132	202	155
35	28	34	37
33	25	31	36
29	25	29	28

Tabelle 22
Zonalvergleich der Niederschlagsverhältnisse während des Bezugszeitraumes 1951–1980 zwischen expositionsähnlichen Küstentieflandsbereichen an Nordsee und Ostsee (Stationsauswahl nach Datensammlungen von MÜLLER-WESTERMEIER *1990 und des Meteorologischen Dienstes der DDR 1987)*

ungunsten der letzteren feststellen (Tab. 22) und auf die gleiche Hauptursache wie beim Binnentiefland zurückführen.

Bei der jahreszeitlichen Niederschlagsvariation findet man allerdings vielfach erhebliche Abweichungen von den Verhältnissen im Binnentiefland, vor allem im Nordseeraum. Gegen die Küste hin verlagert sich hier das Niederschlagsmaximum zunehmend in den Spätsommer,

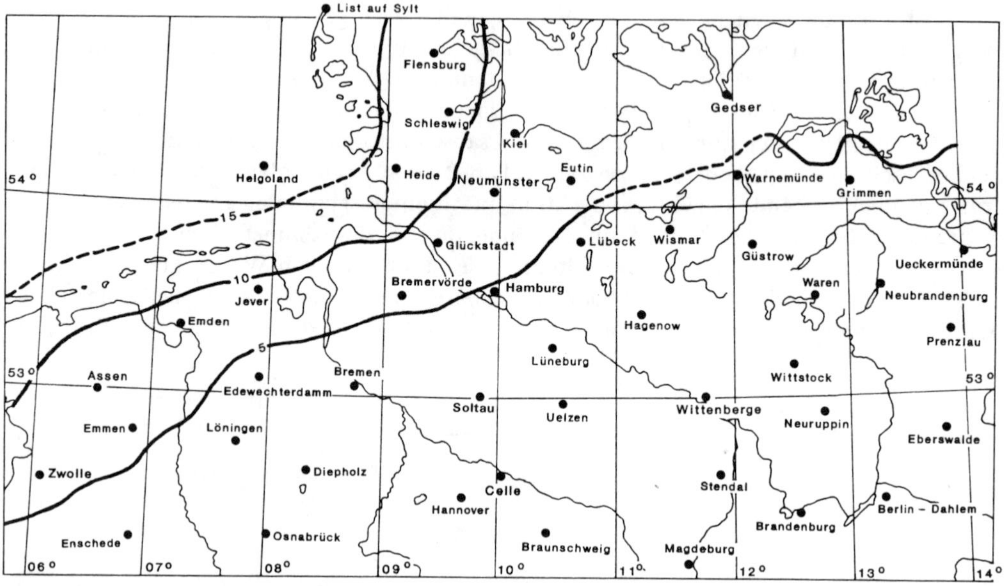

Abbildung 10
Isarithmen des hygrodromischen Quotienten über Norddeutschland für den Bezugszeitraum 1951 – 1980 (Entwurf: M. Hendl nach Niederschlagsdaten von Müller-Westermeier 1990, des Meteorologischen Dienstes der DDR 1987 und des Koninklijk Nederlands Meteorologisch Instituut 1983)

auf den vorgelagerten Ostfriesischen und Nordfriesischen Inseln verschiedentlich sogar auf den Spätherbst, in diesem Falle unter Begleitung durch ein sekundäres Spätsommermaximum. Seltener ist hingegen eine spätsommerliche Niederschlagsspitze im Ostseeküstenraum des Norddeutschen Tieflandes ausgeprägt (Fördenküste Schleswig-Holsteins, Rügen).

Am deutlichsten aber hebt sich das Küstentiefland durch einen gesteigerten Herbstniederschlagsanteil und durch einen geminderten Frühjahrsniederschlagsanteil vom Binnentiefland ab, welchen Umstand schon Hellmann (1914) und später Reichel (1930) konstatierten. Bildet man nun in Analogie zum thermodromischen Quotienten die Differenz zwischen der durchschnittlichen Niederschlagssumme der Herbstmonate September bis November und jener der Frühjahrsmonate März bis Mai und drückt diese Differenz zwecks Ausschaltung der regional wechselnden Höhe der Niederschlagssummen in Prozent der durchschnittlichen Jahresniederschlagssumme aus, so erhält man in diesem hygrodromischen Quotienten ein nützliches Maß für den Ozeanitätsgrad der Niederschlagsverhältnisse, der sich an der Nordseeküste mit über 10%, teilweise sogar über 15%, als besonders groß erweist (Abb. 10). Verantwortlich hierfür dürfte der Jahresgang der Temperaturdifferenz Luft – Wasser sein (Tab. 23). Im Bereich der Deutschen Bucht ist die relative Häufigkeit der Fälle mit negativer Temperaturdifferenz (Oberflächenwasser wärmer als Luft) in keiner Jahreszeit so groß wie im Herbst; dadurch kann hier eine Verspätung des atmosphärischen Labilitätsmaximums im Vergleich zum Binnentiefland bewirkt und die Auslösung oder Verstärkung von Vertikalbewegungen begünstigt werden. Während des Frühjahres herrschen in der Mehrzahl der Fälle gegenteilige Verhältnisse.

$T_L - T_W$	Jan.	Febr.	März	Apr.	Mai	Juni	Juli	Aug.	Sept.	Okt.	Nov.	Dez.
$T_L > T_W$	29,2	32,3	42,8	44,0	43,8	37,7	23,1	16,8	10,6	8,4	8,1	20,4
$T_L < T_W$	49,1	44,3	32,7	27,1	29,9	34,6	47,8	53,3	66,2	71,7	73,5	61,6
$T_L \approx T_W$ [1]	21,8	23,4	24,6	28,8	26,4	27,6	29,0	29,9	23,2	19,9	18,5	18,0

[1] Die Differenz Lufttemperatur – Wasseroberflächentemperatur liegt zwischen den Klassengrenzen +0,4 K und −0,4 K.

Bezugsstation:
Feuerschiff Terschellingerbank 53°29′ N/5°08′ E (1949–1970/Sept.)
53°28′ N/4°46′ E (1970/Okt.–1975/Apr.).

Tabelle 23
Relative Häufigkeit charakteristischer Kategorien der Temperaturdifferenz Luft – Oberflächenwasser ($T_L - T_W$) im marinen Vorfeld der Westfriesischen Inseln während des Bezugszeitraumes 1949–1975 (in %; nach Unterlagen von KOREVAAR *1987)*

Station	Jan.	Febr.	März	Apr.	Mai	Juni	Juli	Aug.	Sept.	Okt.	Nov.	Dez.	Jahr
Wangerooge	6,2	6,1	6,7	8,2	10,7	13,4	15,1	15,4	13,5	11,0	8,3	6,9	10,1
St. Peter-Ording	6,0	5,8	6,5	8,0	10,4	13,1	14,7	15,0	13,1	10,7	8,3	6,8	9,9
Warnemünde	5,7	5,7	6,3	7,7	10,2	13,3	15,2	15,2	13,1	10,5	8,0	6,5	9,8

Stationspositionen:
St. Peter-Ording 54°18′ N/8°39′ E, 4 m
Wangerooge 53°47′ N/7°54′ E, 6 m
Warnemünde 54°11′ N/12°05′ E, 4 m.

Tabelle 24
Durchschnittlicher Partialdruck des Wasserdampfes während des Bezugszeitraumes 1951–1980 über dem norddeutschen Küstentiefland (in hPa; nach Daten von MÜLLER-WESTERMEIER *1990 und des Meteorologischen Dienstes der DDR 1987)*

Das bereits erwähnte primäre oder sekundäre Spätsommermaximum der Niederschlagsmenge schließlich läßt sich mit dem auch im Küstenraum ausgebildeten Sommermaximum des atmosphärischen Wasserdampfgehaltes begründen, das über eine erhöhte Niederschlagsausbeute niederschlagswirksamer Vorgänge auf den Niederschlagsjahresgang einwirkt (Tab. 24).

(Im Binnentiefland fallen, wie bereits ausgeführt, Labilitätsmaximum und Dampfdruckmaximum zeitlich zusammen, wodurch dort das strenge Niederschlagsmaximum im Sommer zustande kommt.)

Das bisher skizzierte einfache Grundmuster einer Niederschlagsabnahme in zonaler Richtung wird im einzelnen noch modifiziert durch das glaziäre Akkumulationsrelief, das sich trotz verhältnismäßig bescheidener Höhenunterschiede von erstaunlicher Wirkung zeigt.

Freilich beschränkt sich eine stärkere räumliche Niederschlagsvariation durch das Relief auf den Raum östlich des Weser-Aller-Urstromtales (als Teil des Breslau-Magdeburg-

Station	Stations-höhe [m]	Niederschlagssummen Winter	Früh-jahr	Som-mer	Herbst	Jahr	Bezugs-zeitraum
Seemarschen							
Carolinensiel	4	170	130	246	231	777	1931–1960
Emden	6	178	150	238	211	777	1951–1980
Ostfriesische Geest							
Jever	7	167	150	247	217	781	1951–1980
Plaggenburg	11	177	151	259	224	811	1931–1960
Leda-Jümme-Niederung							
Friesoythe-Edewechterdamm	8	189	165	241	197	792	1951–1980
Cloppenburger Geest							
Cloppenburg	42	187	152	242	193	774	1931–1960
Hase-Niederung							
Haselünne	20	179	148	233	195	755	1931–1960
Fürstenau-Dammer Endmoränenbogen							
Ankum	55	211	168	255	219	853	1931–1960
Diepholzer Moorniederung							
Diepholz	37	159	151	216	158	684	1951–1980

Stationspositionen:
Ankum 52°33′ N/7°52′ E
Carolinensiel 53°42′ N/7°49′ E
Cloppenburg 52°51′ N/8°02′ E
Diepholz 52°37′ N/8°23′ E
(Friesoythe)-Edewechterdamm 53°05′ N/7°56′ E
Emden 53°22′ N/7°13′ E
Haselünne 52°40′ N/7°29′ E
Jever 53°35′ N/7°54′ E
Plaggenburg 53°31′ N/7°32′ E.

Tabelle 25
Typische durchschnittliche Niederschlagssummen in den Hauptlandschaften des westlichen Norddeutschen Tieflandes (in mm; Zusammenstellung nach Datensammlungen von MÜLLER-WESTERMEIER *1990 sowie* SCHIRMER *u.* VENT-SCHMIDT *1979)*

Bremer Urstromtales), da erst hier bedeutendere Endmoränenwälle, zunächst des Warthevereisungsstadiums, einsetzen und weiter nordostwärts von den besonders gut erhaltenen Endmoränenzügen der jüngsten Weichselvereisungsperiode gefolgt werden. Im Vergleich hierzu findet sich westlich des genannten Urstromtales ein wesentlich stärker nivelliertes Relief von älterer drenthezeitlicher Anlage vor, in dem größere Erhebungen und damit geländebedingte überdurchschnittliche Jahresniederschlagssummen nur gelegentlich auftreten und dann allerdings die 800-mm-Schwelle deutlich überschreiten (Fürstenauer und Dammer Berge der Rehburger Eisrandlage mit 140 m bzw. 146 m Maximalhöhe), während in ihrem jeweils östlichen leeseitigen Rückland der Jahresniederschlag gegen 700 mm und auch darunter absinkt (Artland-Zungenbecken, Diepholzer Moorniederung). Sonst herrschen aber hier im westlichsten Teil des Norddeutschen Tieflandes ziemlich einheitlich

Station [1]	Zonale Küstendistanz [km]	Niederschlagssummen Winter	Frühjahr	Sommer	Herbst	Jahr
Küstenvorraum						
Helgoland	59	156	122	186	247	711
Küstentiefland						
St. Peter-Ording	1	167	125	210	253	755
Helse	7	178	150	261	252	841
Heide	18	192	156	257	270	875

[1] Helgoland repräsentiert die nahezu ungestörten Verhältnisse über dem Meer. Die Niederschlagssteigerung in der Stationsabfolge St. Peter – Helse – Heide belegt die Wirkung der Küstenkonvergenz, die allenfalls bei der Station Heide noch überlagert sein kann von der Stauwirkung des Albersdorf-Tellingstedter Endmoränenbogens in 10 km Entfernung im östlichen Stationsrückland mit 79 m Maximalhöhe.

Stationspositionen:
Heide 54°13′ N/9°07′ E, 12 m
Helgoland 54°11′ N/7°54′ E, 4 m
Helse 53°59′ N/9°01′ E, 2 m
St. Peter-Ording 54°18′ N/8°39′ E, 4 m.

Tabelle 26
Durchschnittliche Niederschlagssummen im zonalen Sammelprofil über den Nordseeküstenraum der Eiderstedt-Dithmarscher Niederung während des Bezugszeitraumes 1951 – 1980 (in mm; Zusammenstellung nach Daten von MÜLLER-WESTERMEIER *1990)*

durchschnittliche Jahresniederschlagssummen von 750 – 800 mm weitgehend unabhängig davon, ob es sich um flaches Grundmoränen- (Geest-) Gelände von 20 – 40 m Durchschnittshöhe handelt (Ostfriesisch-Oldenburger Geest, Cloppenburg-Bassumer Geest) oder um flach eingesenkte und teilweise vermoorte breite Talsandniederungen (Leda-Jümme-Niederung, Haseniederung) oder schließlich um tief gelegenes Marschland (Tab. 25).

Als Besonderheit findet sich im unmittelbaren Küstenhinterland, etwa in 10 – 20 km Küstendistanz, auch ohne nennenswerten Geländeanstieg vielfach ein Bereich leicht erhöhten Jahresniederschlages. Diese Erscheinung, die auch an der nordfriesischen und an der Dithmarscher Nordseeflachküste wohlausgebildet auftritt (Tab. 26), fiel bereits HELLMANN (1904) auf und wurde von ihm mit der Abbremsung auflandiger Strömungen beim Übertritt von der reibungsärmeren Meeresoberfläche auf das rauhere Festland begründet. Im Gefolge dieses Vorganges strömt pro Zeiteinheit im bodenreibungsbeeinflußten Höhenintervall mehr Luft vom Ozean in das Küstentiefland, als aus diesem landeinwärts abgeführt werden kann: Das Resultat ist die sogenannte Küstenkonvergenz mit aufwärts gerichteter Ausweichbewegung im Küstenhinterland. Diese kann Konvektionsvorgänge bis zur Niederschlagswirksamkeit fördern und Frontalniederschlag vorübergehend verstärken. Auch ist an eine Verlängerung der Niederschlagsdauer durch Minderung der Verlagerungsgeschwindigkeit von Fronten über dem Küstentiefland zu denken.

Im östlichen Tieflandsraum (Tab. 27) sind es vor allem die von Nordwest nach Südost verlaufenden Haupthöhenzüge des sogenannten Südlichen (warthezeitlichen) und des Nördlichen (weichselzeitlichen) Landrückens, die sich wegen ihrer vergleichsweise großen Höhe von über 100 m und einer gewissen Stauwirkung im atlantikzugekehrten Bereich besonders deutlich im Niederschlagsfeld bemerkbar machen. Natürlich werden auch sie

Tabelle 27

Typische Niederschlagssummen in den Reliefhaupteinheiten des östlichen Norddeutschen Tieflandes (in mm; Zusammenstellung aus Datensammlungen von Müller-Westermeier *1990,* Schirmer *u.* Vent-Schmidt *1979 sowie des Meteorologischen Dienstes der DDR 1987)*

Station	Geogr. Breite	Geogr. Länge
Breslau-Magdeburg-Bremer Urstromtal		
Weser-Abschnitt: Bremen	53°03′ N	8°48′ E
Aller-Abschnitt: Celle RAF	52°37′ N	10°04′ E
Ohre-Abschnitt: Haldensleben[1]	52°17′ N	11°25′ E
Elbe-Abschnitt: Aken[1]	51°51′ N	12°03′ E
Elster-Abschnitt: Elsterwerda	51°27′ N	13°32′ E
Südlicher (äußerer) Landrücken		
Itzehoer Geest: Hohenwestedt	54°06′ N	9°39′ E
Schwarze Berge: Rosengarten	53°24′ N	9°51′ E
Lüneburger Heide: Unterlüß	52°51′ N	10°17′ E
Hoher Fläming: Wiesenburg	52°07′ N	12°27′ E
Lausitzer Grenzwall: Kemlitz-Altsorgefeld	51°50′ N	13°32′ E
Westelbe-Platten		
Uelzener Becken: Uelzen (-Ebstorf)	52°58′ N	10°34′ E
Göhrde-Endmoräne: Zienitz	53°07′ N	10°53′ E
Bismark-Platte: Bismark	52°40′ N	11°33′ E
Unterelbe-Urstromtal und Nordelbe-Platten		
Unterelbe-Urstromtal: Bleckede	53°18′ N	10°44′ E
Schwarzenbeker Platte: Schwarzenbek	53°30′ N	10°29′ E
Hagenower Platte: Picher	53°21′ N	11°21′ E
Prignitz-Platte: Gülitz	53°12′ N	11°58′ E
Ostelbe-Platten und Urstromtäler des Havel-Spree-Raumes		
Havelländisches Luch: Lobeofsund	52°43′ N	12°45′ E
Eberswalder Urstromtal: Eberswalde	52°50′ N	13°49′ E
Glin-Platte: Grünefeld	52°41′ N	12°58′ E
Barnim-Platte: Ahrensfelde	52°35′ N	13°34′ E
Barnim-Platte/Hoch-Barnim: Tiefensee	52°41′ N	13°50′ E
Lebus-Platte: Alt-Madlitz	52°23′ N	14°17′ E
Oderbruch: Zechin-Wollup	52°37′ N	14°26′ E
Berliner Urstromtal: Hartmannsdorf	52°22′ N	13°51′ E
Zauche-Platte: Fichtenwalde	52°17′ N	12°54′ E
Teltow-Platte: Großbeeren	52°22′ N	13°19′ E
Beeskow-Lieberoser Platte: Bad Saarow	52°17′ N	14°04′ E
Beeskow-Lieberoser Platte/östl. Höhenbereich: Pinnow	51°59′ N	14°32′ E
Baruther Urstromtal/Plane-Abschnitt: Brück	52°12′ N	12°46′ E
Baruther Urstromtal/Spree-Abschnitt: Burg	51°50′ N	14°09′ E

Stations- höhe [m]	Niederschlagssummen Winter	Frühjahr	Sommer	Herbst	Jahr	Bezugs- zeitraum
4	158	157	228	169	712	1951–1980
38	158	136	226	165	685	1931–1960
50	108	130	186	119	543	1951–1980
55	99	118	184	119	520	1951–1980
91	118	133	208	138	597	1951–1980
60	201	156	263	231	851	1931–1960
125	186	170	253	201	810	1931–1960
98	189	167	241	179	776	1951–1980
187	146	148	211	144	649	1951–1980
108	134	145	225	149	653	1951–1980
45	128	132	213	143	616	1951–1980
90	148	143	222	161	674	1931–1960
53	110	118	195	124	547	1951–1980
8	133	127	207	149	616	1931–1960
45	179	152	235	181	747	1931–1960
55	135	136	214	147	632	1951–1980
60	129	127	203	134	593	1951–1980
30	109	117	183	117	526	1951–1980
45	119	121	188	133	561	1951–1980
37	116	125	193	122	556	1951–1980
58	118	121	197	136	572	1951–1980
90	131	128	202	140	601	1951–1980
62	115	120	187	132	554	1951–1980
9	80	100	158	105	443	1951–1980
37	118	122	186	134	560	1951–1980
84	124	129	192	134	579	1951–1980
42	112	126	189	128	555	1951–1980
50	114	120	183	133	550	1951–1980
89	125	128	203	133	589	1951–1980
44	109	124	183	125	541	1951–1980
57	105	122	200	129	556	1901–1950

Tabelle 27 (Fortsetzung)

Station	Geogr. Breite	Geogr. Länge
Nördlicher (innerer) Landrücken		
Haupthöhenzone Nordwest: Schleswig	54°32′ N	9°33′ E
Haupthöhenzone Mittelwest/Hohe Burg: Neu Bernitt	53°54′ N	11°51′ E
Küstenstauchmoräne Kühlung: Kühlungsborn	54°07′ N	11°46′ E
Haupthöhenzone Ost: Feldberg	53°20′ N	13°26′ E
Rücklandzungenbecken des Nördlichen Landrückens		
Lübecker Bucht: Travemünde	53°58′ N	10°53′ E
Güstrower Becken: Güstrow	53°48′ N	12°10′ E
Uecker-Becken: Göritz	53°24′ N	13°55′ E
Baltische Platten		
Nordwestteil: Franzburg	54°11′ N	12°53′ E
Südostteil: Karlsburg-Zarnekow	53°59′ N	13°36′ E
Ostrügen-Höhenzone		
Weststau-Bereich: Bergen	54°25′ N	13°26′ E
Jasmund-Leebereich: Saßnitz	54°31′ N	13°39′ E

[1] Niederschlagsminderung infolge Mittelgebirgs-Kulissenwirkung (Harz, Harzvorland-Sättel, Flechtinger Höhenzug).

von der allgemeinen Niederschlagsabnahme in zonaler Richtung betroffen, so daß ihre westlichen Abschnitte grundsätzlich niederschlagsreicher sind als die östlichen. Auch ist der Südliche (äußere) Landrücken wegen durchschnittlich größerer Höhe und insbesondere wegen weitgehend freier Exposition zum Atlantik im allgemeinen etwas besser mit Niederschlag versorgt als der Nördliche (innere) Landrücken. Während es der erstere im Nordwesten in der Itzehoer Geest auf 850 mm, in der Lüneburger Heide auf über 750 mm, im Hohen Fläming und im Lausitzer Grenzwall immer noch auf 650 mm durchschnittlichen Jahresniederschlages bringt, empfängt der zweite Höhenzug auf der Dänischen Halbinsel zwar ebenfalls weit über 800 mm, jedoch in seinem mittleren Abschnitt südlich der Mecklenburger Großbucht durchweg bereits deutlich unter 700 mm und schließlich in seinen östlichen Partien nur noch knapp 600 mm, soweit die vorhandenen Stationen eine Aussage darüber gestatten.

Im atlantikabgekehrten Rückland dieser beiden Landrücken bedingt deren Leewirkung jeweils eine Minderung der durchschnittlichen Niederschlagssumme.

Bereits das ostwärts unmittelbar an den Lüneburger-Heide-Abschnitt des Südlichen (äußeren) Landrückens angrenzende weite Ülzener Becken empfängt mit wenig über 600 mm durchschnittlichen Jahresniederschlages mindestens 150 mm weniger als die westwärts vorgelagerten Höhen. Auch die östliche Beckenbegrenzung, die über 100 m hohe und meridional ziehende, ebenfalls warthezeitliche Göhrde-Endmoränenstaffel, leidet unter der Kulissenwirkung der Lüneburger Heide, und ihre durchschnittlichen Niederschlagssummen unterschreiten durchweg die 700-mm-Grenze. Den übrigen Westelbe-Grundmoränenplatten der Altmark schließlich, mit ausdrucksarmem Relief und mittleren Höhen von 30 – 50 m,

ations- he [m]	Niederschlagssummen Winter	Frühjahr	Sommer	Herbst	Jahr	Bezugs- zeitraum
3	209	164	259	264	896	1951 – 1980
5	150	139	212	159	660	1951 – 1980
4	147	144	220	176	687	1951 – 1980
2	126	134	199	140	599	1951 – 1980
9	138	125	193	154	610	1951 – 1980
0	116	127	200	142	585	1951 – 1980
7	89	107	172	112	485	1951 – 1980
5	131	127	207	158	623	1951 – 1980
1	123	133	178	155	589	1951 – 1980
5	148	141	207	173	669	1951 – 1980
5	123	119	194	165	601	1951 – 1980

beschert die kombinierte Regenschattenwirkung von Südlichem Landrücken und Göhrde-Endmoräne weiträumig durchschnittliche Jahresniederschlagssummen um etwa 550 mm.

Auch die meist tiefgelegenen glazigenen Zungenbeckenbereiche im Rückland des Nördlichen (inneren) Landrückens sind weitaus schwächer befeuchtet als die jeweils vorgelagerten Landrückenabschnitte. Wie bei diesen variiert die durchschnittliche Jahresniederschlagsmenge jedoch auch mit der Abfolge der Becken von Nordwest nach Südost: Für das großenteils überflutete Zungenbecken der Lübecker Bucht kann noch eine jährliche Durchschnittssumme von rund 600 mm als typisch gelten, wohingegen im weit ostwärts gelegenen binnenländischen Ueckerbecken sich dieser Betrag auf rund 500 mm erniedrigt und mancherorts noch unterschritten wird.

Im weiten Raum zwischen den beiden Landrücken findet sich zunächst nördlich des Elbeunterlaufes eine Serie warthezeitlicher Grundmoränenplatten mit partieller weichselzeitlicher Sanderüberschüttung, die unter der Bezeichnung Nordelbeplatten zusammengefaßt sei und sich in die Schwarzenbeker, die Granziner, die Hagenower und die Prignitzplatte gliedert. Die gute Niederschlagsversorgung dieser Plattenserie bei mittleren Höhen von nur 40 – 60 m belegen durchschnittliche Jahresniederschlagssummen von über 700 mm im Westen auf der Schwarzenbeker Platte und rund 600 mm im Osten auf der Prignitzplatte. Eine Ursache mag in der breiten Unterbrechung des westwärts vorgelagerten äußeren Landrückens durch das Unterelbe-Urstromtal gegeben sein.

Ebenfalls zwischen den beiden Landrücken, aber im Havel-Spree-Einzugsbereich östlich der Elbe, ist dann geradezu ein Mosaik ausschließlich weichselzeitlicher Moränen- und Sanderplatten ausgebildet, die durch die großen quasizonalen Talungen des Baruther, des

Station	Winter	Frühjahr	Sommer	Herbst	Jahr
Miltzow	130	135	199	162	626
Zudar	117	122	189	154	582
Gager-Groß Zicker	121	113	176	144	554
Greifswalder Oie	93	101	163	125	482

Stationspositionen:
Miltzow 54°12′ N/13°13′ E, 25 m, festländisches Küstentiefland
Zudar 54°16′ N/13°21′ E, 2 m, Südrügen/Zudar-Halbinsel
Gager-Gr. Zicker 54°18′ N/13°41′ E, 3 m, Südrügen/Mönchgut-Halbinsel
Greifswalder Oie 54°15′ N/13°55′ E, 10 m, Insel am Boddenausgang.

Tabelle 28
Zonalvariation der durchschnittlichen Niederschlagssummen am Greifswalder Bodden während des Bezugszeitraumes 1951–1980 (in mm; Zusammenstellung nach einer Datensammlung des Meteorologischen Dienstes der DDR 1987)

Berliner und des Eberswalder Urstromtales und etliche erosiv angelegte oder toteisbedingte Querrinnen separiert werden. Alle diese Platten erreichen mit 40–50 m Regelhöhe bei den westlichen und 60–80 m bei den östlichen Gliedern die Durchschnittshöhe der beiden Landrücken bei weitem nicht, so daß die durchschnittlichen Jahresniederschlagssummen unter normalen Geländeverhältnissen weiträumig bei etwa 550 mm liegen. Ähnliche Beträge haben auch für die Urstromtalbereiche als Regelwert zu gelten; infolge ihrer westwärts offenen Lage und ihres zonalen Verlaufs versorgen die zyklonenintern frontalen Niederschlagsfelder die Urstromtalbereiche mit ähnlichen Niederschlagsmengen wie die benachbarten Plattenbereiche. Nur dort, wo Plattenteile im Bereich aufgesetzter Endmoränenzüge

Station	Jan.	Febr.	März	Apr.	Mai	Juni	Juli
Mischniederschlagstage							
Bremen-Flughafen	26,7	28,2	24,3	14,2	1,3	–	–
Berlin-Dahlem	33,6	31,9	26,5	17,2	2,1	–	–
Schneeniederschlagstage							
Bremen-Flughafen	16,4	27,7	14,3	3,6	–	–	–
Berlin-Dahlem	30,0	35,0	22,4	2,8	–	–	–
Schneefalltage (Schnee und Schneeregen)							
Bremen-Flughafen	43,1	55,9	38,6	17,8	1,5	–	–
Berlin-Dahlem	63,6	66,9	48,9	20,0	2,1	–	–

Stationspositionen:
Berlin-Dahlem 52°28′ N/13°18′ E, 51 m
Bremen-Flughafen 53°03′ N/8°48′ E, 4 m.

das Durchschnittsniveau deutlich überragen, kann die Stauwirkung dieser Höhen durchschnittliche Jahresniederschlagssummen um 580 mm und in Einzelfällen sogar um 600 mm erzwingen, etwa auf den westlichen Randhöhen des Oderbruchs (dem Hochbarnim) oder auf den Hochlagen der Zaucheplatte südlich der Potsdam-Brandenburger Havelniederung oder im hohen Ostteil der Lieberoser Platte im Grenzbereich zum Oder-Neiße-Tal. Andererseits können derartige Randhöhen auf ihrer Ostflanke Niederschlagsminderungen von gelegentlich einschneidendem Ausmaß hervorrufen: Im tiefgelegenen Oderbruch sinken im Lee der hohen Ostbarnim- und Lebusplatte die durchschnittlichen Jahresniederschlagssummen teilweise noch tief unter 500 mm. Auch im ausgedehnten Aufschüttungsraum des Havelländischen Luches finden sich mit Beträgen um 530 mm durchaus unterdurchschnittliche Jahresniederschlagssummen, möglicherweise als Folge einer (wegen Stationsmangels zahlenmäßig nicht belegbaren) Kulissenwirkung von mehreren zwar kleinen, aber durch aufgesetzte Endmoränenreste kräftig geformten Platten im Westquadranten; hierzu zählen die inselartig aufragenden sogenannten Ländchen Schollene (Kamerner Berge 99 m), Rhinow (Rhinower Berge 110 m), Nennhausen (Hohes Rott 92 m) u. a.

Ganz im Nordosten des Binnentieflandes schließt sich an die Beckenzone im Rückland des Nördlichen Landrückens ein Gürtel von insgesamt flachen bis schwachwelligen, nur Durchschnittshöhen von 20–30 m aufweisenden Grundmoränenbereichen an, die man als baltische Platten bezeichnen kann. Sie erweisen sich mit durchschnittlichen Jahressummen um 600 mm als gut mit Niederschlag versorgt, wohl infolge der meernahen und gegen den Nordwestquadranten offenen Position.

Die wieder gut ausgebildeten Endmoränenzüge Ostrügens endlich bewirken auf ihrer Westflanke eine erneute beträchtliche Niederschlagssteigerung auf durchschnittliche Jahressummen von über 650 mm, auf ihrer Ostflanke allerdings begleitet von entsprechender Niederschlagsabnahme.

Im übrigen ist nahezu die gesamte Ostseeküste Norddeutschlands durch ein Niederschlagsdefizit von 10–15% gegenüber dem Küstenhinterland gekennzeichnet.

Aug.	Sept.	Okt.	Nov.	Dez.	Jahr	Winter Dez.-Febr.
–	–	–	9,8	20,9	10,9	25,2
–	–	0,4	13,4	27,8		31,1
–	–	–	3,5	13,9	7,0	19,1
–	–	–	3,4	20,6		28,5
–	–	–	13,3	34,8	17,9	44,3
–	–	0,4	16,8	48,4		59,6

Tabelle 29
Durchschnittlicher Relativanteil der Tage mit Schneeniederschlag und mit Schnee-Regen-Mischniederschlag an der Gesamtzahl aller Niederschlagstage während des Bezugszeitraumes 1951–1970 im Zonalvergleich zwischen dem westlichen und dem östlichen Norddeutschen Tiefland (in %; umgerechnet nach Daten von RIEMER *1971 sowie von* BÄTJER *u.* HEINEMANN *1983)*

Station	Jan.	Febr.	März	Apr.	Mai	Juni	Juli
Binnentiefland West							
Bremen 1951–1970							
Schneefalltage ≥0,1 mm	8,4	9,9	5,8	2,7	0,3	–	–
Schneedeckentage ≥0 cm	9,3	10,9	4,0	0,7	–	–	–
Binnentiefland Mittelwest							
Hamburg 1951–1970							
Schneefalltage ≥0,1 mm	9,9	9,4	6,3	2,9	0,2	–	–
Schneedeckentage ≥0 cm	11,8	12,5	5,9	1,0	–	–	–
Binnentiefland Ost							
Berlin-Dahlem 1950–1970							
Schneefalltage ≥0,1 mm	11,3	10,6	6,5	2,9	0,3	–	–
Schneedeckentage ≥0 cm	16,1	14,5	7,8	0,6	0,0	–	–

[1] Schneefalltage sind definiert durch eine Tagesniederschlagssumme aus Schnee und Schneeregen ≥0,1 mm, Schneedeckentage durch eine Schneedecke zum Termin 07.00 Uhr. Schneehöhe 0 cm bedeutet Schneedeckenhöhe <0,5 cm oder Schneebedeckung von weniger als 50% der Meßplatzumgebung.

Stationspositionen:
Berlin-Dahlem 52°28′ N/13°18′ E, 51 m
Bremen-Flughafen 53°03′ N/8°48′ E, 4 m
Hamburg-Fuhlsbüttel 53°38′ N/9°59′ E, 13 m.

Diese Niederschlagsbenachteiligung ist für jene sehr ausgedehnten Küstenabschnitte leicht begreiflich, die unter der bereits skizzierten niederschlagsmindernden Leewirkung der westwärts vorgelagerten Endmoränenzüge des Nördlichen Landrückens stehen, also für die Förden- und Buchtenküste an der Kieler und Lübecker Bucht, aber auch für große Teile der Ausgleichsküste nordöstlich des Höhenzuges der Kühlung und für die Küstenabschnitte östlich der Rügen-Usedomer Endmoränenbögen.

Die Niederschlagsbenachteiligung betrifft jedoch auch ausgesprochene Flachküstenabschnitte, wie die Boddenausgleichsküste zwischen Fischland und Hiddensee oder besonders jene am Greifswalder Bodden, bei dem sich mit Hilfe des insularen Moränenrestes der Greifswalder Oie ein weiteres Absinken der Niederschlagssummen meerwärts direkt nachweisen läßt (Tab. 28). Mit Maede (1951) kann man hierfür eine Strömungsbeschleunigung mit nachgeordneten Absinkvorgängen verantwortlich machen, die sich in ablandiger Strömung infolge Verringerung der Bodenreibung beim Übertritt vom Festland auf das Meer einstellt. Aufgleitvorgänge an Frontensystemen atlantischer Zyklonen, die mit ablandigem Kurs die Küste queren, erfahren dadurch vorübergehend eine Abschwächung mit entsprechender Niederschlagsminderung.

An den höhenzugbegleiteten Küstenabschnitten kann dieser (Geschwindigkeits-) Divergenzeffekt sich deren Leewirkung noch überlagern und dann vorgelagerten Meeresgebieten oder flachen Inseln auch in der westlichen Ostsee bemerkenswert geringe Niederschläge bescheren: Die Insel Fehmarn etwa erhält als durchschnittliche Jahresniederschlagssummen nur rund 550 mm und gehört ebenso wie Oströgen mit jeweils über 1800 Stunden durchschnittlicher Sonnenscheindauer im Jahr zu den sonnenscheinreichsten Gegenden Deutschlands!

ug.	Sept.	Okt.	Nov.	Dez.	Jahr
–	–	–	2,5	6,7	36,3
–	–	–	0,7	6,4	32,0
–	–	0,1	2,0	7,9	38,7
–	–	–	1,2	7,8	40,2
–	–	0,1	2,6	8,2	42,4
–	–	0,0	1,7	9,6	50,4

Tabelle 30
Zonalvergleich der durchschnittlichen Anzahl von Schneefalltagen und Schneedeckentagen[1] *im Binnentiefland Norddeutschlands bei einheitlichem Bezugszeitraum (nach Daten von* BÄTJER *u.* HEINEMANN *1983,* CAPPEL *u.* KALB *1976,* RIEMER *1971)*

Während des Winterhalbjahres fällt auch im Norddeutschen Tiefland überall ein Teil des Niederschlags als Schnee oder als Schnee-Regen-Mischniederschlag. Die Häufigkeit dieser beiden Niederschlagsformen zeigt zonale Unterschiede (Tab. 29). Während im stärker ozeanisch beeinflußten westlichen Tieflandsraum unter allen Niederschlagstagen die reinen Regentage selbst im Hochwinter noch überwiegen, treten im mehr kontinental geprägten östlichen Tiefland zumindest im Januar und Februar und damit auch im Wintermittel Schneeniederschlagstage und Mischniederschlagstage durchschnittlich häufiger auf als Regentage. Auch hier aber sind reine Schneeniederschlagstage in nahezu allen überhaupt in Frage kommenden Monaten seltener als Schnee-Regen-Niederschlagstage.

Tabelle 31
Durchschnittliche Anzahl der Schneedeckentage ≧0 cm Schneehöhe in einem Zonalprofil durch Schleswig-Holstein für den Bezugszeitraum 1936/37–1957/58 ohne 1944/45–1945/46 (Zusammenstellung nach einer Datensammlung von CASPAR *1962)*

Station	Jan.	Febr.	März	Apr.	Mai	Juni	Juli	Aug.	Sept.	Okt.	Nov.	Dez.	Jahr
Eiderstedt-Küstenniederung													
St. Peter	10,4	10,5	5,6	0,6	–	–	–	–	–	–	0,4	4,4	31,9
Husumer Geestrand													
Husum	12,3	12,1	5,3	0,4	–	–	–	–	–	–	0,3	5,6	36,0
Östliches Hügelland													
Schleswig	13,9	13,5	7,0	0,5	–	–	–	–	–	–	0,4	8,0	43,3
Küstentiefland Kieler Bucht													
Schönberg	11,1	10,9	5,1	0,4	–	–	–	–	–	0,0	0,5	6,4	34,4

Stationspositionen:
Husum 54°28′ N/9°04′ E, 14 m
Schleswig 54°32′ N/9°33′ E, 43 m
Schönberg 54°24′ N/10°22′ E, 5 m
St. Peter 54°18′ N/8°38′ E, 3 m.

Deutlich stärker als im Falle der Schneefallhäufigkeit ändert sich die durchschnittliche Anzahl der Schneedeckentage im Norddeutschen Tiefland mit zunehmender Entfernung vom Atlantik (Tab. 30), offenkundig in erster Linie als Folge der ostwärts abnehmenden Wintertemperatur, die der Erkaltung einer einmal ausgebildeten Schneedecke förderlich ist. Jedoch ergibt sich ein Übergewicht der Anzahl der Schneedeckentage über jene der Schneefalltage nur während des Hochwinterzeitraumes; in den Übergangsjahreszeiten schmilzt gefallener Schnee bei in der Regel positiver Erdoberflächentemperatur allzu rasch wieder hinweg.

Die zonal verlaufenden Abschnitte des Küstentieflandes an Nordsee und Ostsee zeigen gegenüber längengleichen Binnentieflandsbereichen eine um 10–15% erniedrigte durchschnittliche Anzahl an Schneefalltagen.

Auch im peninsularen Tieflandsraum Schleswig-Holsteins weist die flache westliche Küstenniederung eine vergleichsweise geringe durchschnittliche Anzahl an Schneedekkentagen auf. Vor allem im Bereich der kräftig geformten Endmoränenzüge im östlichen Jungmoränenraum der Halbinsel steigt jedoch ihre Häufigkeit merklich an, hier wohl in erster Linie wegen der Steigerung der Niederschlagssummen, die anteilig auch größere Schneemengen nach sich zieht und dadurch die Schneedeckendauer verlängern kann. (Die Absolutwerte der Tabelle 31 mit einem zonal orientierten Datenprofil durch Schleswig-Holstein sind allerdings nicht streng mit jenen der Tabelle 30 vergleichbar, weil unvermeidbar aus einem anderen, um reichlich 10% weniger Schneedeckentage aufweisenden Beobachtungszeitraum stammend!)

4. Das Klima der deutschen Mittelgebirgsschwelle

Ausschlaggebend für die klimatischen Verhältnisse im Bereich der deutschen Mittelgebirgsschwelle ist der Einfluß des Reliefs, der sich bereits in den Temperaturverhältnissen deutlich zu erkennen gibt.

Insbesondere die Höhenlage über dem Meeresniveau wirkt sich nachhaltig auf die räumliche Verteilung der Lufttemperatur aus. Im Jahresmittel ist mit einer Temperaturabnahme von knapp 0,60 K je 100 m Höhenzunahme zu rechnen, doch findet sich überall im Mittelgebirgsraum eine jahreszeitliche Variation dieser Größe wohlausgebildet (Tab. 32).

Vergleichsweise große vertikale Lufttemperaturabnahme zeigt ein ausgedehnter Jahresabschnitt zwischen Frühjahr und Sommer, der in der Regel auch durch das Auftreten zweier Maxima zeitlich gegliedert ist. Das Sommermaximum wird man in Beziehung setzen dürfen zum gleichzeitigen durchschnittlichen Jahresmaximum der Nettostrahlung an der Erdoberfläche, wodurch die unteren Luftschichten durchschnittlich am stärksten erwärmt werden und sich infolgedessen ein mittleres vertikales Temperaturgefälle von bedeutendem Ausmaß einzustellen vermag. Das Frühjahrmaximum der vertikalen Lufttemperaturabnahme ist hingegen auf die lange Schneedeckendauer und die wesentlich größere Schneehöhe in den Höhenlagen der Mittelgebirge zurückzuführen: Längere Wirkungsdauer der hohen Strahlungsreflexion an Schneeoberflächen und stärkere Energiebindung beim Schmelzvorgang der größeren Schneemengen verursachen eine Erwärmungsverzögerung der Höhenlagen gegenüber den schneeärmeren, sich daher rascher aufheizenden Niederungen, zu welcher Erkenntnis bereits VOEJKOV (1885) gelangte. Eine starke Vertikalabnahme der Lufttemperatur begünstigend wirkt außerdem gerade in diesem Jahresabschnitt die geringe Häufigkeit des Großwettertyps Zentralhoch Mitteleuropa, so daß durch antizyklonale Absinkvorgänge gebildete und die durchschnittliche vertikale Lufttemperaturabnahme mindernde Temperaturinversionsschichten innerhalb der unteren Troposphäre ebenfalls mit reduzierter Häufigkeit auftreten sollten.

Gleichermaßen als Regelfall sind Minima der vertikalen Lufttemperaturabnahme im Herbst und Winter zu konstatieren. Sie korrespondieren befriedigend mit gehäuftem Auftreten des Großwettertyps Zentralhoch Mitteleuropa in den erwähnten Jahresabschnitten (Tab. 7). Absinkvorgänge im Bereich dieser Hochdruckgebiete führen zu dynamischer (Kompressions-) Erwärmung der Höhenluft, die dann leicht am Ende ihrer langen Absinkstrecke höhere Temperaturen erreichen kann, als sie an der Erdoberfläche herrschen

Tabelle 32
Durchschnittliche vertikale Lufttemperaturabnahme[1] während des Bezugszeitraumes 1951–1980 im Bereich der Mittelgebirgshochschollen (in K/hm; auf der Grundlage von Lufttemperatur-Mittelwerten aus Datensammlungen von MÜLLER-WESTERMEIER *1990 und des Meteorologischen Dienstes der DDR 1987)*

Gebirge	Jan.	Febr.	März	Apr.	Mai	Juni	Juli	Aug.	Sept.	Okt.	Nov.	Dez.	Jahr
Rheinisches Schiefergebirge	0,56	0,59	0,65	0,65	0,64	0,64	0,63	0,57	0,50	0,46	0,59	0,57	0,59
Harz	0,44	0,48	0,59	0,71	0,72	0,71	0,72	0,66	0,60	0,47	0,49	0,44	0,58
Thüringer Wald	0,51	0,51	0,58	0,66	0,66	0,64	0,65	0,54	0,47	0,42	0,57	0,52	0,56
Rhön	0,42	0,50	0,63	0,64	0,62	0,65	0,63	0,55	0,51	0,40	0,48	0,42	0,54
Erzgebirge	0,44	0,51	0,62	0,67	0,66	0,65	0,64	0,60	0,58	0,50	0,52	0,46	0,58

[1] Es wurde zunächst die vertikale Lufttemperaturabnahme nach den einzelnen Stationspaarungen und daraus das jeweilige Mittel für die verschiedenen Gebirge errechnet.

Stationspaarungen als Grundlage der gebirgsbezogenen Mittelwerte:

Rheinisches Schiefergebirge
Wuppertal (Buchenhofen) 128 m – Kahler Asten 839 m
Arnsberg 218 m – Kahler Asten 839 m
Melsungen 190 m – Kahler Asten 839 m
Frankfurt (Flughafen) 111 m – Kleiner Feldberg 805 m

Harz
Seesen 265 m – Brocken 1142 m
Wernigerode 234 m – Brocken 1142 m
Gernrode 210 m – Brocken 1142 m
Eisleben 185 m – Brocken 1142 m
Bad Sachsa 284 m – Brocken 1142 m
Sundhausen 175 m – Brocken 1142 m
Sangerhausen 190 m – Brocken 1142 m

Thüringer Wald
Waltershausen 342 m – Großer Inselsberg 914 m
Schmalkalden 300 m – Großer Inselsberg 914 m
Bad Blankenburg 245 m – Schmücke 937 m
Schleusingen 384 m – Schmücke 937 m

Rhön
Fulda 255 m – Wasserkuppe 921 m
Schlüchtern 375 m – Wasserkuppe 921 m
Bad Kissingen 262 m – Wasserkuppe 921 m

Erzgebirge
Chemnitz 418 m – Fichtelberg 1213 m
Crimmitschau 269 m – Fichtelberg 1213 m
Rodewisch 464 m – Fichtelberg 1213 m
Plauen 407 m – Fichtelberg 1213 m

Station	Stationshöhe [m]	Jan.	Febr.	März	Apr.	Mai	Juni	Juli
Niederrheinische und Westfälische Tieflandsbuchten								
Elsdorf	85	1,9	2,6	5,3	8,7	13,0	16,2	17,5
Münster	63	1,5	2,0	4,8	8,3	12,7	15,9	17,1
Rheinisches Schiefergebirge								
Botrange (Hohes Venn)[1]	692	−2,0	−1,5	1,5	5,3	9,3	12,3	13,7
Bernkastel (Moseltal)	120	1,8	2,7	5,8	9,4	13,6	16,9	18,3
Lorch (Rheintal)	90	1,2	2,0	5,1	8,7	13,0	16,5	18,0
Kahler Asten (Rothaargebirge)	839	−3,0	−2,5	−0,2	3,4	7,9	11,2	12,6
Kl. Feldberg (Taunus)	805	−2,7	−2,0	0,9	4,6	8,9	12,2	13,8
Hessische Senke								
Melsungen	190	0,0	0,8	3,8	7,7	12,1	15,5	16,9
Bad Nauheim	160	0,1	1,2	4,7	8,9	13,3	16,7	18,0
Weserbergland Hessisches Bergland								
Torfhaus (Solling)[2]	491	−2,2	−1,6	1,8	5,7	10,2	13,2	14,7
Wasserkuppe (Rhön)	921	−3,5	−2,9	−0,3	3,5	8,1	11,4	12,9
Leinegraben								
Göttingen	175	0,2	0,8	3,9	7,9	12,3	15,7	16,9
Harz								
Seesen	265	−0,3	0,1	3,1	7,1	11,6	15,0	16,1
Brocken	1142	−4,5	−4,4	−2,4	0,9	5,3	9,0	10,2
Harzgerode	404	−1,8	−1,3	1,6	5,8	10,6	14,2	15,5
Eisleben	185	−0,5	0,1	3,0	7,9	12,6	16,3	17,6
Thüringer Wald								
Gr. Inselsberg	914	−4,1	−3,4	−0,7	3,2	7,8	11,3	12,7
Thüringer Becken Sächsische Tieflandsbucht								
Eigenrieden (Westrandstufe)	480	−2,0	−1,3	2,0	6,3	10,9	14,4	15,6
Kölleda (Beckenzentrum)	140	−0,6	0,3	3,6	8,1	12,9	16,5	17,7
Schkeuditz (Tieflandsbucht)	131	−0,5	0,1	3,4	7,8	12,5	16,4	17,8
Erzgebirge								
Chemnitz	418	−1,6	−0,9	2,3	6,5	11,2	15,0	16,3
Fichtelberg	1213	−5,3	−5,0	−2,6	1,2	6,0	9,8	11,2
Elbsandsteingebirge Lausitzer Gebirge								
Hinterhermsdorf	385	−2,7	−1,7	1,6	6,1	11,0	14,8	16,0
Dresden-Pillnitz	120	−0,1	0,8	4,1	8,5	13,1	16,9	18,0

[1] Bezugszeitraum 1952−1971, Daten nach Bodeux (1976).
[2] Bezugszeitraum 1931−1960, Daten nach Meyer u. Schirmer (1985).

Aug.	Sept.	Okt.	Nov.	Dez.	Jahres-schwankung [K]
17,1	14,4	10,2	5,8	3,2	15,6
16,8	14,0	10,1	5,6	2,9	15,6
13,4	11,2	7,7	2,2	−0,6	15,7
17,6	14,6	10,1	5,7	2,8	16,5
17,1	14,0	9,4	5,3	2,4	16,8
12,4	10,0	6,1	0,9	−1,9	15,6
13,5	10,8	6,6	1,3	−1,4	16,5
16,2	13,2	8,9	4,4	1,4	16,9
17,2	13,9	9,1	4,5	1,5	17,9
14,4	11,6	7,1	2,7	−0,6	16,9
12,7	9,9	5,9	0,7	−2,1	16,4
16,4	13,2	9,1	4,7	1,6	16,7
15,8	12,9	8,8	4,2	1,2	16,4
10,3	7,7	4,5	−0,4	−3,0	14,8
14,8	11,7	7,4	2,8	−0,3	17,3
17,0	13,5	8,9	4,1	0,9	18,1
12,5	9,7	5,6	0,2	−2,6	16,8
15,3	12,4	7,9	2,6	−0,6	17,6
17,0	13,5	8,8	4,1	0,8	18,3
17,3	13,8	9,2	4,5	1,4	18,3
15,9	12,8	8,5	3,6	0,1	17,9
11,0	8,0	4,2	−0,8	−3,8	16,5
15,4	12,0	7,6	2,8	−0,8	18,7
17,4	14,1	9,7	5,2	1,8	18,1

Tabelle 33
Durchschnittliche Monats- und Jahresmittel der Lufttemperatur für den Bezugszeitraum 1951–1980 in einem repräsentativen zonalen Sammelprofil durch die deutsche Mittelgebirgsschwelle (Angaben in °C; Stationsauswahl nach Datensammlungen von MÜLLER-WESTERMEIER *1990 und des Meteorologischen Dienstes der DDR 1987)*

Stationspositionen:
Bad Nauheim 50°22′ N/8°44′ E
Bernkastel 49°55′ N/7°04′ E
Botrange 50°29′ N/6°05′ E
Brocken 51°48′ N/10°37′ E
Chemnitz 50°48′ N/12°52′ E
Dresden-Pillnitz 51°01′ N/13°53′ E
Eigenrieden 51°13′ N/10°19′ E
Eisleben 51°32′ N/11°32′ E
Elsdorf 50°56′ N/6°34′ E
Fichtelberg 50°26′ N/12°57′ E
Göttingen 51°33′ N/9°57′ E
Großer Inselsberg 50°51′ N/10°28′ E
Harzgerode 51°39′ N/11°08′ E
Hinterhermsdorf 50°55′ N/14°22′ E
Kahler Asten 51°11′ N/8°29′ E
Kleiner Feldberg 50°13′ N/8°27′ E
Kölleda 51°11′ N/11°13′ E
Lorch 50°03′ N/7°48′ E
Melsungen 51°08′ N/9°33′ E
Münster 51°58′ N/7°36′ E
Schkeuditz 51°25′ N/12°14′ E
Seesen 51°53′ N/10°12′ E
Torfhaus 51°46′ N/9°34′ E
Wasserkuppe 50°30′ N/9°57′ E.

Station	Jan.	Febr.	März	Apr.	Mai	Juni	Juli	Aug.
Schneifelforsthaus	−1,5	−0,8	1,9	5,1	9,4	12,6	14,0	13,7
Marienberg	−2,8	−2,3	0,7	5,2	10,2	13,8	15,0	14,4
Temperaturdifferenz Sfhs-Mbg	+1,3	+1,5	+1,2	−0,1	−0,8	−1,2	−1,0	−0,7

[1] Lufttemperatur-Jahresschwankung Marienberg in Prozent der Lufttemperatur-Jahresschwankung Schneifelforsthaus.

Stationspositionen:
Schneifelforsthaus 50°18′ N/6°25′ E, 657 m, Schnee-Eifel
Marienberg 50°39′ N/13°09′ E, 639 m, Erzgebirge.

(Abb. 3). Das ist in besonderem Maße der Fall, wenn in den Niederungen Kaltluft lagert, was vor allem im Winter wegen des oft negativen Strahlungshaushalts der Erdoberfläche oder nach vorausgegangener Kaltluftzufuhr gegeben ist. Bei derartigen Hochdrucksituationen ragen die Höhenlagen der Mittelgebirge meist noch in den Bereich der erwärmten Höhenluft hinein und werden von der turbulent durchmischten Niederungskaltluft durch eine Temperaturinversionsschicht mit höhenkonformer Temperaturzunahme getrennt. Das auch nur zeitweilige Auftreten derartiger besonderer Vertikalverteilungen der Lufttemperatur muß aber ersichtlich den Gesamtdurchschnitt der vertikalen Lufttemperaturabnahme

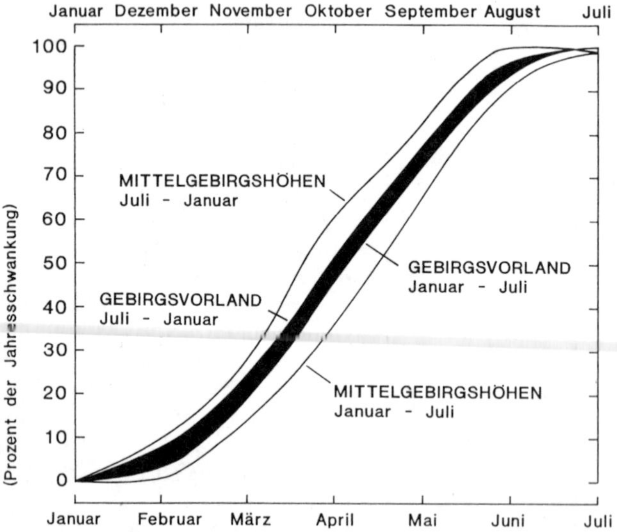

Abbildung 11
Jahresgang der durchschnittlichen relativen Lufttemperatur für den Bezugszeitraum 1951−1980 im Vergleich zwischen Höhenlagen und Niederungsbereichen des Mittelgebirgsraumes (Entwurf: M. Hendl nach Daten des Meteorologischen Dienstes der DDR 1987)

Bezugsstationen: Brocken 51°48′ N/10°37′ E, 1142 m, Gipfelstation im Harz; Eisleben 51°32′ N/11°32′ E, 185 m, Gebirgsfußstation im östlichen Harzvorland. Der thermodromische Quotient als Differenz zwischen der Mitteltemperatur der Herbstmonate September bis November und jener der Frühjahrsmonate März bis Mai, ausgedrückt in % der durchschnittlichen Lufttemperatur-Jahresschwankung, erreicht im Falle der Brocken-Gipfelstation 18,0%, im Falle der Gebirgsvorlandstation Eisleben hingegen nur 5,5%.

Sept.	Okt.	Nov.	Dez.	Jahr	Jahres-schwankung
11,4	7,5	2,4	−0,2	6,3	15,5 K
11,3	7,0	2,3	−0,7	6,2	17,8 K
+0,1	+0,5	+0,1	+0,5	+0,1	115%[1]

Tabelle 34
Zonalvergleich der durchschnittlichen Lufttemperatur für den Bezugszeitraum 1951–1980 zwischen höhengleichen und geländeähnlichen Positionen der deutschen Mittelgebirgsschwelle im 600-m-Niveau (Angaben in °C; Auswahl aus Datensammlungen von MÜLLER-WESTERMEIER *1990 und des Meteorologischen Dienstes der DDR 1987)*

in den betreffenden Jahresabschnitten mindern, wobei im Winter wohl mehr die größere Intensität, im Herbst hingegen eher die größere Häufigkeit der antizyklonalen Absinkinversionen von Bedeutung ist. (Im Sommer, in dem nach Tabelle 7 schwach überdurchschnittliche Häufigkeiten des Großwettertyps Hochdruck Mitteleuropa im Juni und im August vorkommen, ist mit viel schwächeren Auswirkungen derartiger Absinkinversionsschichten auf die mittlere vertikale Temperaturabnahme zu rechnen, weil dann die unteren Luftschichten über den Niederungen infolge der wesentlich günstigeren Energieversorgung der Erdoberfläche aus dem Strahlungshaushalt viel stärker aufgeheizt sind als im Winterhalbjahr und außerdem wegen der zusätzlichen konvektiven Durchmischung der unteren Luftschichten die Höhenluft nicht so tief herabzusinken vermag.)

Auf Grund der erwähnten jahreszeitlichen Unterschiede in der vertikalen Lufttemperaturabnahme zeigen die Mittelgebirgshöhen zwangsläufig eine verringerte Lufttemperatur-Jahresschwankung gegenüber den tiefer gelegenen Räumen (Tab. 33). Außerdem finden sich graduelle Abweichungen im durchschnittlichen Jahresverlauf der Lufttemperatur (Abb. 11): Ein schneedeckenbedingter langsamerer Temperaturanstieg in den Höhenlagen während des Frühjahrs tritt ebenso deutlich hervor wie ein auffallend verlangsamter Temperaturabfall in den Frühherbstmonaten September und besonders Oktober. Diesem letzteren Jahresabschnitt ist die größte durchschnittliche Häufigkeit des Großwettertyps Hochdruck Mitteleuropa eigen, so daß die oberen Partien der Mittelgebirgskörper dann oft schon in den Einflußbereich dynamisch erwärmter abgesunkener Höhenluft geraten.

Gegenüber der bedeutenden vertikalen Lufttemperaturänderung sind die großräumigen Unterschiede der Lufttemperatur innerhalb einheitlicher Höhenstufe vergleichsweise gering (Tab. 34). Die mittlere Lufttemperaturdifferenz über die gesamte Zonalerstreckung der deutschen Mittelgebirgsschwelle hinweg, immerhin rund 500 km, beschränkt sich bei vergleichbarer Stationshöhe und vergleichbarer Geländesituation auch während der extremen Jahresabschnitte Winter und Sommer auf Beträge, die der vertikalen Lufttemperaturänderung für nur ein bis zwei Hektometer Höhenunterschied entsprechen. Die mittlere Lufttemperaturabnahme kontinenteinwärts im Winter ist dabei nur wenig größer als der mittlere Lufttemperaturanstieg in gleicher Richtung im Sommer, insgesamt eine Zunahme der durchschnittlichen Lufttemperatur-Jahresschwankung zwischen dem westlichen Rheinischen Schiefergebirge und dem Erzgebirge um 15% des Ausgangsbetrages bewirkend.

Mithin tritt in der räumlichen Lufttemperaturverteilung im Mittelgebirgsraum in allererster Linie der Gegensatz zwischen den kühlen Hochflächen und Gipfelpartien einerseits und den vergleichsweise warmen Talungen, Senken und Becken andererseits hervor. Dabei erzeugt die höchst abwechslungsreiche Gliederung der stark zerbrochenen deutschen Mittelgebirgsschwelle mit ihrem Nebeneinander von Hochschollen und Tiefschollen unterschied-

Station	Stationshöhe [m]	Jan.	Febr.	März	Apr.	Mai	Juni	Juli
Gipfelpartien								
Kahler Asten	839	28	24	23	15	4	0	–
Brocken	1142	29	26	26	20	8	1	0
Schmücke	937	29	27	21	16	4	0	–
Fichtelberg	1213	30	27	26	19	7	1	0
Hochflächen								
Nürburg	627	25	21	17	10	1	0	–
Braunlage	607	26	23	20	13	2	0	–
Aš[1]	669	28	25	21	10	2	–	–
Täler und Senken								
Bernkastel	120	15	13	10	3	0	–	–
Lorch	90	16	15	13	5	1	–	–
Kassel	231	18	16	12	3	0	–	–
Artern	164	21	18	15	5	0	–	–
Dresden-Klotzsche	222	22	18	14	4	0	–	–
Thüringer Becken								
Erfurt	315	21	19	16	7	1	–	–
Tieflandsbuchten								
Elsdorf	85	15	14	10	4	0	–	–
Münster	63	15	14	11	4	0	–	–
Schkeuditz	131	21	18	15	5	0	–	–

Stationspositionen:

Artern 51°23′ N/11°18′ E, vereinigte Goldene und Diamantene Aue (Salzauslaugungssenken an Harz und Kyffhäuser)
Aš 50°13′ N/12°11′ E, Vogtlandhochfläche zwischen Fichtelgebirge und Erzgebirge
Bernkastel 49°55′ N/7°04′ E, Rheinisches Schiefergebirge/Moseltal
Braunlage 51°43′ N/10°37′ E, Harz
Brocken 51°48′ N/10°37′ E, Harz
Dresden-Klotzsche 51°08′ N/13°47′ E, Elbtal-Nordrandhöhe im Grenzbereich der Lausitzer Platte (Elbtalwanne in ca. 110 m Höhe ohne Frostdaten aus dem Bezugszeitraum)
Elsdorf 50°56′ N/6°34′ E, Niederrheinische Tieflandsbucht
Erfurt-Bindersleben 50°59′ N/10°58′ E, Thüringer Becken (Durchschnittsniveau)
Fichtelberg 50°26′ N/12°57′ E, Erzgebirge
Kahler Asten 51°11′ N/8°29′ E, Rheinisches Schiefergebirge/Rothaargebirge
Kassel-Süsterfeld/Wetterwarte 51°18′ N/9°27′ E, Hessische Senke
Lorch 50°03′ N/7°48′ E, Rheinisches Schiefergebirge/Rhein-Engtal
Münster 51°58′ N/7°36′ E, Westfälische Tieflandsbucht
Nürburg 50°20′ N/6°57′ E, Rheinisches Schiefergebirge/Hohe Eifel
Schkeuditz 51°25′ N/12°13′ E, Sächsische Tieflandsbucht
Schmücke 50°39′ N/10°46′ E, Thüringer Wald.

Aug.	Sept.	Okt.	Nov.	Dez.	Jahr
–	0	5	18	26	143
–	1	9	23	28	171
–	0	4	20	28	149
–	2	11	23	29	175
–	–	2	14	22	112
–	0	3	15	23	125
–	1	6	18	27	138
–	–	1	6	13	61
–	–	3	8	14	75
–	–	2	7	14	72
–	–	2	9	17	87
–	–	1	8	17	84
–	–	3	10	18	95
–	0	2	6	12	62
–	–	1	6	12	63
–	0	2	9	17	87

Tabelle 35
Durchschnittliche Anzahl der Frosttage während des Bezugszeitraumes 1951–1980 für charakteristische Positionen in der deutschen Mittelgebirgsschwelle (Stationsauswahl nach Datensammlungen von Müller-Westermeier *1990 und des Meteorologischen Dienstes der DDR 1987)*

[1] Bezugszeitraum 1926–1950 (Daten nach Hydrometeorologický Ústav ČSFR 1961).

licher Größe, flacheren Wölbungs- und Einmuldungsbereichen, Schichtstufen und Schichtkämmen, Vulkangebirgen, Einbruchs-, Ausraum- und Auslaugungssenken, schließlich großen gebirgsinternen Tälern geradezu ein Mosaik von relativen Wärme- und Kältegebieten, in deren charakteristische zonale Abfolge das repräsentative Lufttemperaturprofil in Tabelle 33 wenigstens einen großzügigen Einblick vermitteln möchte. Entsprechendes gilt zwangsläufig für die durchschnittliche räumliche Verteilung der Frosthäufigkeit (Tab. 35).

Vielleicht noch beeindruckender als im Falle der räumlichen Lufttemperaturvariation kommt die starke Gliederung der deutschen Mittelgebirgsschwelle in der räumlichen Niederschlagsverteilung zur Geltung. Sie wird in ihren Grundzügen durch das repräsentativ konstruierte zonale Sammelprofil der Tabelle 36 veranschaulicht und kann auf die kombinierte Wirkung mehrerer Einflußfaktoren zurückgeführt werden.

Besonders deutlich ausgebildet und ganz allgemein realisiert zeigt sich eine Zunahme der durchschnittlichen Niederschlagssummen mit zunehmender Höhe. Als universell gültige, wenn auch nicht allein in Rechnung zu stellende Begründung läßt sich die höhenkonforme Verringerung der Tropfenfallstrecke zwischen der Basis niederschlagswirksamer Bewölkung und der Hangauffangfläche anführen. Auf dieser Fallstrecke durch wasserdampfungesättigten Luftraum finden Rückverdunstungsvorgänge statt, die das Tropfenvolumen beständig

Station	Stations-höhe [m]	Jan.	Febr.	März	Apr.	Mai	Juni	Juli
Linksrheinisches Schiefergebirge								
Roetgen	440	93	80	78	78	90	102	107
Schneifelforsthaus	657	109	93	90	76	86	88	105
Bernkastel	120	46	45	42	43	63	69	72
Hüttgesmasen[1]	660	118	93	66	76	68	74	86
Rheintal								
Lorch	90	41	38	38	37	57	61	58
Rechtsrheinisches Schiefergebirge								
Düsseldorf	37	58	50	52	48	66	73	85
Solingen	209	91	75	74	69	82	93	108
Lüdenscheid	444	117	92	85	79	84	100	118
Kahler Asten	839	147	112	112	104	106	120	135
Kleiner Feldberg	805	76	64	67	73	79	99	91
Hessische Senke								
Melsungen	190	46	40	42	53	69	78	80
Weserbergland Hessisches Bergland								
Torfhaus[1]	491	98	92	66	77	75	96	110
Hoherodskopf[1]	766	112	97	72	82	79	107	114
Wasserkuppe	921	84	72	70	81	92	117	115
Leinegraben								
Göttingen	175	43	38	39	44	57	79	72

[1] Bezugszeitraum 1931 – 1960 (Daten nach SCHIRMER u. VENT-SCHMIDT 1979).

verringern. Die Niederschlagsausbeute bei niederschlagswirksamen Vorgängen wird mithin um so größer sein, je geringer die Tropfenfallstrecke zwischen Wolkenuntergrenze und Hangauffangfläche ist. Sofern Niederschlagswolken den oberen Gebirgshängen direkt auflagern, gelangt das volle Tropfenvolumen der wolkenintern gebildeten Niederschlagselemente zum Absatz.

Ferner kommen die jeweils dem Atlantik zugekehrten Bereiche der verschiedenen Mittelgebirge generell in den Genuß erheblich höherer durchschnittlicher Niederschlagssummen als ihre niveaugleichen, aber vom Atlantik abgewandten Gebirgsflanken und deren Vorländer. Da die Zugbahnen der atlantischen Zyklonen weit überwiegend zonal verlaufen, müssen die Aufgleitvorgänge an den zykloneninternen Fronten eine staubedingte Verstärkung in den westexponierten Gebirgssektoren und eine Abschwächung durch Absinkvorgänge in den ostexponierten Gebirgssektoren erfahren. Entsprechend wird die bevorzugte räumliche Anordnung der relativen Niederschlagsüberschuß- und Niederschlagsdefizitge-

Aug.	Sept.	Okt.	Nov.	Dez.	Jahr	Quotient Sommer/Winter
13	83	75	100	110	1109	1,14
08	85	83	117	131	1171	0,90
79	51	47	63	55	675	1,50
93	82	85	104	103	1048	0,81
64	39	41	53	49	576	1,44
79	61	52	66	65	755	1,37
04	87	78	92	102	1055	1,14
12	90	85	109	132	1203	0,97
26	99	111	136	163	1471	0,90
97	74	72	85	87	964	1,26
75	53	50	55	54	695	1,67
10	80	94	96	94	1088	1,11
16	101	113	106	103	1202	1,08
13	89	85	83	103	1104	1,33
70	48	43	47	54	634	1,63

Tabelle 36a
Durchschnittliche Niederschlagssummen für den Bezugszeitraum 1951–1980 in einem zonalen Sammelprofil durch die deutsche Mittelgebirgsschwelle (Angaben in mm; Stationsauswahl nach Datensammlungen von MÜLLER-WESTERMEIER *1990 und des Meteorologischen Dienstes der DDR 1987)*

Stationspositionen:
Bernkastel/Moseltal 49°55′ N/7°04′ E
Düsseldorf 51°12′ N/6°45′ E
Göttingen 51°33′ N/9°57′ E
Hoherodskopf/Vogelsberg 50°31′ N/9°14′ E
Hüttgesmasen/Hunsrück 49°44′ N/7°08′ E
Kahler Asten/Rothaargebirge 51°11′ N/8°29′ E
Kleiner Feldberg/Taunus 50°13′ N/8°27′ E
Lorch 50°03′ N/7°48′ E
Lüdenscheid 51°13′ N/7°38′ E
Melsungen 51°08′ N/9°33′ E
Roetgen/Hohes Venn 50°38′ N/6°12′ E
Schneifelforsthaus 50°18′ N/6°25′ E
Solingen 51°09′ N/7°05′ E
Torfhaus/Solling 51°46′ N/9°34′ E
Wasserkuppe/Rhön 50°30′ N/9°57′ E.

biete im Mittelgebirgsraum ausfallen. Aus ihr ergibt sich auch eine durchschnittlich schwächere Vertikaländerung des Niederschlags in den atlantikorientierten Gebirgsteilen, da hier im klimatischen Staubereich die vertikale Niederschlagszunahme bereits mit einem überdurchschnittlich hohen Sockelbetrag am Gebirgsfuß beginnt.

Schließlich ist auch zwischen positionsähnlichen Mittelgebirgsräumen eine Abnahme der durchschnittlichen Niederschlagssummen mit zunehmender Zonaldistanz zum Atlantik zu konstatieren. Entsprechende Belege lassen sich den Angaben in Tabelle 36 leicht entnehmen: Beispielsweise empfängt die Erzgebirgs-Gipfelstation auf dem Fichtelberg trotz erheblich größerer Höhenlage um 23% geringere durchschnittliche Jahresniederschläge als die Gipfelstation auf dem Kahlen Asten im Rheinischen Schiefergebirge, die Luvseitenstation Lüdenscheid im nordwestlichen rechtsrheinischen Schiefergebirge erhält im Jahr um 66% mehr Niederschlag als das niveaugleiche Chemnitz im Weststaubereich des Erzgebirges, und zwischen den ebenfalls niveaugleichen Hochflächenstationen Schneifelforsthaus im

Station	Stationshöhe [m]	Jan.	Febr.	März	Apr.	Mai	Juni	Juli
Harz								
Seesen	265	61	53	56	62	76	95	92
Clausthal	563	119	93	93	92	103	118	136
Brocken	1142	156	122	133	116	114	136	142
Stiege	495	68	56	57	56	66	79	72
Harzgerode	404	48	44	48	49	59	71	64
Klostermansfeld	251	37	33	38	43	54	70	64
Burgsdorf	198	29	28	33	39	50	58	56
Sächsische Tieflandsbucht								
Schkeuditz	131	31	29	33	40	49	66	63
Thüringer Wald								
Schmücke	937	89	91	82	77	87	107	103
Thüringer Becken								
Kalteneber	450	53	48	47	55	65	82	77
Straußfurt	150	27	23	27	34	49	63	57
Münchenbernsdorf	325	40	35	44	54	60	83	69
Erzgebirge								
Chemnitz	418	44	39	46	56	68	91	98
Annaberg-Buchholz	630	66	58	65	68	78	100	114
Fichtelberg	1213	91	85	87	90	100	109	135
Elbtalwanne								
Coswig	110	35	31	39	48	59	67	83
Lausitzer Bergland								
Wehrsdorf	340	56	50	54	70	78	84	92

westlichen Grenzraum und Annaberg-Buchholz im östlichsten Grenzraum der deutschen Mittelgebirgsschwelle beträgt die durchschnittliche jährliche Niederschlagsdifferenz immerhin 288 mm. Derartige Differenzen sind sicher zum Teil auf eine allgemeine Häufigkeitsabnahme niederschlagswirksamer Ereignisse kontinenteinwärts zurückzuführen, die sich bei streng vergleichbarer Exposition und Höhenlage in aller Regel nachweisen läßt (Tab. 37); sie beruht großenteils auf der Verringerung der durchschnittlichen Häufigkeit von Frontenpassagen landeinwärts (Tab. 9). Von mindestens ebenso großer Bedeutung dürfte jedoch eine Kulissenwirkung der Mittelgebirgskörper aufeinander sein, indem durch partielle Wasserdampfausfällung an stromaufwärts (westwärts) gelegenen Gebirgshindernissen eine Niederschlagsminderung an stromabwärts (ostwärts) befindlichen Gebirgshindernissen verursacht wird, in Fällen geringer Horizontaldistanz gegebenenfalls noch verstärkt durch direkte Leewirkung des westwärts jeweils vorgelagerten Gebirges. Eine gewisse Ausnahme von dieser Regel macht trotz ihrer östlichen Lage die massige Hochscholle des Harzes.

ug.	Sept.	Okt.	Nov.	Dez.	Jahr	Quotient Sommer/Winter
90	65	58	63	74	845	1,46
17	97	101	109	137	1315	1,06
20	112	120	153	185	1609	0,86
70	50	51	65	78	768	1,09
52	43	46	47	54	635	1,35
55	38	43	40	39	564	1,83
58	33	37	34	33	488	1,91
50	45	43	35	35	529	1,99
93	87	87	98	111	1112	1,04
71	50	55	57	65	725	1,39
55	37	35	33	33	473	2,11
59	48	51	41	41	635	1,91
70	58	58	46	52	726	1,92
73	70	63	57	71	883	1,47
89	87	79	81	101	1134	1,20
58	49	48	40	45	612	1,96
80	64	62	68	72	830	1,44

Tabelle 36b
Durchschnittliche Niederschlagssummen für den Bezugszeitraum 1951–1980 in einem zonalen Sammelprofil durch die deutsche Mittelgebirgsschwelle (Angaben in mm; Stationsauswahl nach Datensammlungen von MÜLLER-WESTERMEIER *1990 und des Meteorologischen Dienstes der DDR 1987)*

Stationspositionen:
Annaberg-Buchholz 50°35′ N/13°00′ E
Brocken 51°48′ N/10°37′ E
Burgsdorf 51°35′ N/11°39′ E
Chemnitz 50°48′ N/12°52′ E
Clausthal 51°48′ N/10°20′ E
Coswig 51°08′ N/13°35′ E
Fichtelberg 50°26′ N/12°57′ E
Harzgerode 51°39′ N/11°08′ E
Kalteneber 51°19′ N/10°08′ E
Klostermansfeld 51°35′ N/11°30′ E
Münchenbernsdorf 50°49′ N/11°56′ E
Schkeuditz 51°25′ N/12°14′ E
Schmücke 50°39′ N/10°46′ E
Seesen 51°53′ N/10°12′ E
Stiege 51°41′ N/10°54′ E
Straußfurt 51°10′ N/10°59′ E
Wehrsdorf 51°03′ N/14°23′ E.

Infolge ihrer weit gegen das Norddeutsche Tiefland vorgeschobenen Position entbehrt sie einer niederschlagabfangenden atlantiknäheren Gebirgskulisse gleichwertigen Ausmaßes und weist daher in ihrem westexponierten Staubereich die durchschnittlich höchsten Niederschlagssummen der gesamten deutschen Mittelgebirgsschwelle auf, verursacht allerdings in ihrem östlichen Vorland auch ein besonders niederschlagsarmes sogenanntes Regenschattengebiet mit durchschnittlichen Jahresniederschlagssummen unter 500 mm.

Es ist allerdings nicht zu übersehen, daß das Ausmaß der reliefbedingten räumlichen Niederschlagsdifferenzierung in der deutschen Mittelgebirgsschwelle einem Jahresgang unterliegt. Nicht nur zeigt sich die klimatische Luv- und Leewirkung an den einzelnen Gebirgen während der warmen Jahreszeit am schwächsten ausgeprägt (Tab. 38), auch die Kulissenwirkung der Gebirgskörper aufeinander und ihre Regenschattenwirkung auf ihre jeweiligen Rückländer erscheint dann deutlich reduziert. Diese Erscheinung hängt in erster Linie mit der zeitlichen Konzentration der vielfach gewitterbegleiteten Großkonvektion auf

Station	Stationshöhe [m]	Jan.	Febr.	März	Apr.	Mai	Juni	Juli
Lüdenscheid	444	16	13	14	13	13	13	14
Chemnitz	418	10	9	9	10	11	11	12
Schneifelforsthaus	657	17	14	13	13	13	13	13
Annaberg[1]	621	13	10	11	12	12	12	13
Kahler Asten[2]	839	17	15	15	15	15	13	15
Brocken	1142	21	17	17	16	15	14	15
Fichtelberg[2]	1213	15	14	14	14	13	13	13

[1] Bezugszeitraum 1901 – 1950 (Daten nach Meteorologischer Dienst der DDR 1978).
[2] Höhendifferenz zwischen dem Kahlen Asten und dem Fichtelberg 374 m! Absolute und relative Benachteiligung des Erzgebirgsgipfels trotz größerer Höhenlage.

Stationspositionen:
Annaberg-Buchholz 50°34′ N/13°01′ E, Erzgebirgs-Hochfläche
Brocken 51°48′ N/10°37′ E, Harz-Gipfelstation
Chemnitz 50°48′ N/12°52′ E, Erzgebirge/Weststaubereich
Fichtelberg 50°26′ N/12°57′ E, Erzgebirgs-Gipfelstation
Kahler Asten 51°11′ N/8°29′ E, rechtsrheinisches Schiefergebirge/Gipfelstation im Rothaargebirge
Lüdenscheid 51°13′ N/7°38′ E, rechtsrheinisches Schiefergebirge/Weststaubereich
Schneifelforsthaus 50°18′ N/6°25′ E, linksrheinisches Schiefergebirge/Schnee-Eifel-Hochfläche.

Tabelle 38
Prozentverhältnis der durchschnittlichen Niederschlagssumme an Gebirgsvorlandstationen zu jener an Gipfelstationen im Bereich der deutschen Mittelgebirgsschwelle während des Bezugszeitraumes 1951 – 1980

Stationspaar	Winter	Frühjahr	Sommer	Herbst	Jahr
Rheinisches Schiefergebirge					
Arnsberg – Kahler Asten	62	72	81	68	70
Melsungen – Kahler Asten	33	51	61	46	47
Harz					
Seesen – Brocken	41	53	70	48	53
Klostermansfeld – Brocken	24	37	50	31	35
Erzgebirge					
Chemnitz – Fichtelberg	49	61	78	66	64

Gipfelstationen:
Brocken 51°48′ N/10°37′ E, 1142 m
Fichtelberg 50°26′ N/12°57′ E, 1213 m
Kahler Asten 51°11′ N/8°29′ E, 839 m.

Gebirgsvorlandstationen:
Arnsberg 51°23′ N/8°04′ E, 218 m
Chemnitz 50°48′ N/12°52′ E, 418 m
Klostermansfeld 51°35′ N/11°30′ E, 251 m
Melsungen 51°08′ N/9°33′ E, 190 m
Seesen 51°53′ N/10°12′ E, 265 m.

Aug.	Sept.	Okt.	Nov.	Dez.	Jahr
3	12	12	15	16	161
0	9	9	10	11	121
3	11	12	16	15	162
3	10	11	11	12	140
4	12	13	16	17	176
5	14	14	18	20	197
2	12	11	14	16	161

Tabelle 37
Durchschnittliche Anzahl der Niederschlagstage mit Tagesniederschlagssummen ≧ 1,0 mm für den Bezugszeitraum 1951 – 1980 im Zonalvergleich zwischen expositionsgleichen und höhenkonformen Stationen der deutschen Mittelgebirgsschwelle (Stationsauswahl nach Datensammlungen von MÜLLER-WESTERMEIER *1990 und des Meteorologischen Dienstes der DDR 1987)*

Abbildung 12
Reliefunabhängige Niederschlagsverteilung im Zugbahnbereich einer Gewitterkonvektionszelle über dem Raum Rhön – Thüringer Wald – Thüringer Becken (Niederschlagssummen in mm vom 18. 8. 1948/7.00 MEZ nach KOCH 1952, umgezeichnet und mit Höhenschichten unterlegt)

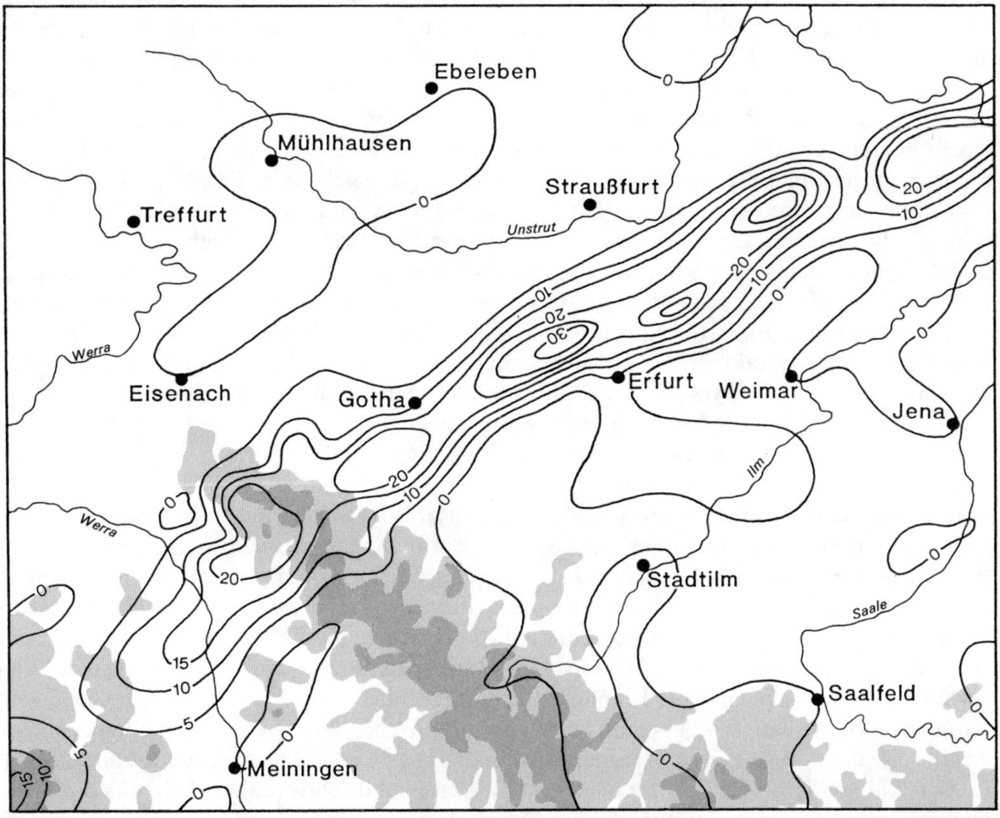

den Sommerzeitraum zusammen (Tab. 10). Als aktiver, an labile Schichtungsverhältnisse gebundener Aufstiegsvorgang von bedeutender Intensität und großer vertikaler Reichweite erweist er sich, einmal in Gang gesetzt, als praktisch reliefunabhängig. Kräftig entwickelte Konvektionszellen versorgen auf ihrer Zugbahn Gebirgsbereiche wie intermontane Bereiche gleichermaßen mit reichlichem Niederschlag (Abb. 12) und bewirken infolgedessen eine Minderung der reliefbedingten räumlichen Niederschlagsunterschiede.

Hinsichtlich des durchschnittlichen Jahresganges der Niederschlagssummen lehrt Tabelle 36, daß im Mittelgebirgsraum in dieser Hinsicht keine ganz einheitlichen Verhältnisse bestehen. Zwar findet sich, ähnlich dem norddeutschen Binnentiefland, als Normaltyp eine einfache jahreszeitliche Niederschlagsvariation mit Hochsommermaximum und Spätwinterminimum auch im weitaus größten Teil des Mittelgebirgsraumes: in den Tieflandsbuchten, den intermontanen Senken und Becken, den Gebirgsvorlandbereichen, den gebirgsinternen Tälern und in den unteren Höhenlagen. Es zeigen sich hier graduelle Unterschiede nur insofern, als atlantikzugekehrte Gebirgsvorlandbereiche generell einen schwächeren Jahresgang aufzuweisen haben als atlantikabgekehrte Gebirgsvorländer und daß ein besonders starker Jahresgang in Senken und Becken auftritt; man beachte speziell den Quotienten aus durchschnittlicher Hochsommer- und Hochwinterniederschlagssumme in Tabelle 36. Jedoch fand bereits HELLMANN (1887) in den oberen Partien der bedeutenderen deutschen Mittelgebirgskörper eine Jahresdoppelwelle der durchschnittlichen Niederschlagssummen ausgebildet, mit dem Hauptmaximum im Winter und einem Nebenmaximum im Sommer.

Dieser Höhentyp des Niederschlagsjahresganges findet sich in ziemlich weiter Verbreitung im westlichen und nördlichen Rheinischen Schiefergebirge, sodann im Oberharz und in einem begrenzten Abschnitt des östlichen Thüringer Waldes mit Südwestexposition, nicht mehr hingegen im Erzgebirge und im Fichtelgebirge. Auch dort aber, wo kein Wintermaximum der durchschnittlichen Niederschlagssumme in Erscheinung tritt, nimmt zumindest die Tendenz zur Ausbildung einer Jahresdoppelwelle mit zunehmender Höhe zu und der Quotient aus Hochsommer- und Hochwinterniederschlag in gleicher Richtung ab.

Schon 1897 wies HELLMANN darauf hin, daß bei relieferzwungenem Aufstieg wasserdampfreicher atlantischer Luftströmungen in der kalten Jahreszeit besonders rasch der (Wasserdampf-) Sättigungspunkt erreicht werden müsse, und wünschte damit die bedeutenden Winterregen am Nordwestrand des rechtsrheinischen Schiefergebirges zu begründen. DAMMANN griff dann 1936 für den Harz zur gleichen Erklärung und ging wie HELLMANN von der Vorstellung aus, daß sich der Stau eines Gebirgskörpers um so stärker in der Niederschlagssumme auswirken muß und daß der Bereich bedeutenden Niederschlages um so mehr auf dem luvseitigen Gebirgshang konzentriert sein wird, je tiefer das Kondensationsniveau unterhalb des Gebirgskammes liegt. Diese Annahme ist deshalb wahrscheinlich, weil bei tiefliegendem Kondensationsniveau sich der niederschlagswirksame Hebungsweg nach unten verlängert und der Ausfall der Kondensationsprodukte auf den luvseitigen Gebirgshang begünstigt wird; bei höherem Kondensationsniveau oberhalb der Kammlagen ist mit stärkerer Abdrift der gebildeten Niederschlagselemente und auch mit stärkerer Tropfenrückverdampfung vor Erreichen der Empfangsfläche zu rechnen. Die Voraussetzung tiefliegenden Kondensationsniveaus wird aber am besten bei atlantischen Großwetterlagen und im Winter erfüllt sein, denn wegen seiner Temperaturabhängigkeit erreicht der Sättigungsdampfdruck in der kalten Jahreszeit seine niedrigsten Werte und wird daher bei wasserdampfangereicherten Strömungen ozeanischer Herkunft in der Regel auch geringere Taupunktdifferenzen als im Sommer erlauben. Geringere Taupunktdifferenzen wiederum bedeuten aber verringerte Hebungswege bis zur Erreichung des Kondensationsniveaus. (Die Taupunktdiffe-

Strömungsrichtung	Winter	Frühjahr	Sommer	Herbst	Jahr
Rheinisches Schiefergebirge					
Südwestströmung	62,3	34,7	27,7	53,0	44,7
Westströmung	67,5	38,8	30,4	52,0	48,1
Nordwestströmung	55,8	32,6	23,1	39,8	36,4
Harz					
Südwestströmung	70,0	45,2	36,8	65,0	56,0
Westströmung	79,1	63,9	52,9	78,8	68,0
Nordwestströmung	79,1	62,7	54,2	70,9	64,5
Rhön					
Südwestströmung	64,0	33,9	33,0	55,6	46,7
Westströmung	75,5	48,0	39,5	58,1	55,0
Nordwestströmung	77,0	43,6	37,9	54,3	51,7

Bezugsstationen und Bezugszeiträume:
Rheinisches Schiefergebirge: Kahler Asten 51°11′ N/8°29′ E, 839 m, 1925–1934
Harz: Brocken 51°48′ N/10°37′ E, 1142 m, 1924–1933
Rhön: Wasserkuppe 50°30′ N/9°57′ E, 921 m, 1924–1933

Tabelle 39
Durchschnittliche relative Häufigkeit des Auftretens von Bergnebel bei den atlantischen Hauptströmungsrichtungen in Gipfelbereichen der deutschen Mittelgebirgsschwelle
(in %; nach DREYLING *1936)*

renz bezeichnet den Unterschied zwischen der gegebenen Lufttemperatur T und der Taupunkttemperatur τ, wobei die letztere Größe definiert ist als jene Temperatur, bei der der herrschende Dampfdruck dem Sättigungsdampfdruck gleich ist. Die Kenntnis der Taupunktdifferenz ermöglicht die näherungsweise Ermittlung der Höhenlage des Kondensationsniveaus mit Hilfe der Beziehung $HK = 122{,}6\ (T - \tau)$ nach HENNIG 1895.)

Für die Bedeutung des HELLMANN-DAMMANN-Effektes und für die Realität seiner Voraussetzungen sprechen folgende Beobachtungen:

1. Das Umkehrniveau zwischen dem sommerlichen Hauptmaximum und dem winterlichen Hauptmaximum der durchschnittlichen Niederschlagssumme rückt mit wachsender Atlantikdistanz, d. h. mit zunehmender Wasserdampfverarmung der Luftströmungen ozeanischer Herkunft, in größere Höhe.
2. Die von DREYLING (1936) ermittelte durchschnittliche Häufigkeit von Bergnebel auf Mittelgebirgsgipfeln, für wasserdampfreiche Strömungen atlantischer Herkunft wohl weitgehend mit Staubewölkung gleichsetzbar, zeigt überall einen sehr bedeutenden Jahresgang mit ausgeprägtem Wintermaximum und Sommerminimum (Tab. 39), dadurch eine indirekte Bestätigung für eine besonders tiefe Lage des Kondensationsniveaus während der kalten Jahreszeit liefernd.

Mit einer anderen möglichen Ursache für das winterliche Niederschlagshauptmaximum in den Hochlagen der bedeutenderen Mittelgebirge rechnet FLOHN (1939), indem er auf eine erhöhte Transportgeschwindigkeit bei atlantischen Niederschlagswetterlagen während

Station	Stations-höhe [m]	Jan.	Febr.	März	Apr.	Mai	Juni	Juli
Niederrheinische und Westfälische Tieflandsbuchten								
Neuß	39	6,4	7,6	1,9	0,2	–	–	–
Münster	64	8,7	9,2	4,2	0,3	–	–	–
Rheinisches Schiefergebirge								
Iserlohn	230	11,8	11,9	6,4	0,6	–	–	–
Schneifelforsthaus	657	22,0	19,8	11,7	2,8	0,4	–	–
Kahler Asten	839	28,4	25,3	21,9	9,6	0,9	–	–
Kleiner Feldberg	805	27,3	23,6	16,2	4,7	0,4	–	–
Koblenz	66	8,3	8,6	2,7	0,0	–	–	–
Hessische Senke								
Kassel	198	12,4	13,2	5,6	0,5	–	–	–
Hessisches Bergland								
Hoherodskopf	766	26,9	24,3	20,7	5,0	0,4	–	–
Wasserkuppe	923	28,2	25,0	20,3	6,8	0,6	–	–
Harz								
Seesen	265	17,7	15,6	7,8	1,0	0,0	–	–
Brocken	1142	31,0	28,3	30,9	28,2	17,7	1,0	–
Eisleben	185	17,9	15,3	9,8	0,2	–	–	–
Sächsische Tieflandsbucht								
Schkeuditz	142	16,5	13,9	8,2	0,3	–	–	–
Thüringer Becken								
Schloßvippach	170	13,7	11,0	7,4	0,3	0,0	–	–
Erzgebirge								
Aue	440	18,4	14,9	9,6	1,3	0,1	–	–
Crottendorf	654	27,2	24,0	20,3	5,5	0,7	–	–
Fichtelberg	1213	31,0	28,2	31,0	28,6	12,3	1,2	–

[1] Die Daten der Stationen westlich des 10. Längengrades unter Einschluß von Seesen gelten für den Bezugszeitraum 1936/37 – 1957/58 (ohne 1944/45 – 1945/46), jene der Stationen östlich des 10. Längengrades für den Bezugszeitraum 1946/47 – 1975/76.

dieses Jahresabschnitts Bezug nimmt. Dieser Umstand muß sich in einer verstärkten Stauwirkung der Gebirge während der kalten Jahreszeit äußern, da dann bei niederschlagsbegleiteten Strömungen atlantischer Herkunft in der Zeiteinheit eine durchschnittlich größere Luftmenge den gegebenen luvseitigen Strömungsquerschnitt durchsetzt.

Daß generell in den Hochlagen der Mittelgebirge noch eine Niederschlagsspitze im Sommer in Erscheinung tritt, liegt am gehäuften Auftreten des weitgehend reliefunabhängigen Konvektionsniederschlages, der sich dann dem frontalen Aufgleitniederschlag zugesellt.

ug.	Sept.	Okt.	Nov.	Dez.	Jahr
	–	0,0	0,4	3,2	19,7
	–	–	0,4	3,7	26,5
	–	0,2	1,1	7,0	39,0
	–	1,1	4,5	14,7	77,0
	–	2,3	9,8	21,9	120,1
	–	1,8	7,4	19,4	100,8
	–	0,1	0,4	3,5	23,6
	–	0,3	0,6	7,7	40,3
	–	1,8	7,6	20,0	106,7
	0,0	2,4	10,7	22,8	116,8
	–	0,4	1,5	11,4	55,4
	0,3	7,4	20,9	28,2	194,0
	–	0,2	2,4	11,8	59,0
	–	0,2	2,1	10,3	51,1
	–	0,2	2,0	8,0	42,6
	–	0,2	3,2	12,3	60,1
	–	1,1	7,9	19,9	106,5
	0,4	6,6	19,6	29,1	188,2

Tabelle 40
Durchschnittliche Anzahl der Schneedeckentage $\geqq 0$ cm Schneehöhe in einem zonalen Sammelprofil durch die deutsche Mittelgebirgsschwelle (Zusammenstellung nach Daten von CASPAR *1962 und* JÄGER *1977)* [1]

Stationspositionen:
Aue 50°36′ N/12°43′ E
Brocken 51°48′ N/10°37′ E
Crottendorf 50°31′ N/12°57′ E
Eisleben 51°32′ N/11°32′ E
Fichtelberg 50°26′ N/12°57′ E
Hoherodskopf 50°31′ N/9°14′ E
Iserlohn-Westig 51°23′ N/7°46′ E
Kahler Asten 51°11′ N/8°29′ E
Kassel-Harleshausen 51°20′ N/9°27′ E
Kleiner Feldberg 50°13′ N/8°27′ E
Koblenz/Rheintal 50°22′ N/7°36′ E
Münster-Handorf 51°58′ N/7°36′ E
Neuß 51°12′ N/6°42′ E
Schkeuditz 51°25′ N/12°14′ E
Schloßvippach 51°06′ N/11°09′ E
Schneifelforsthaus 50°18′ N/6°25′ E
Seesen 51°53′ N/10°12′ E
Wasserkuppe 50°30′ N/9°57′ E.

Vom Niederschlag der winterlichen Jahreszeit entfällt ein räumlich variabler Anteil auf Schnee und Schnee-Regen-Gemisch S + SR. Dieser Anteil nimmt vor allem mit zunehmender Höhe zu: In den Gipfelpartien der höheren Mittelgebirgskörper Harz und Erzgebirge erreicht er im Winterzeitraum Dezember bis Februar Durchschnittsbeträge von rund 90% der Niederschlagsgesamtsumme und bei Bezug auf den Jahreszeitraum immer noch solche von etwa 50% (ROUX 1951, PLEISS 1961). Für die zentral gelegene Hochscholle des Harzes errechnete ROUX (1951) im Mittel über den Bezugszeitraum 1937–1949 aus den Meßergebnissen von 15 Gebirgs- und Vorlandstationen die folgenden Abhängigkeiten des prozentualen S + SR-Niederschlagsanteils von der Höhe H (in Hektometern):

Jahr: $S + SR = 14{,}9 + 3{,}29\,H$,
Winter: $S + SR = 52{,}3 + 3{,}32\,H$.

Für die räumliche Verteilung der durchschnittlichen Anzahl der Schneedeckentage in der deutschen Mittelgebirgsschwelle ist eine Abhängigkeit sowohl von der winterlichen Schneefallmenge als auch von der Lufttemperatur der kalten Jahreszeit zu erwarten, denn zunehmende Schneefallmenge und abnehmende Wintertemperatur müssen gleichermaßen die Erhaltung einer Schneedecke begünstigen, niedrige Wintertemperaturen darüber hinaus auch die Schneedeckenbildung fördern. Wegen der vorrangigen Beziehung beider Einflußfaktoren zu Höhenlage und Atlantikdistanz wird auch die durchschnittliche Schneedeckendauer primär mit wachsender Höhe zunehmen und zusätzlich (innerhalb gleicher Höhenstufe) sich kontinenteinwärts verlängern. Belege für diese Folgerungen finden sich ausreichend in der repräsentativen Datenzusammenstellung der Tabelle 40. In einer bemerkenswert geringen Häufigkeit von Schneedeckentagen äußert sich auch die besondere thermische Wintergunst der tief eingeschnittenen Täler von Rhein und Mosel im Rheinischen Schiefergebirge sowie jene der Niederrheinischen und Westfälischen Tieflandsbucht. Auch das zentrale Thüringer Becken zeigt sich vergleichsweise schneedeckenarm, vornehmlich wohl wegen der geringen Winterniederschlagssummen infolge der orographisch abgeschirmten Beckensituation.

5.
Das Klima des Oberrheingrabens und seiner Randgebirge

Das Gebiet wird klimatisch in erster Linie geprägt durch den Gegensatz zwischen Grabensenke und Randgebirgen, der sich in jeder Hinsicht geltend macht.

Station	Höhe [m]	Jan.	Febr.	März	Apr.	Mai	Juni	Juli	Aug.
Vogesen									
Grand Ballon[1]	1390	−3,2	−3,2	−0,4	2,4	7,0	10,0	12,1	12,0
Meyenheim[1]	209	1,0	2,3	6,1	9,9	14,0	17,0	19,3	18,8
[K/hm][3]		0,36	0,47	0,55	0,64	0,59	0,59	0,61	0,58
Schwarzwald									
Feldberg[2]	1486	−3,7	−3,6	−1,6	1,0	5,3	8,5	10,5	10,3
Mengen[2]	215	0,7	2,2	5,7	9,4	13,6	16,9	18,7	18,0
[K/hm][3]		0,35	0,46	0,57	0,66	0,65	0,66	0,65	0,61

[1] Mittelwerte der Lufttemperatur [°C] im Bezugszeitraum 1921–1950.
[2] Mittelwerte der Lufttemperatur [°C] im Bezugszeitraum 1951–1980.
[3] Durchschnittliche vertikale Lufttemperaturabnahme.

Thermisch ist der Oberrheingraben für mitteleuropäische Verhältnisse außerordentlich begünstigt (Tab. 41). Im kältesten Monat Januar liegen die Mitteltemperaturen ausnahmslos über 0 °C und im wärmsten Monat Juli bei 19 °C, teilweise auch oberhalb dieses Wertes. Sieht man einmal vom Einflußbereich der Industriegroßstädte mit ihrem lokalen thermischen Sonderklima ab, so finden sich die wärmsten Gebiete nicht etwa in der tiefgelegenen zentralen Flußaue des Rheinstromes, wo sich im Winter am ehesten Kaltluft sammelt und im Sommer wegen der reichlichen Bodendurchfeuchtung ein erhöhter Energieanteil aus dem Strahlungshaushalt von der Verdunstung beansprucht wird. Es sind vielmehr die westlichen Grabenrandbereiche insbesondere am Ostfuß der Vogesen, in abgeschwächtem Ausmaß aber auch jene am Ostfuß der niedrigeren Haardtrandstufe, die in allen Jahreszeiten besonders hohe Lufttemperaturen aufweisen (Tab. 42), teils wohl bedingt durch verstärkten Strahlungsgenuß infolge leeseitiger Erhöhung der Sonnenscheindauer, teils aber auch verursacht durch häufig bei Strömungen aus dem Westquadranten auftretende warme Fallwinde, die speziell vom hohen Vogesenkamm unter trockenadiabatischer Erwärmung böig herabstürzen.

Mit dem Warmluftbecken der Oberrheinebene kontrastieren je nach Höhenlage mehr oder weniger kräftig die kühlen Randgebirge (Tab. 41). Die durchschnittliche Vertikalabnahme der Lufttemperatur erweist sich zwar insbesondere im Winter als geringer im Vergleich zu jener in der deutschen Mittelgebigsschwelle, welchen Umstand man vielleicht der insgesamt größeren Häufigkeit von inversionsbegünstigenden Hochdruckwetterlagen im süddeutschen Raum zuschreiben kann (Abb. 7). Doch zeigt sich der gleiche Jahresgang hier wie dort mit Maxima im Frühjahr – Frühsommer sowie Minima im Herbst und Winter ausgebildet, so daß mit dem Wirken der gleichen Ursachen zu rechnen ist. Wiederum erhellt die Bedeutung gehäuften Auftretens kräftiger Temperaturinversionen für die verminderte durchschnittliche Vertikalabnahme der Lufttemperatur im Herbst und Winter aus einer Untersuchung von Havlik (1970), bei der die besonderen Fälle von höherer Lufttemperatur auf dem Feldberggipfel gegenüber jener an der Grabenrandstation Freiburg sich nahezu vollständig auf die erwähnten Jahresabschnitte beschränkt erwiesen (Tab. 43).

Sept.	Okt.	Nov.	Dez.	Jahr	Jahres-schwankung [K]
9,3	5,3	1,4	−2,5	4,2	15,3
5,9	10,6	5,5	1,4	10,2	18,3
0,56	0,45	0,35	0,33	0,51	
8,2	5,0	0,1	−2,2	3,1	14,2
4,8	9,6	5,0	1,8	9,7	18,0
0,52	0,36	0,39	0,31	0,52	

Tabelle 41
Durchschnittliche vertikale Lufttemperaturunterschiede zwischen dem Oberrheingraben im breiten Niederterrassenbereich und seinen Randgebirgen (Stationsauswahl nach Datensammlungen von Garnier *1964 und* Müller-Westermeier *1990)*

Stationspositionen:
Feldberg 47°53′ N/8°00′ E
Grand Ballon de Guebwiller 47°53′ N/7°06′ E
Mengen 47°58′ N/7°43′ E
Meyenheim 47°55′ N/7°24′ E.

Station	Jan.	Febr.	März	Apr.	Mai	Juni	Juli	Aug.	Sept.	Okt.
Colmar[1]	1,9	3,1	6,9	11,2	15,5	18,9	20,9	19,9	16,7	11,1
Mengen[2]	0,7	1,7	5,7	9,6	13,8	17,0	18,8	18,1	14,9	9,5

[1] Bezugszeitraum 1921–1950.
[2] Bezugszeitraum 1931–1960.

Stationspositionen:
Colmar 48°04′ N/7°22′ E, 190 m, Vogesenostfuß im Niederterrassenbereich
Mengen 47°58′ N/7°43′ E, 213 m, zentrale Grabensenke im Niederterrassenbereich.

Tabelle 43
Durchschnittliche relative Häufigkeit von Tagen mit positiver Lufttemperaturdifferenz Feldberg – Freiburg an mindestens einem Beobachtungstermin (in %; nach Havlik *1970)*

Jan.	Febr.	März	Apr.	Mai	Juni	Juli	Aug.	Sept.	Okt.	Nov.	Dez.	Jahr
23,2	19,8	11,0	2,0	0,3	0,0	0,0	2,6	14,3	29,0	25,7	22,6	12,5

Stationspositionen:
Feldberg-Observatorium 47°52′ N/8°00′ E, 1486 m
Freiburg/Botanischer Garten 48°01′ N/7°52′ E, 259 m.

Bezugszeitraum: 1958–1967.

Station	Höhe [m]	Jan.	Febr.	März	Apr.	Mai	Juni	Juli
Zentrale Grabensenke								
Gernsheim	90	18	15	10	3	0	–	–
Forchheim	116	19	16	12	4	0	–	–
Grabenwestrand								
Neustadt	163	17	14	10	2	0	–	–
Bergzabern	180	18	14	10	2	0	–	–
Grabenostrand								
Bensheim	140	18	15	10	3	0	–	–
Lahr	158	18	15	10	3	0	–	–
Randgebirge								
Beerfelden	450	23	19	14	6	0	–	–
Hornisgrinde	1125	27	24	21	15	4	0	–
Feldberg	1486	29	25	24	18	8	2	0

Nov.	Dez.	Jahr	Jahresschwankung [K]
5,1	2,2	11,2	19,0
4,9	1,5	9,7	18,1

Tabelle 42
Durchschnittliche Monats- und Jahresmittel der Lufttemperatur im südlichen Oberrheingraben in Abhängigkeit von der Zonaldistanz zu den Vogesen (Angaben in °C; nach Datensammlungen von GARNIER *1964 sowie* MEYER *u.* SCHIRMER *1985)*

Den Leitlinien der durchschnittlichen Lufttemperaturverteilung folgt auch jene der durchschnittlichen Frosthäufigkeit (Tab. 44). Die frostärmsten Gebiete finden sich wiederum an den Grabenflanken mit leichter Bevorzugung der Fußregion der westlichen Grabenrandgebirge, während die zentrale Tiefenlinie der Rheinaue sowohl absolut als auch vor allem mit Rücksicht auf ihre geringere Höhenlage deutlich stärker frostgefährdet ist. Im Bereich der Grabenrandgebirge nimmt die durchschnittliche Anzahl der Frosttage zwangsläufig mit zunehmender Höhe zu, wenn auch bei weitem nicht so stark wie in der deutschen Mittelgebirgsschwelle: Beispielsweise ist der Feldberg im Schwarzwald trotz seiner bedeutend größeren Höhenlage immer noch etwas frostärmer als der Brockengipfel im Harz, und die mit dem Brocken nahezu höhengleiche Hornisgrindestation hat im Durchschnitt des gleichen Bezugszeitraumes 32 Frosttage im Jahr weniger aufzuweisen (Tab. 44 und 35).

Erwartungsgemäß folgt auch die durchschnittliche räumliche Niederschlagsverteilung weitgehend den orographischen Leitlinien. Es zeigt sich allerdings wiederum, daß nicht allein die Höhenlage, sondern auch die Exposition die Höhe der Niederschlagsspende beeinflußt (Tab. 45).

Die durchschnittlich höchsten Jahresniederschlagssummen im Bereich der Grabenrandgebirge entfallen auf die Vogesen. Aus deren höchsten Lagen, z. B. vom Grand Ballon

Aug.	Sept.	Okt.	Nov.	Dez.	Jahr
–	–	2	8	16	72
–	–	2	9	17	81
–	–	1	7	15	66
–	–	1	7	16	68
–	–	2	7	15	68
–	–	1	8	16	71
–	–	1	11	21	95
–	0	6	18	25	139
[illegible]	2	10	21	26	165

Tabelle 44
Durchschnittliche Anzahl der Frosttage während des Bezugszeitraumes 1951–1980 für charakteristische Positionen im Oberrheingraben und in seinen Randgebirgen (Stationsauswahl nach einer Datensammlung von MÜLLER-WESTERMEIER *1990)*

Stationspositionen:
Beerfelden/Odenwald 49°34′ N/8°58′ E
Bensheim 49°41′ N/8°38′ E
Bergzabern 49°06′ N/8°00′ E
Feldberg/Südschwarzwald 47°53′ N/8°00′ E
Forchheim 48°58′ N/8°20′ E
Gernsheim 49°45′ N/8°29′ E
Hornisgrinde/Nordschwarzwald 48°36′ N/8°12′ E
Lahr 48°20′ N/7°53′ E
Neustadt/Weinstraße 49°22′ N/8°08′ E.

Station	Höhe [m]	Jan.	Febr.	März	Apr.	Mai	Juni	Juli	Aug.
Südvogesen									
Remiremont	380	146	134	114	96	104	114	104	130
Lepuix[1]	1100	237	237	176	141	143	154	133	190
Nordvogesen									
Badonviller	326	83	83	71	70	91	113	82	99
Le Hohwald	776	107	96	88	79	98	115	86	106
Schwarzwald									
Badenweiler	412	67	66	66	85	100	115	92	118
Triberg	683	156	142	130	114	125	142	135	135
Feldberg	1486	157	149	133	139	152	178	170	183
Hornisgrinde	1125	166	150	124	142	168	209	190	200
Odenwald/Spessart									
Beerfelden	450	94	82	78	71	78	97	93	98
Rohrbrunn[2]	464	103	91	68	84	80	99	113	105
Pfälzer Wald/Haardt									
Taubensuhl[2]	513	91	78	59	67	69	88	83	80

[1] Bezugszeitraum 1955–1980.
[2] Bezugszeitraum 1931–1960, Daten nach SCHIRMER u. VENT-SCHMIDT (1979).

Station	Jan.	Febr.	März	Apr.	Mai	Juni	Juli	Aug.
Worms	36	34	35	39	62	68	67	65
Forchheim	59	61	50	60	82	94	78	91
Neuf-Brisach	37	34	38	45	68	87	68	82

Stationspositionen:
Forchheim 48°58′ N/8°20′ E, 116 m
Neuf-Brisach 48°01′ N/7°32′ E, 195 m
Worms 49°38′ N/8°23′ E, 91 m.

de Guebwiller mit seinen 1423 m Höhe oder vom Hohneck mit 1366 m Höhe, sind zwar keine neueren Niederschlagsdaten zugänglich, doch bringt es im insgesamt höher aufragenden Südteil die niederschlagsreichste Station Lepuix in 1100 m Höhe am Ballon d'Alsace auf immer noch rund 2200 mm durchschnittlichen Jahresniederschlages. Selbst in niedrigeren Bereichen der westlichen Südvogesen finden sich Stationen, die bei guter Exposition fast 1500 mm Niederschlag empfangen, wie etwa die Moseltalstation Remiremont in nur 380 m Höhe. Die niedrigeren Nordvogesen sind sicherlich niederschlagsärmer, doch ist in den stationsfreien Gipfelpartien (z. B. auf dem Hohwald mit 1098 m Höhe oder auf

Sept.	Okt.	Nov.	Dez.	Jahr	Quotient Sommer/Winter
105	98	149	157	1451	0,79
155	151	231	258	2206	0,65
73	74	95	81	1015	1,19
80	77	114	112	1158	0,97
75	67	84	68	1003	1,62
103	111	162	156	1611	0,91
129	123	174	172	1859	1,11
136	143	156	172	1956	1,23
78	76	98	109	1052	1,01
95	101	96	92	1127	1,11
76	73	80	81	925	1,00

Tabelle 45
Durchschnittliche Niederschlagssummen während des Bezugszeitraumes 1951–1980 in den Oberrheingraben-Randgebirgen (Angaben in mm; Stationsauswahl nach Datensammlungen von MÜLLER-WESTERMEIER *1990 und des Service Météorologique Métropolitain Français 1986)*

Stationspositionen:
Badenweiler 47°48′ N/7°40′ E
Badonviller 48°30′ N/6°54′ E
Beerfelden 49°34′ N/8°58′ E
Feldberg 47°53′ N/8°00′ E
Hornisgrinde 48°36′ N/8°12′ E
Le Hohwald/Welschbruch 48°24′ N/7°20′ E
Lepuix/Ballon d'Alsace 47°46′ N/6°49′ E
Remiremont 48°01′ N/6°36′ E
Rohrbrunn-Forstamt 49°54′ N/9°23′ E
Taubensuhl-Forsthaus 49°17′ N/7°55′ E
Triberg/Hochtalstation 48°08′ N/8°14′ E.

Sept.	Okt.	Nov.	Dez.	Jahr	Quotient Sommer/Winter
47	42	46	39	580	1,83
61	56	71	67	830	1,41
51	38	48	32	628	2,30

Tabelle 46
Durchschnittliche Niederschlagssummen während des Bezugszeitraumes 1951–1980 im Meridionalprofil durch den Oberrheingraben längs des Rheinlaufes (Angaben in mm; Stationsauswahl nach Datensammlungen von MÜLLER-WESTERMEIER *1990 und des Service Météorologique Métropolitain Français 1986)*

dem Donon mit 1008 m Höhe) zweifellos mit größeren durchschnittlichen Niederschlagssummen zu rechnen, als sie die einzige Höhenstation Le Hohwald-Welschbruch in leeseitiger Osthanglage am Hohwaldmassiv mit ihren knapp 1200 mm bietet.

Als Folge der Leewirkung der hohen Südvogesen werden im Südschwarzwald trotz größerer Vertikalerstreckung ähnlich hohe durchschnittliche Niederschlagssummen nicht erreicht. Die Feldberg-Gipfelstation ist um rund 350 mm niederschlagsärmer als die niederschlagsreichste Vogesenstation, und die westwärts geöffneten unteren Talabschnitte im Südschwarzwald sind bei ähnlicher Höhenlage um mehrere Hundert Millimeter schwächer befeuchtet als vergleichbare Lagen an der Westflanke der Südvogesen. Hingegen ist der Nordschwarzwald wegen der geringeren Höhe der Nordvogesen wahrscheinlich nicht nur niederschlagsreicher als diese, sondern er übertrifft mit rund 1950 mm durchschnittlichen

Station	Jan.	Febr.	März	Apr.	Mai	Juni	Juli	Aug.
Colmar	30	23	26	32	52	70	69	61
Neuf-Brisach	35	27	33	41	55	89	79	72
Freiburg	63	56	56	65	85	117	107	106

Stationspositionen:
Colmar 48°04′ N/7°22′ E, 190 m
Freiburg/Botanischer Garten 48°01′ N/7°52′ E, 259 m
Neuf-Brisach 48°01′ N/7°32′ E, 195 m.

Jahresniederschlages auf der Hornisgrinde auch die Niederschlagssumme auf dem deutlich höheren Feldbergmassiv noch um 100 mm.

Den wesentlich niedrigeren nördlichen Randgebirgen des Oberrheingrabens sind erwartungsgemäß auch geringere Niederschlagssummen eigen. Auf den Höhen des rechtsrheinischen Odenwaldes und des Spessarts werden 1000 mm im Durchschnitt nur wenig überschritten. Im linksrheinischen Grabenrandgebirge Pfälzer Wald/Haardt unterschreitet die durchschnittliche Jahresniederschlagssumme an der hier niederschlagsreichsten Station am Forsthaus Taubensuhl sogar die 1000-mm-Marke, offensichtlich eine Folge der Abschirmung im Nordwestquadranten durch die linksrheinischen Schiefergebirgsbereiche der deutschen Mittelgebirgsschwelle.

Im Vergleich zu seinen Gebirgsflanken ist der Oberrheingraben überall erheblich niederschlagsärmer, allerdings in räumlich unterschiedlichem Ausmaß. Die Höhe der Niederschlagszufuhr erweist sich als streng abhängig von der Sperrwirkung der westlich vorgelagerten Randgebirge (Tab. 46). Die höchsten Niederschlagssummen finden sich mit über 800 mm im Mittelteil des Grabens, der sich vor allem beim atlantischen Großwettertyp West im Bereich der westwärts vorgelagerten breiten Strömungspforte von Saverne befindet und daher keiner Leewirkung seitens westlicher Grabenrandgebirge ausgesetzt ist wie der nördliche und der südliche Grabenabschnitt. Hier sinken die durchschnittlichen Jahresniederschlagssummen unter dem Einfluß von Hunsrück und Pfälzer Wald im Norden bzw. der Vogesen im Süden beträchtlich ab, im ersteren Falle verbreitet unter 600 mm, im letzteren Falle bis nahezu 600 mm. Speziell im südlichen Oberrheingraben zeitigt die ziemlich strenge Leewirkung der Vogesen eine Verlagerung des niederschlagsärmsten Bereiches hin zu ihrem Ostfuß, wo die durchschnittlichen Jahresniederschlagssummen auf fast 500 mm zurückgehen und von hier aus ostwärts fortgesetzt ansteigen (Tab. 47).

Auch die jahreszeitliche Verteilung der durchschnittlichen Niederschlagssummen unterliegt einer bedeutenden räumlichen Differenzierung.

Bereits innerhalb des Oberrheingrabens mit seinem wohlausgebildeten Sommermaximum (Tab. 46 und 47) gibt es deutliche quantitative Unterschiede. Der mittlere Abschnitt im Bereich der Strömungspforte von Saverne, gegen Westen nicht orographisch abgeschirmt, empfängt auch im Winter reichlichen Frontalniederschlag und läßt einen vergleichsweise gemäßigten Jahresgang erkennen. Im nördlichen und südlichen Grabenabschnitt hingegen sind unter der Leewirkung der westlichen Grabenrandgebirge speziell die Winterniederschläge stark reduziert, da im Sommer die weitgehend reliefunabhängigen Konvektionsniederschläge den Lee-Effekt teilkompensieren und derart ein strenger Niederschlagsjahresgang hervorgerufen wird.

Sept.	Okt.	Nov.	Dez.	Jahr	Quotient Sommer/Winter
54	36	42	24	514	2,60
65	46	44	30	616	2,61
95	69	71	54	944	1,91

Tabelle 47
Durchschnittliche Niederschlagssummen während des Bezugszeitraumes 1931–1960 im südlichen Oberrheingraben in Abhängigkeit von der Zonaldistanz zu den Vogesen (Angaben in mm; nach Datensammlungen von GARNIER *1966 sowie* SCHIRMER *u.* VENT-SCHMIDT *1979)*

Der aus der deutschen Mittelgebirgsschwelle bekannte Höhentyp des Niederschlagsjahresganges mit winterlichem Hauptmaximum und sommerlichem Nebenmaximum findet sich sehr gut ausgebildet im Gebirgsraum der völlig frei den atlantischen Strömungen und Zyklonen ausgesetzten Vogesen, an deren Westflanke bis in niedrige Höhenlagen von rund 400 m herabreichend (Tab. 45). Die Höhenpartien der nördlichen Grabenrandgebirge und des Schwarzwaldes (mit Ausnahme gewisser staubegünstigter Schwarzwald-Hochtalbereiche mit sich talaufwärts stark verengendem Talquerschnitt) scheinen jedoch dieses Typs zu entbehren, wenngleich das Verhältnis von Sommerniederschlag zu Winterniederschlag vielfach nahe bei Grenzwert 1,00 liegt oder diesen nur leicht übersteigt. Bei allen diesen Gebirgskörpern vermag sich die niederschlagsmindernde Kulissenwirkung der linksrheinischen Schiefergebirge bzw. der Vogesen während der kalten Jahreszeit am nachhaltig-

Tabelle 48
Durchschnittliche Anzahl der Niederschlagstage mit Tagesniederschlagssummen $\geqq$ 1,0 mm während des Bezugszeitraumes 1951–1980 im Bereich des Oberrheingrabens und seiner östlichen Randgebirge (Stationsauswahl nach Datensammlungen von MÜLLER-WESTERMEIER *1990 und des Service Météorologique Métropolitain Français 1986)*

Station	Jan.	Febr.	März	Apr.	Mai	Juni	Juli	Aug.	Sept.	Okt.	Nov.	Dez.	Jahr
Worms	10	8	8	9	9	11	9	10	7	8	9	10	108
Forchheim	12	10	10	10	11	11	10	11	9	9	11	11	124
Strasbourg	8	8	9	9	11	11	10	11	8	8	9	9	111
Feldberg	17	15	15	15	16	15	14	15	12	11	15	16	178
Hornisgrinde	15	13	13	14	14	15	14	14	11	11	14	14	162
Beerfelden	14	11	11	11	11	12	11	12	9	10	12	13	137

Stationspositionen:
Beerfelden/Odenwald 49°34′ N/8°58′ E, 450 m
Feldberg/Südschwarzwald 47°53′ N/8°00′ E, 1486 m
Forchheim/Oberrheingraben, Mittelabschnitt 48°58′ N/8°20′ E, 116 m
Hornisgrinde/Nordschwarzwald 48°36′ N/8°12′ E, 1125 m
Strasbourg-Entzheim/Oberrheingraben, Südabschnitt 48°33′ N/7°38′ E, 150 m
Worms/Oberrheingraben, Nordabschnitt 49°38′ N/8°23′ E, 91 m.

Station	Höhe [m]	Jan.	Febr.	März	Apr.	Mai	Juni	Juli
Oberrheingraben								
Gernsheim	90	9,1	9,4	1,9	0,1	–	–	–
Bruchsal	130	11,8	11,0	3,2	0,3	–	–	–
Ottenheim	153	9,3	7,7	1,5	0,1	–	–	–
Heitersheim	258	6,7	6,1	1,4	0,2	–	–	–
Pfälzer Wald								
Taubensuhl	513	17,5	15,5	8,1	1,7	0,1	–	–
Odenwald								
Tromm	523	17,6	15,2	8,0	1,0	0,1	–	–
Vogesen								
Grand Ballon	1360	27	26	25	19	8	0	–
Lac Noir	963	24	21	14	7	0,5	0,1	–
Wildenstein	560	17	16	10	2	0,2	–	–
Schwarzwald								
Feldberg	1486	30,9	28,1	29,7	21,5	6,4	0,2	–
Schauinsland	1218	28,5	26,8	23,8	11,4	1,8	0,1	–
Bad Rippoldsau	562	19,6	17,8	10,2	1,9	0,2	–	–

[1] Die Daten beziehen sich weit überwiegend auf den Beobachtungszeitraum 1936/37 – 1957/58 (ohne 1944/45 – 1945/46). Nur für die Stationen in den Vogesen gelten abweichende Bezugszeiträume: Grand Ballon 1904 – 1910 und 1923 – 1927, Lac Noir-Orbey 1951 – 1960, Wildenstein 1903 – 1913 und 1920 – 1938.

sten durchzusetzen, da dann nahezu ausschließlich zykloneninterne frontale Aufgleitvorgänge niederschlagsauslösend in Erscheinung treten, gerade diese aber durch das Relief stark beeinflußbar sind. In der auffallenden sommerlichen Niederschlagsspitze der Schwarzwaldhochlagen, die auch den durchschnittlichen Sommerniederschlag der niederschlagsreichsten Hochvogesenstationen übertrifft, setzt sich dann die hier ausnehmend große Gewitterhäufigkeit des warmen Jahresabschnitts durch (Tab. 10).

Die räumliche Verteilung der Niederschlagshäufigkeit (Niederschlagstage mit Tagessummen $\geq 1{,}0$ mm in Tab. 48) lehnt sich eng an jene der Niederschlagsmengen an. Die im Oberrheingraben durch den Lee-Effekt der westlichen Randgebirge generell herabgesetzte durchschnittliche Anzahl der Niederschlagstage erfährt in dessen mittlerem Abschnitt im Bereich der Quersenke von Saverne eine deutliche Steigerung um 10 – 15% gegenüber dem Nordteil und dem Südteil. Die Grabenrandgebirge zeigen naturgemäß eine deutliche Zunahme der Niederschlagshäufigkeit, besonders im Winter. Jedoch sind auch diese seltener von Niederschlagsereignistagen heimgesucht als vergleichbare Positionen der deutschen Mittelgebirgsschwelle, vielleicht wiederum eine Folge der durchschnittlich größeren Häufigkeit von Hochdrucksituationen im süddeutschen Raum (Abb. 7). Immerhin weist der Feldberggipfel im Schwarzwald nur die gleiche Niederschlagshäufigkeit auf wie der rund 650 m niedrigere Kahle Asten im Rheinischen Schiefergebirge, und auf der Hornisgrinde zählt man durchschnittlich 35 Niederschlagstage im Jahr weniger als auf dem nahezu gleich hohen Brockengipfel im Harz. Leider liegen keine Angaben aus den Höhenpartien der Vogesen vor.

Aug.	Sept.	Okt.	Nov.	Dez.	Jahr
–	–	0,1	0,5	4,7	25,8
–	–	–	0,6	5,4	32,3
–	–	–	0,4	4,6	23,6
–	–	–	0,4	4,0	18,8
–	–	0,6	2,5	10,9	56,9
–	–	0,6	2,6	11,7	56,8
–	0	3	11	24	143
–	0,1	1	4	11	83
–	–	0,2	4	10	59
–	0,9	5,4	16,9	27,2	167,2
–	0,3	3,2	9,7	23,1	128,7
–	–	0,8	4,1	12,2	66,8

Tabelle 49
Durchschnittliche Anzahl der Schneedeckentage ≧0 cm Schneehöhe im Bereich des Oberrheingrabens und seiner Randgebirge (Zusammenstellung nach Daten von JUILLARD *1954,* CASPAR *1962 und* GARNIER *1967)* [1]

Stationspositionen:
Bad Rippoldsau 48°26′ N/8°20′ E
Bruchsal 49°07′ N/8°37′ E
Feldberg 47°53′ N/8°00′ E
Gernsheim 49°45′ N/8°28′ E
Grand Ballon 47°53′ N/7°06′ E
Heitersheim 47°52′ N/7°40′ E
Lac Noir-Orbey 48°07′ N/7°06′ E
Ottenheim 48°23′ N/7°46′ E
Schauinsland 47°55′ N/7°53′ E
Taubensuhl-Forsthaus 49°17′ N/7°55′ E
Tromm 49°36′ N/8°49′ E
Wildenstein 47°59′ N/6°58′ E.

Vor allem auf Grund seiner thermischen Begünstigung, aber auch auf Grund seiner vorwiegend geringen Winterniederschläge gehört der Oberrheingraben zu den an Schneedeckentagen ärmsten Landschaften Mitteleuropas (Tab. 49). Nur der Graben-Mittelabschnitt mit seinen reichlicheren Winterniederschlägen hebt sich durch eine leicht erhöhte Schneedeckenhäufigkeit von den übrigen Grabenbereichen ab. Beiderseits der Grabensenke nimmt dann aber die Anzahl der Schneedeckentage mit fortschreitendem Anstieg zu den Höhen der Gebirgsflanken rasch zu (Tab. 49). Bei Bezug auf gleiche Höhenlage scheinen die Unterschiede zwischen den verschiedenen Grabenrandgebirgen gering zu sein. Natürlich zeigen die südlichen Grabenrandgebirge wegen ihrer viel größeren Höhe über dem Meeresniveau eine erheblich größere Schneedeckenhäufigkeit in ihren Höhenpartien als die nördlichen Grabenrandgebirge.

6. Das Klima des süddeutschen Stufenlandes und seiner östlichen Randgebirge

Da weite, wenig geneigte Flächen im süddeutschen Stufenland bei weitem vorherrschen, ist die räumliche Variation der Lufttemperatur hier vergleichsweise schwach. Immerhin sorgen die in westwärts weit geöffneten Bögen verlaufenden Stufen, die ostwärts zunehmende thermische Kontinentalität und schließlich die südwestliche Randschwelle des Böhmischen Beckens für eine gewisse Abwechslung in den Temperaturverhältnissen (Tab. 50 und 51).

Sieht man zunächst einmal von den Tälern des Mains und des Neckars ab, so stellt das thermisch am meisten begünstigte Gebiet die ziemlich tief (unter 300 m Höhe) gelegene Kraichgausenke zwischen Nordschwarzwald und Odenwald dar. Stärkere atlantische Beeinflussung infolge ihrer Position gegenüber der Quersenke von Saverne in den linksrheinischen Oberrheingraben-Randgebirgen bewirkt vor allem erhöhte Wintertemperatur, aber auch verminderten Lufttemperatur-Jahresgang gegenüber anderen Stufenlandbereichen. Auch die durchschnittliche jährliche Anzahl der Frosttage ist mit rund 80 Ereignistagen nicht größer als im Mittelabschnitt des Oberrheingrabens oder in der Senke von Saverne.

Station	Höhe [m]	Jan.	Febr.	März	Apr.	Mai	Juni	Juli
Gäuplatten								
Eppingen	210	0,3	1,5	5,0	8,9	13,1	16,4	18,0
Uffenheim	340	−0,9	0,3	3,9	8,0	12,3	15,7	17,2
Rutesheim	449	−0,7	0,2	3,7	7,6	12,0	15,5	17,0
Maintal und Neckartal								
Wertheim	140	0,2	1,3	4,7	8,9	13,1	16,7	18,1
Heilbronn	167	0,9	2,2	5,7	9,7	13,9	17,3	18,8
Keupersandsteinhöhen								
Gschwend	492	−1,1	−0,1	3,1	7,0	11,5	14,9	16,6
Rednitzsenke								
Bamberg	239	−1,0	0,3	3,7	8,1	12,7	16,4	17,7
Roth	340	−1,3	0,1	3,6	7,7	12,5	16,2	17,7
Frankenalb								
Parsberg	542	−2,5	−1,0	2,8	7,3	11,9	15,4	16,9
Oberpfälzer Senke								
Amberg	410	−2,1	−0,6	3,2	7,6	12,2	15,7	17,0
Schwäbische Alb								
Schopfloch	758	−1,4	−0,5	2,6	6,2	10,5	13,7	15,5
Münsingen	721	−2,4	−1,2	2,0	5,8	10,3	13,6	15,2

Gemäßigter Temperaturverhältnisse erfreuen sich trotz ihrer größeren Höhenlage auch die Gäuplatten im östlichen Anschluß an die rechtsrheinischen Oberrheingraben-Randgebirge mit Mitteltemperaturen des wärmsten Monats um 17 °C und solchen des kältesten Monats von nur wenigen Zehntelgraden unter dem Gefrierpunkt bei durchschnittlichen jährlichen Frosthäufigkeiten um 100 Ereignistage. Hierin mag sich verstärkter Strahlungsgenuß im bewölkungsärmeren östlichen klimatischen Leebereich der westwärts vorgelagerten Gebirge äußern; wegen Mangels an hinreichenden neueren Daten ist ein solcher jedoch schwer nachweisbar. Besondere thermische Gunst genießen die tief in die Gäuplatten eingeschnittenen Täler des Mains und des Neckars, die mit leicht positiver Mitteltemperatur des kältesten Monats und einer solchen des wärmsten Monats zwischen 18 und 19 °C sowie der bemerkenswert geringen durchschnittlichen Frosthäufigkeit von 70 – 80 Tagen im Jahr den entsprechenden Verhältnissen im Oberrheingraben nahekommen.

An den über die Kraichgausenke ostwärts übergreifenden atlantischen Einflüssen partizipiert auch noch das stark gegliederte Keupersandstein-Bergland der sogenannten Schwäbisch-Fränkischen Waldberge (Löwensteiner Berge, Mainhardter Wald, Murrhardter Wald u. a.) östlich des Neckarmittellaufs. Trotz seiner Vertikalerstreckung von rund 500 m weist es verhältnismäßig günstige Januarmittelwerte der Lufttemperatur um – 1 °C, jedoch

.ug.	Sept.	Okt.	Nov.	Dez.	Jahres-schwankung [K]
7,3	14,2	9,3	4,7	1,5	17,7
5,6	13,4	8,6	3,7	0,5	18,1
6,2	13,2	8,4	3,6	0,4	17,7
7,3	13,9	9,0	4,7	1,6	17,9
7,9	14,6	9,7	5,2	2,0	17,9
5,8	12,7	8,0	3,2	–0,1	17,7
6,7	13,3	8,4	3,8	0,5	18,7
6,7	13,2	8,0	3,4	0,3	19,0
6,3	13,0	7,8	2,4	–1,1	19,4
6,3	12,9	7,9	2,9	–0,7	19,1
5,1	12,5	8,0	2,9	–0,1	16,9
4,5	11,6	7,0	2,1	–1,3	17,6

Tabelle 50
Durchschnittswerte der Lufttemperatur für den Bezugszeitraum 1951 – 1980 im süddeutschen Stufenland (Angaben in °C; Stationsauswahl nach einer Datensammlung von MÜLLER-WESTERMEIER *1990)*

Stationspositionen:
Amberg 49°27′ N/11°52′ E
Bamberg 49°53′ N/10°55′ E
Eppingen/Kraichgau 49°08′ N/8°55′ E
Gschwend/Murrhardter Wald 48°56′ N/9°44′ E
Heilbronn/Neckartal 49°09′ N/9°14′ E
Münsingen/Alb-Hochflächenmulde 48°25′ N/9°30′ E
Parsberg 49°10′ N/11°43′ E
Roth 49°15′ N/11°06′ E
Rutesheim/Strohgäu 48°48′ N/8°57′ E
Schopfloch/Alb-Stufenrand 48°32′ N/9°32′ E
Uffenheim/Taubergäu 49°32′ N/10°14′ E
Wertheim/Maintal 49°47′ N/9°31′ E.

Station	Höhe [m]	Jan.	Febr.	März	Apr.	Mai	Juni
Eppingen	210	19	16	12	4	0	–
Uffenheim	340	22	19	14	6	1	0
Rutesheim	449	22	19	15	6	1	0
Wertheim	140	20	17	13	4	0	–
Heilbronn	167	18	15	10	3	0	–
Gschwend	492	24	21	17	8	1	0
Bamberg	239	22	19	16	8	1	0
Roth	340	24	21	18	9	2	0
Parsberg	542	26	22	16	6	1	–
Amberg	410	26	21	18	8	1	–
Schopfloch	758	24	21	16	8	1	–
Münsingen	721	27	24	21	12	3	0

Station	Höhe [m]	Jan.	Febr.	März	Apr.	Mai	Juni	Juli	Aug.
Lufttemperatur-Mittelwerte [°C]									
Cham	420	−2,1	−0,7	3,1	7,7	12,3	15,9	17,3	16,6
Höllenstein	403	−3,0	−1,7	1,7	6,3	11,1	14,8	16,1	15,4
Altglashütte	750	−3,8	−2,7	0,7	4,9	9,8	13,4	14,7	14,2
Großer Falkenstein	1307	−4,7	−4,1	−1,8	1,8	6,3	10,1	11,6	11,4
Vertikalabnahme der Lufttemperatur [K/hm]									
Cham-Falkenstein		0,29	0,38	0,55	0,67	0,68	0,65	0,64	0,59
Frosttage									
Cham	420	26	21	17	6	1	–	–	–
Höllenstein	403	27	23	21	11	2	0	–	–
Altglashütte	750	28	24	20	11	2	0	–	–
Großer Falkenstein	1307	30	26	25	18	6	1	0	–

Stationspositionen:
Altglashütte/Höhenbereich des Oberpfälzer Waldes 49°46′ N/12°23′ E
Cham/Quersenke von Cham und Furth 49°14′ N/12°40′ E
Großer Falkenstein/Gipfelbereich des Böhmerwaldes 49°05′ N/13°17′ E
Höllenstein-Kraftwerk/Regen-Längssenke 49°08′ N/12°52′ E.

herabgesetzte Julimittelwerte unter 17 °C auf und bleibt damit in der durchschnittlichen Lufttemperatur-Jahresschwankung noch unter 18 K.

Die weiter ostwärts gelegenen Keupersandstein-Stufenabschnitte der Frankenhöhe, des Steigerwaldes und der Haßberge sowie die Jurakalkstufe der Frankenalb sind ebenfalls

uli	Aug.	Sept.	Okt.	Nov.	Dez.	Jahr
–	–	–	2	9	18	81
–	–	0	4	11	19	97
–	–	0	4	12	21	100
–	–	–	3	8	16	81
–	–	–	2	8	16	70
–	–	0	5	14	22	113
–	–	0	5	12	19	102
–	–	1	7	13	20	115
–	–	–	3	14	24	112
–	–	0	5	13	23	114
–	–	–	3	13	21	107
–	–	1	8	18	25	139

Tabelle 51
Durchschnittliche Anzahl der Frosttage während des Bezugszeitraumes 1951–1980 im süddeutschen Stufenland (Angaben für die Stationsfolge in Tab. 50 nach einer Datensammlung von Müller-Westermeier *1990)*

ept.	Okt.	Nov.	Dez.	Jahr	Jahres-schwankung [K]
3,3	8,2	3,0	−0,6	7,8	19,4
2,0	6,8	2,3	−1,4	6,7	19,1
1,3	6,7	1,2	−2,3	5,7	18,5
8,7	5,0	−0,2	−3,2	3,4	16,3
,52	0,36	0,36	0,29	0,50	
	4	12	22	110	
	7	16	24	131	
	4	17	26	133	
	10	22	28	166	

Tabelle 52
Mittlere Lufttemperaturverhältnisse für den Bezugszeitraum 1951–1980 in den östlichen Randgebirgen des süddeutschen Stufenlandes (Stationsauswahl nach einer Datensammlung von Müller-Westermeier *1990)*

durch Mitteltemperaturen des wärmsten Monats unter 17 °C, gleichzeitig aber durch deutlich erniedrigte Lufttemperatur-Mittelwerte um −2 °C und darunter im kältesten Monat gekennzeichnet. Die Rednitzsenke, insbesondere aber die Oberpfälzer Senke sind im Winter als Kaltluftsammelgebiete thermisch nicht viel günstiger gestellt als die Stufenfirste und unterliegen einer vergleichbaren Frostgefährdung, doch erfreut sich zumindest die Rednitzsenke deutlich erhöhter Sommertemperatur.

Einen thermoklimatischen Sonderfall innerhalb des süddeutschen Stufenlandes stellt schließlich die Hochfläche der Schwäbischen Alb dar. Wegen ihrer bedeutenden Höhenlage

Station	Höhe [m]	Jan.	Febr.	März	Apr.	Mai	Juni	Juli	Aug.	Sept.
Kraichgau										
Eppingen	210	53	53	48	54	67	78	68	80	55
Fränkische Gäuplatten und Maintal										
Uffenheim	340	42	42	43	50	57	81	71	72	49
Würzburg	268	42	41	39	43	49	73	57	63	44
Schwäbische Gäuplatten und Neckartal										
Rutesheim	449	52	50	46	55	72	95	77	78	57
Nagold	392	61	64	50	55	72	100	77	81	53
Stuttgart	286	43	41	38	48	72	96	70	84	52
Keupersandsteinbergland										
Murrhardt	344	91	86	80	77	86	111	97	107	72
Gschwend	492	85	84	74	72	80	107	93	102	68
Keupersandsteinstufe (Frankenhöhe etc.)										
Schillingsfürst[1]	489	63	57	49	52	73	95	95	86	65
Rednitzsenke										
Roth	340	44	37	43	51	61	88	80	67	51
Frankenalb										
Trautmannshofen[1]	590	76	69	55	60	78	91	120	94	67
Oberpfälzer Senke										
Amberg	410	51	47	46	47	56	80	82	77	49
Schwäbische Alb (Albtrauf SW–NE)										
Klippeneck	973	51	52	50	66	89	124	96	116	62
Schopfloch	758	65	60	60	84	100	133	104	105	70
Stötten	734	74	69	66	80	102	133	106	109	74
Ostrandgebirge des Stufenlandes										
Cham	420	50	43	47	49	65	90	98	81	56
Altglashütte	750	55	56	57	67	81	103	110	88	77
Großer Falkenstein	1307	114	110	99	89	106	150	147	123	91
Höllenstein	403	54	51	57	58	78	114	113	88	64

[1] Bezugszeitraum 1931–1960, Daten nach SCHIRMER u. VENT-SCHMIDT (1979).

Okt.	Nov.	Dez.	Jahr	Quotient Sommer/Winter
50	62	57	725	1,39
46	43	50	646	1,67
44	48	54	597	1,43
45	58	51	736	1,63
47	66	60	786	1,40
40	51	40	675	2,02
74	94	95	1070	1,16
70	86	88	1009	1,18
59	60	55	809	1,58
44	42	50	658	1,79
76	68	69	923	1,43
45	49	57	686	1,54
56	59	48	869	2,21
71	75	61	988	1,84
75	80	73	1041	1,61
47	46	58	730	1,77
8	60	78	900	1,59
6	98	143	1346	1,15
6	53	67	853	1,84

Tabelle 53
Durchschnittliche Niederschlagssummen während des Bezugszeitraumes 1951–1980 für charakteristische Positionen im süddeutschen Stufenland und in seinen östlichen Randgebirgen (Angaben in mm; Stationsauswahl nach einer Datensammlung von Müller-Westermeier *1990)*

Stationspositionen:
Altglashütte/Oberpfälzer Wald 49°46′ N/12°23′ E
Amberg/Oberpfälzer Senke 49°27′ N/11°52′ E
Cham/Quersenke von Cham 49°14′ N/12°40′ E
Eppingen/Kraichgau 49°08′ N/8°55′ E
Großer Falkenstein/Böhmerwald 49°05′ N/13°17′ E
Gschwend/Murrhardter Wald 48°56′ N/9°44′ E
Höllenstein-Kraftwerk/Regen-Längssenke 49°08′ N/12°52′ E
Klippeneck/Trauf Schwäbische Alb 48°06′ N/8°46′ E
Murrhardt/Murrhardter Wald 48°58′ N/9°34′ E
Nagold/Oberes Gäu 48°34′ N/8°43′ E
Roth/Rednitzsenke 49°15′ N/11°06′ E
Rutesheim/Strohgäu 48°48′ N/8°57′ E
Schillingsfürst/Frankenhöhe 49°17′ N/10°16′ E
Schopfloch/Trauf Schwäbische Alb 48°32′ N/9°32′ E
Stötten/Trauf Schwäbische Alb 48°40′ N/9°52′ E
Stuttgart/Neckartal 48°46′ N/9°11′ E
Trautmannshofen/Frankenalb 49°21′ N/11°34′ E
Uffenheim/Taubergäu 49°32′ N/10°14′ E
Würzburg/Maintal 49°46′ N/9°58′ E.

Station	Höhe [m]	Jan.	Febr.	März	Apr.	Mai	Juni	Juli
Eppingen	210	10	10	10	10	11	11	11
Uffenheim	340	10	9	9	10	10	11	10
Würzburg	268	10	8	8	9	9	11	9
Rutesheim	449	12	11	10	10	12	12	11
Stuttgart	286	9	9	8	9	11	12	10
Gschwend	492	13	12	11	11	12	12	11
Roth	340	10	9	9	9	10	12	11
Parsberg[1]	542	11	10	10	11	11	12	11
Schopfloch	758	12	11	11	13	13	13	12
Amberg	410	12	9	10	10	10	11	11
Altglashütte	750	10	10	10	11	12	12	13
Großer Falkenstein	1307	13	13	13	13	14	15	14

[1] Frankenalbstation 49°10′ N/11°43′ E.

von durchschnittlich 700–800 m ist sie im Winter ähnlich kühl wie die östlicher gelegene Frankenalb, im Sommer jedoch mit Julimittelwerten der Lufttemperatur bei nur 15 °C erheblich kälter. Von zusätzlicher Bedeutung für die Temperaturverhältnisse auf der Hochfläche der Schwäbischen Alb selbst, übrigens auch auf jener der Frankenalb, erweist sich das Karstrelief in den oberflächenbildenden Weißjura-Massenkalken (Riffkalken), das sich in kuppigem, von Mulden und Trockentälern zergliedertem Gelände äußert: Die Kuppen sind wie der Albrand thermisch weniger extrem als die kaltluftsammelnden Muldenlagen mit ihrer bemerkenswert starken Frostgefährdung.

Der Eintritt in die südwestlichen Randgebirge des Böhmischen Beckens, den Oberpfälzer Wald, den Bayerischen Wald und den Böhmerwald, bewirkt stärkere räumliche Temperaturunterschiede auf engem Raum wegen der viel größeren Höhenunterschiede (Tab. 52). Ein Lufttemperaturvergleich zwischen der Station Cham in der gut ventilierten breiten Quersenke gleichen Namens und dem Großen Falkenstein in den Gipfelbereichen des Böhmerwaldes führt auf eine ähnliche durchschnittliche Vertikalabnahme der Lufttemperatur wie in den Oberrheingraben-Randgebirgen, mit einem wohlausgebildeten Minimum im Herbst und Winter und Maximalwerten im späten Frühjahr bis Frühsommer, den bekannten Ursachen entsprechend. Gegenüber höhenkonformen Positionen in den genannten Vergleichsgebirgen sind jedoch wegen der mehr kontinentalen Position die durchschnittlichen Wintertemperaturen deutlich erniedrigt und ist vor allem deshalb die durchschnittliche Lufttemperatur-Jahresschwankung erhöht. Groß ist die Frosthäufigkeit, welche Feststellung nicht nur für die hohen Gipfelpartien gilt, sondern in besonderem Maße auch auf die kaltluftsammelnde Längssenke des Regens zwischen dem Bayerischen Wald und dem Böhmerwald zutrifft. Hier werden am Kraftwerk des Höllenstein-Stausees in nur 400 m Höhe durchschnittliche Frosthäufigkeiten erreicht, die sich jenen in der Gipfelregion des Nordschwarzwaldes, an der Hornisgrindestation in 1125 m Höhe, annähern und in dem in Rede stehenden Grenzgebirge selbst normalerweise erst Höhen um 750 m zukommen.

ug.	Sept.	Okt.	Nov.	Dez.	Jahr
0	9	9	11	10	120
1	9	8	10	10	115
0	7	8	9	10	108
1	10	8	10	11	126
1	9	7	9	9	112
2	9	9	12	12	137
1	9	7	9	11	116
1	9	8	10	12	125
2	10	9	11	12	139
1	9	7	10	11	121
2	10	9	11	12	133
3	11	9	12	14	156

Tabelle 54
Durchschnittliche Anzahl der Niederschlagstage mit Tagesniederschlagssummen ≧ 1,0 mm während des Bezugszeitraumes 1951–1980 im süddeutschen Stufenland und in seinen östlichen Randgebirgen (Angaben für ausgewählte Stationen aus Tab. 53 nach einer Datensammlung von MÜLLER-WESTERMEIER *1990)*

Wegen der starken Geländeabhängigkeit des Niederschlags ist grundsätzlich zu erwarten, daß seine räumliche Verteilung weitgehend dem Stufenrelief folgt (Tab. 53). In der Tat begleitet erhöhter Niederschlag die atlantikzugekehrten Stufenfronten und Stufenfirste, besonders eindrucksvoll im Verlauf der höheren Schwäbischen und Fränkischen Alb, aber auch an der vorgelagerten Keupersandstein-Stufe mit der Frankenhöhe, dem Steigerwald und den Haßbergen. Über die sanft in Ost- und Südostrichtung abfallenden Dachflächen aller dieser Stufen hinweg nimmt dann jeweils der Niederschlag bis zum Vorland der folgenden Stufe um etwa 20–25% wieder ab.

Trotz der vergleichsweise gemäßigten Höhenunterschiede macht sich jedoch die niederschlagsmindernde Kulissenwirkung der höheren Geländepartien aufeinander auch im süddeutschen Stufenland bemerkbar.

Zunächst fällt die besonders gute Niederschlagsversorgung des Keupersandstein-Berglandes östlich des (nordwärts gerichteten) Neckarmittellaufes, der Schwäbisch-Fränkischen Waldberge, auf. Mit knapp über 1000 mm durchschnittlicher Jahresniederschlagssumme ist es absolut und auch relativ zu seiner gemäßigten Vertikalerstreckung von etwa 500 m Höhe besser befeuchtet als fast alle Abschnitte anderer Stufenfronten, auch der wesentlich höher aufragenden. Diese Vorzugsstellung verdankt das Bergland seiner Lage östlich der Kraichgausenke, durch deren Existenz die sonstige Leewirkung der Oberrheingraben-Randgebirge unterbrochen wird. Da deren Leewirkung sich wegen der dann tieferen Lage des Kondensationsniveaus und wegen der fehlenden Entwicklung hochreichender Konvektion besonders stark während der kalten Jahreszeit im Niederschlagsfeld bemerkbar macht, ist der Niederschlagsjahresgang im leewirkungsfreien Keupersandstein-Bergland am schwächsten unter allen Stufenlandbereichen ausgebildet und ähnelt quantitativ den Gipfelpartien des hohen Böhmerwaldes! (Überall sonst im süddeutschen Stufenland kommt hingegen aus bekannter, anderweitig bereits beschriebener Ursache ein strenges Sommermaximum des Niederschlags zustande mit Verhältniswerten des Sommerniederschlages zum Winterniederschlag zwischen etwa 1,50 und 2,00.)

Station	Höhe [m]	Jan.	Febr.	März	Apr.	Mai	Juni	Juli	Aug.	Sept.
Kraichgau										
Eppingen	210	12,3	11,8	3,2	0,3	–	–	–	–	–
Fränkische Gäuplatten und Maintal										
Örlenbach	307	15,3	13,6	5,8	0,7	0,1	–	–	–	–
Pülfringen	354	14,4	13,7	5,1	0,9	–	–	–	–	–
Ochsenfurt	185	10,4	9,3	3,1	0,2	–	–	–	–	–
Schwäbische Gäuplatten und Neckartal										
Renningen	405	16,0	14,8	5,7	1,1	0,1	–	–	–	–
Gundelsheim	156	12,2	11,6	3,6	0,1	–	–	–	–	–
Niedernau	355	13,7	12,6	4,5	1,0	–	–	–	–	–
Keupersandsteinbergland										
Wüstenrot	520	18,4	16,6	9,2	1,2	0,1	–	–	–	–
Keupersandsteinstufe (Frankenhöhe etc.)										
Wörnitz	488	19,0	15,7	9,2	1,5	0,2	–	–	–	–
Rednitzsenke										
Roth	340	18,2	15,5	6,4	0,6	–	–	–	–	–
Frankenalb										
Leupoldstein	550	23,6	20,5	10,6	1,6	0,2	–	–	–	–
Oberpfälzer Senke										
Amberg	410	19,2	16,8	7,4	0,8	0,2	–	–	–	–
Schwäbische Alb										
Böttingen	908	25,0	22,1	13,7	4,5	0,4	–	–	–	–
Westerheim	815	26,8	24,1	15,5	4,9	0,5	–	–	–	–
Ostrandgebirge des Stufenlandes										
Rusel-Irlmoos	840	30,1	27,0	22,1	4,4	0,3	–	–	–	–
Viechtach	430	19,2	17,4	8,7	1,0	0,1	–	–	–	–
Großer Falkenstein	1307	31,0	28,3	31,0	25,8	8,2	0,5	–	–	0,2

Eben dieses Keupersandstein-Bergland übt nun aber seinerseits eine Regenschattenwirkung auf die weiter ostwärts gelegenen Schichtstufen der Frankenhöhe und der Frankenalb aus: Die vergleichbar hohe Frankenhöhe erhält durchschnittliche Jahresniederschlagssummen von nur wenig über 800 mm, und die höhere Frankenalb muß sich immer noch mit solchen zwischen 900 und 950 mm begnügen.

kt.	Nov.	Dez.	Jahr
,1	0,8	5,1	33,6
,3	1,1	8,2	45,1
,4	1,9	9,4	45,8
,4	0,8	4,7	28,9
,5	2,4	10,5	51,1
,1	0,6	4,7	32,9
,2	1,3	8,3	41,6
,8	3,5	11,3	61,1
,8	4,3	13,9	64,6
,6	1,8	8,8	51,9
,0	4,7	15,7	77,9
,4	2,2	10,6	57,6
,1	7,0	19,8	94,6
,1	8,2	20,6	102,7
,9	8,3	25,1	119,2
,3	2,8	12,9	62,4
,7	17,7	28,8	176,2

Tabelle 55
Durchschnittliche Anzahl der Schneedeckentage ≧0 cm Schneehöhe für charakteristische Positionen im süddeutschen Stufenland und in seinen östlichen Randgebirgen während des Bezugszeitraumes 1936/37–1957/58 ohne 1944/45–1945/46 (Stationsauswahl nach einer Datensammlung von CASPAR *1962)*

Stationspositionen:
Amberg/Oberpfälzer Senke 49°27′ N/11°52′ E
Böttingen/Schwäbische Albhochfläche 48°06′ N/8°48′ E
Eppingen/Kraichgau 49°08′ N/8°55′ E
Großer Falkenstein/Böhmerwald 49°05′ N/13°17′ E
Gundelsheim/mittleres Neckartal 49°17′ N/9°10′ E
Leupoldstein/Fränkische Alb 49°42′ N/11°23′ E
Niedernau/oberes Neckartal 48°28′ N/8°54′ E
Ochsenfurt/Maintal 49°40′ N/10°04′ E
Örlenbach/Wern-Lauer-Gäuplatte 50°08′ N/10°08′ E
Pülfringen/Bauland 49°35′ N/9°32′ E
Renningen/Strohgäu 48°46′ N/8°56′ E
Roth/Rednitzsenke 49°15′ N/11°06′ E
Rusel-Irlmoos/Bayerischer Wald 48°53′ N/13°02′ E
Viechtach/Regen-Längssenke 49°05′ N/12°53′ E
Westerheim/Schwäbische Albhochfläche 48°30′ N/9°37′ E
Wörnitz/Frankenhöhe 49°15′ N/10°15′ E
Wüstenrot/Löwensteiner Berge 49°05′ N/9°28′ E.

Als vergleichsweise niederschlagsarm erweist sich mit durchschnittlichen Jahressummen um 600 mm der weite Raum der Fränkischen Gäuplatten, die unter der kombinierten klimatischen Leewirkung von Odenwald, Spessart, Vogelsberg und Rhön stehen. Besonders benachteiligt ist das tief in die Gäuplatten eingeschnittene mittlere Maintal etwa zwischen Würzburg und Schweinfurt, auf welcher Strecke die durchschnittlichen Jahresniederschlagssummen 600 mm noch unterschreiten. Auch die nördlichen Keupersandstein-Stufenabschnitte des Steigerwaldes und der Haßberge als östliche Gäuplattenbegrenzung leiden noch unter der Leewirkung der genannten Randgebirge im Nordwestquadranten und erhalten etwas geringere Niederschläge als selbst die Frankenhöhe.

Der strengen Leewirkung des massigen Schwarzwaldes vor allem bei den atlantischen Großwettertypen West und Südwest schließlich ist die relative Niederschlagsbenachteiligung der hohen Schwäbischen Alb zuzuschreiben. Trotz ihrer bedeutenden Durchschnittshöhen von etwa 700 – 900 m empfängt sie selbst an der Trauf auf langer Strecke noch geringere durchschnittliche Jahresniederschlagssummen, als sie dem viel niedrigeren, aber westwärts wohlexponierten Keupersandstein-Bergland östlich der Kraichgausenke zukommen. Bezeichnenderweise treten die geringsten durchschnittlichen Jahresniederschlagssummen (bei gleichzeitig stärkstem Jahrgang) im besonders hohen Südwestabschnitt der Alb auf und nehmen mit zunehmender Distanz zum Schwarzwald allmählich zu, um in den östlichen Albbereichen 1000 mm knapp zu überschreiten. Die Niederschlagsdifferenzen zwischen den extremen Jahreszeiten sind überall auf der Schwäbischen Alb ganz bedeutend: Wahrscheinlich tritt zu den üblichen bekannten Ursachen als weitere noch eine Stauwirkung der Stufenfront bei Nordweströmung hinzu, die entsprechend dem frühsommerlichen Häufigkeitsmaximum des Großwettertyps Nordwest (Tab. 7) eine zusätzliche Niederschlagssteigerung bedingen kann, hierin unterstützt von der reliefunabhängigen Großkonvektion der warmen Jahreszeit.

Auch die östlichen Randgebirge des süddeutschen Stufenlandes entbehren nicht eines sommerlichen Niederschlagshauptmaximums, wenngleich zumindest in den Höhenpartien des Böhmerwaldes und wahrscheinlich auch des Bayerischen Waldes wenigstens ein winterliches Nebenmaximum zur Ausbildung gelangt und dort das Verhältnis von Sommerniederschlag und Winterniederschlag den Grenzwert 1,00 nicht viel übersteigt. Infolge der bedeutenden Vertikalerstreckung vor allem des Böhmerwaldes mit Maximalhöhen von 1457 m im Großen Arber und von 1452 m im Großen Rachel wird wohl eine insgesamt gute Niederschlagsversorgung mit durchschnittlichen Jahressummen bis über 1300 mm erzwungen, doch liegen wegen der östlichen Position dieser Grenzgebirge die durchschnittlichen Niederschlagssummen ganz beträchtlich unter jenen der atlantiknäheren Oberrheingraben-Randgebirge: Man kann bei vergleichbarer Höhenlage und Exposition generell mit ungefähr 30% Niederschlagsminderung gegenüber dem Schwarzwald rechnen. Trotz ihres Verlaufs auf der leeseitigen Nordostflanke des Bayerischen Waldes ist auch die tief eingemuldete breite Innensenke des Regens auffallend niederschlagsreich und bringt es auf über 800 mm durchschnittliche Jahressumme, von der fast 40% allein in den drei Sommermonaten Juni bis August niedergehen; entsprechend stark zeigt sich hier im Unterschied zu den Hochlagen der flankierenden Gebirge der Niederschlagsjahresgang mit ausgeprägtem Winterminimum ausgebildet.

Die räumliche Verteilung der durchschnittlichen Niederschlagshäufigkeit (Anzahl der Niederschlagstage $\geq 1{,}0$ mm Tagessumme in Tab. 54) folgt in guter Näherung der räumlichen Verteilung der Niederschlagssummen.

Wegen ihrer doppelten Abhängigkeit von der Wintertemperatur und von der Schneefallmenge zeigt bereits im Stufenland die durchschnittliche Anzahl der Schneedeckentage deutliche räumliche Unterschiede (Tab. 55). Mit rund 30 Tagen im Jahr wird die thermisch begünstigte Kraichgausenke am seltensten von einer Schneedecke heimgesucht, ebenso die gleichermaßen thermisch bevorzugten wie niederschlagsbenachteiligten Täler von Main und Neckar im Bereich der Gäuzone. Auf den Gäuplatten selbst ist eine Schneedecke schon an durchschnittlich 45–50 Tagen im Jahr ausgebildet, mit der größeren Häufigkeit auf den niederschlagsreicheren schwäbischen Gäuplatten. Mit rund 60 Tagen im Jahr erweisen sich trotz der bedeutenden Niederschlagszufuhr das Keupersandstein-Bergland und auch die Keupersandstein-Stufe als deutlich schneedeckenärmer als die Fränkische Alb; letzterer ist wegen ihrer größeren Höhe und östlicheren Position eine niedrigere Wintertemperatur und damit eine größere Schneedeckenbeständigkeit eigen, so daß hier weit über 70 Tage mit Schneedecke im Durchschnittsjahr zu konstatieren sind. Aus gleichem Grunde ist auch die Oberpfälzer Senke durch eine größere Schneedeckenhäufigkeit von 60–65 Tagen im Jahr vor der weiter westlich gelegenen Rednitzsenke mit etwa 50 derartigen Tagen ausgezeichnet. Weitaus am häufigsten von einer Schneedecke betroffen ist unter den süddeutschen Schichtstufen jedoch infolge ihrer bedeutenden Höhenlage die Schwäbische Alb; hier zählt man auf der Hochfläche im Langzeitmittel zwischen 85 und über 100 Tage mit Schneedecke im Jahr, wobei dem Westteil wegen seiner geringeren winterlichen Niederschlagssummen im unmittelbaren Schwarzwald-Lee trotz größerer Vertikalerstreckung weniger Schneedeckentage zukommen als den tiefer gelegenen östlicheren Hochflächenabschnitten.

In den östlichen Randgebirgen des süddeutschen Stufenlandes schließlich sind staubedingte bedeutende Winterniederschlagssummen kombiniert mit höhenlage- und kontinentalitätsbedingter niedriger Wintertemperatur, so daß hier besonders viele Schneedeckentage im Jahr zu verzeichnen sind. In den Kammpartien des Bayerischen Waldes hat man mit durchschnittlich rund 120 Tagen zu rechnen, in jenen des höher aufragenden Böhmerwaldes sogar mit fast 180 Tagen. Das sind deutlich mehr Schneedeckentage, als in vergleichbaren Höhenlagen der Vogesen und des Schwarzwaldes anzutreffen sind (Tab. 49). Auch die winterkalte tiefe Längssenke des Regens ist trotz ihrer Position im Lee des Bayerischen Waldes vergleichsweise reich an Schneedeckentagen und vermag in dieser Hinsicht durchaus mit höheren und im Winter wesentlich niederschlagsreicheren Stufenlandbereichen wie dem Keupersandstein-Bergland zu konkurrieren: Die Schneedecke ist im Osten beständiger.

7.
Das Klima des Alpenvorlandes und der deutschen Alpen

Zumindest in der Lufttemperaturverteilung machen sich die weiten, fast ebenen Schotterfluren und der nur sanft gewellte nördliche Hügellandbereich des allgemein zur Donau abfallenden Alpenvorlandes deutlich bemerkbar, indem sie eine nur geringe räumliche Variation dieses Klimaelementes zulassen (Tab. 56 und 57).

Bereits die Wintertemperatur erweist sich trotz der bedeutenden Ausdehnung des Alpenvorlandes und trotz des südwärts erfolgenden Anstieges seiner Oberfläche als auffallend einheitlich. Die Donauniederung ist vergleichsweise kalt und eher noch frostgefährdeter als die alpenwärts an Höhe zunehmenden Geländepartien. Wegen ihrer orographischen Absperrung gegen Norden durch die Schwäbische Alb und den Bayerischen Wald ist die Donauniederung ein Kaltluftsammelgebiet, wobei wegen des Laufgefälles die östlichen

Station	Höhe [m]	Jan.	Febr.	März	Apr.	Mai	Juni	Juli	Aug.
Donau-Niederung West – Ost									
Dillingen	435	−1,4	0,0	3,8	8,1	12,5	15,9	17,5	16,7
Metten	313	−2,7	−1,0	3,0	7,9	12,4	15,7	17,0	16,2
Meridionalprofil Alpenvorland									
Karlshuld	374	−2,2	−0,7	3,3	7,6	12,2	15,7	17,1	16,3
München-Riem	527	−1,7	−0,5	3,3	7,5	12,0	15,5	17,3	16,6
Bad Tölz	655	−1,7	−0,6	2,7	7,3	11,5	14,8	16,7	16,1
Bodenseebecken									
Friedrichshafen	410	−0,2	1,0	4,4	8,4	13,1	16,6	18,5	17,5
Alpenrand									
(Füssen-) Horn	796	−2,7	−1,2	2,0	5,9	10,5	13,9	15,6	15,0
Alpengipfel									
Wendelstein	1832	−4,7	−4,8	−2,8	−0,3	4,0	7,4	9,3	9,4
Zugspitze	2960	−11,3	−11,5	−9,9	−7,5	−3,1	0,2	2,0	2,1
Inneralpine Täler und Becken									
Garmisch-Partenkirchen	719	−2,4	−0,9	2,4	6,3	10,9	14,2	15,9	15,3
Berchtesgaden	542	−2,5	−1,3	2,2	7,0	11,3	14,6	16,2	15,6
Mittenwald	914	−1,7	−0,7	2,1	5,3	9,7	13,1	14,7	14,1
Vertikalabnahme der Lufttemperatur [K/hm]									
Horn-Zugspitze		0,40	0,48	0,55	0,62	0,63	0,63	0,63	0,60

Station	Höhe [m]	Jan.	Febr.	März	Apr.	Mai	Juni	Juli
Dillingen	435	24	20	15	5	1	–	–
Metten	313	27	23	19	7	1	–	–
Karlshuld	374	26	21	18	9	2	0	–
München-Riem	527	26	22	17	7	1	–	–
Bad Tölz	655	26	21	17	7	1	–	–
Friedrichshafen	410	22	17	11	3	0	–	–
(Füssen-) Horn	796	28	23	20	11	2	0	–
Wendelstein	1832	29	26	26	21	12	4	1
Zugspitze	2960	31	28	31	30	29	20	16
Garmisch-Partenkirchen	719	28	23	20	10	1	0	–
Berchtesgaden	542	28	24	21	8	1	–	–
Mittenwald	914	27	22	18	10	1	0	–

ɪpt.	Okt.	Nov.	Dez.	Jahr	Jahres-schwankung [K]
,3	8,1	3,3	−0,2	8,1	18,9
,9	7,7	3,0	−0,9	7,6	19,7
,9	7,4	2,9	−0,7	7,7	19,3
,5	8,2	3,2	−0,4	7,9	19,0
,2	7,8	3,3	−0,6	7,6	18,4
,4	9,2	4,5	0,9	9,0	18,7
,2	7,3	2,5	−1,5	6,6	18,3
,4	4,4	−0,5	−3,1	2,1	14,2
,4	−2,5	−7,0	−9,6	−4,8	13,6
,5	7,5	2,4	−1,7	6,9	18,3
,7	7,4	2,6	−1,5	7,0	18.7
,7	7,7	2,8	−0,5	6,5	16,4
,55	0,45	0,44	0,37	0,53	

Tabelle 56
Durchschnittswerte der Lufttemperatur für den Bezugszeitraum 1951–1980 an charakteristischen Positionen des Alpenvorlandes und der deutschen Alpen (Angaben in °C; Stationsauswahl nach einer Datensammlung von MÜLLER-WESTERMEIER *1990)*

Stationspositionen:
Bad Tölz 47°45′ N/11°33′ E
Berchtesgaden 47°38′ N/13°01′ E
Dillingen 48°35′ N/10°29′ E
Friedrichshafen 47°40′ N/9°31′ E
(Füssen-) Horn 47°34′ N/10°42′ E
Garmisch-Partenkirchen 47°29′ N/11°04′ E
Karlshuld/Donaumoos 48°41′ N/11°17′ E
Metten 48°51′ N/12°55′ E
Mittenwald 47°27′ N/11°16′ E
München-Riem 48°09′ N/11°43′ E
Wendelstein/Kalkvoralpen 47°42′ N/12°01′ E
Zugspitze/Kalkhochalpen 47°25′ N/10°59′ E.

ıg.	Sept.	Okt.	Nov.	Dez.	Jahr
	0	4	12	21	102
	0	6	14	24	122
	1	8	14	22	122
	0	5	14	23	114
	0	5	13	24	113
	–	1	8	18	79
	0	6	18	26	135
	5	12	21	26	183
	19	26	30	31	305
	0	6	17	26	131
	0	6	18	27	133
	0	4	15	24	123

Tabelle 57
Durchschnittliche Anzahl der Frosttage während des Bezugszeitraumes 1951–1980 an charakteristischen Positionen des Alpenvorlandes und der deutschen Alpen (Angaben für die Stationsfolge in Tab. 56 nach einer Datensammlung von MÜLLER-WESTERMEIER *1990)*

Station	Jan.	Febr.	März	Apr.	Mai	Juni	Juli	Aug.	Sept.	Okt.	Nov.	Dez.	Jahr
Karlshuld	80	75	67	64	64	63	60	59	60	71	81	83	69
München-Riem	77	72	66	65	64	64	59	51	56	61	77	77	66
Zugspitze	65	65	66	72	74	77	73	69	59	54	62	60	66

Stationspositionen:
Karlshuld 48°41′ N/11°17′ E, 374 m, Donauniederung/Donaumoos
München-Riem 48°09′ N/11°43′ E, 527 m, Münchener Schotterplatte
Zugspitze 47°25′ N/10°59′ E, 2960 m, Kalkhochalpen/Wettersteingebirge.

Tabelle 58
Durchschnittliche Monatsmittel der Bewölkung während des Bezugszeitraumes 1951–1980 im Vergleich zwischen dem Alpenvorland und der Kalkalpen-Gipfelpartie
(Angaben in %; Himmelsbedeckung nach Daten bei Müller-Westermeier *1990)*

Niederungsbereiche vor dem Bayerischen Wald mit Januarmitteltemperaturen von nahezu −3 °C thermisch noch ungünstiger gestellt sind als der westliche Laufabschnitt vor der Schwäbischen Alb mit entsprechenden Beträgen von rund −1,5 °C außerhalb der vermoorten frostreichen Ausraumbecken des Donauriedes und des Donaumooses. Diesem Nordrandbereich gegenüber sind die südlicheren höheren Alpenvorlandregionen geradezu als thermisch begünstigt zu bezeichnen, denn ihre Januarmitteltemperatur erreicht bei normaler Stationsposition außerhalb von Flußniederungen in der Regel nicht einmal −2 °C.

In der sommerlichen Jahreszeit ist dann die thermische Benachteiligung der Donauniederung aufgehoben, und man findet im gesamten Alpenvorland ziemlich einheitlich Julimitteltemperaturen von 17,0–17,5 °C.

Eine thermische Ausnahmeregion stellt das Bodenseebecken dar. Mit einer Mitteltemperatur des kältesten Monats knapp unter dem Gefrierpunkt und einer durchschnittlichen Anzahl an Frosttagen, die jener im zentralen Oberrheingraben oder im Schiefergebirgs-Rheintal nahekommt, wird die abkühlungsdämpfende Wirkung der großen Wassermasse deutlich. Daß der gleiche Raum mit Julimitteltemperaturen von mindestens 18 °C auch im Sommer das wärmste Gebiet des Alpenvorlandes darstellt und mithin keine Kühlwirkung des Sees auf seine Uferpartien zustande kommt, wird mit der stabilen Vertikalschichtung im See während dieser Jahreszeit zusammenhängen. Vor allem die im Vergleich zum Land niedrigere Seeoberflächenalbedo muß ansehnliche Nettostrahlungsgewinne ermöglichen, die wegen der stabilen Schichtung nur den oberflächennahen Wasserschichten zukommen und deren kräftige Aufheizung bewirken, dadurch aber infolge fortgesetzter Dichteminderung des oberflächennahen Wassers auch die Schichtungsstabilität weiter fördern.

In den deutschen Alpen als südlicher Hochgebirgsbegrenzung des Alpenvorlandes bestimmt wieder in allererster Linie die Höhenlage die räumliche Verteilung der Lufttemperatur (Tab. 56). Die durchschnittliche vertikale Lufttemperaturabnahme entspricht im Jahresmittel durchaus jener in den anderen deutschen Gebirgen. Auch das Winterminimum dieser Größe bietet hinsichtlich zeitlicher Position und Ursache keine Besonderheiten; das gehäufte Auftreten von antizyklonalen Absinkinversionen während dieses Jahresabschnitts beschert den Hochgebirgslagen auch ein gut ausgeprägtes Bewölkungsminimum, da sie bei derartigen Situationen in die absinkende und sich dabei dynamisch erwärmende Höhenluft

Talföhn	Jan.	Febr.	März	Apr.	Mai	Juni	Juli	Aug.	Sept.	Okt.	Nov.	Dez.	Jahr
Mittlere Anzahl der Föhnstunden	10,7	9,6	11,5	14,2	9,6	0,7	2,8	2,4	1,6	7,9	6,9	12,0	89,9
Höchstzahl der Föhnstunden	33,3	43,8	48,7	48,2	21,3	4,2	20,8	16,5	10,8	51,0	44,8	34,7	159,8

[1] Die Statistik beruht auf der Anwendung der sogenannten 3-Kriterien-Charakteristik des Föhns (südliche Windrichtung, abrupter Anstieg der Lufttemperatur und Abfall der relativen Luftfeuchtigkeit) auf das langjährige Material an Dauerregistrierungen der angegebenen Größen.

Bezugsstation: Oberstdorf 47°24′ N/10°17′ E, 810 m.

Tabelle 59
Häufigkeit des Talföhns im nordalpinen Iller-Quertal während des Bezugszeitraumes 1937–1952
(Angaben nach Obenland *1956)* [1]

hineinragen, während das Alpenvorland dann häufig unter ausgedehnten tiefen Stratus- und Stratocumulusdecken liegt und deshalb gerade in der kalten Jahreszeit ein Bewölkungsmaximum erkennen läßt (Tab. 58). Hinsichtlich des Maximums der vertikalen Lufttemperaturabnahme ist eine Tendenz zur Ausbildung im Sommer zu konstatieren, den normalen Verhältnissen in der freien Atmosphäre entsprechend; wegen der langen Dauer der Schneedecke im alpinen Hochgebirge beeinflußt sie die Temperaturdifferenz zwischen Höhenlagen und frühzeitig schneefreien Niederungen nicht mehr nur im Frühjahr wie in den Mittelgebirgen, sondern in Verbindung mit der starken Anheizung der unteren Luftschichten durch das Nettostrahlungsmaximum der Erdoberfläche auch im Sommer.

Die Alpentäler können vielfache Abweichungen von der normalen vertikalen Lufttemperaturverteilung aufweisen, besonders im Winter. In gefällschwachen Tälern oder in Becken kann sich Kaltluft sammeln und stagnieren. Gegen Süden durch hohe Gebirgsflanken begrenzte Talabschnitte können infolge Beschattung ein Strahlungsdefizit mit entsprechender Temperaturminderung erfahren. Es gibt aber auch relativ zur Höhenlage thermisch ausgesprochen begünstigte Täler, in der Regel nordwärts stark abfallende und deshalb von Kaltluft leicht zu befreiende Quertäler, in denen sich zeitweilig der Föhn bis zur Talsohle durchzusetzen vermag. Es handelt sich dabei um einen vielfach sehr heftig wehenden Fallwind, der bei Strömungen aus dem Südquadranten auf der Nordseite der Alpenketten unter starker dynamischer Erwärmung und Vergrößerung der Taupunktdifferenz absteigt. Derart föhnbeeinflußte Talstrecken erreichen im Winter beeindruckend hohe Mitteltemperaturen: Mittenwald in der oberen Isartal-Walchensee-Kochelsee-Querfurche beispielsweise erfreut sich der gleichen durchschnittlichen Januarlufttemperatur wie die 387 m tiefer gelegene Alpenvorlandstation München-Riem und ist auch merklich wärmer als etwa Garmisch-Partenkirchen in der Ausraumzone des Loisach-Kankerbach-Längstales am Nordfuß des Wettersteingebirges oder als Berchtesgaden im tiefgelegenen gleichnamigen Becken der östlichsten deutschen Kalkhochalpen (Tab. 56). Daß sich die Temperaturgunst föhnbeeinflußter alpiner Talstationen vor allem in der kalten Jahreszeit äußert, liegt zunächst an der viel größeren Föhnhäufigkeit während dieses Jahresabschnitts, der jedoch jene des Frühjahrs nicht nachsteht (Tab. 59). Ferner ist aber auch in Erwägung zu ziehen, daß der Föhn im Winter in der Regel Kaltluft in den Tälern ablöst und sich daher durch erheblichen

Station	Höhe [m]	Jan.	Febr.	März	Apr.	Mai	Juni	Juli	Aug.
Alpenvorland Nord—Süd									
Karlshuld	374	41	43	39	48	70	104	91	80
München-Riem	527	52	55	53	73	99	135	129	112
Bad Tölz	655	99	87	86	124	180	215	195	187
Voralpen/Hochalpen									
Wendelstein	1832	158	153	147	181	185	238	253	204
Zugspitze	2960	179	159	170	209	179	188	191	162
Alpentäler (abgeschirmte Längstalbereiche)									
Garmisch-Partenkirchen	719	87	83	86	106	138	183	183	167
Oberaudorf	480	92	83	81	106	146	206	204	171
Alpentäler (Quertalbereiche)									
Oberstdorf	810	130	130	120	135	154	219	224	212
Kreuth[1]	795	136	130	119	126	159	218	231	187
Grattenbach[1]	705	152	142	131	155	205	251	290	208
Berchtesgadener Becken									
Berchtesgaden	542	91	86	90	110	154	194	211	189

[1] Bezugszeitraum 1931—1960, Daten nach SCHIRMER u. VENT-SCHMIDT (1979).

Temperaturanstieg bemerkbar macht, während im Sommer die Täler meist gut durchwärmt sind und daher auf Föhneintritt wesentlich schwächer reagieren.

Die räumliche Niederschlagsverteilung unterliegt im Alpenvorland nahezu ausschließlich einer meridionalen Änderung (Tab. 60). Die geringsten durchschnittlichen Jahresniederschlagssummen fallen mit rund 700 mm in der Donauniederung unter der kombinierten Regenschattenwirkung von Schwarzwald, Schwäbischer Alb und Fränkischer Alb bei Strömungen aus dem Richtungssektor Südwest bis Nord. Von hier an nimmt dann der Niederschlag auf den südwärts ansteigenden Flächen fortgesetzt zu, um bereits am Alpenrand durchschnittliche Jahressummen von mindestens 1500 mm zu erreichen, sicher nicht nur

Tabelle 61
Durchschnittlicher Partialdruck des Wasserdampfes während des Bezugszeitraumes 1951—1980 über dem zentralen Alpenvorland (in hPa; nach Daten von MÜLLER-WESTERMEIER *1990)*

Jan.	Febr.	März	Apr.	Mai	Juni	Juli	Aug.	Sept.	Okt.	Nov.	Dez.	Jahr
4,8	5,2	6,1	7,6	10,2	13,0	14,2	14,0	12,1	9,1	6,7	5,3	9,0

Bezugsstation: München-Riem 48°09′ N/11°43′ E, 527 m.

…pt.	Okt.	Nov.	Dez.	Jahr	Quotient Sommer/Winter
57	48	47	46	714	2,14
73	58	57	52	948	2,37
18	108	93	89	1581	2,17
36	99	132	141	2027	1,53
09	120	145	169	1980	1,07
07	81	82	86	1389	2,08
98	86	88	90	1461	2,20
38	111	128	132	1833	1,67
59	127	116	112	1820	1,68
79	157	128	131	2129	1,76
94	90	87	104	1510	2,11

Tabelle 60
Durchschnittliche Niederschlagssummen während des Bezugszeitraumes 1951–1980 an charakteristischen Positionen des Alpenvorlandes und der deutschen Alpen (Angaben in mm; Stationsauswahl nach einer Datensammlung von MÜLLER-WESTERMEIER *1990)*

Stationspositionen:
Bad Tölz 47°45′ N/11°33′ E
Berchtesgaden 47°38′ N/13°01′ E
Garmisch-Partenkirchen 47°29′ N/11°04′ E
Grattenbach/Prien-Quertal 47°43′ N/12°17′ E
Karlshuld/Donaumoos 48°41′ N/11°17′ E
Kreuth/Weißach-Quertal 47°39′ N/11°45′ E
München-Riem 48°09′ N/11°43′ E
Oberaudorf 47°39′ N/12°11′ E
Oberstdorf/Iller-Quertal 47°24′ N/10°17′ E
Wendelstein/Kalkvoralpen 47°42′ N/12°01′ E
Zugspitze/Kalkhochalpen 47°25′ N/10°59′ E.

wegen des Geländeanstieges, sondern in Alpennähe auch wegen deren Stauwirkung: Die Niederschlagssteigerung um 67% zwischen München-Riem und Bad Tölz zum Beispiel erfolgt überproportional zur Höhenzunahme um nur 128 m. Der Niederschlagsjahresgang ist überall bedeutend mit einem ausgeprägten Sommermaximum; es ist gleichermaßen dem Sommermaximum der niederschlagfördernden Großkonvektion (Tab. 10) und dem sommerlichen Dampfdruckmaximum mit seiner ebenfalls niederschlagsteigernden Wirkung (Tab. 61) zuzuschreiben.

An den randalpinen Ketten der Kalkvoralpen schließlich findet auf geringe Horizontaldistanz ein besonders starker Anstieg der durchschnittlichen Jahresniederschlagssummen

Tabelle 62
Durchschnittliche relative Häufigkeit der Großwetterlagen (GWL) Nordwest und Nord über Mitteleuropa während des Bezugszeitraumes 1951–1980 (in %; nach Daten von RAMPE *u.* REINKE *1985)*

GWL	Jan.	Febr.	März	Apr.	Mai	Juni	Juli	Aug.	Sept.	Okt.	Nov.	Dez.	Jahr
Nordwest	6,0	6,4	7,0	7,7	5,1	7,2	14,0	5,1	7,4	4,7	4,6	6,9	6,8
Nord	4,6	3,6	3,5	6,8	6,0	4,3	2,7	3,0	1,2	2,1	3,3	4,3	3,8
Prozentsumme	10,6	10,0	10,5	14,5	11,1	11,5	16,7	8,1	8,6	6,8	7,9	11,2	10,6

Station	Höhe [m]	Jan.	Febr.	März	Apr.	Mai	Juni	Juli
Alpenvorland								
Karlshuld	374	9	10	9	9	10	12	11
München-Riem	527	10	11	10	12	13	14	13
Bad Tölz	655	11	11	12	14	15	16	15
Alpenketten								
Wendelstein	1832	14	13	14	15	15	18	17
Zugspitze	2960	15	14	16	16	16	18	17
Alpentäler								
Garmisch-Partenkirchen	719	11	11	12	13	14	17	16
Oberstdorf	810	13	12	13	14	15	17	17

Stationspositionen:
Bad Tölz 47°45′ N/11°33′ E, Alpennordrand
Garmisch-Partenkirchen 47°29′ N/11°04′ E, inneralpines Loisach-Kankerbach-Längstal
Karlshuld 48°41′ N/11°17′ E, Donauniederung (Donaumoos)
München-Riem 48°09′ N/11°43′ E, Münchener Schotterebene
Oberstdorf 47°24′ N/10°17′ E, randalpines Iller-Quertal
Wendelstein 47°42′ N/12°01′ E, Kalkvoralpen
Zugspitze 47°25′ N/10°59′ E, Kalkhochalpen.

statt, die in den Höhenpartien 2000 mm durchweg überschreiten (Tab. 60). Ähnlich große Beträge kommen auch den südlicheren deutschen Kalkhochalpen zu, denn deren größere Vertikalerstreckung gleicht die niederschlagsmindernde Kulissenwirkung der Kalkvoralpen wieder aus.

Infolge der räumlichen Anordnung der deutschen Alpenketten mit ihrem nahezu zonalen Verlauf ist eine Stauwirkung in strengem Sinne nur gegeben bei den Großwetterlagen Nordwest und Nord. (Die ersteren sind gekennzeichnet durch eine meist zyklonenbegleitete Nordweströmung zwischen einer Azoren-Biscaya-Antizyklone und tiefem Luftdruck über dem Raum Nordmeer – Skandinavien, die letzteren zeichnen sich aus durch eine ebenfalls oft zyklonenbegleitete Nordnordwest- bis Nordströmung zwischen einem meridional erstreckten Nordostatlantik-Hoch und einem langgestreckten Tiefdruckbereich über Osteuropa.) Das Häufigkeitsmaximum dieser Großwetterlagen erstreckt sich über den Zeitraum spätes Frühjahr bis Sommer (Tab. 62), so daß dann mit den höchsten Niederschlagssummen in den Alpenrandketten zu rechnen ist. Daß innerhalb dieses Zeitraumes der Niederschlag normalerweise zum Sommer hin zunimmt (Tab. 60), dürfte durch die entsprechende Zunahme des Wasserdampfgehaltes als staubegleitenden Zusatzfaktors bedingt sein (Tab. 61). Wohl empfangen die deutschen Alpen auch im Winter noch reichlichen Niederschlag, doch findet sich in diesem Jahresabschnitt nirgends ein Maximum realisiert. Nur in den höchsten Partien der Hochalpen, im Wetterstein- und Karwendelgebirge, vielleicht auch noch auf dem stationsfreien Allgäuer Hauptkamm, nähert sich das Verhältnis zwischen Sommer- und Winterniederschlag bis auf einige Prozent dem kritischen Grenzwert 1,00, weil hier wegen der herausragenden Vertikalerstreckung eine staubedingte Niederschlagssteigerung auch im Winter bei Großwetterlagen zumindest des Westtyps möglich ist.

ug.	Sept.	Okt.	Nov.	Dez.	Jahr
2	8	8	9	10	115
2	9	8	10	11	133
4	11	10	11	12	152
6	12	10	12	14	169
7	12	10	13	14	178
6	11	9	10	11	152
6	12	10	12	12	163

Tabelle 63
Durchschnittliche Anzahl der Niederschlagstage mit Tagesniederschlagssummen $\geqq 1{,}0$ mm während des Bezugszeitraumes 1951–1980 an charakteristischen Positionen des Alpenvorlandes und der deutschen Alpen (Angaben nach einer Datensammlung von MÜLLER-WESTERMEIER *1990)*

Mit dem Niederschlagsreichtum der alpinen Höhenlagen kontrastieren teilweise sehr scharf die tief eingesenkten Täler. Es ist allerdings wohl zu unterscheiden zwischen nordwärts zum Alpenvorland geöffneten, häufig noch trichterförmig sich erweiternden Quertälern und den inneralpinen Längstalstrecken, die durch vorgelagerte hohe Gebirgskörper gut abgeschirmt sind. Die ersteren sind erheblich niederschlagsreicher als die letzteren (Tab. 60), vermutlich weil sie wegen der Querschnittsverengung talaufwärts auch einen gewissen Stau in alpeneinwärts gerichteter Strömung bewirken. Daß auch in den orographisch abgeschirmten Längstalzügen zumindest im Sommer noch ansehnliche Niederschlagssummen empfangen werden, liegt sicher an der intensiven Gewittertätigkeit während dieses Jahresabschnitts, deren Auslösung durch tagesperiodische Hangaufwinde gefördert wird (Tab. 10).

Den geschilderten Umständen entsprechend, findet sich allenthalben auch ein Sommermaximum der durchschnittlichen Anzahl der Niederschlagstage (Tab. 63).

Ähnlich dem Niederschlag unterliegt auch die durchschnittliche Anzahl der Schneedeckentage im Alpenvorland in der Hauptsache einer meridionalen Änderung (Tab. 64).

Sieht man einmal ab vom thermisch besonders begünstigten und deshalb auch besonders schneearmen Bodenseebecken, so findet man sonst die geringste durchschnittliche Anzahl von wenig über 50 Schneedeckentagen im Jahr in den Niederungen an der Donau, und zwar an der westlichen (nordostwärts gerichteten) Laufstrecke. Es ist dies hauptsächlich eine Folge der unzureichenden Schneemenge, die hier im engeren Leebereich von Schwarzwald und Schwäbischer Alb niedergeht und bei atlantischen Warmlufteinbrüchen immer wieder rasch aufgezehrt werden kann.

Demgegenüber erweist sich die besonders tief gelegene und deshalb vor allem kaltluftsammelnde östliche Donauniederung am südostwärts gerichteten Laufabschnitt mit durchschnittlich 70 Tagen im Jahr als erheblich schneedeckenreicher, weniger allerdings infolge erhöhter Winterniederschläge als vielmehr wegen der durchschnittlich tieferen Wintertemperatur im Kaltluftsammelraum (Tab. 56); sie garantiert eine längere Andauer einer einmal gebildeten Schneedecke.

Auf den südwärts ansteigenden Flächen des Alpenvorlandes wächst dann die durchschnittliche Anzahl der Schneedeckentage fortgesetzt an, bis sie am Alpennordrand 90–100 Tage im Jahr erreicht, vornehmlich als Folge der gleichgerichteten Zunahme der Winternieder-

Station	Höhe [m]	Jan.	Febr.	März	Apr.	Mai	Juni	Juli
Donauniederung West – Ost								
Günzburg	470	17,6	14,0	6,0	1,4	0,1	–	–
Ingolstadt	371	18,1	14,4	5,1	0,9	0,1	–	–
Straßkirchen	328	24,5	19,5	8,2	1,2	–	–	–
Bodenseebecken								
Friedrichshafen	410	14,0	12,9	4,0	0,5	–	–	–
Alpenvorland Nord – Süd								
Hohenkammer	472	18,0	15,4	8,0	1,0	0,1	–	–
München BG	515	20,8	17,3	9,5	1,8	0,1	–	–
Bad Tölz	655	25,4	23,5	14,2	3,5	0,4	–	–
Alpenketten								
Kreuzeckhaus	1652	31,0	28,3	30,8	26,1	11,1	0,9	0,1
Säntis[1]	2500	31,0	28,3	31,0	30,0	31,0	26,2	15,9
Alpentäler (Quertäler)								
Oberstdorf	810	29,8	27,6	23,2	7,4	1,0	–	–
Kreuth	795	30,9	27,7	25,9	9,9	1,0	–	–
Sachrang	738	30,8	27,8	27,5	9,5	0,7	–	–
Alpentäler (Längstalzüge)								
Grainau	760	29,7	26,7	21,8	5,6	0,4	–	–
Tatzelwurm	765	29,5	26,3	23,8	6,5	0,8	–	–
Melleck	550	29,2	26,9	23,4	4,9	0,4	–	–
Berchtesgadener Becken								
Berchtesgaden	542	28,4	26,4	17,3	3,4	0,3	–	–

[1] Gipfelstation in den helvetischen Kalkalpen. Ersatzstation für die Gipfelpartien der deutschen Kalkvoralpen und Kalkhochalpen. Bezugszeitraum 1959/60 – 1978/79. Daten nach Schüepp, Gensler u. Bouet (1980).

Klimatyp	Anzahl der Monate mit klimatologischem Wasserdefizit
perhumid	0
humid	1 – 3
moderathumid	4
schwachhumid	5
subhumid	≧6

Tabelle 65
Hygroklimatypen Deutschlands

Aug.	Sept.	Okt.	Nov.	Dez.	Jahr
–	–	0,7	2,9	10,1	52,8
–	–	0,6	2,1	9,7	51,0
–	–	0,7	3,2	14,4	71,7
–	–	0,2	0,7	7,0	39,3
–	–	0,6	2,6	11,8	57,5
–	–	0,8	3,7	14,3	68,3
–	–	1,7	6,4	19,2	94,3
,1	1,4	7,4	20,8	28,9	186,9
,4	10,6	15,6	28,4	31,0	285,4
–	–	2,4	7,8	23,6	122,8
–	–	3,1	10,4	26,6	135,5
–	–	2,0	10,6	26,5	135,4
–	–	2,1	8,0	25,5	119,8
–	–	2,3	8,8	24,0	122,0
–	–	1,4	7,7	24,9	118,8
–	–	1,2	6,3	20,7	104,0

Tabelle 64
Durchschnittliche Anzahl der Schneedeckentage ≧0 cm Schneehöhe an charakteristischen Positionen des Alpenvorlandes und der deutschen Alpen während des Bezugszeitraumes 1936/37 – 1957/58 ohne 1944/45 – 1945/46 (Stationsauswahl nach einer Datensammlung von CASPAR *1962)*

Stationspositionen:
Bad Tölz 47°45′ N/11°33′ E
Berchtesgaden 47°38′ N/13°01′ E
Friedrichshafen 47°40′ N/9°31′ E
Günzburg 48°27′ N/10°15′ E
Hohenkammer 48°26′ N/11°32′ E
Ingolstadt 48°45′ N/11°26′ E
Kreuzeckhaus 47°28′ N/11°04′ E, Wettersteingebirge
München/Botanischer Garten 48°10′ N/11°30′ E
Säntis 47°15′ N/9°21′ E
Straßkirchen 48°50′ N/12°43′ E
Grainau 47°28′ N/11°01′ E, Loisach-Kankerbach-Längstalzone zwischen Ammergebirge und Wettersteingebirge
Tatzelwurm 47°41′ N/12°05′ E, Auerbach-Längstalzone südlich der Wendelstein-Voralpenkette
Melleck 47°40′ N/12°45′ E, Unkenbachmulde südlich der Dürrnbachhorn-Sonntagshorn-Grenzkette
Oberstdorf 47°24′ N/10°17′ E, Iller-Quertal/Allgäuer Alpen
Kreuth 47°39′ N/11°45′ E, Weißach-Quertal/Bayerische Kalkvoralpen
Sachrang 47°42′ N/12°16′ E, Prien-Quertal/Chiemgauer Kalkvoralpen.

schlagssummen (Tab. 60), da die durchschnittliche Wintertemperatur eine nur geringe räumliche Änderung zeigt (Tab. 56).

Im Bereich der Kalkvoralpen und der Kalkhochalpen schließlich steigt die durchschnittliche Anzahl der Schneedeckentage mit zunehmender Höhe stark an (Tab. 64), gleichermaßen verursacht durch die beträchtliche Erhöhung der Winterniederschlagssummen und durch Abnahme der Lufttemperatur. In den Gipfelpartien der bedeutenderen randalpinen Gebirgskörper ist mit etwa 300 Schneedeckentagen im Jahr zu rechnen.

Nicht ganz einheitliche Verhältnisse bieten die alpinen Tallagen. Bei vergleichbarer Höhenlage kommt randalpinen Quertälern wegen ihres reichlicheren Niederschlagsgewinns im allgemeinen auch eine größere durchschnittliche Anzahl an Schneedeckentagen zu als den winterniederschlagsärmeren inneralpinen Längstalzügen (Tab. 64). Beschattung durch südwärts angrenzende Gebirgsketten, begünstigt durch tiefen winterlichen Sonnenstand, kann allerdings gerade in Längstälern die schneedeckenmindernden Auswirkungen einer geringeren Niederschlagsspende teilweise kompensieren.

8. Hygroklimatische Gliederung Deutschlands

Hygroklimate basieren auf dem klimatischen Wasserhaushalt. Dieser wird definiert als Differenz zwischen dem durchschnittlichen Niederschlag und der durchschnittlichen potentiellen (Land-) Verdunstung in einem gegebenen Zeitraum (Jahresabschnitt oder Jahr).

Von den beiden Eingangsgrößen liegt nur der Niederschlag als Meßwert vor. Die potentielle Landverdunstung als Verdunstung einer gegebenen Landoberfläche von bestimmter (räumlich variabler) Beschaffenheit bei unbegrenzter Wasserverfügbarkeit muß nach geeigneten Verfahren näherungsweise errechnet werden.

Mit Hilfe des gut begründeten und quantitativ bewährten, in einigen Punkten allerdings modifizierten Verfahrens nach PENMAN (1948, 1956) haben HENNING u. HENNING (1977) zunächst Monats- und Jahreswerte der durchschnittlichen potentiellen Landverdunstung für rund 250 Stationen Deutschlands überwiegend aus dem Bezugszeitraum 1951–1965 ermittelt; zur angewendeten rechnerischen Verfahrensweise siehe zum Beispiel HENNING u. HENNING (1984). Durch monatsweise Differenzbildung zur Durchschnittssumme des Niederschlags konnte dann u. a. die mittlere Anzahl der Monate mit klimatologischem Wasserdefizit für das genutzte Stationsnetz bestimmt und durch entsprechende Isarithmen kartographisch niedergelegt werden (HENNING u. HENNING 1977).

Auf der Grundlage der genannten Karte läßt sich nun Deutschland in durchaus befriedigender Weise hygroklimatisch gliedern (Abb. 13), wenn man fünf Hygroklimatypen gemäß Tabelle 65 definiert.

Man sieht, daß sich humides und perhumides Klima in der Hauptsache auf die niederschlagsreichen Gebirge erstrecken und nur im Alpenvorland und in einigen Gebieten des westlichen Norddeutschen Tieflandes größere Gebiete auch außerhalb ausgesprochener Gebirgsbereiche einem humiden Klima zuzuordnen sind. Gemäßigt humid oder gar schwach humid sind weite Räume des westlichen Norddeutschen Tieflandes, des süddeutschen Stufenlandes (mit Ausnahme der gut befeuchteten Schwäbischen Alb), aber auch manche Bergländer, wie das Pfälzer Bergland und die südlichen Teile des Rheinischen Schiefergebirges. Ganz bemerkenswert ist der sehr ausgedehnte subhumide Bereich mit mindestens 6 wasserdefizitären Monaten im östlichen Norddeutschen Tiefland, aber auch jener im randgebirgsgesäumten und deshalb niederschlagsbenachteiligten Oberrheingraben und dessen Fortsetzung in der südlichen Hessischen Senke.

Der im klimatologischen Sinne wasserdefizitäre Jahresabschnitt erstreckt sich vor allem über den nettostrahlungsreichen Sommer und kann sich im nordwestdeutschen Tiefland in das hier relativ niederschlagsarme Frühjahr ausweiten, im übrigen Deutschland hingegen gleichermaßen in das späte Frühjahr und in den Frühherbst hinein ausdehnen.

► Abbildung 13
Geographische Anordnung der Hygroklimate Deutschlands (Gliederungsversuch auf der Grundlage einer Karte von HENNING u. HENNING 1977 über die mittlere Anzahl der Monate mit klimatologischem Wasserdefizit; geringfügige Ergänzungen nach HENNING u. HENNING 1984)

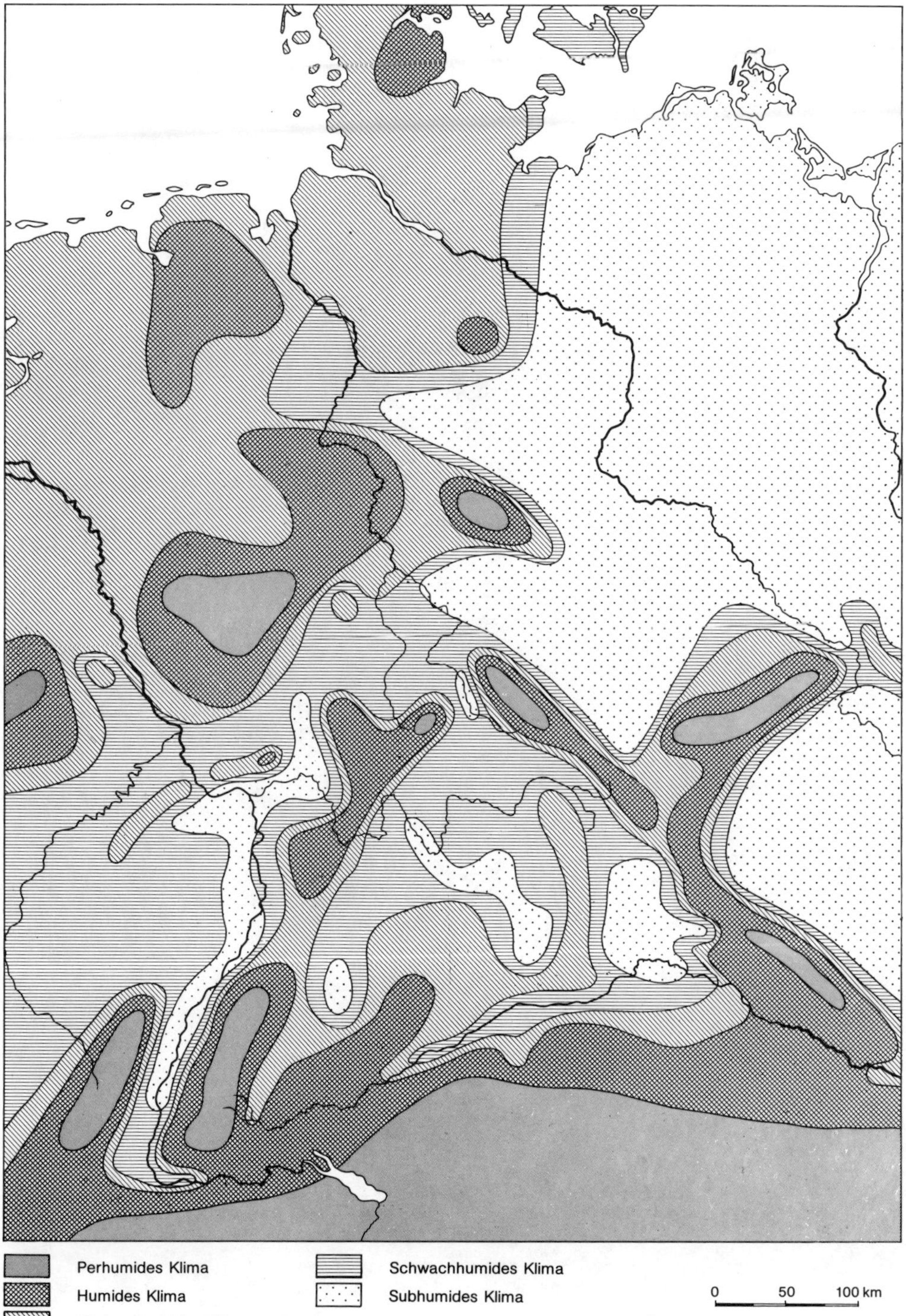
Perhumides Klima
Humides Klima
Moderathumides Klima
Schwachhumides Klima
Subhumides Klima
0 50 100 km

HERBERT LIEDTKE

A. II.
Oberflächenformen

1.
Faktoren der Reliefbildung

Die Lage der Bundesrepublik Deutschland bringt es mit sich, daß auf ihrem Territorium erhebliche Reliefunterschiede zwischen den Küsten an Nord- und Ostsee im Norden und den Alpen im Süden bestehen. Wenn die Bundesrepublik Deutschland auch nur einen kleinen Anteil an den Alpen hat, so ragen deren Gipfel doch bis auf 2963 m (Zugspitze) empor, wogegen in den Mittelgebirgen nur Höhen von 1493 m (Feldberg im Schwarzwald), 1457 m (Gr. Arber im Böhmerwald), 1142 m (Brocken im Harz), 1053 m (Schneeberg im Fichtelgebirge) und 982 m (Gr. Beerberg im Thüringer Wald) erreicht werden. Für die Höhenunterschiede und für die unterschiedlichen Reliefformen sind mehrere Faktoren verantwortlich:

- Das *tektonische Grundgerüst*, bestimmt durch die endogenen Vorgänge in der Erdkruste und im Erdmantel, hat den Großbau geschaffen. Dabei sind Gräben eingesunken, Gebirge herausgehoben oder Schichten verstellt worden. Die Tektonik erzeugt den Großbau eines Gebietes.
- Ob dieser Großbau über lange Zeit erhalten bleibt oder schnell verschwindet, hängt von der sehr schwankenden Widerständigkeit der anstehenden *Gesteine* ab. Gneise können der Abtragung länger trotzen als wenig verfestigte Mergel.
- Auf die Erdoberfläche wirken die *exogenen Kräfte* ein, so Verwitterung, Gravitation, Wind und Wasser, letzteres als Form der Quellaustritte, der Flußerosion, der Wirkung des Eises oder der chemischen Lösung.
- Je nach den *klimatischen* Voraussetzungen können bestimmte exogene Faktoren in ihrer Wirkung begünstigt werden; so ist in Wüstengebieten die Wirkung des Windes besonders deutlich, während in kalten Polarzonen oder in Hochgebirgen das aus Niederschlägen gebildete Eis die Landschaft formt.
- Ob bestimmte Formen sehr deutlich oder nur schwach entwickelt werden, ist von der zur Verfügung stehenden *Zeit* abhängig. Viele Landschaften lassen daher mehrere reliefformende Prozesse erkennen, wenn der letzte formende Prozeß nicht ausreichte, die vorher geschaffenen Formen auszulöschen. Man spricht dann von Vorzeit-, Mehrfach- oder Altformen. Oberflächenformen mit einer erkennbaren zurückliegenden Formung werden als fossil oder subrezent bezeichnet.

2.
Die geotektonische Entwicklung in Mitteleuropa

Mitteleuropas geologische und tektonische Entwicklung läßt sich seit Beginn des Kambriums vor 570 Mio. Jahren gut rekonstruieren, denn seit dieser Zeit sind die in den einzelnen geologischen Perioden einst lebenden Pflanzen und Tiere durch Fossilien erhalten und zeigen nicht nur die Veränderungen von Fauna und Flora an, sondern lassen auch Schlüsse über das Klima der damaligen Zeit zu. Erkenntnisse vom Klima einer Zeit erlauben Aussagen über die geomorphologischen Prozesse und über das mögliche oder tatsächliche Aussehen der Oberflächengestalt eines bestimmten Gebietes (Tab. 66).

Ära	Periode	Epoche		Alter [Mio. Jahre]	Tektonik		Vulka-nismus
	Quartär	Holozän		0,01			
		Pleistozän					
				2,42		wallachisch	
		Pliozän	Asti				
			Piacent				
			Pont				+
				5		rhodanisch	
			Sarmat				+
						attisch	
			Torton				+
Känozoikum	Tertiär	Miozän				steirisch	
			Helvet				+
			Burdigal				
				23		savisch	
		Oligozän	Chatt				
			Rupel				
			Lattorf				
				35	alpidisch	pyrenäisch	
		Eozän				spätlaramisch	+
				54			
		Paläozän					
				67		frühlaramisch	
		Oberkreide				subhercynisch	
	Kreide			105		austrisch	
		Unterkreide	Gault				
			Neokom				
				137		jungkimmerisch	
		Malm					
				157			
Mesozoikum	Jura	Dogger					
				172			
		Lias					
				195		altkimmerisch	
		Keuper	Rhät				
			Nor				
			Karn				
	Trias		Ladin	205			
		Muschelkalk	Anis				
				215			
		Buntsandstein	Skyth				
				225		pfälzisch	
		Zechstein					
	Perm			240			+
		Rotliegendes			variszisch	saalisch	+
				285			
		Oberkarbon				asturisch	
	Karbon			335		sudetisch	
		Unterkarbon					+
				350		bretonisch	
Paläozoikum	Devon						
				405			
	Silur						
				440	kaledonisch		
	Ordovizium						
				500			
	Kambrium						
				570		assyntisch	
	Präkambrium	Algonkium					
		Archaikum					

Tabelle 66
Geologische Formationen und tektonische Phasen in Mitteleuropa

Seit dem Kambrium ist Europa von drei großen Gebirgsbildungen (Orogenesen) betroffen worden. Die älteste ereignete sich vor 440–405 Mio. Jahren und wird als kaledonische Faltung bezeichnet. Durch sie wurden Irland, Schottland, Nordengland und das westliche Norwegen an die schon damals vorhandene Osteuropäische Tafel angeschlossen, die seit wenigstens 1,5 Mia. Jahren besteht und deren Südrand von Dänemark zum Schwarzen Meer verläuft. Sie hat Mitteleuropa wenig beeinflußt.

Anders ist es bei der variszischen Gebirgsbildung vor 340–250 Mio. Jahren, die Deutschland nach Nordost durchzieht und deren Wirkung in den Rumpfgebirgen des Schwarzwaldes, des Rheinischen Schiefergebirges, des Harzes und des Thüringer Waldes sowie des Erzgebirges sichtbar ist. Hier ist die Faltung von meist devonischen Schichten überall und die diskordante Überlagerung des Rotliegenden, des Zechsteins oder des Buntsandsteins an vielen Stellen sichtbar, so im Schwarzwald, im Rheinischen Schiefergebirge oder am Bohlen bei Saalfeld. Der gesamte Faltungskomplex läßt sich in vier von SW nach NE streichende Zonen aufteilen, die nach den von ihnen durchzogenen Landschaften benannt sind. Die nördlichste wird

1. Westfälische Außenzone genannt und durchzieht die am einstmaligen variszischen Gebirgsrand gelegenen Steinkohlenbecken des Aachener Reviers und des Ruhrgebietes. Südlich schließen sich die folgenden Zonen an (Abb. 14):
2. Rhenohercynikum, vom Hohen Venn und Rheinischen Schiefergebirge zum Harz und Flechtinger Höhenzug.
3. Saxothuringikum, vom Haardtrand bei Albersweiler über Odenwald, Thüringer Wald zum Erzgebirge. An der Grenze gegen das Rhenohercynikum liegt die Mitteldeutsche Kristallinschwelle.
4. Moldanubikum, von den Vogesen über den Schwarzwald zur Böhmischen Masse. Dazwischen liegt das später abgesunkene Vindelizische Land (nach lat. Augusta Vindelicorum, Augsburg).

Weite Teile Mitteleuropas sind nach dem Ende der variszischen Faltung abgesunken und wurden vom Meer bedeckt, wobei sich die mehrere hundert Meter mächtigen Salzablagerungen des Zechsteinmeeres auch heute noch geomorphologisch bemerkbar machen. Sie reichen von der niederländischen Grenze bis Berlin und von Flensburg bis in das Werrakaligebiet südlich des Thüringer Waldes.

In den folgenden, hauptsächlich durch epirogenetische Bewegungen gekennzeichneten Perioden der Trias, des Jura und der Kreide wurden immer wieder Teile Deutschlands vom Meer bedeckt, bis zu Beginn der Kreide die Anzeichen der letzten großen Faltungsphase einsetzten, der alpidischen Orogenese. Diese betraf in der üblichen Weise wilden Zusammenschubs nur die Alpen und erzeugte im übrigen Mitteleuropa durch den von Süden ausgeübten Druck Verformungen verschiedener Art, die als saxonische Bewegungen bezeichnet werden. Dabei kam es nicht zu großartigen Faltungsvorgängen mit weiten Überschiebungen, sondern zu Verbiegungen, zu Heraushebungen von Horsten und zum Einsinken von Gräben, zu vielen Verwerfungen und im Tertiär verschiedentlich zum Ausbruch eines vorwiegend basaltischen Vulkanismus, dessen größtes zusammenhängendes Gebiet vom Vogelsberg eingenommen wird. Im Tertiär sind in Deutschland vor allem in Norddeutschland, im Alpenvorland und im Rheingraben meist lockere Ablagerungen entstanden. Sie wurden in Norddeutschland und im Alpenvorland weithin von glazialen Sedimenten überdeckt.

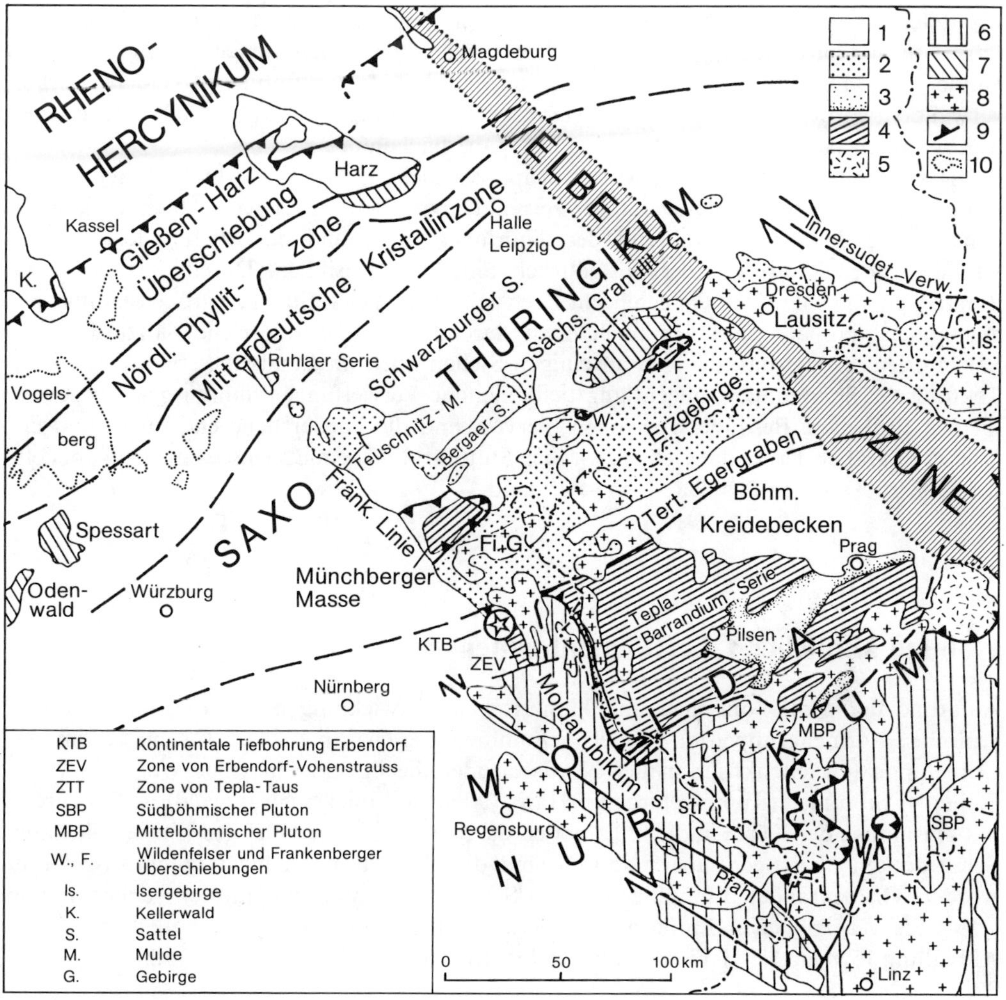

Abbildung 14
Variszische Strukturen in Mitteleuropa (verändert nach FRANKE 1990)

1 – Devon und Karbon, nicht metamorph, im N und S von mesozoischen und känozoischen Schichten bedeckt
2 – vordevonische Schichten der saxothuringischen Zone, stellenweise metamorph
3 – Paläozoikum der Barrandiummulde in Böhmen
4 – Gesteine mit variszischer metamorpher Überprägung (Tepla, ZEV, ZTT; MÜNCHBERG u. a.)
5 – Moldanubikum (Gföhl-Einheit)
6 – Moldanubikum (Drosenberg-Einheit)
7 – metamorphe Gesteine am inneren Rand von Rhenohercynikum und Moldanubikum, Sächsisches Granulitgebirge
8 – spät- und posttektonische variszische Granite
9 – größere Überschiebungen
10 – Gebiete mit tertiärem Vulkanismus

Aufgrund der geotektonischen Entwicklung sind drei Hauptlandschaftstypen entstanden, die durch die Widerständigkeit des Gesteins und deren Lagerungsverhältnisse bestimmt werden. Das *Grundgebirge* mit Granit und Gneis, Schiefern und Quarziten ist durch alte

Rumpfflächen und tiefe enge Täler gekennzeichnet. Dagegen wird das *mesozoische Deckgebirge* von Stufen, Landterrassen und Beckenlandschaften eingenommen. Wenig verfestigte Sande und Mergel sind oft weit ausgeräumt und ihre Verbreitungsgebiete in Becken verwandelt worden. Die *lockeren Ablagerungen* des Tertiärs und des Quartärs haben meist weiche, durch periglaziäre Prozesse erzeugte Oberflächenformen.

Die alpidische Orogenese hat Mitteleuropa zerstückelt, aber sie wirkt auch heute noch weiter, wie geodätische Untersuchungen zeigen. Danach bewegen sich die Alpen mit jährlich 2 mm auf München zu, während der Thüringer Wald und der Südteil des nördlich anschließenden Thüringer Beckens jährlich um 2 mm absinken. Durch die saxonische Zerstückelung sind in den Gebieten mit Zechsteinsalzen gelegentlich so große Spannungen entstanden, daß das Salz sich nach oben durchdrückt und zahlreiche Salztürme oder Salzmauern erzeugt hat, die sich an einigen Stellen auch im Landschaftsbild abzeichnen. Tektonische Spannungen, oft entlang tiefgreifender Verwerfungen, führen gelegentlich zu kleinen Erdbeben. Besonders betroffen hiervon sind die Niederrheinische Bucht und der Oberrheingraben, ferner das Gebiet zwischen Stuttgart und dem Bodensee und die Nahtstelle des Hunsrücks gegen das Saar-Nahe-Bergland.

3. Gebiete ähnlicher Oberflächenformen

Aufgrund der geotektonischen und klimatischen Entwicklung ist es in Deutschland zu typischen Formengruppen des Reliefs gekommen, die charakteristisch für ein bestimmtes Gebiet sind (Gezeitenküste an der Nordsee) oder die in sehr ähnlicher Weise an vielen Stellen vorkommen (Rumpfgebirge im Harz, Odenwald oder Schwarzwald). Auch werden mit Ausnahme der Küste und der Talböden die meisten anderen Gebiete von periglaziären Schuttdecken überzogen, aber dadurch sind die Vorzeitformen nicht völlig ausgelöscht worden. Grabenränder, Rumpfflächen und Schichtstufen sind gut erhalten geblieben, und selbst die vergänglichen Flußterrassen lassen sich häufig noch sehr deutlich erkennen. Abbildung 15 zeigt die Gebiete ähnlicher Oberflächenformen in Deutschland.

4. Leitvorstellungen der Reliefentwicklung

Reliefentwicklung ist ein nach feststehenden Regeln verlaufender Vorgang, der von der Schwerkraft gesteuert wird. Er bewirkt, daß Material von höherem Gelände in tiefere Gebiete einschließlich der Gewässer und Meere transportiert wird, wenn man einmal von den vom Wind verfrachteten Feinstpartikeln absieht. Die Schwerkraft wirkt mit den anderen Faktoren der Reliefentwicklung zusammen, und jedes Mal, wenn sich nur einer dieser Faktoren ändert, wird ein bestehendes Gleichgewicht merklich gestört. Es entsteht eine Übergangsphase, die zu einer neuen geomorphologischen Qualität der Reliefformung überleitet. Solche Übergangsphasen sind Zeiten kräftiger geomorphologischer Prozesse, aber sie dauern meist nicht sehr lange an, da sich bald ein neues Gleichgewicht einstellt. Erste

Überlegungen zu einer Theorie der Reliefentwicklung veröffentlichte WILLIAM MORRIS DAVIS 1899. Er stellte sich einen regelrechten Ablauf der Reliefentwicklung vor, bei dem dank eines Hebungsimpulses eine Zerschneidung des Reliefs eingeleitet wird (Jugendstadium). Nach vollständiger Zerschneidung wird ein Reifestadium erreicht. Die dann erfolgende allgemeine Erniedrigung führt zu einer ausdruckslosen Peneplain (Rumpffläche, Endrumpf) und stellt unter der Bezeichnung Greisenalter den Abschluß einer Reliefentwicklung dar. Daß es solche Rumpfflächen gibt, weiß man von vielen Kontinenten, vor allem mit Grundgebirgsgesteinen, aber auch aus Deutschland, wo die paläozoischen Rumpfgebirge Schnittflächen hinterlassen haben, auf denen Rotliegendes, Zechstein oder Buntsandstein diskordant in horizontaler Lage sedimentiert wurden. Trotzdem wurden die Auffassungen von DAVIS nicht generell für Deutschland übernommen, weil man 1. eine sehr lange Zeit, 2. absolute tektonische Ruhe bei 3. günstigen klimatischen Bedingungen für die Flächenbildung voraussetzen mußte, um die Bildung solcher Rumpfflächen erklären zu können. Dagegen spricht aber das in Deutschland ständige Andauern erst vorwiegend epirogenetischer Bewegungen im Mesozoikum und später der saxonischen Verstellungen.

In neuerer Zeit hat BÜDEL seit 1957 darauf aufmerksam gemacht, daß Rumpfflächen auch innerhalb der Deckgebirgsgesteine auftreten, und hat als ein besonders schönes Beispiel die Gäuflächen bei Würzburg angeführt. Sie sind als eigenes Stockwerk in rund 300 m in das umgebende Schichtstufenland beckenförmig mit scharfer Grenze und deutlichem Rand eingelassen. Für ihre Entstehung hat BÜDEL eine klimagesteuerte Flächenspülung angenommen, wie sie im semiariden wechselfeuchten Tropenklima auch heute noch vorkommt. Hier wird das an der Oberfläche liegende Gestein unter den Bedingungen des Tropenklimas an Ort und Stelle so verändert, daß nur noch tonig-schluffiger Zersatz übrigbleibt, der von den heftigen Tropenregen auf der gesamten Fläche abgespült und in ganz flachen Tälern weggeführt wird. Die Gäuflächen beweisen damit, daß sie unter den obengenannten klimatischen Bedingungen entstanden sind; dabei macht es nichts aus, wenn einzelne Erhebungen auf der Fläche als Inselberge stehengeblieben sind, weil sie der Abtragung aus irgendwelchen Gründen, etwa einer härteren Gesteinsvariante, nicht zum Opfer gefallen sind.

Die Ideen BÜDELS haben heftige Entgegnungen hervorgerufen, vor allem von seiten der Verfechter der Lehre des ständigen Rückwanderns von Schichtstufen. Deren Rückgangsrate wird heute sehr unterschiedlich beurteilt, weil man von vielen Stellen weiß, daß Schichtstufen seit Beginn des Pliozäns so gut wie festliegen und auch durch die periglaziären Prozesse während des Eiszeitalters keine nennenswerte Überformung erlebt haben. So klaffen auch heute noch Lücken in der Vorstellung von der Reliefentwicklung, wenn man davon ausgeht, daß etwa riesige Flächen und/oder Schichtstufenareale unseren jetzigen Landschaftsformen vorausgegangen sein müßten. Besser ist es, sich von solchen, sehr stark verallgemeinernden Theorien zu lösen und Wege zu suchen nach einem Nebeneinander von Formengruppen, so wie wir sie auch heute vorfinden. Deswegen erscheint mir die regionale Betrachtung wichtiger, wenn man darüber auch nicht verallgemeinernde Gesichtspunkte vergessen sollte. Die Zeit der großen geomorphologischen Schulen ist vorbei; solche Schulen haben es allerdings erleichtert, sich ein einfaches Bild von der Reliefentwicklung in Raum und Zeit zu machen. Von der Vorstellung wird man sich allerdings lösen müssen, daß Mitteleuropa von einer riesigen Rumpffläche überzogen war, auf der die Entwässerung nach Südosten oder in die Nordsee erfolgte. Dazu war Mitteleuropa nicht nur tektonisch zu unruhig, sondern es weist auch zu viele Gesteinsarten ganz unterschiedlicher Verwitterungsresistenz auf.

Inseln und Marschensaum der deutschen Nordseeküste

Norddeutsches seenreiches Jungmoränengebiet mit Eisrandlagen und Urstromtälern einschließlich der Kliff- und Nehrungsküste an der Ostsee

Norddeutsches seenarmes Altmoränengebiet mit verwaschenen Endmoränen und Urstromtälern

Norddeutsches seenarmes Altmoränengebiet, stellenweise mit Lößdecken und (oder) gelegentlichen Durchragungen älteren Gesteins

Flachland aus lockeren Flußablagerungen und Tertiärsedimenten, teilweise von Löß bedeckt

Rumpfschollengebirge aus stark gefalteten paläozoischen Sedimentgesteinen, stellenweise auch magmatische Gestein mit Härtlingszügen

Rumpfflächen oder Hügelländer auf Rotliegendsedimenten mit altvulkanischen Durchragungen oder Decken

Flachland des Oberrheingrabens mit Randschollen und Alzeyer Platte

Flach- und Hügelland des Egergrabens

Tafelländer und Stufenlandschaften mit Schichtrippen und Schichtkämmen, vorwiegend aus mesozoischen Sandsteine und Kalken, im Norden mit kleinräumigen Aufbeulungen und Becken, im Schweizer Jura stark gefaltet

Flachwelliges Hügelland des deutschen Alpenvorlandes aus tertiären oder quartären Aufschüttungen, teilweise lößbec

Altmoränen, Schotterplatten und Talböden im deutschen Alpenvorland

Seenreiche Jungmoränenlandschaft des deutschen Alpenvorlandes, mit Durchragungen von Festgestein

Alpine Hochgebirgsformen

Größere zusammenhängende Decken und Kuppenfelder tertiärer vulkanischer Gesteine

Größere Becken durch Tektonik, Ausraum, Auslaugung oder Meteoriteneinschlag

Bruchstufen

Schichtstufe im: s Buntsandstein, m Muschelkalk, k Keuper, j Jura

Schichtkamm

Saaleeiszeitliche Eisrandlagen: D Drenthestadium, R Rehburger Stadium, L Lamstedter Vorstoß, W Warthestadium

Weichseleiszeitliche Eisrandlagen: B Brandenburger Stadium, F Frankfurter Stadium, P Pommersches Stadium, V Velgaster Staffel

Urstromtäler: BB Breslau-Bremer Urstromtal, GB Glogau-Baruther Urstromtal, WB Warschau-Berliner Urstromtal, TE Thorn-Eberswalder Urstromtal, NR Netze-Randow-Urstromtal

✶ Nachgewiesene eiszeitliche Vergletscherung von Mittelgebirgen

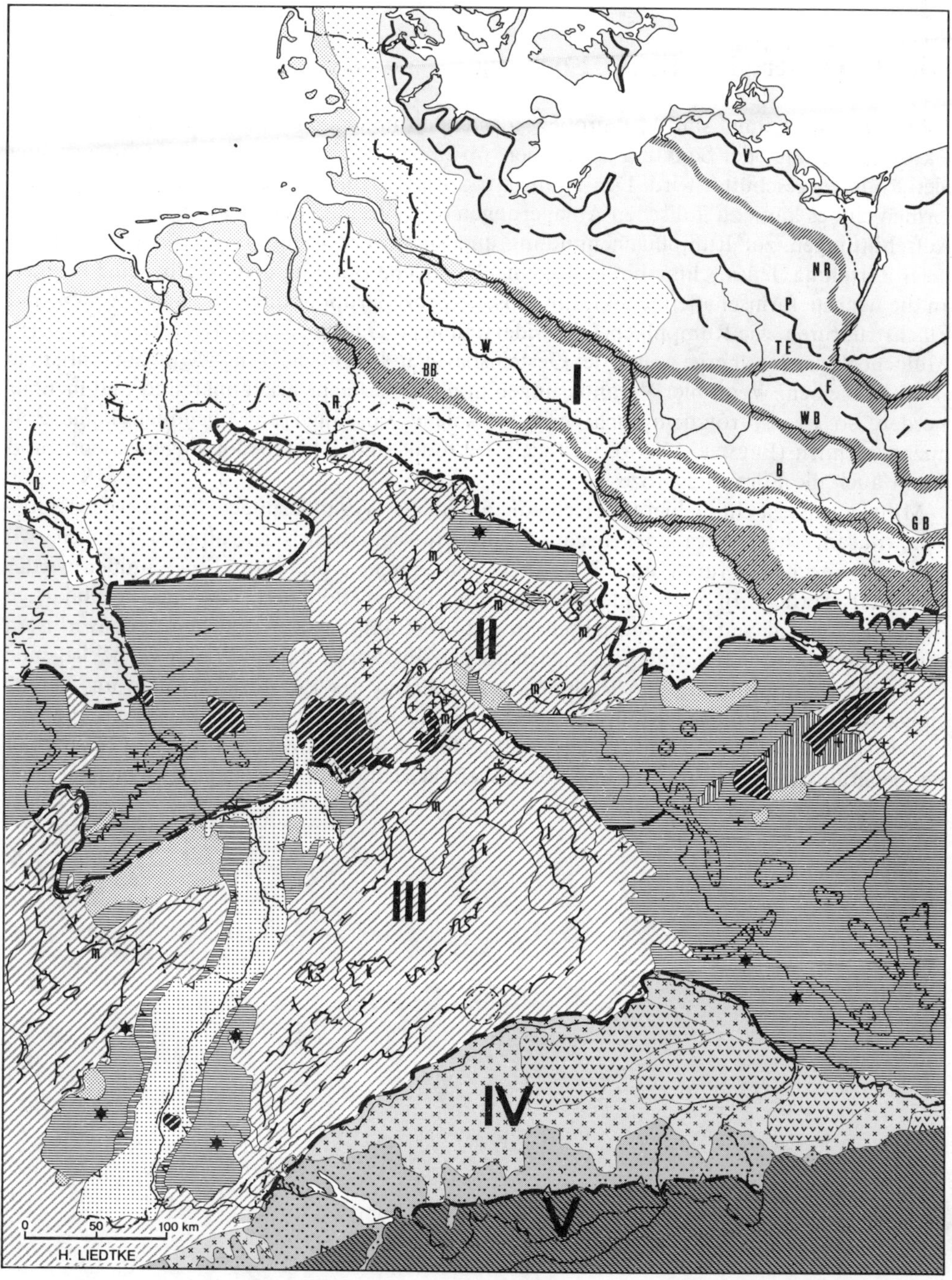

Abbildung 15
Gebiete ähnlicher Oberflächenformen in Deutschland (aus Klink u. Liedtke 1984, S. 70)

5. Die Zeitdauer räumlicher Formung

Tektonik und Klima sind die großen formenbestimmenden Faktoren. Heraushebung, tektonische Ruhe oder Senkung bestimmen, ob eine Landschaft zerschnitten wird, erhalten bleibt oder zugeschüttet wird. Das Klima wirkt durch seine Prozesse auf die Oberflächenformen ein; es kann zu äolischen Ablagerungen oder Verlagerungen kommen, zu glazialen Aufschüttungen, zur Rumpfflächenbildung und Herausarbeitung von Inselbergen oder zu tiefer Zertalung. Jedes Klima hinterläßt eine ihm eigene Prägung und vererbt seine Formen an die nächste formschaffende tektoklimatische Prozeßgruppierung. Am langlebigsten sind Flachstrukturen, wie Rumpfflächen in widerständigen Gesteinen, wo solche Vorzeitformen, Altflächen oder Inselberge wegen der Gesteinshärte und geringen Hangneigungen sehr lange erhalten bleiben. Wenn hier Veränderungen in der Oberfläche erkennbar sind und meßbar werden, so ist es trotzdem nicht erlaubt, solche Vorgänge auf unendlich lange Zeit hochzurechnen (Bremer 1989a), weil sich Tektonik und Klimabedingungen ändern und damit auch die Formungsprozesse.

Mitteleuropa ist ein Gebiet unterschiedlich schneller Veränderungen der Oberflächenformen. Rasant sind Abtragungsvorgänge auf den vegetationsfreien alpinen Hängen, wo Lawinen abgehen, Muren und Felsstürze sich ereignen und Sturzkegel immer wieder verändert werden. In den anderen Gebieten sind es Bodenerosion und kerbtalartige Zerschneidung, die seit der Landnahme vor rund 1000 Jahren zu erheblichen Bodenverlusten geführt und die Talauen mit einer Auelehmdecke überzogen haben. Weiter zurückliegende Prozesse, wie die Bildung von Flußterrassen während des Pleistozäns, geben uns bereits einige Rätsel auf, und die Rumpfflächenentstehung leiten wir von Prozessen ab, die sich heute in Savannengebieten abspielen. Wir bedienen uns des aktualistischen Prinzips der Beobachtung heutiger Prozesse und übertragen diese auf frühere Zeiten. Hier bleiben noch viele Fragen offen.

A. III.

Joachim Marcinek
und
Karl-Heinz Schmidt

Gewässer und Grundwasser

1. Das Gewässernetz und die Grundzüge seiner Entwicklung

Drei wesentliche Merkmale kennzeichnen das Gewässernetz Deutschlands, die Grundlage für die Wasserbewirtschaftung und -nutzung:

1. die zahlreichen Flüsse,
2. der auffallende Seenreichtum in den nordöstlichen und südlichen Landesteilen und
3. die – bis auf das Donaueinzugsgebiet – der Abdachung zur Nord- und Ostsee folgenden tributären Ströme und Flüsse.

Die Bundesrepublik Deutschland hat Anteil an den Einzugsgebieten von Donau, Rhein, Ems, Weser, Elbe und Oder. Ijssel-, Vechte- und Maaseinzugsbereiche werden zuweilen dem Rheineinzugsgebiet zugezählt, weil ihre Mündungsbereiche miteinander verflochten sind. Weiterhin entwässern kleinere Küstenflüsse in Niedersachsen, in Bremen und Hamburg, in Schleswig-Holstein sowie Mecklenburg-Vorpommern die entsprechenden küstennahen Gebiete. Den Flüssen Rhein, Weser, Elbe und Donau sind etwas über 85% der Landesfläche tributär.

Etwas mehr als drei Viertel des Landes (76,1%) entwässern in die Nordsee. Daran ist der Rhein mit fast einem Drittel (30,6%) und die Elbe mit etwas über einem Viertel (27,1%) beteiligt. Sind der Nordsee über drei Viertel (76,1%) der Landesfläche tributär, so ist es für die Ostsee nicht einmal ein Zehntel (8,1%). Diese auffallende Asymmetrie läßt sich aus der Inlandvergletscherung Norddeutschlands in der jüngsten, der Weichsel- (Würm-) Eiszeit erklären. Zu dieser Zeit drängte das nordeuropäische Inlandeis den unteren Elbelauf aus der Nordrichtung in seine heutige Bahn. Zusätzlich greift die Elbe mit ihrem deutlich asymmetrischen Strombaum im Jungmoränenland über die Urstromtalungen bis nahe an die Oder vor. In ähnlicher Weise bildeten sich die asymmetrischen Strombäume der Weser und der Oder in den ehemals vergletschert gewesenen Gebieten heraus. Im Gegensatz zur Entwässerung in die Nord- und Ostsee von fast 85% der Landesfläche führt die Donau Wasser von nicht ganz 16% (15,8%) des Staatsgebietes ab.

Insgesamt weist das Vorkommen zahlreicher Flüsse auf recht günstige Verhältnisse im Wasserhaushalt hin, wenn auch das Wasserdargebot nach Nordosten geringer wird. Nordostwärts liegen, besonders um den östlichen Harz, nicht nur Gebiete geringeren Niederschlags, sondern auch geringen Abflusses. Ohne Berücksichtigung des Fremdzuflusses strömen vom deutschen Gebiet im Durchschnitt jährlich rund 270 mm (96,4 km^3) Wasser ab.

Entsprechend der überwiegend nach Norden gerichteten Abdachung des Landes münden sämtliche deutschen Ströme mit Ausnahme der Donau in die Nord- und Ostsee. Das Werden der Donau hängt eng mit der Bildung der Alpen und ihres nördlichen Vorlandes zusammen. Nur der Rhein fand über eine wechselvolle Entwicklung als einziger Strom aus den Alpen seinen Weg zu einer nördlichen Küste.

Beide Ströme, Rhein wie Donau, zeigen beispielhaft, wie eng ihre Entwicklung mit der ihrer Gebiete verknüpft ist, aber auch wie unabhängig vom tektonischen Geschehen, nur durch die Tätigkeit des fließenden Wassers und der alpinen Vergletscherungen sich die deutschen Bereiche ihrer Einzugsgebiete zum heutigen Bild formierten. Besonders ihre jüngere Entwicklung beleuchtet Vorgänge, die für die Gestaltung der Flußsysteme in

Deutschland von nachhaltiger Bedeutung waren und sich in merkbaren Veränderungen dokumentieren.

Der Nordosten und der Süden lassen unschwer den in den nordöstlichen Landesbereichen besonders unübersichtlichen, seenreichen Jungmoränentyp in den Gebieten der jüngstkaltzeitlichen Inland- und Alpenvergletscherung erkennen. So auffallend er ist, nimmt sein Gebiet insgesamt nur fast 15% der Landesfläche ein. Hingegen überspannt der seenarme Normaltyp der Entwässerung weit über 80% der Landesfläche und dehnt sich über das lößfreie Altmoränenland, das Lößland am Mittelgebirgsnordrand, vor allem aber über das tafeldeckgebirgsfreie wie Tafeldeckgebirge tragende Mittelgebirgsland und schließlich über das Tertiärhügelland und Altmoränenland des Alpenvorlandes aus.

Die ältesten Spuren der Flußentwicklung, die sich im Relief nachweisen lassen, sind in das Mittelgebirgsland eingeprägt. Ihre Entwicklung läßt sich bis in das Tertiär, vielleicht sogar bis in die obere Kreide zurückverfolgen (z. B. STEINMÜLLER 1974) und zählt demnach nach Jahrmillionen bis Dutzende von Millionen Jahren. Demgegenüber ist das seenreiche Gewässernetz des nord- wie süddeutschen Jungmoränenlandes gerade rund 10000 Jahre alt.

Außer dem extraglaziären Gebiet, dem umfangreichen Landesbereich, der nie vergletschert gewesen ist, lassen sich im Vorland der weichsel- oder würmeiszeitlichen Vergletscherungsräume Nord- und Süddeutschlands die Altmoränengebiete aussondern, die deutliche Spuren vorhergehender Vergletscherungen aufweisen (Mindel- oder Elster- bzw. noch jünger Riß- oder Saaleeiszeit). Diese Räume zeigen zwar keine Seebecken und Seen glaziären Ursprungs mehr, lassen aber klar Veränderungen erkennen, die mit der damals weiteren Ausdehnung der Vergletscherung zusammenhängen (HABBE 1989, MARCINEK 1975, PRÄGER 1976, STEINMÜLLER 1967, STEINMÜLLER u. UNGER 1974, EISSMANN 1976, BROSE, MARCINEK u. PRÄGER 1988). Besonders in Thüringen, aber auch in Sachsen, sowohl im Oberlausitzer Bergland als auch in der Halle-Leipziger Tieflandsbucht, konnten einerseits Talverschüttungen und Flußlaufverlegungen nachgewiesen werden sowie andererseits Schmelzwasserabflußwege, kleinere oder bedeutendere Rand- oder Marginaltäler, die über kürzere oder längere Strecken bis heute von Flüssen benutzt werden. Nur in einem Abschnitt des südlichen Baltischen Landrückens, im Fläming, wurden als Reste eines nicht völlig überwältigten oder umgewandelten Jungmoränenlandes seenfreie, ringsum geschlossene Hohlformen erkannt (GRIPP 1924), in denen beispielsweise südwestlich von Jüterbog bei Gölsdorf Ablagerungen aus der Eemwarmzeit nachgewiesen werden konnten (LEMBKE 1967).

Während sich im nie vergletschert gewesenen deutschen Bereich die Spuren der Flußentwicklung im Relief teilweise bis tief in das Tertiär, maximal sogar bis in die Oberkreide zurückverfolgen lassen, wird das Flußnetz gegen die Alpen und die Ostsee immer jünger. Jede Vergletscherung führte, wenn sie nicht die Ausdehnung der vorhergehenden erreichte, in ihrem Ausbreitungsraum und Randbereich nachweislich zu Veränderungen im Fluß- bzw. Gewässernetz, zu einer neuen Struktur. In gleicher Weise formierte sich – nach weitgehender Überwältigung und Zerstörung des zuvor existierenden Flußnetzes, besonders im nordostdeutschen jüngsteiszeitlichen Vergletscherungsgebiet – das Gewässernetz im Wendezeitraum von der jüngsten Kalt- zur jetzigen Warmzeit vor rund 10000 Jahren zum heutigen seenreichen, unübersichtlichen Geflecht.

Dagegen läßt sich die Entwicklung der Donau bis in das Pliozän zurückverfolgen, wobei die Ablagerungen der Unteren und Oberen Meeresmolasse und auch die der Unteren

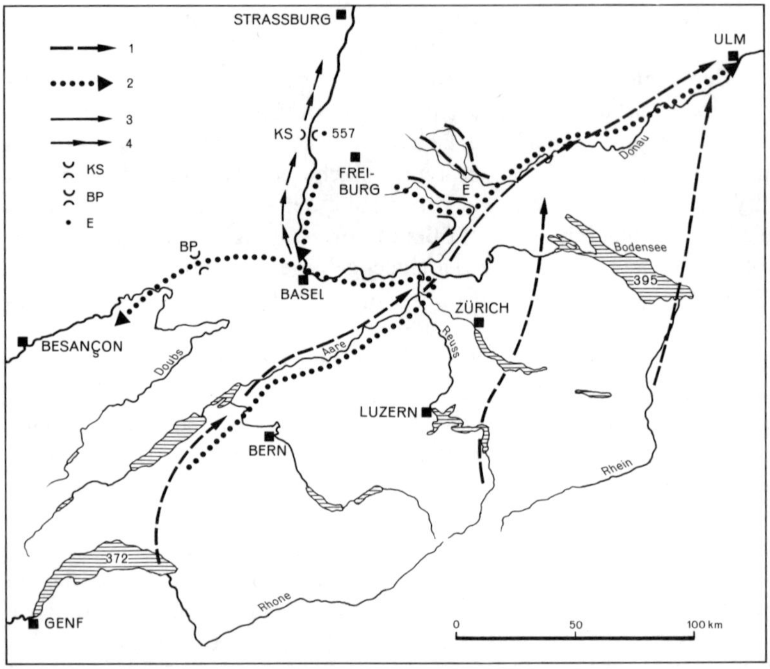

Abbildung 16
Von der Urdonau zur heutigen Donau
(nach LIEDTKE 1989, S. 70)

und Oberen Süßwassermolasse auf die besondere Entwicklung der Donau hinweisen. Die Donaubildung konnte erst nach der Sedimentation dieser Serien einsetzen, mithin im obersten Miozän und im Pliozän. Die ursprünglich westwärts gerichtete Abdachung kehrte sich mit der stärkeren Heraushebung im westlichen Alpen- und Jurabereich im Pliozän um und schuf eine ostwärts gerichtete, auf der sich der Fluß entwickeln konnte (Abb. 16). Von der Ur-Donau liegen bis auf widerständigstes Material verwitterte Schotter auf der Flächenalb bei Ulm. Wesentlichster Zufluß war vermutlich ein Ur-Alpenrhein. Er ist älter als die Donau und querte zudem noch das heutige Alpenrheintal (HANTKE 1987).

Durch die im Oberpliozän entstandene Hochrheinsenke zwischen Schwarzwald und Schweizer Jura trennte sich die Aare vom Donausystem. Sie passierte die Burgundische Pforte und setzte dort die bekannten Sundgauschotter ab. Weil in den Sundgauschottern keine Leitgerölle aus der Ostschweiz zu finden sind, muß der Alpenrhein noch zum Donausystem gehört haben. Erst als die Aare im jüngsten Oberpliozän infolge tektonischen Absinkens in den Oberrheingraben gezogen wurde, öffnete die rückschreitende Erosion den Weg zum Ur-Alpenrhein.

Der Rhein seinerseits hatte sich bereits zuvor als Bopparder Rhein im mittleren Tertiär (Chatt) gebildet (GLATTHAAR u. LIEDTKE 1984). Im Zuge der Weiterentwicklung dehnte er sein Einzugsgebiet südwärts aus. Mit der Laufverlegung der Aare in den sinkenden Oberrheingraben im jüngsten Oberpliozän erhielt der Rhein einen erheblichen Einzugsgebietszuwachs (Abb. 17).

Im frühen Quartär entstand schließlich das heutige Alpenrheintal. Rückschreitende Erosion und nachfolgende Vergletscherungen formten es. Die Trennung vom Donausystem und mithin die Abrundung zum heutigen Rheinsystem, wiederum mit bedeutendem

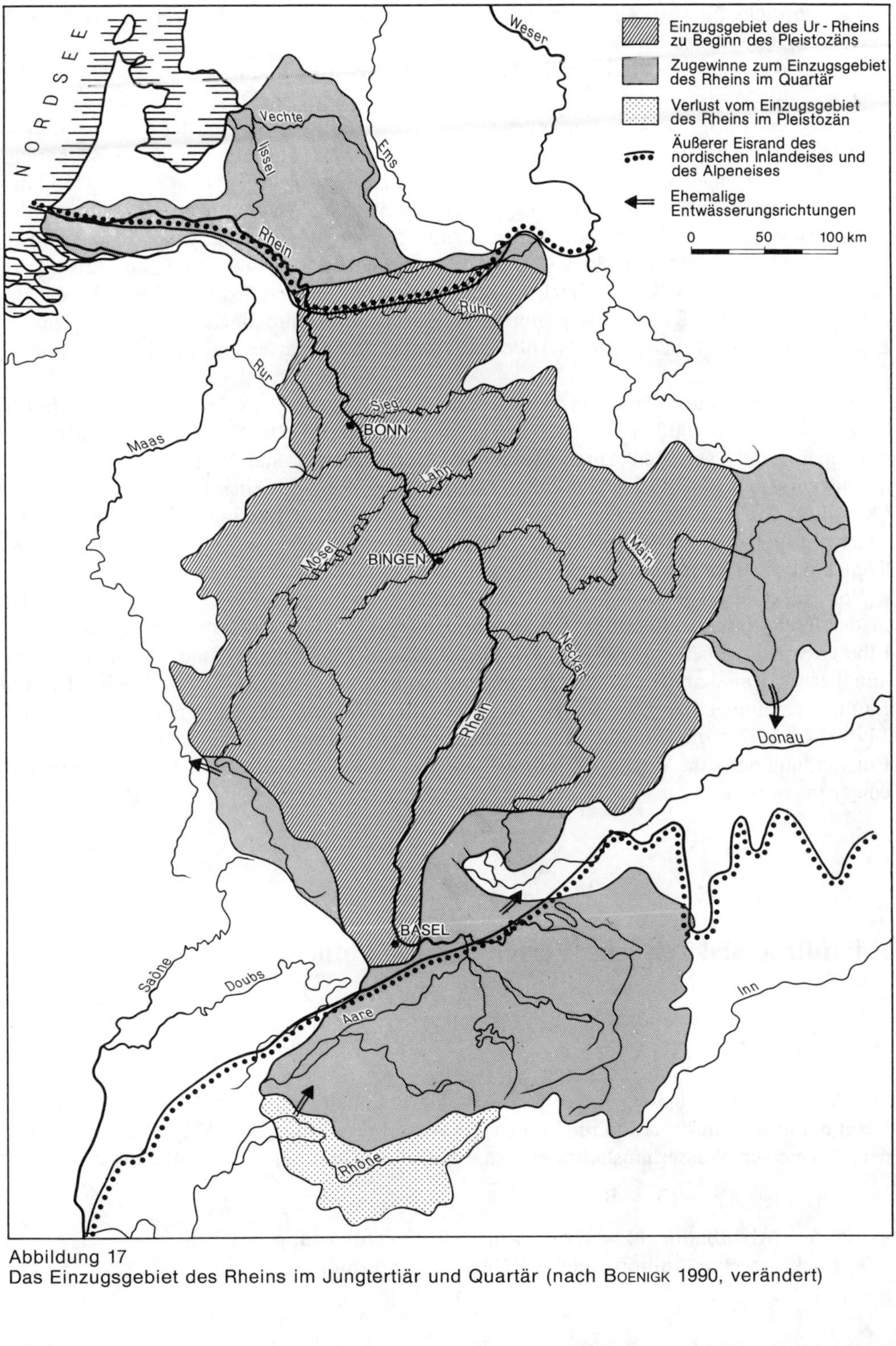

Abbildung 17
Das Einzugsgebiet des Rheins im Jungtertiär und Quartär (nach BOENIGK 1990, verändert)

Gebietszuwachs für den Rhein, scheint sich vermutlich erst nach der Vergletscherung in der Günzeiszeit vollzogen zu haben.

Infolge dieser Entwicklungsprozesse entspringt der Rhein und nicht die Donau als einziger mitteleuropäischer Strom im Hochgebirge. Sein Einzugsgebiet überspannt – ohne das der Maas – 189707 km², etwas mehr als die Hälfte der Fläche der Bundesrepublik Deutschland. Seine Lauflänge beträgt 1320 km. Der mittlere jährliche Abfluß bei Emmerich, in der Nähe der niederländischen Grenze, mit einer Einzugsgebietsfläche von 159784 km² liegt bei 2258 m³/s. Am Rheineinzugsgebiet haben neun Staaten Anteil. Während die Niederlande zu rund 72% und die Schweiz zu 67,5% im Rheineinzugsgebiet liegen, sind es von Deutschland nicht ganz 30% (29,6%), dagegen haben die Niederlande nur 12,9%, die Schweiz kaum 15% (14,7%), die Bundesrepublik Deutschland jedoch 55,6% Anteil am Einzugsbereich des Rheins. Dem mittleren jährlichen Abfluß nach steht der Rhein in Europa an 6., der Einzugsgebietsgröße nach (ohne Maas) an 9. und der Länge nach an 5. Stelle.

Dagegen hat Deutschland am zweitgrößten Strom Europas, der Donau (durchschnittlicher jährlicher Abfluß: rund 6450 m³/s, Einzugsgebiet: 817000 km², Länge: 2850 km), nur einen relativ geringen Anteil. An seinem Einzugsgebiet sind 17 Staaten beteiligt. Es umfaßt an der deutsch-österreichischen Grenze 77057 km² mit einem mittleren jährlichen Durchfluß von 1430 m³/s. Die Donau verläßt nach 625 km Lauflänge Deutschland. Die Flächengröße ihres Einzugsgebietes beträgt hier nur 56253 km² (15,76% der Landesfläche), das sind kaum 7% (6,89%) des gesamten Donaueinzugsgebietes.

Vom Elbeeinzugsgebiet liegen fast zwei Drittel in Deutschland (65,1%), etwa ein Drittel in der Tschechischen Republik (33,5%) und nur je 0,7% in Österreich und Polen. Die Elbe entwässert über ein Viertel (27,1%) der Fläche Deutschlands und entspricht damit annähernd dem dem Rhein in Deutschland tributären Gebiet (30,6%). Nach 1165 km Lauflänge mündet die Elbe in die Nordsee. Ihr Einzugsgebiet überspannt dabei rund 149000 km². Der durchschnittliche jährliche Abfluß beträgt ungefähr 750 m³/s. Auf die Entwicklung der Elbe wird im Zusammenhang mit dem norddeutschen Jungmoränenland eingegangen (s. u.).

2. Räumliche und zeitliche Verteilung des Abflusses

2.1. Abflußhöhe

Die Abflußhöhe ist ein wichtiger Leitwert für regional verfügbare Wassermengen und bietet damit Basisinformation für Fragen der Wasserversorgung und Wasserwirtschaft. Aus der allgemeinen Wasserhaushaltsgleichung, umgeformt mit der Abflußhöhe als Zielgröße:

$$A = N - V - (R - B),$$

worin A = Abflußhöhe, N = Niederschlag, V = Verdunstung,
R = Rücklage, B = Aufbrauch (alle Größen in mm) sind,

geht hervor, daß die Abflußhöhe wesentlich durch die Niederschlagseingabe und die Verdunstungskonkurrenz gesteuert wird, aber auch durch die Speichereigenschaften des Geosystems, die sich auf den Vorratsänderungsterm (R − B) der Wasserhaushaltsgleichung auswirken. Das bedeutet, daß sich nicht nur die klimatischen Verhältnisse in bezug auf Niederschlag und Temperatur im Abflußverhalten der einzelnen Teilregionen Deutschlands widerspiegeln, sondern auch andere Faktoren der physiogeographischen Ausstattung, wie Relief, Gesteinsuntergrund, Bodenentwicklung, Vegetationsbedeckung und Landnutzung, die drei letztgenannten allerdings insbesondere im lokalen Maßstab. Diese Beeinflussungsstruktur gilt im übrigen nicht nur für die Abflußhöhe, sondern auch für die Abflußspende und -variabilität.

Über die räumliche Verteilung des Niederschlags und der verdunstungssteuernden Klimaelemente wurde bereits im Kapitel A. I. berichtet (HENDL). Die großräumige regionale Verteilung der mittleren jährlichen Abflußhöhen (mm) ist in einer Isolinienkarte in Abbildung 18 dargestellt. Wie die Inputgröße Niederschlag zeigen auch die Abflußhöhen eine enge Anpassung an die Reliefverhältnisse mit einer Variationsspanne von über 2000 mm bis unter 100 mm. Die räumliche Korrelation zwischen Niederschlags- und Abflußhöhe wird durch den Verdunstungsverlust nur teilweise beeinträchtigt, denn dem verdunstungsfördernden höheren Feuchtigkeitsdargebot der Mittel- und Hochgebirge steht die Verdunstungsreduzierung durch die mit der Höhenlage abnehmenden Temperaturen entgegen. Zudem ist die regionale Differenzierung der Verdunstung mit Werten zwischen 450 und 650 mm (LIEBSCHER u. SCHWILLE 1983) zu gering, um im großräumigen Maßstab die starken Niederschlagsvariationen entscheidend auszugleichen. Die Abflußhöhenverteilung läßt die Unterschiede zwischen den Tiefländern und den Gebirgsregionen eher noch deutlicher werden, da das stärkere Relief und der verfestigte Gesteinsuntergrund die Speicherung reduzieren und eine schnelle Abfuhr des Niederschlagswassers fördern.

In den Gebieten mit höherem Abfluß erreicht ein größerer Anteil des Niederschlags die Vorfluter als in den trockeneren Regionen. Das Abflußverhältnis (Abflußhöhe als Prozentsatz der Niederschlagshöhe) schwankt beträchtlich; in den Alpen wird ein Abflußverhältnis von 80% erreicht. In den Hochlagen der Mittelgebirge (Sauerland, Harz, Schwarzwald, Bayerischer Wald) gelangen 70% des Niederschlags in den Abfluß, während in einigen Tieflandsregionen, z. B. im nördlichen Oberrheingraben, in der Niederrheinischen Bucht, in der Hessischen Senke und am mittleren Main, nur 20%, stellenweise nur 10% des mittleren Jahresniederschlags über die Gewässer abgeführt werden (LIEBSCHER u. KELLER 1978). Ähnlich niedrige Abflußverhältnisse weisen auch große Teile der zentralen Tieflandsbereiche von Sachsen, Sachsen-Anhalt und Brandenburg auf. In den Tiefländern und Beckenlandschaften, wo die Niederschläge recht niedrig sind, die Verdunstungsverluste hingegen relativ hoch, liegen Gebiete mit geringen Abflußhöhen, wo es während längerer Trockenperioden zu Engpässen in der Wasserversorgung kommen kann.

Die Steuerung der Abflußhöhe durch das Relief und die Höhenlage wird überlagert durch die Stärke des maritimen Einflusses mit einer generellen Abnahme in östlicher und südlicher Richtung. Das wird insbesondere im wenig reliefgeprägten Norddeutschen Tiefland deutlich, wo die Abflußhöhen von Westen nach Osten abnehmen. Der Einfluß zunehmender Meerferne zeigt sich aber auch in den Mittelgebirgen. So wird im Erzgebirge trotz großer Höhenlage (>1000 m) die Abflußhöhe der weiter westlich gelegenen Mittelgebirge (z. B. Sauerland mit maximaler Höhenlage von 843 m) nicht mehr erreicht. Eine weitere Differenzierung erfolgt durch die Position zu den regenbringenden Winden in einerseits vergleichsweise abflußreiche Luv- und andererseits vergleichsweise abflußarme Leelagen. Beispiele liefern der nördliche Oberrheingraben mit seiner relativ trockenen Westseite (Lee des Pfälzer Waldes) und der feuchteren Ostflanke (Luv des Odenwaldes) und das rechtsrheinische Schiefergebirge mit seiner feuchteren Nordwestseite (Luv) und dem trockeneren Südostteil (Lee) im Übergang zur Hessischen Senke.

Aus der Verteilung der Abflußhöhen, gesteuert durch Niederschlagseingabe, Höhenlage, Exposition, Gesteinsuntergrund, Relief sowie Maritimität oder Kontinentalität, ergibt sich der Versuch einer regionalen Strukturierung.

(1) *Abflußarme Gebiete mit mittleren jährlichen Abflußhöhen < 150 mm:* Hierbei handelt es sich ausnahmslos um Tieflandsgebiete und Beckenräume, bei denen, sich z. T. überlagernd, Leelageneffekte und stärkere Kontinentalität wirksam werden. Dazu gehören Teile der Niederrheinischen Bucht westlich von Bonn, das Neuwieder Becken, der nördliche Oberrheingraben und das Mainzer Becken, das mittlere Maintal südlich von Schweinfurt, der mittlere Neckar im Raum Stuttgart, das Nördlinger Ries, die Talzone von Naab und Regen nördlich von Regensburg, das Regnitzgebiet westlich von Nürnberg, ein kleineres Areal an der Fränkischen Saale nordöstlich von Bad Kissingen, das nördliche Harzvorland, die Gebiete im Regenschatten des Harzes unter Einschluß weiter Flächen des Thüringer Beckens und der Leipziger Tieflandsbucht, ein breiter Saum an der Ostseeküste und das Oderbruch. Das ausgedehnteste abflußarme Gebiet Deutschlands wird im Osten durch eine Linie von Neustrelitz im Norden nach Riesa im Süden begrenzt und im Westen durch eine Linie von Halle über Magdeburg nach Havelberg. Es umfaßt damit auch den größten Teil des Haveleinzugsgebietes. Eingeschlossen in diesen Bereich ist eines der abflußärmsten Gebiete Deutschlands im Einzugsbereich der mittleren Elbe mit weniger als 100 mm mittlerem jährlichem Abfluß. Dazu gehört auch der Raum Halle/Bitterfeld.

(2) *Gebiete mit Abflußhöhen zwischen 150 und 300 mm:* Sie haben die größten Flächenanteile in der Bundesrepublik Deutschland. In ihr Verbreitungsgebiet sind einerseits Gebirge und andererseits trockene Areale inselartig eingefügt. Fast das gesamte Norddeutsche Tiefland mit Ausnahme der oben beschriebenen Trockenzone und von Teilen des nordwestlichen Küstengebietes gehört zu diesem Bereich, darüber hinaus die Münsterländische Bucht, große Areale in der Hessischen Senke und im Thüringer Becken sowie Mainfranken und der nördliche Teil des Alpenvorlandes.

(3) *Übergangsgebiete und montaner Bereich mit Abflußhöhen zwischen 300 und 700 mm:* Oberhalb des Schwellenwertes von 300 mm liegen außerhalb des Mittelgebirgslandes nur geringflächige Areale, so z. B. der zentrale Teil von Schleswig-Holstein und der äußerste Nordwesten Niedersachsens westlich des Jadebusens. Im montanen Bereich umfaßt diese Zone die Gebirgsvorländer, die nur in geringere Höhen aufragenden Mittelgebirge, den östlichen Mittelgebirgsbereich in Thüringen und Sachsen sowie die niedrigeren Teile und die Leeflanken der später zu nennenden höheren westdeutschen Mittelgebirge. Im einzelnen gehören zu diesen Übergangsgebieten der Teutoburger Wald und das Weserbergland, das linksrheinische (Eifel, Hunsrück) und das südliche rechtsrheinische (Westerwald, Taunus) Schiefergebirge, die vulkanischen Erhebungen in Hessen, Odenwald und Spessart, die Höhenlagen des südwestdeutschen Stufenlandes, Frankenwald, Fichtelgebirge und Oberpfälzer Wald, Teile des Vogtlandes, Elstergebirge, Erzgebirge und Elbsandsteingebirge sowie das Lausitzer und Zittauer Gebirge. Oberhalb des Schwellenwerts von 300 mm liegt das Alpenvorland südlich einer Linie, die sich von der Westalb über Augsburg und Passau bis an den Voralpenrand zieht.

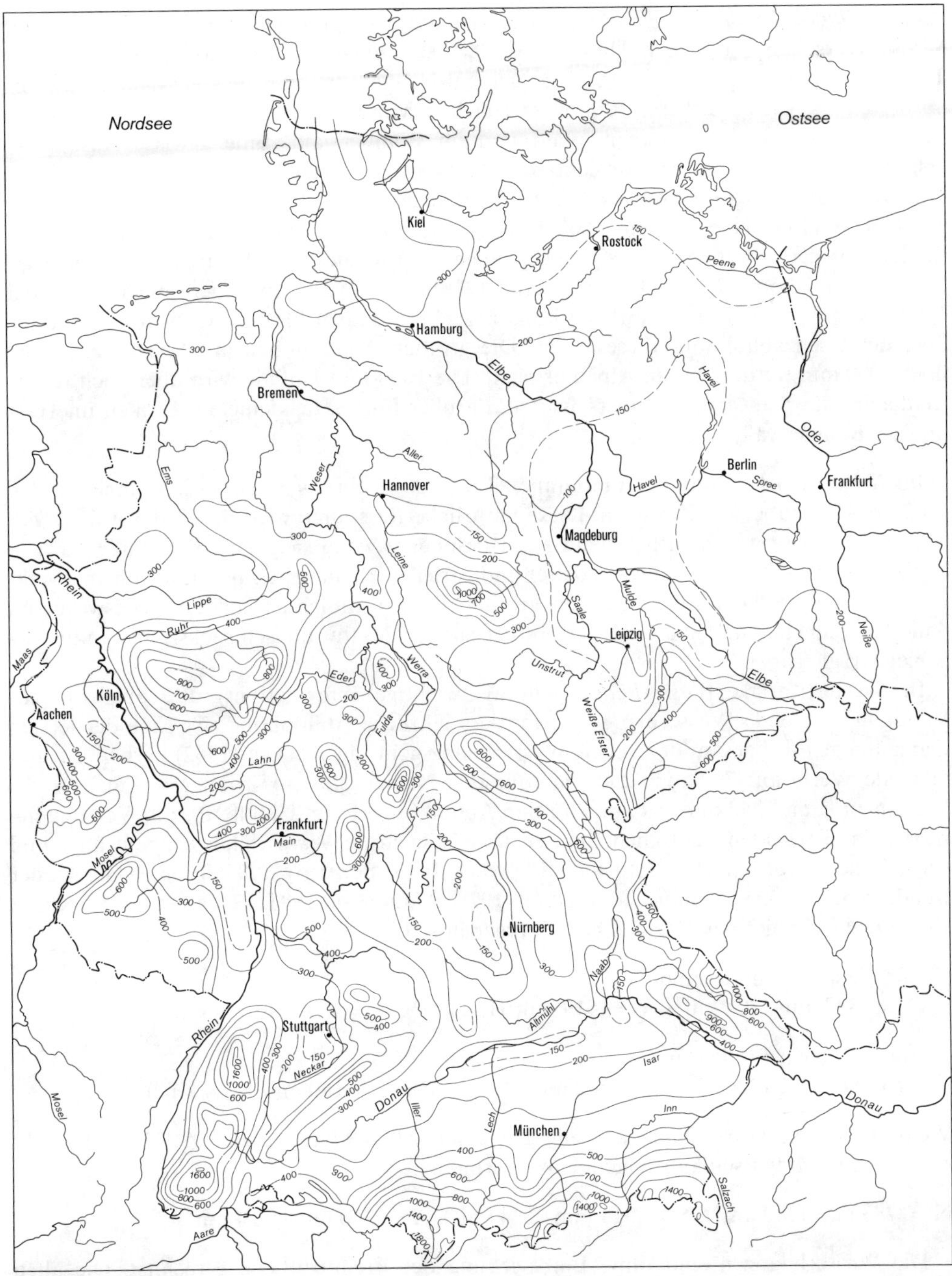

Abbildung 18
Mittlere jährliche Abflußhöhen in Deutschland in mm/m^2 · Jahr

(4) *Abflußreiche und extrem abflußreiche Gebiete mit Abflußhöhen über 700 mm:* Durch Wasserüberschuß mit großen Abflußhöhen (> 700 mm) sind außer den Alpen die höheren Teile der westdeutschen Mittelgebirge gekennzeichnet. Im allgemeinen übersteigen die absoluten Höhenlagen dieser sehr wasserreichen Mittelgebirge 1000 m, so im Schwarzwald, im Harz, im Bayerischen Wald und im Böhmerwald. Eine gewisse Ausnahmeerscheinung stellt in dieser Hinsicht das nordwestliche rechtsrheinische Schiefergebirge (Sauerland) dar, wo, durch die Luvlage bedingt, in dessen Westteil (Ebbegebirge) trotz einer maximalen Höhenlage von nur 660 m mehr als 800 mm Abflußhöhe erreicht werden. Bei Höhenlagen von etwas über 800 m liegt auch im Osten des Sauerlandes (Rothaargebirge) die Abflußhöhe noch über 800 mm. Auch der Thüringer Wald, dort allerdings nahe an der 1000-m-Isohypse, und das westliche hohe Erzgebirge haben kleinere Gebiete mit Werten über der Grenzabflußhöhe dieses Typs. Die größten Abflußhöhen mit Werten z. T. weit über 1000 mm werden in den Alpen erreicht. Die 1000-mm-Isolinie wird aber auch relativ weitflächig im Schwarzwald überschritten, darüber hinaus in kleineren Arealen im Harz und im Böhmerwald.

Im Abflußgebiet 4 und in den montanen Teilen des Gebietes 3 liegen die Räume mit den größten Abflußüberschußanteilen. Diese natürliche Ressource wird durch die Anlage von Talsperren wasserwirtschaftlich genutzt, insbesondere wenn sich die Überschußgebiete in enger Nachbarschaft zu dichtbesiedelten industriellen Ballungsräumen mit hohem Trink- und Brauchwasserbedarf befinden. Die größten Talsperrendichten findet man deswegen im Sauerland, im Harz und in den Mittelgebirgen südlich des thüringisch/sächsischen Industriegebietes (vgl. Tab. 67).

In die territoriale *Wasserbilanz* geht als wichtige Informationsgröße über die zur Verfügung stehende Wassermenge die mittlere jährliche Abflußhöhe ein. Eine der letzten Darstellungen der gesamtdeutschen Wasserbilanz geht auf KELLER (1962) zurück. Er gibt folgende Werte an: 700 mm (250 km^3) für den Niederschlag, 452 mm (161 km^3) für die Verdunstung und 248 mm (89 km^3) für den Abfluß ohne Fremdzufluß. Bis zur Vereinigung waren für die beiden deutschen Staaten jeweils separate Wasserbilanzen berechnet und veröffentlicht worden (LIEBSCHER u. SCHWILLE 1983, SCHMIDT 1985 für das Gebiet der Bundesrepublik Deutschland und DYCK 1978, MARCINEK 1991, BERKNER u. SPENGLER 1991 für das Gebiet der DDR). Danach ergeben sich

- für die alten Bundesländer:
  N = 837 mm (208 km^3), V = 519 mm (129 km^3), A = 318 mm (79 km^3) und
- für die neuen Bundesländer:
  N = 662 mm (72 km^3), V = 502 mm (54,6 km^3), A = 160 mm (17,4 km^3).

Wenn man diese Werte flächenanteilig gewichtet (248 709 km^2 gegen 108 333 km^2), ergibt sich für Gesamtdeutschland folgende Wasserbilanz:

N = 783 mm (280 km^3), V = 514 mm (184 km^3), A = 270 mm (96,4 km^3).

Die Wasserbilanzen sind ohne Einbeziehung der Fremdzuflüsse gerechnet. Die alten Bundesländer erhielten aus den Einzugsgebieten von Rhein, Donau und Elbe einen mittleren jährlichen Import aus den Nachbarländern von 82 km^3 (LIEBSCHER u. SCHWILLE 1983), die ehemalige DDR erhielt über Elbe und Saale (die Oder als Grenzfluß wird nicht berück-

Name	Speicherkapazität [Mio. m^3]	Lage	Flußsystem
1	2	3	4
Bleilochtalsperre	215,0	Fichtelgebirge, Vogtland	Saale
Rurstausee	205,0	Eifel	Rur
Edersee	202,4	Sauerland	Fulda
Hohenwartetalsperre	182,0	Fichtelgebirge, Vogtland	Saale
Biggesee (mit Lister)	171,8	Sauerland	Lenne
Forggensee	165,2	Alpen	Lech
Möhnetalsperre	134,5	Sauerland	Ruhr
Rappbodetalsperre	109,1	Harz	Bode
Schluchsee	108,0	Schwarzwald	Wutach
Sylvensteinstausee	104,0	Alpen	Isar
Dhünntalsperre	81,0	Sauerland	Wupper
Eibenstocktalsperre	74,7	Erzgebirge	Mulde
Sorpetalsperre	70,0	Sauerland	Ruhr
Pöhltalsperre	62,0	Vogtland	Weiße Elster
Okertalsperre	47,4	Harz	Oker
Urfttalsperre	45,5	Eifel	Rur
Granetalsperre	45,0	Harz	Innerste
Bautzener Talsperre	44,6	Lausitzer Bergland	Spree
Spremberger Talsperre	42,7	Lausitzer Höhen	Spree
Wahnbachtalsperre	41,3	Sauerland	Sieg
Hennetalsperre	38,4	Sauerland	Ruhr
Kelbratalsperre	35,6	Goldene Aue	Helme
Versetalsperre	32,8	Sauerland	Lenne
Wiehltalsperre	31,5	Sauerland	Sieg
Odertalsperre	30,6	Harz	Rhume

Tabelle 67
Die größten Talsperren Deutschlands

sichtigt) einen Import von 10 km^3 (MARCINEK 1991), so daß sich die theoretisch verfügbaren Wassermengen auf 161 km^3 (647 mm) bzw. 27,4 km^3 (252 mm) beliefen, was einer durchschnittlichen jährlichen Pro-Kopf-Wassermenge von annähernd 2800 m^3 in den alten Bundesländern und von nicht ganz 1500 m^3 in der ehemaligen DDR entsprach (hier unter Einbeziehung der Wassernutzung von Westberlin).

In einer Neuberechnung des Fremdzuflusses ergibt sich nach Abzug des früher als Import zählenden, im wesentlichen über die Elbe zugeführten Wassers ein Zuflußwert von 57 km^3 für die alten Bundesländer und – bei Hinzurechnung des Importwertes von 10 km^3 aus der Tschechischen Republik – ein Fremdzufluß für Gesamtdeutschland von 67 km^3. Wird diese Menge zum Abflußwert der Wasserbilanz hinzugerechnet, ergibt sich eine theoretisch verfügbare Gesamtwassermenge von 163,4 km^3 und damit eine durchschnittliche jährliche Pro-Kopf-Wassermenge von etwas über 2000 m^3.

Einzugsgebiet (mit Pegelstation)	Reihe [Jahre]	Fläche [km²]	MQ [m³/s]
1	2	3	4
Rhein (Rees)	45	159683	2230
Rhein (Kaub)	45	103729	1590
Rhein (Rheinfelden)	45	34550	1020
Elbe (Darchau)	40	131950	702
Elbe (Tangermünde)	65	97780	564
Elbe (Dresden)	54	53096	325
Oder (Hohensaaten, Finow)	65	109564	543
Donau (Hofkirchen)	85	47496	637
Donau (Ingolstadt)	60	20001	310
Weser (Intschede)	45	37495	323
Weser (Hann. Münden)	45	12442	113
Ems (Versen)	45	8469	78,2
Neckar (Rockenau)	30	12710	132
Main (Kleinheubach)	30	21505	160
Mosel (Cochem)	45	27100	296
Ruhr (Hattingen)	35	4078	66,4
Mulde (Golzern)	75	5442	62,5
Saale (Calbe-Grizehne)	50	23687	115
Saale (Camburg-Stöben)	50	3977	31,1
Unstrut (Laucha)	40	6218	30,5
Havel (Rathenow)	35	19246	95,0
Inn (Eschelbach)	55	13354	369
Werra (Letzter Heller)	45	5487	50,6
Fulda (Guntershausen)	45	6366	57,9

2.2. Abflußmengen und Abflußspenden

Angaben über Abflußmengen und Abflußspenden beziehen sich nicht notwendigerweise auf wasserhaushaltlich homogene Zonen, sondern auf durch ihre Wasserscheiden von Nachbarsystemen abgegrenzte Flußeinzugsgebiete, die Regionen unterschiedlicher Abflußproduktivität einbeziehen können. Die wichtigsten Kenngrößen zum Abflußverhalten der großen deutschen Flüsse und ausgewählter Nebenflüsse sind in Tabelle 68 aufgeführt. Der generelle Trend, daß mit zunehmender Einzugsgebietsgröße auch die mittlere Abflußmenge (Q) steigt, deutet sich auch in dieser Übersicht an, doch wird er durch andere Einflußfaktoren, die sich auch schon in der Variation der regionalen Abflußhöhen niederschlugen, stark überlagert. Zwar ist der Fluß mit dem größten Einzugsgebiet auch der wasserreichste (Rhein), doch zeigen sich bei den fast gleich großen Einzugsgebieten von Donau (Ingolstadt) und Havel (Rathenow) um einen Faktor 3 differierende Abflußmengen.

Für die Bewertung der Wasserproduktivität eines Einzugsgebietes und für den Vergleich des Abflusses aus verschieden großen Einzugsgebieten ist die flächengewichtete Ab-

Tabelle 68
Kennwerte zum Abflußverhalten ausgewählter Flußeinzugsgebiete Deutschlands

HQ [m³/s]	NNQ [m^3/s]	Variabilität [HHQ/NNQ]	Abflußspende [l/s km^2]
	6	7	8
200	590	20,7	13,98
000	482	14,5	15,3
200	267	15,7	29,46
840	128	30,0	5,32
511	103	43,8	5,77
350	22,5	193,3	6,12
480	61	57,0	4,96
470	165	27,1	13,41
030	62	32,7	15,50
500	59	59,3	8,61
540	15,7	98,0	9,10
200	5,2	230,8	9,24
160	18,4	117,4	10,40
800	11,0	163,6	7,44
100	20	205,0	10,92
950	1,6	1189,0	16,28
740	1,4	1242,9	11,48
663	11,5	57,6	4,85
299	5,4	55,4	7,82
363	4,6	78,9	4,91
295	6,0	49,2	4,93
880	82	36,6	27,63
605	5,1	118,6	9,23
968	6,2	156,1	9,09

flußmenge, die Abflußspende (q in l/s km^2), eine wichtige wasserwirtschaftliche Informationsgröße. Im allgemeinen nimmt die Abflußspende mit zunehmender Einzugsgebietsfläche ab, vor allem weil der prozentuale Anteil der in größere Höhenlagen aufragenden und stärker reliefierten Einzugsgebietsteile abnimmt und die Zwischenspeicherung größere Bedeutung gewinnt. Am Beispiel des Rheins ist das recht gut zu verfolgen. In bezug auf die Abflußspende nehmen die alpinen Einzugsgebiete (Rhein bei Rheinfelden, Inn) eine Sonderstellung mit Werten >20 l/s km^2 ein.

In kleineren alpinen Einzugsgebieten kann die mittlere Abflußspende einen Wert von 50 l/s km^2 übersteigen (Felix u. a. 1988). Die Abflußspenden in den Mittelgebirgen und deren Fußregionen liegen über oder nur wenig unter 10 l/s km^2. Die Tieflandsflüsse haben die geringsten Abflußspenden, wobei die Ems, die den feuchteren Westen entwässert, eine gewisse Ausnahmestellung einnimmt. Beispielhaft für den Gegensatz zwischen Mittelgebirgsregion und Tiefland ist das Einzugsgebiet der Saale; in ihrem Unterlauf (Calbe-Grizehne), wo sich der Einfluß der wasserarmen Gebiete in Thüringen und Sachsen-Anhalt (vgl. auch Unstrut) auswirkt, hat die Saale eine sehr geringe Abflußspende (<5 l/s km^2), während im Oberlauf im Einzugsgebiet zur Bleilochtalsperre der Wert von 10 l/s km^2 überschritten wird.

2.3. Niedrigwasserabflüsse, Hochwasserabflüsse und Abflußvariabilität

Das regionale Verteilungsmuster von Abflußhöhen, -mengen und -spenden bietet nur eine sehr grobgerasterte Basisinformation bezüglich der tatsächlichen Verfügbarkeit des Wassers für den öffentlichen, industriellen und privaten Wasserverbrauch, denn das Abflußgeschehen ist nicht nur räumlich, sondern auch zeitlich ausgesprochen variabel. Im Verlauf von Ereignissen hoher Größenordnung und geringer Häufigkeit durchströmen große Wassermengen die Vorfluter, ohne daß sie für die wasserwirtschaftliche Nutzung herangezogen werden könnten. Wasser intensiv nutzende Großanlagen benötigen jedoch Informationen darüber, ob die Versorgung mit der von ihnen benötigten Wassermenge ohne längere Ausfallgefährdung gewährleistet ist. Dazu muß bekannt sein, wie groß die Wahrscheinlichkeit ist, daß ein bestimmter Mindestabfluß in einem Vorfluter unterschritten wird. Derartige Informationen können den Abflußdauerlinien oder den sogenannten Dauerzahlen entnommen werden, die in den Deutschen Gewässerkundlichen Jahrbüchern zusammen mit den Abflußmengenwerten veröffentlicht werden. Dasselbe Prinzip läßt sich auch auf die Häufigkeit des Auftretens von Hochwassern bestimmter Größenordnung anwenden.

Die jahreszeitliche Verteilung des Auftretens von Niedrig- bzw. Hochwasserabflüssen ist aus der Analyse von Unterschreitungswahrscheinlichkeiten täglicher Abflüsse in einzelnen Monaten abzuleiten. Dazu wird aus den tatsächlichen täglichen Abflüssen einer Meßperiode die Abflußmenge berechnet, die in 1%, 5% bis 99% aller Fälle unterschritten wird (Liebscher u. Keller 1978, S. 129). Als Beispiele sind die zugehörigen Kurven für die Pegelstationen Neu Darchau (Elbe), Cochem (Mosel) und Hofkirchen (Donau) dargestellt (Abb. 19). An der Elbe ist eine geringere Auftretenswahrscheinlichkeit von Niedrigwasser in den Monaten März bis Juni gegeben, an der Donau von April bis Juni, während an der Mosel, aber auch am gesamten Mittel- und Niederrhein, die Niedrigwasserwahrscheinlichkeiten recht gleichförmig über das ganze Jahr verteilt sind.

In den mitteleuropäischen Flüssen können Hochwasser zu allen Jahreszeiten auftreten, wobei es wetterlagenbedingt allerdings zu Häufungen in bestimmten Zeiträumen kommen kann. An den Alpenflüssen treten Hochwasser, bedingt durch über das Mittelmeer nach Norden ziehende Tiefdruckgebiete, vor allen Dingen im Frühling und Frühsommer auf, in den Mittelgebirgen insbesondere in den Winter- und Frühjahrsmonaten in Zusammenhang mit der Schneeschmelze und dem Auftreten von West- und Südwestlagen. Die Hochwasserwahrscheinlichkeiten der Donau spiegeln beide Einflüsse wider, die Mosel den Mittelgebirgstyp. An der Elbe reichen in einem breiten Gipfel die großen Hochwasserwahrscheinlichkeiten bis in den Juli. Hier spielen die im kontinentaleren Bereich bis in die Monate März bis Mai länger persistierenden Schneedecken und das verstärkte Auftreten von sommerlichen Starkregen eine wichtige Rolle.

Die Differenz zwischen den extremen Kurven in Abbildung 19 ist ein Indikator für die Spannweiten der Abflüsse in den einzelnen Monaten. Eine relativ einfache Möglichkeit, die Abflußvariabilität eines Gewässers zu charakterisieren, besteht darin, den Quotienten aus dem höchsten und niedrigsten jemals beobachteten Abfluß (HHQ/NNQ) zu berechnen. Dieser Variabilitätskoeffizient ist für die Beispielgewässer in Tabelle 68 aufgelistet.

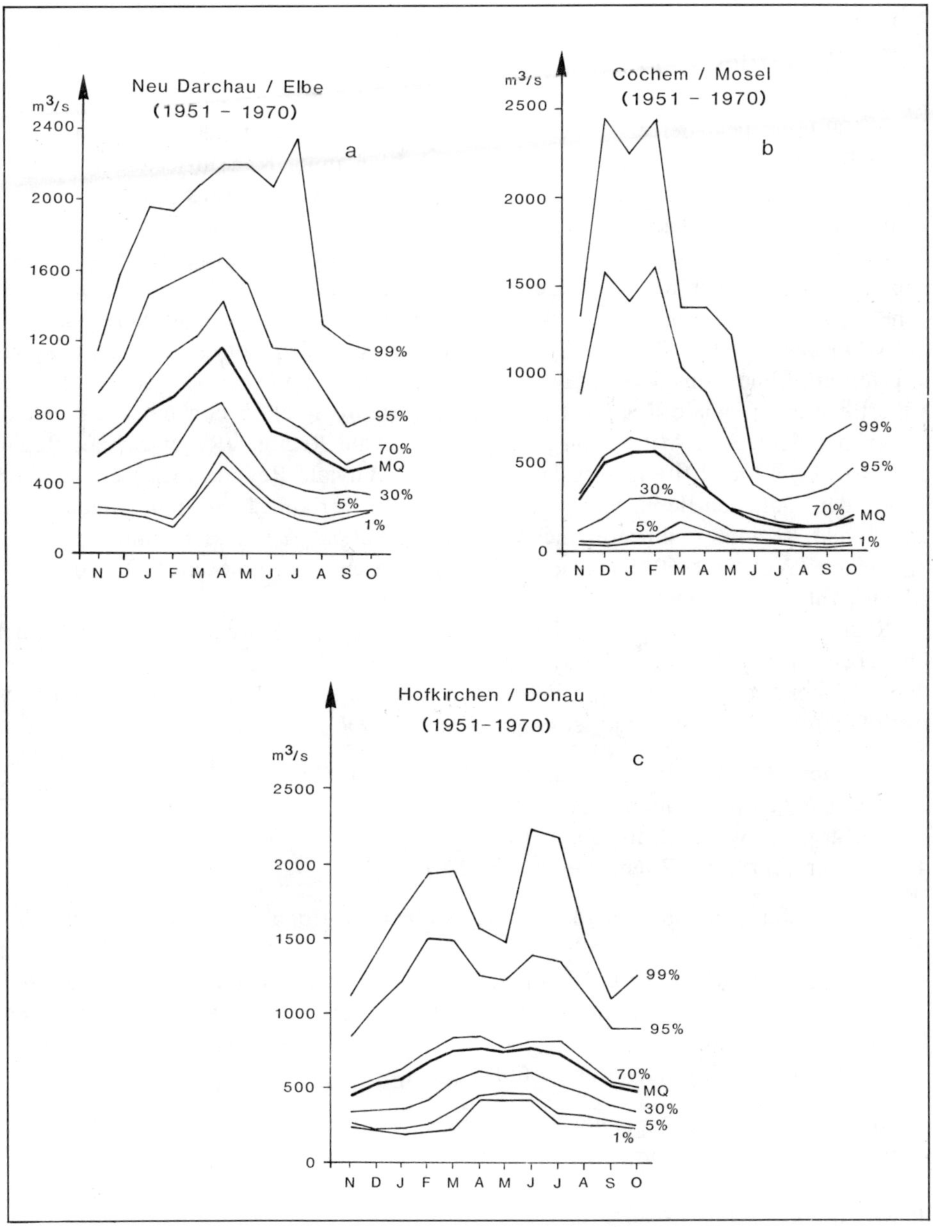

Abbildung 19
Mittlerer Abfluß (MQ) und Unterschreitungswahrscheinlichkeiten (in %) täglicher Abflußmengenwerte (m^3/s) während des Abflußjahres für die Pegel Neu-Darchau/Elbe (a), Cochem/Mosel (b) und Hofkirchen/Donau (c); verändert nach LIEBSCHER u. KELLER (1978)
Die Kurven mit den Prozentangaben zeigen an, wie hoch die Wahrscheinlichkeit ist, daß ein bestimmter täglicher Abflußmengenwert innerhalb eines Monats unterschritten wird. Für den Pegel Neu-Darchau bedeutet das z. B., daß tägliche Abflußwerte von 1600 m^3/s im Monat April mit 95% Wahrscheinlichkeit unterschritten werden bzw. eine Überschreitungswahrscheinlichkeit von 5% besteht.

2.4. Jahresgang des Abflusses und Abflußregime

Über 100 Jahre liegt der erste Versuch zurück, Flußregime zu erfassen (Woeikoff 1885). Als Weiterentwicklung dieses Versuchs darf das bekannte Klassifizierungssystem aus den 20er Jahren von Pardé angesehen werden. Wie Woeikoff berücksichtigte Pardé 1. den Gang (die Verteilung) des Abflusses über das Jahr, 2. die Speisung der Flüsse bei Hochwasser, 3. die Verdunstung und 4. die geographische Lage. In den Jahresgang des Abflusses sind Anzahl und Lage der Maxima und Minima eingeschlossen, während Pardé als wesentliche Neuerung den Schwankungskoeffizienten, der ein einfacher Quotient ist, hinzufügte (= MQ jedes Monats : MQ Jahr). Danach ergeben sich für Deutschland nordwestlich einer ungefähren Linie vom Nordschwarzwald zum Harz und zur Ostsee bei Lübeck das außertropische pluviale Regime (ozeanisches Regenregime), in den mittleren und tieferen Lagen der deutschen Mittelgebirge das pluvionivale Regime (Regen-Schnee-Regime), in den Hochlagen des Mittelgebirgslandes das nivopluviale Regime (Schnee-Regen-Regime) und in den südlichen Bereichen des deutschen Alpenvorlandes und in den deutschen Alpen das nivale Regime (Schneeregime). Als Sonderfall ist das Karst- und Speicherregime anzusehen (Wundt 1960, Keller 1968). Beispiele eines komplexen Abflußregimes zeigen Rhein (Abb. 20) und Donau.

„Regime und Abflußtypen sind nah verwandte Begriffe: ‚Regime' betrachtet mehr die Ursachen, ‚Abflußtyp' mehr die Wirkungen" (Wundt 1953, S. 242).

Nach dem Jahrhundertbeginn ließen sich für Deutschland vier Flußgruppen nach dem Abflußfaktor (F = A/N %) aussondern (Keller 1906):

1. Ostgruppe (Memel, Pregel, Weichsel: 28%),
2. Übergangsgruppe (Oder, Elbe: 26%),
3. Westgruppe (Weser, Ems: 35,2%) und
4. Alpenstromgruppe (Rhein, Donau: 52,2%).

Als Grundlage dienten große Flüsse, kleinere wurden zur Unterstützung herangezogen.

1960 konnten sieben Abflußgruppen ausgeschieden werden (Wundt 1960), und zwar nach dem Verhalten der Hauptzahlen HHQ, MHQ, MQ, MNQ und NNQ (höchstes Hochwasser, mittleres Hochwasser, Mittelwasser, mittleres Niedrigwasser und niedrigstes Niedrigwasser), mithin nach den Abflußspenden:

1. alpiner Bereich und Alpenvorland,
2. regenreiches Mittelgebirge,
3. ebene Gebiete,
4. Mischtypen außeralpiner Flüsse,
5. Rheintyp,
6. Einwirkung von Seen und
7. Einfluß des durch- und undurchlässigen Gesteins.

Eine Lösung aus dem Jahresgang von Niederschlag, Verdunstung, Abfluß und Relief mit völliger Abkehr von den großen Flüssen sowie Basierung auf kleinen Einzugsgebieten (ähnlich einer meteorologischen Meßstelle) erlaubte eine räumliche Bindung des Jahres-

Abbildung 20
Übersicht über die mittleren monatlichen Abflüsse des Rheins 1931 – 1987 (Lustenau 1981 bis 1985, Rheinfelden 1931 – 1986)

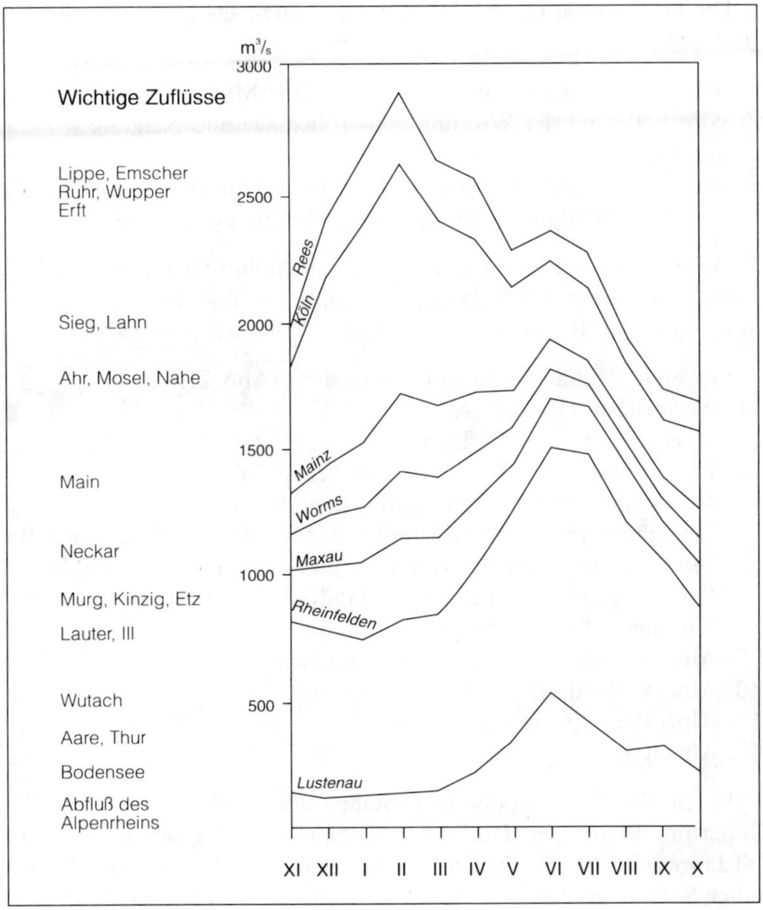

ganges einschließlich weiterer Aussagen zum Abflußverhalten mitteleuropäischer Flüsse (Marcinek 1967).

In ähnlicher Form fand auch Grimm (1968) die Abflußregime für Europa, wobei er als SK (= Schwankungskoeffizient) den mittleren Abfluß des abflußreichsten Doppelmonats zum durchschnittlichen Jahresabfluß in Beziehung setzte (= MQ abflußreichster Doppelmonat : MQ Jahr). Im Gegensatz dazu wurde 1979 und 1985 wieder auf Pardé zurückgegriffen (z. B. Keller u. Liebscher 1979, Schmidt 1985). Das vielgestaltige Relief der Bundesrepublik Deutschland und die Einflußnahme benachbarter Räume auf das Übergangsgebiet zwischen ozeanischem und kontinentalem Klima bei perennierendem zyklonalem Witterungsablauf bewirken einerseits beträchtliche Unterschiede in der Witterung von Jahr zu Jahr, verwischen aber dadurch andererseits auch eine völlig eindeutige regionale Differenzierung des Abflußganges (s. Kap. A. I.). Da die klimatischen Verhältnisse jedoch im wesentlichen Maße das Abflußverhalten der Flüsse, ihr Regime oder ihren Abflußtyp bestimmen, spiegelt sich der allgemeine Klimacharakter in seiner räumlichen Differenzierung besonders im mittleren langjährigen Abflußgang wider.

Die Transformation vom Niederschlag in den Abfluß wird vor allem von solchen Faktoren bestimmt, wie:

1. der Verdunstung mit ihrem sommerlichen Maximum,
2. vom Relief mit der Wirkung von Höhenlage und Neigung sowie reliefbedingter Folgen auf den Abfluß,
3. vom Untergrund mit bedeutenderer oder geringerer Durchlässigkeit und
4. vom Seenreichtum wegen der Vergrößerung der Oberfläche.

Der Bogen der Einflußfaktoren auf den Abfluß reicht, um nur Gruppen zu nennen, von untergrund- über relief-, boden-, vegetationsseitige bis zu atmosphärischen und endlich anthropogenen Regimefaktorengruppen (KLOSTERMANN 1970).

Folgende Regime lassen sich ausgliedern (Abb. 21):

1. ozeanischer Tieflandstyp,
2. Übergangstyp des Tieflandes,
3. Übergangstyp des Tieflandes mit Retention,
4. ozeanischer Typ des Mittelgebirgslandes,
5. Übergangstyp des Mittelgebirgslandes niedrigerer Lagen und Becken,
6. Mischtyp des Mittelgebirgslandes höherer Lagen,
7. Übergangstyp des Mittelgebirgslandes höherer Lagen,
8. Kontinentaltyp des Mittelgebirgslandes,
9. Alpenvorlandstyp im westlichen Bereich,
10. Alpenvorlandstyp im östlichen Bereich,
11. Alpenrandtyp sowie
12. Alpentyp.

In der Verlängerung der Jahresreihen über 1960 hinaus bis 1987 zeigt sich eine Klimaänderung. Statt einer deutlicheren Ausprägung der Jahresgänge führten die letzten rund 30 Jahre mit ihren fließenden Übergängen vom Herbst zum Winter und zum Frühling zu einer Schwächung in den Auswirkungen der winterlichen Jahreszeit im Abflußverhalten. Teilweise modifizierte sich auch das sommerliche Verhalten im Abfluß.

1. *Ozeanischer Tieflandstyp* (ungefähr Nordwestdeutschland einschließlich Schleswig-Holstein).

- Hauptmaximum: Dezember, Januar oder Februar,
- Nebenmaximum: oft im Juli,
- Hauptminimum: Juni oder September.

Während das Hauptminimum im westlichen Teil meist in den Juni fällt, liegt es an der Weser und ihren östlichen Nebenflüssen vorzugsweise im September.

2. *Übergangstyp des Tieflandes* (nahezu das gesamte nordostdeutsche Tiefland):

- Hauptmaximum: Februar oder März,
- Hauptminimum: August oder September.

Wegen zu kurzer Reihen läßt sich dieses Regime noch nicht eindeutig belegen. Im Raum Schwerin liegt an der Sude bei Garlitz (1955 bis 1970) das Hauptminimum im September, das Nebenminimum im Juli, an der Schaale bei Klein Bengerstorf (1956 bis 1970) ist es

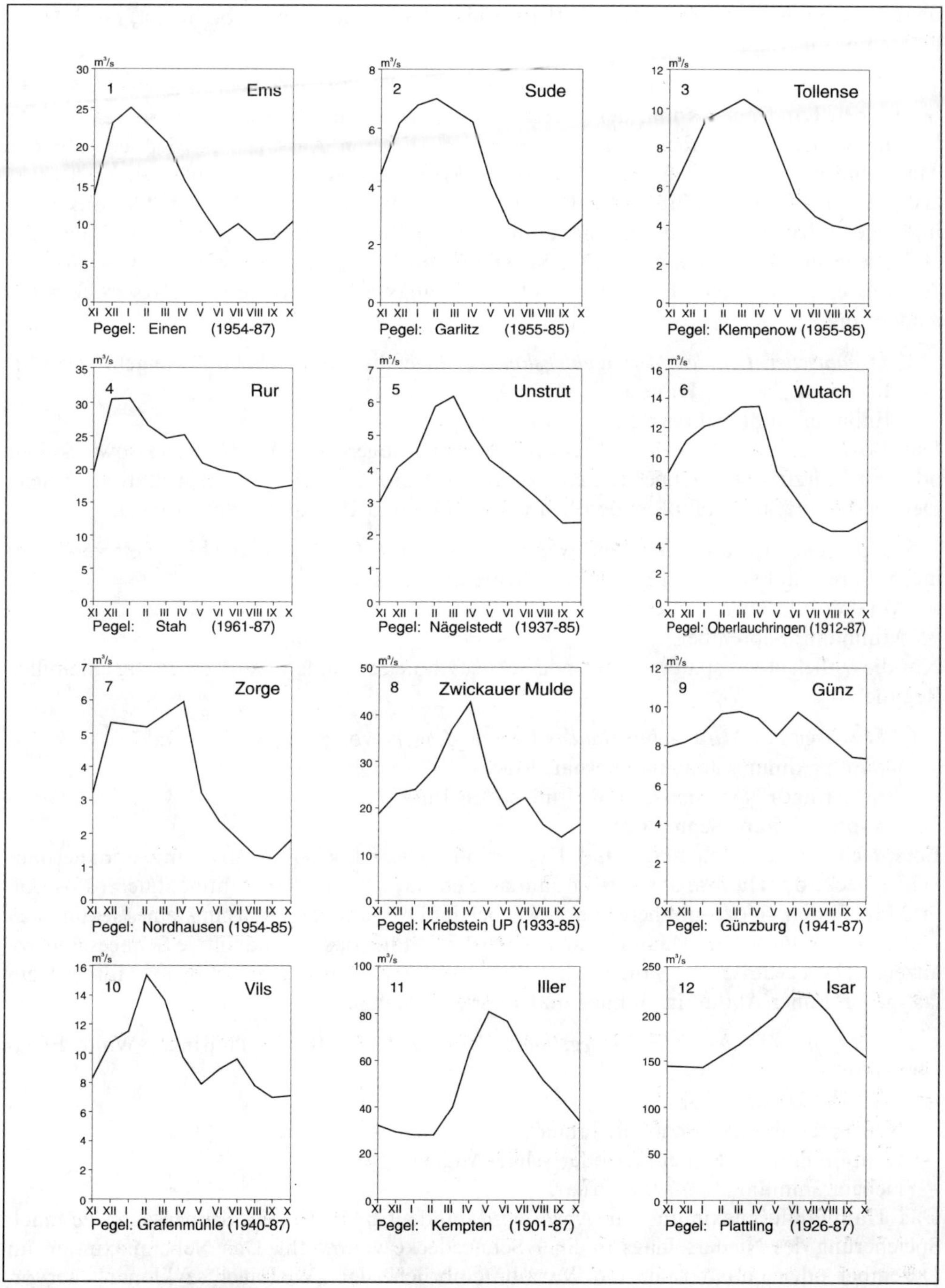

Abbildung 21
Übersicht über die mittleren monatlichen Abflüsse

umgekehrt. Das Hauptmaximum tritt in beiden Fällen noch im Februar auf, ein Nebenmaximum im August.

3. *Übergangstyp des Tieflandes mit Retention* (etwa in der Seenzone des Mecklenburgischen Landrückens und der nördlich davon gelegenen Beckenzone): Die relativ sehr kurzen Reihen lassen auch hier noch keine endgültigen Aussagen zu. Jedoch tritt das Maximum meist erst einen Monat später im März oder April auf, wobei der April einen fast gleich hohen Durchfluß hat (z. B. Tollense bei Klempenow, Uecker bei Pasewalk). Hin und wieder zeigt sich ein Nebenmaximum im Februar, wobei auch der Februar der abflußreichste Monat sein kann. Das Minimum kann im August, September oder auch im Juli auftreten. Wie beim Typ 2 erscheint das Julimaximum des Niederschlags in keinerlei Andeutung.

4. *Ozeanischer Typ des Mittelgebirgslandes* (ungefähr das westliche Mittelgebirgsland):
– Maximum: Januar, Februar,
– Minimum: Juni, September.

Das Vorherrschen des Winterniederschlags bei herabgesetzter Verdunstung sowie keiner oder nur kurzfristiger Schneedeckenbildung zieht einen beträchtlichen Abfluß nach sich. Der mengenmäßige Abfluß ist deutlich nach Höhe und Exposition differenziert.

5. *Übergangstyp des Mittelgebirgslandes niedrigerer Lagen und Becken* (weit verbreitet im mittleren und südlichen niedrigeren Mittelgebirgsland):
– Maximum: Februar oder März,
– Minimum: September.

Nur die östlich etwas später einsetzende Schneeschmelze wandelt dieses eindeutig eingipflige Regime ab.

6. *Mischtyp des Mittelgebirgslandes höherer Lagen* (vor allem Schwarzwald):
– Hauptmaximum: Januar, Februar, März,
– sehr geringes Nebenmaximum: Juni, selten Juli,
– Hauptminimum: September.

Entsprechend der Höhenlage und Exposition läßt sich nach relativ kurz andauernder Schneedecke das Hauptmaximum im Januar, Februar und in schon kontinentalerer Position im März finden. In ozeanischerer Lage, wie bei der Dreisam, zeigt sich ein kleines sekundäres Hauptmaximum außer im Januar noch einmal im März, das die endgültige Schneeschmelze anzeigt. Die ozeanischere Situation ist auch bei der Kinzig gegeben. Für sie läßt sich ein fast gleich hoher Abfluß im Januar und Februar erkennen.

7. *Übergangstyp des Mittelgebirgslandes höherer Lagen* (Harz, Thüringer Wald, Frankenwald):
– Hauptmaximum: April,
– Nebenmaximum: Dezember, Januar,
– Hauptminimum: September oder selten August,
– Nebenminimum: Januar, Februar.

Das Hauptabflußmaximum im April wird eindeutig durch die Schneeschmelze nach Speicherung des Niederschlags in einer Schneedecke verursacht. Das Nebenmaximum im Dezember oder Januar rufen die Warmlufteinbrüche der „Weihnachtszyklonen" hervor. Das Hauptminimum läßt die sommerliche Verdunstung sichtbar werden. Das Nebenminimum ist der Auswirkung niedriger Januar- oder Februartemperaturen geschuldet.

8. *Kontinentaltyp des Mittelgebirgslandes* (östliche Mittelgebirge, wie Erzgebirge, Lausitzer Bergland, Böhmerwald):
– Hauptmaximum: April in höheren, März in mittleren Lagen,
– Nebenmaximum: Juli,
– Hauptminimum: September,
– Nebenminimum: Juni.

Das Hauptabflußmaximum im April oder März wird durch eine längere Speicherung des Niederschlags in der Schneedecke hervorgerufen, während das Nebenmaximum im Juli auf das sommerliche Niederschlagsmaximum, verknüpft mit rascherem Abfluß, begünstigt durch Untergrund und Relief, bei geringerer Verdunstung in höheren Lagen zurückgeführt werden kann.

9. *Alpenvorlandstyp im westlichen Bereich:*
– Hauptmaximum: Juli,
– 1. Nebenmaximum: März,
– 2. Nebenmaximum: November,
– Hauptminimum: September.

Das Hauptmaximum wird durch die offene Lage gegenüber sommerlichen Nordwestströmungen verursacht, das Märzmaximum läßt sich vornehmlich auf die Schneeschmelze zurückführen, und das des Novembers ist das typische für den westalpinen Bereich und zeigt die Verlagerung der Polarfront in das Mittelmeergebiet. Im Hauptminimum zeigen sich die insgesamt für weite Bereiche Deutschlands gültigen Ursachen. In der bis 1987 verlängerten Reihe tritt das 2. Nebenmaximum im November nicht mehr in Erscheinung.

10. *Alpenvorlandstyp im östlichen Bereich:*
– Hauptmaximum: März,
– Nebenmaximum: Juli,
– Hauptminimum: Mai,
– Nebenminimum: September.

Als Auswirkung kontinentalerer Verhältnisse, bedingt vorwiegend durch die Schneeschmelze, liegt das Hauptmaximum gegenüber dem westlichen Bereich bereits im März. Überraschend ist die Lage des Hauptminimums im Mai.

11. *Alpenrandtyp:*
– Maximum: Mai,
– Minimum: Dezember.

Bei diesem Regime spielt die Schneeschmelze die überragende Rolle, die infolge größerer Höhe bereits in den Mai verschoben ist. Der fast gleich hohe Abfluß im Juni zeigt den Fortgang der Schneeschmelze an, die mit dem relativ hohen Juliabfluß in die sommerliche Überregnung überleitet. Im Hauptminimum des Dezembers zeigt sich die Winterkälte mit der Speicherwirkung des Niederschlags.

12. *Alpentyp:*
– Maximum: Juli,
– Minimum: Dezember und Januar.

Entsprechend der höheren Lage tritt die Schneeschmelze noch später ein. Sie wird zusätzlich verstärkt durch den Juliniederschlag, der am Nordrand der Alpen in hoher Position besonders reichlich bei der sommerlich relativ großen Häufigkeit der Nordwestlagen ausfällt. Das Minimum erklärt sich durch die Winterkälte, so daß die Ausdehnung auf den Januar infolge der höheren Lagen kaum verwundert.

3.
Grundwasser

Grundwasserarmut bzw. -reichtum hängen bei genügenden Niederschlägen in Deutschland eindeutig von der Gesteinsbeschaffenheit, den Lagerungsverhältnissen und der Höhenlage über der Vorflut ab. Sämtliche variszischen Hochschollen der Mittelgebirgszone tragen über ihrem Festgestein nur eine relativ dünne Verwitterungsdecke. In ihr kann nur geringfügig Grundwasser entstehen. Ergiebigeres Grundwasser findet sich vor allem in tektonischen Störungszonen, weiterhin in Kalken und in Quarziten (z. B. Taunusquarzit).

Insgesamt sind die variszischen Hochschollen grundwasserarm (Hoher Schwarzwald, Kristalliner Odenwald, Vorspessart, Fichtelgebirge, Oberpfälzer und Bayerischer Wald, Rheinisches und Saalisches Schiefergebirge, Thüringer Wald, Erzgebirge, Lausitzer Bergland und Harz). Im Gegensatz zur Grundwasserarmut steht ihr Niederschlagsreichtum, der bei günstigen geologischen Voraussetzungen für Talsperrenbauten aufgefangen werden kann.

Eine Sonderstellung nehmen die im Permsystem Deutschlands reichlich vorkommenden Salz- und Gipslager ein. Bei Wasserentnahme besteht die Gefahr von Salzwasserzufluß. Versalzene Grundwässer treten nicht allein in Gebieten mit oberflächennahen Salzlagern permischer oder mesozoischer Entstehung auf, sondern sind auch in Norddeutschland durch das Vorkommen zahlreicher Salzstöcke weit verbreitet. Ansonsten können bestimmte Gesteine des Perms in kleinerem Rahmen durchaus brauchbare Grundwasserleiter abgeben.

Bedeutsame Grundwasserleiter schließen die über weite Räume Deutschlands verbreiteten, meist ähnlich oder gleichartig ausgebildeten Schichtglieder der Trias in sich ein. Westlich des Rheins dehnt sich die Trias von den Vogesen bis zum Rheinischen Schiefergebirge aus und greift in der Trierer Bucht sowie im Mechernicher Triasdreieck in den Gebirgskörper des Rheinischen Schiefergebirges hinein. Östlich des Rheins erstrecken sich die triassischen Ablagerungen vom Hohen Schwarzwald und der Schwäbisch-Fränkischen Alb bis in das saxonisch gefaltete Vorland der Mittelgebirge sowie etwa vom Oberrheingraben, dem Ostrand des Rheinischen Schiefergebirges und der Umrahmung der Münsterländer Bucht im Westen bis zur Leipziger Tieflandsbucht im Osten.

Geschätzter Grundwasserleiter in der unteren Abteilung ist der Mittlere oder Hauptbuntsandstein, beinahe überall als reiner Sandstein ausgebildet. So beruht z. B. die Wasserversorgung des Saarreviers in beträchtlichem Maße auf Grundwasser aus dem Buntsandstein.

Faziell weit durchhaltend entwickelt sind die Ablagerungen des Muschelkalkes. Kalke, Dolomite, Mergel, Anhydrite und relativ wenig Sandstein setzen ihn hauptsächlich zusammen. Aufgrund der Gesteinsbeschaffenheit leiten seine Gesteine das Wasser gut, neigen aber wie alle Kalke, auch kalkreiche Schotter, zur Verkarstung. Deshalb ist sein Wasser infolge Verkarstung, starker Zerrüttung und Zerklüftung oft nicht keimfrei, dazu gewöhnlich hart bis sehr hart. Nur dort, wo nicht über anderes Wasser verfügt werden kann bzw. der

Kalkgehalt nicht störend wirkt, wird auf Grundwasser aus dem Muschelkalk zurückgegriffen. Muschelkalkgrundwasser hat für Würzburg erhebliche Bedeutung. Auch von der Industrie Stuttgarts wird artesisches Grundwasser aus dem Muschelkalk in erheblichem Maße entnommen. Insgesamt stützt sich die Wasserversorgung des Ballungsgebietes Stuttgart auf Zuleitungen aus dem Bodensee und aus dem Donaugebiet stromab von Ulm.

Im Gegensatz zum Buntsandstein und Muschelkalk wechselt die Fazies im Keuper recht häufig. Gips in ihm oder in Gesteinen anderer Perioden verbietet die Grundwassernutzung wegen meist zu großer Härte. Daher speicherte man z. B. im fränkischen Gipskeupergebiet Regenwasser in Zisternen. Keupersandsteine jedoch liefern (wie z. B. der Schilf-, der Stuben- oder Burgsandstein Frankens und Schwabens) nutzbares Grundwasser.

Die Gesteine der Juraperiode treten weitflächig in der Schwäbisch-Fränkischen Alb und im Albvorland zutage. Eine Reihe nicht allzu ergiebiger Grundwasserleiter (meist Sandsteine in den beiden unteren Juraabteilungen Lias und Dogger) kennzeichnen den raschen Fazieswechsel. Dagegen überwiegen mächtige Kalke und Dolomite im Aufbau des Malms. Infolge Verkarstung und Höhenlage zu den Vorflutern sind beide von Malmgesteinen eingenommenen Albhochflächen wasserarm, weil das Regenwasser wie auch in anderen Karstgebieten rasch in größere Tiefe versinkt. Im scharfen Gegensatz dazu stehen die wasserreichen, tief eingesenkten Täler, die je nach geologischem Bau aus Schicht- oder Überfallquellen ihre Wasserzufuhr erhalten. Wie überall im Karst ist das in kräftigen Quellen zutage tretende Wasser infolge ungenügender Filterung nicht immer keimfrei. Technisch ist heute die Wasserversorgung der wasserarmen Hochflächen dank der Fernwasserversorgung nicht mehr problematisch. Früher wurde Regenwasser von den Hausdächern in Zisternen (Hülen) gesammelt.

Juragesteine in Norddeutschland, vor allem aus dem Lias, aber auch aus dem Dogger, finden sich wie die Gesteine aus anderen mesozoischen Perioden im Gebiet der saxonischen Faltung. Mannigfaltigkeit des tektonischen Baus zusammen mit raschem Gesteinswechsel charakterisiert den Bereich der saxonischen Gebirgsbildung. Dementsprechend bieten die Grundwasserleiter der in diese Gebirgsbildung einbezogenen mesozoischen Schichten hinsichtlich ihrer Verbreitung ein ebenso schwer überschaubares Bild.

Während Gesteine aus der unteren Kreideformation in saxonisch gebauten Bereichen zutage streichen, greifen die der oberen Kreide weiter aus. Verbreitungsgebiete der Oberkreide liegen auf Rügen, im Elbsandsteingebirge, in der östlichen Frankenalb bis südlich von Regensburg und vor allem in der Münsterländer Tieflandsbucht. In der Unterkreide verfügen Sandsteine über gute wasserleitende Eigenschaften. Bedeutung für eine umfangreiche Grundwassergewinnung haben unter den Ablagerungen der Oberkreide jedoch die Kalksteine am Rande der Münsterländer Tieflandsbucht und besonders – für den deutschen Bereich sehr wesentlich – die Halterner Sande aus der obersten Kreide. Sie stehen im Westen der Münsterländer Tieflandsbucht nördlich von Recklinghausen an. Im westlichen Bereich der Halterner Sande fließen artesische Wässer aus, die z. B. auch in der Querfurter sowie Hettstedter Mulde und an verschiedenen Stellen Norddeutschlands (z. B. Letzlinger Heide, Schleswig-Holstein zwischen Glückstadt und Husum) bei geeignetem geologischem Bau im Verein mit Grundwasserleitern anzutreffen sind.

Kein bedeutendes Grundwasservorkommen in mesozoischen Gesteinen, mit Ausnahme der Halterner Sande aus der Oberkreide, kann sich mit den größten Grundwasserspeichern in neozoischen Ablagerungen messen. Hier wieder gebührt den riesigen Grundwassermengen in pleistozänen Grundwasserleitern der Vorrang.

Ausgedehntere grundwasserleitfähige Ablagerungen des Tertiärs finden sich im Tertiärhügelland des bayerischen Alpenvorlandes, weitere unter der Pleistozändecke Norddeutschlands.

Während kaltzeitliche Ablagerungen, wie der periglaziäre Löß und die glazigenen Moränendecken, für die Grundwassergewinnung bedeutungslos sind, dürfen glazifluviale Sande, Kiese und Schotter sowie die Schotterzüge längs der Flußläufe ohne Zweifel als wichtigste Grundwasserleiter in Deutschland gelten. Die Niederterrassenschotter, die aus der jüngsten Kaltzeit (Würm- oder Weichseleiszeit) stammen, sind naturgemäß am vollständigsten erhalten und in ihrer Lage zu den Vorflutern die ergiebigsten Grundwasserleiter, wohingegen die bereits stärker zerstörten, höher liegenden Flußschotterterrassen älterer Kaltzeiten nicht überall reichlich Grundwasser zu enthalten brauchen.

Das grundwasserreichste Gebiet Deutschlands stellt die Münchener Schotterebene dar. Zu der im Vorland der alpinen Vergletscherung weit ausgebreiteten groben Schotterserie gesellen sich ergiebige Niederschläge, die den Grundwasserschatz ständig ergänzen. Für die Wasserversorgung Münchens spielt die Quellwasserentnahme rund 40 km südöstlich und die von Grundwasser etwa 70 km südlich der Stadt eine wichtige Rolle.

An zweiter Stelle stehen die Grundwasservorkommen der Kölner Tieflandsbucht, die in Deutschland am stärksten beansprucht werden.

Weitere, überaus wertvolle und reiche Grundwassergebiete liegen vor allem in dem 20 bis 50 m mächtigen Niederterrassenschotter im Oberrheingraben und in der breit entwickelten Emsterrasse sowie in der Senne vor.

Günstige Grundwasserverhältnisse weisen auch die Schotterzüge einer Anzahl anderer Flüsse nach Austritt aus dem engeren Gebirgsbereich auf, wie es beispielsweise am relativ engmaschigen Geflecht der Schotterablagerungen in der weiteren Umgebung von Leipzig sowie an Mulde und Elbe (Elbaue-Wasserwerke nordwestlich von Torgau) zu bemerken ist. Allerdings sind in allen deutschen Braunkohlenrevieren die Grundwasserverhältnisse durch den Bergbau stark in Mitleidenschaft gezogen.

Werden die Tieflandsbuchten ausgeschlossen und der eigentliche Tieflandsbereich betrachtet, so liegen nicht mehr so günstige Verhältnisse vor. Es bieten sich hier zunächst die Talniederungen als Grundwasserleiter an. Auch in den etwa ostwestlich ziehenden Urstromtälern können bei entsprechenden Voraussetzungen wie in Schotterzügen Grundwasserströme entstehen. Der Durchfluß in kräftigen Grundwasserströmen entspricht im allgemeinen nur etwa dem größerer oberirdischer Bäche. Besonders günstige Verhältnisse weist der Spreeabschnitt des Berliner Urstromtals auf. Jedoch stellen die nur relativ kurze Zeit durchflossenen Urstromtalungen streckenweise erosive Eintiefungen dar, so daß wasserundurchlässige Komponenten des Untergrundes den Talboden bilden können, wodurch die Entwicklung von durchgehenden Grundwasserströmen verhindert wird.

Am Beispiel der Urstromtäler deuten sich die im gesamten Tiefland herrschenden komplizierten Lagerungsverhältnisse an. Der Nachweis reicher Grundwassergebiete hängt daher wegen der häufig in horizontaler und vertikaler Erstreckung wechselnden pleistozänen wasserdurch- und wasserundurchlässigen Bildungen von einer Vielzahl von Bohrungen ab. Zusätzlich können Moore und unregelmäßig auftretende Versalzung durch Salzstöcke die Grundwassernutzung stark beeinträchtigen.

Schwierig gestaltet sich die Wasserversorgung der geologisch sehr jungen, meist aus holozänen Sanden bestehenden ostfriesischen Nordseeinseln. Wie häufig im Küstenbereich, enthalten auch hier die grundwasserleitenden Schichten Brack- und Salzwasser. Bei durchlässigem holozänem und pleistozänem Lockergestein bildet sich ein in das Salzwasser eingestülpter, an der Oberfläche gewölbter leichterer Grundwasserkörper, eine Süßwasserkalotte. Das Volumen der Süßwasserhaube ist abhängig von den Niederschlägen und der Nutzung. Wird mehr Grundwasser entnommen als sich in den Sanden durch Niederschlag ansammelt, steigt versalzenes Wasser nach.

Helgoland, Nordstrand und Pellworm versorgten sich früher aus Regenwasser. Helgoland entnimmt Grundwasser aus jungen Sandanschwemmungen. Die Halligen greifen meist auf Regenwasser zurück. Etliche ost- und nordfriesische Inseln werden heute über Wasserleitungen vom Festland her versorgt (z. B. Sylt).

Zur Zeit kann der Wasserbedarf im Norddeutschen Tiefland leicht befriedigt werden. Die Grundwasserentnahme läßt sich durch gründliche (aber zahlreiche Bohrungen erfordernde) Erkundung ohne Frage steigern.

Im Gegensatz zum niederschlagsärmeren, aber grundwasserreichen Norddeutschland stellen die deutschen Alpen trotz hoher Niederschläge ein Grundwassermangelgebiet dar.

Abgesehen von der andersgearteten alpinen Trias, bleiben grundwasserleitfähige, oft kräftig verkarstete Kalke und Dolomite wegen stark gestörter Lagerung von geringer Bedeutung. Ebenso spielen die Gesteine der Juraformation für das Grundwasser kaum eine Rolle. In der eng gefalteten Sedimentserie des Flysches lassen sich keine Grundwasserspeicher größeren Ausmaßes finden, während die in den Gebirgsbau einbezogenen Molasseablagerungen ohnehin fast durchweg aus Gesteinen bestehen, die zur Grundwasserbildung ungeeignet sind. Quellen mit keimfreiem Wasser und Wasserentnahme aus der jungen Aufschotterung in den Tälern bestreiten im wesentlichen die Versorgung.

Allgemein läßt sich ableiten, daß Hochbereiche aus festen paläozoischen und älteren Gesteinen zu den grundwasserarmen, tiefer liegende Bereiche mit lockeren neozoischen Gesteinen zu den grundwasserreichen Gebieten zu zählen sind, während die von mesozoischen Ablagerungen geprägten Räume eine Mittelstellung einnehmen. Je nach Gesteinsbeschaffenheit, Lagerungsverhältnissen sowie Höhenlage über der Vorflut tendieren sie zur Grundwassersituation einer der beiden ersten Gruppen.

HANS-JÜRGEN KLINK
unter Mitarbeit von
SIEGFRIED SLOBODDA

A. IV.
Vegetation

1. Grundbegriffe der Vegetationskunde

Bei der Erfassung und Darstellung der Pflanzendecke ist zwischen Flora und Vegetation zu unterscheiden. Die Elemente der Flora sind die spontan auftretenden Pflanzenarten oder, ohne systematischen Rang ausgedrückt, die Pflanzensippen eines Gebietes. Die Vegetation wird von der Gesamtheit der Pflanzengesellschaften oder Pflanzenformationen gebildet, je nachdem ob man das floristische Gefüge – das sind gebietsweise regelhaft wiederkehrende Artenverbindungen – oder die Lebensformen und damit das äußere Erscheinungsbild der Pflanzen der Betrachtung zugrunde legt.

Weiterhin ist zwischen der „potentiell natürlichen Vegetation“ und „realen (= aktuellen) Vegetation“ zu unterscheiden. Unter der potentiell natürlichen Vegetation versteht man diejenige Vegetation, welche sich bei einem plötzlichen Aufhören des menschlichen Einflusses auf die Pflanzendecke auf Grund der derzeitigen (oft durch den Menschen irreversibel veränderten) Standortbedingungen einstellen würde. Der Begriff „reale Vegetation“ umschreibt den derzeitigen Vegetationszustand einer Landschaft mit der Fülle ihrer oft von Jahr zu Jahr wechselnden Nutzungsformen.

Mit dem Einsetzen des Ackerbaus im jüngeren Neolithikum hat der Mensch die ursprüngliche Vegetation, die Ergebnis der nacheiszeitlichen Klima- und Vegetationsgeschichte war, schrittweise nachhaltig verändert. Es entstanden Rodungsflächen, auf denen sich neuartige Artenkombinationen (z. B. Acker-Wildkrautfluren) entwickelten, deren Bestandsglieder – wie die Getreidearten – zumeist aus den Steppenlandschaften Südosteuropas und Kleinasiens stammten. Der Florenbestand Mitteleuropas wurde dadurch bis nahe an die Gegenwart insgesamt reicher. Etwa ab der Mitte des 19. Jh. setzt ein Artenrückgang als Folge menschlicher Einflußnahmen auf die Vegetation ein, der sich mit der Intensivierung der Land- und Forstwirtschaft, dem sich ständig verstärkenden Tourismus, der Siedlungsausweitung und der Rohstoffgewinnung durch Tagebau in den letzten Jahrzehnten rapide beschleunigt hat. Die reale Vegetation mit ihren vielfältigen, sich rasch wandelnden Nutzungsformen spiegelt heute nicht nur die Standortverhältnisse, sondern in steigendem Maße auch die sozioökonomischen Bedingungen in ihrer Dynamik sowie die anthropogenen Umweltveränderungen wider. Jedoch gesetzt den Fall, die Nutzungseinflüsse auf die Vegetation würden plötzlich aufhören, dann käme es erneut zu einem Einpendeln des Gleichgewichts zwischen den Pflanzengemeinschaften und ihren Standorten (der Gesamtheit der ökologisch relevanten Faktoren). Über Sukzessionen würde sich schließlich eine Vegetation entwickeln, die mit den jeweiligen Standortbedingungen in vollkommenem Einklang stünde (Schlußgesellschaften). Für eine solche Vegetation, die aus den derzeitigen, lokal durch den Menschen erst geschaffenen Standortbedingungen und naturnahen Vegetationsbeständen abgeleitet ist, hat TÜXEN (1956) den Begriff „potentielle (oder potentiell) natürliche Vegetation“ geprägt. Sie ist Ausdruck des biotischen Leistungsvermögens der verschiedenen Standorte. Viele Vegetationskarten in verschiedenen Maßstäben sind inzwischen auf dieser theoretischen Grundlage erstellt worden.

Eine Darstellung der potentiell natürlichen Vegetation hat gegenüber einer solchen der realen Vegetation den unbestreitbaren Vorteil, daß sie die ökologischen Bedingungen der Landschaft umfassend widerspiegelt und sich aus ihr eine ökologische Vergleichbarkeit der Landschaftsräume ergibt. Eine Darstellung der realen Vegetation hingegen hat die oft verwirrende Fülle von naturnahen bis naturfremden Vegetationstypen zu berücksichtigen, die durch Anbau, Landschaftsgestaltung und Umweltschädigungen hervorgerufen sind.

Aus diesen Gründen soll hier vorrangig die potentiell natürliche Vegetation dargestellt werden. Sie wird aus vorhandenen Restbeständen der natürlichen Vegetation, aus der aktuellen Vegetation (z. B. Forstgesellschaften) sowie unter Berücksichtigung der Böden und Klimaverhältnisse abgeleitet (Abb. 22).

2.
Die natürliche Ordnung der Vegetation

Die großräumige Ordnung der Vegetation ist hauptsächlich durch das Klima bedingt, in Mitteleuropa durch die Unterschiede im hygrothermischen Klimaregime, die zwischen dem ozeanisch beeinflußten Nordwestdeutschland und den subkontinental geprägten Gebieten Ost- und Südostdeutschlands bestehen. Hieraus ergeben sich die zonalen Vegetationstypen. Gleichzeitig beeinflußt der Klimawandel mit zunehmender Meereshöhe die Ausbildung von Böden, Vegetation und Lebensgemeinschaften. In Mitteleuropa werden folgende Höhenstufen unterschieden: die planare, kolline, submontane, montane, hochmontane, subalpine, alpine und nivale Stufe. Diese Höhenstufen bezeichnen keine absolute Höhenverbreitung, sondern hängen vom jeweiligen Regionalklima, der Lage zwischen Ozeanität und Kontinentalität sowie der Größe und Form der Gebirge ab. Generell steigen die Höhenstufen mit zunehmender Kontinentalität an (Abb. 23). Außerdem wirkt sich die Massenerhebung in ähnlicher Weise aus wie die Kontinentalität, d. h., je kleiner ein Gebirge ist und je isolierter es von anderen Berglandschaften liegt, um so geringer sind die Intervalle zwischen den Höhenstufen. Ausgedehnte Gebirge mit großer Massenerhebung haben eine Ausweitung und einen Anstieg der Höhengürtel zum Zentrum des Gebirges zur Folge. So setzen die hochmontanen Fichtenwälder im Harz zwischen 800 und 900 m NN ein, im Bayerischen Wald bei 1150 m und in den Bayerischen Alpen die diesen entsprechenden Fichtenwälder sogar erst bei 1400 m. Weiterhin haben die Klimaunterschiede zwischen den Luv- und Leeseiten der höher aufragenden Mittelgebirge, wie Harz, Thüringer Wald, Schwarzwald, Schwäbische Alb u. a., teilweise erhebliche Auswirkungen auf die Vegetation. Noch mehr gilt dies für die Alpen, wo sich der Lee-Effekt besonders in inneralpinen Tälern auswirkt. Die feinere Gliederung der Vegetation in standortbedingte Pflanzengemeinschaften hat ihre Ursachen vor allem in der Nährstoffversorgung und im standörtlichen Wasserhaushalt der Böden sowie bei starkem Relief auch in den Geländeklimaten, wie sie an verschieden ausgerichteten und geneigten Hängen sowie in den Unterschieden zwischen Kuppen- und Tallagen zum Ausdruck kommen.

Auf die Abhängigkeit der mitteleuropäischen Laubwaldverbände und -unterverbände von den ökologisch bedeutsamen Faktoren Bodenfeuchte und Säuregrad des Bodens geht das von Ellenberg entwickelte Ökogramm (Tab. 69) ein. Der die Nährstoffverfügbarkeit beeinflussende pH-Wert hängt eng mit der Basensättigung des Bodens zusammen, besonders mit den pflanzenverfügbaren Ca^{2+}-Ionen.

Abbildung 22
Vegetationsgebiete Deutschlands (potentiell natürliche Vegetation; Entwurf: Klink u. Slobodda nach Trautmann u. a. 1978, Bohn u. Schröder 1987 für die alten Bundesländer und Scamoni u. a. 1981 für die neuen Bundesländer)

Vegetationsgebiete sind Ökotopengefüge mit ökologisch einander mehr oder weniger nahestehenden Pflanzengesellschaften; sie entsprechen Vegetationskomplexen.

1 – Küstenvegetation: Salzvegetation des Außendeichlandes, Dünenvegetation, Zwergstrauchheiden, Vegetation der Marschen und Moormarsch

2 – Auenvegetation der großen Stromtäler und feuchten Niederungen: Silberweiden- und Eichen-Ulmenwald, Erlen-Eschenwald, Stieleichen-Eschenwald und feuchter Sternmieren-Hainbuchenwald

3 – Vegetationsgebiete der Moore und Bruchwälder: Flachmoore, baumfreie Regenmoore (Hochmoore), Birkenbruch, Erlenbruch und Erlen-Eschenwald, z. T. mit feuchtem Stieleichen-Hainbuchenwald; im Alpenvorland Kalkflachmoore, Bergkiefernmoore, edellaubbaumreiche Auenwälder (Eschen-Ulmen-, Eichen-Ulmen- und Erlen-Eschenwald) mit Grauerlenauen (z. B. Rosenheimer Becken)

4 – Vegetationsgebiet subatlantischer Eichen-Buchenwälder, Eichenmischwälder und Birken-Eichenwälder: subatlantischer Traubeneichen- und Stieleichen-Buchenwald im Westteil mit Stechpalme, Drahtschmielen-Buchenwald, Geißblatt-Eichen-Buchenwald; im Osten Eichenmischwald mit Kiefer, auf armen Sandböden trockener und feuchter Birken-Eichenwald, in Niederungen Erlenbruch, Erlen-Eschenwald, z. T. im Komplex mit feuchtem Stieleichen-Hainbuchenwald, armes Niedermoor, im Westen auch Regenmoor

5 – Vegetationsgebiet subkontinentaler Birken-Stieleichenwälder mit Kiefer im Wechsel mit Erlenbruch, Erlen-Eschenwald und feuchtem Stieleichen-Hainbuchenwald, Niedermoor

6 – Vegetationsgebiet subkontinentaler Kiefern-Eichen- und Kiefernwälder: Reitgras-Kiefernwald, Heidelbeer-, Moos-, Krähenbeer- und Wintergrün-Kiefernwald

7 – Vegetationsgebiet subkontinentaler Eichen-Hainbuchenwälder mit Winterlinde der planaren Stufe und subkontinentaler Kiefern-Eichenwälder (wie 6.)

8 – Vegetationsgebiet vorwiegend subkontinentaler Eichen-Hainbuchenwälder der kollinen Stufe: in Mitteldeutschland Labkraut-Traubeneichen-Hainbuchenwald mit Winterlinde, Stieleichen-Hainbuchenwald mit Zittergras-Segge („Seegras" = *Carex brizoides*), z. T. mit Winterlinde, zwischen Mulde und Elbe auch mit Kiefer, Eichen-Hainbuchenwälder mit Rotbuche im feuchteren Übergangsbereich zu den thüringisch-sächsichen Mittelgebirgen; in Süddeutschland hauptsächlich Labkraut-Traubeneichen-Hainbuchenwald, z. T. mit Winterlinde im Komplex mit reichen Buchenwäldern (Waldmeister-Buchenwald, Platterbsen-Buchenwald, reicher Hainsimsen-Buchenwald)

9 – Vegetationsgebiet der Tiefland-Buchenwälder und Sternmieren-Eichen-Hainbuchenwälder: Flattergras-Buchenwald, Perlgras-Buchenwald, auf ausgehagerten Standorten auch Drahtschmielen-Buchenwald, Sternmieren-Eichen-Hainbuchenwald, z. T. mit Buche, Erlenbruch, Erlen-Eschenwald und Seggenmoor

10 – Vegetationsgebiet der Hainsimsen-Buchenwälder und Hainsimsen-Buchenmischwälder: Hainsimsen-Buchenwald (in der hochmontanen Stufe des Harzes mit Fichte), Hainsimsen-Eichen-Buchenwald, in Ostthüringen im Komplex mit Birken-Eichenwald mit Kiefer

11 – Vegetationsgebiet kolliner bis montaner reicher Buchenwälder im subatlantischen Klimagebiet: Seggen-(Trocken-) Buchenwald, Perlgras-Buchenwald, montaner Waldgersten-Zahnwurz-Buchenwald

12 – Vegetationsgebiet kolliner bis montaner reicher Buchenwälder Ostmittel- und Süddeutschlands: Platterbsen-Buchenwald, Waldmeister-Buchenwald, Seggen-(Trocken-) Buchenwald, kleinräumig Steinsamen-Eichenmischwald mit Flaumeiche

13 – Vegetationsgebiet der Tannen-Buchenwälder und Tannenwälder süd- und südostdeutscher Mittelgebirge: Hainsimsen-Tannenwald, Hainsimsen-Tannen-(Fichten-) Wald, Zahnwurz-Tannen-Buchenwald, Waldmeister-Tannen-Buchenwald, Labkraut-Tannenwald, Beerstrauch-Kiefern-(Fichten-) Tannenwald und Tannenmischwald, im Ostschwarzwald auch Wintergrün-Fichten-Tannenwald, außerdem im Vogtland Birken-Eichenwald mit Kiefer und Fichte

14 – Vegetationsgebiet der Buchenwälder der älteren Moränen, Schotterplatten und Tertiärhügel des Alpenvorlandes: Hainsimsen-Buchenwald und reicher Hainsimsen-Buchenwald, auf älteren Moränen und Schotterplatten oft mit Zittergras-Segge („Seegras"), Waldmeister-Tannen-Buchenwald, in tieferen Lagen Hainsimsen-Labkraut- und reicher Labkraut-Eichen-Hainbuchenwald, in Talauen Erlen-Eschenwald, Erlenbruch und hauptsächlich Kalkflachmoor

15 – Vegetationsgebiet der Waldmeister-Tannen-Buchenwälder des Jungmoränen-Alpenvorlandes: Waldmeister-Tannen-Buchenwald, edellaubbaumreiche Auenwälder, lokal auch Trockenauen-Kiefernwald, Kalkflachmoor, Bergkiefernmoor (Hochmoor)

16 – Vegetationsgebiet des Labkraut-Tannenwaldes der Flysch-Voralpen: Labkraut-Tannenwald mit Fichte und Buche, Peitschenmoos-Fichtenwald

17 – Vegetationsgebiet der Hainlattich-Tannen-Buchenwälder und Fichtenwälder der Kalkalpen: Hainlattich-Tannen-Buchenwald, Hochstauden-Ahorn-Buchenwald, subalpiner Fichtenwald, in Leelagen nordalpiner Schneeheide-Kiefernwald, in den Berchtesgadener Alpen lokal subalpiner Lärchen-Zirbenwald

18 – Vegetationsgebiete hochmontaner Fichtenwälder auf Silikatgestein: Reitgras-Fichtenwald, Peitschenmoos-Fichtenwald, sonstige Fichtenwälder

19 – Gebiete subalpiner und alpiner Vegetation: Hochstaudenfluren, Alpenrosen-Latschenbusch, Grünerlenbusch auf schweren, wasserzügigen Böden, alpine Grasfluren, Fels- und Schuttfluren

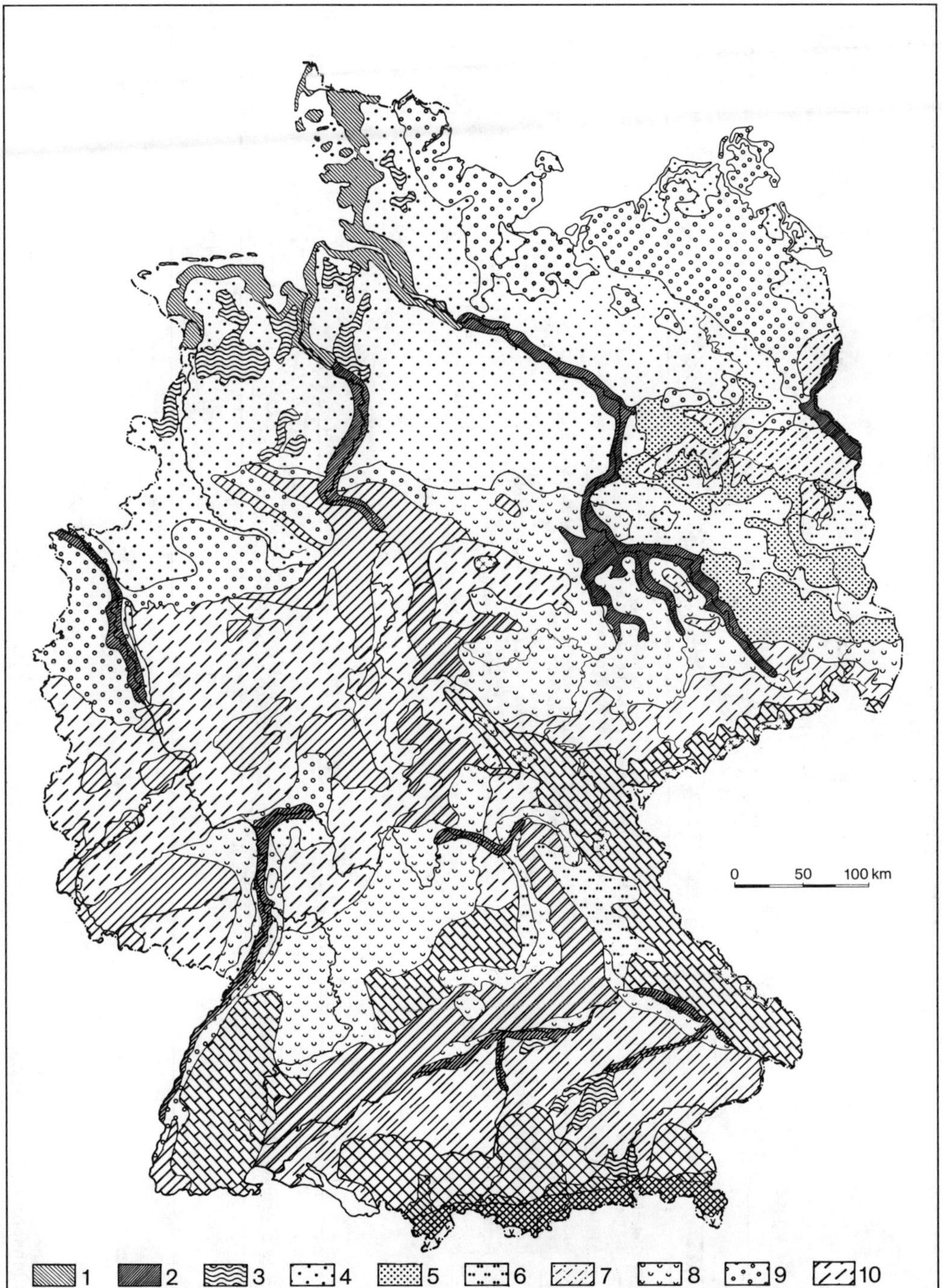
0 50 100 km
1
2
3
4
5
6
7
8
9
10
11
12
13
14
15
16
17
18
19

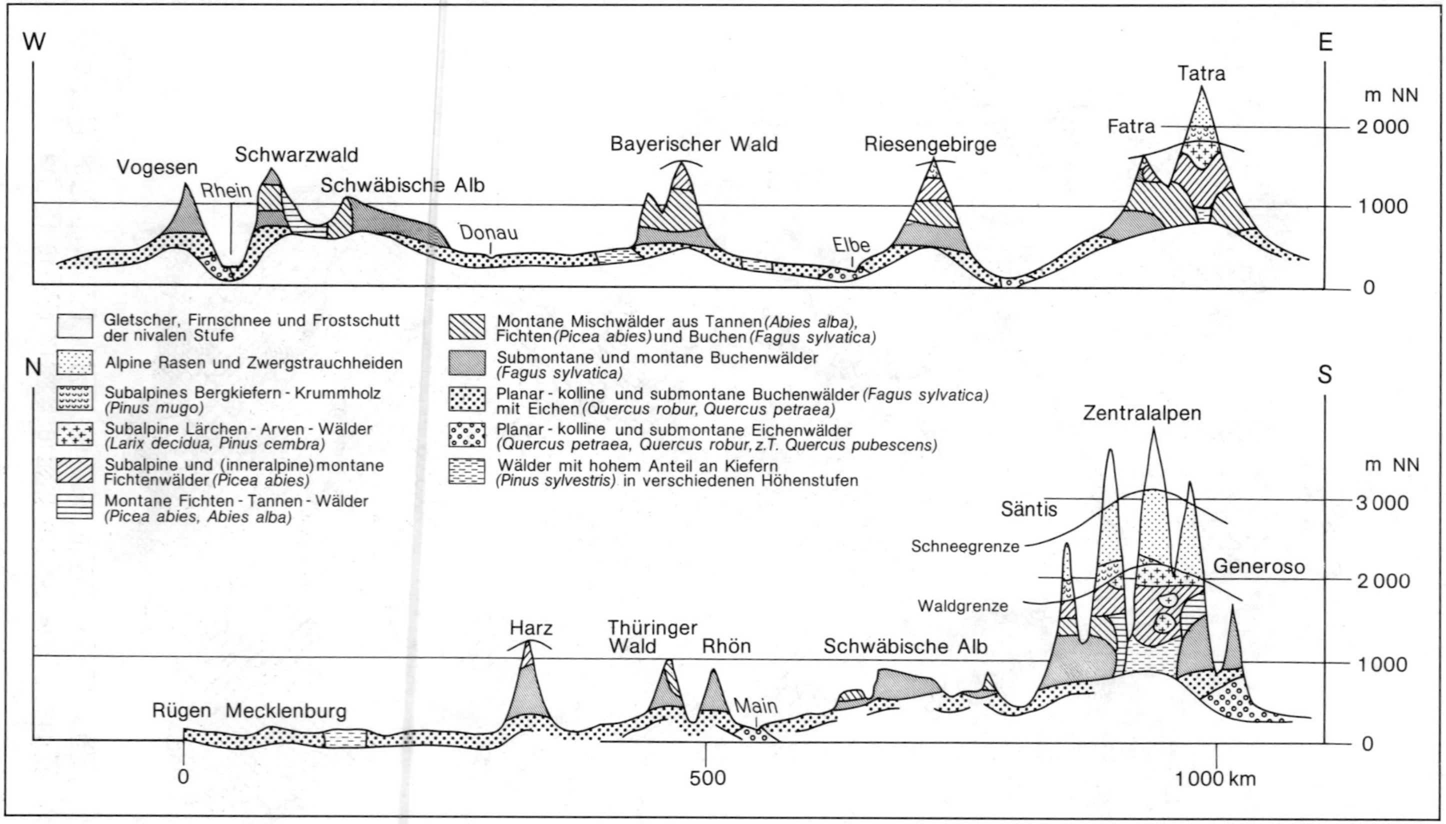

Abbildung 23
Vegetationsprofile durch Mitteleuropa (Klink u. Kreft; nach Ellenberg 1986, verändert)

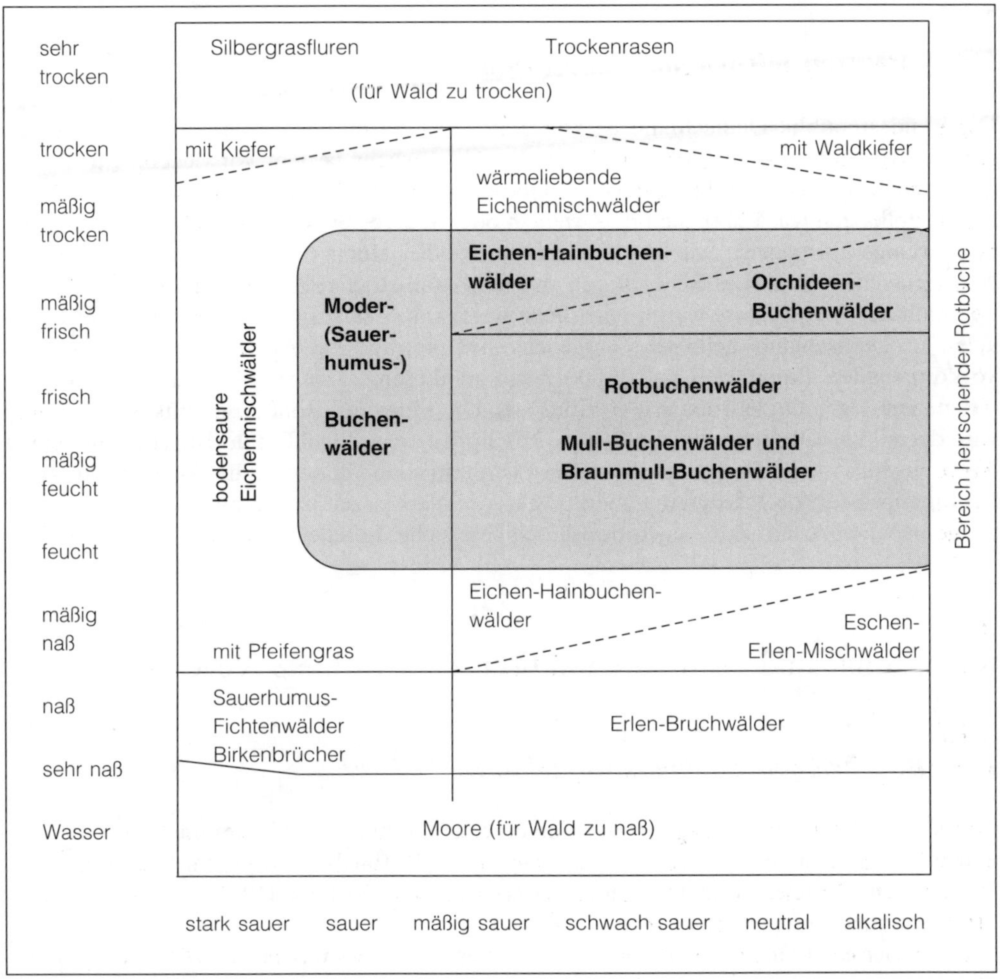

Tabelle 69
Ökogramm zum ungefähren Feuchte- und Säurebereich der Verbände und Unterverbände mitteleuropäischer Laubwaldgesellschaften (nach ELLENBERG *1986)*

Erläuterung: Die Rotbuche *(Fagus sylvatica)* hat von den Laubbäumen in Mitteleuropa die weiteste Verbreitung. Der Verband der Rotbuchenwälder (Fagion) gliedert sich in die frischen bis mäßig feuchten (mesophilen) Mull- und Braunmull-Buchenwälder (Eu-Fagenion) auf nährstoffreichen, insbesondere kalkreichen Böden, die mehr säureertragenden Moder-Buchenwälder (Luzulo-Fagenion) und die auf trockene, warme Hänge über kalkreichem Untergrund beschränkten Orchideen-Buchenwälder (Cephelanthero-Fagenion). Noch trockenere Standorte besiedeln Gesellschaften der wärmeliebenden Eichen-Mischwälder (Quercion pubescenti-petraeae), mit denen der Wald auf flachgründigen, intensiv besonnten Hängen an seine Trockengrenze reicht. Auf stark sauren Böden wachsen jenseits der Verbreitungsgrenze der Buche artenarme Birken-Eichenwälder (Quercion robori-petraeae), deren feuchte bis nasse Ausbildungen Pfeifengras *(Molinia caerulea)* enthalten. Basenreichere Feuchtböden, aber auch Trockenstandorte werden von Eichen-Hainbuchenwäldern (Verband: Carpinion) eingenommen. Ein mehr nässeertragender Verband, die Eschen-Erlen-Mischwälder (Alno-Ulmion), leitet über zu den Erlen-Bruchwäldern (Alnion glutinosae). Gemeinsam mit den Birkenbrüchern (Betulion pubescentis), einem Unterverband der bodensauren Nadelwälder (Vaccinio-Piceion), bilden sie die Nässefront des Waldes gegen die Moore (Sphagnion und Magnocaricion).

3.
Die potentiell natürliche Vegetation

Die Bundesrepublik Deutschland ist von Natur aus ein mitteleuropäisches Waldland mit sommergrünen Laub- und Mischwäldern. Ihr Unterwuchs besteht vorwiegend (über 50% der Arten) aus Gräsern und Kräutern mit Überdauerungsknospen nahe der Bodenoberfläche und Erdpflanzen (ca. 12%), die mit Zwiebeln oder Wurzelsprossen (Rhizome) überwintern. Nur wenige Standorte, wie die Küstendünen, die Hoch- und Übergangsmoore des Norddeutschen Tieflandes, Schuttfluren im Mittel- und Hochgebirge und die alpinen Matten oberhalb der Waldgrenze, wären natürlicherweise waldfrei. Insgesamt sind etwa 50 Baumarten in Deutschland heimisch; vergleichsweise beträgt die Anzahl der auf der Erde vorkommenden Baumarten ca. 30000. Auch in diesen Zahlen drückt sich die relative Artenarmut der mitteleuropäischen Flora aus. Die Flora der Bundesrepublik Deutschland wird derzeit von Oberdorfer (1990) mit 3320 Sippen angegeben. Die floristische Verarmung Mitteleuropas ist eine Folge des quartären Eiszeitalters und der durch die Alpen erschwerten Bedingungen für die Wiedereinwanderung in der Nacheiszeit, insbesondere für die nach S ausgewichenen Arten. Zur Vegetationsgeschichte siehe Tabelle 71.

3.1.
Klimazonal und regionalklimatisch eingeordnete Vegetationstypen

3.1.1.
Hauptsächlich von Laubbäumen gebildete Wälder

Das Klima Mitteleuropas begünstigt sommergrüne Laubbäume mit mesomorphen Blättern und mäßig geschützten Winterknospen, wie sie die Rotbuche und die mitteleuropäischen Eichenarten (Stieleiche und Traubeneiche) besitzen. Von Köppen (1918) ist es geradezu als „Buchenklima" bezeichnet worden.

Kennzeichnend für die potentiell natürliche Vegetation des westlichen Mitteleuropas sind dementsprechend Buchen- und Buchenmischwälder, die hier sowohl in der planaren als auch in der kollinen, vor allem aber in der submontanen und montanen Höhenstufe verbreitet sind. Daneben kommen in der planaren und kollinen Höhenstufe, durch regionalklimatische Einflüsse und Bodeneigenschaften bedingt, Eichen-Hainbuchenwälder und Eichenmischwälder vor. Zu den letzteren gehören im ozeanisch beeinflußten Nordwestdeutschland vor allem bodensaure Birken-Stieleichenwälder und im klimatischen Übergangsgebiet östlich der Elbe Birken-Eichenwälder teilweise mit Waldkiefer, die im ausgesprochen subkontinentalen Klima des östlichen Mitteleuropas von Eichen-Kiefernwäldern abgelöst werden. Solche subkontinentalen Eichen-Kiefernwälder reichen von Osten her auf armen Sandböden bis ins südliche Mecklenburg-Vorpommern und nach Brandenburg. Regional begrenzt kommen sie aber auch im Mittelfränkischen Becken und im Oberpfälzisch-Obermainischen Hügelland vor. Wärmeliebende Eichenmischwälder als plurizonale Waldgesellschaften treten nur kleinräumig vor allem in Südwestdeutschland auf. Nadelwälder aus Fichte und Tanne, z. T. gemischt mit Buche, sind natürlicherweise erst in der montanen Stufe der östlichen Mittelgebirge Deutschlands und in Süddeutschland verbreitet. Sie gehen in der hochmontanen und subalpinen Stufe in reine Fichtenwälder über. Diese Höhenstufengliederung trifft auch für den deutschen Anteil an den Nordalpen zu (Abb. 23, 24, 25 und 26).

Buchenwälder und buchenbeherrschte Mischwälder

Den Buchenwäldern des Tieflandes und des Berglandes gemeinsam ist die absolute Vorherrschaft der Rotbuche *(Fagus sylvatica)*. Beigemischt ist ihnen je nach Standort der Bergahorn *(Acer pseudoplatanus)*, der Spitzahorn *(Acer platanoides)*, die Esche *(Fraxinus excelsior)*, die Vogelkirsche *(Prunus avium)*, vor allem im kollinen und submontanen Bereich die Traubeneiche *(Quercus petraea)* sowie mehr im Tiefland und auf Feuchtstandorten die Stieleiche *(Quercus robur)*. Im Verbreitungsgebiet der Weißtanne *(Abies alba)* in Süd- und Mitteldeutschland gesellt sich außerdem die Tanne als begleitende Baumart den Buchenwäldern der submontanen und montanen Stufe hinzu, so daß hier Tannen-Buchenwälder ausgebildet sind. Eine Strauchschicht fehlt den geschlossenen lichtarmen Buchenwäldern weitgehend. Lediglich der Jungwuchs der genannten Baumarten und einige wenige Sträucher, wie ab und zu ein Seidelbast *(Daphne mezereum)*, ein Weißdorn (*Crataegus* sp.) oder eine Gemeine Heckenkirsche *(Lonicera xylosteum)* und in den bodensauren Buchenwäldern Nordwestdeutschlands vor allem Stechpalmen *(Ilex aquifolium)*, bilden an aufgelichteten Stellen eine Strauch- bzw. niedere Baumschicht.

Buchenwälder wachsen in Mitteleuropa auf unterschiedlichsten Böden. Ihre Differenzierung läßt sich vor allem über die Arten der Kraut- und teilweise auch der Strauchschicht vornehmen. Entscheidend sind dafür zwei Faktorengruppen: die Böden und ihre Ausgangsgesteine sowie das Klima, insbesondere das Gelände- und Regionalklima. Aber auch der großklimatische Wandel innerhalb Deutschlands vom ozeanisch beeinflußten zum subkontinentalen Klima wirkt sich auf die Artenzusammensetzung der Buchen- und Buchenmischwälder aus. So treten innerhalb des zu beschreibenden Raumes vor allem in der Bodenvegetation in ihren ökologischen Ansprüchen unterschiedliche Pflanzen auf.

Aus der Tabelle 70a geht hervor, daß die Rotbuche *(Fagus sylvatica)* in vielen Waldgesellschaften der planar-kollinen, submontanen und montanen Höhenstufe eine beherrschende Rolle spielt. Nur auf stärker vernässenden oder sehr trockenen Standorten verliert die Buche ihre Vorherrschaft.

In der Pflanzensoziologie werden Buchenwälder zum Fagion-Verband zusammengefaßt. Wegen seines großen Umfanges und seiner starken standörtlichen Variationsbreite gliedert sich der Buchenwald-Verband in mehrere Unterverbände (Ellenberg 1986). Solche Unterverbände sind das Eu-Fagenion, auch Galio-Fagenion genannt, das Luzulo-Fagenion und das Cephalanthero-Fagenion. Neben dieser pflanzensoziologischen Gliederung, die weitgehend einer Differenzierung nach standortbedingten Gesellschaftsgruppen entspricht, hat Ellenberg bereits 1963 eine Unterscheidung der Buchenwälder nach ihren Bodenverhältnissen und den sie zum Ausdruck bringenden Humusformen vorgenommen:

1. Die *Sauerhumus- oder Moder-Buchenwälder* wachsen auf sauren Böden mit gehemmtem Humusumsatz und infolgedessen mit moder- oder rohhumusartigen Humusauflagen. Sie entsprechen den eichenreichen Buchenwäldern (Querco-Fagetum) der planaren und kollinen Höhenstufe, den Buchen- und Buchenmischwäldern der nährstoffarmen Böden des Norddeutschen Tieflandes, z. B. dem Drahtschmielen-Buchenwald (Avenello-Fagetum) auf verhagerten Moränenstandorten, sowie besonders den Hainsimsen-Buchenwäldern (Luzulo-Fagetum) auf sauren Silikatgesteinen in der submontanen Stufe.

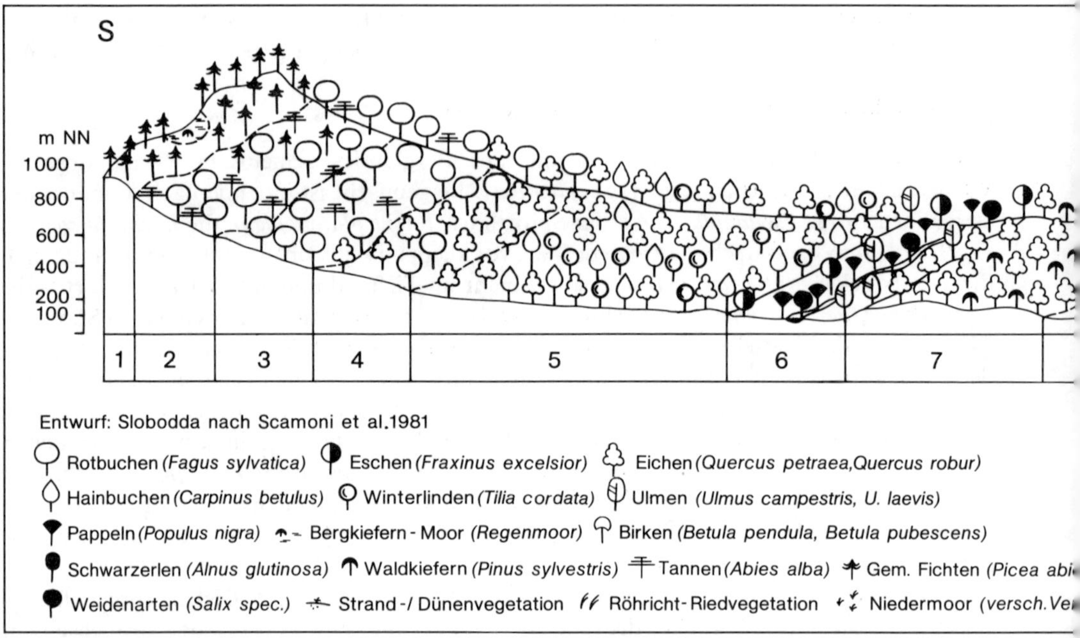

Vegetationsmosaike:

1 — hochmontane Fichtenwälder/Gebirgsregenmoore (Kammlagen Westerzgebirge)
2 — montane azidophile Tannen-Buchen- und Buchenwälder mit Fichte (mittleres Westerzgebirge)
3 — submontan-montane azidophile Buchenwälder (unteres Westerzgebirge)
4 — kollin-submontane Eichen-Hainbuchenwälder mit Rotbuche (westliches Erzgebirgsvorland)
5 — subkontinentale Eichen-Hainbuchenwälder mit Winterlinde (Nordwestsachsen, östliches Harzvorland)
6 — Weiden-Pappel-Weichholzaue/Eichen-Ulmen-Eschen-Hartholzaue (Elbeniederung)
7 — Kiefern- und Kiefern-Eichenmischwälder (Südlicher Landrücken: Fläming)
8 — Kiefern- und Kiefern-Eichenmischwälder/Erlen- und Birkenbruchwälder (südliches Havelland)
9 — Birken-Stieleichenwälder/Erlenbruchwälder (nördliches Havelland)
10 — subatlantische Eichenmischwälder/Erlenbruchwälder (nordwestliches Brandenburg: Prignitz)
11 — mesophile Eichen- und Buchenmischwälder (Südmecklenburg: Nördlicher Landrücken)
12 — Mullhumus-Buchen- und Buchenmischwälder (nördliches Mecklenburg-Vorpommern)
13 — meso- bis eutraphente Weiden-Birken-Moorgehölze (Talmoore Vorpommerns)
14 — Boddenröhrichte/Erlenbrücher (Binnenküsten an Grundmoränenplatten)
15 — Kiefernwälder/Dünen- und Strandvegetation (Außenküsten an Seesandebenen, Haken und Nehrungen)

Abbildung 24
Potentiell natürliche Vegetation: Blockprofil Westerzgebirge, Nordwestsachsen, Fläming, Havelland, Nördlicher Landrücken, Zingst (Slobodda; nach Scamoni u. a. 1981)

2. Die *Mull-Buchenwälder* stocken auf biotisch aktiven Böden mit schnellem Humusumsatz auf basenreichen Gesteinen und der Humusform Mull (L- und F-Mull). Ausgangsgesteine dieser nährstoffreichen Böden können sein: basenreiche Silikatgesteine (z. B. Basalt) oder Kalkgesteine, Gipsgesteine sowie Kalk- und Geschiebemergel. Entsprechend werden Braunmull-Buchenwälder und hauptsächlich frühjahrsfrische Kalk-Buchenwälder unterschieden. Wichtige Pflanzengesellschaften dieser im Eu-Fagenion-Unterverband zusammengefaßten ökologischen Gruppe von Buchenwäldern sind der Perlgras-Buchenwald (Melico-Fagetum, Seibert 54), der schwerpunktmäßig im subozeanischen Klimabereich verbreitet

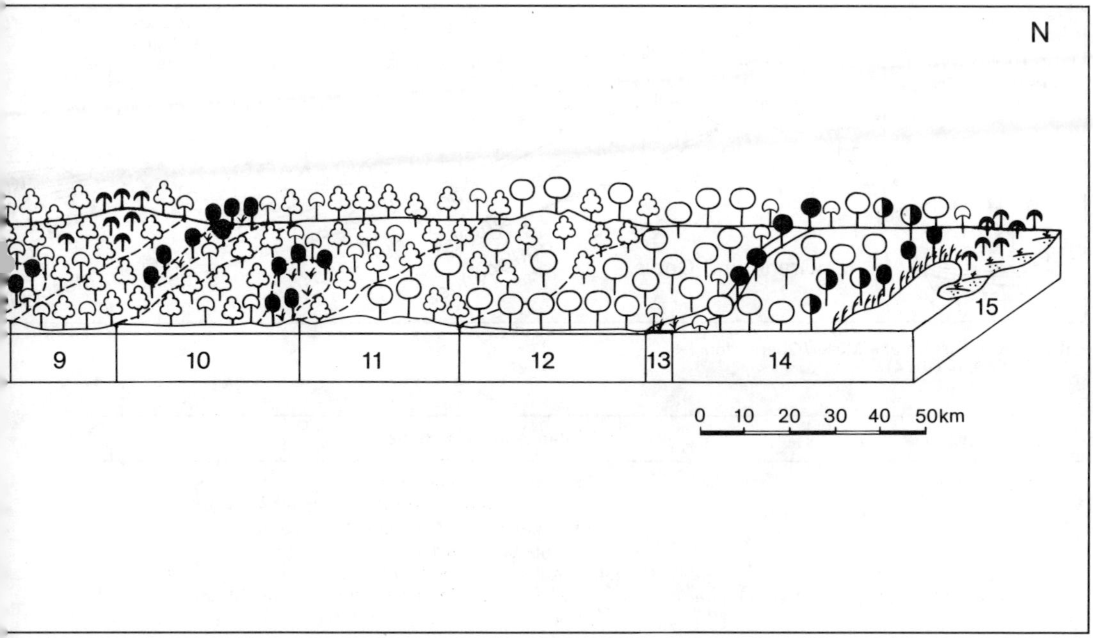

ist, und der ihn im subkontinentalen Klimabereich Ostmittel- und Süddeutschlands ablösende Platterbsen-Buchenwald (Lathyro-Fagetum), der artenreicher ist als der vorhergenannte. Hauptsächlich im Alpenvorland kommt der Waldmeister-(Tannen-) Buchenwald (Galio odorati-Fagetum, H. Mayer 64) vor, dem größtenteils die Weißtanne beigemischt ist (Galio-Abieti-Fagetum) und der zahlreiche präalpine Arten enthält. Eine Höhenform der Mull-Buchenwälder, die sich hauptsächlich oberhalb 500 m NN einstellt, sind die Zahnwurz-Buchenwälder. Auch davon sind drei Gesellschaften beschrieben worden, die eine geographische Gliederung erkennen lassen: für den subozeanischen Bereich das Dentario bulbiferae-Fagetum (Lohm. 62) mit der Zwiebelzahnwurz *(Dentaria bulbifera) als Kenn- und Polygonatum verticillatum* als häufiger Begleitart (Verbreitungsgebiete: montane Stufe von Kalkeifel, Hohem Westerwald, Hochsauerland, Vogelsberg, Hoher Rhön, Obereichsfeld und Thüringer Wald), für den subkontinentalen Bereich im Osten das Dentario enneaphyllidi-Fagetum (Oberd. 57), oft mit Weißtanne und der Quirlblättrigen Zahnwurz *(Dentaria enneaphyllos)* als Charakterart. Verbreitungsgebiete sind: Bayerischer Wald, Frankenwald, Osterzgebirge, Elbsandsteingebirge und Lausitzer Bergland. Für den Südwesten (Südschwarzwald, Hochrheingebiet, Schweizer Jura und Südwestalb) wird das Dentario heptaphyllidi-Fagetum (Moor. 52), teilweise mit Weißtanne und der Fiederzahnwurz *(Dentaria heptaphyllos)*, als Kennart genannt. Zu den Mull-Buchenwäldern gehört auch der Hainlattich-Tannen-Buchenwald (Aposerido-Fagetum Oberd. 57) der montanen Stufe der nördlichen Kalkalpen, dessen Kennart der (ost-)präalpin verbreitete Stinkende Hainlattich *(Aposeris foetida)* ist. – Dierschke (1989) hat das Galio-Fagenion in zwei Assoziationen gegliedert, den Waldgersten-Buchenwald (Hordelymo-Fagetum) und den

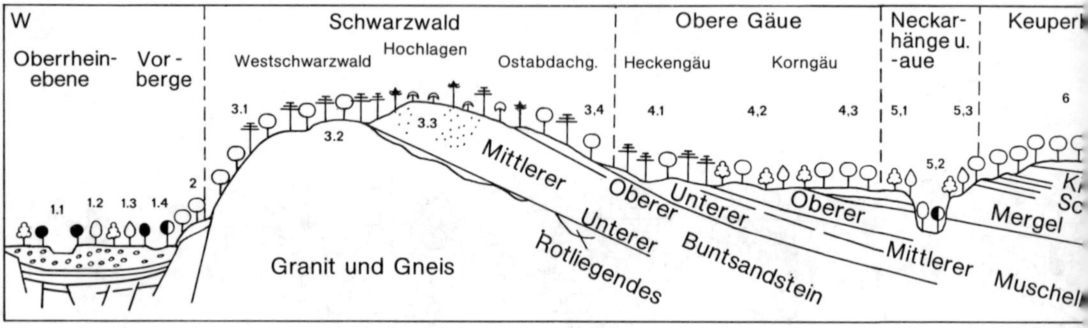

Entwurf: Klink/Kreft nach Müller/Oberdorfer/
Philippi (1974)

Vegetationsgebiet	Pflanzengesellschaften
1. Oberrheinebene	1.1. Silberweiden-Auewald
	1.2. Eschen-Ulmen- und Eichen-Ulmen-Auewald
	1.3. Trockener und Feuchter Sternmieren-Stieleichen-Hainbuchenwald
	1.4. Traubenkirschen-Erlen-Eschenwald
2. Schwarzwald-Vorberge, zumeist lößbedeckt	2. Reicher Hainsimsen-Buchenwald mit Maiglöckchen, Waldmeister-Buchenwald, Sternmieren-Stieleichen-Hainbuchenwald in den Tälern
3. Schwarzwald	
Westschwarzwald	3.1. Hainsimsen- und Waldmeister-Buchenwald, untere Hanglagen
	3.2. Hainsimsen- und Waldschwingel-Tannen-Buchenwald, Waldsimsen-Tannenwald
Hochlagen im Buntsandstein (Grindenschwarzwald)	3.3. Bergkiefernmoor mit Hochmoorkomplexen, Rasenbinsenheide, Peitschenmoos-Fichtenwald
Ostabdachung	3.4. Beerstrauch-Tannenwald mit Höhenkiefer und Fichte, z. T. auch Hainsimsen-Tannenwald, Hainsimsen- und Waldschwingel-Tannen-Buchenwald
4. Obere Gäue	4.1. Artenreicher Tannen-Mischwald, z. T. mit Eiche in ausgeprägter Leelage des Schwarzwaldes
	4.2. Platterbsen-Buchenwald, Trocken-Buchenwald
	4.3. Tiefere Lagen: Waldmeister-Traubeneichen-Hainbuchenwald, höhere Lagen: reicher Hainsimsen-Buchenwald im Wechsel mit Waldmeister-Buchenwald
5. Neckartal	
Süd- bis Südosthänge	5.1. Waldlabkraut-Traubeneichen-Hainbuchenwald und Waldmeister-Buchenwald im Wechsel mit reichem Hainsimsen-Buchenwald
Talboden	5.2. Eichen-Ulmen- und Silberweiden-Auewald
Nord- bis Nordwesthänge	5.3. Reicher Hainsimsen-Buchenwald und Waldmeister-Buchenwald im Wechsel

Abbildung 25
Potentiell natürliche Vegetation: Profil Oberrheintalgraben, Nordschwarzwald, Schichtstufenland, Alpenvorland (Klink u. Kreft; nach Müller, Oberdorfer u. Philippi 1974, 1992)

Waldmeister-Buchenwald (Galio odorati-Fagetum). Das Hordelymo-Fagetum als der reichere Flügel schließt die hier noch als eigene Assoziationen aufgeführten Gesellschaften Lathyro-Fagetum und Dentario-Fagetum ein und behandelt sie als regional ausgebildete Subassoziationen bzw. Varianten. Das im westlichen Deutschland ausgewiesene artenärmere

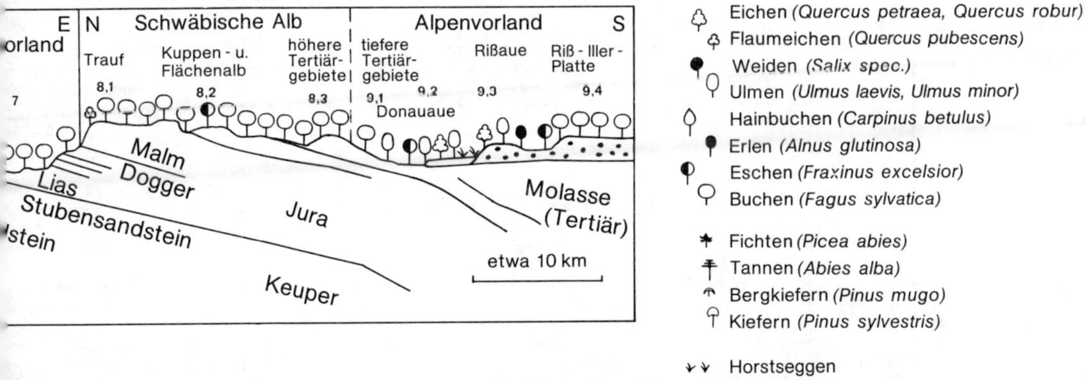

Vegetationsgebiet	Pflanzengesellschaften
6. Keuperberge	6. Reicher Hainsimsen-Buchenwald und Waldmeister-Buchenwald im Wechsel, weiter im Norden auch Labkraut-Tannenwald, Ahorn-Buchenwald und Labkraut-Tannenwald mit Eiche
7. Albvorland Vorland der mittleren Alb	7. Waldmeister-Buchenwald und reicher Hainsimsen-Buchenwald, z. T. mit „Seegras“ *(Carex brizoides)*, weiter im Nordosten auch Labkraut-Tannenwald und Labkraut-Tannenwald mit Eiche
8. Schwäbische Alb Albtrauf und Stufenhang	8.1. Trocken-Buchenwald, z. T. mit Weißsegge, auf Felsstandorten Steinsamen-Eichenwald mit Flaumeiche, an Schatthängen Platterbsen-Buchenwald
Kuppen- und Flächenalb	8.2. Platterbsen-Buchenwald, an Südhängen und Kuppen Trocken-Buchenwald, zumeist mit Weißsegge *(Carex alba)*
Tertiärgebiete im Süden	8.3. Platterbsen-Buchenwald und Trocken-Buchenwald (Kalke der Oberen Süßwassermolasse, z. B. Teutschbuch)
9. Alpenvorland Tieferes Tertiärgebiet bis zum Rand der Donauaue	9.1. Frischer Waldmeister-Buchenwald, z. T. mit „Seegras“
Donauniederung	9.2. Eichen-Ulmen-Auewald, Silberweiden-Auewald
Rißaue	9.3. Traubenkirschen-Erlen-Eschenwald, randlich Niedermoor mit Seggen- und Kopfbinsenried
Riß-Illerplatte	9.4. Mittelterrassen mit Löß: Hainsimsen-Buchenwald und Waldmeister-Buchenwald im Wechsel; Deckenschotterplatten: Waldmeister-Buchenwald, z. T. mit „Seegras“, Sternmieren-Eichen-Hainbuchenwald, bei starker Vernässung auch Traubenkirschen-Erlen-Eschenwald

Melico-Fagetum entspricht im wesentlichen dem Galio odorati-Fagetum. Grundsätzlich wird diese Neuordnung der artenreichen Buchenwälder, die von einem überregionalen Konzept ausgeht, von den Verfassern gutgeheißen. In die bereits vorliegenden Kartenentwürfe konnte sie jedoch nicht mehr aufgenommen werden.

Nährstoff-verfügbarkeit	Höhen-stufe	stärker vernässend bzw. stärker wechselfeucht	schwächer vernässend bzw. schwächer wechselfeucht	hang- bzw. grundfeucht
karbonathaltig (0)	hm			
	m		Hainlattich-Tannen-Buchenwälder (meist mit Fichte)	Platterbsen-Tann
	sm			Platterbse
	pk			
sehr gut (1)	hm			
	m			Mittelgebirge
	sm			Artenreiche (geophytenreiche) Perlgr
	pk	Waldziest-Hainbuchen-Stieleichenwälder		Eschen-Buchenwald (im NE)
gut (2)	hm		Waldgrenze von Buche gebildet: Hochstaudenreiche Waldgrenze von Fichte gebildet: Adlerfarn-Fichtenw	
	m		Mittelgebirge, Schwarzwa	
	sm	subkont. Hainbuchen-Stieleichenwald		Artenreiche Pe
	pk	Typische Sternmieren-Hainbuchen-Stieleichenwälder		Eschen-Buchenwald (im NE)
mäßig (3)	hm		Waldgrenze von Buche gebildet: Hochstaudenreiche Waldgrenze von Fichte gebildet: Adlerfarn-Fichtenw	
	m		Mittelgebirge: Artenreiche Buchenwäl	
	sm		Hainsimsen-Perlgras-Buchenwälder bzw. Waldmeist	
	pk		Artenarme (Waldgeißblatt-)Hainbuchen-Stieleichenwälder	
gering (4)	hm	Waldgrenze Buche: Geißel-moos-Fichtenwald/Waldgrenze Fichte: Reitgras-Fichtenwald		Waldgrenze von Buchen g Waldgrenze von Fichte geb
	m		Mittelgebirge: Artenarme Hainsimsen-Buchenwälder (z. T. mit Tann	
	sm			Hainsimsen-Buchenwäld
	pk	Buchen-Birken-Stieleichenwald	Buchen-(Stiel-)Eichenwald	
sehr gering (5)	hm			
	m	Birken-Eichenwald, Geißelmoos-Fichtenwald	Buchen-Eichenwald, Tannenwald	Artenarme Hains
	sm	Birken-Stieleichenwald		
	pk	Birken-Stieleichenwald		Artenarme Buch

Erläuterung: Die zonalen Waldgesellschaften sind in dem Ökogramm in ihrer Abhängigkeit von der Nährstoffversorgung und dem Wasserhaush
Es bedeuten: pk = planar-kollin, sm = submontan, m = montan, hm = hochmontan.

ır frisch bzw. ındfrisch	frisch	mäßig frisch	mäßig trocken	trocken
chenwälder	Wintergrün-Fichten-Tannenwälder (ohne Buche, in tieferen Lagen mit Eiche)			Trocken-Buchenwälder
wälder				wärmeliebende Eichen-Mischwälder
	Nördl. Kalkalpen und Voralpen: Nordalpine Schneeheide-Kiefernwälder			
che Zahnwurz-Buchenwälder mit Tanne; Schwarzwald: Artenreicher Tannen-Buchenwald hnwurz; Rand- u. Voralpen: Waldlabkraut-Fichten-Tannenwald (z. T. mit Eiche)				
chenwälder bzw. Waldmeister-Buchenwälder (z. T. mit Tanne)				
Perlgras-Buchenwälder bzw. Waldmeister-Buchenwälder			Waldlabkraut-Hainbuchen-Traubeneichenwälder mit Winterlinde u. Maiglöckchen, im S auch mit Elsbeere	
orn-Buchenwälder	Waldgrenze von Buche gebildet: Hainmieren-(Ahorn-)Buchenwälder, z. T. mit Tanne und Fichte Waldgrenze von Fichte gebildet: Adlerfarn-Fichtenwald			
nd- und Voralpen: Übergänge zwischen 1 und 3				
chenwälder bzw. Waldmeister-Buchenwälder (z. T. mit Tanne)				Ⓐ
Artenärmere Perlgras-Buchenwälder bzw. Waldmeister-Buchenwälder			Artenärmere Waldlabkraut-Hainbuchen-Traubeneichenwälder mit Winterlinde u. Maiglöckchen	
orn-Buchenwälder	Waldgrenze von Buche gebildet: Hainmieren-(Ahorn-)Buchenwälder, z. T. mit Tanne und Fichte Waldgrenze von Fichte gebildet: Adlerfarn-Fichtenwald			
T. mit Tanne); Rand- und Voralpen: Hainsimsen-Tannen-(Fichten-)Wald; batl. u. tiefere Lagen mit Eiche				
chenwälder (z. T. mit Tanne)			Hainsimsen-Traubeneichen-Buchenwald	
Flattergras-Buchenwälder			Buchen-Traubeneichenwälder (subkont. mit Kiefer)	
Norden: Hainsimsen-Buchenwald; im Süden: Hainsimsen-Fichten-Tannen-Buchenwald mit Eberesche; bkont. Hainsimsen-Fichtenwald mit Eberesche itgras-Fichtenwald				Ⓑ
nd- u. Voralpen: Hainsimsen-Tannen-(Fichten-)Wald			Artenarme Hainsimsen-Buchenwälder (z. T. mit Kiefer)	
T. mit Tanne (subkont. mit Kiefer)				
Drahtschmielen-Buchenwälder subatl. Stechpalmen-Buchenwald subkont. Drahtschmielen-Buchenwald mit Kiefer			Buchen-(Trauben-)Eichenwald (subkont. mit Kiefer)	Ⓒ
itgras-Fichtenwald				
chenwälder (z. T. mit Tanne); idelbeer-Buchenwälder		Artenarme Hainsimsen-Buchenwälder (z. T. mit Kiefer)		
idelbeer-Traubeneichen-Buchenwälder (z. T. mit Kiefer)				
chenwälder (subkont. mit Kiefer)		Birken-Eichenwälder (subkont. mit Kiefer)		

s Bodens dargestellt. Eine dritte Dimension bilden die Höhenstufen und damit die Temperaturen.

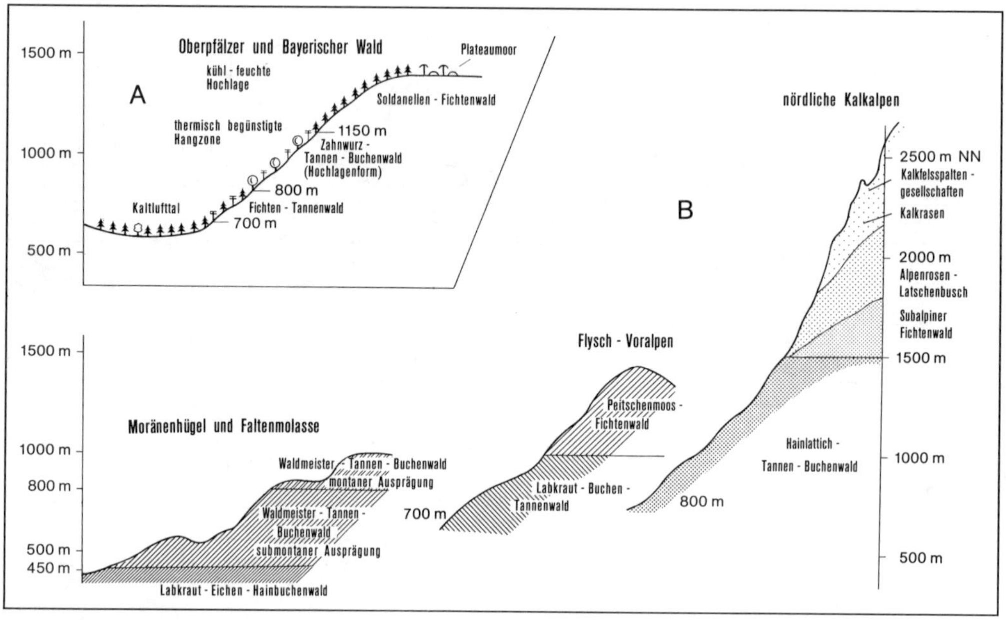

Abbildung 26
Potentiell natürliche Vegetation: Profile durch Oberpfälzer und Bayerischen Wald (A), Alpenvorland und nördliche Voralpen (B); nach SEIBERT (1968), verändert

3. Die *Trocken-Buchenwälder* wachsen vorwiegend an trocken-warmen Hängen mit sehr langsamer, häufig unterbrochener Bodenbildung zumeist auf Kalk (Abb. 25). Die mesophilen und hygrophilen Buchenwaldarten fehlen darin weitgehend, an ihre Stelle treten mehr Trockenheit ertragende xerophile. Ihnen entspricht der Unterverband der Orchideen-Buchenwälder (Cephalanthero-Fagenion) mit der vor allem für steilere Hanglagen mit Süd- bis Westexposition charakteristischen Assoziation des Seggen-Buchenwaldes (Carici-

Tabelle 70 a *(s. S. 170 – 171)*
Zonale Waldgesellschaften Deutschlands (KLINK *u.* KREFT, *nach Forstl. Standortsaufnahme 1980, verändert)*

Lesebeispiel A: In der submontanen Höhenstufe finden sich auf Böden mit guter Nährstoffverfügbarkeit und sehr unterschiedlichen Feuchtegraden – von (relativ) stärker vernässenden bzw. (relativ) stärker wechselfeuchten bis hin zu trockenen und sehr trockenen Böden – artenreiche Perlgras- bzw. Waldmeister-Buchenwälder, z. T. mit Tanne.
Lesebeispiel B: In der hochmontanen Stufe stocken auf Böden mit geringer Nährstoffverfügbarkeit bei sehr unterschiedlicher Wasserversorgung, die jedoch auf jeden Fall nicht stärker vernässend bzw. stärker wechselfeucht sind, regional sehr unterschiedliche Waldgesellschaften: Im subatlantischen Bereich, dort, wo die Waldgrenze von der Buche gebildet wird, sind es die Hainsimsen-Buchenwälder (im Norden) und Hainsimsen-Fichten-Tannen-Buchenwälder mit Eberesche (im Süden). Im Osten, wo Tanne und Buche ausklingen, beherrschen Hainsimsen-Fichtenwälder mit Eberesche die hochmontane Höhenstufe. Im subkontinentalen Bereich, wo die Waldgrenze von der Fichte gebildet wird, sind Reitgras-Fichtenwälder anzutreffen.
Lesebeispiel C: In der planaren und kollinen Höhenstufe finden sich auf mäßig trockenen bis trockenen Böden mit geringer Nährstoffverfügbarkeit Buchen-Eichenwälder, vorwiegend mit Traubeneiche. Im stärker subkontinental getönten Klima Ostdeutschlands enthalten sie auch Waldkiefern.

Wassergeprägte Standorte			Block- und Schutthalden	
Bruchstandorte	Feuchtstandorte zwischen Brüchern und Auen	Auenstandorte	Lokalklima kühl-feucht	 trocken-warm
Mit nährstoffreichem Wasser: Schwarzerlenbrücher Übergänge: Moorbirken/Schwarzerlenbrücher Mit basenarmem Wasser: Birkenbrücher, z. B. Lüneburger Heide, Rhön, Rauschbeeren-(Moorrand-)Fichtenwälder, z. B. Hochharz, Alpenvorland, Rauschbeeren- und Torfmoos-Bergkiefern-Moor, z. B. Schwarzwald, Bayerischer Wald, Erzgebirge, Alpenvorlandmoore	Traubenkirschen-Erlen-Eschenwälder Bach-Eschenwälder Hainmieren-Schwarzerlen-Auenwälder Waldziest-Stieleichen-Hainbuchenwälder	Stieleichen-Eschen-Ulmen-Hartholzauen mit standörtlich wechselndem Anteil von Stieleiche, Ulme und Esche Silberweiden-Weichholzauen im periodisch überfluteten Bereich sowie auf Uferbänken von Seen Grauerlenauen der Alpenflüsse im Alpenvorland und in den Alpentälern Trockene Schotterauen der Alpenflüsse; Pfeifengras- und Backenklee-Kiefernwälder	Bei gutem Nährstoffangebot: Eschen-Ahorn-Schlucht- und Blockhaldenwälder In höheren Lagen abnehmender Eschen- und zunehmender Bergulmenanteil Bei geringem Nährstoffangebot: Traubeneichen-Winterlinden-Blockhaldenwälder In der montanen Stufe einiger Mittelgebirge Blockhalden-Fichtenwälder (Eiskellerstandorte)	Ahorn-Linden-Blockhaldenwälder Im Gebirgswechselklima der Kalkalpen: Alpenrosen-Latschenbusch auf Schutthalden
			Wechselfrische Standorte: Steilhang-Eiben-Buchenwälder mit *Calamagrostis* varia	

Tabelle 70b
Vegetationstypen auf Sonderstandorten

Fagetum), in dem Seggenarten *(Carex digitata, C. flacca, C. montana)* eine auffallende Rolle spielen. Da auch Orchideen, wie *Cephalanthera damasonium, C. longifolia, C. rubra, Neottia nidus-avis* und *Epipactis helleborine*, in diesem Vegetationstyp häufig vorkommen, bevorzugen OBERDORFER (1975) und andere Autoren die Bezeichnung „Orchideen-Buchenwälder" (Cephalanthero-Fagenion, Cephalanthero-Fagetum). Im Gegensatz zu den geschlossenen Hallenwäldern des Eu-Fagenions und des Luzulo-Fagenions ist im lichteren Seggen-Hangbuchenwald eine Strauchschicht ausgebildet (ROCHOW 1951). Trocken-Buchenwälder des Unterverbandes Cephalanthero-Fagenion sind insbesondere im Schichtstufenland in Mittel- und Süddeutschland an Geländekanten und Steilhängen mit sonnseitiger Ausrichtung weit verbreitet. So kommen sie im klimatischen Übergangsbereich von subozeanisch zu ausgeprägt subkontinental im niedersächsischen, hessischen und thüringischen Bergland vor, wo eine eindeutige expositionsabhängige Gliederung der Buchenwälder besteht („Expositionsschwärme" im Sinne von TÜXEN 1954). Im süddeutschen Schichtstufenland wachsen Orchideen-Buchenwälder an Muschelkalksteilhängen mit Süd- bis Westexposition ebenso wie in der Schwäbisch-Fränkischen Alb, wobei hier mit dem klimatischen Wandel in west-östlicher Richtung Unterschiede in der floristischen Zusammensetzung auftreten. Besonders gut ausgebildet ist der Seggen-Buchenwald im Kaiserstuhl, wo er etwa ein Drittel der Waldfläche einnimmt und auf kalkreichem Löß in allen Hangexpositionen vorkommt. Weitere Standorte liegen in den lößbedeckten Vorbergen des Schwarzwaldes. In diesen Gebieten enthält er neben den genannten Seggenarten auch *Carex alba* und andere thermophile Gewächse, wie Mehlbeere *(Sorbus aria)*, Winterlinde *(Tilia cordata)*, Weiße Schwalbenwurz *(Vincetoxicum hirundinaria)*, Strauchkronenwicke *(Coronilla emerus)* u. a.

4. Die *Hochlagen-Buchenwälder*, die in den höheren Lagen einiger Mittelgebirge (Schwarzwald, Vogesen, Schwäbische Alb, Rhön, Bayerischer Wald) und in den Nordalpen in der hochmontanen und subalpinen Stufe vorkommen, sind durch hygrophile Arten gekennzeichnet. Hierzu gehören vor allem die bergahornreichen Schatthangwälder der nördlichen Kalkalpen (Aceri-Fagetum BARTSCH 40). Sie kommen auf Bundesgebiet von den Berchtesgadener bis in die Allgäuer Alpen vor und weisen nach ELLENBERG (1986) manche Ähnlichkeiten mit den subalpinen Buchenwäldern in den Gebirgen Südwestmitteleuropas auf. Je nach den lokalen Standortbedingungen ändert sich das Artengefüge der Bergahorn-Buchenwälder erheblich.

Von Eichen beherrschte Mischwälder

Eichen sind nächst der Rotbuche die wichtigsten waldbildenden Laubbäume Mitteleuropas, und das sowohl in der potentiell natürlichen als auch in der realen Waldvegetation. Wegen ihres langsamen Zuwachses sind sie, abgesehen von besonders auf Eiche hin bewirtschafteten Waldgebieten wie im Spessart, von der Forstwirtschaft immer mehr zurückgedrängt worden. Aber die bäuerliche Wirtschaft der vergangenen Jahrhunderte hat die Eichen wegen der Eichelmast so sehr gefördert, daß sie im dichtbesiedelten Tiefland vor allem Norddeutschlands noch immer stark verbreitet sind (ELLENBERG 1986). Das hauptsächliche Eichengebiet ist von alters her der Nordwesten und – in geringem Maße – der Westen Mitteleuropas. Im Nordwesten hat die Buche nach FIRBAS (1949) in der gesamten Nachwärmezeit (Subatlantikum) zu keiner Zeit die Oberhand gewinnen können. Im heutigen Mecklenburg breitete sich die Rotbuche erst ab dem 6. Jh. verstärkt aus (LANGE 1976b). Im übrigen

Mitteleuropa beschränken sich von Eichen zumeist im Verein mit der Hainbuche *(Carpinus betulus)* gebildete Wälder vorwiegend auf trockene und warme Tal- und Beckenlandschaften sowie auf tiefliegende, von Grund- und Stauwasser beeinflußte Standorte, wie Niederterrassen und Flußauen (Abb. 22 und 24).

Von Natur aus sind in Deutschland drei Eichenarten verbreitet: die Stieleiche *(Quercus robur)*, die Traubeneiche *(Q. petraea)* und die Flaumeiche *(Q. pubescens)*. Zwar ähneln sich Stiel- und Traubeneiche in mancher Hinsicht, dennoch lassen sich in ihrem ökologischen Verhalten Unterschiede feststellen, die vor allem an ihren Verbreitungsgebieten deutlich werden. Die Traubeneiche bevorzugt eher mildes sowie auch montan getöntes Klima; sie widersteht strengen Winter- und Spätfrösten unter sonst gleichen Bedingungen schlechter als die Stieleiche, die deshalb auch weiter nach Osten in den kontinentalen Klimabereich vordringt. Auch erträgt die Stieleiche sehr nährstoffarme und nasse Böden besser als die Traubeneiche, die in ihrem ökologischen Verhalten insgesamt buchenähnlicher ist als die Stieleiche. So spielt die Stieleiche im Norddeutschen Tiefland westlich der Elbe auf den sehr armen Sandböden in den Birken-Stieleichenwäldern (Betulo-Quercetum) sowie auf staunassen besseren Böden auf lehmiger Grundmoräne in Eichen-Hainbuchenwäldern (Querco-Carpinetum) eine wichtige Rolle. Außerdem kommen hier waldziestreiche Eichen-Hainbuchenwälder (Stellario-Carpinetum stachyetosum) auf staufeuchten und grundfeuchten Böden mit guter Nährstoffversorgung in Flußauen und auf Niederterrassen vor. Südwärts reichen sie auf den genannten Standorttypen bis in die Mittelgebirgstäler.

Die buchenähnliche Traubeneiche hingegen gesellt sich auf Grundmoränenplatten und auf Endmoränen mit sandig-lehmigen Böden, hauptsächlich Sandparabraunerden und Sauerbraunerden, dem Moder-Buchenwald bei und bildet Eichen-Buchenwälder (Querco-Fagetum). In den Mittelgebirgen bildet die Eiche zusammen mit der Buche auf armen Böden aus Sandsteinen, Schiefertonen und sauren Tiefen- und Ergußgesteinen eine submontan-kolline Gruppe von Eichen-Buchenmischwäldern. In ihnen gedeiht vornehmlich die Traubeneiche gut und erreicht hervorragende Holzqualitäten, ohne allerdings im natürlichen Bestand die Vorherrschaft zu erlangen (ELLENBERG 1986). Zu diesem Waldtyp gehören die wertvollen Eichen-Buchenwälder des Spessarts und Hinteren Odenwaldes, die hier hauptsächlich auf Buntsandstein stocken. Von OBERDORFER (1970) ist der Eichen-Buchenwald allerdings zum Luzulo-Fagetum gerechnet worden.

Hingegen zeigt die Flaumeiche *(Quercus pubescens)* ein ökologisches Verhalten, das von den beiden vorher genannten Eichenarten deutlich abweicht. Zwar steht sie der Traubeneiche systematisch nahe, und es gibt Hybridisationen, aber sie besetzt unter den derzeitigen Klimabedingungen nur außergewöhnlich warme und trockene Standorte in der kollinen bis submontanen Stufe des südwestdeutschen Berg- und Hügellandes, auf denen die Buche wegen zu großer Trockenheit keine Chance mehr hat, auf denen aber auch der trockene Eichen-Hainbuchenwald nicht mehr Fuß fassen kann. Es sind Extremstandorte des Waldwuchses, die von der Flaumeiche zumeist zusammen mit der Traubeneiche besiedelt werden. Weitere häufige Bäume und Sträucher des Wärmeliebenden Eichenmischwaldes, früher auch als Eichen-Elsbeerenwald bezeichnet, sind Felsahorn *(Acer monspessulanum)*, Feldahorn *(A. campestre)*, Elsbeere *(Sorbus torminalis)*, Mehlbeere *(S. aria)*, die Sträucher *Amelanchier ovalis*, *Coronilla emerus*, *Viburnum lantana*, *Ligustrum vulgare*, *Cornus sanguinea*, *Rhamnus catharticus* und *Rh. saxatilis*. Auch in der Krautschicht sind zahlreiche wärme- und lichtliebende Arten oft von mediterraner oder eurasiatisch-kontinentaler Abkunft vertreten, z. B. *Primula veris*, *Campanula persicifolia*, *Polygonatum odoratum*,

Geranium sanguineum u. a. Solche Standorte sind die felsigen Süd- bis Westhänge des unteren Naheberglandes (HAFFNER 1969), des Kaiserstuhls und der Vorbergzone des Schwarzwaldes (Tuniberg, Idsteiner Klotz u. a.).

Die Flaumeiche bildet zusammen mit der Traubeneiche einen wichtigen Bestandteil der Wärmeliebenden Eichenmischwälder, die in Teilen Mitteleuropas durch den Verband Quercion pubescenti-petraeae (BR.-BL. 32) vertreten sind. Wärmeliebende Eichenmischwälder kommen besonders in Südwestdeutschland an steilen südexponierten Hängen vor, so im Kaiserstuhl und in der Schwäbischen Alb (Abb. 25); die Nordgrenze ihrer Verbreitung erreichen sie im südlichen Thüringen. Die Flaumeiche und zahlreiche andere Arten des Wärmeliebenden Eichenmischwaldes gehören zum submediterranen Florenelement in Deutschland. Es sind Vorposten eines Vegetationstyps, der seinen Verbreitungsschwerpunkt in der submediterranen Stufe der Balkangebirge und Südfrankreichs hat (ELLENBERG 1986). Aus diesen Refugien und Entwicklungszentren wanderten die typischen Arten des Wärmeliebenden Eichenmischwaldes im Holozän nach der Birken-Kiefern- und der Kiefern-Haselzeit wieder nach Mitteleuropa ein und bildeten hier in der Mittleren Wärmezeit (Atlantikum) ausgedehnte Eichenmischwälder. Sie wuchsen anscheinend auf fast allen Böden und erstreckten sich in größere Höhen als heute (WALTER u. STRAKA 1970). Erst als Fichte, Hainbuche, Tanne und im Subatlantikum schließlich die Rotbuche zusammen mit weiteren Schatt- und Halbschatthölzern das Land eroberten, drängten sie den lichten Eichenmischwald auf die trockensten Standorte des Waldwuchses in Mitteleuropa zurück.

Insbesondere die von der Flaumeiche beherrschten Wärmeliebenden Eichenmischwälder Südwestdeutschlands gelten als Beispiele für „vegetationsgeschichtliche Relikte" (ELLENBERG 1986). Unter ihrem lichten Schirm konnten sich zahlreiche mediterrane, submediterrane und südosteuropäische Arten, krautige Pflanzen und Sträucher, erhalten, die heute zu den Seltenheiten der Flora Mitteleuropas gehören. Sie sind der Musterfall für die „Steppenheidewälder" GRADMANNS (1948, 1950). Die von ihm mit den Altsiedellandschaften Süddeutschlands in Verbindung gebrachte Verbreitung südosteuropäischer Steppenpflanzen ist jedoch größtenteils erst eine Folge der Rodungstätigkeit seit dem Neolithikum, die offene Standorte auf trockenen, basenreichen Böden schuf. Großflächige Steppenheiden, wie sie die von GRADMANN erstmals 1898 entwickelte „Steppenheidentheorie" forderte, waren diese Gebiete jedoch in der gesamten Nacheiszeit nicht, wie die vegetationsgeschichtliche Forschung inzwischen nachgewiesen hat (FIRBAS 1949, 1952). Die Wärmeliebenden Eichenmischwälder besetzen Grenzstandorte des Waldwuchses in Mitteleuropa und sind deshalb oft nur krüppelwüchsig ausgebildet. Ihr floristischer Reichtum und damit ihre Bedeutung für den Naturschutz stehen in umgekehrtem Verhältnis zu ihrem wirtschaftlichen Wert, weshalb sie auch in der realen Vegetation oft erhalten geblieben sind.

Bereits an den felsigen Hängen des Mittelrhein- und Moseltals und im Gebiet der sich nach Osten fortsetzenden Mittelgebirgsschwelle wird die Flaumeiche gänzlich durch die Traubeneiche ersetzt. Im stärker kontinental beeinflußten süddeutschen Schichtstufenland, beginnend im Gebiet der mainfränkischen Muschelkalkplatten und sich fortsetzend an den südlich exponierten Talhängen der Frankenalb, gesellt sich auch die Waldkiefer *(Pinus sylvestris)* hinzu, und mehr kontinentale Steppenarten bilden den Unterwuchs. Nach SEIBERT (1968) gedeiht an den südexponierten Steilhängen des Maintals bei Würzburg und des Altmühltals Steppen-Waldreben-Eichenwald mit Geißklee-Kiefernwald. Auf den trockenen kalkreichen Schotterplatten des Alpenvorlandes hingegen kommen lokal Fingerkraut-Kiefern-Eichenwald und an süd- bis westexponierten Steilhängen der mittleren und nördlichen Frankenalb Steppen-Anemonen-Kiefernwald als Vertreter ähnlicher, allerdings mehr kontinental geprägter Vegetationstypen vor.

Eichen-Hainbuchenwälder

Eichen-Hainbuchenwälder des Verbandes Carpinion stellen sich innerhalb des Buchenareals in Mitteleuropa bei mittelmäßigen bis reichen Nährstoffverhältnissen in der planar-kollinen bis submontanen Höhenstufe zunächst überall dort ein, wo es für Buchenwälder zu naß oder zu trocken ist. Entsprechend unterscheidet man feuchte Stieleichen-Hainbuchenwälder, die ökologisch zwischen den Buchenwäldern und den eschenreichen Hartholzauen (Alno-Fraxinetum und Fraxino-Ulmetum) stehen, und trockene Traubeneichen-Hainbuchenwälder, die zwischen den Buchenwäldern und den wärmeliebenden Eichenmischwäldern einzuordnen sind.

Nährstoffreichere feuchte bis nasse, zeitweilig auch überschwemmte Böden innerhalb des Buchenareals begünstigen die Stieleiche. Sie trifft hier auf verschiedene nährstoffbedürftige, zeitweilig Nässe ertragende Holzarten, unter denen vor allem die Hainbuche *(Carpinus betulus)* zu nennen ist, und bildet Mischwälder, feuchte Eichen-Hainbuchenwälder und im Auenbereich Eichen-Ulmenwälder (vgl. S. 185). Die Buche wird aus dem feuchten Eichen-Hainbuchenwald erst dort verdrängt, wo ihre Wurzelatmung durch langandauernde oder permanente Nässe zu sehr behindert wird. Außerdem führen zu nasse, sauerstoffarme Bodenverhältnisse dazu, daß die Bucheckern verfaulen, bevor sie keimen (ELLENBERG 1986). Andererseits kommen Eichen-Hainbuchenwälder im Verbreitungsgebiet der Rotbuche auf lokal begrenzten Trockenstandorten, wie an den Hängen des Mittelrheintals und seiner Seitentäler, und in durch Leelagen bedingten größeren Gebieten mit relativ trockenem und sommerwarmem Klima vor. Solche Trockengebiete liegen im östlichen bis südlichen Harzvorland und im Thüringer Becken sowie auch im Oderbruch außerhalb der grundwasserbeeinflußten Standorte, außerdem in süddeutschen Beckenlandschaften, so im Würzburger Becken an den Hängen des Maintals, im Neckarbecken und in der Oberrhein-Untermain-Senke. In den hier verbreiteten trockenen Eichen-Hainbuchenwäldern ist vor allem die Traubeneiche vertreten. An den Rändern der Trockengebiete, wo die Niederschläge ansteigen, sind den Eichen-Hainbuchenwäldern stets Rotbuchen beigemischt, bis sich an einer bestimmten Feuchtegrenze von ca. 550 mm die Buche ziemlich schlagartig durchsetzt (ELLENBERG 1986; vgl. Abb. 24). Die Mittelwaldwirtschaft vergangener Jahrhunderte, die insbesondere den Eichen zur Bauholzgewinnung eine längere Umtriebszeit einräumte, hat sicher zur Ausweitung der Eichen-Hainbuchenwälder auf Kosten von Buchenmischwäldern beigetragen. Der überwiegende Teil der Eichen-Hainbuchenwälder, so wie er sich uns heute darstellt, ist durch Bewirtschaftung geprägt. Bewirtschaftete Eichen-Hainbuchenwälder sind artenreicher und ähneln floristisch den Rotbuchenwäldern weniger als ungenutzte (ELLENBERG 1986). Traubeneichen-Hainbuchenwälder sind lichtdurchlässiger als Rotbuchenwälder, weshalb sie neben der artenreichen Bodenvegetation eine Strauchschicht und mehrere Baumschichten aufweisen.

Der Verband der Eichen-Hainbuchenwälder, der im Tief- und Hügelland Mitteleuropas weit verbreitet ist, stellt geradezu ein Musterbeispiel für die geographische Gliederung eines Waldverbandes dar. Deshalb soll diese Gliederung hier ausnahmsweise über die Grenze Deutschlands hinausgehend verfolgt werden (vgl. auch SCHUBERT 1972).

a) Linden-Hainbuchen-Mischwälder (Tilio-Carpinetum) kommen im ostmitteleuropäischen Tiefland außerhalb des Verbreitungsgebietes der Rotbuche vor. Sie werden zumeist von *Quercus robur* und *Q. petraea* neben *Carpinus betulus*, *Tilia cordata* und *Acer platanoides* gebildet. Im Unterwuchs sind z. B. *Evonymus verrucosa*, *Galium schultesii* und *Ranunculus cassubicus* vertreten. Im Nordosten gesellen sich noch *Picea abies* und andere boreale Arten bei, so in Ostpolen. Der Vollständigkeit halber wird dieser Vegetationstyp erwähnt, obwohl er in Deutschland nicht vorkommt.

b) Waldlabkraut-Eichen-Hainbuchenwälder (Galio-Carpinetum) schließen sich westwärts an (a) an. Sie sind typisch für den subkontinentalen Bereich des Buchenareals, der durch trocken-warme Sommer gekennzeichnet ist. Die westliche Verbreitungszone des Galio-Carpinetums verläuft quer durch Deutschland.

c) Sternmieren-Eichen-Hainbuchenwälder (Stellario-Carpinetum) lösen (b) im kühleren, stärker ozeanisch beeinflußten Klima Mitteleuropas ab. Sie sind typisch für Nordwest- und Westdeutschland mit Ausnahme des südlichsten Oberrheingebietes, wo wiederum das Galio-Carpinetum vorkommt (Müller, Oberdorfer u. Philippi 1974). Für Norddeutschland sind außerdem edellaubholzreiche Ausbildungen des Stieleichen-Hainbuchenwaldes auf frischen bis feuchten Talböden beschrieben worden (Lathraeo-Carpinetum Scam. et Pass.59), die zum Sternmieren-Eichen-Hainbuchenwald überleiten.

d) Waldhyazinthen-Eichen-Hainbuchenwälder (Endymio-Carpinetum) kommen in Westeuropa außerhalb Deutschlands vor und unterscheiden sich von den vorhergenannten durch das Hinzutreten ozeanischer Arten.

Zwischen diesen Waldgesellschaften vermitteln mannigfache Übergänge. Kennzeichnend für Deutschland sind im Westen der Sternmieren-Eichen-Hainbuchenwald und in mehr subkontinental beeinflußten Gebieten im Osten und Süden in ausgeprägten Leelagen der Waldlabkraut-Eichen-Hainbuchenwald; beide kommen sowohl in trockenen als auch in feuchten Ausbildungen vor. Mit zunehmender Meereshöhe, besonders aber in der submontanen Stufe verzahnen sie sich mit verschiedenen Rotbuchenwaldgesellschaften. Außerdem gibt es – wie bei den Buchenwäldern – lokale, durch Bodenunterschiede bedingte Abwandlungen. Jedoch ist das westöstliche Florengefälle besonders im Tiefland und auch im Hügelland am Artengefüge deutlich zu verfolgen. Weniger kontinuierlich vollzieht sich dieses Kontinentalitätsgefälle in Nord-Süd-Richtung, weil hier die Mittelgebirge mit ihren Luv- und Leewirkungen immer wieder modifizierend eingreifen.

Nicht wenige Eichen-Hainbuchenwälder in den Übergangsgebieten zu den Rotbuchenwäldern sind anthropogenen Ursprungs, so z. B. in der Umrandung des Thüringer Keuperbeckens und im mittelsächsischen Lößgebiet. Kennarten des Carpinion-Verbandes, die auch in den ausgesprochenen Rotbuchengebieten eine Unterscheidung von den Buchenwäldern ermöglichen, sind: *Carpinus betulus*, *Prunus avium*, *Rosa arvensis*, *Stellaria holostea*, *Carex umbrosa*, *Dactylis polygama*, *Potentilla sterilis*, *Ranunculus auricomus* u. a. Als Galio-Carpinetum erkennt man sie an relativ wärmeliebenden Arten, die im Stellario-Carpinetum fehlen, z. B. *Sorbus torminalis*, *S. domestica*, *Ligustrum vulgare*, *Convallaria majalis*, *Carex montana*, *Festuca heterophylla* u. a. (Ellenberg 1986).

3.1.2. Hauptsächlich von Nadelbäumen gebildete Wälder

Nadelhölzer vermögen sich in Mitteleuropa natürlicherweise nur in den Rand- und Ausschlußgebieten für Laubhölzer durchzusetzen. Das sind hauptsächlich die Gebiete mit extremen Klima- und Bodenverhältnissen. Nach ihren Standortbedingungen und ihrem Artengefüge hat Ellenberg (1986) die Nadelwaldgesellschaften Mitteleuropas übersichtsweise in drei Gruppen unterteilt:

1. Auf stark sauren Böden mit mächtiger Rohhumusauflage wachsen meist von Fichte oder Waldkiefer beherrschte Heidelbeerstrauch-Nadelwälder (Klasse: Vaccinio-Piceetea; Ordnung: Vaccinio-Piceetalia).

2. Auf relativ gut mit Nährstoffen und Wasser versorgten Standorten wachsen vor allem von Tanne oder Fichte beherrschte „buchenwaldverwandte" Nadelwälder. Sie werden nach dem Artengefüge ihres Unterwuchses zur Ordnung der Buchenwälder (Fagetalia) gezählt, obwohl sie aus klimatischen Gründen teilweise weder Rotbuche noch andere Edellaubhölzer enthalten.

3. Auf kalkreichem Gestein sind in relativ trockenem Klima Schneeheide-Kiefernwälder ausgebildet (Erico-Pinetea, Vaccinio-Piceetalia).

Tannenwälder und tannenbeherrschte Mischwälder

Als intrazonale Waldgesellschaften treten hauptsächlich in der montanen Stufe der Buchenwälder in süddeutschen Mittelgebirgen und im Schichtstufenland Tannenwälder bzw. von der Weißtanne *(Abies alba)* beherrschte Wälder auf (Abb. 22 und 23). Ein recht steter Begleiter der Tanne ist dabei das Rundblättrige Labkraut *(Galium rotundifolium)*, weshalb diese beiden Arten auch als Charakterarten der Tannenwaldgesellschaften gelten und sie von Oberdorfer (1962) zum Unterverband Galio-Abietenion zusammengefaßt wurden. In ihrem floristischen Gefüge lassen sie jedoch eindeutige Beziehungen zu den Buchenwäldern erkennen. Deshalb werden sie zur Ordnung Fagetalia sylvaticae (Pawl. 28) und zum Verband Fagion sylvaticae gerechnet (Oberdorfer 1983), obgleich nicht alle Buchen enthalten. Tannenwälder haben sich in Mitteleuropa am besten in subkontinental beeinflußten Klimagebieten entwickelt, vor allem im Lee von feuchten Gebirgen, wie Schwarzwald, Bayerischer Wald, und fragmentarisch im südlichen Thüringer Wald und im Erzgebirge (Abb. 24 und 25).

Die Tanne steht in ihren klimatischen Ansprüchen zwischen der subatlantischen Buche und der kontinentalen Fichte *(Picea abies)*. Insgesamt bildet sie eine vermittelnde Baumart zwischen den Buchen- und Fichtenwäldern, wobei sie diesen zumeist nur untergeordnet beigesellt ist. Unter den Nadelbäumen ist sie den hauptsächlichen mitteleuropäischen Laubbaumarten, Buche und Traubeneiche, ökologisch am ähnlichsten („buchenähnlichste Nadelbaumart"). So ist die Weißtanne in großen Teilen Süddeutschlands einschließlich des Alpenanteils den Buchenwäldern einzeln oder gruppenweise beigemischt, so daß Tannen-Buchenwälder ausgebildet sind. Auch mit der Eiche, hauptsächlich der Traubeneiche, kommt sie in der kollinen bis submontanen Stufe vergesellschaftet vor, so in Eichen-Buchenwäldern der submontanen Stufe des Bayerischen und Oberpfälzer Waldes.

Von Tannen beherrschte Wälder bilden sich bei subkontinental getöntem Klima durch den verstärkenden Einfluß tonreicher und staunasser Böden aus. Unter derartigen klimatischen und edaphischen Bedingungen gewinnt die Tanne in ihren süddeutschen Verbreitungsgebieten gegenüber Buche und Fichte die Oberhand, so auf den Riß-Aitrach-Platten im Altmoränengebiet des Alpenvorlandes auf Pseudogley, hier als Schachtelhalm-Tannenwald, auf tonigen Böden (Pelosolen) im Röt auf der Schwarzwald-Ostabdachung, in der ausgeprägten Leelage der Baarhochmulde (auch hier teilweise auf staunassen Böden) und der Oberen Gäue sowie auf Liastonen im Vorland der Mittleren Schwabenalb.

Ähnlich wie die Buchenwälder so gedeihen auch die ihnen floristisch und ökologisch nahestehenden Tannenwälder in den subkontinental beeinflußten Klimagebieten auf Böden verschiedenen Nährstoff- und Wasserhaushalts. Für Baden-Württemberg haben MÜLLER, OBERDORFER u. PHILIPPI (1974) folgende Zuordnung herausgearbeitet:

a) Nährstoffarme Standorte werden vom Beerstrauch-Tannenwald (Vaccinio-Abietetum) bzw. vom Waldsimsen-Tannenwald (Luzulo-Abietetum) eingenommen. Beide sind artenarme Waldgesellschaften, in denen die Heidelbeere *(Vaccinium myrtillus)* vorherrscht. Beigesellt sind im Beerstrauch-Tannenmischwald die Fichte, im Unterwuchs Preißelbeere *(Vaccinium vitis-idaea)* und besonders an sonnenseitigen trockenen Hängen die spitzkronige Höhenkiefer (*Pinus sylvestris* var. *hercynica*). Verbreitungsgebiete sind der nördliche Buntsandstein-Schwarzwald (Enzhöhen), hier mit *Ilex aquifolium*, und die Schwarzwald-Ostabdachung, die Schwäbisch-Fränkischen Keupersandsteinberge (Abb. 25). Vereinzelte Vorkommen gibt es noch im oberen Thüringisch-Vogtländischen Schiefergebirge.

b) Auf Braunerden mittlerer bis guter Basenversorgung wächst in subkontinentalen Klimagebieten der Labkraut-Tannenwald (Galio rotundifolii-Abietetum). Außer dem Rundblättrigen Labkraut *(Galium rotundifolium)* sind Schwarze Heckenkirsche *(Lonicera nigra)* und Waldwachtelweizen *(Melampyrum sylvaticum)* für ihn kennzeichnend. Innerhalb der geschlossenen Tannenareale Süddeutschlands besetzt er auch schwere, teilweise wechselfeuchte Böden auf Keuper- und Liastonen, die von der Buche gemieden werden. In der submontanen Stufe kann der Labkraut-Tannenwald auf staunassen Böden auch Eichen-Hainbuchenwälder ersetzen. Verbreitungsgebiete sind die schweren Böden im Keuperbergland und auf den Liasplatten des südwestlichen und mittleren Albvorlandes sowie die Oberen Gäue und die Baar im Lee des Schwarzwaldes, wo der Labkraut-Tannenwald im Wechsel mit (c) auftritt (Abb. 25).

c) Auf kalkreichen Standorten mit Rendzinen und Kalkstein-Braunlehm kommen im Gebiet der Oberen Gäue und der Baar in vorwiegend ebenen Lagen artenreiche Tannenmischwälder (Pyrolo-Abietetum) vor. Neben Rundblättrigem Labkraut und Schwarzer Heckenkirsche enthalten sie Frühlingsplatterbse *(Lathyrus vernus)*, Seidelbast *(Daphne mezereum)*, Fingersegge *(Carex digitata)* u. a. Teilweise ist der artenreiche Tannenmischwald auch reich an Orchideen. Die namengebenden Wintergrün-Arten (*Pyrola* spp.) treten vorwiegend in Neuaufforstungen mit Fichte auf, die oft auf ehemaligem Weideland vorgenommen worden sind.

Ausschlaggebend für die von der Tanne dominierten Wälder ist zunächst das subkontinental getönte Regionalklima und in zweiter Linie der Boden. Die entscheidende Rolle spielen dabei offenbar niedrige Wintertemperaturen. Bei zu niedrigen Wintertemperaturen mit Januarmitteln unter −4 °C werden die Tannen- durch Fichtenwälder ersetzt, worauf ELLENBERG (1986) am Beispiel inneralpiner Längstäler hinweist.

Kiefernwälder und kiefernbeherrschte Mischwälder

Natürliche Kiefernwälder sind in Mitteleuropa hauptsächlich in stärker kontinental beeinflußten Klimagebieten mit armen, vorwiegend trockenen Böden ausgebildet. Die Höhenstufen der Verbreitung der Waldkiefer *(Pinus sylvestris)* reichen von planar bis submontan. Die Entwicklungsmöglichkeiten der Mitbewerber der Waldkiefer, hauptsächlich Buche, Tanne und Fichte, sind unter diesen Standortbedingungen stark eingeschränkt. Allein die Eiche (Stiel- und Traubeneiche) vermag bei günstigeren Bedingungen mitzuhalten und ist den Kiefernwäldern mehr oder weniger stark beigemischt. In Nordostdeutschland, besonders in Sandgebieten Südmecklenburgs bis in die nördliche Oberlausitz, bilden Kiefern-Traubeneichenwald (Pino-Quercetum) und Beerstrauch-Kiefernwald (Myrtillo-Pinetum) typische Standortgefüge. In Süddeutschland zeichnen sich die Verbreitungsgebiete natürlicher Kiefernwälder durch ihre tiefere Lage in der kollinen bis submontanen Stufe, stärker subkontinentales Klima und auch ärmere, sandige Bodenverhältnisse aus als die der Tannenwälder. So wachsen im stark subkontinental geprägten Regionalklima auf armen sandigen Böden des Mittelfränkischen Beckens, des Fränkischen Albvorlandes, des Oberpfälzisch-Obermainischen Hügellandes sowie am Rande von Donaumoos und Ingolstädter Becken in kolliner bis submontaner Höhenstufe Moos-Kiefernwälder (Leucobryo-Pinetum mit Peucedano-Pinetum MATUSZ. 62) und bei besseren Bodenverhältnissen kiefernreiche Preißelbeer-Eichenwälder (Vaccinio-Quercetum; vgl. Abb. 22 und 23).

Mehr wärmegetönt sind die Steppen-Küchenschellen-Kiefernwälder (Pulsatillo-Pinetum), die kleinräumig an süd- bis westexponierten Hängen der nördlichen Frankenalb auf Jurakalken vorkommen. Sie gehören zur Ordnung der Kiefern-Steppenwälder (Pulsatillo-Pinetalia OBERD. 67), die in Mitteleuropa selten und nur fragmentarisch ausgebildet sind. Die zuerst genannten Kiefernwaldgesellschaften hingegen sind nach OBERDORFER (1983) eher den borealen Nadelwäldern (Vaccinio-Piceetalia) und hier dem Verband der nordischen Kiefernwälder (Dicrano-Pinion MATUSZ. 62) zuzurechnen. Sie bilden im südostdeutschen Laubmischwaldgebiet extrazonale Waldgesellschaften, die sich aufgrund der besonderen regionalklimatischen und edaphischen Bedingungen einstellen.

Sowohl geländeklimatisch als auch edaphisch bedingt sind die alpinen und präalpinen Schneeheide-Kiefernwälder (Erico-Pinion), die in Tälern der nördlichen Kalkalpen mit ausgeprägter Leelage auf flachgründigen Rendzinen und Tangelrendzinen bevorzugt an Südhängen wachsen, z. B. im Karwendel- und Wettersteingebirge und in den Berchtesgadener Alpen (SEIBERT 1968). Den Aspekt bestimmt die im Frühling blühende Schneeheide *(Erica herbacea)*, weiterhin kennzeichnend ist *Polygala chamaebuxus*. Vorzugsweise auf den durchlässigen Böden beruhen die dazugehörigen Trockenauen-Kiefernwälder, die sich auf den breiten Schotterauen der Alpenflüsse Isar, Lech, Saalach und Mangfall in Restbeständen finden. SEIBERT (1968) hat in der Isaraue bei Wolfratshausen zwei Gesellschaften unterschieden, die hier großflächig im Wechsel verbreitet sind: den Erdseggen-Schneeheide-Kiefernwald (Dorycnio-Pinetum caricetosum humilis) auf feinerdearmen Schotter- und Kiesstandorten und den Pfeifengras-Kiefernauenwald (D.-P. molinietosum) auf feinmaterialreicheren Böden über Kalkschottern. Charakterart ist der Seidenhaar-Backenklee *(Dorycnium germanicum)*, Trennart *Molinia arundinacea* (vgl. auch ELLENBERG 1986). Ähnliche Vegetationskomplexe kommen noch auf den Schotterauen von Saalach, Mangfall und einigen kleineren Alpenflüssen vor.

Fichtenwälder

Als zonale Vegetation sind die Fichtenwälder in der hochmontanen Stufe der östlichen Mittelgebirge Deutschlands und in der unteren subalpinen Stufe der Alpen aufzufassen. Die Fichte *(Picea abies)* ist als kontinentale Baumart bereits im Atlantikum noch vor ihren stärksten Konkurrenten, Tanne und Buche, aus dem Osten nach Mitteleuropa eingewandert (WALTER u. STRAKA 1970). Sie bildet in den höheren Lagen der östlichen Mittelgebirge des heutigen Deutschlands einschließlich Harz, Thüringer Wald, Frankenwald, Fichtel- und

Erzgebirge, Oberpfälzer und Bayerischer Wald sowie Alpen geschlossene Wälder (Abb. 22, 23, 24 und 26). Auch zur Zeit ihrer größten Massenentfaltung in der Mittleren Wärmezeit ist die Fichte nur unerheblich über ihre jetzige westliche Arealgrenze hinaus vorgedrungen und hat anscheinend den Oberrheingraben natürlicherweise zu keiner Zeit überschritten (ELLENBERG 1986). Heute kämen natürliche Fichten-Reinbestände nur dort vor, wo die wichtigsten Mitbewerber, Buche und Tanne, wegen zu starker Kontinentalität des Klimas nicht mehr mitzuhalten vermögen. Ausschlaggebend sind dabei vor allem tiefe Wintertemperaturen (langandauernde Fröste), für den Ausschluß der Buche auch Spätfröste, die das junge Laub schädigen (so in Tallagen), sowie Sommertrockenheit. Durch die Forstwirtschaft ist die Fichte vor allem in den westlichen Mittelgebirgen Deutschlands erheblich über ihre natürliche Arealgrenze hinaus ausgeweitet worden.

Fichtenwälder wachsen in den genannten Gebieten auf sauren und basischen Gesteinen, wobei in den Mittelgebirgen die sauren Gesteine weitaus überwiegen (Silikat-Fichtenwälder), während in den deutschen Alpen auch Kalke und kalkreiche Gesteine als Standorte eine große Rolle spielen (Kalk-Fichtenwälder). Wie bei den Buchenwäldern, so lassen sich nach dem Säuregrad und Humuszustand des Bodens sowie dem entsprechenden Artengefüge insbesondere der Bodenvegetation auch hier drei Gesellschaftsgruppen unterscheiden: Rohhumus-, Moder- und Mullmoder-Fichtenwälder (ELLENBERG 1986). Jedoch sind die Fichtenwälder auf kalkreichen und kalkarmen Gesteinen einander sehr viel ähnlicher als die Buchenwälder auf entsprechenden Böden, weil die Fichtennadelstreu nur langsam und unter Säurebildung abgebaut wird. Sogar auf Rendzinen bildet sich Moder, der Säurezeiger begünstigt. Je nach darunterliegendem Mineralboden unterscheidet sich jedoch der Stoffgehalt des Auflagehumus (STÖCKER 1980). In den Mittelgebirgen kommt danach den Reitgras-Fichtenwäldern (Calamagrostio villosae-Piceetum) große Bedeutung zu. Einen durch zahlreiche pflanzensoziologische Aufnahmen belegten Überblick über die Fichtenwälder Mitteleuropas außerhalb der Alpen haben HARTMANN u. JAHN (1967) gegeben. Im Unterschied zu den montanen Fichtenwäldern der Mittelgebirge enthalten die sogenannten subalpinen Fichtenwälder (Hochlagen-Fichtenwälder der Mittelgebirge und im Alpenraum) zumeist nur wenige Arten, die aber mit großer Stetigkeit und oft auch in großer Menge auftreten, z. B. *Oxalis acetosella*, *Vaccinium myrtillus*, *V. vitis-idaea*, *Calamagrostis villosa* und *Hylocomium splendens*. An Bäumen ist in den Alpen besonders an Südhängen manchmal die Lärche *(Larix decidua)* beigemischt. Solche und andere insgesamt einförmig wirkenden artenarmen Fichtenwälder kommen auch außerhalb der Alpen in den Hochlagen der Mittelgebirge vor, so im Hochharz und Hinteren Bayerischen Wald. Sie sind langsamwüchsig und leiden unter den rauhen Wintern mit viel Schnee und Reif. Ebenso wie die daraus hervorgegangenen Fichtenforsten sind sie in der Gegenwart besonders von den neuartigen Waldschäden betroffen. Dies gilt in noch stärkerem Maße für die Tannenwälder (vgl. S. 179f.).

Ihre größte Wuchskraft erreicht die Fichte in der montanen Stufe in Fichten-Tannenwäldern, wie im Schwarzwald und Bayerischen Wald, oder in Fichten-Buchenwäldern, wie im Thüringer Wald, hier in 600 m NN (KOCH 1958 in ELLENBERG 1986). In den Voralpen kommen z. T. sehr wüchsige Buchen-Tannen-Fichtenwälder an den Flyschketten vor. Die Forstwirtschaft hat sich diese für die Fichte günstigen Standortbedingungen in der montanen Stufe weitgehend zunutze gemacht und vor allem hier Fichtenforste angelegt.

Außerhalb der zonalen Verbreitung in der hochmontanen Stufe der östlichen Mittelgebirge und der subalpinen Stufe der Alpen kommen natürliche Fichtenwälder noch lokal begrenzt auf Sonderstandorten vor. Solche sind:

1. ruhende Blockhalden, schmale Felsleisten und Karrenfelder mit flachgründigen Bodenbildungen in der montanen Stufe der Mittelgebirge und der Alpen;

2. Kaltlufttäler in der montanen Stufe und „Eiskeller", das sind fast nur im Schatten gelegene, feinerdearme Blockhalden, durch deren Hohlräume kalte Luft abfließt, wodurch kälteertragende, lichtbedürftige nordische und alpine Arten begünstigt werden (häufig nur lichte Krüppelfichtenbestände), so im Bayerischen Wald, im Schwarzwald und sogar im Elbsandsteingebirge;

3. Hochmoorränder des Alpenvorlandes und einiger Mittelgebirge (Harz, Schwarzwald, Thüringer Wald und Bayerischer Wald) mit Peitschenmoos-Fichtenwald (Bazzanio-Piceetum);

4. nicht mehr überschwemmte Flußauen kaltluftsammelnder Täler in den Nordalpen und im Bayerischen Wald (Auen-Fichtenwälder). Hier läßt sich auch der Pfeifengras-Kiefern-Fichtenwald (Molinio-Piceetum) der grundwasserbeeinflußten Lausitzer Becken und Niederungen anschließen, in dem die Fichte eine eigene Tieflandrasse bildet (GROSSER 1966).

Außerdem ist die Fichte mehreren Gesellschaften der Ordnung Fagetalia einzeln oder gruppenweise beigemischt, soweit diese in relativ kontinentalen Klimagebieten liegen (ELLENBERG 1986).

Erst bei 1400 – 1500 m NN wird in den Bayerischen Alpen der montane Hainlattich-Tannen-Buchenwald (Aposerido-Fagetum) bzw. kleinräumig auch der Hochstauden-Bergahorn-Buchenwald von subalpinem Fichtenwald abgelöst. Dieser reicht bis an die obere Waldgrenze, die hier am Alpennordrand je nach Reliefformen und Bodenverhältnissen zwischen 1600 und 1800 m NN verläuft (Abb. 26). Besonders in den schroffen Kalkhochalpen ist die obere Waldgrenze oft durch Wände und darunterliegende Schuttanhäufungen herabgedrückt. An der oberen Waldgrenze durchdringen sich Alpenrosen-Latschenbusch (Krummholzgürtel) und subalpiner Fichtenwald. Die den Aspekt bestimmende Gehölzart ist hier die Echte Legföhre oder Latsche *(Pinus mugo)*; an Laubbäumen kommt allenfalls noch die Vogelbeere (*Sorbus aucuparia* var. *glabrata*) vor. Charakteristisch sind verschiedene Zwergsträucher hauptsächlich aus der Familie der Ericaceen, wie Rauhblättrige Alpenrose *(Rhododendron hirsutum)*, Zwergalpenrose *(Rhodothamnus chamaecistus)*, Schneeheide *(Erica herbacea)*, Gamsheide *(Loiseleuria procumbens)* und Zwergwachholder *(Juniperus nana)*. Darüber und teilweise damit verzahnt folgen alpine Borstgrasmatten (Nardion) im Wechsel mit Zwergstrauchheiden. In der Felsstufe gedeihen (vgl. SEIBERT 1968) Kalkfelsspalten-Gesellschaften (Potentillion caulescentis), Kalksteinschuttfluren (Thlaspion rotundifolii) und Kalksteinrasen (Elyno-Seslerietea). Subalpine Lärchen-Arvenwälder aus *Larix decidua* und *Pinus cembra*, wie sie in den Zentralalpen anzutreffen sind, kommen in den Bayerischen Alpen und Kalkhochalpen nur fragmentarisch vor. Der zur vollen Ausbildung dieses Vegetationstyps nötige Kontinentalitätsgrad wird hier anscheinend nur angenähert unter besonderen Reliefbedingungen, wie Leelage, erreicht.

3.2. Vegetationstypen auf Sonderstandorten

Neben den hier hauptsächlich unter klimatischen Gesichtspunkten eingeordneten Waldgesellschaften und Gesellschaftskomplexen gibt es solche, die sich nicht klimazonal einordnen lassen (Tab. 70b). In erster Linie sind hier die Pflanzengesellschaften der wassergeprägten Standorte, der Auen, Brücher und Moore, zu nennen. Daneben gibt es einige, die sich auf

Grund sehr ausgeprägter geländeklimatischer Bedingungen einstellen (Tab. 70b). Für die Moore ist einschränkend festzustellen: Zwar gibt es grundwasserabhängige Niedermoore auch in den trockensten Gebieten Deutschlands, wie im Lee des Harzes und im Oderbruch, aber die Entwicklung von Regenmooren (Hochmooren) ist an klimatische Wasserüberschußgebiete gebunden, insofern sind auch sie klimazonale Ökosysteme.

3.2.1. Auenwälder

An den gefällstarken Oberläufen der Bäche wachsen zunächst nur als schmaler Ufersaum und später auf mehr oder weniger schmalen Auen, deren Böden durch die Sog- und Druckwirkung des schwankenden Grundwassers gut durchlüftet sind, Bach-Eschenwälder (Carici remotae-Fraxinetum W. Koch 26). Sie werden vornehmlich von der Gemeinen Esche *(Fraxinus exelsior)* und an sumpfigen Stellen mit mehr stagnierendem Wasser auch von Schwarzerlen *(Alnus glutinosa)* gebildet. Die Kennart der üppigen, oft zahlreiche Hochstauden enthaltenden Bodenvegetation ist die Entferntährige Segge *(Carex remota)*.

Die breiten Talauen der großen Flüsse stellen auch in vegetationskundlicher Sicht eigene Landschaftsräume dar (Abb. 22). Sie wären natürlicherweise hauptsächlich mit Wäldern bestanden, in denen Stieleiche, Esche und Ulme in je nach Standort wechselndem Verhältnis die beherrschenden Baumarten bilden. Wegen der guten Nährstoff- und Wasserversorgung sind die sich in Verbindung mit der Auenlehmablagerung entwickelnden Hartholzauen auf Braunen Auenböden vom Vega-Typ zum größten Teil als Wiesen- und Ackerland genutzt. Die Hartholzauen zählen heute zu den stark bedrohten Waldgesellschaften. Abgesehen von den ökologischen Beschränkungen, die sich für die Auen durch Überschwemmungen ergeben (Belüftung und mechanische Belastungen), sind die trophischen Standortbedingungen besonders in den Hartholzauen in der Regel günstig. Die Böden sind humusreich, und es findet ein rascher Durchsatz von Nährelementen (speziell Stickstoff) statt. Ausdruck der guten Wasser- und Nährstoffversorgung ist eine artenreiche, üppige Kraut- und Strauchvegetation. Auch die zumeist gut wüchsige Baumschicht ist, gemessen an mitteleuropäischen Wäldern, relativ artenreich. Ellenberg (1986) unterscheidet bei den Auenwäldern drei standörtliche Typen, die sich vor allem durch den Grundwasserflurabstand sowie die Überschwemmungshäufigkeit und -dauer unterscheiden.

1. Auf regelmäßig überschwemmten kies- und schotterreichen Böden in Ufernähe von Flüssen und Binnenseen mit schwankendem Wasserstand sind Weichholzauen ausgebildet, die als Silberweidenwälder (Salici-Populetum Tx. 31) beschrieben worden sind. Die Silberweide *(Salix alba)* siedelt sich mit der Purpurweide *(Salix purpurea)* schon auf sehr niedrigen Uferbänken im unteren Sommerhochwasserbereich an. Vollausgebildete, bis über 20 m hohe Bäume entwickelt sie jedoch erst auf etwas höher gelegenen, nicht mehr so oft und heftig überströmten feinmaterialreicheren Auenböden. In der vollausgebildeten Silberweidenaue ist häufig die Schwarzpappel *(Populus nigra)* anzutreffen, die nach Ellenberg (1986) jedoch nur in Südostmitteleuropa heimisch ist. Allerdings sind in den vergangenen Jahrzehnten in den Flußauen und feuchten Niederungen von Süddeutschland bis zur Nord- und Ostseeküste Pappelkulturen mit Hybriden angelegt worden (Papierholzerzeugung). Häufige Begleitarten auf den nassen Böden der Silberweidenaue sind Rohrglanzgras *(Phalaris arundinacea)*, Kratzbeere *(Rubus caesius)* und Große Brennessel *(Urtica*

dioica). Die Siberweidenaue gehört zu den von völliger Vernichtung bedrohten Waldgesellschaften in Mitteleuropa. Reste gibt es noch am Oberrhein, hier vor allem an Altwässern, an der oberen Donau, auf den Deltabildungen der Zuflüsse verschiedener Alpenvorlandseen sowie vereinzelt an der Elbe und ihren Nebenflüssen.

2. Auf grundwasserferneren Standorten wächst als untere Stufe der Hartholzauen der Eschen-Ulmen-Auenwald (Fraxino-Ulmetum Tx. 52). Die Böden sind aus Auenlehm hervorgegangen und werden nur noch selten bei starkem Hochwasser überflutet. Der Anteil der Hauptbaumarten Esche, Ulme und Stieleiche ändert sich mit dem standörtlichen Bodenfeuchteregime, das durch die topographisch und regionalklimatisch beeinflußte Wasserführung der Flüsse gesteuert wird. So hat im Küstengebiet die Esche neben der Stieleiche einen hohen Anteil. Im äußersten Nordwesten, an der Ems, fehlen die Ulmen ganz, während sie im mitteldeutschen Trockengebiet stark hervortreten (SCHUBERT 1972, ELLENBERG 1986). Eschen-Ulmen-Auenwälder kommen zumeist nur noch fragmentarisch in den Auen von Donau, Rhein, unterer Weser, Elbe und Oder sowie an den Unterläufen ihrer größeren Nebenflüsse auf nährstoffreichen, zumeist tiefgründigen Lehmböden vom Typ der Braunen Vega vor.

3. Als oberste Stufe der Hartholzauen stocken auf tiefgründigen Böden aus Auenlehm, Bodentyp vorwiegend Braune Vega, Stieleichen-Ulmen-Auenwälder (Querco-Ulmetum ISSLER 24). Sie werden nur noch von extremen Hochwässern erreicht. Besonders im Sommer liegt der Grundwasserspiegel oft lange Zeit erheblich unter diesem Hartholzauentyp, weshalb die Stieleiche stärker hervor- und die Esche mehr zurücktritt. Flatterulme *(Ulmus laevis)* und Feldulme *(Ulmus minor)* sind begleitende Baumarten. Hier ist auch das von PASSARGE (1953) beschriebene Sambuco-Ulmetum einzuordnen, das in den Niederungen der Bode, Fuhne und des Köthener Ackerlandes auf Schwemmlößdecken über Gleyhorizonten großflächig verbreitet wäre.

Durch das Vorherrschen der Stieleiche und das Hinzutreten der Hainbuche sind höher gelegene Hartholzauen teilweise bereits feuchten Eichen-Hainbuchenwäldern ähnlich. So leitet der Eichen-Ulmen-Auenwald an den Unterläufen norddeutscher Flüsse, wie Weser und Aller, auch zu Eichen-Hainbuchenwäldern auf hochwasserfreien, oft etwas staunassen Standorten über: bei nährstoffreicheren Bodenverhältnissen zu Waldziest-Eichen-Hainbuchenwald (Stellario-Carpinetum stachyetosum), bei ärmeren zum Geißblatt-Eichen-Hainbuchenwald (Stellario-Carpinetum periclymenetosum) – vgl. KRAUSE u. SCHRÖDER (1979).

Auf den jungen Schotterfluren einiger Alpenflüsse, wie Iller, Inn, Tiroler Ache, Traun und Saalach/Salzach, gibt es im Alpenvorland auf Braunen Auenböden zumeist ohne Grundwasseranschluß noch ausgedehnte Reste eines edellaubholzreichen Auenwaldes (PFADENHAUER 1969). Darin ist neben Esche und Bergulme *(Ulmus glabra)* vor allem der Bergahorn *(Acer pseudoplatanus)* vertreten. Auch die Fichte *(Picea abies)* kommt vereinzelt darin vor. Kennzeichnend für die Bodenvegetation sind besonders die Weißsegge *(Carex alba)* und an feuchteren Stellen der Waldziest *(Stachys sylvatica)*.

Auf der untersten Terrassenstufe schließt sich flußwärts und an Altläufen im regelmäßigen Überschwemmungsbereich der rasch fließenden Gewässer mit kräftiger Schotterbewegung die Grauerlenaue (Alnetum incanae AICH. et SIG. 30) an. Ihr Boden ist zumeist ein dunkler Kalkauenboden (Kalkpaternia) mit ständigem Grundwasserkonakt. Solche Grauerlenauen kommen im Überflutungsbereich der Alpenflüsse bis in Donaunähe vor. In den Tälern des kontinental getönten inneralpinen Nadelwaldgebietes sind die bachbegleitenden Grauerlenbestände *(Alnus incana)*, die hier auch junge Schwemmkegel mit unentwickelten Böden überziehen, die einzige Laubwaldgesellschaft. Auf den Deltabildungen an den Mündungen der Alpenflüsse in die Alpenvorlandseen, z. B. Alpenrhein in den Bodensee und Tiroler Ache in den Chiemsee, folgt die Grauerlenaue auf die Silberweidenaue, die die unmittelbare Uferzone besetzt. Wie Schwarzerle und Grünerle verfügt auch die Grauerle in ihren Wurzeln (Wurzelknöllchen) über symbiotisch lebende Actinomyceten *(Frankia alni)*, die Luftstickstoff binden, und gehört damit zu den bodenbereitenden Pionierholzarten.

Hauptsächlich auf den Auen des Tieflandes mit ständigem Grundwasserkontakt und ziemlich regelmäßiger Überflutung wächst auf mineralischen Naßböden (eutrophen Gleyen) der Traubenkirschen-Erlen-Eschenwald (Pruno-Fraxinetum OBERD. 53, wohl identisch mit dem Fraxino-Alnetum glutinosae MATUSZ. 52). Floristisch bildet er den Übergang vom Schwarzerlenbruch zum feuchten Stieleichen-Hainbuchenwald. Aber auch zu den Bach-Eschenwäldern weist er gewisse floristische Beziehungen auf. Die Baumschicht enthält neben Esche und Schwarzerle die Traubenkirsche *(Prunus padus)* sowie im östlichen Mitteleuropa auch die Fichte (RUNGE 1986). Als kennzeichnende Arten treten in der Krautschicht das Milzkraut *(Chrysosplenium alternifolium)* und besonders im nordöstlichen Tiefland sowie im Alpenvorland Alpenhexenkraut *(Circaea alpina)* auf. Weiterhin sind *Rubus*-Arten, *Humulus lupulus*, *Ranunculus ficaria*, *Impatiens noli tangere*, *Deschampsia caespitosa* und *Urtica dioica*, zumeist eutraphente Arten, darin enthalten. Der Schwarzerlen-Eschenwald kann auch außerhalb zeitweise überfluteter Flußauen große Areale einnehmen, wenn nur das Grundwasser hinreichend hoch steht. So gehören große Teile des Spreewaldes diesem Vegetationstyp an (SCAMONI 1954, PASSARGE 1956, KRAUSCH 1960).

Trockenauen-Kiefernwälder

Eine Sonderform der Auenwälder sind die Trockenauen-Kiefernwälder, die bereits unter den Kiefernwaldgesellschaften (vgl. S. 181) behandelt worden sind.

3.2.2. *Bruchwälder*

Die echten Bruchwälder unterscheiden sich von den Auenwäldern dadurch, daß sie Böden besiedeln, in denen das Grundwasser dauernd nahe der Oberfläche steht und im Gegensatz zu den Auenwaldstandorten nur wenig schwankt. Überschwemmungen durch schwankendes Grundwasser bringen den Brüchern so nur wenig bis kein Schwebmaterial, d. h., es findet keine Ablagerung von anorganischen Sedimenten und damit kaum Nährstoffzufuhr statt.

Ein wichtiges Unterscheidungsmerkmal ist außerdem, daß Bruchwälder nur auf organischen Böden mit mindestens 15–20 cm Bruchwaldtorf wachsen, d. h. auf Anmoor und Niedermoor (ELLENBERG 1986). In der Natur gibt es jedoch mannigfache Übergänge zwischen Bruch- und Auenwäldern. Schwarzerlenbrücher des Alnion glutinosae (MALC. 29) wachsen in der planaren und kollinen Stufe auf Niedermoorböden mit relativ nährstoffreichem Wasser, auf denen die meisten Laubwaldarten nicht mehr gedeihen. Sie werden von *Alnus glutinosa* beherrscht, begleitend kann der Faulbaum *(Frangula alnus)* auftreten. Dem in Mitteleuropa hauptsächlich verbreiteten Carici-elongatae Alnetum medioeuropaeum sind die Arten der *Carex elongata*-Gruppe gemeinsam (ELLENBERG 1986): Langährige

Segge *(Carex elongata)*, Sumpflappenfarn *(Thelypteris palustris)*, Sumpf-Haarstrang *(Peucedanum palustris)*, Blasen-Segge *(Carex vesicaria)*, Bach-Nelkenwurz *(Geum rivale)*, Himbeere *(Rubus idaeus)*.

Der Schwarzerlenbruch kommt im gesamten Norddeutschen Tiefland in vermoorten Niederungen abseits der Flüsse vor, außerdem an verlandenden Binnenseen als Endstadium der Verlandungsreihe. Eine auffällige Ausbildung in diesem Endstadium ist der sich auf schlickigem Torf bei nährstoffreichem Wasser einstellende Wasserschwertlilien-Erlenbruchwald mit der gelbblühenden *Iris pseudacorus*. Vor dem Erlenbruch liegt bei vielen Verlandungssukzessionen noch ein Saum mit Grauweiden-Erlengebüsch, bevor man das gehölzfreie Großseggenried erreicht.

Bei basenarmem Grundwasser stellt sich der Birkenbruch (Betuletum pubescentis Tx. 37) anstelle des Erlenbruchs ein. Nach ELLENBERG (1986) kann die Schwarzerle bei einem Gehalt von weniger als ca. 0,1 mg/l CaO nicht mehr mit der Birke konkurrieren. In Nordwestdeutschland wird der Birkenbruch hauptsächlich von der Moorbirke *(Betula pubescens)* gebildet, der allenfalls Faulbaum *(Frangula alnus)* und Vogelbeere *(Sorbus aucuparia)* beigesellt sind. Alle Baumarten sind auf den mageren, nassen Standorten schlechtwüchsig. Mit dem Übergang ins kontinentalere Klima des Ostens treten Kiefernbrücher anstelle der Birkenbrücher. So kommen auf der Hinterpommerschen Seenplatte Birkenbrücher neben Kiefernbrüchern vor (MATUSZKIEWICZ 1963).

Begleitende Arten des Birkenbruchs sind *Molinia caerulea, Trientalis europaea, Polytrichum commune, Sphagnum fallax, Dryopteris carthusiana*. Der Kiefernbruch ist dagegen reich an Zwergsträuchern *(Ledum palustre, Vaccinium uliginosum, Calluna vulgaris)*. Birkenbrücher wachsen auf oligotroph sauren Mooren, in Nordwestdeutschland besonders am Rande von Hochmooren. Auch auf abgetorften Mooren können sich Birkenbrücher entwickeln. Im Oberharz, Hochsauerland, Solling, Spessart und in der Hohen Rhön finden sich auf Quellmooren von der Karpatenbirke *(Betula carpatica)* gebildete Bruchwälder (Betuletum carpaticae LOHM. et BOHN 72).

3.2.3. Moore

Moore sind Wasserüberschußgebiete, die von speziell angepaßter, torfbildender Vegetation besiedelt werden. Bisher wurden in Deutschland Nieder- (oder Flach-), Zwischen- und Hochmoore unterschieden. SUCCOW (1988) gliedert die Moore zum einen nach der Herkunft des Wassers und der dadurch bedingten Entstehung (hydrologisch-genetische Moortypen). Zum anderen sind Trophiestatus und Säure-Basen-Verhältnis der Moorsubstrate entscheidende Faktoren für die jeweilige Moorvegetation und damit für die Torfarten. Daraus ergeben sich ökologisch-phytozönologische Moortypen.

Bei günstiger Nährstoffversorgung und ausgeglichenem pH-Regime bilden sich Reichmoore. Viele verlandende Seen, Quellmoore, versumpfte Niederungen, besonders im pleistozän geprägten Tiefland, und gelegentlich überflutete Talmoore im Gebirge gehören diesem Typ an. Er bildet sich in der Uferzone eutrophierter und verlandender Stillgewässer (Seen) auch in der Gegenwart weiter. Röhricht und Großseggenried (Magnocarici-Phragmitetalia), Weidengebüsch und Schwarzerlenbruch (Alnetalia glutinosae) bilden in der Verlandungszone eine räumliche Abfolge.

Bei abnehmender Nährstoffversorgung entstehen Zwischenmoore, deren Stoffhaushalt stärker vom pH-Wert des Wassers bestimmt wird. In Sauer-Zwischenmooren herrschen Torfmoos-Seggenriede, Torfmoos-Binsen- oder Torfmoos-Wollgrasriede (Sphagno-Caricetalia) vor. Ohrweidengebüsche, Erlen-Birken- bzw. Kiefernbrücher, im Gebirge auch Torfmoos-Fichtenbruchwälder leiten die Bewaldung ein. Hierzu gehören vermoorte Toteishohlformen in sandigen Moränen (Kesselmoore), Schwingrasen an nährstoffarmen Seen, versumpfte Niederungen, Hangmoore in sandigen Ablagerungen des Tieflandes, Moore in Dünentälern, aber auch Hangmoore über saurem Silikatgestein in der montanen Stufe der Mittelgebirge (Abb. 24 und 25).

Von großer Ausdehnung sind die basiphilen Zwischenmoore (Durchströmungsmoore) der Flußtäler des norddeutschen Jungmoränentieflandes und des Alpenvorlandes. Neutro- bis basiphile Seggenriede mit Astmoosen der Gattungen *Drepanocladus*, *Calliergon* u. a. (sog. Braunmoose) innerhalb der Ordnung *Caricetalia diandrae* bauten in Jahrtausenden Torfschichten von mehreren Metern auf. Über seggenreiche Weiden- und Weiden-Birken-Moorgehölze verläuft die Sukzession zum Kreuzdorn-Birkenwald; randlich entwickeln sich Erlen-Birken- und Erlen-Eschenwälder. Beispiele sind Donauried, Dachauer und Erdinger Moos sowie Flachmoore in den Tälern des Lechs und der unteren Isar sowie im Norden die Moore in den Tälern von Recknitz, Tollense, Peene und Uecker.

Seeufer, Quellmulden, vernäßte Hänge und Geländehohlformen mit kalkhaltigem Wasser haben sich zu Kalk-Zwischenmooren entwickelt. Artenreiche Kalkmoorgesellschaften *(Tofieldietalia)* mit Braunmoosen (*Scorpidium scorpioides*, *Drepanocladus* sp., *Campylium* sp., *Philonotis* sp. u. a.) und kalkholden Seggen, dem Schneidried *(Cladium mariscus)*, Kopfriedrasen (*Schoenus* sp.) und konkurrenzschwachen Standortspezialisten, aber auch Strauchbirken-Kriechweidengebüsch mit *Betula humilis* als kennzeichnende Vegetation sind in Resten verblieben. Die weitere Entwicklung verläuft rasch zu Birkenbruch- oder Erlen-Eschenwäldern.

Am reichsten waren bzw. sind die Kalkmoore in den Gletscherzungenbecken und Toteishohlformen des Alpenvorlandes sowie an den quelligen bzw. durch Grundwasserdurchstau versumpften Rändern der Talsohlen einiger Alpenflüsse (z. B. Isar- und Loisachtal). Vereinzelt kommen solche Moore sogar im Schichtstufenland vor, so in Thüringen und im Donauried; häufiger sind sie im norddeutschen Jungmoränengebiet, hier als Quell-, Verlandungs- und Durchströmungsmoore.

Während die reichen bis mäßig armen Nieder- bzw. Zwischenmoore vom Grundwasser beeinflußt sind („topogene Moore“ nach v. POST 1925) und deshalb mit ihren Artenkombinationen stets auf mineralhaltiges Wasser hinweisen, sind die echten Hochmoore ausschließlich vom Niederschlagswasser abhängig. Sie werden deshalb auch Regenmoore oder ombrogene Moore genannt. Ihr Stoffhaushalt ist durch extreme Nährstoffarmut und stark saures Milieu im Torfkörper gekennzeichnet. Durch das ständige Wachstum der vielen torfbildenden Moose aus der Gattung *Sphagnum* erheben sich die Mooroberflächen allmählich über ihre Umgebung, deshalb Hochmoore. Sie haben sich in Gebieten mit hohem Niederschlagsüberschuß, wie dem nordwestdeutschen Küstengebiet, entwickelt. Zugleich begünstigt hier die Nährstoffarmut quarzsandreicher Lockerablagerungen (Schmelzwassersande, tiefreichend entkalkte Moränen) die Ansiedlung von Torfmoosen. In den Mittelgebirgen sind es häufig saure Silikatgesteine, die den Untergrund der Moore bilden. Von den einst sehr verbreiteten typischen Hochmooren atlantischer Prägung, die im nordwestdeutschen Küstentiefland als Deckenmoore ausgebildet waren, leben heute nur noch kleine

Reste. Die übrigen sind der im 18. Jh. beginnenden und sich bis in die Gegenwart fortsetzenden Abtorfung sowie der landwirtschaftlichen Nutzung durch die „deutsche Hochmoorkultur" zum Opfer gefallen. Die größten Hochmoore lagen im Emsland (Bourtanger Moor), in der Hunte-Leda-Niederung (Oldenburgische Moorniederung), auf den Geestplatten Ostfrieslands (Esterweger Dose, Ostfriesländisches Zentralmoor) sowie in der Hamme-Wümme-Oste-Niederung bei Bremen (Teufelsmoor). Süd- bzw. südostwärts reichten typische atlantische Hochmoore bis in den Raum Osnabrück – Hannover – Gifhorn. Im Küstengebiet kommen Hochmoore bis ins westliche Mecklenburg vor.

Weitere Hochmoore konzentrieren sich auf die kühl-feuchten Hochlagen und Kammflächen der Mittelgebirge, wo sie morphologisch als Plateau-, Sattel- und Gehängemoore ausgebildet sind (Abb. 24 und 25). Zum Teil große Gebirgsmoore finden sich auf dem Hohen Venn, hier vor allem auf belgischem Staatsgebiet (Plateaumoore), im Hochharz, in der Hohen Rhön, im Thüringisch-Fränkischen Mittelgebirge, im Erzgebirge, Schwarzwald, Oberpfälzer und Hinteren Bayerischen Wald. Oft sind sie aus sauren Hangmooren hervorgegangen und räumlich noch mit solchen verknüpft. Randlich leitet torfmoosreicher Peitschenmoos-Fichtenwald (Bazzanio-Piceetum) zu Reitgras-Fichtenwäldern auf Mineralböden über.

Die torfbildende Vegetation besteht aus Torfmoosrasen der Gattung *Sphagnum* mit *Polytrichum*, Torfmoos-Zwergstrauchbeständen und Torfmoos-Wollgras-Rieden (mit *Eriophorum vaginatum*), in den Gebirgen auch aus Flechten-Heidekraut-Torfmoosrasen (Klasse *Oxycocco-Sphagnetea*). Zunehmende Kontinentalität begünstigt die Bewaldung der Hochmoore. Im Tiefland beginnt sie mit torfmoosreichen Birken- und Kiefernbrüchern (Vaccinio uliginosi-Betuletum und Ledo-Pinetum). Im Hochharz und Thüringer Wald weitet sich die Vermoorung teilweise auf den Beerstrauch-Fichtenwald (Vaccinio uliginosi-Piceetum) aus. Die Hochmoore im Schwarzwald, Oberpfälzer und Bayerischen Wald, Erzgebirge, im Alpenvorland und in den Tälern der Nordalpen sind Bergkiefern-Moore mit *Vaccinium uliginosum* und *Sphagnion*-Arten (Vaccinio uliginosi-Pinetum rotundatae und Pino-Sphagnetum KUOCH 54). Sie werden von der Moor-Bergkiefer (*Pinus rotundata*, var. *pseudopumilio* [WILLK.] NEUMAY.) gebildet, die vorwiegend als Legföhre wächst. Im Südschwarzwald, Alpenvorland westlich des Inn, Oberpfälzer und Bayerischen Wald sowie Erzgebirge ist daneben die aufrecht wachsende Moor-Spirke (*Pinus rotundata* var. *arborea* TUB.) zumeist randlich auf den Hochmoorkomplexen vertreten. Auch die nordische Zwergbirke *(Betula nana)* kommt im lichten Beerstrauch-Bergkiefernmoor vor. Ähnlich wie die Strauchbirke *(Betula humilis)* ist sie ein Eiszeitrelikt. Ein gut erhaltenes Alpenvorlandmoor ist das Wurzacher Ried in einem rißeiszeitlichen Zungenbecken des Rheingletschers mit Durchströmungs- und typischem Kalkflachmoor (*Cladium mariscus*-Beständen) an Quelltöpfen (Reichmoor). In den weniger von kalkreichem Wasser beeinflußten Moorteilen konnten vornehmlich in der Nachwärmezeit Regenmoorschilde aufwachsen, die als typisches Bergkiefernmoor (Armmoor) ausgebildet sind. Davallseggenried *(Carex davalliana)* und Mehlprimel-Kopfbinsenried im Einflußbereich kalkreicher Quellbäche sowie Regenmoorkalotten mit Bergkiefern-Torfmoosbülten und Spirkenmoorwald auf den Randgehängen umfaßt auch das „Murnauer Moos" im Stammtrichter der Loisach, eines der interessantesten und besterhaltenen Alpenvorlandmoore (KAULE 1974, SUCCOW u. JESCHKE 1986).

Die größten Moorflächen wies vor Beginn der großangelegten Abtorfungen und Moorkultivierungen das heutige Bundesland Niedersachsen zusammen mit dem Stadtstaat Bremen auf: ca. 350000 ha Hochmoor (7,4% der Landesfläche) und 300000 ha Niedermoor (6,3% der Landesfläche). Bezogen auf die Landesfläche, folgten Schleswig-Holstein und

Hamburg mit 1,6% (25000 ha) Hochmoor und 8,65% (135000 ha) Niedermoor. In Süddeutschland hatte Bayern mit 59000 ha Hochmoor (0,8% der Landesfläche) und 141000 ha Niedermoor (2% der Landesfläche) die größten Moorgebiete (nach GROSSE-BRAUCKMANN 1967 und SCHNEIDER 1976 in EIGNER u. SCHMATZLER 1980).

3.2.4. Wälder geröllreicher Schatt- und Sonnhänge

Unter topoklimatischen und edaphischen Sonderbedingungen entwickelt sich der Eschen-Ahorn-Schatthangwald (Phyllitido-Aceretum MOOR 52). Er kommt in der submontanen bis montanen Stufe im Mittelgebirge und Schichtstufenland vor und wird nach einem häufigen Standorttyp auch als Schluchtwald bezeichnet. Der Eschen-Ahorn-Schatthangwald steht zu den Mull-Buchenwäldern sowohl räumlich als auch ökologisch und floristisch in sehr enger Beziehung. Seine Baumschicht wird von Esche *(Fraxinus excelsior)*, Bergahorn *(Acer pseudoplatanus)*, Bergulme *(Ulmus glabra)* und vor allem in warmen Gebieten auch von der Sommerlinde *(Tilia platyphyllos)* gebildet. Die Buche tritt darin zurück, bei extremen Standortbedingungen kann sie sogar fehlen. Das Bestandsklima dieses Waldtyps zeichnet sich durch ausgeglichen hohe Luftfeuchte und Kühle aus. Die gemessenen Evaporationswerte sind niedrig und die Extreme der Luft- und Bodentemperatur geringer als im Buchenwald. Infolge der Standortlage an schattigen Nordwest- bis Osthängen und in engen, tief eingeschnittenen Tälern ist die Windeinwirkung sehr gering. Die Böden, die sich über einem oft wenig stabilisierten Schuttuntergrund entwickelt haben, zeichnen sich nach GADOW (1975) durch Humusreichtum, zumeist gute Basenversorgung und eine außerordentlich hohe Nitratlieferung aus. In der üppigen Krautschicht fallen zunächst Hochstauden und Farne auf, worunter sich auch die Charakterarten *Lunaria rediviva*, *Actea spicata*, *Polystichum aculeatum*, *Phyllitis scolopendrium* und *Gymnocarpium robertianum* befinden. Einige davon, wie *Phyllitis scolopendrium*, kommen jedoch nur im atlantischen bis subatlantischen Klima des Westens vor. Obwohl die Bestände oft schwer zugänglich sind, zählen die Eschen-Ahorn-Schatthangwälder wegen ihrer Edellaubholzarten und der guten Wüchsigkeit zu den forstlich wertvollsten Waldgesellschaften.

Das Gegenstück zum Eschen-Ahorn-Schatthangwald bilden die Ahorn-Linden-Block- und Geröll-Hangwälder, ein ebenfalls nur kleinräumig verbreiteter, hauptsächlich auf Sonnhänge beschränkter Vegetationstyp. Die Standortverhältnisse sind denen des Aceri-Fraxinetums ähnlich, allerdings ist die Wasserversorgung viel ungünstiger und infolgedessen die Vegetation anspruchsloser. Verbreitungsgebiet ist der gesamte Mittelgebirgsraum, aber auch die Schwäbische Alb (z. B. Wutachschlucht). Im subozeanischen Klimabereich herrscht die Sommerlinde *(Tilia platyphyllos)* vor, im subkontinentalen die Winterlinde *(T. cordata)*. Im Übergangsgebiet kann es, je nach Frische des Standorts, zu einem gegenseitigen Ersatz dieser beiden Arten kommen, so an den Hängen des Elster-Saale-Tales, wo bei starker Sonnenexposition die Winterlinde zur Vorherrschaft gelangt (HARTMANN 1974).

4. Zur spät- und nacheiszeitlichen Vegetationsgeschichte

Zur Aufhellung der postglazialen Klima- und Vegetationsgeschichte hat die historische Geobotanik vor allem durch die Entwicklung der Pollenanalyse wesentlich beigetragen (Tab. 71). Während des Hochwürms war das eisfreie Gebiet Mitteleuropas von einer waldlosen Tundrenvegetation bedeckt. Ein hoher Anteil von Gräser-, Cyperaceen- und *Artemisia*-Pollen läßt auf Kältesteppen während der Späteiszeit schließen. Mit dem Abschmelzen des Inlandeises vor ca. 13000 Jahren begannen die auch heute noch in Mitteleuropa waldbildenden Baumarten in bestimmter Reihenfolge einzuwandern. Zunächst siedelten sich Birke und Kiefer auf den allenfalls von Krautweide bewachsenen Tundren an. Die Frühe Wärmezeit (Boreal) ist durch eine Massenausbreitung der Hasel gekennzeichnet, was zunächst zu Hasel-Kiefernwäldern führte. In der Mittleren Wärmezeit (Atlantikum) folgen Ulme, Eiche, Fichte, Linde, Esche und Erle. Als zonale Vegetation sind Eichenmischwälder verbreitet. Die lichtbedürftigen Holzarten Birke und Kiefer gehen zurück. Kiefernwälder, teilweise mit Eiche und Birke, werden – ähnlich wie heute – auf die armen Sandböden in Nordostdeutschland zurückgedrängt, auf denen die anspruchsvolleren Holzarten Ulme, Linde und Esche nicht fortkommen. In den Höhenlagen der Mittelgebirge breiten sich westwärts bis in den Harz Fichtenwälder aus, ebenso in den Alpen. Auf sehr trockenen Standorten bilden sich artenreiche Grasheiden mit zahlreichen Steppenarten aus, während in den zunehmend versumpfenden Niederungen Erlenbruchwälder Fuß fassen.

In der Späten Wärmezeit (Subboreal) folgen Tanne, Hainbuche und Rotbuche. Rotbuchenwälder entwickeln sich vornehmlich erst in der kühleren und feuchteren Nachwärmezeit (Subatlantikum), als der Mensch gewisse Gebiete Mitteleuropas bereits als Ackerbauer und Viehzüchter nutzt. In seinen Siedlungsgebieten fördert er gleichzeitig die Eiche vor der Buche wegen der Eichelmast.

Mit Ausnahme der Jüngeren Dryaszeit (Jüngere Tundrenzeit) war das Klima der gesamten Nacheiszeit baumfreundlich. Hauptursache für die spät- und nacheiszeitlichen Vegetationsveränderungen ist offensichtlich der in Europa annähernd gleichzeitig eingetretene Klimawandel. Außerdem sind die verschiedenen Ausbreitungsgeschwindigkeiten und Wanderwege der Holzarten, die Lage ihrer eiszeitlichen Refugien, ihre unterschiedliche Wettbewerbsfähigkeit und auch die Bodenentwicklung mit ihren Verzögerungen zu berücksichtigen.

5. Vegetationsentwicklung unter dem Einfluß des Menschen

Erste Einflüsse des Menschen auf die Vegetation zeigen sich seit der Jungsteinzeit. So treten Getreidepollen verstärkt etwa ab 3000 v. Chr. auf (Tab. 71). Daneben finden sich Pollen von Ackerwildkräutern, die sich mit dem Getreideanbau auf den gerodeten Flächen angesiedelt haben und hauptsächlich aus den Steppenlandschaften Kleinasiens, Südosteuropas und Südsibiriens stammen. Sie sind inzwischen zum festen Bestandteil der Flora Mitteleuropas geworden und werden als Archäophyten (Alteinwanderer) bezeichnet. Die seßhaft gewordenen Menschen nahmen zunächst die für die bäuerliche Wirtschaft günstigen Böden mit

Zeit	Pollenzone n. FIRBAS	Pollenzone n. OVERBECK	Vegetationsphasen	Klimaentwicklung
+ 1000		XII	Kulturforste ausgedehnte Wiesen, Weiden und Äcker	Nachwärmezeit (Subatlantikum)
0	IX	XI	Buchen- und Buchenmischwälder	
		IIIIIIIII		
− 1000	VIII	X	Buchen-Eichenwald Buche u. Tanne wandern ein	Späte Wärmezeit (Subboreal)
		IIIIIIII		
− 2000		IX	Eichenmischwald mit hohem Eichenanteil	
− 3000	VII	IIIIIIIII		
− 4000		VIII	Eichenmischwälder mit hohem Ulmen- und Weidenanteil Ahorn, Linde, Esche, Erle u. Fichte wandern ein Fichtenwald in den Hochlagen	Mittlere Wärmezeit (Atlantikum)
− 5000	VI	IIIIIIII		
− 6000	V	VII	ausgedehnte Haselhaine	Frühe Wärmezeit (Boreal)
− 7000		VI IIIIIIIII	Hasel-Kiefernwald	
− 8000	IV	V IIIIIIII	Birken-Kiefernwald	Vorwärmezeit (Präboreal)
− 9000	III	IV IIIIIIIII	baumarme Tundren	Jüngere Tundrenzeit Jüngere Dryas
	II	III	lichter Birken-Kiefernwald	Alleröd
− 10000	I	II	baumarme Tundren	Ältere Tundrenzeit Ältere Dryas
− 11000		IIIIIIIII	(baumarme Tundren)	Bölling
− 12000		I	baumlose, schüttere Tundren	Älteste Tundrenzeit

Tabelle 71
Vegetations- und Klimageschichte Mitteleuropas von der Späteiszeit bis zur Gegenwart mit den Pollenzonen nach Firbas *und* Overbeck *(nach* Walter *u.* Straka *1970, erweitert)*

	Vorgeschichte	
cheiszeit	geschichtliche Zeit zunehmende Einwirkungen des Menschen	
	Eisenzeit	
	Bronzezeit Beginn des Ackerbaus	
	Späte Mittlere Frühe	Jung- steinzeit
	Mittelsteinzeit	
barktische Zeit ätglazial)	Jungpaläolithikum	Altsteinzeit
chglazial		

hinreichendem Nährstoffvorrat, möglichst ausgeglichenem Wasserhaushalt und nicht zu schwerer Bearbeitbarkeit in Besitz. Das waren vor allem die aus Löß gebildeten Böden der heutigen Börden und Gäu- (Gau-) Landschaften. Aber auch Geest- und Jungmoränengebiete Nordwestdeutschlands sind Altsiedelland. Vor- und frühgeschichtlich besiedelte Gebiete weisen außerdem die Nordseemarschen auf. In Deutschland wurde die älteste bisher bekannte Marschsiedlung in der Wesermarsch bei Rodenkirchen gefunden; sie liegt auf einem ehemaligen, heute von Marschklei überdeckten Uferwall bei − 1,20 m NN und stammt aus der Zeit um 1000 v. Chr. (späte Bronzezeit). Zwischen 700 und 300 v. Chr. drangen Siedler in die Hartholzaue der unteren Ems ein, errichteten ihre Häuser aus Eichenholz und nutzten den nährstoffreichen Auenboden (BEHRE 1987). Große Marschgebiete wurden um Christi Geburt besiedelt, als der Meeresspiegelanstieg eine Ruhephase einlegte.

Von den römischen Siedlungen im Rhein-Mosel-Gebiet ist eine starke Nutzung der Wälder bekannt. Auf den armen sandigen Geestböden Nordwestdeutschlands, wo der Birken-Stieleichenwald und Buchen-Eichenwald die natürliche Vegetation bildete, breitete sich nach zu starker Holzentnahme und Weidenutzung anstelle der wenig regenerationsfähigen Wälder die atlantische Zwergstrauchheide (mit *Calluna vulgaris*) aus. Ihre größte Verbreitung erreichte diese anthropo-zoogene Pflanzenformation, die mit dem Namen „Lüneburger Heide" verbunden ist, am Ende des 18. Jh., bevor im 19. Jh. große Heideflächen mit Waldkiefer aufgeforstet wurden (VÖLKSEN 1984). Dieser wie auch der folgende Landnutzungswandel hin zu einer intensiven agrarwirtschaftlichen Nutzung bei hohen Düngergaben hatten nachhaltige Auswirkungen auf den Stoffhaushalt der Landschaft (HÜTTER 1992, KLINK 1992).

Starke Veränderungen an einer bis dahin weitgehend natürlich verbliebenen Vegetation bewirkten der mittelalterliche Siedlungsausbau, in den Mittelgebirgen und in den Voralpen die Rodungsphasen vom 8. – 12. Jh. sowie in Mittel- und Ostdeutschland die deutsche Ostsiedlung, die sich in Etappen vom 9. – 14. Jh. vollzog. Weitere erhebliche Zerstörungen an den Wäldern der Mittelgebirge und auch der Alpen richteten der Bergbau, die Erzverhüttung, die Köhlerei und die Glaserzeugung (Pottaschegewinnung) im späten Mittelalter und in der Neuzeit an. Außerdem hat die Salzgewinnung in den Salinen große Holzmengen verbraucht. So mußten die Salinen, welche die Sole aus dem Berchtesgadener Salzbergwerk und den Reichenhaller Salzquellen verarbeiteten, in der Neuzeit wegen Holzmangels mehrfach verlegt werden, um sich über die Flußeinzugsgebiete von Saalach, Traun und Inn jeweils neue Holzliefergebiete zu erschließen.

Es ist dem sehr belastungs- und regenerationsfähigen Naturhaushalt Mitteleuropas zu verdanken, daß die Waldzerstörungen des späten Mittelalters und der beginnenden Neuzeit zumeist ohne stärkere Beeinträchtigungen des ökologischen Naturraumpotentials geblieben sind. Zugunsten des Waldes wirkte sich die Wüstungsperiode des 14. – 16. Jh. aus, in der Bergländer in Niedersachsen, Hessen und Thüringen teilweise vom Wald zurückerobert werden konnten.

Andererseits hatte die Entstehung offener Agrarlandschaften zur Entwicklung von vielfältigen Wildkrautgesellschaften geführt. Die Dreifelderwirtschaft, bei der jedes dritte Jahr ein Brachejahr war, bot insbesondere der einjährigen Wildflora genügend Lebensraum. Extensive Weide- und Wiesenwirtschaft vor allem auf flachgründigen Böden mit geringer Wasserkapazität, wie Rendzina auf Kalkgestein, ließ die Entwicklung artenreicher Trocken- und Halbtrockenrasen zu, deren Reste heute oft als naturschutzwürdig gelten.

Die Waldbewirtschaftung vergangener Jahrhunderte, insbesondere die Niederwaldwirtschaft mit ihrer etwa 20jährigen Umtriebszeit, veränderte die Holzartenzusammensetzung und die Krautschicht gegenüber den ursprünglichen Wäldern gründlich (POTT 1985). Die Ursachen hierfür liegen vor allem im unterschiedlichen Stockausschlagsvermögen der Baum- und Straucharten und teilweise auch in der mit dieser Wirtschaftsweise verbundenen Bodendegradierung. So wurden vor allem Hainbuche, Eiche und auch Birke durch die Niederwaldwirtschaft gefördert. In manchen Gegenden völlig zurückgedrängt hingegen wurde die Buche. So ist der Rückgang der Buchenwälder in ausgesprochenen Niederwaldgebieten, wie dem Rhein-Mosel-Gebiet, erheblich. In der Bodenvegetation wurden durch die Niederwaldwirtschaft lichtliebende Arten gefördert, während die schattenertragenden abnahmen. Auch solche, die gegen mechanische Beschädigungen, wie Hacken und Brennen, sehr empfindlich sind, wurden zurückgedrängt. In einigen Formen wurde die Niederwaldwirtschaft als Wald-Feld-Wechselwirtschaft betrieben, was sich bei längerer Dauer besonders bodendegradierend auswirkte. Ein Beispiel hierfür ist die Siegerländer Haubergswirtschaft, durch die es zu einer weitgehenden Verdrängung der Buche kam. In anderen Mittelgebirgen, wie dem Bayerischen Wald, sind die sogenannten Birkenberge Ergebnis der Wald-Feld-Wechselwirtschaft. Zwar wird Niederwaldwirtschaft heute kaum noch betrieben, aber vielen Privat- und Kommunalwäldern besonders im Rhein-Mosel-Gebiet sieht man noch heute an, daß sie aus ehemaligen Nieder- bzw. Mittelwäldern hervorgegangen sind.

Eine geordnete Forstwirtschaft entwickelte sich erst gegen Ende des 18. Jh., nachdem es bereits vorher von Grundherren, vor allem Klöstern und Fürsten, erlassene Forstordnungen gegeben hatte (z. B. die bayerische Forstordnung von 1568). Mit der Forstwirtschaft begann die planmäßige Pflanzung von raschwüchsigen, leicht zu bearbeitenden Nadelholzarten, namentlich Kiefer und Fichte, in vorher reinen Laubwaldgebieten, wie dem nordwestdeutschen Tiefland und dem Rheinischen Schiefergebirge. Es waren hauptsächlich Birken-Stieleichen- und Sauerhumus-Buchenwälder, die durch Nadelholzforste ersetzt wurden. Bald kamen auch fremdländische Wald- und Parkbäume hinzu (z. B. Douglasie, Weymouthskiefer, Roteiche). Außerdem wurden durch die moderne Forstwirtschaft die meisten Nieder- und Mittelwälder in Hochwälder übergeführt (HASEL 1985).

Zu einer weiteren Einwanderungswelle von Pflanzen ist es seit dem 15. Jh. mit der Entdeckung Amerikas und der Entwicklung eines weltweiten Handels gekommen. Die seither eingeschleppten und sich spontan entwickelnden oder auch als Zier- oder Nutzpflanzen eingebrachten und sich von selbst ausbreitenden Arten werden als Neophyten (Neueinwanderer) bezeichnet. Teilweise sind sie als Bereicherung der mitteleuropäischen Flora anzusehen, teilweise breiten sie sich aber auch auf Kosten einheimischer Arten aus, die sie aus ihrem Gesellschaftsgefüge verdrängen, so der an Waldrändern bis in die montane Stufe, in Parks und auf Ruderalstandorten heute bereits weit verbreitete Japanische Staudenknöterich *(Reynoutria japonica)* oder der Feuchtstandorte, wie Auen, bevorzugende Riesenbärklau *(Heracleum mantegazzianum)*. In Nordwestdeutschland stark verbreitet hat sich in den letzten Jahren vor allem auf trockenen Ruderalstandorten, wie Bahnkörpern, aber auch anderswo das Schmalblättrige Greiskraut *(Senecio inaequidens)*, eine mit Wollimporten aus Südafrika eingeführte Pflanze. Bereicherungen unserer Flora sind auch der aus Ostasien stammende Fliederspeer *(Buddleja davidii)*, der bei atlantisch getöntem Klima zusammen mit Weiden, *Sambucus*-Arten und anderen Pioniergehölzen Schuttplätze und Bahndämme besiedelt, oder die Springkräuter *Impatiens parviflora* (Herkunft: NE-

Asien) und *I. glandulifera* (Himalaja) sowie die aus Ostindien stammende Balsamine (*Impatiens balsamina*). Neophyten machen besonders im Siedlungsbereich, wo neue, zumeist trockenere Standorte geschaffen worden sind, bereits einen erheblichen Teil der Flora aus, so in der Innenstadt von Berlin ein Viertel (Sukopp 1990). Die meisten stammen aus dem mediterranen und südosteuropäischen Raum und sind Ausdruck des wärmeren Klimas und trockener Böden in den Städten.

Andererseits ist es ungefähr seit der Mitte des vorigen Jahrhunderts durch Intensivierung der Landwirtschaft, Industrialisierung, Siedlungsausweitung und die immer stärkere Inanspruchnahme der freien Landschaft durch Freizeitaktivitäten der Menschen zu einem sich ständig beschleunigenden Rückgang einheimischer Pflanzen- und Tierarten gekommen. So sind in einem Vergleichszeitraum von rund 100 Jahren etwa 35% der einheimischen Farn- und Blütenpflanzen ausgestorben, vom Aussterben akut bedroht oder zumindest gefährdet (Blab u. a. 1984). Bei den Tieren liegt der Anteil noch wesentlich höher. Zwar wandern ständig Arten zu oder werden eingeschleppt, aber insgesamt ist in Mitteleuropa bei allen Organismengruppen der Rückgang einheimischer Arten zahlenmäßig größer als die Einbürgerung fremdländischer. Nicht nur Arten sind vom Aussterben bedroht, auch Pflanzengesellschaften sind durch Veränderung ihrer Standorte, Einwirkungen der Land- und Forstwirtschaft usw. fast verschwunden. So gibt es heute in Nordwestdeutschland kaum noch einen typischen trockenen Birken-Stieleichenwald, der für Lößgebiete und Teile des Jungmoränenlandes charakteristische Flattergras-Buchenwald ist sehr selten geworden, und selbst der Hainsimsen-Buchenwald der Mittelgebirge ist von einer völligen Umwandlung in ertragreichere Nadelholzbestände bedroht. Zu den selten gewordenen Pflanzengemeinschaften zählen auch Silikat-Magerrasen und extrem oligotrophe Moorgesellschaften. Ein wirksamer Schutz vor der wachsenden Artenverarmung können die in den letzten Jahren geschaffenen Nationalparks und Biosphärenreservate sein.

ROLF SCHMIDT

A. V.
Böden

1.
Faktoren der Bodenbildung und Bodenprozesse

Die Bodendecke Deutschlands ist vielgestaltig und charakteristisch für Mitteleuropa. Die Einbindung in den übergeordneten Zusammenhang der zonalen Gliederung der Böden spiegelt den Übergangscharakter Mitteleuropas in klimatischer Hinsicht wider: zwischen dem maritimen Westen und dem kontinentalen Osten, dem wärmeren Süden und dem kühleren Norden. Da die großklimatischen Bedingungen wesentlichen Einfluß auf die Herausbildung der Bodenzonen haben, sind in Deutschland typische Böden und Bodengesellschaften der gemäßigten Breiten ausgebildet. In globalen Gliederungen der Pedosphäre wird Deutschland überwiegend der Zone der Braunerden bzw. Parabraunerden zugeordnet, mit Anteilen an der Zone der Podsolböden im Nordosten und der durch die Höhengliederung bestimmten Bodenzone der Hochgebirge in den Alpen (FRIDLAND 1984, DRIESSEN u. DUDAL 1989). Die großklimatisch bedingte Zonierung wird überlagert durch die geologisch-geomorphologische Hauptgliederung in pleistozänes Tiefland, Lößgürtel, Bergland und schließlich Hochgebirge. Diese im wesentlichen Nord-Süd ausgerichtete Gliederung differenziert die Bodendecke weiter. Auch innerhalb dieser Großlandschaften gibt es wesentliche Unterschiede, z. B. zwischen den fruchtbaren Geschiebelehmböden und den kargen, kiefernbestandenen Sanden Norddeutschlands, zwischen den Lößbörden mit Schwarzerden und Parabraunerden sowie den stärker durch Staunässe geprägten Lößprovinzen und schließlich zwischen den Böden aus Kalkgestein und den sauren Mittelgebirgsböden. Ergänzt wird die Grundgliederung durch die Böden der Marschen, der Täler und durch die Moore, die vor allem den nördlichen Teil Deutschlands mitbestimmen. Die Täler prägen mit ihren Flußauen aber auch alle anderen Bodenlandschaften in charakteristischer Weise.

Insgesamt ergibt sich aus der zonalen und großlandschaftlichen Einordnung die *regionale Gliederung der Böden Deutschlands* in

- Marschen und Flußauen,
- Böden der glazialen Sedimente, differenziert in Jung- und Altmoränengebiete des Norddeutschen Tieflandes, und die Schotterplatten des Alpenvorlandes,
- Lößbörden und Lößbeckenlandschaften, differenziert nach Schwarzerden, Parabraunerden und Pseudogleyen,
- Bergländer, differenziert nach karbonatischen und sauren Ausgangsgesteinen sowie der Höhengliederung in den Mittelgebirgen,
- Alpen und Alpenvorland.

Bei aller Vielfalt der Bodendecke werden die Böden durch einige wenige Haupttypen der Bodenentwicklung charakterisiert: Verbraunung, Lessivierung, Podsolierung, Humusakkumulation und Vergleyung.

Verbraunung ist der dominierende Bodenprozeß. Er ist an gemäßigtes Klima gebunden und vollzieht sich vor allem unter Laub- und Mischwäldern bei ausgeglichenem Bodenwasserhaushalt. Bei der Verwitterung der Minerale wird Eisen freigesetzt und oxidiert, ein Vorgang, der mit einer Braunfärbung des Bodenmaterials verbunden ist. Verbraunung setzt Entkalkung des Ausgangsgesteins voraus oder erfolgt parallel zu ihr. Häufig ist mit der Verbraunung eine Erhöhung des Tongehalts verbunden, hervorgerufen durch die Bildung sekundärer Tonminerale. Verbraunung führt zur Ausbildung des braunen Verwitterungshorizontes, des B-Horizontes, der für viele Böden Mitteleuropas charakteristisch ist.

Prozeß	Merkmale	Typische Böden
Auflagehumus/ Mullbildung	Anhäufung zersetzter Pflanzenreste, Bildung und Akkumulation von Feinhumus mit Bioturbationen (Bodendurchmischung durch Bodentiere)	Schwarzerde (Tschernosem) Ah-C
Verbraunung	Chemische Verwitterung mit Eisenfreisetzung und Mineralneubildung nach Entkalkung	Braunerde Ah-Bv-C
Lessivierung	Mobilisierung und Verlagerung von Tonteilchen aus dem Oberboden in den Unterboden mit Bildung von Tonhäutchen in Tonanreicherungshorizonten	Parabraunerde Ah-Bv-Al-Bt-C
Podsolierung	Mobilisierung und Verlagerung von Eisen-Aluminiumoxiden im sauren Milieu unter Beteiligung organischer Säuren mit Ausbildung von Bleich- und Anreicherungshorizonten	Podsol Ah-Ae-Bhs-Bs-C
Vergleyung	Mobilisierung und Immobilisierung von Eisen- und Manganoxiden durch Redoxreaktionen bei Vernässung mit Ausbildung von oxidierten und reduzierten Phasen in unterschiedlichen Horizonten oder Mischhorizonten	Grundwassereinfluß: Gley Ah-Go-Gr Pseudogley Ah-Sw-Sd

Tabelle 72
Bodenbildungsprozesse und typische Böden in Auswahl
(nach EHWALD *1980 und Bodenkundliche Kartieranleitung 1982)*

Verbraunung ist ein so allgemeines Merkmal mitteleuropäischer Bodenbildung, daß sie häufig auch in Verbindung mit anderen Bodenprozessen auftritt. Dabei kann es zur *Tonverlagerung (Lessivierung)* kommen, einem Prozeß, der durch Verlagerung von Tonsubstanz aus dem oberen Profilteil in den unteren charakterisiert ist und der zu einer Profildifferenzierung zwischen tonärmeren Oberböden und lehmig-tonigen Horizonten im Unterboden führt. Es entstehen Parabraunerden bis Fahlerden (besonders saure Parabraunerden), die z. T. aus Braunerden hervorgegangen sein können oder in denen sich parallel auch braune Verwitterungshorizonte herausbildeten.

Ähnliches gilt für die *Podsolierung*. Auch hier erfolgt vertikale Stoffverlagerung, jedoch vorwiegend im sauren Milieu, so daß nicht mechanisch Tonsubstanz, sondern vorwiegend organische Stoffe, Eisen und Aluminium chemisch gelöst im Profil von oben nach unten verlagert und wieder ausgefällt werden.

Eine Besonderheit stellt die Entwicklung der *Schwarzerden* Mitteleuropas dar. Schwarzerden sind in der Regel Steppenböden des kontinentalen Klimas mit Feinhumusakkumulation bei hoher biologischer Aktivität. Obwohl diese Bedingungen in Mitteleuropa in ihrer charakteristischen Ausprägung nicht anzutreffen sind, haben sich auf kalkreichem Ausgangsgestein, wie Löß oder Geschiebemergel, auch in Mitteleuropa Schwarzerden entwickeln und erhalten können. Ihre Entstehung ist an spezifische Bedingungen der nacheiszeitlichen Klimaentwicklung (Karbonatmetabolik und Humusakkumulation in halboffenen Waldlandschaften) gebunden (ROHDENBURG u. MEYER 1968, EHWALD 1980).

Unter Nässeeinfluß werden die Böden durch *Vergleyung* und *Pseudovergleyung* geprägt. Bei der Vergleyung werden Eisen- und Manganverbindungen im Bereich ständiger Wassersättigung (Grundwasser) gelöst und können so auch über größere Strecken lateral verlagert werden. Pseudovergleyung zeichnet sich dadurch aus, daß Sickerwässer in den Boden eindringen und durch dichtere Schichten gestaut werden. Wenn sich zeitweilige Wassersättigung in der Stauzone einstellt, kommt es zu Oxidation und Reduktion von Eisen- und Manganverbindungen. Die Folge ist die für Pseudogleye typische, z. T. an Leitbahnen orientierte Rost- und Bleichfleckigkeit.

Die genannten Bodenprozesse sind eine Auswahl, mit der nur einige Grundzüge der Bodenentwicklung Mitteleuropas angedeutet werden können. In Tabelle 72 sind die wichtigsten Prozesse mit den daraus resultierenden Böden und den charakteristischen Horizontkombinationen zusammenfassend dargestellt.

2.
Bodenentwicklung seit der letzten Kaltzeit

Ausbildung und Eigenschaften der heutigen Böden sind das Ergebnis einer Entwicklung, die nicht immer einheitlich und gleichsinnig verlaufen ist. Böden stellen trotz ihrer in der Regel recht kurzen Entwicklungszeit seit dem Ende der letzten Eiszeit sehr komplexe Naturkörper dar, die sich in Abhängigkeit von Zeit und Raum unterschiedlich entwickelt haben. Das betrifft sowohl den Aufbau der Substrate mit der oft erkennbaren Schichtung der Böden als auch die Herausbildung der Horizonte und Bodentypen.

Wesentlich für die zeitliche Entwicklung ist der Sachverhalt, daß mit Ausgang der Würm- bzw. Weichsel-Kaltzeit weitgehend flächendeckend ein „neues" Ausgangsmaterial für die Bodenbildung zur Verfügung stand. Das betrifft einerseits die mächtigen glazialen Sedimente des Norddeutschen Tieflandes oder des Alpenvorlandes einschließlich der Lösse, aber auch die durch kaltzeitliche Verwitterung entstandenen Schuttdecken der Gebirge. Auf ihnen setzte mit der ausklingenden letzten Kaltzeit die Bodenbildung ein, als die Oberfläche durch eine geschlossene Vegetationsdecke festgelegt wurde. Diese Entwicklung begann am Ende des Spätglazials und umfaßt somit eine Zeitspanne von ca. 12000 bis 13000 Jahren.

Die Bodenentwicklung erfolgte zunächst in arktischen und subarktischen Frostmusterböden, wobei eine Substratdifferenzierung eintrat, wie Untersuchungen in rezenten Permafrostgebieten (Herz u. Andreas 1966, Semmel 1969, Eberle u. Blümel 1992) zeigen konnten. Es kann angenommen werden, daß die Substratdifferenzierung in sandigere Oberböden und lehmigere Unterböden, die für viele Böden des Tieflands charakteristisch ist, bereits in dieser Zeit angelegt wurde (Kopp 1965, Thiere u. Laves 1968). Die Substratdifferenzierung erfolgte außerdem reliefabhängig; in den feuchteren Senken begann die Entwicklung von Tundrengleyen und Mooren.

Gleichzeitig und sich allmählich verstärkend, setzte auf kalkhaltigem Ausgangsgestein Entkalkung ein, und es kam zur Ausbildung geringmächtiger Pararendzinen. Diese Entwicklungsreihe betrifft die Moränen- und Schotterplatten der glazialen Akkumulationsräume in Nord- und Süddeutschland ebenso wie die Lößgebiete.

Entkalkung und Ausbildung von Rohböden bis Pararendzinen stellen die Voraussetzungen für die anschließend einsetzenden Phasen der Bodenentwicklung dar, die an mehr oder weniger geschlossene Waldbedeckung seit dem Präboreal und Boreal vor ca. 8000 bis 10000 Jahren gebunden sind. Es kommt zur Entwicklung einer Braunerde bei feucht-gemäßigten Klimabedingungen und geschlossener Waldbedeckung einerseits und zur Bildung von Schwarzerde bei stärkerem Offenlandcharakter. Beginnend mit dem Atlantikum vor ca. 7000 Jahren, setzt – infolge stärkerer Entkalkung und Klimaänderung – verstärkt Lessivierung als bestimmender bodenbildender Prozeß ein (ROHDENBURG u. MEYER 1968, SEMMEL 1977). Es kommt zur Ausbildung von Parabraunerden mit braunem Zwischenhorizont (Bv), z. T. fahlem Übergangshorizont (AZ) und Tonanreicherungshorizont (Bt).

Stets ist zu bedenken, daß es sich mit derart vereinfachten und schematisierten Darstellungen nur um Leitlinien der Bodengenese seit dem Spätglazial handeln kann. Mit zunehmender Erwärmung, mit Herausbildung der holozänen Naturlandschaft und schließlich der Kulturlandschaft der Gegenwart wird die Entwicklung der Böden in Beziehung zu Gestein, Relief und Hydromorphie zunehmend differenzierter, wie dies beispielsweise ROESCHMANN in KUNTZE u. a. (1988) in eindrucksvollen Entwicklungsreihen demonstriert hat. Schon bei geringfügigen Abwandlungen des Ausgangsmaterials, z. B. hinsichtlich Kalkgehalt oder Durchlässigkeit, können andere Kombinationen bodenbildender Faktoren mit veränderten Entwicklungsreihen gegeben sein. So kann beispielsweise geringer oder fehlender Kalkgehalt auf Geschiebelehm bzw. Löß in Verbindung mit geringer Durchlässigkeit Ursache für Pseudogleyentwicklung sein. Auf saurem Ausgangsmaterial entwickeln sich rasch Podsolböden.

Auch reliefbedingt ist mit erheblichen Abweichungen von den „Norm"-Bodenbildungen zu rechnen. So treten an Hängen positionsabhängig unterschiedliche Bodenbildungsphasen auf. Es gibt Interferenzen und Überlagerungen mehrerer Bodenbildungsprozesse. Ursprünglich hydromorph geprägte Böden an Mittel- und Unterhängen können später stärker anhydromorph geprägte Entwicklungsphasen durchlaufen oder umgekehrt. Entstehung und Ausbildung der Böden sind deshalb stets in Beziehung zur Bodencatena, der regelhaften Abfolge der Böden am Hang, zu sehen.

Schließlich stellt die anthropogene Veränderung und Ausbildung der Böden einen untrennbaren Bestandteil der Bodenentwicklung als Ganzes dar. Die seit dem Mittelalter großflächig einsetzende landwirtschaftliche Nutzung hat zu wesentlichen Veränderungen von Bodeneigenschaften und Böden geführt. Dazu gehören unter anderem: (a) die Ausbildung der Ackerkrume als selbständiger Bodenhorizont, (b) die allmähliche Verbesserung des Nährstoffzustandes der Ackerböden, aber auch (c) die unmittelbar mit der Kulturnahme in hängigen Gebieten einsetzende Bodenerosion. Die Entwicklung des Ap-Horizontes und der sich verstärkende Bodenabtrag werden zunehmend zu antagonistischen Prozeßgruppen, so daß die Ackerkrumen durch Bodenbearbeitung und weitere Maßnahmen zwar ständig reproduziert, aber auch uneinheitlicher oder heterogener werden. Deshalb erscheint es berechtigt, die anthropogen bedingte Bodenentwicklung, auch wenn sie bisher nur einen Zeitraum von ca. 7000 Jahren umfaßt, als eigenständige Bodenentwicklungsphase zu charakterisieren. In der Gegenwart unterliegen die Böden darüber hinaus infolge intensiver Landbewirtschaftung zunehmend nutzungsbedingten Belastungen, die zur Beeinträchtigung des Leistungsvermögens und der ökologischen Funktion der Böden im Naturhaushalt führen. Diese Bodenveränderungen werden durch Prozesse der Bodendegradation ausgelöst, zu denen u. a. sekundäre Bodenverdichtung, Bodenerosion durch Wasser und Wind, Versauerung, Humusverlust und Torfmineralisierung gehören (OLDEMAN

u. a. 1990). Es scheint deshalb berechtigt, die anthropogene Bodenentwicklung in Anlehnung an Jäger u. Bernhardt (1987) in zwei Etappen zu untergliedern (Schmidt 1991a u. b):

a) die anthropogene Bodenentwicklung im vorindustriellen Stadium der landwirtschaftlichen Nutzung mit relativ geringen Änderungen im Trophiezustand der Böden sowie mit bodenerosiven Prozessen ohne oder mit geringer Nährstoffverlagerung und
b) die Phase der anthropogenen Bodenentwicklung der industriemäßigen landwirtschaftlichen Nutzung mit deutlicher Veränderung des Trophiezustandes der Böden, mit bodenerosiver Überprägung, die mit erheblichen Nährstoffverlagerungen sowie mit der flächenhaften Gefährdung der Böden durch Degradationsprozesse verbunden ist.

3. Bodenressourcen und Bodenqualität

Flächengrößen und Flächenanteile der Böden Deutschlands sind in Tabelle 73 im Überblick dargestellt. Die Zusammenstellung basiert auf Auswertungen der Bodenkarte der BRD (Bach 1987 nach Hollstein 1963) sowie den Flächenermittlungen aus der Bodenkarte des Atlas DDR (Haase u. Schmidt 1975, 1985). Solange keine einheitliche Bodenkarte oder eine entsprechende Flächenermittlung vorliegt, kann auf diesem Wege ein erster Überblick über die Bodenressourcen Deutschlands gegeben werden.

Nach Großlandschaften geordnet, dominieren mit 37% Flächenanteil der Bodengesellschaften die Bergländer und Gebirge. Dazu gehören sowohl die Schichtstufen- als auch die Rumpfflächenlandschaften einschließlich der vulkanisch geprägten Gebiete und die Alpen. Fast 30% der Gesamtfläche nehmen die Böden der glazialen Sedimentationsgebiete ein. Hier hat sich das Flächenverhältnis gegenüber den beiden bisherigen Teilen Deutschlands merklich verändert: Mit dem nordostdeutschen Tiefland (mit ca. 43000 km^2 fast die Hälfte der ehemaligen DDR) ist der Flächenanteil der Böden auf Sedimenten der Jung- und Altmoränengebiete relativ groß geworden. Die Lößbörden und Lößbeckenlandschaften umfassen einen Anteil von 15%, wobei zu beachten ist, daß sich diese Angabe vor allem auf die Gebiete mit in der Regel mehr als 1–2 m mächtigen Lössen bezieht. Darüber hinaus sind in den Bergländern, aber auch auf glazialen Schotterflächen häufig geringmächtige Lößdecken (unter 1 m) verbreitet, die nicht gesondert ausgewiesen werden. Die Bodengesellschaften der Flußauen, Niederungen und Marschen nehmen etwa 15% der Gesamtfläche ein.

Hinsichtlich der *Verteilung der Bodentypen* herrschen entsprechend der Bodenentwicklung Braunerden und Parabraunerden vor. Sie treten – mit Ausnahme der Auen, Niederungen und Marschen – in allen Bodengebieten auf und nehmen zusammen fast 60% der gesamten Bodenfläche ein. Der Anteil an Podsolböden bzw. podsolierten Böden liegt nach der Auswertung der Bodenkarten bei ca. 15%. Allerdings ist aus dieser Angabe kein Rückschluß auf den Gesamtumfang der aktuellen Bodenversauerung möglich, da auch andere Böden unter Wald, z. B. Parabraunerden und Pseudogleye, durch natürliche Prozesse, nutzungsbedingt oder durch Stoffeinträge stärker versauert sein können. Ebenfalls bei ca. 15% liegt der Anteil der Naßböden, die sowohl durch Grundwasser als auch durch stauende Nässe bestimmt werden. Moore nehmen in Deutschland etwa 5% der Gesamtfläche, vorwiegend in Norddeutschland konzentriert, ein. Die Flächenangaben vermitteln Größenordnungen.

Bodengesellschaften nach Landschaften und Bodentyp	Deutschland Fläche [km²]	Anteil an der Gesamtbodenfläche [%]	Alte Bundesländer [km²] (BACH 1987)	Neue Bundesländer [km²] (HAASE u. SCHMIDT 1975)
1	2	3	4	5
Bodengesellschaften der Flußauen, Niederungen, Marschen (überwiegend Al-Standorte)				
Vega bis Auengley	19 135	5,6	13 660	5 475
Gley, Naßgley	9 784	2,9	3 470	6 314
Moor	16 621	4,9	11 464	5 157
Marsch	6 199	1,8	6 199	–
Gesamt	51 739	15,2	34 793	16 946
Bodengesellschaften der glazialen Sedimentationsgebiete (D-Standorte)				
Ranker	770	0,2	467	303
Braunerde	7 402	2,2	4 084	3 318
Podsol-Braunerde (Braunpodsol)	16 271	4,8	9 277	6 994
Parabraunerde (Schotterebenen)	3 313	1,0	3 313	–
Parabraunerde (Fahlerde)	43 172	12,7	22 900	20 272
Pseudogley	7 914	2,3	–	7 914
Podsol	6 671	1,9	6 671	–
Gley-Podsol	13 824	4,1	9 817	4 007
Gesamt	99 337	29,2	56 529	42 808
Bodengesellschaften der Löß-Börden und Beckenlandschaften (Lö-Standorte)				
Pararendzina	1 090	0,3	1 012	78
Schwarzerde bis Griserde	7 482	2,2	851	6 631
Parabraunerde (Fahlerde)	28 644	8,4	24 133	4 511
Parabraunerde-Pseudogley	22 193	6,5	20 184	2 009
Pseudogley	3 810	1,1	2 526	1 284
Gesamt	63 219	18,5	48 706	14 513
Bodengesellschaften der Bergländer und Gebirge (V-Standorte)				
Rendzina	22 993	6,8	21 818	1 175
Braunerde	31 719	9,3	23 966	7 753
Podsol bis Braunpodsol	11 649	3,4	10 594	1 055
Braunerde-Pseudogley	55 924	16,4	49 430	6 494
Pseudogley	3 421	1,0	1 793	1 628
Felsregion	523	0,2	523	–
Gesamt	126 229	37,1	108 124	18 105
Berechnete Bodenfläche	340 524	100,0	248 152	92 372

Tabelle 73
Flächengrößen und Flächenanteile der Bodengesellschaften Deutschlands (nach BACH *1987 sowie* HAASE *u.* SCHMIDT *1975)*

Alte Bundesländer	Bodenklimazahl	Neue Bundesländer	Ackerzahl
1	2	3	4
Schleswig-Holstein	43,5	Mecklenburg-Vorpommern	39,0
Niedersachsen	42,3	Brandenburg	32,0
Nordrhein-Westfalen	48,0	Sachsen-Anhalt	62,9
Hessen	45,3	Thüringen	46,0
Rheinland-Pfalz und Saarland	46,2	Sachsen	47,6
Baden-Württemberg	44,7		
Bayern	44,3		

Tabelle 74
Mittlere Bodenklimazahlen bzw. Ackerzahlen der Bundesländer

Dabei ist zu bedenken, daß die Böden in der Landschaft stark variieren, die Bodendecke in ihrer Gesamtheit heterogen gestaltet ist. Deshalb sind zukünftig detailliertere Analysen der Flächenverteilung der Böden Voraussetzung für exaktere Flächenangaben, die auch länderbezogen für die Beurteilung der Bodenressourcen herangezogen werden können.

Weiterhin wesentlich für die Charakterisierung der Bodenressourcen ist deren Beurteilung nach der Bodenqualität. Dafür bietet die Bodenschätzung gute Voraussetzungen. Die landwirtschaftlich genutzten Böden wurden – im wesentlichen zwischen 1935 und 1955 – hinsichtlich ihrer Produktivität eingeschätzt und nach Boden- bzw. Ackerzahlen zwischen 0 und 100 eingestuft (Rothkegel 1950). Als beste Böden wurden Schwarzerden in der Magdeburger Börde und bei Hildesheim mit der Ackerzahl 100 bewertet; der schlechteste Boden erhielt die Ackerzahl 7. Die Daten dienten hauptsächlich der Besteuerung von Landwirtschaftsbetrieben, sie haben sich jedoch durch Zusammenfassungen auf Gemeinde- und Kreisebene auch als Grundlage für die Beurteilung der Bodenqualität in Übersichtsmaßstäben bewährt.

Die Übersichtskarte der Bodenqualität der Bundesrepublik Deutschland (Abb. 27) vermittelt mit ihrer Differenzierung in gute (Ertragsmeßzahlen über 64), mittlere (Ertragsmeßzahlen 33–64) und schlechte (Ertragsmeßzahlen unter 33) Böden einen Überblick über die hauptsächliche Differenzierung der Bodenfruchtbarkeit in Deutschland (Liedtke 1988). Die guten Böden mit Ertragsmeßzahlen über 64 sind nahezu identisch mit den Verbreitungsgebieten der Löß-Parabraunerden und Löß-Schwarzerden, ergänzt durch einen Teil fruchtbarer Marschen an der Nordseeküste. Mittlere Wertzahlen treffen für sehr unterschiedliche Böden zu: Es kann sich um Parabraunerden aus Geschiebelehm, Pseudogleye aus

Abbildung 27
Bodengüte in der Bundesrepublik Deutschland (nach Liedtke)

Das Zusammenbringen der Bodenwertzahlen aus dem Gebiet der alten Bundesländer mit denen der ehemaligen DDR macht gewisse Schwierigkeiten, die sich aus der Verbreitung der Wälder ergeben. In den alten Bundesländern waren in den meisten Wäldern Ertragsmeßzahlen festgelegt worden, so daß die Waldflächen sehr reduziert wiedergegeben wurden (Liedtke 1988). Dagegen sind die Werte der ehemaligen DDR nur für landwirtschaftlich genutzte Flächen angegeben worden. Um Vergleichbarkeit der Waldflächen in West und Ost zu gewährleisten, wurden bei vorliegender Karte die größeren zusammenhängenden Waldflächen in den alten Bundesländern wieder eingetragen. Sie fallen im allgemeinen mit den Ertragsmeßzahlen unter 33 zusammen.

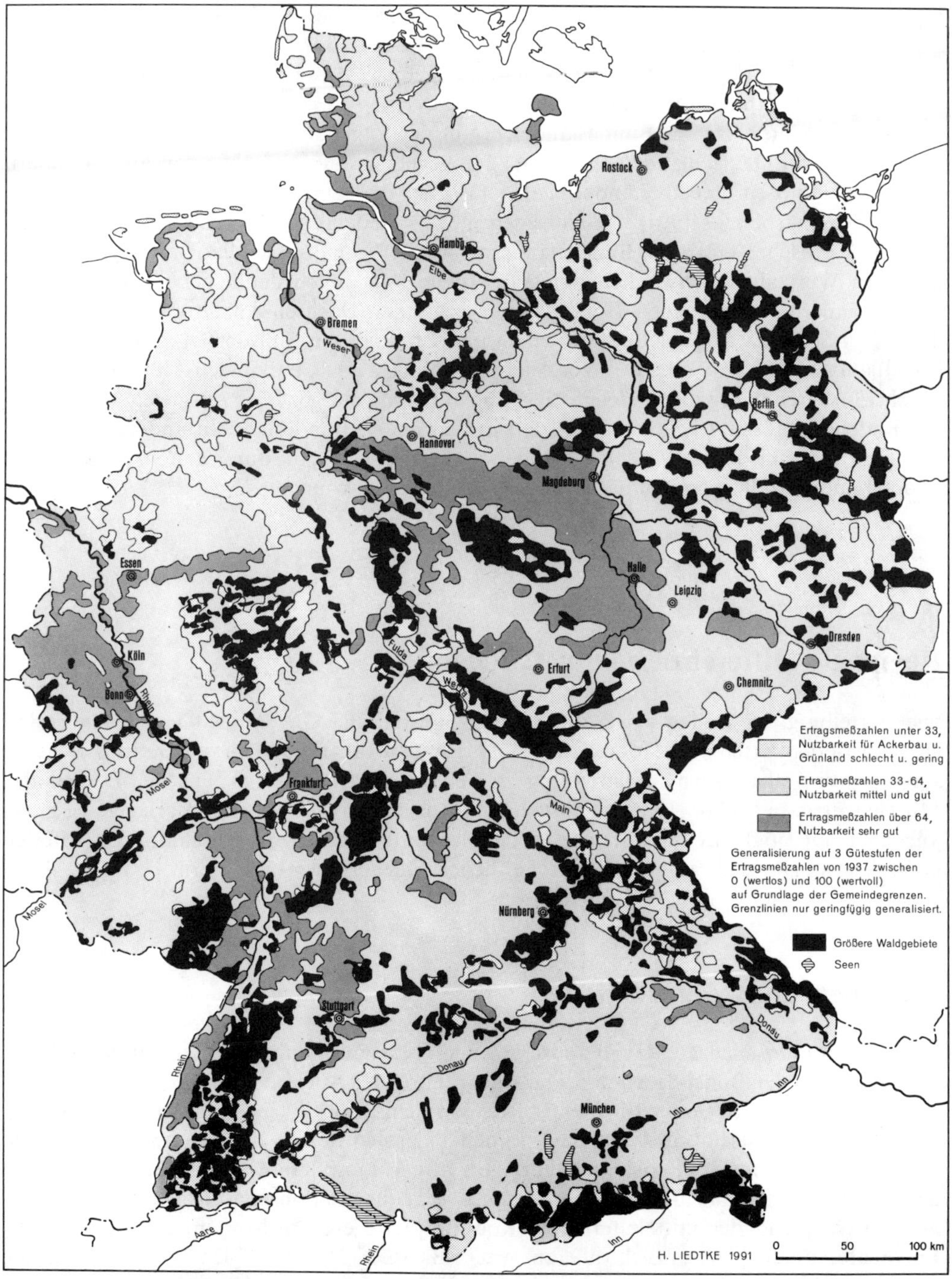
Rostock
Hambg.
Elbe
Bremen
Weser
Berlin
Hannover
Magdeburg
Essen
Halle
Leipzig
Köln
Bonn
Rhein
Fulda
Werra
Erfurt
Dresden
Chemnitz
Mosel
Frankfurt
Main
Nürnberg
Stuttgart
Donau
Inn
München
Aare
Ertragsmeßzahlen unter 33, Nutzbarkeit für Ackerbau u. Grünland schlecht u. gering
Ertragsmeßzahlen 33-64, Nutzbarkeit mittel und gut
Ertragsmeßzahlen über 64, Nutzbarkeit sehr gut
Generalisierung auf 3 Gütestufen der Ertragsmeßzahlen von 1937 zwischen 0 (wertlos) und 100 (wertvoll) auf Grundlage der Gemeindegrenzen. Grenzlinien nur geringfügig generalisiert.
Größere Waldgebiete
Seen
H. LIEDTKE 1991
0 50 100 km

Löß, Rendzinen aus Muschelkalk-Verwitterungsmaterial, bessere Mittelgebirgsböden oder Auenböden handeln. Böden mit Ertragsmeßzahlen unter 33 umfassen die Geest Nordwestdeutschlands, die sandigen Jung- und Altmoränengebiete Mittel- und Ostdeutschlands sowie die weniger fruchtbaren Böden der Mittelgebirge.

Bezogen auf die einzelnen Bundesländer, ergibt sich folgende Differenzierung: Die mittlere Ertragsmeßzahl Deutschlands wird mit 44,2 angegeben, auch zwischen den alten Ländern mit 44,5 und den neuen Ländern mit 43,7 ist die Differenzierung nur geringfügig (Raumordnungsbericht 1991). Im einzelnen gibt es jedoch charakteristische Unterschiede (Tab. 74). Zwischen den alten Bundesländern sind die Verhältnisse relativ ausgeglichen, die mittleren Wertzahlen schwanken nur geringfügig. Wesentlich deutlicher ist die Differenzierung innerhalb der neuen Bundesländer, zwischen Sachsen-Anhalt mit dem Mitteldeutschen Schwarzerdegebiet auf der einen und Brandenburg mit der Dominanz sandiger Böden auf der anderen Seite. Der Vergleich verdeutlicht auch, daß in den Altbundesländern durch Flurbereinigung und Flächenstillegungen bereits ein gewisser Ausgleich hinsichtlich der Bodenqualität stattgefunden hat, daß in den neuen Bundesländern andererseits noch größere Unterschiede hinsichtlich der Bodenqualität bestehen, die durch den Strukturwandel in der Landwirtschaft erst allmählich verringert werden können.

4.
Regionale Differenzierung der Böden

Die Verteilung der Böden sowie die bodengeographische Gliederung Deutschlands sind aus den Bodenkarten von Hollstein (1963), Haase u. a. (1985), Roeschmann u. a. (1986) sowie – vor allem auch in Beziehung zu den Nachbarländern – aus der Bodenkarte Mitteleuropas 1 : 1 Mio. (1986) zu entnehmen. Ausgehend von diesen Unterlagen, ist es im folgenden nur möglich, einige Grundzüge der Verbreitung und Vergesellschaftung der Böden in Beziehung zur großräumigen landschaftlichen Gliederung zu erläutern.

4.1.
Flußauen und Marschen

Flußauen durchziehen alle Großlandschaften und stellen damit charakteristische Gliederungselemente der Bodendecke dar. Die Ausprägung der Auenböden ist von den Substrat- und Bodenverhältnissen der Einzugsgebiete, den Sedimentationsbedingungen (Ausbildung des Talbodens, Überflutungshäufigkeit) in den Tälern sowie von den Grundwasserständen abhängig. Auenlehme sind holozäne Bildungen. Ihre Akkumulation erfolgte jedoch innerhalb des Holozäns nicht einheitlich. Häufig werden zwei Sedimentationsphasen angetroffen, die der neolithischen und der mittelalterlichen Rodungsphase entsprechen; im einzelnen ist die Entwicklung jedoch wesentlich differenzierter (Brose u. Präger 1983). Entsprechend den Bildungsbedingungen, sind die Auenbodengesellschaften häufig heterogen ausgebildet. Charakteristisch ist die räumliche Differenzierung entsprechend dem Längsprofil der Täler, die sich vereinfacht wie folgt darstellen läßt: In den Oberlaufgebieten sind die Sedimentationsbedingungen extrem unausgeglichen, so daß die schmalen Täler der Bergländer häufig durch hohe Heterogenität der Substrat- und Wasserverhältnisse gekennzeichnet sind. Die Mittellaufabschnitte sind ausgeglichener. Dic Auenlehmdecke ist meist relativ einheitlich aus feinkörnigem Material aufgebaut (Schluff bis Ton), ist allerdings unterschiedlich mächtig und weist in Abhängigkeit vom Untergrund und den Sedimentationsbedingungen einige Dezimeter bis mehrere Meter Mächtigkeit auf (Oberrhein, Weser und Elbe nördlich der Mittelgebirge). Vor allem in diesen Bereichen sind die charakteristischen Bodentypen der Auen, Vega und Vegagley, vorherrschend. In größeren Talweitungen (z. B. Elbwische, Oderbruch) sowie in den Unterlaufgebieten kommen vorwiegend feinere Partikel zur Ablagerung, so daß tonige Auenböden dominieren, die außerdem durch hohe Grundwasserstände gekennzeichnet sind.

Im Mündungsbereich der großen Flüsse an der Nordseeküste vollzieht sich der Übergang zu den Marschen. Marschen sind während des jüngeren Holozäns sowohl durch fluviale als auch durch maritime Sedimentation entstanden. Allmählich wachsen die Ablagerungen in den Küstenbereichen über das mittlere Gezeitenhochwasser auf, so daß die Sedimentationsbereiche der Flußmündungen und des Watts nur noch bei Hochwasser überflutet werden. Die natürliche Marschentstehung wird zudem durch Eindeichen gefördert und beschleunigt. Auf den dem Zugriff des Meeres entzogenen Flächen setzen allmählich Verwitterung und Bodenbildung ein, so daß sich im Ergebnis die Entwicklungsstadien Kalkmarsch, Kleimarsch und Knickmarsch (BRÜMMER u. SCHRÖDER 1971) herausbilden. Unabhängig davon ist in Anlehnung an die Sedimentationsbedingungen auch die Unterscheidung in Seemarsch, Brackmarsch und Flußmarsch gebräuchlich (SCHLICHTING 1960, Bodenkundliche Kartieranleitung 1982).

4.2.
Böden der glazialen Sedimentationsgebiete

Die großräumige Differenzierung der Bodendecke in den Glaziallandschaften wird sehr stark durch das Alter der Bodenbildung und die Lithologie des Ausgangsmaterials bestimmt. Im norddeutschen Vereisungsgebiet resultiert daraus die Gliederung in drei gürtelartig angeordnete Zonen mit spezifischen Bedingungen der Bodenentwicklung (SCHMIDT 1982):

1. das jüngere Jungmoränengebiet nördlich der Pommerschen Eisrandlage,
2. das ältere Jungmoränengebiet südlich der Pommerschen Eisrandlage und
3. das lößfreie Altmoränengebiet.

Im Alpenvorland sind vor allem die Böden auf den Sedimenten der Würm-Vereisung von den Böden der Altmoränenlandschaft zu trennen (SEMMEL 1985b).

Die Ausbildung der Bodendecke des Jungmoränengebietes nördlich der Pommerschen Eisrandlage wird durch folgende geologisch-geomorphologische Züge bestimmt: Es dominieren Grundmoränen mit Geschiebemergel, kalkfreiem Lehm oder lehmigem Sand oft großer Mächtigkeiten von mehreren Metern bis Dekametern. Die Oberflächengestalt vor allem in den Endmoränengürteln hat häufig kuppig-hügeligen Charakter. Die Entwässerung ist unausgeglichen und weist einen hohen Anteil an Binnenentwässerungsgebieten auf. Die Entkalkungstiefe ist mit 0,8 – 1,5 m relativ gering. Periglaziale Frostbodenstrukturen sind selten. Es dominieren Parabraunerden und Pseudogleye, die Heterogenität der Bodendecke

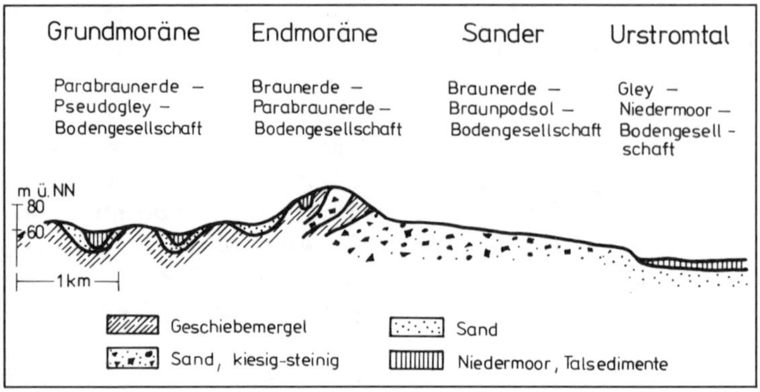

Abbildung 28
Bodenbildung in Abhängigkeit von der glazialen Serie im nordostdeutschen Tiefland (Beispiel Eberswalde, verändert nach SCHMIDT 1981)

ist hoch. In Teilen Schleswig-Holsteins sowie in der Küstenregion Mecklenburg-Vorpommerns ist die Bodendecke stärker hydromorph geprägt mit der Dominanz von Pseudogley- und Gleyböden. Im Jungmoränengebiet Schleswig-Holsteins sowie im mittleren Mecklenburg, vor allem in der Uckermark, dominieren Parabraunerden, die z. T. mit schwarzerdeähnlichen Böden vergesellschaftet sind. Diese Nordwest-Südost orientierte Abfolge der Böden steht in Beziehung zum Klimawandel vom maritimen Küstenbereich zum stärker kontinentalen Binnenland (HAASE u. SCHMIDT 1975).

Das ältere Jungmoränengebiet, das vor allem für weite Teile Brandenburgs charakteristisch ist, zeigt bereits ausgeglichenere Verhältnisse: Großflächig herrschen sandige bis lehmig-sandige glaziale Sedimente vor; lehmige Grundmoränen nehmen geringere Flächenanteile ein und weisen in der Regel sandige Decken aus Geschiebedecksand oder Flugsand auf. Die Entkalkung reicht tiefer (1,0 – 2,0 m), und periglaziale Bildungen einschließlich fossiler Frostmusterböden sind relativ häufig (BLUME u. HOFFMANN 1977). Vorherrschend sind Braunerden und Podsolbraunerden, z. T. in Kombination mit Parabraunerden bzw. Fahlerden auf den Grundmoränenplatten. Hinsichtlich ihrer inneren Differenzierung folgt die Ausbildung der Bodendecke im Jungmoränengebiet dem Prinzip der glazialen Serie. Die regelhafte Abfolge Grundmoräne – Endmoräne – Sander – Urstromtal steht zu charakteristischen Bodengesellschaften und Nutzungsformen in Beziehung (Abb. 28).

In den Altmoränengebieten Norddeutschlands wurden Ausgangsmaterial und Relief während der letzten Kaltzeit durch periglaziale Vorgänge stark verändert. Das kommt in der oft mehrere Meter tiefen Entkalkung einschließlich der Ausspülung des Feinmaterials, der damit verbundenen Nährstoffarmut der Böden sowie der flächenhaften Verbreitung von Decksedimenten (Sandlöß, Geschiebedecksand, Flugsand) zum Ausdruck. Das Verbreitungsgebiet reicht gürtelförmig von der Geest Nordwestdeutschlands bis in die Niederlausitz. Die typischen Bodenbildungen stellen Übergänge zwischen Braunerden und Podsolen (Braunpodsole) sowie bei Grundwassereinfluß Pseudogleyböden dar.

Ein charakteristisches Element der Bodendecke Norddeutschlands sind die Moore des Jung- und Altmoränengebietes. So wird das küstennahe Jungmoränengebiet von Durchströmungsmooren in den großen Talungen geprägt. In den Endmoränen, kuppigen Grundmoränen und Sanden vor allem des Pommerschen Stadiums treten vielfach Verlandungs- und Kesselmoore unterschiedlichster Größe auf. Versumpfungsmoore sind für die Talsandgebiete und Niederungen älterer Vereisungsstadien typisch, z. B. in Nordwestdeutschland oder in den Luchgebieten Brandenburgs (SUCCOW 1986).

Ein weiteres Verbreitungsgebiet kaltzeitlicher Bildungen stellt das Alpenvorland dar. Allerdings unterscheiden sich die glazialen Sedimente Süddeutschlands in charakteristischer Weise von denen des norddeutschen Vereisungsgebietes. Es dominieren stärker kalkhaltige, weniger sandige Moränen und Schotterplatten mit Parabraunerden mittlerer bis guter Basenversorgung. Außerhalb des Jungmoränengebietes verändert sich auch hier das Bild: Die Entkalkung reicht deutlich tiefer, das Relief ist ausgeglichener. Die Deckschicht in den Altmoränengebieten des Alpenvorlandes wird häufig von einem kalkfreien Staublehm gebildet, auf dem Pseudogleye entwickelt sind (SEMMEL 1985b).

4.3. Lößbörden und Lößbeckenlandschaften

Der Lößgürtel verläuft als schmales (20–80 km breites), annähernd geschlossenes Band in westöstlicher Richtung quer durch Deutschland. Er bildet gewissermaßen den Grenzsaum zwischen Mittelgebirge und Norddeutschem Tiefland. In diesem Bereich dominieren mächtige, im Untergrund in der Regel kalkhaltige Lösse. Löß ist ein äolisches Sediment, das unter kaltzeitlichen Klimabedingungen entstanden ist und dessen Bildungs- und Verlagerungsbedingungen relativ gut bekannt sind. Auch für die Ausbildung des Lößgürtels werden die periglazialen Bedingungen des Hochglazials vor allem der Weichsel-Kaltzeit verantwortlich gemacht; dennoch fehlt bis heute eine einheitliche und überzeugende Erklärung für die gerade in Mitteleuropa in so charakteristischer Weise bandartige Ausprägung dieses Sedimentationsbereiches.

Südlich des Lößgürtels sind in Beckenlandschaften und Bergländern ebenfalls Lösse verbreitet. Sie treten jedoch nicht so geschlossen auf und haben – häufig in Abhängigkeit vom Relief – unterschiedliche Mächtigkeiten. Sie kommen in der Regel als kalkfreie, umgelagerte Lösse (Lößderivate) vor, die expositionsbedingt und in höheren Lagen in skeletthaltigen Solifluktionsschutt übergehen (HAASE u. a. 1970, ALTERMANN u. a. 1978, SEMMEL 1983).

Entwicklung und Vergesellschaftung der Böden sind abhängig vom Klima, von den spezifischen Eigenschaften des Ausgangsmaterials (vor allem von der Lößmächtigkeit, dem Kalkgehalt und dem Charakter des Liegenden) und dem Relief. Unter Berücksichtigung dieser Bedingungen haben sich 3 Gruppen von Bodengesellschaften entwickelt:

1. Schwarzerde-Bodengesellschaften,
2. Parabraunerde-Bodengesellschaften,
3. Pseudogley-(Staugley-) Bodengesellschaften.

So konnten sich unter relativ trockenen Klimabedingungen und bei höheren Kalkgehalten der Lösse (über 15%) z. T. Schwarzerden entwickeln und erhalten (ROHDENBURG u. MEYER 1968). Das Hauptverbreitungsgebiet der Schwarzerden ist die Magdeburger Börde, aber inselförmig treten Schwarzerden oder schwarzerdeähnliche Böden auch in anderen Gebieten auf, z. B. bei Hildesheim, im Oberrheintal und vereinzelt in der Wetterau (ZAKOSEK 1962, KUNTZE u. a. 1988). Die frühe Kulturnahme durch den Menschen, die in diesen Gebieten bereits im Neolithikum relativ umfassend war, hat möglicherweise zusätzlich Entwicklung und Erhaltungstendenz dieser Böden unterstützt.

Die vorherrschenden Böden in den Lößgebieten sind jedoch Parabraunerden. Sie nehmen den größten Teil des Lößgürtels ein und sind darüber hinaus im Oberrheintal, im Kraichgau, in der Wetterau und in Mainfranken weit verbreitet. Die Entkalkungstiefe liegt in der Regel unterhalb 0,8 – 1,0 m. In feuchteren Lagen, hauptsächlich aber an den Rändern der Mittelgebirge, nimmt die Entkalkungstiefe weiter zu und kann Werte bis zu 4,0 m erreichen (SEMMEL 1983).

In Beckenlagen bzw. in Unterhangbereichen treten schließlich – vor allem bei kalkfreien Lössen und dicht gelagerten Lößderivaten unter feuchteren Klimabedingungen – häufig Pseudogleye auf. Diese können sehr unterschiedliche Eigenheiten und Vernässungsgrade aufweisen. Sie reichen von Pseudogley-Parabraunerden bis zu extrem vernäßten Pseudogleyen mit Naßbleichung und Übergängen zu Stagnogleyen (BLUME 1968).

Innerhalb und zwischen den genannten Gruppen von Bodengesellschaften gibt es zahlreiche Übergänge und Kombinationen, die z. B. in den Legenden von Bodenkarten ihren Niederschlag finden. So sind beispielsweise in den peripheren Schwarzerdegebieten bei zunehmender Reliefierung Schwarzerde-Pararendzina-Bodengesellschaften häufig; sehr verbreitet sind außerdem Übergänge zwischen Parabraunerde und Pseudogley (ROESCHMANN u. a. 1986).

4.4. Bergländer und Mittelgebirge

Da die großflächig in Mitteleuropa vorhandenen Bergländer durch Gesteine mit unterschiedlichen Verwitterungsbedingungen und geochemischen Eigenschaften aufgebaut werden, variiert die Ausbildung der Bodendecke in diesen Bereichen sehr stark. Allerdings ist zu beachten, daß das unmittelbare Gesteinsverwitterungsmaterial nur selten an die Oberfläche tritt. Vielmehr verhüllen Umlagerungsdecken, die aus Solifluktionsschutt und z. T. aus Lößbeimengungen bestehen, das Festgestein. Diese Umlagerungs- bzw. Schuttdecken sind häufig geschichtet und in charakteristischen Lagen angeordnet. Über der Zersatzzone des Anstehenden liegt die Basisfolge, ein am Hang über größere Entfernungen verlagerter Schutt mit oberflächenparallel eingeregelten Steinen. Im Hangenden der Basisfolge, z. T. auch direkt über dem Zersatz, ist die Hauptfolge ausgebildet. Sie stellt ein relativ lockeres Gemisch aus Skelett und Feinerde mit relativ hohem Schluffgehalt dar, der entweder aus Lößbeimengung oder intensiver Frostverwitterung stammt. Örtlich, vor allem in höheren Lagen und in der Nähe von Felsdurchragungen, ist über der Hauptfolge noch eine Deckfolge vorhanden, die eine in der Regel geringmächtige, grobschuttreiche Decke darstellt (Einzelheiten mit teilweise unterschiedlichen Interpretationen bei SEMMEL 1968, 1983; ALTERMANN u. a. 1978; STAHR 1979; FRIED 1984).

Die Bodenbildung und die Eigenschaften der Gebirgsböden sind stark von der Ausbildung der Schuttdecken sowie ihren bodenphysikalischen und -chemischen Verhältnissen (Skelettanteil, Schluffgehalt, Porenraum, Mineralbestand) abhängig. Das flächenhaft vorherrschende Element der Bergländer ist die Hauptfolge; in ihr hat sich der größte Teil der Böden entwickelt, sie bildet den Hauptwurzelraum für die Pflanzen. In den tieferen Lagen

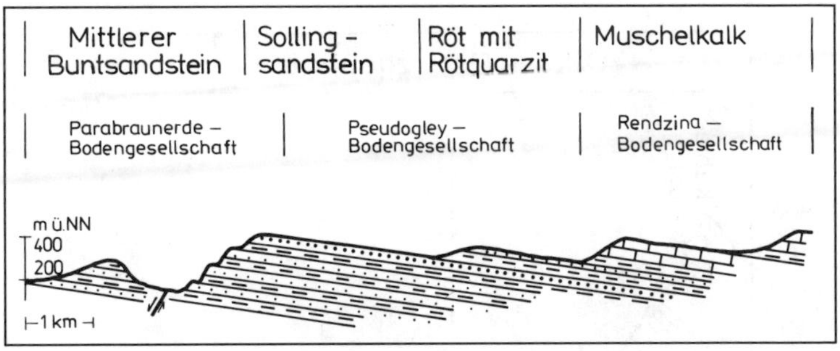

Abbildung 29 Bodenbildung in Beziehung zur Schichtstufenlandschaft in Hessen (Beispiel Elterteld, verändert nach SEMMEL 1989)

bzw. in den Beckenlagen der Mittelgebirge geht die Hauptfolge in Lößdecken bzw. Lößderivate über.

Für die bodengeographische Differenzierung der Bergländer und Mittelgebirge ist die Gliederung in Schichtstufenlandschaften, Rumpfflächenlandschaften und Vulkanlandschaften (SEMMEL 1991 b) wichtig. Gesteins-, relief- und klimaabhängig haben sich in den einzelnen Teilgebieten jeweils charakteristische Vergesellschaftungen der Böden herausgebildet. In den *Schichtstufenlandschaften* ist die Abhängigkeit der Bodenbildung von den mesozoischen Ablagerungen sowie der Reliefdifferenzierung in Stufen und Flächen von grundsätzlicher Bedeutung. Pedologisch und für die Landnutzung bedeutsam ist vor allem das Flachrelief zwischen den Stufen. Weitflächig sind hier Solifluktionsschuttdecken und Lößlehm verbreitet; jedoch stets bestimmt auch das Liegende (Sandstein, Tonstein, Kalkstein) die Ausbildung der Bodenlandschaften (Abb. 29).

Folgende Gruppen von Bodengesellschaften können in Anlehnung an REHFUESS (1990), SEMMEL (1991 b) sowie WITTMANN (1991) unterschieden werden:

1. Rendzina-Terra fusca-Parabraunerde-Gesellschaften aus Karbonatgestein sind charakteristisch für die Schwäbische und Fränkische Alb, die Muschelkalk-Hügelländer des Neckarraums und des Thüringer Beckens. Vergesellschaftet sind flachgründige Rendzinen und tiefer verwitterte Kalksteinbraunlehme (Terra fusca), die bei Lößbedeckung in Parabraunerden übergehen. Beim Ausstreichen von Schichten mit hohen Tongehalten (über 45%) treten Pelosole auf, die schwach entwickelte, häufig Gesteinsfarbe aufweisende extrem schwere Böden darstellen.

2. Braunerde-Pseudogley-Gesellschaften sind für viele Sandstein-Hügelländer Süd- und Mitteldeutschlands mit relativ silikatreichem Ausgangsmaterial und z. T. mit Lößlehmbedeckung typisch. Die Pseudogleye sind in der Regel auf mehrere Dezimeter bis Meter mächtigen Lößdecken ausgebildet; bei Unterlagerung von zwischengeschalteten Tonsteinen kann sogar extreme Staunässe mit Stagnogleyen auftreten. Überhaupt sind Vergesellschaftung und Heterogenität der Böden in hohem Maße von den sehr unterschiedlich ausgebildeten Schichten (vom reinen Sandstein bis zum Tonstein) der Buntsandsteinformation abhängig.

3. Ranker-Podsol-Gesellschaften charakterisieren die ärmsten Standorte. Sie sind vorwiegend an die sandigen Schichten des Mittleren Buntsandsteins, des Mittleren Keupers sowie an Kreidesandsteine gebunden. Es handelt sich um meist flachgründige, nährstoffarme Böden mit stark saurer Bodenreaktion. Häufig sind die Ranker und Podsole mit sauren Braunerden (Braunpodsolen) und Pseudogleyen vergesellschaftet und stellen damit Übergänge zu den Braunerde-Pseudogley-Gesellschaften dar.

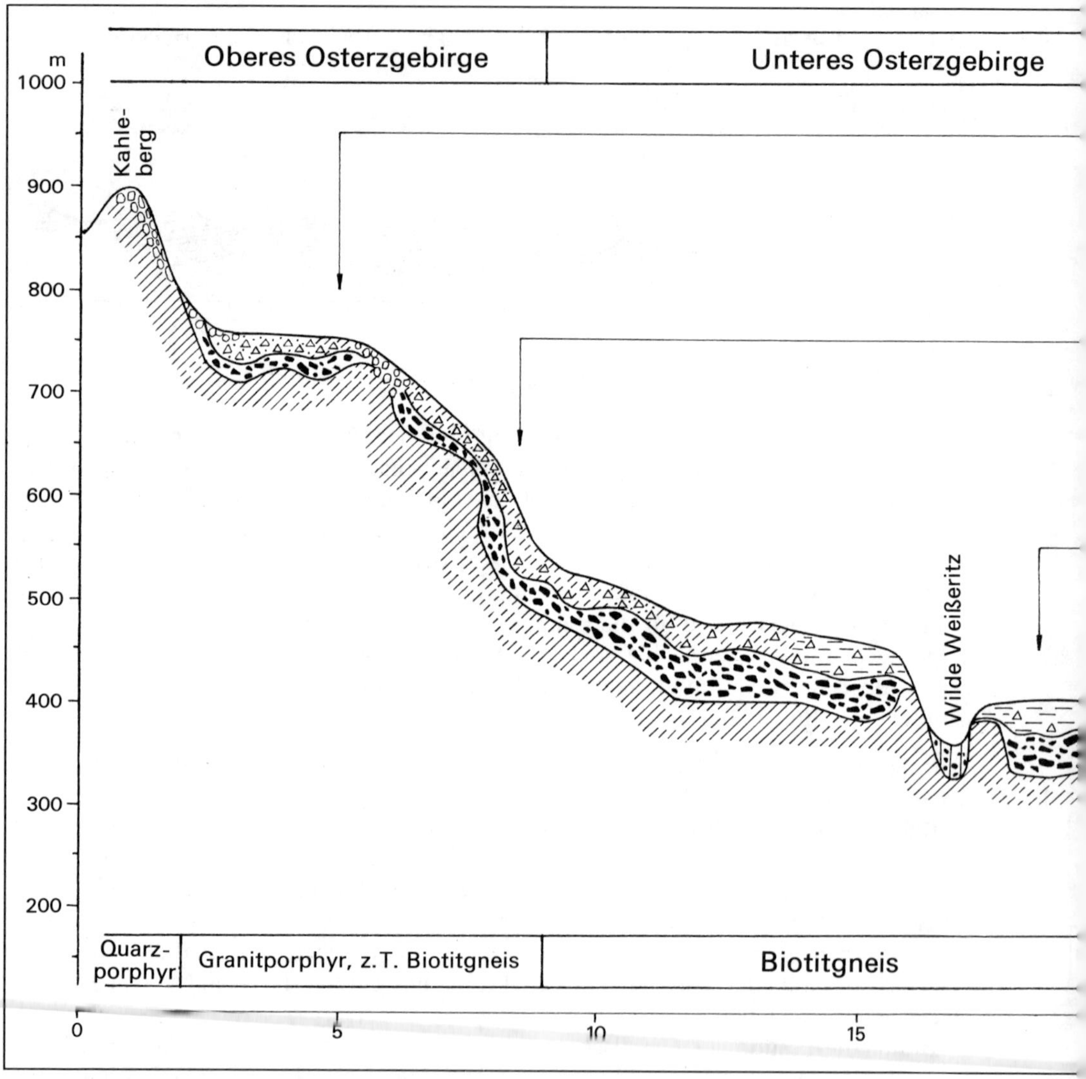

Abbildung 30
Umlagerungsdecken und Bodengesellschaften im Osterzgebirge (SCHMIDT 1991)

In den *Rumpfflächenlandschaften*, die aus den kristallinen und metamorphen Gesteinen des Grundgebirges aufgebaut werden, haben sich großflächig Braunerde-Gesellschaften entwickelt. Die weitere Differenzierung ist abhängig vom Ausgangsgestein, vor allem von der Art und Intensität der periglaziären Verwitterung, vom Lößeinfluß sowie von den orographisch-klimatischen Bedingungen:

1. Braunerde-Pseudogley-Gesellschaften werden vorwiegend in den unteren Lagen der kristallinen Bergländer und Mittelgebirge angetroffen. Lößbeeinflußte Solifluktionsdecken

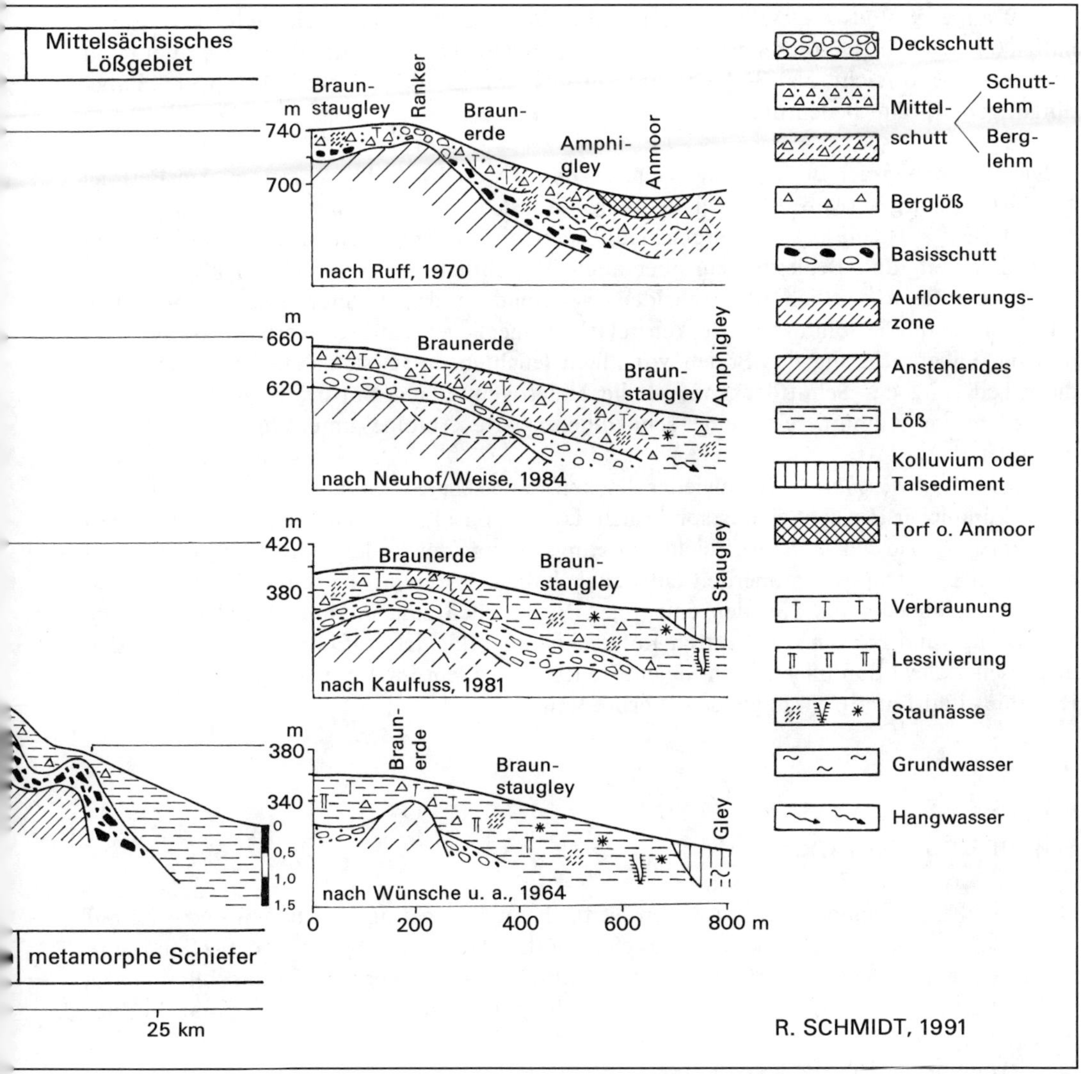

und Lößderivate, auf denen hydromorphe Böden entwickelt sind, nehmen verhältnismäßig hohe Flächenanteile ein. Die Kombination von Braunerden und Pseudogleyen ist jedoch auch für Plateaulagen mit älteren Verwitterungsresten charakteristisch. Es handelt sich um Reste tertiärer oder älterer Verwitterungsdecken (Graulehme, Rotlehme), die bis heute auf den mehr oder weniger ebenen Hochflächen der Mittelgebirge erhalten geblieben sind und die in der Regel Staunässe aufweisen (Mückenhausen 1982, Semmel 1983).

2. Braunerde-Podsol-Gesellschaften sind für die höheren Lagen der Mittelgebirge (oberhalb 500–700 m) charakteristisch. Grobschuttreiche Decken sind weit verbreitet, und Podsolierung erreicht als Bodenbildungsprozeß infolge der feucht-kühleren Klimabedingungen erhöhte Bedeutung.

Die Gliederung der Bodendecke ist im einzelnen wesentlich differenzierter. Am Beispiel des Osterzgebirges (Abb. 30) wird deutlich, daß sich mit zunehmender Höhenlage und verändertem Ausgangsgestein unterschiedliche Bodengesellschaften herausbilden, die sich nach den Leit- und Begleitböden, aber auch hinsichtlich der regelhaften Anordnung in der Bodencatena deutlich unterscheiden. Während in den unteren Lagen Lößdecken und lößbeeinflußte Solifluktionsdecken relativ ausgeglichene Substratverhältnisse schaffen und die Differenzierung der Böden vor allem feuchtebedingt ist, nehmen mit der Höhe die Gliederung der Schuttdecken und die Heterogenität der Substrate zu, so daß sich vor allem im Kammbereich eine sehr differenzierte Abfolge unterschiedlicher Böden vorfindet.

Die *Vulkanlandschaften* (Neuwieder Becken, Vogelsberg, Rhön u. a.) stellen auch in bodenkundlicher Hinsicht eine Besonderheit dar. Die Basalte und Tuffgesteine des tertiären Vulkanismus sind sehr nährstoffreiche Ausgangsgesteine der Bodenbildung, aus denen sich tiefgründige, eutrophe Braunerden entwickelt haben. Während die Kuppen und Rücken der Vulkanlandschaften von den eutrophen Braunerden eingenommen werden, sind die Unterhänge und Becken meist durch Lößdecken ausgekleidet, auf denen Parabraunerden und Pseudogleye dominieren. An vielen Stellen, vor allem im Vogelsberg, haben tertiäre Rotlehm- und Lateritrelikte größere Verbreitung.

4.5. Alpen und Voralpen

Der Anteil Deutschlands an den Alpen ist flächenmäßig gering und beschränkt sich auf einen Teil der nördlichen Kalkalpen und das Voralpenland, das überwiegend aus Sand- und Mergelsteinen besteht. Die Bodendecke ist aufgrund des Alters der Herausbildung des Gebirges und der intensiven Verwitterung sehr jung und durch engräumigen Bodenwechsel gekennzeichnet. Bei vorwiegend karbonatischen Ausgangsgesteinen ist eine deutliche Gliederung nach Höhenstufen zu erkennen (WITTMANN 1991): In den unteren Lagen, der montanen Stufe, treten Rendzinen, Pararendzinen und Terra fusca-Böden auf. In der subalpinen Stufe sind flachgründige Rendzinen und Pararendzinen mit Podsolen, z. T. Pseudogleyen aus Silikatgesteinen vergesellschaftet. An Steilhängen treten Rohböden (Syroseme) auf, in Quellmulden sind Moore häufig. In den alpinen Fels- und Frostschuttregionen dominieren physikalische Gesteinsverwitterung und Hangabtragung, Bodenbildung findet nur sehr untergeordnet statt. Vorherrschend sind Rohböden mit inselhaftem Vorkommen von alpinen Rendzinen und Rankern (ROESCHMANN u. a. 1986).

5. Anthropogene Bodenveränderung und Bodendegradation

Durch jahrhundertelange, z. T. intensive Nutzung haben die Böden Mitteleuropas wesentliche Veränderungen erfahren. Diese können sich positiv oder negativ auf die Bodenentwicklung und Bodenfunktionen (Regelungs-, Produktions-, Lebensraumfunktion) auswirken. So gehört beispielsweise die Schaffung der Ackerkrume mit der Herausbildung eines weitgehend homogenen, fruchtbaren Oberbodens zu den landeskulturellen Leistungen des Ackerbaus. Andererseits werden Zustand und Leistungsfähigkeit der Böden immer wieder durch unsachgemäße Nutzung, Degradationsprozesse und stoffliche Belastungen beeinträchtigt, so daß z. T. erhebliche Aufwendungen für die Erhaltung und den Schutz der Böden erforderlich sind.

Die Beeinträchtigungen der Böden betreffen gegenwärtig großflächig vor allem landwirtschaftlich genutzte Flächen, auf denen durch intensive Nutzung bzw. durch „Überintensivierung" Schäden hervorgerufen werden, insbesondere

- Bodenverdichtung infolge mechanischer Belastung,
- Bodenverlagerung durch Wasser- und Winderosion (Deflation),
- sekundäre Boden- und Oberflächenvernässung infolge von Verdichtung und erhöhtem Oberflächenabfluß,
- Bodenversauerung oder -eutrophierung infolge chemischer Belastung,
- Torfmineralisierung bzw. Humusabbau infolge extremer Entwässerung von Niederungsstandorten und intensiver Graslandnutzung,
- Bodenkontamination durch lokalen oder diffusen Schadstoffeintrag, z. B. Klärschlammeinsatz, Überdosierung von Pestiziden, Immissionen.

Die Gefährdungen und Belastungen sind abhängig von Bodenart, Substrataufbau und Bodentyp, so daß sich landschaftsbezogen charakteristische Kombinationen und Muster von Bodendegradationen erkennen lassen (Schmidt 1991).

In Tabelle 75 sind einige regionale Zusammenhänge der Gefährdung und Degradation der Bodendecke in Abhängigkeit von den Bodeneigenschaften dargestellt. Es wird deutlich, daß aufgrund der Bodenverhältnisse einschließlich des Untergrundes, des Landschaftswasserhaushalts und des Klimas in den jeweiligen Bodenregionen spezifische Bodenveränderungen und -degradationen zu erwarten sind.

So resultiert in den *Auen und Marschen* aus der bis in die Gegenwart reichenden Sedimentation, dem hohen Grundwasserstand und der zeitweiligen Überflutung eine besondere Gefährdung der sich gerade erst herausbildenden Bodenstruktur; Verdichtungen des Oberbodens sind die Folge. Außerdem sind die jüngsten fluvialen und marinen Sedimente infolge Industrialisierung und Verstädterung in den Einzugsgebieten z. T. mit Schwermetallen und anderen Schadstoffen belastet, so daß Nutzungsrisiken entstehen können.

Die *Böden der glazialen Sedimentationsgebiete* des Norddeutschen Tieflandes reagieren unterschiedlich auf anthropogene Einwirkungen. Für die welligen bis kuppigen Moränenlandschaften nördlich der Pommerschen Eisrandlage ist die Kombination von Bodenverdichtung mit zunehmendem Oberflächenabfluß und Bodenerosion mit Vernässung und Nährstoffakkumulation in den Senken charakteristisch. In den stärker sandigen Bereichen des älteren Jungmoränengebietes und des Altmoränengebietes dominiert großflächig Bodenverdichtung, insbesondere Krumenbasisverdichtung. Auch Winderosion (Deflation) stellt

Tabelle 75
Gefährdung und Degradation der Böden
in Abhängigkeit von Bodenregionen und Bodeneigenschaften
(nach S*CHMIDT 1984, 1991 a u. b;* B*LUME u. a. 1990;* S*EMMEL 1991 b)*

Bodenregion	Bodenschutzrelevante Eigenschaften der Bodendecke	Gefährdung der Böden und Bodendegradation durch nutzungsbedingte Belastungen
Flußauen und Marschen	Junge Sedimentationsgebiete mit Auenlehm bis Auenton und marinen Sedimenten; in Überflutungsgebieten aktuelle Sedimentation Hohes Speichervermögen für Nähr- und Schadstoffe, hohe Grundwasserstände, z. T. oberhalb 1,0 m Starke Bodenheterogenität durch unterschiedliche Mächtigkeit der Deckschicht und im Talquerschnitt wechselnde Wasserverhältnisse	Bodenverdichtung mit Strukturschäden auf Auenlehmen und -tonen sowie Marschen; z. T. sekundäre Vernässung Gefahr der Anreicherung von Schwermetallen und organischen Rückständen in Auensedimenten und marinen Sedimenten Grundwassergefährdung durch Stoffaustrag aus der Bodendecke bzw. durch Uferfiltration
Glaziale Sedimentationsgebiete	Unterschiedliche Substratverhältnisse; z. T. tiefgründige Sande mit hoher Infiltration, z. T. mächtige Geschiebemergel und -lehme mit geringer Infiltration und hohem Speichervermögen Unausgeglichene hydrologische Bedingungen (z. T. Abflußbehinderung, Binnenentwässerung) und gebietsweise engräumige Reliefgliederung mit Kuppen, Senken, Kleinformen, vor allem im Jungmoränengebiet In Teilgebieten hohe Grundwasserstände mit Gleyböden und Mooren Starke Bodenheterogenität nach Substrat- und Wasserverhältnissen	Verdichtungsgefährdung auf Ackerböden, insbesondere Krumenbasisverdichtung bei Sand- und Lehmsandsubstraten Wassererosionsgefährdung auf kuppigen bis welligen Platten, Winderosionsgefährdung in ebenen, offenen Gebieten mit Sanden und/oder mit Torfdecken Lateraler Nährstofftransport mit Stoffeintrag in Seen und Vorfluter bei bindigen, reliefierten Böden; hohe Versinkung und Stoffeintragsgefährdung ins Grundwasser bei Sanden Torfmineralisierung, Moordegradierung und Humusschwund in entwässerten Moorgebieten
Lößbörden	Homogene Substratverhältnisse, in Randgebieten auch heterogen; hohes Speichervermögen für Wasser, Nähr- und Schadstoffe – ausgeglichene natürliche Entwässerung, z. T. rascher Austrag – unterschiedliches Relief von eben bis wellig zu stark gegliedert und zerschnitten Nach Klimabedingungen differenziert in Trockengebiete (Schwarzerden), Übergangslagen (Parabraunerden) und Feuchtgebiete (Pseudogleye) Geringe bis mäßige Bodenheterogenität, bei Einheitlichkeit des Substrats vor allem hydromorphiededingt	Starke Wassererosionsgefährdung in allen reliefierten Gebieten, Winderosionsgefährdung in ebenen Schwarzerdegebieten Verschlämmung der Bodenoberfläche und Reduzierung des Porenraums durch Verdichtung in den feuchteren Lößgebieten Sekundäre Vernässung infolge Oberflächenabfluß und Abflußbehinderung (Verrohrung, Verschlämmung) Intensiver lateraler Stofftransport bis in die Vorfluter In Ballungszentren und Industriegebieten Gefahr des Fremdstoffeintrags

Tabelle 75 (Fortsetzung)

Bodenregion	Bodenschutzrelevante Eigenschaften der Bodendecke	Gefährdung der Böden und Bodendegradation durch nutzungsbedingte Belastungen
Bergländer und Mittelgebirge	Unterschiedliche Substrate in Abhängigkeit von den Ausgangsgesteinen, häufig als mehrgliedrige Schuttdecken ausgebildet, in den Oberböden hohes bis mittleres Speichervermögen für Wasser, Nähr- und Schadstoffe; Unterböden und Untergrund nach Ausgangsmaterial verschieden, z. T. durchlässig – klüftig (Sandstein, Kalk, Grus), z. T. undurchlässig – dicht (Ton, Lößderivate) Regional und räumlich differenzierte hydrologische Bedingungen mit Wasserspeicherung in Quellmulden und raschem Abfluß in Gebirgstälern, z. T. Karsterscheinungen Nährstoffverhältnisse der Böden sehr unterschiedlich in Abhängigkeit von den Ausgangsgesteinen Klimatisch differenziert nach Luv-Lee-Effekten und Höhenstufen Mäßige Bodenheterogenität bei Vergesellschaftung verschiedener Ausgangsgesteine und Decken	Wassererosionsgefährdung in ackergenutzten Schichtstufenländern und Mittelgebirgen mit Gefahr der Beseitigung der schluffreichen oberen Decke und der Zunahme flachgründiger Böden Verschlämmung und Verdichtung der Bodenoberfläche mit Strukturschädigung durch Feuchteunterschiede während der Bodenbearbeitung Laterale Nährstoffverlagerung durch Oberflächenabfluß und Hangwasser mit Eutrophierungsgefahr für Trinkwasserreserven und Oberflächengewässer Beschleunigter Stofftransport in Leitbahnen (Klüften, tektonischen Linien, Schuttdecken) mit Gefährdung des Grund- und Tiefenwassers Versauerung der Waldböden bei höheren Niederschlägen, in höheren Lagen und unter dem Einfluß von SO_2-Immission
Alpen und Voralpen	Bodenunterschiede in Abhängigkeit von Höhenstufen und Gestein; in der kollinen und montanen Stufe noch entwickelte Böden vorhanden (Rendzinen, Braunerden u. a.), in der alpinen Stufe Fels-Humusböden und Rohböden Durch junge Verwitterungs-, Umlagerungs- und Abtragungsvorgänge z. T. hohe Bodenheterogenität	Bodenverlust durch Massenbewegungen, Hangrutschungen, Erosion, z. T. Vernichtung der geringmächtigen Bodendecke bis auf das Felsgestein Teilweise stark erhöhter Oberflächenabfluß mit Gefahr von Überschwemmungen und Lawinenbildung Bodenversauerung bei hohen Niederschlägen und durch Immissionen

gebietsweise eine erhebliche Belastung dar. Ein Teil vor allem der flachgründigen Niedermoore ist durch Torfmineralisierung und Moorschwund stark degradiert. Die *Böden der Lößbörden* sind aufgrund ihres relativ ausgeglichenen Wasser- und Nährstoffhaushalts und ihres Puffervermögens weniger durch Bodendegradation geschädigt; allerdings tritt in allen reliefierten Gebieten in erheblichem Maße Bodenerosion, oft in Verbindung mit Gefügeschäden und oberflächiger Verschlämmung auf.

In den *Bergländern und Mittelgebirgen* ist zwischen den Schichtstufen- und Rumpfflächenlandschaften zu unterscheiden. In den Schichtstufenlandschaften tritt bei intensiver Akkernutzung und in Weinbaugebieten verstärkt Bodenerosion auf. Von spezifischer Bedeutung für Stoffverlagerungen ist darüber hinaus der Untergrund, der häufig durchlässig oder geklüftet ist, so daß rasche Stoffverlagerungen in die Tiefe und in benachbarte Naturräume zu Umweltbelastungen führen können. In den Bergländern mit Umlagerungsdecken des Grundgesteins tritt ebenfalls Bodenerosion auf, die zur Reduzierung der feinerdereichen Deckenschicht führt, so daß die flachgründigen Böden zunehmen. Die skelettreichen Lockerdecken im Unterboden und Untergrund stellen auch hier bevorzugte Leitbahnen der Wasserbewegung dar, so daß Stoffverlagerung und Eutrophierung der Gewässer eine weitere Gefahr darstellen. Vor allem in den höheren Lagen treten verstärkt Bodenversauerung (FIEDLER 1989, REHFUESS 1990) und Vernässung auf.

In den *Alpen* schließlich hat die Gefährdung der Bodendecke durch Übernutzung ständig zugenommen. Durch Hangrutschungen, Massenverlagerungen und Bodenerosion werden größere Teile der ohnehin geringmächtigen Rohböden, Rendzinen und Ranker vernichtet. Verstärkter Oberflächenabfluß, Lawinengefahr und Überschwemmungen sind häufig die Folge.

Insgesamt ist es hier nur möglich, ausgewählte Zusammenhänge darzustellen und auf Nutzungsrisiken hinzuweisen. Die flächige Degradation wird ergänzt durch stoffliche Belastungen und Kontamination der Böden infolge von Fremdstoffeintrag. Die durch Industrie und Siedlung hervorgerufenen Gefährdungen sind zwar in geringerem Maße mit den naturräumlichen Bedingungen verknüpft, dennoch gibt es eine deutliche Abhängigkeit der Wirkungen von den Bodeneigenschaften, z. B. vom Speicher- und Puffervermögen der Böden (FRÄNZLE 1988a). Es gibt eine Häufung von Bodenkontaminationen durch Fremdstoffeintrag in Ballungsräumen und Industriezentren, die in den unterschiedlichen Naturräumen auftreten können. Hinzuweisen ist schließlich auf die Bergbaugebiete in den kristallinen Mittelgebirgen, die häufig in besonders hohem Maße durch Schwermetalle (Rheinisches Schiefergebirge, Harz, Erzgebirge) oder auch durch Radionuklide (ehemaliger Uranbergbau im Erzgebirge) belastet sein können.

B.

Regionaler Teil

B. I.

Karl-Ernst Behre,
Heinz Kliewe und
Horst Sterr

Die Küsten Deutschlands

Deutschlands Küsten werden von den Wassern des Atlantischen Ozeans bespült. Während die Nordsee ein Randmeer des Atlantiks darstellt, bezeichnet man die Ostsee wegen ihrer nur sehr schmalen Verbindungen durch die beiden Belte und den Sund als ein intrakontinentales Mittelmeer.

Nordsee wie Ostsee haben nicht nur eine sehr unterschiedliche Entstehungsgeschichte, sondern weisen auch einen sehr differenzierten Formenschatz auf. Während die Nordsee von Gezeiten bis zu 4 m Tidenhub betroffen wird, sind diese an der deutschen Ostseeküste auf wenige Dezimeter beschränkt und machen sich geomorphologisch nicht bemerkbar. Während die Nordsee bei Nordweststürmen ihre stärksten Zerstörungen erzielt, sind hierfür in der Ostsee Nordoststürme erforderlich. Schließlich ist die Nordsee ein seit geologisch langer Zeit absinkendes Meeresgebiet, wogegen die Ostsee noch im Pliozän Land war, über das hinweg skandinavische Flüsse nach Norddeutschland entwässerten.

1. Die deutsche Nordseeküste

Karl-Ernst Behre

1.1. Die Entstehung der Nordsee und ihr spät- und postglazialer Meeresspiegelanstieg

1.1.1. Geologische Entwicklung und Krustenbewegungen

Bereits während des Tertiärs war der gesamte Nordseebereich ein Senkungsgebiet, und dieses tektonische Absinken setzte sich auch im Quartär fort. Das führte zu einer erheblichen Akkumulation quartärer Sedimente, die im zentralen Teil der südlichen Nordsee bis über 1000 m Mächtigkeit erreichen (Caston 1979).

Während des Quartärs ist das Nordseegebiet mehrfach ganz oder teilweise vom Eis überfahren worden, als wegen der eustatisch bedingten Absenkung des Meeresspiegels der größte Teil der Nordsee trockenfiel. In der Elstereiszeit bestand eine zusammenhängende Eisdecke von den Britischen Inseln über die Nordsee bis zu den Endmoränenlagen in den Niederlanden und Deutschland. In dieser Zeit wurden in der südwestlichen Nordsee tiefe Täler eingeschnitten, die später wieder verfüllt worden sind. Die folgende Holsteinwarmzeit ist gekennzeichnet durch eine weit nach Süden reichende Transgression, während der große Küstenbereiche mit marinen Sedimenten aufgefüllt wurden. Westlich der Weser erreichte die Küste nicht ganz die heutigen Ostfriesischen Inseln, doch im Elbegebiet und in Schleswig-Holstein drang sie tief in das Binnenland ein. Im Raum Hamburg wurden marine und brackische Sedimente bis zu einer Mächtigkeit von 65 m nachgewiesen. Die südliche Begrenzung dieser großen Bucht des Holsteinmeeres lag bei Wittenberge, eine breite Nebenbucht zog sich bis nach Wismar an die Ostsee (Streif 1990a).

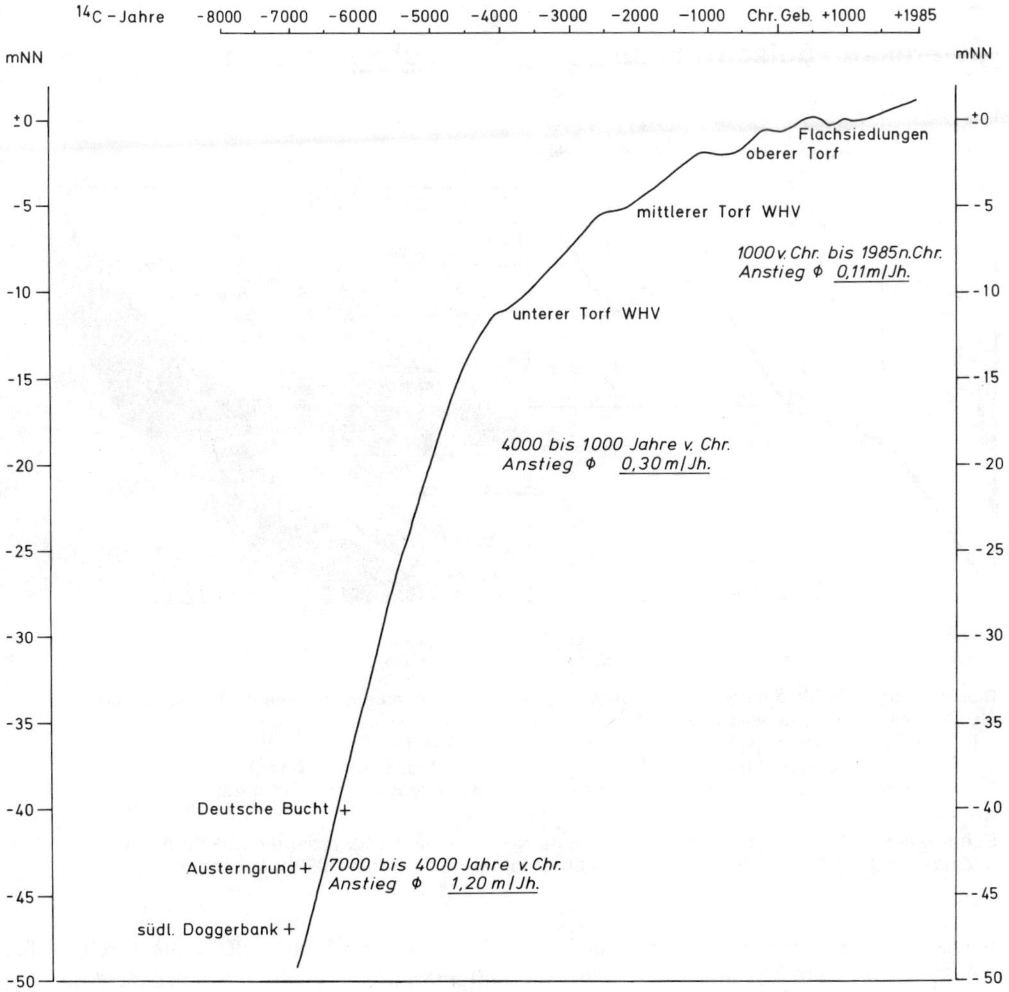

Abbildung 31
Kurve des nacheiszeitlichen Meeresspiegelanstiegs für die südliche Nordsee (Altersangabe in Radiokarbonjahren)
Nur für die bis jetzt noch wenigen Fixpunkte im frühen Bereich sind die Lokalitäten eingetragen (WHV = Wilhelmshaven).

Während der Saaleeiszeit war die deutsche Nordseeküste eisbedeckt. Es folgte die Transgression der letzten Warmzeit, die nach der Eem, einem kleinen in das Ijsselmeer mündenden Flüßchen benannt ist. Die Ausdehnung des Eemmeeres ist relativ gut bekannt. In Ostfriesland verlief die Küste im Bereich der heutigen, während in Schleswig-Holstein tiefe Buchten (Eider, Nordfriesland) mit großen Halbinseln (Dithmarschen, Raum Amrum – Sylt) abwechselten (STREIF 1990a).

Die Frage, ob und wie stark tektonische oder isostatische Krustenbewegungen im Küstengebiet heute noch wirksam sind, hat die historische Küstenforschung lange be-

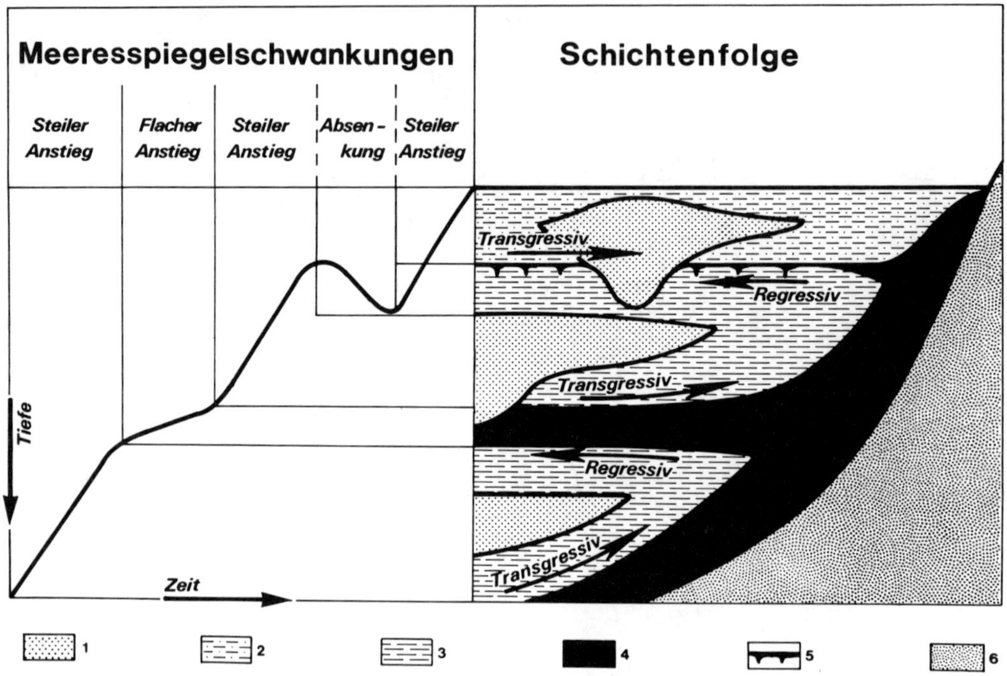

Dieser einfache Profiltyp mit Basistorf, oberem Torf und dem Boden aus der Zeit um Christi Geburt ist an der niedersächsischen Küste weit verbreitet.

1 – Rinnenablagerungen
2 – marine Wattablagerungen
3 – Brackwasser- und lagunäre Ablagerungen
4 – Torf
5 – Bodenbildung (Dwog)
6 – ungegliedertes Pleistozän

Abbildung 32
Schematische Darstellung der Zusammenhänge zwischen Meeresspiegelbewegungen und dem daraus resultierenden Wechsel der Schichtenfolge (nach Streif 1990b, verändert)

herrscht. Zur Klärung wurden mehrfach aufwendige Küsten-Feinnivellements durchgeführt (1928–1931, 1949 sowie 1955–1959) und miteinander verglichen. Sie ergaben für den Zeitraum von 25 Jahren z. B. in Ostfriesland eine durchschnittliche Differenz von 9 mm nach unten im Festlandsbereich und 18 mm nach unten im Inselbereich. Diese Abweichungen liegen noch innerhalb der Meßungenauigkeiten und können eine Senkung nicht sicher nachweisen. Da aber ganz überwiegend negative Höhenänderungen auftraten, spricht dieses doch für eine sehr geringe Senkungstendenz (Dechend u. Gronwald 1961).

1.1.2. *Der eustatische Meeresspiegelanstieg*

Wegen der Bindung großer Wassermengen im Gletschereis lag der Meeresspiegel zur Zeit des Höchststandes der letzten Vereisung mehr als 100 m niedriger als heute, und damit war der größte Teil der heutigen Nordsee landfest. Mit dem Abschmelzen der Eismassen in der Spät- und Nacheiszeit stieg der Wasserspiegel zunächst sehr schnell an, und das Meer drang

Transgression	Datierung	Transgression	Datierung
	3700		
Calais IV		Dünkirchen III	
	4400		1200
	4700		1400
Calais III		Dünkirchen II	
	5000		1900
	5300		2200
Calais II		Dünkirchen I	
	6300		2800
	6500		3200
Calais I		Dünkirchen 0	
	7800?		3600

Tabelle 76
Calais- und Dünkirchentransgressionen und deren Datierungen in ^{14}C-Jahren vor 1950 – gemittelte Werte für Schleswig-Holstein (nach MENKE *1988) und Niedersachsen*

als Flandrische oder Nordseetransgression wiederum nach Süden vor. Dabei schob es eine Vernässungszone vor sich her, in der es zu ausgedehnten Vermoorungen kam, welche beim weiteren Meeresanstieg von marinen Sedimenten zugedeckt wurden. Diese Transgressionskontakte verschiedener Höhenlage und damit verschiedenen Alters liefern die wichtigsten Fixpunkte für die Kurve des Meeresspiegelanstiegs (Abb. 31). Der älteste bisher erbohrte Torf aus 46 m Wassertiefe südlich der Doggerbank datiert den Kontakt in das späte Präboreal um 7000 v. Chr. (unkalibriert; BEHRE u. MENKE 1969). Dieser und jüngere Torfe zeigen in ihren botanischen Resten, daß dort Süßwasserbedingungen herrschten und die dort vorhandenen Wälder eine ähnliche Zusammensetzung wie auf dem Festland hatten.

Der schnelle Meeresspiegelanstieg setzte sich fort, bis um 5000 v. Chr. bei –15 m NN die heutige Küstenlinie erreicht wurde. Mit der Verringerung der Anstiegsgeschwindigkeit lassen sich Schwankungen im Transgressionsgeschehen erkennen, die dazu führen, daß sich während Ruhepausen oder beim zeitweisen Absinken des Meeresspiegels erneut Moore in Richtung See ausdehnen (Regressionen), die dann als sog. „schwimmende Torfe“ im Marschprofil auftreten (Abb. 32). Ein stärkeres Absinken, wie es um die Zeitenwende stattfand, bewirkte die Bildung von Böden ohne Torfauflage. Entsprechend veränderte sich der Siedlungsraum, so daß für den jüngeren Teil der Meeresspiegelkurve siedlungsarchäologische Daten sehr wichtig sind (BEHRE 1987). Die maximale Ausdehnung der Nordsee liegt fast überall an der deutschen Küste erheblich innerhalb der heutigen, durch feste Deiche gesicherten Küstenlinie. In der Stratigraphie der Marschablagerungen benutzt man die aus den Niederlanden übernommene Aufteilung in die Abschnitte Calais und Dünkirchen, die jeweils in mehrere Schichten gegliedert werden (Tab. 76).

1.2. Der äußere Küstenbereich

1.2.1. Vorstrand und Strand

Der Raum unterhalb der Tideniedrigwasserlinie wird als Vorstrand oder Schorre bezeichnet. In diesem Bereich nimmt die Wellenenergie und damit auch die mittlere Korngröße von unten nach oben zu; gleichzeitig nehmen die Schichtung sowie das durch die bodenbewohnenden Organismen verursachte Wühlgefüge ab. In der oberen Hälfte des Vorstrandes bis zu seinem oberen Rand treten in der Regel zwei oder mehrere etwa strandparallele Riffe auf, die bei Stürmen raschen Veränderungen unterworfen sind.

An den Vorstrand schließt sich der nasse Strand an, der zwischen der Tideniedrig- und Tidehochwasserlinie liegt. Er ist dem Seegang und den auslaufenden Wellen ausgesetzt, so daß auch hier meist zwei Strandriffe aufgeworfen werden, die je einen landseitigen Strandpriel besitzen. Während der Niedrigwasserzeit fällt der nasse Strand regelmäßig trocken, so daß der Wind eingreifen und den dort angelieferten Sand weitertransportieren kann. Die Ausbildung der Strandriffe ist abhängig vom wetterbedingten Energieumsatz. Dieser führt bei mäßiger Energiezufuhr im Sommer zum „Sommerstrand", an dem Riffe und Priele gut ausgebildet sind, während der „Winterstrand" ein ausgeglichenes, flach seewärts einfallendes Strandprofil aufweist (vgl. Reineck 1984, Streif 1990b).

Oberhalb der Mittelhochwasserlinie folgt dann der trockene Strand, der bis zum Dünenfuß reicht und nur noch gelegentlich unter Wasser gerät. Die seltenen Überflutungen werfen Spülsäume auf, ansonsten wird der trockene Strand äolisch beherrscht; hier liegt der Umschlagstreifen zwischen dem eingewehten Sand aus dem nassen Strand und dem in die anschließenden Dünenbereiche weitergeblasenen Material.

1.2.2. Strandwälle — Barriereinseln — Platen

Die geomorphologische Ausbildung der Sandküsten an der südlichen Nordsee wechselt in kennzeichnender Weise. Die deutschen Düneninseln sind Teil eines Barrieresystems, das sich in unterschiedlicher Ausprägung von den Niederlanden bis nach Dänemark zieht. Von der Rheinmündung verläuft ein geschlossener Strandwall bis etwa Den Helder und setzt sich dann in den west- und ostfriesischen Düneninseln fort, die nach Osten hin allmählich kleiner und von Wangerooge bis über Eiderstedt hinaus von Platen und Sandbänken abgelöst werden. Nach Norden folgen dann wieder Inseln, z. T. mit Nehrungen, bis sich ab Blåvandshuk in Dänemark der Strandwall wieder schließt.

Diese geomorphologischen Unterschiede sind in erster Linie auf den Tidenhub zurückzuführen, der südlich Den Helder und nördlich Blåvandshuk unter 150 cm liegt, in der inneren Deutschen Bucht jedoch über 300 cm erreicht (vgl. Abb. 33). Die strandwallfördernden küstenparallelen Strömungen im Westen und Norden der Deutschen Bucht werden zudem durch die senkrecht dazu wirkenden Ausmündungen von Ems, Weser und Elbe

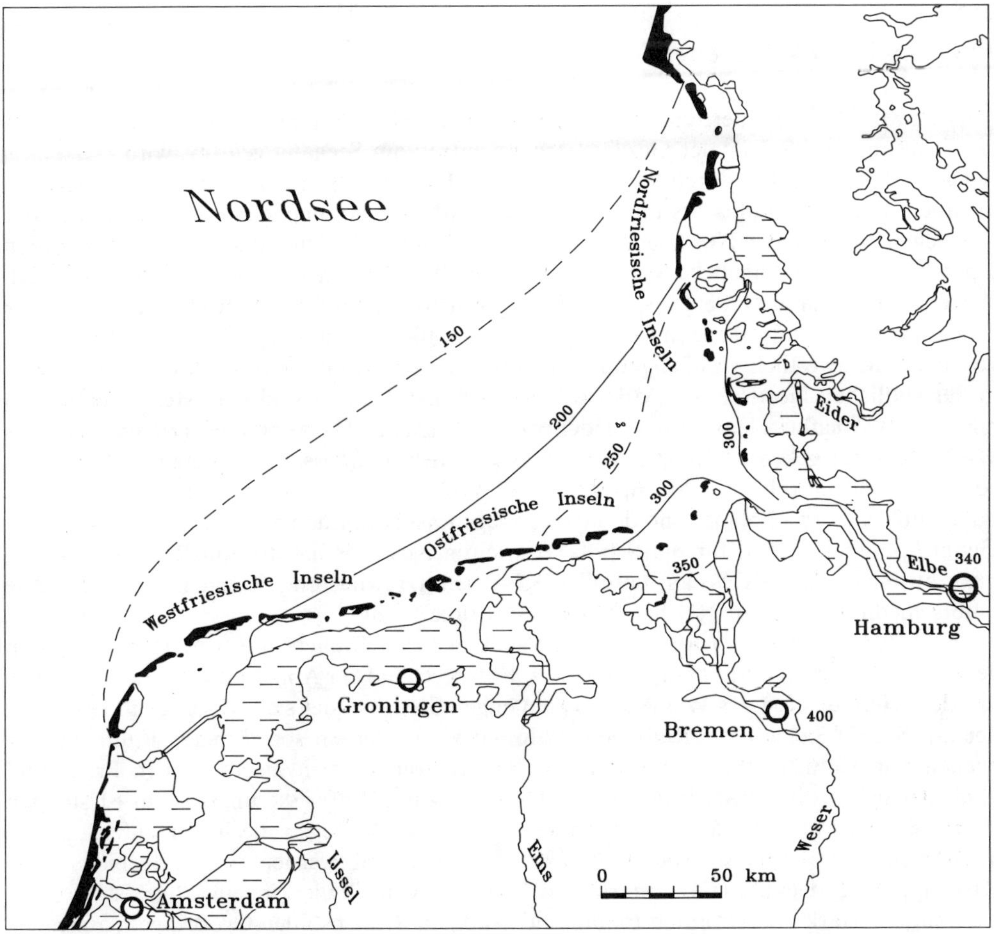

Abbildung 33
Strandwälle, Düneninseln und Platen an der südlichen Nordsee (schwarz). Fossile Strandwälle (Nehrungen) in Schleswig-Holstein sind dick schraffiert. In der Nordsee sind die Linien gleichen mittleren Tidenhubs (nach DHI 1990, Postma 1982), im Küstengebiet die Verbreitung der Marsch eingetragen (horizontal gestrichelt)

unterbrochen. Diese verstärken noch die durch die erhöhten Gezeiten vermehrte Transportkraft und bewirken eine ständige Umlagerung des Sandmaterials mit Neubildungen, Verlagerungen und Vergehen von Sänden und Platen, wobei besonders der Ebbstrom durch seine erosive Kraft wirksam ist. Auf diese Weise kommt es im Gebiet zwischen Jade und Elbe maximal zu hochgelegenen begrünten Platen, wie Mellum, Großer Knechtsand, Scharhörn oder Trischen, während die Ostfriesischen Barriereinseln als Fortsetzung des Strandwalls stabiler sind und sich zu bewohnbaren Düneninseln weiterentwickeln konnten.

1.2.3. Wattenmeer und Gezeiten

Ähnlich wie der Strandbereich stellen die Watten ein sehr dynamisches System dar, das von der Richtung und Stärke der Gezeitenströme sowie vom Seegang geformt wird.

Die Gezeiten werden durch die Stellung von Mond und Sonne zur Erde hervorgerufen, die auch deren Rhythmus bestimmen. Die vom Atlantik kommende Tidewelle läuft in der westlichen Nordsee von Nord nach Süd und biegt dann nach Osten und später nach Norden um, wobei sie eine erhebliche Verzögerung gegenüber den astronomischen Zeiten erleidet. Wegen der Form und der aus dem Kanal hinzukommenden Tidewelle schwankt der Tidenhub stark, und es bilden sich zwei sog. Amphidrome westlich der Niederlande und vor allem nordwestlich von Helgoland, in denen der Tidenhub Null ist. Man unterscheidet in der südlichen Nordsee den Mikrotidenbereich mit bis 2 m und den Mesotidenbereich mit 2–4 m Tidenhub. Das mittlere Tidehochwasser (MThw) bestimmt die innere Grenze des Wattengebietes, gekennzeichnet durch den Beginn der geschlossenen Vegetation. Die Tiden verlaufen wellenförmig mit Springtiden nach Voll- und Neumond, in denen das Wasser höher auf- und tiefer abläuft, und dazwischenliegenden Nipptiden mit geringerem Tidenhub. Geomorphologisch und für die Schiffahrt wichtig ist die Höhe des mittleren Springtideniedrigwassers, das als Seekartennull (SKN) benutzt wird und je nach Tidenhub eine unterschiedliche Lage zu NN hat (LÜDERS u. LUCK 1976).

Die Tiden führen das Wasser in bis über 20 m tiefen Rinnen, in Ostfriesland Seegaten genannt, in das Watt und aus diesem heraus. Entsprechend zur Abnahme der Transportkraft mit dem Heraustreten des Wassers aus dem engen Seegat bildet sich seeseitig ein Ebbdelta, der auf S. 235f. behandelte Riffbogen, während wattseitig ein schwächeres Flutdelta entwickelt sein kann (EHLERS 1988). Im Wattbereich trennen sich die Rinnen in Priele und verästeln sich bis in feinste Wasserläufe. Dieses Be- und Entwässerungssystem ist stetigen Veränderungen unterworfen. Zwischen den Prielsystemen liegen die höher aufgelandeten Wasserscheiden. Diese schwächer überströmten Flächen werden in Sandgebieten von Kleinrippeln bedeckt, die bei stärkerem Seegang von Wellenrippeln abgelöst werden, während auf stark überströmten Platen und sandigen Rinnensohlen Großrippeln auftreten. Die größten Formen dieser Art, sog. Riesenrippeln mit Höhen zwischen 1,5 und 15 m, bilden sich oft schnell in Großrinnen und Ästuaren und können für die Schiffahrt sehr hinderlich sein (REINECK 1978).

Die Sedimentverteilung im Wattengebiet entspricht den jeweils wirkenden hydrodynamischen Kräften, vor allem der Transportkraft des Wassers. Dort, wo Brandung einwirkt, liegt Mittelsand; wo der Seegang tätig ist, vor allem um die Niedrigwasserlinie in den Wattbereichen, liegt Feinsand. Zum Land oder zur Wattwasserscheide hin folgt ein Streifen Mischwatt, und auf den Wattwasserscheiden und am Land zieht sich das Schlickwatt hin. Wichtig ist, daß in diesem Sedimenthaushalt im Watt im wesentlichen Umlagerung, d. h. Erosion und Resedimentation eigener Sedimente stattfindet und nur wenig Sedimente von Land und See zugeführt oder dahin abgeführt werden (REINECK 1978, HEMPEL 1985).

Nach der Lage zur See unterscheidet man drei Wattypen: offene Watten ohne seeseitigen Schutz durch Düneninseln, wie meist zwischen Jade und Eiderstedt, Rückseitenwatten, wie sie z. B. hinter den Ostfriesischen Inseln liegen, und Buchtenwatten, wie im Dollart und Jadebusen.

Das Watt stellt einen Lebensraum dar, in dem wegen der extremen Verhältnisse zwar nur bestimmte, entsprechend angepaßte Arten leben können, diese aber zu einer überaus hohen Populationsdichte gelangen, so daß die Primärproduktion an Biomasse sehr hoch ist und im Sommer fast die des tropischen Regenwaldes erreicht. Dadurch hat es zur Ebbezeit eine sehr große Bedeutung als Ernährungsgrundlage vieler Zugvögel, hinzu kommen Fische, Krebse usw. als Flutgäste. Seit kurzem wurden deshalb die deutschen Wattgebiete unter den strengen Schutz eines Nationalparks gestellt.

1.3. Der innere Küstenbereich

1.3.1. Die Ästuare und Flußunterläufe

Die Ausbildung der Flußmündungen ist abhängig vom jeweiligen Tidenhub. An Küsten ohne oder mit schwachen Gezeiten, wie am Mittelmeer oder in der Ostsee, münden die Flüsse in Form von Deltas; dieses ist auch noch im Mikrotidenbereich der westlichen Nordsee bei Rhein und Maas der Fall. Höhere Tidenhübe, wie sie in der Deutschen Bucht herrschen, führen dagegen zur Ausbildung von Trichtermündungen, Ästuare genannt. In ihnen bewegt sich das Wasser in nur einer oder in zwei Hauptrinnen, die sich ständig verändern. In der *Außenweser* war bis zu Beginn dieses Jahrhunderts der östliche Wurster Arm die Hauptabflußrinne des Ästuars. Er wies jedoch Untiefen auf, so daß in den vergangenen Jahrzehnten das Fahrwasser in den westlichen Fedderwarder Arm verlegt und mit Hilfe von Strombauwerken stabilisiert wurde. In der *Außenelbe* wechselten die Rinnen bis Scharhörn in noch stärkerer Weise (LANG 1970); erst weiter unterhalb ist die Fahrwasserrinne stabil.

In den Unterläufen von Ems, Weser und Elbe liegen mobile vegetationsfreie oder festere begrünte Sande und Platen, die heute zur Sicherung des Fahrwassers meist befestigt sind. Wo der Tidenhub nachließ, bildeten sich im Landesinneren deltaähnliche Stromspaltungen, besonders deutlich an der Elbe zwischen Hamburg-Harburg und Geesthacht. In der wesentlich engeren Unterweser sank der ursprüngliche Tidenhub oberhalb von Brake sehr schnell und betrug nach langdauernder Versandung im Stadtzentrum von Bremen 1880 nur noch 0,19 m (GWINNER 1945). Nach mehrfachen Weservertiefungen und anderen Strombaumaßnahmen beträgt der Tidenhub hier inzwischen 4,0 m, in der Elbe bei Hamburg zeigt er 3,4 m.

In Weser und Elbe wurden durch das Weserwehr und die Staustufe Geesthacht die Tiden flußaufwärts begrenzt. In den letzten drei Jahrzehnten wurden zusätzlich alle Unterläufe der Nebenflüsse mit Sperrwerken versehen, die zwar normale Tiden durchlassen, aber bei extremen Hochwässern geschlossen werden, dann allerdings den Sturmflutspiegel in den Hauptflüssen weiter erhöhen. Die Eider erhielt 1973 ein ähnliches Sperrwerk vor ihrer Mündung, die Ems besitzt eines bei Herbrum im Hinterland.

An der Jaderinne nutzte man die erosive Kraft der großen ein- und ausfließenden Wassermassen des Jadebusens zur Anlage eines Tiefwasserhafens in Wilhelmshaven und hat zwecks Erhaltung dieser natürlichen Gunst bereits seit 1883 sämtliche Landgewinnungsmaßnahmen am Jadebusen verboten.

1.3.2.
Die Flußmarschen

In den Flußmarschen zeigt sich die geomorphologische Gliederung der Marsch sehr deutlich oft bereits auf kurze Entfernungen. Die Flüsse werden begleitet von einem Uferwall, der an der Ems eine durchschnittliche Breite von 1,5 km hat und an Weser und Elbe noch breiter ist. Dieses sog. Hochland besteht aus minerogenen Sedimenten, Ton und Sand, die vom Fluß abgelagert worden sind. Genetisch mit dem Hochland verbunden ist das rückseitige niedriggelegene sog. Sietland aus organogenem Material. Diese Gliederung kommt dadurch zustande, daß bei Sturmfluten, früher auch bei Hochwässern durch Oberwasser, der Fluß über die Ufer tritt und wegen der dort verringerten Geschwindigkeit an Transportkraft verliert und die Sedimente ausfallen läßt. Dieser Vorgang wird noch gefördert durch die flußbegleitenden Röhrichte, die die Sedimente gleichsam herausfiltern. Die dabei entstehenden Uferwälle finden sich in schmalerer und flacherer Form entlang aller Fließgewässer in der Marsch bis hin zu den kleinsten Prielen.

Während die mineralischen Sedimente auf diese Weise im flußnahen Bereich hängenblieben, entstand dahinter ein Sedimentdefizit. In den dortigen niedriggelegenen Gebieten bildeten sich ausgedehnte Niedermoore, die bis zum Geestrand reichten. Das Wachstum dieser Moore folgte hier im perimarinen Raum den indirekt durch die Meeresspiegelbewegungen vorgegebenen Bedingungen, die sich im Wechselspiel zwischen der normalen Verlandungsserie vom Röhricht über Seggengesellschaften bis zum Bruchwald und den von außen induzierten Vernässungs- oder Abtrocknungsphasen widerspiegeln. Eingehende Untersuchungen liegen von der Ems (BEHRE 1970), aus dem Wesergebiet (GROSSE-BRAUCKMANN 1962) und dem Eiderraum (MENKE 1968) vor, die z. T. einen mehrfachen Ablauf und Rücklauf der Verlandungsserie zeigen. Während der Meeresregression um Christi Geburt schlug das Torfwachstum auf großen Flächen des linksemsischen Rheiderlandes, aber auch in anderen Hinterländern sogar vom Niedermoor zum Hochmoor um.

Im Gegensatz zu den Sietländern trugen die Hochländer der Uferwälle ursprünglich geschlossene Wälder. Diese sind heute fast völlig verschwunden, ließen sich aber für Bereiche an Ems und Weser durch Holzfunde aus Bohrungen und prähistorischen Siedlungen rekonstruieren (BEHRE 1985). Danach waren die höchsten Bereiche, die Hartholzaue, vom Ulmen-Eichen-Eschen-Wald bestockt, während zum Fluß hin die Weichholzaue mit Weidenwald und Weidengebüsch folgte. Jahrtausendelang gab es einen ufernahen Waldgürtel, hinter dem sich weite, meist baumfreie Moore ausdehnten. Mit der im frühen Subatlantikum (um 700 v. Chr.) einsetzenden Besiedlung der Uferwälle wurden die Auenwälder, beginnend mit der Hartholzaue, nach und nach zerstört.

Die günstigeren und sichereren Siedlungsgebiete auf den Uferwällen prägen sich noch heute in der Lage der Siedlungen aus, die dicht an den Flüssen liegen. Dort finden sich auch ackerfähige Böden, und auf dem Hochland der Elbe unterhalb von Hamburg hat sich im Alten Land das größte zusammenhängende Obstbaugebiet Deutschlands entwickelt.

Die seit dem Mittelalter, vor allem aber in der Neuzeit durchgeführte Kolonisation der Sietländer war mit entsprechenden Drainagen verbunden. Diese hatten eine Sackung des Moorkörpers zur Folge, die die Reliefunterschiede zwischen minerogenem Uferwall und organogenem Sietland noch erheblich verstärkte. Im westlichen Ostfriesland und in der Wilstermarsch rechts der Elbe gibt es dadurch heute Gebiete, die unter −2 m NN, also tiefer als das Tideniedrigwasser vor den Deichen liegen und nur künstlich trockengehalten werden können.

Die holozänen Uferwälle dürfen nicht verwechselt werden mit pleistozänen Dünenketten, wie sie vor allem im Weserurstromtal aufgeweht wurden und dort heute noch auf über 20 km Länge durch die um sie herum aufgewachsene Marsch ragen und die langgestreckte Form der Stadt Bremen bestimmen.

1.3.3.
Die Seemarschen

Die Seemarschen wurden im Holozän seit etwa 5500 v. Chr. abgelagert. Im Untergrund bestehen sie teils aus marinen, überwiegend sandigen Sedimenten ehemaliger Wattgebiete, die während der Calais- und Dünkirchenfolgen abgelagert wurden; teils handelt es sich um brackische, überwiegend tonige lagunäre Bildungen, die früher großflächig in rückwärtigen Gebieten entstanden (Streif 1971).

Die natürliche seewärtige Grenze der Seemarsch wird durch die MThw-Linie gebildet. Bis dahin reichen die Salzwiesen, die im Supralitoral liegen. Bei Spring- und Sturmtiden werden die Salzwiesen regelmäßig überflutet und durch die Bildung von Grodenschichten über das MThw-Niveau aufgehöht. Die Grodenschichten bestehen meist aus sehr dünnen Wechsellagen von sandigen und tonigen Schichten und Spuren früherer Vegetation. Sie sind in den Salzwiesen des Deichvorlandes oder auf den Halligen überall anzutreffen. Auf diese Weise kann die Seemarsch bis auf 1 m (selten bis 1,50 m) über MThw aufgeschlickt werden.

Die Großmorphologie des Seemarschbereiches entspricht der Gliederung der Flußmarschen. Seeseitig ist ein mehrere Kilometer breites Hochland ausgebildet, dessen Schichten sich mit den Torfen des landseitig anschließenden vermoorten Sietlandes verzahnen. Besonders klar ist diese Abfolge im Lande Hadeln südöstlich Cuxhaven zu erkennen, wo das Sietland erst 20 km von der heutigen Küste entfernt am Geestrand endet. Dort liegen auch die tiefsten Gebiete, in denen sich das Wasser in den Geestrandseen, wie Flögelner See, Bederkesaer See und Balksee, sammelt. Ähnliche Geestrandseen stellen das Große Meer und die Hiewe nördlich Emden dar, während der Gotteskoogsee in Nordfriesland zwar die gleiche Position hat, aber erst sekundär durch seeseitige Vordeichungen in der Neuzeit entstanden ist.

In Nordfriesland gab es zwischen Eiderstedt und Sylt eine entsprechende Abfolge von Hochland und Sietland. In den mittelalterlichen Sturmfluten wurde der hochliegende Küstensaum jedoch zerschlagen, und die dahinterliegenden Moore wurden weitgehend ausgeräumt. Ähnliches erfolgte im Dollart- und Jadegebiet, wobei die um diese Buchten erhalten gebliebenen Sietlandmoore dünn, aber großflächig überschlickt wurden und deshalb auf heutigen Karten nicht mehr als solche erkennbar sind.

Zur Abgrenzung der See- von den Flußmarschen benutzt man in der Bodenkunde das Ca/Mg-Verhältnis, das in der Seemarsch meist über 6, in der Flußmarsch dagegen deutlich niedriger liegt. Der dadurch gekennzeichnete höhere Kalkgehalt findet sich besonders in der jungen Seemarsch, die ab dem Mittelalter gebildet wurde, während die vorher abgelagerte Altmarsch bereits teilweise entkalkt ist. Wie der Kalkgehalt ist auch der Sandgehalt, der die Durchlässigkeit und die Bearbeitbarkeit der Böden fördert, von erheblicher Bedeutung für die landwirtschaftliche Nutzung. Generell ist der Sandgehalt im küstennahen Gebiet höher und nimmt landeinwärts ab. Damit eignen sich die trockeneren und kalkreichen Gebiete des Hochlandes besonders gut für Ackerbau, vor allem wenn sie in jungen Marschgebieten liegen. Die übrigen Flächen, besonders auch die Zone der Brackmarsch, die sich durch einen stark verdichteten undurchlässigen Unterboden, den sog. Knick, auszeichnet, werden überwiegend als Grünland genutzt. Die tatsächliche Verteilung von Acker- und Grünlandflächen in der Marsch hat je nach den jeweiligen Absatzverhältnissen in den vergangenen Jahrhunderten stark geschwankt.

1.4. Sturmfluten und Küstenveränderungen

1.4.1. Sturmfluten

Die vor allem vom Wind hervorgerufenen, in ungünstigen Fällen von astronomischen Konstellationen und vom Schwall des Atlantiks verstärkten Sturmfluten haben stets eine wichtige Rolle für die Küstenmorphologie gespielt. Dabei kann die Höhe derselben Sturmflut in den verschiedenen Teilbereichen der Deutschen Bucht sehr unterschiedlich sein, je nach Windrichtung, Stauwirkung oder der Lage in Luv oder Lee. Ähnlich wie der Tidenhub nimmt die Sturmfluthöhe zur Küste und in die Flüsse hinein durch die Stauwirkung zu. Mit der zunehmenden Bedeichung und in jüngster Zeit durch das Absperren aller Nebenflüsse von Ems, Weser und Elbe ist der Anstieg des Sturmflutspiegels durch die Einengung der Überflutungsflächen erheblich verstärkt worden.

Für die Zeit vor der Bedeichung läßt sich der Sturmflutspiegel nur selten anhand von Sedimenten oberhalb des MThw abschätzen. Wichtiger sind die in der deutschen Marsch seit dem 1. Jh. n. Chr. angelegten Wurten oder Warften, das sind Wohnhügel, die periodisch gegen den ansteigenden Sturmflutspiegel aufgehöht worden sind und deren Siedlungsschichten damit als datierte Pegelmarken für maximal mögliche Sturmfluthöhen verwandt werden können (Behre 1987).

Die großen mittelalterlichen Sturmfluten haben z. T. riesige Verluste an Menschenleben, Vieh und Land bewirkt und sind in vielen Quellen festgehalten (Rohde 1977). Die wichtigsten davon sind:

17. 2. 1164
Julianenflut: schwere Schäden zwischen Rhein und Elbe, erster Jadeeinbruch.
14. 12. 1287
Luciaflut: ganze deutsche Nordseeküste betroffen, vermutlich Beginn der Dollartbildung.
16. 1. 1362
2. Marcellusflut oder „Große Mandränke“: schwerste Sturmflut an der deutschen Küste überhaupt, riesige Menschen- und Landverluste, Zerschlagung Nordfrieslands.
26. 9. 1509
Cosmas- und Damianflut: Holland bis Wesermündung betroffen, stärkste Ausdehnung des Dollarts.

1\. 11. 1570
4\. Allerheiligenflut: große Schäden von Flandern bis Eiderstedt, erste Fixierung einer Scheitelhöhe von +4,40 m NN an der Kirche Suurhusen bei Emden.
11\. 10. 1634
2\. Mandränke: Westküste Schleswig-Holsteins betroffen, Untergang großer Teile der Nordfriesischen Inseln.
25\. 12. 1717
Weihnachtsflut: schwere Schäden an der ganzen deutschen Nordseeküste, Flutmarke in Dangast/Jadebusen: +4,89 m NN.
3./4. 2. 1825
1\. Februarflut: ganze deutsche Nordseeküste betroffen, Flutmarke in Dangast/Jadebusen: +5,26 m NN.
16./17. 2. 1962
2\. Februarflut: ganze deutsche Nordseeküste betroffen, Scheitel in Wilhelmshaven: +5,22 m NN, Schäden besonders an den unzureichend bedeichten Flüssen Elbe (Hamburg) und Weser.
3\. 1. 1976
Januarflut: große Sturmflut, betraf die ganze deutsche Nordseeküste; Scheitel in Wilhelmshaven: +4,78 m NN.

Seither gab es weitere große Sturmfluten dieser Größenordnung, die durch inzwischen erhöhte Deiche abgewehrt wurden.

1.4.2. *Landverluste und Landgewinnung seit dem Mittelalter*

Bis zum Beginn des hohen Mittelalters wurde der Küstenverlauf allein durch die natürlichen Kräfte bestimmt. Im späten 11. Jh. setzte dann der Deichbau ein, zunächst in Form von Ringdeichen um einzelne Gemarkungen, seit dem 13. Jh. dann als geschlossener „Goldener Ring“. Das führte an der ganzen Küste zu einer Einengung des Überflutungsraumes bei Sturmfluten mit entsprechend höherem Wasserauflauf. Verbunden mit dem Deichbau ist die künstliche Entwässerung, mit deren Voranschreiten vor allem in den Sietländern der Boden sackte.

Die großen Sturmfluten durchbrachen die Deiche und in einigen Fällen auch das gesamte küstennahe Hochland, so daß sich das Wasser in die tiefliegenden Hinterländer ergoß und nicht wieder herauszubringen war. Auf diese Weise entstanden seit dem Mittelalter in Niedersachsen Dollart, Leybucht und Jadebusen. Die größten Landverluste gab es in Nordfriesland, das in mehreren großen Sturmfluten, vor allem 1362 und 1634, zerstört wurde, wobei die See bis an den Geestrand vordrang. Dabei gingen zahlreiche Ortschaften unter, die bekannteste ist die Stadt Rungholt. Die mittelalterlichen Kulturspuren, wie Gräben, Felder, Brunnen, Schleusen und Siedlungsreste, werden von Zeit zu Zeit im Watt durch die Erosion wieder freigelegt.

Bis etwa um 1500 wurden zwar einzelne Buchten, wie die von Sielmönken und die Harlebucht in Ostfriesland, bedeicht und auch im Norden des Landes Wursten und in Eiderstedt Landgewinne erzielt, im ganzen überwogen jedoch die Landverluste. Ab 1500 wurde durch verbesserte Technik die Bilanz zunehmend positiv (Homeier 1969, Prange

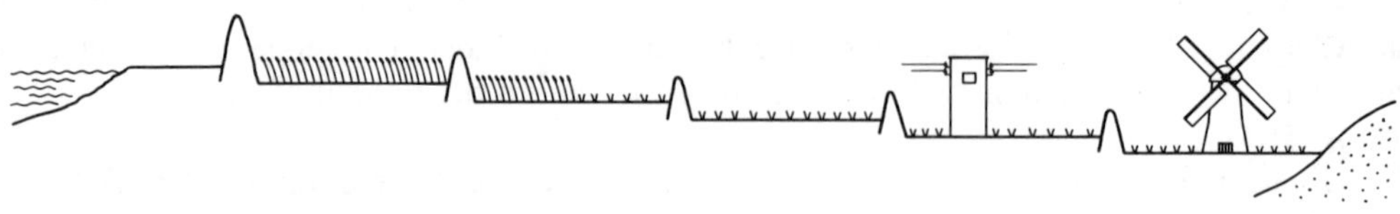

Abbildung 34
Schema einer „Poldertreppe"

Der steigende Meeresspiegel führt zu einer immer höheren Lage der neu eingedeichten Polder. Die Entwässerung der tiefen rückseitigen Gebiete erfolgte früher durch das „Trockenmahlen" mit Windmühlen; heute wird sie durch elektrische Schöpfwerke gewährleistet.

1986). Große Teile von Dollart und Jadebusen wurden zurückgewonnen, die Leybucht fast ganz bedeicht. In Nordfriesland gab es 1634 einen Rückschlag, dann wurde wieder in breiter Front vorgedeicht.

Eine besondere Entwicklung lief in Dithmarschen ab, ähnlich im nördlichen Land Wursten. Dort hat es seit Christi Geburt kaum Landverluste gegeben. Vor der alten Marsch wuchsen zunächst unter rein natürlichen Bedingungen, später unterstützt durch den Deichbau im Mittelalter und in der Neuzeit erhebliche Gebiete zu.

Die neu bedeichten Flächen werden in Ostfriesland Polder, in Schleswig-Holstein Köge genannt. Dadurch, daß die jeweils jüngeren Polder wegen des Meeresspiegelanstiegs höher auflanden, während in den älteren noch Sackungen stattfinden, kommt es zur sog. Poldertreppe (Abb. 34). Die jüngsten Polder, hoch und damit trocken gelegen, kalk- und oft sandreich, liefern hervorragende Ackerböden, während die tiefer gelegenen, oft versauerten Flächen der alten Polder wie das Sietland schwerer zu entwässern sind und als Grünland genutzt werden.

Mit dem Beginn des Deichbaus mußte auch für Entwässerung gesorgt werden. Die dafür notwendigen Siele im Deich waren ursprünglich einfache, oben geschlossene Holzkästen, heute sind es meist große offene und z. T. mit Schleusen versehene Steinbauwerke. Auf der Binnenseite ist die Marsch von einem System von Vorflutern, sog. Tiefs, und anderen Zuggewässern in abgestufter Ordnung durchzogen. Sie verlaufen teils in alten Prielen, teils wurden sie neu gegraben und führen das Wasser an die Siele. Da diese Gewässer wegen der vorgegebenen Morphologie das Wasser vielfach gegen das natürliche Gefälle transportieren müssen, wird das Wasser mit Hilfe von Schöpfwerken, in früherer Zeit mit Windmühlen, z. T. mehrfach angehoben. An den Sielen sorgen heute Speicherpolder und große Mündungsschöpfwerke dafür, daß das Binnenland auch bei langanhaltenden hohen Außenwasserständen entwässert werden kann.

1.5.
Die Ostfriesischen Inseln

Die ostfriesischen Düneninseln sind rein holozänen Ursprungs und besitzen keine pleistozänen Kerne. Nach der von Barckhausen (1969) entwickelten und inzwischen gut belegten

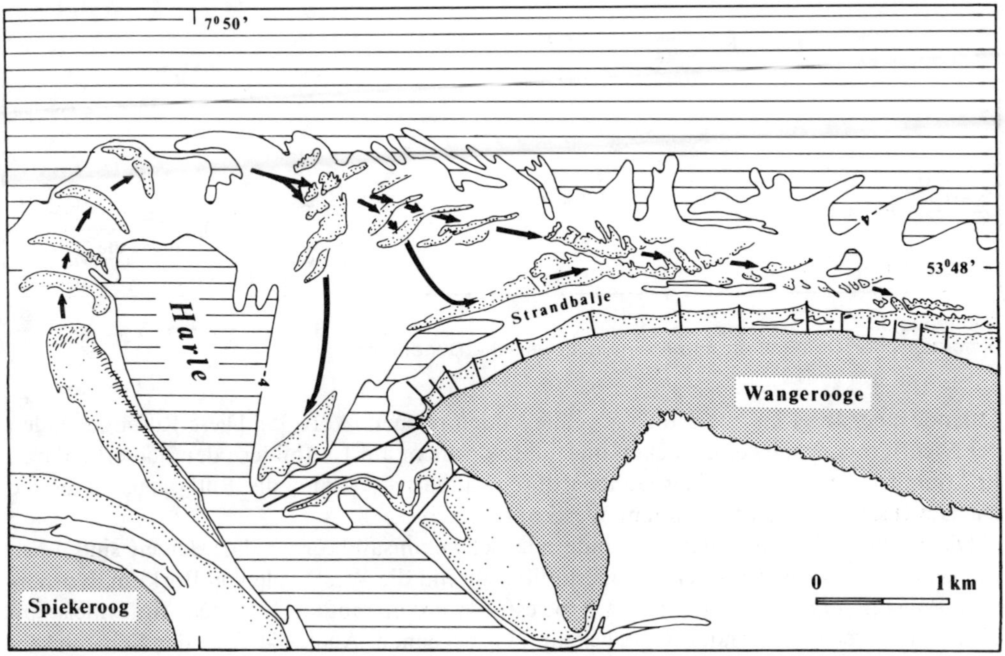

Abbildung 35
Riffbogen zwischen den Inseln Spiekeroog und Wangerooge mit Richtung der Sandwanderung (schraffierte Flächen: unter −4 m NN; aus EHLERS 1988, verändert)

Platentheorie sind sie allein aus dem Kräftespiel von Strömungen, Seegang und Wind entstanden. Dabei haben sie sich von periodisch überfluteten Sandplaten über teilweise hochwasserfreie Strandwälle bis zu den Düneninseln als Endstadium entwickelt. Wahrscheinlich lagen ihre Vorläufer als Fortsetzung eines früheren Strandwallsystems weiter seewärts und wurden mit dem Anstieg des Meeresspiegels und der Südverlagerung der Küste entsprechend versetzt. So zeigen Relikte alter Inseloberflächen, daß die Inseln auf vormalige Wattgebiete aufgewandert sind.

Die Wanderungsrichtung der Ostfriesischen Inseln ging von Nordwest nach Südost; BARCKHAUSEN (1969) konnte für Langeoog einen Weg von 2 km in 2000 Jahren nachweisen, Wangerooge ist in 1500 Jahren mehr als 2 km nach SSO vorgerückt. Das Alter der Düneninseln in heutiger Form ist noch unsicher. Der älteste bislang datierbare Salzwiesenhorizont liegt auf Juist und ergab ein Alter von 1965 ± 130 Jahren B. P., erst danach kann eine Dünenbildung eingesetzt haben (STREIF 1990b). Seit dem 14. Jh. sind die heutigen Ostfriesischen Inseln urkundlich bezeugt.

Während sich die Inseln als solche südostwärts bewegen, dienen sie gleichzeitig als Brücken dem westöstlich verlaufenden Sandtransport entlang der Küste. Dieser Sandtransport am Strand wird unterbrochen durch die jeweils zwischen zwei Inseln liegenden tiefen Seegaten, durch welche im Gezeitenrhythmus die hinter den Inseln gelegenen Wattgebiete mit Wasser aufgefüllt und wieder entleert werden. Die Seegaten verhindern das Zusammenwachsen der Inseln, und der Ebbstrom treibt die wandernden Sande nach draußen, so daß sich Riffbögen bilden, die aus einzelnen aneinandergereihten Sandplaten bestehen und bogenförmig vom

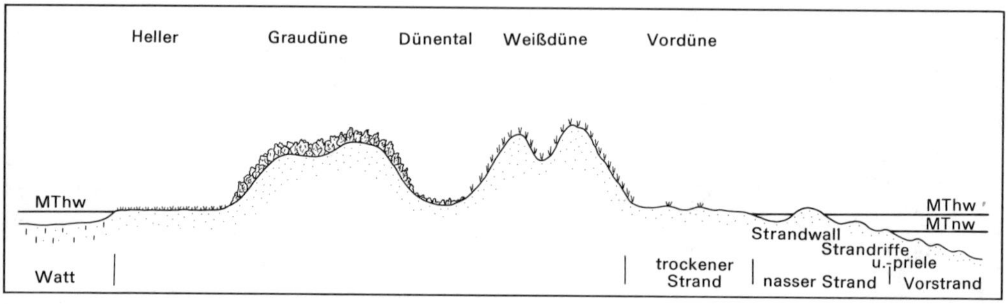

Abbildung 36
Schematischer Querschnitt durch eine ostfriesische Düneninsel

Ostende einer Insel bis zur östlich anschließenden reichen (Abb. 35). Diese Riffbögen fallen bei Niedrigwasser teilweise trocken und sind vor allem auf Luftbildern deutlich erkennbar. In komplizierten Zickzackbewegungen durchwandert der Sand die Riffbögen, bis er die nächste Insel an oder hinter ihrem Westkopf erreicht.

Die Inseln stellen sich stetig verändernde Schwemmsandkörper dar; derzeit sind Juist, Langeoog und Spiekeroog relativ lagestabil, während die Westköpfe von Borkum, Norderney, Baltrum und Wangerooge stark befestigt werden mußten, um dem dort meist im bebauten Bereich drohenden Uferrückgang zu begegnen. Auch die Zahl der Düneninseln ist veränderlich; so bestand zwischen Juist und Norderney die bis um 1541 bewohnte Insel Buise, die kurz nach 1690 vollständig unterging und ihren Sand an Norderney abgab.

Geomorphologisch sind die Inseln klar gegliedert (Abb. 36). An die bereits auf S. 226 beschriebene Strandfolge schließen an der Seeseite die Dünengebiete an, scharf abgesetzt von dem landseitig folgenden flachen „Heller", dessen Salzwiesen bis an den Wattrand reichen. Oft hängt sich an diesen Inselkern im Osten eine ausgedehnte Plate ohne oder mit nur flachen Dünen an, besonders groß auf Borkum, Norderney und Spiekeroog. An den Enden dieser Platen und ebenso an den Westköpfen der meisten Inseln sind nach Süden zeigende sog. Fluthaken ausgebildet, die entstehen, wenn der einlaufende Flutstrom sich vom Seegat aus in das Watt ausbreitet, wobei seine Transportkraft nachläßt und der Sand ausfällt.

Die für die Inseln kennzeichnenden Dünen sind teilweise noch in ständiger Bewegung, die meisten sind jedoch festgelegt. Am Strand finden sich schnellwandernde, sehr flache Barchane, an die sich landseitig die Vordüne (Primärdüne) anschließt, in der als erste die Strandquecke den treibenden Sand festhält. Mit steilem Anstieg folgt dann die meist küstenparallel ausgerichtete Weiße Düne (Sekundärdüne), die bereits durch den charakteristischen Strandhafer befestigt ist und den eingeblasenen Sand fängt. Viele offene Stellen zeigen, daß sie gleichzeitig auch Sand verliert und noch in stetiger Umlagerung begriffen ist. Dieses Stadium führt zur Graudüne (Tertiärdüne), die durch eine geschlossene Vegetationsdecke von Gräsern, Sanddorn und anderen Arten endgültig festgelegt ist. Innerhalb der Graudünen lassen sich geomorphologisch oftmals mehrere Dünengenerationen erkennen, die sich auch vegetationskundlich unterscheiden, denn der fehlende Nachschub frischer Nährstoffe führt zu einer Verarmung der Böden, die sich in der Vegetation entsprechend auswirkt.

Im Dünengebiet, auch in den z. T. vermoorten Tälern, herrschen reine Süßwasserverhältnisse. Der überschüssige Niederschlag fließt in den Dünengebieten nicht ab, sondern sammelt sich im Sandkörper der Inseln und bildet eine Süßwasserlinse, die im Durchschnitt auf −30 bis −40 m NN hinabreicht (STREIF 1990b) und dem darunter folgenden Salzwasser aufliegt, da das Süßwasser spezifisch leichter ist.

1.6. Die Nordfriesischen Inseln und Nehrungen

Die Nordfriesischen Inseln sind grundsätzlich anders aufgebaut als die reinen Schwemmsandkörper der Ostfriesischen Inseln. Das liegt daran, daß sie zumeist aus alten Festlandsresten hervorgegangen sind, die noch bis ins Mittelalter zusammenhingen. Diese Festlandsreste wurden durch Erosion und Anlandungen in ihre heutige Form gebracht. Die drei großen Inseln im Norden – Sylt, Amrum und Föhr – haben einen pleistozänen Kern aus der Saalevereisung, auf Sylt ist am Morsumkliff und am Roten Kliff darunter noch pliozäner Kaolinsand aufgeschlossen. Diese Geestkerne dehnten sich ursprünglich noch erheblich weiter nach Westen aus, im Falle von Sylt mindestens 10 km, während Amrum die ausgedehnte Amrumbank als Rest der saalezeitlichen Moräne vorgelagert ist (STREIF u. KÖSTER 1978). Dieses anstehende Pleistozän lieferte das Material für die Nehrungen, die sich an die Kerne von Sylt und Amrum angehängt haben. Wegen des verringerten Tidenhubs und der küstenparallelen Strömungen kam es hier zur Bildung von langen Strandwällen, während weiter südlich wandernde Schwemmsandinseln und Platen, wie Süderoogsand, Trischen und Blauort, entstanden.

Lange Strandwälle, meist als Donns bezeichnet, sind in Schleswig-Holstein auch fossil erhalten. Sie hängen sich in Dithmarschen an den Geestrand an und sind, wie bei St. Michaelisdonn, in bis zu sechs einzelne Nehrungsrücken aufgefächert. Teilweise, wie im Ost-West verlaufenden Tholendorfer Haken auf Eiderstedt, ist keine Geestbasis vorhanden, vermutlich wurde diese dort erodiert. Nach den Untersuchungen von MENKE (1988) liegt die Basis der Lundener Nehrung teilweise auf Torfen, die um 4000 B. P. gebildet wurden. Die Nehrung selber formte sich hauptsächlich während der Dünkirchen-0-Transgression. Ab etwa 3800 B. P. entwickelte sich in Dithmarschen eine Ausgleichsküste, in der die pleistozänen Geestkliffs durch Nehrungen verbunden wurden. Dies bedeutet, daß der Tidenhub damals dort wesentlich geringer war als heute.

Nach der Bildung der Strandwälle wurden diesen Dünen aufgesetzt, daher die Bezeichnung Donns. Auch die jungen Nehrungen von Sylt und Amrum sowie die seewärtige Seite der Geestkerne dieser Inseln und von Föhr tragen Dünen, deren Morphologie bereits bei den Ostfriesischen Inseln behandelt wurde. Diese Dünen werden weitgehend ernährt durch die Erosion der Kliffs. Besonders auf Sylt ist der Kliffrückgang erheblich und erreicht streckenweise wesentlich mehr als 1 m pro Jahr, so daß dort zur Sicherung der bebauten Gebiete aufwendige Befestigungsmaßnahmen notwendig wurden (EHLERS 1988).

Einen ganz anderen Ursprung als die bisher behandelten Inseln haben die Inseln Pellworm und Nordstrand sowie die Halligen. Sie sind Relikte von noch im Mittelalter sehr ausgedehnten Marschgebieten und haben keinen pleistozänen Kern. Während der großen mittelalterlichen und frühneuzeitlichen Sturmfluten wurde dieses Marschland zerschlagen. Spuren des damals untergegangenen Kulturlandes, wie Siedlungsreste, Gräben und Ackerland, lassen sich noch an vielen Stellen im nordfriesischen Wattenmeer finden (BANTELMANN

1966). Entsprechend dem natürlichen Marschaufbau lagen die geestnahen Bereiche tief und waren weitgehend vermoort. Noch bis zur zweiten Mandränke 1634 waren die heutigen Inseln Pellworm und Nordstrand zu der wesentlich größeren Insel Strand verbunden, die damals unterging. Große Teile des verlorenen Landes bestanden aus Moor.

Die großen Marschinseln Pellworm und Nordstrand sind durch Winterdeiche gesichert; von den Halligen sind die größeren von Sommerdeichen umgeben. Die Halligen sind von natürlichen Prielen durchzogen und von Salzwiesen bedeckt, die in der Regel beweidet werden. Während winterlicher Sturmfluten geraten sie unter Wasser, und nur die Wurten oder Warften genannten künstlichen Wohnhügel bleiben trocken. Die Halligflächen liegen z. T. unter Abbruch, an anderen Stellen erfolgt erheblicher Anwachs. Die Halligen sind deshalb meist relativ junge Bildungen; so ist die Hallig Südfall über dem 1362 vernichteten Kulturland frisch aufgewachsen und gibt jetzt durch Abbruch und Ostverlagerung die alten Kulturspuren nach und nach wieder frei (BANTELMANN 1966).

Politisch ebenfalls zu Schleswig-Holstein gehört die Insel Helgoland, die eine Sonderstellung einnimmt (SCHMIDT-THOMÉ 1987). Sie besteht aus mesozoischen Gesteinen, die durch die Aufwölbung von Zechsteinsalz hochgedrückt wurden. Später wurde sie von saalezeitlichen Gletschern überfahren, die Grundmoränenreste zurückließen. Ursprünglich hingen die heutige Hauptinsel aus Buntsandstein und die sog. Düne aus Muschelkalk und Kreide noch zusammen, bis sie während der Silvesterflut 1720 getrennt wurden. Der Durchbruch der Nordsee wurde durch den starken Abbau von Kalk und Gips erheblich beschleunigt. Die fortwährende weitere Erosion besonders des Südwestkliffs ist seit Beginn dieses Jahrhunderts durch eine Mauer gebremst; seither hat sich am Fuß eine Felsschutthalde gebildet, die nicht mehr abgeräumt wird. Die auf der Düne vorhandene Sanddecke ist künstlich aufgespült.

2. Die deutsche Ostseeküste

HEINZ KLIEWE und HORST STERR

2.1. Das südwestliche Ostseegebiet, seine Entwicklung und Charakterzüge

2.1.1. Lage, Größe und Gliederung

Die deutsche Ostseeküste umgürtet und umfaßt den äußersten Südwesten des sich ca. 1500 km von NNO nach SSW stark in die Länge erstreckenden, durchschnittlich aber nur rund 200 km breiten Wasserkörpers der Ostsee (Abb. 37), die als atlantisches Nebenmeer nur im Bereich der Dänischen Inseln stark eingeengte Verbindungen zum ozeanoffenen Randmeer der Nordsee besitzt. Der allseitige Zustrom von etwa 200 festländischen Flüssen trägt erheblich zur Aussüßung, aber auch zur Verschmutzung des Ostseewassers bei, zumal das Flußeinzugsgebiet von 1,5 Mio. km^2 die Wasserfläche der Ostsee von 415266 km^2 um das 3,6fache übertrifft. Ihr Küstengebiet wird im Süden und Westen von weichselglazialen Oberflächenformen eingenommen.

Nach der üblichen Einteilung des Baltischen Meeres hat die deutsche Ostseeküste Anteil an zwei Teilbecken, der Arkonasee und der Beltsee. Aus deren Bereichen greifen Pommersche, Mecklenburger und Kieler Bucht untergliedernd in den Küstenraum ein. Größere der Küste vorgelagerte Inseln sind Rügen (973 km^2), Usedom (354 km^2 deutscher Anteil), Fehmarn (185 km^2) und Poel (37 km^2). Die Gesamtlänge der Außenküste von Flensburg bis Ahlbeck beträgt 720 km. Die Verlaufsrichtung wechselt. Einem generellen NW-SO-Verlauf von Flensburg bis Lübeck folgt eine SW-NO-Orientierung bis Kap Arkona und von dort erneut eine NW-SO-Richtung bis zum Innersten der Oderbucht. Dieser unterschiedliche Küstenverlauf bedingt eine sehr verschiedene Küstenexposition und führt so zu unterschiedlichen klimatischen, hydrographischen und küstendynamischen Effekten der Teilstrecken.

Die Küstengestalt oder die Küstentypen entlang der südlichen Umrandung der Ostsee verändern sich von West nach Ost deutlich. Als Fortsetzung der dänischen reicht die schleswigsche Fördenküste bis Kiel; östlich der Kieler Förde folgt die holsteinische und danach die westmecklenburgische Großbuchtenküste bis hin zur Wismarbucht. Sie wird fortgesetzt durch die Ausgleichsküste Mecklenburgs. Daran schließt sich bei zunehmendem Küstenausgleich die vorpommersche Bodden- oder Boddenausgleichsküste mit ihren Boddengewässern und den sie abriegelnden Haken und Nehrungen von jeweils ca. 10 km Länge an. Entlang dem insgesamt ca. 1000 km langen südbaltischen Küstensaum mit seinem generellen Wechsel von Steil- und Flachküstenpartien schließen sich in Polen (Hinterpommern) etwa bis zur Danziger Bucht bei dort verstärkten Küstenausgleichsprozessen mittelgroße Nehrungen mit Strandseen dahinter und schließlich bis hin nach Litauen Nehrungen mit Haffen von immerhin 50 – 100 km Längserstreckung an. Die südliche Ostseeküste enthält und vertritt also charakteristische Glieder einer Abfolge von Küstentypen, die in ihrem westöstlichen Formenwandel durch unterschiedliche isostatische und neotektonische Vertikalbewegungen, aber auch durch Unterschiede der Exposition, des vorgelagerten Seeraumes und der Küstendynamik verursacht werden.

2.1.2. *Entwicklung und Gestaltung im Pleistozän*

Sämtliche Küsten der Ostsee unterlagen während ihrer Formgebung im Pleistozän einer nachhaltigen glaziären Prägung durch das skandinavische Inlandeis. Im nördlichen und mittleren Ostseegebiet waren es vorwiegend Prozesse glaziärer Exaration, im südlichen Randbereich hingegen überwiegend Vorgänge glaziärer Akkumulation. Die deutschen Anteile sind auf diese Weise durch glazigene und glazifluviale Ablagerungen vorgeformt und als Moränen- und Sandküsten überwiegend aus nordischem Material aufgebaut. Als Kristallin- und Sedimentärgeschiebe – teilweise als Leitgeschiebe – kennzeichnen sie das Umfeld auch der südwestlichen Ostsee.

Die älteren Vereisungen (Elster, Saale) überschritten das Gebiet der heutigen Ostseeküste merklich weiter nach Süden als die letzte. Die Meere der Warmzeiten dazwischen (Holstein, Eem) können als frühe Vorläufer der Ostsee gelten. Im Niveau von –30 bis –20 m NN drangen sie buchtförmig über die heutige Küstenlinie hinaus in Geländehohlformen,

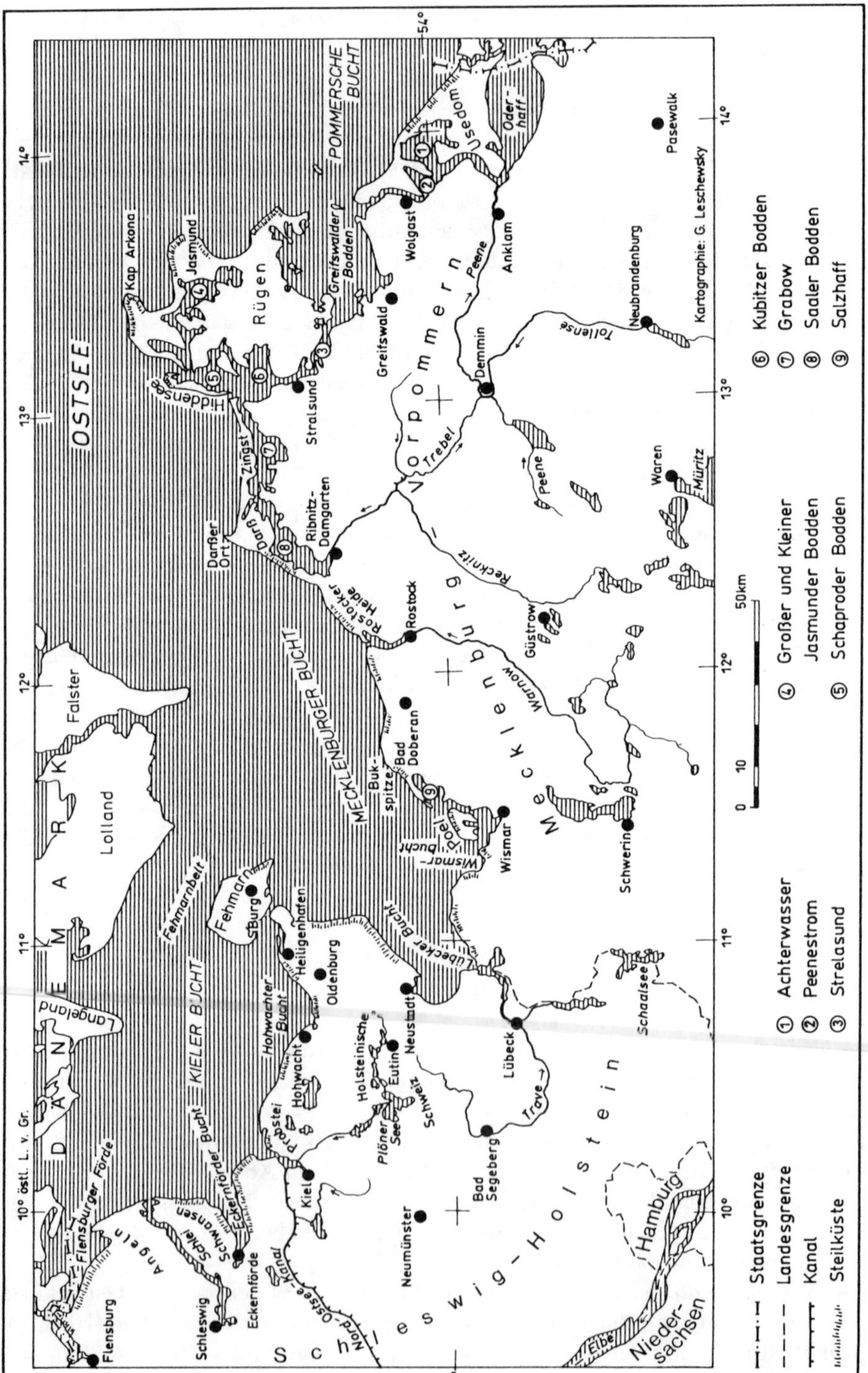

Abbildung 37
Übersicht über die deutsche Ostseeküste

vorzugsweise in die Flußmündungsgebiete ein und hinterließen ihre warmzeitlichen Ablagerungen (marine Tone, Sande usw.) im Raum der Flensburger Förde, der Lübecker Bucht, der heutigen Warnowmündung, der Oderbucht wie auch in Polen entlang der unteren Weichsel (WOLDSTEDT u. DUPHORN 1974).

Die weichselglazialen Endmoränen unterlagen im jeweiligen Randbereich des Inlandeises einer geregelten Ablagerung um die südwestliche Ostsee. Da die Gletscher zumeist aus nordöstlicher Richtung vorstießen, sind die Endmoränenzüge dort vornehmlich NW-SO, auf der Jütischen Halbinsel dann mehr N-S orientiert. Die hochglazialzeitlichen Marginalzonen (Brandenburger, Frankfurter und Pommersches Stadium) liegen in Schleswig in Küstennähe eng benachbart neben- oder aneinander; denn in der Tiefenlinie der Beltsee stießen die Inlandeisloben immer wieder bis in die Nähe des Beckenaußenrandes vor (LIEDTKE 1981). Erst in Mecklenburg und Brandenburg sind die Eisrandlagen wesentlich weitabständiger angelegt und gut unterscheidbar. Die jüngsten weichselspätglazialen, also nachpommerschen Staffeln (Velgaster, Nordrügener Staffel) erreichten nur noch den vorpommerschen Küsten- und Inselraum. Die Küstenräume Westmecklenburgs und Schleswig-Holsteins wurden dagegen von den markanten Randbildungen des Pommerschen Stadiums und dann nur noch von der Rosenthaler Staffel – z. B. um die Wismarbucht – erreicht und gestaltet. Zwischen den Endmoränen gelegene Grundmoränenareale grenzen als relativ niedrige Geschiebemergelkliffstrecken und Schmelzwasserschüttungen als Sandsteilufer ans Meer.

2.1.3. Eustasie und Isostasie im Ostseeraum

Mit dem beschleunigten weichselspätglazialen Zurückschmelzen und Niedertauen des Inlandeiskörpers vermehrte sich der Anfall an Schmelzwässern erheblich. Wenngleich der Südrand des Baltischen Eissees in der Jüngeren Tundrenzeit das südwestliche Ostseegebiet nicht erreichte, so existierte entlang den spätglazialen Eisrändern eine Anzahl größerer und kleinerer Stauseen mit Sanden, gebänderten Schluffen und Tonen als Bodenablagerungen (Tab. 77). Der ausgedehnteste von ihnen war der Haffstausee (BRAMER 1964) im Bereich und südlich des heutigen Oderhaffs mit sich mehrmals nordwärts verlagernden nordwestgerichteten Abflüssen in den relativ breiten Schmelzwassertalungen von Tollense, Peene und Ziese (Abb. 41). Als danach die frühen Vorläufer der Ostsee, Baltischer Eissee und Yoldiameer, entstanden, erreichten deren Ufer nirgends die heutige Südküste.

Die Existenz des darauf folgenden Ancylussees im vorpommerschen Küstenraum war noch in den letzten Jahrzehnten lebhaft umstritten. Neu ist die durch detaillierte Regionaluntersuchungen bewiesene Erkenntnis (KLIEWE 1960, KLIEWE u. JANKE 1982, KOLP 1986), daß der Ancylusgroßsee, als autonomes Ostseestadium im abgeschlossenen Ostseebecken durch allseitige Flußwasserzufuhr stark ausgesüßt, die heutige Südküste des Arkonabeckens bei seinem finalen Anstieg um 9000 B. P. erreichte und bei seinem Höchststand von etwa – 10 m NN in glaziären Hohlformen wie Zungenbecken oder Rinnen fördenförmig erheblich südwärts überschritt (Abb. 38). Die glazialisostatische Hebung des vom Eis entlasteten Skandinavien und das gleichzeitige Rücksinken des südlichen Randwulstes bewirkten letztlich eine Kippung auch des Großseespiegels nach Süden (KOLP 1986). In der Kieler und der Mecklenburger Bucht existierten während dieser Großseephase isolierte Süßwasser-

1 Zeitabschnitt	2 Jahre vor der Gegenw.	3 Ur- u. frühgeschichtlicher Abschnitt	4 Südbaltische Ostsee-Entwicklung	5 Küstenentwicklung	6 Waldgeschichte
Subatlantikum (Nachwärmezeit)		Neuzeit	Mya-Meer	Weißdünen Graudünen	Zunehmende Forstkulturen
		(Hoch-) Mittelalter	postlitorine Phase	Verstärkter Küstenausgleich	
	1000	Slawenzeit			Buchen- und Buchenmischwälder
		Völkerwanderung		Gelbdünen (Bildungsbeginn)	
	2000	Röm. Kaiserzeit		↑	Buchen-Eichenmischwälder
		Vorröm. Eisenzeit		Küstenausgleich: Haken, Nehrungen	
Subboreal (späte Wärmezeit)	3000	Bronzezeit			Beginnende Buchenausbreitung
	4000			↑	
		Neolithikum (Jungsteinzeit)	Litorina-Meer	Braundünen (Bildungsbeginn)	Eichenmischwälder
Atlantikum (Hauptwärmezeit)	5000			Beginn der Nehrungsbildung	
	6000			Inselarchipel Kliffbildung Submarine Sedimentation	
	7000	Mesolithikum (Mittelsteinzeit)		Beginn verstärkter Küstendynamik	Kiefernreiche Eichen-Mischwälder
Boreal (frühe Wärmezeit)	8000		Festlandzeit	Bodenbildung Seenverlandung	Hasel-Kiefernwälder
Präboreal (Vor-Wärmezeit)	9000		Ancylus-See (Gipfelphase)	Großsee-Sedimente	Birken- bzw. Kiefern-Birkenwälder
	10000		Festlandzeit	Bodenbildung	
Dryas III (Jüngere Tundrenzeit)		Paläolithikum (Altsteinzeit)	Eisstauseen	Periglaziäre Prozesse	Waldtundra und Tundra

Tabelle 77
Schema zur Holozängliederung und Küstenentwicklung im südwestlichen Ostseerandgebiet (nach NIEDERMEYER, KLIEWE *u.* JANKE *1987;* LANGE, JESCHKE *u.* KNAPP *1986; vereinfacht)*

seen. Trennlinie zum Ancylussee war die Darßer Schwelle, über die er schließlich über- und durch die Beltsee ablief und sich dabei um ca. 20 m erniedrigte. Große Randgebiete des Ostseebeckens fielen danach für fast ein Jahrtausend (8700 – 7900 B. P.) trocken. Erneut war die Oderbucht Festland, und die Odermündung lag etwa 90 km nordöstlich von Jasmund (KOLP 1983). Während der plötzlich erfolgten Tieferlegung der Abflußbasis waren auch große Randbereiche von Kieler und Mecklenburger Bucht trockengefallen.

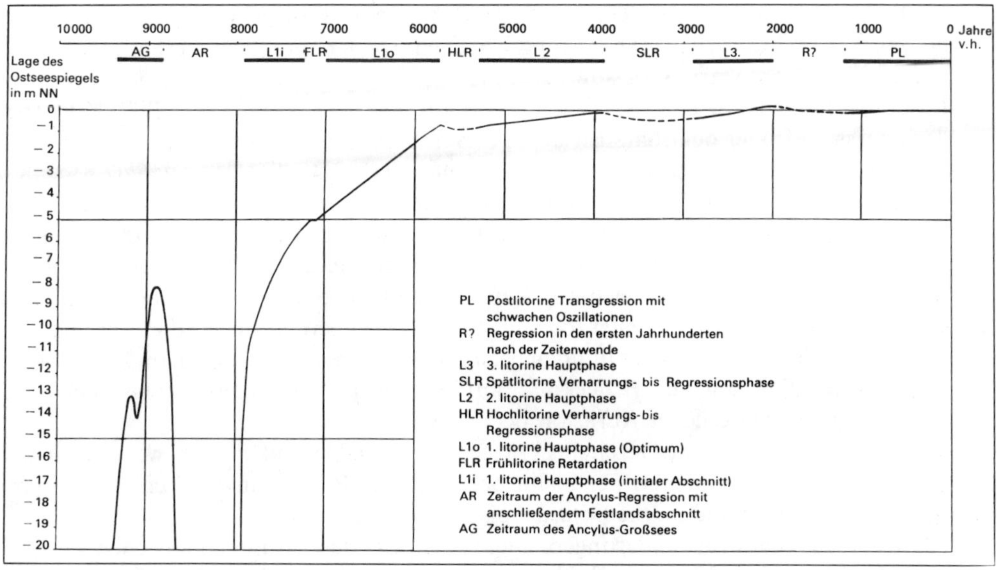

Abbildung 38
Holozäne Veränderungen des Wasserspiegels der Ostsee an ihrem Südrand aufgrund von Daten aus dem vorpommerschen Küstengebiet (nach Kliewe u. Janke 1982)

Erst das gleichzeitig mit dem Ozean transgredierende Litorinameer (Abb. 38) beendete diese südwestbaltische Festlandsphase. Der Meeresspiegel stieg ab 7900 B. P. bis etwa 5700 B. P. zunächst sehr schnell (0,9 cm/Jahr) an. Das Litorinameer drang weit und tief in die Becken und Täler der reliefstarken Moränenlandschaft ein und schuf um sich zahlreiche Inseln und Halbinseln mit steilen Kliffen. Nach verschiedenen geomorphologischen Anzeichen stand der Spiegel des Litorinameeres bisweilen um einige Dezimeter höher als der heutige Ostseespiegel. In den letzten fünf Jahrtausenden vollzogen sich bei nur noch ca. 1 m, also geringfügig um NN oszillierendem Wasserspiegel in der ausgehenden Litorinazeit (5700 – 2000 B. P.) und im postlitorinen Ablauf (etwa ab 2000 B. P.) sehr allmählich und den jeweiligen dynamischen Bedingungen entsprechend differenziert die Küstenausgleichsprozesse. Sie setzen sich in der Gegenwart fort.

Beim Vergleich der holozänen Anstiegskurven des Meeresspiegels zwischen dem hier datierten und sich glazialisostatisch heraushebenden vorpommerschen Küstenraum (Kolp 1979) und dem Senkungsgebiet der Nordsee sind Höhendifferenzen zu erwarten, aber auch Auffassungsunterschiede zu berücksichtigen.

2.1.4. Charakteristika und Besonderheiten der Ostsee und ihres Küstenraumes

Der Brackwasserkörper des Binnenmeeres Ostsee zeigt mit wachsendem Abstand von seinen westlichen Pforten eine erhebliche Abnahme des Salzgehalts. Im Oberflächenwasser geht er vom Kattegat mit 20 – 25‰ über Kieler Bucht (12 – 15‰), Mecklenburger Bucht

(10 – 12‰), das Seegebiet um Rügen (7 – 9‰) bis zum Finnischen oder Bottnischen Meerbusen auf 3 – 1‰ zurück. Die vorpommerschen Bodden und das Oderhaff sind durch Flußwässer besonders stark ausgesüßt, so innerhalb der Westusedomer Boddenkette auf ca. 1‰ (NIEDERMEYER u. a. 1987). Deshalb erfolgt die winterliche Eisbildung in den Boddengewässern früher oder häufiger als in den holsteinisch-mecklenburgischen Buchten, den Förden oder in der Beltsee. In extremen Eiswintern (1939/40, 1941/42, 1946/47, 1984/85) war die Ostsee gänzlich zugefroren. In normalen Wintern bleibt die eigentliche Ostsee eisfrei. An Außenküsten bildet sich gelegentlich nur ein einige Dekameter bis 100 m breiter Küsteneisstreifen, abgesehen von Treibeisfeldern zumeist fremder Herkunft weiter draußen. Durch Starkwinde können sie zu mehrere Meter hohen Eispressungen zusammengeschoben werden. Diese Packeismassen greifen oft auf den Strand über, erreichen die Kliffüße und können selbst an Binnenküsten der Bodden beachtliche Formveränderungen und Zerstörungen vollbringen. Bei längerer Bedeckung mit Küsteneis kann dieses aber auch eine Schutzwirkung vor winterlicher Abrasion hervorrufen.

Küstendynamisch wirksame Gezeiteneffekte fehlen völlig. Der Tidenhub bewegt sich in der Größenordnung von Zentimetern; er bleibt bereits in der Beltsee unter 15 cm und nimmt ostwärts ab. Bedeutsam und für die Ostsee typisch ist das Auftreten von Eigenschwingungen als Folge schneller Luftdruckänderungen. Diese „Seiches" des gesamten baltischen Wasserkörpers oder die sog. „Seebären" in Buchten und Bodden können plötzliche Schwankungen bis zu 1 m hervorrufen (HUPFER 1978). – Die größten und wirksamsten Wasserstandsänderungen werden jedoch durch den Wind erzeugt. Diese Sturmhochwässer (nicht Sturmfluten!) führen zu maximalen Wasserständen von 2 bis max. 3,5 m über NN. Schwere Sturmhochwässer ($\geq$ 1,5 m über NN) sind mit ganz erheblichen Abrasionswirkungen, Sedimentumlagerungen und Zerstörungen an der Küste verbunden. Mit Gezeiten haben sie nichts zu tun, sondern sie bilden sich bei ganz bestimmten Sturmwetterlagen, z. B. wenn starke SW-Winde eines sich nähernden Sturmwirbels die Wassermassen über längere Zeit in Längsrichtung nach NO drücken und sich bei zyklonenrückseitigem Umspringen der Windrichtung auf N bis NO die aufgestauten Wassermassen auf die Südwestküste zubewegen. Bei längerer Sturmdauer werden die Hochwässer in die Bodden gedrückt und wirken dann auch rückseitig an Binnenküsten. Einschneidende winterliche Sturmhochwässer in jüngerer historischer Zeit – stellenweise mit Landdurchbrüchen – sind bekannt vom 13. 11. 1872, 31. 12. 1904, 30./31. 12. 1913, 1./2. 3. 1949, 4. 1. 1954 und 12. 1. 1968 (HUPFER 1978).

Das Klimageschehen entlang der südwestlichen Ostsee hat als Übergangsklima vom Atlantik zum Kontinentinneren in einem Küstenstreifen von durchschnittlich 10 – 20 km Breite seine Besonderheiten. Sie äußern sich u. a. in starken Windgeschwindigkeiten, häufigeren Stürmen, höherer Luftfeuchte, Neigung zu Küstennebeln, einer Dämpfung der tages- und jahreszeitlichen Temperaturamplituden und gegenüber dem angrenzenden Binnentiefland verminderten Niederschlägen (REINHARD 1962). Von der Fördenküste bis zur Oderbucht nehmen die atlantischen Niederschläge ohnehin allmählich ab. Die angeführten Klimaelemente vermindern dorthin ihre ozeanische Prägnanz, so daß vor allem die nach NO exponierten Küstenabschnitte von Rügen und Usedom kontinentalere Züge aufweisen. Die witterungsmäßige Ausprägung der Jahreszeiten mit kaltem „Ostseefrühling", kühlem Sommer, mildem Herbst und gemäßigtem Winter verliert im W-O- und N-S-Wandel an Deutlichkeit.

Die Vegetation des Küstengebietes ist aufgrund abnehmender ozeanischer Klimaeinflüsse und sich verringernder Salinität einem korrelaten West-Ost-Wandel unterworfen. Charakteristisch für die Pflanzenwelt im Küstenstreifen ist einerseits das zusätzliche Vorkommen atlantisch gebundener Pflanzen wie Glockenheide *(Erica tetralix)* oder Gagelstrauch *(Myrica gale)* usw. zusammen mit borealen Arten wie Sumpfporst *(Ledum palustre)*, Krähenbeere *(Empetrum nigrum)* u. a. Die Strände kennzeichnet das Auftreten Salzstandorte tolerierender Pflanzen (Halophyten); trockenheitsresistente Arten prägen und befestigen die jungen Weißdünen. In Schlickgebieten am Südrand der Insel Poel (Wismarbucht) und am Bocksand kommt in Kümmerformen noch der Queller *(Salicornia herbacea)*, die Pionierpflanze des Nordseewatts, vor. Im vorpommerschen Küstenraum östlich von Rügen liegt die ostwärtige Verbreitungsgrenze der Stechpalme *(Ilex aquifolium)*. Das Vorkommen von Küstenhochmooren klingt im westpolnischen Küstengebiet aus. Soweit das Land vom Brackwasser des öfteren überflutet wird, entwickeln sich an den Rändern der Boddengewässer Salzgrasländer (Salzwiesen, Salzweiden), besonders jedoch breite Schilfröhrichtstreifen mit *Phragmites communis.*

2.2.
Die schleswigsche Fördenküste

2.2.1.
Lage und Gliederung

Die Cimbrische Halbinsel, die das Nordseebecken vom Ostseeraum abtrennt, findet im mittleren Schleswig-Holstein ihren südlichen Abschluß. Die östliche der beiden Küsten Jütlands weist im Gegensatz zur westlichen einen stark gegliederten Küstenumriß auf; zwischen Ålborg und Kiel greifen insgesamt 11 langgestreckte, relativ schmale Buchten, die sog. Förden (dän. Fjords), vom Kattegat und von der Beltsee her ins Innere der Halbinsel ein. Die 4 südlichsten Förden sind Ausläufer der Kieler Bucht und gehören damit zum deutschen Teil der Ostseeküste, wobei die 40 km lange Flensburger Förde eine markante natürliche Landschaftsgrenze zwischen Dänemark und Deutschland darstellt (Abb. 37). Die Gesamtlänge der Küste zwischen Flensburg und der NO-Ecke der Kieler Förde beträgt gut 300 km. 240 km davon entfallen auf die Förden, die Hälfte davon wiederum auf die Schlei, so daß die Charakterisierung dieses Abschnitts als Fördenküste wohl ihre Berechtigung hat.

2.2.2.
Jungpleistozäne und holozäne Genese

Förden sind als Küstenformen morphogenetisch eng verwandt mit den steil eingetieften Fjorden Norwegens; sie sind im Gegensatz zu diesen aber im Bereich einer schwach reliefierten und wenig erosionsresistenten Grund- und Endmoränenlandschaft entstanden, was ihre nacheiszeitliche Weiter- und Umformung wesentlich erleichterte. Bezüglich der Entstehungsgeschichte, Geomorphologie und Hydrographie weisen die vier Förden der Region Schleswig eine Reihe von Gemeinsamkeiten, andererseits aber auch einige unter-

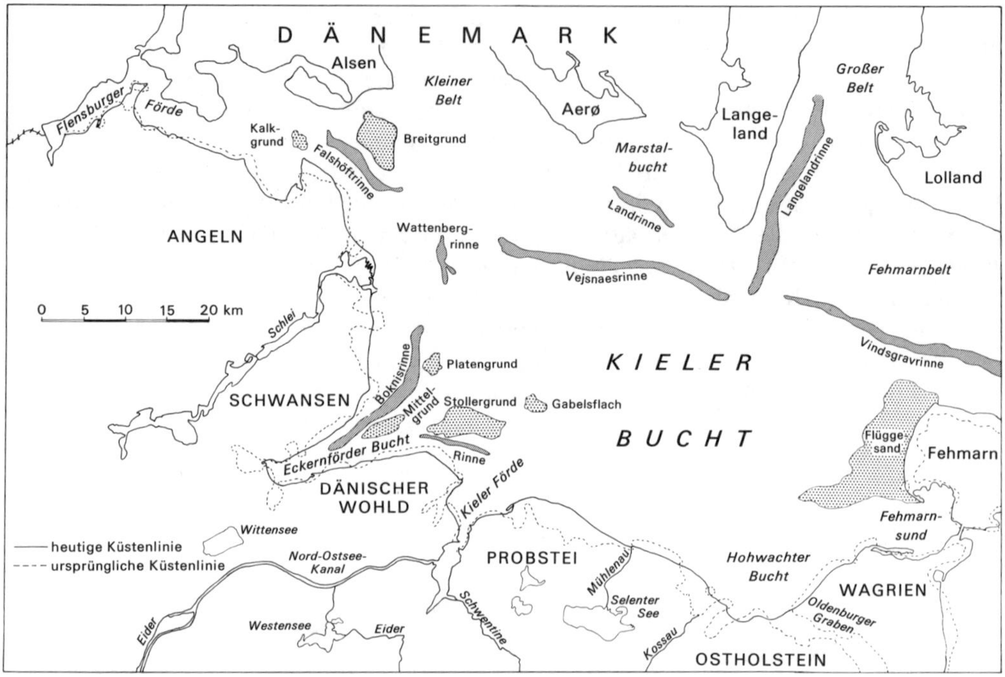

Abbildung 39
Küstenumriß der Südküste der Kieler Bucht vor ca. 3000 Jahren im Vergleich zum heutigen Uferverlauf und submarine Morphologie (nach STERR 1991)

schiedliche Merkmale auf. Sie sind generell das Ergebnis der hoch- bis spätweichselzeitlichen Vereisung im dänisch-schleswigschen Raum.

Beim landwärtigen Vordringen aus der Kieler Bucht spaltete sich das Weichseleis gegen Ende des Hochglazials allmählich in einzelne, mehr oder weniger breite Teilloben auf, die im Zuge der Eisoszillationen eine Reihe von z. T. hintereinander gestaffelten Zungenbecken schufen. Durch intensive Schmelzwassererosion, die in der spätglazialen Abschmelzphase des Eises teils subglazial, teils subaerisch stattfand, wurden einzelne dieser Zungenbecken noch übertieft, vor allem aber die zwischen den Becken liegenden Schwellen aus Moränen- oder Sandermaterial ausgeräumt oder zerschnitten. Auf diese Weise wurden durch die Kombination von glazialer und glazifluvialer Erosionswirkung langgestreckte, rinnen- oder wannenförmige Hohlformen geschaffen. Mit der Ausformung solcher markanter Tiefenzonen, die an ihrem westlichen Ende von Moränenzügen gesäumt, in ihrem mittleren Teil aber auch von jüngeren Moränenstaffeln gequert werden, war das Ausgangsrelief für die Entstehung der Förden bis ca. 12000 B. P. angelegt worden. In der darauf folgenden Phase des Spätglazials und frühen Holozäns existierten aber hier zunächst verschiedene Seen, weil die ersten Vorläufer der Ostsee, der Baltische Eissee, das Yoldiameer und der Ancylusgroßsee, das Gebiet der Kieler Bucht nicht erreichten.

Erst im Zuge der Öffnung der Belte erfuhren die Förden während der Litorinatransgression (Abb. 38) ihre endgültige Überflutung und Umwandlung zu Meeresbuchten. Nach dem submarinen Relief der westlichen Kieler Bucht zu schließen (SCHOTT 1956), erreichte das ansteigende Meer zunächst die Rinnentäler der äußeren Flensburger Förde. Gleichzeitig wurden von hieraus die Eckernförder Rinne, von der die Kieler Förde als Nebenrinne abzweigt, sowie die Hohwachter und Lübecker Buchtrinne überflutet. Von diesen Rinnen aus nahm die Transgression ihren Fortgang. Das Ergebnis der Transgression ist eine Ingressionsküste im klassischen Sinne. Es entstanden die schmalen Förden mit z. T. flußartigem Charakter, die – mit Ausnahme der Schlei – durchgehend Tiefen von 15 m und mehr erreichen und dadurch als Häfen und Schiffahrtswege ideal geeignet sind. Erst mit dem Erreichen der –5-m-Tiefenlinie klang die Transgression um ca. 6000 B. P. ab, und damit gewannen küstenmorphologische Prozesse und die Umgestaltung des Uferreliefs stark an Wirksamkeit. Der ursprüngliche Küstenumriß und die Gestalt der Förden glichen deshalb auch zu dieser Zeit noch nicht annähernd ihrer heutigen Form, wie sich am Beispiel der Kieler Förde verdeutlichen läßt. In ihren Randbereichen wurden verschiedene Tiefenzonen, so z. B. das Schilkseer Tunneltal oder der Ellerbeker Süßwassersee, während des Transgressionsverlaufs in die Fördegestalt einbezogen, die damit um 5000 B. P. noch eine starke Gliederung und Zerlappung aufwies. Ähnliche topographische Gegebenheiten lagen in den anderen schleswigschen Förden vor, die allesamt ihre heutige Küstengestalt im Verlauf der letzten 5–6 Jahrtausende durch das Zusammenwirken der Küstenausgleichsprozesse erhielten (Abb. 39).

2.2.3. Küstenentwicklung und Morphodynamik

Bei dem von Natur aus unruhigen, in seiner Höhenlage stark wechselnden Relief der überfluteten Moränenlandschaft treten Steil- und Flachküsten im kleinräumigen Wechsel auf. Zur Bildung einer Flachküste kam es überall dort, wo die an das Meer angrenzende Landschaft sich nicht über +3 m NN, d. h. über das maximale Hochwasserniveau erhob. Das Meer ist seit dem Abklingen der Litorinatransgression bestrebt, durch Abrasion der Vorsprünge, die zu Steilufern wurden, sowie durch Abschnürung der Buchten allmählich eine Ausgleichsküste zu schaffen. Diese Entwicklung ist sowohl an den exponierten Außenküsten – den Abschnitten zwischen den Förden – als auch an den Fördeinnenküsten vorherrschend. Sie verläuft aber an den Küstenstrecken, die der Kieler Bucht zugewandt sind, wesentlich intensiver als in den geschützten Buchten und ist daher dort schon wesentlich weiter fortgeschritten. Dominiert werden die morphodynamischen Prozesse an dem im wesentlichen nach O bzw. NO exponierten Küstenabschnitt zwischen Flensburg und Kiel vom Seegang aus der Kieler und Mecklenburger Bucht, der von östlichen und nordöstlichen Winden verursacht wird (Klug u. a. 1988, Sterr 1988). Trotz der weitaus größeren Häufigkeit der Winde aus dem Westquadranten ist deren Wirksamkeit für Abrasion und Sedimenttransport vergleichsweise gering, da sie zum einen ablandig oder uferparallel wehen und deshalb kaum Wellen erzeugen können, zum anderen eine Erniedrigung des Wasserstandes bzw. eine seewärtige Verlagerung der Prozeßdynamik zur Folge haben. Dagegen ist bei östlich wehenden Winden der Fetch (Wirkungslänge eines Windes über einer Wasserfläche), der mit ca. 60 km der gesamten O-W-Erstreckung der Kieler Bucht entspricht, etwa 10mal größer. Damit sind auch die Höhe und Energie des aus dieser Richtung erzeugten Seegangs an diesem Küstenabschnitt deutlich größer als die Wirkungskraft der Wellen aus anderen Richtungen (Sterr 1988). Zusätzlich bedingen Winde aus östlichen Richtungen durch Staueffekte eine Wasserstandserhöhung, wodurch sich die Abrasions- und Transportwirkung der Wellen landeinwärts, also auf den höheren Strand oder direkt an den Kliffuß verlagert. Das Ergebnis dieser Zusammenhänge aus Seegang und Wasserstand ist die Dominanz einer O-W gerichteten Transportkomponente sowie einer verstärkten Abrasion der nach O und NO exponierten Steilufer. Das an den Außenküsten oder in den Förden selbst abradierte oder in Transport gebrachte Material wird also weiter fördeeinwärts befördert und kommt dort an energieärmeren Abschnitten zur Ablagerung.

Die Schlei unterscheidet sich bezüglich ihrer Morpho- und Hydrographie allerdings deutlich von den übrigen Förden. Sie stellt einen langgestreckten, schmalen und meist flachen Meeresarm dar. Zwischen der Kieler Bucht und Schleswig wurden hier mehrere kleine Zungenbecken durch subglaziale und subaerische Schmelzwasserrinnen verbunden. Dadurch entstand der flußartige Grundriß der Schlei mit mehreren seeähnlichen Erweiterungen (Kleine und Große Breite) und zahlreichen kleinen Randbuchten (Nooren), die heute z. T. schon ganz abgeschnürt sind. Die anfangs knapp 4 km breite Mündung dieser Förde wurde durch Nehrungsbildung, die sowohl von S als auch von N erfolgte, von der Kieler Bucht abgeriegelt. Das Ergebnis dieser natürlichen Entwicklung war die Entstehung eines großen Brackwasserkörpers, in dem die Salinität von 14‰ nahe der Mündung auf 4–6‰ bei Schleswig abnimmt.

2.3. Die holsteinisch-westmecklenburgische Buchtenküste

An den Typus der Fördenküste schließt sich östlich der Kieler Förde eine Großbuchtenküste mit einem wesentlich weniger stark gegliederten Grundriß an. Dieser Küstentyp reicht bis zur Bukspitze im mittleren Mecklenburg und begrenzt den östlichen Teil der Kieler und den westlichen Teil der Mecklenburger Bucht, wobei die Aufgliederung der Beltsee in diese beiden Meeresbecken durch die nordostwärts vorragende Halbinsel Wagrien und die Insel Fehmarn erfolgt.

Die Gesamtlänge der holsteinisch-westmecklenburgischen Buchtenküste beträgt – ohne die Inseln Fehmarn und Poel – etwa 250 km. Sie läßt sich in drei Teilabschnitte gliedern, nämlich die Hohwachter Bucht, die Lübecker Bucht und die Wismarbucht, wobei der Fehmarnsund einerseits und die Travemündung andererseits die natürliche Begrenzung zwischen diesen Teillandschaften bilden. Letztere markiert auch die politische Grenze zwischen Schleswig-Holstein und Mecklenburg-Vorpommern.

2.3.1. Küstenentwicklung im Bereich der Hohwachter Bucht

Der Küstenumriß ist entlang dem 70 km langen Abschnitt zwischen der Probstei und der Insel Fehmarn in relativ weitem Bogen nach S ausgebuchtet. Entsprechend der genetischen Anlage durch eine aus der Kieler Bucht südwärts vorstoßende Gletscherzunge liegen im inneren Teil der Bucht markante Endmoränenzüge (Hessenstein 128 m) in unmittelbarer Küstennähe zwischen größeren und kleineren Zungenbecken eingebettet. Die kleinräumige

Abfolge von glazialen Erosions- und Akkumulationsbereichen ließ somit hier eine ursprünglich sehr stark gegliederte Küstenlandschaft zurück (Abb. 39). Zwischen mehreren 1 – 5 km langen Höhenzügen, die zu Steilküsten umgeformt wurden, liegen größere und kleinere Niederungsgebiete eingebettet. Im Zuge der fortschreitenden Küstenausgleichsprozesse sind alle ehemaligen Buchten, speziell im Bereich Hohwacht/Oldenburg, durch Nehrungsbildung abgeschnürt worden. Im innersten Teil der Hohwachter Bucht entstanden dadurch die Strandseen Großer Binnensee, Kleiner Binnensee und Sehlendorfer Binnensee, von denen die beiden letzteren als Brackwasserkörper zu Naturschutzgebieten erklärt wurden. Eine Besonderheit stellt der Oldenburger Graben dar, der die Halbinsel Wagrien nahe Oldenburg in NW-SO-Richtung quert und ehemals sundartigen Charakter hatte (Abb. 39).

Im mittleren und westlichen Teil der Hohwachter Bucht stellen die Steilufer von Todendorf, Friederikenhof und Putlos die Hauptliefergebiete für die marinen Sedimente zur Strandwall- und Nehrungsbildung dar. Ihre Rückgangsraten liegen zwischen 50 cm und 90 cm/Jahr und gehören damit – neben den Kliffs von Schönhagen und Boknis in Schwansen sowie dem Brodtener Ufer bei Travemünde – zu den höchsten in Schleswig-Holstein (Kannenberg 1951, Sterr 1990). Aus dem Abbruchmaterial des Todendorfer Steilufers wurde in westlicher Richtung die Strandwallebene der Probstei aufgebaut (Klug 1973). Ihre westlichste Fortsetzung ist der 1,2 km lange Haken des Bottsand, der in Richtung auf die Kieler Förde vorgebaut wird. Gleichzeitig wurde aber auch Sediment von diesem Steilufer nach O ins Buchtinnere verfrachtet, wodurch die Teilbuchten dort abgeschnürt wurden. Hier liegt also eine morphodynamische Grenze, wo sich die Sedimenttransportrichtung in eine O-W und eine W-O gerichtete Komponente teilt. Diese ist jedoch nicht topographisch, also durch einen Küstenknick, bestimmt, sondern dadurch, daß an diesem Abschnitt der Kieler Bucht die Wind- und Fetchkomponente aus westlicher Richtung ein Übergewicht gegenüber der östlichen erhält (Sterr 1988). Im östlichen Teil der Hohwachter Bucht überwiegt dann eindeutig die Transportkraft in östliche Richtung, wie die Entstehung der klassisch entwickelten Nehrungshaken von Heiligenhafen beweist. An dem nach NW exponierten Teilabschnitt der Hohwachter Bucht kommt es als dem einzigen Bereich der schleswig-holsteinischen Ostseeküste auch zu einer nennenswerten Dünenbildung (Naturschutzgebiet Weißenhäuser Dünen).

2.3.2.
Küstenentwicklung im Bereich der Lübecker Bucht

Die Lübecker Bucht weist, im Gegensatz zu den beiden recht symmetrisch geformten Nachbarbuchten, einen deutlich asymmetrischen Küstenumriß auf. Durch den markanten Küstenknick von Dahmeshöved entlang ihrer Westflanke wird sie in einen offenen äußeren und einen geschlossenen inneren Bereich zweigeteilt. Die Küstengestalt des letzteren, d. h. der breite Querschnitt, lobenförmige Grundriß und die NO-SW gerichtete Längsachse, lassen eine Anlage dieser Meeresbucht als glaziales Zungenbecken klar erkennen. Der innerste Teil der Lübecker Bucht südlich Neustadt wurde durch die Oszillationen dieser Lübeckbucht-Eiszunge von mehreren, gestaffelt liegenden Endmoränenzügen umgürtet (M- und I-Moränen nach Gripp 1964), zwischen denen sich im Spätglazial ein ca. 200 km^2 großer Eisstausee bildete (Abb. 40). Dieser entwässerte später nach S ins Elbe-Urstromtal unter Bildung einer Rinne, die heute vom Elbe-Lübeck-Kanal genutzt wird.

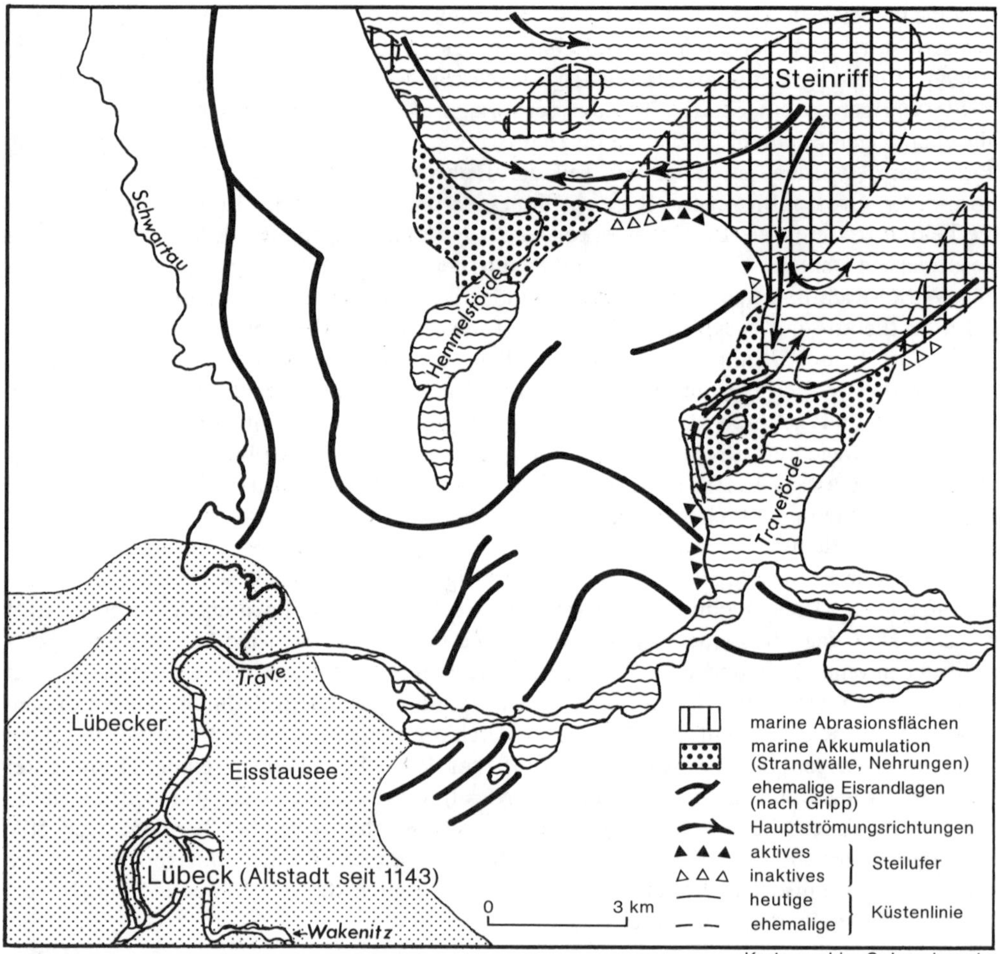

Abbildung 40
Spätglaziales Ausgangsrelief und holozäne Küstenentwicklung in der inneren Lübecker Bucht (nach Topographischer Atlas von Schleswig Holstein, verändert)

Der letzte Gletschervorstoß erreichte die Küste hier nochmals um 13000 B. P. (Grömitzoszillation) und schuf mehrere kleinere Zungenbecken, die z. T. durch Schmelzwassererosion rinnenartig vertieft wurden. Im Zuge der Transgression wurden sie zu Förden umgewandelt. Heute steht nur noch die südlichste von diesen, nämlich die Traveförde, in Verbindung mit dem offenen Meer, während der Hemmelsdorfer See (−45 m Tiefe!) und das Neustädter Binnenwasser inzwischen durch uferparallelen Sedimenttransport gänzlich abgeschnürt wurden. Hier sind also – ähnlich wie bei der Schlei – schmale Fördemündungen in den Prozeß des fortschreitenden Küstenausgleichs einbezogen worden (Abb. 40). Dieser Prozeß läuft im inneren Küstenraum der Lübecker Bucht besonders intensiv ab, weil hier erstens genügend Sediment von den im Abbruch befindlichen Steilufern bei Dahme, Albersdorf, Sierksdorf, Travemünde und Warnkenhagen zur Verfügung steht;

zweitens ist der buchteinwärts gerichtete Materialtransport aufgrund der langen SW-NO-Streichrichtung der Lübecker bzw. Mecklenburger Bucht und der daraus resultierenden hohen Wellenenergien besonders effektiv. Zum dritten fehlt die gegenläufige Wirkung der Westwinde hier völlig.

Für den Küstenausgleich im innersten Teil der Bucht spielt der Steiluferrückgang am Brodtener Ufer bei Travemünde eine besondere Rolle. Das ca. 5 km lange, bis 22 m hohe und konvex vorspringende Kliff wird pro Jahr um ca. 0,5 – 1,2 m zurückverlegt (KANNENBERG 1951) und liefert das Sediment für die Abriegelung der ehemaligen Buchten bzw. Förden auf beiden Seiten (Abb. 40). Der dem Kliffumriß folgende konvexe Verlauf der Isobathen vor dem Brodtener Ufer sowie die Existenz eines Steinriffs bei ca. 15 m Wassertiefe deuten auf eine schon lang andauernde Rückverlegung dieses Höhenzugs hin. Er reichte also ehemals als Moränengabel weit nach NO.

Der Haken des Priwall – auf der Ostseite der Travemündung gelegen – wird dagegen aus den Sedimenten des Warnkenhagener Steilufers von O her aufgebaut. Durch diese gegenläufigen Transportprozesse aus NW- bzw. NO-Richtung ist die Mündung der Trave schon von beiden Seiten stark eingeengt worden. Da sie den Zugang zu den Häfen Lübeck und Travemünde darstellt, muß sie heute durch Molen und Ausbaggerungen vor weiterer Verfüllung bewahrt werden.

2.3.3.
Küstenentwicklung im Bereich der Wismarbucht

Die Wismarbucht besitzt einen noch gut erhaltenen Buchtencharakter (Abb. 37). Durch Landvorsprünge untergliedert, greifen ihre randlichen Teilbuchten (Boltenhagenbucht, Wohlenberger Wiek, Eggerswiek usw.) unterschiedlich weit südwärts vor.

Lediglich die Insel Poel und sehr kleine Inseln wie Walfisch und die Vogelschutzinsel Langenwerder (NSG) ragen als Teile von Grundmoränenplatten aus den Buchtengewässern heraus. Poel ist auf dem 1927 fertiggestellten Damm über die sundartige Breitlingrinne zugänglich. Der dortige Ostteil der Wismarbucht um den Poeler Breitling trägt Binnenküstencharakter mit Schlickanreicherung, Salzpflanzenvergesellschaftungen und Röhrichten. Die glazialisostatische Kippbewegung (KOLP 1979) führt im Süden der Wismarbucht zu einem Absinkbetrag von etwa 0,45 mm/Jahr und in Verbindung mit dem eustatischen Meeresspiegelanstieg von etwa 0,9 mm/Jahr zu einer relativen Absenkung von 1,35 mm/Jahr. Die negative Vertikalbewegung trägt verstärkt zum Küstenrückgang, zum Mangel an größeren Anlandungsabschnitten und Dünen sowie zur Überflutungsgefahr bei. Das Hauptabtragungsgebiet der Insel Poel bildet ein ca. 1,3 km langes und bis 10,5 m hohes Kliff an ihrem Westrand, das drei Geschiebemergellagen enthält (NIEDERMEYER u. a. 1987). Der südlich angrenzende Rustwerder Haken umschließt mit seinem modellhaften Strandwallfächer den Faulen See, eine kleine Bucht von Marschlandcharakter mit Salzgrasvegetation. Der ca. 2 km lange Haken wurde während der letzten fünf Jahrtausende gebildet (SCHUMACHER 1986). Noch kleinere Haken (Brandenhusener und Fährdorfer Haken) folgen weiter östlich beiderseits der Bucht des Kirchsees.

2.4. Die mecklenburgische Ausgleichsküste

Der Küstenraum zwischen Wismarbucht und Rostocker Heide umgibt die Mecklenburger Bucht der Ostsee an ihrer Südflanke (Abb. 37). Aufgrund verstärkter Exposition nach W, des vergrößerten vorgelagerten Seeraumes und damit auch gesteigerter Dynamik beginnt der Übergang von der Großbuchten- zur Ausgleichsküste bereits an der Nordostflanke der Wismarbucht im Bereich des Salzhaffes und der nordwestlich vorgelagerten Halbinsel Wustrow. An diesen ersten Teilbereich mit eigener Prägung schließt sich jenseits der Bukspitze bei Kühlungsborn eine weitere Ausgleichsküstenstrecke an, die bis an die Rostocker Heide reicht. Mit ihrem Heidesandkliff zeigt diese wiederum eigene Charakterzüge und grenzt im O an die andersartige Landschaft der Boddenküste.

2.4.1. Vom Salzhaff bis zur Bukspitze

Der markante Küstenknick der Bukspitze entwickelt in den sie flankierenden Schorrebereichen zwei entgegengesetzte Sedimenttransportrichtungen, die nach SW und nach O orientiert sind. Die SW-Strömung verband mit ihren Ausgleichsprozessen die einstige Pleistozäninsel Wustrow durch eine nur 1 km lange, schmale Nehrung mit dem Festland bei Rerik. Die südlich an die Halbinsel anschließende Hakenbildung (Kieler Ort) hatte eine weitere Abriegelung der ehemaligen Ostseebucht im Bereich des Salzhaffes zur Folge. Durch diese Ausgleichsprozesse wurde es zu einem boddenartigen Gewässer mit geringer Salinität. An seinen Flanken treten verbreitet schlickhaltige Wiesen- und Moorniederungen auf, die vor allem bei Westwinden überflutungsgefährdet sind. Reste ehemaliger Priele, Uferröhrichte und Salzgrasländer sind ebenfalls kennzeichnend (NIEDERMEYER u. a. 1987) und legen Vergleiche mit vorpommerschen Boddenküstenabschnitten nahe.

2.4.2. Von der Bukspitze bis zur Warnemünder Nehrung

Gleichfalls im Unterschied zur holsteinischen und westmecklenburgischen Großbuchtenküste schließt sich östlich der Bukspitze und bis zur Rostocker Heide reichend ein Küstenstreifen an (KLIEWE u. JANKE 1991), der sich als Ausgleichsküste von ca. 50 km Längserstreckung erweist. Beiderseits der Warnowmündung gelegen mit dort nur relativ geringer Einbuchtung, unterliegt er bei schwach geschwungenem Verlauf mit nur wenigen leichten Vorsprüngen fast durchweg der marinen Abtragung. Der einzige Bereich mit Landzuwachs ist anthropogen bedingt und entwickelt sich noch heute auf etwa 1,5 km Länge an der Westflanke der 520 m langen Warnemünder Westmole, die die Hafeneinfahrten vor starker Versandung schützt. Ansonsten beträgt der mittlere Rückgang im Küstenabschnitt westlich von Warnemünde 0,1–0,6 m/Jahr, östlich davon bis 2,2 m/Jahr (KOLP 1957).

Die westlich von Warnemünde dominierende Steilküste ist zumeist nur 3–10 m hoch und besteht überwiegend aus nahezu horizontal gelagertem Geschiebemergel der Rosenthaler Staffel oder aus einer Wechsellagerung von Geschiebemergel und Pleistozänsanden mit gelegentlich zwischengeschalteten Tonen und Schluffen unterschiedlichen Alters (Eozän, Eem usw.). Nur an höher und bis zu 20 m aufragenden Kliffabschnitten im Umfeld der Kühlung (Meschendorf) und des NSG Stoltera (Geinitzort) sind die Sedimente in Form von Faltenstrukturen stärker gestört. Die vorgelagerte Flachwasserzone ist steinreich, der sandig-kiesige Strand geröll- und blockreich. Sandstürme auf den Äckern, Kliffranddünen, Flugsandfelder, Windflüchter und Krüppelwuchs (NSG Nienhagener Gespensterwald) dokumentieren die ozeanische Effizienz.

Der fast geradlinige Küstenverlauf ist das Ergebnis eines mehrere Jahrtausende währenden Küstenausgleichs bei dafür bereits günstigeren Windexpositions- und Seeraumverhältnissen. Ehedem weiter binnenwärts reichende Buchtengewässer wurden im Verlauf der letzten Jahrtausende durch Strandwälle und Nehrungen vom Meer abgetrennt und in jüngster Zeit durch menschliche Eingriffe zusätzlich gesichert. Zu den Nehrungen gehören der Anlandungsstreifen vor dem Rieden westlich von Kühlungsborn, der „Heilige Damm" vor der Conventer Niederung nördlich von Bad Doberan sowie die Warnemünder Nehrung vor dem Breitling (NIEDERMEYER u. a. 1987).

Der Rieden entwickelte sich hinter der dortigen Nehrung zum Süßwassersee. Die vermoorte Conventer Niederung mit dem Conventer See (NSG) wurde durch einen 2–3 m hohen Geröllstrandwall mit ca. 60% Feuersteinanteil abgeriegelt und später in einen Schutzdeich hochwassersicher einbezogen. Im Liegenden des Strandwalls zeugt der unter Torf lagernde molluskenführende Litorinaklei in Tiefen von 4,2–6,3 m unter NN von einer Meerestransgression während der 1. litorinen Hauptphase 7000–6000 B. P. (KLIEWE u. JANKE 1982). Eine analoge, etwa gleichaltrige Ablagerung der Warnemünder Nehrung liegt dort in Tiefen bis zu 9,2 m unter NN. Seit dem Baubeginn des Hafens (1888) und der Anlage des Neuen Stroms (1899–1902) fanden auf dieser 6 km langen Anlandungsstrecke im Bereich der Warnowmündung, des Breitlings und bis Markgrafenheide umfangreiche technische Veränderungen durch Aufspülungen von Baggergut, Schließen kleinerer Öffnungen (Laakbucht, Olles Deep) und den Bau von Überseehafen und Warnowwerft statt. Noch bis 1903 war der Alte Strom einzige Schiffahrtsstraße zum Rostocker Hafen (NIEDERMEYER u. a. 1987).

2.4.3.
Die Küste der Rostocker Heide

Die Rostocker Heide, ein teilweise von Mooren überlagertes zusammenhängendes Heidesandgebiet, wurde von KOLP (1957) ausführlich bearbeitet und dargestellt. Es reicht vom Breitling bis fast an den Saaler Bodden bei Ribnitz-Damgarten. Ähnlich wie in die vorpommerschen Heidesandgebiete des Altdarßes, der Lubminer und der Ueckermünder Heide mündeten wasserreiche Schmelzwasserflüsse in spätglaziale Staubecken vor dem zurückweichenden Eisrand. Der untere Komplex der Rostocker Heidesande ist grobkörniger und wurde deltaförmig aus dem Grenztal (Recknitztal) nach NW abgesetzt. Die oberen feineren und mehr homogenen Sande wurden dann aus dem Warnowtal nach NO und O in das Staubecken geschüttet. Die 0,5–4 m hohen Heidesandkliffe der Außenküste werden besonders stark zurückgeschnitten. Sturmhochwässer konnten vor allem im Bereich tiefliegender Moore gelegentlich in die äußeren Partien der Heide eindringen (Kolp 1957). Nicht nur hier werden die traditionellen Küstenschutzmaßnahmen von Buhnen- und Deichbau, Dünenpflege und Schutzwaldanpflanzungen zunehmend durch Strandaufspülungen, anderenorts auch durch Anhäufungen von küstenparallelen Steinpackungen als Wellenbrechern auf der Schorre ergänzt.

2.5. Die vorpommersche Boddenküste

2.5.1. Kernlandküsten und ihre Abtragung

Dem vorpommerschen Küstengebiet bis zur Darßer Schwelle im Westen und hinüber bis nach Falster, Seeland, Schonen und Bornholm sind die Gewässer der Arkonasee vorgelagert (Abb. 37). Nördlich von Rügen besitzt sie Tiefen von mehr als 20 m, in der keilförmig und weit nach Süden vorgreifenden Oderbucht (Pommersche Bucht) 10–20 m, über den Untiefen der Oderbank weniger als 10 m u. NN. Die vorpommersche Küste, eine typische Boddenküste, wegen der dort vorherrschenden Ausgleichsdynamik häufig als Boddenausgleichsküste bezeichnet, zeigt eine besondere, in globaler Sicht wahrscheinlich einzigartige Ausbildung (s. auch Hurtig 1954). Von der Halbinsel Fischland-Darß-Zingst erstreckt sie sich über die Insel Rügen mit Hiddensee bis zu den Odermündungsinseln Usedom und Wollin (polnisch Wolin). Ihre Westhälfte bis Kap Arkona ist im Verlauf SW-NO ausgerichtet und somit den Einflüssen westlicher bis nördlicher Winde und entsprechender Hydro- und Küstendynamik verstärkt ausgesetzt. Vom Kap Arkona, dem nördlichsten Punkt Mecklenburg-Vorpommerns, bis zur polnischen Grenze bei Swinemünde (Świnoujście) verläuft die Küste dann NW-SO, also mit einer Exposition nach N bis O.

Vorpommern nördlich des Grenztales ist der Gestaltungsraum vornehmlich weichselspätglazialer (nachrosenthaler) Inlandeisdynamik. Im küstennahen Festland- und Inselgebiet waren vor allem die Velgaster (G) und die Nordrügener Staffel (H) mit Stauchcharakter, untergeordnet auch Franzburger (f) und Mittelrügener Zwischenstaffel (g) als Satzendmoränen oberflächenformend wirksam (Abb. 41). Der genetisch nach wie vor problematische Velgaster Höhenzug mit zumeist Geschiebemergelüberdeckung zeigt Merkmale nachträglicher Gletscherüberfahrung und gestaltete die südlichen Inselteile und anschließende Festlandbereiche. Die in marginaler und radialer Richtung durch Zungenbecken breit und tief gegliederte Zone der Nordrügener Staffel beherrscht mit ihrem starken Relief und größeren Höhen die Nordosthälften der Inseln Rügen und Usedom. Von der Halbinsel Jasmund/Rügen südwestwärts verlief die Grenze zwischen Beltsee- und Odergletscherstrom. Im Zentrum des aktiveren letzteren und damit auch der Odermündungsinseln sind die obengenannten Marginalzonen besonders dicht geschart, im Bereich der Rügener Eisscheide etwa 10fach weitabständiger angeordnet (Kliewe 1975). Die dazwischen streifenförmig abgelagerten Grundmoränenareale reichen mit niedrigen Geschiebemergelkliffen an die Ostsee und ihre inneren Seegewässer. Die frisch angeschnittenen Steilufer im hohen Stauchendmoränenbereich offenbaren hingegen die zumeist durch glazitektonische Falten und Schuppen geprägte Wechsellagerung von Geschiebemergel und Beckensanden. Als

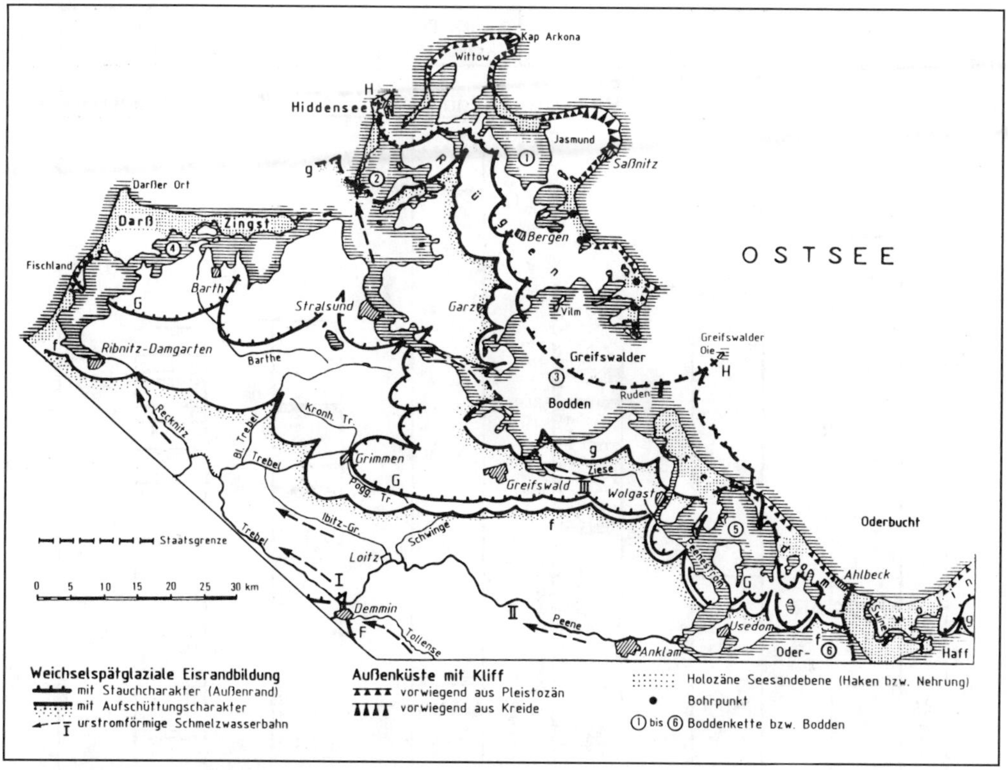

Abbildung 41
Die vorpommersche Boddenküste und ihre Gliederung nach quartärgenetischen Merkmalen (nach Kliewe u. Janke 1991)

Beispiele von Schollen älterer Gesteine gelten u. a. das einstige Wealdenvorkommen bei Lobber Ort/Südostrügen und die oligozäne Blaue Erde mit Bernsteingehalt bei Stubbenfelde/Usedom (Niedermeyer u. a. 1987). Ebenfalls bemerkenswert sind die bisweilen in die Stauchendmoränen einbezogenen warmzeitlichen Sedimente des graugrünen Cyprinentones aus der Rügenwarmzeit im Tietenufer/Hiddensee, andererseits aber auch die in Geländesenken nachträglich sedimentierten organischen Ablagerungen des Alleröd, z. B. bei Mukran/Rügen und Bansin/Usedom.

Die ausgedehnten Vorkommen von Oberkreide (Unteres Maastricht) zeigen entlang den Kliffen der Rügenschen Halbinseln Jasmund und Wittow besonders komplizierte, aber einander ähnliche Bauformen im Wechsel von Kreidekomplexen und Pleistozänstreifen. Nach heutiger Auffassung (Steinich 1972) waren bei ihrer Strukturierung einerseits Prozesse tektonischer Heraushebung und Störungen an der Wende Kreide/Tertiär, andererseits glazitektonische Kräfte im Pleistozän wirksam. Über Lagerung und Ausbildung der Pleistozänstreifen und ihrer Straten informierten in jüngerer Zeit u. a. die Arbeiten von Steinich (1972) und Panzig (1989). Letzterer unterscheidet acht Tillhorizonte, sechs in Quasikonkordanz mit der verstellten Kreide, die beiden jüngsten aus der Ältesten Tundrenzeit als nach oben abschließende diskordante Tilldecken. Die steilgestellten Aufschiebungs-

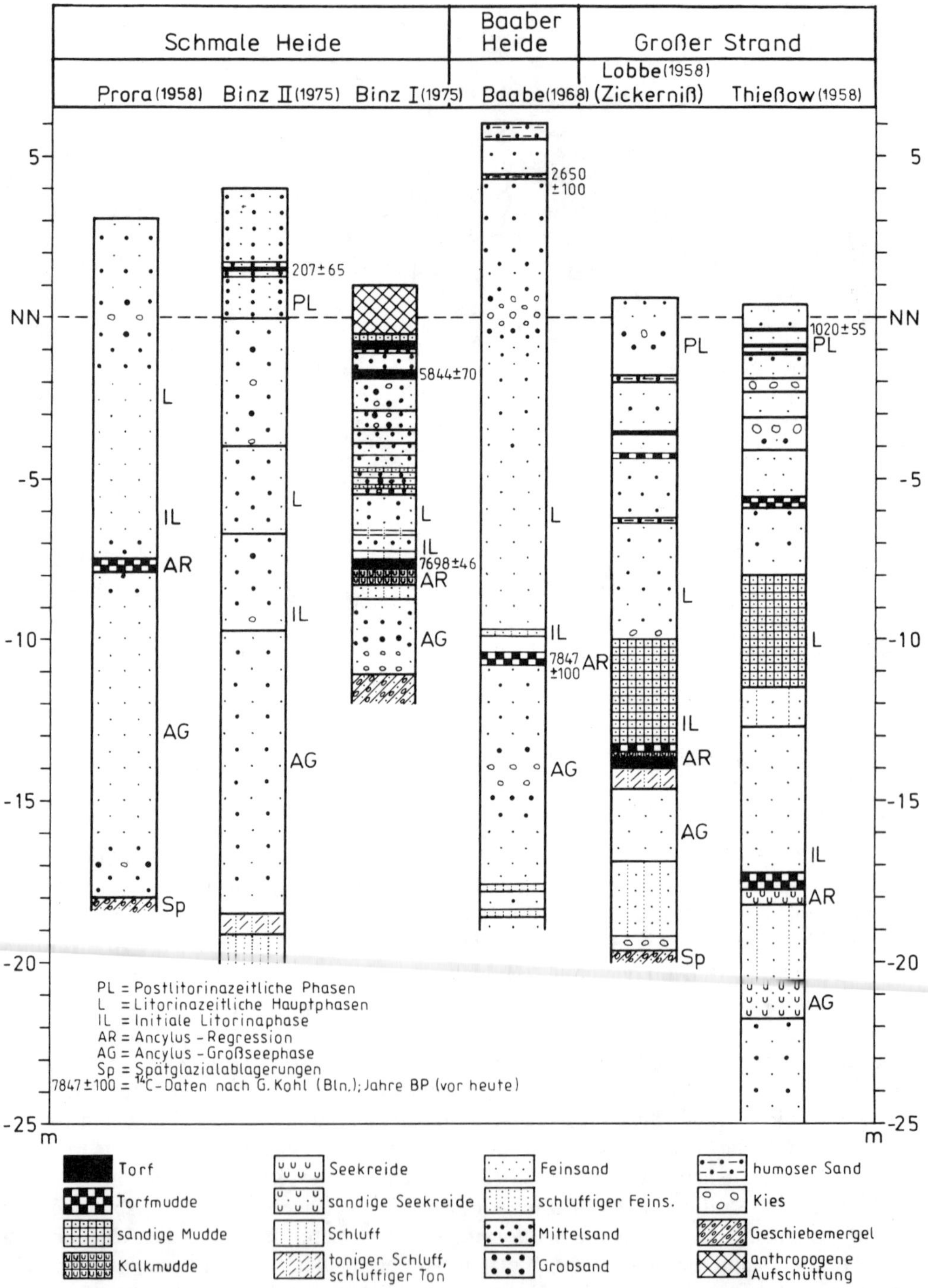

Abbildung 42
Bohrprofilreihen auf den Nehrungen Ostrügens (nach NIEDERMEYER, KLIEWE u. JANKE 1987)

streifen der älteren Geschiebemergel fungieren häufig und besonders nach Niederschlagsperioden als wasserstauende Gleitbahnen für große Massenbewegungen der Kreide in Form von Bergrutschen ins Meer wie beispielsweise 1958 an der Ernst-Moritz-Arndt-Sicht in Nähe der Waldhalle bei Saßnitz.

Die holozänen Küstenprozesse im Bereich der meerexponierten pleistozänen Kernländer setzten in tieferem Niveau (unter −10 m NN) bereits zur Zeit des Ancylusmaximums (9300−8700 B. P.) ein (Abb. 38). Vor allem aber während des Optimums seiner ersten Hauptphase (7000−5700 B. P.) drang das Litorinameer schnell und tief in die Hohlformen der glazial gestalteten Landschaft ohne wesentliche Möglichkeiten zum Küstenausgleich ein. Die damalige Uferlinie des frühen Litorinameeres ist im vorpommerschen Küstenraum an heute weiter im Inneren liegenden steilen und hohen, jetzt inaktiven Kliffen deutlich zu erkennen, z. B. entlang dem Heidesandkliff des Altdarß am Mecklenburger Weg (s. dazu Abb. 44), den Dollahner Uferbergen bei Binz, dem Südrand der Baaber Heide bei Göhren (Abb. 43) und dem Zirowberg bei Ahlbeck. Die Becken wurden durch litorine Sedimente weiter aufgehöht (Abb. 42). Während der letzten fünf Jahrtausende vollzogen sich dann Küstenausgleichsprozesse mit Abbruch an exponierten Steilküsten, Längstransport auf den vorgelagerten zumeist zwei Riffen und Materialanlagerung auf flankierenden Haken und Nehrungen. Größere auf der Schorre liegengebliebene Geschiebe sind Zeugen dafür, daß der holozäne Steiluferrückgang sich in der Größenordnung von Hunderten von Metern vollzog. So ist z. B. das die Wasserfläche überragende Großgeschiebe des Buskam heute ca. 270 m vom Göhrener Vorsprung (Höft) entfernt. Auf der Abrasionsplatte lagert der Geschiebemergel in der Regel nahe an der Oberfläche.

Etwa 80% der 340 km langen Außenküste Mecklenburg-Vorpommerns, d. h. rund 280 km, sind rückgängig. Reichlich ein Viertel davon (78 km) betrifft die Steilküsten (Sterr u. Gurwell 1991). Der Küstenrückgang an der gesamten mecklenburgisch-vorpommerschen Küste beträgt durchschnittlich 0,34 m/Jahr, allerdings mit erheblichen zeitlichen und räumlichen Schwankungen (Wiemer u. Gurwell 1991). Extreme Sturmhochwässer können z. B. innerhalb von Tagen Rückgangswerte von 10−20 m erreichen. Das Kliff des Fischlandes wurde, gemittelt über 100 Jahre (1885−1986) um 0,46 m/Jahr zurückverlegt. Stärkere Rückgangsraten von über 0,50 m/Jahr erfahren außer einigen Küstenabschnitten nordwestlich und nordöstlich von Rostock (s. B. I., Abschn. 4.2.) diejenigen am Fischland, im Westteil von Zingst (Flachküste), an den westexponierten Küsten Rügens und im Mittelteil der Insel Usedom. In den 80er Jahren scheinen Wellenenergie und Küstenrückgang an der gesamten deutschen Ostseeküste zugenommen zu haben (Sterr u. Gurwell 1991).

Der gegenwärtige Küstenschutz in Mecklenburg-Vorpommern ist durch den Übergang von mehr passiven Maßnahmen (Bau von Buhnen, Deichen usw.) zu aktiven und flexiblen Eingriffen im Sinne einer Minderung der Wellenenergie gekennzeichnet. Seit 1970 wurden 12 Wellenbrecher aus Steinpackungen auf der Schorre vor gefährdeten Kliffstrecken im Längsbau errichtet (Weiss 1991), besonders entlang den Küsten des Fischlandes (Wustrow-Ahrenshoop) und Rügens (Dranske, Sellin, Saßnitz). Die künstliche Ernährung von Küstensegmenten durch Aufspülung von Baggergut erfolgte nicht nur entlang der Außenküste (Rostocker Heide, Zingst u. a.), sondern auch an den inneren Seegewässern, so z. B. am Greifswalder Bodden bei Lubmin oder am Oderhaff, auch zur Verbesserung dortiger Rekreationsmöglichkeiten (Sterr u. Gurwell 1991).

2.5.2.
Haken und Nehrungen

Die Bildung von Haken und Nehrungen als jungholozänen Ausgleichsformen der Boddenlandschaft war ein sehr langzeitig wirksamer Prozeß, der erst nach der Verlangsamung des litorinen Spiegelanstiegs im Anschluß an seine 1. Hauptphase vor fünf Jahrtausenden verstärkt einsetzte. Er vollzog sich – örtlich und zeitlich unterschiedlich – in vier Entwicklungsphasen: Initial-, Wachstums-, Reife- und Abbaustadium (KLIEWE u. JANKE 1991). Bereits während des südbaltischen Gipfels des Ancylus-Großsees (9300–8700 B. P.) drang dieser, wie Bohrungen ausweisen (Abb. 42), fördenartig in die tiefsten Beckenteile der Moränenlandschaft ein und führte durch Sedimentaufhöhung bis zu etwa 10 m Mächtigkeit zu deren Verflachung. In der frühen Litorinazeit (7900–5700 B. P.) mit rapidem Spiegelanstieg wurde die Sedimentablagerung in den Becken fortgesetzt, während die supraaquatischen Ausgleichsprozesse im Bereich des damaligen Inselarchipels noch unbedeutend waren. Zur Zeit des Initialstadiums existierte innerhalb der damals insel- und halbinselreichen Buchtenküste die größte und weitreichendste Wasserverbindung mit der Offensee, die über die heutigen Boddenbinnenseiten weit hinausging. Die spätmesolithische Bevölkerung (Lietzow-Kultur, 6. Jahrtausend B. P.) besiedelte einige geschützte Randbereiche der Ostseebuchten (GRAMSCH 1978). Das anschließende Wachstumsstadium der Ausgleichsformen setzte zuerst an diesen am weitesten vom offenen Meer entfernten Flanken der Bodden ein und schuf vor den dortigen vermoorten Niederungen die kleinen, nur einige 100 bis selten über 1000 m langen Nehrungen mit zumeist formschönen Strandwällen (z. B. Graue Wiese bei Barth, Rappiner und Ralswieker Niederung auf Rügen), jedoch ohne Dünen. Mit zunehmender Abriegelung der Ostseebuchten durch die seewärtige jüngere Haken- und Nehrungsgeneration auch entlang der heutigen Außenküste kam es an den Binnenflanken der Bodden zur Reduzierung und schließlich zum Abbruch der Ausgleichsprozesse. Die zahlreichen Funde der Slawensiedlung (8. bis 11. Jh.) auf dem ältesten Strandwall des Fächers von Ralswiek/Rügen und in seinem Umfeld gehören diesem späten Entwicklungsabschnitt (Tab. 77) an (NIEDERMEYER u. a. 1987). An den Boddenaußenseiten vollzog sich im Anschluß an das dort länger währende Initialstadium der beiderseitige Vorbau von Haken und riegelte die Boddengewässer mehr und mehr ab. Das an den Außenküsten also verspätet ablaufende Wachstumsstadium setzte sich bis in die Gegenwart fort. Die meisten Nehrungen durchlaufen dort z.Z. ihr Reifestadium, einige stark exponierte Abschnitte das Abbaustadium.

Mit dem Aufbau der großen Schwemmlandstreifen ging auf den Haken und Nehrungen die Bildung von Küstendünensystemen einher. Gemäß abnehmendem Alter und entsprechend kürzeren Podsolierungszeiten lassen sich von innen nach außen die Braundünen (Bildungsbeginn vor knapp 5 Jahrtausenden), Gelbdünen (ab 1500 Jahren B. P.), Graudünen (ab 600 B. P.) und junge Weißdünen auf den zumeist mustergültig ausgebildeten Dünenfächern unterscheiden (Tab. 77, Abb. 43). Neben dem Haupttyp der regelmäßigen Walldünen vor allem der Braun- und der Gelbdünengeneration gibt es die besonders auffälligen fossilen Wanderdünen der Graudünengeneration mit hohen Parabeldünenkomplexen, lebhaftem Kuppenrelief und steilen Leehängen. Es sind Relikte der Waldzerstörung in den letzten Jahrhunderten durch Brände in Kriegswirren, durch Abholzung und Überbeweidung. Die Rückseiten aller dieser Nehrungen oder Seesandebenen entlang ihren Boddenrändern weisen an der Oberfläche über Meeressanden verbreitet Moor- oder Anmoorbildungen auf.

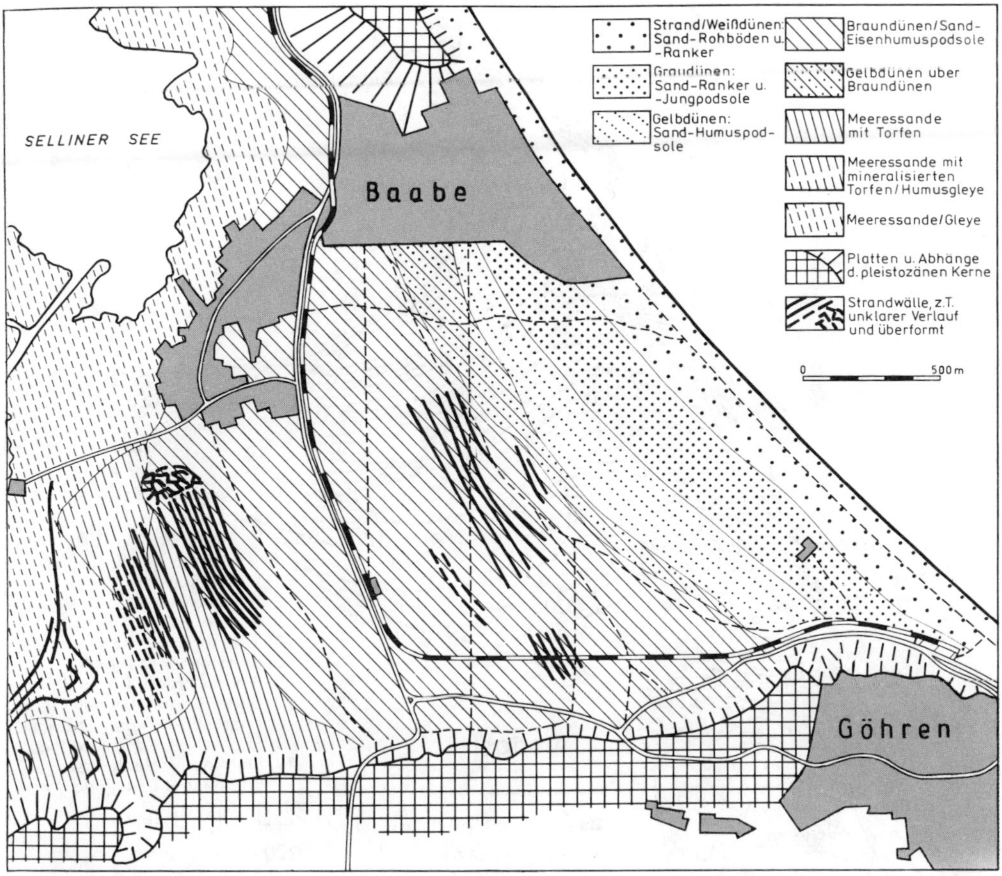

Abbildung 43
Dünengenerationen und Bodenbildungen auf der Nehrung Baaber Heide, Südostrügen
(nach BILLWITZ 1990)

Große Hakenbildungen sind der Gellen/Hiddensee und der Bug/Nordrügen (Abb. 41). Aber auch von Vorsprüngen der Binnenküsten ragen zahlreiche kleinere Haken in die Boddengewässer hinein, wie beispielsweise der Thießower oder der Gobbiner Haken in Südostrügen. Der durchschnittliche jährliche Längenzuwachs erreicht beim Alten Bessin/Hiddensee 5,6 m, beim Neuen Bessin 30,6 m. Der heute 14 km lange Haken des Gellen/Hiddensee wuchs seit 1300 um 4 km südwärts (NIEDERMEYER u. a. 1987). Von zwei Seiten zu Nehrungen zusammengewachsene Haken mit Längsausdehnungen in der Größenordnung um 10 km sind die Darß-Zingster Nehrung auf der gleichnamigen Halbinsel, Schaabe, Schmale Heide, Baaber Heide und Großer Strand entlang der Außenküste Rügens sowie die Peenemünde-Zinnowitz-, die Pudagla- und die Swineniederung an Usedoms Ostseeküste (Abb. 41). Je nach hydrodynamischen Faktoren, der Entfernung der Kernländer voneinander und deren Materialliefermöglichkeiten sind Form und Breite der Nehrungen sowie die Ausbildung ihrer Dünenfächer unterschiedlich. Der Große Strand/Rügen und die

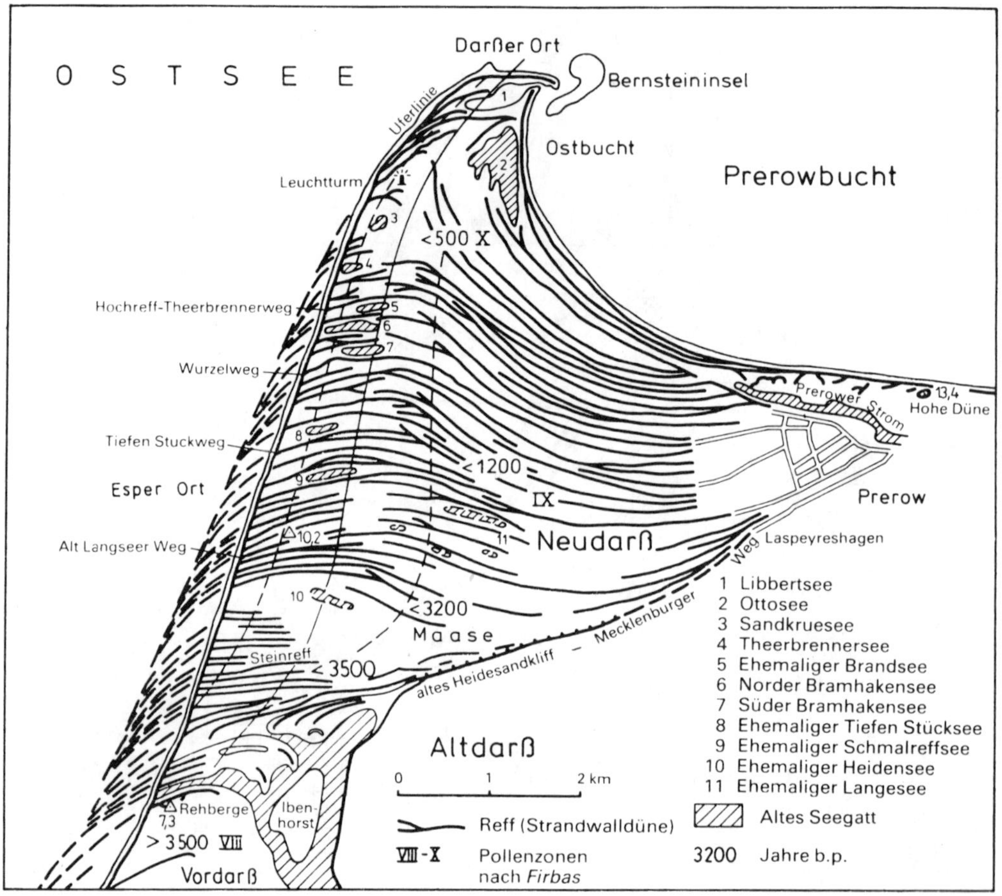

Abbildung 44
Morphogenetische Skizze des dünenbesetzten Strandwallfächers auf dem Neudarß (nach KOLP 1982)

Pudagla-Niederung/Usedom zeigen sich im Unterschied zu allen übrigen verarmt an Dünensystemen.

Im Initialstadium der Haken- bzw. Nehrungsentwicklung befinden sich regional gesehen noch die SO-Flanken des Gellen und des Neuen Bessin/Hiddensee, in deutlichem Wachstum der Darßer Ort (Abb. 44) und der Alte Bessin/Hiddensee, im Reifestadium die meisten großen Nehrungen wie Schaabe, Schmale Heide, Baaber Heide und Peenemünde-Zinnowitz-Niederung. Bereits das Abbaustadium durchlaufen besonders der Westdarß, die Zingst-Sundische Wiese und Pudagla-Niederung. Bei starker Änderung der Verlaufsrichtung können entlang von ausgedehnten Nehrungen mehrere Entwicklungsstadien nebeneinander auftreten. So grenzt z. B. die Abbauküste des Westdarßes im Norden direkt an das Zuwachsgebiet Darßer Ort – Prerow (Abb. 44), ostwärts gefolgt von einem Abschnitt im Reife- und ab Zingst erneut im Abbaustadium (KLIEWE u. JANKE 1991).

2.5.3. Bodden

Durch die glaziäre Entwicklung sowie die holozänen Transgressions- und Ausgleichsprozesse erklären sich weitgehend auch die Merkmale der vorpommerschen Bodden (Abb. 41). Der rundliche bis ovale Grundriß dieser flachen, salzarmen Gewässer entspricht den Formen überfluteter glazialer Zungenbecken bzw. Zungenbeckenreihen. In Verbindung mit den Ausgleichsformen der Holozänniederungen an Außen- und Binnenseiten wechseln entlang den Boddenufern Steil- und Flachküstenabschnitte. Gemäß der wechselvollen spätglazial-holozänen Genese dieser wasserbedeckten Hohlformen veränderten sich die Absatzbedingungen für die Bodensedimente der Bodden. Über Geschiebemergel, Staubeckenschluffen und -tonen folgen in der Regel litorine Mudden und schließlich jüngere bis rezente Boddenschlicke (JANKE u. KLIEWE 1990). Gegenwärtig nehmen die Prozesse der Verflachung, Aussüßung, Eutrophierung und Einengung der Wasserflächen weiter zu. Verlandung durch organische Prozesse wie Röhrichtbildung und Torfwachstum sind wesentliche Charakteristika entlang den Boddenrändern (SLOBODDA 1989). Die teilweise über 100 m breiten Boddenröhrichte beiderseits der Mittelwasserlinie sind in der Regel in uferparallele Zonen aufgegliedert, wobei der land- und der boddennächste Gürtel infolge starker Eutrophierung mit Phosphaten und Nitraten von Land und Wasser ein hohes Längenwachstum (Hochschilf) aufweisen, der mittlere nur als Niederschilf ausgebildet ist. Bei regelmäßiger Beweidung vermoorter Küstenröhrichte entstehen im Uferbereich Salzgrasländer (JESCHKE 1983). Entsprechend ihrer Schutzlage sind Verlandungsröhrichte an den Süd- und Westflanken der Bodden, Sunde und Haffe breiter und üppiger ausgebildet als an ihren Wind und Wellen stärker ausgesetzten Nord- und Ostseiten. Diese weisen gelegentlich noch Abrasionsstrecken mit aktiven Kliffpartien auf, so besonders an den größeren inneren Seegewässern wie Großer Jasmunder Bodden, Greifswalder Bodden und Achterwasser (LAMPE 1990).

Die Bodden mit ca. 1600 km^2 Areal sind zumeist zu Gewässerketten angeordnet, reihen sich in marginaler Richtung, also parallel zu den ehemaligen Eisrandbildungen in NW-SO-Richtung aneinander. Die zwischen den einzelnen Gliedern dieser Gewässerreihen gelegenen Einengungen, Sund oder Strom genannt, lehnen sich in der Regel an weit vorspringende, hohe Moränengabeln an. Von NO nach SW lassen sich, meist paarig beiderseits der Rügener Eisscheide angeordnet, die Nordrügener Boddenkette (1), die Westrügener Boddenkette (2) und der Greifswalder Bodden (3), die Darß-Zingster (4) und die Westusedomer Boddenkette (5) sowie das Oderhaff (6) ausgrenzen. Einzelne dieser sechs größeren Einheiten zeigen gewisse Besonderheiten. Die Nordrügener Boddenkette, allein voll im Bereich der Nordrügenstaffel gelegen, ist horizontal und vertikal am allerstärksten gegliedert, weist somit auch etwas größere Tiefen auf, so daß sich in den untersten Bereichen bereits der Ancylusgroßsee bzw. hinter Glazialschwellen isolierte ancyluszeitliche Kleinseen entwickeln konnten. Im glazialgenetischen Parallelgebiet Ostusedom mit dort engster Scharung der Endmoränenstaffeln treten anstelle einer Boddenkette die in sich gekammerten Zungenbeckenseen der „Usedomer Schweiz“ auf. Der Greifswalder Bodden (510 km^2), ein zusammengesetztes größeres Gewässer von mehr rundlicher Gestalt und randlich angegliederten Kleinbuchten (Wieken), ist genetisch und geomorphologisch deutlich zweigeteilt. Das Bodenrelief des Nordostteils im ehemaligen Wirkungsfeld der Nordrügener Vorstoßstaffel ist bedeutend lebhafter als das des Südwestteils, besitzt Schwellen-

und Beckenstruktur und war dort mit Tiefen unter –10 m NN bereits dem Vordringen des Ancylusgroßsees offen. Der den Bodden nach Osten submarin abgrenzenden Boddenrandschwelle (Staffel H) sind die heute durch Küstenschutzbauten gesicherten kleinen Ostseeinseln Ruden (0,26 km^2) und Greifswalder Oie (0,62 km^2) angegliedert. Die Oie stellt eine in der Vergangenheit allseitig stärker abgetragene Moräneninsel dar, der Ruden eine von Dünen gegliederte sandige Umlagerungsinsel, wahrscheinlich als Rest einer Hakenbildung mit ehemals zugehörigem Pleistozänkern im nördlich angrenzenden Seegebiet (GOMOLKA 1988). Das Oderhaff (davon Kleines Haff 277 km^2) mit seinen Nebengewässern verkörpert ein Zwischenglied, ein Übergangsgebilde zwischen Bodden und Haff. Seine Abgrenzung zur Ostsee erfolgt nämlich wie bei den echten Bodden im Wechsel von pleistozänen Kernländern und holozänen Nehrungen. Andererseits liegt es wie die ostbaltischen Haffe im Mündungsbereich eines Stromes, der Oder, mit hier drei Ausflußarmen.

B. II.

HERBERT LIEDTKE
und
JOACHIM MARCINEK

Das Norddeutsche Tiefland

Dem Norddeutschen Tiefland ist die geringe Meereshöhe gemeinsam, wo in den eiszeitlichen Ablagerungen die Höhe von 200 m nur im Hagelberg bei Belzig/Fläming um 1 m überschritten wird. Allein am Südrand ragen einige Festgesteinsrücken oder ehemalige Vulkankuppen höher hinauf.

Die südliche Grenze des Tieflandes ist windungsreich und zumindest östlich des Harzes nicht überall sehr deutlich. Das liegt einerseits am Verlauf der tektonischen Herauspressung von Mittelgebirgsschollen, andererseits an der Art dieser Heraushebung. Daher konnten sich die Tieflandsbuchten am Niederrhein, im Münsterland und bei Leipzig bilden. Sofern die Mittelgebirge mit steilem Anstieg ansetzen, ist auch die Grenze scharf, etwa am Wiehen- und Wesergebirge. Wo aber nur eine pultartige Aufbiegung erfolgte, wie im Erzgebirge, muß man nach anderen Gesichtspunkten der Grenzziehung suchen.

Bei Ausgang des Tertiärs wird man sich Norddeutschland als weitgehend flach vorstellen müssen. Das heutige Relief hat zwar auch tektonische Ursachen, was in der Kölner Tieflandsbucht leicht nachweisbar ist, aber seine Hauptreliefzüge verdankt Norddeutschland den nachweislich drei Inlandeisbedeckungen, die zeitweise bis an den Rand der Mittelgebirge reichten oder diese sogar randlich oder teilweise überzogen. Der Gliederung des Eiszeitalters muß daher das erste Kapitel gewidmet sein.

1.
Die Gliederung des Eiszeitalters in Norddeutschland und das Holozän

Herbert Liedtke

1.1.
Ältestpleistozän und Altpleistozän

Das Norddeutsche Tiefland erfuhr seine gegenwärtige Gestaltung während des Eiszeitalters, das geologisch dem Pleistozän entspricht.

Mit Pleistozän wird der Zeitraum der letzten 2,5 Mio. Jahre bezeichnet, abzüglich der letzten 10000 Jahre, für die der Name Holozän üblich ist. Pleistozän löst die alte Bezeichnung Diluvium ab; Holozän steht für Alluvium. Eiszeitalter wird als anschauliches Synonym für Pleistozän verwendet.

Während des Pleistozäns hat sich das Relief Mitteleuropas erheblich verändert. Weite Gebiete waren zeitweilig vom Inland- oder Gletschereis bedeckt; sonst herrschten einebnende periglaziäre Bedingungen langfristig vor, und zahlreiche Flüsse haben sich kräftig eingeschnitten. Norddeutschland selbst war im Miozän und im Pliozän aufgrund mariner und später limnischer Sedimente und schwemmfächerartiger Einschüttungen von Norden her aus Skandinavien über die noch nicht existierende Ostsee hinweg und von Süden her aus den deutschen Mittelgebirgen zu einer sehr flachen Landschaft geworden, in der zwar noch schwache tektonische Bewegungen erfolgten, in der aber ansonsten kräftige glazigene Überformung eintrat, als das erste Inlandeis den größeren Teil Norddeutschlands überzog.

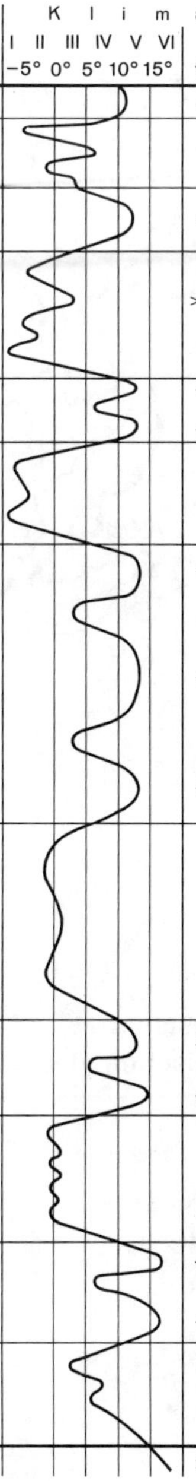

Gliederung und Zeitstellung (Zahlen in Mio. Jahren)		Untere Grenze		Klima t °C	Bekannte Fundorte	Meereshochstände u. geomagnetische Epochen (Mio. Jahre)
Holozän (Postglazial)		0,010		+10		Nizza (Tapes) 6-8 m
Jungpleistozän	Weichsel (Würm)	0,115	Hochwürm	−6		
			Denekamp	+6		
			Früh- u. Mittelwürm	−2		
	Eem	0,128		+12	Kollund, Loopstedt, Weimar - Ehringsdorf	Monastir (Tyrrhen II, Ouljium) 15 - 18 m
Mittelpleistozän	Saale (Riß)	> 0,297	Warthe (S III)	−4		
			Treene, Rügen	>+2		
			Altenwalde (S II)	−6		
			Drenthe (S I)	−6		
	Holstein	0,502	*Wacken - W., Dömnitz - Warmzeit*	+13	Bredstedt b. Husum, Lauenburg	Tyrrhenium 30 m
			Mehlbeck - K., Fuhne - Kaltzeit	+6		
			Holstein i.e.S., Edderitz - Warmzeit	+13		
Altpleistozän	Elster (Mindel)	0,688?	Markranstädt	−6	Lauenburger Ton	
			Zwickau	−6		
	Cromerkomplex (Voigtstedt)	0,75?	*Osterholz - Warmzeit*	+13	Voigtstedt b. Artern, Bilshausen b. Göttingen, Mosbach b. Wiesbdn., Mauer b. Heidelberg	
			Elbe - Kaltzeit	+3?		
			Pinneberg - Warmzeit	+13		Milazzo 60 m
			Elmshorn - Kaltzeit	+3		
			Uetersen - Warmzeit	+13	t R 6 (jüngere Hauptterrasse)	BRUNHES + / 0,73 / MATUYAMA −
	Menap (Günz)	0,950	Pinnau - Kaltzeit (Unstrut - Kaltzeit)	−2	t R 4 (ältere Hauptterrasse)	
Ältestpleistozän	*Waal*	1,3	*Tornesch - Warmzeit*	+15 / +5 / +15	Lieth b. Elmshorn	Sizilium 80 - 100 m
	Eburon (Donau)	1,7	Lieth - Kaltzeit	±0		OLDUVAI + (event)
	Tegelen	2,1	*Ellerhoop - Warmzeit*	+17	Tegelen b. Venlo / Maas, Lieth, Buchenau b. Marburg	1,67 - 1,87 Calabrium > 100 m
			Krückau - Kaltzeit	+6		
			Nordende - Warmzeit	+17		
	Brüggen (Biber) (Prätegelen, Villafranca)	2,4	Ekholt - Kaltzeit		Kieseloolith	
			Barmstedtstufe	?	tR1	MATUYAMA − / 2,4 / GAUSS +
PLIOZÄN: Reuver				>17		

Die Klimakurve zeigt die Jahresmitteltemperaturen (t °C); die römischen Zahlen bedeuten: I Frostschuttundra, II Strauchtundra, III Birken - Kiefern - Wald, IV Kühl - gemäßigte Waldvegetation, V Warm - gemäßigte Waldvegetation, VI Mediterrane Vegetation.– t R 6 bedeutet: pleistozäne Terrasse des Rheins, 6. von oben unterhalb des Pliozäns.– Das Olduvai - event liegt am Übergang der Eburonkaltzeit zur Tegelenwarmzeit; zöge man hier die Grenze Pliozän / Quartär, fielen Tegelenwarmzeit und Brüggenkaltzeit in das Pliozän.– Wärmeschwankungen stehen kursiv.– Zahlenangaben z. T. nach Rzechowski 1986 aus Thermolumineszenzdaten.

Abbildung 45
Gliederung des Eiszeitalters (aus LIEDTKE 1990, S. 42)

Das Holozän wird unterteilt in Präboreal (ab 10000 B. P. mit Birke und Kiefer), Boreal (ab 8800 B. P. mit Kiefer, Birke und Hasel), Atlantikum (ab 7500 B. P. mit Eichenmischwald), Subboreal (ab 4500 B. P. mit Eichenmischwald und Buche) und Subatlantikum (ab 2600 B. P. mit Buche und Eiche).

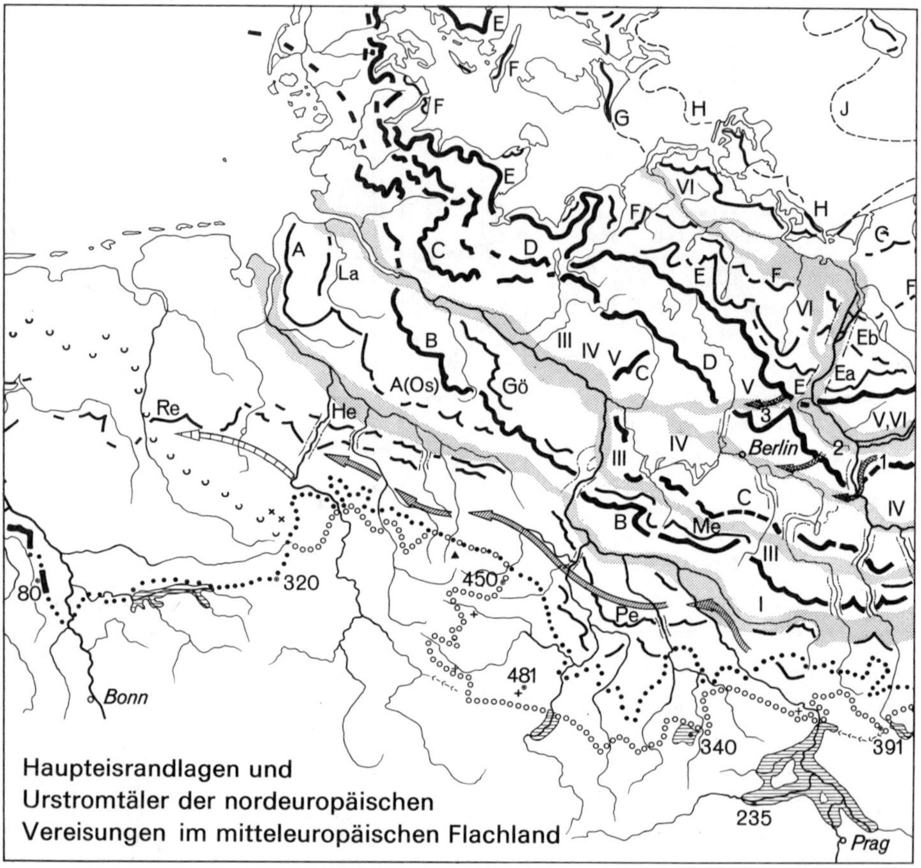

Haupteisrandlagen und Urstromtäler der nordeuropäischen Vereisungen im mitteleuropäischen Flachland

H. LIEDTKE, Bochum 1992

Höhenzahlen in Metern

(Signatur)	Endmoränen
ooo	Rand der Elster-Eiszeit
ᴗᴗᴗ	Vermuteter Rand der Elster-Eiszeit, überfahren vom Saale-Eis
•••	Saale-Eiszeit: Drenthe-Stadium, Saale I
Re	Rehburger Endmoräne (überfahren)
Pe	Petersberger Vorstoß
He	Heisterberg-Endmoräne
A	Altenwalder Endmoräne/ Ostenholzer Endmoräne (Os), Saale II
La	Lamstedter Vorstoß
B	Warthe-Stadium, Saale III
Gö, Me	Göhrde-Endmoräne; Merzdorfer Staffel
C	Weichsel-Eiszeit: Brandenburger Stadium; vor ca. 20 000-19 000 Jahren
D	Frankfurter Stadium
E	Pommersches Stadium (Belt-Stadium); vor ca. 14 800 Jahren
Ea	Angermünder Staffel
Eb	Gerswalder Staffel
F	Rosenthaler Staffel, Langeland-St., Stettin-St., vor ca. 14 100 Jahren
G	Velgaster Staffel, Falster-Staffel
H	Nordrügen-Staffel, Wollin-Staffel
J	Bornholm-Staffel; vor ca. 12 800 Jahren
+ ×	Nunatakker; elsterzeitlich, saalezeitlich
▲	Gebirgsvergletscherung im Harz
(Signatur)	Proglaziäre Stauseen verschiedenen Alters
(Signatur)	Proglaziäre Schmelzwasserabflüsse über die Nesse zur Werra und über die Ploučnice zur Elbe
(Signatur)	Weserschotter; frühsaalezeitliche Mittelterrasse
(Signatur)	Verlauf der Urstromtäler
(Signatur)	Fuhne-Bode-Entwässerungsbahn
I	Breslau-Bremer Urstromtal
III	Glogau-Baruther Urstromtal
IV	Warschau-Berliner Urstromtal
(Signatur)	Pommersche Entwässerungsbahnen über Frankfurt (1), Buckow (2) u. Eberswalde (3)
V	Thorn-Eberswalder Urstromtal
VI	Netze-Randow-Urstromtal
(Signatur)	'Flußdurchbrüche'

0 50 100 km

Eiszeitliche Exaration, Stauchung und Sedimentation sind die Ursache dafür, daß in dem nur sehr langsam (1 – 2 mm/Jahr) absinkenden östlichen norddeutschen Flachland keine vollständige Abfolge der pleistozänen Schichten mehr vorhanden ist, wie es in den angrenzenden, kräftiger absinkenden Niederlanden mit mehreren hundert Metern aufeinanderfolgender Ablagerungen der Fall ist. Deshalb stammen von dort auch mehrere Schichtenbezeichnungen der Quartärgliederung (Abb. 45).

Besondere Schwierigkeiten bereitete immer die Festlegung der Grenze Tertiär/Quartär, weil es hier keinen scharfen Schnitt in der Faunen- und Florengesellschaft gibt, sondern nur einen allmählichen Übergang. Erst vor ca. 15 Jahren setzte sich der Gedanke durch, ein festes Ereignis als Grenzmarke zu verwenden, nämlich den Umschlag der positiven geomagnetischen GAUSS-Epoche in die negative MATUYAMA-Epoche. Dieses Ereignis fand vor 2,4 Mio. Jahren statt. Zu diesem Zeitpunkt war die Abkühlung auf der Erde durch den Aufbau des antarktischen Inlandeises und die Abkühlung des Meereswassers so weit vorangekommen, daß Kälteschwankungen durch periglaziäre Ablagerungen nachweisbar wurden. Diese Kaltzeiten waren noch nicht so kalt, daß die Alpengletscher aus den Alpentälern ins Vorland traten oder daß das nordische Inlandeis Skandinaviens den Ostseeraum überschritten hätte. Das war im Alpengebiet erstmals mit der Günzeiszeit der Fall, in Norddeutschland während der Elstereiszeit, die in den Alpen der Mindeleiszeit entspricht. Doch kennt man in Norddeutschland vorelsterzeitliche kaltzeitliche Ablagerungen mit nordischem Material aus dem Grenzgebiet gegen die Niederlande und von Gorleben (östlich von Lüneburg; EHLERS 1990a).

Das erste Inlandeis, das norddeutschen Boden erreichte, war das Elstereis (Abb. 46). Es bildet östlich von Paderborn den weitesten Eisvorstoß in Norddeutschland. Weiter ostwärts erfüllte es das Thüringer Becken und reichte bis in das Elbsandsteingebirge und in das Zittauer Gebirge, aber es blieb westlich von Paderborn zurück und verlief über Osnabrück zur niederländischen Provinz Drenthe. Jedenfalls südlich der Linie Groningen – Paderborn ist bisher eine eindeutige elsterzeitliche Grundmoräne nicht nachgewiesen worden; nur THOME (1980a u. b) nimmt aufgrund von einigen Geschiebezählungen und einem Fundpunkt an der Ruhr einen Vorstoß des Elstereises bis Düsseldorf an. Während in Nordwestdeutschland nicht einmal der genaue Maximalstand des Elstereises bekannt ist, lassen sich weiter ostwärts im Süden der Leipziger Tieflandsbucht in den dortigen Grundmoränenresten noch zwei Vorstoßphasen nachweisen, die ältere Zwickauer Phase und die jüngere Markranstädter Phase, die sich allerdings in der Landschaft nicht hervorheben. Oberflächlich hat das Elstereis nur indirekt zur Landschaftsgestaltung beigetragen, denn seine Spuren sind während der folgenden Eiszeiten ausgelöscht worden, vor allen Dingen durch die abtragenden periglaziären Vorgänge. Aber es gibt zwei wichtige Hinterlassenschaften des Elstereises, die heute bedeutsam sind: die für die Grundwasserentnahme wichtigen Tiefrinnen und die einen stratigraphischen Leithorizont bildenden Lauenburger Tone.

Schon seit 1909 war bekannt, daß es sehr tief reichende „Diluvialtäler“ gab, aber erst in den letzten 25 Jahren hatte man ein Netz von *Tiefrinnen* durch zahlreiche Bohrungen zur Wassergewinnung erkannt und dieses Geflecht auskartiert (Zusammenstellung bei LIEDTKE

Abbildung 46
Haupteisrandlagen und Urstromtäler der nordeuropäischen Vereisungen im mitteleuropäischen Flachland

1981b). Man stellte fest, daß diese Tiefrinnen auf den Bereich lockerer Aufschüttungen aus tertiären und quartären Ablagerungen beschränkt sind, daß sie stellenweise bis zu 300 m und mehr unter den heutigen Meeresspiegel reichen und daß sie im Gegensatz zu den seichteren jüngeren glazialen Rinnen an die Elstereiszeit gebunden sind. Ihre Verbreitung liegt immer nördlich der Linie Texel, Diepholz, Nienburg, Celle, Gardelegen, Belzig, Dahme und Cottbus. – Der Mechanismus dieser großen Eintiefung ist noch nicht bekannt, aber ihre Verfüllung erfolgte noch in der Elstereiszeit; schließlich legte sich als Abschluß der *Lauenburger Ton* als spätglazialer Schmelzwasserabsatz eines elsterzeitlichen Eisstausees darüber. Diese Tone wurden früher häufig abgebaut; ihre Verbreitung im Norden Nordwestdeutschlands ist gut bekannt, denn hier liegen bis zu 160 m mächtige Tonlager, die oft noch von Absätzen aus der Holsteinwarmzeit überzogen sind.

1.2. Mittelpleistozän

Die folgende Holsteinwarmzeit, die man früher hinsichtlich ihrer Dauer wohl sehr überschätzt hatte, hat offensichtlich nach Untersuchungen in Kieselgurlagerstätten nur einen Zeitraum von 15000–16000 Jahren eingenommen und dauerte damit nicht länger als die Eemwarmzeit. In der folgenden Saaleeiszeit haben weite Teile Nordwestdeutschlands und des Mittelgebirgsvorlandes ihre Grundformung durch das Saaleinlandeis erfahren. Damals stieß das Inlandeis in Nordwestdeutschland bis über den Stand der Elstereiszeit hinweg an den Rand des Rheinischen Schiefergebirges vor (Abb. 47), östlich von Paderborn bis an den Harz, blieb aber weiter östlich deutlich hinter der Ausdehnung des Elstereises zurück. Während der Vorrückungszeit der Saaleeiszeit kam es zu einer Stillstandsphase, dem *Rehburger Stadium*, das bei weiterem Vorrücken des Eises überfahren wurde und das zwischen den wild gestauchten Weserkiesen, Tertiärsanden und Warmzeitablagerungen (GLATTHAAR 1981) nirgends elstereiszeitliche Grundmoränen enthält; das ist ein klarer Hinweis auf das Zurückbleiben des Elstereises hinter dem Saaleeis (K. D. MEYER 1987). Der äußerste Vorstoß des Saaleeises wird als *Drenthestadium* bezeichnet. Ein jüngeres Stadium ist das auf der Nordhemisphäre immer gut ausgeprägte *Warthestadium*. Zwischen beiden Stadien liegt eine deutliche Wärmeschwankung (Treenegroßinterstadial, Treenewarmzeit), die zwar eine gut ausgeprägte Bodenbildung (STREMME 1979) hinterließ, deren Vegetationsentwicklung jedoch nur Nadelwälder, aber keine Laubwälder erbrachte. Auch stieg der Meeresspiegel nicht bis zur heutigen Höhe an, weshalb man zögerte, von einer Treenewarmzeit zu sprechen. Während geomorphologisch ein deutlicher Unterschied zwischen Drenthe- und Warthestadium besteht, liegt geologisch gesehen sogar eine Dreiteilung vor, denn nach dem Abschmelzen des Drentheeises bis nach Skandinavien rückte das Eis zunächst bis zu einer deutlichen Eisrandlage vor, die als *Altenwalder Endmoräne* bekannt ist. Es handelt sich um einen in der Landschaft noch erkennbaren schwachen Höhenrücken östlich von Bremerhaven. Die Landschaftsformen sind aber denen des Drenthestadiums noch völlig ähnlich. Das Eis drang diesmal aus Nordosten vor und brachte viele Kreidekalke mit. In der geologischen Literatur gibt es gewisse Kontroversen, ob die Lamstedter Eisrandlage zum Drenthe- oder zum Warthestadium zu rechnen sei. Die Argumente sind bei EHLERS (1990b) kurz und klar dargelegt. Geomorphologisch liegt die

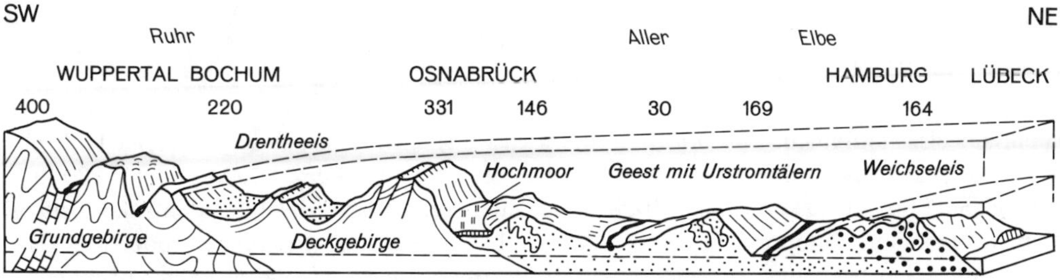

Paläozoikum	Oberkreide Jura/Trias	Pleistozän		Holozän
Periglaziärgebiet (Solifluktion, Abluation)	Altmoränenlandschaft		Jungmoräne	Ostsee
	Elster- oder Saale-Eiszeit		Weichsel-Eiszeit	Holozän
Flußterrassen Eisfrei	Drenthe-Stadium	Rehburger Phase, überfahren Warthe-Stadium	Fehmarn-Staffel Pomm. Stadium Frankfurter Stadium Brandenburger Stadium	Zeitw. Eisstau-see
Grundgebirge, randl. Eisbedeckung	Dünne Quartärdecke, teilweise anstehendes Mesozoikum	50 - 100 m Quartär	Hügelland mit zahlr. Seen, 50 - 150 m quart. Sedimente	Marine Trans-gression
Gelegentlich Findlinge	Sandige Grundmoräne in Senken; im Süden Löß	Sande, Grundmoräne (sandig)	Geschiebemergel	Vermoo-rung
Keine glaziale Formung	Landformen kaum vom Eis beeinflußt, aber periglaziär	Intensive glaziäre Formung, gelegentlich Stauchung, kräftige periglaziäre Überformung	Relief voll glazial geformt und durch Toteisaustauen verjüngt. Wenig periglaziärer Einfluß	Kliffs, Ausgleichs-küste, Nehrungen

Abbildung 47
Schematisches Profil von der Ostsee zum Rheinischen Schiefergebirge (Umzeichnung aus Liedtke 1989b)

Trennung eindeutig zwischen Altenwalder Stadium und Warthestadium, denn letzteres besitzt breite Eisrandzonen mit kräftiger Stauchung und deutlichen Höhenrücken und läßt sich von Schleswig-Holstein über die Lüneburger Heide, die Altmark, den Fläming und den Lausitzer Grenzwall weiter ostwärts bis in das Trebnitzer Katzengebirge nördlich von Breslau verfolgen.

Die Gliederung der Saaleeiszeit kann wie nachstehend vorgenommen werden:

S III Warthestadium (Fläming, Lausitz)
Rügenwärmephase

S II Altenwalder Stadium (mit Lamstedter Vorstoß)
Ueckerwärmephase

S I Drenthestadium
- Leipziger Phase
- Zeitzer Phase, Maximalstand

Rehburger Stadium (Vorrückungszeit).

1.3. Jungpleistozän

Der Saaleeiszeit folgte die *Eemwarmzeit*, die etwas wärmer war als das gegenwärtige Holozän. Ihre Dauer wird nach der Thermolumineszenzmethode zwischen 128000 und 115000 B. P. angegeben und betrug somit nur 13000 Jahre. Zu dieser Zeit bot das Norddeutsche Tiefland den Anblick einer Jungmoränenlandschaft wie heute in Schleswig-Holstein oder Mecklenburg mit vielen Seen und geschlossenen Hohlformen, in denen sich je nach vorhandener Feuchtigkeit Verlandungsvorgänge abspielten. Was hier an wärmezeitlichen Ablagerungen entstand, konnte die Weichseleiszeit nur überstehen, wenn es sich in so tiefen Hohlformen befand, daß diese vom Weichselperiglaziär nicht abgetragen werden konnten oder vom Weichselinlandeis nicht aufgenommen wurden. Das Eemmeer bedeckte in Niedersachsen das heutige Watt und einzelne Teile der Marsch (HÖFLE u. a. 1985) und verband sich in Schleswig-Holstein bei Rendsburg mit der Ostsee (KOSACK u. LANGE 1985). Der Meeresspiegel lag nur geringfügig unter dem heutigen.

Die *Weichseleiszeit* brachte das letzte Inlandeis auf deutschem Boden. Dieses Eis drang am wenigsten weit südwärts vor. Schleswig-Holstein wurde nur in seinem Osten bedeckt, Mecklenburg blieb in seinem Südwestteil eisfrei, und die Elbe wurde nirgends überschritten. Erst östlich der Elbe konnte das Eis über Berlin hinaus südwärts vorrücken. Wenn auch die Weichseleiszeit rund 105000 Jahre dauerte, so fand die eigentliche Eisbedeckung in Norddeutschland nur in einer Zeit zwischen 25000 und 12000 B. P. statt. In dieser Zeit entstanden die typischen Formen der Jungmoränenlandschaft, wie man sie in Schleswig-Holstein, Mecklenburg und Brandenburg vorfindet. Außerhalb dieses Jungmoränengebietes unterlag ganz Deutschland einem periglaziären Klima. Zu Beginn der Weichseleiszeit, im Frühweichsel, sank die Temperatur so stark ab, daß geschlossener Wald nicht mehr bestehen konnte. Aber während der frühweichselzeitlichen Wärmeschwankungen (Interstadiale) Amersfoort-Brörup (früher als zwei getrennte Interstadiale aufgefaßt) und Odderade kam es nur noch zur Bildung von subarktischen parkähnlichen Nadelholzbeständen; thermophile Bäume fehlten. Die Vegetation bestand aus Kiefer, Birke, gelegentlich Fichte und Lärche sowie Heidekräutern, Gräsern und Wacholder bei Sommertemperaturen von 5–10 °C. Für Wälder wären aber 10 °C notwendig gewesen. Das Mittelweichsel war deutlich kühler, wie Untersuchungen in Oerel (nördlich Bremen) zeigen (BEHRE 1989). Hierzu gehören die schwachen Wärmeschwankungen Oerel, Glinde, Moershoofd, Hengelo und Denekamp. Im anschließenden Hochglazial lag die Sommertemperatur sogar unter 5 °C, so daß nur eine Tundra mit Gräsern, Kräutern, Zwergbirken und Zwergweiden aufkommen konnte. Das Klima war zu dieser Zeit sehr trocken, denn der Niederschlag war wegen der Kälte um rund die Hälfte reduziert. Er lag nach EISSMANN (1990) in der Leipziger Tieflandsbucht bei 200–300 mm. Die Zeit des Hochweichsel ermöglichte wegen der extremen Trockenheit die Bildung von Löß, später von Flugsandfeldern und Dünen.

Während der Hochweichselzeit rückte das Eis verhältnismäßig schnell vor. Man kann davon ausgehen, daß das nordische Inlandeis vor 25000 Jahren in Mittelschweden lag und ca. 6000–7000 Jahre später das Gebiet des Spreewaldes südöstlich von Berlin erreichte, also rund 750 km vorgerückt war. Das bedeutet jährlich ein Vorrücken von durchschnittlich 100–125 m. Das Inlandeis war also ein Renner! Aber in ähnlich kurzer Zeit verschwand dieses Eis wieder, nämlich in 8000 – 9000 Jahren. Allerdings wissen wir darüber wesentlich besser Bescheid. Das Eis schmolz erst langsam ab, bis ca. 15000 B. P., danach blieben plötzlich ganze Gürtel ohne Nachschub, und das Eis taute einfach streifenweise auf einer Breite von 20 – 50 km nieder (stagnierendes Eis), ohne noch bewegt zu werden. Unabhängig davon blieb in den Senken noch verschüttetes Eis als Toteis zurück, das erst zu Beginn des Holozäns endgültig austaute, also mehrere tausend Jahre im Lockersubstrat verweilte.

1.4. Holozän

Nach dem Rückzug des Eises von den mittelschwedischen Endmoränen begann vor 10000 Jahren das Holozän (Postglazial, Alluvium). Die Pflanzen wanderten wieder ein, in den Rinnen taute das letzte Toteis aus, die Landschaft verjüngte sich dadurch, die großen Seen entstanden, und ein wirres Flußnetz bildete sich heraus. Das ist die Landschaft, in die der Mensch einwandert und die er umformt. Vergleicht man die Dauer des Holozäns mit derjenigen des Eems, so erkennt man, daß diese Holozänwarmzeit sich ihrem Ende nähern könnte. Dafür spricht auch die holozäne Waldentwicklung, die man aufgrund der pollenanalytischen Untersuchungen sehr gut kennt und die anzeigt, daß die Klimax überschritten ist. Die Waldzusammensetzung strebt bereits ihrem Endzustand zu, wie man von bisherigen Warmzeiten weiß.

1.5. Oberflächenzonierung im ehemaligen Vergletscherungsgebiet Norddeutschlands

Die unterschiedlich weite Ausbreitung der drei Inlandeisdecken in Norddeutschland hat dort Gebiete mit deutlich unterscheidbaren Oberflächenformen hinterlassen. Grundsätzlich kann man davon ausgehen, daß das nordische Inlandeis im unmittelbaren Umkreis der Ostsee über tertiäres Lockermaterial hinwegglitt, das vom Eis leicht verformt werden konnte. Kam das Inlandeis in den Bereich der Festgesteine, wie das bei Elster- und Saaleeiszeit der Fall war, mußte es sich dem bestehenden Relief anschmiegen. Hier war nur eine minimale Überformung möglich (Abb. 48): Lockermaterial wurde abgeführt, auch gelegentlich Gestein entlang von Klüften abgebrochen, Gletscherschrammen und Strudellöcher entstanden, und einige Pässe wurden zu den „Dören" erweitert. Umfangreicher als die exarativen Wirkungen waren oftmals die akkumulativen Hinterlassenschaften in einigen Senken, wo glaziäres Material liegenbleiben konnte.

Neben der gesteinsbedingten Zonierung gibt es eine Gliederung nach der Einwirkung des periglaziären Einflusses. Dieser war in der Jungmoränenlandschaft gering, da während der kurzen Abschmelzzeit mit zunehmender Vegetationsdecke nur eine minimale periglaziäre Überformung erfolgen konnte. Anders war es jedoch in den Gebieten, die von den beiden

Abbildung 48
Zonen unterschiedlicher periglaziärer Beeinflussung in Norddeutschland (Unterlage: Alexander-Atlas, Blatt Mitteleuropa)

älteren Vereisungen bedeckt worden waren. Hier stand überall mindestens die ganze Dauer der Weichseleiszeit, also rund 100000 Jahre, für eine Überformung zur Verfügung. Das reichte, um auf den Festgesteinen mit meist höherem Gefälle die glaziären Ablagerungen fast gänzlich zu beseitigen und in den Tieflandsgebieten eine starke Abtragung und Nivellierung zu erzielen, so daß sich in den ehemals vergletscherten Gebieten drei Zonen periglaziärer Beeinflussung abzeichnen (Abb. 48):

1. Die glaziär kräftig gestaltete Jungmoränenlandschaft.
2. Das einst glaziär kräftig gestaltete Altmoränengebiet im Lockergestein mit periglaziär intensiv abgetragenen Erhebungen und Verfüllung von Senken.
3. Das nur schwach glaziär beeinflußte Gebiet im Festgestein mit starker periglaziärer Abtragung des glaziären Materials.

Die Abgrenzung und Untergliederung Norddeutschlands sind gleichermaßen schwierig, weil Übergänge vorherrschen. Am deutlichsten ist die Grenze zwischen den frischen Oberflächenformen der Jungmoränenlandschaft und der Altmoräne. An vielen Stellen besteht auch eine scharfe Grenze gegen das anschließende Mittelgebirge, wie am Wiehenge-

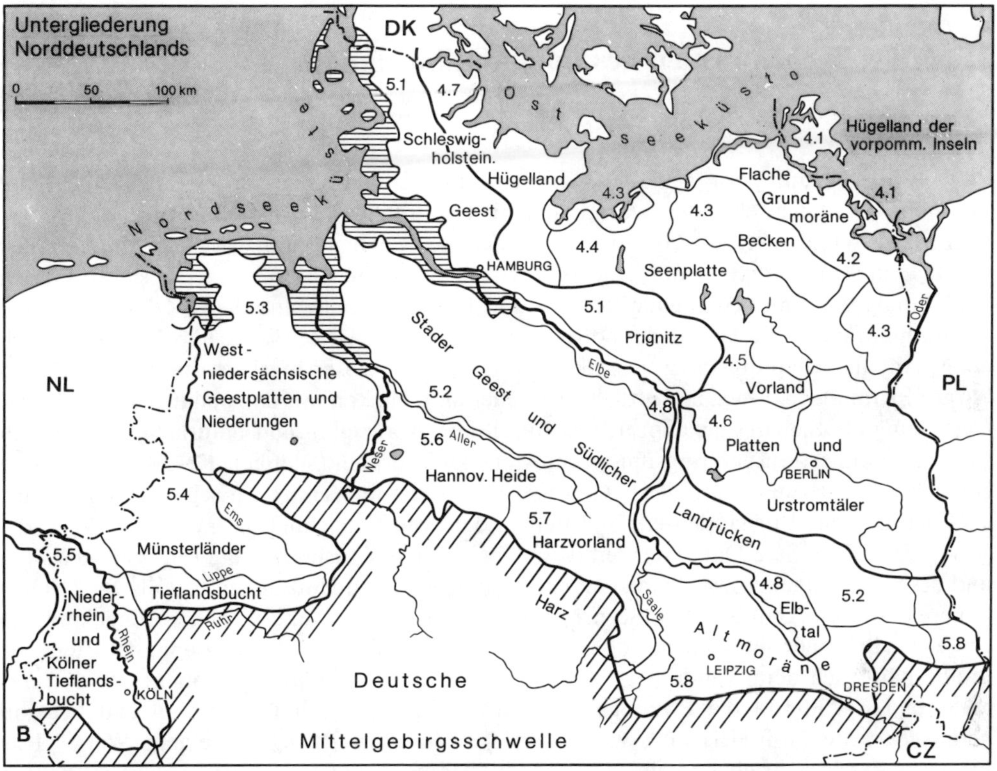

Abbildung 49
Untergliederung Norddeutschlands

4.1 – Hügelland der vorpommerschen Inseln
4.2 – Seenarme flache Grundmoränenplatten Vorpommerns
4.3 – Mecklenburgisch-brandenburgische Becken
4.4 – Seenreicher mecklenburgisch-brandenburgischer Landrücken
4.5 – Südliches Vorland des mecklenburgisch-brandenburgischen Landrückens
4.6 – Brandenburgische Platten und Urstromtäler
4.7 – Schleswig-holsteinisches Hügelland
4.8 – Elbe (und ihr Einzugsgebiet im Norddeutschen Tiefland)
5.1 – Schleswig-holsteinische Geest und Prignitz
5.2 – Stader Geest und Südlicher Landrücken (Lüneburger Heide, Altmark, Fläming und Lausitzer Grenzwall)
5.3 – Westniedersächsische Geestplatten und Niederungen
5.4 – Münsterländische Tieflandsbucht und Hellwegbörden
5.5 – Niederrhein und Kölner Tieflandsbucht
5.6 – Hannoversche Heide und niedersächsische Börden
5.7 – Nördliches und östliches Harzvorland
5.8 – Altmoränengebiet zwischen Saale und Görlitzer Neiße

Die See- und Flußmarschen sowie die Inseln an der deutschen Nordseeküste sind in horizontaler Schraffur dargestellt.

birge oder am Harz, wogegen weiter im Osten die Grenzziehung wegen des langsamen Übergangs vom tiefliegenden Norddeutschland in das Gebirge zu unterschiedlichen Auffassungen führen kann. Die Verfasser dieses Abschnitts haben sich zu der in Abbildung 49 dargestellten Version entschieden.

2. Die Oberflächenformen des Jungmoränenlandes

Joachim Marcinek

Das seenreiche Jungmoränenland Norddeutschlands liegt im Ausdehnungsbereich des jüngsten, des weichsel- oder würmkaltzeitlichen Inlandeises. Das Inlandeis und seine Schmelzwässer schufen das Grundgerüst seiner Oberflächengestalt. Sie formten das Relief teilweise in Abhängigkeit vom präexistenten Gelände um, teilweise legten sie aber auch unabhängig von ihm bedeutende Becken- und Rinnenbereiche an. Die Oberflächenformen des Jungmoränenlandes westlich und südlich der heutigen Ostsee sowie nördlich und östlich der Maximalausdehnung des weichselkaltzeitlichen Inlandeises, markiert durch die Brandenburger Eisrandlage, weichen deutlich von denen in Gebieten mit langandauernder fluvialer Gestaltung ab. Sie sind gekennzeichnet durch fast zwanzigtausend natürliche Seen, durch rund zweihunderttausend ringsum geschlossene Hohlformen (Wannen, Kessel, Sölle), durch ein unübersichtliches, „unreifes" Gewässernetz und ein relativ „frisches" Glazialrelief. „Namentlich das Vorhandensein und Fehlen der Seen bezeichnet in drastischer Weise die geringere und größere Dauer der seit dem Schwinden der Eisbedeckung verstrichenen Zeit, und der Seenmangel des westlichen und des südlichen Norddeutschland tritt als ein Zeichen höheren Alters gegenüber dem Seenreichtum der nördlichen und östlichen Flachlandteile entgegen. Bei einer näheren Betrachtung zeigt sich, daß derartige ‚greisenhafte' Züge der Landschaft nach dem Rande der Vereisung zu rasch an Umfang gewinnen; ..., und das gesamte Land nimmt die Physiognomie eines lediglich durch Denudation und Erosion herausgearbeiteten Reliefs an", wie schon 1887 (S. 510) Penck in seinem Werk „Das Deutsche Reich" schrieb. Er stellte die bereits von ihm im deutschen Alpenvorland erkannten und 1882 in dem Buch „Die Vergletscherung der deutschen Alpen" (z. B. S. 307) ausführlich beschriebenen Kennzeichen einer inneren und äußeren Moränenzone auch im Norddeutschen Tiefland dar, wobei sich die äußere „der inneren gegenüber durch Züge höheren Alters" ausweist (1882). Er schuf auch die Begriffe Jung- und Altmoräne (Penck u. Brückner: „Die Alpen im Eiszeitalter". 3 Bde. Leipzig 1901–1909, S. 20): „Seit langem schon hat man durch Unterscheidung des verschiedenen Alters der Oberflächenformen Jung- und Altmoränen unterschieden."

In Kenntnis der wegweisenden Forschungen von Penck im deutschen Alpenvorland von 1881 und 1882 wies Klockmann (1884) nach, daß die Verbreitung des oberen Geschiebemergels – und mit ihm die Ausdehnung des jüngstkaltzeitlichen Inlandeises – mit dem Seenreichtum Norddeutschlands zusammenfielen. „Wenn nun in solcher Weise die Seen Norddeutschlands auf den von der jüngsten Vergletscherung innegehabten Raum beschränkt sind, so legt sich der Schluß nahe, daß die Ablagerung des Oberen Geschiebemergels mit der Entstehung der Seen in ursächlichen Zusammenhang zu bringen ist ..." (Klockmann 1884, S. 258).

Gegen diese Ansicht hinsichtlich der Begrenzung des Jungmoränenlandes stritt Keilhack. Bereits 1899 wollte er den weitesten Vorschub des jüngstkaltzeitlichen Inlandeises auf den Höhen des Südlichen Baltischen Landrückens sehen (Schleswig-Holstein, Lüneburger Heide, Letzlinger Heide, Fläming, Lausitzer Höhen). Unter anderem folgte er dabei seinem Lehrer Berendt, der 1879, vier Jahre nach Torells entscheidendem Vortrag über die Inlandeisbedeckung Norddeutschlands (3. 11. 1875 in Berlin), auch im südlichsten großen, dem

Breslau-Hannoverschen (Magdeburger) Urstromtal Schmelzwasser „des sich zurückziehenden letzten Inlandeises“ (KEILHACK 1899, S. 113) abfließen sah. „Dem alten Breslau-Hannover'schen Thale entspricht eine durch kurze Endmoränenstücke in der Altmark und auf dem Fläming angedeutete Stillstandslage des Eises“ (KEILHACK 1899, S. 113). „Es ist damit der vollkommene Beweis erbracht, daß die ost-westlichen Urstromtäler in innigem Zusammenhange mit Stillstandsperioden im Rückzuge des letzten Inlandeises stehen“ (KEILHACK 1899, S. 115).

Seen und ringsum geschlossene Hohlformen, vor allem aber die Seenverbreitung, ließen GRIPP (1924) zum gleichen Ergebnis wie KLOCKMANN (1884) und PENCK (1887) gelangen. Die Kartierung von GRIPP erlaubte eine relativ genaue Begrenzung des Jungmoränenlandes nach Westen und Süden (Abb. 46). Angeregt durch GRIPPS Arbeit (1924), erkundete nicht nur ILLIES (1955) die äußerste Ausdehnung des weichselzeitlichen Inlandeises im nordöstlichen Hamburg. Anfang der 60er Jahre konnte auch MARCINEK (1961) einen einige Kilometer weiten Vorschub über die Moränen der Brandenburger Eisrandlage hinaus glaubhaft machen und westlich der Dahme GRIPPS Auffassung im wesentlichen bestätigen. In neuester Zeit gelang es WALTHER (1990), den äußersten Vorschub des weichselzeitlichen Inlandeises südlich von Schleswig und östlich von Eckernförde westlicher als bisher nachzuweisen.

Im großen und ganzen verläuft die Maximalausdehnung des weichselzeitlichen Inlandeises ungefähr über die Umgebung folgender Orte: w. Flensburg, w. Schleswig, Rendsburg, Neumünster, w. Bad Segeberg, Nordost-Hamburg, Mölln, Südende des Schaalsees, s. Schwerin, nö. Parchim, Südende des Plauer Sees, w. Wittstock, Havelberg, w. Rathenow, ö. Genthin, s. Brandenburg, sw. Potsdam, Luckenwalde, n. Baruth, durch den Oberspreewald, s. Lieberose und s. Guben.

Für die Oberflächengestaltung auch des Jungmoränenlandes war die immer wieder neue Bildung glaziärer Serien nach der Maximalausdehnung (Abschmelzzeit) des weichselzeitlichen Inlandeises vor gut 20000 Jahren von prinzipieller Bedeutung. Hatte PENCK solche Serien bereits 1882 eindeutig beschrieben, so prägte er 1902 den Begriff der „glazialen Serie“ (PENCK u. BRÜCKNER 1901–1909, S. 16). Sie ist eine etwa gleichzeitig entstandene (und damit gleichaltrige) Formengemeinschaft an einem Gletschereisrand, deren einzelne Glieder räumlich aufeinanderfolgen (MARCINEK 1977, S. 27). Vom Zentrum des Inlandeisschildes reihen sich in Norddeutschland meist aneinander: 1. die Grundmoräne (mit Zungenbecken), 2. die Endmoräne, 3. der Sander und 4. das Urstromtal.

In der Grundmoräne liegt nach dem Abschmelzen des Inlandeises vor allem die ehemalige Untermoräne ausgebreitet als ebene, flachwellige oder kuppige Grundmoräne vor.

Die Endmoränen können sowohl vom Inlandeis herangebrachtes als auch jegliches andere vor dem Gletschereisrand vorhanden gewesene Material zusammengeschoben, gefaltet oder verschuppt in sich bergen.

Vor ihnen ausgebreitet, dachen sich mit geringem Gefälle die ebenen Aufschüttungen der Inlandeisschmelzwässer ab. Je nach dem vorgefundenen Gelände können sie unterschiedlich umgrenzt sein. Sie werden nach einem isländischen Ausdruck für die dortigen Schmelzwasserablagerungen aus Sanden und Kiesen als „Sander“ (sandr = Ein-, sandur = Mehrzahl) bezeichnet. Als fast ebene, mit geringem Gefälle abgedachte, weithin ausgedehnte und ungestörte Flächen zeigen sie sich nur dort, wo keine Toteiskörper von ihnen um- und überschüttet gewesen waren.

Urstromtäler entwickelten sich immer dann, wenn sich das Inlandeis in ansteigendes Gelände aus Lockermaterial ohne große Höhenunterschiede aufschob. Sie bildeten sich in unterschiedlicher Entfernung, aber etwa parallel zum Inlandeisrand. Gelegentlich haben sich auch Rand- oder Marginaltäler herausgebildet.

Das einfache Bild der glazialen Serien an Gletschereisrändern wird durch die geomorphologische Verzahnung glaziärer Serien (MARCINEK 1969) deutlich kompliziert. Sie läßt sich u. a. dadurch beschreiben, daß mehrere Eisrandlagen – zeitlich nacheinander entstanden – räumlich relativ eng aufeinanderfolgen. Dabei greifen die jüngeren Schmelzwasserbahnen des Inlandeises als Sander in Durchbrüchen (Durchbruchstäler) durch die davor liegenden (älteren) Endmoränen und sind in deren Sander eingeschnitten. Dann zeigen die Urstromtäler über Terrassen und unterschnittene Sander mindestens eine zweimalige, abschnittsweise jedoch eine drei- oder viermalige Schmelzwasserabfuhr vom Inlandeis an (z. B. LIEDTKE 1956/57, MARCINEK 1961), falls keine günstigeren Abflußwege frei wurden. Infolge dieser Nachweise konnte die alte, statische Ansicht über die Urstromtäler aufgebrochen werden, nach der zu jeder Eisrandlage ein Urstromtal gehört.

Bei gut erhaltenen glaziären Serien, wie besonders bei denen im Bereich der weichselzeitlichen Inlandeisbedeckung, gibt sich die ehemalige Eisrandlage auch bei fehlender Endmoräne durch einen höheren Sanderansatz zu erkennen. Das infolge von Gletscherexaration geformte Rückland liegt dabei gewöhnlich tiefer als das durch Schmelzwasserabsätze aufgehöhte Vorland.

Als wesentliche Begleitformen der glaziären Serien bereichern Drumlins, Kames, Oser und glaziäre Rinnen den Formenschatz. Drumlins, Drums, Schild- oder Rückenberge wurden direkt vom Inlandeis geschaffen. Es handelt sich um länglich oval gestaltete, tropfenförmig ausgezogene, einige bis mehrere Zehner von Metern hohe, bis etliche hundert Meter lange Hügel, die in der ehemaligen Bewegungsrichtung des Gletschereises liegen. Die gegen die ehemalige Bewegungsrichtung plump tropfenförmige Gestalt zeigt sich fast durchgehend steiler als die der Schubrichtung abgewandte. Die stromlinienförmigen Anhöhen können beim Vorschub des Inlandeises aus überfahrenen Endmoränen und anderen Höhen, mit Grundmoränen umkleidet, hervorgegangen sein. Sie entwickelten sich jedoch auch aus Grundmoräne bei Überlastung des Inlandeises mit Grundmoräne oder bei nachlassender Transportkraft.

Kames sind Schmelzwasseraufschüttungen auf stagnierendem Gletschereis und in lückigen Toteisbereichen kurz zuvor aufgegebener Eisrandlagen. Ausmaße und Umrisse der Schluff-, Sand-, Kies- und Geröllablagerungen entsprechen in etwa der Gestalt des ehemaligen gletschereisfreien Raumes. Rahmendes Toteis drückte zuweilen den Untergrund mit den ehemals horizontal abgesetzten Schichten nach oben (= Kernkames), wobei wie beim Absinken über abschmelzendem Toteis die Schichten verstellt wurden.

Die Oser (Einzahl: Os), Eskers oder Wallberge stellen langgestreckte, über Kilometer verlaufende, schmale und dammartige Höhenzüge dar. Sie wurden in längeren, zuweilen flußartig gewundenen Spaltensystemen im fast oder total bewegungslosen Gletschereis – auf, im oder unter ihm – vom Schmelzwasser abgelagert. In Aufpressungsosern wurde Untergrundmaterial emporgedrückt.

Oser können in Kames übergehen und umgekehrt. Insgesamt dürfen sie als Ersatzformen von Sandern gelten. Sie konnten nur entstehen, wenn vor einer neu formierten Eisrandlage noch ein Gürtel von bewegungslosem stagnierendem Eis lag, das noch keine flächenhafte Ausbreitung der Schmelzwassersande und -kiese zuließ.

Nicht zu übersehen sind in den Randbereichen der weichselzeitlichen Inlandeisbedeckung glaziäre Rinnen (Tunneltäler). Sie lassen sich häufig über Zehner von Kilometern verfolgen und sind oft bis zu mehreren Zehnern von Metern in den Untergrund eingetieft. Subglaziäre Schmelzwässer, aber auch Exaration des Inlandeises, führten zur Bildung, zur Vertiefung und Verbreiterung der Rinnen. Schmale, flußartig gewundene Rinnen mögen allein auf subglaziäre Schmelzwasserwirkung zurückzuführen sein, während sonst der Gletschereisschurf oder eine kombinierte Wirkung beider Prozesse eine wichtige Rolle spielten.

Zumeist abgescherte Inlandeisreste (Toteiskörper), die nachträglich um- und überschüttet wurden, bewahrten die durch Gletschereisschurf, subglaziäre Schmelzwässer und beide Vorgänge gemeinsam geschaffenen Hohlformen vor Zufüllung. Deshalb konnten die toteiserfüllten Hohlformen bis zur Warmzeit vor Zufüllung geschützt werden. Erst das Ausschmelzen der verschüttet gewesenen Inlandeisreste (Toteis) ließ die Becken – bei stark gehemmten Abtragungsvorgängen in der Warmzeit – auf der Erdoberfläche in Erscheinung treten. Falls sie nicht in undurchlässigem Material lagen, füllten sie sich bis zur jeweiligen warmzeitlichen Grundwasseroberfläche mit Wasser und bildeten nicht nur in den glaziären Rinnen, sondern auch in anderen Austauhohlformen von Toteiskörpern Seen. Außer den zahlreichen, in glaziären Rinnen perlschnurartig aufgereihten Rinnenseen können die Seen über die Seebeckengenese in weitere Typen gegliedert werden.

Das Gebiet der weichselzeitlichen Inlandeisbedeckung Norddeutschlands entwickelte sich über mehrere Phasen zum Jungmoränenland (MARCINEK 1978), wie es heutzutage erfaßt werden kann. Relief und Gewässernetz des Jungmoränenlandes sind in heutiger Gestalt nur um 10000 Jahre alt und erhielten ihr wesentliches Aussehen im Wendezeitraum von der Weichselkaltzeit zu unserer heutigen Warmzeit, dem Holozän. Seine vier wesentlichen Merkmale verdankt das Jungmoränenland vor allem dem Schwinden des Dauerfrostbodens und dem Austauen der verschüttet gewesenen Inlandeisreste, dem Ausschmelzen der Toteiskörper in der Übergangsphase von der Kalt- zur Warmzeit:

1. den auffallenden Seenreichtum,
2. die zahlreichen trocken liegenden oder von Tümpeln erfüllten Hohlformen,
3. das unübersichtliche, „unreife" Gewässernetz (mit den der glaziären Gestaltung angepaßten Flußsystemen) und
4. das teilweise relativ stark geböschte, „frische" Glazialrelief.

Seit der Maximalausdehnung des weichselzeitlichen Inlandeises läßt sich die glaziäre Entwicklung des heutigen Jungmoränenlandes über das Rückschmelzen der Inlandvergletscherung relativ gut verfolgen.

Das Inlandeis und seine Schmelzwässer formten hauptsächlich das Gebiet in der glaziären Phase der Reliefgestaltung. Neben der Oberflächengestaltung durch das Inlandeis und seine Schmelzwässer erhielten später die während dieser Phase vom Inlandeis abgetrennten Toteiskörper – mit ihrer Um- und Überschüttung – ihren zunächst passiven Platz in der Reliefformung.

Vor ungefähr 10000 Jahren endete die jüngste Kaltzeit. In der Zeit zwischen dem weitesten Vorschub des skandinavischen Inlandeises vor rund 20000 Jahren und dem Ausklingen der Weichselkaltzeit vor etwa 10000 Jahren liegt im Jungmoränenland die periglaziäre Phase der Überformung des Glazialreliefs (peri, griech. = um, herum; glacies, lat. = Eis). In ihr prägten, nun im Vorland der Gletschereisbedeckung, aber noch unter kaltzeitlichen Verhältnissen, überaus wirksame Prozesse das Relief. Diese Vorgänge liefen über den im Untergrund verborgenen um- und überschütteten Inlandeisresten oder Toteiskörpern sowie auf dem neu gebildeten Dauerfrostboden mit rascher Talentwicklung, mit Bodenfließen auf fast allen stärker geneigten Hängen (Kongelifluktion, Solifluktion), mit Frostverwitterung (Kongelifraktion), Eiskeil- und Frostspaltenbildung, mit Brodel-, Taschenboden- und Polygonbodenentstehung (Kryoturbation) und schließlich mit einer bedeutenden Dünenbildung (insgesamt starker Windwirkung) ab. Dabei trieb der Wind im noch waldfreien Gelände Sand zu Flugsandfeldern und Dünen zusammen. Die höchsten Dünen erreichen Höhen um 30 m (z. B. die Püttberge im SO Berlins zwischen Rahnsdorf und Wilhelmshagen). Sie sind somit höher als jede „Hohe Düne" an der deutschen Ostseeküste zwischen Flensburg und dem Odermündungsraum. Weiterhin zeugen zahlreiche Windkanter von der Wirkung äolischer Prozesse.

Während die Eiszeitforschung seit etwa 1875 die glaziäre Reliefphase in Norddeutschland erkundete, wies LEMBKE (1954) die periglaziäre Entstehung der Zertalung am Westrand des Oderbruchs nach und brachte die Untersuchung der periglaziären Prozesse im nördlichen Mitteleuropa in Gang. Schließlich gliederten LEMBKE u. MARCINEK (1965) die für die Gewässernetzentwicklung so überaus wichtige spätglazial-altholozäne Übergangsphase aus. In ihr erhielt das Gebiet der jüngsten Inlandeisbedeckung im Wendezeitraum zwischen Weichselkaltzeit und heutiger Warmzeit drei seiner (und teilweise auch sein viertes) wesentlichen Merkmale 1. durch das Schwinden des Dauerfrostbodens und 2. durch das Austauen der verschüttet gewesenen Inlandeisreste (Toteiskörper). Immerhin zeigt sich erst seitdem das Relief auf über 10% der Fläche Deutschlands (ohne das Jungmoränenland im deutschen Alpenvorland und in den deutschen Alpen) in seiner heutigen Gestalt. So wurden auffallender Seenreichtum ebenso wie zahlreiche ringsum geschlossene, wasserlose Vertiefungen in der Landoberfläche in Austauhohlformen der verschüttet gewesenen Inlandeisreste sowie mit den Austauprozessen verknüpfte, relativ steile Böschungen und schließlich ein damit ebenfalls verbundenes unübersichtliches Gewässernetz mit zahlreichen oberirdisch abflußlosen Becken zu den Charakteristika des Jungmoränenlandes. Somit besitzt das Jungmoränenland nur ein schwach periglaziär überformtes, aber durch das Austauen von Toteiskörpern regeneriertes, warmzeitlich natürlich nur minimal, aber anthropogen lokal erheblich überprägtes Glazialrelief, dessen Verbreitungsraum selbst auf Übersichtskarten durch das Vorkommen zahlreicher natürlicher Seen erkenn- und abgrenzbar ist.

3. Die Oberflächenformen der Altmoränenlandschaft und des ehemals immer eisfrei verbliebenen Teils des Norddeutschen Tieflandes

HERBERT LIEDTKE

Als *Altmoränenlandschaft* werden jene Gebiete bezeichnet, die in früheren Kaltzeiten eisbedeckt waren, jedoch vom letzten Inlandeis (Weichselvereisung) nicht mehr bedeckt worden sind und die während dieser Zeit letztmals einer periglaziären Überformung unterlagen. Altmoränenlandschaften sind daher nicht nur auf das Norddeutsche Tiefland beschränkt, sondern greifen auch auf die ehemals vergletscherten randlichen Teile der Mittelgebirge über. Der Begriff Periglazial, der das um ein Vereisungsgebiet herum befindliche kalte Gebiet bezeichnet, wird vorwiegend für räumliche, zeitliche und allgemeine Aussagen verwendet, periglaziär dagegen für prozessuale Vorgänge.

Obwohl bereits W. v. LOZINSKI 1912 den Begriff „periglazial" auf dem Internationalen Geologenkongreß in Stockholm einführte, unterschätzen viele Forscher auch heute noch die sehr erhebliche Wirkung periglaziärer Vorgänge, denen wir letztlich jene Lockersubstrate verdanken, auf denen sich im Holozän unsere Böden haben entwickeln können. Voraussetzung für periglaziäre Prozesse ist die Herausbildung eines *Dauerfrostbodens* (*Permafrost*), für dessen Entstehung die Jahresmitteltemperatur auf −4 °C bis −6 °C absinken muß. Das entspricht einer Temperaturabnahme gegenüber heute um 13−15 K. Bei so niedrigen Temperaturen können sich Frostbodenformen, Frostmusterböden, Blockmeere, Felsburgen, Solifluktion und Abluation bilden (KARTE 1979, SEMMEL 1980, LIEDTKE 1983). Viele periglaziäre Prozesse lassen sich nur im Aufschluß nachweisen und beweisen damit ihre kaltzeitliche Entstehung, aber auch, wie wenig sich oftmals im nacheiszeitlichen Holozän unter ganz natürlichen Bedingungen in den letzten 10000 Jahren ereignet hat. Die Mächtigkeit des Permafrostes hat in Mitteleuropa mindestens 50 m betragen, doch sind aus der Tschechischen Republik 250 m bekannt (EISSMANN 1990).

Die Altmoränenlandschaft ist heute verhältnismäßig ausdruckslos. Das hat seine Ursache in der heftigen Nivellierung der Reliefunterschiede, die ursprünglich in jeder eisfrei gewordenen Jungmoränenlandschaft vorherrschen. Zuerst hatte man die allbekannte *Solifluktion* (*Bodenfließen*) für die Nivellierung verantwortlich gemacht, aber inzwischen weiß man, daß Solifluktion nicht überall auftritt, sondern ein gewisses Gefälle verlangt und Schluffanteile erfordert. Der Vorgang geht zwar am besten in der jährlichen Auftauschicht des Permafrostes vonstatten, erfolgt aber auch gelegentlich bei tiefem Winterfrost, wenn der Boden von oben her schnell auftaut. Im periglazialen Milieu ist für die Bewegung eine Hangneigung von mehr als 6° notwendig, bei tieferem Auftauen nur noch von 2°. Wichtig ist ein geringes oberflächliches Auftauen, ehe das schmelzende Wasser in den Auftauboden einsickern kann.

Mit der Freisetzung des Wassers im Auftauboden (Mollisol) wird aber auch ein anderer Prozeß eingeleitet, der zur Materialverlagerung führt, die *Abluation* (LIEDTKE 1983). Gerade wenn das erste, noch ganz auf die Oberfläche beschränkte Auftauen erfolgte und Schneeschmelzwasser in Rinnsalen auf der Oberfläche schnell abfließen kann, wird viel Feinmaterial mitgerissen und verlagert, während das gröbere Material liegenbleibt. Jungmoränenlandschaften gehen auf diese Weise ihrer Feinbestandteile verlustig und werden allmählich zu einer sandigen Altmoräne. Solifluktion und Abluation sind die Prozesse, durch die eine erhebliche Massenverlagerung feineren Materials während des Periglazials erfolgen kann.

Was von den Erhebungen abgetragen wurde, ist schon oft nach kurzer Strecke in Hohlformen wieder zur Ablagerung gekommen. Auf diese Weise sind unzählige kleine Hohlformen oder auch große Seen der Jungmoränenlandschaft allmählich verschwunden. 15000−20000 Jahre periglaziärer Überformung reichen hierfür völlig aus. Das beweisen Beobachtungen in Spitzbergen, wo das weichselkaltzeitliche Relief bereits völlig in eine gleichförmige hohlformenfreie Landschaft umgewandelt worden ist. In Norddeutschland zeigen die Profile durch Hohlformen der Saaleeiszeit, daß diese Hohlformen bereits am Ende des Frühweichsel fast völlig ausgefüllt waren (Abb. 50), aber auch, daß das Drenthetoteis im Warthestadium noch im Untergrund vorhanden war und erst nach dem Rückzug des Wartheeises austaute. Anderenfalls wäre die Hohlform *vor* der Eemwarmzeit verfüllt worden.

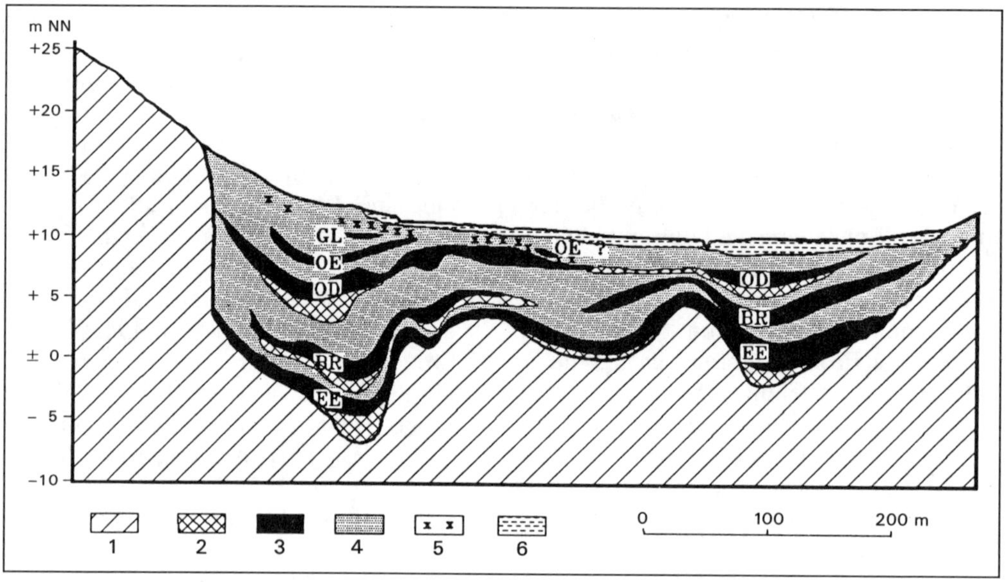

Abbildung 50
Eemzeitliche und frühweichselzeitliche Verfüllungen einer Hohlform bei Oerel, 45 km nördlich von Bremen (nach BEHRE 1989; Überhöhung zehnfach)

Mit dem Odderade-Interstadial am Ende der Frühweichselzeit war die saalezeitliche Hohlform bereits zu mehr als drei Vierteln verfüllt.

1 – saalezeitliche Ablagerungen
2 – Gyttja (grünlicher Halbfaulschlamm)
3 – Torf
4 – Sande
5 – Kiesbank
6 – Moorboden

EE – Eemwarmzeit
BR – Brörup-
OD – Odderade-
OE – Oerel-
GL – Glinde-Wärmeschwankung

Durch die weichselzeitlichen ablualen Vorgänge – periglaziäre Abspülung und periglaziäre Aufschüttung – sind nicht nur die einst jungglazialen Hohlformen verschwunden, sondern auch große Becken entstanden, die randlich von breiten Schwemmfächern gesäumt werden. Diese wurden in den älteren geologischen Karten, als man den Begriff des Periglazials noch nicht kannte, oft als Terrassenstufen auskartiert.

Trotz Solifluktion und Abluation haben sich auch in der Altmoränenlandschaft noch viele, meist sehr flache Hohlformen erhalten. So wurden im Fläming auf 4360 km² Fläche außerhalb von Dünengebieten noch 1030 solcher Hohlformen erfaßt, von denen 419 auf Wasserscheiden, flachen Erhebungen und fast ebenem Gelände liegen (LIEDTKE 1960). In Niedersachsen hat GARLEFF (1968) ca. 10000 solcher Kaven genannte Hohlformen nach Karten und Augenschein ermittelt, von denen allerdings zwei Drittel äolisch als Ausblasungswannen entstanden sind. Rund 1500 dieser Kaven sind erst im Holozän entstanden und liegen in Talauen und Mooren oder gehen auf unterirdische Lösung zurück. Der etwa gleich große Rest entfällt auf nicht vollständig verschüttete Hohlformen oder auf die Auswirkung ehemals horizontaler Eislinsen. Echte Pingos mit Wällen sind nicht mehr nachweisbar.

Im Periglazialbereich Deutschlands, also auch außerhalb der Altmoränengebiete, liegt, ausgenommen auf holozänen Ablagerungen, auf dem Anstehenden eine bis ca. 1 m mächtige

Schicht unsortierten Materials, das jedoch in meist zwei, mitunter auch drei Zonen gegliedert werden kann. Diese Schichten wurden von SCHILLING u. WIEFEL (1962) dreigegliedert und von SEMMEL (1990) als *Deck-*, *Mittel- und Basisschutt* bezeichnet. In Norddeutschland ist dieses Material als *Geschiebe- oder Grobdecksandserie* bekannt. Deren Herkunft wirft allerdings noch manche Fragen auf (LIEDTKE 1981 a). Der Basisschutt liegt meist unmittelbar auf unverwittertem Anstehenden, etwa Grundmoräne, Sander oder Festgestein, und zeigt damit an, daß durch Solifluktion oder Abluation alle eemzeitlichen Bildungen und in nicht mehr direkt feststellbarem Maße auch Anstehendes beseitigt worden ist. Der Basisschutt besteht aus verlagertem Anstehenden. In Tiefenlinien des Reliefs gibt es gelegentlich stark lößlehmdurchsetzten Mittelschutt. Über allem lagert der Deckschutt mit erheblichen Beimengungen von Löß oder (Flug-) Sanden. Der Deckschutt, zwischen 40 und 60 cm mächtig, enthält oft Tuffanteile vom nur wenige Tage dauernden Ausbruch des Laacher Sees, als während des Übergangs vom Alleröd zur Jüngeren Tundrenzeit um 11000 B. P. hoch ausgeworfene Tuffe durch Luftströmungen weit über Mitteleuropa verteilt wurden. Diese Tuffe sind im Deckschutt der Jüngeren Tundrenzeit enthalten, auch noch in den Jungmoränengebieten an der deutschen Ostseeküste (BRAUKÄMPER 1990).

Um eine Jungmoränenlandschaft in eine Altmoränenlandschaft umzuwandeln, bedarf es also einer erheblichen *Abtragung*. Sie kann 20 – 30 m betragen, wie Untersuchungen in verschiedenen Gebieten des Norddeutschen Tieflandes ergeben haben (LIEDTKE 1981 a). Da auch die Verschüttungen in den Becken mehr als 25 m betragen (VAN HUISTEDDEN 1990), hat das Relief durch die periglaziären Prozesse etwa 50 m an Reliefenergie verloren. Das ist es, was in der Altmoräne sofort ins Auge springt und deren Eintönigkeit im Formenschatz bestimmt. Nur die reinen Grobsand- und Kiesrücken sind stehengeblieben und bilden häufig isolierte Kuppen. Hier fehlte das Schmiermittel für die Solifluktion, und für das Ablual war die Korngröße zu groß.

Solifluktion und Abluation haben auch das Aussehen unserer Hänge bestimmt und diesen zu ihren weichen Formen verholfen. Nur wo durch menschliche Aktivitäten Eingriffe erfolgten, gelegentlich auch an kräftigen Quellaustritten, haben sich scharfe Einschnitte vollzogen, die sich deutlich vom Periglazialrelief abheben und leicht zu erkennen sind. Daneben findet man in Festgesteinen gelegentlich kleine Verebnungen oder sanfte Hangneigungen, die als Kryoplanationsterrassen bezeichnet werden. Sie können quer durch verschiedenste Gesteine ziehen und besitzen einen oberen, etwas steileren Rand von 1 – 5 m Höhe (Frostkliff). Solche Verebnungen sind in Mitteleuropa nur wenige hundert Meter breit und einige hundert Meter lang. In pleistozänen Sedimenten fehlen solche Erscheinungen.

Eine dagegen an Hängen und Talanfängen in Locker- und Festgestein vorkommende Form ist die *Delle*, eine flache muldenhafte Tiefenlinie, die nach wenigen hundert Metern zu einem Tal wird oder die vom Talhang eines Baches oder Flusses zu diesem hinüberführt. Naturbelassene Dellen sind von Periglazialschutt erfüllt und tragen unter Wald meist Parabraunerden. In Agrargebieten sind die Talanfangsdellen oft mit Abspülmassen von ihren Flanken her bedeckt, enthalten Bodensedimente und heben sich dadurch leicht von den natürlichen fossilen Dellen ab (SEMMEL 1990 b).

Die heutige Formung der Täler Mitteleuropas erfolgte im wesentlichen unter periglaziärfluvialen Bedingungen, denn das heutige Flußgeschehen ist außerhalb der Alpen wenig aktiv. Auch Hochwasser führen nicht zur *Eintiefung*, sondern im Gegenteil zum Absatz feineren Materials auf den Talauen. Die Kaltzeiten dagegen haben zu zwei Veränderungen in den Tälern geführt: zur *Eintiefung* und zur *Aufschotterung*.

Lange Zeit galt das Prinzip: Aufschotterung der Terrassen in den Kaltzeiten, Eintiefung in den Warmzeiten. Das läßt sich nur bedingt aufrechterhalten. Die Aufschüttung ist tatsächlich ein Vorgang der Kaltzeiten, aber die Eintiefung erfolgte in verhältnismäßig kurzer Zeit während des Übergangs von einer Warmzeit zur Kaltzeit oder umgekehrt, ist also von klimatischen Veränderungen abhängig. Solche können zu einem veränderten Abflußgang führen, der die Erosion begünstigt. Als Anlaß für die Eintiefung wurden die tiefere Lage des Ozeanspiegels und die tektonische Heraushebung der Mittelgebirgsschwelle angeführt. Die Tieferlegung des Ozeanspiegels ist für die Eintiefung völlig unerheblich, zumal der Mündungsbereich nicht steil abfällt, sondern die Flußmündungen, etwa von Rhein oder Elbe, einige hundert Kilometer verlegt wurden. Für eine rhythmische Hebung der mitteldeutschen Schwelle im Gleichklang mit den Eiszeiten gibt es keine Beweise, obwohl schon vor Jahrzehnten überlegt wurde, ob eine Beziehung zwischen dem Herausdrücken Mitteleuropas und dem Herunterdrücken Skandinaviens bei der Eisbedeckung bestehen könnte. Für die Täler steht aber fest, daß mit jeder Eiszeit eine kräftige Eintiefung und eine anschließende Aufschotterung verbunden waren. Das trifft in Deutschland für den ganzen außeralpinen Bereich zu. Selbst in der Leipziger Tieflandsbucht sind Eintiefungsbeträge vom Ende der Saaleeiszeit bis in das Frühwürm von 20–40 m zustande gekommen (EISSMANN 1990).

Vom Ende der Weichseleiszeit kennen wir zwei Einschneidungsphasen mit je einer kleinen Aufschotterung, die jedoch nicht so weit gingen, daß der weichselzeitliche Aufschotterungskörper durchschnitten wurde. Die Einschneidungsphasen kann man zeitlich festlegen. Die Haupteinschneidung, verbunden mit einer Seitenerosion, erfolgte im Frühweichsel und erreichte ihre endgültige Tiefe mit dem Übergang der Odderadewärmeschwankung in das Pleniglazial. In diesem und im Hochglazial erfolgte im Stile eines braided river die Aufschüttung der Oberen Niederterrasse. Eine erste Zerschneidung begann zaghaft in der Ältesten Tundrenzeit, bis um 11900–11800 B. P. an der Wende der Böllingwärmeschwankung zur Älteren Dryaszeit eine kräftige Eintiefung in diese Obere Niederterrasse erfolgte. Im sich anschließenden Alleröd und in der Jüngeren Tundrenzeit wurde bei großen Mäanderbögen wieder akkumuliert, und ein weiterer Einschnitt fand an der Wende Jüngere Tundrenzeit/Holozän statt (VANDENBERGHE 1987). Danach wurde noch weiterhin Schotter umgelagert, bis sich im Holozän, verstärkt durch den Eingriff des Menschen, eine Auelehmdecke über die Schotter legte (Abb. 51).

Während im Mittelgebirge zahlreiche *Terrassen* aus älteren Eiszeiten die größeren Flüsse mehr oder weniger deutlich begleiten, sind im Altmoränengebiet meist nur zwei Terrassen erkennbar, im Jungmoränengebiet vielfach drei Terrassen. Letztere entstammen dem Spätglazial. Sie hängen mit dem etappenhaften Austauen von Toteis zusammen, wodurch sich die Erosionsbasis mehrfach erniedrigte und auf diese Weise zur Terrassenbildung entlang der kleinen Bäche führte. Die größeren Flüsse, wie Oder oder Weichsel, besitzen viel mehr Terrassen, die sich oft nur schwer auseinanderhalten lassen.

An manchen Tälern des Altmoränengebietes läßt sich eine gewisse klimatisch bedingte periglaziäre *Talasymmetrie* feststellen, die allerdings in ihrer Deutlichkeit nicht mit der Talasymmetrie des Alpenvorlandes vergleichbar ist. WINIARSKI (1966) hat für den Fläming ermittelt, daß die dortige Talasymmetrie mehr durch den Menschen als durch periglaziäre Prozesse zustande kam, was aber als Ausnahme gelten kann.

Dagegen treten viel häufiger periglaziär gestaltete *Trockentäler* auf, die unter Dauerfrostbodenbedingungen voll durchflossen und geformt wurden, in denen die heutigen Niederschläge jedoch versinken, wenn der Untergrund sandig-kiesig oder kalkig ist, z. B. im Fläming (LIEDTKE 1960).

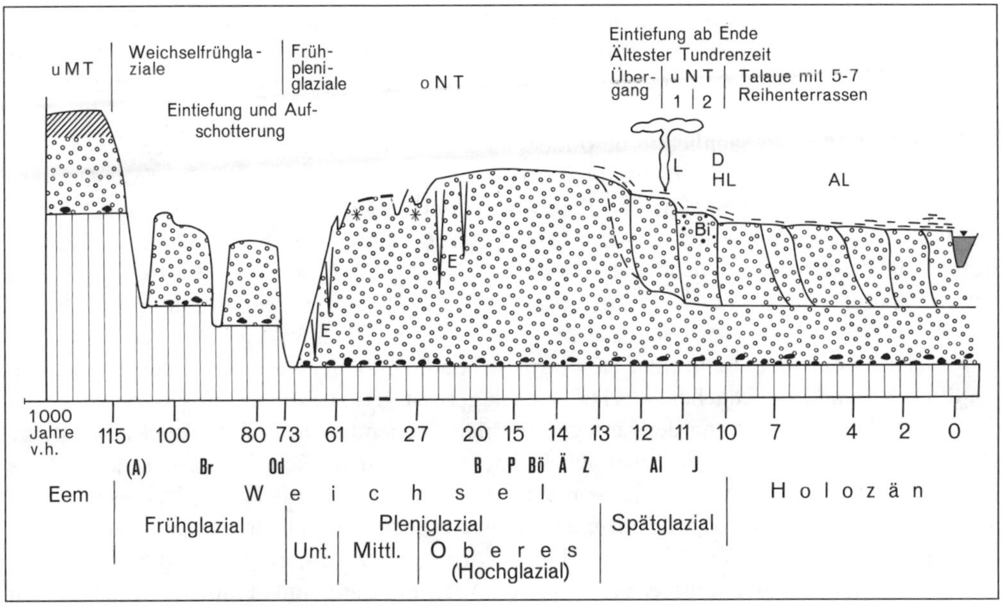

Abbildung 51
Schematisches Prozeß-Zeit-Diagramm vom Ende der Eemwarmzeit bis ins Holozän (aus Liedtke 1993; von links: Zerschneidung der eemzeitlichen Flußauen im Frühweichsel, Akkumulation in der Weichselzeit, Eintiefung und Wiederaufschotterung im Spätglazial, Reihenterrassen im Sinne von Schirmer durch Umlagerung im Holozän)

(A) Amersfoortwärmeschwankung, inzwischen als frühe Phase der Br Brörupwärmeschwankung aufgefaßt, Od Odderadewärmeschwankung, B Brandenburger Stadium, P Pommersches Stadium, Z Älteste Tundrenzeit, Bö Böllingwärmeschwankung, Ä Ältere Tundrenzeit (11950 – 11750 v. h.), Al Allerödwärmeschwankung (11750 – 10900 v. h.), L Ausbruch des Laacher See-Vulkanismus (11000 v. h.) und deren Bims Bi in uNT 2, J Jüngere Tundrenzeit (10900 – 10250 v. h.), * kleinere Eintiefungsphasen mit nachfolgender Aufschotterung, uMT untere Mittelterrasse mit Lößdecke, oNT obere Niederterrasse, uNT untere Niederterrasse 1 und 2, D Dünenbildung auf oNT, HL Hochflutlehm, AL Auelehm, E Eiskeile bei Permafrost.

Während im Norden des Norddeutschen Tieflandes mehrere *Urstromtäler* durchgehend festlegbar sind, fehlen diese völlig am Außenrande der beiden älteren Vereisungen. Hierfür gibt es zwei Gründe: Der äußere Eisrand verlief nicht im Lockermaterial, sondern im Festgestein, das der Erosion widerstand. Der zweite Grund war, daß der Eisrand der Maximalvorstöße nur kurze Zeit anhielt, wohl nur wenige hundert Jahre. Diese Zeit reichte nicht aus, um im Festgestein heute noch nachweisbare urstromtalartige Einschnitte entstehen zu lassen.

Unter periglaziären Bedingungen sind auch die *Löß*ablagerungen entstanden, die in Mitteleuropa auf weichselzeitlich eisfreien Gebieten als Beimengung oder als 1 – 10 m mächtige Decke auftreten können. Ihre deutlichste und zugleich ununterbrochene Verbreitung finden diese Lösse am nördlichen Rand der Mittelgebirge, wo sie einen bis zu 50 km breiten Streifen einnehmen. Löß ist ein äolisches Sediment, das gelegentlich nach seiner Ablagerung fluvial oder ablual verlagert sein kann. Löß besteht hauptsächlich aus feinsten Quarzkörnchen (0,01 – 0,02 mm) und aus 8 – 20% Kalk. Wenn letzterer ausgewaschen wurde, spricht man von Lößlehm. Wo Löß in größerer Mächtigkeit auftritt, verkleidet er ältere Landschaftsformen und verwandelt eine zerschnittene in eine „weiche" Landschaft.

Nördlich des geschlossenen Lößbandes vor dem Mittelgebirgsrand liegen noch vereinzelt kleinere und größere isolierte Inseln eines 0,5–2,0 m mächtigen sandigen Lösses, der als *Flottsand* bezeichnet wird. Die bekanntesten Gebiete liegen im Fläming und in der Großenhainer Pflege.

Während Löß hauptsächlich in besonders kalten und daher trockenen Phasen der Eiszeit abgelagert wurde, sind die ebenfalls äolischen *Flugsande*, *Dünen* und *Treibsande* etwas jünger und fallen in das Spätglazial. Bereits im Hochglazial hat auf den sandigen Arealen, wo Wasser schnell im Auftauboden verschwinden kann, eine so intensive Abblasung stattgefunden, daß sich Steinsohlen mit Windkantern oder Windschliffpolitur herausgebildet hatten. Später erfolgte äolische Sandsedimentation, so daß ein horizontal geschichteter Älterer Flugdecksand entstand. Gegen Ende des Spätglazials legte sich ein Jüngerer Flugdecksand darüber, der in einer baumarmen Tundra gebildet wurde und dem gelegentlich ein dünnes Band von Laacher See-Tuff eingelagert ist (H. H. Meyer 1981). Diese Zeit ist die Hauptphase der Bildung der heutigen fossilen Binnendünen. Daher findet man solche Dünen nicht nur im Altmoränenbereich, sondern auch im Bereich der Jungmoräne. Diese Dünen wurden erst von West-, dann von Südwestwinden aufgebaut. Die Höhe dieser Dünen nimmt von der Westgrenze Deutschlands nach Osten erheblich zu und kann 20 m übersteigen. Hier liegen die schönsten Dünenformen, Parabel-, Bogen- und Strichdünen, die vornehmlich auf Urstromtälern und Sandern verbreitet sind und oft auf die benachbarten Grundmoränenplatten aufgeweht wurden. Die steilen Hänge der Dünen blicken nach Osten und haben Neigungen bis 34°.

Wo die heute fossilen und durch sterile Quarzsande von 0,1–0,2 mm Durchmesser gekennzeichneten Flugsanddecken oder Dünen gerodet wurden, kommt es häufig zur Abwehung von Wehsanden, was besonders seit dem Mittelalter auf unbestellten Äckern bei sehr trockenen Wetterlagen im Frühjahr der Fall ist. In einzelnen Gebieten läßt sich die Entstehung der Wehsande auf die Zeit zwischen 1700 und 1850 zurückführen (H. H. Meyer 1984).

In der *Altmoränenlandschaft aus Lockermaterial* lassen sich fünf *Oberflächentypen* periglaziärer Gestaltung herausstellen (Liedtke 1981a); davon entfallen drei auf Gebiete mit kräftiger Stauchung und merklicher Reliefenergie:

1. Wo aufragende Stauchungskomplexe von deutlich eingetieften periglaziären Tälern durchzogen sind, folgen diese ehemaligen glazialen Rinnen oder Schmelzwasserbahnen.
2. Wo trotz starker Stauchung solche Leitlinien fehlen, konnte die periglaziäre Wirkung nur verhältnismäßig wenig ausrichten. Durch Abluation oder Solifluktion sind nur schwach eingetiefte Täler entstanden, und im Bereich der Wasserscheiden konnten sich schwache Hohlformen erhalten.
3. An den Rändern von deutlich aufragenden Erhebungen der Stauchungsgebiete haben sich am Übergang vom Hochgebiet zu den Niederungen Schwemmfächer als Ausgleichsflächen gebildet, wobei erhebliche Sedimentmengen abgelagert wurden.

Auch die reliefschwachen Gebiete haben eine periglaziäre Überformung erfahren:

4. Die flachen glazialen Landschaften spiegeln die Vorform des Geländes wider und wurden oft nur wenig verändert, aber das glazigene Relief wurde in sich erheblich denudiert, mindestens um einige Meter. Die Endmoränenzüge sind nicht mehr klar zu erkennen, und wegen der Wegführung des Schluffanteils in den Moränen sind diese, wenn man keinen Aufschluß hat, oft nur schwer von den ehemaligen Sanderflächen zu trennen. Das

macht die Einförmigkeit der großen Geestflächen aus. Da auf ihnen noch Abblasung wirksam war, kam es dadurch zur Anreicherung von Steinen und zur Bildung einer Steinsohle.

5. Die großen Niederungen, die uns als völlig flach erscheinen, täuschen nur ein ganz ebenes Relief vor, weil sie heute von Mooren überzogen sind. In Wirklichkeit bestehen sie aus Schwemmfächern, die einer zentralen Abflußbahn zustreben. Ehemalige Rinnen und Seen sind dadurch verschwunden.

4. Die Jungmoränengebiete Norddeutschlands

JOACHIM MARCINEK

Die hintereinander gelegenen, von Süden und Westen nach Norden und Osten jünger werdenden Eisrandlagen mit dem ihnen zugehörigen Formenschatz (Grundmoränenland mit Zungenbecken, End- oder Stirnmoränen, Schmelzwasseraufschüttungen in Sandern und Urstromtälern) werden oft durch Schmelzwasserabsätze jüngerer Rückzugshalte miteinander verzahnt (eigene Grundmoräne, eigene Eisrandlage, eigener Sander, jedoch gemeinsames Urstromtal), so daß häufig unterschiedlich gebildete und unterschiedlich alte Glieder der glaziären Serie räumlich benachbart auftreten. Im Gegensatz zum fluvial gestalteten Relief, das über Einzugsgebiete übersichtlich gegliedert ist, schuf die geomorphologische Verzahnung von glaziären Serien eine komplizierte und schwer überschaubare Oberflächengestalt.

In dieser Darstellung wird das über 35000 km^2 große norddeutsche Jungmoränenland folgendermaßen gegliedert:

- das Hügelland der vorpommerschen Inseln,
- die seenarmen flachen Grundmoränenplatten Vorpommerns,
- die mecklenburgisch-brandenburgischen Becken,
- die mecklenburgisch-brandenburgische Seenplatte,
- das südliche Vorland des mecklenburgisch-brandenburgischen Landrückens,
- die brandenburgischen Platten und Urstromtäler,
- das schleswig-holsteinische Hügelland und
- das Einzugsgebiet der Elbe und das Gewässernetz im norddeutschen Jungmoränentiefland.

4.1. Das Hügelland der vorpommerschen Inseln

Im östlichen Bereich der Ostseeküste erstreckt sich im nördlichen Hiddensee (Hiddensee: 18,6 km^2), im nordöstlichen Rügen (Rügen: 926,4 km^2), der größten deutschen Insel, und im östlichen Usedom (Usedom, deutscher Anteil: 406 km^2) ein auffallend hügeliges Gebiet. Der Hauptort Rügens, an der Linie zwischen relativ wenig bewegtem Relief in Südwest- und dem Hügelland in Nordostrügen, heißt nicht ohne Grund Bergen, denn dieser nördliche

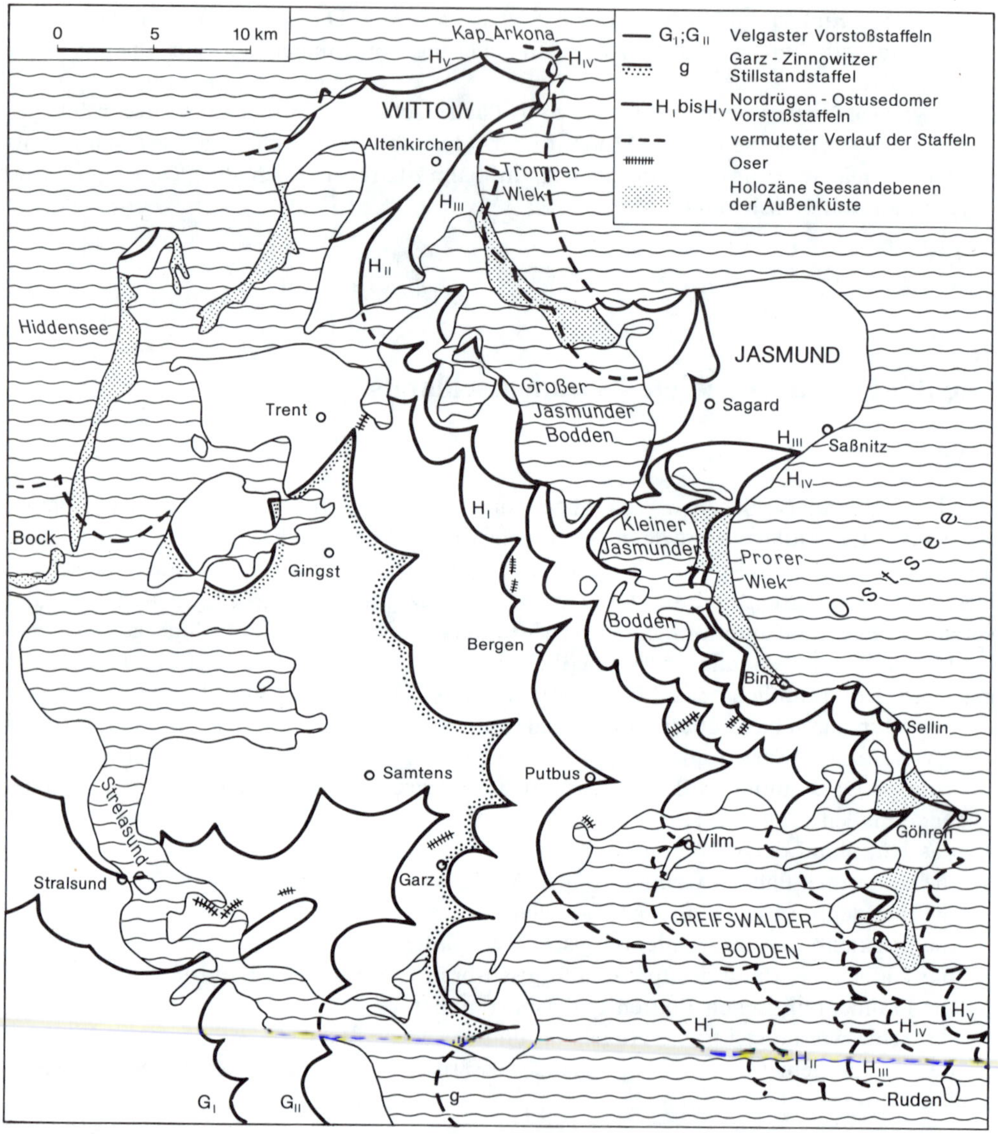

Abbildung 52
Eisrandlagen des weichselspätglazialen Inlandeises auf der Insel Rügen (nach KLIEWE 1975, etwas verändert)

Bereich wird von den markanten Stauchmoränen der in fünf Teilstaffeln gegliederten Küsten- oder Nordrügen-Ostusedomer oder Kopenhagener Eisrandlage (H) mit tief ausgeschürften Zungenbecken (z. B. Großer und Kleiner Jasmunder Bodden) eingenommen. Bei den in Nordostrügen ausgegliederten fünf Teilstaffeln (GROTH, KLIEWE u. LUDWIG 1966) ließen sich drei Teilstaffeln mit eigenen Inlandeisresten (Toteisfeldern) und Oszügen belegen

(Abb. 52). Die älteste Teilstaffel (H I) dokumentiert sich im weithin waldfreien Hügelland Nordhiddensees, dem Dornbusch, von wo aus der Blick bis zu den Kreidefelsen der dänischen Insel Møn reicht. Schaprode, Bergen und Putbus auf Rügen markieren ihren weiteren Verlauf. In der Ostsee liegt als Relikt die Greifswalder Oie. Auf Usedom tritt sie östlich von Zinnowitz auf die Insel über und durchquert Ostusedom. Die jüngste Teilstaffel (H V) konnte an den Außenrändern der nordostrügenschen Halbinseln und in Untiefen der angrenzenden Ostsee nachgewiesen werden.

Auf dem Wittow (z. B. Kap Arkona = Nordkap von Rügen), besonders aber auf dem Inselkern Jasmund, wurde die Schreibkreide (Oberkreide) in der Gabel zwischen Beltsee- und Oderinlandeisstrom in die Stauchungen einbezogen. Entgegen neueren Vermutungen bildeten sich die glaziären Serien der Nordrügen-Ostusedomer Staffel wohl doch noch in der Ältesten Tundrenzeit (vor über 12500 Jahren). Möglicherweise floß damals Schmelzwasser über den Peenestrom, zwischen Festland und Usedom, sowie über den Strelasund, zwischen Festland und Rügen, ab und zeichnete so die Insellage vor.

Neben den markanten Stauchungs- und Stapelstrukturen lassen sich in der rügenschen Schreibkreide Karsterscheinungen finden (geologische Orgeln; Ludwig 1954/55). Zwischen Piekberg (161 m) und Herthasee liegen mehrere Dolinen (2–3 m tief, 4–6 m Durchmesser). Die Deformationen in den blendend weißen und wuchtigen Kliffen Jasmunds werden heutzutage unbestritten auf glazitektonische (glazigene) Ursachen zurückgeführt. Ob endogene Prozesse auf irgendeine Weise mitgewirkt haben, ist noch nicht eindeutig geklärt.

Im Odermündungsbereich schob sich der Inlandeisstrom weiter südwärts vor. In Ostusedom setzten ältere, eng aufeinanderfolgende Eisrandlagen aus dem Spätglazial der Weichselkaltzeit dem Vordringen zur Zeit der Nordrügen-Ostusedomer Eisrandlage (H) ein Ende. Östlich von Zinnowitz wurde jedoch die Mittelrügensche oder Garz-Zinnowitzer Eisrandlage (g) überfahren und zerstört. Im Hinterland der Nordrügen-Ostusedomer Eisrandlage auf Ostusedom liegt ein außerordentlich bewegtes, seenreiches Jungmoränenland vor, das wegen der nahen Ostseeküste, der nahezu „idealen" Ausgleichsküste mit breitem Sandstrand, kaum beachtet wird.

Von den bis zur Küste hin nachweisbaren Periglazialbildungen sind die breitsohligen, periglaziär angelegten Täler auf dem Jasmunder Hochgebiet die auffälligsten Periglazialphänomene. Die Täler, wie beispielsweise der Kieler Bach, enden an der Steilküste mit ihren mehrgliedrigen breiten, noch periglaziären Talböden in 20–50 m Höhe. Die in sie tief und steilwandig eingeschnittenen holozänen Bäche erreichen über kleine Wasserfälle (mit Kalksinterbildung) die Ostsee. Aus dem Gefälle der periglaziären Talböden kann auf einen Überschneidungsbereich der periglaziären Täler mit dem jetzigen und damit im wesentlichen auch litorinazeitlichen Meeresspiegel (8000–2000 B. P.) in ungefähr 1–2 km Entfernung von der heutigen Küste geschlossen werden.

Während der Ancylussee um 9000 B. P. randlich in die tiefausgeschürften Zungenbecken Nordostrügens und Usedoms vorgriff, überflutete das Meer in der Litorinatransgression den gesamten heutigen Küstenbereich, wobei zunächst ein Inselarchipel entstand (Dornbusch auf Nordhiddensee, Wittow, Jasmund, Granitz, Mönchgut auf Rügen und weitere). Erst über Küstenströmungen und -ausgleich wuchsen die Kerne (um 5700 Jahre B. P.: Beginn der Nehrungsbildung) besonders bis gegen das Ende der Litorinazeit zu den heutigen Gebilden zusammen. Hätte der Mensch nicht eingegriffen, bildeten das Fischland, der Darß, der Zingst, der Bock, Hiddensee und Rügen bereits eine Halbinsel.

Das vielfältige Relief mit seinen pleistozänen, abwechslungsreich gestalteten Kernen und den holozänen, eintönig wirkenden Bereichen zog über das Substrat und die Wasserverhältnisse eine Mannigfaltigkeit in der Bodenbildung und natürlichen Vegetation nach sich. Während auf den bewegten Höhenzügen der Endmoräne reiche Buchenwälder und Buchenmischwälder auf lehmigem Substrat, auf Parabraunerden, Fahlerden und Staugleyen, auf Schreibkreide, auf Rendzina stockten und stocken, werden die Sand-Humus- und auch Sand-Braunpodsole der Nehrungen (z. B. Schaabe zwischen Wittow und Jasmund, Schmale Heide zwischen Jasmund und Granitz) von Kiefernwäldern eingenommen. Auf Rügen findet die Stechpalme *(Ilex aquifolium)* ihre östlichste Verbreitung. Die nahezu totale Rodung des nicht allzu welligen Wittows ging im 12. Jh. vor sich, während der hügelige Dornbusch (Nordhiddensee) erst im 30jährigen Krieg im Zusammenhang mit der Belagerung Stralsunds durch die Truppen Wallensteins sein Waldkleid verlor.

Das Ineinandergreifen von Meer und Land, basierend auf der starken glazialdynamischen Gestaltung, brachte ein sehenswertes Jungmoränenland hervor.

4.2. Die seenarmen flachen Grundmoränenplatten Vorpommerns

Außerhalb des Hügellandes der vorpommerschen Ostseeinseln (Nordhiddensee, Nordostrügen, Ostusedom) erstrecken sich südwärts bis etwa zum mecklenburgisch-pommerschen Grenztal sowie von der Ostseeküste westlich von Rostock ostwärts bis an die untere Oder die seenarmen, recht ebenen Grundmoränenplatten Vorpommerns (Abb. 49), die einem wenig gestörten flächenhaften Niederschmelzen des Inlandeises, unterbrochen von mehreren Stillstandslagen, entstammen. Ihnen sind einige Oser aufgesetzt. Von Norden nach Süden folgen mit relativ wenigen und kleinflächigen Sandern aufeinander die Satzendmoräne der Mittelrügenschen oder Garz-Zinnowitzer Eisrandlage (g) und die in zwei Teilstaffeln gegliederten Stauchendmoränen der Velgaster Eisrandlage (G I und G II; Schultz 1965).

Neuerdings werden die wenig auffallenden Höhen der Velgaster Staffel von einigen Forschern als überfahrene Endmoränen angesehen. Südwärts vor ihnen liegt die Franzburger Eisrandlage (f). Vor ihren Satz- oder Aufschüttungsendmoränen breitet sich deutlich ein nicht übermäßig auffallender, nadelwaldbestockter Sanderstreifen aus. Während im Bereich des Beltseeinlandeises nur eine Eisrandlage entwickelt zu sein scheint, konnten ostwärts, im Feld des Oderinlandeisstromes, sogar drei Eisrandlagen in den Marginalpartien der Franzburger Zwischenstaffel ausgegliedert werden. Dabei wurde die erste Teileisrandlage der Franzburger Zwischenstaffel nach bisherigen Auffassungen sogar zwischen der Schwinge im Westen, einem kleinen Flüßchen, und dem südwestlichen Usedom überfahren.

Die südlichste und älteste der Eisrandlagen wurde Rosenthaler Staffel (F) genannt. Die neueren Untersuchungen (Eiermann 1983) mit dem flächenhaften Nachweis einer ihr zugehörigen Grundmoräne wollen ihr ein eigenes Stadium, das Mecklenburger Stadium, zuerkennen. Zwischen der Ostseeküste bei Kühlungsborn (Kühlung: 128 m) und Demmin im Grenztalbereich verläuft die Rosenthaler Eisrandlage in rund 20 km Distanz südlich des Grenztals. Bei Demmin bleibt die Eisrandlage mit Ausnahme des Bereiches von Demmin ebenfalls südlich des Grenztals. Der namensgebende Ort Rosenthal liegt im Stauchendmoränengebiet der Brohmer Berge (148 m).

Im Gegensatz zu älteren Ansichten (z. B. WOLDSTEDT 1958, S. 11) fand SCHULZ (1965) keine Beweise für eine Überfahrung der Rosenthaler Eisrandlage durch einen jüngeren Inlandeisvorschub. Lediglich östlich von Jatznick drang eine Spätrosenthaler Inlandeiszunge in das Ueckertal bis südlich von Pasewalk vor. Soweit bisher bekannt, floß das Schmelzwasser im östlichen Bereich der Rosenthaler Eisrandlage noch über den Abschnitt des Eberswalder Urstromtals zwischen Oder und Havel ab.

Insgesamt hinterließ das Inlandeis kein reliefstark geformtes Gelände. Die geringe Inlandeisdynamik rief keine großen Höhenunterschiede hervor; es fehlen hohe Stauchendmoränen und tiefe Exarationsbecken, wodurch im Land tiefer reichende, ringsum geschlossene, seengefüllte Hohlformen kaum vorkommen.

Im Gegensatz zu den Grundmoränenplatten steht die weithin ebene Ueckermünder Heide. Der von KEILHACK (1899) postulierte Haffstausee liegt mit seinem westlichen Bereich im Gebiet der Ueckermünder Heide. Er erhielt Zufluß über das Randowtal (LIEDTKE 1956/57 u. später: Netze-Randow-Urstromtal; GALON 1961: Notec-Warthe-Urstromtal; KLOSTERMANN 1963 u. 1968: Notec-Oder-Urstromtal).

In dem mit schwankender Ausdehnung und mehrphasig aufzufassenden Haffstausee lassen sich zwischen +30 m und −6 m NN etliche Terrassenniveaus nachweisen (KEILHACK 1899, BRAMER 1964). Dabei wurden See- und Flußterrassen auseinandergehalten. Der eigentliche Haffstausee hörte mit Ende der Allerödzeit (10-m-Terrasse) zu existieren auf (BRAMER 1964). Nach seinem Trockenfallen wurden äolische Umlagerungsprozesse ausgelöst.

Für sämtliche ausgeschiedenen Niveaus im Haffstauseebereich (KEILHACK 1899, BRAMER 1964) ließen sich über die Talniederungen des vorpommerschen Grundmoränenplattengebietes hinausführende Abflußwege nachweisen (JANKE u. REINHARD 1968). Das höchste Niveau (30-m-Fläche) fand wohl Abfluß nach SW in das Datzetal. Während des zweithöchsten Niveaus (25-m-Terrasse), zweifelsfrei jedoch z. Z. des dritthöchsten (20-m-Terrasse) erfolgte der Abfluß über das Grenztal. Im nach NW gerichteten Grenztal konnten sogar acht, im Peenetal immerhin sechs mit dem Haffstausee korrespondierende Terrassen gefunden werden. Weitere Forschungen in den sog. perimarinen Talungen haben die Ergebnisse verfeinert.

SCHULTZ (1965) nahm auch ostwärts zum Haffstausee gerichteten Abfluß an. Auf dieses Problem wurde in der neuesten Literatur kein Bezug genommen.

Periglaziäre Bildungen konnten auch in diesem Raum nachgewiesen werden, wobei neben äolischen auch zahlreiche kryogene Bildungen gefunden wurden. So beeindruckende Periglazialtäler wie in Jasmund auf Rügen konnten sich aber schon wegen der fehlenden Höhenunterschiede nicht entwickeln.

Abgesehen von der rügenschen West-, Südwest- und Südküste, gerieten Bereiche des seenarmen flachen Grundmoränenlandes mit der Litorinatransgression unter Meereseinfluß. Die Küste westlich von Rostock bis zum Fischlandansatz bildete sich, abgesehen von der ästuarähnlichen Warnowmündung, als Ausgleichsküste aus. In den feinkörnigen Schmelzwasserablagerungen der Rostocker Heide erhielt sie ein 2–3 m hohes Kliff. Im Hinterland der Velgaster Eisrandlage entwickelte sich in den relativ flachen Zungenbecken über höheres Gelände, das zu Inselkernen wurde (Fischland, Altdarß, Sundische Wiesen), eine wohl einzigartige Küstenlandschaft, die Boddenausgleichsküste. Über den Küstenausgleich wuchsen die Inselkerne schließlich mit anthropogenen Eingriffen zur Halbinsel Fischland-Darß-Zingst-Bock zusammen. Unter anderem wurde der Prerowstrom nach der großen Segelschiffzeit im 19. Jh. und nach dem Sturmhochwasser 1872 mit einem Deich verschlossen.

Der östlich an den Zingst anschließende Bock, der über die Aufschüttung von Baggergut in unserem Jahrhundert aus dem Strandwallsystem des Werders als Kern entstand, wäre gewiß schon mit dem Gellenhaken Südhiddensees zusammengewachsen, wenn nicht die Nordansteuerung von Stralsund über Baggerung freigehalten würde.

Auf den weiträumigen, flachwelligen Grundmoränenplatten entwickelten sich überwiegend auf lehmigem Substrat Staugleye und Parabraunerden. Entsprechend der Lage und dem Substrat bestockten Buchen- und Buchenmischwälder die Grundmoränenhochflächen vor den mittelalterlichen Rodungen fast völlig. Wegen der insgesamt recht fruchtbaren Böden wurde der Wald übermäßig verdrängt. Wird von den relativ kleinen Sandern abgesehen, überziehen vor allem die Rostocker Heide im Nordwesten und die Ueckermünder Heide im Südosten sowie den Darß größere geschlossene Forstflächen. Auch die Erlenbruchwälder der Talniederungen und der Friedländer Großen Wiese auf Niedermoor und Gleyen wurden bis auf Reste für die Grünlandnutzung kultiviert.

4.3.
Die mecklenburgisch-brandenburgischen Becken

Südwärts an die ackerreichen, seenarmen und flachwelligen Grundmoränenplatten vor allem Vorpommerns schließt sich von Holstein bis zur unteren Oder eine Landschaft mit nebeneinanderliegenden glazigen geformten Becken an.

Während die Pommersche Eisrandlage noch weite girlandenartige Bögen aufweist, bildete sich in ihrem Hinterland, verursacht durch eine glazialdynamische Umstellung beim phasenhaften Vorschub und Rückschmelzen des Inlandeises, ein tief gekerbter Inlandeisrand mit schmalen, deutlich voneinander abgegrenzten Inlandeisloben.

Während zunächst angenommen wurde, daß sich die langgestreckten Inlandeiszungen aus dem Gebiet der Rosenthaler Staffel (F) vorgeschoben und dabei deren Randbildungen teils überfahren, teils zerstört hätten (z. B. Reinhard u. Richter 1958, Reinhard 1965), konnten vor der Rosenthaler Eisrandlage zwischen Jatznick und Brohm (Schulz 1965) keine Anzeichen eines späteren Vorschubs des Inlandeises festgestellt werden. Auch im Ueckerbecken ließ sich eine normale, nicht überfahrene Abfolge nachweisen (Markuse 1966). Im postpommerschen Weichselspätglazial gab es zwar immer noch kleinere Vorschübe, aber zwischenzeitlich schmolz das Inlandeis weitflächig stagnierend einfach nieder. Davon zeugen beispielsweise die westlich der Oder gelegenen welligen bis ebenen Grundmoränenflächen mit etlichen Oszügen. Den nördlichen Abschluß der Beckenbereiche bildete im östlichen Gebiet der mit Stauchungen verknüpfte Vorschub auf die Rosenthaler Eisrandlage (F), auch Mecklenburger Stadium genannt.

Den Südrand der Beckenzone bilden die Erhebungen des noch ganz geschlossen wirkenden Pommerschen Stadiums. Nach dessen Aufgabe folgten noch kleinere Vorschübe der weichselspätglazialen Hauptgletscher. Als erste bildete sich die Angermünder Eisrandlage heraus, die im großen und ganzen parallel zur Pommerschen Endmoräne verläuft. Danach entstand die Gerswalder Eisrandlage (vgl. Ea und Eb in Abb. 46). Beide stießen im Zuge der Ückerrinne mit deutlichen Loben südwärts vor. Im westlichen Bereich spielte auch die Rosenthaler Staffel (F) eine beachtliche Rolle. Im Bereich der Kühlung (128 m) und der Umrandung der Wismarbucht drängte sie sich eng an die Pommersche Eisrandlage (E) und deren nachfolgende Staffeln heran.

Aus der Großsituation von Beltsee- und Oderinlandeisstrom, deren Grenzbereich ungefähr über die Mecklenburgische Schweiz nach Jasmund auf Rügen verlief, und den einzelnen Inlandeisloben reihen sich folgende Becken (von W nach E) aneinander:

– im Beltseeinlandeisstrom:
  - das Lübecker und
  - das Wismarer Becken sowie südostwärts nach dem trennenden Stauchmoränengebiet der Hohen Burg und Kühlung
  - das Bützower und
  - das Güstrower Becken;

– im Oderinlandeisstrom nach dem Höhengebiet der Mecklenburgischen Schweiz:
  - das Malchiner und
  - das Tollensebecken sowie südostwärts nach dem trennenden Hochgebiet der Helpter (179 m) und Brohmer Berge (148 m)
  - das Ueckerbecken und
  - das Randowgebiet mit der zur unteren Oder führenden Randowrinne.

Infolge der tiefen Exaration der Zungenbecken in der direkten Vorschubrichtung des Beltseeinlandeisstromes und in Verknüpfung mit dem glazialisostatischen Absinken überflutete das Meer während der Litorinatransgression (8000–2000 B. P.) das Lübecker und Wismarer Becken. Mithin entstand westlich der Ausgleichs- und südlich der Fördenküste in diesem Raum die Großbuchtenküste. Sie zeigt das typische Bild einer ertrunkenen Glaziallandschaft. Weiter ostwärts lagen Bützower und Güstrower Becken abseits der Vorschubbahn. Infolgedessen griff die Ausschürfung nicht sehr tief.

Dagegen schürften die Inlandeisloben – dank der direkten Vorschubbahnen – im Oderinlandeisstrom tiefe, langgestreckte Becken aus und stauchten das Material in den Kerben zwischen den Loben hoch auf. Für diesen Abschnitt der Beckenreihe sind die schmalen Zungenbeckenseen kennzeichnend. Im Malchiner und Kummerower, Tollense-, Ober- und Unterueckersee liegt der Seeboden unter dem heutigen Meeresspiegel.

Bei den erheblichen Höhenunterschieden zwischen Umrandung und Beckenboden hinterließ die periglaziäre Zertalung etliche Spuren.

Zunächst ging die Entwässerung des Inlandeises nach Aufgabe der Pommerschen Eisrandlage entlang schmaler Abflußbahnen noch nach Süden bis in das davorliegende Thorn-Eberswalder Urstromtal. Aber es bildeten sich hinter den relativ hohen Moränen zuweilen auch Staubecken mit Absatz gebänderter Seeablagerungen, hin und wieder in unterschiedlichen Niveaus, bevor die Abflußwege entsprechend der Beckenanlage in nordöstliche Richtung führten.

Nach Aufgabe der Rosenthaler Eisrandlage taute Toteis im Odertal aus. Die noch aus dem polnischen Raum kommenden Schmelzwässer flossen durch das Netze-Randow-Recknitz-Urstromtal, westlich der Oder oft nur als Randow-Recknitz-Urstromtal bezeichnet, zu dem sich schließlich die Entwässerung ausrichtete.

Unter der holozänen Walddecke bildeten sich vorzugsweise auf lehmigem Substrat weitverbreitet Parabraunerden. Während sich im Nordwesten in Küstennähe weithin Staugleye entwickelten, entstand im Südosten – im Lee der Helpter und Brohmer Berge – sowie im Ueckerbecken auf Grundmoräne z. T. sogar schwarzerdeähnlicher Boden, sogenannte Griserde.

Vor den mittelalterlichen Rodungen dehnten sich in den Beckenbereichen vor allem Buchen- und Buchenmischwälder im Land aus. Sie fielen im weniger bewegten Relief, besonders im flachen nordöstlichen Bereich in Richtung auf die seenarmen vorpommerschen Platten und Talniederungen fast restlos der Rodung anheim. Dagegen behielten die steilhängigen Endmoränenzüge oftmals ihr Waldkleid. Bei der geringen Verbreitung von Sandern sowohl auf den seenarmen vorpommerschen Platten als auch in den mecklenburgisch-brandenburgischen Becken breiten sich in beiden Gebieten fruchtbare Ackerfluren aus.

4.4. Der seenreiche mecklenburgisch-brandenburgische Landrücken

Als Fortsetzung des seenreichen schleswig-holsteinischen Hügellandes verläuft der seenreiche mecklenburgisch-brandenburgische Landrücken nun in etlicher Entfernung von der Ostseeküste und parallel zu ihr ostwärts zur Oder.

Nach Norden begrenzt ihn hauptsächlich die Pommersche und Angermünder Eisrandlage. In den weit nordwärts zurückspringenden Hochgebieten des Landrückens, in der Hohen Burg (144 m) und Kühlung (128 m) im Westen sowie in den Helpter Bergen (179 m), der höchsten Erhebung im norddeutschen Jungmoränenland, und den Brohmer Bergen (148 m) im Osten sind noch jüngere Eisrandlagen einschließlich der Rosenthaler (F) an seinem Aufbau beteiligt.

Im Osten des Landrückens liegen Pommersche und Angermünder Eisrandlage merklich auseinander. Im Hinterland der Pommerschen Eisrandlage breitet sich im Joachimsthaler Lobus der Grimnitzsee als Zungenbeckensee und im Choriner Lobus der Parsteiner See aus.

Die leicht girlandenförmig verlaufende Pommersche Eisrandlage (E), in der Stauchung und einfacher Absatz auftreten, läßt sich als Kombinationsendmoräne bezeichnen. Bekannt war noch vor der modernen Eiszeitforschung ihr Blockreichtum im Joachimsthaler und Choriner Endmoränenbogen. Bis vor etwas über 20 Jahren wurde ihr Blockreichtum noch bergmännisch gewonnen (Schotterwerke Althüttendorf). Bei Althüttendorf kommen – wie schon an den Osern bei Pasewalk und auf Jasmund/Rügen – lößähnliche Absätze in geringer Verbreitung vor.

Südwärts der Pommerschen Endmoränenhöhen (E) bis zur Frankfurter Eisrandlage (D) im Süden liegt das seenreiche Gebiet des Landrückens, das oft als Mecklenburgisch-nordbrandenburgische Seenplatte, gemeinhin meist nur als Mecklenburgische Seenplatte bezeichnet wird. Sie langt aus dem holsteinischen Gebiet im Nordwesten bis zur südwärts bogenförmig vorschwingenden Pommerschen Eisrandlage (E) östlich von Templin bzw. nordwestlich von Joachimsthal. Wieviele kleinere Eisrandlagen den Raum gänzlich oder teilweise durchziehen, scheint noch nicht völlig klar. Abschnittsweise ließen sich drei Eisrandlagen aussondern, von denen die südlichste nach Fürstenberg an der Havel benannt wurde.

Während sich westlich des Schweriner Sees weitflächig sandig-lehmige und kuppige Grundmoränen zwischen der Pommerschen und Frankfurter Eisrandlage ausdehnen, allerdings wohl von zwei weiteren Eisrandlagen durchzogen, säumt östlich des Schweriner Sees eine Sanderborte die Pommersche Eisrandlage bis an die Oder. Zwischen dem Schweriner See und der Müritz, dem Großseengebiet (Kölpin-, Fleesen-, Plauer See), breiten sich im Südbereich flachwellige Grundmoränenareale, südlich der Großseen flachwellige und kuppige Grundmoränen aus. Östlich des Großseengebietes mit der Müritz dominieren im Kleinseenbereich, abgesehen von flachwelligen größeren und kleineren Grundmoränenflächen, Sander.

Insgesamt liegt das mecklenburgisch-nordbrandenburgische Seenland zwischen der Frankfurter Eisrandlage im Süden und der Pommerschen im Norden. Dabei fing das tiefer gelegene, vom Inlandeis ausgeschürfte Rückland der Frankfurter Eisrandlage die vor der Pommerschen Eisrandlage ausgebreiteten Schmelzwasserabsätze wie in einer riesigen Wanne auf. Die noch nicht abgeschmolzenen Inlandeisreste (Toteiskörper) in den tieferen Bereichen wurden von den Inlandeisschmelzwässern mit Sanden und Kiesen um- und überschüttet. Unter der Decke der Schmelzwasserablagerungen blieben die überschütteten Inlandeisreste bis in den Wendezeitraum von der Weichselkaltzeit zu unserer Warmzeit erhalten. Entsprechend den spätkalt- und frühwarmzeitlichen Verhältnissen füllten sich die unterschiedlich gestalteten Austauhohlformen mit Wasser und wurden zu Seen. Der Seenreichtum ist es, der somit dem mecklenburgisch-brandenburgischen Landrücken das Gepräge gibt.

Die Bodenbildung folgte im wesentlichen der obengenannten Substratverteilung und den klimatischen Verhältnissen. Entsprechend der Substratverteilung und der darauf basierenden klima- und wassergesteuerten Bodenentwicklung nahmen in der naturnahen Walddecke vor dem mittelalterlichen Landesausbau Buchen- und Buchenmischwälder vornehmlich die Grundmoränenbereiche ein. Traubeneichenmischwälder (mit Buchen und Kiefern) stockten weithin auf Sandern. Stieleichenmischwald dehnte sich auf einer kleineren Fläche um Neustrelitz aus. Auf den riesigen Sanderflächen hatte sich unter besonders trockenen Verhältnissen westlich von Fürstenberg an der Havel sogar Kiefernmischwald ausgebildet. Besonders waldreich sind die Sanderpartien des Templiner Bereiches und des Kleinseengebietes. Umfangreiche geschlossene Waldareale stocken auf dem Sandersaum zwischen der Müritz und dem Schweriner See. Dagegen wurde der Wald auf dem günstigen Boden westlich des Schweriner Sees großflächig gerodet und unter den Pflug genommen.

4.5. Das südliche Vorland des mecklenburgisch-brandenburgischen Landrückens

Südlich des mecklenburgisch-brandenburgischen Landrückens schließen sich drei Landschaften an, im Westen ein Altmoränengebiet bei Hagenow, in der Mitte die Altmoränenplatte der Prignitz und erst östlich der Dosse ein Jungmoränengebiet im Vorland der Frankfurter und der Pommerschen Eisrandlage. Charakteristisch für die beiden westlichen Teile ist das Hindurchlaufen von weichselzeitlichen Sandern zum Elbeurstromtal. Sie nutzten dafür in der Umgebung von Hagenow die heutigen Täler von Schilde, Sude, Rögnitz und Elde. Die etwa 50 km breite Prignitz wird nur von dem schmalen Tal der Stepenitz durchquert. Diese Flüsse fließen entgegengesetzt zu den Flüssen in den mecklenburgisch-brandenburgischen Becken, während die Entwässerung im Bereich des mecklenburgisch-brandenburgischen Landrückens entsprechend den Schmelzwasserabflußwegen des Inlandeises und den periglaziären Abflußbahnen sowie gestört durch austauende Toteiskörper (Inlandeisreste) seit dem Wendezeitraum von der Kalt- zur Warmzeit teils nach Süden, teils nach Norden erfolgt. Zudem sind infolgedessen erhebliche Bereiche oberirdisch abflußlos (Binnenentwässerung; Abb. 53).

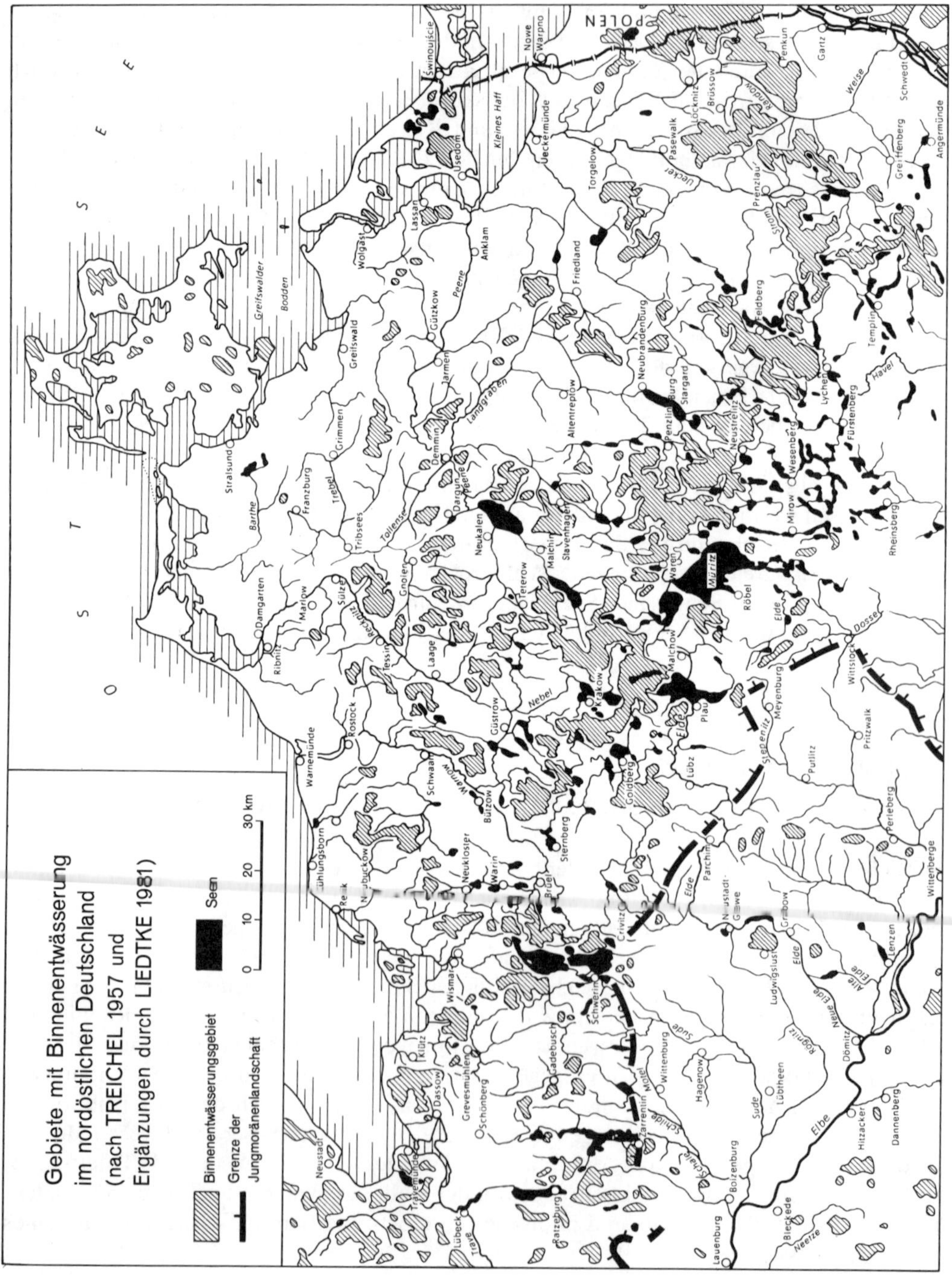
Gebiete mit Binnenentwässerung
im nordöstlichen Deutschland
(nach TREICHEL 1957 und
Ergänzungen durch LIEDTKE 1981)
Binnenentwässerungsgebiet
Seen
Grenze der
Jungmoränenlandschaft
0 10 20 30 km
O S T S E E
POLEN

Merkwürdigerweise war das Inlandeis nördlich der Prignitz kraftlos liegengeblieben, und auch den Ostrand der Prignitz streifte es nur und hinterließ dort keinerlei Endmoräne. Auch Sander fehlen hier gänzlich. Das dazugehörige Schmelzwasser lief in der breiten Rinne der Dosse dort aus dem Eiskörper, wo heute südlich von Havelberg die Havel in die Elbe mündet. Erst entlang der breiten Rinne der Dosse und von dort aus nach Osten erstreckt sich das südliche Vorland des Landrückens im Jungmoränenland. Hier breitet sich das Land innerhalb des weit südwärts vorgeschobenen Inlandeises im Oderinlandeisstrom aus.

Weit ausgedehnte Schmelzwasserabsätze, weniger vor der Brandenburger (C), besonders aber vor der Frankfurter Eisrandlage (D), verhüllten das ältere Relief im Nordbereich des südlichen Landrückenvorlandes ostwärts bis ungefähr zur Havel. Östlich der Havel sind es Schmelzwasserablagerungen, insbesondere vor der Pommerschen Eisrandlage (F), wie in der Schorfheide. Südlich von Schwerin in der Stör- und Eldeniederung ähneln die ineinandergeschachtelten Abflußbahnen des Sülstorfer Sanders vor der Frankfurter (D) und der tiefer gelegenen Abflußbahn vor der Pommerschen Eisrandlage (E) mit ihrem überaus deutlichen Höhenunterschied denen im westlichen Bereich des nördlichen deutschen Alpenvorlandes.

Im Raum des Rheinsberger Beckens durchbrachen Schmelzwässer der Fürstenberger Eisrandlage in der Zechower oder Rheinsberger Pforte die Frankfurter Eisrandlage. Vielleicht gelangte auch noch Schmelzwasser von der Pommerschen Eisrandlage (E) auf diesem Weg in den westlichsten Abschnitt des Eberswalder Urstromtales. Der obere Havellauf folgt insgesamt ebenso den von Schmelzwässern angelegten Abdachungen, die nach Süden führen, wie (von West nach Ost) Schaabe, Sude, Elde und Stör, Löcknitz, Stepenitz, Dosse sowie Rhin. Ganz im Osten brach Schmelzwasser der Angermünder Eisrandlage durch die Pommersche (E) bei Kloster Chorin.

Werden nur die tieferen Niederungen berücksichtigt, so folgen von West nach Ost auf das Hagenower Land die Stör-Elde-Niederung (Lewitz), dann die Prignitz bis zur Dosseniederung, darauf das Land Ruppin bis zum Rhin, weiterhin das Land Gransee bis zur Havel und schließlich die Schorfheide mit der Groß Schönebecker und Britzer Platte sowie zwei weiteren Sandern bis zur Oder. Im großen und ganzen entstand eine Plattenreihe, gegliedert durch weichselkaltzeitliche Schmelzwasserabflußbahnen, die bis heute von südwärts fließenden Flüssen benutzt werden.

Auf den lehmigen Grundmoränen des Hagenower Landes (Altmoräne) westlich der Lewitzniederung und unteren Elde bildeten sich Staugleye, Parabraun- und Fahlerden. Dagegen entwickelten sich auf dem Sülstorfer Sander südlich von Schwerin weitverbreitet Sandbraunpodsole, südlicher Sandbraunpodsole und Gley (teils mit Ortsteinbildung). Deshalb beherrschen größere zusammenhängende Waldflächen zwischen Schwerin und der Elbe das Land, ebenso an der unteren Elde. Westlich von Hagenow, im Bereich der Grundmoränenareale, beleben kleinere und größere Wälder das Ackerland. Vor der Rodung stockten in diesem Gebiet einmal Traubeneichenmischwälder (mit relativ vielen Kiefern) und Stieleichen-Birkenwälder. Letztere zogen sich als östliche Ausläufer dieser typisch atlantischen Waldgesellschaft ostwärts bis in die Prignitz hinein. Auf der unterschiedlich

Abbildung 53
Gebiete mit Binnenentwässerung im nordöstlichen Deutschland (aus Liedtke 1981a)

ausgedehnten, jedoch insgesamt relativ breiten Sanderborte vor der Frankfurter Eisrandlage (D) entwickelten sich bis zur Eberswalder Urstromtalung westlich der Havel meist Sandbraunpodsole.

Auf den Sandern (z. B. Sander der Ruppin-Wittstocker Heide, Rüthnicker Sander) beherrschen heutzutage weithin Kiefernforste das Bild. Ursprünglich waren Stieleichen-, besonders jedoch Traubeneichen- und in sehr grundwasserfernen, nährstoffarmen Sanderbereichen Kiefernmischwälder die natürliche Waldvegetation. Auf den Grundmoränen der Hochflächen bildeten sich vor allem Parabraun- und Fahlerden. Dementsprechend wurden die relativ fruchtbaren Böden weitestgehend, mit Ausnahme ungünstiger Lagen, in Ackernutzung genommen. In der Prignitz und im südlichen Land Ruppin kam es zu einer fast völligen Waldverdrängung. Östlich der Havel keilt das südliche Vorland zur Oder hin aus. Bis auf kleinere Grundmoränenflächen, die Äcker tragen, beherrscht der Wald in Form von Kiefernforsten auf den Sandern der Pommerschen Eisrandlage (E) – Schorfheide, Werbellin- und Amtswegsander – und dem Angermünder Sander der Angermünder Eisrandlage das Land.

4.6. Die brandenburgischen Platten und Urstromtäler

Eine der eigenartigsten Großlandschaften nicht nur Mitteleuropas sind die auf engem Raum zusammengedrängten Urstromtäler zwischen Plattenreihen. Sie beschäftigten die geowissenschaftliche Forschung schon vor Beginn der modernen Eiszeitforschung (nach 1875).

Inmitten dieser Großlandschaft zwischen der Elbe im Westen und der Oder im Osten, dem Eberswalder Urstromtal im Norden sowie dem Fläming und den Niederlausitzer Höhen im Süden gründeten niederdeutsche Kaufleute in entwicklungsgünstiger Position die Doppelstadt Berlin und Cölln.

Gegenüber großen Bereichen Osteuropas und auch Nordamerikas dacht sich das nördliche Mitteleuropa in nördlicher Richtung ab. Infolgedessen mußte sich das Schmelzwasser des Inlandeises im südwärts ansteigenden Relief vor dem Inlandeisrand einen nach Westen führenden Weg längs des höheren Geländes suchen. Als zweite, meist nicht erwähnte Bedingung ist ein Relief mit nicht allzu großen Höhenunterschieden Voraussetzung für die Urstromtalbildung.

Das Werden dieser einzigartigen Landschaft läßt sich ungefähr folgendermaßen skizzieren:

1. Mit dem Vorschub des Inlandeises bis zur Brandenburger Eisrandlage wurden nordsüdlich verlaufende Vertiefungen angelegt. Abgescherte Teile des Inlandeises plombierten und konservierten sie. Vor dem Inlandeisrand entwickelte sich als erstes das Glogau-Baruther Urstromtal.

2. Das etappenweise Abschmelzen des Inlandeises verursachte eine mehrfache Verlegung der Schmelzwasserbahnen mit entsprechender Neubildung weiterer Urstromtäler. Im großen folgen somit räumlich nach Norden auf das Glogau-Baruther Urstromtal ein Hochflächengürtel, dann das Warschau-Berliner Urstromtal, anschließend ein weiterer Plattengürtel und endlich das Thorn-Eberswalder Urstromtal.

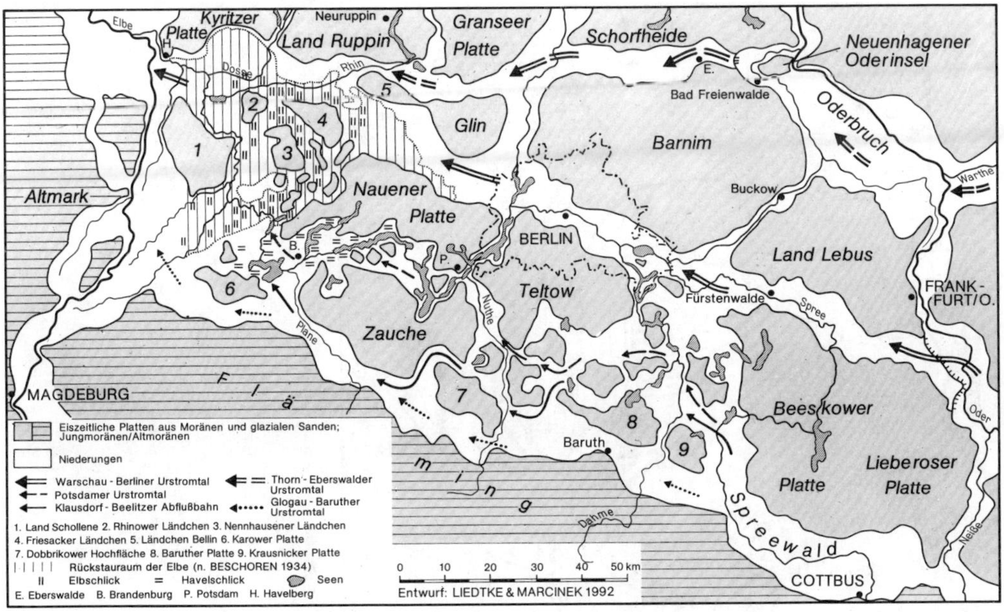

Abbildung 54
Brandenburgische Platten und Urstromtäler zwischen Elbe und Oder

3. Erste Unterteilungen der Plattengürtel schuf das sich vorschiebende Inlandeis mit der Bildung langgestreckter, nordsüdlich verlaufender Vertiefungen. Sie blieben jedoch bis zur Wende von der Kalt- zur Warmzeit durch Inlandeisreste (Toteiskörper) plombiert. Weitere Untergliederungen der Plattengürtel brachten Schmelzwässer hervor, die 1. von Süden in das tief gelegene Rückland der Brandenburger Eisrandlage eindrangen (z. B. Unterspreewaldgebiet, Nutheabschnitt des Potsdamer Urstromtals zwischen Teltow im Osten und Zauche im Westen, Plane südlich von Brandenburg zwischen Zauche im Osten und Karower Platte im Westen), oder Schmelzwässer, die 2. von Norden nach Süden abflossen (Oranienburg-Spandauer Havelniederung zwischen dem Glin im Westen und dem Barnim im Osten, Sander des Roten Luches zwischen der Barnimhochfläche im Westen und dem Land Lebus im Osten).
4. Im tief gelegenen Havelmündungsraum riefen die Verschüttung tieferen und die Umschüttung höheren Geländes (Weisse 1963) die inselartige Aufgliederung in sog. Ländchen hervor (Friesacker Ländchen, Bammer, Dammer Ländchen u. a.).
5. Schließlich schmolzen am Ende der Weichseleiszeit und am Beginn des Holozäns die letzten verschütteten Inlandeisreste in den mit der Vergletscherung angelegten, nordsüdlich gerichteten Vertiefungen aus und ließen sie im Relief zutage treten; sie wurden vielfach zu Seen.

Das Ergebnis dieser Entwicklung läßt sich deutlich im Kartenbild ablesen:

1. in den Hochflächengürteln zwischen den Urstromtalungen und
2. in den Querverbindungen mit der Auflösung der Plattengürtel in einzelne Hochflächen (Abb. 54).

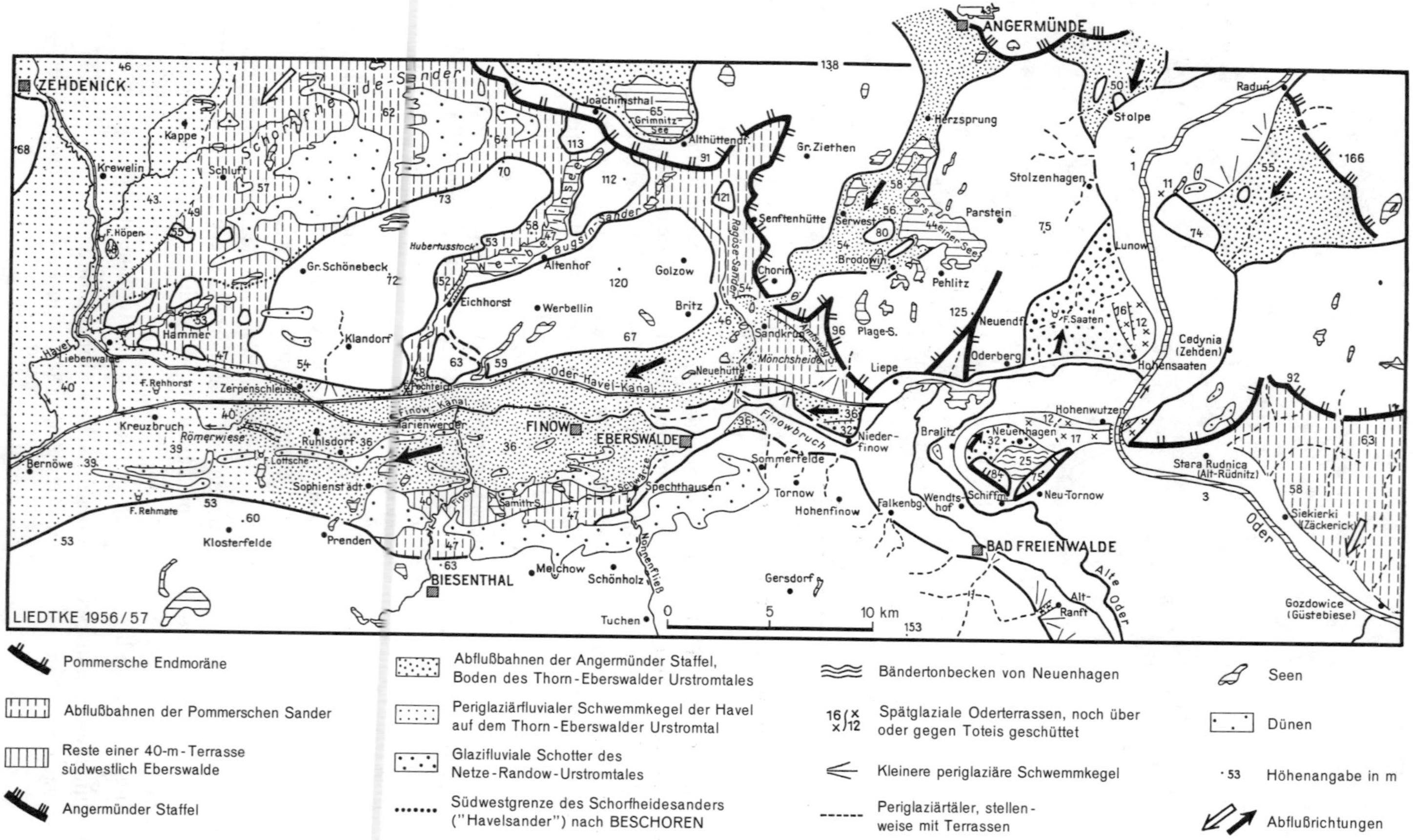

Abbildung 55
Das Thorn-Eberswalder Urstromtal zwischen Havel und Oder

Wesentlichstes Ergebnis der Urstromtalforschung der 30er Jahre (Louis 1934, Lembke 1936, 1939) sowie der endenden 50er und beginnenden 60er Jahre (Liedtke 1956/57, Marcinek 1961) ist die Abkehr von der starren Auffassung, daß jedes der drei Urstromtäler vor einer bedeutenden Eisrandlage nicht nur einmal, sondern mindestens zweimal, abschnittsweise mehrmals von Schmelzwässern des Inlandeises in unterschiedlich hohen Niveaus durchflossen wurde.

Insgesamt jedoch herrscht über das Rückschmelzgeschehen von der Brandenburger Eisrandlage keine Eindeutigkeit. Erst mit der Frankfurter Eisrandlage (D), die über das Land Lebus und die nordöstliche Barnimhochfläche verläuft und für den Berliner Raum und sein Relief wichtig ist, wird der genetische Ablauf wieder klarer. Das Berliner Urstromtal zeigt eine Zweiphasigkeit des Schmelzwasserabflusses (z.Z. der Frankfurter und einer jüngeren Eisrandlage). Den Finowabschnitt des Eberswalder Urstromtals (zwischen Havel und Oder) legten Schmelzwässer z.Z. der überaus markanten Pommerschen Eisrandlage an (47-m-Terrasse), die einer Zwischenstaffel zwischen Pommerscher und Angermünder das mittlere Niveau (40-m-Terrasse) sowie die der Angermünder Eisrandlage die Urstromtalhauptterrasse (36-m-Niveau; Abb. 55; Liedtke 1956/57, Brose 1978).

Die periglaziäre Überformung läßt sich besonders deutlich in den oft bedeutenden Dünengebieten in den Urstromtalungen erkennen. Allerdings trieb der Wind Dünen auch auf benachbarte Hochflächen (Keilhack 1917, Louis 1928, Lembke 1939). Windgeschliffene Geschiebe treten häufig auf (Nitz 1965). Die höchsten Dünen erreichen fast 30 m Höhe über ihrer Unterlage (z. B. Püttberge in Berlin). Periglaziäre Täler zerschneiden Gelände mit größeren Höhenunterschieden auf engem Raum. Ihr klassisches Gebiet liegt am westlichen Oderbruchrand (Lembke 1954), wo ihre periglaziäre Bildung erstmalig im norddeutschen Jungmoränenland nachgewiesen werden konnte. Das Oderbruch, das das Gebiet der brandenburgischen Platten und Urstromtäler im Nordosten flankiert, scheint ein mindestens saalezeitlich gebildetes Zungenbecken zu sein (Hannemann 1966). Tektonische Absenkung, wie früher angenommen, scheidet aus.

Das Oderbruch wurde erst um die Mitte des 18. Jh. auf Veranlassung Friedrichs des Grossen kultiviert. Seine Auenwälder auf den Vega- und Halbgleyböden, insgesamt auf Auenböden, fielen dabei völlig der Rodung anheim. Nur Einzelbäume, Baumgruppen und Baumreihen längs von Wasserläufen und Straßen unterdrücken die Eintönigkeit. Das im Süden des Oderbruchs weitverbreitete Ackerland lösen nordwärts immer deutlicher Wiesen ab. Weit von der Ostseeküste liegen die tiefsten Bereiche im nördlichen Oderbruch nur noch bei +2 m NN.

In der brandenburgischen Landschaft der Platten und Urstromtäler, in der nur an wenigen Stellen Tertiär zutage tritt, durchstoßen allein der Gipshut von Sperenberg (Zechstein) und der Rüdersdorfer Muschelkalksattel (früher mit Gletscherschrammen und -schliffen, deshalb wissenschaftshistorisch für die Glazial- oder Inlandeistheorie wichtig – Torell, 3. 11. 1875 in Berlin und Rüdersdorf – Abbau heute vorwiegend für die Zementherstellung) die quartären Ablagerungen.

Die fruchtbaren Grundmoränengebiete der Hochflächen, auf denen auf Parabraun- und Fahlerden Buchen- und Traubeneichenmischwälder, östlich von Berlin sogar Traubeneichen-Hainbuchenmischwälder mit Winterlinde wuchsen, sind fast völlig waldentblößt. Die Sander und auch sehr unruhig kuppige Hochflächenbereiche behielten den Wald, heute in Form von Forsten. Die Kiefernmischwälder der Sanderflächen mußten Kiefernforsten weichen, die meist auf Sand-Braunpodsolen stocken.

Bodenbildung und naturnahe Vegetation folgen eng, wie auch die jetzige Landnutzung, den Formenbereichen der glaziären Serien sowie der Gliederung in Platten und Urstromtalungen. Deutlich wird die zunehmende Kontinentalität. In den grundwassernahen Niederungen drängt sich vor allem der Einfluß des Wassers in den Vordergrund. Der landschaftlich reizvolle Wald-Feld-Grünland-Wechsel findet seine Steigerung in den besonders anziehenden Erholungsbereichen der Wald-Seen-Gebiete.

Die einzigartige Landschaft der brandenburgischen Platten und Urstromtäler ermöglichte ein Wasserstraßennetz, in dessen Zentrum Berlin liegt. Auch anderen Verkehrsträgern setzt das Relief genauso wenig wie der Bebauung Hindernisse entgegen. Für die fast Dreieinhalb-Millionen-Stadt bergen die quartären Ablagerungen und die Flüsse so viel Wasser, daß – bei Achtung der Umwelt, verbunden mit der Gewässersanierung – der Ballungsraum Berlin aus eigenen Wasservorkommen versorgt werden kann.

4.7. Das schleswig-holsteinische Hügelland

Im Gegensatz zu den breit ausladenden Landschaften des weitflächigen norddeutschen Jungmoränenlandes drängen sich im schleswig-holsteinischen Jungmoränengebiet die Eisrandlagen dicht aneinander. Zudem erfolgte höchstwahrscheinlich in der Weichselspätglazialzeit in den dicht von Endmoränen angefüllten Raum noch ein in mehrere Zungen gegliederter Vorschub (LIEDTKE 1981). Er schuf die letzten Umrisse der Förden. Aus dieser Situation erwachsen die Problematik und Kompliziertheit dieses Raumes. Die Entwässerungsbahnen des jüngstkaltzeitlichen Inlandeises wurden nur im südlichen Bereich im Elbe-Urstromtal gesammelt, während im nördlichen Teil die Schmelzwässer durch das Altmoränenland westwärts in den heutigen Nordseeraum abliefen.

Die End- und Grundmoränengebiete des schleswig-holsteinischen Hügellandes stellen den östlichen der drei deutlich voneinander scheidbaren Landschaftsräume dar, das Jungmoränenland, das an die Ostsee grenzt. Nur an wenigen Stellen treten ältere Ablagerungen zutage. Hier ist vor allem der aus Gips bestehende „Segeberger Kalkberg" zu nennen, der einem aufwärtsdrängenden Salzhorst seine hohe Lage verdankt. Daneben sind eozäne Tone zu erwähnen, die auf der Insel Fehmarn und im nördlichen Wagrien in Oberflächennähe liegen. Die unausgeglichenen, weithin noch unzertalten und lebhaften Geländeformen des Jungmoränenreliefs erhielten ihren hügeligen Charakter vor allem durch Endmoränen, bei denen Stauchendmoränen überwiegen. Nur auf Fehmarn und im nördlichen Wagrien hinterließen die Grundmoränen eine ebenere Oberfläche.

Trotz der ab 1900 erfolgten systematischen geologischen Kartierung bestehen aufgrund der komplizierten Verhältnisse noch immer Unklarheiten über den Ablauf der letzten Inlandvergletscherung. Die sonst recht deutliche Gliederung der gut verfolgbaren bedeutenderen Endmoränenhöhen in ein Brandenburger, Frankfurter und Pommersches Stadium (WOLDSTEDT 1925) ließ sich nach Ansicht von GRIPP (1964) nicht oder nur beschränkt auf Schleswig-Holstein anwenden. Deshalb wird in Schleswig-Holstein von äußeren (A), mittleren (M) und inneren (I) Endmoränen gesprochen. Im äußersten Inlandeisrand der Weichselkaltzeit wollte GRIPP (1964) A- und M-Endmoränen sehen. Um und nördlich von Rendsburg sowie bei Schleswig und Flensburg bilden sogar I-Endmoränen die äußerste

Eisrandlage. Sie werden dem Pommerschen Stadium zugerechnet. Nach WOLDSTEDT u. DUPHORN (1974), GRIPP (1964) und SCHULZ (1967) tritt die Brandenburger Eisrandlage in Holstein und Mecklenburg im Oberflächenbild nicht in Erscheinung.

Im Gegensatz zu den älteren Auffassungen sah WALTHER (1990) im „WH1-Vorstoß", den A-Moränen DÜCKERS (1958), nicht stratigraphisch, sondern lagemäßig das Brandenburger Stadium. Darüber hinaus ließ sich in Schwansen die maximale Ausdehnung des letzten Inlandeises einige Kilometer weiter westlich als bisher angenommen nachweisen. Die jüngste Eisrandlage wurde um 14100 B. P. durch den Grömitz-Fehmarn-Vorstoß gebildet, der der Rosenthaler Staffel in Mecklenburg entspricht.

Glaziäre Serien sind selten ideal entwickelt. Das Rückschmelzen vollzog sich in sehr verwickelter Weise bei Auflösung in einzelne Gletscherzungen (WALTHER 1990). Die Bildung subglaziärer Rinnen und Becken, ihre Konservierung durch Toteiskörper sowie ihre Wasserfüllung nach dem Ausschmelzen belebten das Glazialrelief und führten mit den zahlreichen Endmoränen zu einem vielfältig gestalteten, seenreichen Jungmoränenland.

Insgesamt entwickelten sich unter der holozänen Laubwalddecke auf den nährstoffreichen Substraten der Moränen fruchtbare Böden, meist Parabraun- und Fahlerde. Stau- oder Pseudogleye fehlen dabei nicht. In kleineren Hohlformen und Niederungen wuchsen Niedermoore. Auf den Bändertonen des Lübecker Stausees und im oberen Alstergebiet bildeten sich nasse Böden, z. T. Staugleye, aus. Vor der Rodungszeit waren Buchenwälder weit verbreitet, denen auch Eichen und Hainbuchen beigemengt waren. Nur im Südosten tritt die Eiche noch stärker in Erscheinung. Infolge der ertragreichen Böden mit Bodenwertzahlen meist über 50, maximal über 80, wurde der Wald übermäßig stark zurückgedrängt (ungefähr auf nur 7%!). Wald, heute Forste, stocken vor allem an steilen Hängen und vorzugsweise auf den Sandbraunpodsolen der kleinen Sander. Auf den fruchtbaren Böden, besonders auf den Grundmoränen mit ihren Parabraunerden und Fahlerden, lassen sich Weizen und Gerste sowie Zuckerrüben anbauen.

Die klimatischen Verhältnisse, besonders die Niederschläge, werden in ihrer räumlichen Differenzierung vom Relief und von der Lage zur Nordsee bestimmt. Die größte mittlere jährliche Niederschlagshöhe läßt sich daher im westlichen Randbereich des hügeligen, stellenweise fast bergig anmutenden Jungmoränenlandes finden, wobei bis über 800 mm im Jahr fallen. Ostwärts nimmt der Niederschlag rasch ab. Im Innern der Lübecker Bucht erreicht er noch um 600 mm pro Jahr, während an der Nordostküste Fehmarns nur noch um 525 mm im Jahr fallen. Diese geringe mittlere jährliche Niederschlagshöhe wirkt sich bis in die Bodenbildung aus. Es bildeten sich Griserden, schwarzerdeähnliche Böden, die zudem vom Grundwasser beeinflußt wurden. Die Ackerwertzahlen überschreiten auf Fehmarn teilweise sogar die 80. Gerste- und Gemüseanbau sind auf der fast völlig waldfreien Insel weit verbreitet.

Insgesamt bietet das seenreiche Hügelland Schleswig-Holsteins reizvolle Landschaften, die zuweilen durch ein auffälliges Heckennetz charakterisiert werden. Der landschaftliche Höhepunkt liegt in der Holsteinischen Schweiz, wo Seen und hügeliges Moränenland eindrucksvolle Bilder landschaftlicher Schönheit bieten.

4.8. Das Einzugsgebiet der Elbe und das Gewässernetz im norddeutschen Jungmoränentiefland

Als einziger Böhmen nordwärts verlassender Fluß behielt die Elbe im Bereich geringerer Hebung in der Umwallung Böhmens ihren Weg nach Norden bei. Allerdings pendelte ihr Lauf unterhalb von Dresden von fast östlicher über nördliche in heute nordwestliche Richtung (z. B. Bautzener, Senftenberger, Berliner Elbelauf).

Nach der elsterzeitlichen Vergletscherung floß die Elbe vor allem während der frühen Holsteinwarmzeit in Richtung Berlin und mündete in den riesigen See der Berliner Paludinenbank. Dieser See besaß seinerseits Verbindung zur großen Bucht des Holsteinmeeres im Gebiet der Lüneburger Heide bis in den Raum Wittenberge. Saale und Mulde bildeten ein eigenes, miteinander verbundenes Flußsystem.

Durch die saalezeitliche Vergletscherung wurde, wie durch die elsterzeitliche, das Elbesystem weithin bis an den Mittelgebirgsnordrand überfahren und nördlich der Mittelgebirgsschwelle weitgehend zerstört.

Im phasenhaften Rückzugsgeschehen der saalezeitlichen Vergletscherung formierte sich das Elbesystem nördlich des Mittelgebirgsrandes neu. Vor der Petersberger Eisrandlage führte ein Urstromtal, ein randlicher Schmelzwasserweg, aus der Gegend östlich von Leipzig nach Halle. Die untere Weiße Elster folgte ihm.

Abgedrängt durch das Inlandeis, floß das Wasser des Saale-Mulde-Systems mit dem Schmelzwasser durch das ehemalige Salzketal. Bis heute benutzt die Saale diesen Weg. Das untere Bodetal durchfloß das Schmelzwasser – entgegengesetzt der heutigen Bode – westwärts bis Oschersleben und weiter über das Große Bruch in das Wesereinzugsgebiet hinein. Im weiteren Rückschmelzgeschehen bildete sich das Breslau-Bremer Urstromtal. In ihm wurden Elbe und Saale-Mulde endgültig im Elbesystem zusammengeschlossen. Dieses Elbesystem richtete sich wie das neu entstandene Odersystem nach Norden aus. Im Wendezeitraum zur Eemwarmzeit entwickelte sich ein seenreiches Jungmoränenland. Der Elbelauf führte entweder in die Gegend von Rostock-Warnemünde oder über die Eldeniederung in das Gebiet der heutigen Wismarbucht, um schließlich in das Eemmeer zu münden (LÜTTIG u. MEYER 1974). Mit dem Vorschub des weichselkaltzeitlichen Inlandeises wurde in seinem Ausbreitungsraum wiederum das bestehende Flußnetz überwältigt und fast völlig zerstört. Den unteren Elbelauf drängte das weichselzeitliche Inlandeis in seine heutige Bahn.

Während und nach der Maximalausdehnung des weichselzeitlichen Inlandeises vor rund 20000 Jahren begann die fünfphasige Neubildung des Gewässernetzes (Tab. 78). In ihr entwickelte sich der deutlich asymmetrische Strombaum der Elbe mit seiner weit nach Osten, fast bis zur Oder vorgreifenden Entwässerung.

Zunächst knüpfte das Glogau-Baruther Urstromtal Oder und Elbe zusammen. Das Urstromtal wurde westlich der Görlitzer Neiße in zwei Niveaus gänzlich durchflossen (MARCINEK 1961). Im Zwischenurstromtal von Klausdorf-Beelitz (LEMBKE 1936) scherte das Schmelzwasser aus dem Spreeabschnitt des Baruther Tals aus und führte bei Beelitz erneut in das Baruther Tal hinein, um es südlich von Brandenburg wieder zu verlassen. Im weiteren Geschehen floß das Schmelzwasser weiter nördlich über Potsdam ab (Potsdamer Urstromtal; MARCINEK 1969). Auch das Berliner Urstromtal entwässerte nicht nur die Frankfurter, sondern auch eine jüngere Eisrandlage (LEMBKE 1936, LIEDTKE 1956/57).

Zeitraum	Flüsse	Seen
Weichsel-kaltzeit	1. Glazifluviale Phase 2. Periglazifluviale Phase	1. Beckenbildungsphase 2. Beckenerhaltungsphase (weiterhin relativ rasches Entstehen und Vergehen von Seen in Verbindung mit dem Abschmelzen des Inlandeises)
Wende Kaltzeit/ Warmzeit	3. Spätglazial-altholozäne Übergangsphase 3.1. Endperiglaziäre Eintiefungsstufe 3.2. Anpassungsstufe (Flußlaufverlegungen)	3. Seenbildungsphase (infolge Austauens von Toteiskörpern – Einschaltung von Seen in das neuformierte Flußnetz und Herausbildung von Seen in Binneneinzugsgebieten)
	Bildung des seenreichen, unübersichtlichen Jungmoränentyps der Entwässerung durch das Ineinandergreifen der Fluß- und Seenentwicklungsreihe	
Jetzige Warmzeit	4. Natürliche holozäne Phase: Übernahme des am Ende der Kalt- und am Beginn der Warmzeit gebildeten jungmoränalen Gewässernetzes	
	Phase geringer Erosion	Phase der Verlandung
	5. Gesellschaftlich beeinflußte holozäne Phase:	
	Phase anthropogener Eingriffe an den Flüssen und natürlich ablaufende Vorgänge	Phase anthropogener Eingriffe an den Seen und natürlich ablaufende Vorgänge

Tabelle 78
Entwicklungsphasen des Gewässernetzes im Norddeutschen Tiefland während und nach der weichselzeitlichen Inlandeisbedeckung Mitteleuropas (nach Lembke *u.* Marcinek *1965,* Marcinek *1966,* Marcinek *unter Mitarb. v.* Brose *1971,* Marcinek *u.* Nitz *1973)*

Der in zwei bzw. drei Niveaus durchflossene Finowabschnitt des Thorn-Eberswalder Urstromtals (Liedtke 1956/57, Brose 1978) führte das Schmelzwasser zweier bzw. dreier Eisrandlagen ab. Die Oder strömte schließlich mit dem Schmelzwasser über das Eberswalder Urstromtal nach Westen. Erst nach Aufgabe der Rosenthaler Staffel, dem Mecklenburger Stadium, wurde ein weiterer, noch nördlicherer Weg frei (Netze-Randow- bzw. Randow-Recknitz-Urstromtal). Zu diesem Zeitpunkt trennte sich das Oder- vom Elbesystem. Schließlich zeichnete ein weiterer, größerer Schmelzwasserweg die Insellage von Rügen und Usedom vor.

Diesen Schmelzwasserlaufverlegungen folgte parallel eine periglazifluviale Gestaltung mit kleinen Einzugsgebieten und angelehnt an die vom Inlandeis geschaffenen und freigegebenen Abdachungen. Sie stellte einen markanten Umschlag dar. Der nächste unübersehbare Einschnitt liegt in der weichselspätglazialen-altholozänen Übergangsphase vor rund 10000 Jahren (Lembke u. Marcinek 1965). Sein Ergebnis ist das seenreiche Gewässernetz des Jungmoränenlandes.

Während der weichselzeitlichen Vergletscherung schuf das Inlandeis die heute vielfach wassererfüllten Becken. Exaration, subglaziäre Schmelzwässer – beide auch in Kombination – sowie Um- und Überschüttung von Inlandeisrestkörpern (Toteis) waren die entsprechenden Prozesse. Inlandeisrestkörper plombierten die Becken und bewahrten sie vor Zuschüttung bis in die Übergangsphase zur Warmzeit.

In dieser Übergangsphase – erst vor etwa 10000 Jahren – verzahnten sich Fluß- und Seenentwicklung durch das Schwinden des Dauerfrostbodens und Austauen der verschüttet gewesenen Inlandeisrestkörper (Toteis). Diese Phase ist vor allem durch Laufveränderungen gekennzeichnet. Neben zahlreichen kleineren zeigt der nach Westen geöffnete Spreebogen südöstlich von Berlin eine solche Laufverlegung an (LEMBKE 1936), die eine Wegverlängerung gegenüber dem direkten Verlauf vom Spreewald nach Berlin darstellt. Auch das große W der unteren Havel demonstriert die Laufänderung durch austauendes Toteis in besonders deutlicher Weise.

Das Einzugsgebiet der Elbe mit seinen zahlreichen Binneneinzugsgebieten im Jungmoränenland überspannt rund 149000 km^2. Der auf böhmischer Seite unterhalb der Schneekoppe im Riesengebirge entspringende Strom hat eine Länge von 1165 km. Etwa 50 km stromauf von Hamburg überschreitet die Elbe die Tide- oder Flutgrenze (in der Gegend von Lauenburg). Ihr mittlerer jährlicher Abfluß wird für Dresden mit 314 m^3/s (1931 – 1965) und für Neu-Darchau (stromab von Wittenberge) mit 694 m^3/s (1931 – 1965) angegeben. Rund 750 m^3/s durchschnittlicher jährlicher Abfluß kommen somit bei Hamburg der Realität recht nahe. Das Elbeeinzugsgebiet breitet sich nur zu je rund 0,7% in Österreich und Polen aus, zu etwas über einem Drittel (33,5%) in der Tschechischen Republik, während fast zwei Drittel (65,1%) in Deutschland liegen.

5. Die Altmoränengebiete und Lößlandschaften des Norddeutschen Tieflandes

HERBERT LIEDTKE

Unter dem Begriff Altmoränengebiete und Lößlandschaften Norddeutschlands werden jene Gebiete verstanden, die zu Norddeutschland gehören, auch wenn sie nicht vom Eis erreicht worden sind, wie die Kölner Tieflandsbucht, die aber von weiten Lößflächen überzogen ist. Andererseits wurden auch Teile des Mittelgebirges noch vom Eis überzogen, auch wenn davon meist nur noch eine dünne Decke glazialer Sedimente übriggeblieben ist.

5.1. Die schleswig-holsteinische Geest und die Prignitz

Zwischen der Nordseeküste und dem hügeligen Osten Schleswig-Holsteins zieht sich als ein schmales, 10 – 40 km breites Band eine Altmoränenlandschaft hin, die ihre Fortsetzung nach Norden in Dänemark und nach Osten im südwestlichen Mecklenburg findet, wo sie bis an die Dosse nach Wittstock reicht und wo dieses Band an der Elde eine Breite bis 55 km einnimmt.

Die *schleswig-holsteinische Geest* zwischen der dänischen Grenze und dem Elbe-Lübeck-Kanal gehört, wie die Prignitz, zum Gebiet der Saaleeiszeit, aber während durch Schleswig-Holsteins Anteil die Eisrandlage des *Warthestadiums* hindurchläuft, gehört die Prignitz ausschließlich der Abschmelzphase des Warthestadiums an. Beiden Gebieten ist gemeinsam, daß sie von flachwelligem Gelände gebildet werden, das in unterschiedlichem Maße von den Sandern der Weichseleiszeit durchzogen wird, die in Schleswig-Holstein der Nordsee, von Meldorf bis Havelberg der Elbe zuströmen.

In Schleswig-Holstein ziehen sich die weichselzeitlichen kalk- und tonarmen Sander in entweder breiten, sanft abfallenden Flächen zur Küste (Treene, Eider, Stör) oder folgen schmalen, schlauchartigen Bahnen (Schlauchsander). Letztere findet man besonders deutlich zwischen der Stör bei Itzehoe und der Stecknitz bei Lauenburg, wo Pinnau, Alster mit Wandse, Glinder Au und Bille in nur wenige hundert Meter breiten Schlauchsandertälern der Elbe zustreben.

Da der Gegensatz zwischen den sehr flachen Sandern und den welligen Erhebungen aus der Saaleeiszeit doch recht deutlich ist, spricht man von einer Niederen Geest und einer Hohen Geest. Gelegentlich wird die Niedere Geest auch mit dem weniger glücklichen Namen Vorgeest bezeichnet, weil diese von den Endmoränen der Weichseleiszeit aus gesehen vor der Hohen Geest liegt. Die *Niedere Geest* setzt sich aus Flächen- und Kegelsandern zusammen, die sich durch die tieferen Gebiete der Altmoräne zur Nordsee schlängeln und sich dabei in diese eingeschnitten haben. Sie tauchen an der Küste unter die Schichten der Marsch ab. Dagegen gibt es an der Hohen Geest oftmals steile Hänge gegen die Marsch, die entstanden sind, als im Holozän das Meer weiter ostwärts reichte und kleine Kliffs an der Hohen Geest bildete. Die Niedere Geest wird entweder von Wald bestanden oder bei hohem Grundwasserstand als Wiese genutzt. Gelegentlich gibt es kleinere Dünen oder Flugsandgebiete. Allerdings sind hier auch holozäne Verwehungen bekannt, wie überwehte Siedlungsspuren zeigen. Daß bei Hamburg nur ganz dürftige Sander zur Ausprägung gekommen sind, liegt daran, daß der Inlandeislobus der Lübecker Bucht in der tiefgelegenen Rinne der Stecknitz entwässern konnte und daher die Eisschmelzwässer in Hamburgs Nordosten weitgehend an sich zog. Das äußert sich auch in der ganz schwachen Ausprägung der Eisrandlage des Brandenburger Stadiums, die an der geringen Anzahl von Windkantern besser zu erkennen ist als durch Erhebungen im Gelände.

Die *Hohe Geest* hebt sich deutlich von der Niederen Geest ab. Sie besteht aus dem Lehm einer ehemaligen Grundmoräne, aus sandigen Lehmen oder lehmigen Sanden, je nach den lokalen Hinterlassenschaften der Saaleeiszeit. Hier befanden sich Grundmoränen, Sander und die auch heute noch etwas höher gelegenen Teile von Endmoränen des Warthestadiums, die bis auf 82 m aufragen und bei kieshaltigen Lagen auch bewegteres Relief aufweisen können, z. B. im Kisdorfer Wohld (91 m) bei Kaltenkirchen. Infolge der vielen weichselzeitlichen Sanderbahnen bildet die Hohe Geest keine zusammenhängende Landschaftsform, sondern Inseln verschiedener Größe, die von Niederer Geest, Marsch oder Moor begrenzt werden. Westlich von Rendsburg haben in der Niederung von Treene, Eider und Alter Sorge viele kleinere Grundmoräneninseln eigene Namen: Stapelholm, Erfde, Christiansholm, Friedrichsholm und Meggerdorf.

Die Hohe Geest ist durch die periglaziären Prozesse während der letzten Eiszeit so stark nivelliert worden, daß es heute nicht mehr möglich ist, den Verlauf der Haupteisrandlage während des Warthestadiums genau anzugeben. Nur zwischen Stör und Eider glaubt man, einen durch schmale Eiszungen geprägten Eisrand beweisen zu können, der hier durch eng benachbarte, rheinisch streichende Salzdome beeinflußt wurde. Daß das Zechsteinsalz im Untergrund auch heute noch zu Veränderungen auf der Landoberfläche führt, beweisen Feinnivellements. Bekannt ist das Peissener Loch nördlich Itzehoe. Hier hatte die Belastung durch das Inlandeis während des Warthestadiums zu einer Beschleunigung des Salzaufstieges geführt, weil der Permafrost die Salzlösung verhinderte. Ein über der Salzstruktur verlaufender Sander konnte daher bis zu 30 m aufgebogen werden. Als in der Eemwarmzeit die Lösungswirkung wieder einsetzte, erfolgten Nachsackungen bis 45 m und bewirkten das Peissener Loch, das in der Weichseleiszeit und im Holozän noch weiter umgestaltet wurde (PICARD 1970). Mit ähnlichen Vorgängen der Herausdrückung und daneben liegender Absenkung rechnet man auch am aus Gips bestehenden Kalkberg bei Segeberg (91 m), der seine Umgebung um ca. 50 m überragt.

Im einzelnen lassen sich aufgrund von Aufschlüssen und Bohrungen Belege für kleinere Eisoszillationen zur Zeit des Warthestadiums gewinnen, aber auch für die Ablagerung von drei Moränenkomplexen der Saaleeiszeit sowie der Grundmoräne der Elstereiszeit (STEPHAN 1980). Einen Einblick in die spätelsterzeitlichen Lauenburger Tone kann man bei Lauenburg gewinnen (K.-D. MEYER 1965), wo dieser in Norddeutschland weit verbreitete und für die Stratigraphie besonders wichtige Ton 10 m mächtig wird.

Die Landschaftsformen der Hohen Geest lassen auf fast ebenen Gebieten häufig den Verlauf von ehemaligen Eiskeilnetzen erkennen (HASSENPFLUG 1988 u. a.), besonders gut auf Luftbildern, wo sie wegen ihrer Sandfüllung als helle Streifen hervortreten. Ihr Durchmesser liegt bei 20 m. Die Mächtigkeit des Permafrostes kann man mit rund 200 m annehmen. Asymmetrische Täler sind nicht vorhanden, weil offenbar die sehr flachen Hangneigungen keine deutlichen Einstrahlungsunterschiede bewirkt haben (FRÄNZLE 1988b). Auch fehlen echte Pingos; wo sanfte Hohlformen auftreten, sind diese an eemzeitliche Schichten im Untergrund gebunden, wo im Holozän Nachsackungen erfolgten (LADE 1980).

Weite Teile der Geest trugen noch um 1880 vom Menschen geschaffene Heidelandschaften, wie auch in Dänemark, wo man von der Jütischen Heide sprach. Inzwischen hat man hier weitgehend aufgeforstet, um Winderosion zu vermeiden. Die ehemaligen *Calluna*-heiden sind bis auf wenige Stellen verschwunden.

Östlich des Elbe-Lübeck-Kanals setzt sich diese Landschaftsform bis zur *Prignitz* fort. Der westliche Teil, auch als Hagenower Land bezeichnet, weist zwischen dem Elbtal und der Brandenburger Eisrandlage bei Schwerin große Flächensander auf, zwischen denen Altmoränenplatten liegen. Diese enthalten gelegentlich in Oberflächennähe aufgefaltete Schollen aus tertiären Sanden und Braunkohlen, die früher stellenweise abgebaut wurden. Diese Altmoränenplatten werden von Boize, Schaale, Sude, Rögnitz und (Neuer) Elde voneinander getrennt. Die Rögnitz folgt dabei einem Lewitz genannten tieferen Sander, der von der Pommerschen Eisrandlage südlich Wismar kam und die Rinne des Schweriner Sees benutzte (BENTHIEN 1956/57). Wegen der tiefen Lage und der Nähe des Grundwassers wird die Lewitz heute als Wiese genutzt. Dagegen bildet die Prignitz eine in den Ruhner Bergen bis auf 178 m ansteigende Grundmoränenplatte, die nur durch die schmale Stepenitz in einen westlichen und östlichen Teil getrennt wird. Die Stepenitz entwässerte einen nur etwa 20 km breiten Sektor der Brandenburger Eisrandlage.

Das Schleswig-Holstein und der Prignitz vorgelagerte Elbtal besteht aus einer 5 bis mehr als 10 km breiten Talaue, die früher durch häufige Hochwasser Überschwemmungen ausgesetzt war, heute durch Eindeichungen landwirtschaftlich nutzbar ist. Unterhalb von Geesthacht beginnt sich der Einfluß des Tidenhubs bemerkbar zu machen, so daß bis Cuxhaven eine Flußmarsch entstanden ist. Auch hier sind hohe Deichbauten erforderlich, wie die Sturmflut von 1962 zeigte, als in Hamburg 200 Menschen ertrunken sind. Die Deiche der Lüneburger Elbmarsch stehen auf den Uferwällen der Elbe, sie schützen die Aue, aber sie verhindern, daß die holozäne Auelehmsedimentation weitergeht.

5.2.
Stader Geest und Südlicher Landrücken (Lüneburger Heide, Altmark, Fläming und Lausitzer Grenzwall)

Quer durch Norddeutschland zieht sich von den Harburger Bergen bis an die Görlitzer Neiße ein sich in seiner Höhe deutlich über das Umland heraushebender flacher Rücken, der den Namen Südlicher Landrücken trägt und der sich in mehrere Teile untergliedern läßt. Seine größte Höhe wird im Hagelberg/Fläming mit 201 m erreicht. Da das Gebiet zwischen dem Breslau-Bremer und dem Glogau-Baruther Urstromtal liegt, kann man noch die westlich der Lüneburger Heide befindliche Stader Geest hinzunehmen.

Die *Stader Geest* grenzt im Westen zwischen Cuxhaven und Bremerhaven an die Nordsee, im Norden an das Sietland im Elbtal und im Süden an die Alleraue. Der Übergang in die im Osten gelegene Lüneburger Heide ist undeutlich und folgt etwa dem Lauf von Este und Lehrde. Die Stader Geest steigt von 10–20 m im Westen auf 40–50 m im Osten an, aber dazwischen liegen immer wieder kleine und große Moore, die insgesamt ein Drittel des Landes einnehmen. Es handelt sich vorwiegend um Flachmoore, aber auch um Hochmoore, die sich oft auf benachbarte Grundmoränenplatten hinaufziehen. Von den Niederungen ist die der Wümme am bekanntesten; sie folgt dem Wümmesander, der vom Wilseder Berg (169 m) kommend in das Wesertal bei Bremen hinunterzieht. Wegen der vielen Moore ist das Gebiet erst durch jahrhundertelange Drainage erschlossen worden.

Zwei Endmoränen queren die Stader Geest in nordsüdlicher Richtung: Altenwalder und Lamstedter Endmoräne. Beide werden heute dem Saale II (Niendorf) zugerechnet, das zwischen Drenthe- und Warthestadium liegt. Man geht davon aus, daß es während der Drenthe-Abschmelzzeit zu erneuten Eisvorstößen mit hohem Tongehalt und starker Durchsetzung mit Kreidegeschieben und Feuersteinen kam, und zwar aus ostnordöstlicher Richtung, wobei nicht ganz geklärt ist, ob zuerst die Altenwalder Eisrandlage (32 m) entstand und später die Lamstedter Eisrandlage (72 m), oder ob die Lamstedter Endmoräne überfahren wurde (LADE 1980, EHLERS 1983, 1990a; vgl. Abb. 56).

Die Grundmoränenplatten sind von Geschiebedecksand überzogen. In besonders tiefen Lagen zwischen 1 und 5 m trifft man häufig auf Lauenburger Ton, der in Stauchendmoränen der Lamstedter Endmoräne auch in höherer Lage angetroffen wird. Gelegentlich findet man auf den Grundmoränenplatten einige Hohlformen, von denen ein Teil ehemalige Toteislöcher aus der Saaleeiszeit darstellen, andere durch Bodeneisbildungen entstanden sind. Bei einigen ist die Entstehung nicht zu klären (LADE 1980). Über die Füllung solcher Hohlformen hat BEHRE (1989) von Bohrungen in Oerel berichtet (s. Kap. B. II.3., Abb. 50).

Die *Lüneburger Heide* verdient ihren Namen nicht mehr, denn die namengebende Heide findet sich heute nur noch in Naturschutzgebieten, da seit der Mitte des vorigen Jahrhunderts eine ständige Rekultivierung erfolgte. Weite Gebiete wurden zu öden Kiefernforsten, besonders in der Südheide, wo zahlreiche Sander dem Allertal zustreben. Hier fällt das Gelände sehr gleichmäßig ab, wogegen die Nordheide wegen der tiefer gelegenen Zungenbecken deutlich mehr Reliefunterschiede zeigt. Die höchsten Teile erreichen im Wilseder Berg 169 m, in den Schwarzen Bergen südlich Hamburg-Harburg 155 m. Letztere sind durch die Nähe des Elbtals besonders kräftig zertalt. Während die Lüneburger Heide im Norden mit 20–30 m hohem Steilrand gegen die Elbe in 5 m NN abfällt, im westlichen Teil sogar um 60 m, ist der 10–20 m hohe Abfall gegen das in 20–50 m befindliche Allertal deutlich geringer.

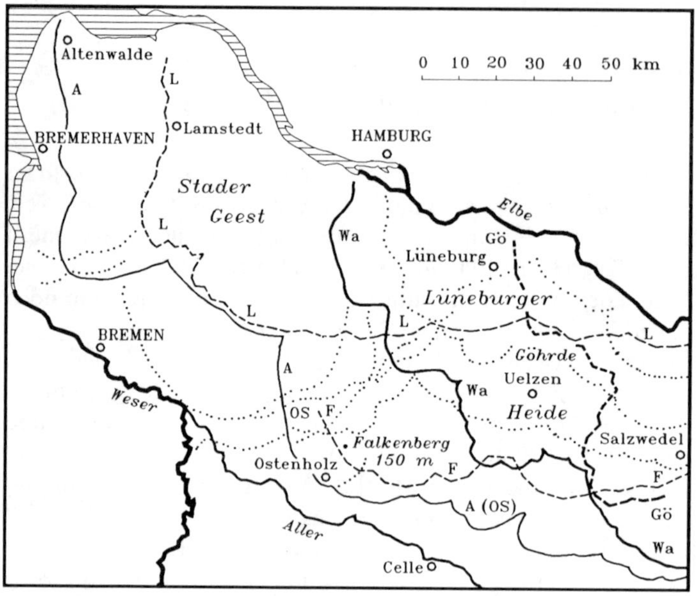

Abbildung 56
Saalezeitliche Eisrandlagen zwischen Bremerhaven und Salzwedel
(nach LÜTTIG 1968 und EHLERS 1990a, vereinfacht)

Abgesehen von einigen völlig abweichend verlaufenden, hier punktierten Eisrandlagen, unterliegt selbst der Verlauf der Endmoränenzüge, die als gesichert gelten, in der Lüneburger Heide einer erheblichen Schwankungsbreite von oft mehreren Kilometern. Dagegen sind im Norden der Stader Geest die Altenwalder und Lamstedter Eisrandlagen als schmale Stauchendmoränen gut erkennbar. Die Altenwalder Endmoräne wird aufgrund der Richtungseinregelungen neuerdings mit der Ostenholzer Staffel verbunden (EHLERS 1983), wie oben in Abweichung zu LÜTTIG (1968) gezeigt.

— — —	Eisrandlagen
....	Sonstige Auffassungen über den Verlauf von Eisrandlagen
Gö	Göhrdestaffel
Wa	Warthestadium S III
L	Lamstedter Staffel; von Saale II (Altenwalder Stadium) überfahren oder zur Abschmelzzeit von S II entstanden
F	Falkenbergstaffel; Abschmelzzeit S II
A	Altenwalder Stadium (Ostenholzer Staffel OS) S II; bildet den weitesten Vorstoß des identischen Niendorfer Stadiums S II. Davor liegt das Abschmelzgebiet des Drenthestadiums S I.

Präquartäres Festgestein kommt in Lüneburg an die Oberfläche, nämlich der aus Gips bestehende Kalkberg (58 m); unmittelbar daneben befindet sich in Zechsteinsalzen ein 0,9 km² großes Senkungsfeld, das auch heute noch kräftig nachsackt. Das zeigen die Fassaden zahlreicher Häuser durch Risse und Schrägstellungen an, aber auch die ständigen Beschädigungen an Versorgungsleitungen sowie mehr als 50 Erdfälle. Auch südlich von Lüneburg machen sich Auslaugungserscheinungen noch an der Oberfläche durch vermoorte Becken (Melbeker Moor u. a.) oder durch kleine Erdfälle bemerkbar. Auf Salzquellen weisen die Ortsnamen Salzhausen, Soltau und Sülze hin.

Wie in allen Altmoränengebieten, sind auch in der Lüneburger Heide die Eisrandlagen nur sehr undeutlich ausgeprägt, obwohl die Vereisung dieses Gebietes wohl nicht mehr als 150000 – 170000 Jahre zurückliegt. Deshalb gibt es auch viele Auffassungen über den Verlauf von Eisrandlagen; LÜTTIG (1968) hat sie zusammengestellt (Abb. 56).

Eine Besonderheit bildet das große Uelzener Becken, das von der Ilmenau nordwärts entwässert wird. Es liegt im Rückland der Wartheendmoräne und hat eine erhebliche

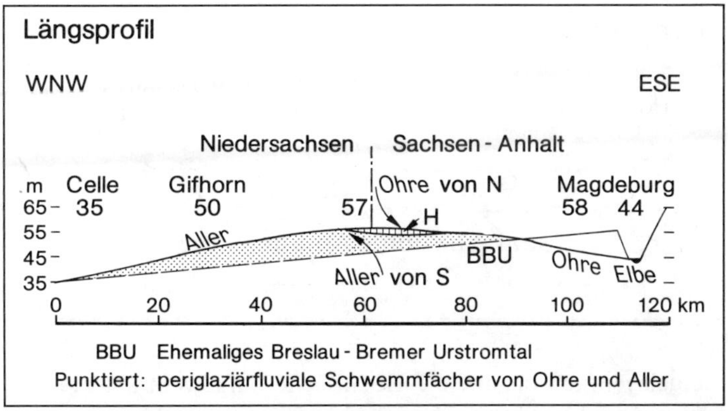

Abbildung 57
Längsprofil im Breslau-Bremer Urstromtal zwischen Magdeburg und Celle (aus Liedtke 1989a)
(BBU: verschütteter Talboden des Breslau-Bremer Urstromtales entlang der gerissenen Linie; punktiert: periglaziärer Schwemmkegel von Aller und Ohre; H: Niedermoor

Überformung erfahren. J. Hagedorn (1964) konnte hier eine periglaziäre Abtragung von 20 m ermitteln. Daß die Stauchungen in der Lüneburger Heide dem Saaleeis zu verdanken sind, läßt sich an den Lagerungsstörungen in den Kieselgurlagerstätten in der Südheide nachweisen, wo die Stauchung dieser holsteinwarmzeitlichen Ablagerung erkennbar ist.

Ohne deutliche Grenze geht die Lüneburger Heide ostwärts in die *Altmark* über. Darunter wird das Gebiet bis zur Elbe im Osten und Norden und bis an das Ohretal im Süden verstanden. In ihrem nördlichen Teil wird die Altmark durch niedrige flache Moränenplatten zwischen 20 und 50 m, im Süden durch große Sanderflächen und Höhen um 80 – 110 m gekennzeichnet. Die Entwässerung geht ganz einseitig nach Norden. Den Westen durchzieht die Jeetze, die auf ihrem Weg zur Elbe das Wendland quert; die Mitte und der Südosten werden von Milde-Biese-Aland mit der Uchte sowie vom Tanger entwässert. Wegen der meist geringen Reliefenergie in der Mitte und im Norden gibt es breite Talböden, die eine glaziale Vorformung erkennen lassen. Die heutigen Flüßchen erfüllen diese Senken nur unvollkommen.

Auch bei den Untersuchungen über die Eisrandlagen der Altmark (Weisse 1974) merkt man, daß es große Unsicherheiten gibt, klare Verbindungen und eine Gliederung in mehrere Staffeln vorzunehmen. Man kann aber davon ausgehen, daß die die Letzlinger Heide (139 m) durchziehende Endmoräne dem Warthestadium entspricht; östlich der Elbe findet diese Anschluß an die Haupteisrandlage im Fläming.

Dem südlichen Landrücken ist zwischen Magdeburg und Bremen das *Breslau-Bremer Urstromtal* vorgelagert, das westwärts von der Aller, ostwärts von der Ohre durchflossen wird. Der ursprünglich gleichsinnig westwärts geneigte Talboden ist heute bei Magdeburg durch die Eintiefung der Ohre zerschnitten und an der Grenze Sachsen-Anhalts gegen Niedersachsen durch eine flache Wasserscheide unterbrochen. Diese ist durch die periglaziäre Aufschüttung von 8 – 10 m feiner Schwemmfächersande der Aller und der Ohre entstanden, die dem Urstromtalboden auflagern und die noch 1 – 2 m Niedermoor tragen (Abb. 57). Diese Drömling genannte, ursprünglich sumpfige Erlenbruchlandschaft wurde zwischen 1770 und 1801 drainiert und wird heute durch Wiesen genutzt. Der Talboden des Urstromtals besteht aus 6 – 8 m Sanden, in die Aller und Ohre eingetieft sind. Randlich befinden sich auf dem Urstromtalboden stellenweise spätglaziale Flugsande und Dünen,

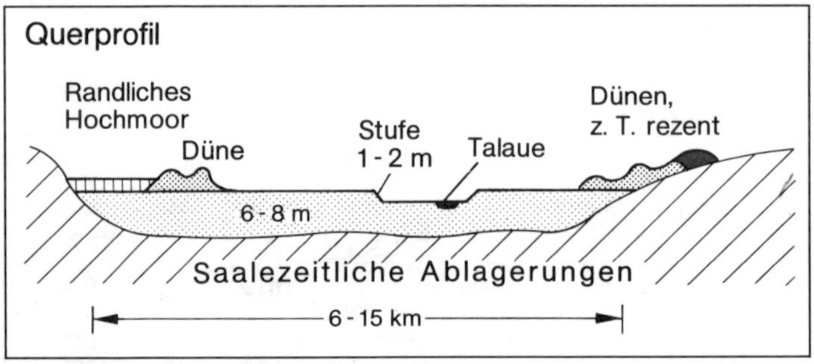

Abbildung 58
Querprofil durch das Breslau-Bremer Urstromtal westlich von Celle (aus LIEDTKE 1989a)

die gelegentlich bis auf die Hochfläche aufgeweht sind oder die Entwässerung behindern und zur Moorbildung führen (Abb. 58). Das Breslau-Bremer Urstromtal kam schon bald nach Aufgabe der Wartheeisrandlage außer Funktion, aber der Abflußweg der jüngeren warthestadialen Eisrandlagen ist ungewiß (NITZ 1991 in BRAMER u. a. 1991).

Westlich der Elbe folgt bis an den Oberlauf der Dahme der *Fläming*, mit 201 m der höchste Teil des Südlichen Landrückens, im Norden vom Glogau-Baruther und im Süden vom Breslau-Bremer Urstromtal begrenzt. Beim Fläming fällt sofort der asymmetrische Bau mit steilerem Abfall nach Norden und sanfter Abdachung nach Süden auf. Im allgemeinen gibt es 80–100 m mächtige glaziale Schichten, und nur im Südwesten reicht das Tertiär mit miozänen Sanden, oligozänen Tonen und eozäner Braunkohle bis in die Nähe der Oberfläche, wo bei Leitzkau und Ladeburg durch Eisdruck engwellige Faltenbögen entstanden sind. Hinweise auf echte Tektonik fehlen. Hinsichtlich der Eisrandlage (BRUNNER 1961) besteht über den Verlauf der Warthemoräne über Hohenwarthe/Elbe, Hohenlobbese, Medewitz, Kerzendorf, Werbig eine gewisse Einigkeit (Abb. 59). Nördlich davon verläuft eine weitere Eisrandlage über Schermen und Buckau (bei Ziesar), die sich bis in die Gegend von Baruth verfolgen läßt und die sich bei Merzdorf deutlich im Gelände abhebt. Eine weitere Eisrandlage ist wenig sicher (Krüssau, Dretzen südlich Ziesar). Es sei noch darauf hingewiesen, daß von CEPEK (1975) eine abweichende Meinung über den Verlauf der Eisrandlagen vertreten wird.

Der Fläming weist einige geomorphologische Besonderheiten auf. Seine exponierte Lage und das sandige Substrat haben dazu geführt, daß ein sehr hoher Windkanteranteil von 40–50% auftritt (NITZ 1965) und daß auf dem Hohen und dem Niederen Fläming ein 55 km langes und 4–5 km breites Band von kalkfreiem Flottsand (Groblöß) vorhanden ist. Da auf diesem seit dem Mittelalter intensiv Landwirtschaft auf großen Einzugsgebieten betrieben wird, kommt es bei Starkniederschlägen auf unbestellten Flächen zu häufigen Abflüssen, die in den kleinen Tälern zu schluchtartigen Einschnitten geführt haben, die man als Rummeln bezeichnet (Garreyer und Neuendorfer Rummel, Brautrummel bei Grubo). Gegenwärtig ist die Aktivität in den Rummeln geringer geworden, wohl weil sie seit langem nicht mehr als Fahrwege benutzt werden. Aus den Tälern der nördlichen Flämingabdachung sind spätglazial noch zahlreiche Schwemmkegel auf den Boden des Glogau-Baruther Urstromtals geschüttet worden, die dazu beigetragen haben, daß das gleichsinnige Gefälle verlorenging (MARCINEK 1961).

Im Fläming haben sich noch zahlreiche geschlossene Hohlformen erhalten, von denen 57% in welligem Gelände und 43% in flachen Gebieten oder auf Wasserscheiden liegen. Eine besondere Häufung bemerkt man zwischen Jüterbog und Dahme (LIEDTKE 1960).

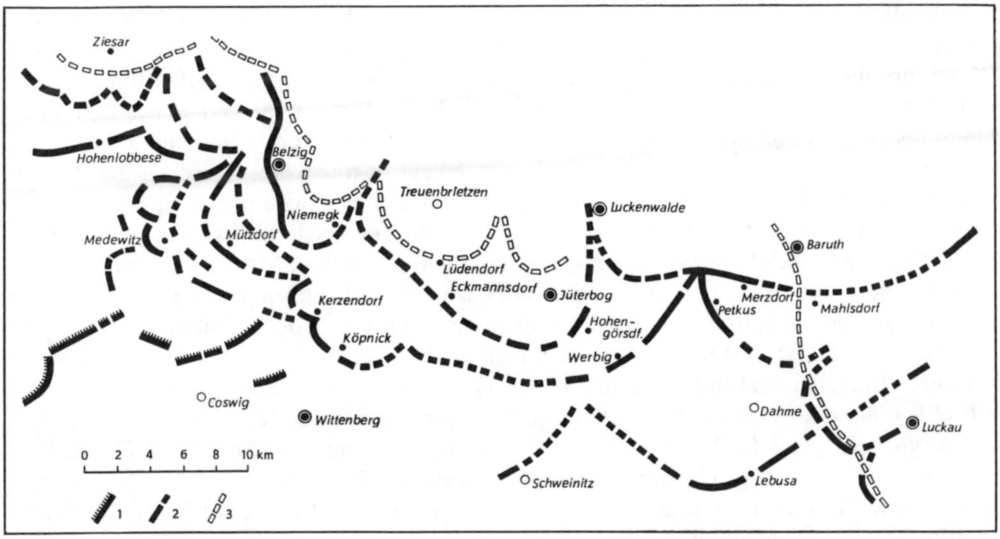

Abbildung 59
Eisrandlagen im Hohen und Niederen Fläming (nach MAUDREY 1968, aus MARCINEK u. NITZ 1973)
1 – drenthezeitliche Eisrandlagen
2 – Endmoräne S2 im Sinne von MAUDREY
3 – Endmoräne S3 im Sinne von MAUDREY

Schließlich sei noch auf die gestauchten Bändertone in der Ziegelei Niemegk und auf die ebenfalls gestauchten holsteinzeitlichen Kieselgurablagerungen in Klieken hingewiesen, die zur Zeit gut aufgeschlossen sind.

Der sich zwischen Dahme und Görlitzer Neiße anschließende *Lausitzer Grenzwall* wird im Norden vom Glogau-Baruther und im Süden vom Breslau-Bremer Urstromtal begrenzt. Ein noch gut erkennbarer Endmoränenwall, weithin als blockpackungsreiche Satzendmoräne ausgeprägt, zieht sich in nordwest-südöstlicher, dann in östlicher Richtung zur Neiße, wo er in den weitgespannten Muskauer Faltenbogen übergeht, eine glaziale Stauchungsstruktur, die auch tertiäre Sande, Tone und Braunkohlen erfaßt hat. Im Hinterland befinden sich bei Luckau, Clau und Drebkau breit angelegte Senken, die ehemaligen Zungenbecken.

Betrachtet man den gesamten Südlichen Landrücken, so wird er auf seiner Länge von 400 km nur an drei Stellen von Flüssen gequert: Elbe, Spree und Neiße. Neue Untersuchungen deuten darauf hin (NITZ in BRAMER u. a. 1991), daß die Spree ihren Abflußweg zwischen Spremberg und Cottbus erst im Weichselhochglazial hat einnehmen können, aber der Anlaß hierfür ist noch unklar. Als Abfluß der Schmelzwässer des Warthestadiums diente der Lausitzer Abschnitt des Breslau-Bremer Urstromtals.

5.3. Westniedersächsische Geestplatten und Niederungen

Zwischen niederländischer Grenze und Weser, zwischen Nordsee und Wiehengebirge liegen ausgedehnte Geestplatten, kleine Geestinseln und weite Niederungen. Die Landschaft wirkt geomorphologisch eintönig, und nur der Wechsel von Weide, Acker und Waldstücken verleiht ihr einen gewissen Reiz. Die Höhenlage steigt südwärts sehr langsam an. Nördlich Oldenburg übersteigen die Höhen selten 20 m (Ostfriesische Geest), im Hümmling werden 89 m erzielt (Cloppenburger Geest), und nur der schmale Streifen im Verlauf des Rehburger Stadiums erreicht Höhen über 100 m (Dammer Berge 146 m) und damit eine Reliefenergie von etwa 100 m, denn der benachbarte Dümmer liegt in nur 37 m. Zwischen den Platten ziehen sich drei breite, in der Form völlig unregelmäßige Niederungen in westöstlicher Richtung, die Leda-Hunte-Niederung, die Quakenbrücker Niederung an der unteren Hase und eine am Nordrand des Wiehengebirges verlaufende und vom Mittellandkanal genutzte, sehr schmale Senke von Minden über Bramsche zur Ems bei Lingen. Diese Senken bestehen teilweise aus periglaziären Talsanden, großenteils aber aus Mooren, meist Hochmooren, die heute entwässert und in Kultur genommen sind. Die Entwässerung erfolgt von Süden her durch Ems, Hase, Hunte, Aue und Weser. Die Ostfriesische Geest wird meist nur durch kleine Kanäle oder Gräben entwässert, die winzigen Bächen folgen.

Die typischen glazialen Landschaftsformen sind verschwunden, und nur mit geübtem Auge erkennt man noch einige ehemalige glaziale Rinnen. Ein belebtes Relief findet sich nur im Zuge der Rehburger Endmoräne, die in der Vorrückungszeit des Drentheeises entstand, kräftige Stauchungen hinterließ und dann vom Drentheeis überfahren wurde. Ihre große Höhe verdankt sie nicht nur der Stauchung, sondern auch der Tatsache, daß hier in großem Umfang Sande und Schotter der an dieser Stelle vorsaalezeitlich entlang fließenden Weser (Liedtke 1980) verfaltet wurden, die der periglaziären Abtragung stark widerstanden haben und sich heute in großer Reliefenergie widerspiegeln. Einzelne Loben im Fürstenauer und Dammer Bogen bestehen hauptsächlich aus Schottern der ehemaligen Oberterrasse der Weser (van der Watern 1987).

Obwohl Niedersachsen vollständig im Altmoränengebiet liegt, gibt es hier noch eine Unmenge Hohlformen, von denen von Garleff (1968) etwa 10000 festgestellt wurden (s. B. II. 3.). Einige wenige davon, wie das Zwischenahner Meer, gehen auf Salzlösung im Untergrund zurück. Der größte See mit 15 km^2 Fläche, aber nur 1,8 m Tiefe ist der Dümmer, dessen Existenz lange Zeit Rätsel aufgegeben hat. Eine Ausblasungswanne ist trotz kleiner Dünenfelder nicht vorstellbar, sonst hätte man viele solcher Formen finden müssen. Gleiches gilt für eine Nachsackung über wasseraufnahmefähigen Eemablagerungen. Letzteres ist aber nicht ganz auszuschließen. Sicher ist aber nachgewiesen, daß noch spätglazial aus den Tälern der Dammer Berge Schwemmfächer in die Hunteniederung geschüttet wurden, die zu einem Austritt des Grundwassers südlich der Einschüttung führten und den flachen Dümmer entstehen ließen (Liedtke 1981c). Über das Alter vieler mehrere Meter mächtiger ablualer, teilweise auch äolischer Sedimente in den Niederungen gibt eine ^{14}C-Datierung von verwürgten Moorböden Auskunft. Hier konnte in völlig ebenem Gelände in 4 m und in 6 m Tiefe ein Alter von 35000 und 36000 Jahren ermittelt werden (Glatthaar u. Liedtke 1986).

5.4. Münsterländische Tieflandsbucht und Hellwegbörden

Die Münsterländische Tieflandsbucht bildet ein nach Westen offenes Dreieck, das im Nordosten vom Teutoburger Wald und im Süden vom Rheinischen Schiefergebirge begrenzt wird. Sie ist nicht mehr so flach wie Niedersachsen, weil mehrere Kreidetafeln (Baumberge

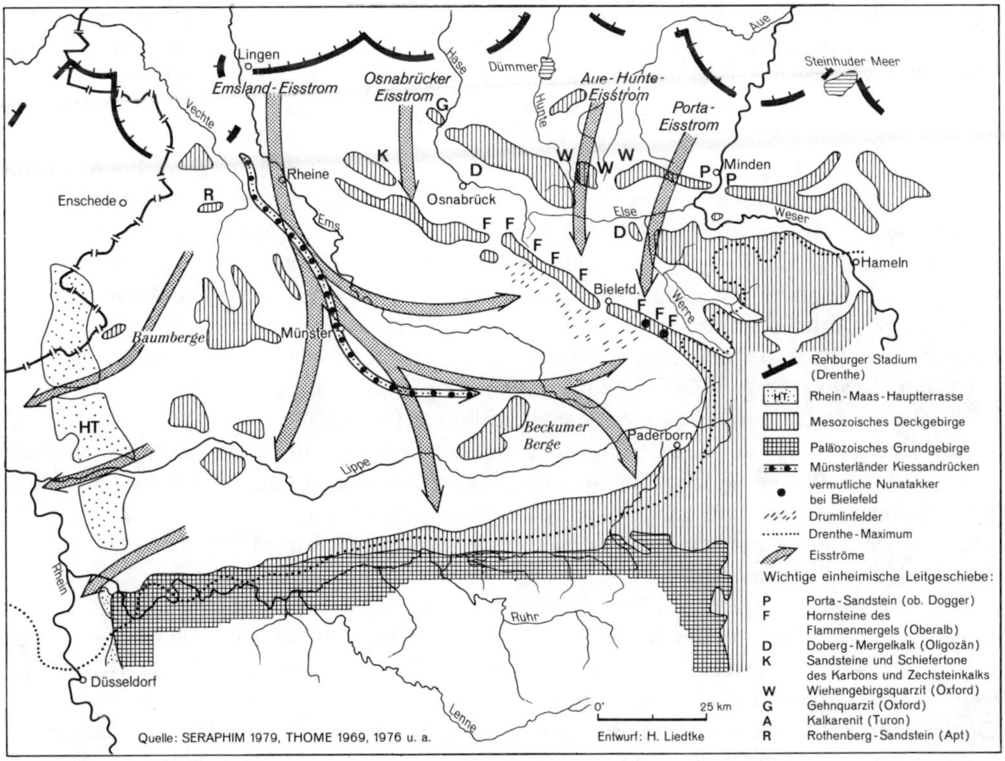

Abbildung 60
Drenthezeitliche Eisbewegung in der Münsterländischen Tieflandsbucht und im Weserbergland (Liedtke 1981a)

186 m, Beckumer Berge 173 m) und andere Erhebungen (Haard 157 m, Hohe Mark und Borkenberge) herausragen. Auch steigt die Landschaft nach Süden gegen das Rheinische Schiefergebirge überall auf über 100 m an. Die dazwischen liegenden Teile aus flachen Grundmoränen, Flußterrassen und Sandablagerungen haben meist eine Höhe von 40–80 m.

Das Gewässernetz wird von zwei Flüssen beherrscht, der zur Ruhr laufenden Lippe sowie der Ems. Beide kommen aus dem inneren Winkel bei Paderborn; die Wasserscheide zwischen ihnen ist so flach, daß 1946 bei einem extremen Hochwasser nordöstlich Lippstadt Wasser der Ems zur Lippe übertrat (Speetzen 1990). Die Ems folgt weitgehend pleistozänen Rinnen und hat bei Emsdetten zwei deutliche Niederterrassen und eine Inselterrasse. Ihre Talaue liegt 9–13 m unter der oberen Niederterrasse, deren Akkumulationskörper bei Münster 7 m mächtig ist. An der Basis konnte ein Torf gefunden werden, dessen Alter mit 27000 Jahren B. P. ermittelt wurde (Kramm u. Müller 1978). Bohrungen und Aufschlüsse haben immer wieder deutlich gemacht, daß es nur eine Grundmoräne gibt. Das weist darauf hin, daß dieser Raum von der Elstervereisung nicht mehr erreicht wurde, auch wenn man an ganz wenigen Stellen eine auf die Elstereiszeit hinweisende Geschiebezusammensetzung gefunden hat.

Im Inneren der Münsterländischen Tieflandsbucht liegt die Senne, ein Sandgebiet, dessen Entstehung als Kame (SERAPHIM 1979) oder Sander noch immer im Gespräch ist. Von den randlichen Gebirgen her ist außerdem sandiges Material periglaziär eingetragen worden, worauf im Wechsel lagernde Schichten von Sand und Kalkschutt hinweisen (éboulis ordonnées).

Entscheidend für die glaziale Gestaltung der Münsterländischen Tieflandsbucht ist die Tatsache, daß das Inlandeis nicht von Norden, sondern von Nordwesten entlang der Ems ungehindert bis in den inneren Teil vordrang, während das von Norden vorrückende Eis an Wiehengebirge und Teutoburger Wald aufgehalten und gebremst wurde. Dadurch konnte der einst als Endmoräne gedeutete Kiessandrücken von Münster mit südostwärts einfallenden Schichten als Schmelzwasserablagerung (Os) erkannt werden. Auch die vor dem Teutoburger Wald befindlichen, allerdings sehr schwachen Drumlins wurden dadurch verständlich (SERAPHIM 1973). Es ist das Verdienst von THOME (1980), auf diese vorpreschende Stoßrichtung des Drentheeises hingewiesen zu haben (Abb. 60).

Aus der Höhenlage der Kreidezeugenberge in der Münsterländischen Tieflandsbucht hat HESEMANN (1969) eine pliozäne Rumpffläche rekonstruiert und damit die aus dem Rheinischen Schiefergebirge stammenden Gerölle auf dem Haarstrang zu erklären versucht. Das weist auf jedenfalls erhebliche Abtragungsbeträge in den mergeligen Emscherschichten seit dem Ende des Pliozäns hin.

Am Nordrand des Rheinischen Schiefergebirges zieht sich von Mülheim/Ruhr bis Lippstadt ein 5 – 8 km breites Band von Löß und Lößlehm entlang, das zu einer intensiven Landwirtschaft geführt hat. Am Südrand dieses Lößbandes verläuft eine alte Heerstraße, weil hier der Emschermergel ausstreicht; dieses hat den Austritt zahlreicher salzhaltiger Quellen zur Folge, die im Mittelalter zur Salzgewinnung genutzt wurden (Salzkotten am Hellweg, heute Bundesstraße 1). Die Lösse sind meist nur wenige Meter mächtig, erreichen gelegentlich aber auch 10 m und verhüllen dann ein etwas welligeres Relief. Ihr Alter wird der Weichseleiszeit zugerechnet. Sie sind wenig untersucht, weil es sich wegen des verhältnismäßig hohen Niederschlags meist um Fließlöß handelt (SKUPIN 1991), der für stratigraphische Zwecke wenig geeignet ist.

5.5. Niederrhein und Kölner Tieflandsbucht

Niederrhein und Kölner Tieflandsbucht öffnen sich nach Nordwesten in die Talräume von Rhein und Maas. Im Nordosten stößt der Niederrhein gegen die Kreidetafel der Münsterländischen Tieflandsbucht mit angelagerten oligozänen Sanden und Tonen, im Südosten und Südwesten gegen das deutlich ansteigende Rheinische Schiefergebirge. Drei Merkmale zeichnen diesen Raum aus: Der Nordwesten, heute von der Niers eingenommen, ist rein fluvial gestaltet, der Nordosten hat eine Überprägung durch das Saaleinlandeis erfahren, und der Süden, die eigentliche Kölner Tieflandsbucht, wird durch Bruchschollentektonik, Erdbebenhäufigkeit und dicke lößbedeckte Rhein- und Maasterrassen gekennzeichnet. Niederrhein und Kölner Tieflandsbucht sind klassische Gebiete der Erforschung der Reliefentwicklung des weiteren Umlandes, denn das, was in den umgebenden Hochgebirgen abgetragen wurde, liegt am Niederrhein in mächtigen Sedimenten gestapelt übereinander, kann in Aufschlüssen und Bohrungen erfaßt werden und gibt damit Auskunft über den Entwicklungsgang im Einzugsgebiet des Mittelrheins. Aus dem Grenzgebiet gegen die Niederlande stammen die für die internationale Forschung wichtigen stratigraphischen Begriffe Tegelen (NL) und Brüggen (D). Die Untersuchungen an älteren Schottern geben Auskunft darüber, wann der Alpenrhein in den Oberrheingraben und damit bis nach Norddeutschland gelangte, und die Tiefenlage zeitlich bestimmbarer Schichten zeigt uns die Absenkungsgeschwindigkeit am Niederrhein. Schließlich sei noch darauf hingewiesen, daß am Niederrhein die einzige Stelle vorliegt, wo alpines Vereisungsgebiet mit dem Nordischen Inlandeis durch einen Fluß in Verbindung steht und eine Korrelierungsmöglichkeit besteht.

Wo der *Rhein* aus dem Rheinischen Schiefergebirge heraustritt, wird er beiderseits von Terrassen begleitet. Die ältesten, noch in das Jungtertiär fallenden Terrassen liegen östlich des Rheins auf dem Anstieg zum Bergischen Land, während nördlich der Ruhr und auf der westlichen Rheinseite die Hauptterrassen, Mittelterrassen und Niederterrassen in breiter Ausdehnung auftreten. Die Ursache für die Terrassenbildung liegt einerseits in einer bis 130 m starken quartären Heraushebung des Rheinischen Schiefergebirges, wodurch die Ausgleichskurve des Rheins gestört und die Tiefenerosion angeregt wurde. Diese Hebung setzte etwa zur Wende Pliozän/Pleistozän ein, steigerte sich im Altpleistozän, erreichte ein Maximum während der Elstereiszeit und der Holsteinwarmzeit und klingt seitdem ab. Andererseits ist der Umschlag von einer gemäßigt-fluvialen Wirkungsweise in eine kaltzeitlich fluviale Aktivität mit einer kräftigen, schnellen Eintiefung verbunden, und das Anhalten dieser kaltzeitlichen Bedingungen wiederum führt zu einer erheblichen Akkumulation auf den breiten Talböden. Ein Einfluß eustatischer Bewegungen ist im Mittelgebirge wegen viel zu großer Entfernung vom Mündungsgebiet nicht zu erwarten (QUITZOW 1959). Folge der Hebung des Rheinischen Schiefergebirges war, daß die Schotter von Rhein und Maas dort, wo sie aus dem Gebirge traten, am höchsten gehoben wurden. Sie bilden ein breites Band von Hauptterrassen, deren Höhe nordwärts abnimmt und die an der niederländischen Grenze unter die holozänen Ablagerungen abtauchen. Die ältesten quartären Ablagerungen liegen heute in Amsterdam in mehr als 600 m Tiefe! Maas und Rhein bildeten zur Zeit der Hauptterrassen ein weitgespreiztes Stromgeflecht. Maasgerölle („Maaseier“ aus Feuerstein) gelangten bis auf die Hauptterrassen östlich des Rheins zwischen Ruhr und Lippe. Rhein und Maas waren noch etwa gleichbedeutende Flüsse, und erst als der Alpenrhein angeschlossen wurde, konnte der Rhein die Maas immer zu seiner linken (westlichen) Seite halten (Geologie am Niederrhein 1988). Das Alpengebiet ist ja erst spät an das Rheinsystem angeschlossen worden. Zuerst war es der Aare am Übergang Pliozän/Pleistozän gelungen, in den Oberrheingraben zu entwässern, wie alpine Schwerminerale zeigen. Der Alpenrhein kommt erst später dazu, wohl zu Ende der Donaukaltzeit oder zu Beginn der Günzeiszeit (BOENIGK 1990). Das belegen alpine Kieselschiefer.

Mit dem Ende der Hauptterrassenzeit vor rund 700000 Jahren wurde der Süden der Kölner Tieflandsbucht in die verstärkte Hebung des Rheinischen Schiefergebirges einbezogen, so daß sich der Rhein nicht mehr nach Westen verzweigen konnte, sondern schon zur Zeit der Jüngeren Hauptterrasse in seinem jetzigen Lauf bei Bonn festgelegt war. Darin haben sich später die Mittelterrassen eingetieft. Die Untere Mittelterrasse läßt sich mit dem drenthestadialen Vorstoß des Inlandeises korrelieren. Die Mittelterrassen sind nach ihrem Austritt aus dem Rheinischen Schiefergebirge noch verhältnismäßig schmal, verbreitern sich aber stark unterhalb von Düsseldorf und ziehen sich entlang der Niers, wo der Rhein

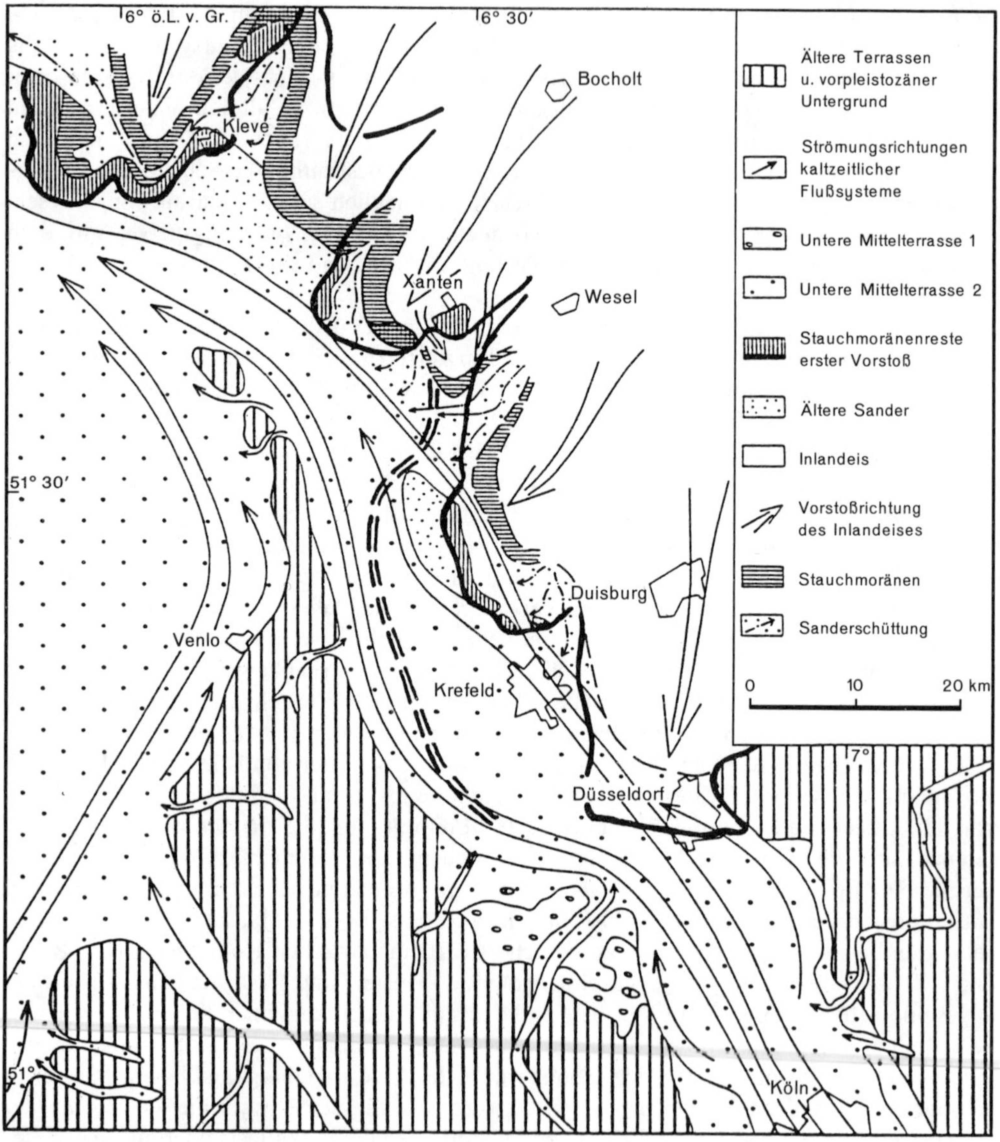

Abbildung 61
Nordisches Inlandeis am Niederrhein (nach KLOSTERMANN 1985, aus SCHIRMER 1990a)
Doppellinie: angenommener Elstervorstoß; Vertikalschraffur mit dicker Linie: 1. Saalevorstoß; Horizontalschraffur: 2. Saalevorstoß

zur Zeit des Drenthestadiums floß, als sein Weg durch das Inlandeis versperrt war. Die Niederterrassen wurden Ende der letzten Eiszeit aufgeschüttet. Die Jüngere Niederterrasse zeigt in ihren oberen Lagen zahlreiche helle Bimsstücke, die beim Ausbruch des Laacher

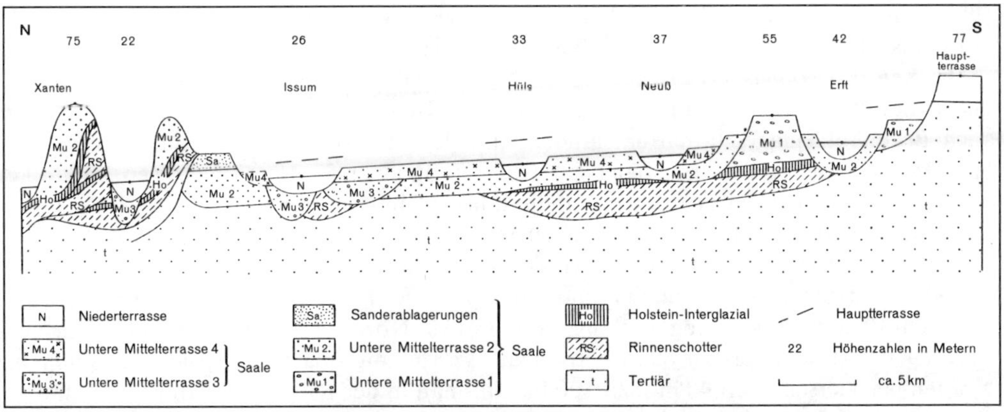

Abbildung 62
Stark vereinfachter schematischer Nord-Süd-Schnitt durch die Niederrheinische Bucht (KLOSTERMANN 1985)

Sees in den Rhein fielen, zunächst mitschwammen, aber schließlich am Boden niedersanken, als sie sich mit Wasser vollgesogen hatten. Während sie in der Strömung des Mittelrheins mitgerissen wurden, kamen sie aber dort zur Ablagerung, wo der Rhein von den breiten Terrassenfluren am Niederrhein in vielen kleinen Bahnen als verwilderter Fluß floß. Das Holozän brachte einen erneuten Einschnitt mit großen Mäandern, die den Rhein während des Holozäns auf der ganzen Aue hin- und herwandern ließen. Erst seit der Eindeichung fließt der Rhein nun in einem geregelten Bett, während er vorher bei Hochwasser noch in das Tal der Niers übertreten konnte.

Als das *Inlandeis* bis an den Niederrhein vorstieß, zwang es den Rhein, etwas nach Westen in das Tal der heutigen Niers auszuweichen. Auf der großen Aufschüttungsebene des Rheins pendelte der Fluß ohnedies hin und her. Der Vorstoß erfolgte eindeutig im Drenthestadium der Saaleeiszeit, und es kam hier sogar zur Bildung kräftiger Stauchmoränen, die vorwiegend aus Terrassenschottern der gerade in Aufschüttung befindlichen Unteren Mittelterrasse II bestanden. Daß bei Permafrost überhaupt Stauchung möglich war, ist nur dadurch erklärbar, daß das Eis in das Bett des Rheins eindrang und dort nicht gefrorenen Boden vorfand. Das ist unter den großen Flüssen in Permafrostgebieten der Fall, weil hier im Sommer Wärmezufuhr vom Wasser erfolgt und im Winter das ausgefrorene Flußbett vor den sehr tiefen Wintertemperaturen schützt. Folglich war hier Stauchung möglich (THOME 1959). Man hat früher einen maximalen Vorstoß und zwei Rückzugsstaffeln ausgeschieden (THOME 1959, SIEBERTZ 1986); nach KLOSTERMANN (1985) bestehen aber nur zwei größere Eisrandlagen (Abb. 61). Vor der äußeren Eisrandlage haben sich gut erkennbare Sander erhalten, vor der inneren sind noch Sanderabflußbahnen (Schlauchsander) nachweisbar. Als der Niederrhein eisfrei wurde und später das Toteis austaute, gelangte der Rhein wieder in sein östlich der Endmoränen gelegenes Bett zurück.

Es gibt noch immer eine Diskussion über die Frage, ob nicht auch das Elstereis bis an den Niederrhein vorgedrungen war, aber wie für die Münsterländische Tieflandsbucht, so fehlt auch hier ein eindeutiger Beweis durch das Vorhandensein einer entsprechenden Grundmoräne. Die etwas tiefere Lage von Rinnenschottern (KLOSTERMANN 1985, SCHIRMER

1990a) im Rheinbett und die Überlagerung dieser Rinnenschotter durch interglaziale Holsteinschichten sind keine echten Beweise für die Anwesenheit von Inlandeis (Abb. 62).

Die *Kölner Tieflandsbucht* ist das nördliche Vorland der Eifel, wo sich im Tertiär Sande und Tone auf einer Schwemmlandebene ausbreiteten und in besonderen tektonischen Becken auch Braunkohlenlagerstätten entstanden. Im Pleistozän kam es zur Aufschüttung von Hauptterrassenschottern und später zur Ablagerung einer 5–15 m mächtigen Lößdecke, die als geschlossene Decke bis 200 m, inselhaft bis 300 m Höhe reicht (FRÄNZLE 1969, JANUS 1988). Gelegentlich tritt auch Talasymmetrie auf.

Tektonische Bewegungen erschüttern den Raum immer wieder, und wenn sie auch nur mit kleineren Schäden verbunden sind, so zeigen sie doch die Spannungen an, die bei unterschiedlicher Absenkung entlang von großen Nordwest-Südost verlaufenden Verwerfungen eintreten. Bis zu 80 m beträgt die Verstellung quartärer Schichten, weiter im Norden bei Viersen noch 40 m. Seit 1300 kennt man in der Kölner Tieflandsbucht und im südlich anschließenden, sich jährlich 1–2 mm hebenden Abschnitt der Eifel ca. 20 merkliche Erdbeben (AHORNER 1984).

5.6. Hannoversche Heide und niedersächsische Börden

Zwischen der Weser und der Oker erstrecken sich zwei geomorphologisch wenig auffällige Landschaften, die Hannoversche Heide (Geest) und die niedersächsischen Börden. Die Hannoversche Heide behält auf der ganzen Strecke eine Breite von ca. 20 km bei und grenzt im Norden an den von der Aller durchflossenen breiten Boden des ehemaligen Breslau-Bremer Urstromtals. Die Höhenlage beträgt 50–60 m, die Oberfläche ist flach bis sanft gewellt, und die dortigen Bäche haben sich nur schwach eintiefen können. Lediglich die Leine besitzt ein deutliches breites Tal. Es herrschen saaleeiszeitliche Grundmoränenplatten vor, in deren Senken Flach- oder Hochmoore auftreten können, und zwei sehr denudierte Endmoränenzüge durchziehen das Gebiet. Der südliche gehört zur Rehburger Eisrandlage. Sandlößabsätze überziehen weite Teile; nur im östlichen Teil steigt das Gelände etwas an, weil dort flache Aufwölbungen mesozoischer Gesteine bis an die Oberfläche gelangen. Eine Besonderheit bildet das 30 km^2 große Steinhuder Meer, das im Durchschnitt 2 m tief ist und nur gelegentlich 4 m Tiefe erreicht. Es ist ein nicht vollständig periglaziär zugeschüttetes saaleeiszeitliches Exarationsbecken; eine Mitwirkung von Salztektonik ist wohl auszuschließen, da Salzstrukturen in diesem Gebiet zwar bekannt sind, aber nicht direkt darunter verlaufen.

Die niedersächsischen Lößbörden bilden einen im Westen wenige Kilometer, im Osten etwa 25 km breiten Streifen im unmittelbaren Vorland des Niedersächsischen Berglandes, der von 50 m an der Weser auf 100 m an der Oker ansteigt. Hier überwiegen sehr ruhige Oberflächenformen, obwohl im Untergrund Zechsteinsalze zu domartigen Aufstiegen mesozoischer Schichten oder zu flachen Auslaugungswannen geführt haben. Über den geringmächtigen quartären Ablagerungen liegt eine 0,5–3,0 m mächtige Lößdecke, die den Anlaß dafür bietet, daß dieses Altsiedelland heute fast völlig waldfrei und weithin überschaubar ist, so daß die Halden der Kaliwerke bei Hannover und der Eisenerzgruben bei Peine sich deutlich herausheben.

5.7.
Nördliches und östliches Harzvorland

Das nördliche Harzvorland leitet vom norddeutschen Flachland hinüber zum scharfen Mittelgebirgsrand des Harzes. Nach Norden hin ist kein mauerartiger Aufstieg wie im Wiehen- und Wesergebirge vorhanden, sondern das Deckgebirge der Mittelgebirgsschwelle tritt langsam heraus und zeigt sich im wesentlichen in Form flacher Erhebungen, denn östlich der Oker und südlich des von Aller und Ohre eingenommenen Breslau-Bremer Urstromtales gehen die saxonischen Strukturen, die das Niedersächsische Bergland so kompliziert gestalten, in etwas einfachere Lagerungsverhältnisse und ruhigere Oberflächenformen über. Viele Bereiche erscheinen sehr flach, und erst in Nähe des Harznordrandes werden die Reliefformen schärfer. Im Nordwesten bildet der Elm (322 m) aufgrund der verbreiteten Salztektonik eine breite Aufbeulung im Muschelkalk, und östlich davon kommt im Flechtinger Höhenzug herzynisch streichend, wie der Elm, sogar das Grundgebirge zutage. Porphyr, Quarzporphyr, unterkarbonische Grauwacken und Rotliegendes sind hier nachgewiesen und bestimmen bei Magdeburg die lokale Erosionsbasis der Elbe. Zwei Reihen von Erhebungen prägen das Harzvorland: die Kette aus Schmalsätteln mit der Asse (227 m) und dem Heeseberg (200 m) und die breiten Gewölbe von Fallstein (288 m), Huy (314 m) und Hakel (237 m), die alle von den Schichten des Muschelkalkes gebildet werden. Gelegentliche Erdfälle gehen auf Lösungsvorgänge im Rötgips zurück.

Unmittelbar vor dem Harzrand verläuft eine tektonische Mulde, die aus mächtigen Ablagerungen der Oberkreide gebildet wird. Genau in diese hat sich in der subherzynen Phase – etwa in der Mittleren Oberkreide – von Süden her der Harz aufgeschoben und dabei die mesozoischen Schichten aufgebogen. Sie treten am Harzrand auf etwa 2 km Breite in senkrechter oder überkippter Stellung zutage. Eine besonders harte Schicht der Oberkreide aus quarzitischen Sandsteinen ist dabei herausgewittert und bildet stellenweise eine mauergleiche Aufragung von 10–20 m Höhe, die im Volksmund „Teufelsmauer" genannt wird und die besonders gut bei Timmenrode und Neinstedt ausgeprägt ist. Da es in der Oberkreidemulde lokal zu einer Auffaltung des Quedlinburger Sattels gekommen ist, konnte dieser durch die Abtragung bis auf die Keuperschichten aufgeschlitzt und ausgeräumt werden. Diese 2 km breite Mulde ist am besten vom Hoppelberg (309 m) erkennbar (Abb. 63). Hier spricht man von Reliefumkehr: Die geologische Sattelstruktur bildet heute eine geomorphologische Mulde.

Die Grundzüge des Reliefs im Harzvorland werden ganz von der Tektonik bestimmt. Daß das nordische Inlandeis zweimal dieses Gebiet bedeckt hat, ist nur noch an einigen Aufschlüssen, nicht aber am Formenschatz erkennbar. Doch es gibt auch andere Hinweise auf eiszeitliches Geschehen: Das sind die breiten Talzüge mit bis 12 m mächtigen Ablagerungen von Schottern, die in den Kaltzeiten aus den Harztälern geliefert und im Vorland ausgebreitet wurden. Die elsterzeitlichen Moränen sind teilweise noch von Hochterrassen und Schottern überdeckt worden. Auch zahlreiche periglaziäre Abtragungsvorgänge sind erkennbar, aber viel bedeutsamer ist die Überdeckung mit Löß, der vorwiegend der letzten Kaltzeit entstammt. Er ist als völlig geschlossene Decke in der Magdeburger Börde mit 1–3 m Mächtigkeit vorhanden, aber auch bis an den Harzrand vorzufinden, wo seine Verbreitung allerdings Lücken aufweist; die Mächtigkeit ist geringer und die Fazies unmittelbar am Harzrand sandiger als weiter im Norden.

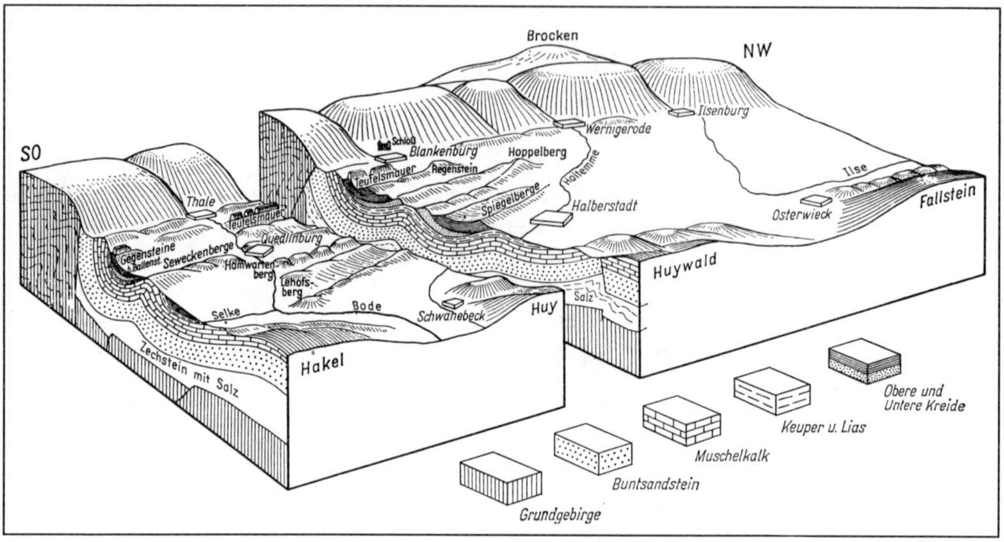

Abbildung 63
Die subherzyne Kreidemulde im nördlichen Harzvorland (Wagenbreth u. Steiner 1985)
Links ist der Quedlinburger Sattel mit der Reliefumkehr im Ausraum östlich vom Hoppelberg erkennbar; am Harzrand erkennt man die Teufelsmauer.

Im östlichen Harzvorland führt die schmale Hettstedter Gebirgsbrücke vom Harzrand ostwärts bis zur Saale und findet ihre Fortsetzung in den dortigen permischen Porphyren (Nitz in Bramer 1991), die aus der Leipziger Tieflandsbucht weithin sichtbar herausragen. Der südlich anschließende Teil wird – im Gegensatz zu dem von Muschelkalk und Oberkreide geformten nördlichen Harzvorland – hauptsächlich von Buntsandstein eingenommen; auch hier kam es zu erheblicher Salinartektonik mit Auslaugungsvorgängen, die heute noch andauern. Der Süße See beweist, daß das Relief nicht wie anderswo fluvial ausgeglichen werden konnte, und die ehemaligen Seen Salziger See und Aschersleben er See bezeugen die Weiträumigkeit der Auslaugung von Zechsteinschichten und Rötgipsen. Starke Schäden an Gebäuden sind infolge von Senkungen besonders aus Eisleben bekannt (Suderlau 1982). Diese Auslaugung ist ein schon seit dem Tertiär erfolgender Vorgang, wie die Verfüllung früherer Absenkungen mit tertiären Schichten, besonders Braunkohlen, beweist. Bekannt sind die Braunkohlenlager im Geiseltal, die wegen der dortigen zahlreichen Fossilfunde Weltruf erlangten. Es sei noch erwähnt, daß dort, wo der Zechstein am Ostrand des Harzes und am Südrand der Hettstedter Gebirgsbrücke infolge Aufbiegung der Schichten bis an die Oberfläche kommt, der Bergbau auf schwachprozentigen Kupferschiefer (2–3%) umging und zahlreiche Halden hinterließ, die kleinen Vulkanen gleich in den Himmel ragen und damit die schärfsten Reliefformen des ganzen Raumes bilden.

Das gesamte Gebiet zwischen dem östlichen Harzrand und der Saale ist von einer geschlossenen Lößdecke überzogen, die hier aber weithin mehr als 3 m Mächtigkeit aufweist und oft ein älteres Relief nicht nur zudeckt, sondern auch auskleidet und damit die Reliefenergie wesentlich mindert; der Löß wirkt hier als „Weichmacher" der Landschaftsformen. In vielen Hohlwegen kann man oft 10 m erreichende Lößmächtigkeit beobachten.

Die Wirkung der zweimaligen Inlandeisbedeckung äußert sich hier vor allem im fluvialen Geschehen, denn das Eis staute die nordwärts strebenden Flüsse, so daß es nicht nur zum Absatz von Bändertonen kam, sondern auch zu bis zu 80 m mächtigen Aufschüttungen mit Schottern, Kiesen und Sanden. Dadurch haben sich die Läufe von Unstrut und Saale verlegt und ihre heutigen Wege erhalten (EISSMANN 1975).

5.8.
Das Altmoränengebiet zwischen Saale und Görlitzer Neiße

Das zwischen Saale und Görlitzer Neiße gelegene Altmoränengebiet ist unterschiedlich breit. Während es im Westen zwischen Dessau und Meuselwitz etwa 90 km einnimmt, sinkt die Breite an der Görlitzer Neiße auf 15—20 km. Die Höhenlage befindet sich zwischen 60 m an der Saalemündung und 175 m am Südrand.

Der westliche Teil zwischen Saale und Mulde nördlich von Halle wird von einer durchgehenden Lößschicht eingenommen, durch die sich die südlichste noch gut erkennbare Eisrandlage hindurchzieht, und die nach dem Petersberg (250 m) benannt ist. Diese Petersberger Eisrandlage gehört zur Abschmelzzeit der Saaleeiszeit und läßt sich von Magdeburg über Bernburg bis nach Schkeuditz verfolgen, wo sie nach Osten umbiegt und nördlich Leipzig über Taucha zur Dahlener Heide zieht. Die bei Taucha in ostwestlicher Richtung verlaufenden 10—20 m hohen Rücken konnten als Satzendmoräne erkannt werden. Zu dieser Eisrandlage gehörte eine Entwässerungsbahn, die durch das Bodetal über das Große Bruch zur Oker verlief.

Südlich der Tauchaer Endmoräne liegt der Kern der Leipziger Tieflandsbucht, wo sowohl nördlich wie südlich von Leipzig im Liegenden des Quartärs tertiäre Sande und Braunkohlen lagern, die 50—100 m mächtig werden können. Das auflagernde Quartär hat eine durchschnittliche Mächtigkeit von 15—20 m. Die Oberflächenformen sind verhältnismäßig flach, denn tertiäre wie quartäre Schichten haben ein älteres welliges Relief verschüttet, das sich heute noch durch die zahlreichen Aufragungen von Porphyrkuppen zu erkennen gibt. Während des Eiszeitalters war der Raum um Leipzig Aufschüttungsgebiet der von Süden kommenden Flüsse, so daß große Ebenheiten entstanden sind, auf denen Bändertone vor der Front des heranrückenden Eises zum Absatz gelangten. Auf ihnen hinterließ das Inlandeis seine Grundmoräne. Im übrigen ist die Leipziger Tieflandsbucht mit Ausnahme der Talauen von einer bis zu 2 m mächtigen Decke von Löß, Lößderivaten oder Sandlöß überzogen.

Im Gebiet zwischen der Mulde und dem Elbtal fallen die Erhebungen von Dübener Heide (191 m) und Dahlener Heide (215 m) auf, die ihre Umgebung um mehr als 100 m überragen und die markante und frische Oberflächenformen als Folge periglaziärfluvialer Zerschneidung aufweisen. Der tiefere Kern dieser Erhebungen besteht aus tertiären Sanden und Braunkohlen, die höheren Lagen aus gefalteten quartären Sanden und Kiesen mit gelegentlichen Tertiärschollen. Es erhebt sich die Frage, warum es gerade hier zu einer so starken Aufstauchung kam. In diesem Zusammenhang ist interessant, daß im Elbtal nordöstlich der Dübener Heide eine bis auf —75 m NN hinunterreichende Senke bekannt ist, die mit elsterzeitlichen Sanden aufgefüllt wurde (EISSMANN 1979) und damit eine zu dieser Zeit sehr tiefe Erosionsbasis beweist.

Südlich der Dahlener Heide schließt sich eine 20–30 km breite Zone mit Sandlöß und Lößderivaten an (HAASE u. a. 1970; hierin auch Karten der Gesamtverbreitung von Löß, Lößderivaten und Grobsanden), die entlang der Linie Grimmen/Mulde bis Zehren/Elbe von der 40–80 m hohen sächsischen Lößrandstufe begrenzt wird und die in das sächsische Gefilde (HAASE 1989) südwärts und damit in das Erzgebirgsvorland überleitet. Die besondere Höhe dieser Landstufe wird auf kaltzeitlich unterschiedliche ökologische Bedingungen zwischen dem tieferen, kryoturbat-nassen (um 150 m) und dem höheren, etwas trockeneren Gelände (um 200 m) zurückgeführt; das höhere Gelände konnte wegen dichterer Vegetationsbedeckung viel mehr Löß auffangen (5–16 m) und die natürliche Geländestufe dadurch deutlich überhöhen. In diesen Lössen sind gelegentlich ältere Böden vorhanden, die auf die Klimaschwankung während der letzten Kaltzeit hinweisen.

Die zwischen Elbtal und Schwarzer Elster gelegene Annaburger Heide bildet ein trockengefallenes Aufschüttungsgebiet beider Flüsse, das von zahlreichen langgezogenen, ostwestlich ziehenden Dünen überdeckt ist. Es leitet südwärts über in die Dresdener Elbtalwanne, deren noch heutiges grabenartiges tektonisches Absinken nachgewiesen ist.

Der Altmoränenbereich der Oberlausitz ist nur schmal. Er vermittelt zwischen dem Breslau-Bremer Urstromtal und dem im Süden anschließenden Lausitzer Granitmassiv und wird von einer Unzahl von periglaziärfluvialen Schwemmfächern aufgebaut, die zur Schwarzen Elster hin entwässern. Eine deutliche Grenze gegen den ehemaligen Urstromtalboden besteht nicht, sondern es findet ein unmerklicher Übergang in die Talsande statt.

Joachim Marcinek,
Hans Richter
und
Arno Semmel

B. III.
Die deutsche Mittelgebirgsschwelle

1.
Grundzüge der geomorphologischen Entwicklung

JOACHIM MARCINEK

Das Fundament im Mittelgebirgsraum wird vom ehemaligen Variszischen Gebirge gebildet. Nach seiner Faltung, die hauptsächlich im Karbon stattfand (bretonische Phase an der Wende Devon/Karbon, sudetische Phase an der Wende Dinant/Siles bzw. Unter-/Oberkarbon), erfolgte noch vor Ende des Paläozoikums die weitgehende Abtragung und Einebnung („Permische Rumpffläche"). Im endenden Paläozoikum weitete sich im nördlichen Bereich des ehemaligen Variszischen Gebirges ein Senkungsfeld südwärts aus, das im Oberen Perm dem Zechsteinmeer Raum bot. Auf dem eingeebneten Variszischen Gebirge, der Tafel, lagerte sich nun das Tafeldeckgebirge ab. In fünf Salzserien wurden über dem Transgressionskonglomerat und dem Kupferschiefer Stein- und Kalisalze in mehreren hundert Metern Mächtigkeit abgelagert. Das Zechsteinmeer drang von Norden bis in den Bereich des Mains vor. Seine Salzserien, Werra-, Staßfurt-, Leine-, Aller- und Ohreserie, wurden für die Oberflächenformung sowohl über halokinetische Bewegungen (Salztektonik) als auch über Subrosion (Salzauslaugung) wirksam. Mit dem Senkungsfeld des Zechsteinmeeres entstand im nördlichen Raum des ehemaligen Variszischen Gebirges das Germanische Becken, das sich in der Trias südwärts bis an die Vindelizische Schwelle ausweitete.

Über die Absätze des Zechsteinmeeres breiteten sich die Gesteine des Mesozoikums aus. Zunächst entstanden in der Trias die drei Abteilungen Buntsandstein, Muschelkalk und Keuper.

Der Buntsandstein, der in weiten, flachen Becken abgesetzt wurde, besteht aus unterschiedlich harten Sandsteinen, auch Kalksandsteinen und Kalkbänken sowie tonigen Ablagerungen, letztere besonders im Unteren und Oberen Buntsandstein (Röt). Dem Buntsandstein folgte die Überflutung durch das Muschelkalkmeer. Den Wellenkalk des Unteren Muschelkalks mit seiner relativ hohen Widerständigkeit gegenüber heutiger Abtragung überlagern im Mittleren Muschelkalk Tone, Mergel, Gipse und Salze mit verhältnismäßig geringer Widerständigkeit. Der Obere Muschelkalk besitzt wieder – teilweise dolomitisierte – Kalksteine mit erheblicher Widerständigkeit, deren Lagerung durch Subrosion der Salze und Gipse des Mittleren Muschelkalks merkbar gestört sein kann.

Der Keuper ist wieder stärker terrestrisch beeinflußt. Neben grünlich-grauen Tonen (Letten) können im Unteren Keuper Kalkbänke auftreten. Lokal sind Sandsteine verbreitet. Gipse mit roten Mergeln und Tonen charakterisieren den Mittleren Keuper im unteren, Sandsteine dagegen kennzeichnen ihn im oberen Bereich. Schließlich kommen Sandsteine im Oberen Keuper vor, die teilweise im Meer abgelagert wurden.

Der Jura läßt sich in der deutschen Mittelgebirgsschwelle, also außerhalb des süddeutschen Schichtstufenlandes, an der Oberfläche nicht sehr häufig antreffen. Nur im Weserbergland, mithin im Niedersächsichen Bergland, spielen Juraschichten eine größere Rolle. Mit Sicherheit war der Jura, wie Vorkommen beispielsweise im nördlichen Harzvorland, im südlichen Thüringer Becken und andernorts zeigen, weiter als heute auftretend verbreitet. Vor allem in der Oberkreide, jedoch in der Unterkreide beginnend, wurden besonders im nördlichen Mittelgebirgsraum verschiedentlich Sandsteine abgesetzt, wie z. B. im Niedersächsischen Bergland, im nördlichen Harzvorland und im Elbsandsteingebirge. Das Oberkreidemeer langte bis südlich des Harzes (Oberkreide im Ohmgebirgsgraben) und vermutlich bis zum damals noch nicht bestehenden Thüringer Wald.

Im Känozoikum dominierten terrestrische Verhältnisse, wenn vom Vordringen des Meeres im mittleren Oligozän (Rupelmeer) und im oberen Oligozän in Bereiche der Mittelgebirgsschwelle abgesehen wird.

Schließlich schob sich im Quartär das elsterzeitliche Inlandeis bis zum Nordrand des östlichen Rheinischen Schiefergebirges, über bedeutende Bereiche des Weserberglandes, über den Unterharz, in das Thüringer Becken, in das Erzgebirgsvorland, in das Elbsandsteingebirge und weit in das Oberlausitzer Bergland hinein.

Im Mittelgebirgsraum entstand postvariszisch mit dem Druck der afrikanischen Platte als Antwort auf die Vorgänge im Alpenraum ein Schollenfeld. Der starre Untergrund zerbarst in Groß- und Kleinschollen. Bis auf den Leinetalgraben wurden die Schollen unterschiedlich hoch gehoben und in verschiedener Weise gekippt. Im Gegensatz zum synchronen alpinotypen Bewegungsbild ging nördlich der Donau die saxonische Gebirgsbildung mit Schollen- und Bruchbildung vor sich. Während die Hochschollen weitestgehend ihr Tafeldeckgebirge durch Abtragungsprozesse verloren, blieb es auf den weniger gehobenen Tiefschollen weithin erhalten. Die Zechsteinsalze, weniger bedeutend die des Mittleren Muschelkalks, ließen die sogenannte Bruchfaltung zu, wie sie mit Brüchen, jedoch weithin mit Gewölbe-, Sattel- und Muldenbau für das Niedersächsische und Hessische Bergland, das Harzvorland, das Thüringer Becken und das obere Werragebiet kennzeichnend ist.

Endogene Bewegungen, die bis heute fortdauern, hoben die Schwellen empor und leiteten besonders auf den höher herausgedrückten Schollen eine starke Abtragung des Tafeldeckgebirges bis zur nahezu völligen Entfernung ein, wie es beispielsweise Rheinisches Schiefergebirge, Harz, Thüringer Wald und Saalisches Schiefergebirge hervorragend erkennen lassen. Dagegen blieb das Tafeldeckgebirge auf den weniger hoch emporgehobenen Schollen weitestgehend erhalten.

Nach allgemein anerkannter Auffassung verliefen die Abtragungsprozesse vorzugsweise über die Anlage von Einebnungsflächen (Rumpfflächen nach W. Penck 1924, Büdel 1935, Steinmüller 1974, Rosenkranz 1978, Glatthaar u. Liedtke 1984 u. a.). Unter langzeitig wirksamem, bis weit in das Tertiär hinein andauerndem wechselfeucht-tropischem Klima entstanden, von Unterbrechungen abgesehen und von weiteren deutlichen Hebungen der Hochschollen gegenüber den Tiefschollen geprägt, in den Hochschollen weitgespannte Rumpftreppengebirge (Harz, Erzgebirge, Eifel u. a.).

Beim Zerbrechen des Untergrundes im Mittelgebirgsraum gegen Ende des Mesozoikums im Zusammenhang mit den Prozessen in der Alpengeosynklinale drang Magma auf. Deshalb lassen sich vulkanische Produkte von der Eifel über das östliche Rheinische Schiefergebirge bis zur Rhön und von dort über das Erz- und Elbsandsteingebirge bis in das Oberlausitzer Bergland finden. Der Ausbruch des Laacher Maars liegt erst etwas über 11000 Jahre zurück.

Für die Oberflächengestaltung im Mittelgebirgsraum waren maßgeblich die unterschiedliche Schollenbreite und -kippung sowie das Verhalten der Gesteine hinsichtlich Verwitterung und Abtragung bei sich änderndem Klima in den von Ruhepausen unterbrochenen Bewegungsprozessen verantwortlich. Somit ist der Großformenschatz der Hochschollen durch den Gegensatz relativ schwach reliefierter und durch Stufen getrennter Hochflächen in unterschiedlicher Höhenlage charakterisiert, die von Einzelbergen, Berggruppen oder Bergrücken überragt werden und in die sich schmale und oft deutlich terrassierte Täler tief eingeschnitten haben. Auch die Tiefschollen zeigen Reste von Flächenbildung mit deutlich eingetieften Tälern, z. B. das Thüringer Becken.

Infolge der quartären Oberflächenformung paßte sich das Relief deutlich an die unterschiedliche Gesteinswiderständigkeit an. Die Hochflächen im Grundgebirge änderten sich infolge ähnlicher Gesteinswiderständigkeit weniger als die Mittelgebirgsbereiche im Tafeldeckgebirge. Zwischen weiten Ausräumen in weichen Keupergesteinen blieben Schichttafeln, Schichtstufen und Schichtkämme erhalten und erhielten durch Salzauslaugung wie vulkanische Gesteine eine Bereicherung ihres Formenschatzes.

Inwieweit sich die heutigen Hochflächen auf tertiäre Rumpfflächen direkt zurückführen lassen, bleibt unbestimmt, wenn die Flächenrelikte unter Basalt berücksichtigt werden. Mit dieser Problematik setzte und setzt sich ein breitgefächertes Schrifttum auseinander, das von Ansichten einer zumindest teilweisen Aufdeckung der „Permischen Rumpffläche“ über einen zweifelhaften bis kaum widerlegbaren Nachweis tertiärer Flachformen bis zur Ablehnung noch vorhandener klimatisch bedingter Flachformen aus dem älteren bis mittleren Tertiär bis zur ausschließlichen Annahme von Strukturformen reicht.

2.
Rheinisches Schiefergebirge

Arno Semmel

Obwohl in sich stark differenziert, wird das Rheinische Schiefergebirge in der Regel als geomorphologische Einheit aufgefaßt. Es tritt nach außen als sehr geschlossen wirkender, vielfach über 400 m NN aufragender Block des Variszischen Gebirges (Rheinische Masse) in Erscheinung. Sieht man von der südwestlichen Grenze ab, stimmt im übrigen der Aufstieg aus den umgebenden Tiefländern mit der geologischen Grenze zwischen dem paläozoischen Grundgebirge und jüngeren Sedimenten weitgehend überein. So erscheint, und das ist die vorherrschende Meinung, das Rheinische Schiefergebirge als ein junger und besonders stark herausgehobener Block in der deutschen Mittelgebirgslandschaft. Doch sind Zweifel angebracht, ob das tatsächlich noch für die jüngste Vergangenheit gilt, läßt sich doch nachweisen, daß beispielsweise in den östlich des Rheinischen Schiefergebirges anschließenden mesozoischen Sedimentgesteinen in den großen Tälern die ältesten pleistozänen Terrassen in gleicher Meereshöhe liegen wie die gleichalten Terrassen am Mittelrhein (Semmel 1991 a). Als Zeit für eine blockartige Heraushebung des Rheinischen Schiefergebirges kommt wohl vor allem das Mesozoikum in Frage. Dessen Sedimente sind nach heutigem Kenntnisstand mit Ausnahme des Gebietes der „Eifeler Nord-Süd-Zone“ hier nie abgelagert worden. Von daher wird verständlich, daß das Rheinische Schiefergebirge mit Abstand das größte Gebiet ist, in dem paläozoisches, gefaltetes und metamorphisiertes Gestein, also „Grundgebirge“, an der Oberfläche oder in geringer Tiefe ansteht und das Gestein bildet, in dem das heutige Relief entstand.

Die heute vorherrschenden Tonschiefer wurden als feinkörnige Sedimente in größeren Meerestiefen, die weniger weit verbreiteten Quarzite als gröbere Substrate in Flachmeeren des Unterdevons abgelagert. Außerdem stammen aus dieser Zeit sowie dem Mitteldevon

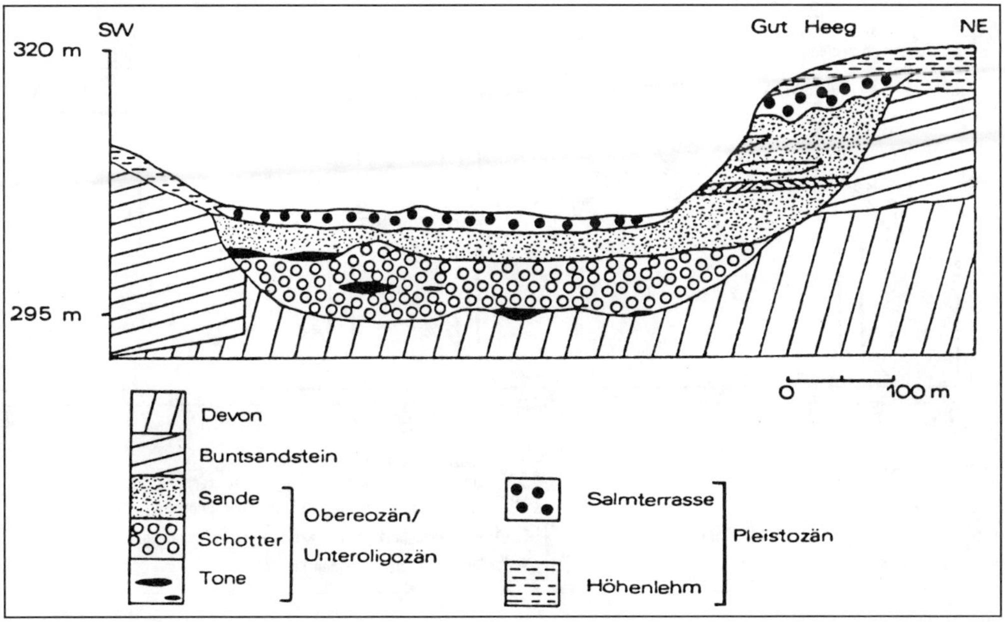

Abbildung 64
Mitteltertiäre Talbildung im Moselgebiet (nach LÖHNERTZ 1978)

Gut Heeg liegt 6 km westlich von Wittlich. Die eozän-oligozänen Ablagerungen zeigen einen Taleinschnitt im Buntsandstein und im Devon. Das Tal wurde verfüllt und ebenso die gesamte Landschaft, denn auch die unmittelbar südwestlich verlaufende Buntsandsteinstufe zeigt noch auf ihrer Dachfläche in rund 400 m alttertiäre Sedimente.

Grauwacken und Kalke sowie vulkanische Gesteine (Diabase), welche mit Erzlagerstätten, vor allem Eisenerz, verbunden sind. Das besonders im Nordosten des Rheinischen Schiefergebirges anzutreffende Mitteldevon kommt meist nur als schmaler Saum mit ähnlichen Gesteinen an den Rändern des Gebirges vor. Es wird im Norden vom Karbon mit seinen Steinkohleflözen überlagert. Die mehrere tausend Meter mächtigen paläozoischen Sedimente wurden im Rahmen der variszischen Gebirgsbildung kräftig gefaltet und unterlagen einer schwachen Metamorphose, wie sie für die äußere Zone (Externiden) der Varisziden typisch ist. Diese Zone wird auch Rhenoherzynikum genannt.

In dem dem Karbon folgenden Perm verschwand das Meer aus dem Rheinischen Schiefergebirge. Das Festland wurde kräftig abgetragen, die korrelaten Sedimente wurden in Randsenken des Rotliegenden akkumuliert. Die dem Rotliegenden folgende Transgression des Zechsteinmeeres „benetzte“ das Rheinische Schiefergebirge nur randlich. Erst im Tertiär hatte das Meer wieder Zutritt in zentrale Teile des Gebirges. Oligozäne Meeressedimente liegen im Neuwieder Becken. Neuere Befunde (z. B. SONNE 1982, NEGENDANK 1983) machen wahrscheinlich, daß der größte Teil des Rheinischen Schiefergebirges zu dieser Zeit überflutet war. Daraus muß nicht eine tektonische Absenkung des Rheinischen Schiefergebirges abgeleitet werden, sondern es kann auch ein weltweiter Meereshochstand die Ursache dieser Transgression gewesen sein (VAIL u. a. 1977). Nicht vergessen werden darf in diesem Zusammenhang, daß der nordwestliche Teil des Rheinischen Schiefergebirges auch schon

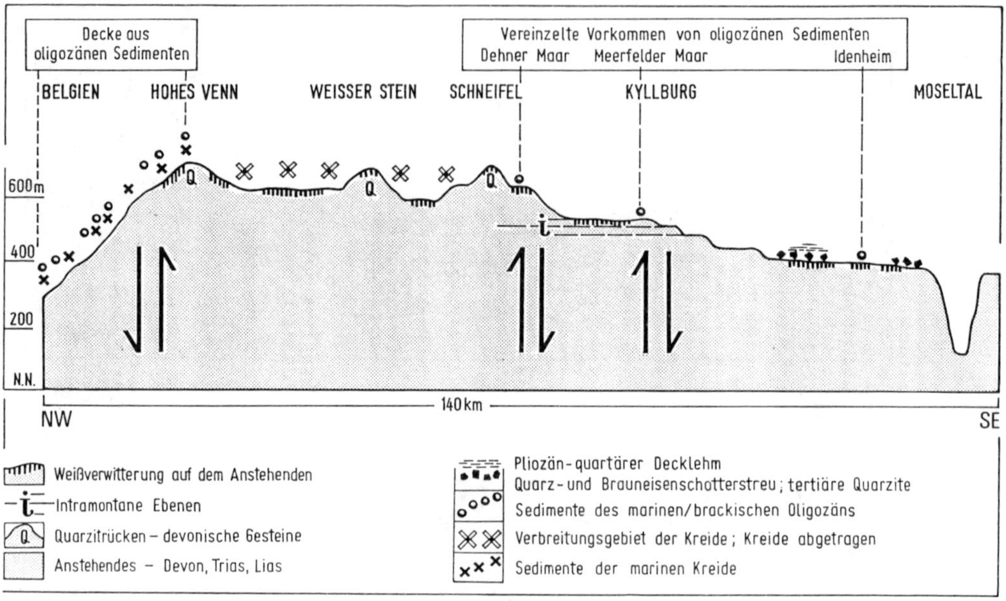

Abbildung 65
Tektonik, tertiäre Verwitterung und Sedimente in der Eifel (aus Pfeffer 1984)

in der Oberen Kreide einer Transgression ausgesetzt war, die bis in das Gebiet der heutigen mittleren Mosel gereicht zu haben scheint (Altmeyer 1982).

Der oligozänen Meerestransgression ist offensichtlich eine kräftige Zertalung vorausgegangen. Im Bereich heute tief eingeschnittener junger Täler liegen bereits entsprechende Sedimente, vor allem die Vallendarer Schotter. Zwar sind diese ohne Zweifel an vielen Stellen durch postsedimentäre grabenartige Einbrüche erst in ihre jetzige tiefe Lage geraten, aber eine Reihe von Belegen stützt doch die These einer präsedimentären Zertalung (vgl. Abb. 64). Die oligozänen Täler wurden in eine Landschaft ohne große Reliefenergie eingeschnitten. Möglicherweise war schon damals in gewissem Ausmaß eine tektonische Großwellung zu erkennen, die im Süden mit der Hunsrück-Taunus-Schwelle erstmals kulminiert und ihre weiteren Höhenachsen in der Hohe Eifel-Hoher Westerwald-, der Schneifel-Ahrgebirge-Rothaargebirge- und der Hohes Venn-Ebbegebirge-Linie erreicht. Eine besonders ausgeprägte Tiefenzone mag das „Kassel-Bitburger Senkungsfeld" gewesen sein, dem Mosel- und Lahntal zumindest angenähert folgen. Auch die übrigen erzgebirgisch, also SW–NO verlaufenden Täler scheinen solchen „Großmulden" zu folgen (vgl. dazu Semmel 1984, S. 43f., mit weiterer Literatur). Von dieser Großwellung wurde eine Landschaft betroffen, die ein Flächenstockwerk darstellte. Bereits Philippson (1903) erkannte, daß nicht eine einzige Fläche (Peneplain oder Rumpffläche) vorliegt, sondern daß in eine hochgelegene Rumpffläche die sogenannte Trogfläche eingeschaltet ist. Jüngere Autoren finden über der Trogfläche zwei (Bibus 1971) oder noch mehr Flächen (Pfeffer 1978, S. 95ff.). In jüngster Zeit nähern sich die Bearbeiter wieder mehr der Auffassung von Stickel (1927), daß zumindest im linksrheinischen Schiefergebirge im wesentlichen zwei ältere Rumpfflächen entwickelt sind (Breitbach 1989, S. 222f.; Quitzow 1982, S. 182). Auf allen diesen

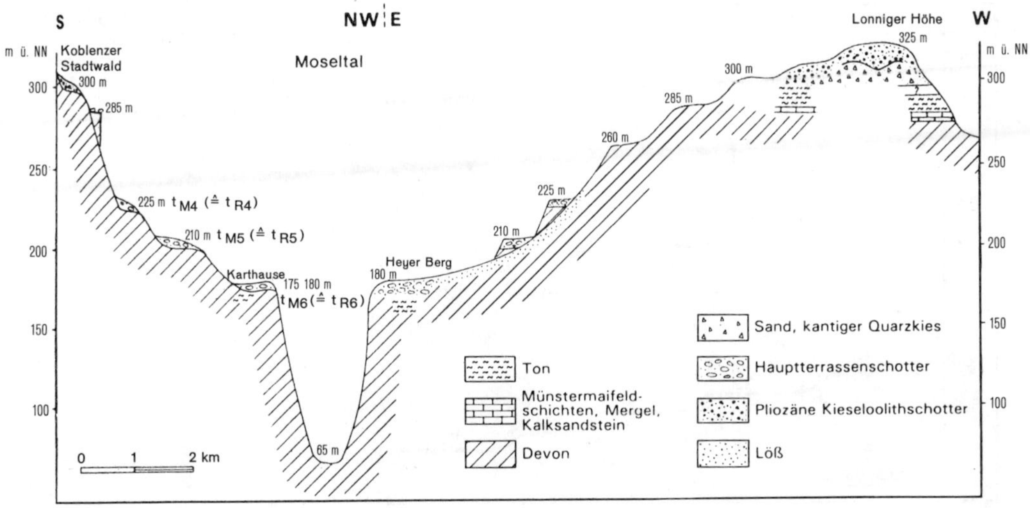

Abbildung 66
Oligozäne Sedimente im unteren Moseltal südwestlich von Koblenz (Münstermaifeldschichten, Ton, Sand, kantiger Quarzkies; nach BIBUS 1991)

gebirgsüberspannenden Verebnungen liegen Reste von marin-brackischen Sedimenten des Oligozäns (PFEFFER 1984, S. 83); die Rumpfflächen bestanden demnach zur Zeit der mitteltertiären Transgression schon. Sie wurden später tektonisch verstellt und in den heutigen Schwellenregionen besonders stark gehoben (Abb. 65). Vor dem Oligozän beginnt außerdem stärkere vulkanische Tätigkeit in der Eifel, die später auf Siebengebirge und Westerwald übergreift.

Kontrovers wird bis heute die Frage diskutiert, wie stark die Täler, die vor der Zeit der oligozänen Meerestransgression bestanden, in der Transgressionszeit wieder aufgefüllt wurden. Aus dem Miozän sind im allgemeinen nur sehr feinkörnige Sedimente überliefert, die nicht in Tälern liegen, sondern eher dafür zu sprechen scheinen, daß zur Zeit ihrer Ablagerung das Rheinische Schiefergebirge flachreliefiert war. Anders verhält es sich mit weit verbreiteten pliozänen Flußsedimenten, den Kieseloolithschottern. Sie liegen im Mittelrheingebiet zwischen 300 und 330 m NN. Sie sind zwar nicht besonders grob, jedoch ist für ihren Transport sicher kräftige Wasserbewegung erforderlich gewesen, wie sie nur in Flüssen erwartet werden kann. Daraus muß aber auch abgeleitet werden, daß bis in diese Höhe das mitteltertiäre Talrelief total verschüttet wurde. Ob dabei so enorme Beträge anzusetzen sind, wie sie LOUIS (1953) mit maximal 200 m annimmt, ist zweifelhaft, weil selten mit Sicherheit postsedimentäre Verstellungen auszuschließen sind. An Stellen, wo diese zumindest für wenig wahrscheinlich gehalten werden, wie zum Beispiel an der Lonniger Höhe im unteren Moseltal (Abb. 66), sind allenfalls 60–70 m nachzuweisen.

Die Kieseloolithterrassen zeichnen sich durch eine Eigenschaft aus, die auch den nachfolgenden altpleistozänen Flußterrassen eigen ist: Sie besitzen praktisch kein Gefälle. Die Ursache dieses von BIRKENHAUER (1971, S. 198ff.) betonten Phänomens ist bis heute nicht befriedigend geklärt (vgl. dazu SEMMEL 1984, S. 59f.). Die neuerdings wieder von ANDRES (1989, S. 38) favorisierte These QUITZOWS (1974, S. 99), die Unterläufe der Täler

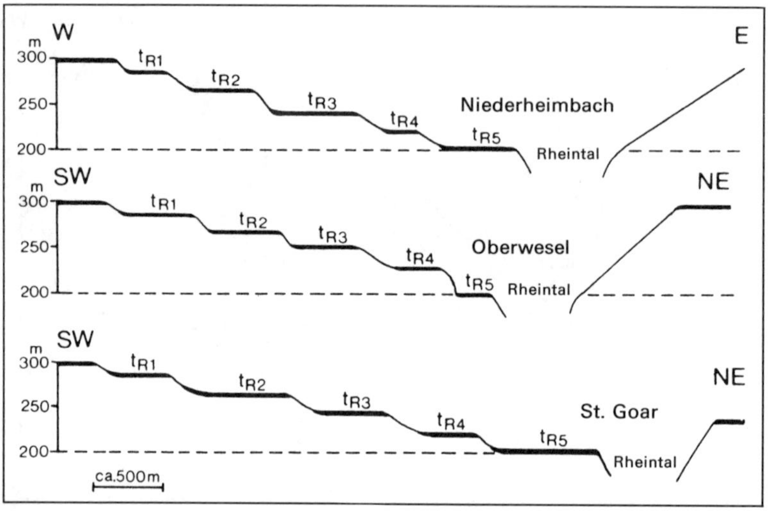

Abbildung 67 Konstante Terrassenserien im oberen Mittelrheintal

würden wegen stärkerer Ausräumung isostatisch gehoben, kann allerdings die durchgehende „Horizontalkonstanz" nicht überzeugend begründen.

Am eindrucksvollsten läßt sich das fehlende Gefälle am Beispiel der altpleistozänen Terrassen am Mittelrhein nachweisen. Entsprechendes ist aus den Darstellungen von „konstanten Terrassenserien" auf Abbildung 67 abzuleiten. Die altpleistozänen Terrassen unterscheiden sich morphographisch nicht deutlich von den pliozänen Kieseloolithterrassen. Jedoch ist die Sedimentfazies drastisch verändert. Der Geröllbestand zeichnet sich durch gröberes, schlechter gerundetes Material aus und durch das Vorkommen verwitterungsinstabiler Komponenten (vor allem Tonschiefer). Schwermineralogisch kommt erstmals Epidot-Zoisit in größerer Menge vor, während in den tertiären Kiesen fast ausschließlich die stabilen Schwerminerale Rutil, Turmalin und Zirkon zu finden sind. In dieser Veränderung wirkt sich offensichtlich das Einsetzen periglazialer Klimaverhältnisse aus. Ähnliches ist in anderen deutschen Mittelgebirgstälern zu beobachten, so daß der beschriebene Fazieswechsel wohl nicht allein auf räumliche Ausdehnung des Einzugsgebietes des Rheins zurückgeführt werden kann, wie es neuerdings Schirmer (1990b, S. 17) in Anlehnung an Boenigk (1982) vertritt.

Die jüngeren der altpleistozänen Hauptterrassen der größeren Täler im Rheinischen Schiefergebirge liegen zwischen 200 und 240 m Meereshöhe. Die damit verbundene relative Klimagunst bestand offensichtlich auch in ähnlicher Weise in den pleistozänen Kaltzeiten und erlaubte die Ausbildung mächtiger Lößdecken auf den Terrassenkiesen. Solche Überdeckungen erschweren sehr oft die sichere Abtrennung verschieden alter Terrassenstufen und täuschen eine besondere Terrassenbreite vor (Breittal).

Unterhalb der altpleistozänen Terrassen setzen bei ca. 200 m Meereshöhe die Engtäler in den großen Tälern ein (Abb. 68). Bis heute ist nicht sicher, welche Ursachen die starke, auf den sehr schmalen Bereich der Engtäler beschränkte Tiefenerosion im mittleren Pleistozän hatte. Ob sich hierin die exzessive Talbildung in besonders kalten, mit Permafrost verbundenen Abschnitten widerspiegelt, also der Eisrindeneffekt im Sinne Büdels (u. a. 1981, S. 79ff.), oder eustatische Meeresspiegelschwankungen und davon ausgelöste Erosions-

Abbildung 68
Pleistozäne Terrassenabfolge im unteren Mittelrheintal
1 – pliozäne Terrasse mit Geröllstreu
2 – altpleistozäne Terrasse mit Geröllstreu
3–7 – altpleistozäne Schotterkörper (Hauptterrassen)
8–10 – mittelpleistozäne Schotterkörper (Mittelterrassen)
11 – jungpleistozäne Schotterkörper (Niederterrassen)

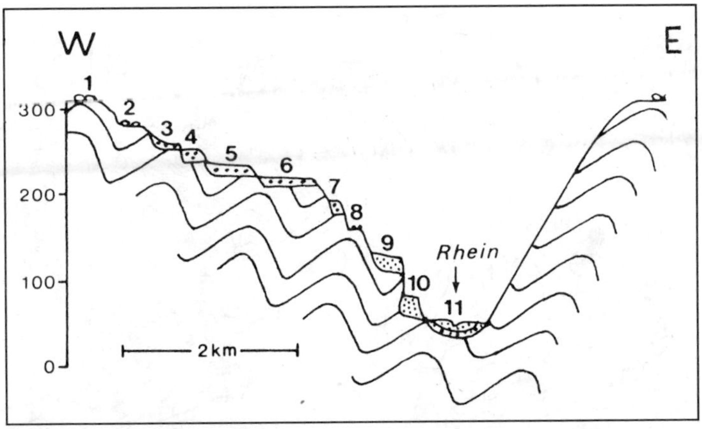

impulse äußern, erscheint stark hypothetisch. Daß tektonische Vorgänge bei der Tiefenerosion, vor allem die Absenkung der Niederrheinischen Bucht, von Bedeutung waren, wird bei einem Vergleich der Talentwicklung in anderen Mittelgebirgen wahrscheinlich (vgl. dazu SEMMEL 1984, S. 65). Die starke Taleintiefung seit dem älteren Pleistozän drückt sich ja vor allem in der Tatsache aus, daß der heutige Rhein an vielen Stellen praktisch den gesamten Talboden einnimmt und nur wenig Raum für Siedlungen und Verkehrswege läßt.

2.1. Hochflächenlandschaften

Als *Eifel* wird der gesamte Teil des Rheinischen Schiefergebirges bezeichnet, der westlich des Rheins und nördlich der Mosel liegt. Als größere Komplexe, die dieses Gebiet regional gliedern, seien von Norden nach Süden angeführt: das Hohe Venn, die Schneifel, die Hohe Eifel und die Voreifel. Allen diesen Landschaften ist ihr Hochflächencharakter gemeinsam, also ihre Rumpfflächengenese. Die höchsten Flächenteile erreichen vielfach fast 700 m NN oder überschreiten diese Höhe sogar.

Zum Hohen Venn führt von Nordwesten eine vielfach gegliederte Flächentreppe („Himmelsleiter") hinauf, die in der Dachfläche knapp unterhalb 700 m NN kulminiert. Den Untergrund bilden prädevonische und devonische Gesteine mit einer Decke von kreidezeitlichen Residualsedimenten, die mit marinen oligozänen Sanden vermischt sind. Dem höchsten Flächensystem wird deshalb ein spätkretazisch bis paläogenes Alter zuzuordnen sein (FRÄNZLE 1980, S. 20). Der oligozänen Transgression ging eine kräftige Verwitterung der Kreidesedimente voraus, deren kalkhaltige Substrate intensiv verkarsteten. Im jüngeren Tertiär und im Quartär erfaßte den zentralen Teil (Hohe-Venn-Sattel) eine kräftige Hebung von mehr als 300 m (Abb. 65). Auch gegenwärtig hält die Aufwärtsbewegung noch an (MÄLZER u. a. 1983). Schließlich ist in diesem Gebiet die seismische Aktivität auch besonders hoch (AHORNER 1983, S. 199).

In der Schneifel und im Ahrgebirge sind offensichtlich in der typischen Hochflächenregion drei Altflächen weit verbreitet, die über 600 m, um 500 m und 400 m NN liegen (PFEFFER

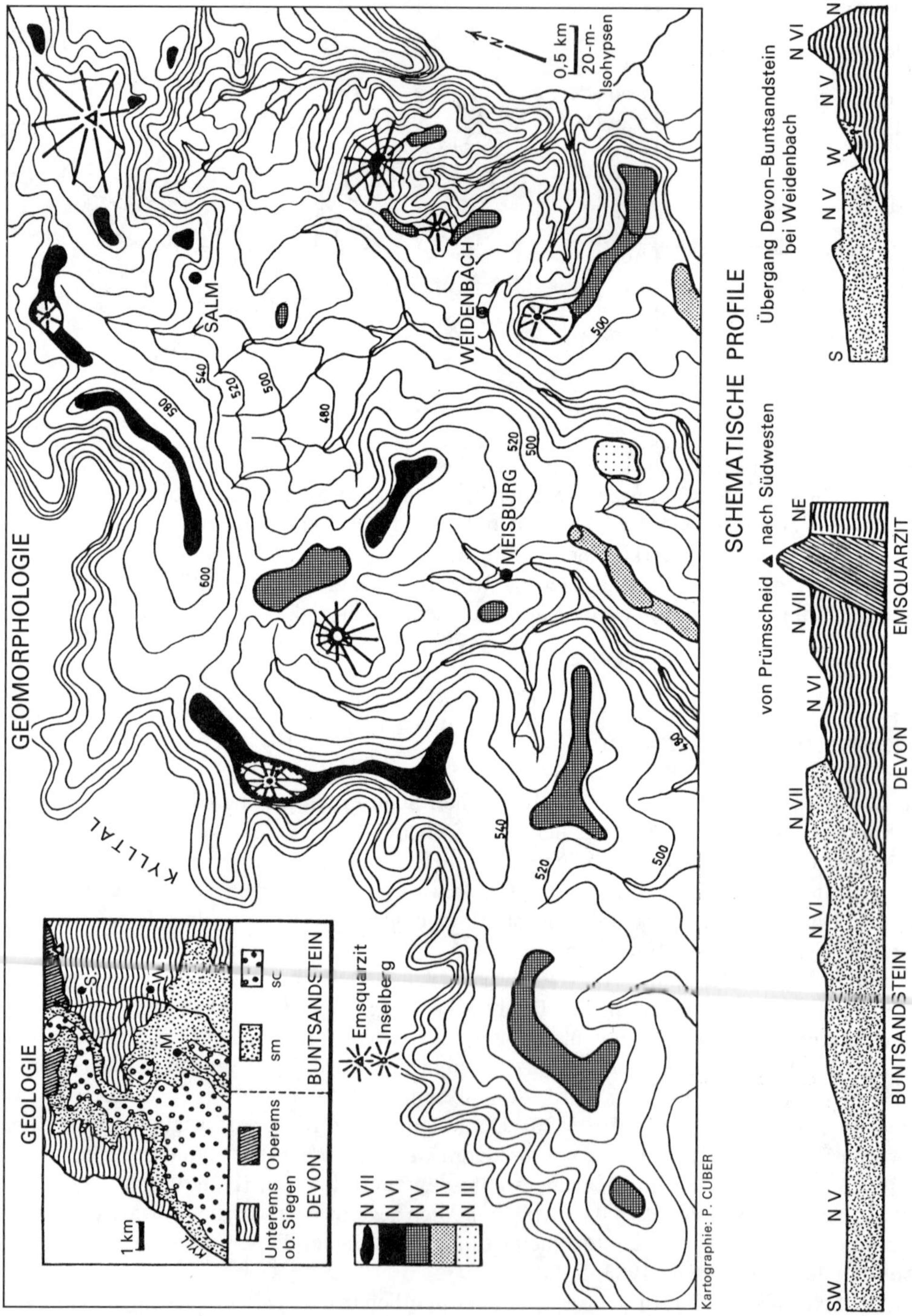

Abbildung 69
Übergänge vom Grund- zum Deckgebirge in der Eifeler Nord-Süd-Zone (nach PFEFFER 1978; zit. bei SEMMEL 1984)

1978, S. 91; ZENSES 1980, Karte). Eine Bedeckung mit oligozänen Sedimenten ist hier jedoch nicht die Regel. Statt dessen treten die meist tiefgründig verwitterten devonischen Gesteine direkt auf den Rumpfflächenresten zutage.

Zwischen Ahrgebirge und Schneifel liegt die geotektonische „Eifeler Nord-Süd-Zone“, in deren Bereich verbreitet vulkanische Gesteine und mesozoische Sedimente anstehen (Buntsandstein und Muschelkalk). Ältere Befunde bestätigend, kommen auch neuere Untersuchungen (PFEFFER 1978, S. 110) zu dem Ergebnis, daß sich die Hochflächensysteme vom gefalteten devonischen Grundgebirge in das flachlagernde Deckgebirge hineinverfolgen lassen. Die Abbildung 69 zeigt entsprechende Beispiele. Zwar bilden die morphologisch harten Sedimentgesteine Stufen, jedoch werden diese als tertiäre Rumpfstufen oder als pleistozäne Talschichtstufen interpretiert. Im ersten Falle soll also die unterschiedliche Gesteinshärte durch die intensive tertiäre Verwitterung ausgeglichen worden sein. Dennoch überrascht, daß „innerhalb“ einer Altfläche die Grenze zwischen geomorphologisch weichem Devon und morphologisch hartem Buntsandstein oder Muschelkalk nicht niveaugleich geschnitten wird.

Für den nördlichen Teil der Eifeler Nord-Süd-Zone gibt JUNGE (1987) Altflächenniveaus oberkretazischen bis alttertiären Alters über 600 m, 585 m und 500 m NN mit verschiedenen Zwischenniveaus an. Außerdem seien Relikte eines prätriassischen Reliefs zu finden, das in devonischen Karbonatgesteinen als Inselberglandschaft mit hoher Reliefenergie, in den anderen devonischen Gesteinen als flachwellige Verebnung ausgebildet sei.

In der Hohen Eifel, die sich südlich des Ahrgebirges anschließt, wird die Hochflächenlandschaft durch herauspräparierte Vulkangesteine differenzierter. Die höchsten und bekanntesten dieser Gebilde sind die Hohe Acht (747 m NN) und die Nürburg (678 m NN). Mit 674 m erreicht der Kelberg fast die Höhe der Nürburg. Die Vulkanite sind zum Teil noch eozänen Alters. Daß sie hier gehäuft vorkommen, wird durch die spezielle tektonische Situation erklärt. Der Höhenzug Hohe Eifel – Hoher Westerwald folgt der Achse des Siegener Hauptsattels. Letzter taucht nach Südwesten flexurartig unter die Eifeler Nord-Süd-Zone ab. Die dabei entstandene Zerrung erleichterte den Magmenaufstieg und führte zum Vulkanismus. Die Vulkanreste überragen oft nur wenig die umgebenden Altflächen. Die höchste Fläche liegt beispielsweise am Kelberg zwischen 580 und 600 m NN. Kleine Schildinselberge, meist aus Quarzit bestehend, ragen darüber auf (BREMER u. a. 1978, S. 189). Darunter sind zwei weitere Altflächen bei 500 und 450 m NN ausgebildet. Die Existenz weiterer Flächenniveaus dazwischen kann nicht sicher ausgeschlossen werden, da nur selten deutliche Rumpfstufen entwickelt sind; vielmehr dominieren langgestreckte flache Übergänge, die die morphographische Grenzziehung sehr erschweren. Diese wird zusätzlich – wie generell in diesen Hochflächenlandschaften – durch die quartäre Zertalung beeinträchtigt.

Südlich der Hohen Eifel schließt sich die Hochflächenregion der Voreifel an, deren Altflächen bis unter 400 m NN reichen und bereits zum Moselanischen Trog gerechnet werden, der einer tektonischen Senkungszone folgen soll. Auf den tieferen Altflächen liegen eozäne Tone, oligozäne Vallendarer Kiese und Brackwassersedimente sowie mio-pliozäne und altpleistozäne Kiese, die bezeugen, daß die Altflächen zwar sehr verschiedenen Formungsvorgängen ausgesetzt waren, jedoch insgesamt keine markante Abtragung postgenetisch erfahren haben (SEMMEL 1984, S. 51 ff.).

Im westlichen Teil der Voreifel prägt der pleistozäne Vulkanismus in entscheidender Weise das Relief, das deshalb deutlich vom übrigen Bild der Hochflächenlandschaften abweicht. Einmal, weil diese auch als Vulkaneifel bezeichnete Landschaft überwiegend nicht

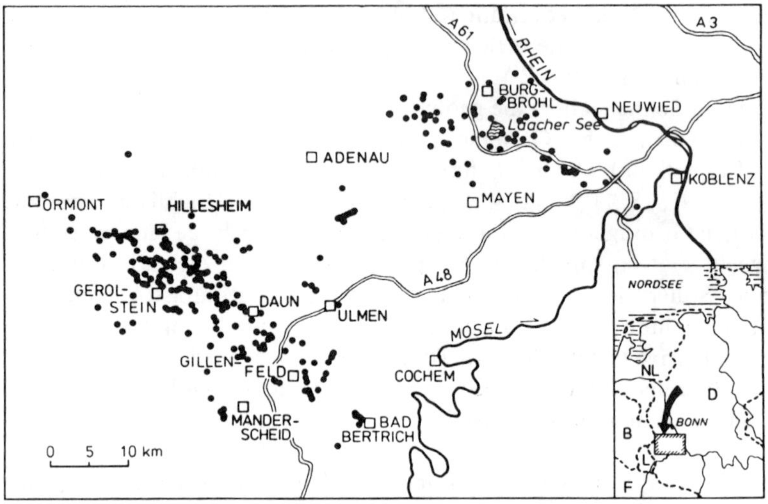

Abbildung 70
Quartäre Vulkane in der Vulkaneifel (nach MERTES u. SCHMINCKE 1983)

abgetragene Vulkane oder herauspräparierte Basaltstiele aufweist, sondern noch gut erhaltene Vulkankegel mit ihrem Aschen- und Schlackenmantel. Zum anderen sind es die kesselartigen, großenteils wassergefüllten Maare, die hier ins Auge fallen. Sie werden als phreatomagmatische Explosionstrichter gedeutet, die im Bereich von besonders wasserwegsamen tektonischen Störungen entstanden, als aufsteigendes Magma mit dem Grundwasser Kontakt bekam (BUSSMANN u. LORENZ 1983, S. 129; vgl. dazu auch MEYER 1988).

Auch an ihrem nordöstlichen Rand wird die Voreifel von einem pleistozänen Vulkanfeld, dem des Osteifelvulkanismus, begrenzt (vgl. Abb. 70). Dieses Gebiet leitet über zum *Mittelrheinischen Becken.* Mit dem ca. 11000 Jahre alten Laacher See-Vulkan liegt hier der jüngste Vulkan des Rheinischen Schiefergebirges vor und zugleich derjenige, dessen Aschen außerordentlich weit in Europa verfolgbar und als Zeitmarke vorzüglich zu verwenden sind. Sowohl das östliche als auch das westliche Vulkanfeld dehnt sich in Richtung Nordwest-Südost aus und folgt offensichtlich tektonischen Strukturen. Es wird vermutet, daß der pleistozäne Vulkanismus im Gefolge junger Bruchschollenbildung initiiert wurde (SCHMINCKE u. a. 1983, S. 142). Möglicherweise äußert sich hier eine von den Alpen ausgelöste Erdkrustenspannung, in deren Gefolge laut geophysikalischer Untersuchungen ein Erdmanteldiapir unter der Vulkaneifel aufdrang (ILLIES u. FUCHS 1983, S. 7).

Südlich der Mosel bildet der *Hunsrück* den südwestlichen Teil des Rheinischen Schiefergebirges. Über den um 400 m NN liegenden Altflächen des Moselanischen Troges steigen höhere Altflächenreste auf, die wiederum am südlichen Gebirgsrand von Quarzithärtlingen überragt werden. Solche dem variszischen Streichen folgenden Höhenzüge sind der Hochwald mit dem Erbeskopf (818 m NN), der Idarwald (766 m) und der Soonwald (658 m). Die ihnen vorgelagerten tieferen Flächen erreichen im östlichen Hunsrück ihre größte Ausdehnung. Sie tragen verbreitet mächtige Verwitterungsdecken (FELIX-HENNINGSEN 1990) und an vielen Stellen Reste von Vallendarer Schottern oder marin-brackischen Sedimenten. Der von ZÖLLER (1984) vorgelegten Kartierung der oligozänen Küstenlinie folgend, ließe sich eine postsedimentäre Heraushebung der heutigen zentralen Wasserscheiden ableiten. Auch in diesem Gebiet findet man die oligozänen Sedimente oftmals sowohl in tief

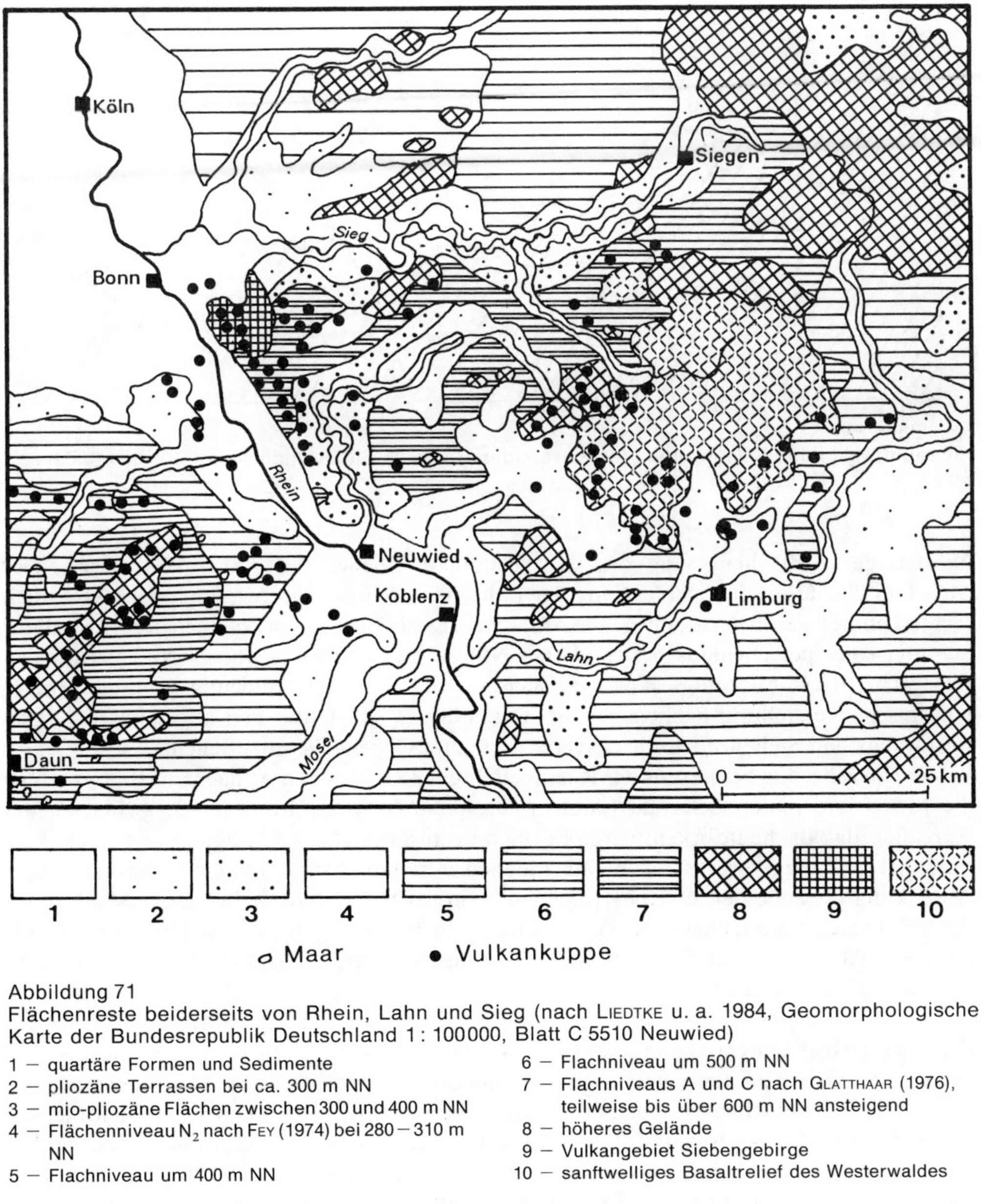

Abbildung 71
Flächenreste beiderseits von Rhein, Lahn und Sieg (nach Liedtke u. a. 1984, Geomorphologische Karte der Bundesrepublik Deutschland 1 : 100000, Blatt C 5510 Neuwied)

1 – quartäre Formen und Sedimente
2 – pliozäne Terrassen bei ca. 300 m NN
3 – mio-pliozäne Flächen zwischen 300 und 400 m NN
4 – Flächenniveau N_2 nach Fey (1974) bei 280 – 310 m NN
5 – Flachniveau um 400 m NN
6 – Flachniveau um 500 m NN
7 – Flachniveaus A und C nach Glatthaar (1976), teilweise bis über 600 m NN ansteigend
8 – höheres Gelände
9 – Vulkangebiet Siebengebirge
10 – sanftwelliges Basaltrelief des Westerwaldes

eingeschnittenen Tälern als auch auf den Riedeln von mehr als 100 m höher liegenden Altflächen.

Rechtsrheinisches Pendant des Hunsrücks ist der *Taunus.* Seine Hochflächenabfolge wird ganz ähnlich gegliedert. Dem aus Taunusquarzit bestehenden Härtlingszug im Süden mit dem Großen Feldberg (880 m NN) und der Kalten Herberge (619 m) schließt sich nach

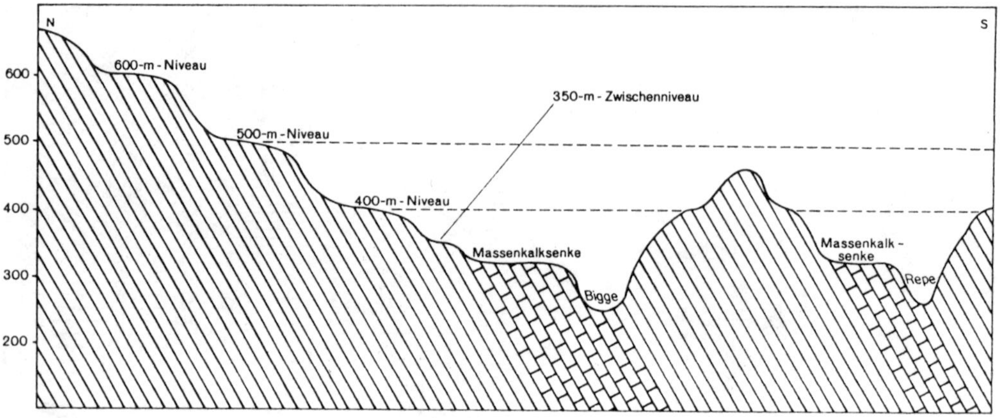

Abbildung 72
Ausraumsenken im devonischen Massenkalk des Bergisch-Sauerländischen Gebirges (nach SCHMIDT 1975)

Norden ein Altflächensystem an, dessen höhere Glieder bei 400 m NN liegen. Der Moselanische Trog setzt sich entlang der Lahn nach Nordosten fort, ihm folgen also auch rechtsrheinisch deutlich tiefer liegende Altflächen. Die höchsten Vorkommen der Vallendarer Schotter sind hier ebenfalls bei ca. 400 m NN zu finden. In benachbartern Tälern liegen sie 150 m tiefer. Allerdings läßt sich hier an vielen Stellen eindeutig postsedimentäre tektonische Verstellung nachweisen (SEMMEL 1988, S. 84). Unter den abgesenkten Kiesen ist an manchen Stellen noch die tiefverwitterte alte Oberfläche anzutreffen.

Die Tatsache, daß beiderseits des Rheins ein breiter Streifen von Altflächenresten einerseits die Mosel und andererseits die Lahn in ca. 400 m Meereshöhe begleitet, zwingt zu der Annahme, daß die heute erkennbaren Formen Reste einer durch Abtragung und nicht allein durch Absenkung älterer Flächen entstandenen Verebnung sind. Sollte nur die tektonische Absenkung Ursache der jetzigen Höhenlage sein, so bliebe unverständlich, weshalb dabei die Flächenreste weitgehend in gleiche und nicht in sehr verschiedene Höhen gelangten (SEMMEL 1984, S. 52). Auf der Abbildung 71 ist die Verbreitung der Flachformen beiderseits von Mosel und Lahn zu verfolgen.

Der Abbildung 71 kann außerdem entnommen werden, daß die Hochflächenreste aus dem Lahngebiet von ca. 400 m NN nach Norden in den *Westerwald* hinein auf mehr als 500 m NN ansteigen. Im niedrigeren Vorderwesterwald sind die Abtragungsebenen ins devonische Grundgebirge eingeschnitten, das tief verwittert ist. Somit bietet sich hier ein für die Hochflächenlandschaft des Rheinischen Schiefergebirges typisches Bild. Ganz anders ist die Situation im Hohen Westerwald, der mit der Fuchskaute 657 m NN erreicht. Hier haben nicht nur mitteltertiäre Sedimente die alte weiße Verwitterungsrinde überdeckt, sondern in dieser Zeit setzte Vulkanismus ein, der weitgespannte basaltische Deckenergüsse mit sich brachte. Große Teile des Westerwaldes gehörten im mittleren Tertiär zu einem tektonischen Muldenzug (Kassel-Bitburger Senkungsfeld), in dem stellenweise sehr feinkörnige Sedimente (Tone und Braunkohle) liegen (Kannenbäcker Land). Sie wechseln mit Basaltlagen. Der Basalt selbst ist an vielen Stellen unter den klimatischen Bedingungen des jüngeren Tertiärs zu Rotlehm und ähnlich intensiven Bodenbildungen verwittert (STÖHR

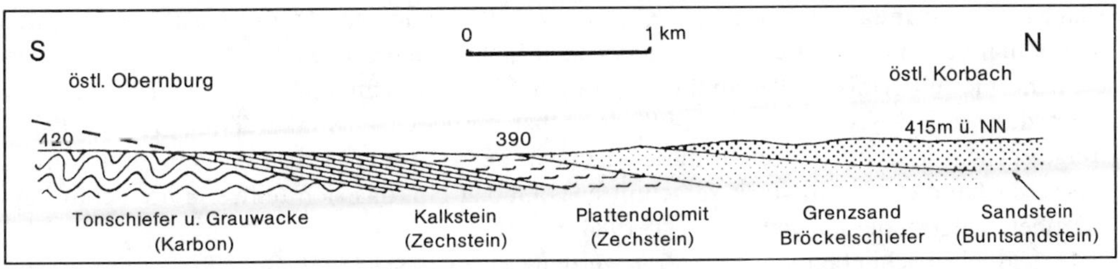

Abbildung 73
Rumpffläche am Nordostrand des Rheinischen Schiefergebirges
Die permische Rumpffläche zwischen Karbon und Zechstein streicht in der Luft aus. Die hier bestehende 400-m-Rumpffläche ist jünger.

1982, S. 133ff.). Nicht immer kann allerdings ausgeschlossen werden, daß vulkanogene Einwirkungen ähnliche Gesteinsveränderungen verursachten.

Eine Vorstellung von der Reliefentwicklung im Vorderwesterwald geben GLATTHAAR u. LIEDTKE (1984). Danach bestand bis in das Unteroligozän im Bitburg-Kasseler Senkungsfeld ein Vallendarfluß, der zuerst in einem flachen Relief mit einzelnen höheren Erhebungen (Montabaurer Höhe 545 m) floß, sich dann aber in dieses einschnitt, wenn auch nicht so tief wie in der südwestlichen Eifel. Ab dem Rupel (Mittleres Oligozän) transgredierte das Meer bis in das Neuwieder Becken und hinterließ eine Flachlandschaft, auf der im Chatt (Oberes Oligozän) eine Küstenschwemmebene entstand. Auf ihr entwickelte sich das heutige Flußnetz, das sich im Miozän einzuschneiden begann. Später erfaßten tektonische Schollenbildungen das Gebiet (GLATTHAAR 1988).

Im Gegensatz zum vulkanischen Westerwald ist das diesem nordwestlich vorgelagerte vulkanische *Siebengebirge* keine typische Hochflächenlandschaft mehr. Die unmittelbare Nähe der tiefliegenden Erosionsbasis des Rheins und der Niederrheinischen Bucht mag hier dazu geführt haben, daß die härteren vulkanischen Gesteine stärker herauspräpariert worden sind und heute ein kräftig gegliedertes Bergland bilden.

Nördlich des Westerwaldes schließt sich, getrennt durch das Siegtal, das *Sauerland* mit dem westlich vorgelagerten *Bergischen Land* an. Gelegentlich wird auch vom Bergisch-Sauerländischen Gebirge oder Südbergland gesprochen. Es besteht weitgehend Übereinstimmung, daß eine hochgelegene, in sich mehrfach gegliederte Altfläche vormiozänen Alters mit mächtiger Weißverwitterung das zentrale Sauerland einnimmt. Strittig ist, ob diese Fläche nach Norden und nach Westen zum Bergischen Land auf weniger als 300 m NN tektonisch abgesunken ist, oder ob in sie eine Trogfläche (PHILIPPSON) oder mehrere jüngere Flächen (nach NICKEL 1983) eingeschnitten wurden. Randliche Teile sind im Oligozän marin überflutet worden. Auffallende morphographische Depressionen fallen mit den variszisch streichenden devonischen Massenkalken zusammen (Abb. 72). Da auf den Kalken oligozäne Sedimente liegen, sind die Formen wahrscheinlich schon vorher entstanden. Es wird angenommen, daß die Kalke leichter verwitterten und deshalb schneller ausgeräumt wurden als das benachbarte Nichtkalkgestein (SCHMIDT 1975, S. 139f.).

Im Nordosten wird das Sauerland von der Hochflächenlandschaft des *Rothaargebirges* überragt, dessen Dachfläche bis 800 m NN aufsteigt. Der Kahle Asten erreicht mit 841 m nur wenig größere Meereshöhe. KÖRBER (1956) kartierte hier insgesamt 11 Niveaus mit Rumpfflächencharakter aus. Im Osten schneidet die in ca. 400 m NN ausgebildete Waldecker

Fläche vom Grundgebirge in den Zechstein und Buntsandstein. Die von früheren Autoren manchmal vertretene Ansicht, die Waldecker Fläche (auch Korbacher Fläche genannt) sei die exhumierte Permische Rumpffläche, ist nicht haltbar, wenn auch nicht bestritten werden kann, daß stellenweise vor dem Ausbiß des Zechsteins dessen ehemalige Transgressionsfläche freigelegt wurde. Jedoch streicht diese Fläche in der Luft aus (Abb. 73). Stellenweise drang das Zechsteinmeer in ein stark zerschnittenes Gebiet ein, das sich teilweise im Verlauf der heutigen Täler widerspiegelt (SEMMEL 1984, S. 69).

Im südlich anschließenden *Kellerwald* werden von SANDNER (1956, S. 87ff.) nur drei „echte" Flächenniveaus bei ca. 600 m, 500 m und 400 m NN erkannt. Becken und flache Talursprungsmulden seien nicht als Rumpfflächenreste anzusprechen.

2.2. Die großen Täler

In die Hochflächenlandschaften des Rheinischen Schiefergebirges sind insbesondere die Täler der größeren Flüsse sehr tief eingeschnitten. Die ersten, fast immer gut verfolgbaren Anzeichen einer durchlaufenden Talentwicklung, die die Richtung der heutigen Flüsse vorausnimmt, liegen mit den schon erwähnten pliozänen Kieseloolithterrassen vor, denen sich die altpleistozänen Hauptterrassen anschließen (Abb. 68). Erst unterhalb dieser setzt dann das eigentliche Engtal ein. Diese allgemeinen Entwicklungsstadien sind in allen großen Tälern des Rheinischen Schiefergebirges zu finden. Dennoch weist jedes Tal seine charakteristische Entwicklung auf, die der heutigen Tallandschaft ihren spezifischen Aufbau gegeben hat.

Ein durchgehendes *Mittelrheintal*, dessen mit Terrassen zu belegender Verlauf noch heute verfolgbar ist, hat es zur Zeit der pliozänen Kieseloolithterrassen gegeben. Reste eines mittelmiozänen Urrheins, dessen Sedimente im Niederrheingebiet gefunden wurden (BOENIGK 1982, S. 168), konnten bisher im Rheinischen Schiefergebirge nicht nachgewiesen werden. Die tertiären Rheinkiese weisen auf ein Einzugsgebiet hin, zu dem noch nicht die Alpen gehörten. Dabei ist zu beachten, daß Schotterkörper relativ selten vorkommen, zumeist findet man gut ausgebildetet Felsterrassen, die zwischen 300 und 330 m NN liegen. Kommen Kiese vor, so führen diese fast nur schwer verwitterbare Gerölle, also vor allem Quarze und Quarzite. Die namengebenden Kieseloolithe stammen aus dem Muschelkalk und dem Jura Lothringens. Auffallend ist die häufig hervorragende Zurundung von Quarzgeröllen, wie sie üblicherweise nur im Brandungsmilieu gefunden wird. Diese gute Zurundung fehlt indessen im oberen Mittelrheintal, also oberhalb des Neuwieder Beckens. Im Moselgebiet wird sie angetroffen. Auffallend ist weiterhin das Vorherrschen stabiler Schwerminerale (Zirkon, Turmalin).

Die Kieseloolithterrassen zeichnen sich durch eine stellenweise große Breite aus. So erreichen sie zwischen Laacher See und Wiedtal mehr als 12 km Ausdehnung, im oberen Mittelrheintal nördlich St. Goar über 5, südlich Trechtingshausen über 4 km. Allerdings läßt sich eine solche Breite nicht durchlaufend rekonstruieren. So kann beispielsweise nördlich Trechtingshausen die ursprüngliche Breite nicht mehr als 2 km betragen haben. Es ist heute wegen der fehlenden Schotter oder deren homogener Zusammensetzung nicht mehr zweifelsfrei zu klären, ob die großen Breiten nicht häufig mit der Einmündung von Nebentälern zusammenfallen.

Für die in die Kieseloolithterrassen eingeschnittenen altpleistozänen Terrassen gilt, daß sie eine besonders große Breite nur vortäuschen. Sie scheint nur dann gegeben, wenn nicht beachtet wird, daß nicht eine oder zwei, sondern fünf bis sechs Hauptterrassen vorkommen. Sie zu erkennen ist – wie schon betont wurde – vor allem wegen der Lößüberdeckung schwierig. Gliedert man die Terrassen stärker auf, so wird deutlich, daß sie in der Regel keine größere Breite aufweisen als der heutige Talboden des Rheins. Auszunehmen sind dabei wiederum Lagen an Rändern von Senkungsgebieten oder Einmündungen von Nebentälern. Dort kann die Breite der einzelnen altpleistozänen Terrassen stark anwachsen, so beispielsweise die T_{R5}-Terrasse an der Einmündung der Ahr.

Jüngere Tektonik äußert sich wohl im nördlichsten Teil der T_{R5}-Terrasse, die hier im Gegensatz zu dem südlicheren Gebiet deutliches Gefälle aufweist. Darin wirkt sich wahrscheinlich ein Erosionsimpuls aus, der durch stärkere Absenkung der Niederrheinischen Bucht verursacht wurde (BIBUS 1977, S. 403). Im Neuwieder Becken läßt sich ein Absinken der T_{R4}-Terrasse um ca. 35 m nachweisen (BIBUS 1983, S. 59). Im *Moseltal* stellte NEGENDANK (1983, S. 82ff.) tektonische Verstellungen der altpleistozänen Terrassen an der Grenze zwischen dem „Unteren Moselblock" und dem „Mittleren Moselblock" entlang des Elzbaches bei Moselkern fest. Auch an der westlichen Grenze des Limburger Beckens verändern sich die Höhenlagen der altpleistozänen Lahnterrassen um 20 m auf kürzester horizontaler Distanz (ANDRES u. SEWERING 1983, S. 96). Schließlich sei noch auf Verstellungen altpleistozäner Terrassen im Siegtal verwiesen (GRAMSCH 1978, S. 78ff.).

Die vorstehend beschriebenen altpleistozänen Hauptterrassen unterscheiden sich zwar petrographisch deutlich von den pliozänen Kieseloolithterrassen, jedoch kaum morphographisch. Das ändert sich mit dem Beginn der mittelpleistozänen Terrassenfolge (Mittelterrassen). Petrographisch macht sich nunmehr vor allem in den Kiesen des unteren Mittelrheintals der intensive Eifelvulkanismus bemerkbar, morphographisch wird das eindrucksvolle Engtal des Rheins und seiner Nebenflüsse ausgebildet. Nicht gesichert ist bis heute, welche Ursachen die starke, auf den schmalen Bereich des Engtals begrenzte Tiefenerosion hatte. Einerseits wird hierin vor allem die Auswirkung intensiveren Kaltklimas gesehen (HEINE 1971, S. 316; SCHIRMER 1990b, S. 22), das exzessive Talbildung im Sinne von BÜDEL (u. a. 1981, S. 79ff.) zur Folge gehabt haben soll, andererseits bleibt nach wie vor der tektonische Einfluß höchst bedeutsam, besonders wenn man berücksichtigt, daß beispielsweise am Mittelmain die extreme Taleintiefung schon zu Beginn des Mittelpleistozäns abgeschlossen war (SEMMEL 1984, S. 65).

Trotz der kräftigen Einschneidung insgesamt kam es zeitweise zu mächtigen Aufschüttungen, deren kaltzeitlicher Charakter häufig zweifelsfrei zu belegen ist. Im Engtal des Rheins sind mindestens drei Terrassenbildungen aus dieser Zeit bekannt, im Moseltal dagegen nur zwei (MÜLLER 1976, S. 52ff.), ebenso im Siegtal (GRAMSCH 1978, S. 140). Für das Lahntal darf hinwiederum mit drei Terrassen für den diskutierten Altersbereich gerechnet werden. Die differierenden Befunde haben ihre Ursache wohl darin, daß insbesondere im Engtal Terrassenreste nicht so häufig erhalten blieben, so z. B. im oberen Mittelrheintal (FISCHER 1986). Außerdem verwischt natürlich die hier besonders kräftige Lößüberdeckung die Grenzen zwischen verschiedenen Schotterkörpern.

Unterschiedliche Angaben liegen auch für die im Bereich des heutigen Talbodens ausgebildeten Niederterrassen vor. Während im Rheintal allgemein mit einer Zweigliederung gerechnet wurde, findet SCHIRMER (1990b, S. 24f.) neuerdings drei Schotterkörper, die sämtlich in die Hoch- und Spätphase der letzten Kaltzeit gehören sollen. Die jüngste wird der

Jüngeren Tundrenzeit zugeordnet und entspricht damit dem von anderen Autoren als Untere Niederterrasse bezeichneten Akkumulationskörper. Eine Zweigliederung der Niederterrassen liegt offensichtlich auch im Lahntal (ANDRES 1967, S. 17ff.) vor. HEINE (1971, S. 20) sieht jedoch die jüngere Terrassenstufe nicht als gleich alte Bildung zur Unteren Niederterrasse des Rheins an, sondern als älter. Im Siegtal liegt gleichfalls eine zweigegliederte Niederterrasse vor (GRAMSCH 1978, S. 139).

3. Hessisches Bergland

ARNO SEMMEL

3.1. Grundlagen der geologischen und geomorphologischen Entwicklung im Hessischen und Niedersächsischen Bergland

Im Osten des Rheinischen Schiefergebirges schließen mit dem Hessischen Bergland und seiner nördlichen Fortsetzung, dem Niedersächsischen Bergland, typische Deckgebirgslandschaften an. Im wesentlichen bildet Buntsandstein den Untergrund in einem Relief, das ähnlich dem Rheinischen Schiefergebirge weithin durch Hochflächen charakterisiert wird. Die begrenzenden Stufen der Flächenreste werden dabei, sieht man von den auch hier häufig anzutreffenden Grabeneinbrüchen und damit verbundenen Bruchstufen ab, von geomorphologisch harten Gesteinen gekrönt, den Stufenbildnern. Diese schützen das liegende weiche Gestein vor der Abtragung. Es liegen also die typischen Merkmale einer Schichtstufenlandschaft vor. Besonders markante Stufen bilden grobkörnige Sandsteine des Unteren Buntsandsteins über dem sehr weichen Bröckelschiefer, außerdem die groben Sandsteine des ältesten Mittleren Buntsandsteins und dessen jüngstes Glied, der Sollingsandstein (Preußischer Bausandstein). Über den Sandsteinhochflächen, die, wenn auch deutlich schwächer geneigt, dem Schichteinfallen folgen, erheben sich vor allem in tektonischen Mulden auch gut herauspräparierte Schichtstufen des Unteren und des Oberen Muschelkalks. Weniger gut ausgebildet sind die Stufen des – insgesamt nur in kleinerem Ausmaß vorkommenden – Keupersandsteins. Der vorwiegend in engen tektonischen Mulden liegende Jura weist wegen des steilen Schichteinfallens eindrucksvolle Schichtkämme auf. Ähnliches gilt für die Kalk- und Sandsteine der Kreide. Die höchsten Stufen und Hochflächen bilden indessen häufig tertiäre Basalte. Oft prägen isolierte Kuppen (Basaltstiele) dieses Gesteins die Landschaft. Das gilt nicht nur für die Hochflächen, sondern auch für die Niederungsgebiete, die als tektonische Gräben und Senken das gesamte Gebiet zusätzlich gliedern. Hierin findet die saxonische Gebirgsbildung einen geomorphologischen Niederschlag, der wohl als nahezu einmalig bezeichnet werden darf.

Die Gesteinsabfolge des Deckgebirges beginnt mit jungpaläozoischen Sedimenten, an manchen Stellen mit dem Rotliegenden, häufiger mit dem marinen Zechstein. Dessen

Transgression griff auf eine Landschaft über, die als Permische Rumpffläche bezeichnet wird. Unter dieser Fläche ist das Grundgebirge tiefgründig rot verwittert. Entgegen älteren Auffassungen wird heute – wie schon angemerkt wurde – in der Regel verneint, daß die derzeitige Oberfläche vor dem Zechsteinausbiß auf weite Erstreckung hin die exhumierte Permische Rumpffläche darstellt.

Die Gesteine der küstennahen Zechsteinfazies sind überwiegend kalkig-mergelig und nicht salzhaltig. Mächtigere Salzablagerungen sind erst in größerer Küstenferne zu finden und mit ihnen das heutige Relief prägende Auslaugungsformen (Subrosionssenken).

In dem dem Zechstein folgenden Buntsandstein herrscht die lagunär-terrestriche Fazies des „Germanischen Beckens" vor. Es wechseln tonig-schluffige Schüttungen mit sandigen. Mit dem Muschelkalk stellen sich dann erneut vollmarine Verhältnisse ein. Im Unteren und Oberen Muschelkalk dominieren harte Kalksteine, im Mittleren Muschelkalk weiche Mergel. Nach dem Muschelkalk verstärkten sich im Keuper wieder terrestrische Einflüsse. Charakteristische Gesteine sind Tone mit Gips und Sandstein. Im Oberen Keuper wird der marine Einfluß wieder stärker, im anschließenden Jura sind große Teile unseres Gebietes von einem flachen Schelfmeer bedeckt gewesen. Nach Regressionen im Oberen Jura drang das Kreidemeer, insbesondere zur Zeit der Oberkreide, wieder weiter nach Süden vor.

Die genaue ursprüngliche Ausdehnung der verschiedenen mesozoischen Sedimente ist heute nur selten verläßlich zu rekonstruieren. Generell kann gelten: Je älter die Gesteine, desto größer ihr heutiger Flächenanteil. Daraus läßt sich – etwas überzogen – ableiten, daß die heutige Verbreitung von kräftiger postmesozoischer Abtragung bestimmt ist, die, von oben eingreifend, die hangenden jüngeren Sedimente stärker erfaßte als die liegenden älteren. So überrascht es nicht, daß Kreide, sieht man von den nördlichen Gebirgsrändern ab, und Jura in der Regel nur in tektonischen Gräben und Mulden erhalten blieben.

Die tektonischen Gräben und Senken sind hauptsächlich tertiäre Gebilde, die im Zusammenhang mit der saxonischen Gebirgsbildung entstanden. Sie konzentrieren sich vor allem im Bereich der „Engeren Hessischen Senke", die sich von der Wetterau über das Kasseler Becken bis in das Niedersächsische Bergland fortsetzt und insbesondere das Hessische Bergland teilt. Diesem Niederungszug folgte das Meer, das im mittleren Tertiär Nordsee und Oberrheingraben verband. Zugleich mit der saxonischen Gebirgsbildung wurden an vielen Stellen Vulkanite, vor allem Basalte, gefördert. Auf ihnen entstanden unter den tertiären tropoiden Klimabedingungen verbreitet mächtige Verwitterungsdecken, oft auch Laterite. Selbst auf vielen Buntsandsteinhochflächen geben gebleichte, mürbe und vererzte oberflächennahe Gesteinspartien Hinweise auf entsprechende Klimate. Die korrelaten Sedimente findet man in den Gräben und Senken, nicht nur in den tektonischen, sondern auch in den Becken, die durch Auslaugung der Zechsteinsalze im Untergrund einbrachen. Sedimente dieser Art weisen durchweg alle Anzeichen sehr intensiver chemischer Verwitterung auf. Es fehlen sämtliche leichter verwitterbaren Gesteine und Minerale. An manchen Stellen ist die Verwitterung im Sediment selbst noch durch saure Wässer, die aus zwischengelagerten Braunkohlen stammen, verstärkt worden.

Die infolge tektonischer oder subrosiver Bewegungen entstandenen Tertiärbecken täuschen stellenweise die Existenz tief eingeschnittener tertiärer Täler vor. Im wesentlichen hat die kräftige Taleintiefung hier aber wohl auch erst im Pleistozän eingesetzt. Es gibt jedoch – wahrscheinlich tektonisch bedingte – lokale Differenzierungen, die bei der speziellen Erörterung der jeweiligen Talentwicklung noch eingehender behandelt werden. Generell

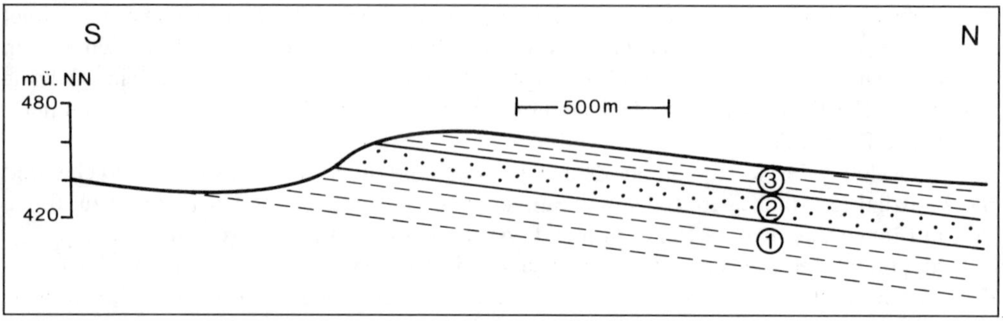

Abbildung 74
Der Waldecker Landrücken bei Freienhagen

Stufenbildner ist der grobkörnige Volpriehausener Sandstein des Mittleren Buntsandsteins. Die oberhalb der Stufe ausgebildete Hochfläche folgt mit ihrer Neigung vermindert dem Schichteinfallen.
1 – Unterer Buntsandstein
2 – Volpriehausener Sandstein
3 – Volpriehausener Wechselfolge

darf festgehalten werden, daß in den hier zur Diskussion stehenden Bergländern die Talgenese oft durch Subrosionssenken beeinflußt wird und über diese die Tektonik besonders starken Einfluß auf den Talverlauf bekam, denn die Auslaugung folgt häufig tektonischen Störungen. Besondere Bedingungen waren außerdem für die nach Norden entwässernden Täler dadurch gegeben, daß der Abfluß zumindest während der Drentheeiszeit vom Inlandeis blockiert wurde, das an vielen Stellen den Nordrand der Mittelgebirge überschritten hat.

3.2.
Schichtstufenlandschaften

Das Hessische Bergland dehnt sich zwischen Rheinischem Schiefergebirge und Thüringer Wald aus. Der in ihm dominierende Buntsandstein hat vielfach zur Entwicklung von Schichtstufen und dazugehörigen Landterrassen geführt, die das Relief des Hessischen Berglandes prägen. Echte Rumpfflächen, also Ebenen, die vom geomorphologisch weichen ohne nennenswerte Stufe in das geomorphologisch harte Gestein hineinreichen, sind die Ausnahme (vgl. auch Blume 1949).

Eine solche Ausnahme liegt beispielsweise im *Waldecker Tafelland* vor. Hier, im Übergangsbereich vom Rheinischen Schiefergebirge zum Hessischen Bergland, ist ein Niveau in ca. 400 m Meereshöhe entwickelt, das vom gefalteten Grundgebirge über Zechsteinkalk und Grenzsand (Bröckelschiefer) bis in den Sandstein des Unteren Buntsandsteins reicht (Abb. 73). Der weiter östlich anschließende *Waldecker Landrücken* ist dagegen deutlich herauspräpariert. Sein Gestein weist die klassischen Merkmale eines Stufenbildners auf. Es handelt sich um den grobkörnigen Volpriehausener Sandstein, das älteste Glied des Mittleren Buntsandsteins. Der Untergrund des nach Osten anschließenden Freienhagener Hochlandes wird – vor allem im stufenferneren Bereich – großenteils von den geomorphologisch

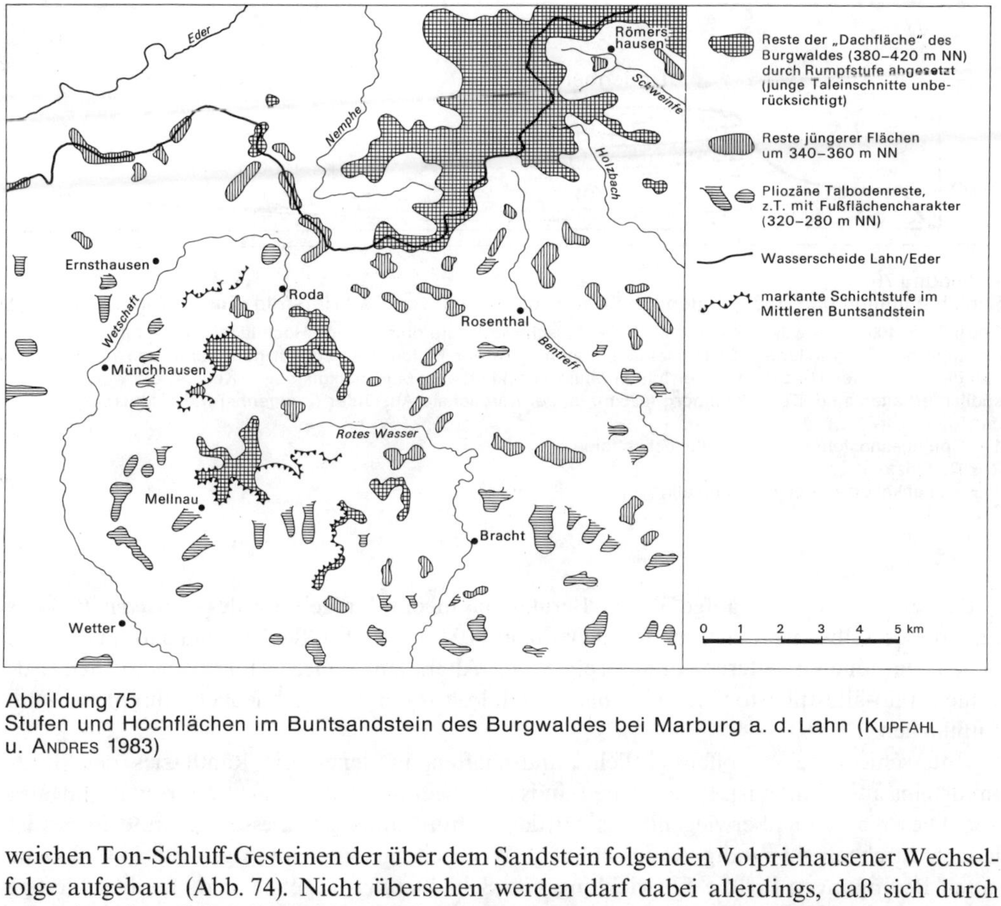

Abbildung 75
Stufen und Hochflächen im Buntsandstein des Burgwaldes bei Marburg a. d. Lahn (Kupfahl u. Andres 1983)

weichen Ton-Schluff-Gesteinen der über dem Sandstein folgenden Volpriehausener Wechselfolge aufgebaut (Abb. 74). Nicht übersehen werden darf dabei allerdings, daß sich durch schmale tektonische Gräben und Horste wiederholt engräumige Wechsel in der Gesteinsbeschaffenheit ergeben können. Zugleich bleibt zu berücksichtigen, daß auf den Hochflächen stellenweise durchaus Reste intensiver tertiärer Verwitterung zu finden sind. Es würde aber den tatsächlichen Gegebenheiten nicht gerecht, diese Landschaft als Rumpftreppe zu bezeichnen und sie den Rumpftreppen des Grundgebirges genetisch völlig gleichzustellen, denn entscheidend bleibt hier im Deckgebirge, daß die Stufen immer aus harten Gesteinen bestehen. Allerdings ist, um das sicher zu erkennen, eine großmaßstäbige Kartierung nötig, es sei denn, es lägen neu aufgenommene geologische Spezialkarten vor, die die Feingliederung des Buntsandsteins berücksichtigen.

Einen offensichtlich ganz ähnlichen Aufbau und ähnliche geomorphologische Probleme zeigen die übrigen hessischen Buntsandsteingebiete, vor allem der *Reinhardswald* und der *Kaufunger Wald*. Im ersten Fall erkennt Hempel (1958, S. 19ff.; zit. bei Semmel 1984) allein fünf Niveaus zwischen 230 und 270 m NN, die echte pliozäne Rumpfflächen darstellen sollen. Sie seien gesteinsunabhängig. Im Kaufunger Wald sieht Weiland (1938, S. 46ff.; zit. bei Semmel 1973) auf der flacheren Südwestseite gesteinsunabhängige Verebnungsflächen tertiären Alters, während auf der stärker zerschnittenen Ostseite eine Schichtstufenlandschaft entwickelt sei (vgl. auch Garleff 1985).

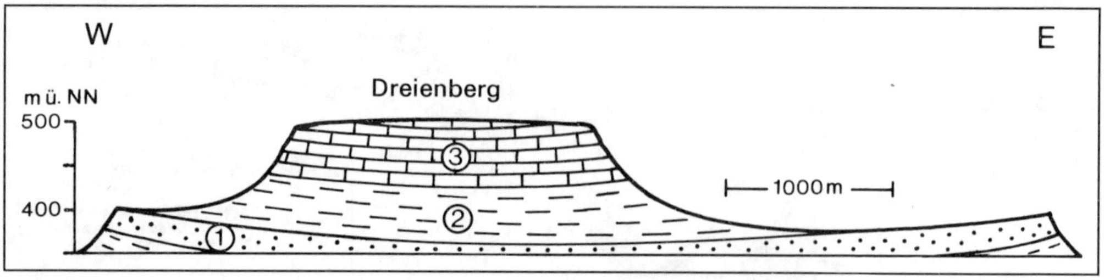

Abbildung 76
Schichteinfallen und Hochflächen bei Friedewald östlich von Bad Hersfeld (Fulda-Werra-Bergland)
Der bei ca. 400 m NN westlich und östlich der Muschelkalkstufe einsetzende Hochflächenrest folgt dem Einfallen des Stufenbildners Sollingsandstein zum Kern der Mulde. Der Schnitt geht durch den nördlichsten Teil der Eiterfelder Triasmulde. Hier fehlen Mittlerer und Oberer Muschelkalk sowie Keuper, die weiter südlich erhalten sind. Der Dreienberg (525 m) ist der nördlichste Ausläufer (Zeugenberg) des Muschelkalks der Rhön.
1 – Sollingsandstein über Detfurthwechselfolge
2 – Röttonstein
3 – Wellenkalk (Unterer Muschelkalk)

Der größte Teil der aufgeführten Bergländer in der Umgebung des *Kasseler Beckens* und dieses selbst werden laut Garleff u. a. (1988) von Fußflächen eingenommen, von denen die höheren (älteren) präoberpliozänen Alters sind. Diesen folgen bis zu den Talsohlen plio-ältestpleistozäne, alt- bis mittelpleistozäne und schließlich jungpleistozäne Fußflächen.

Unterschiede zeigen offensichtlich Landschaften, in denen die Randfazies des Buntsandsteins ausgebildet ist. Eine solche Landschaft liegt mit dem *Burgwald* nördlich Marburg vor. Dieser besteht überwiegend aus Mittlerem Buntsandstein. Dessen gesamte Fazies ist jedoch durchgehend sandig; tonig-schluffige Wechselfolgen fehlen weitgehend, so daß keine guten Bedingungen für die Entwicklung von Schichtstufen gegeben sind. Tonig-schluffige Partien kommen hier in nennenswerter Mächtigkeit nur im oberen Teil der Volpriehausener Folge und – noch schwächer – im mittleren Teil der Hardegsenfolge vor. Besonders fest und dickbankig ist der obere Teil dieser Folge. Es überrascht deshalb nicht, daß sie die höchsten Teile der Hochfläche des Burgwaldes einnimmt. Älteren Autoren folgend, sieht Andres (in Kupfahl u. Andres 1983, S. 878) diese Fläche für wahrscheinlich oligozän an. Sie schneide zwar unter anderem auch gefaltetes Grundgebirge, sei mithin eine echte Rumpffläche, es könne jedoch nicht übersehen werden, daß der Grad ihrer Erhaltung gesteinsabhängig und in bestimmten Teilbereichen der Charakter einer Schichttafel gegeben sei (ib., S. 877). Unterhalb der Hochflächenreste lägen Reste einer jüngeren Rumpffläche, die wiederum von pliozänen Talbodenresten mit teilweise pedimentartigen Formen begrenzt würden. Die Stufe, die diese Reste gegenüber den Hochflächenresten begrenzt, sei teilweise bis zu 100 m hoch und als Schichtstufe anzusehen, die bereits im Pliozän bestanden habe (Abb. 75). Ein solches Beispiel veranschaulicht recht gut, wie eng genetisch verzahnt tertiäre Flächen- und Schichtstufenbildung sind.

Im zentralen *Fulda-Werra-Bergland* tritt immer wieder der Sollingsandstein als markanter Stufenbildner und zugleich „Flächenträger“ in Erscheinung. Das gilt beispielsweise für den *Seulingswald* (östlich Bad Hersfeld). Die Stufe bildet hier die nördliche Begrenzung der

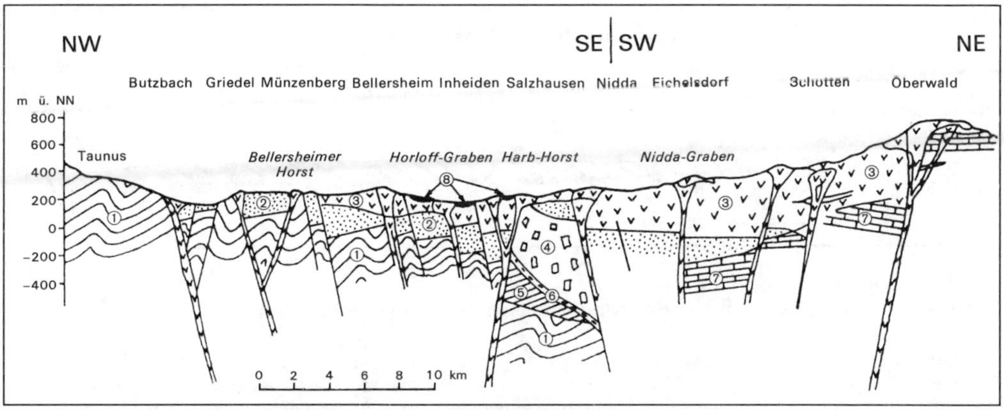

Abbildung 77
Geologisches Profil durch Wetterau und Vogelsberg (nach SCHENK 1974, vereinfacht)

1 – Devon
2 – tertiäre Sande
3 – Basalt
4 – Phonolith
5 – Rotliegendes
6 – Tuff
7 – Buntsandstein
8 – Braunkohlen

Eiterfelder Triasmulde. Die Anlehnung an den Schichtenbau wird hier besonders deutlich: Die Oberflächen neigen sich, dem Schichteinfallen folgend, dem Muldenzentrum zu (Abb. 76). Da in diesem noch Muschelkalk und Keuper erhalten sind, haben sich weitere Schichtstufen herausgebildet. Über dem Sollingsandstein folgt zunächst die weitausgedehnte Ausraumfläche des Röttonsteins, der durch Quarzite untergliedert wird, die sich durch eine kleine Stufe bemerkbar machen. Eine sehr markante Stufe wird dann durch den Wellenkalk des Unteren Muschelkalks verursacht. Im Bereich der weichen Mergel des Mittleren Muschelkalks verflacht das Gelände erneut. Darüber steigt die Stufe des Oberen Muschelkalks an. An manchen Stellen gibt es oberhalb davon mit dem Wechsel von Keupertonstein und -sandstein erneut gesteinsbedingte Stufungen. Rotlehmreste auf der Muschelkalkstufe sowie gebleichte, gelockerte und vererzte Gesteinspartien auf der Buntsandsteinhochfläche machen ein präpleistozänes Alter großer Teile dieser Landschaft wahrscheinlich.

Auf der Hochfläche des Fulda-Werra-Berglandes sind häufig Einsturzbecken recht unterschiedlicher Größe zu finden. Während durch Verkarstung im Muschelkalk oder im gipsführenden Röt vor allem kleindimensionierte Erdfälle entstanden und entstehen, sind nicht nur solche kleineren Formen, sondern auch mehrere Kilometer breite Becken im gesamten Deckgebirge durch Auslaugung im Zechsteinsalz verursacht, das mehrere hundert Meter unter der Oberfläche liegt. Solche Formen gehören zur irregulären Subrosion, die an Stellen wirksam wird, wo das Grundwasser an Verwerfungen leicht von oben her in das liegende Salz eindringen kann. In ihrer Längserstreckung folgen deshalb, wie schon betont, die Auslaugungssenken sehr oft den vorherrschenden erzgebirgischen, herzynischen, eggischen oder rheinischen Richtungen. Von regulärer Subrosion wird gesprochen, wenn auf breiter Front von außen, also aus dem nicht mehr salzführenden Gestein heraus, die Auslaugung angreift. Ein besonders schönes Beispiel irregulärer Subrosion sind die beiden seht tiefen und steilen Erdfälle Wolkenbruch und Scherbusch östlich Trendelburg/Diemel.

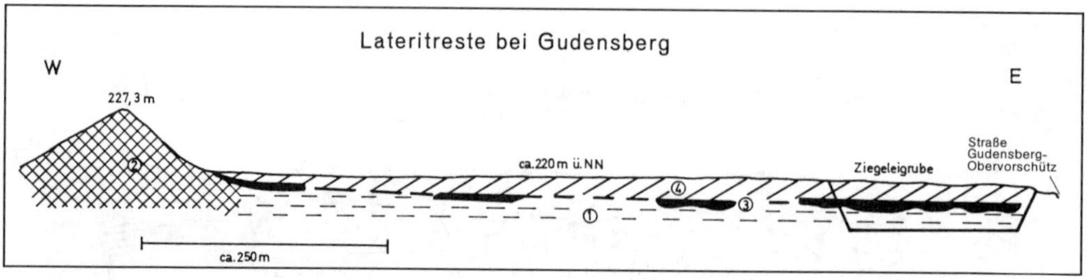

Abbildung 78
Basaltkegel und Lateritdecke in der Niederhessischen Senke bei Gudensberg südsüdwestlich von Kassel

1 – tertiäre Sedimente
2 – Basalt
3 – Lateritreste
4 – Lößdecke, an der Basis stellenweise kiesig

Die Darstellung gibt die Ergebnisse von Sondierungen wieder, die in Abständen von ca. 150 m zwischen der Ziegeleigrube und dem Basaltkegel niedergebracht wurden.

3.3. Beckenlandschaften

Das Hessische Bergland wird durch einige tiefliegende Landschaften gegliedert. Hierzu gehören einmal vor allem die Senkungsgebiete, die vom Oberrheingraben aus in rheinischer Richtung (SSW-NNO) Hessen durchziehen. Im Süden wird das Senkengebiet von der Wetterau eingenommen, im Norden von der Niederhessischen Senke. In der Mitte überdecken die Basaltdecken des Vogelsbergs den Niederungscharakter. Zum anderen sind unabhängig von dieser Senkungszone im östlichen Teil des Hessischen Berglandes die Becken von Schlüchtern, Fulda und Hünfeld anzutreffen.

Die *Wetterau* grenzt im Westen direkt an das Rheinische Schiefergebirge, im Osten an den Vogelsberg. Ihre zentralen Teile sind dadurch ausgezeichnet, daß mehrere Horste und Gräben einander ablösen (Abb. 77), die das heutige Relief prägen. Die tektonischen Bewegungen sind hauptsächlich tertiären Alters, dauern aber bis heute an. Im Horstbereich

Abbildung 79
Verstellte pleistozäne Sedimente im Kasseler Becken (nach FINDEISEN 1952)

1 – Buntsandstein
2 – Unteroligozän
2a – Unteroligozän mit Braunkohle
3 – Mitteloligozän
4 – Mittlere Hauptterrasse
5 – Niedere Hauptterrasse
6 – Haupt-Mittelterrasse
7 – Untere Mittelterrasse
8 – Niederterrasse
9 – Löß
10 – Auenlehm

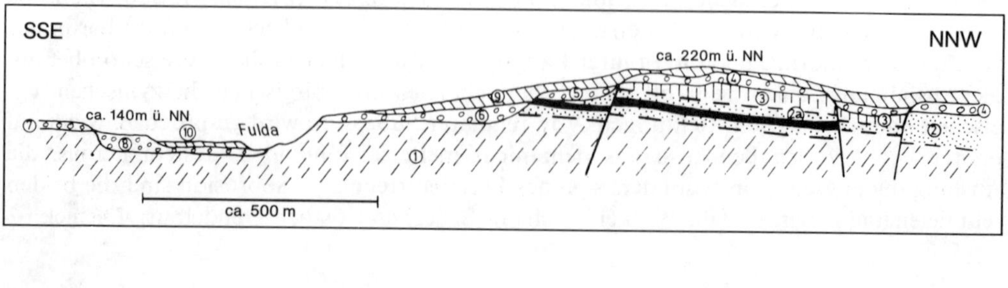

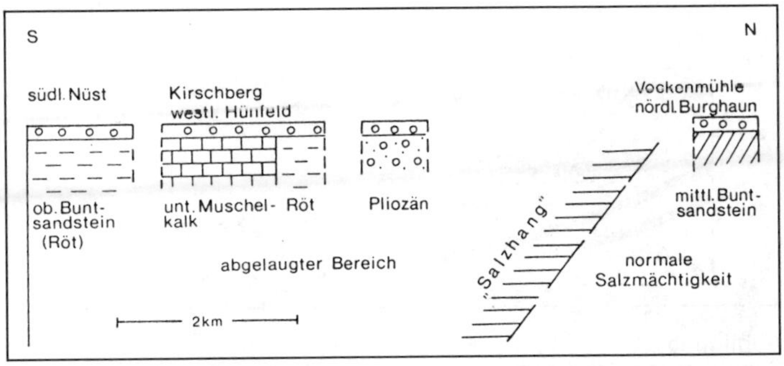

Abbildung 80
Postsubrosive Terrassenbildung im Hünfelder Becken nördlich von Fulda (nördliches Rhönvorland)
Die mit kleinen Kreisen dargestellte altpleistozäne Hauneterrasse ist nicht mehr verstellt worden und schneidet die durch Salzauslaugung abgesunkenen Schollen von Muschelkalk, Röt und Pliozän.

trifft man vorzugsweise Basalte an, die vielfach noch Reste tertiärer Rotlehmverwitterung, teilweise mit Lateritmerkmalen, tragen. In den Gräben liegen auf den Basalten mit ihren Verwitterungsdecken jungtertiäre Braunkohlen mit hangenden pleistozänen Sedimenten, zuoberst Löß. Im Auenbereich der heutigen Bäche zeigt starke Vermoorungstendenz die anhaltende Absenkung des Gebietes an. Durch künstliche Grundwasserentnahme wird das Absinken einerseits gefördert, andererseits die Moorbildung eingeschränkt.

Auch in der *Niederhessischen Senke* sind Basaltdecken mit tertiären Verwitterungsresten häufig anzutreffen. Die dazugehörenden Flächenreste werden oft von Basaltkegeln überragt (Abb. 78). Unter den Basalten liegen marine tertiäre Mergel oder Sande. In diese wurden im Pleistozän fluviale Terrassen mit teilweise mächtigen Schotterkörpern eingeschnitten. Das gilt vor allem für den Unterlauf der Eder. Insgesamt gesehen, hat die Senkung in jüngerer Zeit hier wohl geringere Ausmaße gehabt als in der Wetterau. Lokale Moorbildungen, teilweise noch pleistozänen Alters, sind wahrscheinlich ausschließlich als durch Subrosion des Zechsteinsalzes im tieferen Untergrund und damit verbundene Einbrüche der Deckschichten entstanden zu deuten (vgl. GARLEFF 1985). Solche pseudotektonischen Erscheinungen sind nicht immer zweifelsfrei von echten tektonischen Bildungen zu unterscheiden (vgl. SEMMEL 1973, S. 30ff.). Die Abbildung 79 zeigt Verstellungen altpleistozäner Fuldaterrassen nördlich Kassel.

In ganz typischer Weise äußert sich das Problem der Unterscheidung zwischen echter Tektonik und subrosiv bedingter Pseudotektonik im Relief größerer osthessischer Becken. Die drei bereits genannten Becken von Schlüchtern, Fulda und Hünfeld zeichnen sich sämtlich dadurch aus, daß sie – heute tief eingesenkt – allseitig von Höhenzügen umschlossen werden. Diese bestehen aus Mittlerem Buntsandstein, nur das *Schlüchterner Becken* wird im Norden von basaltischen Ausläufern des Vogelsbergs (Hessischer Landrükken) begrenzt. Im Beckeninneren sind dagegen jeweils Röt und Muschelkalk weit verbreitet. Ohne Zweifel spielten bei der Einsenkung echte tektonische (saxonische) Bewegungen eine Rolle. Andererseits ist in allen Becken nicht zu verkennen, daß die Subrosion im Zechsteinsalinar sich erheblich auf die Lagerungsverhältnisse und auf das heutige Relief ausgewirkt hat, ja stellenweise noch auswirkt. Im Schlüchterner Becken mag das weniger der Fall sein als im Fuldaer Becken oder gar im Hünfelder Becken. Einen Hinweis darauf gibt das weitgehende Fehlen pliozäner Sedimente im Schlüchterner Becken. Anders stellen sich die Verhältnisse im *Fuldaer Becken* dar. Hier gibt es mächtigere pliozäne und auch pleistozäne Sedimente, die wegen ihres lokal sehr begrenzten Vorkommens den Verdacht auf subrosiv bedingte Absenkung nahelegen. Im Makro- und Kleinrelief braucht sich das heute nicht mehr bemerkbar zu machen. Als Beispiel dafür sei das *Hünfelder Becken*

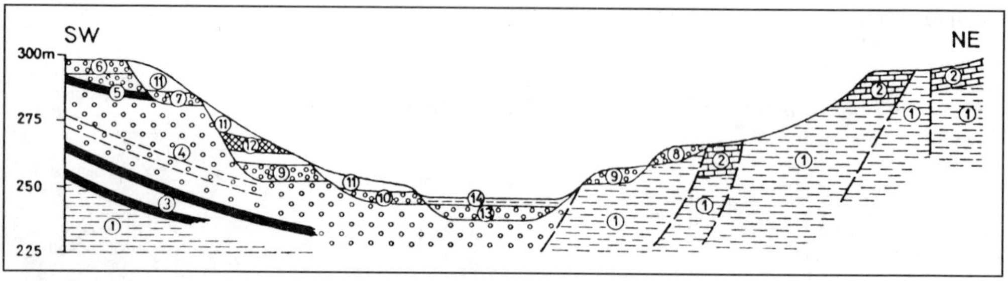

Abbildung 81
Schnitt durch das Hünfelder Becken nördlich von Fulda

1 – Rötton
2 – Muschelkalk
3 – Reuverton mit Kohleflözen
4 – ältester pleistozäner Kies
5 – Tegelenton
6–10 – pleistozäne Terrassenkiese
11 – Lößlehm mit 12 – fossiler Parabraunerde
13 – Niederterrasse mit 14 – Auenlehm

angeführt, wo Röt in chaotischer Lagerung, Wellenkalk und jüngstes Pliozän sowie ältestes Pleistozän nebeneinander liegen.

Eine altpleistozäne Terrasse der Haune, eines Nebenflusses der Fulda, greift vom Mittleren Buntsandstein des südlichen Beckenrandes über die verschiedenen Schollen hinweg bis zum Mittleren Buntsandstein am Nordrand des Beckens (Abb. 80). Die Terrasse behält dabei konstant ihre Höhenlage in 300 m NN. Die Salzauslaugung begann hier im jüngsten Pliozän, im ältesten Pleistozän hörte sie auf. Die Haune füllte die Senke vollständig auf, so daß die altpleistozänen Terrassenkiese in normaler Lagerung sedimentiert werden konnten, in der sie bis heute blieben. Das gilt auch für die Terrassen der Haune, die nach dem Altpleistozän gebildet wurden. Seidem hat der Fluß eine Terrassentreppe ausgebildet, wie sie für pleistozäne Täler typisch ist (Abb. 81). Unterhalb der 300-m-Terrasse erlaubt die Talform keinen sicheren Hinweise auf die frühere Salzablaugung im Untergrund. Allenfalls die deutlich größere Breite der Niederterrasse im Becken läßt einen solchen Schluß zu. Sie kann aber mit der leichteren Erodierbarkeit der häufig im Becken anstehenden Röttonsteine erklärt werden.

3.4. Vulkanische Bergländer

Das Relief des Hessischen Berglandes wird durch den tertiären Vulkanismus entscheidend geprägt. Bekanntes und größtes Beispiel ist der Vogelsberg mit 2500 km^2 geschlossener Fläche und bis zu 200 m mächtigen Basaltdecken, Intrusionen und Tuffen. Aber auch die Rhön, das Knüllgebirge und der Habichtswald verdanken ihren Berglandcharakter den sie aufbauenden Basalten. Geringere flächenhafte Ausdehnung hat der Basalt des Meißners, jedoch darf dieser in Anspruch nehmen, ein morphographisch und geomorphologisch besonders eindrucksvolles Gebirge zu sein.

Der *Vogelsberg* vermittelt, insgesamt gesehen, das Bild eines riesigen flachen Schildvulkans. Die basaltische Lava wurde hauptsächlich im Mittel- und Obermiozän gefördert. Der heute höchste Teil (Hoher Vogelsberg) liegt über einer Verwerfung, die einen mehrere hundert Meter tiefen Graben im Westen von einem Horst im Osten trennt (Abb. 77). Östlich davon, knapp 7 km südöstlich vom Taufstein, der mit 778 m NN höchsten Erhebung des

Vogelsberges, kommen bei Bermuthshain Buntsandstein und Muschelkalk nahe an die Oberfläche. Es handelt sich nach älteren Auffassungen dabei um einen Horst, der beidseitig von abgesunkenen Basaltschollen flankiert wird. Nach der Basalteruption fanden demnach noch kräftige Verstellungen statt. Neuere Untersuchungen lassen auch eine andere Deutung zu. Wahrscheinlich liegt hier eine durch einen Trachytdom verursachte Aufschleppung vor (EHRENBERG u. HICKETHIER 1985, S. 104ff.). Verwerfungen scheinen sich im heutigen Relief großenteils nicht mehr auszuwirken. Jedenfalls werden von geomorphologischen Bearbeitern (SCHULZE 1961, S. 10ff.) mehrere durchlaufende Abtragungsflächen in gleichbleibenden Höhenlagen rekonstruiert. Unter dem höchsten Niveau, der bei 600 m NN liegenden „Oberwaldfläche", folgen drei „periphere Fußflächen", die sämtlich oberhalb 300 m NN bleiben. Am westlichen Vogelsbergrand ist eine Rumpftreppe mit Niveaus bei 300 m, 215–230 m und 165–190 m NN ausgebildet, die bauxitische und lateritische Böden tragen (BIBUS 1975, S. 55).

Die *Rhön* ist, was die flächenhafte Ausdehnung der Basalte betrifft, wesentlich kleiner als der Vogelsberg. Man unterscheidet die Hohe Rhön von der Kuppigen Rhön. Die *Hohe Rhön* erhebt sich steil über die umgebenden Buntsandstein-Hochflächen auf über 800 m NN. Sie bildet ein langes Plateau, das in der Wasserkuppe mit 950 m NN kulminiert und in seinem Liegenden aus teilweise gut 100 m mächtigen Basalten besteht, die miozäne Sedimente, Muschelkalk und Buntsandstein bedecken. Die Basalte sind offensichtlich auf eine Rumpffläche ausgeflossen. Andererseits gibt es Hinweise auf tiefe Täler (KRAMER 1964). Später entwickelten sich von den Rändern her im älteren Pliozän und im mittleren bis jungen Pliozän zwei weitere Rumpfflächen (MENSCHING 1957, S. 55ff.). Danach setzte offensichtlich eine sehr kräftige Hebung ein (Spessart-Rhönachse), der die intensive pleistozäne Zertalung folgte. Trotz des Plateaucharakters sind in der Hohen Rhön kaum tertiäre Bodenrelikte erhalten geblieben.

In der *Kuppenrhön* ist keine geschlossene Basaltdecke mehr vorhanden. Statt dessen sind die zahlreichen vulkanischen Förderstiele und -schlote als Kegelberge herauspräpariert. Die basaltischen Gesteine treten hier an Zahl zugunsten saurer Ergußgesteine (Trachyte, Phonolithe) zurück. Es überrascht nicht, daß hier keine nennenswerten Reste tertiärer Böden vorkommen.

Die Basalte des *Knüllgebirges* sind ebenfalls durch postvulkanische Abtragung stark zerschnitten und in zahlreiche Einzelvorkommen zerlegt, zwischen denen miozäne Sedimente und Buntsandstein zutage treten. In etwas abgeschwächter Form trifft das auch für den *Habichtswald* westlich Kassel zu. In der Regel wechseln hier basaltische Gesteine mit miozänen oder auch oligozänen Sedimenten. Ein bei 600 m NN liegendes Niveau greift über diese Gesteine von sehr unterschiedlicher geomorphologischer Härte hinweg. Für sechs jüngere Niveaus nimmt WILHELM (1937, S. 126ff.; zit. bei SEMMEL 1973) ebenfalls Rumpfflächencharakter an. Jedoch sind hier gesteinsbedingte Verebnungen sicher nicht auszuschließen (SEMMEL 1973, S. 26).

Das Basaltplateau des *Meißners* ist nur wenige Quadratkilometer groß, ragt aber dennoch mehrere hundert Meter über die Umgebung steil auf. Es wird angenommen, daß der Basalt in eine durch Subrosion des Zechsteinsalzes angelegte Mulde mit oligozänen Sedimenten ausgeflossen ist. Die dichten Sedimente hätten dann aber eine weitere Auslaugung im Untergrund verhindert, während diese sich im nicht dieserart geschützten Gelände weiter fortgesetzt und ein entsprechend kräftiges Nachsinken des triassischen Deckgebirges verursacht habe (STÄBLEIN u. MÖLLER 1986, S. 308).

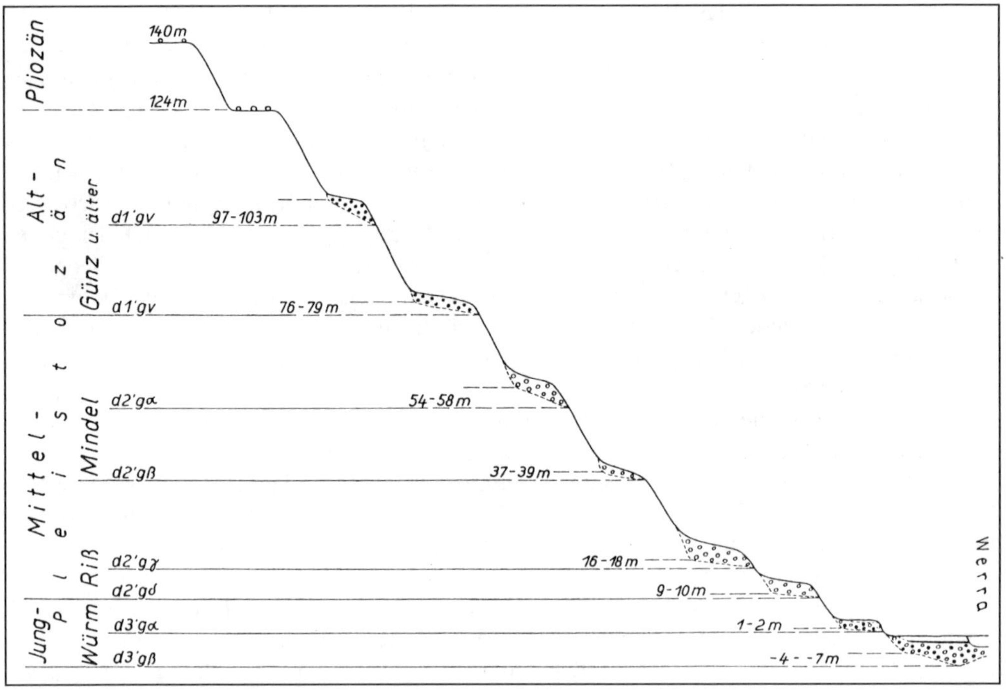

Abbildung 82
Terrassenabfolge im mittleren Werratal (nach Ellenberg 1968)

3.5. Die großen Täler

Die größten Täler des Hessischen Berglandes sind das Fulda- und das Werratal. Beide Täler scheinen im großen und ganzen eine „normale" Morphogenese gehabt zu haben. Ihre eigentliche Entwicklung begann erst mit der Wende Pliozän/Pleistozän. Es wurde schon betont, daß die Annahme, bereits im Pliozän habe sich beispielsweise die Fulda bis unter das heutige Auenniveau eingetieft gehabt, nicht aufrechtzuerhalten ist. Nur in Werranebentälern im östlichen Rhönvorland wurden bisher Anzeichen für eine ältere Taleintiefung gefunden (Duphorn 1960). Im Kinzigtal, das nach Süden hin das Bergland entwässert, gibt es deutliche Merkmale für eine ältere Taleintiefung.

Im mittleren *Fuldatal* kommen – in der Regel spärliche – Reste fluvialer Schotter knapp unterhalb 300 m NN vor. Sie sind auf den durchweg neu aufgenommenen geologischen Spezialkarten von den verschiedenen Bearbeitern dargestellt worden (vgl. Semmel 1991). Erstaunlich ist, daß ganz ähnlich wie am Mittelrhein auch hier eine Niveaukonstanz vorliegt. Die darunter folgenden Terrassen weisen meist mächtigere Schotterkörper auf. Zugleich nimmt in ihnen der Grad der Verwitterung ab. Der Quarzgehalt verringert sich, die Verwitterungsrinden der einzelnen Gerölle werden schwächer. Besonders eindrucksvoll läßt sich die letztgenannte Erscheinung bei den Basaltgeröllen beobachten. Deren Rinde ist in den ältesten pleistozänen Terrassen mehrere Millimeter dick, in den jüngsten bleibt sie

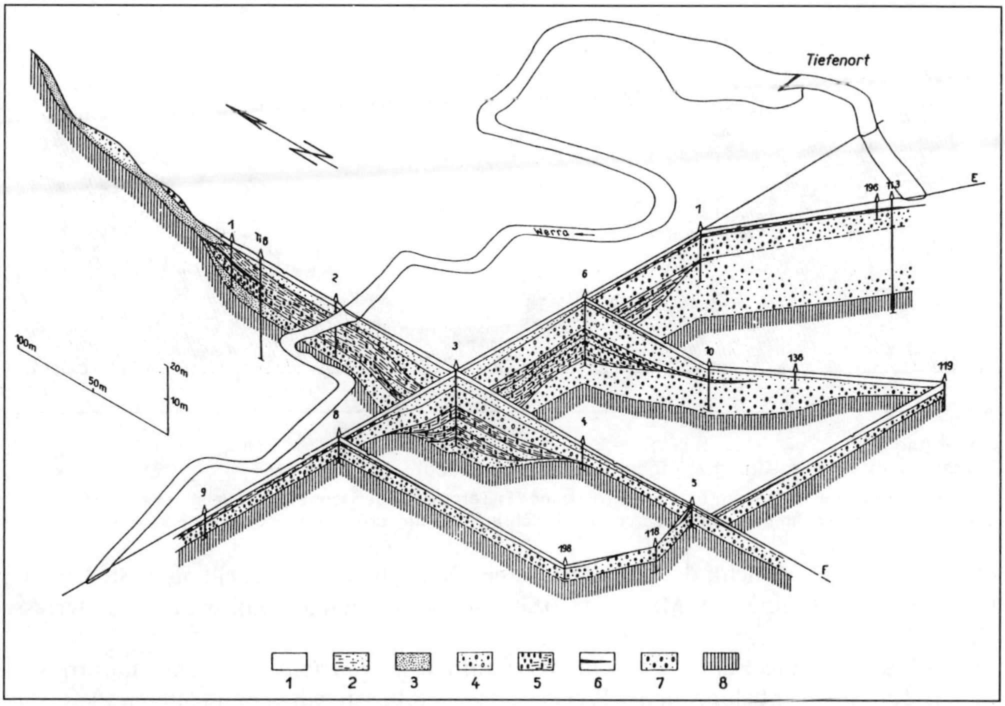

Abbildung 83
Salzauslaugungssenke Tiefenort bei Bad Salzungen (nach ELLENBERG 1968)

1 – Auenlehm
2 – Ton und Sand
3 – Solifluktionsschutt
4 – Niederterrassen
5 – Kieselgur
6 – Torf
7 – Untere Mittelterrasse
8 – Unterer Buntsandstein

Durch Subrosion bedingt, liegen Mittelterrassensedimente unter solchen der Niederterrasse.

geringer als ein Millimeter. In pliozänen Ablagerungen sind nur noch frische Kerne sehr grober Basaltgerölle zu finden. Die Zahl der pleistozänen Terrassen beträgt meistens fünf bis sechs, wobei in der Regel nur eine Niederterrasse ausgebildet ist.

Anzeichen für eine ältere kräftige Taleintiefung sind bisher im Fuldatal ebensowenig gefunden worden wie Merkmale einer anschließenden Talverschüttung, selbst im *Kasseler Becken* nicht. Zwar besitzen hier die Kiese stellenweise große Mächtigkeit, jedoch Beträge bis zu 30 m werden nicht erreicht, und die Fazies bleibt grobkörnig.

Im *Werratal* lassen sich unterhalb der pliozänen Terrassen acht pleistozäne Schotterkörper nachweisen (Abb. 82). Die Sedimente, deren Basis bei ca. 55 m über der Basis der jüngsten Terrasse liegt, zeigen eine paläomagnetische Umkehr (WIEGANK 1979, S. 256), könnten also ca. 700000 Jahre alt sein. In den Schotterkörpern, deren Basis bei ca. 10 m bzw. ca. 17 m liegt, sind nordische Feuersteine gefunden worden. Sie stammen aus den Elstermoränen des Thüringer Beckens (ELLENBERG 1968, S. 671 f.). Der untere Schotterkörper soll der Warthe-, der höhere der Drentheeiszeit zuzuordnen sein. Auch hier wird nur eine Niederterrasse gefunden. Da die Werra – ähnlich der Fulda – viele Salzauslaugungssenken

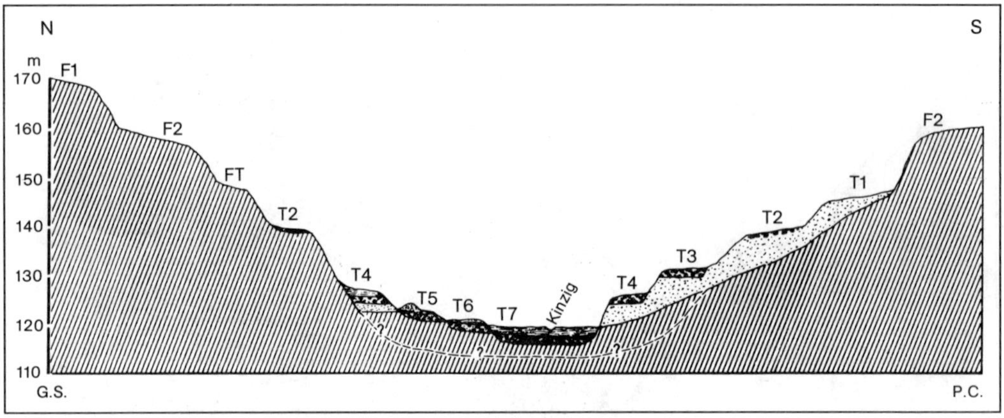

Abbildung 84
Terrassenabfolge im Kinzigtal (nach SEIDENSCHWANN 1980)
T1–T7: pleistozäne Terrassen; F1, F2, FT: pliozäne (?) Terrassen; gerissene Linie: tiefste Lage der pleistozänen Talverschüttung, teilweise vermutet; Schrägschraffur: präquartärer Untergrund

quert, überrascht es nicht, daß die pleistozänen Kiese häufiger verstellt sind. Stellenweise liegen Kiese des jüngeren Mittelpleistozäns unter der jungpleistozänen Niederterrasse (Abb. 83).

Im Gegensatz zum Fulda- und zum Werratal gilt im *Kinzigtal*, das dem Main tributär ist, eine starke Taleintiefung an der Wende Pliozän zu Pleistozän oder im älteren Pleistozän als sicher. Diese hat wahrscheinlich größere Tiefen als der heutige Talboden erreicht (Abb. 84). Anschließend ist das Tal um ca. 40 m wieder aufgefüllt worden. Damit zeichnet sich hier eine deutliche Parallele zu der Entwicklung am Main und am Neckar ab.

4. Niedersächsisches Bergland

ARNO SEMMEL

Das Niedersächsische Bergland schließt nordwärts ohne scharfe Grenze an das Hessische Bergland an, so daß die dort erwähnten Grundzüge der geologischen Schichtenfolge und der tektonischen Bewegungen einander ähnlich sind und auf das Niedersächsische Bergland weitgehend übertragen werden können (s. Abschn. 3.1.).

4.1. Schichtstufen- und Schichtkammlandschaften

Aus dem Hessischen Bergland (Reinhardswald und Kaufunger Wald) setzen sich die Buntsandsteinhochflächen über die Weser hinweg in das *Weserbergland* fort (Abb. 85). Besonders eindrucksvoll sind sie im *Solling* ausgebildet, in dem, sieht man von dem Tertiär

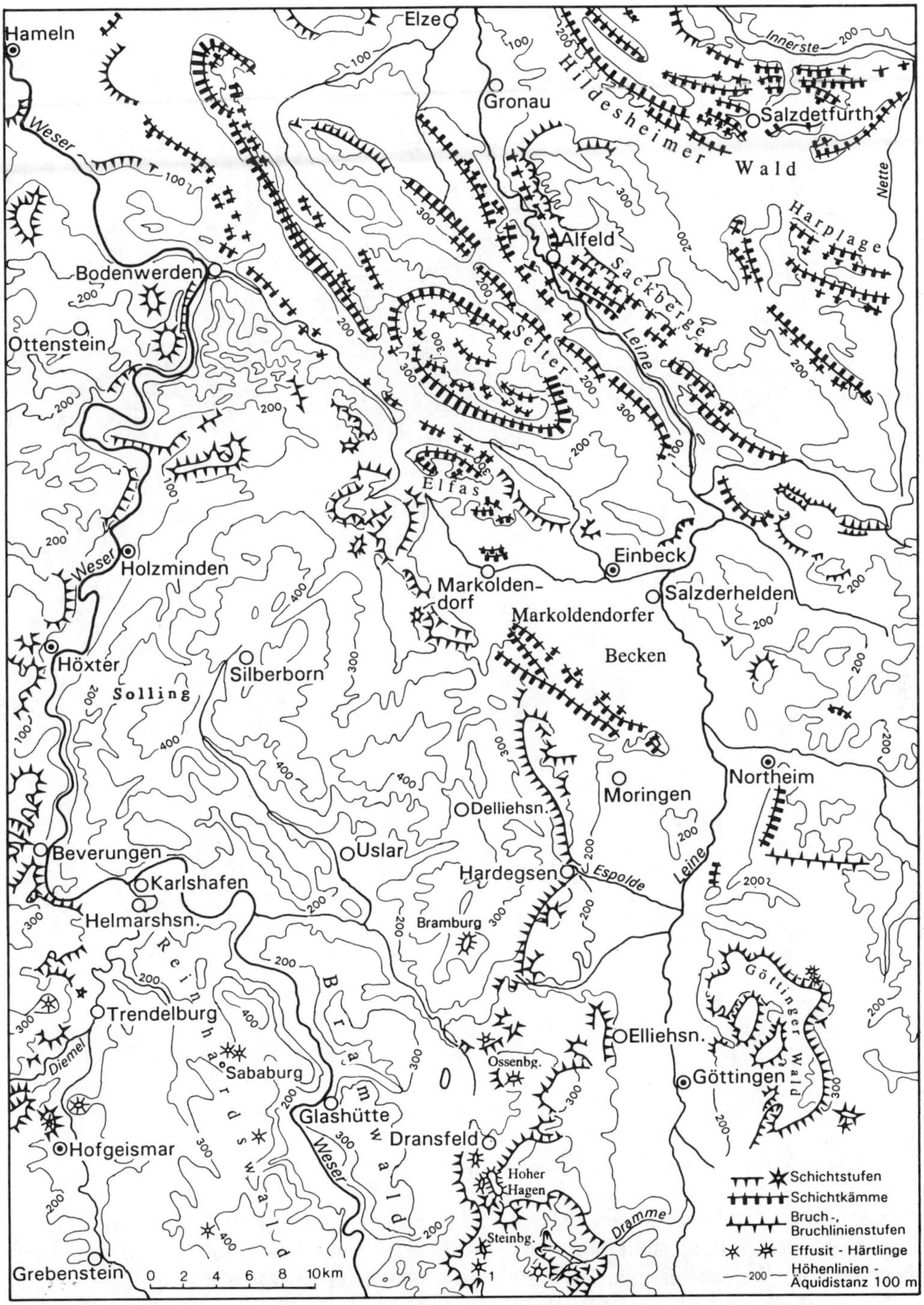

Abbildung 85
Strukturformen im südniedersächsischen Bergland (nach Brunotte u. a. 1980, verändert)

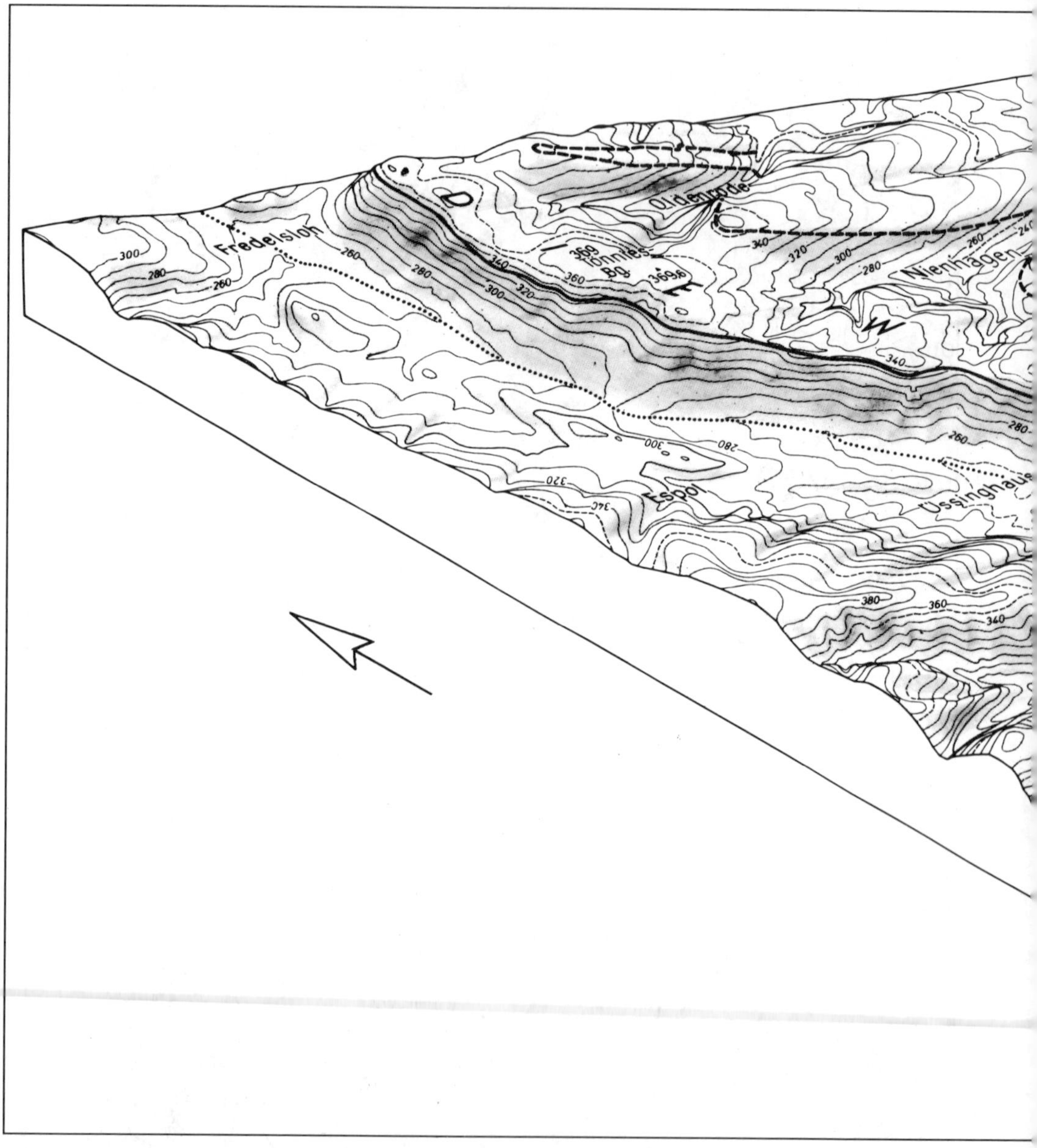

Abbildung 86
Muschelkalkstufe des Weper (nach ROHDENBURG 1965)

der tektonischen Gräben und des Uslarer Beckens ab, fast nur der Mittlere Buntsandstein zutage tritt. Der Solling stellt ein weitgespanntes tektonisches Gewölbe dar, das vom Eggegebirge im Westen bis zum Leinegraben im Osten reicht. Seine Randgebiete werden von Muschelkalk und Keuper überlagert. Letzterer ist vor allem in der Borgentreicher Mulde im Westen weit verbreitet. Das Sollinggewölbe ist wahrscheinlich bereits jung-

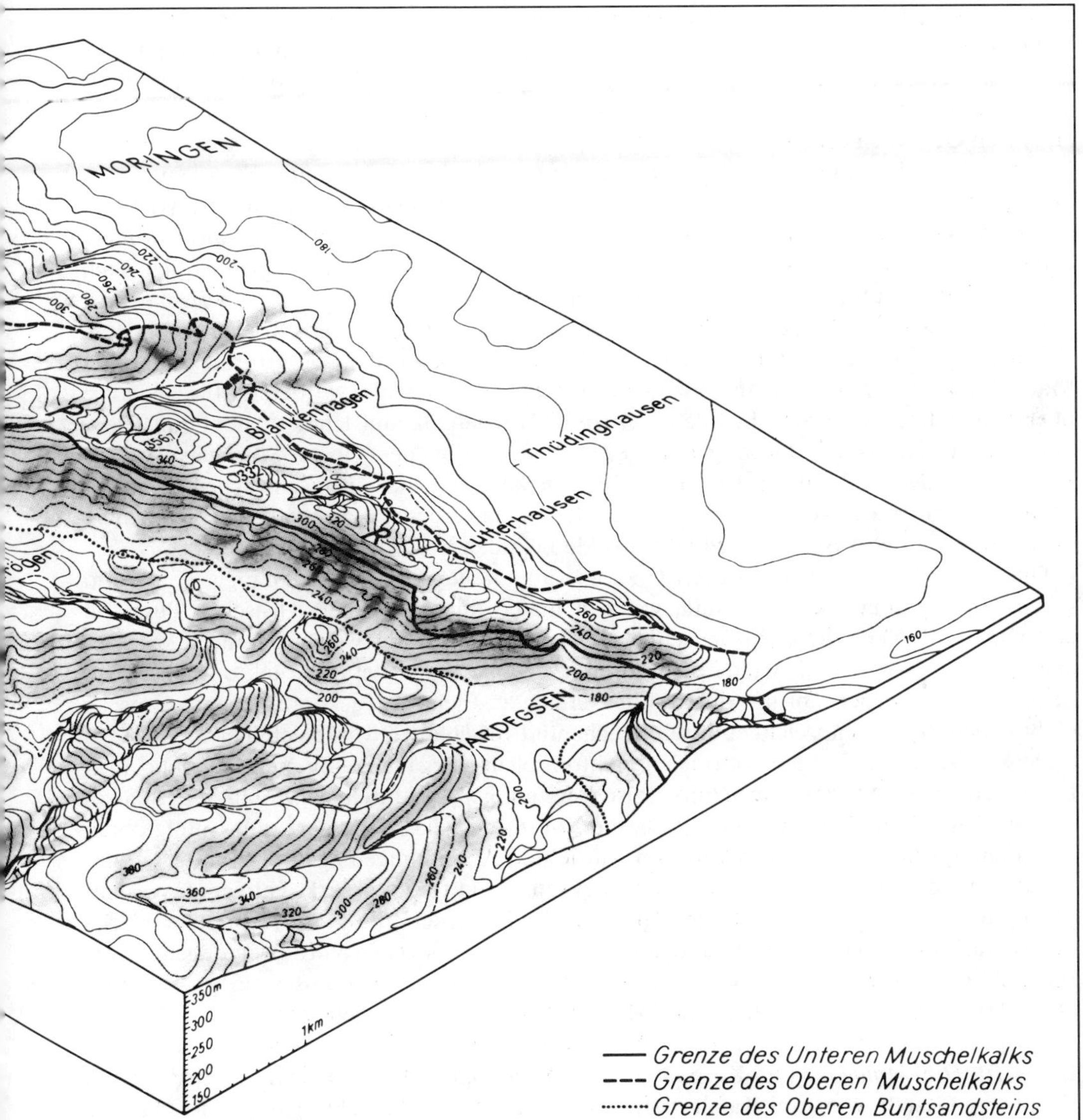

mesozoisch-alttertiär entstanden. Im Oberoligozän war offensichtlich schon ein deutlicher Anstieg vom freigelegten Mittleren Buntsandstein zum Muschelkalk ausgebildet. Das läßt sich aus der Verbreitung von Resten der oberoligozänen Sedimente ableiten. Der Buntsandstein unter dem Oberoligozän ist 10–30 m tief gebleicht. Heute findet man an der Grenze Röt zu Muschelkalk häufig eine gut ausgebildete Schichtstufe (Abb. 86). Deren oft abgeflachter First läßt sich allerdings manchmal höhenmäßig mit den vorgelagerten Buntsandstein-Hochflächen verbinden, so daß die Annahme einer alttertiären Rumpffläche gerechtfertigt scheint (vgl. HÖVERMANN 1953, ROHDENBURG 1965). Stellenweise soll allerdings durchaus eine stärkere Reliefierung bestanden haben, die sich an den Grenzen von weichen zu harten Gesteinen orientierte (BRUNOTTE u. a. 1980, S. 94). Vor allem ist es auch hier ganz ähnlich wie im Hessischen Bergland das weiche Röt, dessen Ausräumung über dem harten Sollingsandstein größere Verflachungen vor dem harten Wellenkalk des Unteren Muschelkalks bedingt. Das ist nicht nur an den Rändern des Sollings, sondern auch am *Göttinger Wald* zu beobachten, der jenseits des Leinegrabens liegt. Das Schichteinfallen ist hier nach Westen zu der Mulde gerichtet, in die der Leinegraben eingebrochen ist. Nähert man sich von Osten dem Göttinger Wald, so ragt zunächst über den im Röt ausgebildeten Verflachungen die steile Stufe des Unteren Muschelkalks mit dem Bergsturzkomplex der Mackenröder Spitze auf. Darüber folgt flaches Relief im Mergel des Mittleren Muschelkalks, über dem schließlich die Schichtstufe des Oberen Muschelkalks aufsteigt. Auf der Dransfelder Hochfläche südwestlich Göttingen dagegen bildet zwar der Obere Muschelkalk eine markante Stufe, nicht jedoch der Untere Muschelkalk, der nur einen schwachen Geländeanstieg gegenüber den vorgelagerten Rötverflachungen verursacht. Hier fallen die Schichten, da wir uns auf der westlichen Seite der Mulde befinden, wieder nach Osten ein.

Die klaren Beziehungen zwischen Geologie und Relief, wie sie im Sollinggewölbe und seiner Umrahmung erkennbar sind, weichen im nördlichen Niedersächsischen Bergland einem nur schwer entwirrbaren Geflecht. Hier dominieren statt des weitgespannten Gewölbes engbegrenzte Sattel- und Muldenstrukturen. Zudem werden derartige tektonischen Einheiten immer wieder abrupt durch quer laufende Elemente gekappt. Die saxonische Gebirgsbildung, gekennzeichnet durch Brüche und Bruchfalten, wirkt sich hier in geradezu extremer Weise aus. Zu den „normalen" tektonischen Vorgängen kommen nunmehr noch halokinetische Überschiebungen hinzu, also Bewegungen, die durch die Mobilität des Salzes entscheidend beeinflußt werden. Während im Süden das Salz fast nur infolge von Auslaugung geomorphologisch wirksam wurde und Absenkungen zur Folge hatte, ist hier Hebung mindestens ebenso stark als reliefwirksamer Faktor zu berücksichtigen. Insgesamt bleibt als allgemeines Kennzeichen also hier im Norden die weit verbreitete starke Steilstellung der Schichten festzuhalten. Damit sind die endogenen Voraussetzungen für die Entwicklung von Schichtkämmen gegeben. Diese finden sich denn auch in großer Zahl (Abb. 85). Sie können aus Sattel- oder Muldenstrukturen hervorgehen.

Beispiele für Schichtkämme in tektonischen Mulden sind Ith und Hils sowie die Sackberge. In der *Ith-Hils-Mulde* liegt im Kern noch geomorphologisch harter Plänerkalk der Oberen Kreide in Gestalt von drei Tafelbergen vor. Nach außen schließt sich der Kamm des Hilssandsteins der Unteren Kreide an. Dieser wird umgeben von den markanten Höhen des Malms (vgl. LEHMEIER 1988). Stellenweise sind außerdem noch Kammstrukturen aus Muschelkalk erhalten. Nordöstlich der Ith-Hils-Mulde ist im Kern der *Sackmulde* der plateaubildende mächtige Plänerkalk erhalten. Aus ihm bestehen die Sieben Berge, die fast 400 m NN erreichen. Im Gegensatz dazu bildet den Kern des *Hildesheimer Waldes* der Buntsandstein. Hier liegt keine Mulden-, sondern eine Sattelstruktur vor. Deren Scheitel ist durch die Denudation aufgeschlitzt worden, so daß sich heute zwei Schichtkämme aus Mittlerem Buntsandstein gegenüberliegen, die entgegengesetztes Schichteinfallen aufweisen (Abb. 87). Die Ausräumung durch die Beuster erzeugte eine Reliefumkehr. Nach außen schließen sich stellenweise Schichtkämme des Unteren Muschelkalks, des Oberen Muschel-

Abbildung 87
Strukturformen im Nordostteil des Hildesheimer Waldes (nach BARTELS 1967, verändert)

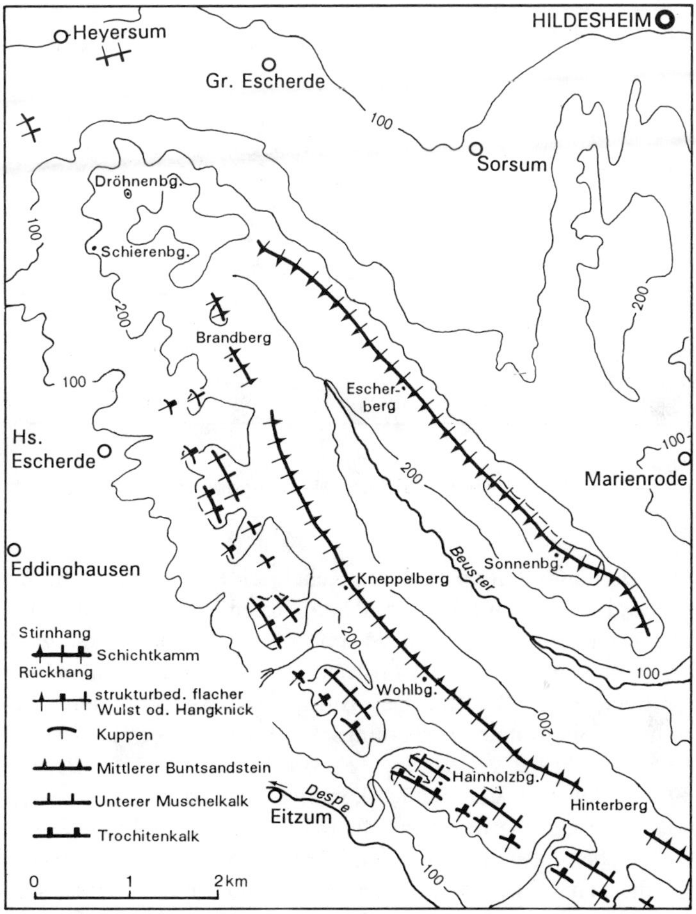

kalks und des Oberen Keupers an. Die komplizierte Struktur dieser Antiklinale läßt darüber hinaus westlich und östlich Salzdetfurth auch noch die Rogensteine des Unteren Buntsandsteins als Kammbildner erscheinen (BARTELS 1967, S. 27). Im *Deister* und *Süntel*, die ebenfalls Antiklinalstruktur aufweisen, treten mit Jura und Kreide wesentlich jüngere Gesteine zutage. Stufen- und Kammbildner sind hier vor allem der Malmkalk und der Wealdensandstein. Als besonders hartes Gestein macht sich immer wieder der Korallenoolith des Malms bemerkbar. Dessen Schichtkamm setzt sich vom Süntel in das *Wesergebirge* und – jenseits der Porta Westfalica – in das *Wiehengebirge* hinein fort. Dem Kamm des Korallenooliths sind nach Süden schwächere Stufen vorgelagert, die aus Sandsteinen des Braunen Juras (Dogger) bestehen. Nach Norden tauchen die mesozoischen Schichten mit schwächerer Neigung unter die jüngere Füllung des Norddeutschen Beckens ab. Nach Westen verlieren die dem Teutoburger Wald vorgelagerten Ausläufer des Wiehengebirges allmählich an Höhe und verschwinden westlich Bramsche unter pleistozänen Sedimenten.

Den vorstehend skizzierten Landschaften des nördlichen Niedersächsischen Berglandes ist gemeinsam, daß sie sämtlich als überzeugende Beispiele von Strukturlandschaften gelten,

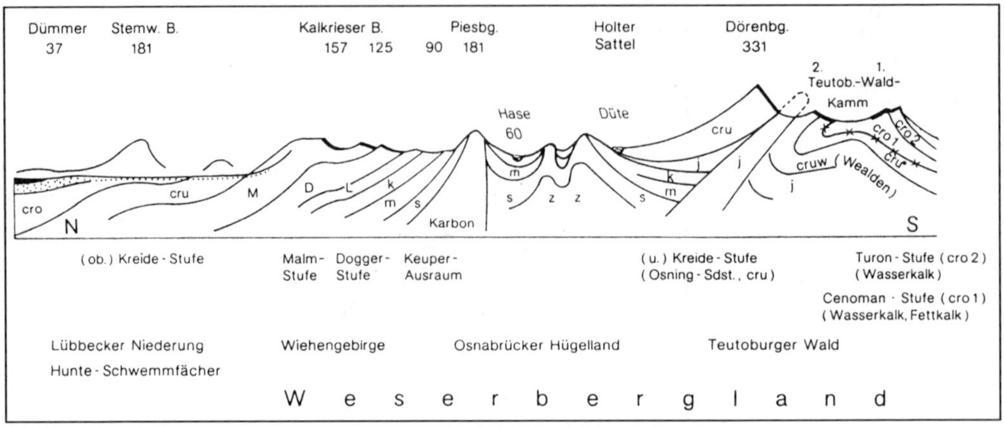

Abbildung 88
Profil durch Teutoburger Wald und Wiehengebirge (nach LIEDTKE 1980)

also als Landschaften, in deren Relief sich entscheidend die Eigenschaften des geologischen Untergrundes bemerkbar machen. Ihnen allen ist aber auch zu eigen, daß fast immer angenommen wird, es habe im älteren Tertiär eine weitgespannte Rumpffläche gewissermaßen als Ausgangsform bestanden, aus der erst später, vor allem im Pleistozän, die heutigen Schichtkämme herauspräpariert worden seien. Von manchen Autoren werden dabei noch weitere Verebnungsphasen im jüngeren Tertiär angenommen, von anderen solche in Frage gestellt (vgl. SEMMEL 1984, S. 177f.). Besonders häufig werden pliozäne Fußflächen vor den Schichtkämmen gefunden, die teilweise auch noch im Pleistozän weitergebildet worden sein sollen. Auf manchen solcher die unterschiedlich harten Gesteine im gleichen Niveau kappenden Flächen liegen glaziale Sedimente des Drenthevorstoßes des nordischen Inlandeises. Solche Sedimente sind in ihrer südlichen Begrenzung morphographisch in der Regel nicht zu erkennen; es fehlen Hügelketten, die sich eindeutig als Endmoränen definieren lassen.

Ähnliches gilt auch für das *Lippische Keuperbergland*, das westlich der Weser dem Wesergebirge, dem Süntel und dem Ith gegenüberliegt. Das Inlandeis erreichte nur den nördlichen Teil dieser Strukturlandschaft. Als Beweis dafür sind vor allem erratische Geschiebe anzuführen, die auf den Hängen der Schichtstufen und -kämme zu finden sind. Stufenbildner sind hier hauptsächlich der Schilfsandstein (Mittlerer Keuper) und die quarzitischen Sandsteine des Rhäts (Oberer Keuper). Die strukturell bedingten Großformen sollen bereits präquartär bestanden haben (MOSLER 1981, S. 65).

Im westlich vom Lippischen Keuperbergland anschließenden *Teutoburger Wald* ist der Keuper nurmehr im nördlichen Teil vertreten. Nach Süden sind Muschelkalk und Buntsandstein mit ihren charakteristischen Stufenbildnern vorgelagert. Der Gebirgszug erhebt sich relativ flach – dem Schichteinfallen entsprechend – aus dem nördlichen Vorland, das das Wiehengebirge mit seinen Ausläufern durchzieht. Die Triasscholle des Teutoburger Waldes ist entlang der „Osning-Spalte" auf das südwestlich vorgelagerte Mesozoikum überschoben worden (Abb. 88). Dessen überkippte Schichten kulminieren in der Kreide, die am Westrand des Teutoburger Waldes die höchsten Erhebungen bildet.

Diese stark vereinfachende Darstellung vernachlässigt den in Wirklichkeit noch komplizierteren tektonischen Bau des Teutoburger Waldes. Das tektonische Schollenmosaik, durch Halokinese zusätzlich differenziert, bringt sehr verschiedene Abfolgen der Stufenbildner zustande. Die Hauptkämme bilden (von Südwest nach Nordost) der Cenomankalk (Oberkreide), der Osning-Sandstein (Unterkreide) und der Muschelkalk. Letzterer bildet häufig zwei Kämme, entsprechend den harten Gesteinen des Unteren und des Oberen Muschelkalks. In der Oberkreide ist oft auch der Lamarckipläner des Turons Kammbildner (ZIERCKE 1960, S. 30ff.). Die Kämme werden durch die sogenannten Dören unterbrochen, Durchlässe, die durch tektonische Einmuldungen oder auch erosiv entstanden. Das nordische Inlandeis hatte an ihrer Formung ebenfalls Anteil. Eindeutige Reste tertiärer Flächen gibt es laut HEMPEL (1988) im Teutoburger Wald nicht.

4.2. Beckenlandschaften

Die auffallendste Niederung im Niedersächsischen Bergland ist der *Leinetalgraben*. Er liegt in einer Muldenstruktur, die im Westen vom Sollinggewölbe, im Osten von der Eichsfeldscholle begrenzt wird. Im Zentrum der Mulde sind hauptsächlich geomorphologisch weiche Keuper- und Liasgesteine verbreitet, die stellenweise an vorwiegend rheinisch streichenden Grabenrandverwerfungen um mehrere hundert Meter im Zusammenhang mit der saxonischen Gebirgsbildung verstellt wurden. Jedoch sind neben diesen gravierenden Brüchen noch flexurartige Abbiegungen der Schichten zu finden, die ein allmähliches Abtauchen von den Flanken in das Grabeninnere ermöglichen. Im zentralen Grabenbereich wurden die Schichten aufgewölbt, so daß die spätere Denudation härtere Keupergesteine, vor allem den Rhätsandstein, herausgearbeitet hat und heute im Graben kleine Schichtkämme vorkommen. An der Formung des Grabens wirkten und wirken auch salinar bedingte Vorgänge mit. Durch Auslaugung des Zechsteinsalzes entstanden an vielen Stellen Senken, die mit jungen Sedimenten gefüllt wurden. Im Unterschied zur Hessischen Senke ist im eigentlichen Graben kaum Vulkanismus zu finden. Dieser konzentriert sich vielmehr in der westlichen Muldenflanke, die in den Solling übergeht.

Für das heutige Relief ist das Vorherrschen überwiegend weicher Gesteine im Graben wichtig. Es haben sich deshalb ähnlich wie im Fuldaer oder Schlüchterner Becken häufig Verflachungen gebildet, die durch Ausräumung der weichen Gesteine entstanden. Weit verbreitet sind Fußflächen, die auch noch während des gesamten Pleistozäns geformt worden sein sollen (BRUNOTTE u. GARLEFF 1979, S. 26ff.). Ähnliches gilt auch für das *Markoldendorfer Becken*, das sich nordwestlich des nördlichen Leinetalgrabens erstreckt.

Im Leinetalgraben und im Markoldendorfer Becken fehlen tertiäre Sedimente weitgehend oder sogar völlig. Trotz der relativen Absenkung wurde, abgesehen von Subrosionssenken, im Tertiär nicht sedimentiert. Im *Uslarer Becken*, das am Südrand des Sollings liegt, kommen dagegen insbesondere pliozäne Sedimente häufig vor. Diese sind des öfteren noch kleinräumig verstellt und geben somit Hinweise auf jüngere Subrosion im Zechsteinsalz des tieferen Untergrundes. Im Gegensatz zum Leinetalgraben, in dem Subrosionsformen eine mehr lokale, kleinräumige Erscheinung sind, wird wohl bei der Bildung des Uslarer Beckens

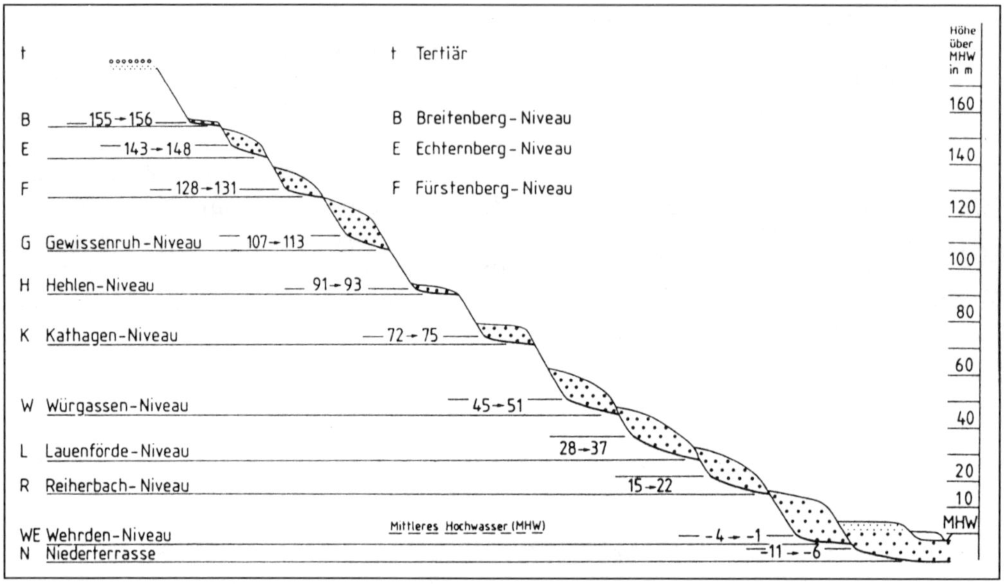

Abbildung 89
Terrassenabfolge im Wesertal (nach Rohde 1989)

die Subrosion insgesamt größere Bedeutung gehabt haben, zumal hier keine Anzeichen für eine ältere Beckenstruktur vorliegen, in der mesozoische Sedimente zu finden sind, die geringeres Alter als der umgebende Mittlere Buntsandstein besitzen.

4.3. Das Wesertal

Im Gegensatz zum Leinetal, dessen Lauf überwiegend an den Leinetalgraben gebunden ist, zeigt die Weser solche tektonische Abhängigkeit weniger deutlich. Fulda und Werra beginnen bereits mit der Durchquerung des Sollinggewölbes, ehe sie bei Hannoversch Münden zur Weser werden. Anschließend bleibt der Charakter eines tief in den Mittleren Buntsandstein eingeschnittenen Tales mit stellenweisen fußflächenartigen Weitungen gewahrt, das rechts von Bramwald und Solling, links vom Reinhardswald flankiert wird. Die Weitungen sind auch hier an Subrosionen gebunden (Garleff 1985). Ab Karlshafen weitet sich das Tal generell. Nunmehr stehen westlich der Weser Röt und Muschelkalk an. Unterhalb Bodenwerder wird dann der Buntsandstein insgesamt von Muschelkalk und Keuper abgelöst. Ähnlich wie für Fulda und Werra darf gelten, daß auch das Wesertal bisher eher eine „normale“ Talentwicklung genommen hat. Die ältesten pleistozänen Terrassenkiese sind in ca. 250 m NN zu finden. Insgesamt lassen sich 11 Terrassenstufen ausgliedern, in denen die Verwitterungsintensität mit abnehmendem Alter geringer wird (Abb. 89). In den drittältesten Kiesen wurde eine paläomagnetische Umkehr gefunden, die ca. 700000 oder ca. 900000 Jahre alt sein könnte (Rohde 1989, S. 48). Die Weser hat sich insgesamt,

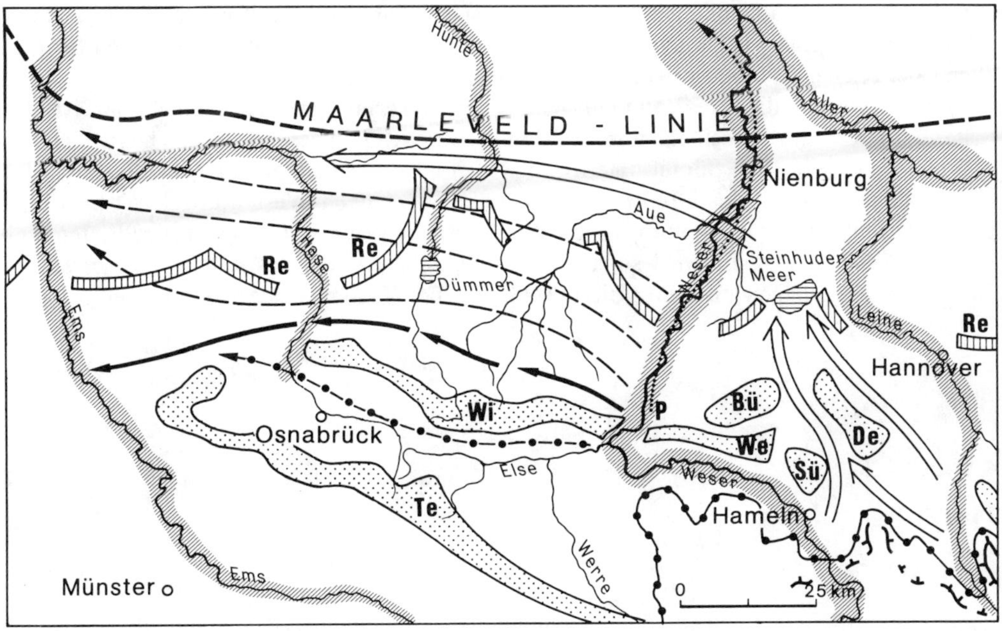

Gebirgsrücken	
Talauen	
präelsterzeitliche Weser und Leine (Oberterrasse)	
"präglaziale" Weserläufe (schematisch)	
letzter frühdrenthezeitlicher Weserlauf nördlich des Wiehengebirges (Mittelterrasse)	
"Längstal" - Abfluß Porta - Osnabrück bei drenthezeitlicher Blockierung der Porta	
spätdrenthezeitlicher und weichselzeitlicher Verlauf (Niederterrasse)	

Re Rehburger Phase

Saale - Maximalstand (nach LÜTTIG 1954 und SERAPHIM 1972)

Elster - Maximalstand

Bü Bückeberge
De Deister
P Porta Westfalica
Sü Süntel
Te Teutoburger Wald
We Wesergebirge
Wi Wiehengebirge

Die "präglazialen" Weserläufe wurden vom vorrückenden Saale - Eis südwärts abgedrängt, zuletzt bis in einen bis 10 km breiten Lauf nördlich des Wiehengebirges.
Die nördliche Verbreitung der Weserkiese wird durch die MAARLEVELD - Linie angezeigt, bis zu welcher Kiese >1% Lydit - Radiolit enthalten.

Quelle: LÜTTIG (1954, 1974) und WORTMANN (1968)

Abbildung 90
Abflüsse der Weser im mittleren Pleistozän (nach Liedtke 1981)

unterbrochen von kaltzeitlichen Akkumulationsperioden, recht kontinuierlich während des Pleistozäns eingetieft (vgl. auch Amthauer 1972, zit. bei Rohde 1989). Anzeichen für eine ältere, tief reichende Erosion wurden nicht gefunden.

Anders stellt sich die Situation offensichtlich im Wesertal unterhalb Hameln dar. Als das Elstereis dieses Gebiet erreichte, war die Weser schon tiefer eingeschnitten als heute. Damals floß die Weser zwischen Süntel und Ith in Richtung heutiges Leinetal. Sowohl durch das Elster- als auch durch das Drentheeis wurde die Weser nach Westen abgelenkt (Abb. 90). Es kam zu mächtigen Aufstauungen, die Aufschotterungen bis 90 m zur Folge hatten (vgl. Liedtke 1991, S. 205). Es wird sogar die Annahme vertreten, das Schmelzwasser sei bis 300 m NN angestiegen und über die mittelhessische Wasserscheide zur Lahn abgeflossen (Thome 1980, S. 29).

5. Harz

Hans Richter

Wegen seiner kompakten Masse, der relativen Höhe und der Steilheit seiner Gebirgsränder gleicht der Harz einer Insel vor der Mittelgebirgsschwelle. Er ist eine 90 km lange und 30 km breite Scholle, von deren Nordrand der Name herzynische Richtung abgeleitet wurde, die mit einem Mittel bei 120° zwischen 100 und 140° streut.

Mit dem Rheinischen Schiefergebirge vergleichbar, bieten die Gesteine einen Ausschnitt aus dem Rhenoherzynikum, einem Teil der variszischen Geosynklinale, deren Gesteinskörpergrenzen vor allem erzgebirgisch streichen. Flysch nimmt die größten Flächen ein. Ihm sind magmatische Gesteine wie Diabas eingelagert. Eine Besonderheit sind massige, ungeschichtete Riffkalke bei Elbingerode und bei Bad Grund.

Mit der Faltung und Hebung drangen im Oberkarbon die Plutone des Brocken- und Ramberggranits und Quarzporphyre (Auerberg) ein. In einer den Unterharz querenden Senkenzone liegen am Süd- und Nordrand Vulkanite und Sedimente des Rotliegenden.

Aus den Ablagerungen des nördlichen und südlichen Harzvorlandes kann abgeleitet werden, daß der Harz von der Zechsteintransgression bis in die Oberkreide von diesen Sedimenten bedeckt war. Ihre Abtragung wurde durch die Entwicklung der Harznordrandstörung ausgelöst. Sie begann mit den jungkimmerischen Bewegungen (Wende Jura/Kreidezeit) und wurde mit der Aufrichtung der mesozoischen Schichten des nördlichen Harzvorlandes in der subherzynen Phase (Oberkreide) 70 Mio. Jahre später abgeschlossen. Für die Entwicklung zu den heutigen Oberflächenformen stand im Känozoikum nochmals ein gleich langer Zeitraum zur Verfügung.

Der Formenschatz von West- und Ostharz ist sehr verschieden. Die Grenze beider bilden die Berggruppe mit Brocken (1142 m), Achtermann (926 m) und Bruchberg (928 m) sowie die Tälerbereiche der Holtemme und Oder.

Im Westharz liegt eine Hochflächeninsel in der Umgebung von Clausthal-Zellerfeld in Meereshöhen von 550 bis 620 m. Aber bezeichnend ist seine tiefe Zerschneidung durch die Täler der Sieber, Söse, Oker, Radau, Ecker und Ilse. Sie entwässern den Westharz radialstrahlig, wobei das Zentrum etwas asymmetrisch ins Brockengebiet nach Osten verlagert ist. Nur das Innerstetal, das einen 4 km breiten Hochflächenrücken parallel zur Bruchstufe des Westrandes abtrennt, weicht durch seine strikte S-N-Richtung erheblich ab. Die für Mittelgebirge beachtliche, 400 m im Mittel und 900 m maximal betragende Höhendifferenz zum Vorland verursacht eine vielfältige Vertikalstufung des Brockengebiets und der den Westharz im N, W und SW begrenzenden Bruchstufe. Hänge mit mittlerer und größerer Hangneigung haben überwiegenden Anteil (KUGLER u. NEUMEISTER 1971). Die großen Höhenunterschiede sowie die lagebedingte atlantische Tönung des Klimas verursachen einen markanten Wandel naturräumlicher Höhenstufen.

Im Ostharz sinkt die sehr deutlich ausgeprägte und weitgespannte Hochfläche von 600 bzw. 550 m am Ostrand des Brockengebietes auf 250 m am östlichen Gebirgsrand ab. Man bezeichnet diesen Teil deshalb auch häufig als Unterharz. Der Ostrand des Gebirges ist undeutlich, nur im Wippergebiet etwas betonter. Durch das Ausgreifen der Lößdecke vom östlichen Harzvorland auf den Unterharz wird der Übergang zum Gebirge zusätzlich verwischt.

Die Täler im Ostharz sind länger, denn die Wasserscheide zwischen N und S ist nach S zu verschoben. Aber Bode, Selke, Eine und Wipper haben neben den erzgebirgisch gerichteten Talabschnitten solche, die der Abdachung nach Osten folgen.

Mit der Abdachung der Unterharzhochfläche nach Osten nimmt auch die relative Höhe der Randstufen ab, am Nordrand von 300 auf 50 m, im S von 200 auf 100 m am Hornburger Vorsprung nö. von Sangerhausen. Die Richtung der überwiegend sehr steilhängigen Bruchstufe im N wechselt häufig, so daß der Nordrand sich aus Vorsprüngen und Buchten zusammensetzt. Im S lehnt sich der Gebirgsrand an eine Flexur an, so daß der Zechstein mit flachem Winkel auf das Grundgebirge übergreift. Daß der Harzsüdrand dennoch geomorphologisch meist recht deutlich ist, liegt an der Verschärfung des Randes durch die Auslaugung des Zechsteins und an den eingeschalteten Riffkalken, die steilhängige Rücken wie den Alten Stolberg bei Rottleberode bilden.

Die Genese der Harzgroßformen, vor allem seiner Hochflächen, ist sehr verschieden erklärt worden: als präoligozäne Rumpffläche (PHILIPPI), als Piedmonttreppe (WALTER PENCK), als Rumpftreppe (HERRMANN, HÖVERMANN). Gemeinsam ist allen die Feststellung, daß die Hochfläche zusammen mit dem Umland angelegt wurde und erst durch Hebung in die heutige Lage gelangte (Abb. 91). Nach VOIGT (1942) ist der Harz noch im Oligozän eine niedrige Schwelle gewesen, in die die mitteloligozäne Meerestransgression vorstoßen konnte. THIEM (1974) hat unter Nutzung der Gliederung des Bornhäuser Tertiärs (LÜTTIG 1962), das vor dem Westrand des Harzes liegt, für den Westharz einen tektonischen Ereignisablauf dargestellt, der mit dem von MÜCKE (1966) für den Ostharz angenommenen weitgehend übereinstimmt. Die zur heutigen Hochscholle führenden Bewegungen begannen im Miozän, erreichten im Unterpliozän ein erstes, an der Wende Pliozän/Pleistozän ein weiteres Maximum.

In den gleichen Zeitraum fallen jedoch auch die krassen klimatisch bedingten Änderungen der Verwitterungs- und Abtragungsprozesse des Neogens und der Warm- und Kaltzeiten des Pleistozäns. So beschreibt MÜCKE (1966) die Hochflächen des Ostharzes als pedimentartige Flachformen, in die breite, wannenartige Muldentäler oberhalb der steilen Taleinschnitte eingesenkt sind. Erst letztere werden der Talbildung im Pleistozän zugeschrieben. Die Pedimente sind damit die Reliefformen, die unter noch vorherrschenden Flächenspülprozessen im Miozän, die flachen Muldentäler noch unter ähnlichen Klimabedingungen

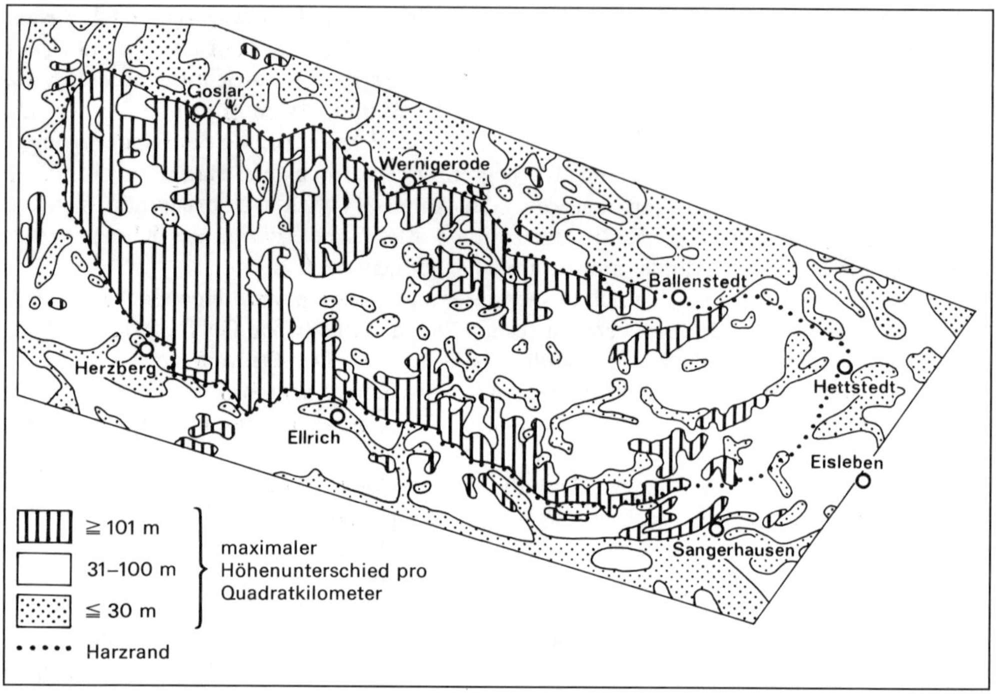

Abbildung 91
Reliefenergie im Harz (nach KUGLER u. NEUMEISTER 1971)

im Pliozän, aber bereits den durch schwache Hebung neuformierten Entwässerungsrichtungen folgend, angelegt worden sind.

Zum Nachweis für die Erhaltung von Oberflächenformen, die im Tertiär gebildet wurden, wird auf Sedimente und Verwitterungszeugen verwiesen. Die Altersangaben für die isolierten Sedimente streuen zwischen Eozän und Miozän. Flächenhaft bedeutender sind Graulehmrelikte im Ostharz. Da sie einen gewissen Anteil von Kaolinit in der Tonfraktion haben, sollten sie zumindest eine Bodenbildung aus dem Oberpliozän repräsentieren. Am meisten verbreitet sind Grusdecken, vor allem im Granit. Ihre Tonfraktion ist jedoch meist indifferent,

Legende zu Abbildung 92

1 – Grauwacken- und Tonschieferhornfels, Unterkarbon
2 – porphyrartiger Granit, Oberkarbon
3 – glazifluviatile Kiese, Weichselkaltzeit
4 – Moräne, Weichselkaltzeit
5 – glazilimnische Ablagerungen, meist Staubeckenschluff, Weichselkaltzeit
6 – periglaziär-fluviatile blockreiche Kiese der Unteren Niederterrasse, Weichselkaltzeit
7 – periglaziär-fluviatil überprägte Moräne, Weichselkaltzeit
8 – Hangsolifluktionsschutt, Weichselkaltzeit
9 – Schuttschwemmfächer, Weichselkaltzeit bis Holozän
10 – holozäner Hangschutt aus unterkarbonischen Grauwacken- und Tonschieferhornfelsen
11 – holozäner Hangschutt aus devonischen Kalksilikat- und Tonschieferhornfelsen
12 – Endmoränen
13 – erratische Geschiebe
14 – Toteislöcher
15 – Kamesterrassen
16 – 40-m-Terrasse

grauer Flächenton: glazial beeinflußtes Relief

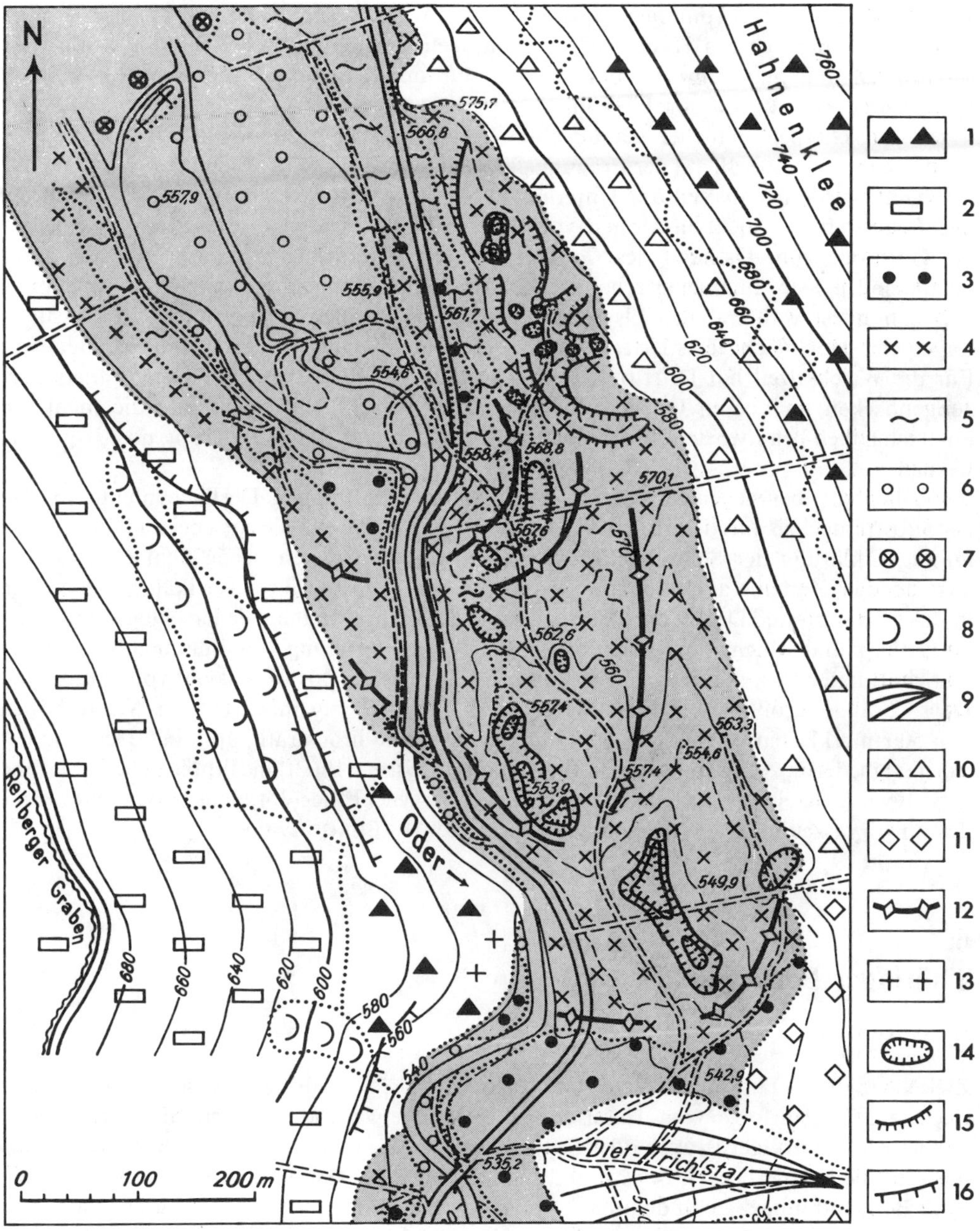

Abbildung 92
Weichselzeitliche Gletscherzunge im Odertal/Harz (nach Duphorn 1968, verändert)

also ohne Einschicht-Tonmineralien. Trotzdem wird wegen ihrer stellenweise großen Mächtigkeit, die sich am Hang nach Catenaregeln einstellt, auf eine Bildung im Tertiär geschlossen und angenommen, daß es sich nur um den tieferen Teil noch wesentlich mächtigerer Verwitterungsprofile handelt.

Die Unsicherheit mancher geomorphologischer Aussagen zur Genese der Harzgroßformen hängt wie überall mit der Prägung des Reliefs im Pleistozän zusammen. Während der Elsterzeit wurde der Ostteil des Unterharzes vom skandinavischen Inlandeis überfahren. Die Feuersteinlinie zieht in Höhen von 450–480 m NN vom Osthang des Ramberges bei Gernrode zum Osthang des Großen Auerberges nördlich Stolberg. Glaziale Sedimente sind jedoch nur lückig erhalten. Analog zum Riesengebirge kann man annehmen, daß zumindest während der Elsterzeit Firndecken im Brockengebiet und in günstigen Lagen der Hochfläche existierten, sonst aber überall Dauerfrostboden ausgebildet war. Für die Weichselzeit hat DUPHORN (1968) durch Spezialkartierung ein kleines Gletscherzungenbecken im oberen Odertal nachgewiesen (Abb. 92). Damit konnte die mehrfach unterschiedlich beantwortete Frage nach einer lokalen Harzvergletscherung positiv geklärt werden.

Flächenhaft überwiegen die Zeugnisse der periglaziären Prägung. Die flächenhafte Analyse der Substratdecken durch die Forstliche Standortkartierung gab die entscheidenden Anstöße für die Erklärung der Schuttdecken, ihrer Substrate, zu denen neben dem Detritus des anstehenden Gesteins auch äolische Sedimente gehören, und ihrer vertikalen Gliederung in Basis-, Haupt- und Deckschutt. Entsprechend der föhnbedingten Niederschlagsminderung im Ostharz und seinem Vorland ist nicht allein die Beimengung von äolischen Sedimenten im Schuttmaterial, sondern die Erhaltung von Lößderivaten als Äquivalent von Mittel- und Deckschutt auf größeren Flächen des Ostharzes und inselartig aufwärts bis in Meereshöhen von 500 m erklärbar. Bemerkenswert ist, daß neben die lithostratigraphische Deutung der Vertikalgliederung der Schuttdecken (SCHILLING u. WIEFEL 1962) eine lithofazielle Erklärung gestellt wird, die die Vertikalgliederung als Ergebnis synchroner Vorgänge in der Auftauzone des jungdryaszeitlichen Periglaziärzyklus bewertet (FRÜHAUF 1988).

6. Thüringer Becken

HANS RICHTER

Zwischen Harz, Thüringer Wald und Schiefergebirge reicht ein Ausläufer der Trias-Zechstein-Gesteinsfolge vom Hessischen Bergland etwa 150 km nach Südosten. Dieses Gebiet wird Thüringer Becken oder Senke genannt. Manchmal wird diese Bezeichnung auf das zentrale Keuperbecken beschränkt. Dieses Keuperbecken wird von einem Hügel-, teils auch Bergland umgeben, in dem nach außen jeweils ältere Gesteine der Muschelkalk- und Buntsandsteinformation anstehen. Dadurch entsteht eine schüsselartige Lagerung, die zwischen den Gebirgen zu einer herzynisch streichenden Ellipse gestreckt ist. Zwischen den triassischen Gesteinen und dem paläozoischen Gebirgsrahmen ist noch ein schmales Band von Zechsteinsedimenten ausgebildet.

In Richtung auf die Leipziger Tieflandsbucht und das Mittelsächsische Hügelland wird die Decke des känozoischen Lockermaterials mächtiger. In einem Saum zwischen dem Tal der

Weißen Elster bei Wünschendorf und Gera und dem Westrand der Querfurter Platte liegt die Ostgrenze des Thüringer Beckens.

Naturräumlich ist neben der Bodengestalt die Niederschlagsverteilung bedeutend. Im zentralen Teil des Beckens sinken die Niederschläge flächenhaft auf 550–500 mm/a ab (Straußfurt: 475 mm/a), während vor allem die Randhöhen im Westen (Oberes Eichsfeld, Dün, Hainich, Goburg, Ringgau) und am Kyffhäuser 100–200 mm/a mehr erhalten. Wichtige Wirkungen dieser angedeuteten Klimagebietsgliederung sind die Tschernoseme und verwandte Böden auf Keuperton und Löß im zentralen Becken, auf die nach außen, kokardenartig angeordnet, Rendzina-Fahlerde- sowie Braunerde-Staugley-Bodengesellschaften folgen. Der Niederschlagsarmut, die edaphisch auf Kalk- und Sandstein sowie an SW-Steilhängen noch verstärkt wird, entsprechen Inseln von Trockenrasen-(Steppenheide-) Fluren in einem Eichen-, Eichen-Buchen- sowie im Westen auch Buchenwaldgebiet.

Das Relief des Thüringer Beckens kann wegen seiner Übersichtlichkeit und Vielfalt als Musterfall für strukturbedingtes Relief und seine Modifikation durch Tektonik und Auslaugung gelten. Trotzdem gibt es auch hier deutliche Hinweise auf wenigstens eine weit verbreitete Einebnungsfläche (ROSENKRANZ 1978).

Die beherrschende Schichtstufe des Thüringer Beckens ist an den Wellenkalk und den Trochitenkalk im Unteren und Oberen Muschelkalk gebunden. Sie umrahmt mit Hainleite, Dün und Hainich den Norden und Westen des zentralen Beckens von der Sachsenburger Pforte (Unstrutdurchbruchstal) bis an den Thüringer Wald sowie den Süden des zentralen Beckens vom Thüringer Wald bis zum Saaletal bei Jena. Außerdem ist die Wellenkalkstufe an der Querfurter Platte, in den Bleicheröder Bergen, im Ohmgebirge sowie im Tannrodaer Gewölbe reliefbestimmend.

Sofern unter dem Muschelkalk der Rötton (Oberer Buntsandstein) angeschnitten wird, kann sich die vollständige Stufendynamik entwickeln (SCHMITTHENNER 1954, WEBER 1929): Quellerosion an der Schichtgrenze Kalk-/Tonstein, Bergrutsche, oft unterstützt durch die Auslaugung von Salz und Gips im Röt sowie Öffnung präexistenter Klüfte. Die größere Mächtigkeit der widerständigen Schichtserie und die Lage der Denudationsbasis im Werratal können als weitere Gründe genannt werden, weshalb die über 200 m hohe Schichtstufe am Beckenwestrand zwischen der Hörselmündung bei Eisenach und Heiligenstadt im N besonders kräftig durch Vorsprünge (Ringgau, Heldrastein, Goburg) und Buchten gegliedert ist, während sie bei gleichmäßiger, mittlerer Ausbildung der petrographischen Bedingungen zwischen Heiligenstadt und der Sachsenburger Pforte ziemlich gestreckt und wenig gegliedert verläuft.

Die von der Trauf zum zentralen Becken absinkenden Hochflächen, die manchmal dicht von Karsthohlformen durchsetzt sind, liegen in Mergeln des Oberen Muschelkalks und des Unteren Keupers. Härtlingsstufen sind im zentralen Becken oft an Gips gebunden. Im Vorland der Wellenkalkstufe sind die Hochflächen (Landterrassen) in Sandsteinen und Mergeln entwickelt. Da der Bausandstein des Mittleren Buntsandstein grobbankig ist, bildet er bei geeigneter Denudationsbasis auch eine Schichtstufe, z. B. an der Windleite im N sowie an Schrecke und Ziegelrodaer Forst in Nordostthüringen. Sonst aber wird das Relief der Sandsteingebiete vor allem von der Tiefe und Dichte der Zertalung bestimmt. Eine deutliche Stufe bildet der Plattendolomit am Zechsteinausstrich. Jedoch wirken hier noch markanter tafelbergähnliche Formen, die sich an stark verkarstete Riffkalke und -dolomite anschließen, so in der Orlasenke bei Ranis, am Nordrand des Thüringer Waldes bei Friedrichroda oder am Südrand des Harzes bei Rottleberode.

Die reguläre Ausbildung des Schichtstufen-Landterrassen-Reliefs wird durch zahlreiche Störungen behindert. Für die Gliederung des Thüringer Beckens sind besonders erheblich die Creuzburg-Ilmenauer-, die Eichenberg-Gotha-Saalfelder-, die Finne- und die Kyffhäuser-Störungszone. Sie sind als herzynisch streichende Gräben, Verwerfungen oder Überschiebungen ausgebildet. Innerhalb der jeweils über 100 km langen Störungszonen wechseln diese tektonischen Formen. So ist der Creuzburg-Netraer Grabenbruch als Ausraum bei der Gliederung des Ringgaus wirksam, im SO begrenzt die Störungszone teils als Überschiebung, teils als Verwerfung das Becken gegen den Thüringer Wald. In der im NO folgenden Eichenberg-Gotha-Saalfelder Störungszone, die als geomorphologischer Graben den NW-Rand des Hainichs gliedert, sind sö. von Gotha die Kegel der Drei Gleichen als markante Härtlinge eingeordnet, während noch weiter im SO diese Störungszone den Steilrand des Schiefergebirges gegen das Thüringer Becken im Raum Bad Blankenburg begleitet. Die bei den Drei Gleichen so auffallende Reliefumkehr ist auch bei kürzeren Störungszonen ausgebildet, so beim Saalfelder Kulm und bei der Leuchtenburg über dem Saaletal bei Kahla. Es handelt sich um Härtlinge aus Kalkstein in Gräben im Buntsandsteingebiet.

Zwischen Sachsenburger Pforte und Ilmtal ist die Finnestörung als Überschiebung ausgebildet. Deshalb bildet der Muschelkalk hier nur eine steile Schichtrippe. An die weiter nach NO folgende Kyffhäuserstörungszone ist der Aufbruch der Kyffhäuserscholle gebunden, an deren steiler Nordrandverwerfung unter den Karbonsandsteinen Gneis und Granit hochgeschleppt wurden, die sonst im Thüringer Becken nicht aufgeschlossen sind. Die nur 70 km^2 große Pultscholle des Kyffhäusers wird nach S zu von Zechstein, vor allem stark verkarstetem, höhlenreichem Gips überlagert.

Mit der Kyffhäuserstörung ist die bedeutende Vergrößerung der Auslaugungssenken zwischen Harz und Hainleite verbunden. Vom Harzrand und von der Kyffhäuserstörung ausgehend, haben sich bei der Auslaugung im Zechstein getrennte Salzspiegel gebildet, die mit dem Schichtenfallen nach Süden wandern. Unter der Goldenen Aue, der Frankenhäuser Aue und dem Ried liegen stellenweise bis zu 100 m mächtige Schotter zum Ausgleich der Absenkung. Eine vergleichbare Auslaugungssenke nimmt größere Teile des zentralen Keuperbeckens ein. Sie ist an der Überbreite der Talauen der Unstrut, Gera und Apfelstädt sowie den ehemals häufigen Schadhochwässern in den Senkungsgebieten zu erkennen.

Die Mobilität der Zechsteinsalze, die von den Dehnungs- und Pressungsvorgängen ausgelöst wird, hat zu zahlreichen Beulen oder Gewölben geführt, über denen auch die Triassedimente angehoben wurden. Zu den eindrucksvollsten Gewölben gehören die Fahnersche Höhe bei Gotha, der Steiger bei Erfurt, der Ettersberg bei Weimar sowie das Tannrodaer Gewölbe. Bei letzterem war die Hebung so stark, daß im Zentrum des Gewölbes der hangende Muschelkalk abgetragen wurde und eine auf das Buntsandsteinfenster gerichtete, umlaufende Schichtstufe entstand.

Trotz der allgemein günstigen Erhaltungsbedingungen auf einer Tiefscholle sind Sedimentreste des Tertiärs und ältere Verwitterungszeugen nur im Ostteil des Thüringer Beckens, zwischen den Tälern der Ilm, Saale und Weißen Elster, erhalten geblieben. Außerdem sind sie in Auslaugungssenken, so bei Frankenhausen im N und bei Rippersroda im S, nachgewiesen worden. Steinmüller (1974a) unterscheidet zwei Generationen von Tertiärsedimenten: das Becken- und Hochflächentertiär. Ersteres parallelisiert er mit dem Älteren, letzteres mit dem Jüngeren Nordwestsächsischen Schwemmfächer in der Leipziger Tieflandsbucht, die nach Eissmann (1968) im Zeitraum vom Mitteleozän bis Mitteloligozän bzw.

Zeitraum	Sediment/Prozeß/Form	Saaletal Jena relative Höhe (Mächtigkeit) [m]
?	Zersatzkiesfolge	
Kaltzeit	Zersatzgrobschotter (Oberterrasse)	130 (25)
Kaltzeit	Älterer präglazialer Grobschotter (Hochterrasse I)	80 (10)
Interglazial Lützensömmern		
Elsterzeit	Jüngerer präglazialer Grobschotter (Hochterrasse II)	50 – 70 (20)
	Inlandeisvorstoß (Erfurt, Weimar, Jena)	
	Oberer Mittelterrassenschotter	
Holstein		
Saalezeit/Drenthe	Haupt-(Mittel-)Terrassenschotter	13 – 30 (15)
	Inlandeisvorstoß (Weißenfels, Bad Kösen)	
Saalezeit/Warthe	Unterer Mittelterrassenschotter	
Eem		
Weichselzeit	Niederterrassenschotter	(10)
Holozän	Auelehm	

Tabelle 79
Gliederung des Pleistozäns im Thüringer Becken (nach UNGER *1974, vereinfacht)*

Mitteloligozän bis Mittelmiozän geschüttet wurden. Die flächenhaft bedeutenden kaolinischen Verwitterungsreste sind nach jahrzehntelanger Diskussion mit der Bildung des Beckentertiärs gleichgesetzt oder als noch älter eingestuft worden (v. FREYBERG 1923, WIEFEL 1965).

Für die ostthüringischen Hochflächen hatte bereits v. FREYBERG aus der Kappung der Tertiärreste ein pliozänes Alter abgeleitet, und zwar Altpliozän, weil zu dieser Zeit noch flächenhafte Umlagerung und Abtragung gewährleistet gewesen seien. In großen Teilen des Thüringer Beckens muß man annehmen, daß neben den flächenhaften Skulpturprozessen auch Auslaugungssenken, Gewölbebildung über Salzbeulen und Anlage strukturbedingter Oberflächenformen, vor allem die Bildung von Härtlingsstufen, das Relief bereits erheblich mitformten; denn zumindest Karstbildung, Auslaugung und Salztektonik sind wohl in jedem nicht zu ariden Abschnitt des Tertiärs akut gewesen. Selbstverständlich ist die Genese des Schichtstufen-Landterrassen-Reliefs, das im Zusammenhang mit der Talentwicklung steht, besonders stark von der relativen Höhe abhängig.

Bei den tektonischen Impulsen für die Morphogenese im Tertiär ist der Anteil epirogenetischer Krustenbewegung besonders groß. Deutlich ist, daß die Tiefscholle in der Relation zur Leipziger Tieflandsbucht doch erheblich mit gehoben worden sein muß, um die völlige Beseitigung von Landformen und Sedimenten aus dem Tertiär zu erklären. Die auffallenden Zeugen der saxonischen Bruchtektonik machen es wahrscheinlich, daß die Störungszonen zwar in den kimmerischen und subherzynen Phasen erstmals in bedeutendem Umfange angelegt wurden, postume Bewegungen aber wegen der Frische des Reliefs örtlich im Neogen andauerten.

Vereinzelt mit dem Oberpliozän, vor allem aber im Pleistozän, häufen sich die Sedimentzeugen (Tab. 79), die die Morphogenese des Thüringer Beckens detaillierter erkennen lassen. Auffallend sind die zahlreichen Laufveränderungen der Flüsse und ihrer Einzugsgebiete. Nach Schotterzügen lassen sich für Hörsel, Nesse, Apfelstädt und die Gera, die die Nordabdachung des Thüringer Waldes entwässern, für Alt- und Mittelpleistozän weitgehend veränderte Abflußbahnen zur Unstrut und zur Ilm erkennen, die erst nach der elsterzeitlichen Inlandeisbedeckung vor allem durch Anzapfung aus dem Werragebiet zum heutigen Flußnetz umgelenkt wurden (Schramm 1965, Unger 1974). Ähnlich auffallend war die ursprüngliche Laufrichtung der Ilm nördlich Weimar nach Rastenberg. Ursachen dieser Flußnetzentwicklung sind neben den epirogenetischen Schollenbewegungen die Auslaugung, die verstärkte Ausräumung weniger widerständiger Schichten, die zeitweise Bedeckung und Verschüttung (Steinmüller 1974) des größeren nördlichen Teils des zentralen Keuperbeckens durch das Inlandeis im Maximum der Ausdehnung während der Elsterzeit und Saalezeit sowie nachfolgende Bewegungen an den herzynischen Störungszonen.

Über lange Zeit war die Terrassentreppe des Ilmtals nach Soergel ein Maßstab für die Gliederung des Pleistozäns, die auch mit der Strahlungskurve von Milanković konnektiert wurde. Die dafür verwendeten quartärgeologischen Grundlagen waren jedoch völlig unzureichend. Heute informieren die fundierten Terrassengliederungen in den Tälern der Saale, Unstrut und Weißen Elster über die Talentwicklung im Thüringer Becken schon erheblich sicherer (Unger 1974).

7. Thüringisch-fränkisch-vogtländische Mittelgebirge

Hans Richter

Ein gebirgiger Ausläufer der Böhmischen Masse, der am Westrand von Erzgebirge und Erzgebirgischem Becken ansetzend sich keilförmig nach NW verjüngt, trennt das Thüringer vom Fränkischen Becken. Die Eckpunkte dieser Hochscholle, die etwa ein Dreieck darstellt, werden von der Nordwestspitze des Thüringer Waldes in der Nähe der Hörselmündung in die Werra, vom Steinwald, der an der aus der Wondreb-Naab-Senke ansteigenden Südostflanke des Fichtelgebirges liegt, und von den Hochflächen bei Wünschendorf an der Weißen Elster nahe der Weidamündung gebildet.

Trotz auffallender natürlicher und landschaftlicher Gemeinsamkeiten gibt es für diesen Gebirgsbereich keinen gängigen zusammenfassenden Namen. Das liegt vor allem daran, daß sich hier die historischen Territorien von Sachsen, Thüringen, Bayern und Hessen berühren. Selbst bei Teilgebieten überschneiden sich wegen der Vielfalt der Betrachtungsrichtungen die von der Bevölkerung, aber auch in der Raumforschung verwendeten Raumvorstellungen und Bezeichnungen. Im folgenden werden für diese Hochscholle Thüringer Wald, Fichtelgebirge und das Thüringisch-Vogtländische Schiefergebirge mit dem Frankenwald ausgewiesen.

Der Zusammenhang zwischen den Teilen wird durch die Grenzen der Hochscholle gegen das Fränkische wie das Thüringer Becken deutlich. Im SW folgt die Grenze vom Thüringer Wald und Schiefergebirge, von Frankenwald und Fichtelgebirge der herzynisch streichenden Fränkischen Linie. Sie ist meist als Verwerfung ausgebildet, wird aber auch durch eine Flexur, z. B. am Nordwestteil des Thüringer Waldes, vertreten. Die paläozoischen Gesteine der Hochscholle steigen fast durchweg als deutliche Stufe über das von der Trias, teils auch vom Zechstein gebildete Vorland. Komplexer ist die Grenze gegen das Thüringer Becken. Von der Werra bis an die Saale bei Saalfeld sind es die herzynisch streichende Creuzburg-Ilmenauer und die Gotha-Saalfelder Störungszone, die, nach SO sich ablösend, die Randstufe des Thüringer Waldes, dann des Schiefergebirges bilden. Mit dem Übergang ins erzgebirgische Streichen bildet der Ausstrich des Zechsteins die Grenze gegen das Thüringisch-Vogtländische Schiefergebirge. In der Orlasenke zwischen Rudolstadt und Saalfeld sowie Neustadt/Orla ist der Rand als Stufe im Zechstein, teils auch im nahen Buntsandstein markant. Er bleibt aber auch abgeschwächt jenseits von Neustadt und Triptis bis an die Weiße Elster bei Wünschendorf erkennbar, wo Unterer Buntsandstein und Oberer Zechstein als flachlagernde Mergeldecken den Rand zum Schiefergebirge andeuten.

Da sich die Hochscholle nach Osten senkt, ist der Übergang in die Nachbarschaft doch sehr verschieden: im SO das Egerbecken (Chebská pánev) mit der Wondreb-Naab-Senke als südwestlicher Verlängerung, im O der hohe Westrand des Erzgebirges mit der Schöneckstufe und nach NO ein fließender Übergang ins Hügelland von Ostthüringen und Mittelsachsen. Landschaftlich ist diese Grenze allerdings nicht geomorphologisch, sondern wegen der dort einsetzenden Lößdecke und dem damit verbundenen Nutzungssprung sehr deutlich.

Die Morphographie der Hochscholle ist übersichtlich. Die Kammhochflächen des Thüringer Waldes, des Frankenwaldes und Fichtelgebirges haben ihre höchsten Bereiche in der Nähe der Fränkischen Linie. Im Thüringer Wald erreichen Einzelberge mehr als 900 m NN, im Frankenwald 700 – 800, im Fichtelgebirge über 1000 m NN. Die Hochscholle sinkt nach NO von 600 m auf 400 – 350 m ab.

Das bedeutet eine beträchtliche Differenzierung des Gebirgsklimas, da der Höhenstufeneffekt durch betonte Luv- und Leeseiten abgewandelt und bei der Annäherung an das Fichtel- und das Westerzgebirge wieder durch Luvwirkung überlagert wird.

Die Hochscholle hat auch deutlichen Einfluß auf die Talsysteme. Besonders im SO, im Fichtelgebirge und dessen Vorland, ist die quasizentrale Lage durch die Oberläufe von (Sächsischer) Saale, Weißer Elster, Eger (Ohře), Naab und Weißem Main gut markiert. Aber er bleibt auch weiter im Nordostteil der Hochscholle beachtlich, wie die oberen Teile der Einzugsgebiete von Werra und Unstrut zeigen.

7.1. Thüringer Wald

Der Gebirgshorst beginnt im NW an der Werra mit einem unübersichtlichen Bergland zwischen 250 und 400 m Höhe (Wartburg bei Eisenach 394 m). Hochflächeninseln erreichen im größeren Teil des Gebirges 750 – 900 m, noch überragt von Bergkuppen bis knapp an 1000 m Höhe. Nach SO steigen sie um 100 m bis zur geomorphologisch unauffälligen

Grenze gegen das Schiefergebirge ab. Die Hochscholle, die nach NO und SW durch 200–400 m hohe Randstufen begrenzt wird, hat bei 70 km Länge nur 10 bis knapp 20 km Breite. Da die von den Randstufen ansetzende Zertalung bis zur Wasserscheide zurückgreift, haben nur kleine Abschnitte im Kammbereich Hochflächencharakter. Seine geomorphologische Bedeutung als Altform wird durch den visuellen Kontrast zu den steilhängigen Talkerben bei weitem überbetont. Trotzdem sind die Hochflächeninseln als unmittelbare Zeugen einer vor der Hebung der Scholle existenten Rumpffläche des Altpliozäns oder älterer Zeiträume (v. FREYBERG 1923) gedeutet oder mit Hilfe isohypsenparalleler Konstruktion weiterer Niveaus über Riedel und Hangkuppen in eine Rumpftreppe eingeordnet worden (KRÄHAHN 1964).

In dem schmalen Gebirgshorst des Thüringer Waldes ist ein Ausschnitt des Variszischen Gebirges angehoben worden. Seine Vielgestaltigkeit beruht auf der im Perm angelegten Mulden-Schwellen-Gliederung, deren variszisch streichende Achsen etwa senkrecht zu den herzynisch streichenden Gebirgsrändern stehen. Die Abfolge beginnt im NW mit der Eisenacher Mulde, der nach SO die Ruhlaer Schwelle und die Oberhöfer Mulde folgen. Die Mulden sind mit Molassesedimenten, die Oberhöfer Mulde teils auch mit Vulkaniten des Rotliegenden gefüllt. In der Ruhlaer Schwelle, vereinzelt in der Oberhöfer Mulde stehen metamorphe Gesteine und Granit an. Das bedingt erhebliche petrographische Unterschiede. So wirken Rotliegendkonglomerate und Porphyre als Härtlinge. Letztere bilden faktisch alle markanten Bergkuppen im Kammbereich, so den Großen Inselsberg, Gr. Beerberg, Gr. Finsterberg und Kickelhahn. Im NW sind an eine Serie von Konglomeraten und Tonsteinen des Rotliegenden Stufen und Ausräume gebunden (WEBER 1929). Deutlich sind die Gesteinsunterschiede auch in den Tälern. Extreme Beispiele sind die auffallende Weitung des Haselbachtals bei Suhl im tief vergrusten Granit und die cañonartige Drachenschlucht bei Eisenach in Rotliegendkonglomeraten. Andererseits bietet der Thüringer Wald genügend Hinweise auf die Relativität des petrographischen Einflusses, z. B. auf den Hochflächen zwischen Neustadt a. R. und Großbreitenbach. Dort schneiden diese Flächen ohne jede Anpassung Porphyre, Grauwacken und Tonschiefer, die in der Oberhöfer Mulde und dem Schwarzburger Sattel anstehen.

7.2. Thüringisch-Vogtländisches Schiefergebirge und Frankenwald

Für die Mittelgebirgslandschaften Thüringisches Schiefergebirge, Vogtländisches Schiefergebirge und Frankenwald wird auf Anregung von H. LIEDTKE übergreifend und analog zum Rheinischen Schiefergebirge die Bezeichnung Saalisches Schiefergebirge vorgeschlagen. Die Gebirgsgruppe liegt zwar nicht völlig im Einzugsbereich der (Sächsischen) Saale, aber auch am Rheinischen Schiefergebirge hat nicht nur der Rhein, sondern haben auch die Einzugsgebiete von Maas, Weser und Ems deutlichen Anteil. Mit der zusammenfassenden Bezeichnung Saalisches Schiefergebirge werden die Landschaftsnamen für die drei genannten Teilgebiete nicht aufgehoben, aber es wird ihre umständliche Summation vermieden, wenn das ganze Schiefergebirge zwischen Fränkischem und Thüringer Becken sowie zwischen Thüringer Wald, Fichtelgebirge und Erzgebirge gemeint ist.

Unter Berücksichtigung morphographischer Werte (KUGLER u. NEUMEISTER 1971) kann als Frankenwald das Gebiet vom Südwestrand des Gebirges zu den Kammhöhen bezeichnet

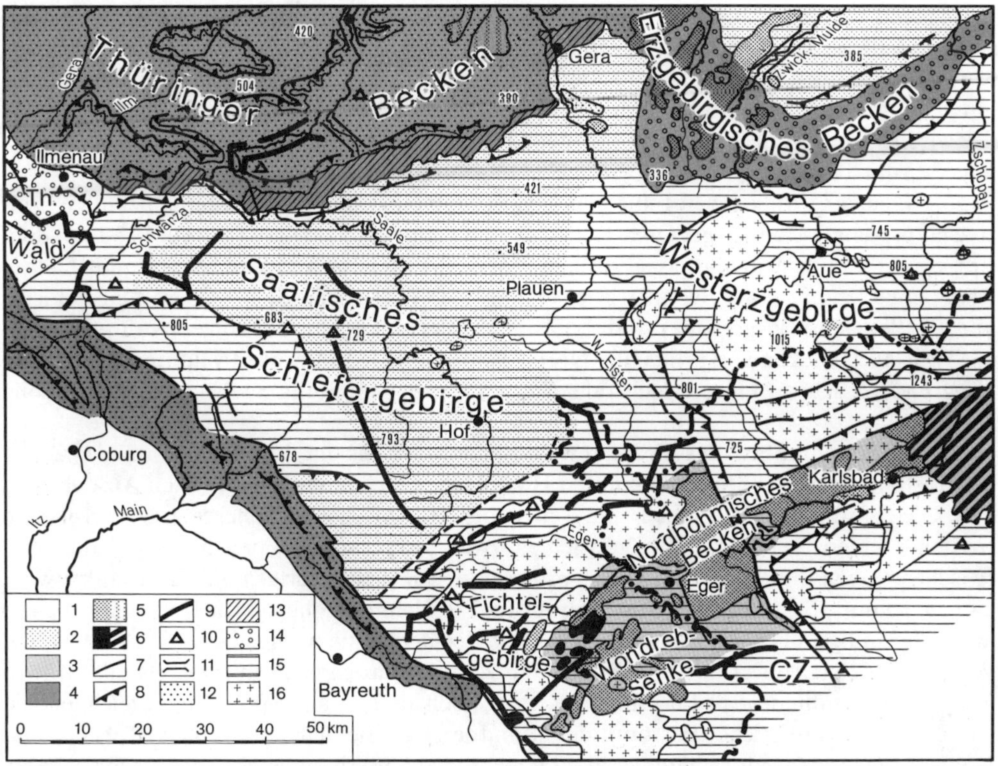

Abbildung 93
Grundlinien morphogenetischer Gliederung zwischen Thüringer Wald und Erzgebirge (ohne pleistozäne und holozäne Sedimentation; Entwurf: H. Richter 1992 nach verschiedenen Quellen

1 – Rücken-Täler-Relief mit Tertiärfolgeformen
2 – Hochflächen-Täler-Relief mit Anteilen jungtertiärer Reliefmerkmale
3 – Berg-Hügelland-Relief mit höherem Anteil jungtertiärer Reliefmerkmale
4 – Strukturrelief mit geringem Anteil von Tertiärfolgeformen
5 – Tertiärsedimente und Inseln älterer Verwitterung
6 – Jungvulkanite
7 – Störung
8 – markante Stufenoberkante
9 – markanter Bergrücken
10 – Einzelberg
11 – Durchbruchstal
12 – Unter- und Mitteltrias
13 – Zechstein
14 – Molasse (Sedimente und Effusiva)
15 – Schiefer und Metamorphite
16 – Magmatite

werden, die Grenze zwischen dem Thüringischen und Vogtländischen Schiefergebirge liegt auf den östlichen Randhöhen des Saaletals zwischen Hof und Saalfeld (Abb. 93).

Über 70% dieser Mittelgebirge werden von Tonschiefern unterschiedlichster Prägung und Grauwacken, untergeordnet Quarziten und Kalkstein eingenommen. Dazu kommt eine umfangreiche Serie von vulkanischen Gesteinen (Diabas- und Tuffgesteinen), die insgesamt am locus typicus im Vogtländischen Schiefergebirge bei Hof, der curia variscorum (Wohngebiet des germanischen Stammes der Variszer), engräumig vergesellschaftet anstehen. Der im Vergleich zum Thüringer Wald weiträumigere Sattel- und Muldenbau des variszischen Gebirgsbaus wird im Südwestteil der Vogtländischen Mulde durch die Münchberger Gneismasse unterbrochen. In ihrem Einfluß auf das Relief gleichen die Gneise weitgehend den Tonschiefern und Grauwacken, da auch sie petrographisch gleichförmig sind. Auffallend ist dagegen auf größerer Fläche der Härtekontrast zu Diabas und Tuffsowie Schalsteinen, an die auffallende Kuppengebiete mit den sog. Pöhlen, z. B. in der Umgebung von Plauen und Mühltroff, gebunden sind.

Zwischen den Schiefergebirgen mit dem Frankenwald bestehen erhebliche Reliefunterschiede zum Thüringer Wald und zum Fichtelgebirge. Dieses große Zwischengebiet wurde in der Nähe der Fränkischen Linie gehoben, so daß eine steilere Abdachung nach SW und eine lange, sehr flach geneigte Oberfläche nach NO entstanden. Diese Pultscholle ist mit dem Erzgebirge und seinem mittelsächsischen Vorland durchaus vergleichbar, die mit flacher Abdachung jenseits einer Symmetrieachse längs der Wasserscheide zwischen Weißer Elster und Pleiße nach NW gerichtet sind. Nur der im Vergleich zum Thüringer Wald nach NO ins Thüringer Becken vorspringende Nordwestabschnitt von Frankenwald und Schiefergebirge endet auch an einer Bruchstufe. Sie wird von der Gotha-Saalfelder Störungszone gebildet.

Da die Kammhöhen des Frankenwaldes niedriger als im Erzgebirge sind, wird die Nordostabdachung von weitgespannten Hochflächen eingenommen, die nach Ausdehnung und Gleichförmigkeit nur noch mit Teilen des Rheinischen Schiefergebirges verglichen werden können. Tertiäre Sedimente fehlen zwar im gesamten Bereich bis auf den NO zwischen Weida und Werdau. Dafür wurden in den Schiefergebirgen und im Frankenwald häufiger buntfarbige Böden (Braun-, Grau- und Rotlehme, isoliert auch Kalksteinrotlehm) und tiefgründige, teilweise dekametermächtige Zersatzprofile nachgewiesen (Strebel 1961, Wiefel 1965, Steinmüller 1974). Böden und Zersatz werden nach Chemismus und Mikromorphologie zumindest als Pliozän, der Zersatz auch als älter angesprochen. Bezeichnend ist allerdings die räumliche Position der Fundpunkte. Sie fehlen auf den Rücken und Hochflächen, treten jedoch häufiger in konkaven, also Unterhangbereichen auf. Dort werden sie von kaltzeitlichem Hangschutt bedeckt.

Die feinere Reliefgliederung hängt von der Talentwicklung ab. Im Frankenwald greift eine große Zahl schmaler, überwiegend parallel verlaufender Täler zwischen Werra, Itz und Steinach im NW und den Quellästen des Weißen Mains im SO ins Gebirge ein. Auf den verbleibenden Riedeln stößt die Hochfläche wiederum weit gegen den Gebirgsrand vor, z. B. mit dem Geuserberg (708 m) östlich von Kronach. Damit setzt sich die Südwestabdachung des Frankenwalds deutlich von der Südwestflanke des Thüringer Waldes mit sehr kurzen Tälern und den gebirgsrandparallelen Ursprungstälern der Fichtel- und Haide-Naab am Südwestrand des Fichtelgebirges ab.

Auf der Nordostabdachung der Schiefergebirge gibt es trotz der bemerkenswerten Ausbildung der Hochflächen keinen Abschnitt, der nicht auf Hänge der Tälersysteme von Saale mit Sörmitz und Wisenta, der Weißen Elster mit Trieb, Göltzsch und der Weida orientiert wäre. Zwar haben auch jüngere Spezialkartierungen eine Serie von Niveaus zwischen der obersten Hochfläche und dem Talquerschnitt über dem Steiltal ausgewiesen, dessen Genese dem Pleistozän zugeordnet werden kann. Bei Steinmüller (1974b, Abb. 3) sind das in einem Kartierungsgebiet beiderseits des Saaletals zwischen Blankenberg und Burgk sechs Niveaus zwischen 700 und 500 m NN. Diese können schwerlich, wie Steinmüller jedoch meint, als Reste von Formengemeinschaften angesprochen werden, die im Pliozän oder in noch weiter zurückliegenden Zeiten als Flächenspülrelief angelegt, mit der Hebung des Gebirgsblocks phasenhaft verjüngt, d. h. zerschnitten und bereits zum allergrößten Teil wieder abgetragen worden seien. Da weder die Abtragung während sehr langer

Phasen im Neogen noch während der Kaltzeiten quantitativ abgeschätzt werden kann, verbleiben selbst unter den günstigen Bedingungen des Schiefergebirges als Argumente die Meereshöhe solcher polygenetischer Hangverflachungen und deren relative Höhe. Das ist als Maß der Hangabtragung unzureichend.

Unter besonders günstigen Bedingungen bot sich dagegen im Tal der Weißen Elster zwischen Plauen und Wünschendorf bei Gera die Möglichkeit, die Terrasse zu analysieren, die im Zeitraum des Umschlags vom Pliozän zum Quartär gebildet wurde. ROSENKRANZ (1965) konnte ermitteln, daß das Relief dieser Hauptterrasse noch als Flachmuldental angelegt wurde, die den Schotterkörper bildenden Quarzkiese dagegen von der Hangabtragung unter dem Einfluß der Klimaveränderung zur ersten Kaltzeit zugeführt und akkumuliert wurden. STEINMÜLLER (1974) parallelisierte diese polygenetische Terrasse mit der Zersatzkiesfolge im Thüringer Becken.

7.3. Fichtelgebirge

Das Fichtelgebirge besteht aus Rücken erzgebirgischer und herzynischer Streichrichtung, die zu einem nach NO sich abdachenden, offenen Hufeisen geordnet sind. Die Rücken umgeben Becken, Hügelgebiete und Berggruppen. Die Morphographie entspricht der tektonischen Lage des Gebiets, wo die Fränkische Störung den Egergraben mit dem nordböhmischen Becken und den beiderseitigen Bruchstufen quert und nach makromorphologischen Argumenten seine Fortsetzung ins mesozoische Vorland nach SW unterdrückt. Beachtet man den Zusammenhang der Fichtelgebirgsscholle mit dem Egerbekken, dann erscheint sie als Ganzes in Richtung auf die Marienbader Störungszone gekippt. An deren östlichem gehobenem Flügel folgen von S nach N der Westrand des Kaiserwaldes (Slavkovský les), die von der Eger durchbrochene Schwelle von Kulm (Chlum) und der Westrand des Erzgebirges aufeinander. Der westliche Flügel der Störungszone ist von den Sedimenten des Känozoikums im Egerbecken bedeckt, die ins Fichtelgebirge und in den Oberpfälzer Wald übergreifen.

Nach dem Baumaterial gehören Fichtelgebirge und Erzgebirge in das südliche Saxothuringikum des Variszischen Gebirges. In paläozoische, untergeordnet auch proterozoische Gesteine, wie Glimmerschiefer, Gneise, Phyllite und Schiefer, sind oberkarbone Granite eingedrungen. Sie sind im Fichtelgebirge auf besonders großen Flächen freigelegt worden.

In Graniten liegen viele der markanten Gipfel – Ochsenkopf (1024 m), Schneeberg (1051 m), Kösseine (939 m) als zentrales Bergland, ferner die Platte (946 m) im Steinwald in der der Fränkischen Linie folgenden Reihe von Rücken sowie Waldstein (877 m) und Großer Kornberg (827 m) in dem nach NW gerichteten Gebirgsrand. Das größte der fichtelgebirgischen Granitgebiete schwenkt jedoch in das Becken zwischen Weißenstadt und Selb ab. Es geht nach NO in das Elstergebirge mit dem Haj (755 m) bei Aš (Asch) und dem Kapellenberg (765 m) über. Über die Landschwelle von Raun und Landwüst, die zugleich das Egerbecken nach N begrenzt, führt es bis an den Fuß des Erzgebirges.

Klippen, Blockmeere und Blockströme der Granitberge haben viele Hypothesen über ihre Genese ausgelöst. Der durch oberflächenparallele Lagerklüfte grobgebankte Granit hat vor allem für die periglaziäre Frostverwitterung und Solifluktion günstige petrographische Voraussetzungen geboten.

Die Genese der Meso- und Makroformen des Fichtelgebirges ist zwar weniger häufig als die des Schiefergebirges behandelt worden. Trotzdem standen die Oberflächenformen dieses Gebirges im Mittelpunkt der Diskussion, nachdem WALTHER PENCK (1924) das Fichtelgebirge zur Demonstration seiner Theorie der Piedmonttreppe nutzte. Nach W. PENCK sollen im Gebiet von Ochsenkopf, Schneeberg und Waldstein auf Gipfel- und Rückenflächen Reste zweier Rumpfflächen P1 und P2 erhalten sein. Eine weitere, die P3, wird in den Gebirgsbecken und als hochtalartige Verebnung über den Tälern erkannt. Die P3, die im nach N anschließenden Schiefergebirge große Flächen einnimmt, wird in ihrer Primärentwicklung in das Cenoman gestellt, die darüberliegenden Flächenreste der P2 und P1 seien in ihrer Erstanlage noch entsprechend älter. Die Erklärung der Piedmonttreppe, vor allem die Genese der Piedmontstufen, sowie die permanente Weiterbildung in jedem Rumpfflächenniveau ist in einer umfangreichen wissenschaftlichen Diskussion abgelehnt worden, weil Begleiteinflüsse durch Tektonik, Gesteins- und Verwitterungseffekte oder Klimaschwankungen und Klimaveränderungen so gut wie ausgeschlossen wurden. Die entschiedenen Einsprüche hinderten aber nicht daran, den optisch gesichert erscheinenden Effekt getreppter Hochflächen zugunsten einer klimageomorphologisch modifizierten Theorie der Rumpftreppe umzudeuten.

Das Fichtelgebirge bietet jedoch günstige Ansätze, das Gebirgsrelief in seinem Kontakt mit eindeutigen Sediment-, Verwitterungs- und Vulkanismuszeugen zu beurteilen. Nach WURM (1961) liegen in den ins Egerbecken mündenden Tälern der Roslau (Schirnding – Marktredwitz) und Wondreb (Waldsassen – Mitterteich) Reste tertiärer Sedimente. Sie sind in den beiden Tälern bandförmig angeordnet; im oberen Wondreb-Waldnaab-Bereich erweitern sie sich zu einem größeren Sedimentationsraum.

Die Tertiärsedimente bestehen aus Kies, Sand, Ton, im Liegenden auch aus Geröll. Eingeschaltet ist ein Braunkohleflöz, nach dessen Alter (Torton) die liegende Sedimentfolge ins Obermiozän eingeordnet werden kann. Hangende, rotbraune Quarzgerölle führende Lehme werden in Analogie zum Egerbecken in das Pliozän eingestuft.

In das Obermiozän wird auch der Vulkanismus gestellt, dessen Basalte und Tuffe als Schlote, Gangfüllungen und Deckenreste das Relief in der Verlängerung des Steinwaldrückens in Richtung auf das Egerbecken deutlich verändern. Auffallende Beispiele für Schlot- und Deckenreste sind bei Schirnding und Hohenberg beiderseits der Grenze sowie zwischen Marktredwitz und Mitterteich (Gr. und Kl. Treichelberg) zu beobachten. Auf dem Gr. Treichelberg ist durch den Steinbruchbetrieb eine 40 m mächtige Basaltdecke aufgeschlossen.

Älter als die obermiozänen Sedimente und Vulkanite werden die tonig bunten Verwitterungsrelikte eingestuft, die in konvexen Hangbereichen und vor allem in der Nähe der Tertiärsedimente auf allen Festgesteinen auftreten können.

Aus diesen Fakten können einige morphogenetische Phasen für das Fichtelgebirge abgeleitet werden. Die obermiozäne Sedimentation wird von Krustenbewegungen eingeleitet und begleitet, die im Verlauf der Sedimentation so weit abklangen, daß Flöz- und Tonbildung möglich waren. Die Sedimente bedeckten sicher größere zusammenhängende Flächen in der Wondreb-Naab-Senke, der Röslau-Kösseine-Talfurche, im Becken von Wunsiedel und selbst in der Kirchlamitzer Paßlücke in der nördlichen Rückenreihe. Das sicherte die Erhaltung älterer, mächtiger Verwitterungsdecken. Andererseits wurde durch die Krustenbewegungen die Rücken-Becken-Gliederung verstärkt, sofern sie nicht in diesem Zeitraum überhaupt erst entstand. Im erstgenannten Fall gäbe die Reliefgliederung einen Hinweis auf noch länger zurückliegende Tektonik, wie sie in den nordböhmischen Becken für das Oberoligozän nachgewiesen wurde. Der obermiozäne Vulkanismus war sicher von erneuten Krustenbewegungen begleitet, als deren Folge die Beckensedimente wieder abgetragen wurden; denn die erheblich jüngeren rotbraunen Lehme des Pliozäns liegen stets diskordant auf dem älteren Sediment.

Aus der ungleichen, nach Osten verschobenen Verteilung der Sedimentreste des Miozäns und Pliozäns und dem Makrorelief ist schließlich die eingangs erwähnte Kippung der Fichtelgebirgsscholle nach Osten zum Egerbecken abzuleiten. Diese wahrscheinlich en bloc vor sich gehende Bewegung ist dann Anlaß dafür, daß die pleistozänen Egerterrassen, auf den Senkungsraum eingestellt, bereits bei Hohenberg a. d. Eger so weit konvergieren, daß ihre Konnektierung mit der Terrassenfolge im Mittel- und Unterlauf des Egertals nicht möglich ist (ENGELMANN 1922).

8.
Die Mittelgebirge zwischen Weißer Elster und Görlitzer Neiße

HANS RICHTER

Das Makrorelief der Mittelgebirgsschwelle wird am Nordrand der Böhmischen Masse wesentlich vom erzgebirgisch streichenden Egertalgraben bestimmt. Er folgt der gleichen Richtung wie die Hauptstrukturen des variszischen Grundgebirges. Als tektonisches Element entstand die Grabenzone jedoch erst im Tertiär. Zwischen der Waldnaab im SW und der Görlitzer Neiße im NO ist er über eine Entfernung von 250 km wirksam. Die Grabenzone besteht aus mehreren Becken mit stellenweise bis 300 m mächtigen Sedimenten. Getrennt werden diese von Schwellen aus Tertiärvulkaniten oder älteren Gesteinen, teils aus kreidezeitlichem Sandstein, teils aus Metamorphiten und Magmatiten. Wegen der Förderung basischer Vulkanite und der beiderseitigen Begrenzung des Grabens durch tiefreichende Störungssysteme wurde er als kontinentales Riftsystem gedeutet. Diese Ansicht ist aber nicht allseitig anerkannt (VANÉ 1985).

Nach PIETZSCH (1962), PFEIFFER (1978) und VANÉ (1982) entwickelte sich die Grabenzone seit dem Eozän. Die Hauptphasen des Vulkanismus lagen im Oberoligozän und Untermiozän, die der Sedimentation in den nordböhmischen Becken im Untermiozän. In dieser Zeit ist durch die Verstärkung des Erzgebirgsrandbruchs das nach N gerichtete nordböhmische Flußnetz, abgesehen von der Elbe, bereits unterbrochen. Die Hebung des Erzgebirges hatte ihr Maximum im Pliozän. Das erklärt die frischen Formen der Randstufe vor allem im Osterzgebirge.

Die nördliche Störungszone des Egertalgrabens ist als Randbruch des Erzgebirges besonders markant ausgebildet. Sie setzt sich nach SW, durch das rheinisch streichende Egerbecken unterbrochen, als Rand des Fichtelgebirges bis an die Fränkische Störung fort. Nach NO klingt die Störungszone in der Böhmischen Schweiz (Děčinské stěny) im Bereich des herzynisch streichenden Elbelineaments aus. Deshalb liegen die synchron gebildeten Tertiärbecken an der Neiße isoliert. In den Bergländern zwischen dem Neißegebiet und der Sächsisch-Böhmischen Schweiz sind erzgebirgische, herzynische und W-O streichende Strukturlinien wirksam. Ihre Vergitterung schafft die Voraussetzungen für ein unübersichtliches Gebirgsrelief im Oberlausitzer Bergland (Lužická pahorkatina) und im Böhmischen

Mittelgebirge (České středohoří) mit dem Zittauer Gebirge als nö. Abschluß. Damit steht dieser östliche Flügel in starkem Kontrast zum Erzgebirge mit Hochflächen und tief eingeschnittenen Tälern und zur Sächsisch-Böhmischen Schweiz als Sandsteingebirge.

Bis auf den Keil kretazischer Sedimente im Elbsandsteingebirge und Dresdner Elbtalgraben sind in gehobenen Gebirgsteilen Fest- und Lockergesteine des Tafelstockwerks bis auf kleine Inseln abgetragen. In den nördlich anschließenden Vorlandbereichen nimmt die Decke pleistozäner und tertiärer Sedimente bedeutend zu. Der Übergangsbereich, in dem bei wechselnden Mächtigkeiten des Lockermaterials das Festgestein an Talhängen und Kuppen noch häufiger angeschnitten wird, ist nur 10, im W bis 40 km breit. So liegt die Grenze zum Tiefland, in dem das Festgestein von mächtigem Lockermaterial völlig verdeckt ist, noch weit vor dem Rand der Mitteleuropäischen Senke.

Die klimatische Differenzierung dieser Gebirge ist beachtlich. Wegen der Kammhöhen, die im Erzgebirge zwischen 800 und 1000 m liegen, ergibt sich eine deutliche Stufung von collinen bis in hochmontane Lagen. Dem entspräche in der natürlichen Vegetation die Ausbildung des Eichen-Buchen- und darüber Buchen-Tannen-Waldes, in den Kammlagen dann auch des Fichtenwaldes mit Hochmooren. Im Elbsandsteingebirge und Oberlausitzer Bergland erreichen die Rücken und Kuppen mit 400–700 m Höhe nur die montane Stufe. Auffallend ist auch die Niederschlagsverteilung. So wird im Erzgebirgsvorland der von W her noch mögliche Föhneinfluß von der weit nach N reichenden Stauwirkung des Erzgebirges überdeckt. Staubedingte Niederschlagsmaxima liegen vor allem im Westerzgebirge und am Westrand des Oberlausitzer Berglands. Die stärksten Föhneffekte sind im Brüxer Becken (Mostecká pánev) auf der Südseite des Erzgebirges und weiter abgestuft im Dresdner Elbtal, in den Becken an der Neiße, aber auch in weiten Talräumen der Erzgebirgs-Nordabdachung möglich. Solche Leelagen, aber auch der edaphische Einfluß des Sandsteins verursachen Inseln der Höhenkiefer.

Im folgenden werden das Erzgebirge mit seinem nördlichen Vorland, die Sächsische Schweiz mit dem Dresdner Elbtalgraben sowie das Oberlausitzer Bergland mit seinem Vorland im W, N und O dargestellt. Da die historische Grenze zwischen Sachsen und Böhmen innerhalb dieser Mittelgebirge liegt, müssen zum Verständnis der geomorphologischen Ausstattung Gebirgsteile in der Tschechischen Republik berücksichtigt werden.

8.1. Erzgebirge und nördliches Vorland

Das Erzgebirge gilt wegen seiner breiten, sanften Nordabdachung (35–40 km) und der kurzen, steilen Südabdachung (5 km) als ideale Pultscholle. Sie ist jedoch nur im Osterzgebirge modellartig ausgebildet. Die Hochflächen des West- und Mittelerzgebirges enden westlich vom Flöhatal an einer Härtlingsstufe über den Molassesedimenten des (nördlichen) Erzgebirgischen Beckens. Auf der Südabdachung geht die einheitliche Bruchstufe des Osterzgebirges im Fichtelberg-Keilberg-Gebiet in einen Staffelbruch über. Durch eine nach W sich öffnende Keilscholle wird die Südabdachung in eine untere und obere Stufe geteilt. So sind im Westerzgebirge, verstärkt durch eine vom Falkenauer Becken (Sokolovská pánev) aus weit nach N ausgreifende, intensive Zertalung, die Anteile zwischen der Nord- und der Südabdachung ziemlich ausgeglichen.

Als Erwiderung auf Walther Pencks Piedmonttreppentheorie (1924) leitete Büdel (1934) am Erzgebirge die komplexe, insbesondere klimageomorphologische Deutung von Gebirgsstockwerken, die Rumpftreppe, ab. Im Mittel- und Westerzgebirge wurden drei Rumpfflächen ausgewiesen: in 1050–950 m Höhe (Gottesgaber R.), in 850–700 m (Schönecker R.) und tiefer als 650 m ansetzend (Vogtländische R.). Die Fichtelberg-Keilberg-Gruppe wurde als zentrales Bergland gedeutet. Zur Datierung nutzte Büdel Reste jungvulkanischer Decken und klastischer Tertiärsedimente, die im Mittelerzgebirge in verschiedenen Höhenlagen erhalten sind. Diese Untersuchung hat bis in jüngste Zeit zur Erweiterung und Anwendung auf andere Gebirge angeregt (Gellert 1962, 1990). Andererseits wurden die Hochflächen des gleichen Gebiets als einheitlich nach dem Alter ihrer Erstanlage und der nach der Lage modifizierten Intensität ihrer permanenten Überprägung beurteilt (Richter 1955, 1963). Als Argumente gegen die Konstruktion einer Rumpftreppe sind hervorzuheben:

- Alle markanten Höhenunterschiede auf der Nordabdachung können durch Krustenbewegung, Tälerentwicklung und Härtlingswirkung, die zusammen die Hangabtragung unter verschiedenen Klimaten gesteuert haben, erklärt werden.
- Die Höhenunterschiede zwischen überdeckten Resten einer präbasaltischen Oberfläche und den benachbarten aktuellen Hochflächen sind größer als die Abstände zwischen konstruierten Rumpfflächen.
- Es ist unmöglich, das paläogeographische Szenario des Reliefs während der vulkanischen Periode zu rekonstruieren, während der im Mittelerzgebirge und in seiner Umgebung eine große Zahl von Eruptivzentren existierte.

Deutliche Hinweise auf Krustenbewegungen geben die Flanken der Pultscholle, wo der nach S zunehmende Hebungsbetrag gegen die Nachbarschaft ausgeglichen werden muß: Am Westrand liegt die Schönecker Stufe, die als Flexur die Marienbader Störungszone fortsetzt, und im Osten die Wendischcarsdorfer Störung. Der erzgebirgische Flügel dieser zum Elbegraben parallelen Verwerfung ist so weit abgesenkt, daß zwischen Dippoldiswalde, Freital und Freiberg kretazische Sandsteine inselhaft erhalten blieben, die anderwärts im Osterzgebirge längst abgetragen sind. Im Elbsandsteingebirge ist dagegen das Sandsteinpaket mit dem Erzgebirge angehoben worden, am Tetschener Schneeberg auf über 700 m, so daß die Flanke der Pultscholle teilweise in der Sächsisch-Böhmischen Schweiz liegt. Die unterschiedlichen Tendenzen der Krustenbewegung am Ost- und Westrand machen es wahrscheinlich, daß auch innerhalb des Gebirges Bewegungen zu erwarten sind. Das ist auch aus dem Tal- und Hochflächenmuster abzuleiten. Nur im Osterzgebirge sind die Haupttäler zwischen dem Flöha- und Gottleubatal konsequent auf die Abdachung nach NW und weiter östlich nach NO zum Elbebereich gerichtet. Westlich vom Flöhatal verlaufen im Mittel- und Westerzgebirge beträchtliche Talabschnitte spitzwinklig (Zschopau) oder voll subsequent, senkrecht zur Abdachung (Zwickauer Mulde, Zwönitz, Würschnitz, oberes Schwarzwasser). Dementsprechend unterscheiden sich die Hochflächen:

Im Osterzgebirge ziehen die Hochflächen ohne Unterbrechung vom Kamm bis an den Gebirgsrand. Im Mittel- und Westerzgebirge fehlen solche durchgehenden Hochflächen. Wegen des Richtungswechsels der Täler hat sich an verschiedenen Stellen für Hochflächensegmente eine radiale Entwässerung entwickelt. Dadurch werden die Höhen der Hochflächen erheblich modifiziert.

Dazu kommt in allen Teilen des Gebirges der Einfluß widerständigerer Gesteine. In der Serie der proterozoischen und paläozoischen Metamorphite sind es Augengneise, Glimmerschiefer und Quarzphyllite. Markante Einzelberge und Rücken sind ferner an Hornfelse der Kontakthöfe, oberkarbone Porphyre und Vulkanite des Tertiärs gebunden.

Im Ost- und Mittelerzgebirge treten zwei Schwärme von Schlot- und Deckenresten tertiärer Eruptivgesteine auf. Unter größeren Decken im Mittelerzgebirge (Scheibenberg, Pöhlberg, Bärenstein) liegen 10–40 m mächtige Fanglomerate und Flußschotter. Da die Basalte nach KAr-Analysen (PFEIFFER 1984) vor 24–18 Mio. Jahren, also während des Untermiozäns, gebildet wurden, sind die liegenden Sedimente sehr junge Äquivalente des Älteren Nordwestsächsischen Schwemmfächers im Weißelsterbecken (EISSMANN 1968). Nach Schwermineralanalysen (ROHDE u. STEINIKE 1981) können sie aber auch dem Obereozän entsprechen.

Die tertiären Sediment- und Deckenreste geben punktartige Hinweise auf die Höhenlage der präbasaltischen Rumpffläche in Hohlformen. Ihr Abstand zu den gegenwärtigen Hochflächen bewegt sich zwischen 10 und mehr als 100 m. Das sind jedoch nur Minimalwerte.

Nochmals 100 m tiefer als die Hochflächen beginnen Formengruppen, die als Talgenerationen angesprochen werden können (RICHTER 1955, BARSCH 1966). Im Zschopautalgebiet ist es eine Folge von drei Hochterrassen- und zwei Mittelterrassenzügen sowie einer Niederterrasse. Allerdings sind es außer der Niederterrasse durchweg Felsterrassen, die erst im Anschluß an das Vorland datiert werden können. Die Hochterrassenreste lassen den gestreckten Verlauf von Flachmuldentälern erkennen. Die Obere Hochterrasse hat einen 3 km breiten Talboden, die Untere verengt sich auf knapp 1 km. Mit den Mittelterrassen setzt eine sehr windungsreiche Talform ein. Die Niederterrasse ist in diesen engen Kerbsohlentälern meist mit dem Talboden identisch. Nach EISSMANN (1975) war die Untere Mittelterrasse bereits während des Maximalvorstoßes des Elsterinlandeises eingetieft. In der Frankenberger Weitung, also knapp vor dem Gebirgsrand, liegt die Unterkante dieser elsterzeitlichen Terrasse nur 8 m über der Talaue.

Nach geomorphologischen Kriterien kann das Gebirgsvorland zusammenfassend als Mittelsächsisches Hügelland bezeichnet werden. Naturräumlich ist die Grenze des Hügellandes gegen das Gebirge sehr markant, da sie mit der gebirgswärtigen Lößgrenze zusammenfällt. Das Hügelland ist wie im Erzgebirge weitgehend in paläozoischen und proterozoischen Gesteinen angelegt. Eine Abwandlung bietet das Erzgebirgische Becken vor dem Westteil des Erzgebirgsrandes. Als Ausraumbecken ist es auch nach N durch die Stufe des Glimmerschiefers und oberkarboner Sandsteine deutlich begrenzt. Porphyrdecken und Konglomerate des Oberrotliegenden beeinflussen die Hochflächengliederung. Die Talböden aller Flüsse setzen sich als Weitungen deutlich ab. Der elsterzeitliche Maximalvorstoß des Inlandeises erreichte zwar den Erzgebirgsrand, aber die glazialen und fluvioglazialen Sedimente sind nur unbedeutende Inseln geblieben. Das Phänomen der klimatisch bedingten Talasymmetrie ist wohl erstmals im Erzgebirgischen Becken ausführlich behandelt worden (LÖSCHE 1938).

Beiderseits der Talweitung der Zwickauer Mulde liegen auf den Hochflächen tertiäre Sedimente, die sich bereits zwischen Meerane und Glauchau zu einem ununterbrochenen Band zusammenschließen. Dieses erreicht nördlich von Altenburg das Weißelsterbecken. Wegen der Ausräumung der Rotliegendletten und mürben Sandsteine ist der größere Teil des Erzgebirgischen Beckens sonst frei von Tertiärsedimenten. Aber wenig weiter nach N schließt sich zwischen den Tälern der Zwickauer Mulde und der Zschopau eine erste größere Tertiärinsel an, die in einer Senke auch ein Braunkohleflöz enthält. Es wird, wie auch weitere

Inseln, die nach N zu folgen, ins Miozän eingeordnet. Bedeutend sind schließlich Reste tiefgründiger Kaolinisierung, so im Meißner Syenit und in den nordwestsächsischen Porphyren (Kemmlitz). Allerdings sind die Umstände der Erhaltung der Sediment- und Verwitterungszeugen des Tertiärs wegen der vielgestaltigen Decke pleistozäner Sedimente im Mittelsächsischen Hügelland nicht völlig überschaubar. Es scheint jedoch sicher, daß das Mittelsächsische Hügelland unter Berücksichtigung der Zechstein- und Buntsandsteinmulden von Mügeln, Geithain und Schmölln einem ähnlichen, wenn auch erheblich länger währenden Wechsel von Sedimentation und Abtragung unterworfen war wie das Weißelsterbecken in der Leipziger Tieflandsbucht während des Tertiärs (EISSMANN 1975).

8.2. Sächsische Schweiz und Elbtalgraben

Gemeinsam ist diesen geomorphologisch kontrastreichen Räumen die Lage im Bereich des Elbelineaments sowie der Entwicklung und Wirkung des Elbestroms. Das Elbelineament ist eine der parallel zum Rand der Osteuropäischen Tafel laufenden, herzynisch streichenden Störungszonen, die über geologisch lange Zeiträume aktiv waren. Das Elbelineament ist als Grenzraum zwischen der Sächsisch-Thüringischen und der Lausitzer Großscholle mit Sedimenten und Magmatismus ausgewiesen. Zu den größeren Sedimentkörpern gehören das variszisch angelegte, jedoch herzynisch streichende Elbtalschiefergebirge und das Döhlener Molassebecken, ferner die Mergel und Sandsteine der kreidezeitlichen Transgression; zu den magmatischen Gesteinen gehören der Meißner Syenit, Porphyre und Tertiärvulkanite. Diese Vielfalt von Gesteinen ist bei der Oberflächengestaltung der naturräumlichen Prägung sowie der Nutzung und technogenen Veränderung wirksam, so daß sie eine wesentliche Grundlage für den „Reichtum der Dresdner Landschaft“ darstellt (Abb. 94).

In den elbnahen Bereichen der Sächsischen Schweiz liegen die Sandsteine des Cenomans und Turons nahezu horizontal. Unter dem Einfluß der Erzgebirgshebung steigen sie mit geringem Winkel nach SW und S an und enden zwischen Pirna und Bad Gottleuba mit einer Schichtstufe über Schiefern und Gneisen. Nach S bildet die Sandsteintafel in der Fortsetzung des Erzgebirgsrandbruchs eine Bruchstufe, die bei Děčín (Tetschen) das Elbtal W-O streichend quert und dann bald auskeilt (MIBUS 1975, PRESCHER 1959). Im N endet das Sandsteingebiet an der Lausitzer Störung, die hier als nach N einfallende Überschiebung ausgebildet ist. Die Lausitzer Granodiorite bilden eine flache Stufe über dem Sandstein, die zwischen Krásná Lípa (Schönlinde) und Rumburk (Rumburg) ausklingt. Deutlich bleibt der Wechsel vom steilen Talquerschnitt im Sandstein zu den ausgeglichenen Hangformen in den magmatischen Gesteinen.

Die flachlagernde Schichtung der Sandsteine und die beiden Kluftrichtungen – erzgebirgisch und herzynisch – verursachen die Bankung und Quaderform, die sich an den Oberflächen des Gesteins in Talwänden, Felsen und größeren Tafeln ausdrückt. Wegen der geringen Verstellung und Störung des Quadersandsteins sind mehrfach geomorphologische Gliederungen vor allem der fossilarmen Sandsteine des Turons vorgelegt worden (MIBUS 1975).

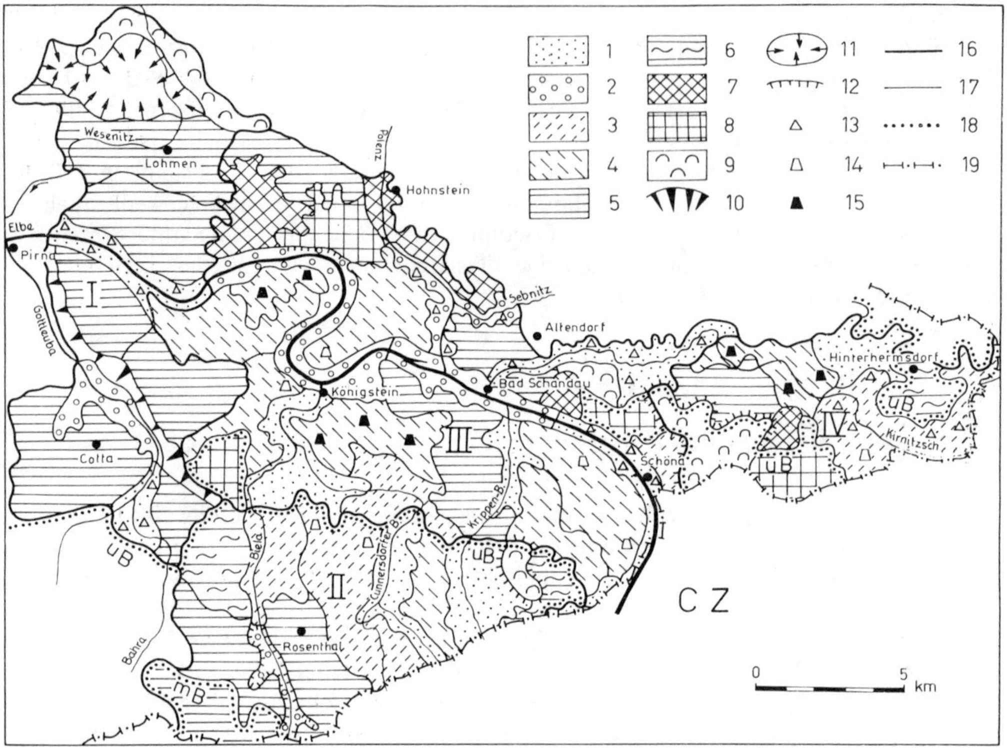

Abbildung 94
Geomorphologische Gliederung der Sächsischen Schweiz (Bernhardt 1985)

1 – Kerbsohlentäler
2 – Sohlentäler
3 – dicht zertalte Gebiete mit schmalen Rücken oder Riedeln
4 – mäßig zertalte Gebiete (Riedelgebiete, Randebenheiten, Plateauränder), z. T. mit aufsitzenden Felsbergen (Tafelberge und Tafelbergruinen)
5 – Flachreliefs in Form von Plateaus (nicht bis mäßig zerschnitten, meist geneigt)
6 – Flachreliefs in Form von welligen Hochflächen
7 – Talfelsgebiete
8 – Bergfelsgebiete (aufsitzende Felsgebiete)
9 – Einzelerhebungen
10 – Schichtstufe
11 – Becken
12 – hohe und geschlossene Felsränder
13 – stärker felsig durchsetzt
14 – Einzeltafelberge oder Tafelbergruinen
15 – Tafelberggruppen
16 – Grenze der naturräumlichen Einheiten I–IV (Mesochoren):
I – Vordere Sächsische Schweiz
II – Linkselbisches Bergland der Sächsischen Schweiz
III – Zentrale Sächsische Schweiz
IV – Hintere Sächsische Schweiz
17 – Mikrochorengrenze
18 – klimatische Höhengrenze:
uB – unteres Bergland
mB – mittelhohes Bergland
19 – Staatsgrenze

Kennzeichnend für die Mesoformen des Sandsteingebirges sind die Ebenheiten, in die der Elbecañon und seine Nebentäler eingeschnitten sind, und die darüber aufragenden Tafelberge und Felsgebiete.

Die Ebenheiten sind im allgemeinen der Schichtlagerung angepaßt. Ihr lebhaftes Mikrorelief ist durch Schuttumlagerung, Lößakkumulation und – etwa bis Bad Schandau – auch durch glaziale und glazifluviale Sedimente des Elsterinlandeises verhüllt (Andreas

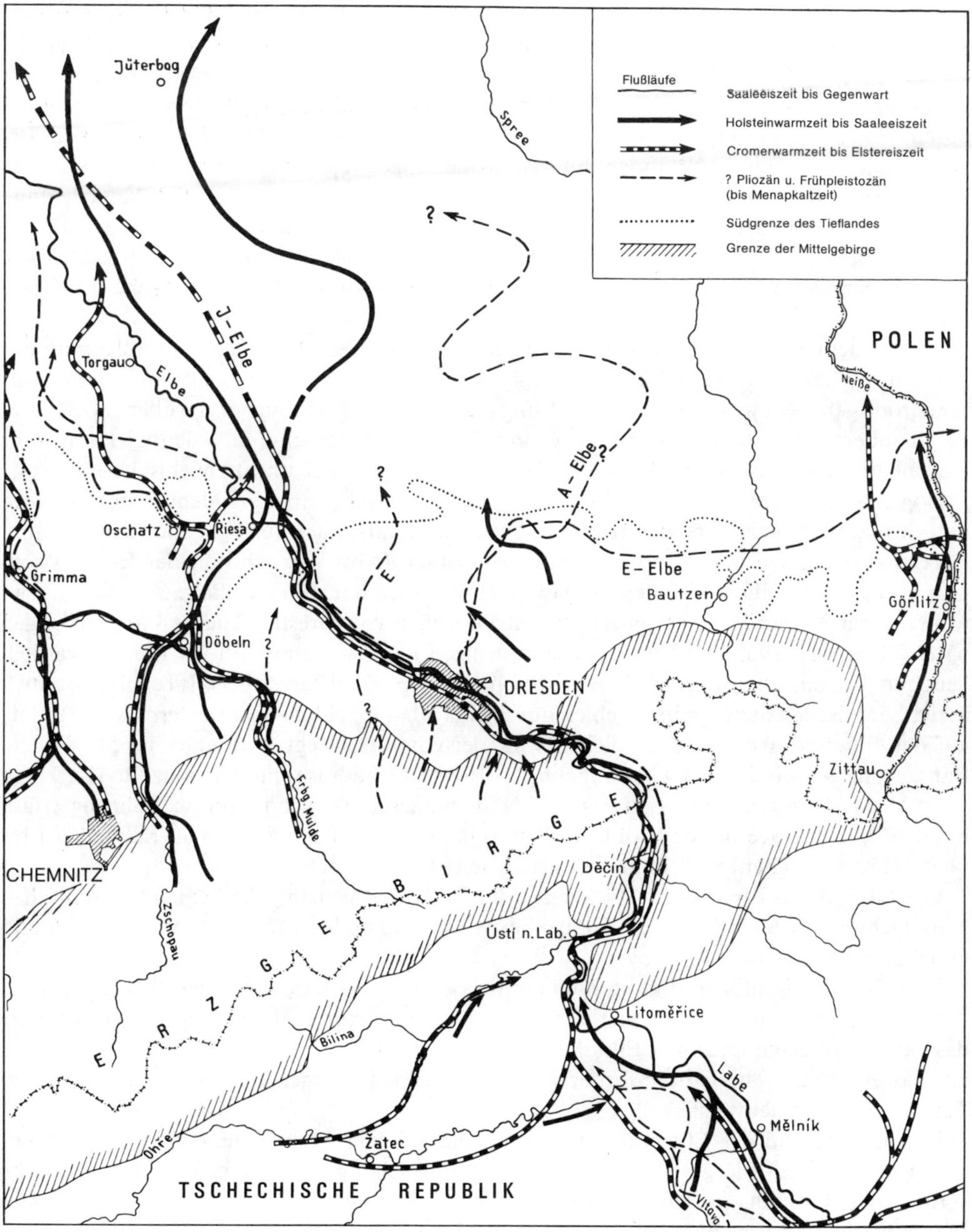

Abbildung 95
Elbeläufe im Pleistozän (Eissmann 1975)

1965). Sie sind im weitesten Sinne polygenetisch, denn die Mitwirkung fluvialer Abtragung und begrenzter Flächenbildung im Pliozän ist möglich. Die Primäranlage der Tafelberge und Felsreviere hängt mit der Bildung der Ebenheiten zusammen. Bei der Formung ihrer Wände und Schutthänge spielten die Plombierung des porösen Sandsteins durch Frostboden und der Spaltenfrost eine bestimmende Rolle. Unter humiden Bedingungen entstehen an Wänden und in Schichtfugen charakteristische Kleinstformen, wie Waben, Steingitter und Höhlen jeder Größenordnung. Ursache ist die Ausscheidung von Gips aus Sickerwasser, das an der Oberfläche verdunstet und Krusten bildet. Hinter diesen arbeitet die Auflösung der Bindemittel des Sandsteins weiter, so daß schließlich auch die Krusten wieder perforiert werden, die Wandbildung jedoch weitergeht (PIETZSCH 1962).

Da die Hebung der Erzgebirgsscholle nach O auch das Sandsteingebiet erfaßte, muß das Durchbruchstal der Elbe durch das Böhmische Mittelgebirge und das Elbsandsteingebirge synchron gebildet worden sein. Allerdings gehen die Meinungen darüber noch weit auseinander. Auch im Durchbruchstal sind die Zeugen der älteren Talentwicklung sehr lückenhaft. Nach EISSMANN (1975), der Ergebnisse sächsischer und tschechischer Quartärgeologen zusammenfaßt, ist die Elbe vom Pliozän (?), sicher aber seit dem Frühpleistozän und bis zur Elsterzeit beiderseits des Durchbruchtals nachweisbar und den A- und E-Terrassengruppen oder der I-Terrasse zuzuordnen (Abb. 95). Schotter der E-Terrassengruppe liegen nördlich Dresden in 115 m Höhe über der Elbaue. Bezeichnend ist, daß während der A- und E-Terrassenzeit die Elbe nördlich von Dresden andere Laufrichtungen hatte (GENIESSER 1962). Seit der Holsteinwarmzeit folgt sie zumindest bis Riesa etwa dem heutigen Tal, das allerdings auch Vorläufer hatte. Die frühelsterzeitliche I-Terrasse ist auch in der Sächsischen Schweiz bei Wehlen durch eine 30 m mächtige Schotterterrasse vertreten, auf der Bänderton des elsterzeitlichen Inlandeisvorstoßes liegt (ANDREAS 1965). Weitere Bändertone – mindestens 11 m mächtig – sowie Grundmoräne und glazifluviale Kiese – maximal 22 m mächtig – sind in der Nähe aufgeschlossen oder durch Bohrung erfaßt worden. Der Stausee in der Front des Elsterinlandeises hat Dutzende von Kilometern bis über Děčín (Tetschen) im Elbtal aufwärts gereicht.

Die Basis der I-Terrasse ist stärker als der Talboden geneigt. Sie liegt im Böhmischen Mittelgebirge bei 60 m über der Talaue, bei Wehlen 45 m, bei Meißen 27 m und unterhalb von Riesa noch 15 m über der Aue.

Ursachen der Laufbegradigung könnten im Bereich von Dresden junge Bewegungen an der Lausitzer Störung sein, ergänzt durch Brüche und Flexuren an der erzgebirgischen Seite des damit gebildeten Dresdner Elbtalgrabens. Obwohl dessen Form keine andere Erklärung zuzulassen scheint, sind die erforderlichen Krustenbewegungen aus der Verstellung von Terrassen nicht nachweisbar.

Den Untergrund des Elbegrabens bilden kreidezeitliche Sedimente, feinstsandige Sandsteine und Mergel. Sie greifen auch auf den Südwesthang des Grabens hinauf. Die Elbe verläßt den Graben an seinem Nordwestende bei Meißen und bildet ihr nördlichstes Durchbruchstal durch Festgesteine zwischen Meißen und Riesa.

8.3. Oberlausitzer Bergland und sein Vorland

Im Unterschied zu den massigen Schollengebirgen von Harz, Erzgebirge und Schiefergebirge besteht das Bergland aus langgestreckten Bergrücken und Talwannen. Der Vergleich mit dem Fichtelgebirge liegt auch wegen der Ähnlichkeiten der Lage im Überschneidungsbereich von erzgebirgischen und herzynischen Strukturlinien nahe. Allerdings erreichen die Bergrükken im Oberlausitzer Bergland nur Meereshöhen zwischen 500 und 600 m, und sie sind in vier etwa W-O streichenden Höhenzügen angeordnet: dem Picho-Czorneboh-, Valtenberg-Bieleboh-, Hutberg-Kottmar- und am weitesten im S dem Unger-Tanečnice-(Tanzplan-)-Hrazený-(Pirsken-) Rücken. Da die Breite der Rücken und Wannen wechselt und die Talwannen sich nach O etwas öffnen, ist das morphographische Schema etwas vereinfacht. Als mittleren Abstand der Rücken kann man 5–8 km ansetzen. Ihre so deutlich abweichende Streichrichtung könnte auf das Aufleben alter Strukturlinien innerhalb dieses Überschneidungsbereiches zurückzuführen sein (Abb. 96).

Das Bergland und die Umgebung sind in Granodioriten und verwandten Magmatiten angelegt, so daß geomorphologisch wirksame Kontraste beinahe ausschließlich zu den tertiären Vulkaniten bestehen, im Bergland am deutlichsten am Pirsken im S und Kottmar im O.

Nach Süden ist das Oberlausitzer Bergland durch die Sächsisch-Böhmische Schweiz, weiter nach SO durch das Zittauer Gebirge als Nordrand des Böhmischen Mittelgebirges begrenzt. Die Grenze ist durch die Lausitzer Störung gegeben. Während im westlichen Teil das Granitbergland mit ausgeglichenen Hangformen höher als das Sandsteingebiet liegt, kehren sich die Höhenverhältnisse nach O, zwischen Rumburk (Rumburg) und Krásná Lípa (Schönlinde) um. Das Zittauer Bergland steigt im Bereich der Lausitzer Überschiebung um 300–400 m über das Zittauer Becken auf. Die Höhe dieses Gebirgsrandes wird durch die Phonolithhärtlinge von Lausche (791 m) und Hochwald (749 m) besonders betont. Die Felsberge des Sandsteins, Töpfer (580 m) und Oybin (513 m), bleiben fast 200 m zurück.

Das Oberlausitzer Vorland zwischen Dresdner Elbtalgraben und der Görlitzer Neiße sowie dem Nordrand von Zittauer und Isergebirge ist ein Hügelland in magmatischen Gesteinen, im NO auch in Grauwacken und Schiefern. Naturräumlich wird das Vorland nach Flächenanteil und Art der äolischen Decke gegliedert. Diese ist im W lückig und meist durch Sandlöß vertreten. Im Oberlausitzer Gefilde und weiter zum Neißetal ist die Decke zwar auch lückenhaft, besteht jedoch aus mächtigerem Lößderivat. Der Nordrand der Lößdecke ist die gewichtige Naturraumgrenze zwischen Lößgürtel und glazial bestimmtem Tiefland (Bernhard u. a. 1986).

Lößfrei sind einige Berglandinseln: Nordwestlausitzer Bergland bei Pulsnitz und die Königshainer Berge bei Görlitz, die zahlreichen markanten Einzelberge in magmatischen Gesteinen und Tertiärvulkaniten (Burgberg Stolpen, Keulenberg, Strohmberg, Löbauer Berg, Landeskrone, Scheibenberg u. v. a.) sowie zahlreiche niedrige Kuppen und Rücken, ebenfalls aus Festgestein, aber auch glazialen Sedimenten.

Weitverbreitet im Vorland sind die Ablagerungen des saalezeitlichen Inlandeises, weiter nach S in das Bergland sowie längs der Neißefurche auch des elsterzeitlichen Inlandeises erhalten. Im Westlausitzer Hügelland und im Nordteil des Oberlausitzer Gefildes bilden hochliegende Reste des Bautzener und Senftenberger Elbelaufs (A- und E-Terrasse)

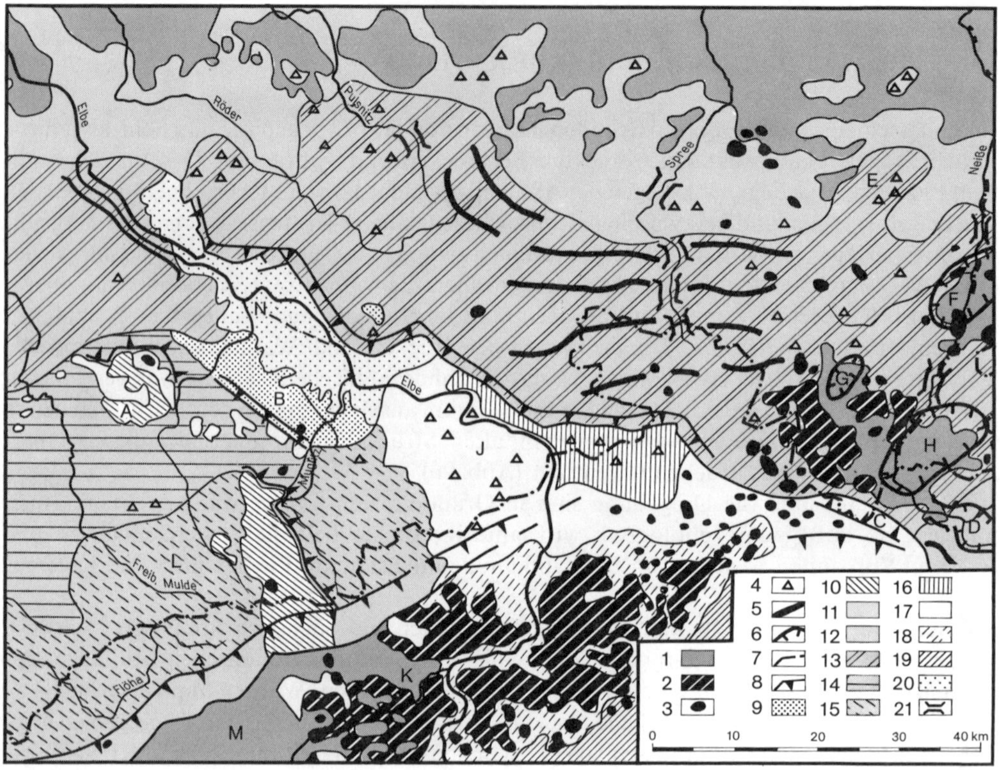

Abbildung 96
Grundlinien der Relikte jungtertiärer Morphogenese im Erzgebirge, in der Sächsischen Schweiz, im Oberlausitzer Bergland und in ihrer Umgebung (Pleistozän und Holozän abgedeckt; Entwurf H. Richter 1992 nach verschiedenen Quellen)

1 – mächtigere Tertiärsedimente (mindestens 30 m, im oberen Neißegebiet bis 250 m)
2 – Jungvulkanite, flächig und mit Einzelbergen
3 – Härtling, auch Berggruppen, in Jungvulkaniten
4 – Härtlingsberg, -kuppe, -berggruppe verschiedener Gesteine, im Sandsteingebiet schematisch
5 – Berglandrücken verschiedener Gesteine
6 – Beckenstrukturen im oberen Neißegebiet (Berzdorfer, Oderwitzer, Zittauer, Reichenberger [Liberecká kotlina] Becken)
7 – Störung als Gesteinsgrenze, zugleich Stufenfuß
8 – markante Stufenoberkante
9 – Molasse des Döhlener Beckens
10 – Quarzporphyr und verwandte Effusiva
11 – paläozoische und ältere Schiefer, Metamorphite etc. als Untergrund für 12–15
12 – Tiefland mit stärkerer Pleistozän- und Tertiärverschüttung (vgl. 1)
13 – Vorlandrelief mit deutlichem Anteil jungtertiärer Reliefmerkmale
14 – Hochflächen-Täler-Relief mit Anteilen jungtertiärer Reliefmerkmale
15 – Rücken-Täler-Relief mit Anteilen von Tertiärfolgeformen
16 – Sandsteingebiet mit Felsplateaus, -türmen und Klammen, höchster Anteil von Kleinformen
17 – Sandsteingebiet mit Verebnungen, Zeugenbergen, Härtlingsstufen, Cañons
18 – Sandsteingebiet als Basis flächenhafter Jungvulkanite
19 – Sandsteingebiet mit hohem Anteil von Verebnungen
20 – überwiegend Pläner (kretazischer Mergel- und Sandstein), meist verdeckt
21 – Durchbruchstal außerhalb des Sandsteingebietes

A – Tharandter Wald
B – Döhlener Becken (Molasse)
C – Zittauer Gebirge
D – Liberecká kotlina (Reichenberger Becken)
E – Königshainer Berge
F – Berzdorfer Tertiärbecken
G – Oderwitzer Tertiärbecken
H – Zittauer Tertiärbecken
I – Oberlausitzer Bergland
J – Sächsisch-Böhmische Schweiz
K – Böhmisches Mittelgebirge
L – Osterzgebirge
M – Nordböhmisches Becken
N – Dresdner Elbtal

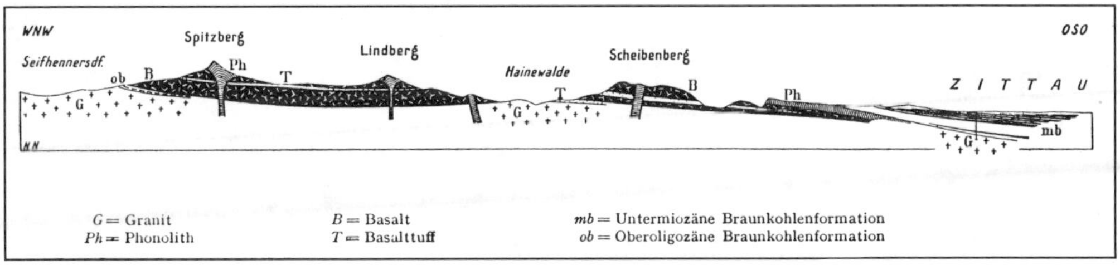

Abbildung 97
Schnitt durch den Westrand des Zittauer Beckens (Pietzsch 1962)

auffallende Kiesrücken und -platten. Auf Festgesteinen haben die Inlandeisdecken deutliche Spuren hinterlassen, so auf zahlreichen Rücken, z. T. Rundhöckern, aber auch auf der Westlausitzer (Moritzburger) Platte, die auch während jüngerer Kaltzeitphasen durch Frostverwitterung und Solifluktion nicht beseitigt wurden.

Wenige Kilometer vor dem steilen Nordrand des Oberlausitzer Berglandes sind zwischen Kamenz und Görlitz Inseln und dann geschlossene Flächen des Niederlausitzer Tertiärs erhalten. Es sind vor allem Tone und Braunkohleflöze des Untermiozäns ausgebildet.

Entscheidende Hinweise für die Morphogenese der Großformen geben die Tertiärbecken von Zittau und Berzdorf im Neißetal (Abb. 97). In den beiden nordöstlich streichenden Becken, die sich in die Verlängerung der nordböhmischen Becken einpassen, sind Tertiärsedimente von mehr als 220 beziehungsweise 150 m Mächtigkeit erhalten. Es sind Tone und Braunkohlen, letztere in Mächtigkeiten von 40 bis über 100 m. Die Becken stehen in engem Kontakt mit synchronem Vulkanismus. Vom Ostrand des Oberlausitzer Berglandes ist bei Seifhennersdorf eine oberoligozäne Gesteinsfolge bekannt, die Tuffe, Basalte, Ton und Braunkohle geschichtet und vermengt in wenigen Metern Mächtigkeit enthält. Diese werden von mächtigen Decken untermiozäner Basalte und Tuffe überlagert. Sie bilden nach O absinkend die Basis des Zittauer Beckens mit seiner dem oberen Untermiozän zugeordneten Sedimentfolge. Sie werden von einer 3. Vulkanismusfolge, insbesondere aus Phonolith, durchschlagen (Grahmann 1937, Pietzsch 1962).

Die beiden Becken haben 8 bzw. 5 km Breite bei 16 bzw. 8 km Länge. Sie sind während der Sedimentation durch Verbiegung ohne Bruchvorgänge gebildet worden. Eine gleiche bruchlose Verbiegung kann man demnach auch für die Rücken-Wannen-Struktur des Berglandes, auch des Nordwestlausitzer Berglandes voraussetzen, da die Größenordnung vergleichbar ist. Damit können für die Morphogenese der Großformen im Miozän/Pliozän für die Oberlausitz wenigstens drei genetische Reihen angenommen werden: Wannen-Rücken-Bildung durch engräumige Krustenbewegung in tektonisch stark beanspruchten Räumen mit und, was wenig wahrscheinlich ist, ohne synchrone Sedimentation. Die zweite Reihe ist die Flächenbildung bei Hebungstendenz mit gleichzeitiger Umformung höherer Reliefteile zu Inselbergen, die dritte die Sedimentation in langsam sinkenden größeren Räumen, die aber die Verschüttung von besonderen Becken nicht ausschließt. Oberlausitz und Fichtelgebirge sowie der Egertalgraben mit seinen zahlreichen morphogenetischen Varianten sind wesentliche Belege dafür, daß es wahrscheinlich weniger auf die Ermittlung von hypothetischen Flächenstockwerken als auf die Erkenntnis der Entwicklungsreihe ankommt.

B. IV.

Arno Semmel

Das Süddeutsche Stufenland mit seinen Grundgebirgsrändern

1.
Grundzüge der geomorphologischen Entwicklung

Vielen Geomorphologen gilt Süddeutschland als klassisches Schichtstufenland. Relativ ebene, weitgespannte Reliefpartien werden von oft über 100 m hohen Stufen begrenzt, oberhalb derer erneut flaches Gelände einsetzt. Diese charakteristische Gliederung ist leicht zu verfolgen, wenn man beispielsweise von Frankfurt a. M. über die Autobahn nach Regensburg fährt oder von Mannheim über Heilbronn und Stuttgart nach Ulm. Dabei fällt auf, daß die flachen Geländepartien überwiegend schwach nach Osten geneigt sind. Ähnliches ist, wenn auch weniger deutlich, bei der Fahrt in entgegengesetzter Richtung, also von Mannheim über Saarbrücken und Metz nach Paris zu beobachten. Nur fällt hier das flache Gelände jeweils nach Westen ab. Auf diese Weise zeigt sich sehr eindrucksvoll der typische Aufbau der Schichtstufenlandschaft: Aus einem tektonischen Gewölbe, in dem schwach geneigte, geomorphologisch harte und weiche Schichten wechseln, ist durch bevorzugte Abtragung der weichen Gesteine jeweils auf der liegenden harten Schicht eine Verebnung entstanden („Landterrasse"), über der die nächstjüngere (hangende) harte Schicht eine Stufe bildet.

Ein wesentlicher Grund für diese Reliefentwicklung ist darin zu sehen, daß große Teile Süddeutschlands und Ostfrankreichs im Mesozoikum durchgehend Sedimentationsgebiete waren. Schon vorher sammelten sich in vielen Senken die Abtragungsprodukte des Variszischen Gebirges als „Rotliegendes", auf die die Zechsteintransgression übergriff. Sehr große Mächtigkeit erreichten dann im ältesten Mesozoikum die Buntsandsteinsedimente, im Kraichgau zum Beispiel über 500 m (GEYER u. GWINNER 1986).

Innerhalb des Buntsandsteins findet (zumindest in Becken) ein häufiger Wechsel zwischen geomorphologisch harten (sandigen) und weichen (tonig-schluffigen) Schichten statt. Ähnliches ist unter B. III. 3. u. 4. schon aus Hessen und Niedersachsen beschrieben worden. Wie dort, so gilt auch hier, daß die angeführte Körnungsdifferenzierung an den Beckenrändern nicht mehr so gut ausgeprägt ist. Während im mittleren Neckargebiet noch die Abfolge mit dem weichen Bröckelschiefer beginnt, fehlt dieser im Nordschwarzwald weitgehend, genauso auch fast alle anderen mächtigeren tonig-schluffigen Wechselfolgen im Unteren und Mittleren Buntsandstein. Statt dessen dominieren harte Sandsteine, die von violetten Horizonten unterbrochen werden. Sie lassen sich als Verwitterungshorizonte deuten, die ein Trockenfallen der Sedimentationsräume anzeigen. Solche Horizonte kommen auch im Röt, dem jüngsten Buntsandstein, vor, das indessen auch im Schwarzwald und in der südlichen Pfalz als weicher Tonstein ausgebildet ist. In ihm nimmt im Unterschied zum älteren Buntsandstein die marin-brackische Prägung zu. Als insbesondere geomorphologisch bedeutsam sei auf die regional stark schwankende Mächtigkeit des weichen Gesteins verwiesen, die die Höhe der über dem Röt aufragenden Stufe des Unteren Muschelkalks beeinflussen kann.

Dem Buntsandstein folgt die Transgression des Muschelkalkmeeres. Die Ablagerungen beginnen mit den Kalken (Wellenkalk) des Unteren Muschelkalks, die von den geomorphologisch weichen Gipsen, Salzen, Tonen und Mergeln des Mittleren Muschelkalks überdeckt werden. Der Obere Muschelkalk ist dann wieder durch – teilweise dolomitisierte – Kalksteine vertreten, die in der Regel größere geomorphologische Härte – vor allem der Trochitenkalk – aufweisen als der Untere Muschelkalk und deshalb eine markantere

Stufe bilden. Deren Entwicklung ist indessen oft durch Subrosion in den leicht wasserlöslichen Evaporiten des Mittleren Muschelkalks gestört.

Die über dem Muschelkalk folgenden bunten Gesteine des Keupers sind wieder stärker terrestrisch beeinflußt. Der Untere Keuper (Lettenkeuper) besteht überwiegend aus grünlichgrauen Tonen, in denen karbonatische (härtere) Bänke liegen. Mehr lokal und rinnenhaft (Deltabildungen) kommen auch Sandsteine vor. Der Mittlere Keuper beginnt mit dem Gipskeuper, in dem Gips mit roten Mergeln und Tonen wechselt. Geomorphologisch bemerkenswert ist im oberen Teil der harte Schilfsandstein, dem alsbald der Sandsteinkeuper folgt, in dem – regional unterschiedlich – mehrere stufenbildende Sandsteine vorkommen (Blasensandstein, Burgsandstein, Stubensandstein). Sandsteine dominieren noch mehr im stärker marin geprägten Oberen Keuper. Sehr guter Stufenbildner ist der Rhätsandstein, obwohl seine Mächtigkeit nur wenige Meter beträgt.

Das Jurameer hinterließ in Süddeutschland mit dem Schwarzen Jura (Lias) vorwiegend Tone und Mergel. Auch im anschließenden Braunen Jura (Dogger) hält die feinkörnige Fazies an, wird jedoch stärker von Sandsteinen durchsetzt, die Stufen bilden. Im Weißen Jura (Malm) lösen sehr harte Kalksteine dreimal Mergelkomplexe ab. Die Malmkalksteine bilden das Dach der Süddeutschen Stufenlandschaft.

Gegen Ende des Juras verschwand das Meer aus Süddeutschland. Erst in der Oberkreide erreichten seine Ausläufer wieder Randbereiche des heutigen Stufenlandes im Gebiet von Regensburg und der Oberpfalz. Ansonsten herrschten terrestrische Verhältnisse vor, die auch für das gesamte Känozoikum bestimmend blieben. Eine Ausnahme stellen nur die Gebiete dar, die tektonisch abgesenkt wurden, vor allem der Oberrheingraben und Randbereiche zur voralpinen Molassesenke.

Mit diesen tektonischen Bewegungen, Ausläufern der alpidischen Orogenese, entstand eine weitere Voraussetzung für die Entwicklung des Süddeutschen Stufenlandes: Im Gebiet der heutigen Oberrheinischen Tiefebene wurde der Untergrund kräftig aufgewölbt (südlicher Teil des Rheinischen Schildes im Sinne von CLOOS 1936). Möglicherweise öffnet sich hier eine neue tektonische Plattengrenze (PFLUG 1982), unter der ein Manteldiapir aufsteigt, der die Ränder der Platten besonders kräftig heraushebt. Als Folge solcher Bewegungen läßt sich das jeweils von der zentralen Hebungszone weggerichtete Einfallen der Schichten nach Osten bzw. nach Westen erklären. Im am stärksten gehobenen Bereich wurde auch das Deckgebirge am intensivsten abgetragen, und somit wurden die ältesten Gesteine im Stufenland hier freigelegt. Es entstand das typische Relief einer aus einer Antiklinale entwickelten Schichtstufenlandschaft.

Diese Auffassung wird häufig abgelehnt. Bereits KREBS (1919) zitiert zur Stützung eigener entsprechender Befunde in Franken den Geologen GÜMBEL mit der Feststellung, eine Rumpffläche schneide die verschiedenen Gesteinshorizonte, so daß beispielsweise Muschelkalk wie neben Buntsandstein gestellt erscheine. Am entschiedensten widerspricht BÜDEL (1957) am Beispiel Frankens der These von der Schichtstufenlandschaft. Vielmehr liege eine Rumpfflächenlandschaft vor, in der verschieden alte Rumpfflächen durch Rumpfstufen getrennt würden. Hiergegen ist vor allem von GRAUL (1963) opponiert worden, der in Fortsetzung der Auffassungen vieler anderer Autoren, insbesondere von WAGNER (u. a. 1960), in Süddeutschland die typische Schichtstufenlandschaft sieht (vgl. dazu auch DONGUS 1977). BREMER (1989b) wiederum findet, die Entwicklung in Süddeutschland würde nicht den Forderungen der klassischen Schichtstufentheorie im Sinne von SCHMITTHENNER (1954) gerecht, wonach eine gesteinsgesteuerte Abtragung maßgebend sei. Vielmehr müsse als wahrscheinlich angesehen werden, daß die Stufen aus einer Abtragungsebene hervorgegangen seien, wie sie in den benachbarten Grundgebirgen vorkomme. Zweifel sind sicher erlaubt, ob eine solche Fläche vor allem darauf zurückzuführen ist, daß intensive chemische Verwitterung sämtliche Gesteinsunterschiede hinsichtlich geomorphologischer Härte beseitigt hatte und damit keine Stufen an den Gesteinsgrenzen entstehen ließ. Gibt es vielmehr nicht auch tektonische und petrographische Ursachen für das stellenweise Fehlen von Schichtstufen? Die Befunde aus den Einzellandschaften legen meines Erachtens diesen Schluß nahe. Eines ist doch wohl nicht zu bezweifeln: Die heute vorkommenden Stufen bestehen immer aus hartem Gestein, also Stufenbildnern. Die großen Stufen folgen den Gesteinsgrenzen quer durch das gesamte Süddeutschland. Eine gewisse Ausnahme macht der Muschelkalk. Während im Norden der Untere Muschelkalk als – gelegentlich schwacher – Stufenbildner fungiert, übernimmt diese Rolle zwischen Tauber und Neckar der Obere Muschelkalk (GOHL 1972), ebenso im Saarland (LIEDTKE 1969). Aber auch das kann doch wohl nicht die Folge einer klimatisch bedingten tertiären Flächenbildung sein, sondern eher das Resultat eines Fazieswechsels. Bei der Beschreibung der Einzellandschaften wird darauf näher eingegangen. Die Gliederung der Beschreibung unter B. IV. 2. folgt der Großgliederung der Stufenabfolge.

2. Stufenlandschaften

2.1. Saarländisch-pfälzisches Bergland und Saar-Nahe-Bergland

Saarland und Pfalz gehören weitgehend zum linksrheinischen Südwestdeutschen Stufenland. Die an der Westgrenze der Oberrheinischen Tiefebene am höchsten herausgehobenen Partien des Mittleren und Oberen Buntsandsteins bilden mit dem geomorphologisch sehr harten Karneolkonglomerat die höchsten Erhebungen (Kalmit 673 m) des „Pfälzer Waldes". Dieses Konglomerat, aus dem die *Karneolstufe* besteht, ist nur *ein* Stufenbildner von fünf weiteren Gesteinshorizonten im Mittleren und Oberen Buntsandstein, die sich im Pfälzer Wald immer wieder als deutliche Schichtstufen zeigen (Abb. 98). Stellenweise sind sogar acht Buntsandsteinstufen zu finden (LIEDTKE 1969). Das Bild wird sehr kompliziert durch eine ausgeprägte Schollentektonik, deren Verwerfungen meist parallel zum westlichen Rand des Oberrheingrabens verlaufen. So wird verständlich, daß von Osten und Westen die stufenbildenden Gesteine nicht kontinuierlich jünger werden, sondern daß beispielsweise westlich der Kalmit die Rehbergstufe und die Karlstalstufe Gesteine aufbauen, die nicht wie das Karneolkonglomerat der Kalmit in den Oberen, sondern in den Mittleren Buntsandstein gehören. Im südlichen Teil des Pfälzer Waldes, im *Dahner Felsenland*, bilden die Trifelsschichten mit dem basalen Eckschen Konglomerat des Mittleren Buntsandsteins besonders markante Stufen und Zeugenberge (AHNERT 1955) über den Verebnungen im Unteren Buntsandstein, der hier im Gegensatz zum nördlichen Pfälzer Wald überwiegend tonige Fazies aufweist. Nicht selten sind an den Hängen sogar zwei Stufenbildner vertreten. Über dem Trifelssandstein folgen noch die ebenfalls stufenbildenden Rehbergschichten.

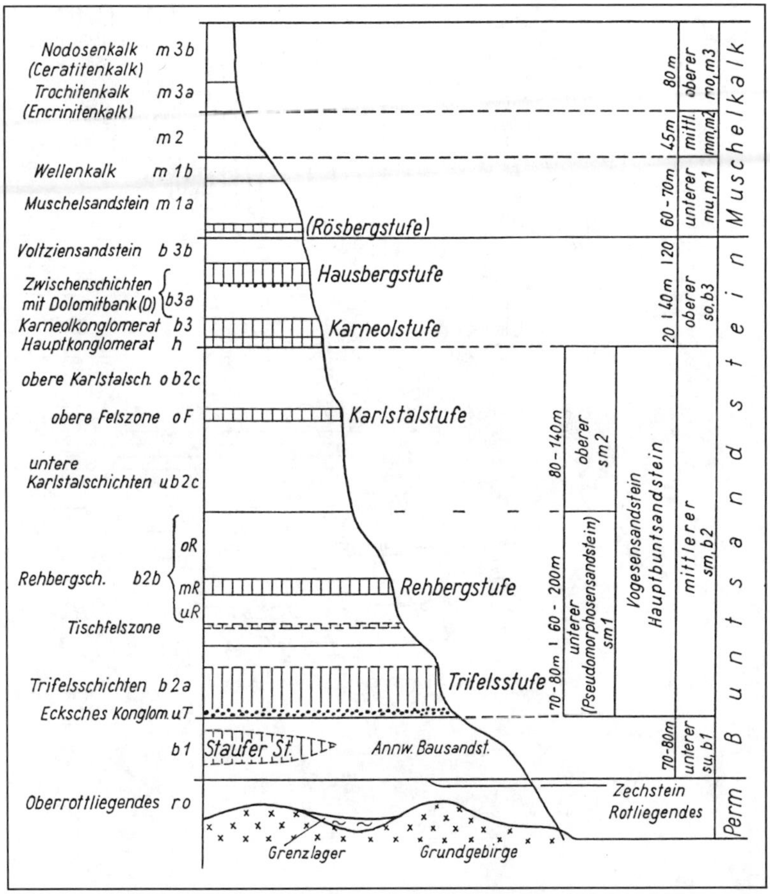

Abbildung 98
Stufenbildung im Buntsandstein des Pfälzer Waldes (nach LIEDTKE 1968)

Die Entwicklung dieser Schichtstufenlandschaft hat laut LIEDTKE (1968) erst im ausgehenden Miozän begonnen. Zu jener Zeit habe eine Rumpffläche bestanden. Schichtstufen hätten sich erst im beginnenden Pliozän gebildet, als tektonische Hebung die Zerschneidung der Fläche ermöglichte. Die Firste der Schichtstufen seien Reste der aufgelösten Fläche. Reduziere man die heute unterschiedlichen Firsthöhen auf ca. 400 m NN, so komme man zu einem Profil, in dem die Schichten ohne Verwerfung nach Westen einfallen und von *einer* Fläche gekappt werden. Da die Umgebung des Pfälzer Waldes teilweise nicht von der Hebung betroffen würde, seien von hier aus neue Schnittflächen kleineren Ausmaßes im Niveau der Ausgangsfläche in das gehobene Gebiet nach dem Ende der Hebung vorgeschoben worden. Nach erneuter Hebung müsse es zu einer „endtertiären Flächenbildung" gekommen sein, deren Reste heute bei ca. 300 m NN lägen.

Ähnliche Flächenreste sollen auch in den westlichen und nördlichen Randgebieten des Pfälzer Waldes vorkommen (LIEDTKE 1968), so z. B. im nach Westen anschließenden „Westrich". Die nahezu geschlossene Bewaldung des Pfälzer Waldes endet hier. Die Hochflächen liegen auf – für die Ackernutzung besser geeigneten – tonigen Partien des

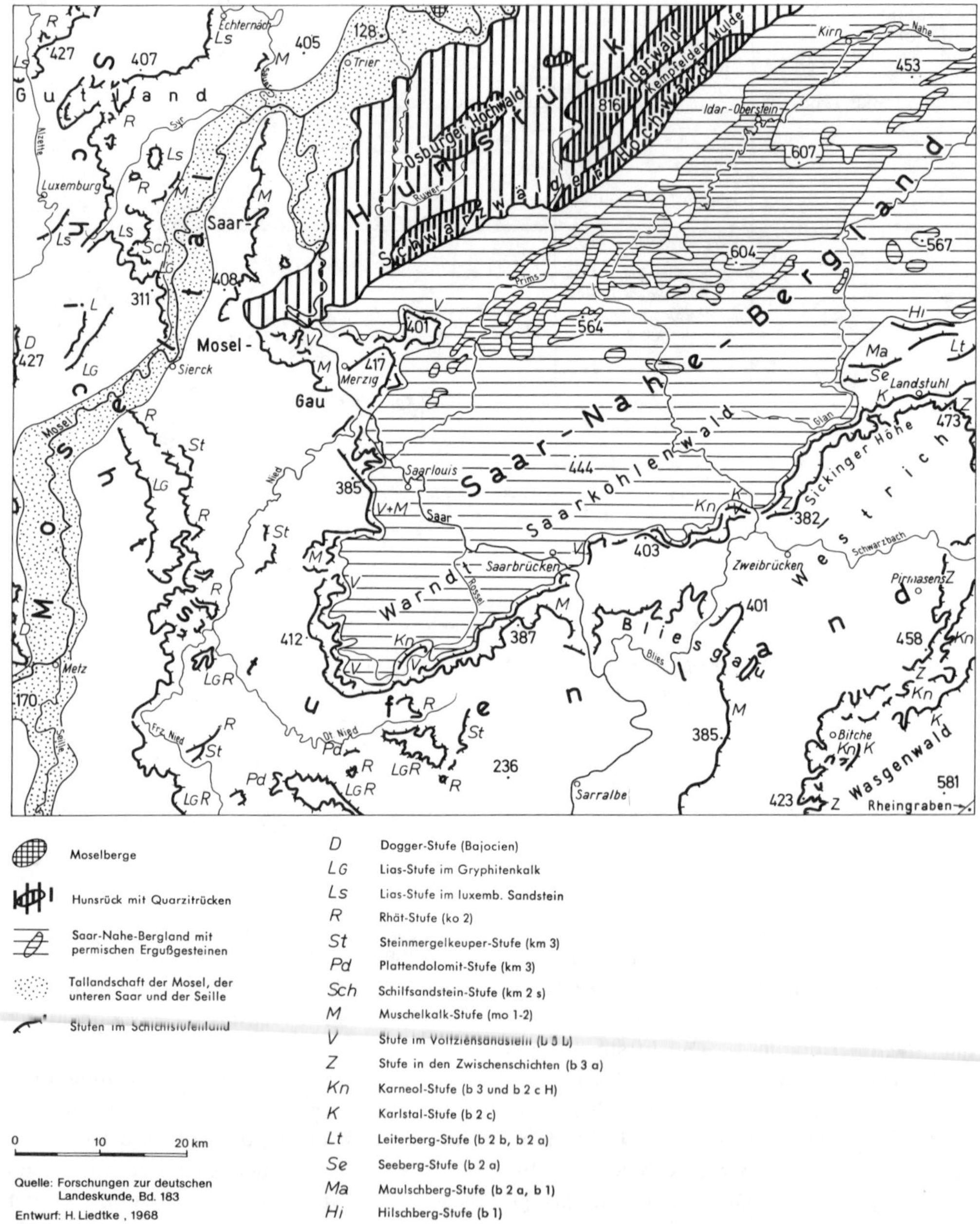

Abbildung 99
Geomorphologische Übersicht über das Saar-Nahe-Bergland und seine Umgebung (nach LIEDTKE 1969)

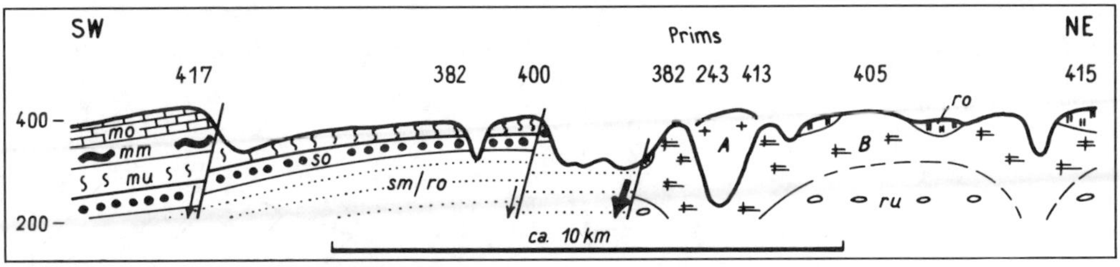

Abbildung 100
Profil durch das 400-m-Niveau (Ausgangsfläche) mit Muschelkalkstufe bei Nunkirchen/Prims (Saar-Nahe-Bergland; nach LIEDTKE 1969)

mo, mm, mu – Oberer, Mittlerer, Unterer Muschelkalk
so, sm – Oberer, Mittlerer Buntsandstein
ro, ru – Oberes, Unteres Rotliegendes
A – Andesit
B – Basalt (Melaphyr)

Oberen Buntsandsteins und auf Muschelkalk. Nur noch die Täler reichen bis in den Mittleren Buntsandstein. Als erster Stufenbildner wirkt sich hier der Obere Muschelkalk aus (Abb. 99).

Am Nordrand des Westrichs und des Pfälzer Waldes fallen die Buntsandstein- und Muschelkalkschichten nicht mehr nach Westen, sondern nach Süden ein. Die Ursache dafür ist in einer Hebung des südlichen Teiles der Rotliegendmulde zu sehen, die zwischen Pfälzer Wald und Hunsrück dem Saar-Selke-Trog folgt. In einer W-O streichenden Subsequenzzone hat sich von Kaiserslautern bis über Homburg hinaus ein Zug flachen Geländes mit zahlreichen Mooren (u. a. Landstühler Gebrüch) entwickelt, das im Süden von der aus Oberem Buntsandstein bestehenden Stufe der Sickinger Höhe begrenzt wird, im Norden von der Landterrasse, die über der Karlstalstufe liegt. Die an sich dazwischen zu erwartende Karneolstufe fehlt hier oder ist nur schwach ausgebildet, weil die Gesteinsfazies zu geomorphologischer Weiche tendiert.

Das nördlich von Westrich und Pfälzer Wald anschließende „Saar-Nahe-Bergland" hat als Untergrund die bis 2000 m mächtigen Rotliegendsedimente und -vulkanite des variszisch streichenden Saar-Selke-Troges. Der südliche Teil wurde im Bereich des Saarbrücker Hauptsattels besonders stark exponiert, so daß hier durch Denudation ein geologisches Fenster entstand, in dem verbreitet noch karbonisches Grundgebirge an die Oberfläche gelangt (Saarkohlenwald). Von besonderer landschaftlicher Bedeutung sind die zahlreichen, oft größere Areale in Anspruch nehmenden permischen vulkanischen Gesteine (Dazit, Andesit, Basalt, Rhyolith, früher als Phorphyrit, Melaphyr, Quarzporphyr bezeichnet). Im Prims-Nahe-Gebiet überdeckt vor allem der Grenzlagermelaphyr große Teile der Landschaft und bildet an seinen Ausbissen häufig markante Pseudoschichtstufen. Sehr imposant erscheint gleichfalls das Porphyrmassiv des Donnersberges bei Kirchheimbolanden am Ostrand des Saar-Nahe-Berglandes.

Die weite Verbreitung solcher vulkanischen Decken und Kuppen erschwert es sehr, Altflächenreste eindeutig festzulegen. Zudem sollen vielfach auch noch wiederaufgedeckte permische und mesozoische Landoberflächen vorkommen (ZÖLLER 1985). Dennoch gibt es Stellen, an denen auch hier Flächen rekonstruiert werden können, die von den permischen Deckenergüssen auf triassische Sedimentgesteine übergreifen (Abb. 100). Oft liegen solche Flächenreste in ca. 400 m Meereshöhe, also im Niveau der sogenannten Ausgangsfläche, die schon im Zusammenhang mit dem Relief des Pfälzer Waldes erörtert wurde. Am

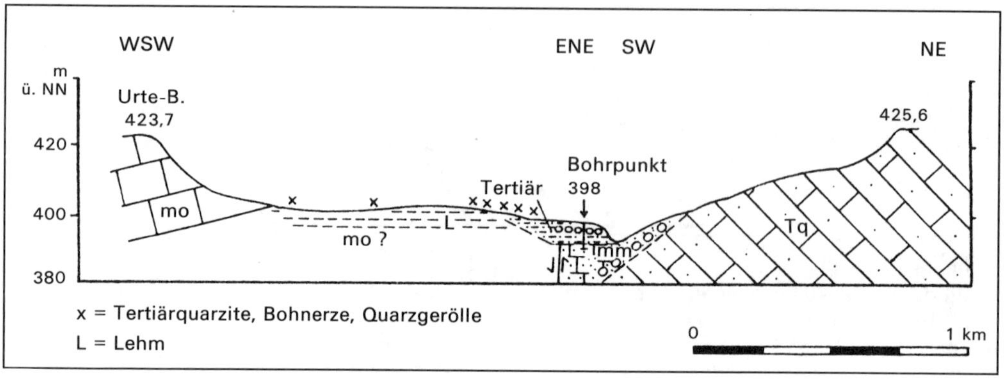

Abbildung 101
400-m-Verebnung mit gleich alter Muschelkalkstufe bei Büschdorf westlich von Merzig im Saar-Moselgau (nach ZÖLLER 1985)

mo – Oberer Muschelkalk
mm – Mittlerer Muschelkalk
Tq – Taunusquarzit

Beispiel, das auf Abbildung 100 dargestellt ist, läßt sich erkennen, daß die Schichtstufe des Oberen Muschelkalks erst nach der Flächenbildung entstand. Andererseits gibt es Belege für die Präexistenz solcher Stufen. Auf Abbildung 101 ist über der Verwerfung, die den devonischen Taunusquarzit vom triassischen Muschelkalk trennt, eine ca. 1,5 km breite Verebnung ausgebildet, unter der tertiäre Sedimente liegen. Sie sind möglicherweise Äquivalente der oligozänen Talverschüttung, die im Rheinischen Schiefergebirge vielerorts zu finden ist. Manche Autoren (LIEDTKE 1969, ZÖLLER 1985) halten es für wahrscheinlich, daß die *Ausgangsfläche* von dieser durch die oligozäne Meerestransgression hervorgerufenen Verschüttung entscheidend geprägt wurde.

Die Verschüttung war im Nahetal anscheinend besonders mächtig. An der mittleren Nahe bei Kirn hatte sich die oligozäne Vor-Nahe bereits bis unter 300 m NN eingetieft und damit ca. 170 m in die damalige Umgebung (ZÖLLER 1985). Ähnliches ist in mehreren Nebentälern der Nahe zu beobachten. Vor allem weisen die auch heute wieder tief eingeschnittenen Randtäler des Hunsrücks Reste einer einst mächtigen Verschüttung auf. Wann die Zerschneidung der Aufschüttung und der Ausgangsfläche begonnen hat, ist schwer zu bestimmen. Reste eines – wahrscheinlich endtertiären – 300-m-Niveaus gibt es weitverbreitet westlich Saarbrücken, beiderseits der Saar. Das *Lebacher Flachniveau* gehört dazu. Im Nahegebiet kommen ähnlich hoch gelegene Niveaureste vor. Diese sind manchmal mit Kies bedeckt, wie etwa die Terrassen in der Umgebung von Schloß und Hof Rheingrafenstein bei Bad Kreuznach. Das Alter der Kiese ist umstritten. Übereinstimmung besteht insofern, als ein pliozänes Alter von allen Autoren angenommen wird. BIRKENHAUER (1971) folgend, erscheint ein jungpliozänes Alter einleuchtend, weil im weiteren Umland ein solches Alter für Terrassen entsprechender Höhenlage wiederholt nachzuweisen ist. Erst im östlich anschließenden Senkungsgebiet des Mainzer Beckens (vgl. B. IV. 4.) sinken die jungpliozänen Terrassen und Flächen unter 300 m NN ab (SEMMEL 1983). Unterhalb des jungpliozänen Niveaus folgen die pleistozänen Täler mit Terrassentreppen, wie sie ähnlich in den deutschen Mittelgebirgen zu finden sind (GÖRG 1984).

2.2. Rechtsrheinisches Bergland

2.2.1. Odenwald, Schwarzwald und Buntsandsteinstufenländer

Östlich der Oberrheinischen Tiefebene liegen vor den Buntsandsteinlandschaften wiederholt Grundgebirgslandschaften, so daß sowohl Spessart als auch Odenwald und Schwarzwald in einen kristallinen und einen Buntsandsteinteil zu gliedern sind. Das zwischen Kristallin und Buntsandstein liegende Perm tritt meist nur in schmalen Streifen zutage. In größerer Verbreitung findet man es als flache Horste südlich des Vogelsberges und westlich des Spessarts *(Ronneburger Hügelland)*, nördlich des Kristallinen Odenwaldes *(Messeler Hügelland)* und schließlich – vom flächenhaften Ausmaß her stark reduziert – in der Baden-Badener Mulde am Nordrand des Schwarzwaldes. Eine genauere Betrachtung der drei Gebiete zeigt, daß es sich um jungtertiäre Fußflächen handelt, die meist zweigliedrig ausgebildet und der Buntsandsteinstufe (im Falle Ronneburger Hügelland und Baden-Badener Mulde) oder stärker herausgehobenem Kristallin (Messeler Hügelland) vorgelagert sind (NAGEL 1965, SEMMELMANN 1964, ZIENERT 1986). Die Fußflächen werden von Einzelbergen überragt, die aus permischen Vulkaniten oder aus Buntsandstein (Zeugenberge) bestehen.

Das Ronneburger Hügelland wird zum Vogelsberg hin von der Schichtstufe des *Büdinger Waldes* überragt, einem Buntsandsteingebiet, das als schmaler Streifen dem basaltischen Vogelsberg vorgelagert ist.

Im Südosten schiebt sich zwischen Ronneburger Hügelland und Buntsandstein der kristalline *Vorspessart*. Am Abbruch zur Hanau-Seligenstädter Senke, einem Ausläufer des Oberrheingrabens, ist der Bergrücken des über 400 m NN hohen Hahnenkamms herausgehoben, dessen harter Quarzit die südöstlich anschließenden weichen Gneise überragt. Das heute intensiv zertalte, seit dem Untermiozän vom Buntsandstein entblößte Gebiet (GOLWER 1968) läßt Restflächen in unterschiedlicher Höhe erkennnen. Im südlichen Vorspessart (Aschaffgebiet) vermutet NIEMZ (1962) zwei jungtertiäre Einebnungsflächen bei ca. 225 m und ca. 260 m NN, die zum Hahnenkamm hin anstiegen. Sie seien mit mächtigen Verwitterungstiefen verbunden gewesen, deren Reste als vergrustes Kristallin oder sogar als mehrere Meter mächtiger Rotlehm an vielen Stellen gefunden würden. SCHWENZER (1967) gliedert im nördlichen Vorspessart (Kahlgebiet) ebenfalls zwei jungtertiäre Niveaus aus, die jedoch in 270–300 sowie 320–340 m NN, also deutlich höher als im Aschaffgebiet liegen. Die Unterschiede werden von SCHWENZER damit erklärt, daß im Aschaffgebiet noch eine jüngere Fläche in das 270–300-m-Niveau hineingeschnitten worden sei. Diese Flächenbildungsphase habe das Kahltal nicht mehr erreicht. DIETZ (1981) gliedert indessen im Aschaffgebiet insgesamt sechs Flachniveaus zwischen 260 und 160 m aus.

Auf den Flächenresten trifft man wiederholt sehr gut ausgebildete Zeugenberge aus Unterem Buntsandstein an (Abb. 102). An ihrem Fuß sowie entlang der geschlossenen Sandsteinstufe liegt Zechstein, dessen Kalke vor Beginn der Buntsandsteinsedimentation verkarstet waren. Schlotten sind mit Bröckelschiefer gefüllt.

Stufenbildner im *Buntsandstein-Spessart* ist zunächst der über dem weichen Bröckelschiefer folgende Heigenbrücker Sandstein mit dem darüber liegenden ECKschen

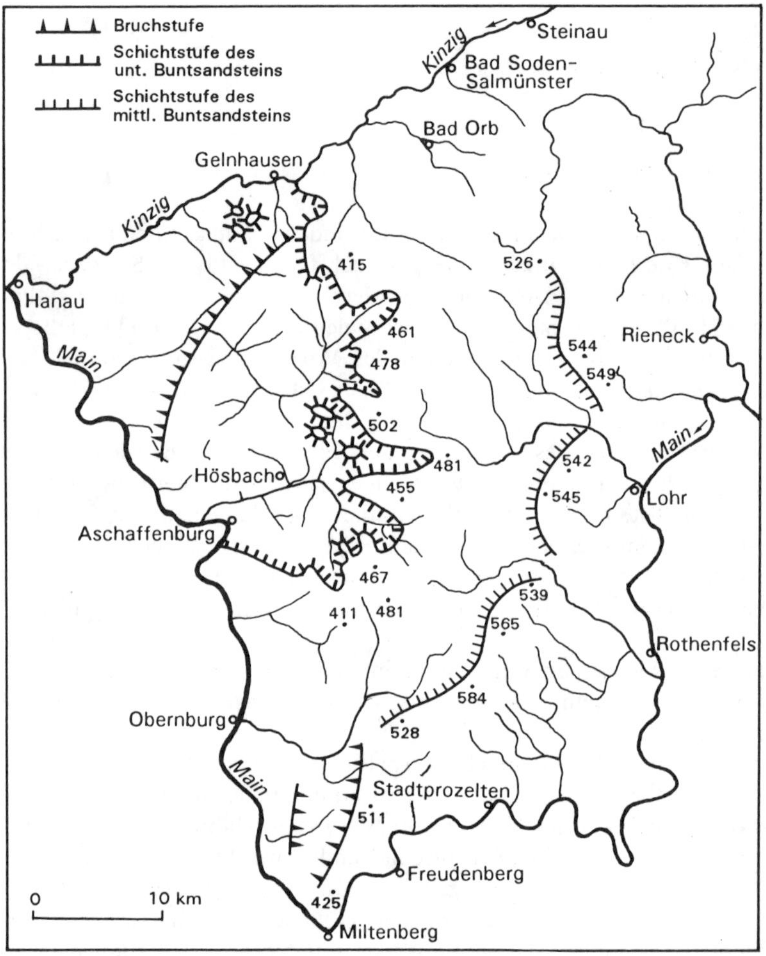

Abbildung 102
Buntsandsteinstufen im Spessart (nach einer Darstellung bei NIEMZ 1963, umgezeichnet)

Geröllsandstein. Der hangende Teil dieses Unteren Buntsandsteins ist überwiegend feinkörnig und weicher. Er bildet den Untergrund von Hochflächenresten, die – abgeschwächt – dem Schichteinfallen nach Osten folgen und ein im Vergleich zum kristallinen Vorspessart wesentlich schwächer differenziertes Relief aufweisen. Über diesem Hochflächensystem steigt erneut eine Schichtstufe auf, die mehrfach gegliedert ist und damit den Wechsel zwischen Sandstein- und Wechselfolgen im Mittleren Buntsandstein widerspiegelt. Das Dach dieser Stufe bildet der Sollingsandstein, der als Flächenträger für die von hieraus erneut nach Osten abfallenden Hochflächenreste fungiert. Auf ihnen stellt sich bereits ca. 3 km östlich des Stufenfirstes, dessen größte Höhe mit dem Geiersberg (586 m NN) erreicht wird, eine nach Osten zunehmende Bedeckung mit weichen Rötgesteinen ein. Mit ihnen hört der geschlossene Wald auf, und die landwirtschaftliche Nutzung setzt ein, ganz ähnlich wie am Westrand des Pfälzer Waldes. Im östlich des Spessarts liegenden Maintal wird in der Regel der Mittlere Buntsandstein angeschnitten.

Der südlich von Messeler Hügelland, Hanau-Seligenstädter Senke und Spessart anschließende *Odenwald* weist in seinem kristallinen Teil *(Vorderer Odenwald)* eine ungewöhnlich starke geologische und geomorphologische Differenzierung auf. Im älteren Tertiär war das Grundgebirge, ähnlich wie im Spessart, großenteils noch vom Buntsandstein bedeckt. Reste dieses Gesteins findet man heute noch an der steilen Bruchstufe, die die westliche Grenze des Kristallinen Odenwaldes bildet (Starkenburgscholle bei Heppenheim), und in basaltischen Vulkanschloten (beispielsweise an der Straße nach Seidenbach am westlichen Ortsrand von Erlenbach bei Fürth). Im nördlichen Odenwald war das Deckgebirge wahrscheinlich schon früher abgetragen als im Süden, denn Spaltspurendaten sprechen für eine schnellere Hebung im Norden (Wagner u. Stozzer 1975). Hier fehlte der Buntsandstein, ähnlich wie im nördlichsten Oberrheingraben, wohl schon zu Beginn des Tertiärs. Unter eozänen Bitumenschiefern in der Grube Messel nordöstlich Darmstadt liegt nur noch Rotliegendes.

Nach der Abtragung des Deckgebirges bildeten sich offensichtlich im Grundgebirge Abtragungsflächen aus, deren stark zertalte Reste heute in recht unterschiedlicher Meereshöhe liegen. Es ist außerordentlich schwierig, wenn nicht unmöglich, eine überzeugende Stockwerksgliederung vorzunehmen. Zienert (zuletzt 1986) unterscheidet in der von ihm ausgegliederten Nordscholle eine obere Flachformengruppe (teilweise über 500 m NN aufragend) von einer ca. 100 m tiefer gelegenen. Die Höhenunterschiede seien am Südrand der Nordscholle, der durch den Abfall zur Weschnitzsenke gebildet wird, am größten und würden nach Norden infolge tektonischer Einwirkungen geringer. Graul (u. a. 1977) mißt dagegen der unterschiedlichen Widerständigkeit der Gesteine größere Bedeutung zu. Beide Einflüsse, Tektonik und Gestein, auf die Formen sind wohl nicht zu bestreiten. Das sei am Beispiel der Weschnitzsenke demonstriert.

Zunächst könnte es scheinen, daß dieses tiefliegende Gebiet eine Landschaft bevorzugter Ausräumung des tiefvergrusten Granodiorits darstellt, dessen Flachformenreste unter 300 m NN liegen. Im Norden begrenzt das Senkengebiet und die nach Westen anschließende Kirschhäuser Senke ein über 500 m NN aufragender Dioritzug mit vorgelagerter Schieferzone. Die Gesteinsgrenzen sind zugleich aber auch mit sehr großer Wahrscheinlichkeit tektonische Störungen, an denen wiederholt Reste tertiären basaltischen Vulkanismus liegen. Die Randhöhen nach Westen, die bis über 400 m NN aufsteigen, bestehen zwar gleichfalls aus Granodiorit, zeigen jedoch an den Grenzen zur Senke Anzeichen deutlicher tektonischer Beanspruchung (Mylonitisierung, Kieselsäureanreicherung). Solche Gesteinsveränderungen bedingen größere geomorphologische Härte. Den Südostrand der Weschnitzsenke bildet die Tromm, die aus Biotitgranit besteht. Diese Grenze ist zwar eine Bruchstufe, jedoch keine Gesteinsgrenze. Der Biotitgranit setzt sich westlich der Bruchstufe in das Senkengebiet hinein fort und zeigt somit, daß sich die Grenze zwischen Biotitgranit und Granodiorit hier geomorphologisch nicht auswirkt (Semmel 1984).

Die Grenze zum *Buntsandstein-Odenwald* (Hinterer Odenwald) hat sehr unterschiedlichen Charakter. Auf weite Erstreckung, vor allem zwischen Wald-Michelbach und Hammelbach, ist sie eine Bruchstufe, an der Unterer Buntsandstein gegen Granit abgesunken ist. Nördlich von Hammelbach steigt der Untere Buntsandstein über Zechstein als steile Schichtstufe über dem Grundgebirge an, das hier überwiegend aus metamorphen Schiefern und gneisartigen Gesteinen (Flasergranitoid) besteht, die sehr stark zertalt sind. Die westlich anschließende Gersprenzsenke ist dagegen überwiegend im Granodiorit angelegt, der von der sogenannten Otzbergzone, einer tektonischen Störungslinie, durchzogen wird, an der

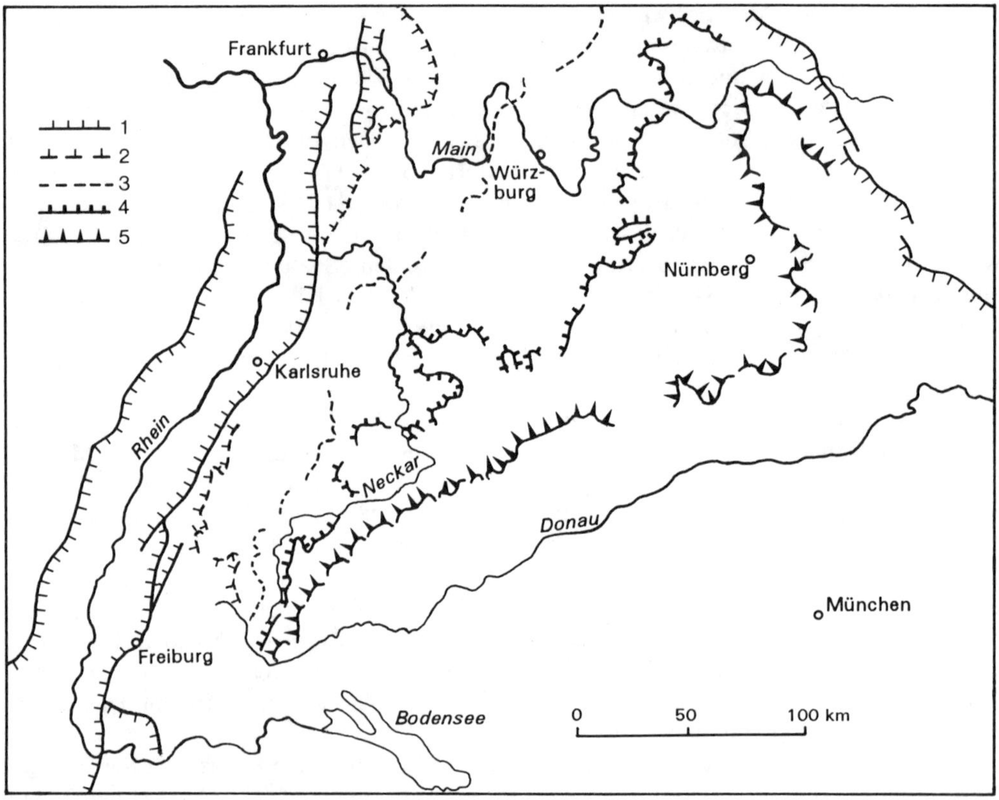

Abbildung 103
Stufenverlauf in Süddeutschland
1 – Bruchstufe
2 – Buntsandsteinstufe
3 – Muschelkalkstufe
4 – Keuperstufe
5 – Jurastufe

der Otzbergbasalt aufgedrungen ist. Über dem Flasergranitoid (Böllsteiner Odenwald) fehlt auf längere Distanz eine Buntsandsteinstufe. Dies wird mit einer sehr starken Heraushebung des Grundgebirges erklärt (ZIENERT 1986). Erst südlich von Groß-Umstadt setzt dann wieder eine Schichtstufe ein, die bei Groß-Ostheim durch das Maintal von der Schichtstufe im Spessart getrennt wird (Abb. 103).

Stufenbildner sind im Buntsandstein-Odenwald meistens die gleichen Gesteine wie im Spessart. Als *den* Stufenbildner des Buntsandstein-Odenwaldes bezeichnet FRIED (1984) allerdings stark verkieselte Schichten der Hardegsenfolge des Mittleren Buntsandsteins, oberhalb derer die weiten Verflachungen im Oberen Buntsandstein entwickelt sind. Ähnlich große Flachformen kommen im Unteren Buntsandstein nicht vor. Neben dem Gestein haben tektonische Einflüsse und die Lage zum Vorfluter große Bedeutung für das Buntsandsteinrelief. FRIED unterscheidet drei Großformenbereiche: Im *Nordwesten* dominieren Riedelfächen und getreppte Flach- und Steilhänge, da der Hauptflächenträger (S6, früher C2, Hauptgeröllhorizont) bereits abgetragen ist. Riedelflächen werden vorzugsweise von harten Schichten des Unteren Buntsandsteins gebildet. Im *Südosten* herrschen Flächen im Oberen Buntsandstein vor, da der Hauptflächenträger noch erhalten ist. Die *Mitte* repräsentiert ein Gebiet intensiver Zertalung mit glatten Steilhängen, das dem tief eingeschnittenen Neckar und dem Main besonders nahe liegt und deshalb eine große vertikale Basisdistanz aufweist.

Südlich Heidelberg taucht der Buntsandstein im Bereich der Kraichgaumulde ab und erst am Nordrand des *Schwarzwaldes* östlich Karlsruhe wieder auf. Östlich von Baden-Baden setzt bereits das überwiegend kristalline Grundgebirge ein, dessen Ausdehnung nach Süden bis fast an die Schweizer Grenze zunimmt. Der weitaus größte Teil des Schwarzwaldkristallins gehört zum Moldanubikum (Zentraliden), nur der nördlichste Teil zum Saxothuringikum (Interniden) des Variszischen Gebirges. Der Gesteinsbestand des Moldanubikums ist deutlich homogener als der des Saxothuringikums (GEYER u. GWINNER 1986). Es herrschen hochmetamorphe Gneise vor, in die devonische und karbonische saure Intrusionen eingedrungen sind. Die Gesteine wurden in jüngerer Zeit schildartig herausgehoben, wobei zwei Hebungszentren entstanden: im Norden im Gebiet der Hornisgrinde (1164 m NN) und im Süden im Feldberggebiet (1493 m NN). Zwischen diesen beiden Kuppeln liegt eine Senkungszone, in der das Kinzigsystem weit nach Osten ausgreift. Die südliche Kuppel wird durch die Bonndorfer Grabenzone gegliedert, die von Freiburg nach Osten über Bonndorf hinaus weit in das Deckgebirge hineinreicht.

Das Relief des *Kristallinen Schwarzwaldes* wird ähnlich wie im Kristallinen Odenwald durch zahlreiche Reste überwiegend tertiärer Flachformen und tief eingeschnittene quartäre Täler bestimmt. Die sehr großen Höhenunterschiede zur Oberrheinischen Tiefebene haben hier die Zertalung besonders gefördert. Dieser Umstand und kräftige tektonische Verstellungen im Kristallingebiet selbst erschweren die Zuordnung der Flächenreste zu bestimmten Flächensystemen ungemein. ZIENERT (1986) sieht partiell Möglichkeiten, ähnlich wie im Kristallinen Odenwald, zwei Flachformengruppen auszugliedern. Die ältere (höhere) stelle häufig die Basislandterrasse der Buntsandsteinstufe dar (ZIENERT 1961). Die tektonische Beanspruchung des kristallinen Gebietes in känozoischer Zeit erlaubt selten eine klare Entscheidung, ob die Anstiege zwischen Flachformenresten Rumpfstufen oder Bruchstufen sind oder ob beide zusammenfallen. Außerdem ist das Alter der Formen umstritten. Von der permischen bis zur pleistozänen (periglazialen) Abtragungsfläche reichen die Deutungen (SEMMEL 1984).

Als insbesondere für die stärker herausgehobene Südkuppel typische Reliefierung der höchsten Kristallingebiete ist die pleistozäne Vergletscherung anzuführen. Es besteht Einigkeit darüber, daß der hohe Südschwarzwald mindestens zweimal vergletschert war, wobei zur Zeit des Maximalstandes einer Vereisung jeweils Plateauvergletscherungen bestanden haben sollen, von denen Talvergletscherungen ausgingen. Diese reichten in der letzten Kaltzeit bis unter 800 m NN hinab und formten typische Trogtäler aus. In den übertieften Zungenbecken der Plateaus bildeten sich nach Abschmelzen des Eises Zungenbeckenseen (u. a. Titisee), die durch Endmoränen abgedämmt werden. Außerdem gibt es mit dem Feldsee einen sehr schönen Karsee. Während der vorletzten Kaltzeit war die eisbedeckte Fläche wesentlich größer. Im Hotzenwald stieß das Schwarzwaldeis mit dem Alpeneis zusammen (HANTKE 1978 mit weiterer Literatur), was allerdings von WENDEBOURG u. RAMSHORN (1987) als nicht zutreffend erkannt wird. LESER u. METZ (1988) nehmen einen Kontakt von Schwarzwald- und Alpeneis im Wehratal an.

Der *Buntsandstein-Schwarzwald* beginnt im nördlichen und mittleren Schwarzwald meist mit einer deutlichen Stufe. Hauptstufenbildner ist das Hauptkonglomerat des Mittleren Buntsandsteins. Die Stufenbildung im Unteren Buntsandstein wird dadurch beeinträchtigt, daß – anders als im Odenwald und im Spessart – mit dem Bröckelschiefer das leicht ausräumbare Gestein unter den härteren Sandsteinen fehlt. Nach Süden hin nimmt die Prägnanz der Buntsandsteinstufe immer mehr ab, stellenweise fehlt sie ab St. Georgen fast völlig. Hier herrscht der weiche und zudem nur gering mächtige Obere Buntsandstein vor. Außerdem fallen die Schichten infolge der kräftigeren Heraushebung des Südschwarzwaldes steiler nach Osten ein und bieten somit schlechtere Bedingungen für die Entwicklung von Schichtstufen. Die Verhältnisse gleichen also in dieser Hinsicht den Gegebenheiten am Ostrand des Böllsteiner Odenwaldes, wo ebenfalls eine Buntsandsteinstufe fehlt.

Oberhalb der Buntsandsteinstufe im nördlichen und mittleren Schwarzwald schließt sich nach Osten eine weitausgedehnte Landschaft an, die aus Hochflächenresten besteht. Bereits an deren Westrand, so zum Beispiel in über 900 m NN im Quellgebiet von Murg und Wolfach westlich Freudenstadt, liegt auf den Hochflächenresten Oberer Buntsandstein, dessen Verbreitung nach Osten zunimmt und östlich Freudenstadt geschlossen den oberflächennahen Untergrund bis in das Gebiet östlich Pfalzgrafenweiler bildet (Meereshöhe ca. 600 m). Auf nahezu 30 km horizontaler Distanz bleiben die Hochflächenreste in oder nahe dem Oberen Buntsandstein, dessen Mächtigkeit hier laut Geyer u. Gwinner (1986) maximal 30 m beträgt. Hierin äußert sich eindrucksvoll die Bedeutung der unterschiedlichen Abtragungsresistenz der Buntsandsteinschichten für die Reliefentwicklung. Die weiträumigen Hochflächen sind Abtragungsebenen im weichen Oberen Buntsandstein. Als Stufenbildner und Flächenträger fungiert der obere Teil des Mittleren Buntsandsteins, vor allem das Hauptkonglomerat und der Kristallsandstein, der früher zum Oberen Buntsandstein gerechnet wurde. Die geomorphologische Bedeutung der angeführten Gesteinsunterschiede mag noch mit einem weiteren Beispiel belegt werden: Ein Profil, das von der Bruchstufe am Westrand des nördlichen Schwarzwaldes bei Malsch über die Aufwölbung der nördlichen Schwarzwaldkuppel hinweg nach Calw gelegt wird, schneidet immer wieder Hochflächenreste, die im Oberen Buntsandstein angelegt sind und sich als landwirtschaftlich genutzte Rodungsinseln erkennen lassen. Solche liegen beispielsweise bei Völkersbach (±400 m NN), Schielberg (±500 m NN), Dobel (±700 m NN), Schönberg (±650 m NN), Oberkollbach (±600 m NN) und Altenhengstett (±500 m NN) östlich von Calw, jenseits des Nagoldtales.

Am sehr tief zertalten Westrand der Hochflächen wird wiederholt das Kristallin angeschnitten. An der Grenze Kristallin/Buntsandstein ist auch im Talquerschnitt eine Stufe ausgebildet, die in der Regel eine Nutzungsgrenze (Feld/Wald) darstellt. Im nördlichen Schwarzwald werden die der Murg tributären resequenten Täler manchmal am Westrand gekappt. Die nahe dem Oberrheingraben gelegene Wasserscheide ist demzufolge nach der Anlage des Talnetzes deutlich nach Osten verlegt worden.

Auch im Buntsandstein-Schwarzwald hat die pleistozäne Vereisung deutliche Spuren hinterlassen. Sie sind indessen im wesentlichen auf den nördlichen Schwarzwald konzentriert, da nur hier die für die Vergletscherung erforderlichen Meereshöhen erreicht wurden. Es handelte sich dabei um keine geschlossene Plateau-, sondern um eine Karvergletscherung, die hauptsächlich nord- bis ostexponierte Hochlagen erfaßte. An den Karwänden, stellenweise auch an steilen Schichtstufen sind manchmal „Schliffe“ anzutreffen, rezente scharf eingeschnittene Hohlformen (Blume u. Remmele 1989a).

2.2.2. Muschelkalkstufenländer

An die süddeutsche Buntsandsteinlandschaft schließt sich nach Osten eine Region an, in der das bewaldete Gelände zurücktritt. Die vorherrschende ackerbauliche Nutzung ist bodenbedingt. Allerdings fällt die Grenze zwischen Wald und Feld vielfach nicht mit der Grenze des Buntsandsteins zum Muschelkalk zusammen, sondern mit dem Einsetzen des Oberen Buntsandsteins. Hierauf wurde schon bei der Abhandlung des Pfälzer Waldes und des Spessarts hingewiesen.

Die vorherrschende ackerbauliche Nutzung greift über den gesamten Muschelkalk hinweg bis weit in das Keupergebiet hinein. Sie durchzieht Süddeutschland als „Schwäbisch-Fränkische Gäulandschaft" vom Klettgau westlich des Bodensees bis zum Grabfeld östlich der Rhön und wird im Osten – mit Ausnahme des südlichsten Teiles – von der bewaldeten Keuperstufe begrenzt.

Ein wesentlicher Faktor der Bodenfruchtbarkeit der Gäue liegt darin begründet, daß sie im Vergleich zur westlichen und östlichen Umgebung tiefer liegen und vielfach Leelagen bilden, in denen zumindest schwache Lößsedimentation möglich war. Das gilt auch für die Gebiete, die auf bodenkundlichen Übersichtskarten als von Rendzinen, also flachgründigen Kalksteinböden, eingenommen dargestellt werden. In flachen Geländedepressionen, auf ostexponierten Hängen periglazial-asymmetrischer Tälchen sind fruchtbare Parabraunerden aus Löß weit verbreitet. Dennoch kommen hier arme Gesteinsböden wesentlich häufiger vor als in den Lößgäuen, und die Unterscheidung zwischen armen und reichen Gäuen ist gerechtfertigt. Ein in diesem Zusammenhang oft zitiertes Beispiel sind Heckengäu (südwestlich Stuttgart) und Strohgäu (nordwestlich Stuttgart). Im ersten Fall dominieren Rendzinen, von denen Kalksteinbrocken abgelesen und zu mit Hecken bestandenen Wällen aufgetürmt wurden, im zweiten Fall herrschen Parabraunerden aus Löß vor.

Das Relief der Gäue zeichnet sich zwar allgemein durch relativ geringe Höhendifferenzen aus, jedoch heben sich die härteren Gesteine im Muschelkalk an vielen Stellen durch deutliche Anstiege heraus. Deshalb erscheint es berechtigt, von einem *Muschelkalk-Stufenland* zu sprechen. Zwischen den einzelnen Gäulandschaften ergeben sich nicht nur in dieser Hinsicht Unterschiede. Einmal differiert die West-Ost-Ausdehnung; im äußersten Süden – im Klettgau – ist diese wegen der starken Schrägstellung der Schichten und deren geringer Mächtigkeit nur schmal, im Norden – im Frankengäu – den veränderten geologischen Bedingungen folgend – sehr viel breiter. Zum anderen zerschneidet die Wutach wegen des sehr hohen Gefälles zum Rhein den Klettgau viel intensiver als Main und Tauber die Fränkische Gäulandschaft. Im letzten Fall bleibt der Charakter der Flachlandschaft erhalten, weil die tieferen Täler nur relativ kleine Areale des Gäues tangieren.

Ein wesentlicher Unterschied zeigt sich zwischen Nord und Süd in bezug auf die Ausbildung einer Muschelkalkstufe. Eine solche findet man in der Regel von Meiningen am Südrand des Thüringer Waldes über Bad Neustadt, Bad Kissingen, Marktheidenfeld am Main und jenseits der Tauber bis Hardheim. Dann ist oftmals nur ein schwacher Anstieg vom Röt zum Muschelkalk zu beobachten. Beiderseits des Neckars setzt zwar eine Stufe zumindest teilweise ein, jedoch ist diese nicht wie bisher mit dem Unteren, sondern mehr mit dem Oberen Muschelkalk verbunden, dem süddeutschen Hauptmuschelkalk. Im Kraichgau fehlt meist eine deutliche Muschelkalkstufe. Eine zumindest streckenweise, oft an Talhänge gebundene, deutlichere Ausbildung setzt wieder im Oberen Muschelkalk der nordöstlichen Schwarzwaldausläufer ein (vgl. die Darstellung auf der Karte von GOHL 1972; außerdem ZIENERT 1986). Am Ostrand des Schwarzwaldes bleibt weiterhin der Obere Muschelkalk, hauptsächlich der Trochitenkalk, Stufenbildner. Die Stufe hat indessen oft keine große Höhe und steigt – von Talhängen abgesehen – meist nur schwach an. Stellenweise erkennt man sie kaum, so etwa im Gebiet von Hochmössingen und Fluorn nordwestlich Oberdorf a. N. Gut ausgebildet ist die Stufe immmer, wenn sie von einem Tal begrenzt wird, wie z. B. am Egenhäuser Kapf südöstlich von Altensteig (BLUME u. REMMELE 1989 b).

Worin sind die Ursachen für das Vorhandensein oder das Fehlen einer Muschelkalkstufe zu suchen? Was den Unteren Muschelkalk anbetrifft, so wird immer wieder darauf verwiesen, daß im nördlichen Süddeutschland noch die geomorphologisch harte Thüringer (Meininger) Wellenkalkfazies vorherrsche, die weiter im Süden von weicher mergeliger Fazies abgelöst würde. Außerdem sei die Stufe schlecht oder kaum entwickelt, wenn ein starkes Einfallen des Stufenbildners nach Osten vorliegt oder wenn dieser und der weiche Rötton unter ihm nur geringmächtig sind. Solche Bedingungen bestehen z. B. sämtlich im Gebiet von Walldürn am Ostrand des Odenwaldes (vgl. dazu SEMMEL 1984 mit weiterer Literatur; außerdem EICHLER 1965 und ZIENERT 1986).

Auch die Stufe des Hauptmuschelkalks unterliegt ähnlichen Differenzierungen. Hinzu kommt, daß sich hier die Subrosion der löslichen Gesteine im Mittleren Muschelkalk als stufenverflachend bemerkbar macht (vgl. dazu für den Schwarzwaldrand PAUL 1958). WEISE (1967) mißt dieser Auslaugung nur in der Nähe jüngerer Täler größere Bedeutung zu. Deutliche Schichtstufen seien ebenfalls an solche Täler gebunden. Ansonsten sei die Hochfläche des östlichen Schwarzwaldes eine altpliozäne Rumpffläche, die vom Buntsandstein in den Muschelkalk hineinreiche und dessen harte Gesteine im gleichen Niveau kappe. Mächtige Verwitterungsdecken mit Bohnerzlehmen belegten ein für die Rumpfflächenbildung nötiges tropisches Klima. Diese Auffassung sieht v. KEISENBERG (1975) als nicht haltbar an, da Teile der Bohnerzlehme eindeutig pleistozänes Alter hätten. ZIENERT (1986) sieht eine richtige Schichtstufe des Oberen Muschelkalks nur dort ausgebildet, wo sich die Subrosion im Mittleren Muschelkalk nicht habe auswirken können. Im übrigen herrschten bucklige Schichtkopfschwellen vor, die man nicht als echte Schichtstufen bezeichnen dürfe.

Ein Versuch, die Diskussion über die Muschelkalkstufen zusammenzufassen, führt zu dem Ergebnis, daß diese Stufen in der Schwäbisch-Fränkischen Gäulandschaft auf weite Strecken nicht markant ausgebildet sind und, abgesehen von den Hängen jung eingeschnittener Täler, nicht die relativen Höhen erreichen, wie sie die Stufen aus Buntsandstein, Keupersandstein und Malmkalkstein in der Regel aufweisen. Daraus ist m. E. abzuleiten, daß im wesentlichen Eigenschaften des Muschelkalks selbst als Ursachen der schlechten Stufenausbildung anzusehen sind. Es sollte auch nicht übersehen werden, wie sich im Bereich des Muschelkalks die Neigung der Hochflächen immer deutlich verringert (SEMMEL 1984).

Oberhalb der Stufe oder der schwachen Geländekante des Hauptmuschelkalks setzt eine Hochflächenlandschaft ein, die sich durch die weite Verbreitung von Resten des weichen Lettenkeupers und – im östlichen Teil – des Gipskeupers auszeichnet. Die Vorkommen des Lettenkeupers dehnen sich vor allem in Gebieten mit geringem Schichteinfallen weit aus, hauptsächlich zwischen Kocher und Main. Nur auf tektonischen Schwellen, wie dem Fränkischen Schild zwischen mittlerem Kocher- und Jagsttal und dem Thüngersheimer Sattel westlich Würzburg, bildet der Hauptmuschelkalk direkt die Oberfläche. Einen

Eindruck von der überwiegend vorzüglichen Übereinstimmung zwischen geologischem Bau und Relief gibt die Abbildung 36 in SEMMEL (1984) mit Beispielen aus der Umgebung von Würzburg.

Ähnlich wie bei den Rötflächen vor dem Unteren Muschelkalk nimmt die Mächtigkeit der weichen Gesteine des Keupers vor der Stufe des Mittleren Keupers zu. Die größeren Täler (Tauber, Jagst und Kocher) schneiden auf großer Länge noch den Mittleren und Unteren Muschelkalk an. Der weiche Mittlere Muschelkalk verursacht immer eine deutliche Verflachung in den Talhängen, auf der Rutschungsschollen des Oberen Muschelkalks abgleiten. Zugleich weiten sich die Talauen im Mittleren Muschelkalk. Dem talaufwärts anschließenden Engtal im Oberen Muschelkalk folgt eine erneute Talweitung im Letten- und Gipskeuper. Entsprechende Beispiele stellen das Kochertal zwischen Gerslingen und Gaildorf, das Jagsttal zwischen Kirchberg und Jagstzell sowie das Taubertal zwischen Tauberzell und Diebach dar.

Der relativ reine Obere Muschelkalk ist besonders verkarstungsanfällig, jedoch gibt es auch im Unteren Muschelkalk vereinzelt Höhlen. In manchen Schlotten sind Rotlehmreste erhalten (Boxberg bei Marktheidenfeld). BLUME u. REMMELE (1989b) halten die Dolinenbildungen auf der Dachfläche des Hauptmuschelkalks am Ostrand des Schwarzwaldes für zumindest teilweise holozänen Alters. Auf Bohnerzlehme wurde schon hingewiesen. Solche Bildungen findet man auch auf den Lettenkeuperflächen. Sie sind oft nicht tertiären, sondern pleistozänen Alters. Präpleistozäne Sedimente, die wahrscheinlich größtenteils im Pleistozän umgelagert wurden, repräsentieren wohl die Feuersteinlehme, die auf der *Hohenloher Ebene* zwischen Langenburg und Rothenburg o. d. T. liegen. Außerdem gibt es auf den Gipskeuperflächen vor der Keuperstufe Schuttmassen, die aus wesentlich jüngeren Keuperschichten stammen, welche heute hier längst abgetragen sind. Es handelt sich dabei wahrscheinlich um Schutt, der als nicht transportierbarer Rest mehr oder weniger senkrecht nach unten projiziert wurde (EMMERT 1968). Schließlich bleibt zu erwähnen, daß an manchen Stellen im Lettenkeuper Sandsteinstränge liegen, die aus gut sortiertem Sand bestehen. Dieser wurde vor allem in den pleistozänen Kaltzeiten auf den Hochflächenresten verblasen und zu Sandfeldern aufgeweht.

Schwierig ist es, Aussagen zum *Alter* der hier diskutierten Hochflächenreste zu machen. BÜDEL (1957) sieht die jüngsten dieser Flächenreste, die beiderseits des Maintals im Fränkischen Gäuland in ca. 300 m NN liegen *(Hauptgäufläche)*, für jungpliozän an. Ein solches Alter ist wahrscheinlich, denn die ersten eindeutig pleistozäne Fazies aufweisenden Mainterrassen setzen knapp unterhalb davon bei ca. 280 m NN ein (KÖRBER 1962). Für die höchsten Flächenreste wird überwiegend altpliozänes Alter angenommen (vgl. jedoch ZIENERT 1992, S. 96). Selbstverständlich darf dabei nicht die lokal unterschiedliche spätere Überformung außer Betracht bleiben, wie überhaupt noch einmal auf die sehr divergierenden Ansichten über die Flächenbildung in den Gäulandschaften und ihren Randgebieten verwiesen sei (vgl. SEMMEL 1984).

Im älteren Tertiär (Paläozän) war diese Landschaft offensichtlich noch von jurassischen Sedimenten bedeckt. Im paläozänen Vulkanschlot des Katzenbuckels östlich Eberbach a. N., der am Westrand der geschlossenen Decke des Oberen Buntsandsteins liegt, sind noch Gesteine des unteren Doggers enthalten. Dieser mit 626 m NN höchste Berg des Odenwaldes überragt die Rodungsinsel des Winterhauchs um gut 100 m. Zu Zeiten des Vulkanausbruchs lagen noch 600 – 700 m mesozoische Sedimente darüber, die inzwischen abgetragen wurden. Etwa 30 km südsüdwestlich liegt mit dem Steinsberg bei Weiler südlich Sinsheim im

Kraichgau ein Vulkan ähnlichen Alters, in dem Gesteinsbrocken aus dem Schwarzen Jura zu finden sind, also nicht ganz so junge Sedimente wie im Katzenbuckel. Von diesem fallen die Hochflächenreste über den Kleinen Odenwald hinweg von ca. 500 m Meereshöhe auf ca. 230 m im nördlichen Kraichgau ab und bilden hier die sogenannte Kraichgaufläche zwischen 230 und 250 m NN (fragliche obermiozäne Fastebene nach EITEL 1989). Dabei werden in für die Gäuflächen allgemein charakteristischer Weise die Gesteine vom Oberen Buntsandstein bis zum Mittleren Keuper gequert (einschließlich schwacher Stufenbildung im Oberen Muschelkalk). Die Hochflächenreste begrenzt am Steinsberg die Stufe des Schilfsandsteins, die der herauspräparierte Vulkanstiel mit 333 m NN überragt. Im Gegensatz zum stark herausgehobenen Odenwaldrand sind in dieser Muldensituation nur ca. 150 m mesozoische Gesteine seit dem Paläozän abgetragen worden. Andererseits ist bemerkenswert, daß zu jener Zeit sowohl im südöstlichen Odenwald als auch im Kraichgau Gesteine des älteren Jura anscheinend nahe der Oberfläche anstanden. Die heutigen Gegensätze von Sattel und Mulde waren danach nicht oder nicht so deutlich ausgeprägt. Indessen muß bei solchen Interpretationen berücksichtigt werden, daß nicht immer zwangsläufig oberflächennahe Gesteine in einen Vulkanschlot fallen. Der Untergrund der Kraichgaumulde spricht jedenfalls für Subsidenz dieses Gebietes im jüngeren Paläozoikum und im Mesozoikum (GEYER u. GWINNER 1986). Allerdings war die Senkung im Tertiär nie so stark, daß sich die Sedimentation fortgesetzt hätte.

Das Vorkommen von Juraresten im Katzenbuckel hat immer wieder Diskussionen darüber ausgelöst, wie denn die Juragrenze zurückverlegt worden ist, ob als kontinuierliche Stufenwanderung oder durch flächenhafte Abtragung. Ähnliches gilt für die Grenze des Sandsteinkeupers. Hierauf wird anschließend noch eingegangen.

2.2.3. Keuperstufenländer

Die hauptsächlich aus Schichten des Sandsteinkeupers (Mittlerer Keuper) aufgebaute Keuperstufe setzt als Begrenzung der Gäuflächen im Norden östlich des Grabfeldes ein. Zunächst verläuft die Stufe von Coburg aus in Richtung Westen, knickt dann aber, die Westgrenze der *Haßberge* bildend, nach Süden um (Abb. 103). Östlich von Haßfurt wird sie bei Eltmann vom Maintal unterbrochen. Südlich davon bildet sie die Westgrenze des *Steigerwaldes*. Größere Stufendurchlässe (Flächenpässe) gibt es dann im Bereich des Aischtales. Nordöstlich Rothenburg o. d. T. setzt sich die Stufe als Westgrenze der *Frankenhöhe* nach Süden bis östlich Schwäbisch Hall fort. Dort erfolgt ein Schwenk nach Westen bis östlich Heilbronn. Tauber, Jagst und Kocher haben im weichen Gipskeuper breite Talbuchten in die Stufe hinein vorgeschoben. Das Jagsttal trennt die Frankenhöhe von den *Ellwanger Bergen*. Nach Westen schließen sich mit den *Limpurger Bergen*, den *Waldenburger Bergen*, dem *Mainhardter Wald* und den *Löwensteiner Bergen* die nördlichen Glieder des *Schwäbischen Keuperberglandes* an.

Beiderseits Heilbronn ist die Stufe im Bereich des Neckartales auf größere Distanz unterbrochen. Eine gewisse Fortsetzung in westlicher Richtung stellt der Zeugenbergkomplex von *Stromberg* und *Heuchelberg* dar. Die eigentliche Keuperstufe bleibt dagegen östlich des Neckars bis auf die Breite um Stuttgart, zugleich *Mainhardter*, *Welzheimer* und *Schurwald* nach Westen begrenzend. Die südliche Umrahmung des Stuttgarter Kessels

Abbildung 104
Stufenterrassen an der Frontstufe des Steigerwaldes (nach DÖRRER 1971)

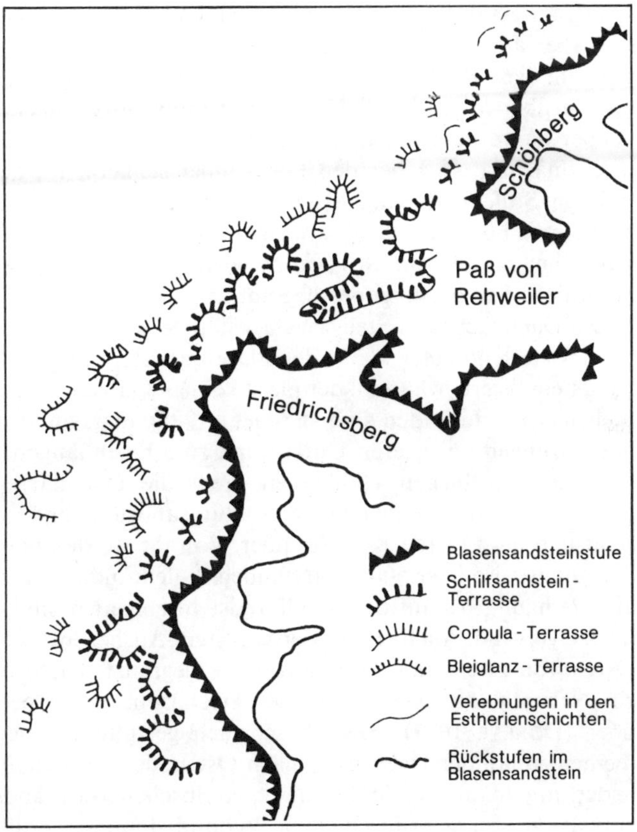

wird ebenfalls von der Keuperstufe gebildet. Zwischen Stuttgart und Tübingen setzt sich die Stufe als Westgrenze des *Schönbuchs* fort. Südlich von Tübingen verliert die Stufe an landschaftlicher Bedeutung. Die stufenbildenden großen Sandsteinkomplexe des Keupers fehlen hier. Außerdem nimmt die Schichtmächtigkeit ab und das Einfallen zu, es gibt kein eigentliches Keuperbergland mehr. Somit wiederholen sich hier Erscheinungen, die auch die Buntsandstein- und die Muschelkalkstufe am Ostrand des südlicheren Schwarzwaldes charakterisieren. Im übrigen aber ist die Keuperstufe durchgehend prägnanter ausgebildet. Um die Grenze des Sandsteinkeupers zu erkennen, braucht man in der Regel keine geologische Spezialkarte, wie sie ZIENERT (1986) für die Grenze Buntsandstein/Muschelkalk am östlichen Odenwaldrand benötigt.

Die gut zu verfolgende Längserstreckung der Keuperstufe geht einher mit einer im allgemeinen vorzüglich erkennbaren, wenngleich auch wegen der starken Faziesschwankungen oft wechselnden Stufung im Querschnitt. Davon ausgenommen sind selbstverständlich Bruchstufenpartien, wie etwa die Stufe der nördlichen *Haßberge* (SPÄTH 1973). Für die südlich anschließenden Partien der Haßbergstufe und den westlichen Steigerwaldrand bietet sich ein Bild, das der Darstellung auf Abbildung 104 ähnelt. Bereits im weichen Gipskeuper setzen die ersten gesteinsbedingten Stufen mit der Bleiglanzbank ein. Sie ist karbonatischsandig ausgebildet. Ihr Fehlen kann fazies- oder abtragungsbedingt sein, nicht selten macht sich aber auch dadurch Auslaugung im Gips oder Mergel des Untergrundes bemerkbar. Obwohl diese Bank maximal nur einen Meter mächtig ist, bildet sie immer wieder Anstiege mit darüber folgenden Geländeverflachungen. Als nächster Stufenbildner folgt im Gipskeuper dann die gleichfalls feinsandige Acrodus- (Corbula-) Bank, die ebenfalls nur sehr geringmächtig ist. Über den Gipskeuper schließt mit dem Schilfsandstein ein besonders kräftiger Stufenbildner an. Mit ihm beginnt meistens die Waldbedeckung an der Keuperstufe. Manchmal bildet der Schilfsandstein sogar Auslieger wie etwa in den südlichen Haßbergen. Über ihm ragt als die Stufenstirn der Keuperstufe der Blasensandstein auf, mit dem der eigentliche Sandsteinkeuper beginnt.

Die Dachfläche des Steigerwaldes fällt – schwächer als die Schichten – nach Osten ab. Über viele Kilometer bleibt der Blasensandstein an der Oberfläche. Der harte verkieselte Sandstein lieferte während der pleistozänen Kaltzeiten Material für Flugsande, die an vielen Stellen heute zu finden sind (Emmert 1988), manchmal in Erdfälle eingesunken, die wohl mit Lösungen im tieferen Untergrund zusammenhängen.

In den nördlichen Haßbergen greift die Dachfläche mit kräftigen Wellungen vom Blasensandstein auf den jüngeren Burgsandstein und sogar auf den sehr harten Rhätsandstein des Oberen Keupers über. Von ihr werden mehrere Verwerfungen geschnitten.

Die teilweise über 500 m NN hohen Stufenränder schneiden wiederholt resequente Täler ab, die häufig bis auf den Schilfsandstein eingetieft sind, so zum Beispiel die Ebrachtäler im Steigerwald. Auch der Blasensandstein-Auslieger des Schwanbergs bei Iphofen wird im Osten von zweien solcher Talstümpfe begrenzt. Diese münden in das heutige Bibarttal, ein Nebental der Aisch. Von der Dachfläche leiten pedimentartige Riedel in die Täler über (Dörrer 1971). Ähnlich schwach gestufte Formen differenzieren auch den allgemeinen Abfall der Dachfläche nach Osten, der im *Mittelfränkischen (Nürnberger) Becken* endet, nur lokal von Stufen des quarzitischen Burgsandsteins unterbrochen. Im Becken, entwässert von der subsequenten Rednitz, dominieren quartäre Sande, die über Terrassen zu Dünen aufgeweht wurden (Reichswald, Lorenzer Wald). Die Sande sind im wesentlichen von den resequenten Steigerwaldflüssen hierher transportiert worden. Unter solchen Sandüberdeckungen können sich gelegentlich auch kleinere Keuper- oder die ersten schwachen Jurastufen verbergen. Im älteren Pleistozän soll dieses Gebiet dem zur Donau entwässernden Ur-Main tributär gewesen sein (zuletzt dazu Langhammer u. Brunnacker 1986).

Zwischen Steigerwald und Frankenhöhe liegen mehrere Stufendurchlässe, in denen flächenhaft die geringmächtige harte Bleiglanzbank zutage tritt. Die Verflachungen weisen eine Meereshöhe von ca. 340 m auf. Büdel (1957) ordnet sie seiner Oberen Gäufläche zu und nimmt – ähnlich wie schon Krebs (1919) – an, daß über sie der Main im mittleren Pliozän noch zur Donau hin geflossen ist.

Im Stufenvorland der *Frankenhöhe* und des ostwürttembergischen Keuperberglandes, hauptsächlich zwischen Jagst und Kocher, fällt eine weitgestreckte Verflachung auf, deren Untergrund die Engelhofer Platte bildet. Deren feinsandige, teilweise quarzitische Gesteine entsprechen stratigraphisch wohl der Acrodus-Bank im Gipskeuper des Steigerwaldvorlandes. Der Schilfsandstein verliert hier als Stufenbildner an Bedeutung. Die Hauptstufe bildet der Kieselsandstein, der stratigraphisch dem Blasensandstein entspricht. Der jüngere Stubensandstein (stratigraphisch etwa dem Burgsandstein gleichzusetzen) nimmt mit leichtem Anstieg dann öfters die Dachfläche im südlicheren Bereich ein.

Ähnlich sind auch noch die *Ellwanger Berge* ausgeformt, nur findet man hier nach wenigen Kilometern Entfernung von der Stufenstirn schon anders als im Steigerwald und auf der Frankenhöhe jurassische Sedimente. Über den weichen Knollenmergeln des jüngsten Mittleren Keupers liegen die Lias-Tone mit stufenbildenden Kalk- und Sandsteinen.

Auf der Dachfläche der westlich benachbarten *Limpurger Berge* sind die Vorkommen des Lias fast nur auf den Büchelberger Grat beschränkt. An der Frontstufe im Nordwesten wird nunmehr der Schilfsandstein als Stufenbildner wieder bedeutender. Die von ihm aufgebaute Vorstufe ragt mit Verflachung in den hangenden Bunten Mergeln weit nach Nordwesten auf Kosten der Engelhofer Platte vor.

Die Liasbedeckung nimmt im *Welzheimer Wald* flächenhaft zu. In ihrem Bereich herrscht auf den tonigen Substraten, die wegen des Abfallens der Dachflächen schon wieder eine deutliche Leeposition aufweisen und deshalb Lößdecken tragen, Landwirtschaft vor gegenüber der stärkeren Bewaldung auf den Keupersandsteinen.

Der Welzheimer Wald wird durch das Murrtal von dem nördlich anschließenden Mainhardter Wald getrennt. Dieses dem Neckar tributäre Tal ist wie auch der östlich benachbarte Abschnitt des Kochertales im weichen Gipskeuper angelegt. An den Talhängen bildet der Schilfsandstein deutliche Stufen mit darüber folgenden Verflachungen in den Bunten Mergeln.

Die Dachflächen von *Mainhardter Wald* und den *Löwensteiner Bergen* sind vorwiegend in den oberen Schichten des Sandsteinkeupers angelegt, auf denen jeweils auf den Wasserscheiden Reihen von Zeugenbergen des Lias als letzte Reste der Juradecke erhalten blieben. Unterhalb dieser Stufenreste schließen sich dann Stufen im Stubensandstein, im Kieselsandstein und im Schilfsandstein an. Im nordöstlich vorgelagerten *Waldenburger Bergland* fehlen die oberen Stufenteile fast ganz. Über dem Schilfsandstein ist die Verflachung innerhalb der Bunten Mergel weit ausgedehnt. Erst im Südwesten stellen sich dann flachere Stufen des Kiesel- und Stubensandsteins ein. Auch in dem nordwestlich der Löwensteiner Berge anschließenden stark zergliederten *Heilbronner Bergland* dominieren Stufen des Schilfsandsteins, die als herauspräparierte Sedimentationsstränge gedeutet werden (Wurster 1965). Den Kieselsandstein findet man darüber nur noch in Form einiger Zeugenberge wieder.

In den Löwensteiner Bergen, dem Heilbronner Bergland und dem Waldenburger Bergland springt die Keuperstufe weit nach Nordwesten vor. Ihre absolute Höhe erreicht östlich Löwenstein über 500 m und bleibt damit ungefähr gleich den Stufenhöhen an den südöstlich anschließenden Rändern der Keuperbergländer. Bei gleichbleibendem Schichteinfallen müßten die Stufenbildner im Nordwesten eigentlich deutlich höher liegen. Jedoch wirkt sich hier eine tektonische Mulde aus, die sich bis in das Stromberggebiet westlich des Neckartals fortsetzt (Geyer u. Gwinner 1986, Abb. 193; Simon 1987, Abb. 1). Diese Muldenposition erklärt auch die Erhaltung des Zeugenbergkomplexes von *Stromberg* und *Heuchelberg*. Im Bereich der tektonischen Mulde entstand eine Reliefumkehr, weil die tiefliegenden Stufenbildner erst von der Abtragung erreicht wurden, als in der Umgebung nur noch weiches Gestein anstand, das dann schneller ausgeräumt wurde. Heute erhebt sich deshalb über flachem Gelände im Gipskeuper, den Lettenkeuper und harter Oberer Muschelkalk unterlagern, am Heuchelberg eine Schichtstufe aus Schilfsandstein, am Stromberg eine zweigliedrige mit Schilfsandstein und Sandsteinkeuper. Da der letztgenannte wiederholt durch tonige Lagen unterbrochen wird, können mehr Stufen vorkommen, zumindest – wie in den Löwensteiner Bergen – die des Kieselsandsteins und des

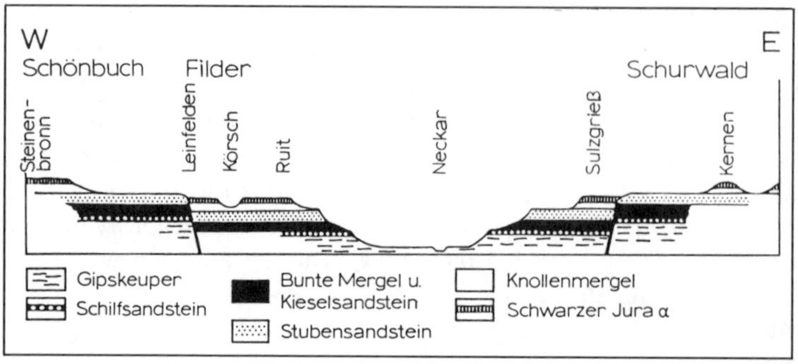

Abbildung 105 Fildergraben und Stufenfolge zwischen Schönbuch und Schurwald (nach GEYER u. GWINNER 1986)

Stubensandsteins (BARTH 1971). Im Gegensatz zum Steigerwald nimmt nach Westen die tonig-mergelige Fazies im stratigraphischen Bereich des Sandsteinkeupers zu. Die Hochfläche des Strombergs (höchster Punkt 477 m NN) wird vom Stubensandstein eingenommen.

Die mehr oder weniger geschlossene Keuperstufe springt südlich der Löwensteiner Bucht weit nach Osten zurück. Südlich der weiten Talbucht der Murr tritt am westlichen Stufenrand des Welzheimer Waldes der Schilfsandstein zwar fast durchgehend als Geländekante auf, jedoch findet man nicht so große Verflachungen darüber wie im Stromberggebiet oder an den Löwensteiner Bergen. Ein ähnliches Phänomen ist ja auch an der Stufe der Ellwanger Berge festzustellen. Hierin äußern sich oft die starken faziellen Wechsel im Schilfsandstein. Neben der harten grobkörnigen Flutfazies gibt es die weiche, mehr sandig-tonige Fazies der Stillwasserbereiche.

Bemerkenswert ist die Erhaltung von Zeugenbergen mit Decken von Schilfsandstein weit vor der Keuperstufe im Neckarland nördlich Stuttgart. Es handelt sich um den Lemberg bei Affalterbach südöstlich Marbach a. N., um die Hart südlich Neckarrems und um den Hohenasperg nördlich Ludwigsburg, der in einer Grabenposition liegt.

Das Remstal trennt den Welzheimer Wald vom *Schurwald*, dessen Randstufen ähnlich wie die des Welzheimer Waldes gegliedert sind. Die Dachfläche wird indessen schon sehr weit vom Lias und dessen Stufe eingenommen. Unter dem Lias bekommt hier, soweit er ausgebildet ist, der dünne Rhätsandstein als Stufenbildner Bedeutung. Im Bereich des Schurwaldes stößt die Keuperstufe weit nach Westen vor und setzt sich als Nordgrenze der *Filderhochfläche* bis nach Leonberg westlich Stuttgart fort. Hierauf hat der Fildergraben Einfluß, in dem auch der Neckar die Keuperstufe quert (Abb. 105). Dadurch kommen Doppelungen von Stufen vor. So ist nicht nur zweimal eine Stubensandsteinstufe entwickelt (die tiefere als Schichtstufe, die höhere als Bruchstufe), sondern auch die Liasstufe. Diese wurde jeweils als Schichtstufe herauspräpariert. Im Bereich des Fildergrabens liegt eine nahezu geschlossene Decke von Lias. Stellenweise kommen sogar noch Doggerreste vor. Am weitesten ist jedoch auf den fruchtbaren Fildern der Löß verbreitet, der sich hier unterhalb von 400 m NN in Leelage zu den bis 500 m NN hohen westlichen Randhöhen des Stubensandsteins findet.

Die südliche Fortsetzung des Keuperberglandes stellt der *Schönbuch* dar. Er beginnt östlich Herrenberg mit Stufen des Schilfsandsteins, denen sich die Stufen des Stubensandsteins anschließen, die mehr als 550 m NN erreichen. Darüber sind noch Stufen des harten Rhätsandsteins und des kalkigen Liassandsteins zu finden. Die Liasbedeckung beschränkt sich allerdings auf den tektonisch abgesenkten nördlichen Teil des Schönbuchs.

Südlich des Schönbuchs liegt mit dem *Rammert* auf der rechten Neckarseite gegenüber Rottenburg der südlichste Ausläufer des Keuperberglandes. Dann ist die Keuperstufe nur noch streckenweise deutlich gegenüber der Liasstufe abgesetzt. Der Ausbiß der stufenbildenden Keuperschichten wird immer schmaler.

Abschließend seien anhand von Einzelbeispielen Vorstellungen über den zeitlichen Ablauf der Formung der Keuperstufe und ihrer benachbarten Hochflächen (Landterrassen) erörtert. Die meisten Geomorphologen vertreten in jüngerer Zeit die Auffassung, die Ausformung der Stufe habe im wesentlichen unter periglazialen Bedingungen im Pleistozän stattgefunden, die der Flächen dagegen unter tropoiden Verhältnissen im jüngeren Tertiär (vgl. dazu SEMMEL 1984). Dabei wird immer wieder von scheinbaren Parallelen in rezenten Klimaten ausgegangen. Was die heutigen Tropen betrifft, so ist ein solches Vorgehen bedenklich. Findet in den heutigen Tropen vorwiegend tiefgründige Verwitterung und Flächenbildung statt? Nach meiner Erfahrung ist diese Frage zu verneinen (SEMMEL 1982, 1985). Unbeschadet dessen können die Flächenreste vor und unterhalb der Keuperstufe durchaus tertiäres Alter haben, zumindest Teile von ihnen, aber eine pleistozäne Überformung, wenngleich unterschiedlichen Ausmaßes, wird kaum auszuschließen sein.

Die andere Frage ist, ob die Stufen im wesentlichen pleistozäner Entstehung sind. In jüngerer Zeit mehren sich Befunde, daß, im Gegensatz zu WAGNER (u. a. 1924) und anderen Autoren, die Keuperstufe im Quartär kaum zurückverlegt wurde. BÜDEL (1957) nimmt das beispielsweise für Franken an. Die nördliche Haßbergstufe hat laut SPÄTH (1973) am Ende des Pliozäns nur wenige hundert Meter weiter westlich gelegen als heute. Großen Anteil an der pleistozänen Formung der Stufe hätten die Kerb- und Muldentäler sowie die ihnen tributären Dellen gehabt. Von diesen Hohlformen aus seien die Gesimse der Stufenbildner herauspräpariert worden. In Übereinstimmung mit anderen Autoren wird der Rückseitenabtragung, also der resequenten Ausräumung, größerer Einfluß zuerkannt als der obsequenten Stufenformung. Die holozäne Überformung greife dagegen, wenn auch auf wenige für Rutschungen anfällige Partien beschränkt, stärker an der Frontstufe an.

Für die Keuperstufe im ostwürttembergischen Keuperland nimmt ZEESE (1971) an, daß die Talbuchten von Kocher, Bühler und Jagst erst im Pleistozän entstanden. Im ältesten Pleistozän sei vor allem flächenhaft wirksame Rückseitenabtragung erfolgt, im mittleren und jüngeren Pleistozän auf breiter Front eine Rückverlegung der steilen Frontstufe. Hier wird also – wenn auch sehr hypothetisch – doch mit einer beachtlichen partiellen Wanderung der Keuperstufe im Pleistozän gerechnet.

Im Stromberggebiet kommt laut BLUME u. REMMELE (1989c) vor allem periglazialen Schollengleitungen auf den Hängen größere Bedeutung zu. Die holozäne Überformung habe geringes Ausmaß.

Zu der Situation an der Steigerwaldstufe nimmt DÖRRER (1971) an, daß im Obermiozän und Altpliozän auf einer möglicherweise schon leicht schräggestellten Ausgangsrumpffläche Abdachungsflüsse in Richtung des Schichteinfallens entstanden. Mit der Entwicklung der Keuperstufe seien die Täler gekappt und ihr Quellgebiet mit der Stufe immer mehr zurückverlegt worden. Insgesamt dürften aber nicht mehr als 5–6 km Stufenwanderung seit dem Obermiozän/Altpliozän angenommen werden (DÖRRER 1971). Während des Pleistozäns könne die Stufe allenfalls um durchschnittlich 100–200 m zurückgewandert sein. Die jetzige Stufenform sei im wesentlichen periglazial herausmodelliert worden.

2.2.4. Jurastufenländer

Unter Jurastufenländern werden hier die Schwäbisch-Fränkische Alb und ihre noch in jurassischen Gesteinen ausgebildeten Vorländer verstanden. Die Hochflächenlandschaft der Alb selbst wird von der aus Dogger- und Malmgesteinen aufgebauten Stufe nach Westen begrenzt. Diese Stufe überragt absolut nicht nur die in den älteren Juragesteinen angelegten Stufen des Vorlandes, sondern auch oft die Keuperstufe. Als typische Frontstufe beginnt die Malmstufe der *Frankenalb* östlich von Staffelstein, wo der Staffelberg mit 539 m NN einen markanten Eckpunkt bildet (Abb. 103). Er liegt knapp 300 m über der Mainaue. Genaugenommen setzt sich zwar von hieraus nach Osten die Stufe noch fort, jedoch beginnt der für den größten Teil der Frankenalbstufe charakteristische Nord-Süd-Verlauf bei Staffelstein. Die Stufe ist nicht nur die höchste, sondern auch *die* süddeutsche Schichtstufe, die den geschlossensten Verlauf aufweist. Stufen- oder Talbuchten sind durch die dem Mainsystem zugehörigen Täler von Wiesent und Pegnitz im nördlichen Teil der Frankenalb entwickelt. Ähnliche Buchten weisen dann die der Donau tributäre Altmühl sowie ihr Nebenfluß Schwarzach auf. Am Stufendurchbruch der Schwarzach verändert sich zugleich die Richtung des Stufenverlaufs nach Südwest.

Auf fast 20 km Länge unterbricht der Meteoritenkrater des Nördlinger Rieses die Stufe. Westlich davon beginnt die *Schwäbische Alb.* Deren Stufenrand erscheint gleichfalls sehr geschlossen. Die absolute Höhe nimmt gegenüber der Frankenalb sogar noch zu, von 700 m NN (Braunenberg nordöstlich Aalen) bis auf über 1000 m (Lemberg östlich Rottweil). Nennenswerte Talbuchten sind an der Fils bei Geislingen a. d. St. und an der Eyach bei Balingen entwickelt. Schließlich ist die Stufe im Quellgebiet von Donau und Neckar stärker zergliedert.

Die Jurastufe und ihr Vorland zeigen unterschiedliches Relief in ihrem Verlauf. Das wird im folgenden anhand von Querschnitten dargelegt. Im nördlichsten Teil beginnt das Jurastufenland im Gebiet des Obermains oberhalb Bamberg mit Zeugenbergen ähnlichen (Rhät-) Liasvorkommen auf der Abdachung der Keuperdachfläche der Haßberge westlich der Baunach. Die flachen Plateaus und rückenartigen Formen ragen bis 50 m über die Umgebung auf. Am Aufbau der Höhen können auch noch Stufenbildner des Keupers beteiligt sein. Im Lias treten vor allem die Angulatensandsteine und die Arietenschichten hervor. Zwischen dem Baunach- und dem Itztal ist dann der Lias fast flächendeckend verbreitet. Die Hochflächenreste sind an die harten Schichten des Lias angepaßt und fallen hier bis 350 m NN ab, gegenüber ca. 400 m NN im Gebiet westlich der Baunach.

Östlich des Itztals ragt die Stufe des Eisensandsteins (Dogger) auf (Banzer Berge). Dieses in Zeugenberge aufgelöste Teilstück der Doggerstufe wird von der geschlossenen Stufe durch das Tal des Obermains getrennt, an der der über dem Sandstein des Doggers folgende Malmkalk beteiligt ist. Zwischen dem Stufenbildner des Doggers und den Malmkalken liegen weiche Schichten des obersten Doggers, der Ornatenton, und des untersten Malms (Mergelkalke des Malm α). Obwohl diese Schichten insgesamt nur wenige Meter stark sind (Kuhn 1964), zeichnen sie sich durch eine deutliche Verflachung (Ornatentonterrasse) aus. Die gut geschichteten Kalke des Malm β werden bis 30 m mächtig und stellen überwiegend die eigentliche Stufenstirn dar. Das Relief der Hochfläche wird besonders kuppig, wenn die Kalke in Massenfazies (Riffe, Schwämme) ausgebildet sind. In der Frankenalb wurden die Kalkgesteine großenteils dolomitisiert (Frankendolomit).

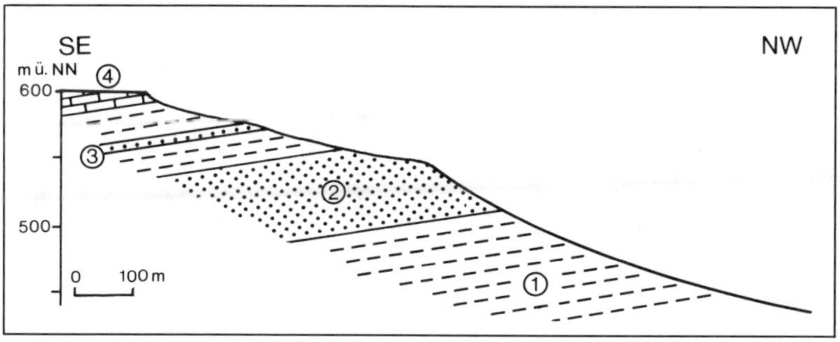

Abbildung 106
Hauptstufe der Frankenalb östlich von Gunzenhausen (nach KLEBER 1987, umgezeichnet)
1 – Opalinuston (Lias)
2 – Eisensandstein (Dogger)
3 – Ornatenton (Dogger) mit Kalksteinbank, im hangenden Abschnitt Mergel des Malms
4 – Kalk (Malm β)

Im weiteren Verlauf der Jurastufe nach Süden setzt die Liasbedeckung erst immer relativ dicht vor dem Anstieg der Hauptstufe ein. Das gilt vor allem für den Stufenrand, der südlich Forchheim beginnt. In der Talbucht der Wiesent wird im unteren Stufenabschnitt sogar noch der Feuerletten des Keupers angeschnitten. Der Leyerberg, dessen Malmdecke 548 m NN erreicht, liegt nur 2 km Luftlinie von der Jurabasis entfernt. Die relative Stufenhöhe erreicht hier fast 300 m. Erst beiderseits der Fränkischen Rezat südlich Nürnberg gibt es verbreitet Liasvorkommen, die noch weit vor der Hauptstufe auf der Abdachung des Keupersandsteins liegen. Sie erheben sich als stark aufgelöste Liasvorstufe im Nordwesten höher als im Südosten, so etwa nordöstlich Gunzenhausen. Darin äußert sich die Anpassung an das Schichteinfallen. Stufenbildner ist vor allem der Arietensandstein des Lias, aber auch Sandsteinlagen im Feuerletten des Keupers können Hangkanten bewirken. Der Feuerletten steht weitgehend noch am Sockel der geschlossenen Hauptstufe an. Mit flachem Anstieg werden weichere Liasschichten und der Opalinuston des unteren Doggers geschnitten, bevor sich die Stufe des Doggereisensandsteins erhebt (Abb. 106). In den mergeligen Schichten darüber ist wiederum die Ornatentonterrasse ausgebildet, unterbrochen von der Kalksandsteinstufe des Dogger γ. Die Terrasse greift in den weichen Malm α über, der dann von der steilen Stufe des Malm β überragt wird.

Eine Besonderheit stellt scheinbar im Stufenvorland dieses Gebietes eine von KLEBER (1987) beschriebene Achterstufe im weichen Feuerletten des Keupers dar, an der ein Stufenbildner aus härterem Gestein fehlen soll. Der geologischen Karte 1 : 25000 (Blatt 6831 Spalt) ist doch aber zu entnehmen, daß neben dem Stubensandstein hier Sandsteinbänke des Feuerletten als Stufenbildner vorkommen, beispielsweise nördlich der Fränkischen Rezat am Massenberg oder an der Alteburg.

Die Hochfläche der Fränkischen Alb zeichnet sich durch starke Verkarstung aus; diese bedingt ja zugleich auch die große geomorphologische Härte der Kalke und deren Erhaltung als besonders exponierte Stufe. Ausdruck der Verkarstung sind die geringe Dichte von Tälern mit perennierenden Wasserläufen, viele Dolinen und Karstwannen. Außerdem fallen viele Felsburgen und -nadeln auf sowie in manchen Gebieten vorwiegend an Riffstotzen gebundene kegelartige Berge (Kuppen). Wenn Wasserläufe auftreten, erscheinen diese meist direkt aus einer kräftig schüttenden Quelle und verschwinden ebenso unvermittelt im

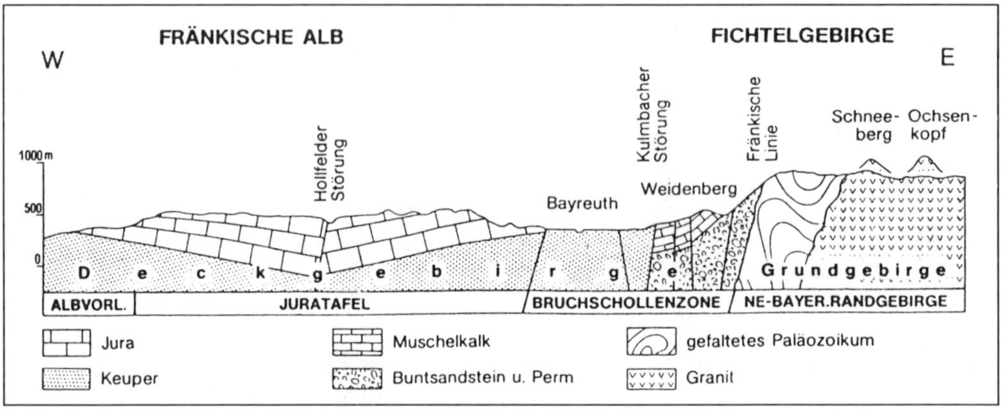

Abbildung 107
Schematischer Schnitt durch die nördliche Frankenalb, die Oberpfälzische Senke (Bruchschollenzone) und den Westrand des Fichtelgebirges (nach Hüser 1968)

Talboden in einer Bachschwinde. Als Beispiel werden Hirschbach und Reinbach im Pegnitzsystem angeführt. Die tief eingeschnittenen Täler mit perennierenden Flüssen haben ihr Quellgebiet oder zumindest Teile davon in nicht verkarstungsfähigen Gesteinen des Doggers oder der Kreide.

Auf der nördlichen Frankenalb sind solche Kreidegesteine vor allem im zentralen Teil verbreitet. Ihre Erhaltung ist durch die tektonische Muldenlage dieses Teiles der Frankenalb begünstigt worden (Abb. 107). Außerdem trifft man vielfach die lehmig-sandige Albüberdeckung an, die sich aus Sediment- und Verwitterungsresten der Kreide, des Tertiärs und des Pleistozäns zusammensetzen kann, die großenteils im Periglazialmilieu umgelagert wurden. Oftmals ist Dolomitasche beigemengt, die aus tiefverwitterten (vergrusten) Dolomiten stammt.

An verschiedenen Stellen lassen sich Reste von alten Hochflächensystemen nachweisen, die zwischen 470 und 600 m NN liegen. Beispiele sind aus dem Gebiet der der Donau tributären Laberflüsse (Müller 1980, Klug u. Lang 1985) und dem dem Mainsystem tributären Pegnitzgebiet (Pfeffer 1986) bekannt. Ebenso trifft man des öfteren tertiäre Gerölle meist nicht genau bestimmbaren Alters an. Am Südrand der Frankenalb kommen mit den Monheimer Höhensanden fluviale Ablagerungen in ca. 550 m NN vor, die wahrscheinlich pontischen Alters sind (Louis 1984, S. 39). Sie führen Lyditgerölle aus dem Grundgebirge und werden als Rest eines „Urmains" gedeutet, der über die Frankenalb hinweg zur Donau entwässerte.

Der Ostrand der mittleren Frankenalb wird weitgehend von fluvialen und marinen Kreidesedimenten überlagert. Kuppen aus Malmkalken durchragen diese sonst zertalten Sedimente. Im äußersten Südosten überdecken Derivate der obermiozänen Oberen Süßwassermolasse die Malmgesteine.

Der Ostrand der Frankenalb wird zunächst im Norden von der Malmstufe aufgebaut. Östlich von Bayreuth weicht die Malmstufe zurück, und der Eisensandstein des Doggers bildet den Hauptanstieg. Da die nördliche Frankenalb eine tektonische Mulde darstellt, ragt auch hier im Osten die Stufenstirn bis zwischen 500 und 600 m NN auf, also in ähnliche

Höhe wie am Westrand. Der Stufenabfall gestaltet sich analog dem westlichen Abfall. Die Stufe verflacht unterhalb des Eisensandsteins im Opalinuston des Doggers und läuft über die Liasstufen in den Feuerletten des Keupers aus. Oft wird die Stufe durch gekappte Täler unterbrochen.

Auf längere Erstreckung kann die Schichtstufe von einer Bruchstufe abgelöst werden, die die Grenze zur Oberpfälzer Senke bildet. Die Bruchstufe tritt morphographisch oft kaum in Erscheinung. Vielfach ist es jedoch zu einer Reliefumkehr gekommen, das heißt, das jurassische Gestein in der tektonischen Senke liegt am Bruchrand höher als das ältere Gestein im tektonischen Hochgebiet. So überragt beispielsweise der Dogger der Frankenalb beiderseits Kirchenthumbach den Unteren Muschelkalk der Oberpfälzer Senke, bei der es sich ja um ein tektonisches Hochgebiet handelt, das stärker ausgeräumt wurde.

Nordöstlich Amberg beginnt mit der Ostgrenze der mittleren Frankenalb ein Bereich, in dem im Osten die Kristallinausläufer des Oberpfälzer Waldes, das Naabgebirge, gegenüber dem Jura im Westen kräftig gehoben wurden. Als besondere Form verdient das Ausraumbekken östlich Sulzbach-Rosenberg Beachtung. Hier steigt allseitig über Sandsteinkeuper, Feuerletten und Lias die Doggerstufe auf. Westlich der Naabtalweitung bei Schwandorf reicht die Albstufe sogar vom Feuerletten bis in den Malm. Südlich davon grenzt das Kristallin des herausgehobenen Regensburger Waldes an die tiefer liegenden Jura- und Kreidegesteine. Von Regensburg donauaufwärts ist die Donau die Grenze der Frankenalb bis zur Mündung der Wörnitz bei Donauwörth.

Die Wörnitz entspringt – ebenso wie die Altmühl – nördlich der Fränkischen Alb im Keupergebiet. Das Tal der Wörnitz ähnelt mit steilwandigen Hängen aber nur in seinem Unterlauf dem Altmühltal. Nur dort ist es in die Malmkalke entsprechend tief eingeschnitten. Nördlich davon fehlen im Nördlinger Ries die Stufenbildner. Die wenig reliefierte Landschaft dieses riesigen, 14,8 Mio. Jahre alten obermiozänen Meteoritenkraters stellt heute eine knapp über 400 m NN liegende Abtragungsfläche dar, die im Westen weitgehend von Lößb, im Osten hauptsächlich von Sandlöß bedeckt ist, der von den sandigen Wörnitzterrassen stammt. Zu den Rändern hin stellen sich häufiger miozäne Sedimente (Süßwassermolasse), Trümmerbreccien und der Suevit ein, ein aus geschmolzenen Resten anderer Gesteine bestehendes Material.

Die Formen der benachbarten Schwäbisch-Fränkischen Alb wurden mit Auswurfmassen des Riesereignisses übersät. Die Trümmermassen verschütteten ein Talrelief von mehr als 100 m Tiefe (DONGUS 1977) mit gut ausgebildeten Schichtstufen. Danach entstand ein riesiger See, dessen Ablagerungen weit über das Ries hinaus zu finden sind und heutige Meereshöhen von 570 m erreichen *(Riesplombierung)*. Darauf ist offensichtlich eine Neuorientierung des Gewässernetzes erfolgt (vgl. DONGUS 1977, TILLMANNS 1977). KLEBER (1987) führt aus, daß beispielsweise die Altmühl bei Gunzenhausen nach Osten in Richtung Pleinfeld abgebogen sei und von dort in Richtung der heutigen Schwäbischen Rezat ihren alten Lauf bei Treuchtlingen wieder erreicht habe. Vor dem Riesereignis sei die Uraltmühl etwa dem heutigen Altmühltal zwischen Gunzenhausen und Treuchtlingen gefolgt.

Die westlich vom Nördlinger Ries anschließende Jurastufe der „Schwäbischen Alb“ zeigt Abweichungen im Aufbau gegenüber der Frankenalb. Diese äußern sich jedoch im wesentlichen nur im Malmbereich. Zunächst setzt, ähnlich wie östlich des Rieses auf der Abdachungsfläche des Stubensandsteins über den hangenden Feuerletten des Keupers, die Stufe des Lias weit vor der manchmal ebenfalls zweigeteilten Doggerstufe ein, der die Malmstufe folgt. Diese ist hier aber häufig deutlich in sich gestuft. Zunächst bilden die

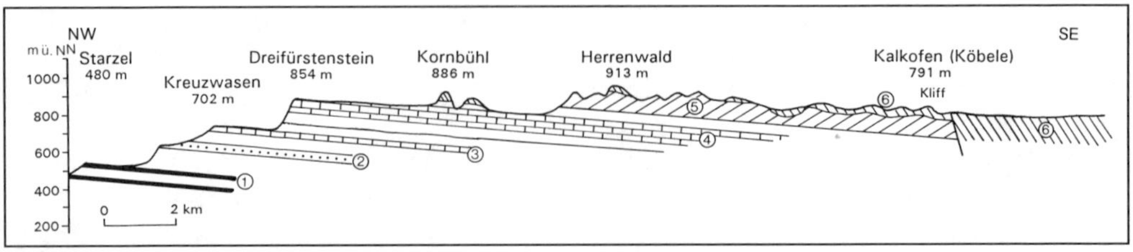

Abbildung 108
Profil durch die südwestliche Schwäbische Alb (nach DONGUS 1977, umgezeichnet)

1 – Lias-Stufenbildner
2 – Dogger-Sandstein
3 – Dogger-Blaukalk
4 – Malm-β-Kalke
5 – Malm-δ-Kalke
6 – Oberer Malm

Malm-β-Kalke eine Stufe; da der Malm hier jedoch deutlich mergeliger ausgebildet ist als in der Frankenalb, setzt oberhalb der Stufe eine Landterrasse ein, der eine zweite Stufe, nämlich die des Malms δ folgt (Abb. 108). Diese bildet bis in die Umgebung von Reutlingen oft die Hauptstufe. In der südlichen Fortsetzung nehmen dann Mächtigkeit und Herauspräparierung des Malms β zu, und die Hauptstufe besteht aus diesem Kalk.

Die Hochflächenreste der Lias-Landterrasse im Vorland folgen auch hier deutlich dem Schichteinfallen. Auf den Rändern der Hochflächen liegen im Jagst- und Kochergebiet die ältestpleistozänen Goldshöfer Sande (ZEESE 1971). Sie greifen vom Lias auf den weichen unteren Dogger über und bei Aalen direkt bis an die Stufe des Dogger-Eisensandsteins. In der Zeit der Akkumulation der Goldshöfer Sande wurde dieses Gebiet noch zur Donau hin entwässert.

Vom Kochertal an gewinnt auch das Schwäbische Lineament auf die Form der Jurastufe Einfluß. Der Bereich des Lias-Stufenvorlandes und stellenweise auch der Doggerstufe oder sogar die Malmstufe sind gegenüber dem südlichen Anschlußgebiet herausgehoben worden. Die Stufenstirn (Trauf) und der Stufenfirst liegen als Folge einer Reliefinversion dennoch im abgesenkten Gebiet.

Besondere Differenzierung bekommt die Jurastufe im Urach-Kirchheimer Vulkangebiet. Von den überwiegend miozänen Vulkanen sind zahlreiche Schlote erhalten geblieben, die im Wechsel mit Zeugenbergen und Ausliegern ein sehr lebhaftes Relief bedingen. In größeren Schloten haben sich maarähnliche Formen erhalten. Zu dieser Vulkanserie gehört wohl auch der Schlot von Scharnhausen südöstlich Stuttgart im heutigen Liasgebiet der Filder. Er enthält noch Malmgesteine. Die Entfernung zum heutigen Malmstufenrand beträgt ca. 15 km. Das Albvorland zeichnet sich in dieser Region dadurch aus, daß infolge der Absenkung im Fildergraben die Liasbedeckung der Hochflächen weit nach Nordwesten bis südlich Stuttgart vorspringt. In kleinerem Ausmaß ist das aus gleichen Gründen auch noch in den Grabenregionen südwestlich Hechingen und westlich Balingen der Fall.

Südlich von Balingen ist die Alb im Gebiet des großen Heubergs am stärksten herausgehoben. Die Stufe steigt bis über 1000 m NN an (Lemberg, Plettenberg). Das Schichteinfallen nach Osten nimmt zu. Der Neckar mit subsequenten Nebentälern liegt nur wenige Kilometer vor der Stufe. Das eigentliche Albvorland mit der Liasstufe ist stark eingeschränkt. Es weitet sich nur im Bereich des Bonndorfer Grabens nach Westen aus. Am stärksten wird das Liasvorland im südlichsten Stufenbereich (Randen) eingeengt.

Oberhalb der Stufenstirn der Schwäbischen Alb liegt – ähnlich wie auf der Fränkischen Alb – eine verkarstete Hochflächenlandschaft. Die Bezeichnung *Alb* kommt von der

Schwäbischen Alb und bedeutet soviel wie Hochweideland (vgl. DONGUS 1977). Die Alb liegt 250–300 m über dem Vorland. Ihre Höhe nimmt – tektonisch bedingt – von Nordosten nach Südwesten zu, gleichzeitig fallen die Schichten nach Südosten zum voralpinen Molassebecken ein. Dort, wo die wohlgeschichteten Kalke des Malm β die Stufenstirn bilden, stellt die Hochfläche anschließend weitgehend eine Schichtfläche dar (Abb. 108), solange die Schichtkalkfazies vorherrscht. Mit der Schwamm- und Riffkalkfazies (Massenkalke) setzt ein hügeliges Relief ein, die *Kuppenalb*. Diese ist vor allem im mittleren und oberen Malm entwickelt und nimmt den größten Teil der Alb ein. Sie wird nach Südosten durch einen stufenförmigen Abfall zur *Flächenalb* begrenzt, die schließlich unter der Molasse des voralpinen Beckens verschwindet.

Als typische Karstformen findet man auf der Schwäbischen Alb Dolinen, Karstwannen und Trockentäler. Ebenso sind zahlreiche Höhlen anzutreffen. Weit verbreitet ist auch hier eine Lehmdecke, die präpleistozäne Verwitterungslehme der Kalksteine und Mergel, Molassereste und Lößlehm enthalten kann. Kreidezeitliche Sedimente fehlen. Abgesehen von den tertiären Molassesedimenten kommen mit der jungtertiären Juranagelfluh fluviale Ablagerungen vor, die Material aus dem Schwarzwald enthalten und einen Zufluß von Westen anzeigen. Mittelpliozäne Schotter der Urdonau liegen auf dem Eichberg nördlich Blumberg in mehr als 900 m NN. Limnische Sedimente miozänen Alters kommen im Steinheimer Becken vor, bei dem es sich wie bei dem viel größeren Nördlinger Ries um einen Impactkrater handelt. Den größten Teil der heutigen Beckenfläche nehmen allerdings Löß und pleistozäne Schotter ein. Anzumerken ist ferner, daß in der Rißeiszeit der Rheingletscher die Donau beiderseits Sigmaringen überschritten hatte. Seine Schotter und Moränen bedecken die Alb von Riedlingen bis in den Hegau.

Ein Versuch, die Gesamtentwicklung der Schwäbisch-Fränkischen Alb in ihren wesentlichen Zügen wiederzugeben, kann mit Aussagen über das Alter der Jurastufe beginnen. Für den nördlichsten Abschnitt nimmt SPÄTH (1973) an, daß die Doggerstufe seit dem Jungtertiär um 100, maximal um 1000 m nach Osten verlegt worden ist. Im Holozän haben partiell größere Rutschungen stattgefunden. Am südlichen Rand der Frankenalb sieht KLEBER (1987) die Malmstufe heute in einer Position, die der aus pliozäner Zeit entspricht. Dagegen sei die Doggerstufe erst im ältesten Pleistozän im Zusammenhang mit der Entwicklung von Fußflächen im Vorland in die heutige Lage geraten. Die hier mehrfach entwickelten Stufenbuchten könnten recht verschiedenen Alters sein. Im Bereich der Treuchtlinger Pforte und der Sulz müsse mit pliozänem Alter gerechnet werden, bei anderen kleineren Buchten mit pleistozänem. Einfluß darauf habe der Wechsel der lokalen Vorfluter.

Für die Umgebung des Nördlinger Rieses wird heute allgemein die Existenz einer präriesischen (obermiozänen) Schichtstufe akzeptiert, deren Form unter den Auswurfmassen gut zu verfolgen ist. Für die westlich anschließenden Teile des Stufengebietes der Schwäbischen Alb ist laut ZEESE (1971) die ältestpleistozäne Auflösung des Liasvorlandes kennzeichnend. Die Hauptstufe mit dem Dogger-Eisensandstein und dem Malmkalk liegt zumindest stellenweise seit der Sedimentation der ältestpleistozänen Goldshöfer Sande ungefähr in der heutigen Position. Ein ähnliches Alter nimmt DONGUS (1977) auch für die Jurastufe im Südwesten der Schwäbischen Alb an. Hier hätten schon vor der obermiozänen Reliefplombierung durch die Juranagelfluhschüttung Schichtstufen bestanden. Vom Mittelpliozän an sei dann diese Plombierung durch die Anlage der Aare-Rhein-Donau allmählich rückgängig gemacht worden. Auch die Stufenlandschaft vor dem Albtrauf müsse exhumiert und überformt worden sein. Der Stufentrauf der Südwestalb und der mittleren Alb habe damals noch 4–6 km vor den heutigen Stufenstirnen gelegen (vgl. dazu auch LESER 1988). Die gegenwärtige Stufenformung ist an vielen Stellen zu beobachten. Das jüngste Großereignis (Rutschung) beschreibt BIBUS (1986) von der Westalbstufe. In diesem Fall ließ sich ein Zusammenhang mit Erdbeben, der häufig nicht auszuschließen ist, nicht nachweisen. Gegenwärtig konzentrieren sich Beben hauptsächlich auf den Hohenzollerngraben, der südlich von Hechingen in die Alb hineinzieht.

Die Hochfläche der Frankenalb ist laut PFEFFER (1986) erstmalig in der Unterkreide stark verkarstet. In dieser Zeit entstand auch das Polje von Königstein. In der Oberkreide sei das Relief mit Quarzsanden fluvial und marin verschüttet worden. In der jüngsten Kreide und im Tertiär hätten sich mehrere Flächensysteme mit Rotlehmen und tiefgründiger Dolomitvergrusung entwickelt. Das jüngere Tertiär hat an verschiedenen Stellen Gerölle als Reste von Talsystemen hinterlassen (u. a. Moenodanuvius im Sinne von SCHIRMER 1991), die aus dem Fichtelgebirgsgebiet die Albhochfläche nach Westen und Süden überquerten. Ein Breittalboden ist entlang des tief eingeschnittenen Pegnitztales in 450–460 m NN zu rekonstruieren. Er wird von PFEFFER (1986) – LOUIS (1984) folgend – als sarmatopontisch angesehen und mit einem Talsystem verbunden, das vom Fichtelgebirge her Lyditgerölle führend die Fränkische Alb überquerte. Schon vorher scheint es ähnliche Täler gegeben zu haben, wenn die in der rupelzeitlichen Molasse bei Donauwörth zu findenden Lydite von Norden geschüttet wurden (vgl. SCHIRMER 1991). Die alten Talböden sind später verstellt worden.

Als sarmato-pontisch werden auch die Monheimer Höhensande angesehen, die östlich vom Nördlinger Ries auf der Albhochfläche *über* Ries-Auswurfmassen in 560 m NN liegen. Die Lydit führenden Sande werden ebenfalls einem Urmain zugeordnet, der Zufluß aus dem Grundgebirge hatte. Die Sande überdecken miozäne Seesedimente, die im Stausee des Altmühl-Rezat-Gebietes abgelagert wurden, und verzahnen sich bei Wellheim und bei Donauwörth mit den jüngsten Akkumulationen der Oberen Süßwassermolasse (TILLMANNS 1977). Eine solche Verknüpfung wird nur verständlich, wenn man eine Hebung der südlichen Frankenalb um mindestens 100 m seit dem Miozän annimmt. Gegenüber der Dachfläche des Sandsteinkeupers vor der Jurastufe muß wohl mit ähnlichen postsedimentären Hebungen oder entsprechender Abtragung im Keupergebiet gerechnet werden, sonst wäre ein so hoher Seeaufstau nicht möglich gewesen. Viele Trockentäler auf der Frankenalb sind auf die pliozänen Talreste eingestellt. Die Mehrzahl der heutigen Trockentäler entstand aber zu Zeiten pleistozänen Permafrostes, der die Verkarstung unterband und „normale" Erosion zuließ. Heute ist die Verkarstung vielerorts wieder aufgelebt.

Auf der Schwäbischen Alb, auf der Spuren einer Kreidetransgression fehlen, bildete sich nach dem Auftauchen aus dem Jurameer bis zum Ende des mittleren Oligozäns eine prächattische Rumpfflächenlandschaft aus, von der laut DONGUS (1977) im Gegensatz zu KUPPELS (1981) nur noch auf der Flächenalb größere Reste erhalten blieben. KUPPELS (1981) erkennt auf der Kuppenalb ein kreidezeitlich-alttertiäres Flächeniveau und ein jüngeres, das ebenfalls schon im Eozän bestand. Die Flächenalb, deren Stufenanstieg zur Kuppenalb auch als Kliff bezeichnet wird, ist wohl nur direkt vor dieser Stufe als Abrasionsform des untermiozänen Molassemeeres anzusehen (vgl. dazu die Diskussion bei DONGUS 1977). Der größte Teil soll eine Rumpffläche sein, der südöstliche Teil wird von der breiten, wenig eingetieften Graupensandrinne eingenommen. Dieses Gerinne zog aus dem Gebiet Donauwörth über die Umgebung von Ulm bis in das Gebiet von Schaffhausen und folgte wohl zumindest partiell einer Flexur am Südrand der heutigen Alb. Auf das Molassemeer eingestellte Rinnen griffen als Täler auf die Kuppenalb zurück. Sie wurden von der Juranagelfluh durch den Anstieg des Molassemeeres plombiert, im Osten der Schwäbischen Alb durch die Auswurfmassen des Riesereignisses. Laut KUPPELS (1981) bildeten sich präpliozän auf der Kuppenalb intramontane Ebenen. Im Pleistozän begann erneut die Talbildung auf der Kuppenalb, wobei die Erosionsbasis von der Klifflinie gebildet wurde. Die Zertalung der Flächenalb soll erst vom Mittelpliozän an begonnen haben (DONGUS 1977). Zu dieser Zeit müsse die Donau ein ca. 150 m tiefes Sohlental in der Alb gehabt haben. Die Zertalung sei nicht klimatisch, sondern eindeutig tektonisch bedingt gewesen durch das Aufkippen der Schwäbischen Alb im Streichen (Aufstieg im Norden, Absinken im Süden).

Die Heraushebung der Alb führte zum Trockenfallen vieler pliozäner Täler im verkarstungsfähigen Gestein. Eine große Zahl der heutigen Trockentäler entstand auch hier während pleistozäner Permafrostperioden. Holozäne und rezente Verkarstung sind an vielen Stellen zu beobachten. Im allgemeinen handelt es sich aber um Formen des bedeckten Karstes. An den Deckschichten kann mit teilweise kretazisch bis mitteltertiären Bohnerzen (BORGER 1990) sehr altes Material beteiligt sein. Verbreitet sind aber größere periglaziale Umlagerungen (neuester Beitrag zu diesem Thema s. BLEICH u. KUHN 1990). An manchen Hängen der Schwäbischen Alb sind umfangreiche holozäne Überformungen durch Rutschungen zu beobachten.

3. Landschaften östlich des Süddeutschen Stufenlandes (Oberpfälzer Senke, Oberpfälzer Wald und Bayerischer Wald)

Unter „Oberpfalz“ wird hier die Region verstanden, die östlich der Fränkischen Alb und westlich von Fichtelgebirge, Böhmerwald und Bayerischem Wald liegt. Als *Oberpfälzer Senke* kann man den nordwestlichsten Teil bezeichnen. Er wird nach Norden vom Roten Main, nach Süden von der Heidenaab entwässert. Im Rotmaingebiet ist die Landschaft kräftiger zertalt, während im Heidenaabgebiet flache sandige Talweitungen vorherrschen, in denen viele Teiche künstlich aufgestaut sind. Herzynisch streichende Höhenzüge gliedern das Relief nur wenig. Den Untergrund bilden Triasschichten, die in zahlreiche Bruchschollen zerlegt sind. Im Vergleich zur Frankenalb ist das Gebiet insgesamt herausgehoben. LOUIS (1984) lehnt deshalb im Gegensatz zu WIRTHMANN (1961) die Bezeichnung *Senke* ab und spricht statt dessen von der *Rotmain-Heidenaab-Zone*. Der große Anteil weichen Gesteins in den Triasschichten förderte die Ausräumung gegenüber der Frankenalb, so daß Reliefumkehr stattfand.

In der Senke wird das Relief weitgehend von der ausbeißenden Schichtenfolge der einzelnen Schollen bestimmt (vgl. die entsprechenden Profile bei WIRTHMANN 1961). Ein Profilschnitt südlich von Bayreuth und nördlich der Wasserscheide zwischen Rotem Main und Heidenaab zeigt, daß die Schichten hier zur Mulde der nördlichen Frankenalb hin einfallen. Diese Einfallsrichtung bleibt auch in den einzelnen Bruchschollen erhalten. So schließen sich der Doggerstufe der Frankenalb nach Osten Stufen des Lias, des Burgsandsteins, des Blasensandsteins (Coburger), des Unteren Keupers und des Muschelkalks an. Östlich der Muschelkalkstufe liegt eine Bruchscholle, auf der wieder Keuperstufen zu finden sind. In den Randschollen zum Fichtelgebirge bildet der Muschelkalk wiederum eine Stufe, außerdem aber auch noch der Buntsandstein. Dieser und Rotliegendes (Permotrias) werden nach Osten von der *Fränkischen Linie* begrenzt, die die Senke vom steil ansteigenden Grundgebirge trennt.

Eine andere Orientierung der flachen Stufenlandschaft findet man dagegen zwischen Kirchenthumbach, Pressath und Albenreuth südlich der Rotmain-Heidenaab-Wasserscheide. Der Übergang von den Malmkalken der Frankenalb in die Oberpfälzer Senke ist hier ziemlich flach ausgebildet und greift über Verwerfungen hinweg auf eine Muschelkalkscholle über, deren Schichten nach Osten einfallen. Das bleibt auch so im östlich anschließenden Gebiet. Hier ragt in einer anderen Scholle der Muschelkalk als deutliche *westexponierte* Stufe (Wirtsberg) über dem tiefer liegenden westlichen Vorland auf, dessen Untergrund ebenfalls aus (abgesunkenem) Muschelkalk besteht. Der Muschelkalkstufe folgt nach Osten ein Keupergebiet, in dem die charakteristischen (oben schon angeführten) Keuperstufen entwickelt sind. Nur weisen die Stufen im Unterschied zum nördlichen Profil infolge des veränderten Schichteinfallens nicht nach Osten, sondern sämtlich nach Westen. In ähnlicher Weise beeinflussen Gestein und Tektonik auch die übrige Senke.

Dennoch lassen sich mit WIRTHMANN (1961) Reste alter Hochflächen auf den Wasserscheiden erkennen, deren höchste bei 700 m NN liegen und sarmato-pontischen Alters sein sollen (vgl. auch HEINDL 1985). Darunter folgen Flächenreste in 570 m NN von alt- bis mittelpliozänem Alter. Die Basalte wurden von diesen Flächen teilweise geschnitten, teilweise auch nicht. Das markanteste Beispiel eines solchen Härtlings bildet der Rauhe Kulm (682 m NN) bei Neustadt. LOUIS (1984) weist darauf hin, daß diese Altersvorstellungen der Korrektur bedürfen, da die Basalte nicht, wie ursprünglich angenommen, obermiozän, sondern altmiozän seien. In altpliozäner Zeit habe die Oberpfälzer Senke noch der *Urmain* aus dem Fichtelgebirge überquert und seinen Weg über die Frankenalb zur Donau genommen, wie das von anderen Autoren auch vertreten wird. Beiderseits der Senke ließen sich sowohl an der Fränkischen Linie im Osten als auch am Ostrand der Frankenalb gekappte Alttalungen nachweisen. Im Osten lägen sie bei 510–530 m NN, im Westen bei 450–470 m NN. Die Höhenunterschiede werden als Folgen eines normalen Flußgefälles gedeutet. Demnach müßten sich Frankenalb und das Gebiet östlich der Fränkischen Linie tektonisch gleich verhalten haben. Die in diesem Zusammenhang als Reste der altpliozänen Flüsse angeführten Albenreuther Schotter westlich der Fränkischen Linie werden dagegen von SCHRÖDER (1987) als Rückstände einer extremen Randfazies der Kreide (!) angesehen. KLEBER (1989; vgl. außerdem KLEBER u. a. 1988) stellt ebenfalls die von LOUIS (1984), PFEFFER (1986) und anderen Autoren abgeleiteten Flußsysteme entschieden in Frage. Neben anderen Indizien mache das Schotterspektrum auf der Wasserscheide zwischen Rotem Main und Pegnitz am Ostrand der Frankenalb die bisher postulierten Laufzusammenhänge unwahrscheinlich (vgl. auch DREXLER u. EMMERT 1985).

Im Südosten der Oberpfälzer Senke schließt der kristalline *Oberpfälzer Wald* an. Die Grenze bildet die Fränkische Linie, an der Granite und Gneise gegenüber den Triasschichten im Westen kräftig herausgehoben worden sind. Im Norden wird der Oberpfälzer Wald von dem Tiefgebiet Mitterteich/Waldsassen begrenzt, das eine westliche Fortsetzung des Egergrabens darstellt. Im äußersten Nordwesten erreicht der in jüngerer Zeit besonders stark herausgehobene granitische Steinwald fast 950 m NN. Die Ostgrenze des Oberpfälzer Waldes ist der Böhmerwald, auch als Hinterer Wald des Bayerischen Waldes bezeichnet.

Die Südgrenze bildet das Chamtal zwischen Furth und Cham. Als südwestlicher Ausläufer des Oberpfälzer Waldes springt das kristalline Naabgebirge bis östlich Amberg vor, im Norden begrenzt von der Oberpfälzer Senke, im Süden von der Kreidemulde Amberg/Bodenwöhr.

Die Haupthöhenzüge des Oberpfälzer Waldes streichen westnordwestlich bis nordnordwestlich. Sie beginnen bei ca. 600 m NN und erreichen mehr als 900 m NN. LOUIS (1984) nimmt an, daß diese Erhebungen aus einem schon bestehenden alttertiären Rumpfflächenrelief emporstiegen. Auf ihren Höhen seien größere Reste alter Abtragungsebenen mit tiefer Verwitterung nicht selten. Einige Täler oder auch Alttalungen querten solche Höhenzüge, wie etwa das Pfreimdtal und das Aschachtal. Sie sind also wohl als antezedent anzusprechen. Gefällsveränderungen an den Grenzen der Höhenzüge zeigten an, daß die Hebung noch lange nach Anlage der Talungen angedauert habe (LOUIS 1984).

Der größte Teil des Oberpfälzer Waldes entwässert zum Naabtal, das den Westrand des Waldes begleitet und seinen südwestlichen Ausläufer, das *Naabgebirge*, durchbricht. Allem Anschein nach folgt das Tal einer alten Entwässerungsbahn, denn jungtertiäre fluviale und limnische Sedimente mit Braunkohlen begleiten das Tal und reichen bis weit unter seine Sohle. In diesen Sedimenten werden Reste eines verschütteten Urnaabsystems gesehen (LOUIS 1984 mit weiterer Literatur). Die vorhergehende Erosion dürfte der präriesischen Zertalungsphase im Albgebiet zeitlich entsprechen, die auch die benachbarten Regionen ergriffen und die Rumpfflächenbildung unterbrochen haben muß. Die nachfolgende sarmato-pontische Verschüttung sei – so LOUIS – dann während einer neuen Hebungsphase großenteils ausgeräumt worden. Im mittleren bis oberen Pliozän habe eine neue Verschüttung stattgefunden, der sich wiederum Hebung und Erosion angeschlossen hätten, bevor schließlich im Altpleistozän die Täler noch einmal aufgefüllt worden seien. Die jüngste Hebungsphase müsse dann zur Eintiefung der heutigen Täler geführt haben.

Die Kreidemulde Amberg/Bodenwöhr und das Chamtal trennen den Oberpfälzer Wald vom *Bayerischen Wald*, der von Graniten und Gneisen aufgebaut wird. Unter der Bezeichnung Bayerischer Wald wird hier auch der *Böhmerwald* subsumiert. Der eigentliche Bayerische Wald wird auch als Vorderer Wald, der Böhmerwald als Hinterer Wald bezeichnet. Zwischen beiden liegt das tiefere Pfahlgebiet. Der Böhmerwald bildet den Grenzkamm zur Tschechischen Republik. Vom höchsten Berg des südlichen Böhmerwaldes läuft die österreichische Grenze nach Süden zur Donau unterhalb Passau. Bei Passau wird das kristalline Vorland des Bayerischen Waldes von der Donau durchschnitten. Nordwestlich davon läuft die Donau parallel zum Gebirgsrand bis Regensburg, dem großen Donaurandbruch folgend, an dem das Kristallin sehr tief absinkt. Nordöstlich Regensburg liegt mit dem *Regensburger Wald* der westlichste Teil des Bayerischen Waldes.

Der Vordere Wald weist im Südwesten ein tiefer liegendes Vorland auf. Nordöstlich vom Vorderen Wald zieht sich die Pfahlsenke auf ganzer Länge als tieferer Bereich durch das Gebirge. Ihr Name ist abgeleitet von dem Pfahl, einer Quarz-Spaltenfüllung, die über 150 km von österreichischem Gebiet in herzynischer Richtung bis zum Naabgebirge bei Schwandorf zieht. Das harte Gestein bildet eine unterschiedlich hohe helle Mauer. Diese markiert eine alte Störungszone, die bis in die jüngste Zeit immer wieder aktiviert wurde (BAUBERGER 1964). Sie trennt auf weite Strecken Kristallin verschiedener Petrographie und Tektonik. Nördlich von ihr dominieren Gneise, südlich von ihr Granite und Migmatite.

Oberhalb der zum Pfahl parallel laufenden Bruchstufe, die den Bayerischen Wald zur Donau und zum Tertiärhügelland begrenzt, dehnt sich eine kuppige Landschaft aus, in der die weicheren Gneise in der Regel stärker ausgeräumt werden als die – relativ – härteren Granite. Beide Gesteine sind stellenweise tief vergrust. Auch hier lassen sich Reste tertiärer Verebnungen nachweisen, in die die Täler tief eingeschnitten sind. ERGENZINGER (1965) gliedert in weitgehender Bestätigung älterer, für den gesamten Bayerischen Wald gemachter Befunde (SCHULZ 1926, zit. bei ERGENZINGER) im Elzgebiet im südlichen Bayerischen Wald eine untere Fußfläche in ca. 580 m NN aus, die mit Sedimenten (Molasse) pontischen Alters konnektiere, und eine ca. 30 m höhere. Die Flächen stiegen vom Vorland nördlich Passau bis zum Gebirgsrand, der zwischen 700 und 800 m NN einsetzt, um 40 m an. Die Molasse habe ein miozänes Urtalrelief verschüttet. Die obere Fußfläche müsse älter sein, wahrscheinlich präuntermiozän. Den Übergang zu den höheren Rumpfflächenresten im Gebirge vermittelten zwei schmale Randterrassen, die sich im Pfahlgebiet zwischen Vorderem und Hinterem Wald als intramontane Ebenen in 620–650 m NN fortsetzten. Die weiteste Verbreitung im Pfahlgebiet sei Resten einer Rumpffläche eigen, die zwischen 700 und 750 m NN lägen. Undeutlicher ließen sich Reste weiterer Rumpfflächen erkennen, die mit dem Rachelniveau als höchstem bei ca. 1300 m NN im Hinteren Wald kulminierten. Reste des zwischen 700 und 750 m NN liegenden Niveaus kann auch KUBINIOK (1988) im westlich anschließenden Gebiet des Vorderen Waldes erkennen.

Im Hinteren Wald, dem *Böhmerwald*, werden häufig Meereshöhen über 1000 m erreicht. Über längere Distanz durchlaufende, manchmal breite Kammlagen, etwa zwischen dem österreichischen Plöckenstein und dem Dreisessel in ca. 1300 m NN, zwischen dem Haidl und Bischofsreut in ca. 1100 m NN oder östlich von Mauth und Finsterau in ca. 1000 m NN, sind in der Tat leicht als Rumpfflächenreste zu interpretieren. In diesen Höhenlagen gibt es außerdem mehrere Kare und andere Hinweise auf eine jungpleistozäne Vergletscherung (HAUNER 1980).

Die Kammlagen des Böhmerwaldes bilden die Wasserscheide zwischen Donau und Moldau (Elbe). Auffallenderweise queren mit Ausnahme des Regens die konsequenten Abdachungsflüsse und ihre Quelläste die Pfahlniederung ohne nennenswerte Ablenkung und setzen ihren Weg zur Donau durch den höheren Bayerischen (Vorderen) Wald fort. Die Anlage des Gewässernetzes muß demnach vor der Entstehung der Pfahlniederung erfolgt sein. Auch im Unterlauf des Regens fällt auf, daß er aus der Kreidemulde Bodenwöhr in das Kristallin des deutlich höheren Regensburger Waldes eintritt. LOUIS (1984) sieht darin die Auswirkungen eines alttertiären Flachreliefs, das in der Kreidemulde ähnliche Höhe wie im Regensburger Wald gehabt habe. Darauf sei das Flußnetz ausgebildet worden.

4. Oberrheinische Tiefebene

Umgeben von typischen Mittelgebirgslandschaften, erscheint die Oberrheinische Tiefebene als fremde Form in Südwestdeutschland. Auf fast 300 km Länge und nur durchschnittlich 30 km Breite spiegelt sie die Auswirkungen des Oberrheingrabens an der Oberfläche wider. Die in ihm erfolgte Aufschüttung junger Sedimente ist die Ursache der weitgehenden Ebenheit. Doch wäre es zu oberflächlich, die Landschaft zwischen Frankfurt a.M. und Basel als völlige Ebene zwischen der östlichen und der westlichen Randverwerfung anzusehen.

An ihrem nordwestlichen Ende gelangt man, ohne eine morphographische Grenze zu erkennen, zwischen Nackenheim und Rüsselsheim vom Oberrheingraben in das Mainzer Becken. Am nordöstlichen Ende wird der Rotliegend- und Tertiärhorst von Sprendlingen/Frankfurt mit kaum merklichem Anstieg passiert und im Osten die Hanau-Seligenstädter Senke erreicht, eine Nebensenke des Oberrheingrabens. In beiden Fällen machen sich die Randverwerfungen des Oberrheingrabens gar nicht oder kaum bemerkbar, weil sie von mittel- oder jungpleistozänen Schottern überlagert werden, nach deren Akkumulation keine nennenswerten Vertikalbewegungen mehr stattfanden. An der Grenze zum Sprendlinger Horst wirken sich auch schräggestellte Schollen aus, die keinen abrupten Anstieg zeigen.

Dort, wo die Grabenrandverwerfungen eindeutig durch steile Hänge die Grenzen der Oberrheinischen Tiefebene markieren, ist zwischen dieser und den benachbarten Bergländern in der Regel ein tektonisch gegliedertes Vorland (Randzone, Vorbergzone, Randstaffeln) entwickelt, in dem häufig Schollen von Gesteinen erhalten sind, die in der höheren Umgebung längst abgetragen wurden, so beispielsweise in der Freiburger Bucht, vor dem Kristallinen Schwarzwald Buntsandstein, Muschelkalk, Keuper, Lias und Dogger (Staufener Schloßberg) oder bei Heppenheim vor dem Kristallinen Odenwald die Buntsandsteinscholle, auf der die Starkenburg steht. Vor allem in den tieferen Lagen werden die Schollen der Vorbergzone von pleistozänen Rheinschottern oder Schottern der Nebenflüsse bedeckt. Großenteils verhüllt Löß den älteren Untergrund. Deshalb wird diese Landschaft auch als Lößhügelland bezeichnet (vgl. dazu die Darstellung bei GOHL 1972).

Die Verbreitung der Lößhügelländer in der Oberrheinischen Tiefebene zeigt eine auffallende Asymmetrie: Großer flächenhafter Ausdehnung im Westen stehen überwiegend kleine Vorkommen im Osten gegenüber. Ausnahmen bilden das *Markgräfler Land* und die *Freiburger Bucht* im äußersten Südosten sowie das *Reinheimer Hügelland* am Südrand der Hanau-Seligenstädter Senke. Größere Lößhügelländer schließen auch die Oberrheinische Tiefebene im Süden zwischen Basel und Mühlhausen sowie im Norden zwischen Frankfurt und Wiesbaden ab. Der nördliche Abschluß wird durch das *Mainzer Becken* gebildet, dessen tertiäre Sande, Mergel und Kalke auch den Untergrund des Rheingaus und des Rheinhessischen Plateaus aufbauen. Die zerschnittenen Hochflächen des Plateaus werden von Stufen aus miozänen Kalksteinen oder pliozänen Kiesen gesäumt. Die darunter liegenden Mergelhänge sind durch Rutschungen gegliedert (PREUSS 1983).

Von diesen offensichtlich tektonisch bedingten Ausnahmen abgesehen, könnte man die übrige asymmetrische Verteilung der Lößhügelländer als periglazial bedingte Asymmetrie ansehen, suggeriert doch die weite Ausdehnung am westlichen Rand der Oberrheinischen Tiefebene zwischen Bad Bergzabern nahe der französischen Grenze und Worms eine Ostwanderung des Rheins während des Pleistozäns. Diese ist sicher aber auch tektonisch beeinflußt, denn in dem angeführten Bereich liegt das Grabentiefste im mittleren und östlichen Teil der Oberrheinischen Tiefebene (PFLUG 1982, Abb. 9).

Die eigentliche Tiefebene weist kaum Relief auf. Ausnahmen sind der vulkanische Kaiserstuhl, der die Ebene um mehr als 350 m überragt, und Dünengebiete. Weiterhin laufen zahlreiche Schwemmfächer der Nebenbäche und -flüsse in der Ebene aus. Ihr Anstieg ist aber meistens so flach, daß er in der Natur selbst kaum ins Auge fällt. Die größte Ausdehnung weist der Schwemmfächer des Neckars auf. Im Gegensatz dazu bilden heute zahlreiche Altläufe besser verfolgbare Hohlformen, die sich zusätzlich durch die Nutzung als Grünland von den benachbarten Feldern und Wäldern abheben. Einen besonders prägnanten Altlauf hat der Neckar entlang des Odenwaldrandes ausgebildet (vgl. dazu

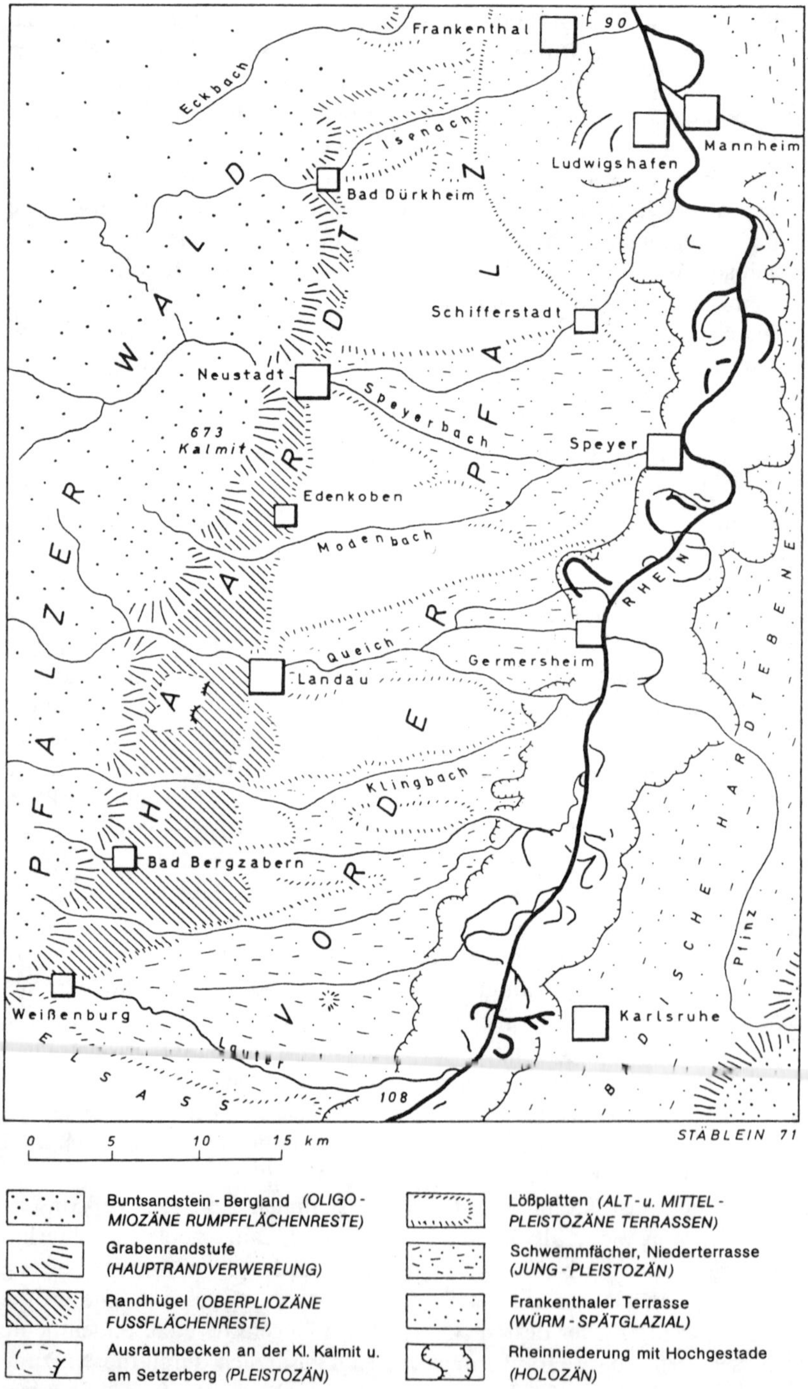

Abbildung 109
Reliefeinheiten zwischen Pfälzer Wald und Rheinaue (nach STÄBLEIN 1972)

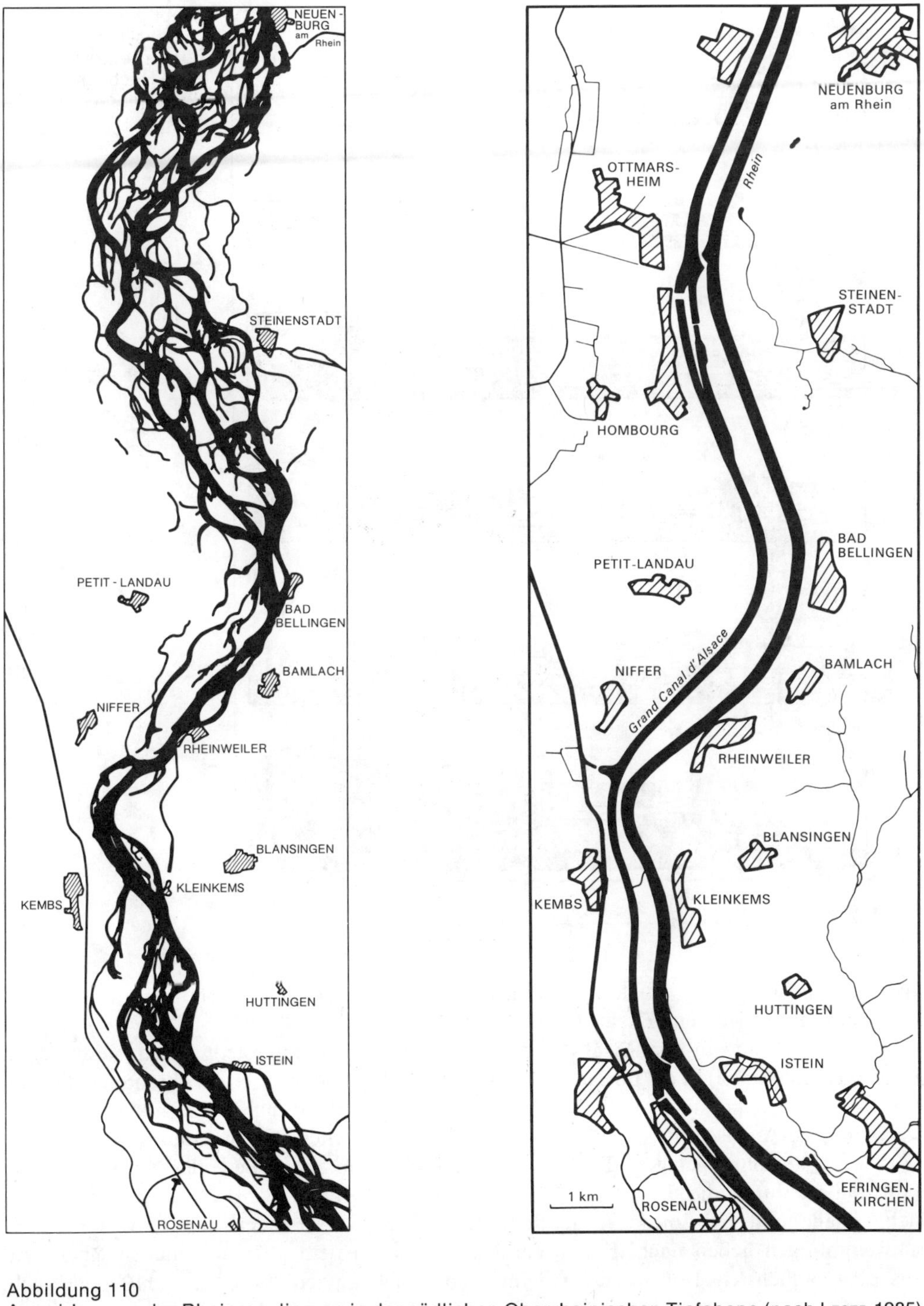

Abbildung 110
Auswirkungen der Rheinregulierung in der südlichen Oberrheinischen Tiefebene (nach LESER 1985)

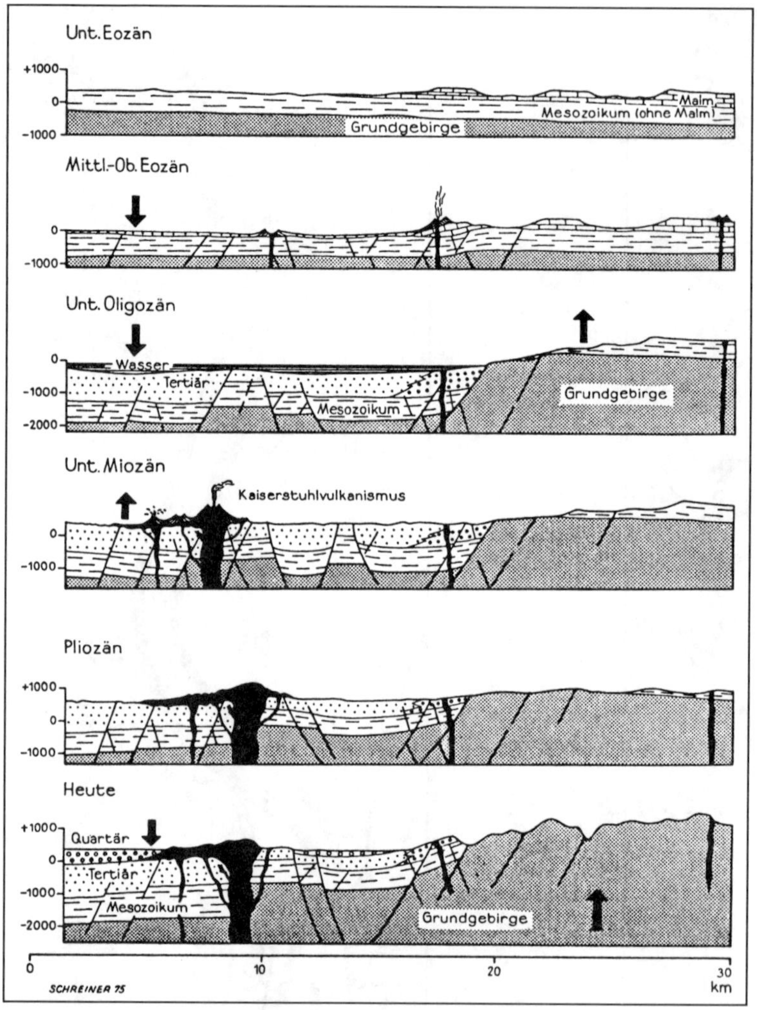

Abbildung 111
Entwicklung von Oberrheingraben und Hochschwarzwald (nach SCHREINER 1977)

auch BARSCH u. MÄUSBACHER 1988). Entlang des Schwarzwaldes läßt sich ein ähnlicher Randfluß rekonstruieren (FEZER 1974).

Die Altläufe sind in der Regel auf die heutige Rheinaue eingestellt, die mit deutlicher Kante (Hochgestade) in die übrige Tiefebene eingetieft ist (Abb. 109). Während das Gebiet oberhalb des Hochgestades im wesentlichen im Holozän nicht mehr Akkumulationsgebiet war, sind die Auensedimente subrezenten bis rezenten Alters. Sie wurden in zahlreichen Mäandersystemen abgelagert. Der heutige Rhein fließt in einem Bett, das erst im vorigen Jahrhundert durch die TULLAsche Rheinkorrektur begradigt wurde. Dadurch erhöhten sich Gefälle und Erosionskraft deutlich. Der Grundwasserspiegel sank ab, die Überschwemmungen ließen nach. Einen Vergleich zwischen dem alten und neuen Rheinbett aus dem südlichsten Teil der Oberrheinischen Tiefebene zeigt Abbildung 110 (vgl. auch Abb. 109).

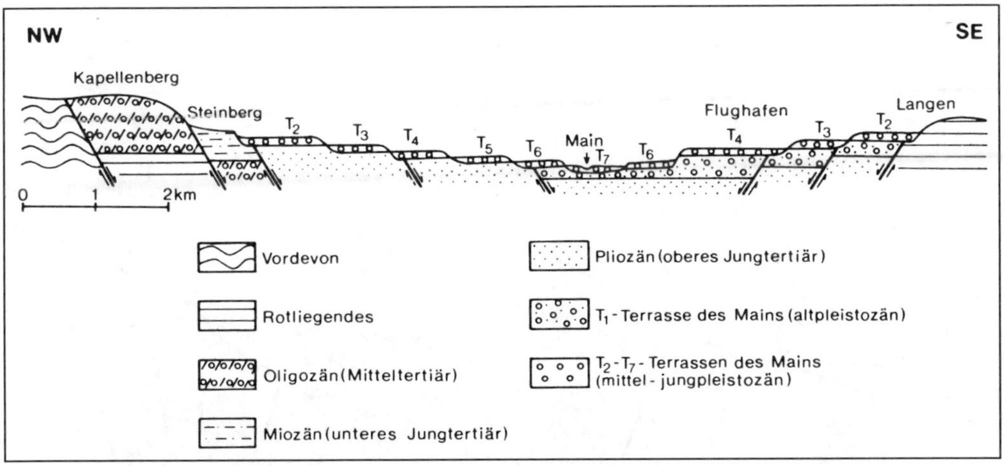

Abbildung 112
Mainterrassen am Nordrand der Oberrheinischen Tiefebene (nach SEMMEL 1984, verändert)

Erste Anzeichen für die Entstehung des Oberrheingrabens stellten sich im Eozän ein. Als illustriertes Beispiel wird hier der Ostteil des südlichen Oberrheingrabens angeführt, weil die Darstellung von SCHREINER (1977) nicht nur das Geschehen im Graben berücksichtigt, sondern auch die Reliefentwicklung im benachbarten Schwarzwald (Abb. 111). Ansonsten ist anzumerken, daß die Basis des Grabentertiärs von Nord nach Süd immer jünger wird. Bis Worms etwa besteht sie aus Rotliegendem, halbwegs zwischen Ludwigshafen und Speyer wird der Buntsandstein vom Muschelkalk abgelöst, bei Heidelberg, Speyer und Landau liegt unter dem Tertiär Keuper. Südlich davon schließen Lias und Dogger sowie (bei Straßburg) der Malm an. Weiter im Süden wechseln Dogger und Malm miteinander. Zunächst waren im älteren und mittleren Tertiär die Absenkungen im südlichen Graben am stärksten, im Jungtertiär und im Quartär wurden die Maxima im Norden erreicht. Im Heidelberger Loch, einem Bereich sehr kräftiger quartärer Senkung, liegen fast 400 m Quartär.

Am Nordrand der Oberrheinischen Tiefebene ist auf den Randhöhen des Taunus ein jungpliozänes Abtragungsniveau in 300 m NN verbreitet, das über vordevonische Phyllite und oligozäne Kiese hinweggreift (Abb. 112). Die Kiese wurden aufgeschüttet, als ihr Akkumulationsgebiet noch zum absinkenden Graben gehörte. Danach sind sie in gewissem Maße mitgehoben worden. Im Pliozän bildeten sich mehrere Abtragungsebenen. Die Absenkung muß vorübergehend im gesamten Grabenbereich zum Stillstand gekommen sein, anderenfalls ist die Entstehung der Ebenen nicht zu erklären. Die Gesteine unter ihnen sind tiefgründig verwittert (Rotlehme und Laterite). Anschließend setzte wieder Absenkung ein, jedoch blieben der nördliche Teil der jüngsten Ebene und ihr oligozäner Kiesuntergrund außerhalb des Senkungsbereiches. Der Abbildung 112 kann entnommen werden, daß sich die Einengung des Grabenbereiches im Quartär fortsetzte, so daß sich schließlich eine Terrassentreppe entwickelte, wie sie in Tälern außerhalb von Senkungsgebieten in Mitteleuropa die Regel ist.

Die Entwicklung am Westrand der Oberrheinischen Tiefebene läßt sich auf Abbildung 109 verfolgen. Zwischen Bad Dürkheim und der französischen Grenze ist der Bruchstufe des

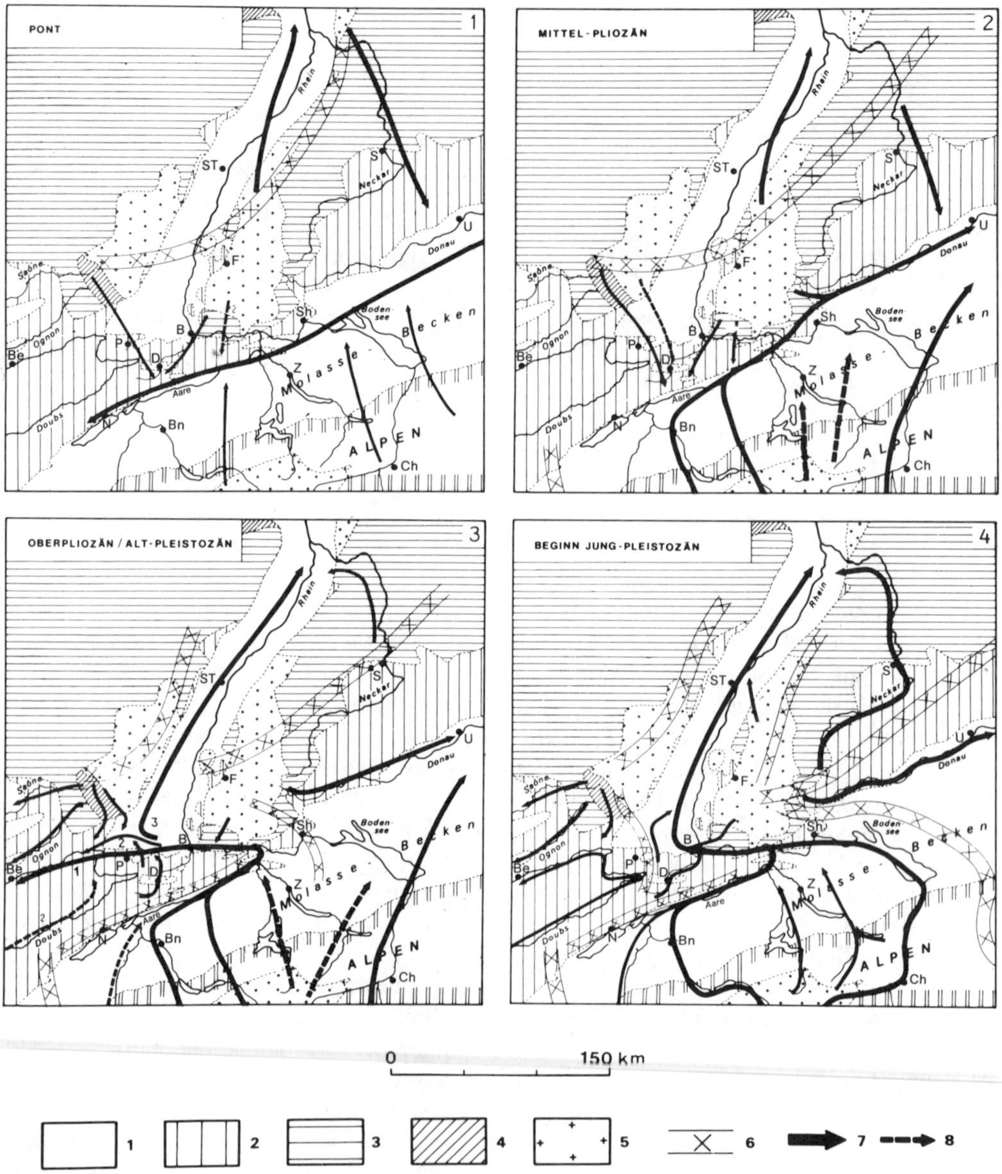

Abbildung 113
Entwicklung des Gewässernetzes am Südrand des Oberrheingrabens (nach Leser 1985)

1 – Quartär und Tertiär
2 – Kreide und Jura
3 – Trias
4 – Paläozoikum
5 – Kristallin
6 – Wasserscheiden
7 – alte Flußläufe mit Sedimenten
8 – alte Flußläufe, teilweise vermutet

Pfälzer Waldes die *Haardt* vorgelagert. In ihr dominieren laut STÄBLEIN (1972) oberpliozäne Fußflächenreste, die den Übergang zu alt- und mittelpleistozänen Terrassen vermitteln. Diese werden von den Niederterrassen der Rheinnebenbäche unterbrochen, welche die Rheinaue im Osten begrenzen.

Ein anderes Bild zeigt der Ebenenrand am Odenwald. Dort ist als schmale Bruchscholle die *Bergsträßer Diluvialterrasse* vorgelagert, die aus grauen fluvialen Sanden des älteren Pleistozäns aufgebaut wird, die von jüngeren gelben Schwemmfächersanden bedeckt werden (HEIL 1959). Die Terrasse hat wiederholt der Neckaraltlauf angeschnitten, der zu Beginn des Holozäns verlandete.

An der Grenze der Tiefebene zum Schwarzwald sind auf den Randschollen die sogenannten Älteren Schotter häufig verbreitet. Deren Alter ist strittig (vgl. ZOLLINGER 1990), kräftige Verwitterung spricht aber wohl für eine Einstufung ins ältere Pleistozän, wobei fraglich bleibt, ob alle Vorkommen in die gleiche Zeit gehören. Die Schotter tragen überwiegend Lößdecken mit mehreren intensiv entwickelten Paläoböden (BRONGER 1966).

Am Südrand der Oberrheinischen Tiefebene gibt es darüber hinaus hochgelegene tertiäre Schotter, deren genaue Altersstellungen gleichfalls unklar sind (LESER 1985). Anhand solcher Vorkommen läßt sich indessen ein ungefähres Bild von der Auswirkung des Oberrheingrabens auf das Gewässernetz darstellen (Abb. 113). Im Pont bestand demnach eine Wasserscheide im Kaiserstuhlgebiet, von der aus der Rhein nach Norden floß. Das Gebiet südlich davon entwässerte zur Nordost-Südwest fließenden Uraare. Die Wasserscheide bestand auch noch im mittleren Pliozän, nur hatte sich die Entwässerungsrichtung im Aaregebiet umgekehrt, sie ging nunmehr nach Nordosten. Am Ende des Pliozäns verschwand die Kaiserstuhlwasserscheide. Es entstanden eine neue Wasserscheide zwischen Rhein und Uraare im Sundgau und eine westlich des heutigen Bodensees zwischen Uraare und Donau. Die Uraare floß nunmehr wieder nach Südwesten. Sie wurde später jedoch vom Rhein angezapft. Der Rhein gewann aufgrund des großen Gefälles, das durch die Absenkung im Oberrheingraben entstand, gegenüber den benachbarten Flüssen im höheren Gebiet enorme Erosionskraft, die schließlich im Jungpleistozän zur Anzapfung des Donausystems führte. Dabei wurde die Wasserscheide westlich des Bodensees durchbrochen. Die dem Rhein tributäre Wutach zapfte die Aitrach an, die der Donau tributär ist. Die neue Wasserscheide liegt in dem alten Talstumpf südöstlich Blumberg (GEYER u. GWINNER 1986).

In der Oberrheinischen Tiefebene wird die heutige Oberfläche überwiegend von der jungpleistozänen Niederterrasse eingenommen. Sedimente mit warmzeitlicher Fauna und Flora werden in die letzte Warmzeit (Riß/Würm) eingestuft (LÖSCHER 1988). Auf den Kiesen der Niederterrasse liegt ein Hochflutlehm, der zumindest im nördlichsten Teil der Tiefebene den allerödzeitlichen Laacher Bims enthält. Mit dem Hochflutlehm verzahnen sich basale Flugsande von Dünen. Neben solchen jungpleistozänen Dünen gibt es auch manche holozänen Alters, die infolge von Rodung aufgeweht wurden (SEMMEL 1990a). Eine großflächige fluviale Akkumulation fand im Holozän auf der Niederterrasse nicht mehr statt. Dieser Bereich scheint demnach in dieser Zeit nicht mehr stark abgesunken zu sein. Daß rezente Bewegungen stattfinden, dafür sprechen Feinnivellements und Gebäudeschäden im Bereich tektonischer Störungen. Nicht immer kann ausgeschlossen werden, daß Grundwasserabsenkungen oder andere anthropogene Eingriffe eine Rolle spielen (PFLUG 1982, SEMMEL 1987). Dennoch gibt es Gebiete (etwa nördlich und südlich Groß-Gerau), wo das Grundwasser die Oberfläche der Niederterrasse erreicht und semiterrestrische Böden verursacht. Das könnte eine Folge junger Senkung sein, zumal hier im vergangenen Jahrhundert kräftige Erdbeben stattfanden. Sie verursachten indessen nicht so furchtbare Schäden wie das Beben von Basel 1356 am Südende des Oberrheingrabens. Insgesamt zeichnet sich die Oberrheinische Tiefebene durch erhöhte seismische Aktivität aus (vgl. PFLUG 1982).

5. Die großen Täler

Im Süddeutschen Stufenland liegt die Wasserscheide zwischen Rhein und Donau. Diese Wasserscheide ist in jüngerer Zeit, vor allem im Pleistozän, zugunsten des Rheins verlegt worden, dessen Erosionbasis durch den Oberrheingraben erheblich tiefer liegt als die der Donau. Besonders in der Schwäbischen Alb finden sich viele Stellen, die das Anzapfen des Donausystems durch den Neckar, durch Kocher und Jagst belegen. Davon betroffen waren neben der Aitrach, die durch die Wutach angezapft wurde, die Ureschach, die Täler von Bära, Schmiecha, Lauchert, Lauter, die Urlone, die Urbrenz, die Urjagst und die Urwörnitz. Auch der Main „räuberte" im Bereich der Frankenalb. Zu diesen Vorgängen hat vor allem WAGNER (zuletzt 1963) Stellung genommen (vgl. auch DONGUS 1977). Eine Zusammenschau der Entwicklung von Donau, Rhein und Main gibt RUTTE (1987). Außerdem sei auf ZIENERT (1961 a) verwiesen.

Main und Neckar ist gemeinsam, daß ihre tief eingeschnittenen Täler am östlichen Rand des Oberrheingrabens auf dem Niederterrassenniveau auslaufen. Von der Quelle bis zur Mündung durchziehen sie oder ihre Nebenflüsse alle Stufenlandschaften vom Malm über Dogger, Lias, Keuper und Muschelkalk bis zum Buntsandstein. Main und Neckar sind die eigentlichen Gestalter der Süddeutschen Stufenlandschaft.

5.1. Das Maintal

Das eigentliche Maintal beginnt mit dem Zusammenfluß des Roten und des Weißen Mains westlich von Kulmbach. Der Rote Main entspringt auf der Rückseite der Frankenalb, der Weiße Main im Fichtelgebirge. Der *Obermain*, so nennt man den Main unterhalb des Zusammenflusses, durchzieht zunächst die nördlichen Ausläufer der Frankenalb in einem breiten Sohlental, dessen Hänge aus Keuper, Lias und Dogger bestehen. An ihnen findet man Reste von älteren Terrassen, die von KÖRBER (1962) in Mittel- und Hauptterrassen gegliedert werden. Abbildung 114 zeigt ein Beispiel, in dem – wie auch im weiteren Talverlauf – unter dem Talboden die jüngste Niederterrasse, die UNT liegt. Nicht dargestellt sind mehrere holozäne Schotterkörper, die vor allem durch Umlagerung der Kiese der UNT entstanden (SCHIRMER u. a. 1981). Etwas höher als die UNT liegt die ältere Niederterrasse, die ONT, der sich drei Stufen der Mittelterrassen (UMT, MMT, OMT) anschließen. Im Bereich der Hauptterrasse (UHT, MHT, OHT) beginnt sich das Tal zu

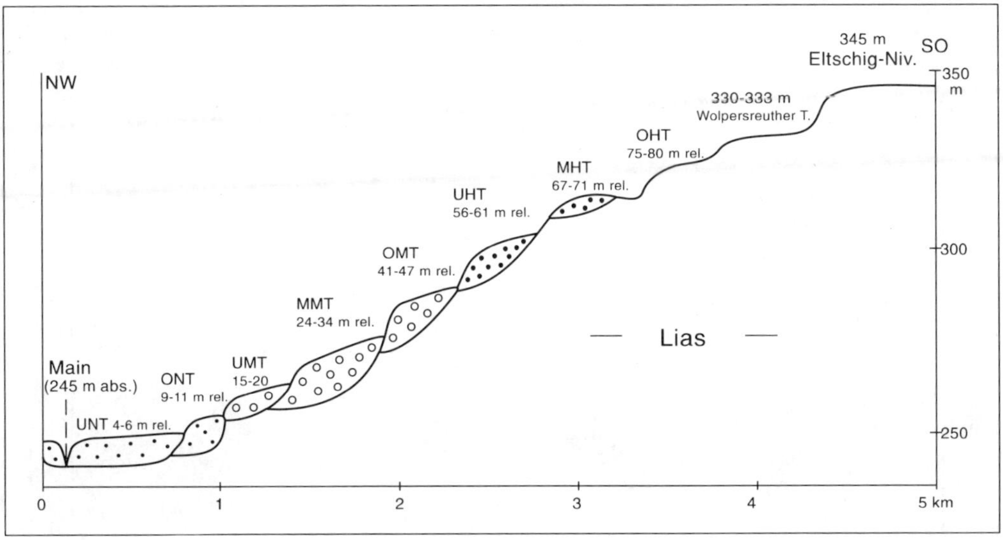

Abbildung 114
Terrassenabfolge am Obermain (Frankenalb; nach KÖRBER 1962)

weiten. Die ältesten Stufen stellen die Übergangsterrassen dar, die meist nur als Felsterrassen erhalten sind.

In der Abbildung 114 fehlt ein Sedimentkörper, der seit längerem aus dem mittleren Maintal bekannt ist, am Obermain aber erst kürzlich gefunden wurde (SCHIRMER 1981): die Talverschüttung. Bei Oberwallenstadt östlich Lichtenfels sind nahe dem heutigen Talboden in vierfachem Rhythmus Kiese, Sande und Lehme von fast 30 m Mächtigkeit aufgeschlossen.

Der unterhalb Bamberg beginnende *Mittelmain* durchfließt zunächst den Steigerwald. Das tief eingeschnittene Tal hat zwar einen breiten Talboden, eine ONT ist laut KÖRBER (1962) jedoch nicht ausgliederbar. Auch hier wurde der Kies der UNT im Holozän partiell in verschiedenen Phasen umgelagert. An den Talhängen finden sich nur spärlich Reste älterer Terrassen. Bemerkenswert ist das Mainschottervorkommen in ca. 280 m NN im Bereich der Hauptterrassen, die sonst als Felsterrassen ausgebildet sind.

Beim Austritt aus dem Steigerwald passiert der Main die Stufe des Keupersandsteins und gelangt in den Bereich der Gäulandschaft, deren Untergrund aus Gipskeuper, Lettenkeuper und Muschelkalk besteht. In den weichen Keupergesteinen ist jeweils ein sehr breites Tal angelegt, während im harten Oberen Muschelkalk enge Talstrecken dominieren. Ähnlich weitet sich das Tal auch weiter flußabwärts bei Würzburg im weichen Mittleren Muschelkalk und schließlich im weichen Röt des Oberen Buntsandsteins unterhalb Gemünden.

In den Talweitungen ist die Terrassenabfolge am besten erhalten. Die eigentliche Talsohle nimmt nach wie vor die UNT ein, der randlich die ONT und die Mittelterrassen folgen (Abb. 115). Sehr oft sind die Nieder- und Mittelterrassen in eine mächtige Talverschüttung eingetieft, wie sie schon vom Obermain erwähnt wurde. In die Oberfläche der Verschüttung (A-Terrasse im Sinne von KÖRBER) ist partiell eine Erosionsterrasse eingeschnitten, die KÖRBER als E-Terrasse bezeichnet. An den Hängen über der Talverschüttung sind die Stufen

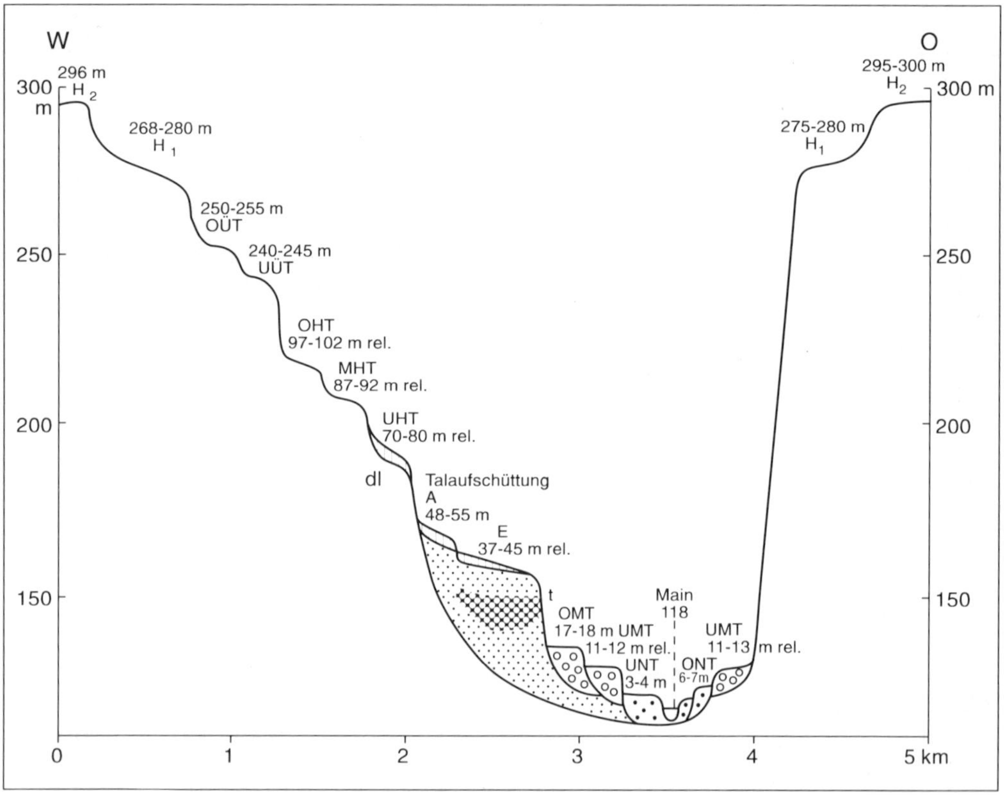

Abbildung 115
Terrassenabfolge des Mittelmains östlich des Spessarts (nach KÖRBER 1962)

der Hauptterrassen und noch höhere Übergangsterrassen entwickelt, die die Hauptgäufläche BÜDELS bei ca. 300 m NN abschließen. Zu den Übergangsterrassen sind auch die Wernfelder Schotter südlich Gemünden zu rechnen, die sich durch besonders grobe Anteile von Buntsandstein auszeichnen (zuletzt dazu KURZ 1988). Im Mittleren und Unteren Buntsandstein hat der Main ein steilhängiges Tal eingeschnitten. Talbuchten wie etwa bei Wörth sind mit tektonischen Absenkungen verbunden.

Die wesentlichsten zeitlichen Stationen der Maintalentwicklung seien im folgenden kurz umrissen: Erste sichere sedimentäre Anzeichen eines Mains, der westlich des Steigerwaldes entspringt, sind mit den pliozänen Arvernensis-Schottern im nördlichen Oberrheingraben und auf dem Rheinhessischen Plateau gegeben (zuletzt dazu ROTHAUSEN u. SONNE 1984). Vorher wurden wesentliche Teile des Mittelmaingebietes möglicherweise über die Scheinfelder (Kitzinger) Pforte zur Donau hin entwässert. Bestimmte Mainanteile der Arvernensis-Schotter müssen den Buntsandstein von Spessart und Odenwald gequert haben (Hornsteine aus Muschelkalk und Keuper). Im Maintal zwischen Spessart und Odenwald gibt es jedoch oberhalb der Talverschüttung keine Terrasse mit Mainschottern. KÖRBER (1962) kartierte dort zwar Reste von Felsterrassen in der Höhe von Hauptterrassen und Übergangsterrassen aus, jedoch erscheint sehr fraglich, ob diese Reste, die immer an harte Buntsandsteinbänke gebunden sind, tatsächlich alte Mainläufe repräsentieren (DIETZ 1981).

Die Steigerwald-Wasserscheide soll der Main erst zu Beginn des Quartärs überwunden und dabei den bis dahin zur Donau fließenden Urmain angezapft haben. TILLMANNS (1977) sieht diesen Vorgang für etwas jünger an. Typische Mainschotter mit Fichtelgebirgsmaterial liegen im Maindreieck flußaufwärts von Würzburg an mehreren Stellen in ca. 280 m NN (KÖRBER 1962). Höhere Mainschotter gleichen Materialgehalts (Lydite) sind meines Wissens bisher nicht gefunden worden. Vereinzelte Schotterreste, die 300 m NN erreichen, bestehen aus lokalem Material. Sie enthalten jedoch nur verwitterungsresistente Gesteine und Minerale.

Im Untermaingebiet kommen die ersten Lydite und mit diesen auch gleichzeitig leichter verwitterbare Komponenten im älteren Pleistozän vor (SEMMEL 1969), das Tonlagen enthält, die paläobotanisch in die Tegelen- oder Waalwarmzeit einzuordnen sind. Darunter liegen aber noch Mainablagerungen, die zwar keine Lydite, dennoch erstmals einen deutlichen Epidotgehalt zeigen (SEMMEL 1974). Diese Sedimentfazies vermittelt gewissermaßen geomorphologisch zwischen den pliozänen und den pleistozänen Ablagerungen, so beispielsweise auch im Mittelrheingebiet. Paläontologisch gehören diese Sedimente und auch noch ein großer Teil der darüber folgenden, Lydit führenden Kiese ins Pliozän, wenn man nämlich die Tegelenwarmzeiten, die bisher stets als älteste pleistozäne Interglaziale galten, wie neuerdings paläontologisch und entsprechend dem INQUA-Beschluß von 1982 praktiziert, ins Pliozän einordnet. Das bedeutet, daß auch die Schwanheimer Flora noch ins Pliozän gehört (GREGOR 1989). Diese Fundstelle liegt über mächtigen Mainkiesen mit Lyditen. Die neue stratigraphische Grenzziehung ist geomorphologisch und sedimentologisch im Rhein-Main-Gebiet nicht faßbar. Demnach ist der Urmain vom Main bereits im Pliozän angezapft worden.

Am Rande der Hanau-Seligenstädter Senke reichen Sedimente des Oberpliozäns an manchen Stellen weit in tief eingeschnittene Täler des Spessarts und des Odenwaldes hinein. Daraus ist auf eine entsprechende Eintiefung des Mains zu dieser Zeit geschlossen worden (zuletzt dazu SEIDENSCHWANN 1989). Die pliozänen Sedimente erreichen maximal nur 155 m NN (DIETZ 1981). Im gesamten Maintal oberhalb der Mümlingmündung sind jedoch tiefgelegene Pliozänvorkommen bisher nicht bekannt und damit eine so frühe Talbildung bis in die Nähe des heutigen Auenniveaus nicht nachweisbar. Das Tal müßte danach bis in die Höhe der heutigen altpleistozänen Terrassen verschüttet worden sein (vgl. dazu auch KURZ 1988).

In nicht ganz so großem Ausmaß hat sich ein ähnlicher Vorgang jedoch zweifellos im Pleistozän abgespielt. Einer Taleintiefung, die stellenweise bis unter den heutigen Talboden reichte, folgte eine Talverschüttung, die noch im Obermaingebiet – wie schon erwähnt – mindestens 30 m mächtig wurde. An der Basis der Aufschüttung sind südlich Würzburg Rotlehme in Karstschlotten gefunden worden, von denen aber wohl nicht sicher ist, wann und wie weit sie unter der Oberfläche entstanden (vgl. auch BRUNNACKER 1964). Die Verschüttung setzte, das legt zumindest der augenblickliche Untersuchungsstand beispielsweise in Marktheidenfeld (SCHIRMER 1988) und in Alzenau (SEIDENSCHWANN 1989) nahe, vor weniger als 700000 Jahren ein und endete vor ca. 500000 Jahren, umfaßt also nach dem derzeitigen Stand der Quartärstratigraphie etwa den mittleren Cromerkomplex. KURZ (1988) sieht im Gegensatz dazu in dem Aufschüttungskomplex mindestens 11 Kaltzeit-Warmzeit-Rhythmen repräsentiert.

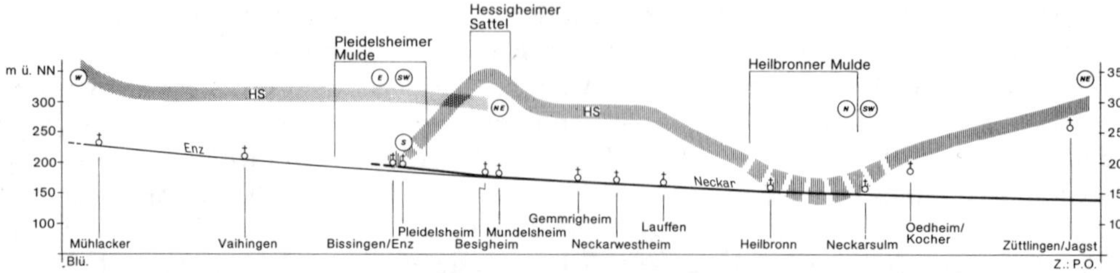

Abbildung 116
Lage der Enz-Höhenschotter (HS) im mittleren Neckartal (nach Blümel 1983, verändert); heutige Höhenlage/tektonische Verstellung von Breitterrassenschottern (nach Angaben von Stuible 1973, Griesbach 1976, Pappe 1977)

Wegen der häufigen sekundären Lagerung wurden nur die höchstgelegenen Fundpunkte zur Rekonstruktion verwandt.

Die Ursachen der Talverschüttung sind derzeit noch strittig (vgl. Semmel 1984). Ob eine Hebung im Mittelrheingebiet einen entsprechenden Stau verursacht, könnte erst eine sichere Terrassenparallelisierung zwischen Mittelrheintal und Maintal klären. Das scheitert bisher an den unsicheren Alterseinstufungen verschiedener Sedimente (Semmel 1988). Obwohl neuerdings die von mir (Semmel 1977) angenommene Gleichaltrigkeit der Mosbacher Sande (Haupt-Mosbach) im Untermaingebiet, die wahrscheinlich der Maintalverschüttung zeitlich entsprechen, und der Mittelrheinterrasse tR4 (etwa Ältere Hauptterrasse) von Bibus (1980), Fromm (1987), Juvigné u. Seidenschwann (1989) sowie Boenigk u. Hoselmann (1991) gleichfalls vertreten wird, bleiben doch Bedenken, ob die Mosbacher Sande und ein großer Teil der Mainverschüttung nicht auch der tR8 (Mittlere Mittelterrasse) des Rheins zeitlich zugerechnet werden können, deren Aufschüttung (nach Ausweis der KAr-Datierungen von Lippolt u. a. 1986; v. d. Bogaard u. Schmincke 1990) schon vor knapp 500000 Jahren zu Ende ging. Der Maintalverschüttung folgte erneute Taleintiefung im Wechsel mit der Akkumulation der Kiese der Mittel- und Niederterrassen. Die beiden Niederterrassen sind in der letzten Kaltzeit entstanden.

5.2. Das Neckartal

Der Neckar entspringt südlich von Schwenningen im Vorland der Sandsteinkeuper/Liasstufe. Er hat zunächst im weichen Letten- und Gipskeuper einen weiten subsequenten Talboden entwickelt, der sich stark verengt, sobald der liegende harte Obere Muschelkalk angeschnitten wird. Südlich von Rottweil liegen über dem Tal in weiter Verbreitung auf den Triasgesteinen die sogenannten Höhenschotter. Sie sind von einer Ureschach abgelagert worden, die vom Westen aus dem Schwarzwald kam und über die Spaichinger Pforte zur Donau zog, also das Gebiet des heutigen Neckartales querte. Die Keuperstufe lag damals 3 km weiter westlich als heute (Dongus 1977 mit weiterer Literatur). Unter den Höhenschottern folgen im Neckartal noch Reste von jüngeren Terrassen, die als Hochterrassen bezeichnet werden. Häufig sind alte Flußschlingen mit Umlaufbergen erhalten geblieben.

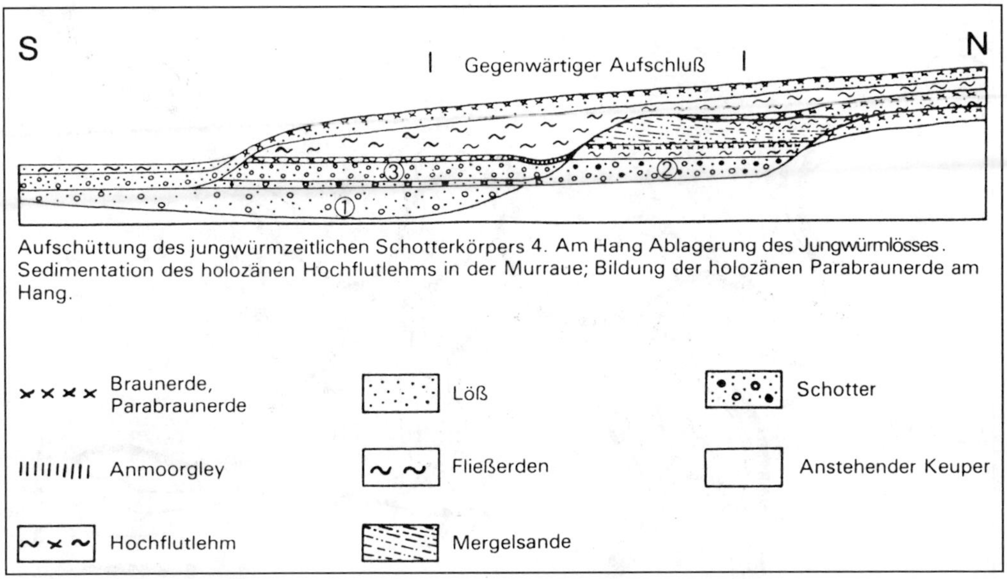

Aufschüttung des jungwürmzeitlichen Schotterkörpers 4. Am Hang Ablagerung des Jungwürmlösses. Sedimentation des holozänen Hochflutlehms in der Murraue; Bildung der holozänen Parabraunerde am Hang.

Abbildung 117
Mittel- und jungpleistozäne Terrassen bei Steinheim a. d. Murr (nach Bibus 1983)

1 – kaltzeitlicher Kies mit hangenden interglazialen Lagen (Holstein-Warmzeit)
2 – kaltzeitlicher Kies mit Hochflutlehm und Bodenbildung, vermutlich vorletztes Interglazial
3 – kaltzeitlicher Kies mit eemzeitlichem Hochflutlehm und Boden. Der Kies (ohne Zahl) der letzten Kaltzeit ist südlich von (3) sedimentiert worden.

Den Neckartalboden nimmt die Niederterrasse ein. Diese weitet sich stark zwischen Rottenburg und Tübingen im Bereich einer herzynisch streichenden Grabenstruktur, in der der Gipskeuper weit nach Westen vorspringt.

Bei Tübingen gelangt der Neckar an das Keuperbergland des Schönbuchs, das er in einem tiefen Tal tangiert. Dieses verbreitert sich wieder im Fildergraben, in dem der Neckar in das herzynische Streichen einbiegt. Im Stuttgarter Talkessel bilden an verschiedenen Stellen pleistozäne Neckarschotter das Liegende von warmzeitlichen Travertinen unterschiedlichen Alters. Die Schotter sind hier allerdings oft durch Kalksteinkarst und Salzsubrosion abgesunken.

Talabwärts von Stuttgart liegen ab Pleidelsheim die Höhenschotter in einer besonderen Fazies vor. Sie werden hier als Enz-Höhenschotter bezeichnet, weil die spezifische Fazies sich eindeutig mit einem alten, aus dem Schwarzwald kommenden Enzlauf verbinden läßt (vgl. Karte 2 bei Blümel 1983). Die Schotter enthalten sehr viel gebleichtes Buntsandsteinmaterial, unter dem kantige Brocken bis 80 cm Länge vorkommen. Außerdem sind viele Hornsteine aus dem Muschelkalk vertreten. Leichter verwitterbare Gesteine fehlen. Die alten Talböden müssen manchmal mehr als 6 km breit gewesen sein. Ihre Reste reichen bis zum Südrand des Odenwaldes (Olbert 1975). Die heutige Lage soll – tektonisch bedingt – außerordentlich variieren (Abb. 116). Demnach ist ein deutliches Abtauchen jeweils in den Mulden von Pleidelsheim und Heilbronn, ein deutliches Ansteigen dagegen im dazwischen liegenden Hessigheimer Sattel zu beobachten. Allerdings sind die Höhenschotter im Muldentiefsten bisher noch nicht nachgewiesen (Bibus 1989a).

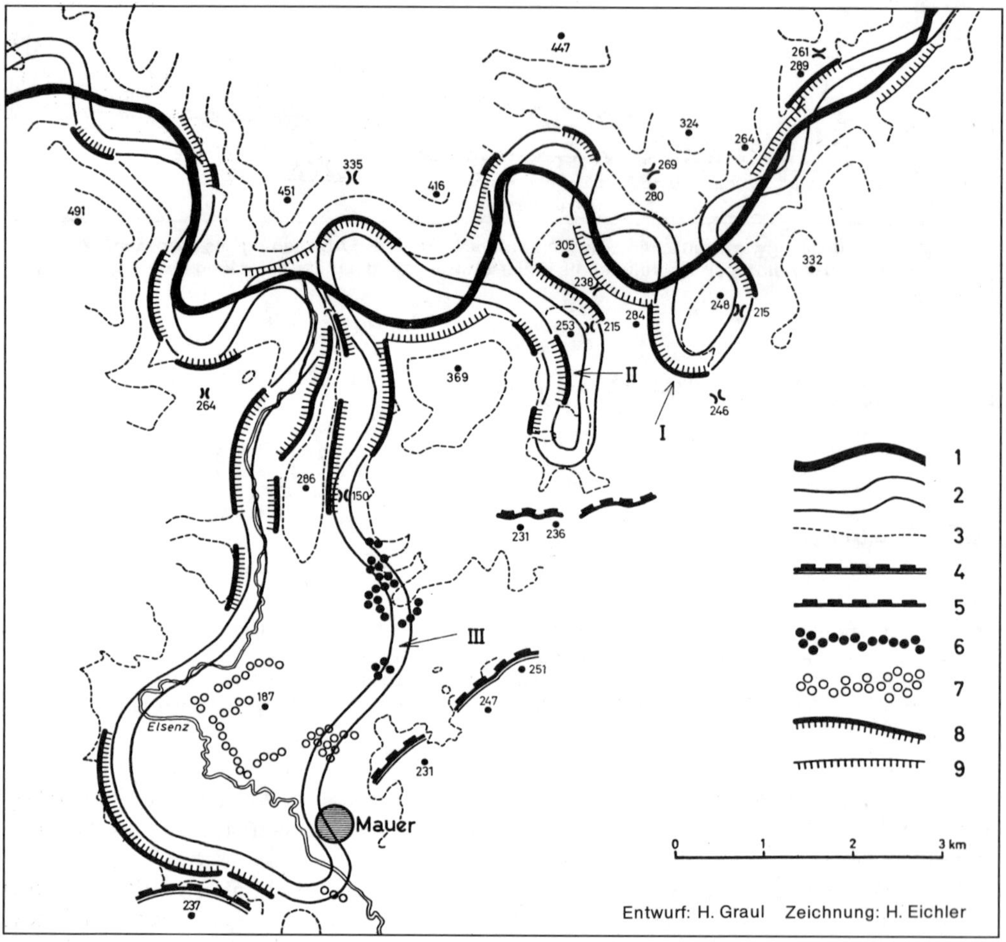

Abbildung 118
Neckarschlingen im Gebiet von Mauer (nach Graul 1977)

1 – heutiger Neckar
2 – alter Neckarlauf mit den Schlingen von Mückenloch (I), vom Blumenstrich (II) und von der Hollmuth (III)
3 – Isohypsen in 200, 300 und 400 m
4 – Schichtstufe im Oberen Muschelkalk
5 – Schichtstufe im Unteren Muschelkalk
6 – Wiesenbacher Schotter
7 – Mauerer Schotter und Sande
8 – alte Prallhänge
9 – junge Prallhänge nach der Abschnürung der Hollmuthschlinge

Die Hochterrassenschotter (Frankenbacher Sande) sollen in den Mulden durch synsedimentäre Subsidenz besonders mächtig sein (mehr als 35 m). Eine jüngere Stufe stellen wohl die Schotter in Steinheim/Murr dar, in denen der Schädel des *Homo steinheimensis* lag. Aber gerade diese Fundstelle zeigt, wie kompliziert die Terrassenabfolge auch im Neckartal sein kann (Abb. 117). In der unmittelbaren Nachbarschaft liegen drei Kiese nahezu im gleichen Niveau, die sehr wahrscheinlich in drei verschiedene Kaltzeiten einzuordnen sind.

Im Gebiet von Heilbronn und seiner weiteren Umgebung gibt es Anzeichen für eine kräftige altpleistozäne Taleintiefung (Bibus 1989b). Ähnliches beobachtete Rögner (1979) schon weiter flußabwärts bei Neckarelz.

Das Neckartal wird auch im unteren Abschnitt durch viele Mäander gekennzeichnet, die zu verschiedenen Zeiten angelegt und zerschnitten wurden. Am bekanntesten ist die Neckarschlinge bei Mauer mit der Fundstelle des *Homo heidelbergensis*. Als älteste Neckarsedimente liegen hier die Wiesenbacher Schotter bis ca. 75 m (190 m NN) über dem heutigen Fluß (Zienert 1981). Als jüngerer Sedimentationszyklus schließen sich die Mauerer Sande ab 47 m über Flußniveau an (Abb. 118), in die noch jüngere Kiese eingeschnitten sind. Insgesamt hat sich hier der Neckar über 400 m eingetieft. Es fragt sich, warum er nicht vorher den Weg zum Rhein durch die Kraichgaumulde genommen hat. Deren frühere Oberfläche muß zumindest die gleiche Höhe wie der südliche Odenwald gehabt haben. Es wurde schon unter B. IV. 2.2.2. darauf hingewiesen, daß eine solche Annahme für das ältere Tertiär nicht abwegig ist.

Die zeitliche Rekonstruktion der Entwicklung des Neckartals muß bei den Höhenschottern ansetzen. Sie sind die ersten überzeugenden Indizien für die beginnende Talentwicklung. Sie werden heute überwiegend als wahrscheinlich jungpliozän oder ältestpleistozän angesehen (zuletzt Blümel 1983). Große Teile von ihnen scheinen außerdem in ca. 300 m NN zu liegen und damit ähnlich hoch wie entsprechend alte Main- und Mittelrheinterrassen. Vom Typus her ähneln sie den Wernfelder Schottern des Maintals bei Gemünden. Die Frankenbacher Sande gehören wahrscheinlich ins ältere Cromer (Bibus 1989). Möglicherweise sind sie Teil einer Talverschüttung, die einer altpleistozänen Eintiefung folgte. Daß es Anzeichen dafür gibt, wurde schon ausgeführt. Eine solche zeigen wohl auch die Wiesenbacher Schotter und die jüngeren, noch tiefer eingeschnittenen Mauerer Sande an, deren untere Teile in die fünftletzte Kaltzeit gehören sollen (Graul 1977).

Es zeigt sich insgesamt, daß trotz des nicht befriedigenden Forschungsstandes deutliche Parallelen zwischen der Talentwicklung von Main und Neckar bestehen. Einer sehr frühen Eintiefung im Altpleistozän folgte eine Zeit der Talverschüttung, bevor sich im jüngeren Mittelpleistozän wieder die Einschneidung durchsetzte.

B. V.

Karl Albert Habbe

Das deutsche Alpenvorland

1.
Einleitung: Grenzen, Charakteristika, Höhenlage

Der Begriff „Alpenvorland" bezeichnet das Gebiet zwischen dem Nordrand der Alpen und dem Südrand von Schweizer Jura, Schwäbisch-Fränkischer Alb und Böhmischer Masse. Großmorphologisch durch seine tiefere Lage vom Gebirgsrahmen deutlich unterscheidbar, läßt es sich vom Genfer See bis vor die Tore von Wien verfolgen. Das deutsche Alpenvorland bildet den Zentralabschnitt dieser Großlandschaft.

Genetisch gesehen, ist das Alpenvorland die Außenzone des alpidischen Orogens: es ist seit dem ausgehenden Alttertiär als Vortiefe des sich allmählich heraushebenden Gebirges entstanden und fungiert seitdem als Auffangbecken von dessen Abtragungsschutt. Im Tertiär waren das die Sedimente der Molasse, im Quartär die Moränen und Schotter der kaltzeitlichen Gletscher und ihrer Schmelzwasserabflüsse. Beide zusammen bilden das Material, aus dem das Relief des Alpenvorlandes aufgebaut ist. Da das Gebiet aber seit dem späten Miozän tektonisch allmählich immer höher herausgehoben wurde – mit der Folge, daß die tiefsten Punkte von dessen deutschem Anteil (dort, wo ihn die beiden Vorfluter Donau und Rhein in Engtälern verlassen) heute bei 290 m (Passau) und 360 m (Schaffhausen) liegen und die höchsten letzthochglazialen Endmoränen (die des Illergletschers) in einer Höhe von bis über 900 m abgelagert wurden –, ist es seitdem stets auch Abtragungsgebiet gewesen, sein Relief also einem Wechselspiel von Akkumulation und Erosion zu danken.

2.
Die Entstehung des Reliefs

2.1.
Geologische Vorgeschichte: Die Entstehung des Molassebeckens und seiner Füllung

(Abb. 119 u. 120)

Mit der Heraushebung der Alpen bildete sich an deren Nordrand seit dem Oligozän eine Geosynklinale aus, die im Gleichtakt mit den tektonischen Bewegungen durch den Abtragungsschutt des jungen Gebirges verfüllt wurde. Die Ablagerung dieser als „Molasse" bezeichneten Schichtfolgen erfolgte im Meeresniveau oder wenig darüber, infolgedessen wechseln marine und limnisch-fluviale Sedimente miteinander ab. Man unterscheidet dementsprechend Untere Meeresmolasse (UMM), Untere Süßwassermolasse (USM), Obere Meeresmolasse (OMM) und Obere Süßwassermolasse (OSM).

Der Ablagerungsraum der Molasse hat sich im Laufe des Jungtertiärs immer weiter nach Norden ausgedehnt. Die Gesamtabfolge der Molasse ist daher nur in der Nähe des

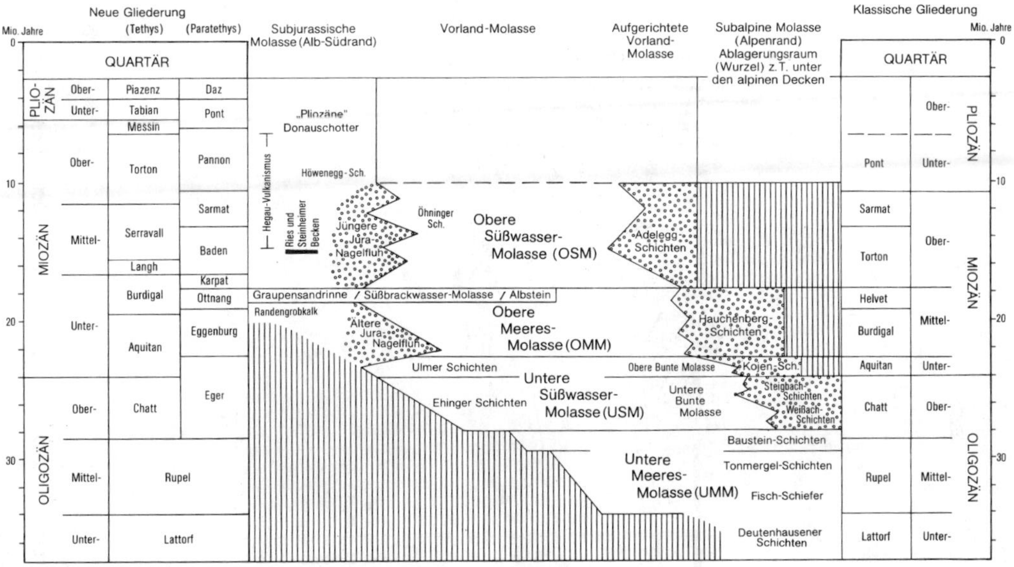

Abbildung 119
Die Gliederung der Molasse in Oberschwaben (in Anlehnung an GEYER u. GWINNER 1991, FAHLBUSCH 1981, SCHREINER 1984)

Alpenrandes faßbar. Sie erreicht dort eine Mächtigkeit von über 5000 m. An ihrem Südrand ist sie von der vorrückenden Alpenfront teils überfahren, teils von der Unterlage abgeschert und zusammengeschoben („Faltenmolasse", „Subalpine Molasse"), teils steilgestellt („Aufgerichtete Vorlandmolasse") worden. Hier ist sie vielfach konglomeratisch (alpine „Nagelfluhen") ausgebildet, weil der Abtragungsschutt des aufsteigenden Gebirges von teilweise weit nach Süden ausgreifenden Flüssen (STAUB 1934*) in Form großer Schwemmkegel ins Vorland geschüttet wurde. Entsprechende Vorschüttungen von Norden her („Juranagelfluh" am Südrand der Schwäbischen Alb) sind nur aus den jüngeren Molassefolgen bekannt. Im übrigen besteht die Molasse vorwiegend aus Sanden – die durchweg kalkig gebunden sind – und Mergeln. Deren Abfolge ist wegen der rasch wechselnden Ablagerungsbedingungen örtlich recht verschieden ausgebildet (LEMCKE 1988, DOPPLER 1989, GEYER u. GWINNER 1991).

Aufgeschlossen ist in der Regel nur das jüngste Schichtglied, also die Obere Süßwassermolasse, nur im Norden und Osten streichen auch die Obere Meeresmolasse und die Untere Süßwassermolasse zutage aus. Das Meer der OMM-Zeit hat an seinem Nordrand auf der Schwäbischen Alb ein stellenweise noch deutlich erkennbares Kliff hinterlassen (WAGNER 1929), das heute auf der Ostalb um 500 m, bei Tuttlingen fast 900 m hoch liegt und damit ein Maß gibt für die Hebung und Verstellung des Alpenvorlandes seit dem Miozän.

*) Die zitierte Literatur konnte aus Platzgründen nur in Auswahl in das Literaturverzeichnis am Schluß dieses Bandes aufgenommen werden. Dort Fehlendes ist ggf. bei GEYER u. GWINNER (1991) und HABBE (1989) nachzuschlagen.

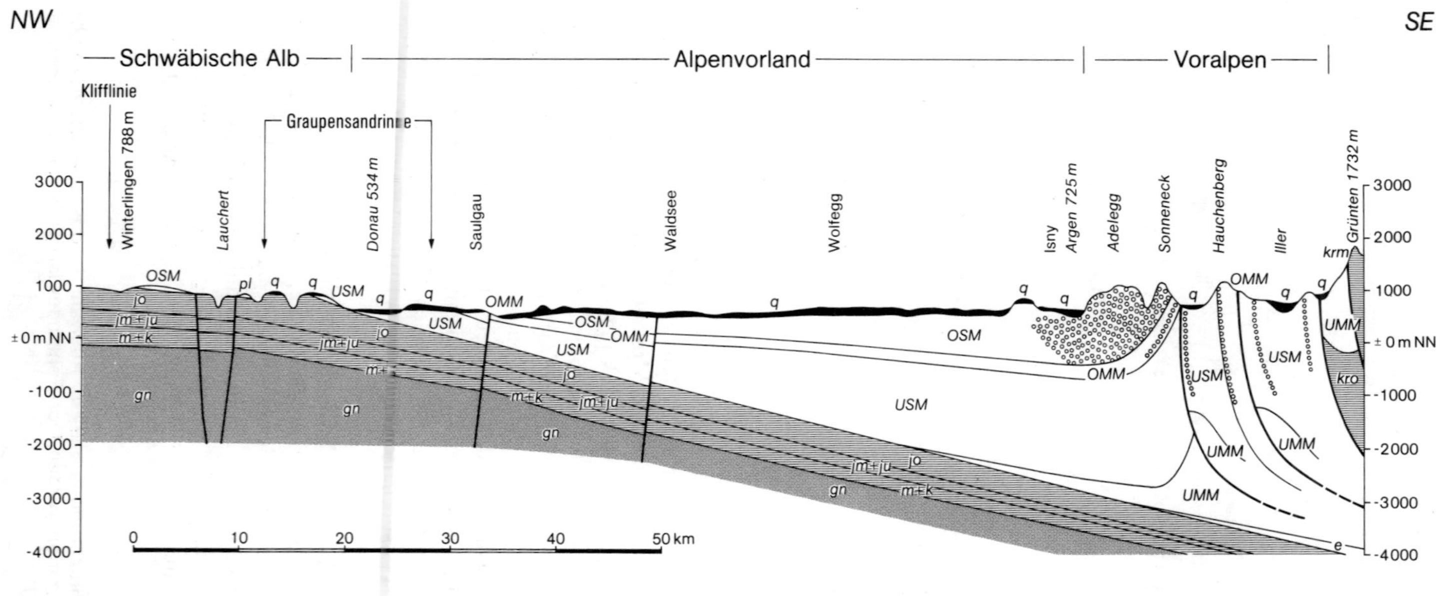

Abkürzungen: q	Quartär	kro	Oberkreide
pl	Pliozäne Donauschotter	krm	Mittlere Kreide
OSM	Obere Süßwassermolasse	jo	Malm
OMM	Obere Meeresmolasse	jm	Dogger
USM	Untere Süßwassermolasse	ju	Lias
UMM	Untere Meeresmolasse	k	Keuper
		m	Muschelkalk
		gn	Grundgebirge (Gneise)

Abbildung 120
Querprofil durch die Molasse in Oberschwaben (nach der Geologischen Übersichtskarte von Baden-Württemberg 1: 500000, 1989; ergänzt)

2.2. Das jüngere Tertiär

2.2.1. Die Obere Süßwassermolasse

Abtragung und Neuakkumulation

Gegen Ende der OMM-Zeit hatte sich zwischen einem verbrackenden Restmeer in Niederbayern und einem Ausläufer der Tethys im Gebiet des Schweizer Mittellandes eine 10–20 km breite und bis 80 m tiefe Überlaufrinne, die „Graupensandrinne", eingeschnitten. Obwohl kurzzeitig nochmals unter marinem Einfluß, blieb diese Rinne auch zur Zeit der Oberen Süßwassermolasse erhalten und fungierte weiter als Vorfluter („Glimmersandstrom") für die ins Molassebecken mündenden Flüsse. Die Zuflüsse aus dem nordwestlichen Einzugsgebiet im Bereich des sich nun rasch heraushebenden Schwarzwaldes haben sich dabei mit steilwandigen Tälern bis in den liegenden Weißjura eingeschnitten (SCHREINER 1974). Dieser Erosionsphase folgte eine Verfüllung der gerade erst entstandenen Rinnen und schließlich eine breitflächige Aufschüttung von Schottern („Juranagelfluh") und Feinklastika („Juranagelfluhmergel"). Große Schwemmschuttfächer wurden während der gesamten OSM-Zeit auch aus den weiter aufsteigenden Alpen geschüttet (HOFMANN 1957a, LEMCKE 1988).

Aus den Grobsedimentfolgen der OSM ist nicht nur auf kräftige tektonische Hebungsbewegungen in den Randgebieten im Süden und Norden zu schließen. Sie belegen auch eine zumindest phasenweise sehr kräftige Wasserführung der Fließgewässer mit hoher Transport-(und – an Gefällsbrüchen – Erosions-)Kraft. Die in die groben Lagen immer wieder eingeschalteten und in der Masse – vor allem im Bereich der Hauptentwässerungsachse – überwiegenden Feinsedimente zeigen jedoch, daß die Wasserführung stark schwankte. Die paläontologischen Befunde (DEHM 1955, TOBIEN 1957, FAHLBUSCH u. a. 1972, GREGOR 1982, GREGOR u. a. 1989, EBERHARD 1989) deuten – wie die sedimentologischen – auf ein wechselfeuchtes, wintermildes („randsubtropisches") Klima. Beide zusammen belegen eindeutig, daß die Abtragungs- und Ablagerungsbedingungen der OSM-Zeit jedenfalls nicht die der „randtropischen Zone exzessiver Flächenbildung" waren, wie sie BÜDEL (1963 u. ö., 1977) für das Obermiozän angenommen hat.

Der Hegau-Vulkanismus (Abb. 121)

Die OSM-Zeit war nicht nur in den Randgebieten des Molassebeckens eine Zeit tektonischer Unruhe, sondern auch im Becken selbst, vor allem im Hegau. Hier griffen die Verwerfungen des herzynisch streichenden Bonndorfer Grabens bis in das Bodenseegebiet hinein (PAUL 1971) und zerlegten das Gebiet in ein System von Hoch- und Tiefschollen. Dieses durch die großräumige Tektonik angelegte Störungsmuster hat im Hegau vulkanische Bildungen wenn nicht bedingt, so doch gefördert.

Der Hegau-Vulkanismus begann im mittleren Mittelmiozän und hielt – mit Unterbrechungen – über rund 7 Millionen Jahre bis gegen Ende des Obermiozäns an (SCHREINER

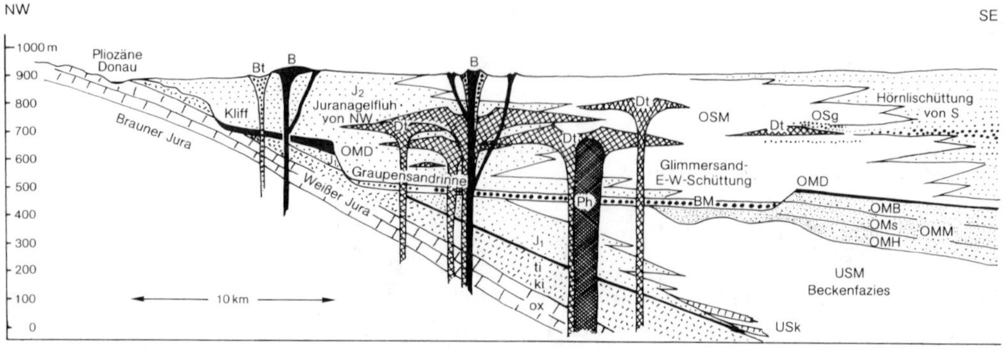

Abkürzungen:

Ph	Phonolith	J_2	Jüngere Juranagelfluh (OSM)	ti	Tithon
Bt	Basalttuff	OSg	Grobsande der OSM	ki	Kimmeridgien
B	Basalt	OSM	Obere Süßwassermolasse	ox	Oxfordien
Dt	Deckentuff	BM	Brackwassermolasse		
		OMD	Deckschichten der OMM		
		OMB	Baltringer Schichten (OMM)		
		OMs	Sandschiefer (OMM)		
		OMH	Heidenlöcherschichten (OMM)		
		OMM	Obere Meeresmolasse		
		J_1	Ältere Juranagelfluh (USM)		
		USk	Süßwasserkalke der USM		
		USM	Untere Süßwassermolasse		

Abbildung 121
Vulkanite und Molasse im Hegau am Ende des Tertiärs (aus SCHREINER 1984; ergänzt)

1974, 1984). Die Hauptmasse der Vulkanika bilden silikatarme Deckentuffe. Sie wurden über einen längeren Zeitraum gefördert, verzahnen sich daher mit der Jüngeren Juranagelfluh und erreichen noch heute Mächtigkeiten bis 100 m. Deckentuffe und Juranagelfluh wurden durchschlagen von den Hegau-„Basalten“ (tatsächlich Olivin-Nepheliniten) und -Basalttuffen. Beide erreichten die damalige Landoberfläche, es kam jedoch kaum zu flächenhafter Ausbreitung. Die Hauptausbruchsstellen liegen im zentralen und nördlichen Hegau: Hohenstoffeln, Hohenhöwen, Neuhöwen, Höwenegg, Wartenberg. Nach einer Förderpause folgten als jüngstes Glied des Hegau-Vulkanismus silikatreiche Phonolithe, die beim Aufdringen allesamt in ihren Förderschloten steckenblieben. Zeugen dieser Förderphase sind Hohentwiel, Hohenkrähen, Mägdeberg.

Die Hegau-Vulkanite haben wie die Sedimente der OSM einer kräftigen Abtragung unterlegen, vor allem durch die glaziale Erosion der beiden letzten Eiszeiten des Pleistozäns. Es handelt sich bei den Hegau-„Vulkanen“ also nicht um Aufbauformen wie bei rezenten Vulkanen, sondern um Abtragungsruinen: in allen genannten Fällen wurde eine widerständige magmatische Schlotfüllung durch die Erosion mehr oder weniger stark vom leichter erodierbaren Mantelgestein befreit.

Ries-Ereignis, REUTERsche Blöcke, Bentonitvulkanismus

Der Meteoriteneinschlag, durch den im mittleren Mittelmiozän Nördlinger Ries und Steinheimer Becken entstanden (GALL u. a. 1977, SCHMID-KALER 1981) hat Folgen auch für das Alpenvorland gehabt: Deckgebirgs-, vor allem Weißjuratrümmer flogen bis in die Gegend von Augsburg und Krumbach und sind dort als „Brock-Horizont“ in die Sedimente der OSM eingelagert worden (REUTER 1925, STEPHAN 1952, GALL u. MÜLLER 1975,

Scheuenpflug 1980). Die Korngröße dieser „Reuterschen Blöcke“ reicht vom wenige Zentimeter langen Bruchstück bis zum kubikmetergroßen Block; sie können kantig bis kantengerundet, seltener gerundet sein, meist treten sie als lückiger Horizont in Schwemmsedimenten auf. Durch Denudationsvorgänge sind sie stellenweise an der Molasseoberfläche angereichert und dort von den Älteren Deckenschottern des Pleistozäns aufgenommen worden. – Wahrscheinlich sind auch die vulkanischen Ausbrüche, die zur Entstehung der Bentonitlagerstätten in Niederbayern (Mainburg, Malgersdorf) und Bayerisch-Schwaben führten, eine Folge des Ries-Ereignisses (Lemcke 1988).

2.2.2. Das Pliozän: Die Vorgeschichte von Donau- und Rhein-System

Oberstes Miozän und Pliozän sind im Alpenvorland und dessen nördlicher Umrahmung durch großräumige tektonische Hebungsbewegungen gekennzeichnet, die auf dem Westflügel stärker waren als im Osten, daher allmählich zur Umstellung der während der ganzen OSM-Zeit nach Westen gerichteten Entwässerung in die Gegenrichtung führten und so schließlich einen Vorläufer des heutigen Donausystems entstehen ließen.

Wichtigstes Zeugnis dieser Zeit sind vollkommen durchverwitterte, bis auf die resistentesten Komponenten verarmte Schotter, die auf der Flächenalb zwischen Blumberg und Ulm in unterschiedlicher Höhenlage über dem heutigen Donautal liegen (Abb. 122). Die Ur-Donau, die sie absetzte, war – wie sich aus ihren riesigen, heute meist trockenliegenden Talmäandern ergibt – ein bedeutender Fluß (Dongus 1970). Ob sein Einzugsgebiet bis in die Westschweiz zurückreichte („Aare-Donau“; Manz 1934/35, Liniger 1966), läßt sich sedimentpetrographisch nicht zweifelsfrei klären (Tillmanns 1984, Villinger 1986, 1989), ist jedoch wahrscheinlich.

Hauptzubringer des pliozänen Donausystems war der Ur-Alpenrhein. Seine ersten Anfänge reichen bis in die USM-Zeit zurück (Staub 1934), während der OSM-Zeit hatte er den – aus dem heutigen Walenseegebiet gegen Nordwesten geschütteten – Hörnli-Schwemmfächer aufgebaut. Nach Aufhören dieser Schüttung ist er zunächst nicht über das heutige Alpenrheintal abgeflossen. Denn ein – rein aus Flyschkomponenten aufgebautes – Schottervorkommen auf dem Tannenberg nordwestlich St. Gallen (Hofmann 1957b) belegt, daß noch lange Zeit nach dem Aufhören der Hörnli-Schüttung ein Fluß aus dem Vorarlberger Flyschgebiet quer über das heutige Alpenrheintal hinweg nach Nordwesten entwässerte („Ur-Frutz“ bzw. – als deren Nachfolger – ein „Ur-Rotbach“; Hantke 1987). In dieser Zeit muß der Ur-Alpenrhein den Hörnli-Fächer südlich – über die heutige Walensee-Zürichsee-Talung – umgangen haben und ist von dort – den neuentstehenden Gefällsverhältnissen im Vorland folgend – nördlich ausbiegend vermutlich über dem heutigen Wutachtal auf die Aare-Donau gestoßen (Abb. 122).

In der Nordostschweiz zeichnen die heutigen Oberläufe von Sitter und Thur eine ähnliche Entwicklung – Auslenkung aus der ursprünglichen West- in die Nord- und Nordostrichtung – nach. Wann sie ihr Einzugsgebiet im Vorarlbergischen verloren, d. h. wann das heutige Alpenrheintal zwischen Sargans und dem Bodensee entstand, läßt sich nur abschätzen. Der Prozeß ist sicher durch die pleistozänen Vereisungen kräftig gefördert worden. Wahrscheinlich ist bereits der donauzeitliche Rheingletscher über das heutige

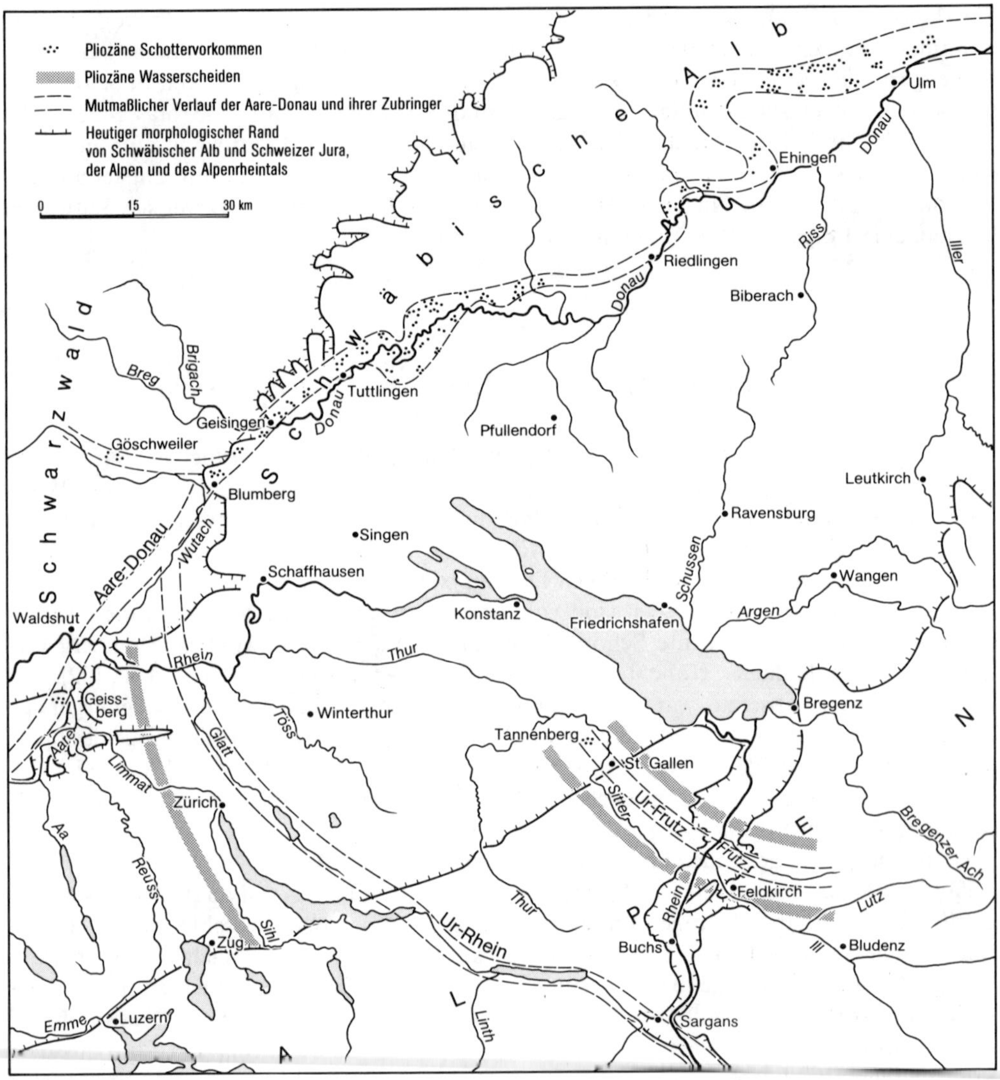

Abbildung 122
Aare-Donau und Ur-Rhein im Pliozän (in Anlehnung an VILLINGER 1986, HOFMANN 1957b, HANTKE 1987)

Alpenrheintal in das östliche Bodenseegebiet vorgestoßen, sind seine Schmelzwässer über eine Ur-Thur zur Donau (bei Ehingen) abgeflossen (VILLINGER 1986, 1989). Der Rheingletscher der folgenden Günz-Eiszeit(en) hat sicher zur Donau, außerdem aber – wie die Vorkommen Älterer Deckenschotter beiderseits des Hochrheins oberhalb Waldshut zeigen (HOFMANN 1977, VERDERBER im Druck) – auch noch über die Walensee-Zürichsee-Talung (und nur wenig über das Bodensee-Rheintal) entwässert. Ein durchgehender Abfluß von der Talgabel bei Sargans via Alpenrheintal – Bodenseetalung zum Kopf des Hochrheintals bei Waldshut kann sich demnach erst postgünzzeitlich herausgebildet haben (WAGNER 1962).

2.3. Das Quartär

2.3.1. Methodische Grundlagen: A. PENCKS Modelle „Glaziale Serie" und „Terrassentreppe" aus heutiger Sicht

Das dem Pliozän folgende Quartär war – im Gegensatz zum Mesozoikum und zum Tertiär – durch eine rasche Folge extremer Klimawechsel gekennzeichnet. Sie führten zu einer vielfach sich wiederholenden hypertrophen Vergletscherung der Alpen und zu einem Vordringen der alpinen Gletscher bis teilweise weit ins Gebirgsvorland. Reliefformenschatz und jüngere („diluviale") Ablagerungen des Alpenvorlands spiegeln diese Gletschervorstöße wider. Das erkannt und bis in viele Details hinein richtig gedeutet zu haben ist das Verdienst A. PENCKS (1882, PENCK u. BRÜCKNER 1901 – 09).

PENCK konnte mit Hilfe der von ihm entwickelten Modelle des „Glazialen Komplexes" und der „Glazialen Serie" (1901 – 09, S. 13ff.; Abb. 123) zeigen, daß die dem Hochstand einer Eiszeit zugehörigen Schotterfelder („Teilfelder") in einiger Entfernung vom äußersten Moränengürtel alle auf ein einziges („Haupt-") Schotterfeld auslaufen (Abb. 124 u. 125). Wenn – wie in der Gegend von Memmingen – außerhalb der Endmoränengürtel Reste mehrerer Schotterfelder übereinandergestaffelt auftreten („Terrassentreppe"; Abb. 126), mußte es sich danach um Zeugnisse mehrerer Eiszeiten handeln. Da PENCK hier wie an vielen anderen Stellen im Alpenvorland vier solcher Schotterfelder unterscheiden konnte, schloß er auf vier quartäre Eiszeiten, die er nach Alpenvorlandflüssen, in deren Bereich die entsprechenden Ablagerungen und Formen besonders typisch ausgebildet sind („Typregionen"), Würm-, Riß-, Mindel- und Günz-Eiszeit nannte. Dieses im Alpenvorland erarbeitete tetraglaziale System bildete dann für Jahrzehnte weltweit das Grundgerüst für die Gliederung des quartären Eiszeitalters.

PENCKS Grundüberlegungen haben auch heute noch Gültigkeit. Die konsequente Anwendung der PENCKschen Methodik – altimetrische Erfassung der Ober- und Unterkanten von benachbarten, durch eine Erosionsdiskordanz voneinander getrennten glazifluvialen Schotterkörpern – hat bis in die jüngste Zeit Erweiterungen und Differenzierungen des tetraglazialen Systems ermöglicht. EBERL (1930) konnte so die Donau-Eiszeit(en), SCHAEFER (1956, 1957) die Biber-Eiszeit(en), SCHREINER u. EBEL (1981) die Haslach-Eiszeit ausgliedern (Abb. 129).

Diese Ergänzungen haben das PENCKsche Terrassenmodell freilich kompliziert. Es stellte sich zudem heraus, daß nie sämtliche Eiszeiten in ein und demselben Talquerprofil erfaßt werden können. Wohl vollständige Profile für die jüngeren Eiszeiten bietet das nordöstliche Rheingletschergebiet (SCHREINER u. EBEL 1981; Abb. 127), für die älteren

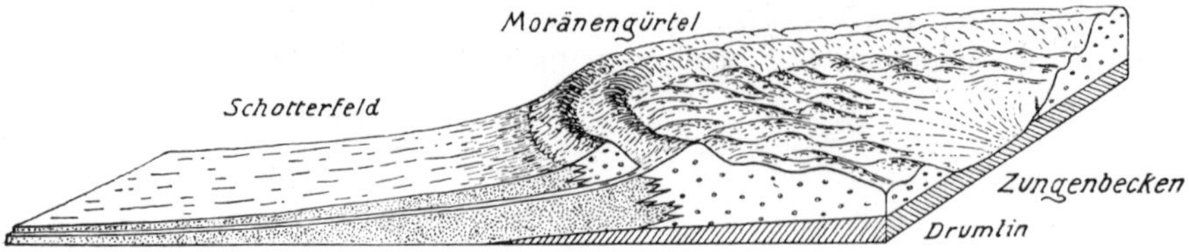

Abbildung 123
Die Glaziale Serie PENCKS (1901–09)

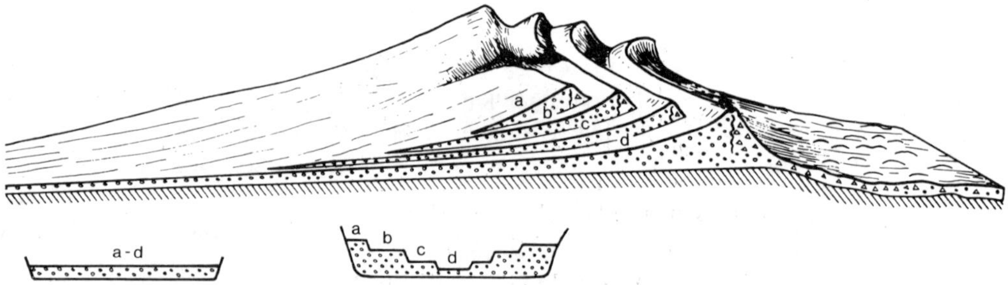

Abbildung 124
Die Glaziale Serie und ihr Vorfeld (aus SCHAEFER 1981; ergänzt)

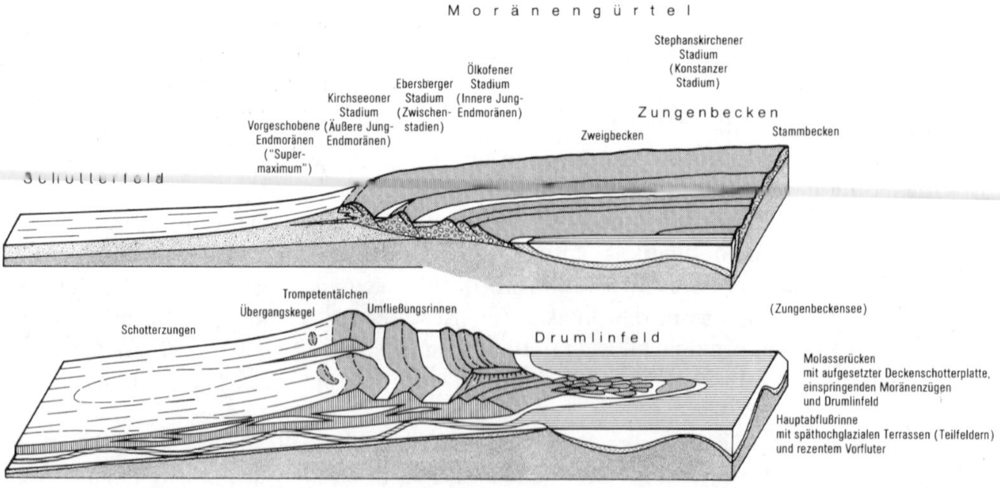

Abbildung 125
Der Kern der würmzeitlichen Glazialen Serie im Alpenvorland

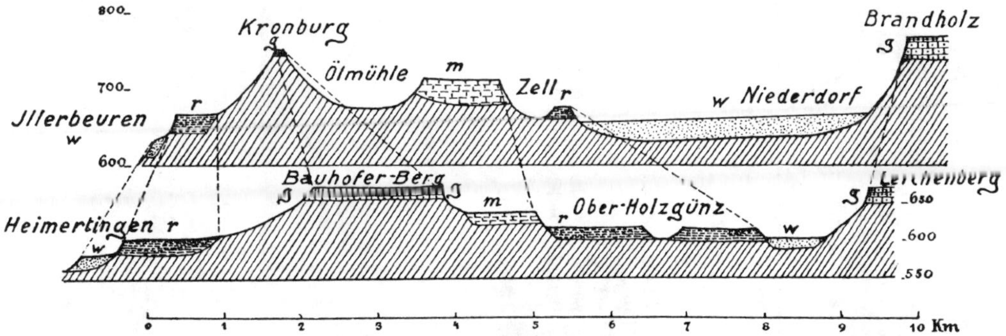

(Profilüberhöhung 10-fach)

Die Lagerung der Quartärschotter um Memmingen. *g* **Hochfeld,** *m* **Grönenbacher Feld,** *r* **Hitzenhofener Feld,** *w* **Memminger Feld.** Miocän schraffiert.

Abbildung 126
Die Terrassentreppe Pencks (1901–09; ergänzt)

Eiszeiten die Aindlinger Terrassentreppe östlich des unteren Lechs (Tillmanns u. a. 1983; Abb. 128).

Schon das Penckscher tetraglaziale System ließ die Frage laut werden, wie die alpinen Vorlandvergletscherungen mit den norddeutschen Eiszeiten zu korrelieren seien. Woldstedt (1958) hat eine Parallelisierung der alpinen und der nordeuropäischen Vereisungen vorgeschlagen, die lange akzeptiert wurde, jedoch – wie neuere Korrelierungsversuche (Brunnacker 1986, Boenigk 1990) zeigen – heute revisionsbedürftig ist. Das Problem ist nach wie vor offen, stellt sich aber um so dringender, als das Alpenvorland-Quartär nicht nur mit dem nordeuropäischen parallelisiert werden können sollte, sondern auch mit den Ergebnissen der marinen Quartärstratigraphie, insbesondere mit der Sauerstoffisotopenkurve (Shackleton u. Opdyke 1973, 1976). Erreichen läßt sich das einerseits über Absolutdatierungen, andererseits durch Detailvergleiche der Befunde aus dem Alpenvorland mit den Referenzprofilen des nordwesteuropäischen Quartärs in den Niederlanden (Zagwijn 1985, 1989). Abbildung 129 stellt einen entsprechenden Versuch dar.

2.3.2.
Das Ältestpleistozän: Biber- und Donau-Eiszeiten

(Abb. 129 u. 130)

Glazifluviale Schotter der ältesten Eiszeiten finden sich im deutschen Alpenvorland nur auf der Riß-Iller-Lech-Platte. Sie treten außerdem auf der Traun-Enns-Platte in Oberösterreich (Kohl 1974 u. ö.) und möglicherweise im Hochrheingebiet (Schlüchter 1986) auf. Die Sonderstellung der Riß-Iller-Lech-Platte im deutschen Alpenvorland ist eine Folge ihrer besonderen Lage: an ihrem Nordostende trat die Donau als Vorfluter des westlichen Alpenvorlandes aus der Molasse auf die Frankenalb über. Wellheimer Trockental und

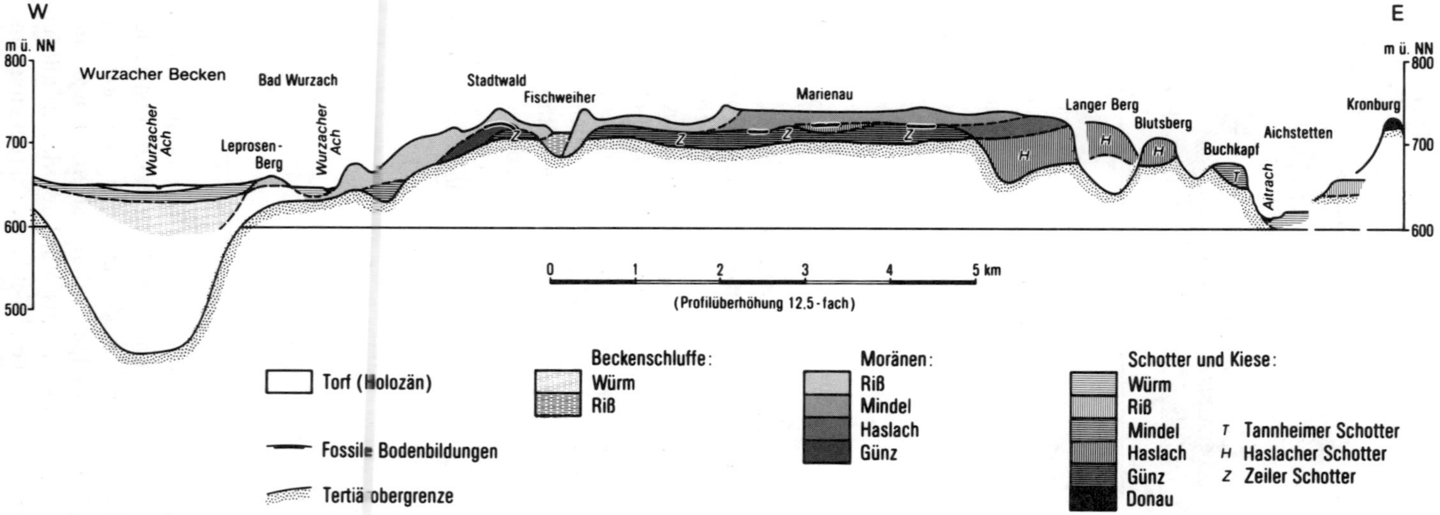

Abbildung 127
Schotter- und Moränenfolgen im Südteil der Iller-Riß-Platte (nach SCHREINER u. EBEL 1981)

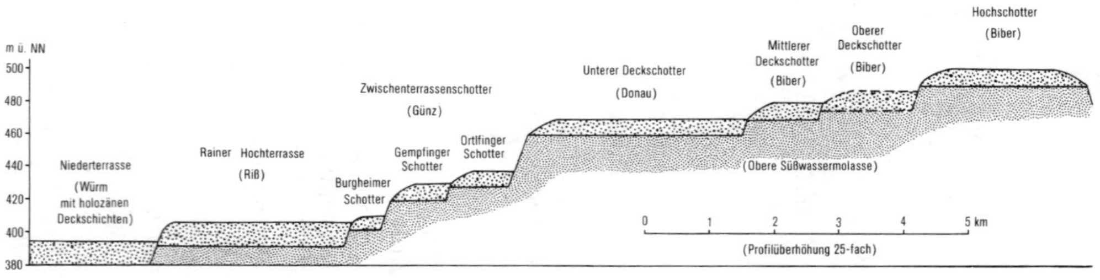

Abbildung 128
Die Aindlinger Terrassentreppe
(in Anlehnung an TILLMANNS u. a. 1983)

Das Fehlen der Jüngeren Deckenschotter (Haslach, Mindel) auf der Aindlinger Terrassentreppe erklärt sich aus dem Wechsel der sedimentierenden Schmelzwasserflüsse (Ur-Iller, Ur-Donau, Ur-Lech).

Altmühltal zeichnen diesen alten Donaulauf, den der Fluß bis in die Riß-Eiszeit beibehielt, noch heute nach. Die westliche Altmühl-Alb unterlag aber seit dem Ältestpleistozän einer langsamen (relativen) tektonischen Hebung, wie die im Rezat-Regnitz-Talzug gelegenen Terrassen des ältestpleistozänen Ur-Mains belegen, die heute ein gegen die ehemalige Fließrichtung gerichtetes Süd-Nord-Gefälle aufweisen (TILLMANNS 1977, 1980). Diese Hebungsbewegung hat flußauf einerseits zu verstärkter Akkumulation der aus dem alpinen Vereisungsgebiet kommenden Schmelzwasserströme geführt. Andererseits kam es – bedingt durch die pleistozänen Klimawechsel und die Erosionsanfälligkeit der Molasse – zu kräftiger Einschneidung an den Rändern der kaltzeitlichen Aufschüttungskörper und in deren autochthonen Zubringertälern, was immer wieder zu Talwechseln der Schmelzwasserströme führte. Dadurch wurden diese daran gehindert, ihre eigenen Aufschüttungen wieder auszuräumen. So kam es allmählich zu einer Umkehrung der ursprünglichen Reliefverhältnisse: ehemalige Rinnenfüllungen wurden zur Bekrönung langgestreckter Molasseriedel (deswegen „Deckenschotter" bzw. „Deckschotter") oder zu mehr oder weniger hoch am Hang gelegenen Terrassen, während die ursprünglich trennenden Molasserücken immer stärker aufgezehrt wurden und jüngeren Tälern Platz machten.

Alle älteren Schotterkörper der Riß-Iller-Lech-Platte sind Ablagerungen einer Ur-Iller und ihrer Zubringer (SCHEUENPFLUG 1986, JERZ u. DOPPLER 1990). Deren älteste – zum Biber-Komplex gehörende – Ablagerungen werden als Hochschotter (GRAUL 1943) bezeichnet. Typlokalität sind die obersten Glieder der Staufenberg-Terrassentreppe westlich von Augsburg (SCHAEFER 1957). Außerdem bilden sie die Bekrönung der Aindlinger Terrassentreppe (TILLMANNS u. a. 1983; Abb. 128). Als Schotterstreu finden sie sich auch oberhalb des Wellheimer Trockentals und längs des Altmühl-Donau-Talzugs (TILLMANNS 1977, 1980). Hier werden sie als plio-/pleistozän eingestuft. Ihr pleistozänes Alter ist also nicht erwiesen, dem Geröllbestand nach jedoch wahrscheinlich. – Vermutlich gleichen Alters sind die „altpleistozänen Donauschotter" SCHEUENPFLUGS (1970 u. ö., dagegen: AKTAS 1987).

Jünger als die Hochschotter, aber gleichfalls noch in den Biber-Komplex zu stellen sind die Oberen und Mittleren Deckschotter (GRAUL 1943) der Aindlinger Terrassentreppe (Abb. 128), die sich bis auf die Stauden-Platte zwischen Wertach und Schmutter zurückverfolgen lassen und dort ihre größte Verbreitung und ihre Typlokalität haben. Gleichaltrig dürften die Plettenberg-Arlesrieder Schotter und der Schotterrest auf dem Hochfirst auf der südwestlichen Iller-Lech-Platte sowie die Schotter auf dem Stoffersberg westlich Landsberg sein (RÖGNER 1986). Insgesamt zeichnen diese Schotter einen Ur-Iller-Lauf aus dem Gebiet von Kempten nach Nordnordost nach. – Vermutlich gleichaltrig sind die Schotter der „Liegendfazies" der Unteren Deckschotter (LÖSCHER 1976) auf der nordwestlichen Iller-Lech-Platte.

Das jüngste Glied der ältestpleistozänen Schotter der Riß-Iller-Lech-Platte sind die Unteren Deckschotter („Hangendfazies", LÖSCHER 1976), die Typablagerungen des Donau-Komplexes. Sie bilden die flächenmäßig ausgedehntesten und daher auffallendsten Schotterkörper der ganzen Serie. Typregion ist die Zusam-Platte zwischen Donautal und Dinkelscherbener Becken. Auch auf der Aindlinger Terrassentreppe nehmen sie ausgedehnte Flächen ein. Zu ihnen zu zählen sind außerdem die Schotter auf den Riedeln zwischen Mindel- und Illerdurchbruchstal und westlich der Iller Erolzheimer und Erlenmooser Schotter (Abb. 130). Sie zeichnen einen jüngeren Ur-Iller-Lauf nach, dessen Stammrinne aus dem Kemptener Becken zunächst nordwärts verlief und dann nach Nordosten umschwenkte.

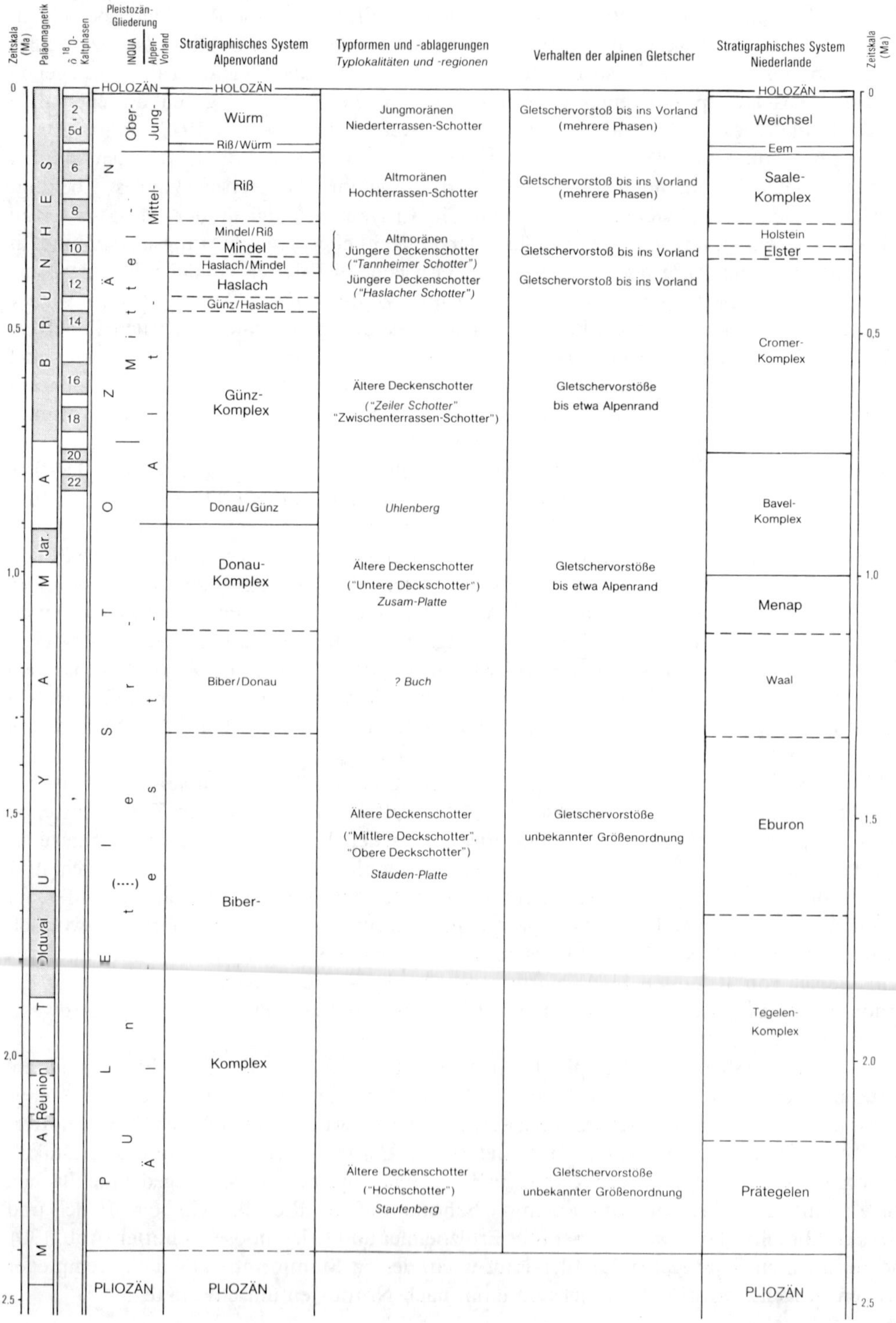

Zeitskala (Ma)
Paläomagnetik
δ 18O-Kaltphasen
Pleistozän-Gliederung
INQUA
Alpen-Vorland
Stratigraphisches System Alpenvorland
Typformen und -ablagerungen
Typlokalitäten und -regionen
Verhalten der alpinen Gletscher
Stratigraphisches System Niederlande
Zeitskala (Ma)
0
0,5
1,0
1,5
2,0
2,5
BRUNHES
MATUYAMA
Jar.
Olduvai
Réunion
2
5d
6
8
10
12
14
16
18
20
22
HOLOZÄN
PLEISTOZÄN
PLIOZÄN
Ober-
Mittel-
Alt-
Jung-
Mittel-
Alt-
(....)
HOLOZÄN
Würm
Riß/Würm
Riß
Mindel/Riß
Mindel
Haslach/Mindel
Haslach
Günz/Haslach
Günz-Komplex
Donau/Günz
Donau-Komplex
Biber/Donau
Biber-Komplex
PLIOZÄN
Jungmoränen
Niederterrassen-Schotter
Altmoränen
Hochterrassen-Schotter
Altmoränen
Jüngere Deckenschotter
("Tannheimer Schotter")
Jüngere Deckenschotter
("Haslacher Schotter")
Ältere Deckenschotter
("Zeiler Schotter"
"Zwischenterrassen-Schotter")
Uhlenberg
Ältere Deckenschotter
("Untere Deckschotter")
Zusam-Platte
? Buch
Ältere Deckenschotter
("Mittlere Deckschotter",
"Obere Deckschotter")
Stauden-Platte
Ältere Deckenschotter
("Hochschotter")
Staufenberg
Gletschervorstoß bis ins Vorland
(mehrere Phasen)
Gletschervorstoß bis ins Vorland
(mehrere Phasen)
Gletschervorstoß bis ins Vorland
Gletschervorstoß bis ins Vorland
Gletschervorstöße
bis etwa Alpenrand
Gletschervorstöße
bis etwa Alpenrand
Gletschervorstöße
unbekannter Größenordnung
Gletschervorstöße
unbekannter Größenordnung
HOLOZÄN
Weichsel
Eem
Saale-Komplex
Holstein
Elster
Cromer-Komplex
Bavel-Komplex
Menap
Waal
Eburon
Tegelen-Komplex
Prätegelen
PLIOZÄN

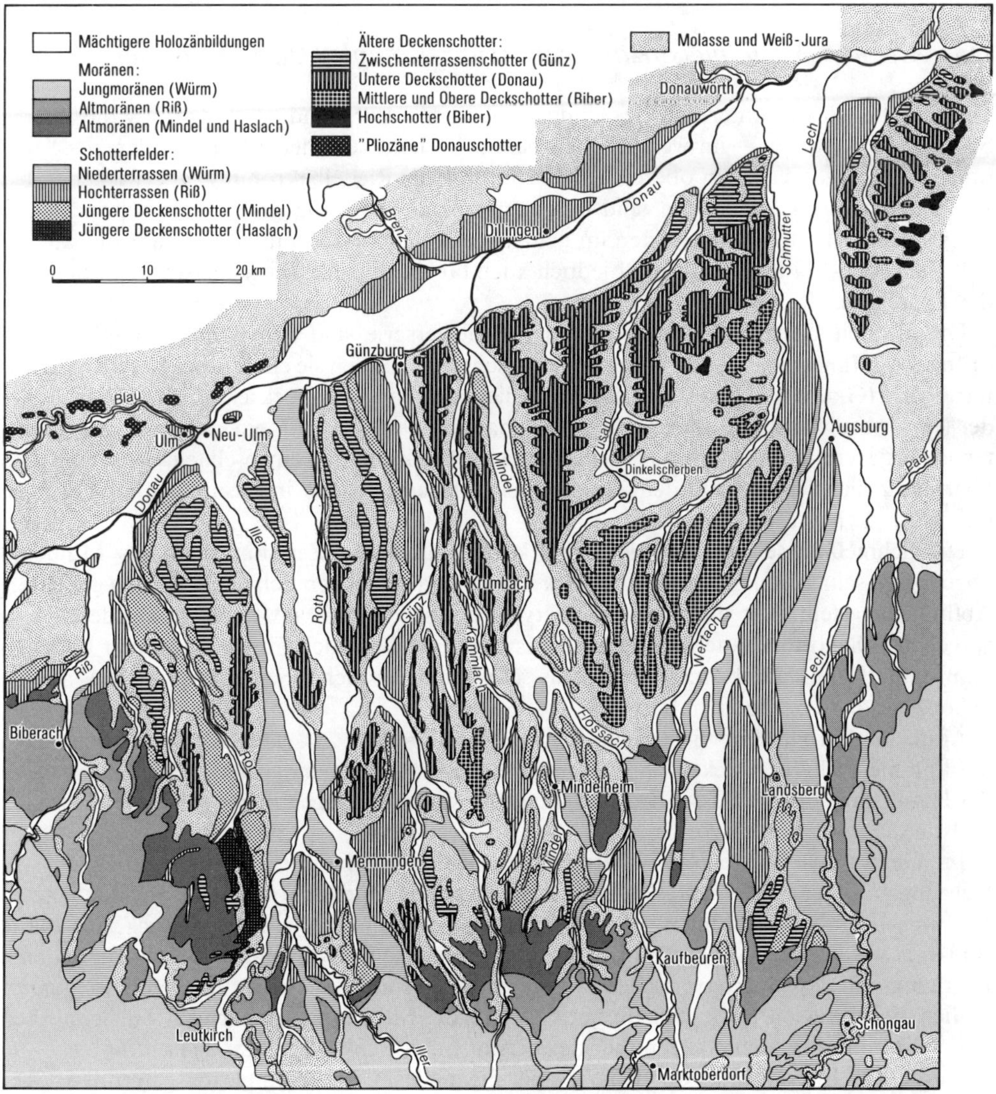

Abbildung 130
Die Riß-Iller-Lech-Platte, Typregion für die Quartärgliederung im Alpenvorland (in Anlehnung an LÖSCHER 1976 und DOPPLER 1990a)

Abbildung 129 (S. 452)
Gliederung des Quartärs im Alpenvorland (in Anlehnung an BRUNNACKER 1986, ZAGWIJN 1989, DOPPLER 1990b)

Die Darstellung geht aus von den Typformen und -ablagerungen des Alpenvorlandes, die jeweils bestimmten Kaltphasen des Pleistozäns zugeordnet werden können („Schotterstratigraphie", Stand 1991). Die Korrelierung mit den nordeuropäischen Kaltzeiten und den Kaltphasen der Sauerstoffisotopenkurve wurde nach den bisher vorliegenden (wenigen) Paläomagnetikdaten vorgenommen. Die mehr oder weniger große Sicherheit der Zuweisung ist durch ausgezogene oder gerissene Linien, die Tertiär/Quartär-Grenze gemäß Beschluß des Internationalen Geologen-Kongresses 1984 in Moskau (KRUTZSCH 1988) durch eine punktierte Linie angedeutet.

2.3.3. Das Alt- und Mittelpleistozän: vom Günz-Komplex zur Riß-Eiszeit

Die Schotterkörper unterhalb des Unteren Deckschotters sind – anders als die älteren Schottervorkommen – im wesentlichen bereits an heutige Täler gebunden, denen sie teils noch – im gletschernahen oberen Talabschnitt – als Riedelbekrönung, überwiegend aber als Hangterrassen folgen. Sie sind Eiszeiten zuzuordnen, die großenteils schon PENCK ausgeschieden hatte, und sie treten im deutschen Alpenvorland nun nicht mehr nur auf der Riß-Iller-Lech-Platte auf. Diese ist jedoch auch für die alt- und mittelpleistozänen Schotter die Typregion.

Die ältesten Glieder der altpleistozänen Schotterserie sind dem Günz-Komplex zuzuordnen. Am Innenrand der Aindlinger Terrassentreppe bilden sie ein System von „Zwischenterrassen" (GRAUL 1943), das deutlich tiefer liegt als jenes der Deckschotter (Abb. 128). Auf der nordwestlichen Riß-Iller-Lech-Platte hat LÖSCHER (1976) ein weiteres Zwischenterrassensystem identifiziert, das in die Unteren Deckschotter eingeschachtelt ist und sich über den Zeiler Schotter mit dem günzzeitlichen Rheingletscher in Zusammenhang bringen läßt (Abb. 127 u. 130).

Die Schmelzwässer des Illergletschers können in dieser Zeit nur über das Mindeltal abgeflossen sein. Mit dem Günz-Komplex hatte sich also der generell nach Norden gerichtete Abfluß eingestellt, der dann bis heute typisch blieb. Wenn im unteren Mindeltal entsprechende Schotter heute fehlen, dann deswegen, weil es auch in den folgenden Eiszeiten Hauptabflußrinne blieb und spätestens die mindelzeitliche Seitenerosion alle älteren Schotterreste ausgeräumt hat.

Ähnliche Verhältnisse liegen im Rheingletschergebiet vor. Die dortigen zahlreichen Vorkommen Älterer Deckenschotter markieren sämtlich hochglaziale Überlaufrinnen, in der Hauptrinne über Schussenbecken – Federsee sind sie dagegen in den folgenden Eiszeiten vollständig ausgeräumt worden.

Im Gebiet des Isar-Loisach-Gletschers dagegen liegen sämtliche altpleistozänen Ablagerungen unter breitflächig geschütteten Moränen und Schottern der beiden letzten Eiszeiten begraben. Erst im Bereich des Salzachgletschers und auf der Traun-Enns-Platte sind sie wieder an der Reliefoberfläche zu finden. Der Grund für den besonderen Formungsstil des oberbayerischen Voralpenlands sind wiederum Krustenbewegungen, freilich nicht – wie PENCK gemeint hatte – einfache Subsidenz, sondern ein Zurückbleiben in der Hebungsbewegung gegenüber der „Landshuter Schwelle" (SCHAEFER 1968).

Durch ein Interglazial von den Ablagerungen des Günz-Komplexes getrennt ist der Haslacher Schotter des nordöstlichen Rheingletschergebiets (Abb. 127 u. 130), die Typablagerung der Haslach-Eiszeit (SCHREINER u. EBEL 1981). Sie ist im deutschen Alpenvorland bisher nur an dieser Stelle nachgewiesen, doch ist eine zwischen Günz und Mindel einzuschaltende weitere Eiszeit auch von der Traun-Enns-Platte bekannt (KOHL 1977, 1986). Möglicherweise sind auch auf der Iller-Lech-Platte bisher der – jüngeren – Mindel-Eiszeit zugewiesene Ablagerungen ins Haslach zu stellen (HABBE 1986a, 1986b).

Als Zeugen der nächstjüngeren Mindel-Eiszeit treten im ganzen Alpenvorland vielfach erstmals komplette Glaziale Serien auf. Als Typlokalität hat schon PENCK die Endmoränen von Manneberg-Brandholz und die zugehörigen Jüngeren Deckenschotter des Grönenbacher Feldes südlich Memmingen bezeichnet (Abb. 126 u. 130). Mindelzeitliche Endmoränen sind außer im Illergletschervorland auch im östlichen Rheingletschergebiet und im Inn- und Salzachgletschervorland vorhanden. Die zugehörigen Jüngeren Deckenschotter liegen in der Regel deutlich tiefer als die Älteren Deckenschotter und lassen sich meist einwandfrei bis zum Vorfluter durchverfolgen, oft bereits längs heutigen Tälern.

Erstmals für die Mindel-Eiszeit nachweisbar ist eine kräftige Übertiefung der vor dem Ausgang der großen Alpentäler gelegenen Zungenbecken durch glaziale Erosion. Sie führte dazu, daß sich zentripetale – gegen das Zungenbecken, damit aber auch gegen die generelle Fließrichtung des Eises wie der glazifluvialen Schmelzwässer gerichtete – Bachtäler ausbildeten, die dann in der folgenden Riß-Eiszeit den vorstoßenden Gletschern z. T. ganz neue Wege eröffneten und so die Bildung von Zweigbecken einleiteten.

Die – in weiten Teilen des Alpenvorlands größte – Vorlandvergletscherung der Riß-Eiszeit ist durch Glaziale Serien und die zugehörigen Hochterrassen vielfach belegbar. Im Gebiet der schon von PENCK benannten Typlokalität, dem Rißtal bei Biberach im nördlichen Rheingletschergebiet, lassen sich drei Riß-Phasen ausgliedern (SCHREINER 1989, ELLWANGER 1990b): ein Älteres („Zungen-") Riß, ein Mittleres („Haupt-", „Doppelwall-") Riß und ein Jüngeres Riß. Einem älteren Riß könnten auch die von SCHAEFER (1975) aus dem Isar-Loisach-Gebiet berichteten, jedoch schlecht überlieferten und daher immer wieder angezweifelten Relikte einer „Paar-Eiszeit" entsprechen.

Im Vorfeld der rißzeitlichen Gletscher kam es als Folge der Schotterakkumulation unter dem Einfluß des Permafrostes (HABBE 1991) und nachfolgender Überlaufdurchbrüche zu zahlreichen Talwechseln, so an der Donau (SCHAEFER 1966, 1967), an der Iller (SINN 1972) und auch am Rhein (HOFMANN 1977, KRAYSS 1988). Bezeichnend für die Riß-Eiszeit ist schließlich eine ungewöhnlich kräftige glazialerosive Ausräumung gewesen. Die Übertiefung der Tallängsprofile ging nicht nur im Gebirge (BADER 1979, SEILER 1979), sondern auch im Vorland (MÜLLER u. UNGER 1973, FRANK 1979, JERZ 1979, SCHREINER 1979, FREIMOSER u. LOCHER 1980) vielfach tiefer hinunter als in der nachfolgenden Würm-Eiszeit.

Akkumulation und Abtragung waren also während der Riß-Eiszeit von außergewöhnlicher Intensität. Beide waren auch außerhalb des Gebietes unmittelbarer Gletscherwirkung – im „periglazialen" Bereich – reliefformend wirksam. Das gesamte Alpenvorland war damals Permafrostgebiet. Folge davon war eine entsprechende Formung durch Frostsprengung, Solifluktion und – vor allem – Lößakkumulation. Es gibt zwar an einigen Punkten des Alpenvorlandes auch ältere Löße (BRUNNACKER 1982, STRUNK 1990), doch tritt der rißzeitliche Löß erstmals verbreiteter auf. Wenn er gleichwohl weit hinter der Verbreitung der würmzeitlichen Löße zurückbleibt, dann vermutlich deshalb, weil ein großer Teil der rißzeitlichen Löße im Früh- und vor allem im Mittelwürm wieder abgetragen wurde und sie deshalb nur an vom Relief und vom Klima begünstigten Punkten erhalten blieben.

2.3.4.
Das Jungpleistozän: Hoch- und frühes Spätglazial der Würm-Eiszeit

Der glaziale und glazifluviale Formenschatz

Das vollständigste Formeninventar aller Eiszeiten ist naturgemäß aus der letzten, der Würm-Eiszeit erhalten. Deren Glaziale Serie stammt von einem Gletschervorstoß, der erst ganz am Ende der Eiszeit stattfand, kaum 10000 Jahre dauerte und seinen Maximalstand um 18000 J. v. h. hatte (FLIRI u. a. 1970). Ablagerungen älterer würmzeitlicher Vorstöße

(Schlüchter u. a. 1987, Krayss 1988; vgl. dazu aber Dreesbach 1985) wurden dabei überfahren und bis zur Unkenntlichkeit überformt.

Troll (1924) hat am Beispiel des Inn-Chiemsee-Gletschergebiets (Abb. 131) gezeigt, daß sich die würmzeitliche Glaziale Serie aus – abgesehen von nur lokal auftretenden „Vorgeschobenen Endmoränen“ – vier Glazialen Komplexen (Kirchseeoner, Ebersberger, Ölkofener, Stephanskirchener „Stadium“) zusammensetzt. Die Endmoränen der drei äußeren Stadien umrahmen die Zweigbecken vor dem Rosenheimer Stamm-Zungenbekken des Gletschers, die des Stephanskirchener Stadiums liegen auf der Schwelle zwischen Stamm- und Zweigbecken. Zwischen Stephanskirchener und Ölkofener Moränen – und nur hier – liegen Drumlinfelder, jeweils am proximalen Ende der Molasserücken, die die Zweigbecken voneinander trennen. Die Entwässerung des Gletschers erfolgte während des Hochstandes teils von der Stirn, teils von den Flanken in Richtung des Gefälles. Mit dem ersten Rückzug und dem Wiedervorstoß des Gletschers zum Ebersberger Stadium konzentrierte sich der Abfluß jedoch auf einzelne Breschen in den Moränen des Kirchseeoner Stadiums. Hier kam es lokal zu Erosion: es entstanden die „Trompetentälchen“, die sich – die äußeren Endmoränen und den davorgelegenen Übergangskegel querend – bis auf das vorgelagerte Niederterrassenfeld verfolgen lassen, wo sie in flache Schwemmkegel („Schotterzungen“) übergehen. Beim nächsten Gletscherrückzug und dem folgenden Wiedervorstoß zum Ölkofener Stadium konzentrierte sich der Abfluß auf die Innfurche, die von den Schmelzwässern nur über periphere – dem Eisrand folgende – Umfließungsrinnen erreicht werden konnte. In der Folgezeit schnitten sie sich hier immer tiefer ein, so daß ein

Abbildung 131
Das Inn-Chiemsee-Gletschergebiet, Typregion für eine Jungmoränenlandschaft des Alpenvorlandes (aus Troll 1924; ergänzt)

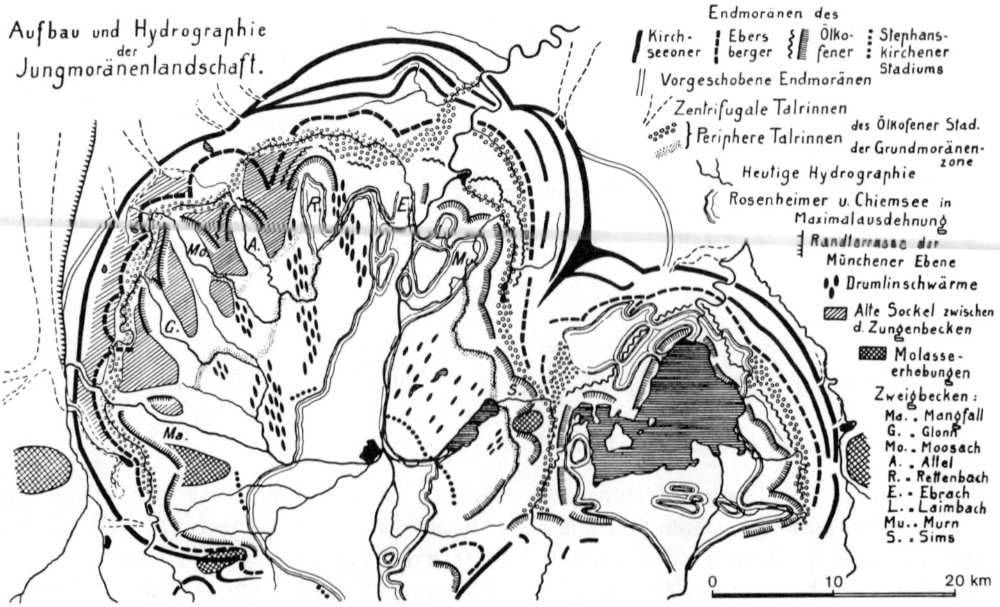

Stausee („Rosenheimer See"), der sich nach Rückzug des Gletschers im Zungenbecken gebildet hatte, noch im Spätglazial entleert wurde.

TROLL (1925, 1926) hat außerdem gezeigt, daß sich die Typformen des Inn-Chiemsee-Gebiets in ganz ähnlicher Weise in allen anderen Vorlandgletschergebieten wiederfinden. Im westlichen Rheingletschergebiet ergab sich darüber hinaus die Möglichkeit einer Differenzierung und damit einer Erweiterung der TROLLschen Stadienfolge von 4 auf 9 (ERB 1931, 1934, SCHREINER 1974; Abb. 132), ebenso im Illergletschergebiet (HABBE 1985a u. ö.). Die Abfolge der Moränenkränze und der entsprechenden Schotterfelder ist tatsächlich bei allen Vorlandgletschern trotz deren ganz unterschiedlicher Größe die gleiche und somit auf übergeordnete – klimatische – Ursachen zurückzuführen.

Neuere Untersuchungen über die Drumlinfelder des Alpenvorlandes (HABBE 1988, ELLWANGER 1990a) konnten schließlich belegen, daß deren regelhafte Anordnung zwischen den Moränen des Ölkofener und des Stephanskirchener Stadiums mit dem Schwinden des Permafrosts in den würmzeitlichen Sedimenten in Zusammenhang steht und damit eine entscheidende Klimaverbesserung anzeigt. Sie ermöglicht es, die Grenze Hochglazial/Spätglazial mit dem Rückzug des Eises vom Ölkofener Stadium (bzw. von dessen Äquivalenten) zu korrelieren. Das Stephanskirchener/Konstanzer/Ammersee-Stadium (TROLL 1925) repräsentiert danach den ersten spätglazialen Gletscherstand.

Damit läßt sich von der Glazialen Serie der Würm-Eiszeit ein differenzierteres Bild zeichnen (Abb. 125). Die dazugehörigen Niederterrassen folgen im allgemeinen dem Verlauf der Hochterrassen längs den heutigen Tälern. Sie nehmen z. T. ausgedehnte Flächen ein – am ausgeprägtesten im Isar-Loisach-Gletschervorland, wo sie über niedrige Zwischentalwasserscheiden hinweggriffen und zur „Münchner Schiefen Ebene" zusammenwuchsen.

Die Formung im Periglazialbereich

Für den Bereich außerhalb der würmzeitlichen Gletscher, den Periglazialbereich, sind im Alpenvorland verbreitet Formungsprozesse bezeugt, die für alle Hochglaziale typisch sind und durch das Phänomen des Permafrosts gesteuert wurden, also die permanente Gefrornis aller Gesteine bis in große (sicher einige Dekameter) Tiefe, die nur in den kaltzeitlichen Sommern und nur oberflächlich (einige Dezimeter bis wenige Meter) durch eine Auftauphase abgelöst wurde.

Die für alle Permafrostgebiete charakteristische Frostsprengung hat im Alpenvorland nur dort Schutt geliefert, wo entsprechendes Ausgangsmaterial vorhanden war, also vor allem in den Gebieten, in denen die Obere Süßwassermolasse konglomeratisch ausgebildet ist oder Schotter älterer Kaltzeiten zutage liegen. Dort finden sich verbreitet auch mächtigere Solifluktionsschuttdecken. Sie haben den Bachtälern im oberen Abschnitt – wo die Solifluktion überwog – ein flaches Muldentalprofil verliehen, während talab – wo fluvialer Transport vorherrschte – ein Kastentalprofil entstand. Wo beide Transportvorgänge regelmäßig wechselten, bildeten sich als Folge ungleichmäßiger Schuttzufuhr – bedingt durch Expositionsunterschiede gegenüber Sonne und vorherrschenden Winden, die die Abtragungsvorgänge teils förderten, teils hemmten – asymmetrische Talquerschnitte aus (BÜDEL 1944, POSER u. MÜLLER 1951, KARRASCH 1970).

Formprägend wirkten im Periglazialbereich außerdem äolische Transport- und Akkumulationsvorgänge. Von den – nur während der frühsommerlichen Schneeschmelze über-

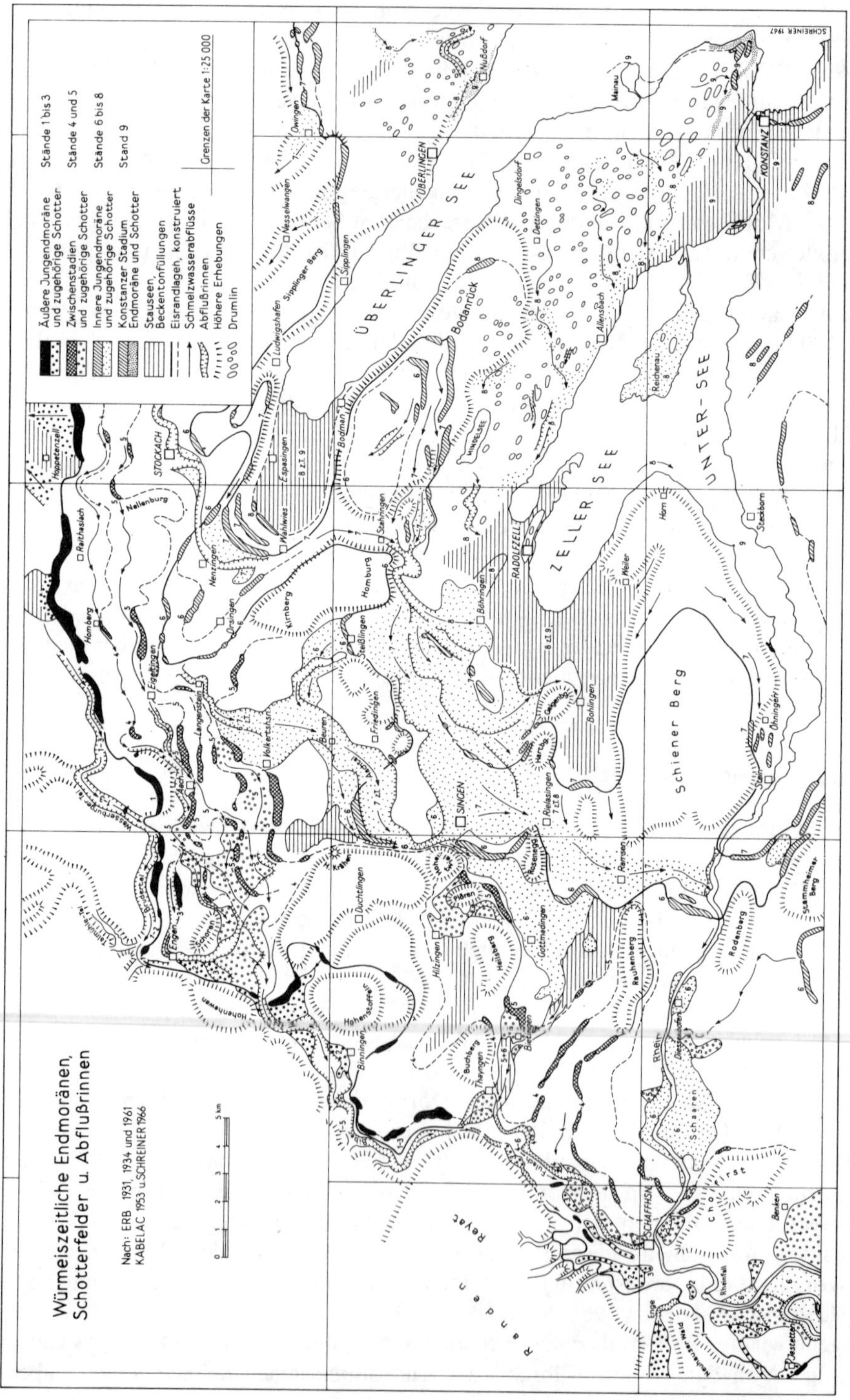

Abbildung 132
Das westliche Bodenseegebiet, Typregion für die Gliederung des Hoch- und frühen Spätglazials der Würm-Eiszeit (aus SCHREINER 1974)

fluteten, sonst aber großenteils trockenliegenden – Niederterrassenfeldern wurden Schluffe und Feinsande ausgeblasen und meist schon nach wenigen Kilometern wieder abgesetzt. Ob sie dort auch akkumuliert (und nicht bei nächster Gelegenheit weiterverblasen oder abgespült) wurden, hing sehr wesentlich von den kleinklimatischen (und damit den Vegetations-) und den Geländeverhältnissen ab (Hangneigung, Luv-/Lee-Situation gegenüber den transportierenden Winden). Infolgedessen ist das Verbreitungsmuster würmzeitlicher Lößе vielfach ausgeprägt lückig und ihre Mächtigkeit sehr unterschiedlich (UNGER 1978, 1983). Nur bei tiefliegendem und flachem Ausgangsrelief überdeckt der würmzeitliche Löß auch größere Flächen, hat hier auch Reliefunregelmäßigkeiten ausgeglichen. Vertikalschnitte (BRUNNACKER 1957 u. ö., BUCH u. ZÖLLER 1990) zeigen, daß die Lößakkumulation nicht nur regional verschieden intensiv war, sondern auch zeitlich, und die meisten Lößе erst im kontinental-trockenen Hochglazial abgesetzt wurden. Mächtigere (bis 5 m) Lößprofile zeigen zudem vielfach eine Unterbrechung der Lößakkumulation auch durch Bodenbildungen in klimagünstigeren Phasen an.

2.3.5. Das Holozän

Der Ausgleich der Flußlängsprofile

Die glazifluvialen Aufschüttungsflächen des Würm-Hochglazials unterlagen mit dem Schwinden des Permafrosts (HABBE 1991) noch im Spätglazial einer kräftigen Ausräumung, die die Flußläufe bis weit unter die Niederterrassenflächen eintiefte (BUCH 1987; Abb. 133). Dem folgte bis ins Ältere Holozän ein Ausgleich der neuentstandenen Flußlängsprofile mit der Folge einer Wiederverfüllung der gerade erst gebildeten Rinnen auf den Mittel- und Unterlaufstrecken bis auf das Niveau der Aueterrassen – in der Regel bis auf wenige Meter unter die Niederterrassenkante. Danach kam es zwar phasen- und stellenweise noch zu beträchtlichen Umlagerungsvorgängen, eine grundlegende Erosions- oder Akkumulationstendenz ist aber nicht mehr erkennbar. Manchenorts – so an den Unterläufen von Iller, Lech und Isar (GRAUL u. GROSCHOPF 1952, SCHREIBER 1985, BRUNNACKER 1959, FELDMANN 1990) – hat die bis ins Ältere Holozän anhaltende Aufschüttung das Niederterrassenniveau wieder erreicht und in Form langgestreckter Schwemmfächer überdeckt: dort ist die – morphologisch einheitlich erscheinende – Niederterrassenfläche also flußabwärts zunehmend jüngeren Alters. Die Überschüttung erfolgte nicht gleichmäßig, sondern in einzelnen großen Schüben, wobei es zur Einlagerung organischen Materials, z. T. regelrechter Baumstamm-Horizonte kam. Bestes Beispiel dafür ist der Illerschwemmkegel gegenüber Ulm (BECKER 1982; Abb. 134).

Die Deltas der Voralpenseen

Die in den Zungenbecken vor dem Ausgang der großen Alpentäler verbliebenen Seen wirkten als Erosionsbasis und Schotterfang für die spät- und postglaziale Erosion talauf. Es kam zur Ausbildung ausgedehnter Deltas, die rasch seewärts wuchsen. Sie überschütteten die aus dem Spätglazial überkommenen, teilweise sehr mächtigen Beckenschluffe und vielfach auch organische Ablagerungen (Torfe), so daß die Deltagebiete einen meist nur wenig

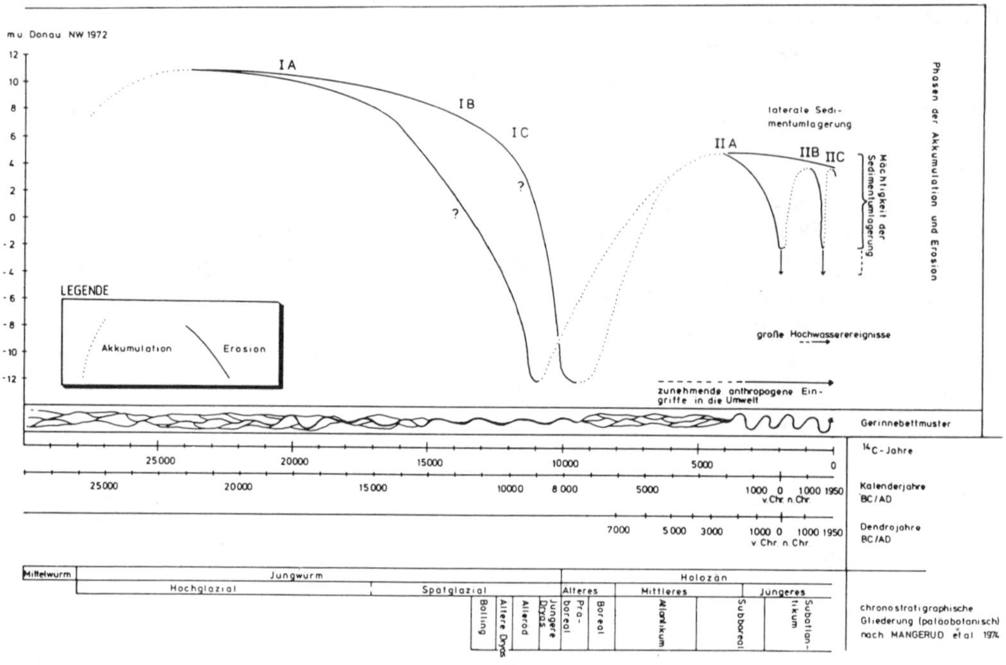

Abbildung 133
Erosion und Akkumulation zwischen Würm-Hochglazial und Holozän im Donautal bei Regensburg (aus Buch 1987; Ausschnitt)

belastbaren Untergrund aufweisen. Die Deltabildung setzt sich – wenn auch verlangsamt – auch heute noch fort: die Deltas der Vorlandseen sind die Gebiete mit den lebhaftesten morphologischen Veränderungen im Alpenvorland überhaupt. Besonders augenfällig ist das bei den Deltas von Bregenzer Ache und Rhein am Ostende des Bodensees (Krapf 1901, Wagner 1962, Bertschinger 1978, Keller u. Lehn 1978): vor dem – 1900 vollendeten – Fußacher Durchstich hat der Rhein sein Delta bis heute um über 2 km gegen das Beckentiefste vorgebaut.

Kalkzement-, Kalktuff-, „Alm"- und Seekreidebildung

Das Schwinden des Permafrostes im Spätglazial führte in den großen Schotterkörpern des Alpenvorlandes zur Neubildung von Grundwasser, das sich dem Gefälle folgend bewegt. Es löst in den durchweg sehr kalkreichen Sedimenten Kalk und kann ihn bei hinreichendem Luftzutritt wieder ausscheiden. Dadurch kann es zu Zementierungserscheinungen in den durchsickerten glazifluvialen Sedimenten kommen, freilich in je nach den lokalen Bedingungen unterschiedlichem Maße. Auf den gleichen Vorgang sind Kalktuffbildungen an Quellaustritten oder an Nebentalmündungen zurückzuführen (Gams u. Nordhagen 1923), ebenso die Abscheidung des lockeren, ungeschichteten „Alm" dort, wo der Grundwasserspiegel großflächige Schotterakkumulationen schneidet (Brunnacker 1959, Vidal u. a. 1966, Jerz u. Wagner 1978), schließlich die Bildung von Seekreide im Flachwasserbereich der Alpenvorlandseen (Schäfer 1972, 1973). Hauptbildungszeit aller dieser Kalkabscheidungen war das Ältere Holozän.

Abbildung 134
Postglaziale Akkumulationsfolgen im Bereich des Iller-Schwemmkegels gegenüber Ulm (aus BECKER 1982; ergänzt)

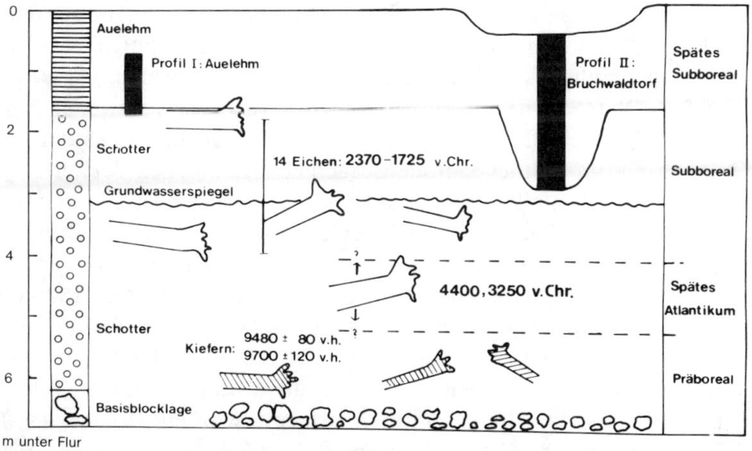

Moorbildung

Das von den letztkaltzeitlichen Gletschern hinterlassene Relief und die im Spät- und Postglazial neu sich herausbildenden Bodenwasserverhältnisse haben im Alpenvorland verbreitet zur Bildung von Mooren geführt (GÖTTLICH 1965ff.). In den Jungmoränengebieten – insbesondere zwischen den äußeren Moränenständen – entstanden sie durch Verlandung von Seen oder Versumpfung schlecht drainierter Niederungen („topogene Moore"), in den Flußtälern führte der hohe Grundwasserstand zur Bildung von Niedermooren. Über beiden konnten sich rein niederschlagsbedingte („ombrogene") Hochmoore entwickeln. Während Niedermoore oft nur wenige Dezimeter mächtig sind, können Hochmoore gelegentlich Mächtigkeiten bis 5 m erreichen und ursprüngliche Geländeunterschiede ausebnen. – Hauptbildungszeit der Moore war das Jüngere Holozän (FRENZEL 1983), sie sind jedoch durch die staatlich gelenkte Moorkultivierung seit dem 18. Jh. zunehmend entwässert und der Torf vielfach weitgehend abgebaut worden (GÖTTLICH u. KUNTZE 1976).

3.
Die Regionen

3.1.
Das Rheingletschergebiet und sein Vorfeld

3.1.1.
Die Großformen des Abtragungsreliefs

Vor allen anderen Vorlandgletschergebieten ist das des Rheingletschers dadurch ausgezeichnet, daß die für das ganze Alpenvorland charakteristische Tendenz zur Abtragung während des Pleistozäns hier weitaus am kräftigsten wirksam war. Der das übrige

Alpenvorland kennzeichnende Zusammenhang von Gebirge und West-Ost geneigtem Vorland ist hier durch die Zubringer des Hochrheins aufgebrochen und die Entwässerung in die gegenläufige Ost-West-Richtung umgelenkt worden. Dieser „Kampf um die Wasserscheide" (WAGNER 1960) ist – obwohl das immer wieder vermutet wurde (CARLÉ 1950) – nicht beeinflußt worden von der im Hegau ausklingenden Tektonik des Bonndorfer Grabens. Die im westlichen Bodenseegebiet vorhandenen Verwerfungen waren im Pleistozän inaktiv (oder allenfalls schwach aktiv – SCHREINER 1975). Durch Tektonik kann also auch das auffällige – nur hier auftretende – Abknicken des Zungenbeckens eines großen Gletschers vor dem Ausgang des zugehörigen Alpentals nicht erklärt werden.

Aber auch rückschreitende Erosion vom Hochrhein her (SCHREINER 1975) kann nicht der Grund dafür sein, denn die hat das östliche Seebecken erst erreicht, als das Talnetz hier längst festgelegt war. Dieses – noch ganz der Donau tributäre – Talnetz war im jüngsten Tertiär entstanden und durch die ältestpleistozänen Gletschervorstöße über das neu sich bildende Alpenrheintal überformt worden (VILLINGER 1986, 1989). Auch die Schmelzwässer der Günz-Eiszeit(en) flossen aus dem heutigen östlichen Bodenseegebiet noch ganz überwiegend zur Donau ab (WAGNER 1962). Erst der mindelzeitliche Gletscher stieß so weit vor, daß er die Wasserscheiden zu den aus dem Hochrheingebiet zurückgreifenden Molassetälchen überwinden und seine Schmelzwässer großenteils nach Westen abgeben konnte und der Abfluß auch im nachfolgenden Interglazial auf dieser Linie verblieb.

Dieser Prozeß spielte sich – wie die Höhenlage der Jüngeren Deckenschotter beiderseits von Überlinger und Zeller See zeigt – noch hoch über der heutigen Oberfläche und in einem Relief mit nur geringen Höhenunterschieden ab. Die entscheidende Tieferlegung durch rückschreitende Erosion längs des nun zum Hochrhein führenden Abflusses setzte – ablesbar an den exorbitant hohen Basisabständen (rund 200 m!) zwischen Jüngeren Deckenschottern und rißzeitlichen Rinnenschottern (SCHREINER 1975) – erst postmindelzeitlich ein und war im wesentlichen bereits am Ende der Riß-Eiszeit abgeschlossen.

Schon der mindelzeitliche Gletscher hat ein deutliches Zungenbecken geschaffen, das sich – dem alten Nordabfluß über dem heutigen Schussenbecken folgend – bis in das Federseegebiet erstreckte (GERMAN u. a. 1967). Das heutige Schussenbecken ist also seiner Genese nach ein Teil des ersten Stamm-Zungenbeckens des Gletschers. Seinen tiefsten Punkt hatte aber wohl auch das mindelzeitliche Zungenbecken – wie das heutige Seebecken – im zentralen Obersee. Denn darauf waren die meisten der zentripetalen Täler ausgerichtet, die in der folgenden Riß-Eiszeit zu Zweigbecken umgeformt wurden. Die Gletscher der Riß-Eiszeit leisteten dann den Hauptanteil an der Eintiefung von Stamm- und Zweigbecken. Die Quartärbasis lag danach im Stammbecken rund 350 m tiefer als am Westende des Untersees (SCHREINER 1979), wo sie durch ein spätrißzeitliches Rinnensystem markiert wird, das sich aus dem Bereich der Singener Ebene bis nach Schaffhausen verfolgen läßt und dessen Sohle 40 – 50 m unter dem heutigen Rhein liegt (SCHREINER 1974). Die Würm-Eiszeit hat die aus dem Riß überkommenen Erosionsformen hie und da ausgeweitet und akzentuiert – so im Überlinger See-Becken, das mit seinen fast fjordartig versteilten Flanken ein Paradebeispiel für die Auswirkungen junger glazialer Erosion darstellt –, nicht aber mehr grundsätzlich verändert.

Lokal hat auch die würmzeitliche glazifluviale Erosion ein beträchtliches Ausmaß erreicht. Das gilt vor allem für die Umfließungsrinnen auf dem Westflügel des Gletschers. Hier mußten sich die Schmelzwässer zwischen Gletscherrand und Gegengehänge hindurchzwängen und haben dabei stellenweise kräftig erodiert (Abb. 132). Eine dieser Umfließungs-

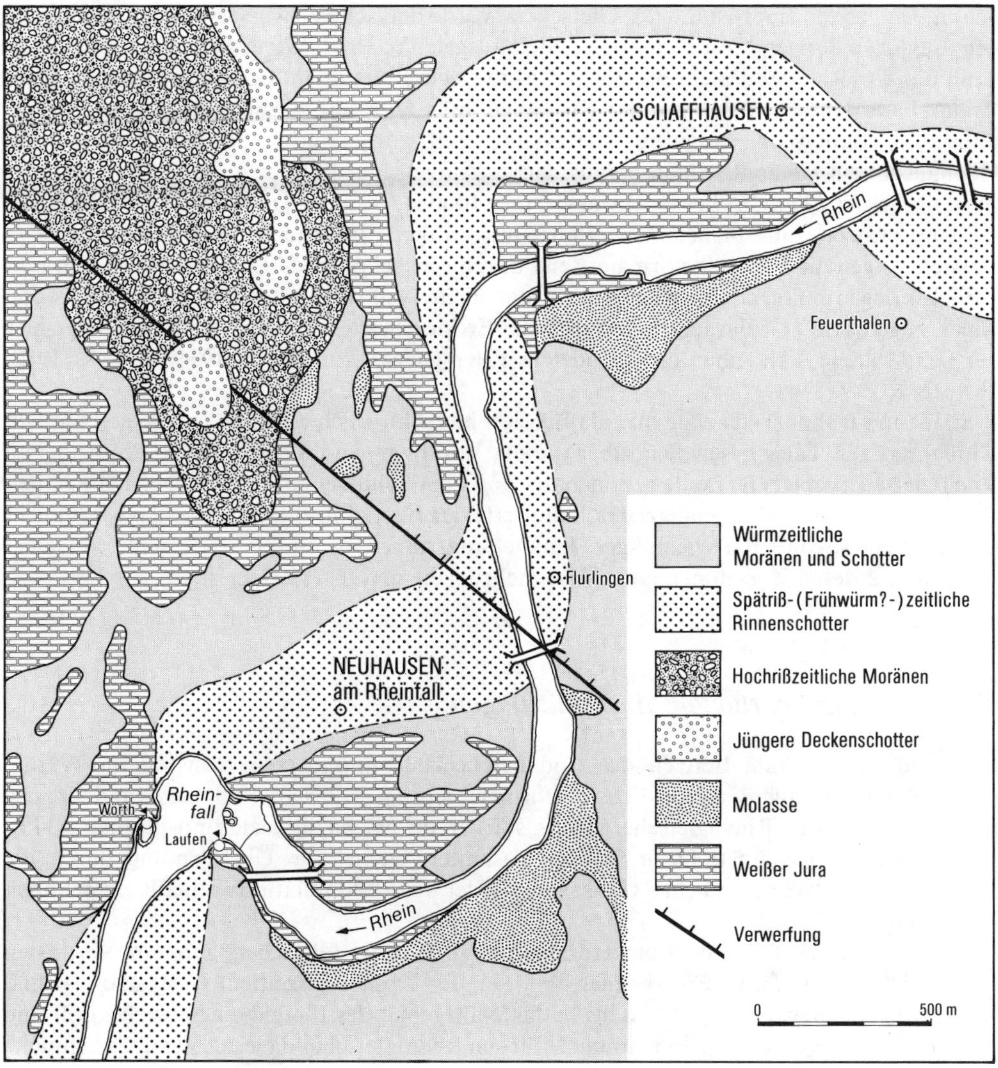

Abbildung 135
Der Rheinfall bei Schaffhausen und sein quartärgeologisches Umfeld (nach HEIM 1931 und HOFMANN 1989)

rinnen – die Eigeltinger Rinne – hat bei der Einschneidung das Dach eines mächtigen Karstgefäßes angeritzt und damit den Weg an die Oberfläche geöffnet für die größte Karstquelle Deutschlands, den Aach-Topf (SCHREINER 1978).

Die spektakulärste Folge der würmzeitlichen glazifluvialen Erosion ist jedoch zweifellos der Rheinfall unterhalb Schaffhausen (Abb. 135). Die spätrißzeitliche Rheinrinne war hier von würmzeitlichen Vorstoßschottern und Moränen überdeckt worden, die Schmelzwässer des Hochstandes flossen weiter westlich über die Klettgaurinne und das Rafzer Feld ab.

Schon beim ersten Internstand des Gletschers wurde der Schmelzwasserstrom jedoch hinter den äußersten Jungendmoränen nach Süden ausgelenkt. Beim Wiedereinschneiden fand er dann das alte Rheinbett nicht wieder: der Fluß wechselt heute im Gebiet von Schaffhausen zweimal aus dem alten Bett auf das ehemalige linke Ufer und wieder zurück. Dort, wo er unterhalb Neuhausen endgültig in das alte Bett zurückfindet, bildete sich noch im Hochglazial ein erster Rheinfall heraus. Heute stürzen hier über eine Gesamtfallhöhe von 21 m im Mittel 700 m^3/s, bei Hochwasser über 1000 m^3/s in das fast kreisrunde Tosbecken im Unterwasser. Ein solcher Wasserfall eines großen Flusses hätte bei derartig großen Wassermengen die Fallstufe normalerweise durch rückschreitende Erosion ausgleichen und zurückverlegen müssen. Der Rheinfall tut das nicht, weil das Bodenseebecken die aus den Alpen zugeführte Geröllfracht und damit die Erosionswaffen abfängt. Deswegen liegt hier der sehr seltene Fall einer unvollendeten Talepigenese vor (HEIM 1931, KRAYSS 1988, HOFMANN 1989).

Spät-(und frühpost-)glaziale fluviale Erosion hat schließlich auch die engen, gelegentlich schluchtartigen Täler geschaffen, über die die Voralpen- und Vorlandbäche des östlichen Rheingletschergebiets heute dem Bodensee- und dem Schussenbecken zustreben. Sie haben dabei ihre eigenen späthochglazialen Schotterfelder bis tief in die liegende Molasse hinein zerschnitten, so daß die ehemaligen Umfließungsrinnen in einzelne Segmente aufgelöst wurden und deren Zusammenhang nicht mehr leicht rekonstruierbar ist.

3.1.2. Glaziale und glazifluviale Aufschüttungen

Während der zentrale Bereich des Bodenseebeckens und dessen Ausgang im Westen naturgemäß vor allem durch Erosionsformen geprägt wurden, sind die Randbereiche und der Osten des Rheingletschergebiets stärker durch glazifluviale und glaziale Akkumulation gekennzeichnet. Dazu tritt im gesamten Gebiet die Überformung durch die Internstände des würmzeitlichen Gletschers, an der die Akkumulation ebenfalls einen hohen Anteil hat.

Die ältesten glazifluvialen Ablagerungen im Vorfeld des Gletschers ganz im Nordosten – die Erlenmooser und Erolzheimer Schotter der Donau-Eiszeit(en) (Abb. 130) – sind Ablagerungen einer Ur-Argen, die bis in das Nährgebiet des Illergletschers zurückgriff und von dorther gespeist wurde, vom donauzeitlichen Rheingletscher dagegen allenfalls Schmelzwasserzuschüsse erhielt (VILLINGER 1986, 1989). Beide Schotter belegen, daß damals westlich der heutigen Argen-Oberläufe noch eine Wasserscheide bestand, die sie von den Zubringern der Ur-Thur trennte.

Ein Vorlandgletscher ist im östlichen Bodenseebecken erstmals belegt durch die Älteren Deckenschotter der Günz-Eiszeit(en), zumeist Füllungen von Überlaufrinnen, die jeweils nur während der Hochstände der Günz-Kaltphasen durchflossen und – wie der Hauptabfluß über dem Schussenbecken, der keine Schotter hinterließ – durchweg nach Norden ausgerichtet waren. Nur die Älteren Deckenschotter auf dem Schiener Berg belegen einen ersten Schmelzwasserüberlauf auch zum Hochrhein.

Die nachfolgende Haslach-Eiszeit hat im nordöstlichen Rheingletscher-Vorfeld ihre Typlokalität. Der namengebende Haslacher Schotter ist nicht mehr – wie die älteren Schotter des Gebiets – nach Nordnordosten ausgerichtet, sondern zielt nach Nordnordwest ins Riß-Mündungsgebiet und gibt damit die Abflußrichtung vor, die auch die folgende Mindel-Eiszeit kennzeichnete.

In der Mindel-Eiszeit stieß der Rheingletscher so weit vor wie niemals zuvor: deswegen sind aus dieser Zeit erstmals auch Moränen an der Reliefoberfläche erhalten. Westlich des Rißtales verschwinden sie freilich alsbald unter Moränen der Riß- und teilweise sogar der Würm-Eiszeit. Auf dem Westflügel des Gletschers kam es jetzt – wie die zahlreichen Reste Jüngerer Deckenschotter im Überlinger und Untersee-Gebiet und um Schaffhausen zeigen – zu einem so massiven Schmelzwasserüberlauf ins Hochrheingebiet, daß sich der Abfluß hier rasch tieferschneiden und so für die Zukunft fixiert werden konnte.

Das führte in der folgenden Riß-Eiszeit zu einer Auslenkung auch des Gletschers selbst, der nun westlich der Riß alle älteren pleistozänen Ablagerungen überfuhr und dadurch ein teilweise ganz neues Entwässerungsnetz schuf (Villinger u. Werner 1985). Die Endmoränen des Hauptriß haben im Osten bis in die Gegend von Biberach vielfach ein charakteristisches Relief („Doppelwall-Riß"), weiter im Westen, wo sie sich nicht hinter älteren Pleistozänablagerungen stauten, dagegen seltener.

Die fortschreitende Auslenkung des Gletschers nach Westen prägt auch den Außenrand des würmzeitlichen Rheingletschers. Er ist meist klar erkennbar, weil er außer durch die Äußeren Jungendmoränen auch durch breite, im Stau der vorgelagerten Riß-Moränen entstandene glazifluviale Aufschüttungen markiert wird, die sich längs rißzeitlich vorgeprägter Rinnen zum Vorfluter verfolgen lassen. Stauschotter längs des Eisrandes kennzeichnen auch die Internstände (Abb. 132). Hinter den Inneren Jungendmoränen liegen – vom Bodanrück im Westen bis nach Tettnang und Lindau im Osten – Drumlinfelder als Landmarken des beginnenden Spätglazials (Habbe 1988, Ellwanger 1990a) und das Konstanzer Stadium als erster spätglazialer Stand des Gletschers (Troll 1925, Hantke 1959, Habbe 1989, anders: Furrer 1991). Jünger als das Konstanzer Stadium, aber älter als der erste inneralpine, dem Penckschen Bühl-Stadium entsprechende Spätglazialstand von Feldkirch-Weesen (Hantke 1968, Keller 1988) sind die „Lindauer Gletscherstände" (Schwerd 1986), für die es im deutschen Alpenvorland nur im Salzachgletschergebiet äquivalente Bildungen gibt.

3.2.
Das Iller-Wertach-Lech-Gletschergebiet und sein Vorfeld

3.2.1.
Die Großformen des Abtragungsreliefs

Völlig anders als das Rheingletschergebiet ist das Gebiet von Iller-, Wertach- und Lechgletscher vorwiegend durch glazifluviale und glaziale Aufschüttung geprägt und viel weniger durch die erosive Tätigkeit der Gletscher und ihrer Schmelzwässer. Die Ursache dafür liegt nicht nur in der besonderen Situation der Iller-Lech-Platte, sondern auch darin, daß die drei Gletscher als einzige ein auf die Kalkalpen beschränktes Einzugsgebiet hatten, also stets kleiner waren als die Nachbargletscher im Westen und Osten und sich deswegen weniger als diese in die Vorlandmolasse eintiefen konnten. Eine landschaftsprägende

Rolle haben glaziale und glazifluviale Erosion zudem nur im engeren Illergletschergebiet gespielt. Die Lechgletscher waren bis zur Riß-Eiszeit kleiner als die Illergletscher, obwohl das alpine Einzugsgebiet des Lechs heute mehr als doppelt so groß ist wie das der Iller. Es ist daher anzunehmen, daß es sich erst während des Pleistozäns auf Kosten des Einzugsgebiets der Ur-Iller gebildet hat. Auch die Wertach-Zunge des Gletschers, die immer auf Fremdeis angewiesen war, ist bis in die Riß-Eiszeit hauptsächlich vom Illergletscher genährt worden.

Das Gebiet des Iller-Vorlandgletschers ist gekennzeichnet durch drei deutliche, vom breiten Kemptener Stamm-Zungenbecken ausstrahlende Zweigbecken – das Wildpoldsrieder, das Dietmannsrieder und das Altusrieder Becken – und das Durchbruchstal, das die heutige Iller seit dem Hochstand der letzten Eiszeit benutzt. Die drei Zweigbecken sind nicht gleich alt. Bis in die Günz-Eiszeit(en) hatte die glaziale Erosion nur ein flaches Hauptbecken geschaffen, das sich aus dem inneralpinen Illertal geradenwegs in das Wildpoldsrieder Becken erstreckte. Erst der Vorstoß des mindelzeitlichen Gletschers führte zur Öffnung eines Ausgangs in das heutige Memminger Trockental und zur Eintiefung des Dietmannsrieder, der der folgenden Riß-Eiszeit zur Bildung des Altusrieder Zweigbeckens. Die Entstehung des heutigen Iller-Durchbruchstals zwischen Dietmannsrieder und Altusrieder Becken während des Würm-Hochglazials zeigt modellhaft, wie vermutlich auch andere Talwechsel des Hauptschmelzwasserabflusses im Stirnbereich kaltzeitlicher Gletscher zustande gekommen sind: weil der Gletscher des Hochstandes einen relativ hochgelegenen Paß in der Wasserscheide überfuhr, konnten – wegen des hohen Gefälles auf dessen Außenseite – die Schmelzwässer hier rasch eine neue Abflußrinne eintiefen, die dann zum spät- und postglazialen Hauptabfluß wurde (Ellwanger 1978, Habbe 1985a u. ö.).

Anders als an der Iller treten glazialerosive Formen an Wertach und Lech außerhalb des Alpenrands ganz zurück. Zwar weiten sich Wertach- und Lechtal hinter den Würm-Endmoränenzügen bei Kaufbeuren und Schongau (Abb. 130), doch fehlen hier die sonst typischen Zweigbecken. Auch sind die talquerenden Züge der Faltenmolasse, die im Rheintal ganz und im Illertal weitgehend ausgeräumt wurden, hier von den Gletschern kaum niedergeschliffen, sondern nur deutlich aus ihrer Umgebung herauspräpariert worden.

3.2.2.
Glaziale und glazifluviale Aufschüttungen

Für die glazifluviale Akkumulation ist die den pleistozänen Iller-Wertach-Lech-Gletschern vorgelagerte Iller-Lech-Platte (Abb. 130) die Typregion schlechthin. Über die zeitliche Gliederung und den Mechanismus ihrer Entstehung ist das Wesentliche bereits gesagt worden. Offengeblieben ist jedoch, welche Spuren die glaziale Akkumulation hinterließ.

An der Reliefoberfläche treten hier – wie im Rheingebiet – nur postgünzzeitliche Moränen auf. Schon Penck war aber aufgefallen, daß die Altmoränen vor allem beiderseits der Günz-Quelltäler viel weiter ins Vorland reichen als anderswo. Es wäre denkbar, daß es sich bei diesen äußersten Altmoränen um Zeugen der Haslach-Eiszeit handelt (Habbe 1986b). Sicher ist jedenfalls, daß die Mindel-Endmoränen der Penckschen Typlokalität am Kopf des Grönenbacher Feldes sich weit südlich der Außengrenze äußerster Altmoränenverbreitung um das Obergünzburger Becken herumziehen (Eberl 1930, Stepp 1981). Die

Endmoränen der Riß-Eiszeit zeigen im ganzen Gebiet des Iller-Wertach-Lech-Gletschers in der Regel den aus dem Rheingletschergebiet bekannten Doppelwall, er fehlt jedoch westlich der Westlichen Günz: vor dem neubesetzten Altusrieder Zweigbecken heben sich die Riß-Endmoränen von dem anschließenden Steinbacher Hochterrassenfeld nur ganz schwach ab, weil der Gletscher hier in bis dahin noch nicht glazial geformtes, relativ flaches Gelände vorstieß und daher keinem Stau unterlag wie weiter im Osten, und im Dietmannsrieder Becken sind sie nur als schmaler, beckenwärts ganz auskeilender Streifen zwischen Würm- und Mindelmoränen identifizierbar, weil der würmzeitliche Gletscher hier ausnahmsweise die rißzeitlichen Moränen überfahren hat. Sonst liegen die Endmoränen der Würm-Eiszeit aber ganz normal hinter den rißzeitlichen Moränen (ELLWANGER 1980, HABBE 1985a u. ö.).

3.3. Das Isar-Loisach-Gletschergebiet und sein Vorfeld

3.3.1. Die Großformen des Abtragungsreliefs

Das Isar-Loisach-Gletschergebiet ist durch die glaziale Erosion anders geprägt worden als alle anderen Vorlandgletschergebiete: statt eines Stammbeckens mit fingerförmig davon ausstrahlenden Zweigbecken liegen hier drei parallel zueinander angeordnete – und durch hohe Molasseriedel voneinander getrennte – Stammbecken nebeneinander: Ammersee-, Starnberger (Würm-)See- und Wolfratshauser Becken. Ihre Nordenden sind jeweils nur durch einen schmalen Moränengürtel vom glazifluvial geprägten Vorfeld getrennt. Die Zweigbecken sind auffallend klein und setzen nicht an der Stirn, sondern an der Flanke der Stammbecken an. Die Stammbecken erscheinen so ungewöhnlich weit nach außen vorgeschoben. Alle drei Becken verdanken ihre Entstehung wesentlich Eiszuflüssen vom Inngletscher her: das Ammersee-Becken einem Eisstrom über Fernpaß und Loisachtal, Starnberger See- und Wolfratshauser Becken dem Zustrom über Seefelder Sattel und Oberes Isartal, der sich vor dem Tertiärsporn des Tischberges in zwei Teilströme gabelte. Beide Eisströme haben aber die Rippen der Faltenmolasse, die die Talausgänge queren, nicht eingeebnet, sondern deren Strukturen nur kräftig herausgearbeitet: besonders klar südlich des Ammersees im Gebiet um Murnau. Um so auffälliger ist die Übertiefung der Becken nördlich dieser Molasseschwellen: sie reicht teilweise 150 m unter die heutigen Seespiegel und mehr als 200 m unter die ehemalige Molasseoberfläche hinunter (JERZ 1979, 1987).

Im Spätglazial verloren Ammersee- und Starnberger See-Becken früh die Verbindung zum rasch zurückschmelzenden Gletscher. Infolgedessen entwickelten ihre Abflüsse – Amper und Würm – nur geringe Erosionskraft, so daß in den Becken jeweils ein See erhalten blieb. Demgegenüber erhielt das Wolfratshauser Becken noch lange spätglaziale Schmelzwässer aus dem Loisachtal, und es vermochte auch die Isar – die im Späthochglazial zunächst über den heute trockenliegenden Teufelsgraben zur Mangfall und zum Inn entwässert hatte – wieder an sich zu ziehen. Deswegen wurde der Ausfluß des hier zunächst entstandenen „Wolfratshauser Sees" rasch tiefergelegt, die stauende Molasseschwelle zwischen Schäftlarn und Baierbrunn zerschnitten und das Seebecken trockengelegt.

3.3.2. Glaziale und glazifluviale Aufschüttungen

Die glazifluvialen Ablagerungen im Vorfeld des Isar-Loisach-Gletschers werden – ganz anders als im Iller-Lech-Gebiet – von den Schotterfeldern der letzten Eiszeit auf der Münchner Ebene dominiert. Rißzeitliche Hochterrassenreste treten nur rechts der Isar im Stadtgebiet von München auf, die älteren Schotter liegen vollständig unter den würmzeitlichen Aufschüttungen begraben. Der Grund für diese Besonderheit ist einmal der Stau vor dem Durchbruchstal der Isar durch das Niederbayerische Tertiärhügelland (Schaefer 1968), zum anderen die im Laufe des Pleistozäns zunehmende Eis- und Schuttzufuhr vom Inngletscher her. Beides zusammen hat zur Überschüttung der Wasserscheiden zwischen den ursprünglich auch hier getrennten Abflußrinnen und zur Ausbildung einer einzigen weiten Schotterfläche geführt (Schaefer 1978).

Dabei fällt auf, daß die ungewöhnlich ausgedehnte Schotterflur vor allem vom Isar-Ast des Gletschers geschüttet worden ist. Der Anteil der Schüttung vom Loisach-Ast her – beiderseits der Amper gelegen – ist demgegenüber gering, obwohl der Loisach-Ast weiter ins Vorland vorstieß als der Isar-Ast. Er hat offenbar den Großteil seiner Schmelzwässer – wie schon in der Riß-Eiszeit, als er wesentlich zum Aufbau der Lech-Hochterrassen beitrug – auch während des Hochstandes der Würm-Eiszeit ins Lechtal abgegeben. Im Spätglazial hat die Bildung des Isar-Durchbruchstals durch den Moränengürtel zu entsprechenden Erosions- und Akkumulationsvorgängen auch auf der Münchner Ebene und noch im Postglazial zu kräftigen Umlagerungen geführt (Brunnacker 1959, Feldmann 1990, 1991).

Die zutage liegenden glazialen Aufschüttungen des Isar-Loisach-Gletschers sind – einfacher als bei allen anderen Vorlandgletschern – nur in rißzeitliche Alt- und würmzeitliche Jungmoränen zu gliedern. Den Außenrand der Altmoränen bildet auch hier der aus dem Rhein- und dem Illergletschergebiet bekannte Doppelwall (Schaefer 1975). Er erlaubte es, am Ostrand des Gletschers – nördlich des Taubenberges – vorgeschobene Endmoränen auszugliedern, die Schaefer einer eigenen – zwischen Mindel und Riß einzuordnenden – Paar-Eiszeit zuschrieb. Die Jungendmoränen des Isar-Loisach-Gebiets sind – wegen der in den Zungenbecken auch noch im Späthochglazial weit vorgeschobenen Gletscherstirnen – weniger klar gliederbar als in den anderen Vorlandgletschergebieten. Deutlich heben sich jedoch im Ammerseegebiet die Endmoränen des spätglazialen Konstanzer/Stephanskirchener Stadiums ab (daher die Bezeichnung „Ammersee-Stadium"; Troll 1925), die das große Eberfinger Drumlinfeld an dessen Südrand begrenzen. Aus derselben Zeit stammen die aus glazifluvial umschütteten Toteisresten hervorgegangenen Osterseen am Südende des Starnberger See-Beckens.

3.4. Das Inn-Chiemsee-Gletschergebiet

3.4.1. Die Großformen des Abtragungsreliefs

Wie der Isar-Loisach-Gletscher ist auch der Inn-Chiemsee-Gletscher von zwei alpinen Eisströmen genährt worden. Während aber das Einzugsgebiet des Chiemseegletschers im

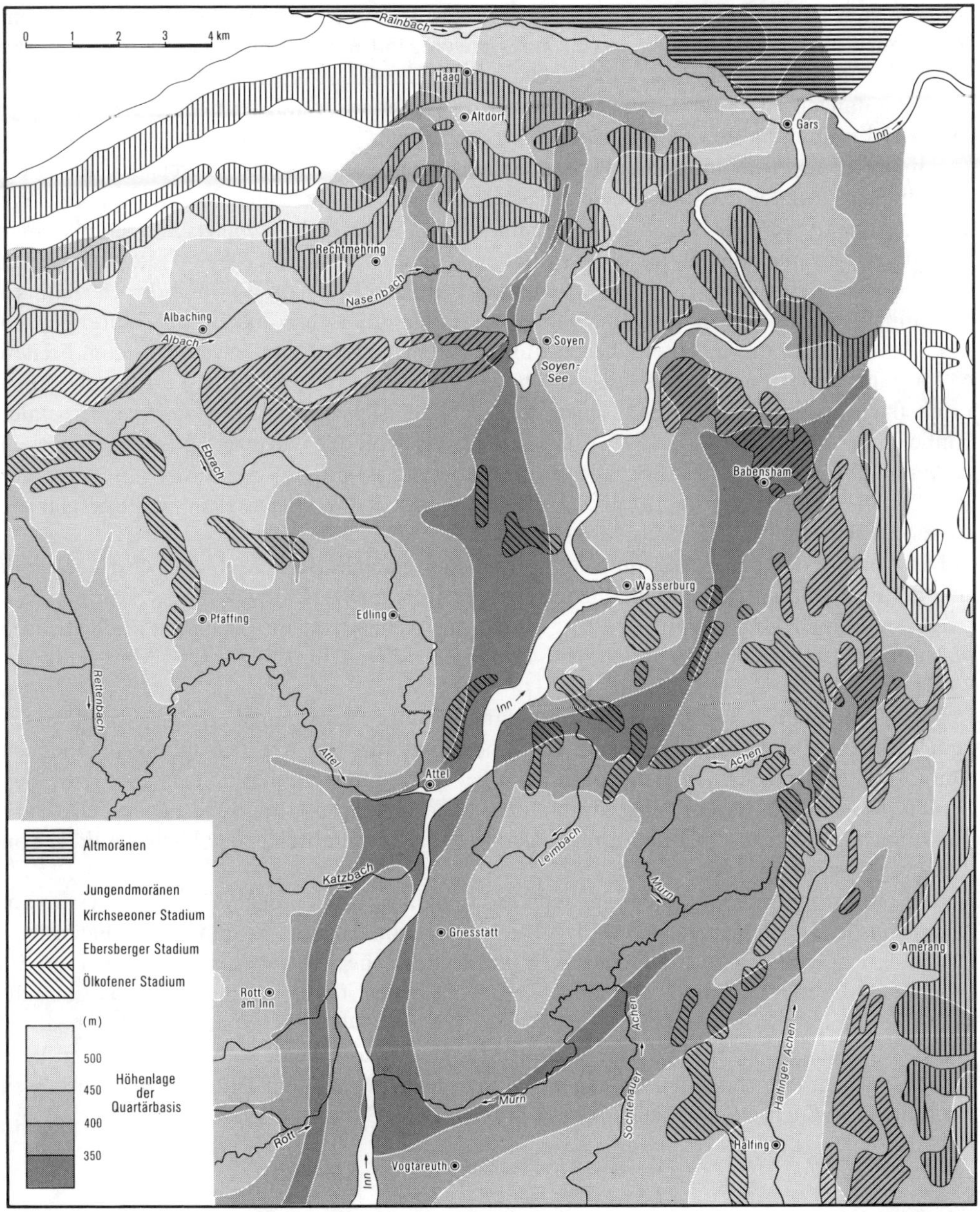

Abbildung 136
Das Durchbruchstal des Inns durch den hochletztkaltzeitlichen Moränengürtel und das Relief der Quartärbasis (nach MÜLLER u. UNGER 1973 und TROLL 1924)

Das letztinterglaziale Relief ist durch die hochwürmzeitlichen Moränen vollkommen verdeckt worden. Der Fluß wurde dadurch auf einen Lauf gezwungen, der weder dem Ausgangsrelief noch den Gefällsverhältnissen entspricht. Die Folge sind tief in die Molasse eingeschnittene, bis in die Gegenwart fortgebildete Talmäander.

wesentlichen auf das Flußgebiet der heutigen Tiroler Ache beschränkt war, das bis zum Paß Thurn in den Kitzbüheler Alpen zurückreicht, hatte der Inngletscher ein weit in die Zentralalpen zurückgreifendes, rund siebenmal größeres Einzugsgebiet. Er erreichte freilich nicht die danach zu erwartenden Dimensionen, weil er während der Gletscherhochstände sehr viel Eis auch an den Isar-Loisach-Gletscher abgab.

Entsprechend ihrer unterschiedlichen Größe haben Inn- und Achengletscher in unterschiedlichem Maße Erosionsarbeit geleistet, erkennbar auch hier bereits an den die Talausgänge querenden Zügen der Faltenmolasse: während der Inngletscher sie bis unter Oberflächenniveau vollständig ausgeräumt hat, sind im Chiemseegebiet mit den beiden Buchbergen beiderseits der Tiroler Ache und der Molasserippe am Südrand der Herreninsel ansehnliche Reste davon erhalten geblieben. Beide Gletscher haben übertiefte Becken hinterlassen, die ihre größten Tiefen (über 250 m unter Flur) jeweils in den breiten Mündungstrichtern am Gebirgsausgang haben (Paulus 1967, Veit 1973) und nach außen rasch flacher werden. Im Inngletschergebiet schließt sich daran ein System zentripetaler Rinnen an (Müller u. Unger 1973), das nur teilweise von den würmzeitlichen Zweigbecken nachgezeichnet wird (Abb. 136). Die Haupteintiefung ist danach auch hier ein Werk der Riß-Eiszeit, doch deutet das Bodenrelief des Chiemsees (Wilhelm 1958) kräftige glaziale Erosion auch noch in der Würm-Eiszeit an.

Die Füllung der Seebecken im Süden durch spätglaziale Beckenschluffe wird von einer nur geringmächtigen (10–20 m) Schotterdecke überlagert (Paulus 1967). Sie unterliegt auch heute noch Umlagerungsvorgängen, die das Achendelta im Chiemsee ähnlich rasch wachsen lassen wie das Rheindelta im Bodensee (1,5 km in 120 Jahren; Mangelsdorf 1977).

Die späthochglaziale glazifluviale Eintiefung der Beckenausgänge erfolgte über je einen zentralen Abfluß für jeden der beiden Gletscher längs Inn und Alz. Die dabei entstandenen Durchbruchstäler zeichnen sich durch kräftige Talmäander aus (Wilhelm 1968), die den beiden Flüssen auf ihrem Weg durch den Moränengürtel vom Oberflächenrelief aufgezwungen wurden und bis tief in die liegende Molasse hinabreichen: klassische Fälle von Tal-Epigenese (Abb. 136).

Im Späthochglazial entstanden ist auch das auffällige Talknie der Mangfall bei Grub am Westrand des Inngletschers (Abb. 131). Der Abfluß von Tegernsee- und Leitzachgletscher, der im Hochglazial zwischen Taubenberg und Inngletscher-Moränen nach Norden auf die Münchner Ebene ging und von links den Abfluß des Tölzer Lobus des Isar-Loisach-Gletschers aufnahm, ist hier beim Gletscherrückzug zum Ölkofener Stadium in das (heutige) Mangfallbecken ausgelenkt worden, schnitt Mangfalltal und Teufelsgraben ein, verlor dann jedoch noch im Späthochglazial seinen Hauptzubringer aus dem Isargletschergebiet, weil auch dort die Gletscherstirn zurückwich (Troll 1924, Schaefer 1978).

3.4.2. *Glaziale und glazifluviale Aufschüttungen*

Die gegen die Durchbruchstäler von Isar und Inn durch das Molassehügelland geschütteten glazifluvialen Ablagerungen des Inn-Chiemsee-Gletschers erscheinen gegenüber jenen des Isar-Loisach-Gletschers räumlich auffallend beschränkt. Ältere Deckenschotter fehlen, Jüngere Deckenschotter treten an der Reliefoberfläche nur am Südrand des Isentales auf.

Das einzige größere Hochterrassenfeld füllt den Zwickel zwischen den südlich angrenzenden Altmoränen und den Niederterrassenfeldern beiderseits von Inn und Alz. Auch diese sind relativ schmal und weiten sich erst, wo sie sich unterhalb Altötting vereinigen und wenig weiter talabwärts mit denen der Salzach zusammentreten. Ausgedehnter ist das Niederterrassenfeld des Ebersberger Forstes im Nordwesten, das sich zwischen Altmoränen hindurch gegen die Münchner Ebene erstreckt.

Sehr viel größere Flächen als die glazifluvialen Ablagerungen nehmen im Inn-Chiemsee-Gletschergebiet die Moränengürtel ein. Den Jüngeren Deckenschottern südlich des Isentales aufgesetzt, ziehen sich markante Mindel-Endmoränen von den Quellen der Isen bis zum Inndurchbruch und markieren hier den weitesten Vorstoß der pleistozänen Gletscher. Sie werden südwärts begrenzt von Riß-Altmoränen, die sich jenseits des Inns bis zur Alz und weiter bis in die Altmoränenumrahmung des Salzachgletschers verfolgen lassen. Im Nordwesten reichen die Riß-Moränen – an ihrer südlichen Peripherie durch das Niederterrassenfeld des Ebersberger Forstes in einzelne Inseln aufgelöst – über die Mindel-Moränen hinaus bis gegen Erding. Die Jungmoränen des Inn-Chiemsee-Gletschers sind als Typregion für eine würmzeitliche Vorlandvergletscherung (Abb. 131) bereits dargestellt worden. Ergänzt sei dazu noch, daß die beiden Teilgletscher vor dem Kirchseeoner und seit dem Ölkofener Stadium voneinander getrennt waren und die Naht zwischen beiden Gletschern von einer Ur-Prien besetzt war, die bei Seeon und Eggstätt Toteisfelder überschüttete, nach deren Ausschmelzen die „Kame-and-kettle"-Felder der Seeoner und Eggstätter Seen entstanden.

3.5. Das Salzachgletschergebiet

3.5.1. Die Großformen des Abtragungsreliefs

Das Becken des Salzachgletschers ist von einem einzigen großen Eisstrom mit während des Pleistozäns kaum verändertem Einzugsgebiet geschaffen worden. Es weist daher eine Eigentümlichkeit auf, die sich auch in allen anderen Vorlandgletschergebieten andeutet, aber nirgends so klar ausgebildet ist wie hier: wie die Ablagerungen der älteren Kaltzeiten auf seiner Nordostflanke zeigen, hat der Gletscher seine Achse von Eiszeit zu Eiszeit weiter nach Westen verschwenkt (Eichler u. Sinn 1974). Die erste Übertiefung des Stamm-Zungenbeckens ist auch hier ins Mindel und die erste Anlage der Zweigbecken in die Zeit danach zu stellen (Del Negro 1966). Im Riß kam es dann aber zu einer asymmetrischen Ausformung der Zweigbecken: während sie im Osten lediglich vertieft und akzentuiert wurden, hat der Gletscher im Westen die trennenden Molasseriedel kräftig niedergeschliffen, so daß sie weniger hervortreten und das westliche Salzachbecken auf den ersten Blick als großzügige Ausraummulde erscheint. Sie erlaubte es dem würmzeitlichen Gletscher, auch noch während der Internphasen bis nahe an die Moränen des Maximalstandes vorzurücken.

3.5.2. Glaziale und glazifluviale Aufschüttungen

Auf seinem Ostflügel weist das Salzachgletschergebiet Akkumulationskörper und -formen von fünf Eiszeiten auf (EBERS u. a. 1966, EICHLER u. SINN 1974). Das Ältestpleistozän ist belegt durch die donauzeitlichen Eichwaldschotter am Nordwesthang des Kobernaußer Waldes. Davor liegen günzzeitliche Ältere Deckenschotter, die auf dem Siedelberg nordwestlich Mattighofen von der zugehörigen Endmoräne bekrönt werden: ein Fall, der im ganzen deutschen Alpenvorland sonst nicht vorkommt (wohl aber im ostwärts benachbarten Traungletschergebiet; KOHL 1974, 1986). Jüngere Deckenschotter und Mindel-Moränen ziehen sich längs des Mattigtales und vor dem Siedelberg bis zum Adenberg und – westlich des Salzachtales – zum Hechen- und Eschlberg. Hochterrassenschotter finden sich im Mattig- und Enknachtal im Osten, verbreiteter noch im Norden gegen den Inn und im Westen gegen die Alz hin. Entsprechende Riß-Altmoränen fehlen im Osten, treten aber um so deutlicher im Norden und Westen hervor. Vom Margarethenberger Höhenzug an bilden sie die äußeren Altmoränen (EICHLER u. SINN 1974).

Die Jungmoränen weisen im Prinzip die gleiche Gliederung in einzelne „Stadien" auf wie im Inn-Chiemsee-Gebiet (EBERS 1955, HANTKE 1959), sind jedoch beckenwärts weiter gliederbar. Waginger, Tachinger und Weidseer „Eisrandlage" (ZIEGLER 1983) rahmen das große Lampodinger Drumlinfeld ein und dürften den inneren Moränenzügen des Ölkofener Stadiums entsprechen, die Teisendorfer Eisrandlage (EBERS 1955, ZIEGLER 1983) ein Äquivalent des Stephanskirchener Stadiums sein (HANTKE 1959). Die noch weiter beckenwärts gelegenen Eisrandlagen von Laufen und Freilassing (ZIEGLER 1983) sind nur durch spärliche Moränen- und Schotterreste überliefert, entsprechen aber deutlich faßbaren Spiegelständen eines „Tittmoninger Sees" und eines etwas jüngeren „Salzburger Vorsees". Der Lage nach sind sie mit den Lindauer Gletscherständen des Rheingletschers zu parallelisieren.

3.6. Das Niederbayerische Tertiärhügelland

Großmorphologisches Hauptmerkmal des Niederbayerischen Tertiärhügellandes (Abb. 137) ist die durchgehende Abdachung zur Donau und zum unteren Inn – also eine extrem asymmetrische Anlage – mit der Folge, daß die Wasserscheide im Süden bis auf wenige Kilometer an das Gletschergebiet und dessen Abflüsse und im Westen bis unmittelbar an das Lechtal heranreicht. Diese ist ganz offensichtlich jung und erst durch das Nordwärtsdrängen der Gletscher und ihrer Schmelzwässer zustande gekommen. Am deutlichsten wird das im Bereich des Isar-Loisach-Gletschers: hier schufen die Schmelzwässer erst der Riß-Eiszeit das breite Lechtal, und die Amper ist noch in der letzten Eiszeit vom Schwemmkegel des Isar-Astes aus ihrem alten Tal in das der nordwärts parallel fließenden Glonn abgedrängt worden.

Die Anlage des Talnetzes mit dem auffallenden Parallelverlauf benachbarter Täler geht auf die im Obermiozän einsetzenden großzügigen Kippungs- und Hebungsbewegungen und die damit verbundene Neuausrichtung des gesamten Gewässernetzes zurück, die es auch im Detail nachzeichnet. Im Westen läßt es die Hebungsachse längs dem heutigen Lechtal erkennen („Augsburger Altwasserscheide"; SCHEUENPFLUG 1991), die die Abflüsse des

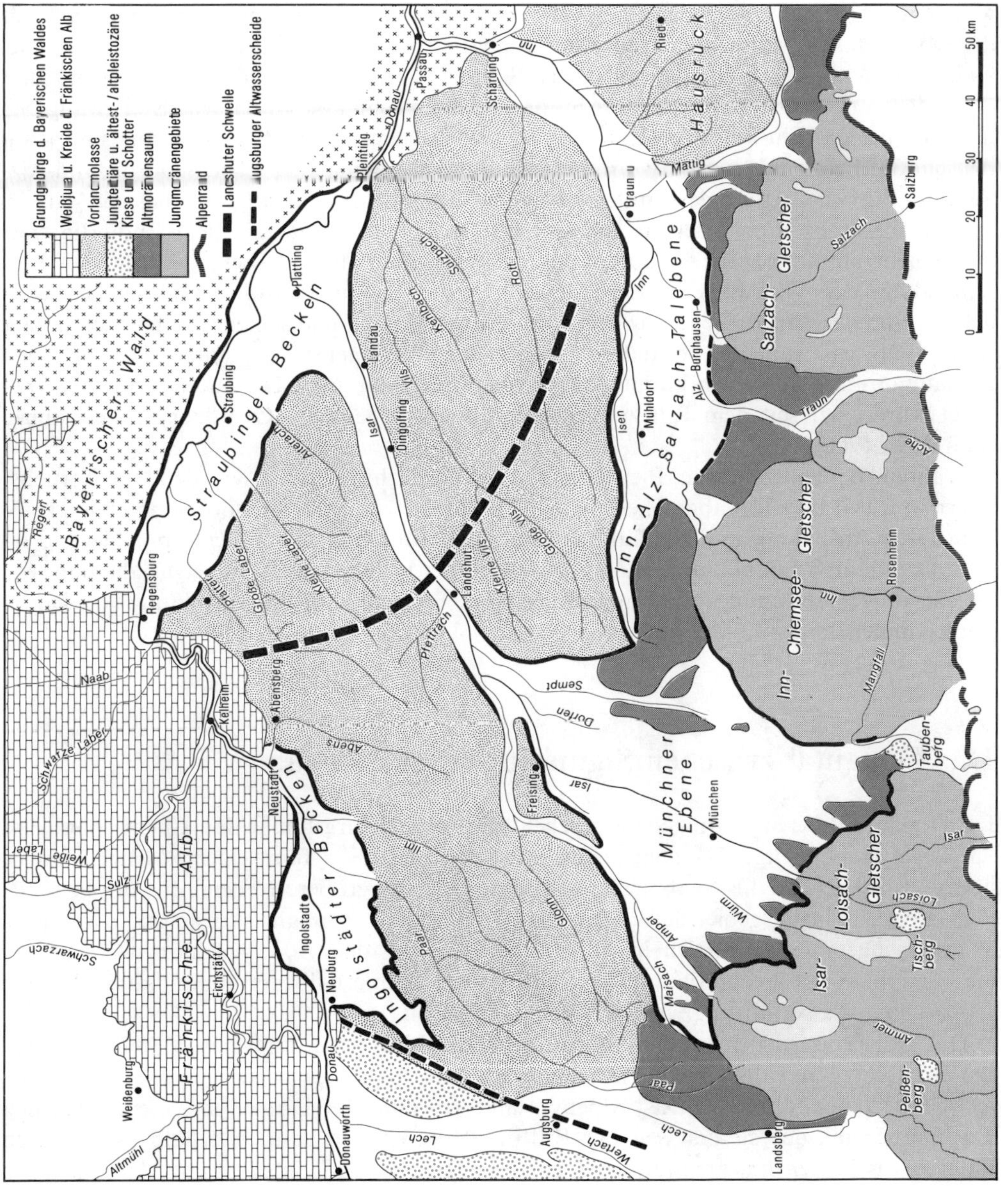

Abbildung 137
Das Großrelief des Tertiärhügellandes (nach SCHAEFER 1968 und SCHEUENPFLUG 1991)

westlichen Alpenvorlandes am Überlauf nach Nordosten hinderte und sie gemeinsam mit der Donau in das Wellheimer Trockental und weiter in das Altmühl-Donau-Tal abdrängte. Deutlich ist aber auch die „Landshuter Schwelle“ (SCHAEFER 1968), die den Inn zum Ausweichen nach Osten und die Isar in ihr auffallend schmales Durchbruchstal zwang. Sie hat die beiden Flüsse bergwärts des Schwellenscheitels zur Seitenerosion und zum Aufschottern gezwungen und dadurch die Bildung der Münchner Ebene und der Inn-Alz-Salzach-Talebene (zumindest mit-)verursacht. Anderer Entstehung ist dagegen das in vergleichbarer Position gelegene Ingolstädter Becken: es wurde seit dem Endtertiär nur von einem albrandparallelen autochthonen Wasserlauf durchflossen, der mit der Einschneidung des Vorfluters – der Altmühl-Donau – im Pleistozän sukzessive tiefergelegt wurde, dabei das Weltenburger Durchbruchstal schuf und seinen Quellbereich immer weiter aufwärts verlegte, so daß einerseits das Talrinnensystem unter dem heutigen Donaumoos sich ausbilden konnte, andererseits der Neuburger Donaudurchbruch vorbereitet wurde, der seit dem Riß zur Ausgestaltung des heutigen Oberflächenreliefs führte (SCHAEFER 1966).

Während der Kaltzeiten des Pleistozäns ist das Tertiärhügelland – von den Durchbruchstälern von Isar und Inn abgesehen – lediglich periglazial geformt worden, in erster Linie von durch Abspülung und Solifluktion geprägten Abtragungsvorgängen, nur hie und da modifiziert durch Lößakkumulation vorwiegend der letzten Eiszeit. Es zeigt daher ein sehr gleichförmiges Abtragungsrelief, im übrigen ist es Typregion für die Ausbildung von Tälern mit asymmetrischem Querschnitt.

3.7. Das Donautal zwischen Sigmaringen und Passau

Die Donau tritt bei Sigmaringen als bescheidener Mittelgebirgsfluß in das Alpenvorland ein: am Pegel Hundersingen – dem ersten im Alpenvorland – führt sie im Mittel 23 m^3/s, also etwa so viel wie die Naab an ihrer Mündung. Jeder größere Nebenfluß, vor allem aus dem alpinen Einzugsgebiet, läßt dann die Abflußmenge sprunghaft ansteigen (Abb. 138). Wassermengen, wie sie der Rhein schon am Ausfluß aus dem Bodensee führt, werden aber erst unterhalb der Lechmündung erreicht, und erst unterhalb der Innmündung hat die Donau eine Wasserführung wie der Rhein bei Bingen.

Das Donautal entspricht der Wasserführung des Flusses nur an wenigen Stellen. Wegen der wechselhaften Talgeschichte seit dem ausgehenden Tertiär ist es teils schmaler, meist jedoch bedeutend breiter. Das Alpenvorland gewinnt die Donau in einem schmalen Durchbruchstal, das sie erst seit der Riß-Eiszeit geschaffen hat. Unterhalb Sigmaringen nutzt sie bis Scheer ihr vorrißzeitliches Tal, wechselt aber dann in eine breite Ausraumzone in der Molasse, die die letztkaltzeitlichen Schmelzwasserabflüsse der Rheingletscher-Nordwestseite geschaffen haben. Unterhalb Riedlingen tritt sie wieder in ein vorrißzeitlich angelegtes Engtal im Weißjura ein, folgt ihm bis Obermarchtal und bricht dort erneut gegen das Molassebecken aus. Ab Munderkingen fließt sie bis unterhalb Ulm zwischen Molassehöhen auf beiden Seiten, die Talbreite wächst auf 2 km und mehr, bestimmt durch Ausräumung und Aufschüttung vor allem der letztkaltzeitlichen Schmelzwasserzuflüsse über Riß- und Illertal. Unterhalb Ulm bis zum Neuburger Durchbruch folgt dann das langgestreckte, bis über 5 km breite Donauried zwischen dem Albsüdhang links und den

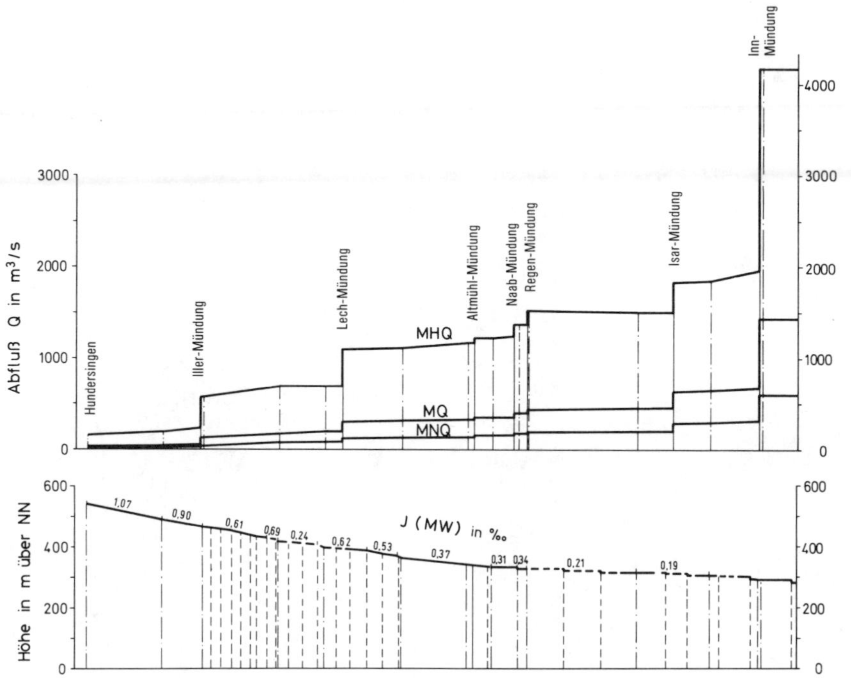

Abbildung 138
Abflußprofil der Donau im deutschen Alpenvorland (aus LIEBSCHER u. KELLER 1979; Ausschnitt)

Ablagerungen der Iller-Lech-Platte rechts. Die Eintiefung dieses Flußabschnitts fällt in die Wende Ältest-/Altpleistozän. Ab der Lechmündung war die Donau während der längsten Zeit des Pleistozäns ihrem ursprünglichen Lauf über das Wellheimer Trockental zur heutigen Altmühl gefolgt: der Neuburger Albvorsprung wurde erst in der Riß-Eiszeit überwunden. Das junge Durchbruchstal zwischen Rennertshofen und Neuburg führt die heutige Donau in das von einem Vorgängerflußsystem ausgeräumte Ingolstädter Becken. Diesem Vorgängerfluß ist das Weltenburger Durchbruchstal zu danken, in das der Fluß unterhalb Neustadt eintritt und ihm bis Kelheim folgt. Auf dem weiteren Weg durch den Kelheimer Albsporn benutzt er bis Regensburg wieder sein Alttal. Dort löst sich die Donau vom Südrand der Alb, lehnt sich nun an den Südrand des Bayerischen Waldes an und wechselt dementsprechend aus der bisher verfolgten Ostnordost- in die Südostrichtung. Zugleich tritt sie in das breite Straubinger Becken ein, links durch das Altkristallin des Bayerischen Waldes, rechts von ausgedehnten Hochterrassen, im weiteren durch Molassehügel begleitet. Der letzte Talabschnitt, das enge, von steilen Talflanken begleitete Durchbruchstal durch die Ausläufer der Böhmischen Masse unterhalb Pleinting, das sich über Passau hinaus bis in das Linzer Becken erstreckt, ist zugleich der ältestangelegte: hier, am Ostausgang des süddeutschen Molassebeckens, hat sich dessen im Endtertiär einsetzende Ostentwässerung zuerst ausgewirkt. Die Gesamteintiefung – über 200 m – bezeugt noch einmal den Hauptcharakterzug des gesamten deutschen Alpenvorlandes: es ist trotz aller pleistozänen Aufschüttungen nicht nur im Rhein-, sondern auch im Donaugebiet vor allem eine großzügige Abtragungslandschaft.

Klaus Fischer

B. VI.
Deutschlands Alpenanteil

1.
Das Werden der Alpen

Der Anteil Deutschlands an der Fläche der Alpen ist mit 2,2% bescheiden. Er liegt vollständig in den nördlichen Ostalpen, die oft fälschlich den Nördlichen Kalkalpen gleichgesetzt werden, und er erreicht eine maximale Breite von 35 km. In diesem Abschnitt der Alpen sind alle Phänomene, Formen und Prozesse vertreten, die mit dem Begriff Hochgebirge in Verbindung gebracht werden und auf junger kräftiger Hebung und intensiver Zertalung beruhen.

Wo sich heute die Alpen erheben, lag noch bis zur Oberkreide ein Ozean, die Thethys. Dieser Ozean wurde in der Folgezeit einschließlich eines mittelozeanischen Rückens, mehrerer Tiefseebecken und der Kontinentalränder von über 1000 km auf rund 1/5 seiner ursprünglichen Breite zusammengepreßt. Infolge der Kompression kam es entlang von Schwächezonen innerhalb der Sedimente oder an der Unterlage der Sedimentpakete zur Ablösung oberster Lithosphäre. Der weitaus mächtigere, untere Teil der Erdkruste tauchte dagegen tief in die Asthenosphäre ein. Der Transport ausgedehnter abgelöster Gesteinskörper der obersten Lithosphäre vollzog sich entlang horizontaler oder schwach geneigter Gleitbahnen über teilweise beträchtliche Entfernungen. Dabei erfuhren die dünnen Gesteinskörper Verbiegungen, Verdrehungen und Faltungen. Schließlich erfolgte eine Übereinanderstapelung der nunmehr selbständigen Gesteinseinheiten als tektonische Decken.

Die heutige geologische Struktur des alpinen Deckengebäudes ist das Resultat mehrerer Kompressionsphasen. Die beiden wichtigsten fallen in das Obereozän/Unteroligozän und in das Neogen (mittel- und jungalpidische Phasen). Der Prozeß der Überschiebungen und Faltungen war bereits weitgehend abgeschlossen, als die Hebung des Deckenstapels infolge vertikaler Ausgleichsbewegungen auf Subduktionsprozesse einsetzte. Eine sogenannte Auffaltung des Gebirges hat also niemals stattgefunden. Es gehört auch zu den Ausnahmefällen, daß eine völlige Übereinstimmung von Faltenstrukturen und Oberflächenformen besteht. Daher können weder aus geologischer noch aus geomorphologischer Sicht die Alpen als Faltengebirge bezeichnet werden. Geologisch sind die Alpen ein Deckengebirge, geomorphologisch ein Kettengebirge.

2.
Geologisch-geomorphologische Zonengliederung

(Abb. 139)

Wie in Kettengebirgen allgemein, wanderte auch in den Alpen die Kompression vom Inneren des Gebirges auf das Vorland zu. Neue, entferntere Streifen wurden in das Gebirgssystem einbezogen. Dadurch entwickelte sich ein zonarer tektonischer Aufbau des Gebirges. Diese Zonenfolge hat speziell im Alpenanteil Deutschlands große geomorphologische Relevanz erlangt, denn unterschiedlicher Baustil und verändertes Baumaterial der einzelnen Zonen beeinflussen das Formenbild entscheidend.

Die äußerste und zugleich tiefste, dem Gebirge als jüngste angegliederte Zone ist die *subalpine* oder *gefaltete Molasse*. Sie besteht aus dem Abtragungsschutt der tektonisch fast fertigen aufsteigenden Alpen, vorwiegend aus Mergel-, Tonmergel- und Sandsteinen sowie Konglomeraten. Mit einer schaufelartig gebogenen (listrischen) Aufschiebungsfläche grenzt die Faltenmolasse an die ungefaltete oder Vorlandsmolasse oder an die aufgerichtete Molasse. Geomorphologisch ist diese tektonische Alpengrenze im Gelände über weite Strecken nicht erkennbar. Die geomorphologische und zugleich auch naturräumliche Grenze liegt vielmehr 5–20 km südlich der tektonischen. Sie wird durch einen einspringenden Winkel zwischen dem sanften Anstieg des Vorlandes und dem steilen Aufschwung des Gebirges fixiert. Nördlich dieser Linie erreichen die Höhendifferenzen auf wenige Kilometer Entfernung kaum 300 m, südlich von ihr werden 500 m überschritten. Im allgemeinen ist der so definierte geomorphologische Alpenrand deutlich ausgebildet, lediglich westlich der Iller ergibt sich wegen der größeren Höhen des Vorlandes ein allmählicher Übergang vom Vorland in die Alpen. Er macht zugleich die Abgrenzung schwieriger.

Nur im W der Iller gehört die Zone der Faltenmolasse, zumindest partiell, den Alpen an. Sie bildet hier bis über 1800 m hohe konglomeratreiche Ketten und besitzt eine enge Mulden- bzw. Schuppenstruktur, bei der die Sättel unvollkommen sind und weitgehend durch steilstehende Aufschiebungen ersetzt werden. Da die Höhenzüge in den nach NW ansteigenden Nordflügeln der asymmetrischen Mulden und teilweise auch – bei symmetrischem Muldenbau – in gegen SO gerichteten Muldensüdflügeln ausgebildet wurden, entstanden in den Konglomeratserien der Weißach-, Steigbach- und Kojenschichten Schichtkämme bzw. Schichtrippen, deren Stirnen nach NNW bzw. SSO gewandt sind.

Auch die südlich folgende Zone, das *Helvetikum*, ist vornehmlich im W unseres Alpenausschnittes vertreten. Sie weist dort relativ einfache Faltenstrukturen auf, an die sich teilweise die Oberflächenformen adaptiert haben (Abb. 139, Profil 1). Eindrucksvoll hat sich diese Harmonie von Gebirgsbau und Formen im Faltengewölbe von Hohem Ifen (2230 m) und Gottesackerplateau entwickelt. Hauptgipfelbildner und bestimmend für das Landschaftsbild ist dort der dickbankige kretazische Schrattenkalk. Bei steiler Lagerung baut er markante Gipfel und Grate auf, bei flachem Schichtfallen herrscht Plateaucharakter vor (Gottesackerplateau). Im Falle der Zerschneidung bis in die liegenden Mergelserien (Drusbergschichten) kam es am Rande des Kalkplateaus zur Entstehung schroffer Felswände (Gottesackerwände). Östlich der Iller ist das Helvetikum nur noch eine schmale, oft lediglich wenige hundert Meter breite, auf längere Strecken auch unterbrochene Zone mit engständiger Schuppenstruktur.

Die *Flyschzone* besitzt ebenfalls in den Allgäuer Alpen die größte Breitenausdehnung. Durch das nach O gegen die Iller abtauchende Antiklinorium des Helvetikums (Ifengewölbe) wird sie in einen nördlichen und einen südlichen Teil zerlegt (Abb. 139). Östlich der Iller verengt sich die Flyschzone auf wenige Kilometer, im Bereich des Chiemsees ist sie sogar vollständig vom Kalkalpin überfahren. Ähnlich wie in der Helvetikumzone greift das Alpenvorland im Raume Füssen, südlich Murnau, Penzberg und Rosenheim sowie bei Freilassing infolge Abtauchens tektonischer Achsen sowie kräftiger fluvialer und glazialer Erosion auch über die Flyschzone bis zu den Kalkalpen vor. Der Flysch besteht aus einer Folge mächtiger, aber eintöniger, vorwiegend tonig-sandiger Rhythmite geringer bis mäßiger Resistenz. Tiefgründige und rasche Verwitterung sowie Massenschwerebewegungen an den Hängen sind die Voraussetzungen für die relativ schnelle Erniedrigung und Rundung der Vollformen. Daher wird der Flysch durch ein Mittelgebirgsrelief gekennzeichnet. Markante

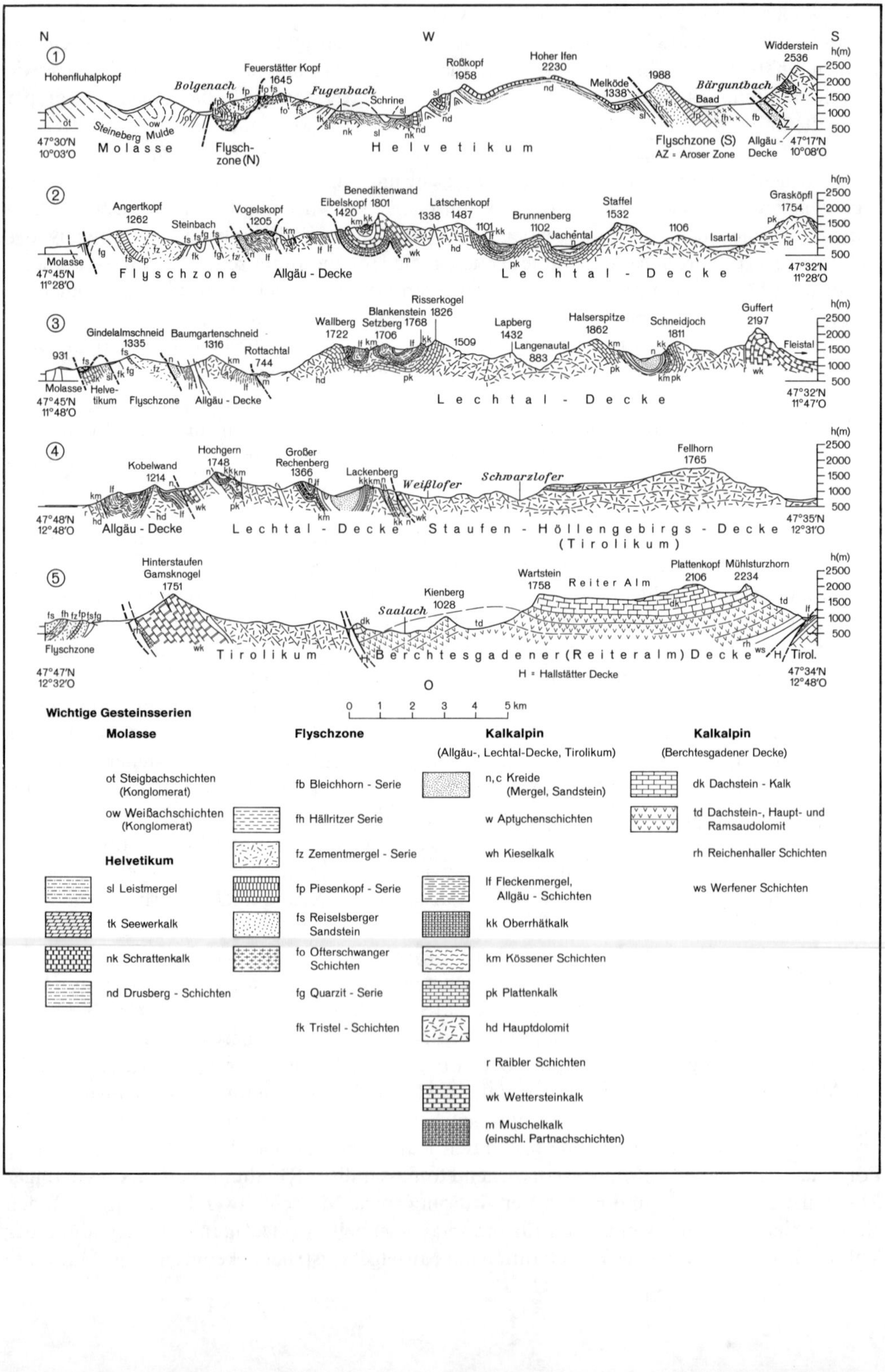
N
W
S
①
Hohenfluhalpkopf
Bolgenach
Feuerstätter Kopf 1645
Fugenbach
Schrine
Roßkopf 1958
Hoher Ifen 2230
Melköde 1338
1988
Bürguntbach
Baad
Widderstein 2536
Steineberg Mulde
47°30′N 10°03′O
Molasse
Flysch-zone (N)
Helvetikum
Flyschzone (S)
AZ = Aroser Zone
Allgäu-Decke
47°17′N 10°08′O
②
Angertkopf 1262
Steinbach
Vogelskopf 1205
Benediktenwand
Eibelskopf 1420
1801
Latschenkopf 1338 1487
Brunnenberg 1102
Jachental
Staffel 1532
1106
Isartal
Grasköpfl 1754
Molasse
47°45′N 11°28′O
Flyschzone
Allgäu - Decke
Lechtal - Decke
47°32′N 11°28′O
③
931
Gindelalmschneid 1335
Baumgartenschneid 1316
Rottachtal 744
Wallberg 1722
Setzberg 1706
Blankenstein 1768
Risserkogel 1826
1509
Lapberg 1432
Langenautal 883
Halserspitze 1862
Schneidjoch 1811
Guffert 2197
Fleistal
Molasse
Helve-tikum
47°45′N 11°48′O
Flyschzone
Allgäu - Decke
Lechtal - Decke
47°32′N 11°47′O
④
Kobelwand 1214
Hochgern 1748
Großer Rechenberg 1366
Lackenberg
Weißlofer
Schwarzlofer
Fellhorn 1765
47°48′N 12°48′O
Allgäu - Decke
Lechtal - Decke
Staufen - Höllengebirgs - Decke (Tirolikum)
47°35′N 12°31′O
⑤
Hinterstaufen Gamsknogel 1751
Kienberg 1028
Saalach
Wartstein 1758
Reiter Alm
Plattenkopf 2106
Mühlsturzhorn 2234
Flyschzone
Tirolikum
Berchtesgadener (Reiteralm) Decke
H/Tirol.
H = Hallstätter Decke
47°47′N 12°32′O
47°34′N 12°48′O
O
h(m)
2500
2000
1500
1000
500
0 1 2 3 4 5 km
Wichtige Gesteinsserien
Molasse
ot Steigbachschichten (Konglomerat)
ow Weißachschichten (Konglomerat)
Helvetikum
sl Leistmergel
tk Seewerkalk
nk Schrattenkalk
nd Drusberg - Schichten
Flyschzone
fb Bleichhorn - Serie
fh Hällritzer Serie
fz Zementmergel - Serie
fp Piesenkopf - Serie
fs Reiselsberger Sandstein
fo Ofterschwanger Schichten
fg Quarzit - Serie
fk Tristel - Schichten
Kalkalpin (Allgäu-, Lechtal-Decke, Tirolikum)
n,c Kreide (Mergel, Sandstein)
w Aptychenschichten
wh Kieselkalk
lf Fleckenmergel, Allgäu - Schichten
kk Oberrhätkalk
km Kössener Schichten
pk Plattenkalk
hd Hauptdolomit
r Raibler Schichten
wk Wettersteinkalk
m Muschelkalk (einschl. Partnachschichten)
Kalkalpin (Berchtesgadener Decke)
dk Dachstein - Kalk
td Dachstein-, Haupt- und Ramsaudolomit
rh Reichenhaller Schichten
ws Werfener Schichten

Felsstufen oder Grate, wie sie für das Hochgebirge charakteristisch sind, fehlen. Typisch sind dagegen die scharf eingerissenen Gräben. Da Niederschlags- und Schmelzwässer großenteils in der mächtigen Verwitterungsdecke geführt werden, neigt das Flyschgelände zur Vernässung und Moorbildung. Orographische Selbständigkeit erreicht die Flyschzone nur in wenigen Gebieten, so im Hohen Trauchberg zwischen Halblech und Halbammer, in der Hörnle-Gruppe südlich Bad Kohlgrub, im Zwieselberg südwestlich Bad Tölz und im Teisenberg im östlichen Chiemgau. Ansonsten existiert keine deutliche Trennung von den Kalkalpen, weshalb der gelegentlich gebrauchte Ausdruck Flyschalpen nicht sinnvoll erscheint.

Auf die Flyschzone folgt südwärts die *kalkalpine Zone* oder kurz das Kalkalpin. Sie repräsentiert weitgehend das eigentliche Hochgebirge im Alpenanteil Deutschlands und bildet im S des Chiemsees und um Bad Reichenhall auch den Alpenrand. Aufgebaut wird die kalkalpine Zone aus mehreren Decken, deren Baustil unterschiedlich ist. Darauf beruht ein deutlicher Landschaftsgegensatz zwischen dem alpenrandnahen und dem inneren Gebiet des Kalkalpins und zwischen dem westlichen und dem östlichen Teil der Kalkalpen. Während westlich des Lechs durchwegs Schuppenbau vorherrscht, beschränkt sich östlich des Lechquertales die enggefaltete und verschuppte Struktur auf die hier recht schmale Allgäudecke und einen nördlichen Teil der Lechtaldecke, die beide im Raume Ruhpolding ihr Ende finden. Südlich davon überwiegt relativ einfacher Faltenbau, der sich nach O zunehmend ausglättet und breiter wird (Abb. 139, Profile 2–5).

In der *Allgäudecke* dominiert ein kleinräumiger Wechsel von resistenten und wenig resistenten Gesteinen, der sich aus den komplizierten Lagerungsverhältnissen, dem lebhaften Fazieswechsel innerhalb der Gesteinsserien und deren geringer Mächtigkeit erklärt. Formenreichtum und eine wechselvolle Gebirgslandschaft sind das geomorphologische Äquivalent der geologischen Gegebenheiten. Kalke bilden scharfe Gipfel und Zacken, Wände und Felsrippen, tonige und mergelige Gesteine Hangverflachungen, Einsattelungen und Geländemulden.

Im Bereich der *Lechtaldecke* sind die Karbonatgesteinskomplexe der alpinen Trias landschaftlich bestimmend: der Wettersteinkalk (Ladin) und der Hauptdolomit (Nor). Bekannte Aussichtsberge, wie Säuling, Benediktenwand, Wendelstein oder Kampenwand, bestehen aus Wettersteinkalk. Weiter im S baut er die eindrucksvollen Hochketten des Wettersteingebirges und des Karwendels mit ihren gegliederten Wandfluchten und gezackten Graten auf. Im Hauptdolomit liegen zerfurchte, aber nie extrem steile Felsgipfel mit riesigen Schutthalden. Die Hänge sind im Hauptdolomit meist gleichmäßig geneigt und von einem dichten und verästelten Netz häufig trocken liegender Kerbtäler (Gräben) überzogen. Insgesamt ist das Gebiet des Hauptdolomits landschaftlich relativ eintönig. Der großzügige Sattel- und Muldenbau der Lechtaldecke läßt sich über weite Strecken verfolgen und wird teilweise im Formenbild sichtbar (Profile 2, 3 und 4).

Abbildung 139
Profilfolge durch den Alpenanteil Deutschlands (nach Geologischer Karte von Bayern 1 : 100 000, Blatt 664, 666, 667 u. 670)

Die Profilserie weist die Alpen als Deckengebirge aus, dessen Baustil sich von den Allgäuer Alpen im Westen (Profil 1) bis in den Berchtesgadener Raum (Profil 5) und von einer tektonischen Einheit zur nächsten, d. h. von der gefalteten Molasse im Norden bis zu den kalkalpinen Decken im Süden ändert. Dieser Wandel des Baustils, verbunden mit dem Wechsel der Gesteine, begründet Formenreichtum und eine wechselvolle Gebirgslandschaft. Im Detail sind strukturgeschützte Formen mit reinen Skulpturformen eng verknüpft und genetisch meist nicht zu trennen.

Aus einer überkippten Wettersteinkalk-Antiklinale der Lechtaldecke (Guffert in Profil 3) geht noch westlich des Inns *die Tirolische oder Staufen-Höllengebirgs-Decke* hervor. Ostwärts gewinnt sie schnell an Breite und erreicht in der Gruppe des Hochstaufens bei Bad Reichenhall den Alpenrand. Bedingt durch die überaus mächtigen Karbonatgesteine, besitzt diese Decke einen eigenen Baustil. Bis zur Saalach wird er durch einen weitgespannten flachen Faltenbau charakterisiert, bei dem breite Muldenstrukturen weitgehend mit Hohlformen übereinstimmen (Unkener Heutal). Östlich der Saalach hat sich der Transport der Decken aus dickbankigen oder massigen Dachsteinkalken und ebenso mächtigen Dolomiten über flache Überschiebungsbahnen vollzogen, wobei die Decken lediglich leichte Verbiegungen erfuhren. Die ruhigen Lagerungsverhältnisse haben die Entwicklung klotziger Gebirgsstöcke mit gewaltigen Wandfluchten und mit einem verkarsteten Altrelief in der Höhe überaus gefördert. Die Tirolische Decke oder das Tirolikum der Berchtesgadener Alpen wurde zur Trägerdecke der juvavischen Einheiten. Die basale Salinarserie der *Hallstätter Decke* (Tiefjuvavikum), das Haselgebirge, lieferte den Abscherungshorizont, der die Herausbildung geringfügig gefalteter Überschiebungsmassen begünstigte. Die wenig mächtige Hallstätter Decke zerfiel bei der Bewegung in einzelne kleine isolierte Dekkenschollen, während die mächtige Dachsteinkalk-Entwicklung in der *Reiteralmdecke* (Hochjuvavikum) in Reiteralm, Lattengebirge und Untersberg die Entstehung ähnlich kompakter Gebirgsgruppen wie im Tirolikum der Berchtesgadener Alpen ermöglichte.

Bei Betrachtung der geologisch-geomorphologischen Zonenfolge erweist sich das Relief im deutschen Alpenanteil in starkem Umfange strukturgestützt, jedoch nur in relativ kleinen Gebieten können die Oberflächenformen als strukturkonform bezeichnet werden. Selten besteht umgekehrt eine völlige Unabhängigkeit der Reliefoberfläche von geologischem Bau und petrographischen Gegebenheiten, also ein reines Skulpturrelief.

3.
Die präquartäre Reliefentwicklung

Die Entwicklung der Alpen von einem Hügel- und Bergland oder einem Mittelgebirge zum Hochgebirge hat sich nach Hebung ab dem mittleren Ottnang (Mittelhelvet) vornehmlich im Pliozän und Quartär durch intensive fluviale Zerschneidung, kräftige Böschungsabtragung und Glazialerosion vollzogen. Das sedimentäre Korrelat von Abtragungsprozessen im Obermiozän sind die alpinen Geröllschüttungen in der Oberen Süßwassermolasse (OSM). Durch sie wird erstmals die Entwicklung der heutigen Quertäler von der Bregenzer Ach (Pfänder) über Iller (Adelegg), Lech (Auerberg), Ammer (Hoher Peißenberg), Loisach oder Isar (Tischberg), Mangfall (Taubenberg) und Leitzach (Irschenberg) bis zur Prien (Ratzinger Höhe) angedeutet. Nur vom Inn fehlt jegliche Spur in Form einer Geröllschüttung in der OSM, was bei der Größe seines heutigen Einzugsgbietes unbedingt zu erwarten wäre. Daher hat die Vermutung große Wahrscheinlichkeit, daß der Inn damals in einem Längstal, das sich entlang eines longitudinal verlaufenden Lineamentes gebildet hatte, nach O über Kössen und Waidring zur Saalach/Salzach floß. Seine Geröllführung ist demnach in der Salzachschüttung enthalten. Das heutige Innquertal kann daher erst ab dem Pannon (Obermiozän) geschaffen worden sein.

Von dem präpliozänen Relief gibt es nur wenige und zudem oft unsichere Zeugnisse, die in unbekanntem Ausmaß Umgestaltungen durch fließendes Wasser, Gletscher und periglaziale Prozesse erfuhren. Lange wurde in der sogenannten *Gipfelflur*, der annähernden Konstanz der Gipfelhöhen einer Gebirgsgruppe, der Rest eines ältesten, nur in Ruinen erhaltenen Reliefs gesehen. Diese Interpretation ist wegen der im Detail nicht abschätzbaren Hebungsvorgänge als Ausgleich der Subduktion leichten Krustenmaterials unter den alpinen Decken nicht haltbar.

Eindeutige Zeugnisse einer alten Landoberfläche sind Kristallingerölle, sogenannte Augensteine, die östlich des Unterinntales auf Plateaus der Nördlichen Kalkalpen vorkommen. Bei ihnen handelt es sich um vorzüglich gerundete Restschotter, die vornehmlich aus Quarz und untergeordnet aus Granit, Gneis, Pegmatit, Phyllit, dunklem Dolomit und Lydit bestehen. Hinzu zählen auch Kiese und Sande identischer Zusammensetzung. Die Augensteinsedimente wurden vor der Bildung der Längstalungsflucht zwischen Zentral- und Nordalpen von Abdachungsflüssen aus dem Zentralraum der Alpen über das Kalkalpin und die Flyschzone nach N transportiert. Nach den Geröllgrößen (im Steinernen Meer bis zu 20 cm Längsachse) müssen zumindest im Liefergebiet beachtliche Reliefunterschiede bestanden haben. Aufgrund von Parallelisierunsmöglichkeiten des Gesteinsbestandes mit den Angerbergschichten im Unterinntal und dem Ennstaltertiär kann die *Augensteinlandschaft* in das Unter- bis Obereger (oberes Chatt/Aquitan) gestellt werden. Durch bedeutende und differenzierte Subduktionsprozesse (juvavische Dislokationsphase) wurde sie weitestgehend zerstört; das Relief dieser Zeit ist nicht mehr rekonstruierbar. Der Augensteinlandschaft muß im übrigen, wenigstens im W, ein stärkeres Relief vom Charakter eines akzentuierten Mittelgebirges vorausgegangen sein, wie die Konglomerate (Nagelfluh) der gefalteten Molasse mit exotischen Geröllen aus dem Untereger (Chatt) dokumentieren.

Ein jüngeres, ebenfalls nicht an die heutigen Talverläufe gebundenes Oberflächensystem stellt die *Raxlandschaft* dar. Ihren Namen erhielt sie nach der Typlokalität, dem Altrelief auf der Raxalpe nordwestlich des Semmering. Der Relieftypus der Raxlandschaft ist der eines Mittelgebirges mit Einzelbergen und Berggruppen bis zu 600 m relativer Höhe. Wegen der flachen Lagerung der Karbonatkomplexe und wegen der intensiven Verkarstung des Dachstein- und Liaskalkes, die die Kalkklötze zu Festungen gegenüber der Abtragung werden ließ, wurde die Raxlandschaft in Näherung in den Berchtesgadener Alpen überliefert. In den Gebirgsketten westlich der Saalach waren ihre Erhaltungsbedingungen infolge rascher Änderung der Lagerungsverhältnisse, des Wechsels von Gesteinen unterschiedlicher Resistenz sowie dichterer und fortschreitender Zertalung nicht günstig. Deshalb gibt es nur wenige und kleine, umgestaltete Reste im Wettersteingebirge (Zugspitzplatt, Leutascher Platt) oder in den Allgäuer Alpen (Koblat östlich des Nebelhorns, Koblach südlich des Geißhorns, Gottesackerplateau). Dem Postulat der Auflösung der Raxlandschaft im Bereich der Kalkhochplateaus der Berchtesgadener Alpen in eine mehrgliedrige Rumpf- bzw. Piedmonttreppe, sogenannte Niveaus, auf der Basis heutiger Höhenunterschiede fehlt aus den bereits erwähnten tektonischen Gründen die hinreichende Absicherung. Sie ist auch in ihrer genetischen Ableitung fragwürdig (Fischer 1990).

Mit der Hebung der Alpen ab dem mittleren Ottnang (Mittelhelvet), die regional unterschiedliche Beträge hatte, begann die Zerstörung der Altlandschaft. Sie führte im O zum Zerbrechen der starren Karbonatmassen und allgemein zu kräftiger Talbildung. Im Zuge dieser Zertalung entstand ein Schachtelrelief bzw. ein Stockwerkbau. Jüngere Talformen wurden in höhere, ältere eingetieft. Von den älteren Talböden blieben Reste in

Form von Erosionsterrassen, Leisten oder Gesimsen erhalten. Sie sind Belege einer phasenhaften Taleintiefung und damit zweifellos das Ergebnis wechselnder Intensität tektonischer Vorgänge. In der Einschachtelung immer schmälerer Täler in deutlich breitere, ältere Talgenerationen dürften jungtertiäre Klimaänderungen im Verlaufe der Talbildung fixiert sein. Ungleichwertigkeiten der Hebung in den einzelnen Abschnitten des Hochgebirges, die überdies keineswegs isochron verlief, führten zu unterschiedlicher Höhenlage gleichalter Reste jüngerer Verebnungs- bzw. Abtragungsflächen. Andererseits gelangten verschieden alte Reste in gleiche oder ähnliche Höhe. Daher ist die genetische Verwandtschaft der Niveaus, die zudem in stark differierender Zahl in den verschiedenen Gebirgsgruppen ausgeschieden wurden, nicht annähernd abzuschätzen. Ähnlichen Schwierigkeiten begegnet auch der Versuch ihrer Alterseinstufung.

Das unmittelbar präglaziale Relief war zwar bereits tief zertalt, insgesamt aber ausgeglichener und sanfter als das rezente. Typische Hochgebirgsformen, wie Wände bzw. Wandfluchten, gezackte Grate oder scharf zugeschnittene Gipfel, gab es kaum. Die Täler besaßen ein ausgeglicheneres Gefälle, wenn auch Gefällssteilen aufgrund unterschiedlicher Resistenz und Lagerung der Gesteine nicht fehlten. Die Täler mündeten gleichsohlig ineinander. Allerdings lagen die Talsohlen überwiegend über den heutigen, doch die exakte und unumstrittene Fixierung präglazialer Talböden gelang bisher nur in wenigen Fällen.

4.
Formenbildung in den Glazialzeiten

Die Bildung der Hochgebirgsformen vollzog sich vornehmlich in den Kaltzeiten des Pleistozäns. Schneegrenzdepressionen um 1200 bis 1600 m gegenüber der heutigen Schneegrenzlage bewirkten eine mehrfache ausgedehnte Vergletscherung. Infolge Transfluenz zentralalpinen Eises über Pässe im N und über niedrige Wasserscheiden zwischen den Flußeinzugsgebieten der Nordalpen entstand auch im Alpenanteil Deutschlands ein Eisstromnetz mit einer dem Relief untergeordneten Vergletscherung. In den Allgäuer Alpen war die Eistransfluenz von S über den Hochalp- und den Gemstelpaß (1938 m, 1971 m) sowie über Schrofenpaß (1687 m) und Salzbücheljoch (1770 m) bescheiden. Wesentlich größeres Ausmaß erreichte das Vordringen von Eis des Inngletschers über Fernpaß, Seefelder Sattel, Achenseefurche, den Sattel von Sachrang und den Klobensteinpaß nach N.

Das Ferneis vereinigte sich mit den Eismassen einer teilweise recht bedeutenden Eigen- oder Lokalvergletscherung einzelner Gebirgsgruppen. Ausgedehnt war, wie aus dem Fehlen zentralalpiner Geschiebe in Moränenvorkommen hervorgeht, die Eigenvergletscherung der Allgäuer Alpen einschließlich der Tannheimer Berge. Beträchtliche Lokalvergletscherung wiesen das Ammergebirge und natürlich wegen ihrer Höhe das Wetterstein- und Karwendelgebirge auf. Auch im Mangfallgebirge (Tegernseer und Schlierseer Berge) waren autochthone Eismassen an der Gesamtvergletscherung stark beteiligt, während sie zwischen Inn und Saalach wegen geringerer Gebirgshöhe in den Gruppen von Hochries, Kampenwand, Hochgern-Hochfelln und Rauschberg zurücktraten. Die Berchtesgadener Alpen wurden dagegen mit Ausnahme schmaler peripherer Säume wiederum von Lokalgletschern beherrscht.

Aus dem Formenschatz und der Verbreitung erratischer Geschiebe läßt sich die Oberfläche des eiszeitlichen Illergletschers am Alpenrand mit etwa 1300 m bestimmen; sie lag also über der kaltzeitlichen Schneegrenze. Die Oberfläche des Lechgletschers ist bei Füssen ebenfalls mit 1300 m anzugeben, die des Isar-Loisachgletschers am Austritt aus den Alpen zwischen 1100 und 1200 m, des Inngletschers bei Neubeuern mit 1000 m, des Chiemseegletschers am Ausgang des Prientales in rund 1200 m und die des Saalach-Salzachgletschers um 1000 m. Die Eismassen dieser Gletscher reichten weit in das Alpenvorland hinaus (s. Kap. B. V.). Daneben entwickelten sich aber auch kleine vollständige Zungenbecken, die Moränenwälle, Fluß- und Seeablagerungen am Alpenrand und in den Alpen enthalten. Hierzu gehören die Zungenbecken auf der Nordabdachung des Ammergebirges, des Tegernsee-, Schliersee- und Leitzachgletschers und die Zungenbecken von Ruhpolding und Inzell (Abb. 140).

Die mehrfache Vergletscherung der Alpen führte in recht unterschiedlichem Ausmaß zu einer Überformung des vorgegebenen Reliefs. Die Wirkung der Glazialerosion wird insbesondere in der Karbildung und der Umgestaltung vieler Gipfel zu Karlingen oder in der Zuschärfung von Kämmen und Graten augenfällig. Die voreiszeitlichen Kerbtäler erfuhren durch Glazialerosion eine Umformung zu Trogtälern, wobei besonders die Talhänge zurückverlegt und versteilt wurden. Idealtypische Trogformen sind allerdings selten. Das Balderschwanger-, Rettenschwanger-, Stillach- und Oytal, abschnittsweise auch das Trettach- und Ostrachtal in den Allgäuer Alpen, das Reintal im Wettersteingebirge, das Tal der Langenau östlich Wildbad Kreuth, das Fischbachtal in der Sonntagshorn-Gruppe der Chiemgauer Alpen und der schönste Trog im Alpenanteil Deutschlands, die Talung Königssee – Obersee – Fischunkel im Berchtesgadener Land, repräsentieren diesen Taltypus. Teilweise besitzen sie Trogschultern, deren Anlage wohl auf Reste älterer Talböden zurückgeht.

Im Längsverlauf der Täler präparierten die Gletscher Gefällsstufen heraus. Größere Erosionsleistung der Hauptgletscher ließ Nebentäler zu Hängetälern werden, wie beispielsweise im Einzugsgebiet der Iller, beiderseits des Isar- und Innquertales oder im Falle des Pöllattales gegenüber der Füssener Bucht bei Schloß Neuschwanstein, auch entlang des Weißachtales in den Tegernseer Bergen oder westlich und östlich von Prien- und Tiroler Achen-Tal sowie beidseits der Täler von Saalach und Berchtesgadener Ache. An den Hängetalmündungen entstanden in zahlreichen Fällen enge Kerbtäler oder Klammen, oder es bildeten sich Wasserfälle. Auswahlweise seien nur die Breitachklamm bei Oberstdorf, die Partnachklamm bei Garmisch-Partenkirchen, die Leutasch- und Seinsbachklamm bei Mittenwald, die Wimbach- und Almbachklamm in den Berchtesgadener Alpen herausgegriffen. Weiterhin wurden Wasserscheiden durch Eisarbeit erniedrigt und sogar verlegt; Pässe erfuhren Ausweitungen.

Spezifisches Merkmal der Glazialerosion ist die Übertiefung von Talabschnitten, d. h. die Schaffung ungleichsinnigen Gefälles. Sie ist in hohem Maße, aber nicht ausschließlich gesteinsabhängig. Das übertiefte Oberstdorfer Becken liegt beispielsweise im wenig resistenten Flysch (Abb. 141). Zu Übertiefung ist es auch bei Konfluenz von Gletschern gekommen, wie das Becken von Sonthofen, das Isartal bei Vorderriß (Abb. 141 u. 142) oder das Reichenhaller Becken zeigen. An sich resistente, aber intensiv geklüftete Gesteine können eine Übertiefung ebenso mitbedingt haben wie andere strukturelle Verhältnisse, ebenso die fluviale Vorform oder die im speziellen Fall unbekannte Gletschermechanik. Die Übertiefungsstrecken werden talabwärts von Schwellen abgeschlossen, die z. T. über die heutige Talsohle aufragen und ein Rundhöckerrelief und Formen subglazialer Schmelzwasserwirkung zeigen (z. B. Gletscherschliff von Fischbach am Inn).

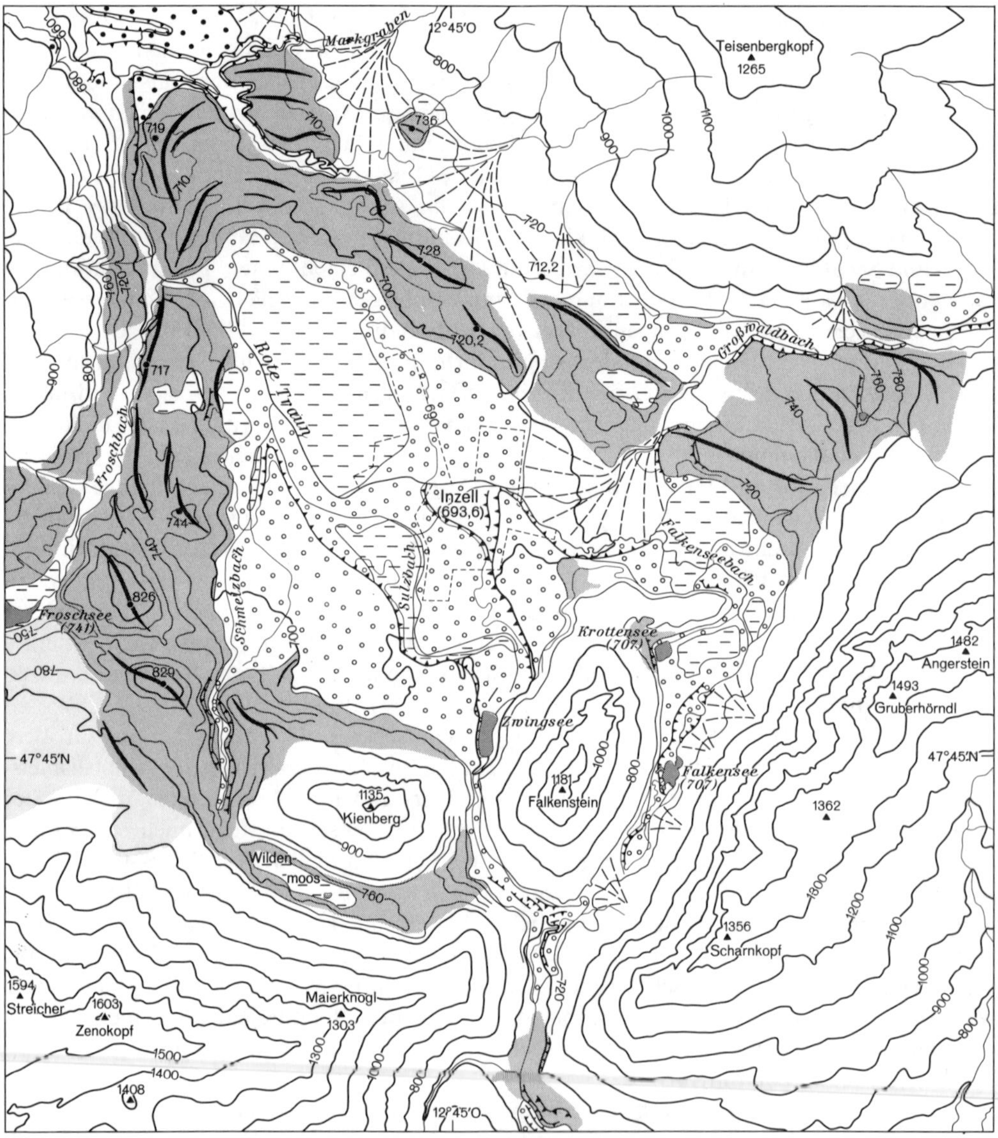

Abbildung 140
Zungenbecken des Rottraungletschers bei Inzell

Die Weitung von Inzell im Grenzbereich von Kalkrandalpen im Süden und Flyschzone im Norden beherbergt das Zungenbecken des Rottraungletschers. Dieser Gletscher ist als Zweig des Saalachgletschers ein bereits im Alpeninneren steckengebliebener Ausläufer des großen alpinen Eisstromnetzes. Auf kleinem Raum entstand modellartig ein Zungenbecken mit der typischen Folge hoch- und spätwürmzeitlicher Oberflächenformen und Ablagerungen.

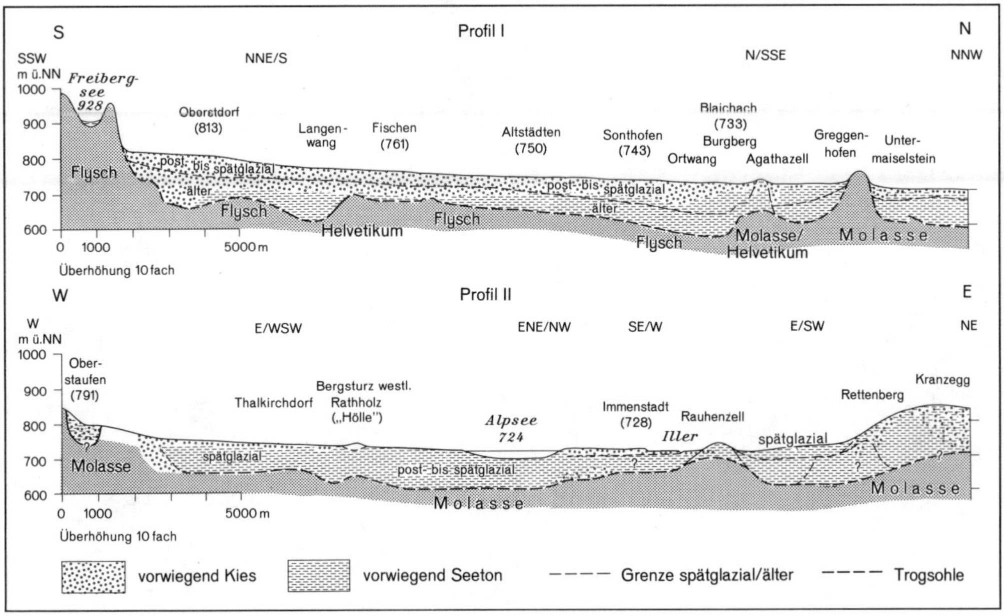

Abbildung 141
Glaziale Überformung im Illertal (Profil I) und im Alpseetal (Profil II; nach BADER u. JERZ 1978)
Die beiden Profile zeigen die unterschiedliche Wirkung glazialer Ein- und Übertiefung. Während im Quertal der Iller, das in verschiedene geologische Einheiten mit hoher Gesteinsvarianz eingetieft ist, die selektive Glazialerosion für die Gestaltung von Talbreite und Taltiefe entscheidend wurde (Profil I), war die glaziale Erosion im Alpseetal, das entlang einer gestörten Sattelstruktur innerhalb der Faltenmolasse entstand, viel gleichmäßiger (Profil II). Gletscherkonfluenzen um Oberstdorf (Profil I) führten zu einer Talweitung und zu einer Eintiefung von 150 m unter die heutige Talsohle. Ähnliche Bedingungen herrschten auch im Raum Sonthofen vor, während nördlich davon eine Aufspaltung des Illergletschers in Eisströme in Richtung Alpseetal, nach Norden und Nordosten erfolgte.

Der Betrag der Übertiefung kann – bezogen auf den Niveauunterschied von der Sohle der Übertiefungswanne zur nächsten talab gelegenen Schwelle – durchaus 100–300 m betragen und 200–500 m unter die heutige Talsohle reichen, wie etwa im Loisachquertal. Daraus wird deutlich, daß es nicht möglich ist, ein durchschnittliches Maß glazialer Erosion in den Alpentälern anzugeben. Das Bemühen um Quantifizierung scheitert auch an den Unsicherheiten einer exakten Bestimmung der Höhenlage des präglazialen Talbodens und der Abtrennung des Anteils subglazialer und interglazialer Fluvialerosion. Die geophysikalischen Erkundungen haben außerdem gezeigt, daß in Übertiefungsbecken verdichtete Lockersedimente unter nicht verdichteten lagern. Die Interpretation dieser verdichteten Sedimente als eisbelastete, möglicherweise vorwürmzeitliche Ablagerungen macht es wahrscheinlich, daß die Tieferlegung der Trogtalsohle im anstehenden Gestein vorwiegend das Ergebnis riß- und ältereiszeitlicher Glazialerosion ist und der Wirkung der Würmgletscher relativ geringe Bedeutung zukommt. Durch die Überlieferung interglazialer Terrassen im Längstal des Inns wird diese Auffassung gestützt (vgl. Kap. 6.2.).

In Lagen unterhalb der eiszeitlichen Schneegrenze und zwischen den Eisströmen, die die Täler erfüllten, gab es alpenrandnah auch eisfreie Gebiete. An ihrer Oberflächengestaltung

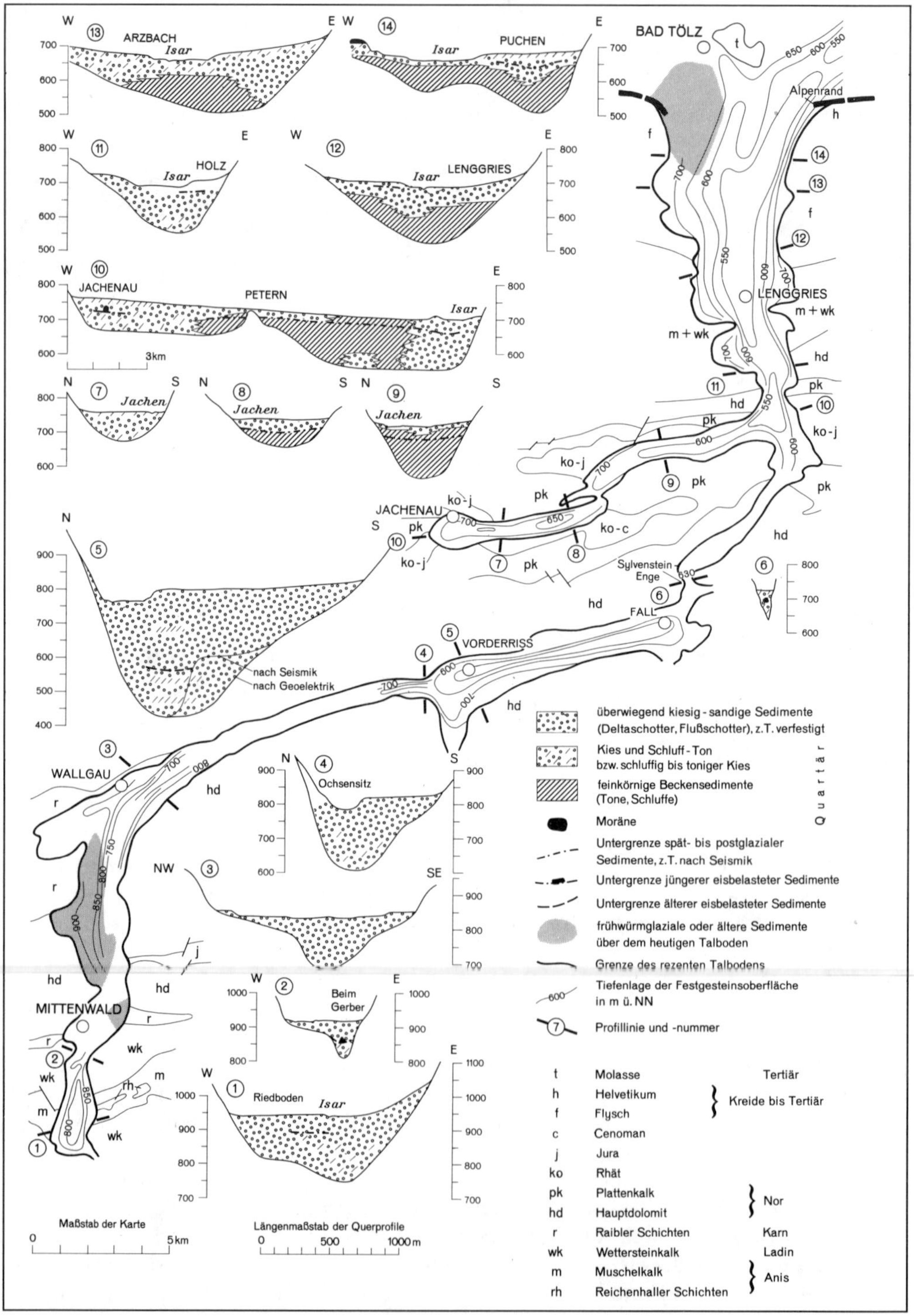
ARZBACH
Isar
PUCHEN
BAD TÖLZ
Alpenrand
HOLZ
LENGGRIES
JACHENAU
PETERN
Jachen
nach Seismik
nach Geoelektrik
VORDERRISS
Sylvenstein-Enge
FALL
WALLGAU
Ochsensitz
MITTENWALD
Beim Gerber
Riedboden
3km
überwiegend kiesig-sandige Sedimente (Deltaschotter, Flußschotter), z.T. verfestigt
Kies und Schluff-Ton bzw. schluffig bis toniger Kies
feinkörnige Beckensedimente (Tone, Schluffe)
Quartär
Moräne
Untergrenze spät- bis postglazialer Sedimente, z.T. nach Seismik
Untergrenze jüngerer eisbelasteter Sedimente
Untergrenze älterer eisbelasteter Sedimente
frühwürmglaziale oder ältere Sedimente über dem heutigen Talboden
Grenze des rezenten Talbodens
Tiefenlage der Festgesteinsoberfläche in m ü. NN
Profillinie und -nummer
t Molasse Tertiär
h Helvetikum
f Flysch
Kreide bis Tertiär
c Cenoman
j Jura
ko Rhät
pk Plattenkalk
hd Hauptdolomit
Nor
r Raibler Schichten Karn
wk Wettersteinkalk Ladin
m Muschelkalk
rh Reichenhaller Schichten
Anis
Maßstab der Karte
0 5km
Längenmaßstab der Querprofile
0 500 1000m

Abbildung 142
Glaziale Ein- und Übertiefung im alpinen Isartal zwischen Mittenwald und Bad Tölz und in der Jachenau (nach FRANK 1979, verändert)

Das alpine Isartal und die Jachenau sind wie nahezu alle anderen Alpentäler gekennzeichnet durch eine Abfolge von übertieften Talabschnitten und zwischengeschalteten Schwellen aus anstehendem Gestein. Die Lage von Übertiefungsstrecken und Schwellen ist abhängig von der fluvial geschaffenen Vorform, die petrographischen und tektonischen Strukturen folgt, und von der Gletschermechanik, über die noch große Kenntnislücken bestehen. Die Übertiefungen betragen 150–250 m, z. T. sogar 350 m, bezogen auf den heutigen Talboden. Ein durchschnittliches Maß glazialer Ein- bzw. Übertiefung kann daraus jedoch nicht abgeleitet werden. Nach Abschmelzen des Eises entstanden in den übertieften Talabschnitten Seen, die als Sedimentfallen wirkten und mit Deltaschottern und feinkörnigen Sedimenten aufgefüllt wurden. Die verschütteten Täler haben infolge der Glazialerosion mulden- bis trogförmige Querprofile.

haben periglaziale Vorgänge entscheidend mitgewirkt. Wanderschuttdecken und Hangdellen sind Zeugnisse kaltzeitlicher Solifluktion, Hangnischen, die teilweise mit Blockschuttwällen nach unten abgeschlossen werden, Produkte der Nivation. Wegen der Blockade von Nebentälern durch Eis im übergeordneten Tal wurden die stark schuttbelasteten Bäche zur Akkumulation gezwungen. Dadurch entstanden ausgedehnte Talverschüttungen. Treffliche Beispiele liefern die Täler von Halblech und Halbammer auf der Nordseite des Ammergebirges. Durch die vorrückenden Ferngletscher (Lech- und Ammergletscher) wurden sie bereits im Frühwürm abgeriegelt. Zunächst bildeten sich Eisstauseen, die allmählich mit den Abtragungsprodukten des eisfreien Gebietes und später mit Moränen aufgefüllt wurden. Nach Abschmelzen der Ferngletscher erfolgte die Zerschneidung der Lockermassen zu mächtigen Terrassen. Ähnliche Beispiele gibt es im Pöllattal westlich des Halblech, im Tal der Großen Laine östlich Oberammergau, im Pessenbach- und Lainbachtal nördlich bzw. nordwestlich der Benediktenwand oder im Tal der Weißen Achen in den Chiemgauer Alpen. Der gleiche Vorgang vollzog sich gegen Ende des Würmglazials, als Nebentäler bereits eisfrei wurden, in Haupttälern aber noch Eis lag. Die Talverschüttung der Schöffau westlich Kiefersfelden geht darauf zurück, und die Talverbauung durch Moränen des bereits stark zurückgeschmolzenen würmzeitlichen Loisachgletschers am Ettaler Sattel hat die Aufschüttung im Ammerlängstal und die Umlenkung der Ammer nach N bewirkt.

Würmzeitliche oder ältere glaziale Akkumulationsformen sind im Gebirge gegenüber den Abtragungsformen von untergeordneter Bedeutung. Vornehmlich handelt es sich dabei um Moränenüberkleidungen an Talhängen.

5. Landformung seit dem Spätglazial

Der Prozeß der Auflösung des kaltzeitlichen Eisstromnetzes wirft im Detail viele Fragen auf. Der Vorgang des Rückschmelzens der Gletscher im Spätglazial wurde auf jeden Fall von längeren Halten oder kurzen Vorstößen unterbrochen, wie aus Folgen von Endmoränenlagen in den Alpentälern bis hinauf zu den Karen hervorgeht. Deren Zuordnung zu den Stadialzeiten (Bühl- [?], Steinach- bzw. Schlern-, Gschnitz-, Daun-, Fernaustadium) bereitet erhebliche Schwierigkeiten. Überwiegend dürften sie in unserem Gebiet dem Gschnitz- und Daunstadium angehören.

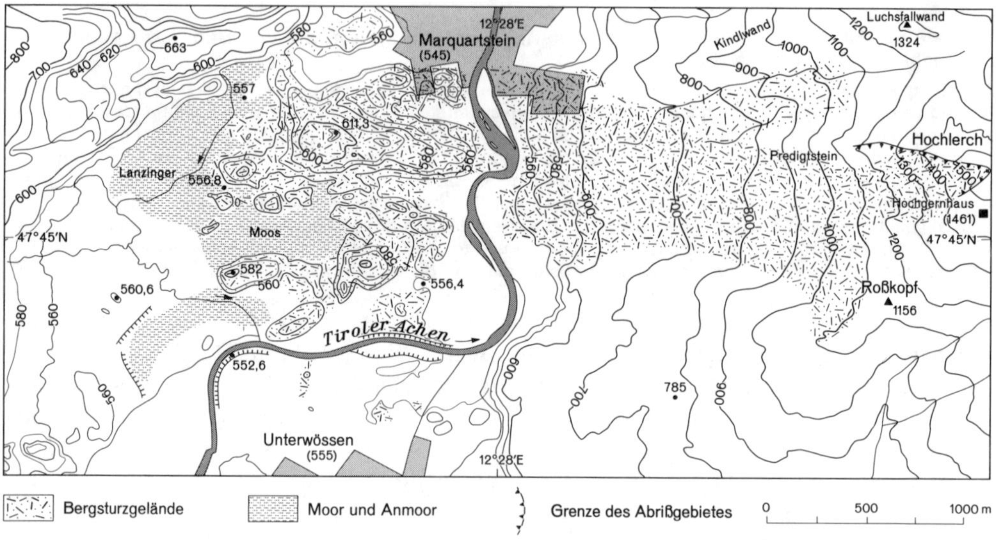

Abbildung 143
Bergsturz von Marquartstein

Der Bergsturz von Marquartstein ist nach dem Eibseebergsturz nördlich der Zugspitze der zweitgrößte im Alpenanteil Deutschlands. Sein Volumen beträgt etwa 50 Mio. m^3, und die mit Trümmermassen bedeckte Fläche auf dem Talboden und am Talhang (Tomalandschaft) mißt 2,3 km^2. Die Sturzmasse stammt aus der Westflanke der Hochgerngruppe, von wo sie am Ende des Würmglazials niedergebrochen ist. Die Instabilität des Talhanges hat ihre Ursache vermutlich im Zusammentreffen flachlagernder Raibler Schichten im Untergrund und steilstehender Störungen der Lechtaldecke. Durch den Bergsturz wurde die Tiroler Ache zu einem See aufgestaut, dessen Sedimente zerschnitten wurden (Terrassenbildung).

Mit Beginn des Spätglazials setzte die Zerstörung der Glazialformen ein. Besonders effektiv waren und sind noch immer im Hochgebirgsrelief gravitative Prozesse, die zur Entstehung des Schuttmantels der Berge führten und ihn auch weiterhin mit Lockermaterial versorgen. Steinschlag als Folge der Frostverwitterung im Bereich von Felswänden und in Konsequenz dessen Sturzkegel- und Sturzhaldenbildung sind dem Bergsteiger und Bergwanderer eine geläufige Erscheinung. Weitaus größere Augenblicksleistung und mitunter erhebliche Folgewirkungen haben Fels- und Bergstürze. Sie lösten sich aus den durch Glazialerosion versteilten Talhängen und schufen Bergsturz- (Toma-) Landschaften in den Talböden. Ihre Zahl ist auch im Alpenanteil Deutschlands beträchtlich. Der größte unter ihnen ist der Eibsee-Bergsturz im N der Zugspitze mit einem Volumen von ungefähr 400 Mio. m^3. Aus dem frühen Spätglazial datiert auch der Bergsturz von Marquartstein in den Chiemgauer Alpen (ca. 50 Mio. m^3; Abb. 143). Jünger sind die Stürze vom Hohen Ifen zur Melköde im Schwarzwassertal (Kleinwalsertal, etwa 10 Mio. m^3) und am Hintersee in den Berchtesgadener Alpen (rund 7 Mio. m^3). Hinter diesen drei Bergstürzen bildete sich jeweils ein Stausee, von denen die ersten beiden allerdings bereits wieder verschwunden sind. Ein jüngster größerer Felssturz vom 1. Juni 1991 staut die Partnach am oberen Eingang in die gleichnamige Klamm auf (Uhlig 1991).

Zu den Abtragungsprozessen mit großer Leistungsfähigkeit zählen die Rutsch-, Gleit- und Kriechbewegungen, vor allem in mergel- und tonreichen Verwitterungsmassen und auf steilen Moränenhängen. Besonders die Gesteine des Flysches und die Mergel des Cenomans sind prädestiniert für die Bildung von Rutsch- und Kriechhängen, Rutschkörpern verschiedenster Dimension, von Berg- oder Erdschlipfen und von Schutt- und Erdströmen. Sie fehlen in anderen Gesteinen, wie den Partnach-, Kössener- und Allgäuschichten bzw. Lias-Fleckenkalken und -mergeln oder den Aptychenschichten, keineswegs und kommen rezent in allen Teilen unserer Alpen vor. Seit langem in Bewegung befindliche große Schutt- bzw. Erdströme sind von der Südseite des Alpbachtales östlich des Ortes Tegernsee oder aus dem Erlmoosgraben bei Schliersee bekannt. Eine große Rutschmasse fuhr im Jahre 1965 nahe der Mündung des Hengstbaches gegen die Halbammer (Ammergebirge) nieder und verbaute deren Tal. Im August 1991 ging nach starken Regenfällen aus einem allgemeinen Rutschhang im SO des Teisenbergkopfes bei Inzell eine rasch ablaufende Rutschung mit einem Volumen von ca. 70000 m^3 hervor. Zu den schleichenden Hangabbewegungen gehört auch der weit verbreitete Talzuschub (Bergzerreißung), der z. B. im Jenbachtal südlich Bad Feilnbach (Schlierseer Berge) als potentieller Gefahrenherd beständig kontrolliert wird und Bewegungen hangabwärts bis zu 15 cm pro Jahr aufweist.

Durch die vertikale Erweiterung der periglazialen Höhenstufe infolge des Schwindens der Eismassen im Spätglazial gewannen Frostverwitterung und solifluidale Formungsprozesse an Gewicht. Die ungegliederten Solifluktionsschuttdecken bewegten sich hang- und talabwärts und gingen in fluviale Abtragungsmassen über. Talverschüttung sowie Mur- und Schwemmkegelbildung setzten in großem Maßstab ein. Die Täler von Ammer, Loisach und Isar liefern eindrucksvolle Beispiele. In der Talung Seegatterl-Seehaus zwischen Reit im Winkel und Ruhpolding in den Chiemgauer Alpen hat die noch immer aktive Kegelbildung zum Einstau von Seen geführt. Besonders die glazial kräfig eingetieften Täler wurden zu Sedimentfallen, die sich beim Schmelzen der Gletscher in vielen Fällen zunächst mit Seen füllten. Deltaschüttungen, Seekreidevorkommen und See- oder Bändertone belegen ihre einstige Existenz (Abb. 141 u. 142). Im Illertal bestand der Immenstädter See mit einer Spiegelhöhe von rund 740 m ü. d. M. Von ihm war auch das Tal der Konstanzer Ach erfüllt, und der heutige Alpsee ist nur ein kleines Überbleibsel dieser großen Wasseransammlung. Im alpinen Lechtal und im Vilstal dehnte sich der langgestreckte Pfrontener See mit einer Spiegelhöhe zwischen 870 und 890 m ü. d. M. aus und übertraf den heutigen Plan- und Heiterwanger See an Ausdehnung beträchtlich. Durch Tieferschneiden des Lechs in den Höhenzug Vilser Berg – Kalvarienberg bei Füssen fiel er allmählich trocken. Nachgewiesen sind spätglaziale Seen aus dem Ammertal, wo ein Seebecken bis gegen Saulgrub reichte, und aus dem Loisachtal zwischen Garmisch-Partenkirchen und dem Murnauer Moos. Hinter den Endmoränen von Bad Tölz staute sich bis zu einer Höhe von 700–710 m der Tölzer See im Isar- und Jachental. Das Innquertal war bis in die Gegend von Kiefersfelden – Kufstein vom Rosenheimer See erfüllt, der die Größe des heutigen Bodensees erreichte und dessen Spiegel bei 480 m ü. d. M. lag.

Die Seesedimente und andere Talverfüllungen einschließlich der Lockermaterialkegel wurden großenteils noch im Spätglazial und weiter im Postglazial zu Terrassenlandschaften zerschnitten. Sie sind nicht nur in den großen Quertälern, sondern auch in Nebentälern und intramontanen Becken, so im Becken von Ruhpolding und Inzell, im Ammer- und Isarlängstal, in der Jachenau, in den Tälern von Prien, Tiroler Achen oder Weißer Traun und modellhaft klein in der Weitung von Weißbach an der Alpenstraße zu finden.

Als Bildung im Periglazial müssen die weitverbreiteten alpentypischen *Buckelfluren* aufgefaßt werden, wenn ihre Genese auch trotz zahlreicher Untersuchungen noch immer umstritten ist. Bei den Buckelfluren handelt es sich um regellose Ansammlungen von

Kleinhügeln mit 1–3 m Durchmesser und 0,5–1 m (maximal 1,5 m) Höhe, die durch längliche oder kreisförmige geschlossene Hohlformen voneinander getrennt werden. Verbreitet kommen sie auf Moräne, fluvioglazialen Sedimenten, älteren Schwemm- und Murkegeln oder Verwitterungsschutt aus Dolomit, insgesamt über schluffhaltigen Lokkergesteinen vor. Auf holozänen Sedimenten fehlen sie charakteristischerweise. Das Maximum ihres Auftretens liegt zwischen 850 und 1700 m ü. d. M. auf Ebenheiten oder flachen bis mäßig geböschten Hängen. Bekannte Verbreitungsgebiete liegen im Ostrachtal bei Hinterstein und um das Oberjoch in den Allgäuer Alpen, auf dem Nordhang des Falkensteinzuges zwischen Pfronten und Füssen, auf dem Mittelgebirge von Mittenwald, im Kloo-Ascher-Tal südlich Bayrischzell, im Laubensteingebiet und um Schleching in den Chiemgauer Alpen sowie um Loipl, Stanggaß und Maria Gern oder auf der Gotzenalm bei Berchtesgaden.

An der rezenten Formung wirken hochgebirgsspezifische Prozesse und Erscheinungen weiter, wenn auch teilweise mit geringerer Intensität und im allgemeinen auf einen kleineren Höhenspielraum eingeengt als im Spätglazial. Zu diesen Vorgängen zählen neben Steinschlag und Felsstürzen die Murgänge, das Abkommen von Wildbächen, Lawinen, die Blaikenbildung durch Lawinen- und Schneeschurf oder die Rinnenerosion an Steilhängen. Äußerst geringe Bedeutung hat heute die glaziale Formenbildung, da die Gletscheroberfläche in den Alpen Deutschlands auf weniger als 100 ha geschrumpft ist (Schnee- und Höllentalferner im Wettersteingebirge, Blaueis und Watzmanngletscher in den Berchtesgadener Alpen). Nicht oder kaum mehr in Weiter- oder Neubildung befinden sich die Buckelfluren. Dafür haben direkte und indirekte menschliche Einflußnahme auf Formungsprozesse wesentlich an Bedeutung gewonnen (Almwirtschaft, Wegebau, sommerlicher und winterlicher Massentourismus).

6. Die Teilgebiete der Alpen Deutschlands

Nach Formenmerkmalen oder Formeneigentümlichkeiten des Makro- und Mesoreliefs läßt sich der Alpenanteil Deutschlands in drei Abschnitte gliedern, und zwar in die Allgäuer Alpen im W, das Hochgebirge zwischen Lech im W und Saalach im O und in die Berchtesgadener Alpen als relativ kleinen östlichen Teil.

6.1. Allgäuer Alpen

Die Allgäuer Alpen werden beherrscht von dem wirkungsvollen Gegensatz zwischen grünen Randbergen im N und darüber aufragenden bleichen Felsmauern und Felsgipfeln im S. Die Wände und hochalpinen Gipfel zeichnen im groben den Stirnrand der Allgäudecke nach, der vom Widderstein über Zwölferkopf, Hammerspitzen, Himmelschrofen, Rubihorn, Entschenkopf zum Imberger Horn und weiter über Hirschberg, Sorgschrofen und Kienberg zieht. Nördlich des Stirnrandes bestimmen in den Zonen der Faltenmolasse, des Flysches und des Helvetikums langgezogene Bergkämme, die dem Schichtstreichen folgen, das Formenbild. In der gefalteten Molasse führten die tektonischen Strukturen zur Ausbildung einer Schichtkamm- oder Schichtrippenlandschaft mit zwischengeschalteten WSW-ONO gerichteten subsequenten Tälern. Dabei gewinnen von N nach S die Schichtkämme an Höhe und erreichen im Hochgrat und Rindalphorn über 1800 m. Intensive Frostverwitterung und Böschungsabtragung haben die resistenten Molasseschichten (Konglomerate) herauspräpariert und bei Steilstellung schroffere Formen (Felsnadeln und plattige Hänge) entstehen lassen, wie am Siplinger- oder Gierenkopf (1745 m, 1683 m).

Die Berge der Flyschzone sind infolge der geringen Resistenz der Gesteine dagegen gleichmäßiger geböscht und durch gerade Kammrücken verbunden. Wegen spezifischer Abtragungsprozesse (Kriech-, Gleit- und Rutschdenudation) gibt es an den Hängen keine Felsen, aber einen entsprechenden Kleinformenschatz. Aufgrund des stärkeren Anteils der sandigen Fazies in den Flyschsedimenten steigen westlich der Iller in der südlichen Flyschzone (s. Kap. 2.) die Berge mit steileren Böschungen zu größeren Höhen empor als in der nördlichen (Fellhorn, Schlappoltkopf, Söllereck). Doch auch hier kommen wegen der Lösung des kalkigen Bindemittels in den Sandsteinen keine Schrofen oder Felsklippen vor. Faziesänderungen führen allenfalls zu kleinen Hangstufen und -verflachungen. Typisch sind dagegen tiefeingekerbte Tobel, die mit scharfen Kanten gegen die Hänge absetzen.

In der Gruppe des Hohen Ifen besitzt die Helvetikumzone letztmals hochalpine Formen. Flache Lagerung des dickbankigen Schrattenkalkes begünstigte nicht nur die Plateaubildung um den Hohen Ifen, sondern auch die Entwicklung einer weiten Schichtkammlandschaft mit westwärts schauenden Schichtköpfen. Die Reinheit des Schrattenkalkes ließ zudem eine der eindrucksvollsten Karstlandschaften im Alpenanteil Deutschlands entstehen, die von der Formenfülle der Karren (= Schratten in der Schweiz) beherrscht wird. Alle anderen Karstformen, u. a. Dolinen oder Trockentäler, treten demgegenüber zurück. Durch Eintiefung von Hohlformen im Bereich von Gewölbestrukturen bis in das leicht abtragbare Liegende des Schrattenkalkes ist es auch zu verstärkter Ausräumung und zu eindrucksvoller Reliefumkehr gekommen, wie im Tiefen Ifen und in der Ifenmulde.

Die kalkalpine Zone weicht mit der Allgäuer Wendung entlang des Iller- und Stillachtales weit nach S zurück. Ihre markanten Gipfelbauten und schartigen Grate ragen um mehrere hundert Meter über die grünen Flyschberge auf und sind von Lawinengassen und Steinschlagrinnen durchzogen. Die starke Schuttproduktion und die Schuttanhäufung in und am Ausgang der zahlreichen Runsen und Rinnen, die eine deutliche Vertikalgliederung verursachen, müssen auf die Eigenschaften des Hauptgipfelbildners der Allgäuer Alpen, den Hauptdolomit, zurückgeführt werden. Bei starker tektonischer Beanspruchung ist er sehr brüchig und steinschlaggefährlich. Bei geringer Klüftigkeit bietet er einen sicheren Kletterfels und bildet die höchsten Gipfel (Biberkopf 2599 m, Mädelegabel 2645 m, Hochvogel 2593 m). Einen landschaftlichen Kontrast zu den Hauptdolomiterhebungen stellen die Allgäuer Grasberge dar. Sie bestehen aus Allgäuschichten (Fleckenmergel und -kalke), Hornsteinen und Aptychenschichten (Kalklutite). Diese Gesteine aus Lias und Unterkreide bauen breite pyramidenähnliche Gipfel, verwegene Zacken und zugeschärfte Grate auf, die trotz Steilheit mit alpinen Matten bedeckt sind und daher Grasberge genannt werden.

In den Allgäuer Alpen haben sich nur spärliche Reste präglazialer Reliefgenerationen erhalten (s. Kap. 3.). Auf eine alte Talanlage geht zweifellos der Taltorso des Oberjochs zurück, doch lassen sich ehemalige Talverbindungen nicht beweisen, sondern lediglich vermuten. Vor allem hat die Eistransfluenz in den Glazialzeiten zu Umgestaltungen unbekannten Ausmaßes geführt. Über das Oberjoch stand Eis des Illergletschers mit dem Lechgletscher in Verbindung. Beide gemeinsam ernährten den Wertachgletscher. Im W bestand Kontakt des Illergletschers mit dem Rheingletscher, und zweifelsohne war die Glazialerosion daran beteiligt, daß die heutigen Talsysteme von Bregenzer Ach und Iller nur durch flache Sättel und Talwasserscheiden getrennt sind. Der Rheingletscher stieß bis in das Zungenbecken von Oberstaufen vor, wo er Moränenwälle mit vielen Kristallingeschieben hinterließ. Der Illergletscher erfüllte dagegen das Alpseetal, das er zu einem übertieften Trogtal umgestaltete (Abb. 141).

Zum Illergletscher wuchsen mehrere große Eisströme zusammen, und zwar aus dem Breitach-, Stillach- und Trettachtal; dazu kamen Eismassen aus dem Ostrachtal und dem Gunzesrieder Tal. Ihre Erosionsleistung war beträchtlich und bewirkte die kräftige Überformung der Täler. Das Kleine Walsertal wurde zu einer übertieften Wanne ausgestaltet, im Stillach- und Trettachtal erfolgte eine bedeutende Tieferlegung der Felssohlen, so daß die Nebentäler mit ihren Mündungen hoch über den Haupttälern hängen: z. B. das Faltenbachtal 430 m , das Oytal 120 m, das Dietersbachtal 210 m und das Traufbachtal 140 m über der heutigen Sohle des Trettachtales. In den Flyschgesteinen erfuhr das Illertal eine erstaunliche seitliche Ausweitung und eine ansehnliche Übertiefung bis zu 150 m.

Trotz dieser Überarbeitung durch das Eis konnten sich im Illertal, der beherrschenden Hohlform der Allgäuer Alpen, beiderseits des Flusses terrassenähnliche Verflachungen erhalten. Sie werden als Reste eines präwürmzeitlichen Talbodens gedeutet, denn ihre unregelmäßig gestaltete Felsoberfläche ist teilweise mit präwürmzeitlichen Lockersedimenten bedeckt. In der Umgebung von Sonthofen und Immenstadt wird das Formenbild wesentlich von quartären Ablagerungen bestimmt. So gibt es etwa bei Sonthofen und westlich Gunzesried Drumlins. Bei Agathazell ragen Rundhöcker aus dem Talboden auf. Dieses Gebiet war zugleich der Raum beginnender Eisdiffluenz nach NO, N und W. Das nach W ziehende Alpseetal streicht trotz Übertiefung mit seiner Sohle über dem tief eingeschnittenen Weißachtal in die Luft aus. Daran werden die stärkere Eintiefung des Rheinsystems und dessen Vordringen gegen das hochgelegene Illergebiet deutlich, das bereits weit in das Präglazial zurückreicht. Dieser Vorgang stellte sich im Spät- und Postglazial erneut ein, doch sind in den oberen Talstücken der Einzugsgebiete von Bregenzer Ach und Argen würmzeitliche Auskleidungen noch ziemlich unversehrt erhalten.

6.2.
Das Gebirge zwischen Lech und Saalach

Dieser langgestreckte Gebirgsteil besitzt durchgehend Kettencharakter, und die skizzierte zonale geomorphologische Gliederung des Kalkalpins ist in ihm am deutlichsten entwickelt. Der rasche Gesteinswechsel und die Tektonik im Nordstreifen der kalkalpinen Zone haben zu einer erstaunlichen Formenvielfalt und einem raschen Formenwechsel geführt. Zwischen resistenten Gesteinen sind immer wieder weniger resistente gelagert. Mergelige Partnachschichten, Raibler- und Kössener Schichten sowie Cenomanmergel veranlaßten wegen leichter Abtragbarkeit die Herausbildung von Hangverflachungen, Jöchern, flachem Almgelände, vernäßten Mulden und kleinen Talkammern. Jurasedimente trugen zur Entstehung meist rundlicher Geländeformen bei; lediglich Kiesel- und Hornsteinkalke bewirkten die Bildung steiler Hänge sowie kleiner Felswände, und reine Kalke treten meist durch Hangstufen, Felsrippen und Felswände oder auffallende Bergformen hervor. Ein besonders bezeichnender Gipfelbildner, der zu bizarren Formen führt, ist der Oberrhätkalk. Aus ihm bestehen bekannte Kletterberge, wie der Geiselstein im Ammergebirge, der Roß- und Buchstein, der Leonhardstein, der Blankenstein, die Ruchenköpfe und der Brünnstein im Mangfallgebirge.

Weiter südlich dominieren in der kalkalpinen Zone, soweit sie vom deutschen Staatsgebiet erfaßt wird, Hauptdolomit und Plattenkalk. Dies hat eine gewisse Monotonie des Formenbildes zur Konsequenz. Der Plattenkalk tritt geomorphologisch nicht besonders hervor, da er nur wenig resistenter ist als der Hauptdolomit. Die starke Schuttentwicklung in diesem Dolomit als Folge des außerordentlich dichten Kluftnetzes hat zur Anreicherung großer Massen von lockerem, scharfkantigem, sehr langsam verwitterndem Schutt an den Flanken der Hauptdolomitberge und zur Einfüllung in die Täler geführt. Viele von ihnen zeichnen sich durch breite Aufschüttungstalsohlen, sogenannte Griese aus, wie beispielsweise die Längstäler von Ammer und Isar.

In einem knapp 35 km langen Ausschnitt wird schließlich im S noch der Teil des Kalkalpins erfaßt, in dem der Wettersteinkalk mit Mächtigkeiten bis über 1000 m auftritt. Er ist das Hauptgestein der höchsten und markantesten Gebirgsgruppen, des Wetterstein- und Karwendelgebirges, und bildet große Wandfluchten und Felsgipfel.

Die fast überall gegebene Steilstellung der Gesteinsfolgen im gesamten Gebirgsabschnitt war für die Entwicklung und die Überlieferung eines Altreliefs ebensowenig günstig wie für die Ausbildung eines Karstformenschatzes in den Kalken. Dafür zeichnet sich das Gebirge zwischen Lech und Saalach durch die Vergitterung von Längs- und Quertälern oder -talungen aus, in denen zahlreiche Talwasserscheiden liegen. Dieser Tälerrost ist das Ergebnis einer komplizierten, im einzelnen häufig nicht mehr rekonstruierbaren Tal- und Flußnetzentwicklung. In ihm wechseln heute die Flüsse mehrfach ihre Laufrichtung, wie Ammer, Loisach oder Isar. Die Ursache sind Flußverlagerungen oder seltener Flußanzapfungen nach Zerfall des Eisstromnetzes.

Die durchgreifenden vorquartären Quertäler und Quertalungen waren die Einfallstore für zentralalpine Eismassen, ohne die die Vergletscherung im deutschen Alpenanteil und im Alpenvorland nicht das bekannte große Ausmaß erreicht hätte. Auffallende Quertäler oder Quertalungen gliedern den Teil der Alpen zwischen Lech und Saalach in mehrere große Abschnitte, und weitere Quertäler sowie Längstalfluchten lösen das Gebirge in Einzelgruppen auf.

Das *Ammergebirge* als westlicher Teil dieses Alpenabschnittes, zwischen den Quertälern von Lech und Loisach gelegen, weist im N wegen der Flyschgesteine Mittelgebirgscharakter auf. Auch im übrigen Gebiet des N kommen nur gemäßigte Hochgebirgsformen vor, da die mesozoischen Gesteinsfolgen relativ geringe Mächtigkeit besitzen. Lediglich im Wettersteinkalk stellen sich schroffere Formen (Säuling, Hochplatte) ein. Südlich des Ammerlängstales herrscht der Hauptdolomit vor und baut relativ gleichförmige Gipfel auf. Durch die Anlieferung großer Dolomitschuttmassen erstickt das Längstal der Ammer geradezu in ihnen, und in den Griesen versickern in der Regel die Bäche. Die Ammer entspringt aus diesen Gründen in sogenannten Wallerquellen ganz im O der Längstalung bei Graswang. Talverschüttung ist auch eine der Ursachen für die Ausbildung sehr labiler Wasserscheiden in dem Geflecht von Längs- und Quertälern, beispielsweise gegen den Plansee. Die

Wasserscheide des Elmaubaches gegen die Loisach im S wird dagegen von einem postglazialen Felssturz gebildet, diejenige zwischen Ammer und Loisach bei Ettal durch eine spätwürmzeitliche Moräne. Eine Bereicherung des Reliefs in den Hochlagen bewirken die Kare, die vornehmlich nordseitig zur Ausbildung kamen. Die Höhenlage der Oberfläche des pleistozänen Eisstromnetzes lag, wie aus Formenmerkmalen und Erratikavorkommen geschlossen werden kann, im Ammerlängstal bei 1450 m, am Friederberg im S bei 1600 m. In der Elmau, östlich dieses Berges, außerdem im Ammerwald und am Ettaler Sattel fand Eistransfluenz vom Lech- bzw. Loisachgletscher, die wiederum ganz entscheidenden Eiszufluß vom Inngletscher über den Fernpaß erhielten, in die Täler des Ammergebirges statt, was durch kristalline Geschiebe bewiesen wird.

Das breite *Loisachquertal* trennt das Ammergebirge von der Krottenkopfgruppe bzw. dem Estergebirge im O. Es weist die größten bisher bekannten Übertiefungsbeträge im deutschen Alpenanteil mit etwa 500 m auf und ist hoch mit gewaltigen Lockermassen angefüllt, die große Wasservorräte enthalten. Die rezente Weiterbildung der Schwemm- und Murkegel aus Seitentälern heraus ist gering, doch haben die großen Kegel zu Stauerscheinungen und zu ausgedehnter Moorbildung geführt.

Der erstaunlich hohe Betrag glazialer Übertiefung im Loisachquertal ist das Ergebnis der Konfluenz zweier großer Teilarme des Inngletschers, die über den Fernpaß und das Tor von Mittenwald nach N vordrangen. Das *Werdenfelser Mittelgebirge* als präpleistozäne Ausraumzone im alpinen Muschelkalk, in den Partnach- und Raibler Schichten, wurde durch Glazialerosion stark verändert, so daß in den heutigen Oberflächenformen kein rein präglaziales Relief gesehen werden darf.

Überragt wird das Werdenfelser Mittelgebirge im S von den bis über 1000 m hohen Wandfluchten des *Wettersteingebirges*. Die bedeutende Höhe des Gebirges, die tiefgreifende Zertalung, die kräftigen glazialen Erosionswirkungen sowie die große Resistenz der Kalke bedingen großartige Hochgebirgsformen, insbesondere scharfe, gezähnte Grate. Vorherrschendes Baumaterial der Ketten – auch der Arnspitzgruppe – ist der hellgraue Wettersteinkalk. In ihm haben sich Glazialformen, darunter Kare und Trogformen der Täler, recht gut erhalten. Das Reintal muß als Musterbeispiel eines ganztaligen Troges hervorgehoben werden. In seinem Talschluß ist mit dem Zugspitzplatt der Rest eines stark überprägten Altreliefs erhalten. Gleiches gilt auch für das Höllentalkar.

Die *Kocheler Berge*, von Loisach- und Isarquertal im W und O begrenzt und im S durch Werdenfelser Mittelgebirge und Isarlängstal vom Wetterstein- und Karwendelgebirge getrennt, ähneln im Formenschatz dem Ammergebirge. Während die Heimgarten-Herzogstand- und die Benediktenwand-Gruppe viele Parallelen mit dem Ammergebirge nördlich des Ammerlängstales aufweisen, gilt für das *Estergebirge* Entsprechendes im Vergleich zum südlichen Ammergebirge, lediglich mit dem Unterschied, daß im Estergebirge der Plattenkalk eine größere Ausdehnung hat. Wegen Verkarstung dieses Gesteins existiert kein oberirdischer Abfluß. Obwohl die Abdachung generell nach O zur Obernach gerichtet ist, erfolgt die unterirdische Entwässerung zur Loisach (Abb. 144).

Eingebettet in die Kocheler Berge ist der Walchensee. Für die Genese und Bewahrung dieses 192 m tiefen Sees sind mehrere Gründe verantwortlich. Die Achsen einer Doppelmulde (Synklinorium) tauchen im Estergebirge nach O ab und steigen gegen die Jachenau wieder an. Gleichzeitig kreuzen sie sich im Gebiet des Sees mit einer Schar von Bruchstörungen, die diagonal zum Gebirgsstreichen verlaufen und zu einer Zerrüttung der Gesteine führten. Durch glaziale Erosion wurde der stark gestörte und wenig resistente Inhalt der Doppel-

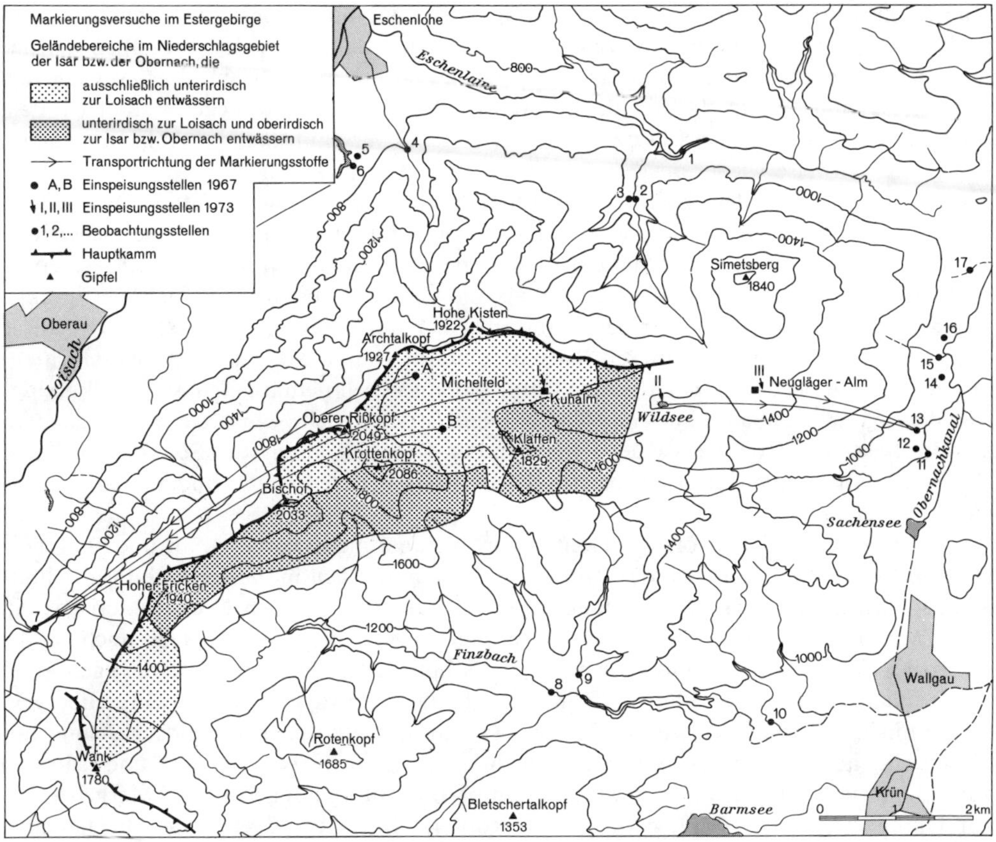

Abbildung 144
Unterirdisches Einzugsgebiet der Loisach im Estergebirge (nach WROBEL 1976, ergänzt)
Große Teile des Estergebirges um Krottenkopf (2086 m) und Simetsberg (1840 m) haben wegen des verkarsteten Plattenkalkes keinen oberirdischen Abfluß. Markierungsversuche 1967 und 1973 erbrachten den Nachweis, daß ein großer Teil des Karstgebietes, das nach der Oberflächenabdachung im Einzugsgebiet der Obernach (zum Wachensee) liegt, unterirdisch zur Loisach entwässert. Vermutlich ist eine größere Blattverschiebung, die rund 300 m westlich des Wildsees in südwestlicher Richtung verläuft und die Karstwasserwege unterbricht, die Grenze des Einzugsgebietes.

mulde (Kössener Schichten und Liasfleckenmergel) ausgeräumt. Die nur kleinen Fluß- und Bacheinzugsgebiete bewahrten das Seebecken weitgehend vor spät- und postglazialer Zuschüttung. Völlig anders gestalteten sich die Verhältnisse nördlich des Kesselberges. Der 203 m tiefer gelegene Kochelsee stellt den bescheidenen Rest im S einer weitgehend zugefüllten, viel größeren Hohlform dar, die gemeinsam von Teilen des Loisach- und Isargletschers geschaffen wurde.

Beträchtlich übertieft ist auch das alpine *Isartal* (s. Kap. 4. und Abb. 142). Andererseits haben sich in ihm letztinterglaziale Ablagerungen, u. a. Seekreiden, erhalten. Die Seekreiden wurden lange als Zeugnisse eines großen Sees gedeutet, der von Bad Tölz bis nach Mittenwald gereicht haben soll. Aus der über 200 m höheren Lage von Seekreiden bei Mittenwald gegenüber solchen bei Fall schloß A. PENCK (1922) auf tektonische Vorgänge.

Eine jüngstpleistozäne Wölbungstektonik kann aber aufgrund geologischer Untersuchungen im Gesamtgebiet nicht nachgewiesen werden, weshalb die Seekreidevorkommen als unzusammenhängende, örtliche Bildungen anzusehen sind. Sie kamen in einzelnen, verschieden hohen Seen zum Absatz, die vor allem durch rasch wachsende Murkegel gestaut wurden. Nach Weichen des Würmeises setzte eine gewaltige Talverschüttung ein (Abb. 142), die im Postglazial teilweise wieder ausgeräumt und mehrfach terrassiert wurde.

Im S des Isarlängstales, das in eine Antiklinalstruktur (Wamberger Sattel) eingetieft ist, schließt sich das *Karwendelgebirge* an. Hauptdolomit und Plattenkalk beherrschen den Vorkarwendel. Der Dolomit bildet dabei die von zahllosen Gräben, Runsen und Schrofen durchzogenen steilen Hänge, der Plattenkalk die felsigen Gipfelpartien der Soierngruppe und des Schafreuterzuges. Über dem Sanftrelief der wenig resistenten Gesteine des Juras und der Kreide in der sogenannten Karwendelmulde (bunte Mergel, Aptychenschichten) ragt der Nordrand des Hochkarwendels auf, in dem neben dem alpinen Muschelkalk der mächtige Wettersteinkalk wand- und gipfelbildend ist. Zahlreiche schuttreiche Kare gliedern die Nordkette des Hochkarwendels. Auch in der Nordabdachung der Soierngruppe sind Stufenkare mit kleinen Seen eingearbeitet worden. An vielen Orten finden sich Stadialmoränen der Lokalgletscher.

Östlich des sich trichterförmig erweiternden Isarquertales zwischen Fall und Bad Tölz bis zum Innquertal dehnt sich das *Mangfallgebirge* aus. Auch in diesem Gebirgsabschnitt ist das Formenbild stark vom geologischen Bau mitbestimmt. Den N charakterisiert ein Schuppen- und Faltenbau mit komplizierten Lagerungsverhältnissen. Das gilt auch für die Zonen des Helvetikums und des Flysches. Trotz Schmalheit bildet zwischen dem Tegern- und dem Schliersee das Helvetikum auffällige Erhebungen vor den gerundeten Flyschbergen. Im nördlichen Teil des Kalkalpins herrscht ein abwechslungsreiches Landschaftsbild mit kennzeichnenden Felszügen und -gipfeln in resistenten Kalksteinserien und sanftem Almgelände und Wiesenhängen in leicht verwitter- und abtragbaren Ton- und Mergelsteinen vor. Die beherrschenden Gipfelgestalten, wie Roß- und Buchstein, Risserkogel, Brecherspitz, Aiplspitz, Rotwand und Wendelstein, werden durchweg von abtragungsresistenteren Kalk- und Dolomitfolgen aufgebaut. Im S steht überwiegend Hauptdolomit an, wodurch der Landschaftscharakter wiederum eine gewisse Einförmigkeit annimmt (vgl. Abb. 139, Profile 2 u. 3).

Im Mangfallgebirge ist die Zahl der niedrigen Pässe und der Talwasserscheiden nicht so groß wie westlich und östlich von ihm. Daher wirkt dieser Gebirgsabschnitt relativ massig und geschlossen. Doch auch zwischen Isar und Inn entwickelte sich ein Eisstromnetz durch Übergreifen von Inneis über Achen- und Ursprungpaß. Mit diesem Ferneis verschmolz das Eis einer nicht unbeträchtlichen Lokalvergletscherung, die durch zahlreiche Kare insbesondere in Nord-und Ostexposition belegt wird.

Als Folge der mehrfachen Vergletscherung hat sich ein unausgeglichenes Gefälle der Täler eingestellt, was die Flüsse durch Tieferschneiden zu egalisieren versuchten. So entstanden als junge Einschnitte enge Kerbtäler, sogar Klammen. Quertäler erhielten den Charakter von Durchbruchstälern, wie etwa das Rottachtal, das Leitzachtal nördlich des Ursprungpasses oder das Förchenbachtal. Längstäler sind vielfach breiter, z. T. aber auch durch das Eingreifen von Quertälern zerstückelt worden. Im S der Hauptdolomitzone wird eine scharfe Zerschneidung in den Talgründen sichtbar, die auf größeres Gefälle der Flüsse zum Inntal, dessen Aufschüttungssohle über 200 m tiefer liegt als der nördliche Alpenrand, zurückgeführt werden muß. Aus demselben Grunde ist es auch im östlichen

Teil des Mangfallgebirges zu Flußverlegungen und Flußanzapfungen gekommen. Dabei wird deutlich, daß die Übertiefung des Inntales hauptsächlich auf präwürmzeitliche Glazialerosion zurückgeht, denn in den engen Kerbtälern, die zum Inn ziehen, liegen Moränen der letzten Vereisung. Durch diese Moränenverbauung kam es in Einzelfällen zu Epigenesen (z. B. bei Valepp, beim Tatzelwurm-Wasserfall, an der oberen Gießenbachklamm).

Im *Innquertal* fehlen bislang flächendeckende geophysikalische Untersuchungen zur Feststellung der Felssohle, doch an abschnittsweiser Übertiefung besteht kein Zweifel. Der rezente Talboden ist erfüllt von jungen Aufschüttungen, besonders der Nebenbäche. Schwemmkegel der Bäche drückten den Inn jeweils gegen die andere Talseite. Durch Flußbegradigungen, Damm- und Verkehrswegebau sowie Materialentnahme ist die natürliche Situation stark verändert worden. Auch von den postglazialen Terrassen sind aus denselben Gründen nur noch kleine Reste erhalten geblieben.

Östlich des Inns, in den *Chiemgauer Alpen*, haben Hochgebirgsformen relativ geringe Verbreitung; sie sind auf wenige Gipfel aus Wettersteinkalk oder Plattenkalk beschränkt. Dafür zeigt dieser Alpenanteil eine deutliche Längsgliederung in Kämme und Talungen wechselnder Breite mit WSW-ONO-Orientierung. Die Längstalungen sind vielfach an weniger resistente Gesteine gebunden, und die Weitungen von Ruhpolding und Inzell liegen an der Grenze von Flysch und Kalkalpin und wurden zu Zungenbecken umgestaltet. Das Netz von Längs-, Quer- und Diagonaltälern zeigt eine teilweise sehr merkwürdige rezente Entwässerung. Sie ist oftmals die Folge glazialer Ein- und Übertiefung, unter anderem auch der Niederlegung älterer Wasserscheiden durch die Eiserosion oder der Überkleidung oder Verbauung durch Moräne. Moränenbedeckte breite und tiefe Sättel verbinden das Inntal mit den Tälern der Prien und der Tiroler Achen. In ihnen liegen labile Wasserscheiden.

Die Chiemgauer Alpen wiesen eine beträchtliche Vergletscherung auf, da das relativ niedrige Gebirge in weiten Teilen von Ferneis des Inn- und Saalachgletschers überzogen wurde. Die Eishöhe dieser Gletscherströme lag im S zwischen 1400 und 1500 m. Die Eigenvergletscherung des Gebirges war bescheiden. Aus diesem Grunde ist es arm an Karen und karähnlichen Formen.

Im Wettersteinkalk der Chiemgauer Alpen haben sich Karsterscheinungen eingestellt. Besonders das Laubensteingebiet zeichnet sich durch viele Höhlen und zahlreiche oberirdische Karstformen aus. Als Besonderheit tritt in den Raibler Schichten im Kampenwandgebiet (Möslarn- und Gederer Alm) Gipskarst auf.

Das *Saalachtal*, das im O die Chiemgauer Alpen begrenzt, entbehrt einer breiten Aufschüttungssohle, wie sie die anderen großen Quertäler besitzen. Dafür tritt eine Doppelung der Tiefenlinie in eine westliche und eine östliche auf, die der Fluß heute im Wechsel durchfließt. So folgen innerhalb der großen, höheren Talform Längs- und Quertalstrecken der jüngeren Talentwicklung. Diese Erscheinung ist das Ergebnis einer verwickelten, zeitlich nur schwer auflösbaren Talgenese. An der Herausarbeitung dieses Doppeltalzuges ist die Glazialerosion stark beteiligt.

6.3. Berchtesgadener Alpen

Im Alpenabschnitt zwischen Saalach und Salzach haben die starren Karbonatmassen der Tirolischen und der Reiteralmdecke aus einem gewaltigen Paket flachlagernden Dachsteinkalkes und des mehrere hundert Meter mächtigen Dolomits die Entwicklung des Plateaugebirgstypus in den Nördlichen Kalkalpen veranlaßt. Im N der Berchtesgadener Alpen ragen mit Reiteralm, Lattengebirge und Untersberg deutlich durch Tiefenlinien getrennte Gebirgsstöcke auf, während im S eine geschlossene Gebirgsmasse vorliegt, die randlich von sackartig eingreifenden Tälern aufgelöst wird. Allgemein besitzen die Plateaus entsprechend dem Schichtfallen eine Neigung nach N. Ihre Oberflächen sind aber unabhängig von der Schichtlagerung. Die mit Wänden allseits abbrechenden Plateaus haben im einzelnen durchaus ansehnliche Höhenunterschiede und werden im S mehr oder weniger deutlich von Randgipfeln überragt. Stärkeres Einfallen der Schichten und kräftigere Hebung sind Ursachen dafür, daß in den Gruppen des Hohen Gölls, des Watzmanns und des Hochkalters der Plateaucharakter wieder zerstört wurde oder überhaupt nicht zur Ausbildung kam und diese Gruppen daher Ähnlichkeit mit den hohen Kalkketten im W aufweisen.

Landschaftsbeherrschend sind in den Berchtesgadener Alpen die mächtigen Wände des Dachsteinkalkes. Der rhythmische Wechsel von mächtigen Kalkbänken und dolomitischen Stromatolithlagen bedingt eine Bänderung dieser Wände, wie sie besonders in der Watzmann-Ostwand, der Hochkaltergruppe oder den Südwänden der Reiteralm hervortritt. Die Dolomite (Ramsau-, karnisch-norischer Dolomit) führen dagegen wegen ihres kataklastischen Gefüges zu brüchigen, schrofigen Wänden oder Steilhängen, die teilweise in abenteuerliche Formen aufgelöst sind. Wegen ihrer großen Mächtigkeit sind die Dolomite die Hauptschuttbildner im Berchtesgadener Raum, und das Wimbachgries ist zweifellos die eindrucksvollste Schuttlandschaft in Deutschlands Alpenanteil.

Sowohl die Plateaugebirge als auch die anderen Karbonatstöcke waren in den Vereisungszeiten Nährgebiete einer beachtlichen Eigenvergletscherung, die zumindest im Würmglazial verhinderte, daß Ferneis in die Berchtesgadener Alpen eindringen konnte. Infolge dieser Lokalvergletscherung kommen kristalline Erratika an den Hängen der großen peripheren Täler erst in tiefer Lage vor. Durch die Plateaugletscher wurden trennende Höhenzüge zwischen den einzelnen hochgelegenen Nährgebieten durch Unterschneidung zugeschärft, allmählich verschmälert und schließlich beseitigt. In günstigen Fällen blieben einzelne Pfeiler oder Torsäulen stehen, die hochreichende Schliffspuren zeigen. Zu diesen Torsäulen zählen das Schottmalhorn und der Viehkogel im westlichen, der Wildalmrotenkopf und der Leiterkopf im östlichen Steinernen Meer, die Hochsäul (2073 m) im Hagengebirge oder der Stanglahnerkopf im NO des Hochkalters.

Alle Täler einschließlich der sogenannten Karstsacktäler wurden durch Gletscher zu trogartigen Hohlformen ausgestaltet. Neben der Trogtalung Königssee – Obersee – Fischunkel, in die die Nebentäler mit Stufen münden, sind die Tröge der Scharitzkehl in der Göllgruppe sowie Blaueis- , Ofen- und Steintal in der Hochkaltergruppe Musterbeispiele für Trogformen. Auch das Wimbachtal erfuhr eine Ausformung zum Trogtal mit abschnittsweiser Übertiefung. Spät- und postglaziale Hangzerschneidung hat jedoch den mittleren und inneren Teil dieses Tales zu einer überaus instruktiven Dolomitrunsen-Erosionslandschaft werden lassen und gleichzeitig eine gewaltige Talverschüttung zur Folge gehabt, deren aktuelle Dynamik ausgezeichnet an den verschiedensten Sukzessionsstadien der Vegetation erkannt werden kann.

Im flachlagernden Dachsteinkalk und dem ihm lokal auflagernden roten Liaskalk besitzt das Karstphänomen seine extremste Ausbildung im Alpenanteil Deutschlands. Die Verkarstung hat zur Verschleierung der Glazialformen geführt und die korrosive Erniedrigung und Umgestaltung des Altreliefs sowohl in den langen Zeiten des Präglazials als auch in den Interglazialen bewirkt. Nahezu alle Formen des ober- und unterirdischen Karstes sind vertreten, von den verschiedensten Karrentypen über Dolinen aller Größen bis zu Uvalas und Trockentalungen, von kleinsten Lösungshohlformen bis zu riesigen Höhlensystemen, für die besonders Untersberg und Hagengebirge bekannt sind. Die Salzgrabenhöhle im Simetsberg (Steinernes Meer) als längste Höhle Deutschlands mißt 8 km. Charakteristisch für die verkarsteten Gebirgsstöcke der Berchtesgadener Alpen wie für die Karstgebirge allgemein ist die Armut an fließenden und stehenden Gewässern an der Oberfläche. Jeweils im N der einzelnen Gebirgsgruppen treten starke Karstquellen auf.

Die Plateaugebirge und Karbonatstöcke umschließen nahezu allseits das Becken von Berchtesgaden. Nur gegen NO zum Salzachtal besteht eine breitere Öffnung. Das Becken wird charakterisiert durch ein sanftgeformtes welliges Hügel- und Bergland, in dem Moränendecken weit verbreitet sind. Für die Entstehung des Beckens sind die wenig resistenten Gesteine der Hallstätter Decke maßgebend. Sowohl das Haselgebirge, eine Folge von feinsandigen Salztonen, Anhydrit, Gips und Steinsalz, als auch die Werfener Schichten (Ton-, Mergel- und Sandsteine) konnten leicht ausgeräumt werden. Nur Hallstätter Kalke und Dolomit blieben wegen ihrer Resistenz als Erhebungen oder Hangversteilungen erhalten (u. a. Baderlehenkopf, Kälberstein, Klingereckkopf). Oberflächennahe Auslaugung im Haselgebirge führt auch heute noch zur Entstehung geschlossener Hohlformen im Gebiet von Oberschönau.

Literaturverzeichnis

Bei den mit * gekennzeichneten Quellen handelt es sich um Veröffentlichungen, denen weitere Literaturangaben, die hier aus Platzgründen nicht zitiert sind, entnommen werden können. Das sind für die einzelnen Kapitel die folgenden Werke: *Klima*: HENDL (1966, 1991); *Oberflächenformen*: GELLERT (1958), HAEFKE (1959), SEMMEL (1984); *Gewässer und Grundwasser*: KELLER (1978), MARCINEK u. ROSENKRANZ (1990), WUNDT (1953); *Vegetation*: ELLENBERG (1986), MAYER (1986), PASSARGE (1964), PASSARGE u. HOFMANN (1968), SCAMONI (1960, 1981); *Böden*: LIEBEROTH (1982), MÜCKENHAUSEN (1975); *Küsten*: KLIEWE (1960), KANNENBERG (1951), STREIF u. KÖSTER (1978); *Norddeutsches Tiefland*: BRAMER (1991), LIEDTKE (1981a), MARCINEK u. NITZ (1973), WOLDSTEDT u. DUPHORN (1974); *Mittelgebirgsschwelle*: BRAMER (1991), SEMMEL (1984); *Süddeutsches Stufenland*: SEMMEL (1984); *Alpenvorland*: GEYER u. GWINNER (1991), HABBE (1991), RATHJENS (1985); *Alpen*: UHLIG (1954).

AHORNER, L. (1983):
Historical Seismicity and Present-Day Microearthquake Activity of the Rhenish Massif. – Plateau Uplift: 198–222. Berlin.

AHORNER, L. (1984):
Die Erdbebentätigkeit am Südwestrand der Niederrheinischen Bucht zwischen Euskirchen und Düren. – Veröff. d. Vereins d. Geschichts- und Heimatfreunde des Kreises Euskirchen eV, A-Reihe 14. 2: 23–36.

ALTERMANN, M., G. HAASE, I. LIEBEROTH u. R. RUSKE (1978):
Lithologie, Genese und Verbreitung der Löß- und Schuttsedimente im Vorland der skandinavischen Vereisungen. – Schriftenreihe geol. Wiss. **9**: 231–255. Berlin.

ANDREAS, G. (1965):
Beiträge zur Kenntnis der Reliefgestaltung des Elbsandsteingebirges im Früh- und Altpleistozän. – Sächs. Heimatbl. **11**: 225–228.

ANDRES, W. (1989):
The Central German Uplands. – Catena Suppl. **15**: 25–44. Cremlingen.

ANDRES, W., & H. SEWERING(1983):
The Lower Pleistocene Terraces of the Lahn River between Dietz (Limburg Basin) and Laurenburg (Lower Lahn). – Plateau Uplift: 93–97. Berlin.

„Arbeitskreis Standortkartierung“ in der „Arbeitsgemeinschaft Forsteinrichtung“ [Bearb.] (1980):
Forstliche Standortaufnahme. – Münster-Hiltrup: 188 S.

„Arbeitskreis Standortkartierung“ in der „Arbeitsgemeinschaft Forsteinrichtung“ [Bearb.] (1985):
Forstliche Wuchsgebiete und Wuchsbezirke in der Bundesrepublik Deutschland. – Münster-Hiltrup: 170 S.

ATTMANNSPACHER, W., I. BUSCHNER, M. DIERINGER, E. FREITAG, R. HARTMANNSGRUBER, P. LANG, J. MOIS, J. RIEDL, H. SCHROERS u. B. ZIEGLER (1981):
200 Jahre meteorologische Beobachtungen auf dem Hohenpeißenberg 1781–1980. – Ber. d. Dtsch. Wetterdienstes **155**: 84 S. u. 138 S. Tab. Offenbach.

BACH, M. (1987):
Die potentielle Nitrat-Belastung des Sickerwassers durch die Landwirtschaft in der Bundesrepublik Deutschland – Eine regional differenzierte Abschätzung. – Göttinger Bodenkundl. Ber. **93**: 186 S.

BADER, K., u. H. JERZ (1978):
Die glaziale Übertiefung im Iller- und Alpseetal (Oberes Allgäu). – Geolog. Jahrbuch **A 46**: 25–45. Hannover.

BAND, G. (1955):
Ist der Main eine Wetterscheide? – Zschr. f. Meteorol. **9**: 14–21.

BANTELMANN, A. (1966):
Die Landschaftsentwicklung an der schleswig-holsteinischen Westküste, dargestellt am Beispiel Nordfriesland. – Die Küste **14/2**: 5–99.

BARCKHAUSEN, J. (1969):
Entstehung und Entwicklung der Insel Langeoog – Beiträge zur Quartärgeologie

und Paläogeographie eines ostfriesischen Küstenabschnittes. – Oldenburger Jb. **68**: 239–281.

BARSCH, D., u. R. MÄUSBACHER (1988): Zur fluvialen Dynamik beim Aufbau des Neckarschwemmfächers. – Berliner geogr. Abh. **47**: 119–128.

BARSCH, H. (1966): Die Felsterrassen der Freiberger Mulde. – Wiss. Zschr. d. Päd. Hochsch. Potsdam, Math.-Nat. R. **10**: 55–64.

BÄTJER, D., u. H.-J. HEINEMANN (1983): Das Klima ausgewählter Orte der Bundesrepublik Deutschland/Bremen. – Berichte d. Dtsch. Wetterdienstes **164**: 251 S. Offenbach.

BAUBERGER, W. (1964): Werdegang und Bau des Moldanubikums. – In: Bayer. geol. Landesamt [Hrsg.]: Erl. geol. Kte. Bayern 1 : 500000, 2. Aufl: 15–17.

Bayer. Geol. Landesamt [Hrsg.] (1981): Geol. Kte. Bayern 1 : 500000, 3. Aufl. – München. [Mit Erläuterungen, 168 S.].

BECKER, B. (1982): Dendrochronologie und Paläoökologie subfossiler Baumstämme aus Flußablagerungen – Ein Beitrag zur nacheiszeitlichen Auenentwicklung im südlichen Mitteleuropa. – Mitteil. Kommission Quartärforsch. Österreich. Akad. Wissensch. **5**: 120 S.

BEHRE, K.-E. (1970): Die Entwicklungsgeschichte der natürlichen Vegetation im Gebiet der unteren Ems und ihre Abhängigkeit von den Bewegungen des Meeresspiegels. – Probl. d. Küstenforsch. im südl. Nordseegebiet **9**: 13–48.

BEHRE, K.-E. (1985): Die ursprüngliche Vegetation in den deutschen Marschgebieten und deren Veränderung durch prähistorische Besiedlung und Meeresspiegelbewegungen. – Verh. d. Ges. f. Ökologie **13**: 85–96.

BEHRE, K.-E. (1987): Meeresspiegelschwankungen und Siedlungsgeschichte in den Nordseemarschen. – Vorträge der Oldenburgischen Landschaft **17**: 47 S. Oldenburg.

BEHRE, K.-E. (1989): Biostratigraphy of the last glacial period in Europe. – Quaternary Research Reviews **8**: 25–44.

BEHRE, K.-E., u. B. MENKE (1969): Pollenanalytische Untersuchungen an einem Bohrkern der südlichen Doggerbank. – Beitr. z. Meereskunde **24/25**: 122–129.

BEHRE, K.-E., B. MENKE & H. STREIF (1979): The Quaternary geological development of the German part of the North Sea. – Acta Univ. Upsaliensis. Symp. Univ. Ups. Ann. Quing. Cel. **2**: 85–113.

BENTHIEN, B. (1956/57): Bemerkungen zur geomorphologischen Karte der Lewitz und zur Entwicklungsgeschichte dieser südwestmecklenburgischen Niederung. – Wiss. Zschr.Univ. Greifswald **6**: 341–361.

BERKNER, A., u. R. SPENGLER (1991): Die hydrogeographischen und wasserwirtschaftlichen Bedingungen in den neuen Bundesländern. – Geogr. Rdsch. **43**: 580–589.

BERNHARDT, A., et al. (1986): Naturräume der sächsischen Bezirke. – Sächs. Heimatbl. **32**: 84 S.

BERNSTEIN, K. H., et al. (1972): Erläuterungen zur Geologischen Übersichtskarte der Bezirke Dresden, Karl-Marx-Stadt und Leipzig 1 : 400000. – Freiberg: 78 S.

BERTSCHINGER, H. (1978): Bautechnische Probleme am Rhein. – Wasser, Energie, Luft **70**: 106–123.

BIBUS, E. (1975): Eigenschaften tertiärer Flächen in der Umrahmung der nördlichen Wetterau (Taunus und Vogelsbergrand). – Zschr. Geomorphol. N. F. Suppl. Bd. **23**: 49–61. Berlin, Stuttgart.

BIBUS, E. (1980): Zur Relief-, Boden- und Sedimententwicklung am unteren Mittelrhein. – Frankfurter geowiss. Arb. **D 1**: 296 S.

BIBUS, E. (1983): Distribution and Dimension of Young Tectonics in the Neuwied Basin and the Lower Middle Rhine. – Plateau Uplift: 55–61. Berlin.

BIBUS, E. (1985): Massenverlagerung im Wald und ihre Folgeschäden am Beispiel des Hirschkopfes bei Mössingen. – Allgem. Forstz. **41**: 901–906.

BIBUS, E. (1986):
Die Bedeutung periglazialer Deckschichten für Bodenprofil, Standort und junge Reliefentwicklung im Schönbuch bei Tübingen. – In: EINSELE, G. [Hrsg.]: Das landschaftsökologische Forschungsprojekt Naturpark Schönbuch. – Weinheim: 27–57.

BIBUS, E. (1989a):
8. Tagung Arbeitskreis Paläoböden. Programm und Exkursionsführer. – Tübingen.

BIBUS, E. (1989b):
Zur Gliederung, Ausbildung und stratigraphischen Stellung von Enzterrassen in Großbaustellen bei Vaihingen an der Enz. – Jh. geol. Landesamt Baden-Württemberg **31**: 7–22.

BIBUS, E., u. W. RÄHLE (1986):
Geomorphologische Lage, Deckschichten und Molluskenführung letztinterglazialer Hochflutlehme im Neckartal (Baden-Württemberg). – Eiszeitalter u. Gegenwart **36**: 89–109.

BILLWITZ, K. (1990):
Oberflächensedimente und Böden. – In: BAHLS, R., u. H. KLIEWE [Hrsg.]: Mönchgut – eine Landschaftsstudie. – Rostock: 42–45.

BLEICH, K. E., u. K. KUHN (1990):
Bodenrelikte in Beziehung zu alten Klimaten und Landoberflächen der Schwäbischen Alb. – Tübinger geogr. Stud. **105**: 123–160.

BLUME, H. P. (1968):
Stauwasserböden. – Stuttgart: 242 S.

BLUME, H. P., u. R. HOFFMANN (1977):
Entstehung und pedologische Wirkung glaziärer Frostspalten einer norddeutschen Moränenlandschaft. – Zschr. f. Pflanzenernährung, Düngung, Bodenkunde **140**: 719–732.

BLUME, H., u. G. REMMELE (1989a):
A comparison of Bunter Sandstone scarps in the Black Forest and the Vosges. – Catena Suppl. **15**: 229–242.

BLUME, H., u. G. REMMELE (1989b):
Die Muschelkalk-Schichtstufe am Ostrande des Schwarzwaldes. – Jh. Ges. Naturkde. Württ. **144**: 29–41.

BLUME, H., u. G. REMMELE (1989c):
Schollengleitungen an Stufenhängen des Strombergs (Württ. Keuperbergland). – Jber. Mitt. oberrhein. geol. Ver. N. F. **71**: 225–246.

BLÜMEL, D. (1983):
Höhenschotter an Enz und Neckar. – Geoökodynamik **4**: 209–226.

BODEUX, A. (1976):
La température de l'air en Belgique. – Miscellanea de l'Institut Royal Météorologique de Belgique. Serie B. Nr. **39**: 118 S.

BOENIGK, W. (1990):
Die pleistozänen Rheinterrassen und deren Bedeutung für die Gliederung des Eiszeitalters in Mitteleuropa. – In: LIEDTKE, H. [Hrsg.]: Eiszeitforschung. – Darmstadt: 130–140.

BOENIGK, W., u. CH. HOSELMANN (1991):
Zur Genese der Hönninger Sande (unterer Mittelrhein). – Eiszeitalter u. Gegenwart **41**: 1–15.

BOGAARD, P. VAN DEN, u. H.-U. SCHMINCKE(1990):
Die Entwicklungsgeschichte des Mittelrheinraumes und die Eruptionsgeschichte des Osteifel-Vulkanfeldes. – Deuqua-Führer **1**: 166–190. Dormagen.

BÖGEL, H., u. K. SCHMIDT (1976):
Kleine Geologie der Ostalpen. – Thun: 231 S.

BOHN, U., et al. (1981):
Vegetationskarte der Bundesrepublik Deutschland 1:200000 – Potentielle natürliche Vegetation – Blatt CC 5518 Fulda. – Schriftenreihe f. Vegetationskunde **15**: 330 S. Bonn-Bad Godesberg.

BORGER, H. (1990):
Bohnerze und Quarzsande als Indikatoren paläogeographischer Verwitterungsprozesse und der Altreliefgenese östlich von Albstadt (Schwäb. Alb). – Kölner Geogr. Arb. **52**: 209 S.

BÖTTCHER et al. (1981):
Die Buchen-Waldgesellschaften im südlichen Niedersachsen. – In: DIERSCHKE, H. [Hrsg.]: Syntaxonomie. – Ber. Internat. Symp. IVV. Rinteln 1980. Vaduz: 547–577.

BRAMER, H. (1964):
Das Haffstauseegebiet. – Habil.-Schr. Universität Greifswald.

*BRAMER, H., et al. (1991):
Physische Geographie: Mecklenburg-Vorpommern, Brandenburg, Sachsen-Anhalt, Sachsen, Thüringen. – Gotha: 627 S.

BRANICKI, O. (1963):
Das Klima von Potsdam. – Meteorol. Abh. d. Inst. f. Meteorol. u. Geophysik d. F. U. Berlin. Bd. **32**, Nr. 1: 121 S. u. Nr. 2: 218 S.

BRAUKÄMPER, K. (1990):
Zur Verbreitung periglazialer Deckschichten in Deutschland. – Bochum. Diss. Ruhr-Univ. Bochum, Fak. f. Geowiss.

BRAUN, W. (1970):
Bestimmungsübersicht für die Kalkflachmoore und deren wichtigste Kontaktgesellschaften im Bayerischen Alpenvorland. – Ber. Bayer. Bot. Ges. **42**: 109–138.

BREITBACH, T. (1989):
Basaltschuttdecken in der Hocheifel. – Kölner Geogr. Arb. **51**: 265 S. Köln.

BREMER, H. (1989a):
Allgemeine Geomorphologie. – Berlin: 450 S.

BREMER, H. (1989b):
On the Geomorphology of the South German Scarplands. – Catena Suppl. **15**: 45–67.

BREMER, H., H. LIEDTKE u. H. SPÄTH (1989):
Geomorphology in Germany. Field trip A. From the Alps to the Sea. – Geoöko-Forum **1**: 88 S.

BREMER, H., A. SCHNÜTGEN u. H. SPÄTH (1978):
Altformen auf der Eifelhochfläche südlich Kelberg. – Kölner Geogr. Arb. **36**: 187–194. Köln.

BROSE, F. (1978):
Weichselglaziale Rückzugsstaffeln im Hinterland der Eisrandlage des Pommerschen Stadiums südlich von Angermünde. – Wiss. Zschr. Univ. Greifswald, Math.-Nat. R. **27**: 17–19.

BROSE, F., J. MARCINEK u. F. PRÄGER (1987):
Neuere Ergebnisse zur Urstromtalforschung und Entwicklung des Gewässernetzes im mitteleuropäischen Einflußbereich des nordischen Inlandeises. – Peterm. geogr. Mitt. **131**: 113–124.

BROSE, F., u. F. PRÄGER (1983):
Regionale Zusammenhänge und Differenzierungen der holozänen Flußgenese im nordmitteleuropäischen Vereisungsgebiet. – In: Das Jungquartär und seine Nutzung. – Erg.-H. **282** zu Peterm. geogr. Mitt.: 164–175.

BRÜMMER, G., u. D. SCHRÖDER (1971):
Landschaften und Böden Schleswig-Holsteins – insbesondere: Boden der Marschlandschaft. – Mitt. dtsch. bodenkdl. Ges. **13**: 7–57.

BRUNNACKER, K. (1957):
Die Geschichte der Böden im jüngeren Pleistozän in Bayern. – Geologica Bavarica **34**: 95 S.

BRUNNACKER, K. (1959):
Zur Kenntnis des Spät- und Postglazials in Bayern. – Geologica Bavarica **43**: 74–150.

BRUNNACKER, K. (1982):
Äolische Deckschichten und deren fossile Böden im Periglazialbereich Bayerns. – Geolog. Jahrb. **F 14**: 15–25.

BRUNNACKER, K. (1986):
Quaternary Stratigraphy in the Lower Rhine Area and Northern Alpine Foothills. – In: ŠIBRAVA, V., D. Q. BOWEN & G. M. RICHMOND [Eds.]: Quaternary Glaciations in the Northern Hemisphere. – Quaternary Science Reviews **5**: 373–379.

BRUNNER, H. (1958):
Eisrandlagen und Vereisungsgrenzen im Hohen Fläming. – Geologie Beih. **31**. Berlin: 74 S.

BRUNOTTE, E., & K. GARLEFF (1989):
Structural landforms and planation surfaces in Southern Lower Saxony. – Catena Suppl. **15**: 151–164. Cremlingen.

BRUNOTTE, E., K. GARLEFF u. H. WAHLE (1980):
Neue morphographische und geomorphologische Karten aus dem südniedersächsischen Bergland. – N. Arch. Niedersachsen **29**: 85–96. Göttingen.

BUCH, M. W. (1987):
Spätpleistozäne und holozäne Geomorphodynamik im Donautal östlich von Regensburg – ein Sonderfall unter den mitteleuropäischen Flußsystemen? – Zeitschr. f. Geomorph. N. F. Suppl.-Bd. **66**: 95–111.

BUCH, M. W., u. L. ZÖLLER (1990):
Gliederung und Thermolumineszenz-Chronologie der Würmlösse im Raum Regensburg. – Eiszeitalter u. Gegenwart **40**: 63–84.

BÜDEL, J. (1935):
Die Rumpftreppe des westlichen Erzgebirges. – In: Verhandlungen u. wissenschaftl. Abhandlungen des 25. Deutschen Geographentages Bad Nauheim 1934: 138–147. Breslau.

BÜDEL, J. (1944):
Die morphologischen Wirkungen des Eiszeitklimas im gletscherfreien Gebiet. – Geolog. Rdsch. **34**: 482–519.

BÜDEL, J. (1963):
Klima-genetische Geomorphologie. – Geogr. Rdsch. **15**: 269–285.

BÜDEL, J. (1977):
Klima-Geomorphologie. – Berlin, Stuttgart: 304 S.

Bundesanstalt für Geowissenschaften und Rohstoffe [Hrsg.]:
Geologische Übersichtskarte 1 : 200000, Hannover.
Blatt CC 8726 Kempten (Allgäu) 1983.
Blatt CC 8734 Rosenheim 1980.
Blatt CC 8742 Bad Reichenhall 1988.

BÜRGER, K. (1958):
Zur Klimatologie der Großwetterlagen. – Ber. d. Dtsch. Wetterdienstes. **45**: 79 S. u. 86 Tafeln. Offenbach.

BURRICHTER, E. (1973):
Die potentielle natürliche Vegetation in der Westfälischen Bucht, Erläuterungen zur Übersichtskarte 1 : 200000. – Landeskundl. Karten u. Hefte d. geogr. Komm. Westf. Reihe Siedlung u. Landschaft in Westfalen **8**: 58 S. Münster.

BUSSMANN, E., & V. LORENZ (1983):
Volcanism in the Southern Part of the Hocheifel. – Plateau Uplift: 129–130. Berlin.

CAPPEL, A., u. M. KALB (1976):
Das Klima ausgewählter Orte der Bundesrepublik Deutschland/Hamburg. – Ber. d. Dtsch. Wetterdienstes **141**: 247 S. Offenbach.

CASPAR, W. (1962):
Die Schneedecke der Bundesrepublik Deutschland (Tabellen). – Offenbach: 456 S.

CASTON, V. N. D. (1979):
A new isopachyte map of the Quaternary of the North Sea. – In: OELE, E., R. T. E. SCHÜTTENHELM & A. J. WIGGERS [Eds.]: The Quaternary History of the North Sea: 23–28.

CEPEK, A. G., et al. (1975):
Zum Stand der Gliederung des Saale-Komplexes im mittleren Teil der DDR. – Zschr. geol. Wiss. **8**: 1049–1075. Berlin.

CHRISTOFFER, J., u. M. ULBRICHT-EISSING (1989):
Die bodennahen Windverhältnisse in der Bundesrepublik Deutschland. – 2. Aufl. Ber. d. Dtsch. Wetterdienstes **147**: 196 S. Offenbach.

CLOOS, H. (1936):
Einführung in die Geologie. – Berlin: 503 S.

CRAMER, P. (1964):
Tertiäre Sedimente in der Rhön. – In: Bayer. geol. Landesamt [Hrsg.]: Erl. geol. Kte. Bayern 1:500000, 2. Aufl: 215–220.

DAMMANN, W. (1936):
Über den jährlichen Gang der Niederschläge im Harz. – Meteorol. Zschr. **53**: 255–259.

DECHEND, M., u. W. GRONWALD (1961):
Krustenbewegungen und Meeresspiegelschwankungen im Küstenbereich der südlichen Nordsee. – Geolog. Jahrb. **79** (1962): 23–60.

DEL NEGRO, W. (1966):
Das Pleistozän im Salzburger Becken und seinen Ausläufern. – In: EBERS, E., L. WEINBERGER u. W. DEL NEGRO: Der pleistozäne Salzachvorlandgletscher: 166–216.

Deutsches Gewässerkundliches Jahrbuch – Donaugebiet – Abflußjahr 1987. – (1989): München: 247 S.

Deutsches Gewässerkundliches Jahrbuch – Rheingebiet – Teil I, Abflußjahr 1987. – (1989): Karlsruhe: 178 S.

Deutsches Gewässerkundliches Jahrbuch – Rheingebiet – Teil II, Abflußjahr 1987. – (1990): München: 169 S.

Deutsches Gewässerkundliches Jahrbuch – Rheingebiet – Teil III, Abflußjahr 1987. – (1989): Düsseldorf: 306 S.

Deutsches Gewässerkundliches Jahrbuch – Weser- und Emsgebiet, Abflußjahr 1987. – (1991): Hildesheim: 320 S.

Deutsches Hydrographische Institut (1990):
Hoch- und Niedrigwasserzeiten für die Deutsche Bucht und deren Flußgebiete für 1991. – Hamburg: 111 S.

DIERSCHKE, H. (1982, 1985):
Pflanzensoziologische und soziologische Untersuchungen in Wäldern Süd-Niedersachsens. Phänologischer Jahresrhythmus sommergrüner Laubwälder. – Tuexenia **2**: 173–194. Göttingen. – II. Syntaxonomische Übersicht der Laubwald-Gesellschaften und Gliederung der Buchenwälder. Tuexenia **5**: 491–521. Göttingen.

DIERSCHKE, H. (1989):
Artenreiche Buchenwald-Gesellschaften Nordwest-Deutschlands. – Ber. Reinhold-Tüxen-Ges. **1**: 107–148. Göttingen.

DONGUS, H. (1970):
Über die Schotter des jungtertiären Albdonausystems und einige geomorphologische Konsequenzen aus ihrer Lage, ihrer Korngröße und ihrer Zusammensetzung. – Berichte z. dt. Landeskunde **44**: 245–266.

DONGUS, H. (1983):
Erläuterungen zur Geomorphologischen Karte 1:25000 der Bundesrepublik Deutschland, GMK Blatt 14, 8426 Oberstaufen. – Berlin: 46 S.

DOPPLER, G. (1989):
Zur Stratigraphie der nördlichen Vorlandmolasse in Bayerisch-Schwaben. – Geologica Bavarica **94**: 83–133.

DOPPLER, G. (1990a):
Geologische Übersicht des Iller-Lech-Gebietes. – In: JERZ, H., u. G. DOPPLER: Paläoböden in Bayerisch Schwaben: 11–12.

DOPPLER, G. (1990b):
Stratigraphische Tabelle für das Iller-Lech-Gebiet. – In: JERZ, H., u. G. DOPPLER: Paläoböden in Bayerisch Schwaben: 13.

DREXLER, O., u. U. EMMERT (1985):
Schotteruntersuchungen zur pliopleistozänen Landschaftsentwicklung im südlichen Fichtelgebirgsvorland. – Jber. Mitt. oberrhein. geol. Ver. N. F. **67**: 243–263.

DREYLING, H. (1936):
Das Auftreten von Bergnebel in Abhängigkeit von der Windrichtung. – Wiss. Abh. d. Reichsamtes f. Wetterdienst. Bd. **2**, Nr. 5: 13 S. Berlin.

DRIESSEN, P. M., & D. DUDAL (1989):
Major soils of the world. – Wageningen and Leuven: 296 S.

DUPHORN, K. (1968):
Ist der Oberharz im Pleistozän vergletschert gewesen? – Eiszeitalter u. Gegenwart **19**: 164–174.

EBERHARD, M. (1989):
Klimaänderungen vom Mittel- bis Obermiozän aufgrund makroskopischer Pflanzenreste in Altwasser-Ablagerungen der Adelegg (Allgäu). – Geologica Bavarica **94**: 459–484.

EBERLE, J., u. W. D. BLÜMEL (1992):
Substratgenese und Bodenentwicklung im Bereich devonischer Sedimentgesteine des Liefde- und Bockfjordes (NW-Spitzbergen). – Stuttgarter Geogr. Studien **117**: 193–205.

EHLERS, J. [Ed.] (1983):
Glacial deposits in North-West Europe. – Rotterdam: 470 S.

EHLERS, J. (1988):
The Morphodynamics of the Wadden Sea. – Rotterdam, Brookfield: 397 S.

EHLERS, J. (1990a):
Gliederung der eiszeitlichen Ablagerungen in Norddeutschland. – In: LIEDTKE, H. [Hrsg.]: Eiszeitforschung. – Darmstadt: 159–172.

EHLERS, J. (1990b):
Untersuchungen zur Morphodynamik der Vereisungen Norddeutschlands unter Berücksichtigung benachbarter Gebiete. – Bremer Beitr. z. Geogr. u. Raumplanung **19**: 166 S.

EHRENBERG, K.-H., u. H. HICKETHIER (1985):
Die Basaltbasis im Vogelsberg. – Geol. Jahrb. Hessen **113**: 97–135. Wiesbaden.

EHWALD, E. (1980):
Bodengenetik, Bodensystematik, Bodengeographie. – In: MÜLLER, G., et al.: Bodenkunde. – Berlin: 270–379.

EICHLER, H. (1965):
Geomorphologische Untersuchungen an der Bauland-Odenwald-Grenze. – Der Odenwald **12**: 82–88.

EIERMANN, J. (1983):
Die „Eiszeit" im Bezirk Neubrandenburg. – Naturkdl. Rundbrief Bezirk Neubrandenburg **6**: 36–53. Neubrandenburg.

EIERMANN, J. (1984):
Ein zeitliches, räumliches und genetisches Modell zur Erklärung der Sedimente und Reliefformen im Pleistozän gletscherbedeckter Tieflandgebiete. – In: RICHTER, H., u. K. D. AURADA [Hrsg.]: Umweltforschung. Zur Analyse und Diagnose der Landschaft. – Gotha: 169–198.

EIGNER, J., u. E. SCHMATZLER (1980):
Bedeutung, Schutz und Regeneration von Hochmooren. – Naturschutz aktuell **4**: 78 S. Greven.

EINSLE, E. (1967):
Der mittlere Tagesgang der Gewitterhäufigkeit in Warnemünde im Vergleich zu Berlin-Schönefeld und Görlitz. – Zschr. f. Meteorol. **19**: 30–33.

EISSMANN, L. (1968):
Überblick über die Entwicklung des Tertiärs in der Leipziger Tieflandsbucht. – Sächs. Heimatbl. **14**: 25–37.

EISSMANN, L. (1975):
Das Quartär der Leipziger Tieflandsbucht und angrenzender Gebiete um Saale und Elbe. Modell einer Landschaftsentwicklung am Rand der europäischen Kontinentalvereisung. –
Schriftenr. geol. Wiss. **2**: 263 S. Berlin.

EISSMANN, L. [Hrsg.] (1990):
Die Eemwarmzeit und die frühe Weichselzeit im Saale-Elbe-Gebiet. – Altenburger Naturwiss. Forsch. **5**: 301 S.

EISSMANN, L., u. A. MÜLLER (1979):
Leitlinien der Quartärentwicklung im Norddeutschen Tiefland. Ein stratigraphisch-fazieller Schnitt vom Mittelgebirgsrand zur Küste. – Zschr. geol. Wiss. **7**: 451–462.

EITEL, B. (1989):
Morphogenese im südlichen Kraichgau unter besonderer Berücksichtigung tertiärer und pleistozäner Decksedimente. – Stuttg. geogr. Studien **111**: 205 S.

*ELLENBERG, H. (1986):
Vegetation Mitteleuropas mit den Alpen in ökologischer Sicht. – 4. Aufl. Stuttgart: 989 S.

ELLWANGER, D. (1990a):
Würmzeitliche Drumlinformung bei Markelfingen (Westlicher Bodensee, Baden-Württemberg). – Jahresber. Mitteil. Oberrhein. Geolog. Verein **72**: 411–434.

ELLWANGER, D. (1990b):
Zur Riß-Stratigraphie im Andelsbach-Gebiet (Baden-Württemberg). – Jahresh. Geolog. Landesamt Baden-Württemberg **32**: 235–245.

EMMERT, U. (1988):
„Geköpfte" Täler, Wanderschutt und Flugsand mit Dünen am Rand des Steigerwaldes. – Naturwiss. Jb. Schweinfurt **5**: 1–16.

ENGELMANN, R. (1922):
Entstehung des Egertales. – Abh. Geogr. Ges. Wien **12**: 80 S.

ENGELSCHALK, W. (1971):
Alpine Buckelfluren. – Regensburger Geogr. Schr. **1**: 159 S.

ERGENZINGER, P. (1965):
Morphologische Untersuchungen im Einzugsgebiet der Ilz (Bayerischer Wald). – Berliner geogr. Abh. **2**: 87 S.

ERIKSEN, W. (1971):
Die Häufigkeit meteorologischer Fronten über Europa und ihre Bedeutung für die klimatische Gliederung des Kontinents. – Erdkunde **25**: 163–178.

EROL, O. (1968):
Geomorphologische Untersuchungen über das Zungenbecken des würmzeitlichen Leitzachgletschers und die Terrassen des oberen Leitzachtales. – Münchner Geogr. Hefte **33**: 69 S. Kallmünz.

FAHLBUSCH, V. (1981):
Miozän und Pliozän – Was ist was? – Zur Gliederung des Jungtertiärs in Süddeutschland. – Mitteil. Bayer. Staatssamml. Paläontol. Histor. Geol. **21**: 121–127.

FAHLBUSCH, V., H. GALL u. N. SCHMIDT-KITTLER (1972):
Die obermiozäne Fossil-Lagerstätte Sandelzhausen. 2. Sediment und Fossilinhalt – Probleme der Genese und Ökologie. – N. Jahrb. Geolog. Paläontol. Monatsh.: 331–343.

FELDMANN, L. (1990):
Jungquartäre Gletscher- und Flußgeschichte im Bereich der Münchener Schotterebene. – Diss. rer.nat. Düsseldorf.

FELDMANN, L. (1991):
Neue Untersuchungen zur „Fluvioglazialen Serie" auf der Münchner Schotterebene. – Freiburger Geogr. Hefte **33**: 107–119.

FELIX-HENNINGSEN, P. (1990):
Die mesozoisch-tertiäre Verwitterungsdecke im Rheinischen Schiefergebirge. – Relief, Boden, Paläoklima **6**: 162 S. Berlin, Stuttgart.

FIEDLER, H. J. (1989):
Die „Hochlagenerkrankung" der Fichte in bodenkundlich-standortkundlicher Sicht. – Arch. Natursch. Landschaftsf. **29**: 91–103.

FISCHER, H. (1986):
Erläuterungen zur Geomorphologischen Karte 1:25000, GMK 25 Bl. 6, C 5910 Koblenz. – Berlin: 70 S.

FISCHER, K. (1976):
Das Formenbild der Allgäuer Alpen. – Mitt. Verband Dtsch. Höhlen- und Karstforscher **22**: 43–48. München.

FISCHER, K. (1984):
Erläuterungen zur Geomorphologischen Karte 1:25000, GMK 25 Bl. 16, 8443 Königssee. – Berlin: 58 S.

FISCHER, K. (1990):
Höhlenniveaus und Altreliefgenerationen in den Berchtesgadener Alpen. – Mitt. d. Geogr. Ges. München **75**: 47–59.

FLOHN, H. (1939):
Die Niederschlagsverteilung in Süddeutschland und ihre Ursachen im Lichte der modernen Klimatologie. – Mitt. d. Geogr. Ges. München **32**: 1–14.

FRANK, H. (1979):
Glazial übertiefte Täler im Bereich des Isar-Loisach-Gletschers – Neue Erkenntnisse über Aufbau und Mächtigkeit des Quartärs in den alpinen Tälern im Gebiet des „Murnauer Schotters" und im „Tölzer Lobus". – Eiszeitalter u. Gegenwart **29**: 77–99.

FRANKE, W. (1990):
Field guide Bohemian Massif. – IGCO-Project **233**. Göttingen-Gießen.

FRÄNZLE, O. (1969):
Geomorphologie der Umgebung von Bonn. – Arb. z. Rhein. Landeskunde **29**, Bonn.

FRÄNZLE, O. (1988a):
Naturraumgliederung mit Hilfe der Schwermetallbelastbarkeit von Böden. – Ber. z. dt. Landeskunde **62**: 287–303.

FRÄNZLE, O. (1988b):
Periglaziale Formung der Altmoränengebiete Schleswig-Holsteins. – Berliner Geogr. Abh. **47**: 23–35.

FREIMOSER, M., u. TH. LOCHER (1980):
Gedanken zur pleistozänen Landschaftsgeschichte im nördlichen Teil des Kantons Zürich aufgrund hydrogeologischer Untersuchungen. – Eclogae Geolog. Helvet. **73**: 251–270.

FREYBERG, B. v. (1923):
Die tertiären Landoberflächen in Thüringen. – Fortschr. Geologie Paläont. **6**: 78 S. Berlin.

FRIDLAND, V. M. (1984):
Patterns of the soil cover of the world [in Russian]. – Moskva: 236 S.

FRIED, G. (1984):
Gestein, Relief und Boden im Buntsandstein-Odenwald. – Frankfurter Geowiss. Arb. Serie D, **4**: 201 S.

FROMM, K. (1987):
Paläomagnetische Bestimmungen zur Korrelierung altpleistozäner Terrassen des Mittelrheins. – Mainzer geowiss. Mitt. **16**: 7–29.

FRÜHAUF, M. (1988):
Die Bedeutung lößhaltiger periglazialer Lockermaterialdecken für die Bodenbildung und Standortseigenschaften im Harz. – Wiss. Zschr. Univ. Halle **37**: 3–12.

FURRER, G. (1991):
25000 Jahre Gletschergeschichte – dargestellt an einigen Beispielen aus den Schweizer Alpen. – Neujahrsblatt Naturforsch. Ges. Zürich **193**: 52 S.

GALL, H., R. HÜTTNER u. D. MÜLLER (1977):
Erläuterungen zur Geologischen Karte des Rieses 1:50000. – Geologica Bavarica **76**: 191 S.

GALL, H., u. D. MÜLLER (1975):
REUTERsche Blöcke – Außeralpine Fremdgesteine unterschiedlicher Herkunft in jungtertiären und quartären Sedimenten Südbayerns. – Mitteil. Bayer. Staatssamml. Paläontol. Histor. Geol. **15**: 207–228.

GAMS, H., u. R. NORDHAGEN (1923):
Postglaziale Klimaänderungen und Erdkrustenbewegungen in Mitteleuropa. – Landeskdl. Forschungen (der Mitt. Geogr. Ges. München) **25**: 13–336.

GARLEFF, K. (1968):
Geomorphologische Untersuchungen an geschlossenen Hohlformen („Kaven") des niedersächsischen Tieflandes. – Göttinger Geogr. Abh. **44**: 142 S.

GARLEFF, K. (1985):
Erläuterungen zur Geomorphologischen Karte 1:100000, GMK 25 Bl. 5, C 4722 Kassel. – Berlin: 74 S.

GARLEFF, K., E. BRUNOTTE u. H. STINGL (1988):
Fußflächen im zentralen Teil der Hessischen Senke. – Berliner Geogr. Abh. **47**: 63–76. Berlin.

GARNIER, M. (1964):
Valeurs normales des températures en France (1921–1950). – Monographies de la Météorologie Nationale. **30**: 48 S. Paris.

GARNIER, M. (1966):
Valeurs normales des hauteurs de précipitation en France. – Monographies de la Météorologie Nationale. **55**: 110 S. Paris.

GARNIER, M. (1967):
Climatologie de la France. Sélection de données statistiques. – Mémorial de la Météorologie Nationale. **50**: 296 S. Paris.

*GELLERT, J. F. (1958):
Grundzüge der Physischen Geographie von Deutschland. 1. Bd. Geologische Struktur und Oberflächengestaltung. – Berlin: 492 S.

GELLERT, J. F. (1962):
Morphogenetische Untersuchungen in den sächsisch-thüringischen Mittelgebirgen. – Geogr. Ber. **7**: 208–214.

GELLERT, J. F. (1990):
Verebnungsflächen und Gebirgsstockwerke als Leithorizonte der regionalen Morphochronologie und Morphotektonik. – Zschr. f. Geomorph. N. F. **34**: 335–353.

GENIESER, K. (1962):
Neue Daten zur Flußgeschichte der Elbe. – Eiszeitalter u. Gegenwart **13**: 141–156.

Geologie am Niederrhein (1988). – 4. neubearb. und erweit. Aufl. Krefeld: 142 S.

GERTH, W. P. (1983):
Zur Nebelhäufigkeit in der Bundesrepublik Deutschland. –
Meteorol. Rdsch. **36**: 249–252.

Gewässerkundliches Jahrbuch der DDR. Abflußjahre 1981–1985. – 1986: Berlin.

*GEYER, O. F., u. M. P. GWINNER (1991):
Geologie von Baden-Württemberg. – 4. Aufl. Stuttgart: 482 S.

GLATTHAAR, D. (1981):
Das Interglazial von Steinfeld-Scherbink. – In: LIEDTKE, H. [Hrsg.]: Beiträge zur Glazialmorphologie und zum periglaziären Formenschatz. Bochumer Geogr. Arb. **40**: 125–129. Paderborn.

GLATTHAAR, D. (1988):
Vertikalbewegungen und ihre Bedeutung für die Formenentwicklung im Westerwald. – Berliner Geogr. Abh. **47**: 93–106. Berlin.

GLATTHAAR, D., u. H. LIEDTKE (1984):
Die tertiäre Reliefentwicklung zwischen Sieg und Lahn. Ein Beitrag zur Entstehung der Oberflächenformen im Rheinischen Schiefergebirge. – Ber. zur dtsch. Landeskunde **58**: 129–146.

GLATTHAAR, D., u. H. LIEDTKE (1986):
Kaltzeitliche abluale Aufschüttungen in der Dümmerniederung. – N. Jb. Geol. Paläontol. Mh. 3: 157–164. Stuttgart.

GOMOLKA, A. (1988):
Die Küstenveränderungen der Insel Ruden seit 1694. –
Peterm. geogr. Mitt. **132**: 17–26.

GÖRT, L. (1984):
Das System pleistozäner Terrassen im Unteren Nahetal zwischen Bingen und Bad Kreuznach. –
Marburger geogr. Schr, **94**: 202 S.

GÖTTLICH, K. (1965–1976):
Moor-Karte von Baden-Württemberg 1 : 50000. Erläuterungen zum Blatt L 7922 Saulgau (1965), L 8122 Weingarten (1967), L 8124 Bad Waldsee (1968), L 8324 Wangen (1971), L 8120 Stockach (1971), L 8320 Konstanz (1972), L 7924 Biberach (1972), L 8318 Singen (1975), L 8322 Friedrichshafen (1976).

GÖTTLICH, K. [Hrsg.](1980):
Moor- und Torfkunde. – 2. Aufl. Stuttgart: 338 S.

GÖTTLICH, K., u. H. KUNTZE (1976):
Moorkultivierung, Nutzung und Verwendung in Land- und Forstwirtschaft. – In: GÖTTLICH, K.: Moor- und Torfkunde: 169–184.

GRAHMANN, R. (1937):
Erläuterungen zur Geologischen Karte von Sachsen.
Blatt Hirschfelde. – 2. Aufl. 1989.
Dresden: 88 S.

GRAMSCH, B. (1978):
Die Lietzow-Kultur Rügens und ihre Beziehungen zur Ostseegeschichte. –
Peterm. geogr. Mitt. **122**: 155–164.

GRAUL, H. (1943):
Zur Morphologie der Ingolstädter Ausräumungslandschaft – Die Entwicklung des unteren Lechlaufes und des Donaumoosbeckens.
– Forsch. z. dtsch. Landeskunde **43**: 114 S.

GREGOR, H.-J. (1989):
Vorläufige Mitteilung über makrofloristische Untersuchungen an Sedimenten des Talverschüttungsprofils Alzenau i. Ufr. – Jber. wetterauische Ges. Naturkde. **140–141**: 109–120.

GREGOR, H. J., M. HOTTENROTT, E. KNOBLOCH u. E. PLANDEROVA (1989): Neue mega- und mikrofloristische Untersuchungen in der jungtertiären Molasse Bayerns. – Geologica Bavarica **94**: 281–369.

GRIPP, K. (1924): Über die äußerste Grenze der letzten Vereisung in Nordwest-Deutschland. – Mitt. Geogr. Ges. Hamburg **36**: 159–245.

GRIPP, K. (1964): Die Erdgeschichte von Schleswig-Holstein. – Neumünster: 411 S.

GROSSE-BRAUCKMANN, G. (1962): Moorstratigraphische Untersuchungen im Niederwesergebiet. Über Moorbildungen am Geestrand und ihre Torfe. – Veröff. Geobotan. Inst. Rübel (Firbas-Festschr.) **37**: 100–119.

GWINNER, R. (1945): Die Grundwasserverhältnisse an der Unterweser. – Veröff. Provinzial-Inst. f. Landesplanung u. niedersächs. Landesforschung, Reihe A, **I/25**: 112 S. u. 19 Tafeln.

HAASE, G. (1989): Das sächsische Lößgefilde. Exkursionsmaterial zur Exkursion D1/D2 in der DDR. – Inst. f. Geogr. und Geoökol. Leipzig: 79–93.

HAASE, G., I. LIEBEROTH u. R. RUSKE (1970): Sedimente und Paläoböden im Lößgebiet. – Peterm. geogr. Mitt., Erg.-H. **274**: 99–212. Gotha.

HAASE, G., u. R. SCHMIDT (1975): Struktur und Gliederung der Bodendecke der DDR. – Peterm. geogr. Mitt. **119**: 279–300.

HAASE, G., u. R. SCHMIDT (1985): Konzeption und Inhalt der Karte „Böden" 1:750000 im „Atlas DDR". – Peterm. geogr. Mitt. **129**: 199–204.

*HABBE, K. A. (1989): Die pleistozänen Vergletscherungen des süddeutschen Alpenvorlandes – Ein Resümee. – Mitt. d. Geogr. Ges. München **74**: 27–51.

HABBE, K. A. (1991): Permafrost in hochletztkaltzeitlichen Sedimenten – und was daraus folgt. – Quartär **41/42**: 7–18.

*HAEFKE, F. (1959): Physische Geographie Deutschlands. – Berlin: 357 S.

HAEUPLER, H., u. P. SCHÖNFELDER (1988): Atlas der Farn- und Blütenpflanzen der Bundesrepublik Deutschland. – Stuttgart: 768 S.

HAGEDORN, J. (1964): Geomorphologie des Uelzener Beckens. – Göttinger Geogr. Abh. **31**: 200 S.

HALFMANN, J. (1986): Vegetationskundliche Untersuchungen an der Graburg (Nord-Hessen) als Grundlage für Pflege- und Erhaltungsmaßnahmen zur Sicherung von Pflanzengesellschaften und Biotopen. – Berliner Geogr. Abh. **41**: 59–105. Berlin.

HAMM, J. M. (1969): Untersuchungen zum Stadtklima von Stuttgart. – Tübinger Geogr. Stud. **29**: 150 S.

Handbuch der Naturschutzgebiete der Deutschen Demokratischen Republik. – Bd. 1–5 (1980–1986). – Leipzig, Jena, Berlin.

HANTKE, R. (1968): Die Diffluenz des würmzeitlichen Rheingletschers bei Sargans (Kanton St. Gallen) und die spätglazialen Gletscherstände in der Walensee-Talung und im Rheintal. – Eiszeitalter u. Gegenwart **19**: 219–226.

HANTKE, R. (1978): Eiszeitalter. – Bd 1. Thun: 468 S.

HANTKE, R. (1987): Zur jungtertiären Geschichte des Alpen-Rheintals. – Mitt. Österr. Geolog. Ges. **80**: 207–228.

HARTMANN, F. K. (1974): Mitteleuropäische Wälder. – Stuttgart: 214 S.

HASEL, K. (1985): Forstgeschichte. – Pareys Studientexte **48**. Hamburg, Berlin: 258 S.

HASSENPFLUG, W. (1988): Polygonmuster auf der Schleswiger Geest. – Geogr. Rdsch. **40**: 27–32.

HAUNER, U. (1980): Untersuchungen zur klimagesteuerten tertiären und quartären Morphogenese des Inneren Bayerischen Waldes (Rachel-Lusen) unter besonderer Berücksichtigung pleistozän kaltzeitlicher Formen und Ablagerungen. – Regensburger geogr. Schr. **14**: 197 S.

HAVLIK, D. (1970):
Inversionswetterlagen im südlichen Oberrheingebiet. – Meteorol. Rdsch. **23**: 129–134.

HAVLIK, D. (1990):
Klima [der Bundesrepublik Deutschland]. – In: TIETZE, W., u. a. [Hrsg.]: Geographie Deutschlands/Bundesrepublik Deutschland. – Berlin, Stuttgart: 231–268.

HEIM, A. (1931):
Geologie des Rheinfalls. – Mitt. Naturforsch. Ges. Schaffhausen **10**: 1–70.

HEINDL, J. (1985):
Erläuterungen zur Geomorphologischen Karte 1:25000, GMK 25 Bl. 19, 6137 Kemnath. – Berlin: 61 S.

HELBIG (KLEBER), G. (1986):
Beiträge zur Untersuchung rezenter Klimaänderungen im Gebiet der DDR. – Math.-Nat. Diss. Humboldt-Univ. Berlin.

HEMPEL, L. (1985):
Erläuterungen zur Geomorphologischen Karte 1:100000, GMK 100 Blatt 4, C 2310/C 2314, Esens/Langen. – Berlin: 87 S.

HEMPEL, L. (1988):
Rezente und fossile Mesoformen der Abtragung und Aufschüttung in Ausräumen von Schichtkammlandschaften im Teutoburger Wald. – Berliner Geogr. Abh. **47**: 37–47.

HEMPEL, W. (1982):
Ursprüngliche und potentielle natürliche Vegetation in Sachsen – eine Analyse der Entwicklung von Landschaft und Waldvegetation. – Diss. B. Techn. Univ. Dresden.

*HENDL, M. (1966):
Grundriß einer Klimakunde der deutschen Landschaften. – Leipzig: 95 S.

*HENDL, M. (1991):
Das Klima.
– In: BRAMER, H., M. HENDL u. a.: Physische Geographie : Mecklenburg-Vorpommern, Brandenburg, Sachsen-Anhalt, Sachsen, Thüringen. – Gotha: 14–115.

HENNING, I., u. D. HENNING (1977):
Klimatologische Wasserbilanz von Deutschland. – Annalen d. Meteorol. **12**: 119–123. Offenbach.

HENNING, I., u. D. HENNING (1984):
Die klimatische Wasserbilanz der Kontinente. – Münstersche Geogr. Arb. **19**: 83 S., 36 Karten u. 29 Tafeln. Paderborn.

HERZ, K., u. G. ANDREAS (1966):
Untersuchungen zur Morphologie der periglazialen Auftauschicht im Kongsfjordgebiet (Westspitzbergen). – Peterm. geogr. Mitt. **110**: 190–198.

HESEMANN, J. (1969):
Das Münsterland als pliozäne Erosionslandschaft. – N. Jb. Geol. u. Paläont. Mh.: 530–534.

HESS, P., u. H. BREZOWSKY (1977):
Katalog der Großwetterlagen Europas. – 3. verbess. Aufl. Ber. d. Dtsch. Wetterdienstes **113**: 14 S. u. 54 S. Anhang. Offenbach.

HÖFLE, H. C., J. MERKT u. H. MÜLLER (1985):
Die Ausbreitung des Eem-Meeres in Nordwestdeutschland. – Eiszeitalter u. Gegenwart **35**: 49–59.

HOFMANN, F. (1957a):
Untersuchungen in der subalpinen und mittelländischen Molasse der Ostschweiz. – Eclogae Geolog. Helvet. **50**: 289–322.

HOFMANN, F. (1957b):
Pliozäne Schotter und Talsande auf dem Tannenberg NW St. Gallen. – Ecologae Geolog. Helvet. **50**: 477–482.

HOFMANN, F. (1989):
Geologie des Rheinfalls (Exkursion B, Teil 1, am 28. März 1989). – Jahresber. Mitt. Oberrhein. Geolog. Verein **71**: 27–33.

HOINKA, K. P. (1985):
On fronts in Central Europe. – Beitr. zur Physik d. Atmosphäre **58**: 560–571.

HOMEIER, H. (1969):
Der Gestaltwandel der ostfriesischen Küste im Laufe der Jahrhunderte. Ein Jahrtausend ostfriesischer Deichgeschichte. – Ostfriesland im Schutz des Deiches **2**: 1–75.

HÖSCHELE, K., u. M. KALB (1988):
Das Klima ausgewählter Orte der Bundesrepublik Deutschland/Karlsruhe. – Ber. d. Dtsch. Wetterdienstes **174**: 228 S. Offenbach.

HÖVERMANN, J. (1954):
Die Periglazial-Erscheinungen im Tegernseegebiet. – Göttinger Geogr. Abh. **15**: 1–35.

HUPFER, P. (1978):
Die Ostsee – kleines Meer mit großen Problemen. – Leipzig: 152 S.

HURTIG, TH. (1954):
Die mecklenburgische Boddenlandschaft und ihre entwicklungsgeschichtlichen Probleme. – Neuere Arbeiten zur mecklenburgischen Küstenforschung **1**: 148 S. Berlin.

HÜSER, K. (1988):
Grundgebirge, Bruchschollenzone und Juratafel in Oberfranken. –
In: HÜSER, K., u. H. STINGL [Hrsg.]:
15. Tagung dtsch. Arbeitskr. Geomorph. Exkursionsführer: 5–11.

HÜTTER, M. (1992):
Der ökosystemare Stoffhaushalt unter dem Einfluß des Menschen – dargestellt am Beispiel der geoökologischen Kartierung des Blattes Bad Iburg 1:25000. Diss. Bochum. [Veröff. vorgesehen].

Hydrographisches Jahrbuch von Österreich 1986. **94**. Bd. Wien 1991.

Hydrometeorologický Ústav (1961):
Podnebí ČSSR. Tabulky. –
Praha.

ILLIES, H., & K. FUCHS (1983):
Plateau-Uplift of the Rhenish Massif – Introductory Remarks. – Plateau Uplift: 1–8. Berlin.

JÄGER, K.-D., u. A. BERNHARDT (1987):
Etappen und Tendenzen in der Entwicklung der Wechselbeziehungen zwischen Gesellschaft und Umwelt vom Neolithikum bis zur Gegenwart. – Zschr. f. Geolog. Wiss. **15**: 213–224. Berlin.

JÄGER, U. (1977):
Häufigkeitsstatistische Bearbeitung der Schneedeckenverhältnisse für ausgewählte Stationen auf dem Gebiet der DDR. – Dipl.-Arb., Humboldt-Univ. (Sektion Geogr.), Berlin.

JANKE, W., u. H. KLIEWE (1990):
Genese und Sedimentabfolge einiger ausgewählter Bodden. – Wiss. Zschr. Univ. Greifswald, Math.-Nat. R. **39**: 7–11.

JANUS, U. (1988):
Löß der südlichen Niederrheinischen Bucht. – Kölner Geogr. Arb. **49**: 174 S.

JERZ, H. (1987):
Erläuterungen zum Blatt 8034 Starnberg Süd. – Geolog. Karte von Bayern 1:25000, hrsg. v. Bayer. Geolog. Landesamt. München.

JERZ, H., u. G. DOPPLER (1990):
Paläoböden in Bayerisch Schwaben. Programm und Exkursionsführer. –
9. Tagung des Arbeitskreises „Paläoböden" der Deutschen Bodenkundlichen Gesellschaft vom 24. 5. bis 26. 5. 1990 in Günzburg. München.

JERZ, H., u. R. WAGNER (1978):
Erläuterungen zum Blatt 7927 Amendingen. – Geolog. Karte von Bayern 1:25000, hrsg. v. Bayer. Geolog. Landesamt. München.

JESCHKE, L. (1983):
Landeskulturelle Probleme des Salzgraslandes an der Küste. – Naturschutzarb. in Mecklenburg **26**: 5–10.

JUILLARD, E. (1954):
L'enneigement dans les Vosges et dans la plaine d'Alsace. –
Annales de l'Inst. de Physique du Globe, Univ. de Strasbourg. Nouv. Série. Tom **7**, Partie 3: 3–21.

JUNGE, H. (1987):
Reliefgenerationen und Petrovarianz im Norden der Eifeler Nord-Süd-Zone. – Kölner Geogr. Arb. **46**: 244 S.

JUVIGNÉ, E., u. G. SEIDENSCHWANN (1989):
Das Talverschüttungsprofil in Alzenau i. Ufr. (Ziegelei Zeller) – eine Typlokalität frühmittel-pleistozäner Tephren. – Jber. wetterauische Ges. Naturkde. **140–141**: 143–172.

KALB, M., u. H. SCHMIDT (1977):
Das Klima ausgewählter Orte der Bundesrepublik Deutschland/Hannover. – Ber. d. Dtsch. Wetterdienstes **143**: 273 S. Offenbach.

*KANNENBERG, E. G. (1951):
Die Steilufer der schleswig-holsteinischen Ostseeküste. Kieler Geogr. Schr. **14**: 1–103.

KARRASCH, H. (1970):
Das Phänomen der klimabedingten Reliefasymmetrie in Mitteleuropa. – Göttinger Geogr. Arb. **56**: 299 S.

KARTE, J. (1979):
Räumliche Abgrenzung und regionale Differenzierung des Periglaziärs. – Bochumer Geogr. Arb. **35**: 211 S. Paderborn.

KAULE, G. (1974):
Die Übergangs- und Hochmoore Süddeutschlands und der Vogesen. Diss. Botanicae **27**: 345 S. Lehre.

KELLER, O. (1988):
Ältere spätwürmzeitliche Gletschervorstöße und Zerfall des Eisstromnetzes in den nördlichen Rhein-Alpen (Weißbad-Stadium/Bühl-Stadium). – 2 Bände. Physische Geographie **27**. Zürich.

*KELLER, R. [Hrsg.] (1978):
Hydrologischer Atlas der Bundesrepublik Deutschland. – Boppard.

KELLER, R., u. H. LEHN (1978):
Das Rheindelta im Bodensee. – In: KELLER, R. [Hrsg.]: Hydrologischer Atlas der Bundesrepublik Deutschland. – Karten und Erläuterungen, Blatt 51.

KLEBER, A. (1987):
Die jungtertiäre und ältestquartäre Entwicklung von Flächen und Tälern im nördlichen Vorland der Südlichen Frankenalb. – Bayreuther geowiss. Arb. **10**: 106 S.

KLEBER, A. (1989):
Junge Tektonik im oberen Rotmain-Tal. – Bayreuther geowiss. Arb. **14**: 185–190.

KLEBER, A., H. STINGL u. H. VEIT (1988):
Quartäre Talentwicklung in der Bruchschollenzone um Bayreuth. – In: HÜSER, K., u. H. STINGL [Hrsg.]: 15. Tagung dtsch. Arbeitskr. Geomorph. in Bayreuth, Exkursionsführer Oberfranken: 37–64.

*KLIEWE, H. (1960):
Die Insel Usedom in ihrer spät- und nacheiszeitlichen Formenentwicklung. – Berlin. (Neuere Arbeiten zur mecklenburgischen Küstenforschung, Bd. **5**: 277 S.).

KLIEWE, H. (1975):
Spätglaziale Marginalzonen auf der Insel Rügen. Untersuchungsergebnisse und Anwendungsbereiche. –
Peterm. geogr. Mitt. **119**: 261–269.

KLIEWE, H., u. W. JANKE (1982):
Der holozäne Wasserspiegelanstieg der Ostsee im nordöstlichen Küstengebiet der DDR. – Peterm. geogr. Mitt. **126**: 65–74.

KLIEWE, H., u. W. JANKE (1991):
Holozäner Küstenausgleich im südlichen Ostseegebiet bei besonderer Berücksichtigung der Boddenausgleichsküste Vorpommerns. – Peterm. geogr. Mitt. **135**: 1–15.

KLINK, H.-J. (1992):
Der Wandel der nordwestdeutschen Heidelandschaft aus geoökologischer Sicht. – Mater. z. Didakt. d. Geogr. **15**: 183–197. (Geographie und ihre Didaktik, Festschr. f. WALTER SPERLING). Trier.

KLINK, H.-J., & H. LIEDTKE [Eds.] (1984):
Physical geography in the Federal Republic of Germany. – Paderborn: 93 pp. (Bochumer geogr. Arb. **44**).

KLOCKMANN. F. (1884):
Die südliche Verbreitungsgrenze des Oberen Geschiebemergels und deren Beziehung zu dem Vorkommen der Seen und des Lösses in Norddeutschland. – Jb. d. Kgl. Preuss. geol. Landesanstalt u. Bergakademie f. d. Jahr 1883: 238–266. Berlin.

KLOSTERMANN, J. (1985):
Versuch einer Neugliederung des späten Elster- und des Saale-Glazials der Niederrheinischen Bucht. – Geol. Jb. **A 83**: 42 S. Hannover.

KLUG, H. (1973):
Neuere Forschungen zur Küstenentwicklung im südwestlichen Ostseeraum. – In: CAU [Hrsg.]: Kieler Universitätstage – Skandinavien und der Ostseeraum: 102–126.

KLUG, H., u. R. LANG (1985):
Geomorphologische Detailkartierung – Beispiel Südöstliche Frankenalb. – Regensburger geogr. Schr. **19/20**: 163–181.

KLUG, H., H. STERR u. D. BOEDECKER (1988):
Entstehung und rezente Morphodynamik der Küstenlandschaft von Flensburg bis Kiel. – Geogr. Rdsch. **40** (H. 5): 6–15.

KOCH, H. G. (1952):
Landregen- und Gewitterniederschläge in Abhängigkeit vom Gelände. – Urania **15**: 178–187.

KOCH, H. G. (1953):
Wetterheimatkunde von Thüringen. – Jena: 190 S.

KOHL, H. (1977):
Kremsmünster, eine Schlüsselstelle für die Eiszeitforschung im Nördlichen Alpenvorland. – Jahresber. Öffentl. Gymnasium der Benediktiner Kremsmünster **120**: 245–254.

KOHL, H. (1986):
Pleistocene Glaciations in Austria. – In: ŠIBRAVA, V., D. Q. BOWEN & G. M. RICHMOND [Eds.]: Quaternary Glaciations in the Northern Hemisphere. Quaternary Science Reviews **5**: 421–427.

KOLP, O. (1957):
Die Nordöstliche Heide Mecklenburgs. – Berlin: 282 S.

KOLP, O. (1979):
Eustatische und isostatische Veränderungen des südlichen Ostseeraumes im Holozän. – Peterm. geogr. Mitt. **123**: 177–187.

KOLP, O. (1982):
Entwicklung und Chronologie des Vor- und Neudarßes. – Peterm. geogr. Mitt. **126**: 85–94.

KOLP, O. (1983):
Die schrittweise Verlagerung der Odermündung von der Bornholmmulde bis in die Oderbucht infolge holozäner Wasserstandsänderungen im südlichen Ostseeraum. – Peterm. geogr. Mitt. **127**: 73–87.

KOLP, O. (1986):
Entwicklungsphasen des Ancylus-Sees. – Peterm. geogr. Mitt. **130**: 79–94.

Koninklijk Nederlands Meteorologisch Instituut (1983): Klimatologische gegevens van Nederlandse stations. No. **10**. Normalen en standaardafwijkingen voor het tijdvak 1951–1980. De Bilt: 118 S.

KOPP, D. (1965):
Die periglaziale Deckzone (Geschiebedecksand) im nordostdeutschen Tiefland und ihre bodenkundliche Bedeutung. – Ber. geol. Ges. DDR **10**: 739–771. Berlin.

KOPP, E. (1965):
Über Vorkommen „degradierter Steppenböden" in den Lößgebieten des Niederrheins und Westfalens und ihre Bedeutung für die Paläobodenkunde und Bodengenese. – Eiszeitalter u. Gegenwart **16**: 97–112.

KOREVAAR, C. G. (1987):
Climatological data of the Netherlands light vessels over the period 1949–1980. – Wetensch. Rapporten W. R. **87–9**. Konink. Nederl. Meteorol. Inst., De Bilt: 196 S.

KOSACK, B., u. W. LANGE (1985):
Das Eem-Vorkommen von Offenbüttel-Schnittlohe und die Ausbreitung des Eem-Meeres zwischen Nord- und Ostsee. – Geol. Jb. **A 86**: 3–17. Hannover.

KRAMM, E., u. H.-M. MÜLLER (1978):
Weichselzeitliche Torfe aus den Ems-Terrassen bei Münster (Westf.). – Eiszeitalter u. Gegenwart **28**: 39–44.

KRAPF, PH. (1901):
Die Geschichte des Rheins zwischen Bodensee und Ragaz. – Schriften Verein Gesch. des Bodensees **30**: 119–222.

KRAUSE, A., u. L. SCHRÖDER (1979):
Vegetationskarte der Bundesrepublik Deutschland 1 : 200000 – Potentielle natürliche Vegetation – Blatt CC 3118 Hamburg West. – Schriftenreihe f. Vegetationskunde **14**: 137 S. Bonn-Bad Godesberg.

KREEB, K. H. (1983):
Vegetationskunde. – UTB Große Reihe, Stuttgart: 331 S.

KRUTZSCH, W. (1988):
Kritische Bemerkungen zur Palynologie und zur klimastratigraphischen Gliederung des Pliozäns bis tieferen Altpleistozäns in Süd-, Südwest-, Nordwest- und pro parte Mitteleuropa sowie der Lage der Pliozän/Pleistozän-Grenze in diesem Gebiet. – Quartärpaläontologie **7**: 7–51.

KUBINIOK, J. (1988):
Kristallinvergrusung an Beispielen aus Südostaustralien und deutschen Mittelgebirgen. – Kölner geogr. Arb. **48**: 178 S.

KUGLER, H., u. H. NEUMEISTER (1971):
Zur Charakteristik und Reliefentwicklung einiger Mittelgebirge in der DDR. – Peterm. geogr. Mitt. **115**: 161–171.

KUHN, O. (1964):
Geologie von Bayern. – 3. Aufl. München: 165 S.

KUNTZE, H., G. ROESCHMANN u. G. SCHWERDTFEGER (1988):
Bodenkunde. – 4. Aufl. Stuttgart: 568 S.

KUPFAHL, H. G., u. W. ANDRES (1983):
Die geologische und geomorphologische Entwicklung des Burgwaldes. – Allgem. Forst-Z. **35**: 876–879. München.

KURZ, R. W. (1988):
Untersuchungen zur ältest- bis mittelpleistozänen Terrassen- und Sedimententwicklung im Mittelmaintal. – Würzburger geogr. Arb. **72**: 238 S.

LADE, U. (1980):
Quartärmorphologische und geologische Untersuchungen in der Bremervörder-Wesermünder Geest. – Würzburger Geogr. Arb. **50**: 173 S.

Lampe, R. (1990):
Die Boddengewässer der DDR. – Wiss. Beitr. d. Univ. Greifswald, Greifswalder Geogr. Arb. **8**: 83–88.

Lang, A. W. (1970):
Untersuchungen zur morphologischen Entwicklung des südlichen Elbe-Ästuars von 1560 bis 1960. – Hamburger Küstenforsch. **12**: 195 S., 8 Karten, 35 Tafeln.

Lange, E. (1976):
Zur Entwicklung der natürlichen und anthropogenen Vegetation II: Naturnahe Vegetation. – Feddes Repertorium **87/6**: 367–442.

Langhammer, H.-A., u. K. Brunnacker (1986):
Das Quartär im Nürnberger Becken. – Geol. Bavarica **89**: 229–234.

Lehmeier, F. (1988):
Zum Formenschatz der Schichtkammlandschaft im Niedersächsischen Bergland (insbesondere im Ith-Hils-Bergland). – Berliner Geogr. Abh. **47**: 49–61.

Leser, H. (1985):
Erläuterungen zur Geomorphologischen Karte 1:100000. GMK 100 Bl 2, C 8310 Freiburg-Süd. – Berlin: 94 S.

Leser, H. (1988):
Schichtstufen und Talrandstufen in Südwestdeutschland. – Berliner geogr. Abh. **47**: 129–147.

Leser, H., u. B. Metz (1988):
Vergletscherungen im Hochschwarzwald. – Berliner geogr. Abh. **47**: 155–175.

*Lieberoth, I. (1982):
Bodenkunde. – Berlin: 492 S.

Liebscher, H. J., u. R. Keller (1979):
Abfluß. – In: Keller, R. [Hrsg.]: Hydrologischer Atlas der Bundesrepublik Deutschland. – Textband: 90–159.

Liedtke, H. (1960):
Geologischer Aufbau und geomorphologische Gestaltung im Fläming. – Ber. z. dtsch. Landeskunde **26**: 45–81.

*Liedtke, H. (1981a):
Die nordischen Vereisungen in Mitteleuropa. Erläuterungen zu einer farbigen Übersichtskarte im Maßstab 1:1000000. – Forsch. z. dtsch. Landeskd. **204**: 307 S. 2. erweit. Aufl. Trier.

Liedtke, H. (1981b):
Glaziale Rinnen und glaziale Tiefrinnen. – Bochumer Geogr. Arb. **40**: 7–19. Paderborn.

Liedtke, H. (1981c):
Die Entstehung des Dümmers. – Bochumer Geogr. Arb. **40**: 115–119. Paderborn.

Liedtke, H. (1983):
Periglacial slopewash and sedimentation in Northwestern Germany during the Würm (Weichsel-) Glaciation. – Permafrost, 4th Intern. Conf. Fairbanks, Proceedings, Washington: 715–718. [dtsch. Fassung: Liedtke, H. (1990): Eiszeitforschung. – Darmstadt: 261–269].

Liedtke, H. (1988):
Naturräume der Bundesrepublik Deutschland und ihr Naturraumpotential. – Geogr. Rdsch. **40** (H. 1): 12–19.

Liedtke, H. (1989a):
From the Alps to the Sea. – In: Bremer, H., H. Liedtke u. H. Späth: Geomorphology in Germany. – Geoöko-Forum **1**: 88 S.

Liedtke, H. (1989b):
The landforms in the north of the Federal Republic of Germany and their development. – Catena Suppl. **15**: 11–24. Cremlingen.

Liedtke, H. [Hrsg.] (1990):
Eiszeitforschung. – Darmstadt: 354 S.

Liedtke, H. (1993):
Phasen periglaziär-geomorphologischer Prägung während der Weichseleiszeit im norddeutschen Tiefland. – Zschr. f. Geomorph. N. F. Suppl. Bd. **93**: 69–94.

Lippolt, H. J., U. Fuhrmann u. H. Hradetzky (1986):
40Ar/39Ar age determinations on sanidines of the Eifel volcanic field: Constraints on age and duration of a Middle Pleistocene cold period. – Chemic Geol. **59**: 187–204.

Lösche, M. (1938):
Die Talungleichseitigkeit im Erzgebirgsbecken. – Geogr. Anz. **39**: 78–81.

Löscher, M. (1976):
Die präwürmzeitlichen Schotterablagerungen in der nördlichen Iller-Lech-Platte. – Heidelberger Geogr. Arb. **45**: 157 S.

Löscher, M. (1988):
Stratigraphische Interpretation der jungpleistozänen Sedimente in der Oberrheinebene zwischen Bruchsal und Worms. –

In: KÖNIGSWALD, W. [Hrsg.]: Zur Paläoklimatologie des letzten Interglazials in der Oberrheinebene: 79–104. Stuttgart u. New York.

LOUIS, H. (1984):
Zur Reliefentwicklung der Oberpfalz. – Relief, Boden, Paläoklima **3**: 1–66. Berlin u. Stuttgart.

LÜDERS, K., u. G. LUCK (1976):
Kleines Küstenlexikon. 3. Aufl. Hildesheim: 240 S.

LÜTTIG, G. (1962):
Das Braunkohlenbecken von Bornhausen am Harz. – Geolog. Jahrb. **79**: 565–662.

LÜTTIG, G. (1968):
Möglichkeiten der Endmoränenverknüpfung im Gebiet zwischen Aller und Elbe. – Mitt. a. d. geol. Inst. d. TH Hannover **8**: 66–73.

LÜTTIG, G., u. K.-D. MEYER (1974):
Geological history of the river Elbe, mainly of its lower course. – Centenaire de la Société Géologique de Belgique, Liège 1974, S. 1–19.

MAEDE, H. (1951):
Strömungsdivergenz als Ursache für die Niederschlagsarmut der südlichen Ostseeküste. – Zschr. f. Meteorol. **5**: 26–30.

MÄLZER, H., G. HEIN & K. ZIPPELT (1983):
Height Changes in the Rhenish Massif: Determination and Analysis. – Plateau Uplift: 164–176. Berlin.

MANGELSDORF, J. (1977):
Der Deltaschuttkegel der Tiroler Ache. – In: GANSS, O.: Erläuterungen zum Blatt 8140 Prien a. Chiemsee und zum Blatt 8141 Traunstein. Geolog. Karte von Bayern 1:25000, hrsg. v. Bayer. Geolog. Landesamt: 269–273.

MARCINEK, J. (1961):
Über die Entwicklung des Baruther Urstromtales zwischen Neiße und Fiener Bruch. – Wiss Zschr. d. Humboldt-Univ. zu Berlin, Math.-Nat.R. **10**: 13–46.

MARCINEK, J. (1967):
Über das Abflußverhalten mitteleuropäischer Flüsse. – Wiss. Zschr. Humboldt-Univ. Berlin, Math.-Nat.R. **16**: 351–358.

MARCINEK, J. (1975):
Zur Entwicklung des Gewässernetzes im Raum der Deutschen Demokratischen Republik. – Geogr. Ber. **20**: 192–214.

MARCINEK, J. (1977):
Die Erde im Eiszeitalter. – Gotha, Leipzig: 120 S.

MARCINEK, J. (1978):
Phasen der Gewässernetz- und Reliefentwicklung im Jungmoränengebiet der DDR. – Wiss. Zschr. Univ. Greifswald, Math.-Nat. R. **27**: 63–64.

MARCINEK, J. (1984):
Gletscher der Erde. – Leipzig: 214 S.

MARCINEK, J. (1991):
Gewässer und Wasserhaushalt. – In: BRAMER, H., M. HENDL, J. MARCINEK, K. RUCHHOLZ u. S. SLOBODDA (1991): Physische Geographie Mecklenburg-Vorpommern, Brandenburg, Sachsen-Anhalt, Sachsen, Thüringen. Gotha: 221–273, 369–443.

*MARCINEK, J., u. B. NITZ (1973):
Das Tiefland der Deutschen Demokratischen Republik. – Gotha, Leipzig: 288 S.

*MARCINEK, J., u. E. ROSENKRANZ (1990):
Wasser der Erde. – Thun, Frankfurt/M.: 318 S.

MAYER, H. (1974):
Wälder des Ostalpenraumes. – Stuttgart: 344 S.

*MAYER, H. (1986):
Europäische Wälder. – UTB 1386, Stuttgart, New York: 385 S.

MENKE, B. (1968):
Ein Beitrag zur pflanzensoziologischen Auswertung von Pollendiagrammen, zur Kenntnis früherer Pflanzengesellschaften in den Marschenrandgebieten der schleswig-holsteinischen Westküste und zur Anwendung auf die Frage der Küstenentwicklung. – Mitt. Florist.-Soziolog. Arb.-Gem. N. F. **13**: 195–224.

MENKE, B. (1988):
Die holozäne Nordseetransgression im Küstenbereich der südöstlichen Deutschen Bucht. – Offa-Bücher **66**: 117–137.

MERTES & SCHMINCKE (1983):
Age distribution of Quaternary volcanoes in the West Eifel Volcanic Field. – N. Jb. Geol. Palaeontol. Abh. 1966: 260–293.

Meteorologischer Dienst der DDR (1978): Klimatologische Normalwerte für das Gebiet der DDR (1901–1950). Lief. 1–3. – Berlin.

Meteorologischer Dienst der DDR (1983): Klimadaten der DDR. Wind. – Reihe B. Bd. **4**: 464 S. Potsdam.

Meteorologischer Dienst der DDR (1987): Klimadaten der DDR. Klimatologische Normalwerte 1951–1980. – Reihe B. Bd. **14**: 111 S. Potsdam.

MEYER, A., u. H. SCHIRMER (1985): Mittlere Lufttemperaturen für Monate und Jahr. – In: Dtsch. Wetterdienst [Hrsg.]: Das Klima der Bundesrepublik Deutschland. Lief. 3: 24 S. u. 26 Karten. Offenbach.

MEYER, H.-H. (1984): Jungdünen und Wehsande aus historischer Zeit im Gebiet nördlich des Dümmers. – Oldenburger Jb. **84**: 403–436.

MEYER, K.-D. (1965): Das Quartärprofil am Steilufer der Elbe bei Lauenburg. – Eiszeitalter u. Gegenwart **16**: 47–60.

MEYER, K.-D. (1987): Ground and end moraines in Lower Saxony. – In: VAN DER MEER, J. J. M. [Ed.]: Tills and Glacitectonics. – Rotterdam: 197–204.

MEYER, W. (1988): Geologie der Eifel. – 2. Aufl. Stuttgart: 614 S.

MIBUS, H. P. (1975): Beitrag zur Kenntnis der Geologie des Elbsandsteingebirges. – Abh. Staatl. Mus. Min. Geol. **22**: 1–121.

MIESS, M. (1968): Vergleichende Darstellung von meteorologischen Meßergebnissen und Wärmehaushaltsuntersuchungen an drei unterschiedlichen Standorten in Norddeutschland. – Ber. d. Inst. f. Meteorol. u. Klimatol. d. Techn. Univ. Hannover **2**: 216 S.

MISTEREK, D. (1987): Innerstädtische Klimadifferenzierung von Marburg/Lahn. – Marburger Geogr. Schr. **106**: 141 S.

MOLLWO, H. (1958): Klimawerte von Frankfurt/Main 1857–1956. – Ber. d. Dtsch. Wetterdienstes **43**. Offenbach.

MÜCKE, E. (1966): Zur Großformung der Hochfläche des östlichen Harzes. – Hercynia N. F. **3**: 221–244.

*MÜCKENHAUSEN, E. (1975): Bodenkunde und ihre geologischen, geomorphologischen, mineralogischen und pedologischen Grundlagen. – Frankfurt/M.: 579 S.

MÜCKENHAUSEN, E. (1982): Einführung zur Inventur der Paläoböden in der Bundesrepublik Deutschland. – Geol. Jb. Hannover **F 14**: 5–13.

MÜLLER, M., u. H. UNGER (1973): Das Molasserelief im Bereich des würmeiszeitlichen Inn-Vorlandgletschers mit Bemerkungen zur Stratigraphie und Paläogeographie des Pleistozäns. – Geologica Bavarica **69**: 49–88.

MÜLLER, TH., E. OBERDORFER u. G. PHILIPPI (1974): Die potentiell natürliche Vegetation von Baden-Württemberg. – Beih. z. d. Veröff. d. Landesstelle f. Naturschutz u. Landschaftspflege Baden-Württemberg, **6**: 45 S. Ludwigsburg, 1 Karte 1 : 900000. Nachdruck mit Naturräumlicher Gliederung 1992.

MÜLLER-WESTERMEIER, G. (1990): Klimadaten der Bundesrepublik Deutschland. Zeitraum 1951–1980. – Dtsch. Wetterdienst. Offenbach: 22 S. u. 289 S. Tabellen.

NEGENDANK, J. (1983): Cenozoic Deposits of the Eifel-Hunsrück Area along the Mosel River and their Tectonic Implications. – Plateau Uplift: 78–88. Berlin.

NICKE, H. (1983): Reliefgenese des südlichen Bergischen Landes zwischen Wupper und Sieg. – Kölner Geogr. Arb. **43**: 286 S.

NIEDERMEYER, R. O., H. KLIEWE u. W. JANKE (1987): Die Ostseeküste zwischen Boltenhagen und Ahlbeck – Ein geologischer und geomorphologischer Überblick mit Exkursionshinweisen. – Gotha. (Geogr. Bausteine **30**: 164 S.).

NITZ, B. (1965): Windgeschliffene Geschiebe und Steinsohlen zwischen Fläming und Pommerscher Eisrandlage. – Geologie **14**: 686–698.

NITZ, B. (1984): Grundzüge der Beckenentwicklung im mitteleuropäischen Tiefland. – Peterm. geogr. Mitt. **128**: 133–142.

NITZ, B. (1991):
Das Altmoränenland. – In: BRAMER, H., et al. (1991), S. 453–553.

OBENLAND, E. (1956):
Untersuchungen zur Föhnstatistik des Oberallgäus. – Ber. d. Dtsch. Wetterdienstes **23**: 40 S. Offenbach.

OBERDORFER, E. [Hrsg.] (1977–1983):
Süddeutsche Pflanzengesellschaften. – Teil I, II und III. Stuttgart.

OBERDORFER, E. (1990):
Pflanzensoziologische Exkursionsflora. – 6. Aufl. Stuttgart: 1050 S.

OBERDORFER, E. [Hrsg.] (1992):
Süddeutsche Pflanzengesellschaften. – 2. stark bearb. Aufl. Teil IV: Wälder und Gebüsche. Jena, Stuttgart, New York. Bd. 1: 282 S., Bd. 2: 580 S.

OBERDORFER, E., u. TH. MÜLLER (1984):
Zur Systematik artenreicher Buchenwälder, insbesondere im praealpinen Nordsaum der Alpen. – Phytocoenologia **12** (4): 539–562. Stuttgart/Braunschweig.

OLDEMAN, L. R., et al. (1990):
World map of the status of human-induced soil degradation: an explanatory note. – Wageningen: Internat. Soil Reference and Information Centre; Nairobi: United Nations Environment Programme: 27 S.

OVERBECK, F. (1975):
Botanisch-geologische Moorkunde unter besonderer Berücksichtigung Nordwestdeutschlands usw. – Neumünster: 719 S.

PANZIG, W.-A. (1989):
Das geschiebestatistische Normalprofil des Till-Inventars von NO-Rügen. – Wiss. Zschr. Univ. Greifswald, Math.-Nat. R. **38**: 53–63.

PASSARGE, H. (1953):
Waldgesellschaften des mitteldeutschen Trockengebietes. – Arch. Forstwesen **2**: 1–58, 182–208, 340–383, 532–551.

*PASSARGE, H. (1964):
Pflanzengesellschaften des norddeutschen Flachlandes I. –
Pflanzensoziologie **13**: 324 S. Jena.

*PASSARGE, H., u. G. HOFMANN (1968):
Pflanzengesellschaften des Nordostdeutschen Flachlandes II. – Pflanzensoziologie **16**: 288 S. Jena.

PAULUS, B. (1967):
Ergebnisse der Untersuchungsbohrungen Übersee 101, 102 und 103. – In: GANSS, O.: Erläuterungen zur Geologischen Karte von Bayern 1 : 25000 Blatt 8240 Marquartstein, hrsg. v. Bayer. Geolog. Landesamt: 236–248.

PENCK, A. (1882):
Die Vergletscherung der deutschen Alpen. – Leipzig: 483 S.

PENCK, A. (1887):
Das Deutsche Reich. Mit einer Einleitung: Europa im allgemeinen. – Von A. KIRCHHOFF. Wien, Prag u. Leipzig: 115–596.

PENCK, A., u. E. BRÜCKNER (1901–1909):
Die Alpen im Eiszeitalter. – 3 Bände. Leipzig.

PENCK, W. (1924):
Die morphologische Analyse. – Stuttgart: 283 S.

PFEFFER, K.-H. (1986):
Das Karstgebiet der nördlichen Frankenalb zwischen Pegnitz und Vils. – Zschr. Geomorph. Suppl. Bd. **59**: 67–85.

PFEFFER, K.-H. (1984):
Die präquartäre Entwicklung des Reliefs in der westlichen Eifel. – In: 44. Dtsch. Geographentag Münster, 24. bis 28. Mai 1983. Tagungsber. u. wiss. Abh. Stuttgart: 79–83.

PFEIFFER, L. (1978):
Beitrag zur Petrochemie der sächsischen Tertiärvulkanite. – Freiberger Forsch.-H. C **333**: 164 S.

PFEIFFER, L. (1984):
KAr-Datierung von jungen Vulkaniten im Süden der DDR. – Freiberger Forsch.-H. C **389**: 93–97.

PICARD, K. (1970):
Erläuterungen zur Geologischen Karte von Schleswig-Holstein 1 : 25000 (Kartenblätter 1823, 1824, 1923, 1924; Todenbüttel, Holtdorf, Hohenwestedt, Hennstedt). Kiel.

PIETZSCH, K. (1962):
Geologie von Sachsen. – Berlin: 526 S.

PLEISS, H. (1961):
Wetter und Klima des Fichtelberges. – Abh. d. Meteorol. u. Hydrol. Dienstes d. DDR **62**: 323 S. Berlin.

POSER, H., u. TH. MÜLLER (1951):
Studien an den asymmetrischen Tälern des Niederbayerischen Hügellandes. – Nachr. Akad. Wissensch. Göttingen, Mathem.-Physik. Kl., Biolog.-Physiolog.-Chem. Abt. **1**: 1–32.

POSTMA, H. (1982):
Hydrography of the Wadden Sea. – In: WOLFF, W. J. [Ed.]: Ecology of the Wadden Sea. Bd. 1: S. 2.1–2.75. Rotterdam.

POTT, R. (1985):
Vegetationsgeschichtliche und pflanzensoziologische Untersuchungen zur Niederwaldwirtschaft in Westfalen. – Abh. Westf. Mus. Naturkde. **47** (4): 75 S. Münster.

PRÄGER, F. (1976):
Quartäre Bildungen in Ostsachsen. – Abh. d. Staatl. Museums f. Mineral. u. Geol. zu Dresden **25**: 125–217.

PRANGE, W. (1986):
Die Bedeichungsgeschichte der Marschen in Schleswig-Holstein. – Probl. d. Küstenforschung **16**: 1–53.

PREUSS, H. (1979):
Die holozäne Entwicklung der Nordseeküste im Gebiet der östlichen Wesermarsch. – Geolog. Jahrb. A **53**: 3–84. Hannover.

PREUSS, J. (1983):
Pleistozäne und postpleistozäne Geomorphodynamik an der nordwestlichen Randstufe des Rheinhessischen Tafellandes. – Marburger geogr. Schr. **93**: 175 S.

QUITZOW, H. W. (1959):
Hebung und Senkung am Mittel- und Niederrhein während des Jungtertiärs und Quartärs. – Fortschr. in der Geol. von Rheinld. und Westf. **4**: 389–399. Krefeld.

RAMPE, G., u. H. REINKE (1985):
Großwettertypen im Vergleich der Bezugsperioden 1931–1960 und 1951–1980. – Meteorol. Rdsch. **38**: 181–184.

*RATHJENS, C. (1985):
Erläuterungen zur Geomorphologischen Karte 1:100000. GMK 100 Blatt 3, C 8338 Rosenheim. – Berlin: 69 S.

REHFUESS, K. E. (1990):
Waldböden – Entwicklung, Eigenschaften und Nutzung. – 2. Aufl. Hamburg u. Berlin: 294 S.

Reichsamt für Wetterdienst (1939):
Klimakunde des Deutschen Reiches. – Bd. II. Tabellen: 560 S. Berlin.

REINECK, H. E. (1978):
Die Watten der deutschen Nordseeküste. – Die Küste **32**: 64–82.

REINECK, H. E. (1984):
Aktuogeologie klastischer Sedimente. – Frankfurt a. M.: 348 S.

REINEL, H. (1960):
Die Zugbahnen der Hochdruckgebiete über Europa als klimatologisches Problem. – Erlanger Geogr. Arb. **10**: 73 S.

REINHARD, H. [Hrsg.] (1962):
Atlas der Bezirke Rostock, Schwerin und Neubrandenburg. – Top. Dienst, Schwerin.

REUTER, L. (1925):
Die Verbreitung jurassischer Kalkblöcke aus dem Ries im südbayerischen Diluvialgebiet – Beitrag zur Lösung des Ries-Problems. – Jahresber. Mitteil. Oberrhein. Geolog. Verein **14**: 191–218.

RICHTER, D. (1984[3]):
Allgäuer Alpen. – Sammlung Geologischer Führer **77**. Berlin, Stuttgart: 253 S.

RICHTER, H. (1955):
Beiträge zur morphologischen Untersuchung des Erzgebirges. – Wiss. Zschr. Univ. Leipzig **5**: 543–560.

RICHTER, H. (1963):
Das Vorland des Erzgebirges. Die Landformung während des Tertiärs. – Wiss. Veröff. d. Dtsch. Inst. Länderkunde Leipzig, N. F. **19/20**: 3–231.

RIEMER, K. H. (1971):
Die Verteilung von Gewittertagen, Tagen mit Schnee bzw. Schneeregen und Tagen mit >10,0 mm Niederschlag in Berlin-Dahlem. – Beil. z. Berliner Wetterkarte Nr. 111/71, SO 33/71 vom 30. 06. 1971.

RODI, D. (1975):
Die Vegetation des nordwestlichen Tertiärhügellandes (Oberbayern). – Schriftenr. f. Vegetationskde **8**: 21–78. Bonn-Bad Godesberg.

ROESCHMANN, G., et al. (1986):
Bodenkarte der Bundesrepublik Deutschland 1:1000000. – Bundesanstalt für Geowissenschaften und Rohstoffe, Hannover: 76 S.

RÖGNER, K. (1986):
Genese und Stratigraphie der ältesten Schotter der südlichen Iller-Lech-Platte (Bayerisch-Schwaben). – Eiszeitalter u. Gegenwart **36**: 111–119.

ROHDE, G., u. K. STEINICKE (1981):
Über Zeugen des basischen Tertiärvulkanismus in Tertiärsedimenten. – Zschr. Geol. Wiss. **9**: 1407–1413.

ROHDE, H. (1977):
Sturmfluthöhen und säkularer Wasserstandsanstieg an der deutschen Nordseeküste. – Die Küste **30**: 52–143.

ROHDE, P. (1989):
Elf pleistozäne Sand-Kies-Terrassen der Weser. Erläuterungen eines Gliederungsschemas für das obere Weser-Tal. – Eiszeitalter u. Gegenwart **39**: 42–56. Hannover.

ROHDENBURG, H., u. B. MEYER (1968):
Zur Datierung und Bodengeschichte mitteleuropäischer Oberflächenböden (Schwarzerde, Parabraunerde, Kalksteinbraunlehm): Spätglazial oder Holozän? – Göttinger bodenkdl. Ber. **6**: 127–212.

ROSENKRANZ, E. (1965):
Die Hauptterrasse im Tal der Weißen Elster und ihre Altersstellung. – Wiss. Zschr. Univ. Jena, Math.-Nat. R. **14**: 11–24.

ROSENKRANZ, E. (1978):
Die Reliefgliederung am Ostrande des Thüringer Beckens. – Peterm. geogr. Mitt. **122**: 29–36.

ROSSBY, C. G., & H. C. WILLETT (1948):
The circulation of the upper troposphere and lower stratosphere. – Science **108**: 643–652.

ROTHAUSEN, K., u. V. SONNE (1984):
Mainzer Becken. – Samml. geol. Führer **79**. Berlin, Stuttgart: 203 S.

ROTHKEGEL, W. (1950):
Landwirtschaftliche Schätzungslehre. – Stuttgart: 191 S.

ROUX, L. (1951):
Über den Anteil des Schnees am Gesamtniederschlag im Harz. – Annalen d. Meteorol. **4**: 252–258.

RUNGE, F. (1986):
Die Pflanzengesellschaften Mitteleuropas. – 8./9. Aufl. Münster: 291 S.

SANDNER, G. (1956):
Der Kellerwald und seine Umrahmung. – Marburger Geogr. Schr. 4: 184 S.

*SCAMONI, A. (1960):
Waldgesellschaften und Waldstandorte. – 3. Aufl. Berlin: 326 S.

*SCAMONI, A., et al. (1981):
Natürliche Vegetation (Kartenblatt 12). – In: Atlas Deutsche Demokratische Republik. – Gotha/Leipzig.

SCHAEFER, I. (1966):
Der Talknoten von Donau und Lech. – Mitt. Geogr. Ges. München **51**: 59–111.

SCHAEFER, I. (1968):
Münchener Ebene und Isartal – Ein Beitrag zur Frage ihrer Entstehung. – Mitt. Geogr. Ges. München **53**: 175–203.

SCHAEFER, I. (1978):
Die Gliederung der Münchener Ebene – Eine geomorphologische Analyse. – Mitt. Geogr. Ges. München **63**: 37–67.

SCHAEFER, I. (1981):
Die Glaziale Serie – Gedanken zum Kernstück der alpinen Eiszeitforschung. – Zschr. f. Geomorphol. N. F. **25**: 271–289.

SCHÄFER, P. J. (1982):
Das Klima ausgewählter Orte der Bundesrepublik Deutschland/München. – Ber. d. Dtsch. Wetterdienstes **159**: 256 S. Offenbach.

SCHENK, E. (1975):
Die Fortsetzung des Rheingrabens durch Hessen. – Appr. Taphrogenesis: 286–302.

SCHEUENPFLUG, L. (1970):
Weißjurablöcke und -gerölle der Alb in pleistozänen Schottern der Zusam-Platte (Bayerisch Schwaben). – Geologica Bavarica **63**: 177–194.

SCHEUENPFLUG, L. (1980):
Neue Funde ortsfremder Weißjuragesteine in Horizonten der südbayerischen miozänen Oberen Süßwassermolasse um Augsburg (Ein Beitrag zum Problem der REUTERschen Blöcke). – Jahresber. Mitteil. Oberrhein. Geolog. Verein **62**: 131–142.

SCHEUENPFLUG, L. (1991):
Die frühpleistozäne Augsburger Altwasserscheide am Ostrand der Iller-Lech-Platte (Süddeutsches Alpenvorland, Bayern). – Eiszeitalter u. Gegenwart **41**: 47–55.

SCHILLING, W., u. H. WIEFEL (1962):
Jungpleistozäne Periglazialbildungen und ihre regionale Differenzierung in einigen Teilen Thüringens und des Harzes. – Geologie **11**: 428–460. Berlin.

SCHIRMER, H., u. V. VENT-SCHMIDT (1979): Mittlere Niederschlagshöhen für Monate und Jahr. – In: Dtsch. Wetterdienst [Hrsg.]: Das Klima der Bundesrepublik Deutschland. Lief. 1: 70 S. u. 16 Karten. Offenbach.

SCHIRMER, W. (1981): Holozäne Mainterrassen und ihr pleistozäner Rahmen. (Exkursion G am 25. 4. 1981). – Jber. Mitt. oberrhein. geol. Ver. N. F. **63**: 103–115.

SCHIRMER, W. (1988): Ziegeleigrube Marktheidenfeld. – Deuqua-Exkursion D Mittelmaintal: 5–10. Würzburg.

SCHIRMER, W. (1990a): Stauchmoränen und Aldekerker Platte. – In: SCHIRMER, W. [Hrsg.]: Rheingeschichte zwischen Mosel und Maas. – Dormagen: 153–164.

SCHIRMER, W. (1990b): Der känozoische Werdegang des Exkursionsgebietes. – Deuqua-Führer 1: 9–33. Dormagen.

SCHIRMER, W. (1991): Die tertiäre Flinzterrasse auf der Nördlichen Frankenalb. Sonderveröff. geol. Inst. Köln **82**: 231–243.

SCHLÜCHTER, CHR. (1986): The Quaternary Glaciations of Switzerland, with special reference to the Northern Alpine Foreland. – In: ŠIBRAVA, V., D. Q. BOWEN & G. M. RICHMOND [Eds.]: Quaternary Glaciations in the Northern Hemisphere. – Quaternary Science Reviews **5**: 413–419.

SCHLÜCHTER, CHR., M. MAISCH, J. SUTER, P. FITZE, W. A. KELLER, C. A. BURGA u. E. WINISTORF (1987): Das Schieferkohlen-Profil von Gossau (Kanton Zürich) und seine stratigraphische Stellung innerhalb der letzten Eiszeit. – Vierteljahresschr. Naturforsch. Ges. Zürich **132**: 135–174.

SCHMIDT-KALER, H. (1981): Das Ries. – In: Erläuterungen zur Geologischen Karte von Bayern 1: 500000, hrsg. v. Bayer. Geolog. Landesamt. 3. Aufl. München: 84–86.

SCHMIDT, K. H. (1985): Hydrologische Struktur der Bundesrepublik Deutschland. – Ber. z. Dtsch. Landeskunde **59**: 85–105.

SCHMIDT, R. (1982): Die Struktur der Bodendecke der Grundmoränengebiete der DDR. – Peterm. geogr. Mitt. **126**: 153–170.

SCHMIDT, R. (1991a): Genese und anthropogene Entwicklung der Bodendecke am Beispiel einer typischen Bodencatena des Norddeutschen Tieflandes. – Peterm. geogr. Mitt. **135**: 29–37.

SCHMIDT, R. (1991b): Anthropogene Veränderung und Degradation landwirtschaftlich genutzter Böden in den neuen Bundesländern Deutschlands. – Zschr. f. Kulturtechnik u. Landesentwicklung **32**: 282–290.

SCHMIDT-THOMÉ, P. (1987): Helgoland – Seine Düneninsel, die umgebenden Klippen und Meeresgründe. – Sammlung Geolog. Führer **82**. Berlin, Stuttgart: 111 S.

SCHMINCKE, H. U., V. LORENZ & H. A. SECK (1983): The Quaternary Eifel Volcanic Fields. – Plateau Uplift: 139–151. Berlin.

SCHMITTHENNER, H. (1954): Die Regeln der morphologischen Gestaltung im Schichtstufenland. – Peterm. geogr. Mitt. **98**: 3–10.

SCHOTT, C. (1956): Die Naturlandschaften Schleswig-Holsteins. – Neumünster: 110 S.

SCHRAMM, H. (1965): Untersuchungsergebnisse zur altpleistozänen Flußgeschichte im nördlichen Vorland des Thüringer Waldes. – Wiss. Zschr. Univ. Jena **14**: 25–35.

SCHREINER, A. (1974²): Erläuterungen zur Geologischen Karte des Landkreises Konstanz mit Umgebung 1: 50000. – Hrsg. v. Geolog. Landesamt Baden-Württemberg. Stuttgart.

SCHREINER, A. (1984²): Hegau und Westlicher Bodensee. – Sammlung geolog. Führer **62**. Berlin, Stuttgart: 93 S.

SCHREINER, A., u. R. EBEL (1981): Quartärgeologische Untersuchungen in der Umgebung von Interglazialvorkommen im östlichen Rheingletschergebiet (Baden-Württemberg). – Geolog. Jahrb. **A 59**: 3–64.

SCHRÖDER, B. (1987):
Die Sedimente des Hessenreuther Forstes (NE-Bayern) – eine Richtigstellung. – N. Jb. Geol. Paläont. Mh. 1987: 297–306.

SCHUBERT, R. (1972):
Übersicht über die Pflanzengesellschaften des südlichen Teils der DDR. III. Wälder. – Herzynia, N. F. **9**: 1–34, 106–136, 197–228.

SCHÜEPP, M., G. GENSLER u. M. BOUET (1980):
Schneedecke und Neuschnee. – In: Schweizerische Meteorol. Anst. [Hrsg.]: Klimatologie der Schweiz. Heft **24**. Abschnitt F. Zürich: 63 S.

SCHÜEPP, M., u. H. SCHIRMER (1977):
Climates of Central Europe. – In: WALLEN, C. C. [Ed.]: Climates of Central and Southern Europe. – Amsterdam, Oxford, New York. World Survey of Climatology, vol. **6**: 3–73.

SCHUMACHER, W. (1986):
Untersuchungen zur Sedimentation im Litoral der südwestlichen Ostseeküste – dargestellt am Beispiel des Untersuchungsgebiets Rustwerder (Poel). – Diss. Univ. Greifswald.

SCHWERD, K. (1986):
Geologie des deutschen Staatsgebietes der Blätter 8423 Kressbronn am Bodensee und 8424 Lindau (Bodensee). – Geologica Bavarica **90**: 17–90.

SCULTETUS, H. R. (1971):
Klima und Boden als Standortfaktoren in der Landwirtschaft.
Teil 1: Das Klima Niedersachsens unter besonderer Berücksichtigung des Weser-Ems-Gebietes. – Berlin u. Hamburg. (Aktuelle Fragen des Landbaus **7**: 104 S.).

SEIBERT, P. (1968):
Übersichtskarte der natürlichen Vegetationsgebiete von Bayern 1 : 500000 mit Erläuterungen. – Schriftenr. f. Vegetationskde. **3**: 84 S. Bonn-Bad Godesberg.

SEIDENSCHWANN, G. (1989):
Die pleistozäne Talverschüttung im Kahl- und Kinziggebiet, ihre Gliederung und geomorphologisch-stratigraphische Stellung innerhalb der Terrassenfolgen von Kahl und Kinzig. – Jber. wetterauische Ges. Naturkde. **140–141**: 71–96.

SEILER, K.-P. (1979):
Glazial übertiefte Talabschnitte in den Bayerischen Alpen – Ergebnisse glazialgeologischer, hydrologischer und geophysikalischer Untersuchungen. – Eiszeitalter u. Gegenwart **29**: 35–48.

SEMMEL, A. (1968):
Studien über den Verlauf jungpleistozäner Formung in Hessen. – Frankfurter geogr. Hefte **45**: 133 S.

SEMMEL, A. (1973):
Geomorphologische Fragen im Kasseler Raum. – Marburger Geogr. Schr. **60**: 23–36.

SEMMEL, A. (1982):
Catenen der feuchten Tropen und Fragen ihrer geomorphologischen Deutung. – Catena Suppl. **2**: 123–140. Cremlingen.

*SEMMEL, A. (1984):
Geomorphologie der Bundesrepublik Deutschland. – 4. Aufl. Erdkundl. Wissen **30**. Stuttgart: 192 S.

SEMMEL, A. (1985a):
Böden des feuchttropischen Afrikas und Fragen ihrer klimatischen Interpretation. – Geomethodica **10**: 71–89.

SEMMEL, A. (1985b):
Relief und Boden in der Bundesrepublik Deutschland. – Ber. z. dtsch. Landeskunde **59**: 145–160.

SEMMEL, A. (1988):
Beitrag in ANDRES, W.: Die Formenentwicklung im Bereich des Limburger Beckens und des westlichen Hintertaunus im Tertiär und Quartär. – J. Mitt. oberrhein. geol. Ver. N. F. **70**: 81–84. Stuttgart.

SEMMEL, A. (1990a):
Bodenbewegungen im Rhein-Maingebiet: Ursachen und Auswirkungen. – Forschung Frankfurt **2/3**, 1987: 18–24.

SEMMEL, A. (1990b):
Periglaziale Formen und Sedimente. – In: LIEDTKE, H. [Hrsg.]: Eiszeitforschung. – Darmstadt: 250–260.

SEMMEL, A. (1990c):
Geoökologische Auswirkungen der Bodenerosion im Frankfurter Umland. – Rheinmain. Forsch. **107**: 9–23.

SEMMEL, A. (1991a):
Neotectonics and Geomorphology in the Rhenish Massif and the Hessian Basin. – Tectonophysics **195**: 291–297. Amsterdam.

SEMMEL, A. (1991b):
Relief, Gestein, Boden – Grundlagen der physischen Geographie. – Darmstadt: 148 S.

SEMMEL, A. (1993):
Grundzüge der Bodengeographie. – 3. Aufl. Stuttgart: 127 S.

SERAPHIM, E. TH. (1973):
Drumlins des Drenthe-Stadiums am Nordostrand der Westfälischen Bucht. – Osnabrücker Naturwiss. Mitt. **2**: 41–87.

SERAPHIM, E. TH. (1979):
Der sog. Senne-Sander, eine Kames-Terrasse – Drenthestadiale Grundmoräne und postmoränale Schmelzwasser-Sedimente der Oberen Senne. – Ber. d. Naturw. Vereins **24**: 19–33. Bielefeld.

Service Météorologique Métropolitain Français (1968):
Normales climatologiques 1951–1980. – Fascicule 2. Précipitations. Paris (-Boulogne-Billancourt). 2 Teile, 321 u. 398 S.

SHACKLETON, N. J., & N. D. OPDYKE (1976):
Oxygen-Isotope and Palaeomagnetic Stratigraphy of Pacific Core V 28–239 – Late Pliocene to Latest Pleistocene. – Geolog. Society of America, Memoir **145**: 449–464.

SIEBERTZ, H. (1986):
Neue Befunde über den Verlauf der saalezeitlichen Eisrandlagen im Niederrheingebiet. – Decheniana **139**: 375–386. Bonn.

SIMON, Th. (1987):
Zur Entstehung der Schichtstufenlandschaft im nördlichen Baden-Württemberg. – Jh. geol. Landesamt Baden-Württ. **29**: 145–167.

SKUPIN, K. (1991):
Der Löß des Hellwegs. Beobachtungen zur Altersstellung. – Spieker, Landeskundl. Beiträge und Berichte **35**: 55–63. Münster.

SLOBODDA, S. (1985):
Pflanzengemeinschaften und ihre Umwelt. – Leipzig, Jena, Berlin: 254 S.

SLOBODDA, S. (1989):
Landschaftsökologische Kennzeichnung und Typisierung von Bodden-Verlandungssaumufern an den inneren Seegewässern der DDR unter Einbezug vegetationsökologischer Untersuchungen. – Habil.-Schr. Univ. Greifswald.

SORG, W. (1963):
Grundlagen einer Klimakunde des Saarlandes nach den Messungen von 1949 bis 1960. – Arb. aus d. Geogr. Inst. d. Univ. d. Saarlandes **8**: 7–36.

SPARRE, A. (1981):
Danmarks Klima. – Fyrskibsstatistik I. Klimatologiske Meddelelser Nr. **8**. Det Danske Meteorol. Inst. København: 171 S.

SPEETZEN, E. (1990):
Die Entwicklung der Flußsysteme in der Westfälischen Bucht (NW-Deutschland) während des Känozoikums. – Geologie-Paläontologie Westfalen **16**: 7–25. Münster.

STÄBLEIN, G., u. K. MÖLLER (1986):
Subrosionsformen im Bereich des Meißners in Nordhessen. – Geol. Jahrb. Hessen **114**: 295–310. Wiesbaden.

STAHR, K. (1979):
Die Bedeutung periglazialer Deckschichten für Bodenbildung und Standorteigenschaften im Südschwarzwald. – Freiburger Bodenkundl. Abh. **9**: 273 S.

STAUB, R. (1934):
Grundzüge und Probleme alpiner Morphologie. – Denkschr. Schweizer. Naturforsch. Ges. **69**: 183 S.

STEINICH, G. (1972):
Endogene Tektonik in den Unter-Maastricht-Vorkommen auf Jasmund (Rügen). – Geologie, Beiheft 71/72, **20**: 1–207. Berlin.

STEINMÜLLER, A. (1967):
Die präglazialen Schotterkörper der Ilm im Gebiet zwischen Ilmtalstörung und Finne. – Geologie **16**: 41–63.

STEINMÜLLER, A. (1974):
Die präpleistozäne Morphogenese des östlichen Thüringer Schiefergebirges und südöstlich angrenzender Gebiete. – Zschr. f. geol. Wiss. **2**: 37–59.

STEINMÜLLER, A., u. K. P. UNGER (1974):
Känozoikum. – In: HOPPE, W., u. G. SEIDEL [Hrsg.]: Geologie von Thüringen. – Gotha: 845–863.

STEPHAN, H.-J. (1980):
Glazialgeologische Untersuchungen im südlichen Geestgebiet Dithmarschens. – Schr. Naturw. Ver. Schleswig-Holst. **50**: 1–36. Kiel.

STEPHAN, W. (1952):
Ein tortoner vulkanischer Brockhorizont in der Oberen Süßwassermolasse Bayerns. – Geologica Bavarica **14**: 76–85.

STERR, H. (1988):
Seegangsverhältnisse, Sedimenttransport und Materialbilanz in der Kieler Bucht, Ostsee. – Hamburger Geogr. Studien **44**: 99–119.

STERR, H. (1990):
Comparative coastal erosion studies in the Federal Republic of Germany. – Journ. Coastal Research, Spec. Vol. **9**: 821–837 (Proc. Intl. Skagen Symposium 1990, Skagen, DK).

STERR, H. (1991):
Natürliche und anthropogene Gestaltung der Ostseeküste Schleswig-Holsteins. – Wasser u. Boden **43**: 6–10.

STERR, H., & B. GURWELL (1991):
Coastal research and coastal problems along the Baltic coast of the former German Democratic Republic. – In: BRÜCKNER, H., u. U. RADTKE [Hrsg.]: Von der Nordsee bis zum Indischen Ozean. – Stuttgart: 47–63.

STÖCKER, G. (1980):
Beiträge zur ökologischen Charakterisierung naturnaher Berg-Fichtenwälder. – Arch. f. Naturschutz u. Landschaftsforsch. **20**: 65–90.

STÖHR, W. T. (1982):
Paläoböden des Rheinischen Schiefergebirges. – Geolog. Jahrb. **F 14**: 132–142. Hannover.

STREBEL, O. (1961):
Tertiäre Bodenbildungen und Verwitterungsreste im Frankenwald. – Geolog. Jahrb. **78**: 609–620.

STREIF, H. (1971):
Stratigraphie und Faziesentwicklung im Küstengebiet von Woltzeten in Ostfriesland. – Beih. geol. Jahrb. **119**: 59 S.

STREIF, H. (1990a):
Quaternary Sea-Level Changes in the North Sea, an Analysis of Amplitudes and Velocities. – In: BROSCHE, P., & J. SÜNDERMANN [Eds.]: Earths Rotation from Eons to Days: 201–214.

STREIF, H. (1990b):
Das ostfriesische Küstengebiet. – 2. Aufl. Sammlung Geolog. Führer **57**. Berlin, Stuttgart: 376 S.

*STREIF, H., u. R. KÖSTER (1978):
Zur Geologie der deutschen Nordseeküste. – Die Küste **32**: 30–49.

STREMME, H.-E. (1979):
Boden, Relief und Landschaftsgeschichte im nordwestdeutschen Raum. – Zschr. f. Geomorph., Suppl-Bd. **33**: 216–222.

STRUNK, H. (1990):
Das Quartärprofil von Hagelstadt im Bayerischen Tertiärhügelland. – Eiszeitalter u. Gegenwart **40**: 85–96.

SUCCOW, M. (1988):
Landschaftsökologische Moorkunde. – Jena: 340 S.

SUCCOW, M., u. L. JESCHKE (1986):
Moore in der Landschaft. – Thun, Frankfurt/Main, Leipzig/Jena/Berlin: 268 S.

SUDERLAU, G., et al. (1982):
Erkennen, Bewerten und Behandeln subrosionsbedingter Bauschäden. – Zschr. f. geol. Wiss. **10**: 1241–1252.

SUKOPP, H. [Hrsg.] (1990):
Stadtökologie, das Beispiel Berlin. – Berlin: 455 S.

TETZLAFF, G., u. N. HAGEMANN (1986):
Bemerkungen zum Niederschlag in Hannover. – Meteorol. Rdsch. **39**: 1–12.

THIEM, W. (1974):
Neue Aspekte für die Rekonstruktion der Reliefentwicklung des Harzes. – Hercynia, N. F. **11**: 233–260.

THIERE, J., u. D. LAVES (1968):
Untersuchungen zur Entstehung der Fahlerden, Braunerden und Staugleye im nordostdeutschen Jungmoränengebiet. – Albrecht-Thaer-Archiv **12**: 659–677. Berlin.

THOME, K.-N. (1959):
Eisvorstoß und Flußregime an Niederrhein und Zuider-See im Jungpleistozän. – Fortschritte in der Geol. von Rheinland u. Westfalen **4**: 197–246. Krefeld.

THOME, K.-N. (1980a):
Der Steinberg. Gletscherablagerungen aus zwei Kaltzeiten (Elster- und Saaleeiszeit). Erl. zur Geolog. Karte 1:100000, Bl. C 4706 Düsseldorf – Essen. – Krefeld: 51–54.

THOME, K.-N. (1980b):
Der Vorstoß des nordeuropäischen Inlandeises in das Münsterland in Elster- und Saale-Eiszeit. – Westfälische Geogr. Studien **36**: 21–40. Münster.

TILLMANNS, W. (1977):
Zur Geschichte von Urmain und Urdonau zwischen Bamberg, Neuburg/Donau und Regensburg. – Sonderveröffentl. Geolog. Institut Köln **30**: 185 S.

TILLMANNS, W. (1986):
Die quartäre Talverschüttung im Raum Weißenburg. – Geol. Bavarica **89**: 235–239.

TILLMANNS, W., K. BRUNNACKER u. M. LÖSCHER (1983):
Erläuterungen zur Geologischen Karte der Aindlinger Terrassentreppe zwischen Lech und Donau 1: 50000. – Geologica Bavarica **85**: 3–31.

TOBIEN, H. (1957):
Die Bedeutung der unterpliozänen Fossilfundstelle Höwenegg für die Geologie des Hegaus. – Jahresh. Geolog. Landesamt Baden-Württemberg **2**: 193–208.

TRAUTMANN, W. (1972):
Vegetation (Potentielle natürliche Vegetation). – Deutscher Planungsatlas, Bd. 1, NRW, Lfg. 3,1, Vegetationskarte 1: 500000. – Hannover.

TRAUTMANN, W., et al. (1973):
Vegetationskarte der Bundesrepublik Deutschland 1: 200000 – Potentielle natürliche Vegetation – Blatt CC 5502 Köln. Schriftenr. f. Vegetationskde **6**: 172 S. Bonn-Bad Godesberg.

TRETER, U. (1986):
Verbreitung und Ausbildung der Buchenwälder im Werra-Meißner-Kreis/Nordhessen. – Berliner Geogr. Abh. **41**: 151–165.

TROLL, C. (1924):
Der diluviale Inn-Chiemseegletscher – Das geographische Bild eines typischen Alpenvorlandgletschers. – Forsch. z. dt. Landes- u. Volkskunde **23**: 1–121.

TÜXEN, R. (1974, 1979):
Die Pflanzengesellschaften Nordwestdeutschlands. – 2. völlig neu bearb. Aufl. Lief. 1. Lehre 1974: 207 S., Lief. 2. Lehre 1979: 212 S.

TÜXEN, R. (1980):
Das Melico-Fagetum in seinen Beziehungen zur Umwelt. – In: WILMANNS, O., u. R. TÜXEN [Hrsg.]: Epharmonie. Ber. Internat. Sympos. IVV Rinteln 1979, Vaduz: 209–233.

TÜXEN, R. (1986):
Unser Buchenwald im Jahreslauf. – Beih. z. d. Veröff. f. Naturschutz u. Landschaftspflege in Baden-Württemberg **47**: 128 S. Karlsruhe.

*UHLIG, H. (1954):
Die Altformen des Wettersteingebirges mit Vergleichen in den Allgäuer und Lechtaler Alpen. – Forsch. z. dtsch. Landeskunde **79**: 103 S. Remagen.

UHLIG, H. (1991):
Die Partnach-Klamm und der Felssturz von 1991. – Mitt. d. Geogr. Ges. München **76**: 5–21. München.

UNGER, H. J. (1978):
Erläuterungen zum Blatt L 7740 Mühldorf am Inn. – Geolog. Karte von Bayern 1: 50000, hrsg. v. Bayer. Geolog. Landesamt. München.

UNGER, H. J. (1983):
Erläuterungen zum Blatt L 7342 Landau a. d. Isar. – Geolog. Karte von Bayern 1: 50000, hrsg. v. Bayer. Geolog. Landesamt. München.

UNGER, K. P. (1959):
Tertiäre Formenrelikte im Westteil des Thüringer Schiefergebirges. – Wiss. Zschr. Univ. Greifswald **8**: 123–126.

UNGER, K. P. (1974):
Quartär. – In: HOPPE, W., u. G. SEIDEL [Hrsg.]: Geologie von Thüringen. – Gotha, Leipzig: 742–781.

VANDENBERGHE, J., et al. (1987):
Geomorphology and palaeoecology of the Mark valley (southern Netherlands). – Geomorphological valley development during the Weichselian and Holocene. Boreas **16**: 55–67. Oslo.

VANÉ, M. (1985):
Die geologische Struktur des Erzgebirgsvorland-Grabens und dessen Tektogenese. [tschech.]. – Sborn. geol. věd **40**: 147–181.

VEIT, E. (1973):
Die Ergebnisse der reflexionsseismischen Schußbohrungen im Rosenheimer Seetonbecken. – In: WOLFF, H.: Erläuterungen zum Blatt 8238 Neubeuern. – Geolog. Karte von Bayern 1: 25000, hrsg. v. Bayer. Geolog. Landesamt: 282–285.

VERDERBER, R. (im Druck): Morphostratigraphie der Hochrhein-Deckenschotter. – Abhandl. Geolog. Landesamt Baden-Württemberg **14**.

VIDAL, H., K. BRUNNACKER, M. BRUNNACKER, H. KÖRNER, F. HARTEL, M. SCHUCH u. J. C. VOGEL (1966): Der Alm im Erdinger Moos. – Geologica Bavarica **56**: 177–200.

VILLINGER, E. (1986): Untersuchungen zur Flußgeschichte von Aare-Donau/Alpenrhein und zur Entwicklung des Malm-Karsts in Südwestdeutschland. – Jahresh. Geolog. Landesamt Baden-Württemberg **28**: 297–362.

VILLINGER, E., u. J. WERNER (1985): Geologie und Hydrogeologie der pleistozänen Donaurinnen im Raum Sigmaringen-Riedlingen (Baden-Württemberg). – Abhandl. Geolog. Landesamt Baden-Württemberg **11**: 141–203.

VOIGT, E. (1940): Das Tertiär des nördlichen Harzrandes. – Mitt. aus d. Geol. Staatsinst. Hamburg **17**: 1–50.

VÖLKSEN, G. (1984): Die Lüneburger Heide. Entstehung und Wandel einer Kulturlandschaft. – Aktuelle Themen zur niedersächs. Landeskde. **3**: 52 S. Göttingen/Hannover.

VORNDRAN, G. (1985): Erläuterungen zur Geomorphologischen Karte 1 : 25 000. GMK 25, Blatt 25, 8331 Bayersoien. – Berlin: 45 S.

WAGENBRETH, O., u. W. STEINER (1985): Geologische Streifzüge – Landschaft und Erdgeschichte zwischen Kap Arkona und Fichtelberg. – 2. Aufl. Leipzig: 204 S.

WAGNER, G. (1962): Zur Geschichte des Bodensees. – Jahrb. Verein z. Schutze der Alpenpflanzen und -Tiere **27**: 98–114.

WAGNER, G. A., u. D. STOZZER (1975): Spaltspuren und ihre Bedeutung für die thermische Geschichte des Odenwaldes. – Aufschluß Sonderbd. **27**: 79–85.

WALTHER, M. (1990): Untersuchungsergebnisse zur jungpleistozänen Landschaftsentwicklung Schwansens (Schleswig-Holstein). – Berliner Geogr. Abh. **52**: 143 S.

WATEREN, D. VAN DER (1987): Structural geology and sedimentology of the Dammer Berge push moraine, FRG. – In: VAN DER MEER, J. J. M. [Hrsg.]: Tills and glaciotectonics, Proc. INQUA symposium, Amsterdam: 157–182.

WEBER, H. (1929): Geomorphologische Studien in Westthüringen. – Forsch. Dtsch. Landes- u. Volkskunde **27**, H. 3: 187 S.

WEHNER, H. (1964): Gewitterauswertung für flugklimatologische Zwecke. – Zschr. f. Meteorol. **17**: 129–142.

WEISS, D. (1991): Küstenschutzbauwerke an der Ostseeküste von Mecklenburg-Vorpommern. – Wasser u. Boden **43**: 17–26.

WEISSE, R. (1974): Die warthezeitlichen Oberflächenformen und ihre Genese in der mittleren und nördlichen Altmark. – Geogr. Berichte **71**: 109–120. Gotha/Leipzig.

WENDEBOURG, J., u. Ch. RAMSHORN (1987): Der Verzahnungsbereich alpiner und Südost-Schwarzwälder Rißvereisung. – Jh. geol. Landesamt Baden-Württemberg **29**: 255–268.

WIEFEL, H. (1965): Jungtertiäre Bodenrelikte und Zersatzbildungen im ostthüringisch-vogtländischen Schiefergebirge. – Ber. geol. Ges. DDR **10**: 611–628.

WIEGANK, F. (1979): Palaeomagnetic dating and correlation of Quaternary deposits in the GDR. – IUGS, Proj. 73–1-24, Rep. **5**: 254–262. Prag.

WIEMER, R., u. B. GURWELL (1991): Die Ostseeküste in Mecklenburg-Vorpommern. – Wasser u. Boden **43**: 13–17.

WILHELM, F. (1958): Die Neuauslotung des Chiemseebeckens. – Münchner Geogr. Hefte **15**: 50 S.

WILHELM, F. (1968): Jungmoränenlandschaft um Wasserburg. – In: Topographischer Atlas von Bayern, hrsg. v. Bayerischen Landes-Vermessungsamt. München: 272–273.

WILMANNS, O. (1984):
Ökologische Pflanzensoziologie. – UTB **269**. 3. Aufl. Heidelberg: 372 S.

WINIARSKI, H. (1968):
Zur Frage des Auftretens der Talasymmetrie im norddeutschen Alt- und Jungmoränengebiet am Beispiel ausgewählter Täler des Flämings und der Barnimhochfläche nördlich von Berlin. – Wiss. Zschr. Humboldt-Univ. Berlin, Math.-Nat. R. **15**: 479–491.

WINN, K., F. AVERDIECK, H. ERLENKEUSER u. F. WERNER (1986):
Holocene sealevel rise in the Western Baltic and the problem of isostatic subsidence. – Meyniana **38**: 61–80.

WITTMANN, O. (1991):
Standortkundliche Landschaftsgliederung von Bayern, Übersichtskarte 1: 100000. 2. Aufl. GLA Fachberichte **5**: 5–54. München.

*WOLDSTEDT, P., u. K. DUPHORN (1974):
Norddeutschland und angrenzende Gebiete im Eiszeitalter. – Stuttgart: 500 S.

*WUNDT, W. (1953):
Gewässerkunde. – Berlin, Göttingen u. Heidelberg: 320 S.

WURM, A. (1961):
Geologie von Bayern. – 2. Aufl. Berlin: 555 S.

ZAGWIJN, W. H. (1985):
An outline of the Quaternary stratigraphy of the Netherlands. – Geologie en Mijnbouw **64**: 17–24.

ZAGWIJN, W. H. (1989):
The Netherlands during the Tertiary and the Quaternary: A case history of Coastal Lowland evolution. – Geologie en Mijnbouw **68**: 107–120.

ZAKOSEK, H. (1982):
Bodenkundliche Kartieranleitung. – 3. Aufl. Hannover: 331 S.

ZEESE, R. (1971):
Die Stufenrückwanderung im Keuperbergland Nordost-Württembergs. – Tübinger geogr. Stud. **46**: 53–57.

ZERCHE, M. (1966):
Der Nebel in Mecklenburg. – Zschr. f. Meteorol. **18**: 72–81.

ZIEGLER, J. H. (1983):
Verbreitung und Stratigraphie des Jungpleistozäns im voralpinen Gebiet des Salzachgletschers in Bayern. – Geologica Bavarica **84**: 153–176.

ZIENERT, A. (1967):
Vogesen- und Schwarzwaldkare. – Eiszeitalter u. Gegenwart **18**: 51–75.

ZIENERT, A. (1986):
Grundzüge der Großformenentwicklung Südwestdeutschlands. – Heidelberg: 159 S.

ZIENERT, A. (1992):
Grundzüge der Großformenentwicklung in Franken. – Selbstverlag, Heidelberg: 136 S.

ZÖLLER, L. (1984):
Reliefgenese und marines Tertiär im Ost-Hunsrück. – Mainzer geowiss. Mitt. **13**: 97–114.

ZÖLLER, L. (1985):
Geomorphologische und quartärgeologische Untersuchungen im Hunsrück-Saar-Nahe-Raum. – Forsch. z. dtsch. Landeskunde **225**: 240 S. Trier.

ZOLLINGER, G. (1990):
Quartäre Geomorphogenese und Substratentwicklung am Schwarzwald-Westrand zwischen Freiburg und Mühlheim (Südbaden). – Physiogeographica **12**: 202 S. Basel.

Orts- und Sachregister

Eisrandlagen der Weichsel- bzw. Würmeiszeit
P Pommersches Stadium (vor ca. 15 000 Jahren)
F Frankfurter Stadium (vor ca. 16 000 Jahren)
B Brandenburger Stadium (vor ca. 20 000 Jahren)
W Warthe-Stadium der Saale-Eiszeit (vor ca. 200 000 Jahren)
maximale nordische und alpine Vereisung
Nordsee
Ostsee
Nordfriesische In.
Ostfriesische Inseln
Westfriesische In.
Helgoland
Helgoländer Bucht
Kieler Bucht
Lübecker Bucht
Pommersche Bucht
Alsen
Langeland
Lolland
Falster
Møn
Møns Klint
Fehmarn
Kap Arkona
Stubbenkammer
Rügen
Zingst
Darß
Greifswalder Bodden
Usedom
Wollin
Stettiner Haff
Sylt
Halligen
Kiel
Bungsberg
Lübeck
Rostock
Greifswald
Stettin
Hamburg
Bremen
Emden
Groningen
Hondsrug
Jadebusen
Dollart
IJsselmeer
Lüneburg
Wilseder Berg
Lüneburger Heide
Prignitz
Schweriner See
Müritz
Thorn-Eberswalder Urstromtal
Warschau-Berliner Urstromtal
Glogau-Baruther Urstromtal
Breslau-Magdeburg-Bremer Urstromtal
Fläming
Eberswalde-Finow
Berlin
Rüdersdorfer Kalkberge
Frankfurt
Landsberg
Brandenburg
Baruth
Magdeburg
Hannover
Deister
Steinhuder Meer
Dümmer
Wiehen-Geb.
Osnabrück
Teutoburger Wald
Weserbergland
Solling
Elm
Brocken
Harz
Kyffhäuser
Thüringer Becken
Erfurt
Leipziger Bucht
Leipzig
Dresden
Görlitz
Elbsandsteingebirge
Münster
Westfälische Bucht
Die Haar
Essen
Arnheim
Eindhoven
Niederrheinische Bucht
Ville
Aachen
Elbe
Weser
Ems
Oder
Havel
Spree
Saale
Mulde
Schwarze Elster
Weiße Elster
Unstrut
Aller
Leine
Hunte
Hase
Vechte
IJssel
Rhein
Maas
Rur
Lippe
Ruhr
Eider
Oste
Elde
Peene
Rega
Warthe
Neiße
Lausitzer Neiße